量子力学学习指导

Quantum Mechanics

刘莲君 张哲华 编著

WUHAN UNIVERSITY PRESS
武汉大学出版社

图书在版编目(CIP)数据

量子力学学习指导(原《量子力学与原子物理学学习指导》)/刘莲君,张哲华编著.—2版.—武汉:武汉大学出版社,2007.10

ISBN 978-7-307-05854-5

Ⅰ.量… Ⅱ.①刘… ②张… Ⅲ.量子力学—高等学校—教学参考资料 Ⅳ.O413.1

中国版本图书馆CIP数据核字(2007)第147912号

责任编辑:任 翔　　责任校对:王 建　　版式设计:詹锦玲

出版发行:**武汉大学出版社** (430072 武昌 珞珈山)

(电子邮件:wdp4@whu.edu.cn 网址:www.wdp.whu.edu.cn)

印刷:湖北新华印务公司

开本:787×1092 1/16 印张:29.25 字数:703千字 插页:1

版次:1999年5月第1版 2007年10月第2版

2007年10月第2版第1次印刷

ISBN 978-7-307-05854-5/O·367 定价:38.00元

内容简介

本书是目前国内各大院校开设的“量子力学”课程（非相对论性的）的通用教学指导书，是专门针对学生在学习该课程时感到概念抽象、理论性强、数学难道大等困难而编写的。其丰富的例题、严密的逻辑推理及高超的数学技巧，对于学生深刻理解“量子力学”的基本原理及基本方法有极大的帮助。

书中所涉及的内容除了“量子力学”的五条基本假设（实则为五条基本原理）外，还有表象理论、两种近似方法——微扰论与变分法以及散射的基本理论等内容。不仅如此，它还给出了原子光谱的精细结构及超导这两个具体问题中使用的量子力学方法。

本书不仅适合教授和学习该课程的教师与学生使用，而且特别是适合报考硕士研究生“量子力学”科目的考生使用，同时也可作为从事原子与原子核物理学、固体物理学、材料物理学、激光以及量子化学、量子生物学等方面的科技工作者的参考书籍。

目 录

第一章 量子力学原理(Ⅰ):波函数及薛定谔方程

第一部分 内容精要

一、实物粒子的波粒二象性

德布罗意(L. de Broglie)于1923年假设:实物粒子的运动总有某种波动("物质波")相伴随;自由粒子的能量 E 和动量 $\boldsymbol{p}$ 与其相伴随的单色平面波的频率 ν(或角频率 ω)和波矢 $\boldsymbol{k}$(或波长 λ)有如下关系式

$$E=h\nu=\hbar\omega \tag{1-1}$$

和

$$\boldsymbol{p}=\hbar\boldsymbol{k},\text{其大小 } p=\frac{h}{\lambda} \tag{1-2}$$

这两式统称为实物粒子的波粒二象性的德布罗意关系式。它将自由粒子相伴随的单色平面波的频率 ν(或角频率 ω)和波矢 $\boldsymbol{k}$(或波长 λ)与自由粒子的能量 E 和动量 $\boldsymbol{p}$ 联系起来。

1927年戴维逊(C.J. Davisson)和革末(L. H. Germer)、同年汤姆逊(G. P. Thomson)各自独立地完成了电子在晶体上的衍射实验,证实电子具有波动性,以及德布罗意关系式成立。以后,实验陆续地证实,不仅电子而且质子、中子以及原子等都具有波动性。波动性是所有实物粒子普遍共有的,德布罗意关系式对所有实物粒子都成立。

实验证实微观粒子具有波粒二象性。因而,微观世界中出现的许多现象纯属量子效应,应用经典理论不能解释;可以圆满解释微观体系诸多量子现象的量子力学也不能由经典理论推演出来,其基本原理只能以假设的方式提出,假设的正确性则由其所得出的物理结果与实验事实完全符合(以及诸假设本身是自洽的)而得到检验。量子力学的基本假设共有五条,本章介绍其中两条。

二、量子力学的第一条假设:波函数及其统计解释

微观体系的运动状态由相应的一个波函数完全地描述,波函数作统计解释。

1. 波函数

微观粒子在任一外界环境下均以波动方式运动,量子力学用坐标 $\boldsymbol{r}$ 和时间 t 的一个复函数 $\Psi(\boldsymbol{r},t)$ 来描述粒子的相应一个波动状态,称 $\Psi(\boldsymbol{r},t)$ 为波函数或态函数。它是物质波场的场量。

这与经典力学描述质点运动状态的方式不同。经典力学中,一个质点的运动状态用力

学量的完全集合$\{\boldsymbol{r}(t),\boldsymbol{p}(t)\}$来完全描述和确定。

2. 波函数的统计解释

对微观粒子的波粒二象性作正确理解，就是要对波函数作正确解释。正确的解释是玻恩(M. Born)的统计解释。粒子在运动过程中始终保持完整一颗颗的，其表现为粒子的固有属性物理量(质量m、电荷q、自旋s等)保持有不可分割的完整颗粒性；但是，单个粒子的运动行为具有波动性，在任一时刻t粒子都不是决定性地一定出现在空间某一点$\boldsymbol{r}$处(因而运动过程没有轨道)，而是在空间各点都有出现的可能性。波函数$\Psi(\boldsymbol{r},t)$的绝对值平方$|\Psi(\boldsymbol{r},t)|^2$就正比于粒子在时刻$t$、在空间$\boldsymbol{r}$点出现的几率。这就是说，物质波是几率波，波函数(波场的场量)本身并没有直接的物理意义，而是波的强度给出粒子在时刻t在空间各点出现的几率分布。因此，如果有大量的粒子处于完全相同的运动状态$\Psi(\boldsymbol{r},t)$中，则统计的结果，$|\Psi(\boldsymbol{r},t)|^2$就给出空间中粒子数的密度分布。

这样的统计解释还可以由对粒子的空间坐标$\boldsymbol{r}$这个力学量而言扩展到对粒子的动量、角动量、能量等所有其他力学量。一个以粒子坐标$\boldsymbol{r}$为自变量的波函数$\Psi(\boldsymbol{r},t)$在作了相应的表象变换后(详见第五章)，可以变换为这个波函数以粒子的另外某力学量为自变量的函数(或矩阵)形式，就可以给出粒子在这个波函数所描述的运动状态下该力学量取各个可能值的几率分布。例如，归一化波函数$\Psi(\boldsymbol{r},t)$的傅里叶变换为

$$c(\boldsymbol{p},t)=\frac{1}{(2\pi\hbar)^{3/2}}\iiint\Psi(\boldsymbol{r},t)\mathrm{e}^{-\frac{\mathrm{i}}{\hbar}\boldsymbol{p}\cdot\boldsymbol{r}}\mathrm{d}\tau \tag{1-3}$$

而$|c(\boldsymbol{p},t)|^2$就是粒子在同一运动状态下在时刻t动量$\boldsymbol{p}$取各个可能值的几率分布。完全地描述体系一个运动状态的波函数在归一化后，给出粒子在这个运动状态下，在任一时刻t坐标、动量以及其他所有力学量取值的几率分布。

3. 波函数的归一化

按照波函数的统计解释，就要求粒子任一时刻t在空间各点出现的几率总和为1，即要求波函数$\Psi(\boldsymbol{r},t)$满足归一化条件。

如果粒子受外场约束，所处运动状态是束缚态，波函数满足边界条件

$$\Psi(\boldsymbol{r},t)\xrightarrow{|\boldsymbol{r}|\to\infty}0 \tag{1-4}$$

则波函数$\Psi(\boldsymbol{r},t)$须满足的归一化条件是

$$\iiint_{\infty}|\Psi(\boldsymbol{r},t)|^2\mathrm{d}\tau=1 \tag{1-5}$$

若$\Psi(\boldsymbol{r},t)$不满足这个条件，须将它代之以$N\Psi(\boldsymbol{r},t)$，N称为归一化常数，通常取为正实数，等于

$$N=\left[\iiint_{\infty}|\Psi(\boldsymbol{r},t)|^2\mathrm{d}\tau\right]^{-1/2} \tag{1-6}$$

以使$N\Psi(\boldsymbol{r},t)$满足归一化条件式(1-5)。$N\Psi(\boldsymbol{r},t)$称为已归一化波函数。

如果粒子没有被外场束缚住，所处的运动状态是自由态，不遵从式(1-4)的边界条件，即粒子可以运动至无限远处(在$|\boldsymbol{r}|\to\infty$处粒子出现的几率不等于零)，例如自由粒子处于动量有确定值$\boldsymbol{p}$的运动状态，即平面波状态，波函数为

$$\Psi_{\boldsymbol{p}}(\boldsymbol{r},t)=N\mathrm{e}^{\frac{\mathrm{i}}{\hbar}(\boldsymbol{p}\cdot\boldsymbol{r}-Et)},E=\frac{p^2}{2m} \tag{1-7}$$

则波函数不可能满足式(1-5)的归一化条件。自由粒子平面波状态波函数 $\Psi_p(\boldsymbol{r},t)$式(1-7)可有两种归一化方式。

(1)　归一化成 δ 函数

归一化表示式为

$$\iiint_{-\infty}^{\infty} \Psi_p^*(\boldsymbol{r},t)\Psi_{p'}(\boldsymbol{r},t)\mathrm{d}\tau = \delta(\boldsymbol{p}-\boldsymbol{p}') \tag{1-8}$$

得到已归一化的波函数为

$$\Psi_p(\boldsymbol{r},t)=\frac{1}{(2\pi\hbar)^{3/2}}\mathrm{e}^{\frac{\mathrm{i}}{\hbar}(\boldsymbol{p}\cdot\boldsymbol{r}-Et)} \tag{1-9}$$

若是一维运动情况,则为

$$\Psi_p(x,t)=\frac{1}{(2\pi\hbar)^{1/2}}\mathrm{e}^{\frac{\mathrm{i}}{\hbar}(px-Et)} \tag{1-10}$$

(2)　箱归一化

由于自由粒子在物理实际条件下,运动总是局域在有限的空间内,这个限制由仪器的有限几何尺寸及粒子的有限运动速度所决定。据此,设粒子的运动限制在边长为 L 的立方形"箱子"内,最后可再取 $L\to\infty$. 如图 1-1 所示。于是归一化表示式为

$$\int_{-L/2}^{L/2}\int_{-L/2}^{L/2}\int_{-L/2}^{L/2}|\Psi_p(\boldsymbol{r},t)|^2\mathrm{d}\tau = 1 \tag{1-11}$$

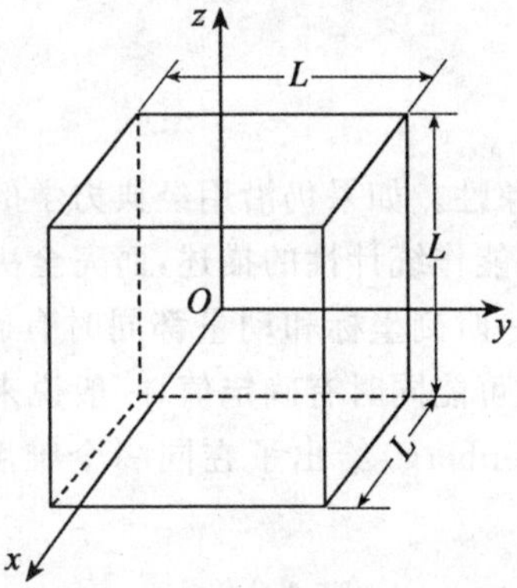

图1-1　平面波函数的"箱归一化"

得到已归一化的波函数为

$$\Psi_p(\boldsymbol{r},t)=\frac{1}{(L)^{3/2}}\mathrm{e}^{\frac{\mathrm{i}}{\hbar}(\boldsymbol{p}\cdot\boldsymbol{r}-Et)} \tag{1-12}$$

若是一维运动情况,则为

$$\Psi_p(x,t)=\frac{1}{\sqrt{L}}\mathrm{e}^{\frac{\mathrm{i}}{\hbar}(px-Et)} \tag{1-13}$$

另外,为了保证自由粒子哈密顿算符 $\hat{H}$ 的厄密性(详见第二章),需要波函数采取周期性边界条件,即

$$\Psi_p\left(-\frac{L}{2},-\frac{L}{2},-\frac{L}{2},t\right)=\Psi_p\left(\frac{L}{2},\frac{L}{2},\frac{L}{2},t\right) \tag{1-14}$$

这使得粒子动量 $\boldsymbol{p}$ 的取值量子化：

$$p_x=\frac{2\pi\hbar}{L}n_x,\ p_y=\frac{2\pi\hbar}{L}n_y,\ p_z=\frac{2\pi\hbar}{L}n_z$$

$$n_x,n_y,n_z=0,\pm1,\pm2,\cdots \tag{1-15}$$

若 $L\to\infty$，动量取值间隔 $\Delta p_{x,y,z}=\frac{h}{L}\to 0$，粒子动量的取值重又变为连续。

这里强调指出：波函数实现归一化后，也还不是完全确定的，仍含有一个任意的位相因子 $e^{i\delta}$；因为通常总是将归一化常数取为正实数，故实际上是约定将此相角 δ 取为零，这并不影响粒子坐标 $\boldsymbol{r}$ 的取值几率分布 $|\Psi(\boldsymbol{r},t)|^2$。但是新近发现，若体系的动力学变化过程还伴随着有一个绝热变化过程（甚至不限于绝热变化过程），则体系运动状态的波函数中会出现一个几何位相因子 $e^{i\gamma}$，称为柏瑞位相（M. V. Berry，1984），它被认为是量子力学发展中最近十余年来最重要的发现。它实际上不仅在量子力学，也包括在经典力学中，在许多方面都呈现出重要意义。

4. 量子态

微观体系的运动状态由相应一个波函数完全地描述，波函数作统计解释，这表明体系的运动状态是由相应的波函数给出粒子在任一时刻 t 的坐标、动量以及其他所有力学量取值的几率分布而完全确定的。这样按统计性方式（而非决定性地）来完全确定的微观体系运动状态亦称为量子态。

三、测不准关系

微观粒子运动具有波粒二象性。如果仍沿用经典力学的力学量如坐标和动量等概念来描述微观体系的运动状态，就只能作统计性的描述，而完全决定性的规律是不适用的。经典力学中，质点运动有轨道，在任一时刻坐标和动量都同时有确定值。但是，微观粒子的运动没有轨道，粒子的坐标和动量不可能同时有确定值，一般说来同时都没有确定值而各有一个不确定度。海森堡（W. K. Heisenberg）给出了在同一个维度上这两者不确定度 Δx 和 Δp 之间的关系为

$$\Delta x\cdot\Delta p\gtrsim\hbar \tag{1-16}$$

与普朗克常数 $\hbar$ 有关。它称为海森堡测不准关系。这个关系式给出经典概念和图像描述波粒二象性粒子运动所适用的限度，只有在式中的普朗克常数 $\hbar$ 可以视为零的情况下，经典力学才是完全适用的。否则，由经典力学讨论微观体系所得到的任何结果，都必须应用测不准关系作修正。

四、态叠加原理

体系如果既可能处于态 $\Psi_1(\boldsymbol{r},t)$ 中，同时又可能处于态 $\Psi_2(\boldsymbol{r},t)$、$\Psi_3(\boldsymbol{r},t)$……中，则这个体系一定是处于由这些态叠加而成的态 $\Psi(\boldsymbol{r},t)$ 中：

$$\Psi(\boldsymbol{r},t)=c_1\Psi_1(\boldsymbol{r},t)+c_2\Psi_2(\boldsymbol{r},t)+c_3\Psi_3(\boldsymbol{r},t)+\cdots \tag{1-17}$$

式中：诸叠加系数 c_1、c_2、c_3……是复数并且与时间无关；因而，$\Psi(\boldsymbol{r},t)$ 也是这个体系的一个可能运动状态。这就是态叠加原理。它体现出物质波作为一种波动必定遵从波的叠加原

理,又反映了物质波的统计解释。态 $\Psi(\boldsymbol{r},t)$是体系的一个纯态,这个态的波函数$\Psi(\boldsymbol{r},t)$的绝对值平方

$$|\Psi(\boldsymbol{r},t)|^2=|c_1\Psi_1(\boldsymbol{r},t)+c_2\Psi_2(\boldsymbol{r},t)+c_3\Psi_3(\boldsymbol{r},t)+\cdots|^2 \tag{1-18}$$

决定粒子坐标的几率分布。但是,上式中会出现干涉项(式中的交叉项就是干涉项),表明体系在叠加态下会产生干涉效应,这是体系自已的一个可能态与自己的另外一个同时可能态之间的干涉;上两式又表明,态 $\Psi(\boldsymbol{r},t)$的确定不是决定性的,体系在这个态下,是分别以一定的几率幅处于 Ψ_1、Ψ_2、Ψ_3……态中的。若伴之以力学量观测,则观测结果是统计性的。

五、量子力学的第二条假设:薛定谔方程

微观体系的任一运动状态的波函数 $\Psi(t)$满足薛定谔方程

$$\mathrm{i}\hbar\frac{\partial}{\partial t}\Psi(t)=\hat{H}\Psi(t) \tag{1-19}$$

式中:$\hat{H}$ 是这个体系的哈密顿算符。对于有经典对应的体系来说,算符 $\hat{H}$ 系由相应经典体系的哈密顿函数中的坐标和动量代之以相应的算符而得到。例如单粒子在势场 $V(\boldsymbol{r})$中运动,则

$$\hat{H}=-\frac{\hbar^2}{2m}\nabla^2+V(\boldsymbol{r}) \tag{1-20}$$

于是这个体系的薛定谔方程写为

$$\mathrm{i}\hbar\frac{\partial}{\partial t}\Psi(\boldsymbol{r},t)=\left[-\frac{\hbar^2}{2m}\nabla^2+V(\boldsymbol{r})\right]\Psi(\boldsymbol{r},t) \tag{1-21}$$

1. 薛定谔方程

薛定谔方程(1-18)指明了相应的一个微观体系的任一运动状态波函数 $\Psi(\boldsymbol{r},t)$随时间 t 演化的动力学规律,反映了量子力学的因果律。只要已知一个体系在初始时刻 t_0 的状态波函数 $\Psi(\boldsymbol{r},t_0)$,方程就能给出这个体系在其后任一时刻 t 的状态波函数 $\Psi(\boldsymbol{r},t)$。自然,还需要给定问题的边界条件。对于束缚态,边界条件由式(1-4)表示。另外,波函数还必须满足有限性、单值性和连续性这三个标准条件。

2. 连续性方程和几率流密度

记粒子的坐标几率密度为 $\rho(\boldsymbol{r},t)$,有

$$\rho(\boldsymbol{r},t)=|\Psi(\boldsymbol{r},t)|^2 \tag{1-22}$$

式中:体系运动状态的波函数 $\Psi(\boldsymbol{r},t)$设已归一化。设所讨论的体系是单粒子在势场中运动,则由薛定谔方程容易推导出连续性方程

$$\frac{\partial\rho}{\partial t}+\boldsymbol{\nabla}\cdot\boldsymbol{j}=0 \tag{1-23}$$

方程中

$$\boldsymbol{j}(\boldsymbol{r},t)=\frac{\hbar}{2m\mathrm{i}}(\Psi^*\boldsymbol{\nabla}\Psi-\Psi\boldsymbol{\nabla}\Psi^*)=\mathrm{Re}\left(\Psi^*\frac{\hat{\boldsymbol{p}}}{m}\Psi\right) \tag{1-24}$$

是粒子的几率流密度。式(1-24)中,$\frac{\hat{\boldsymbol{p}}}{m}$表示粒子的速度,而 $\Psi^*\Psi$ 是粒子的坐标几率密度,故 $\boldsymbol{j}\sim\rho\boldsymbol{v}$ 确实表示粒子的几率流密度。若粒子带电荷 q,则 $q\boldsymbol{j}(\boldsymbol{r},t)$表示粒子运动而产生的电流密度。

连续性方程(1-23)指出薛定谔方程描述的体系粒子数守恒。

3. 薛定谔方程的经典极限

将波函数 $\Psi(\boldsymbol{r},t)$写成

$$\Psi(\boldsymbol{r},t)=\sqrt{\rho(\boldsymbol{r},t)}\,\mathrm{e}^{\frac{\mathrm{i}}{\hbar}S(\boldsymbol{r},t)} \tag{1-25}$$

式中:$\rho(\boldsymbol{r},t)$由式(1-22)所示,实量 $S(\boldsymbol{r},t)$具有作用量的量纲。将上式代入粒子在势场 $V(\boldsymbol{r})$中运动的薛定谔方程(1-21),有

$$\mathrm{i}\hbar\left[\frac{\partial\sqrt{\rho}}{\partial t}+\frac{\mathrm{i}}{\hbar}\sqrt{\rho}\frac{\partial S}{\partial t}\right]=-\frac{\hbar^2}{2m}\left[\nabla^2\sqrt{\rho}+\frac{2\mathrm{i}}{\hbar}(\nabla\sqrt{\rho})\cdot(\nabla S)\right.$$
$$\left.-\frac{1}{\hbar^2}\sqrt{\rho}(\nabla S)^2+\frac{\mathrm{i}}{\hbar}\sqrt{\rho}\,\nabla^2 S\right]+\sqrt{\rho}V \tag{1-26}$$

令两边虚部相等,再乘以 $2\sqrt{\rho}$,即得到连续性方程(1-23)

$$\frac{\partial\rho}{\partial t}+\nabla\cdot\boldsymbol{j}=0,\ \boldsymbol{j}=\frac{\rho\nabla S}{m} \tag{1-27}$$

再令方程(1-26)两边实部相等,并取经典极限:视 $\hbar\sim0$,则得到方程

$$\frac{\partial S(\boldsymbol{r},t)}{\partial t}+\frac{1}{2m}[\nabla S(\boldsymbol{r},t)]^2+V(\boldsymbol{r},t)=0 \tag{1-28}$$

这就是经典的哈密顿-雅可比方程,系作用量 $S(\boldsymbol{r},t)$满足的方程。

4. 体系的时间演化算符

可以引入体系任一运动状态波函数 $\Psi(t)$的时间演化算符$\hat{T}(t,t')$,定义为

$$\Psi(t)=\hat{T}(t,t')\Psi(t'),\ t>t' \tag{1-29}$$

(1) 如果将式(1-29)代入薛定谔方程(1-19),取 t'为初始时刻,由于初始时刻 $\Psi(t')$的任意性,有

$$\mathrm{i}\hbar\frac{\partial}{\partial t}\hat{T}(t,t')=\hat{H}\hat{T}(t,t'),\ t>t' \tag{1-30}$$

这是算符 $\hat{T}(t,t')$满足的微分方程,其初始条件为

$$\hat{T}(t,t')=1,\ \text{当}\ t\to t'^{+} \tag{1-31}$$

如果体系的哈密顿算符 $\hat{H}$ 不显含 t,则方程(1-30)的解为

$$\hat{T}(t,t')=\mathrm{e}^{-\frac{\mathrm{i}}{\hbar}\hat{H}(t-t')},\ t>t' \tag{1-32}$$

否则,若体系的哈密顿算符 $\hat{H}$ 显含 t,则方程(1-30)的形式解为

$$\hat{T}(t,t')=1+\frac{1}{\mathrm{i}\hbar}\int_{t'}^{t}\hat{H}(t'')\hat{T}(t'',t')\mathrm{d}t'' \tag{1-33}$$

这实际上是关于 $\hat{T}(t,t')$的一个积分方程。由方程(1-30)及式(1-32)和(1-33)明显看出,算符 $\hat{T}(t,t')$仅由表征体系的哈密顿算符 $\hat{H}$ 所决定。

方程(1-30)是由薛定谔方程(1-19)推导出的结果。这两个方程是等价的,都给出体系运动状态波函数随时间演化的动力学规律(在由 $t'\to t$ 有限时间间隔内的演化,或在无限小时间间隔内的演化)。

(2) 反之,利用式(1-29),对有经典对应的体系作经典对应,可以合理地引出量子力学的第二条假设:薛定谔方程(1-19)(不是推导证明)。

考虑时间的无限小演化:$t\to t+\delta t,\delta t\to0$,有

$$\Psi(t+\delta t)=\hat{T}(t+\delta t,t)\Psi(t)$$

根据物理上的连续性，要求 $\Psi(t+\delta t)\xrightarrow[\delta t\to 0]{}\Psi(t)$，而且还要求 $\frac{\partial}{\partial t}\Psi(t)$ 存在，即 $\lim\limits_{\delta t\to 0}\frac{\Psi(t+\delta t)-\Psi(t)}{\delta t}$存在，这导致算符$\lim\limits_{\delta t\to 0}\frac{\hat{T}(t+\delta t,t)-1}{\delta t}$存在，记为$\frac{1}{\mathrm{i}\hbar}\hat{H}$，其中 $\hat{H}$ 是一个待定的算符，于是有

$$\frac{\partial}{\partial t}\Psi(t)=\frac{1}{\mathrm{i}\hbar}\hat{H}\Psi(t)$$

即形式上已经引出了方程：

$$\mathrm{i}\hbar\frac{\partial}{\partial t}\Psi(t)=\hat{H}\Psi(t)$$

下面来确定算符 $\hat{H}$。要求方程线性遂要求 $\hat{H}$ 是线性的；算符$\hat{T}(t+\delta t,t)$是线性么正的则导致 $\hat{H}$ 是厄密的。总之，算符 $\hat{H}$ 表示一个力学量(详见第二章)。为了确定算符 $\hat{H}$ 的物理意义，对一个有经典对应的微观体系作经典对应。经典体系的任一力学量 F 随时间 t 变化的规律为

$$\frac{\mathrm{d}F}{\mathrm{d}t}=\frac{\partial F}{\partial t}+\{F,H\}_{经典}$$

式中：$\{F,H\}_{经典}$是经典泊松括号，H 是该经典体系的哈密顿函数。而量子力学中，对一个有经典对应的微观体系来说，由上面形式上已经引出的方程和一个力学量 F 在态 $\Psi(\boldsymbol{r},t)$下的期望值表示式：

$$\mathrm{i}\hbar\frac{\partial}{\partial t}\Psi(t)=\hat{H}\Psi(t)$$

和

$$\overline{F}(t)=\int\Psi^{*}(\boldsymbol{r},t)\hat{F}\Psi(\boldsymbol{r},t)\mathrm{d}\tau$$

可以得到

$$\frac{\mathrm{d}\overline{F}(t)}{\mathrm{d}t}=\int\Psi^{*}(\boldsymbol{r},t)\left[\frac{\partial\hat{F}}{\partial t}+\frac{1}{\mathrm{i}\hbar}(\hat{F}\hat{H}-\hat{H}\hat{F})\right]\Psi(\boldsymbol{r},t)\mathrm{d}\tau$$

与经典作对应，可以合理地假定：算符 $\hat{H}$ 是体系的哈密顿算符，并再直接推广到无经典对应的体系。

(3)　算符 $\hat{T}(t,t')$在坐标表象的表示

式(1-29)若以坐标 $\boldsymbol{r}$ 为自变量，则写成

$$\Psi(\boldsymbol{r},t)=\int K(\boldsymbol{r}t,\boldsymbol{r}'t')\Psi(\boldsymbol{r}',t')\mathrm{d}\tau',\ t>t' \tag{1-34}$$

这详见第四章，$K(\boldsymbol{r}t,\boldsymbol{r}'t')$就是体系的时间演化算符 $\hat{T}(t,t')$在坐标表象的矩阵元。上面式(1-34)与式(1-29)都是描述体系任一运动状态的波函数随时间由时刻 $t'\longrightarrow$时刻 t 的动力学演化。式(1-34)更具体地表示了波函数由点$(\boldsymbol{r}'t')$到点$(\boldsymbol{r}t)$的传播，$\Psi(\boldsymbol{r},t)$是过去时刻 t' 空间所有各点的 $\Psi(\boldsymbol{r}',t')$传播到点 $\boldsymbol{r}$ 的线性叠加。$K(\boldsymbol{r}t,\boldsymbol{r}'t')$是式(1-34)积分的核函数，称为(在坐标表象的)传播子。

如果由量子力学的第二条假设：薛定谔方程(1-19)出发，则可以求出时间演化算符 $\hat{T}(t,t')$为式(1-32)或(1-33)，亦即可以求出在坐标表象的传播子 $K(\boldsymbol{r}t,\boldsymbol{r}'t')$(其具体表示式见本章第一部分式(1-48)或例题第 1-22 题)。代回式(1-34)，就直接得到一个体系的任一

运动状态波函数随时间由 $t' \to t$ 的动力学演化。注意到量子力学的第二条假设:薛定谔方程与量子力学的第四条假设:量子条件(见第二章)是有联系、相一致的,而量子条件这里所指的是正则量子化方案的量子条件,这表明由正则量子化方案是可以求得传播子 $K(\boldsymbol{r}t,\boldsymbol{r}'t')$ 的。

但是值得指出,量子力学还有另一种量子化方案,称为费曼路径积分量子化(R. P. Feynman,1948 年),它给出传播子为

$$K(\boldsymbol{r}t,\boldsymbol{r}'t') = \sum_{\substack{\text{所有}\\\text{路径}}} \text{常数} \cdot \mathrm{e}^{\frac{\mathrm{i}}{\hbar}S[\boldsymbol{x}(\tau)]} \tag{1-35}$$

意思是 $K(\boldsymbol{r}t,\boldsymbol{r}'t')$ 由相应经典体系在连接两点 $(\boldsymbol{r}t)$ 和 $(\boldsymbol{r}'t')$ 之间的所有各条可能路径 $\boldsymbol{x}(\tau)$ 所对应的作用量 $S[\boldsymbol{x}(\tau)]$ 按上面式(1-35)给出。由于两点之间的所有可能路径实际上有无限多条,式(1-35)中对所有可能路径的求和将化为积分。这样,费曼路径积分应用体系的经典描述(两点之间路径的作用量 S)通过建立经典力学中路径的作用量与量子力学中波动的位相之间的对应关系,直接得到体系的量子描述(得到传播子 $K(\boldsymbol{r}t,\boldsymbol{r}'t')$),实现体系的量子化。这种量子化方案在现代物理学的各个领域中已得到愈来愈广泛的应用。

六、定态

1. 定态的定义

体系的能量有确定值 E 的运动状态称为定态。定态也是含时态,定态波函数的一般形式为

$$\Psi_E(\boldsymbol{r},t) = \psi_E(\boldsymbol{r})\mathrm{e}^{-\frac{\mathrm{i}}{\hbar}Et} \tag{1-36}$$

可知:体系处于一个定态下,粒子坐标的几率密度分布 $\rho(\boldsymbol{r})$,几率流密度分布 $\boldsymbol{j}(\boldsymbol{r})$ 以及其他各个力学量的取值几率分布都不随时间改变。

若体系的哈密顿算符不显含时间,则体系的运动存在定态。

2. 定态薛定谔方程

定态波函数式(1-36)满足(含时)薛定谔方程,式(1-36)中的空间坐标函数部分 $\psi_E(\boldsymbol{r})$ 又满足定态薛定谔方程:

$$\hat{H}\psi_E(\boldsymbol{r}) = E\psi_E(\boldsymbol{r}) \tag{1-37}$$

它在体系哈密顿算符 $\hat{H}$ 不显含时间 t 的条件下,可以由(含时)薛定谔方程推导出来。实际上,它即是体系哈密顿算符 $\hat{H}$ 的本征值方程,函数 $\psi_E(\boldsymbol{r})$ 和相应的能量 E 分别是算符 $\hat{H}$ 的本征函数和本征值。通常,也称能量本征函数 $\psi_E(\boldsymbol{r})$ 为定态波函数。

物理上求解定态薛定谔方程(1-37)分为两大步骤:

(1)根据体系哈密顿算符 $\hat{H}$ 在一个表象(例如坐标表象)的具体形式,列出方程并解方程以得出方程的数学解;

(2)根据物理问题要求的边界条件,选取符合物理边界条件的解;并且,要求这个解满足波函数的有限性、单值性和连续性三个标准条件。由此,可以得到使解满足物理边界条件和三个标准条件时所有可能取的本征值 $\{E\}$,称为本征值谱,亦即是体系的能谱。对于体系的束缚定态来说,能谱是分立的。接着,再得出与本征值谱 $\{E\}$ 相应的正交归一化本征函数完备组 $\{\psi_E(\boldsymbol{r})\}$。

3. 一维定态问题

粒子在一维空间的势场中运动,所处的定态可能是束缚定态,也有可能是自由定态,首先须视势场的具体情况而定。

(1)一维束缚定态有一些共同特点:能量无简并;定态波函数可以取为实函数;基态波函数无节点(两个端点除外),第 n 激发态波函数的空间节点数目为 n,等等。如果势场 $V(x)$ 是 x 的偶函数,则定态波函数 $\psi_E(x)$ 也必定是 x 的奇函数或偶函数。

典型的一维束缚定态问题有粒子在一维无限深方势阱中运动和一维谐振子问题。问题首先是要求出体系的能谱和相应的正交归一化定态波函数完备组,据此,再作物理讨论。

(2)一维自由定态问题实际上是讨论一维自由运动的粒子入射一个势场后,被势场散射的问题。粒子被一维势场散射只有向前或往后两个方向,即透射势场或被势场反射两种可能,问题就是要分别求出这两者的几率,即透射系数和反射系数。这类问题中出现的量子效应,特别是量子隧道效应,在物理学许多领域的实际问题中都有重要意义。

4. 逆问题

具体讨论一维束缚定态问题。记粒子所处的势场为 $V(x)$,定态薛定谔方程写为

$$\left[-\frac{\hbar^2}{2m}\frac{\mathrm{d}^2}{\mathrm{d}x^2}+V(x)\right]\psi_E(x)=E\psi_E(x) \tag{1-38}$$

则有

$$V(x)=E+\frac{\hbar^2}{2m}\frac{1}{\psi_E(x)}\frac{\mathrm{d}^2}{\mathrm{d}x^2}\psi_E(x),-\infty<x<\infty \tag{1-39}$$

如果已知体系的一个定态波函数 $\psi_E(x)$,则可以求出这个定态的能量 E,特别是还可以求出粒子所处的势场 $V(x)$,这就是束缚定态问题的逆问题。自然,由式(1-39)只能求出 $V(x)-E$,欲分别求出 E 和 $V(x)$ 还需要附加一个条件,例如设定 $V(x)$ 的零点。以上讨论,可以推广到三维中心势场的束缚定态问题及散射问题。

5. 已知时刻 t' 的非定态波函数 $\Psi(\boldsymbol{r},t')$ 求时刻 $t(t>t')$ 的 $\Psi(\boldsymbol{r},t)$

如果体系的哈密顿算符 $\hat{H}$ 不显含时间 t,则体系存在定态,应用相应的定态薛定谔方程可以求出这个体系的正交归一化定态波函数完备组 $\{\psi_E(\boldsymbol{r})\mathrm{e}^{-\frac{\mathrm{i}}{\hbar}Et}\}$。另一方面,这个体系也存在非定态,满足这个体系相应的(含时)薛定谔方程。任一非定态的波函数 $\Psi(\boldsymbol{r},t)$ 都可以写成诸定态波函数的叠加式:

$$\Psi(\boldsymbol{r},t)=\sum_E c_E\psi_E(\boldsymbol{r})\mathrm{e}^{-\frac{\mathrm{i}}{\hbar}Et} \tag{1-40}$$

上式首先可以理解成是函数 $\Psi(\boldsymbol{r},t)$ 按函数完备组 $\{\psi_E(\boldsymbol{r})\mathrm{e}^{-\frac{\mathrm{i}}{\hbar}Et}\}$ 的展开式;但是更重要的是由于 $\Psi(\boldsymbol{r},t)$ 和诸 $\{\psi_E(\boldsymbol{r})\mathrm{e}^{-\frac{\mathrm{i}}{\hbar}Et}\}$ 都描述同一体系的可能状态,故上式又是态叠加原理的表示式,因而式中诸叠加系数 c_E 均与时间无关。

于是,由在时刻 t' 的式(1-40)求出诸叠加系数 $\{c_E\}$,再代入时刻 $t(t>t')$ 的式(1-40)中,就可以由已知体系在时刻 t' 的一个非定态波函数 $\Psi(\boldsymbol{r},t')$ 而求得这个非定态在时刻 $t(t>t')$ 的波函数 $\Psi(\boldsymbol{r},t)$。

若体系能谱完全分立,则由

$$\Psi(\boldsymbol{r},t')=\sum_n c_n\psi_n(\boldsymbol{r})\mathrm{e}^{-\frac{\mathrm{i}}{\hbar}E_nt'} \tag{1-41}$$

可以求出

$$c_n=\int\psi_n^*(\boldsymbol{r}')\mathrm{e}^{\frac{\mathrm{i}}{\hbar}E_nt'}\Psi(\boldsymbol{r}',t')\mathrm{d}\tau',\quad n=1,2,3,\cdots \tag{1-42}$$

得到在时刻 $t(t>t')$：

$$\Psi(\boldsymbol{r},t)=\sum_n\left[\int\psi_n^*(\boldsymbol{r}')\mathrm{e}^{\frac{\mathrm{i}}{\hbar}E_nt'}\Psi(\boldsymbol{r}',t')\mathrm{d}\tau'\right]\psi_n(\boldsymbol{r})\mathrm{e}^{-\frac{\mathrm{i}}{\hbar}E_nt} \tag{1-43}$$

若体系能谱完全连续，例如粒子一维自由运动情况，则可由

$$\Psi(x,t')=\int c(p)\frac{1}{\sqrt{2\pi\hbar}}\mathrm{e}^{\frac{\mathrm{i}}{\hbar}(px-Et')}\mathrm{d}p,\ E=\frac{p^2}{2m} \tag{1-44}$$

求出

$$c(p)=\int\Psi(x',t')\frac{1}{\sqrt{2\pi\hbar}}\mathrm{e}^{-\frac{\mathrm{i}}{\hbar}(px'-Et')}\mathrm{d}x',\ E=\frac{p^2}{2m} \tag{1-45}$$

而得到在时刻 $t(t>t')$：

$$\Psi(x,t)=\int\left[\int\Psi(x',t')\frac{1}{\sqrt{2\pi\hbar}}\mathrm{e}^{-\frac{\mathrm{i}}{\hbar}(px'-Et')}\mathrm{d}x'\right]\frac{1}{\sqrt{2\pi\hbar}}\mathrm{e}^{\frac{\mathrm{i}}{\hbar}(px-Et)}\mathrm{d}p,\ E=\frac{p^2}{2m} \tag{1-46}$$

最后指出：不失一般性，将式(1-43)改写成

$$\Psi(\boldsymbol{r},t)=\int\left[\sum_n\psi_n(\boldsymbol{r})\psi_n^*(\boldsymbol{r}')\mathrm{e}^{-\frac{\mathrm{i}}{\hbar}E_n(t-t')}\right]\Psi(\boldsymbol{r}',t')\mathrm{d}\tau' \tag{1-47}$$

因而传播子可以表示成

$$K(\boldsymbol{r}t,\boldsymbol{r}'t')=\sum_n\psi_n(\boldsymbol{r})\psi_n^*(\boldsymbol{r}')\mathrm{e}^{-\frac{\mathrm{i}}{\hbar}E_n(t-t')},\ t>t' \tag{1-48}$$

第二部分　例　　题

1-1　(a)　试用费马最短光程定律导出光的折射定律：$n_1\sin\alpha_1=n_2\sin\alpha_2$；

(b)　光的波动说的拥护者曾经向光的微粒论者提出下列非难：如果认为光是“粒子”，则其运动遵守最小作用量原理：$\delta\int p\mathrm{d}l=0$，若认为 $p=mv$，则 $\delta\int v\mathrm{d}l=0$，$p$ 指“粒子”动量，v 指粒子“速度”。这样将导出下列折射定律：$n_1\sin\alpha_2=n_2\sin\alpha_1$. 这明显违反实验事实。即使考虑相对论效应，对于自由粒子，$p=\frac{Ev}{c^2}$ 仍然成立，E 是粒子能量，从一种介质到另一种介质，E 不改变。因此仍然得到 $\delta\int v\mathrm{d}l=0$。矛盾依然存在。你怎样解决这个矛盾？

解：(a)　证明参见北京大学赵凯华先生编著《光学》上册，第 37 页（北京大学出版社，1982 年），此处从略。

(b)　此论证存在着两个错误。一是由于光子的静质量为零，因此光子没有与之相对应的经典粒子，光子的动量只能写为 $p=\frac{h}{\lambda}$；二是不能把粒子运动的速度 v 与光波在媒质中的传播速度——相速 $u=\frac{c}{n}$（n 为媒质的折射率）混为一团。此处因误认为 $v=u$，才造成上述错误。

解决此矛盾的关键在于分清相速 u、群速 v_g 及粒子的运动速度 v 三个不同的概念及找出三者之间的关系，再根据光的波粒二象性的爱因斯坦关系式

$$\begin{cases} E=h\nu=\hbar\omega \\ \vec{p}=\hbar\vec{k}=\dfrac{h}{\lambda}\vec{n} \end{cases}$$

将光子的动量 $p=\dfrac{h}{\lambda}$ 代入最小作用量原理之中,即得正确的折射定律。

定义:相速 u 为

$$u=\frac{\omega}{k} \tag{1}$$

群速 v_g 为

$$v_g=\frac{\mathrm{d}\omega}{\mathrm{d}k} \tag{2}$$

粒子的运动速度 v 为

$$v=\frac{\mathrm{d}H}{\mathrm{d}p} \tag{3}$$

因此,若某波包的色散关系 $\omega(k)$ 是线性的,则 $u=v_g$;若色散关系 $\omega(k)$ 是非线性的,则 $u\neq v_g$;而对于自由运动的实物粒子来说,由于 $v=\dfrac{\mathrm{d}H}{\mathrm{d}p}=\dfrac{\mathrm{d}E}{\mathrm{d}p}$,将德布罗意关系式 $E=\hbar\omega,\boldsymbol{p}=\hbar\boldsymbol{k}$ 代入,可得 $v=\dfrac{\mathrm{d}\omega}{\mathrm{d}k}=v_g$,即自由粒子的运动速度 v 与相应的德布罗意波的群速 v_g 是相等的。

下面将上述关系具体用于光子与实物粒子身上。

对于光波而言,已知色散关系

$$\omega(k)=\begin{cases} c_0 k, & \text{真空} \\ \dfrac{c_0}{n}k, & \text{介质} \end{cases} \tag{4}$$

(式中:c_0 是光在真空中的传播速度,n 为媒质的折射率)均为线性关系,故

$$u=v_g \tag{5}$$

但光子的静质量 $m_0=0$,无与之相对应的经典粒子,其动量只能表示为

$$p=\frac{h}{\lambda} \tag{6}$$

式中:λ 为光波波长。

对于非相对论性自由粒子,由于 $E=\dfrac{p^2}{2m}$,故相应的德布罗意波的色散关系为

$$\omega=\frac{\hbar}{2m}k^2 \tag{7}$$

为非线性关系,故

$$u\neq v_g=v \tag{8}$$

即使是相对论性自由粒子,由于 $E=(m_0{}^2c^4+p^2c^2)^{\frac{1}{2}}$,相应的德布罗意波的色散关系为

$$\omega=\left(\frac{m_0{}^2c^2}{\hbar^2}+k^2\right)^{\frac{1}{2}} \tag{9}$$

仍为非线性关系,故仍有

$$u\neq v_g=v \tag{10}$$

在题述论证中，错误地认为粒子运动的速度 v 总是与相应的德布罗意波的相速 u 相等，才导致了错误的折射定律。

正确的解释应是：若将光子看做是"粒子"，则应遵守最小作用量原理：

$$\delta\int p\mathrm{d}l=0 \tag{11}$$

再将(6)式代入(11)式，可得

$$0=\delta\int p\mathrm{d}l=\delta\int\frac{h}{\lambda}\mathrm{d}l \tag{12}$$

而媒质中光波的波长 λ 与介质折射率 n 之间的关系为

$$\lambda=\frac{\lambda_0}{n} \tag{13}$$

式中：λ_0 为光在真空中的波长。将(13)式代入(12)式中，可得

$$0=\delta\int\frac{nh}{\lambda_0}\mathrm{d}l=\frac{h}{\lambda_0}\delta\int n\mathrm{d}l$$

即

$$\delta\int n\mathrm{d}l=0 \tag{14}$$

此即费马原理。由此必有

$$n_1\sin\alpha_1=n_2\sin\alpha_2 \tag{15}$$

1-2 试确定与德布罗意波波长 $\lambda=\dfrac{h}{p}$ 相应的波的相速度 u_p 及相应的波的群速度 v_g。

解：1° 先求相速度 u_p：

因
$$E=mc^2=h\nu$$

即
$$\nu=mc^2/h \tag{1}$$

又
$$\lambda=\frac{h}{p}=\frac{h}{mv} \tag{2}$$

故
$$u_p=\frac{\omega}{k}=\frac{2\pi\nu}{2\pi/\lambda}=\nu\lambda=\left(\frac{mc^2}{h}\right)\left(\frac{h}{mv}\right)=\frac{c^2}{v} \tag{3}$$

由于 $v<c$，所以

$$u_p>c \tag{4}$$

2° 再求群速度：

由定义知：

$$v_g=\frac{\mathrm{d}\omega}{\mathrm{d}k}=\frac{\mathrm{d}(2\pi\nu)}{\mathrm{d}\left(\frac{2\pi}{\lambda}\right)}=\mathrm{d}\nu/\mathrm{d}\left(\frac{1}{\lambda}\right) \tag{5}$$

将(1)、(2)两式代入(5)式，得

$$v_g=c^2\,\frac{\mathrm{d}m}{\mathrm{d}p}$$

又由相对论能量—动量关系式：

$$E^2=m^2c^4=p^2c^2+m_0{}^2c^4 \tag{6}$$

对(6)式两边微分，得

$$c^2 m\mathrm{d}m = p\mathrm{d}p$$

由此可得

$$v_g = c^2 \frac{\mathrm{d}m}{\mathrm{d}p} = \frac{p}{m} = v \tag{7}$$

因此与一个运动粒子相伴随的德布罗意波是用与之相联系的由无数平面波叠加而成的一个波包来描述的。每一平面波都以相速度运动,相速可以超过光速。但是单个的相速度是观测不到的,可观测的量是局部扰动的速度,即群速度,这个速度就是通常所说的粒子的速度,它总小于光速。

1-3　电子被加速后的速度很大,必须考虑相对论修正。因而原来 $\lambda = \frac{12.25}{\sqrt{V}}$ Å 的电子德布罗意波长与加速电压 V 的关系式应改为:

$$\lambda = \frac{12.25}{\sqrt{V}}(1 - 0.489 \times 10^{-6} V)\ \text{Å}$$

式中:V 为以伏特为单位的电子加速电压。试证明之。

证明:在非相对论性情况下,电子若被电势差为 V 伏特的电场加速,则其德布罗意波波长为:

$$\lambda = h/p = h/\sqrt{2mE} = h/\sqrt{2meV} \approx \frac{12.25}{\sqrt{V}}(\text{Å}) \tag{1}$$

考虑相对论性效应后,由能量—动量关系式

$$E^2 = (K + m_0 c^2)^2 = (pc)^2 + (m_0 c^2)^2 \tag{2}$$

式中:$K = eV$ 为电子的动能,m_0 为电子的静质量,有

$$pc = \left[2m_0 c^2 K\left(1 + \frac{K}{2m_0 c^2}\right)\right]^{1/2}$$

所以

$$\lambda = \frac{h}{p} = \frac{hc}{pc} = \frac{h}{\sqrt{2m_0 eV}} \cdot \frac{1}{\sqrt{1 + eV/2m_0 c^2}} = \frac{12.25}{\sqrt{V}}\ \frac{1}{\sqrt{1 + eV/2m_0 c^2}} \tag{3}$$

因为 $\frac{eV}{2m_0 c^2} \ll 1$,可将式(3)中的 $\left(1 + \frac{eV}{2m_0 c^2}\right)^{-1/2}$ 用二项定理展开,只取前两项,有

$$\left(1 + \frac{eV}{2m_0 c^2}\right)^{-1/2} \approx 1 - \frac{eV}{4m_0 c^2}$$

再代回(3)式,即得

$$\lambda \approx \frac{12.25}{\sqrt{V}}\left(1 - \frac{eV}{4m_0 c^2}\right) = \frac{12.25}{\sqrt{V}}(1 - 0.489 \times 10^{-6} V)(\text{Å}) \tag{4}$$

1-4　如果我们需要观测一个大小为 2.5Å 的物体,可用的光子的最小能量是多少?若把光子改为电子呢?

解:为了发生散射,光波的波长必须与所观测物体的大小同数量级或更小。所以,在这个问题中我们能够采用的光的最大波长 $\lambda_{\max} = 2.5$Å,这样相应的光子的最小能量就为:

$$E_{\min} = h\nu_{\min} = \frac{hc}{\lambda_{\max}} \approx 4.96 \times 10^3 (\text{eV}) \tag{1}$$

若把光子改为电子，则最大电子波长 $\lambda'_{\max}=2.5\text{Å}$，按照非相对论性计算：

$$p=\sqrt{2m_eE_k} \tag{2}$$

因此

$$\lambda=\frac{h}{p}=h/\sqrt{2m_eE_k}$$

则

$$E_k=h^2/2m_e\lambda_{\max}^2\approx24.1(\text{eV}) \tag{3}$$

由此可以看出，对于给定的能量，电子具有比光子高得多的分辨率。正因为如此，电子显微镜能够有比光学显微镜高得多的放大率。

1-5 已知线谐振子处于第 n 个定态 $\psi_n(x)$ 之中，$\psi_n(x)=\left(\frac{\alpha}{\sqrt{\pi}2^n n!}\right)^{\frac{1}{2}}\text{e}^{-\frac{1}{2}\alpha^2x^2}H_n(\alpha x)$，其中 $\alpha^2=\frac{m\omega}{\hbar}$，试计算 x,p,x^2,p^2 的平均值及 $\Delta x,\Delta p$。

解：利用厄密多项式的递推关系：

$$\xi H_n(\xi)=\frac{1}{2}H_{n+1}(\xi)+nH_{n-1}(\xi) \tag{1}$$

$$\frac{\text{d}}{\text{d}\xi}H_n(\xi)=2nH_{n-1}(\xi) \tag{2}$$

有

$$x\psi_n=\frac{1}{\alpha}\left(\sqrt{\frac{n+1}{2}}\psi_{n+1}+\sqrt{\frac{n}{2}}\psi_{n-1}\right) \tag{3}$$

$$\frac{\text{d}}{\text{d}x}\psi_n=\alpha\left[-\sqrt{\frac{n+1}{2}}\psi_{n+1}-\left(\sqrt{\frac{n}{2}}-\sqrt{2n}\right)\psi_{n-1}\right] \tag{4}$$

所以

$$\begin{aligned}\overline{x}&=\int_{-\infty}^{\infty}\psi_n^*x\psi_n\text{d}x\\&=\int_{-\infty}^{\infty}\psi_n^*\frac{1}{\alpha}\left(\sqrt{\frac{n+1}{2}}\psi_{n+1}+\sqrt{\frac{n}{2}}\psi_{n-1}\right)\text{d}x=0\end{aligned} \tag{5}$$

$$\begin{aligned}\overline{x^2}&=\int_{-\infty}^{\infty}x^2|\psi_n|^2\text{d}x=\int_{-\infty}^{\infty}\psi_n^*x\cdot x\psi_n\text{d}x\\&=\frac{1}{\alpha}\int_{-\infty}^{\infty}\psi_n^*x\left(\sqrt{\frac{n+1}{2}}\psi_{n+1}+\sqrt{\frac{n}{2}}\psi_{n-1}\right)\text{d}x\\&=\frac{1}{\alpha^2}\int_{-\infty}^{\infty}\psi_n^*\left[\sqrt{\frac{n+1}{2}}\left(\sqrt{\frac{n+2}{2}}\psi_{n+2}+\sqrt{\frac{n+1}{2}}\psi_n\right)+\sqrt{\frac{n}{2}}\left(\sqrt{\frac{n}{2}}\psi_n+\sqrt{\frac{n-1}{2}}\psi_{n-2}\right)\right]\text{d}x\\&=\frac{1}{\alpha^2}\left(\frac{n+1}{2}+\frac{n}{2}\right)=\frac{1}{\alpha^2}\left(n+\frac{1}{2}\right)=\frac{\hbar}{m\omega}\left(n+\frac{1}{2}\right)\end{aligned} \tag{6}$$

$$\begin{aligned}\overline{p}&=\int_{-\infty}^{\infty}\psi_n^*\frac{\hbar}{i}\frac{\text{d}}{\text{d}x}\psi_n\text{d}x\\&=\frac{\hbar}{i}\int_{-\infty}^{\infty}\psi_n^*\left[(-\alpha)\left(\sqrt{\frac{n+1}{2}}\psi_{n+1}+\sqrt{\frac{n}{2}}\psi_{n-1}-\sqrt{2n}\psi_{n-1}\right)\right]\text{d}x\\&=0\end{aligned} \tag{7}$$

$$\overline{p^2}=(-\hbar^2)\int_{-\infty}^{\infty}\psi_n^*\ \frac{\mathrm{d}^2}{\mathrm{d}x^2}\psi_n\mathrm{d}x$$

$$=(-\hbar^2\alpha)\int_{-\infty}^{\infty}\psi_n^*\ \frac{\mathrm{d}}{\mathrm{d}x}\left[-\sqrt{\frac{n+1}{2}}\psi_{n+1}-\left(\sqrt{\frac{n}{2}}-\sqrt{2n}\right)\psi_{n-1}\right]\mathrm{d}x$$

$$=(-\hbar^2\alpha^2)\int_{-\infty}^{\infty}\psi_n^*\left\{\left(-\sqrt{\frac{n+1}{2}}\right)\left[-\sqrt{\frac{n+2}{2}}\psi_{n+2}-\left(\sqrt{\frac{n+1}{2}}-\sqrt{2(n+1)}\right)\psi_n\right]-\right.$$

$$\left.\left(\sqrt{\frac{n}{2}}-\sqrt{2n}\right)\left[-\sqrt{\frac{n}{2}}\psi_n-\left(\sqrt{\frac{n-1}{2}}-\sqrt{2(n-1)}\right)\psi_{n-2}\right]\right\}\mathrm{d}x$$

$$=(-\hbar^2\alpha^2)\left[\sqrt{\frac{n+1}{2}}\left(\sqrt{\frac{n+1}{2}}-\sqrt{2(n+1)}\right)+\left(\sqrt{\frac{n}{2}}-\sqrt{2n}\right)\sqrt{\frac{n}{2}}\right]$$

$$=(-\hbar^2\alpha^2)\left(-n-\frac{1}{2}\right)=m\omega\hbar\left(n+\frac{1}{2}\right)\tag{8}$$

故

$$\Delta x=(\overline{x^2}-\overline{x}^2)^{1/2}=\left[\frac{\hbar}{m\omega}\left(n+\frac{1}{2}\right)\right]^{1/2}\tag{9}$$

$$\Delta p=(\overline{p^2}-\overline{p}^2)^{1/2}=\left[m\omega\hbar\left(n+\frac{1}{2}\right)\right]^{1/2}\tag{10}$$

$$\Delta x\cdot\Delta p=\left(n+\frac{1}{2}\right)\hbar\tag{11}$$

另解：

由于线谐振子在每一定态 $\psi_n(x)$ 中具有 $(-1)^n$ 的宇称，所以 $|\psi_n(x)|^2$ 具有偶宇称，而 x 是奇宇称，得

$$\overline{x}=\int_{-\infty}^{\infty}x|\psi_n|^2\mathrm{d}x=0\tag{12}$$

又，线谐振子的势能函数 $V(x)=\frac{1}{2}m\omega^2x^2$ 是 x 的二次齐次函数，故由维里定理（参看第二章第一部分内容精要之六）：

$$2\overline{T}=n\overline{V}\tag{13}$$

取 $n=2$，有

$$\overline{T}=\overline{V}\tag{14}$$

而对线谐振子的每一定态，有

$$\overline{H}=E_n=\overline{T}+\overline{V}=2\overline{V}$$

得

$$\overline{V}=\frac{1}{2}m\omega^2\ \overline{x^2}=\frac{1}{2}E_n=\frac{1}{2}\left(n+\frac{1}{2}\right)\hbar\omega$$

即

$$\overline{x^2}=\frac{\hbar}{m\omega}\left(n+\frac{1}{2}\right)\tag{15}$$

$$\overline{T}=\frac{1}{2m}\ \overline{p^2}=\frac{1}{2}\left(n+\frac{1}{2}\right)\hbar\omega$$

即

$$\overline{p^2}=m\omega\hbar\left(n+\frac{1}{2}\right) \tag{16}$$

再由量子力学中的一个普遍结果：如果体系的哈密顿算符 $\hat{H}$ 不显含时间 t，则在具有分立能谱的定态中，动量的平均值为零。

* 证明：$\bar{\boldsymbol{p}}=m\dfrac{\mathrm{d}\bar{\boldsymbol{r}}}{\mathrm{d}t}=\dfrac{m}{\mathrm{i}\hbar}\int\psi_n^*[\hat{\boldsymbol{r}},\hat{H}]\psi_n\mathrm{d}\tau$

$$=\frac{m}{\mathrm{i}\hbar}\int\psi_n^*(\hat{\boldsymbol{r}}\hat{H}-\hat{H}\hat{\boldsymbol{r}})\psi_n\mathrm{d}\tau=\frac{m}{\mathrm{i}\hbar}\left\{\int\psi_n^*\hat{\boldsymbol{r}}(\hat{H}\psi_n)\mathrm{d}\tau-\int(\hat{H}\psi_n)^*\hat{\boldsymbol{r}}\psi_n\mathrm{d}\tau\right\}$$

$$=\frac{m}{\mathrm{i}\hbar}(E_n\bar{\boldsymbol{r}}-E_n\bar{\boldsymbol{r}})=0$$

所以在线谐振子的第 n 个定态 $\psi_n(x)$ 之中，动量的平均值 $\bar{p}=0$。

显然，第二种方法得出的结果与第一种方法完全相同。

1-6 设氢原子处在 $\psi(r,\theta,\varphi)=(\pi a_0^3)^{-1/2}\mathrm{e}^{-r/a_0}$ 的状态之中，a_0 为第一玻尔轨道半径，求：

(a) r 的平均值；

(b) 势能 $V(r)=-\dfrac{1}{4\pi\varepsilon_0}\dfrac{e^2}{r}$的平均值；

(c) 动量几率分布函数。

解：先检验 $\psi(r)$是否归一化。

$$\int_{-\infty}^{\infty}|\psi(r,\theta,\varphi)|^2\mathrm{d}\tau=\int_0^{\infty}\int_0^{\pi}\int_0^{2\pi}1/(\pi a_0{}^3)\mathrm{e}^{-\frac{2r}{a_0}}r^2\sin\theta\mathrm{d}r\mathrm{d}\theta\mathrm{d}\varphi$$

$$=(1/\pi a_0{}^3)\cdot(4\pi)\int_0^{\infty}r^2\mathrm{e}^{-2r/a_0}\mathrm{d}r$$

$$=(1/\pi a_0{}^3)\cdot(4\pi)(a_0/2)^3\cdot 2!$$

$$=1 \tag{1}$$

表明 $\psi(r,\theta,\varphi)$已经是归一化的。

(a) $\bar{r}=\int_{-\infty}^{\infty}r|\psi(r,\theta,\varphi)|^2\mathrm{d}\tau$

$$=(1/\pi a_0{}^3)\int_0^{\infty}\int_0^{\pi}\int_0^{2\pi}r^3\mathrm{e}^{-2r/a_0}\mathrm{d}r\sin\theta\mathrm{d}\theta\mathrm{d}\varphi$$

$$=(1/\pi a_0{}^3)(4\pi)\int_0^{\infty}r^3\mathrm{e}^{-2r/a_0}\mathrm{d}r$$

$$=\frac{3}{2}a_0 \tag{2}$$

(b) $\overline{V(r)}=-\dfrac{1}{4\pi\varepsilon_0}\dfrac{e^2}{\bar{r}}=-\dfrac{e^2}{4\pi\varepsilon_0}\int_{-\infty}^{\infty}\dfrac{1}{r}|\psi(r,\theta,\varphi)|^2\mathrm{d}\tau$

$$=\left(-\frac{e^2}{4\pi\varepsilon_0}\right)\left(\frac{1}{\pi a_0{}^3}\right)\int_0^{\infty}\int_0^{\pi}\int_0^{2\pi}r\mathrm{e}^{-2r/a_0}\mathrm{d}r\sin\theta\mathrm{d}\theta\mathrm{d}\varphi$$

$$=\left(-\frac{e^2}{4\pi\varepsilon_0}\right)\left(\frac{1}{\pi a_0{}^3}\right)(4\pi)\int_0^{\infty}r\mathrm{e}^{-2r/a_0}\mathrm{d}r$$

$$=-\frac{1}{4\pi\varepsilon_0}\frac{e^2}{a_0} \tag{3}$$

(c)　$c(\boldsymbol{p})=(2\pi\hbar)^{-3/2}\int_{-\infty}^{\infty}\psi(r,\theta,\varphi)\mathrm{e}^{-\mathrm{i}\boldsymbol{p}\cdot\boldsymbol{r}/\hbar}\mathrm{d}\tau$

为了计算 $c(\boldsymbol{p})$ 的值,选用球坐标系,并且不失一般性,取 $\boldsymbol{p}$ 的方向为 z 轴正向(此即球坐标系的极轴),因此有

$$\boldsymbol{p}\cdot\boldsymbol{r}=pr\cos\theta$$

所以

$$c(\boldsymbol{p})=(2\pi\hbar)^{-3/2}(\pi a_0{}^3)^{-1/2}\int_0^{\infty}\int_0^{\pi}\int_0^{2\pi}\mathrm{e}^{-r/a_0}\mathrm{e}^{-\frac{\mathrm{i}}{\hbar}pr\cos\theta}r^2\mathrm{d}r\cdot\sin\theta\mathrm{d}\theta\mathrm{d}\varphi$$

$$=(2\pi\hbar)^{-3/2}(\pi a_0{}^3)^{-1/2}(2\pi)\int_0^{\pi}\sin\theta\mathrm{d}\theta\int_0^{\infty}\exp\left[-r\left(\frac{1}{a_0}+\frac{\mathrm{i}}{\hbar}p\cos\theta\right)\right]r^2\mathrm{d}r$$

$$=(2\pi\hbar)^{-3/2}(\pi a_0{}^3)^{-1/2}(2\pi)\int_0^{\pi}2\sin\theta\mathrm{d}\theta\Big/\left(\frac{1}{a_0}+\frac{\mathrm{i}}{\hbar}p\cos\theta\right)^3$$

$$=(2\pi\hbar)^{-3/2}(\pi a_0{}^3)^{-1/2}(2\pi)\left(\frac{\hbar}{\mathrm{i}p}\right)\left(\frac{1}{a_0}+\frac{\mathrm{i}}{\hbar}p\cos\theta\right)^{-2}\Bigg|_0^{\pi}$$

$$=\left(\frac{1}{\mathrm{i}p}\sqrt{2\hbar\pi^2a_0{}^3}\right)\left\{\left(\frac{1}{a_0}-\frac{\mathrm{i}}{\hbar}p\right)^{-2}-\left(\frac{1}{a_0}+\frac{\mathrm{i}}{\hbar}p\right)^{-2}\right\}$$

$$=\frac{(2a_0\hbar)^{3/2}\hbar}{\pi(\hbar^2+a_0{}^2p^2)^2}$$

动量的几率分布为:

$$|c(\boldsymbol{p})|^2=\frac{8a_0{}^3\hbar^5}{\pi^2}\frac{1}{(\hbar^2+a_0{}^2p^2)^4}\tag{4}$$

1-7　设 $t=0$ 时粒子的状态为 $\psi(x)=A\left(\sin^2kx+\frac{1}{2}\cos kx\right)$,求此时粒子的平均动量和平均动能。

解:此题不能直接套用动量的平均值公式计算,

$$\bar{p}=\int_{-\infty}^{\infty}\psi^*(x)\hat{p}\psi(x)\mathrm{d}x=\int_{-\infty}^{\infty}\psi^*(x)\left(\frac{\hbar}{\mathrm{i}}\frac{\mathrm{d}}{\mathrm{d}x}\right)\psi(x)\mathrm{d}x\tag{1}$$

因为(1)式的适用条件要求体系的状态波函数必须是平方可积的,即要求

$$\psi(x)\xrightarrow{|x|\to\infty}0\tag{2}$$

而题给的态显然不满足条件(2),故不能直接用(1)式计算。此题可用如下两种方法求解。

方法一:利用三角函数公式

$$\sin kx=\frac{1}{2\mathrm{i}}(\mathrm{e}^{\mathrm{i}kx}-\mathrm{e}^{-\mathrm{i}kx}),\cos kx=\frac{1}{2}(\mathrm{e}^{\mathrm{i}kx}+\mathrm{e}^{-\mathrm{i}kx})$$

可得

$$\psi(x)=A\left(\sin^2kx+\frac{1}{2}\cos kx\right)$$

$$=\frac{A}{4}(\mathrm{e}^{\mathrm{i}kx}+\mathrm{e}^{-\mathrm{i}kx}-\mathrm{e}^{\mathrm{i}2kx}-\mathrm{e}^{-\mathrm{i}2kx}+2\mathrm{e}^{\mathrm{i}0x})$$

$$=\frac{A}{4}(2\pi\hbar)^{1/2}\left[(2\pi\hbar)^{-1/2}\mathrm{e}^{\frac{\mathrm{i}}{\hbar}p_1x}+(2\pi\hbar)^{-1/2}\mathrm{e}^{\frac{\mathrm{i}}{\hbar}p_2x}-(2\pi\hbar)^{-1/2}\mathrm{e}^{\frac{\mathrm{i}}{\hbar}p_3x}-\right.$$

$$\left.(2\pi\hbar)^{-1/2}\mathrm{e}^{\frac{\mathrm{i}}{\hbar}p_4x}+2(2\pi\hbar)^{-1/2}\mathrm{e}^{\frac{\mathrm{i}}{\hbar}p_5x}\right]\tag{3}$$

(3)式表明粒子所处的状态实际上是由5个平面波线性叠加而成的叠加态，根据态叠加原理，此时粒子动量有5个可能的取值，它们的取值及相应的几率分别是：

$$\left.\begin{aligned}
&p_1=\hbar k, && \omega_1=\left|\frac{A}{4}\sqrt{2\pi\hbar}\right|^2=\frac{\pi\hbar}{8}|A|^2\\
&p_2=-\hbar k, && \omega_2=\left|\frac{A}{4}\sqrt{2\pi\hbar}\right|^2=\frac{\pi\hbar}{8}|A|^2\\
&p_3=2\hbar k, && \omega_3=\left|-\frac{A}{4}\sqrt{2\pi\hbar}\right|^2=\frac{\pi\hbar}{8}|A|^2\\
&p_4=-2\hbar k, && \omega_4=\left|-\frac{A}{4}\sqrt{2\pi\hbar}\right|^2=\frac{\pi\hbar}{8}|A|^2\\
&p_5=0, && \omega_5=\left|\frac{A}{2}\sqrt{2\pi\hbar}\right|^2=\frac{\pi\hbar}{2}|A|^2
\end{aligned}\right\} \tag{4}$$

由此可得粒子动量与动能的平均值分别为：

$$\overline{p}=\sum_{i=1}^{5}p_i\omega_i\Big/\sum_{i=1}^{5}\omega_i=0 \tag{5}$$

$$\overline{T}=\frac{1}{2m}\overline{p^2}=\frac{1}{2m}\left[\sum_{i=1}^{5}p_i^2\omega_i\Big/\sum_{i=1}^{5}\omega_i\right]=\frac{5k^2\hbar^2|A|^2}{8m|A|^2}=\frac{5k^2\hbar^2}{8m} \tag{6}$$

再由波函数的归一化条件，即在态 $\psi(x)$ 中，粒子动量取各可能值的几率之和必须等于1，有

$$\sum_{i=1}^{5}\omega_i=\pi\hbar|A|^2=1$$

得

$$A=(\pi\hbar)^{-1/2} \tag{7}$$

方法二：将已知态 $\psi(x)$ 作傅里叶展开：

$$\psi(x)=\int_{-\infty}^{\infty}c(p)(2\pi\hbar)^{-1/2}\mathrm{e}^{\frac{\mathrm{i}}{\hbar}px}\mathrm{d}p \tag{8}$$

则(8)式的傅里叶的逆变换为：

$$c(p)=(2\pi\hbar)^{-1/2}\int_{-\infty}^{\infty}\psi(x)\mathrm{e}^{-\frac{\mathrm{i}}{\hbar}px}\mathrm{d}x \tag{9}$$

将(3)式代入(9)式，有

$$\begin{aligned}c(p)=\frac{A}{4\sqrt{2\pi\hbar}}\Big\{&\int_{-\infty}^{\infty}\mathrm{e}^{\mathrm{i}(p_1-p)\frac{x}{\hbar}}\mathrm{d}x+\int_{-\infty}^{\infty}\mathrm{e}^{\mathrm{i}(p_2-p)\frac{x}{\hbar}}\mathrm{d}x-\\
&\int_{-\infty}^{\infty}\mathrm{e}^{\mathrm{i}(p_3-p)\frac{x}{\hbar}}\mathrm{d}x-\int_{-\infty}^{\infty}\mathrm{e}^{\mathrm{i}(p_4-p)\frac{x}{\hbar}}\mathrm{d}x+2\int_{-\infty}^{\infty}\mathrm{e}^{\mathrm{i}(p_5-p)\frac{x}{\hbar}}\mathrm{d}x\end{aligned}$$

利用 δ-函数的积分定义式：

$$\delta(p'-p)=\frac{1}{2\pi}\int_{-\infty}^{\infty}\mathrm{e}^{\mathrm{i}(p'-p)x}\mathrm{d}x$$

得

$$\begin{aligned}c(p)=\frac{A}{4\sqrt{2\pi\hbar}}\{&2\pi\hbar\delta(p_1-p)+2\pi\hbar\delta(p_2-p)-\\
&2\pi\hbar\delta(p_3-p)-2\pi\hbar\delta(p_4-p)+4\pi\hbar\delta(p_5-p)\}\end{aligned} \tag{10}$$

可知粒子的动量只有5个可能取值，它的取值及相应的几率分别为：

$$\left.\begin{aligned}
&p_1=k\hbar, \quad \omega_1=|c(p_1)|^2=\left|A(2\pi\hbar)/4\sqrt{2\pi\hbar}\right|^2=\frac{\pi\hbar}{8}|A|^2\\
&p_2=-k\hbar, \quad \omega_2=|c(p_2)|^2=\left|A(2\pi\hbar)/4\sqrt{2\pi\hbar}\right|^2=\frac{\pi\hbar}{8}|A|^2\\
&p_3=2k\hbar, \quad \omega_3=|c(p_3)|^2=\left|A(-2\pi\hbar)/4\sqrt{2\pi\hbar}\right|^2=\frac{\pi\hbar}{8}|A|^2\\
&p_4=-2k\hbar, \quad \omega_4=|c(p_4)|^2=\left|A(-2\pi\hbar)/4\sqrt{2\pi\hbar}\right|^2=\frac{\pi\hbar}{8}|A|^2\\
&p_5=0, \quad \omega_5=|c(p_5)|^2=\left|A(4\pi\hbar)/4\sqrt{2\pi\hbar}\right|^2=\frac{\pi\hbar}{2}|A|^2
\end{aligned}\right\} \tag{11}$$

(11)式的结果与(4)式一致。

1-8　如果粒子所处的外场均匀但与时间有关,即:$V=V(t)$,与 $\boldsymbol{r}$ 无关。试将该体系的含时薛定谔方程分离变量。方程的解 $\Psi(\boldsymbol{r},t)$ 有怎样的一般形式?以一维情况且取 $V(t)=V_0\cos\omega t$ 为例说明之。

解:在 $V=V(t)$ 与 x 无关的情况下,含时薛定谔方程可以分离变量。令

$$\Psi(x,t)=\psi(x)f(t) \tag{1}$$

代入方程:

$$i\hbar\frac{\partial}{\partial t}\psi(x)f(t)=\left[-\frac{\hbar^2}{2m}\frac{d^2}{dx^2}+V(t)\right]\psi(x)f(t) \tag{2}$$

即

$$i\hbar\left(\frac{df(t)}{dt}/f(t)\right)-V(t)=\left(-\frac{\hbar^2}{2m}\right)\left(\frac{d^2\psi(x)}{dx^2}/\psi(x)\right)=\lambda(\text{常数})$$

由此可得

$$-\frac{\hbar^2}{2m}\frac{d^2\psi(x)}{dx^2}=\lambda\psi(x) \tag{3}$$

$$i\hbar\frac{d}{dt}[\ln f(t)]=\lambda+V(t) \tag{4}$$

由(3)式得

$$\psi(x)=Ae^{\pm i\sqrt{2m\lambda}x/\hbar} \tag{5}$$

由(4)式得

$$\begin{aligned}
f(t)&=B\exp\left\{-\frac{i}{\hbar}\int_0^t[\lambda+V(t')]dt'\right\}\\
&=B\exp\left\{-\frac{i}{\hbar}\left[\lambda t+\int_0^t V(t')dt'\right]\right\}
\end{aligned} \tag{6}$$

若取 $V(t)=V_0\cos\omega t$,则

$$\int_0^t V(t')dt'=\int_0^t V_0\cos\omega t'dt'=\frac{V_0}{\omega}\sin\omega t$$

则(6)式变为

$$f(t)=B\exp\left\{-\frac{i}{\hbar}\left[\lambda t+\frac{V_0}{\omega}\sin\omega t\right]\right\} \tag{7}$$

再由(5)、(7)二式,可得含时薛定谔方程的解为:

$$\Psi(x,t)=N\mathrm{e}^{\pm\mathrm{i}\sqrt{2m\lambda}x/\hbar}\mathrm{e}^{-\mathrm{i}(\lambda t+V_0\sin\omega t/\omega)/\hbar}\tag{8}$$

可以看出：粒子在均匀但随时间变化的外场 $V(t)$ 中运动，如同作自由运动，波函数有平面波形式：

$$\Phi(x,t)=N\mathrm{e}^{\mathrm{i}[kx-\omega t-\phi(t)]}\tag{9}$$

外场 $V(t)$ 的作用仅是给平面波提供了一个受时间调制的相角：

$$\phi(t)=\frac{1}{\hbar}\int_0^t V(t')\mathrm{d}t'\tag{10}$$

一般地说，如果粒子所处的外场均匀但与时间有关，即 $V=V(t)$，与 x 无关，则可把体系的含时薛定谔方程

$$\mathrm{i}\hbar\frac{\partial}{\partial t}\psi(x,t)=\left[-\frac{\hbar^2}{2m}\frac{\mathrm{d}^2}{\mathrm{d}x^2}+V(t)\right]\psi(x,t)\tag{11}$$

的解 $\psi(x,t)$ 作傅里叶展开：

$$\psi(x,t)=\int c(p,t)A\mathrm{e}^{\frac{\mathrm{i}}{\hbar}px}\mathrm{d}p\tag{12}$$

只要求得了展开项的系数 $c(p,t)$，则 $\psi(x,t)$ 即可确定。为此，将(12)式代入(11)式，有

$$\mathrm{i}\hbar\int_{-\infty}^{\infty}\frac{\partial}{\partial t}c(p,t)A\mathrm{e}^{\frac{\mathrm{i}}{\hbar}px}\mathrm{d}p=\int_{-\infty}^{\infty}c(p,t)\left[-\frac{\hbar^2}{2m}\frac{\mathrm{d}^2}{\mathrm{d}x^2}+V(t)\right]A\mathrm{e}^{\frac{\mathrm{i}}{\hbar}px}\mathrm{d}p$$

对上式两边作运算：$\int_{-\infty}^{\infty}\mathrm{d}x\left(A\mathrm{e}^{\frac{\mathrm{i}}{\hbar}p'x}\right)^*$，并注意到

$$\int_{-\infty}^{\infty}(A\mathrm{e}^{\frac{\mathrm{i}}{\hbar}p'x})^*\cdot V(t)(A\mathrm{e}^{\frac{\mathrm{i}}{\hbar}px})\mathrm{d}x=V(t)\delta(p-p')$$

得
$$\mathrm{i}\hbar\frac{\partial}{\partial t}c(p',t)=\frac{p'^2}{2m}c(p',t)+V(t)c(p',t)$$

即
$$\frac{\partial}{\partial t}\ln c(p,t)=-\frac{\mathrm{i}}{\hbar}\left[\frac{p^2}{2m}+V(t)\right]$$

得
$$c(p,t)=c(p,0)\exp\left\{-\frac{\mathrm{i}}{\hbar}\left[\frac{p^2}{2m}t+\int_0^t V(\tau)\mathrm{d}\tau\right]\right\}\tag{13}$$

于是

$$\begin{aligned}\psi(x,t)&=\int c(p,0)A\exp\left\{\frac{\mathrm{i}}{\hbar}\left[px-E_pt-\int_0^t V(\tau)\mathrm{d}\tau\right]\right\}\mathrm{d}p\\&=\exp\left[-\frac{\mathrm{i}}{\hbar}\int_0^t V(\tau)\mathrm{d}\tau\right]\int c(p,0)A\mathrm{e}^{\frac{\mathrm{i}}{\hbar}\left(px-E_pt\right)}\mathrm{d}p\end{aligned}\tag{14}$$

式中：$E_p=\dfrac{p^2}{2m}$。$V(t)$ 的作用是为 $\psi(x,t)$ 提供一个位相因子 $\mathrm{e}^{-\frac{\mathrm{i}}{\hbar}\int_0^t V(\tau)\mathrm{d}\tau}$。如果初始时刻 $t=0$，$\psi(x,0)=\psi_{p_0}(x)$ 为平面波，则 $c(p,0)=\delta(p-p_0)$，再由式(14)，得

$$\psi(x,t)=A\exp\left\{\frac{\mathrm{i}}{\hbar}\left[p_0x-E_{p_0}t-\int_0^t V(\tau)\mathrm{d}\tau\right]\right\}$$

仍为一个平面波(没有跃迁发生)！

但位相中有一个受时间调制的相角 $\phi(t)=\dfrac{1}{\hbar}\int_0^t V(\tau)\mathrm{d}\tau$。

推广一：

$$\hat{H}=-\frac{\hbar^2}{2m}\frac{\mathrm{d}^2}{\mathrm{d}x^2}+V_1(x)+V_2(t)=\hat{H}_0+V_2(t)\tag{15}$$

$\hat{H}_0$ 与 t 无关,有

$$\hat{H}_0\phi_n(x)=E_n\phi_n(x) \tag{16}$$

记其能谱为$\{E_n\}$,相应的正交归一本征函数完备集为$\{\phi_n\}$。将含时薛定谔方程 $\mathrm{i}\hbar\frac{\partial}{\partial t}\psi(x,t)=\hat{H}\psi(x,t)$的解 $\psi(x,t)$按 $\hat{H}_0$ 的正交归一本征函数完备集展开,有

$$\psi(x,t)=\sum_n c_n(t)\phi_n(x) \tag{17}$$

再代入含时薛定谔方程之中,有

$$\begin{aligned}\mathrm{i}\hbar\sum_n\frac{\mathrm{d}}{\mathrm{d}t}c_n(t)\phi_n(x)&=\sum_n c_n(t)\hat{H}\phi_n(x)\\&=\sum_n c_n(t)[\hat{H}_0+V_2(t)]\phi_n(x)\\&=\sum_n c_n(t)[E_n+V_2(t)]\phi_n(x)\end{aligned}$$

将上式两边作运算:$\int\mathrm{d}x\phi_m^*(x)$,并注意到

$$\int\phi_m^*(x)V_2(t)\phi_n(x)\mathrm{d}x=V_2(t)\delta_{mn}$$

得

$$\mathrm{i}\hbar\frac{\mathrm{d}}{\mathrm{d}t}c_m(t)=[E_m+V_2(t)]c_m(t)$$

$$c_n(t)=c_n(0)\exp\left\{-\frac{\mathrm{i}}{\hbar}\left[E_nt+\int_0^t V_2(\tau)\mathrm{d}\tau\right]\right\} \tag{18}$$

最后得

$$\begin{aligned}\psi(x,t)&=\sum_n c_n(0)\phi_n(x)\exp\left\{-\frac{\mathrm{i}}{\hbar}\left[E_nt+\int_0^t V_2(\tau)\mathrm{d}\tau\right]\right\}\\&=\exp\left[-\frac{\mathrm{i}}{\hbar}\int_0^t V_2(\tau)\mathrm{d}\tau\right]\sum_n c_n(0)\phi_n(x)\mathrm{e}^{-\frac{\mathrm{i}}{\hbar}E_nt}\end{aligned} \tag{19}$$

如果初始时刻 $t=0,\psi(x,0)=\phi_m(x)$,则 $c_n(0)=\delta_{mn}$,有

$$\psi(x,t)=\exp\left[-\frac{\mathrm{i}}{\hbar}\int_0^t V_2(\tau)\mathrm{d}\tau\right]\phi_m(x)\mathrm{e}^{-\frac{\mathrm{i}}{\hbar}E_mt} \tag{20}$$

仍在第 m 个定态,但出现一个相角 $\phi(t)=\frac{1}{\hbar}\int_0^t V_2(\tau)\mathrm{d}\tau$。

推广二:

$$\hat{H}=-\frac{\hbar^2}{2m}\frac{\mathrm{d}^2}{\mathrm{d}x^2}+V(x,t)\quad 甚或\ \hat{H}=\hat{H}_0+V(x,t) \tag{21}$$

相应的含时薛定谔方程为

$$\mathrm{i}\hbar\frac{\partial}{\partial t}\psi(x,t)=\left[-\frac{\hbar^2}{2m}\frac{\mathrm{d}^2}{\mathrm{d}x^2}+V(x,t)\right]\psi(x,t) \tag{22}$$

将 $\psi(x,t)$傅里叶展开:

$$\psi(x,t)=\int_{-\infty}^{\infty}c(p,t)\phi_p(x)\mathrm{d}p \tag{23}$$

(式中:$\phi_p(x)$为平面波函数)代入方程(22)中,并利用平面波函数的正交归一化条件,可得展开项系数 $c(p,t)$满足的方程为:

$$i\hbar\frac{\partial}{\partial t}c(p',t)=\frac{p'^2}{2m}c(p',t)+\int c(p,t)V_{p'p}(t)\mathrm{d}p \tag{24}$$

式中：

$$V_{p'p}(t)=\int\phi_{p'}^{*}(x)V(x,t)\phi_p(x)\mathrm{d}x \tag{25}$$

得

$$c(p,t)=c(p,0)\exp\left\{-\frac{i}{\hbar}\left[\frac{p^2}{2m}t+\int_0^t V_{p'p}(t')\mathrm{d}t'\right]\right\} \tag{26}$$

于是

$$\psi(x,t)=\int_{-\infty}^{\infty}c(p,0)A\exp\left\{\frac{i}{\hbar}\left[px-E_pt-\int_0^t V_{p'p}(t')\mathrm{d}t'\right]\right\} \tag{27}$$

（式中：$E_p=\frac{p^2}{2m}$，$\phi_p(x)=Ae^{\frac{i}{\hbar}px}$）为诸平面波的线性叠加，$V(x,t)$的作用是提供了一个相位因子$\int_0^t V_{p'p}(t')\mathrm{d}t'$。

1-9 证明在伽利略变换下，非相对论性薛定谔方程的不变性。

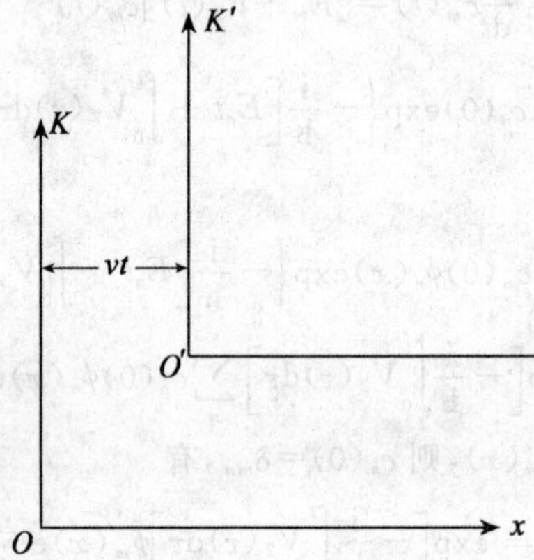

题 1-9 图

解：考虑两个惯性参考系：$K(x,t)$和$K'(x',t')$（为了简单计，以下只考虑一维运动，所得结果容易推广到三维），它们以相对速度v运动。已知同一个物理点在两个惯性系中的坐标由伽利略变换联系：

$$\left.\begin{aligned}x&=x'+vt'\\t&=t'\end{aligned}\right\} \tag{1}$$

并且设在K和K'系中粒子所受作用力相同，即

$$V'(x',t')=V'(x-vt,t)=V(x,t) \tag{2}$$

对于在K'系中质量为m的粒子，薛定谔方程可写为

$$i\hbar\frac{\partial\psi'}{\partial t'}=-\frac{\hbar^2}{2m}\frac{\partial^2\psi'}{\partial x'^2}+V'\psi' \tag{3}$$

下面要证明，在K系中薛定谔方程

$$i\hbar\frac{\partial\psi}{\partial t}=-\frac{\hbar^2}{2m}\frac{\partial^2\psi}{\partial x^2}+V\psi \tag{4}$$

也成立。其中势能函数 V 由式(2)决定。

因为波函数 $\psi(x,t)$ 的物理意义与波函数 $\psi'(x',t')$ 的物理意义完全相同,所以 $|\psi(x,t)|^2$ 亦表示在时刻 t 在 x 点附近找到粒子的几率密度,而在给定时刻和给定地点找到粒子的几率应与参考系的选择无关,故有

$$|\psi'(x',t')|^2=|\psi(x,t)|^2 \tag{5}$$

由此可见,两波函数彼此应该只差一个模为1的相因子。有

$$\psi(x,t)=e^{is}\psi'=e^{is(x,t)}\psi'(x-vt,t) \tag{6}$$

或者

$$\psi'(x',t')=e^{-is(x,t)}\psi(x,t) \tag{7}$$

将式(7)代入方程(3)中,并注意到

$$\left.\begin{aligned}&\frac{\partial}{\partial x'}=\frac{\partial}{\partial x}\frac{\partial x}{\partial x'}=\frac{\partial}{\partial x}\\&\frac{\partial}{\partial t'}=\frac{\partial}{\partial t}\frac{\partial t}{\partial t'}+\frac{\partial}{\partial x}\frac{\partial x}{\partial t'}=\frac{\partial}{\partial t}+v\frac{\partial}{\partial x}\end{aligned}\right\} \tag{8}$$

得

$$\begin{aligned}i\hbar\frac{\partial\psi}{\partial t}=&-\frac{\hbar^2}{2m}\frac{\partial^2\psi}{\partial x^2}+i\hbar\left(\frac{\hbar}{m}\frac{\partial s}{\partial x}-v\right)\frac{\partial\psi}{\partial x}+\\&\left[V(x,t)+i\frac{\hbar^2}{2m}\frac{\partial^2 s}{\partial x^2}+\frac{\hbar^2}{2m}\left(\frac{\partial s}{\partial x}\right)^2-\hbar v\frac{\partial s}{\partial x}-\hbar\frac{\partial s}{\partial t}\right]\psi\end{aligned} \tag{9}$$

为了使得方程(4)成立,必须适当选择函数 $s(x,t)$。为此,将式(9)与方程(4)进行对比,立即可知函数 s 必须满足下述方程:

$$\frac{\hbar}{m}\frac{\partial s}{\partial x}-v=0 \tag{10}$$

$$i\frac{\hbar^2}{2m}\frac{\partial^2 s}{\partial x^2}+\frac{\hbar^2}{2m}\left(\frac{\partial s}{\partial x}\right)^2-\hbar v\frac{\partial s}{\partial x}-\hbar\frac{\partial s}{\partial t}=0 \tag{11}$$

由式(10)可求得

$$s=\frac{mv}{\hbar}x+\phi(t) \tag{12}$$

将式(12)代入式(11)中,可得

$$\phi(t)=-\frac{mv^2}{2\hbar}t \tag{13}$$

再由式(6),可得

$$\psi(x,t)=\exp\left[\frac{i}{\hbar}\left(mvx-\frac{1}{2}mv^2t\right)\right]\psi'(x-vt,t) \tag{14}$$

式(14)显然满足方程(4),表明在伽利略变换下非相对论性薛定谔方程具有不变性,但与 K' 系中的波函数 ψ' 比起来多了一个相因子 $\exp\left[\frac{i}{\hbar}\left(mvx-\frac{1}{2}mv^2t\right)\right]$,而因子 $\exp\left[\frac{i}{\hbar}\left(mvx-\frac{1}{2}mv^2t\right)\right]$ 描述粒子随 K' 系一起相对于 K 系的自由运动。

1-10 定态薛定谔方程$\frac{d^2}{dx^2}\psi(x)+\frac{2m}{\hbar^2}[E-V(x)]\psi(x)=0$的解，根据它们在无限远处是消失为零还是只有界，分别对应于束缚定态和自由定态。假设$\lim\limits_{|x|\to\infty}V(x)=V(\pm\infty)$存在，同时$V(+\infty)<V(-\infty)$，试确定下列情况下能量为$E$的态是否为束缚态。

(a) $E>V(-\infty)$；

(b) $V(-\infty)>E>V(+\infty)$；

(c) $V(+\infty)>E$。

解：所谓"束缚定态"是指粒子的运动受到势场的约束，使得粒子的能量E小于它在$\pm\infty$远点处的势能$V(\pm\infty)$，有

$$E<V(\pm\infty) \tag{1}$$

这样，粒子就不能到达$\pm\infty$处，即在$\pm\infty$远处找到粒子的几率为零，有

$$\psi(x)\xrightarrow{|x|\to\infty}0 \tag{2}$$

相反地，所谓"自由定态"是指粒子的运动不受势场的约束，粒子的能量E是大于$\pm\infty$处的势能的，有

$$E>V(\pm\infty) \tag{3}$$

因此粒子能够到达$\pm\infty$处，即在$\pm\infty$处找到粒子的几率不为零，有

$$\psi(x)|\,x\,|\to\infty\neq0 \tag{4}$$

于是，在情况(a)中，由于$V(-\infty)>V(+\infty)$，所以在区间$(-\infty,+\infty)$两端，差值$[E-V(\pm\infty)]$都是正的，由(3)式可知，粒子此时处于自由定态之中。定态波函数在这些区域内，在有限边界值之间振荡不定，能谱是连续的，并且是双重简并的。

在情况(b)中，差值$[E-V(-\infty)]$是负的，而差值$[E-V(+\infty)]$是正的，因此定态波函数仅在$-\infty$处被束缚，而在$+\infty$处是自由的，粒子仍处于自由定态之中，能谱是连续的，并且不再具有二重简并。

在情况(c)中，因为$V(-\infty)>V(+\infty)$，而$V(+\infty)>E$，因此差值$[E-V(\pm\infty)]$都是负的。根据(1)式，粒子处于束缚定态之中，定态波函数按指数规律逐渐衰减为零，能量本征值必定取分立谱，在一维情况下，能量无简并。

1-11 考虑做一维运动的粒子，哈密顿算符为$\hat{H}=\frac{\hat{p}^2}{2m}+V(x)$，其中$V(x)\leqslant0$，对所有$x$值成立；$V(x)\xrightarrow{|x|\to\infty}0$，且$V$并非处处为零。证明：粒子至少存在一个束缚定态。

解：由于哈密顿算符$\hat{H}$不显含t，此问题属于定态问题。又已知

$$\begin{cases}V(x)\leqslant0,\quad x\in(-\infty,\infty) & (1)\\ V(x)\xrightarrow{|x|\to\infty}0\qquad E<0 & (2)\end{cases}$$

令

$$V(x)=f(x) \tag{3}$$

再在此势阱内，另取一个关于原点$x=0$对称的有限深方势阱

$$V'(x)=\begin{cases}-V_0, & |x|\leqslant a\\ 0, & |x|>a\end{cases} \tag{4}$$

要求 $V'(x)\geqslant f(x)$,对所有 x 值成立,如题 1-11 图所示。

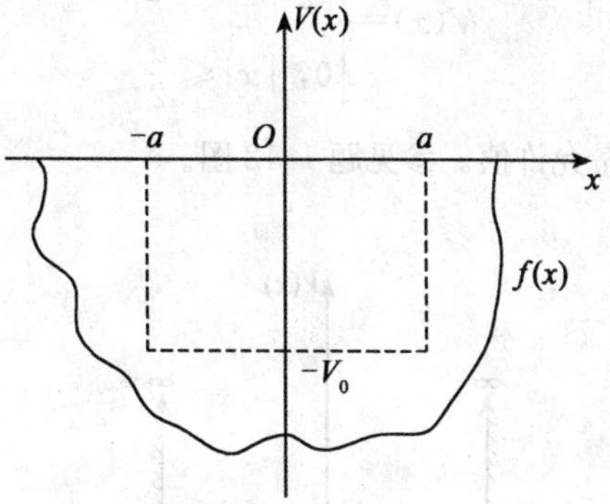

题 1-11 图

由于在对称方势阱 $V'(x)$ 中,无论势参数 V_0a^2 的值多小,粒子至少存在一个束缚态(基态),宇称为偶。设此基态波函数为$\phi(x)$,则相应的能量本征值为

$$\int_{-\infty}^{\infty}\phi^*(x)\hat{H}'\phi(x)\mathrm{d}x=\int_{-\infty}^{\infty}\phi^*(x)\left(\frac{\hat{p}^2}{2m}+V'(x)\right)\phi(x)\mathrm{d}x$$
$$=E_0<0 \tag{5}$$

因 $f(x)\leqslant V'(x)$,显然

$$\int_{-\infty}^{\infty}\phi^*(x)\left(\frac{\hat{p}^2}{2m}+f(x)\right)\phi(x)\mathrm{d}x<$$
$$\int_{-\infty}^{\infty}\phi^*(x)\left(\frac{\hat{p}^2}{2m}+V'(x)\right)\phi(x)\mathrm{d}x=E_0<0 \tag{6}$$

再令 $\hat{H}=\dfrac{\hat{p}^2}{2m}+V(x)$的本征函数完备系为$\{\psi_n(x)\}$(结论亦适合于连续谱),则有

$$\phi(x)=\sum_n c_n\psi_n(x) \tag{7}$$

于是

$$\int_{-\infty}^{\infty}\phi^*(x)\hat{H}\phi(x)\mathrm{d}x=\int_{-\infty}^{\infty}\left[\sum_n c_n{}^*\psi_n{}^*(x)\right]\hat{H}\left[\sum_n c_n\psi_n(x)\right]\mathrm{d}x$$
$$=\sum_n|c_n|^2\int_{-\infty}^{\infty}\psi_n^*(x)\hat{H}\psi_n(x)\mathrm{d}x \tag{8}$$

而

$$\int_{-\infty}^{\infty}\phi^*(x)\hat{H}\phi(x)\mathrm{d}x=\int_{-\infty}^{\infty}\phi^*(x)\left(\frac{\hat{p}^2}{2m}+f(x)\right)\phi(x)\mathrm{d}x<0 \tag{9}$$

故有

$$\sum_n|c_n|^2\int_{-\infty}^{\infty}\psi_n^*(x)\hat{H}\psi_n(x)\mathrm{d}x<0 \tag{10}$$

可见,在 $\hat{H}$ 的本征函数完备系$\{\psi_n(x)\}$中,至少有某一态 $\psi_i(x)$,满足

$$\int_{-\infty}^{\infty}\psi_i^*(x)\hat{H}\psi_i(x)\mathrm{d}x<0 \tag{11}$$

即粒子至少有一束缚态存在。

1-12 粒子在一维无限深方势阱中运动，势能函数 $V(x)$ 为

$$V(x)=\begin{cases}\infty, |x|>\dfrac{a}{2}\\ 0, \ |x|\leqslant\dfrac{a}{2}\end{cases}$$

求该粒子的定态波函数和能量允许值。参见题 1-12 图。

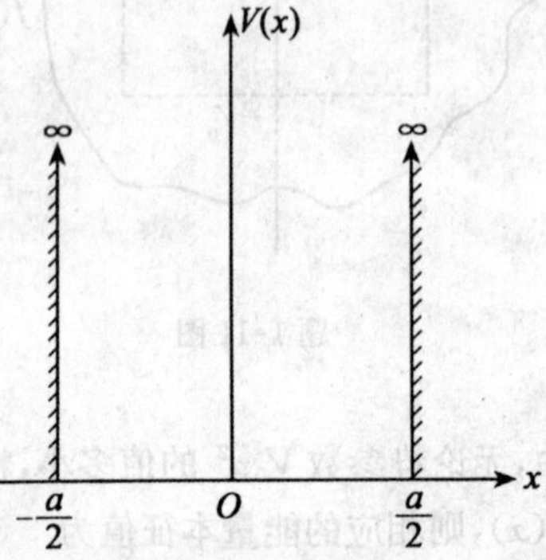

题 1-12 图

解:粒子的哈密顿算符为

$$\hat{H}=\frac{\hat{p}^2}{2m}+V(x)$$

$\hat{H}$ 不显含 t，求粒子的定态能量和相应的定态波函数的问题归结为解相应的定态薛定谔方程。

束缚态下，粒子能量的取值范围是 $0<E$。此问题中的所有定态全是束缚定态。

在 $|x|>\dfrac{a}{2}$ 的区间内，因 $V(x)\to\infty$，故

$$\psi_1(x)=0 \tag{1}$$

在 $|x|\leqslant\dfrac{a}{2}$ 的区间内，$V(x)=0$，相应的定态薛定谔方程为

$$-\frac{\hbar^2}{2m}\frac{d^2}{dx^2}\psi_2(x)=E\psi_2(x) \tag{2}$$

令 $k^2=\dfrac{2mE}{\hbar^2}>0$，方程(2)的解为

$$\psi_2(x)=A\sin kx+B\cos kx \tag{3}$$

综合(1)、(3)两式，知在该势阱内运动粒子的定态波函数的数学解为

$$\psi(x)=\begin{cases}A\sin kx+B\cos kx, & |x|\leqslant\dfrac{a}{2}\\ 0, & |x|>\dfrac{a}{2}\end{cases} \tag{4}$$

为了让(4)式成为物理上需要的解，考察它是否满足波函数的三个标准条件：

单值性：要求波函数 $\psi(x)$ 在 x 变化的全部区间内必须是单值的，本题已满足。

有限性：对于束缚定态，要求 $\psi(x)\xrightarrow{|x|\to\infty}0$，本题亦满足。

连续性:因在势的边界$|x|=\frac{a}{2}$处,势有无限突变,故连续性仅要求波函数本身在边界上连续,即

$$\left.\begin{aligned}\psi_1(x)|_{x=-a/2}=\psi_2(x)|_{x=-a/2}\\ \psi_1(x)|_{x=+a/2}=\psi_2(x)|_{x=+a/2}\end{aligned}\right\} \tag{5}$$

将(1)、(3)两式代入(5)式,有

$$-A\sin\frac{ka}{2}+B\cos\frac{ka}{2}=0$$

$$A\sin\frac{ka}{2}+B\cos\frac{ka}{2}=0$$

于是

$$A\sin\frac{ka}{2}=0$$

$$B\cos\frac{ka}{2}=0$$

A、B不能同时为零,否则$\psi(x)$到处为零,这在物理上是没有意义的。由此得到如下两组解:

(a)　$A=0,\cos\frac{ka}{2}=0$

(b)　$B=0,\sin\frac{ka}{2}=0$

于是要求

$$\frac{ka}{2}=\frac{n\pi}{2},n=1,2,3,\cdots \tag{6}$$

对于第(a)组解,n为奇数,对于第(b)组解,n为偶数($n=0$对应于$\psi(x)$恒为0的解,n等于负数时不给出新的解)。由(6)式可得粒子能量的可能取值为

$$E_n=\frac{k^2\hbar^2}{2m}=\frac{\hbar^2}{2m}\left(\frac{n\pi}{a}\right)^2=\frac{n^2\pi^2\hbar^2}{2ma^2},n=1,2,3,\cdots \tag{7}$$

由于粒子的能量可能取值E明显地与量子数n有关,故注以脚标"n",表示为E_n,相应的定态波函数为

$$\text{Ⅰ}:\psi_n(x)=\begin{cases}A\sin\frac{n\pi x}{a},n\text{ 为偶数},|x|\leqslant\frac{a}{2}\\ 0, \qquad |x|>\frac{a}{2}\end{cases} \tag{8}$$

$$\text{Ⅱ}:\psi_n(x)=\begin{cases}B\cos\frac{n\pi x}{a},n\text{ 为奇数},|x|\leqslant\frac{a}{2}\\ 0, \qquad |x|>\frac{a}{2}\end{cases} \tag{9}$$

再由波函数的归一化条件$\int_{-\infty}^{\infty}|\psi_n(x)|^2\mathrm{d}x=1$,可得

$$A=B=\sqrt{\frac{2}{a}} \tag{10}$$

结论:

(1)　在以坐标原点为对称点、宽度为a的、对称的一维无限深方势阱中运动的粒子,其定态波函数有两类,一类由(8)式表示,宇称为奇;另一类由(9)式表示,宇称为偶。偶宇称态和奇宇称态的和就是粒子所有可能的定态。定态波函数具有确定的宇称来源于粒子的势能函数对原点的

对称性。

(2) 粒子的定态能量由(7)式表示。由于量子数 $n=1,2,3,\cdots$，取一系列不连续的值，故粒子的能量是量子化的，能量的所有可能值构成一分立能级。

1-13 分子间的范得瓦耳斯力所产生的势能可近似地表示为

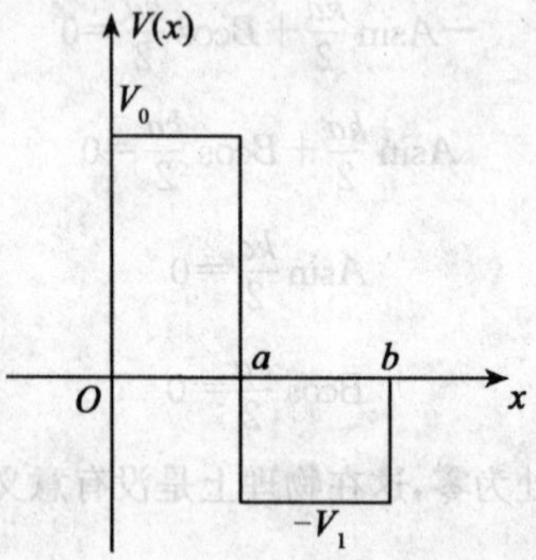

题 1-13 图

$$V(x)=\begin{cases}\infty, & x<0\\ V_0, & 0\leqslant x\leqslant a\\ -V_1, & a\leqslant x\leqslant b\\ 0, & x>b\end{cases}$$

求束缚态的能级所满足的方程。

解:范得瓦耳斯力即分子间的内聚力。用它可解释表面张力、吸附作用和其他分子现象。此力表现在实际气体的范得瓦耳斯状态方程中。

束缚态下粒子能量的取值范围为 $-V_1<E<0$.

当 $x<0$ 时，因 $V(x)\to\infty$，故

$$\psi_1(x)=0 \tag{1}$$

当 $0\leqslant x\leqslant a$ 时，$V(x)=V_0$，相应的定态薛定谔方程为

$$-\frac{\hbar^2}{2m}\frac{\mathrm{d}^2}{\mathrm{d}x^2}\psi_2(x)+V_0\psi_2(x)=E\psi_2(x)$$

令 $k_1{}^2=\frac{2m}{\hbar^2}(V_0-E)>0$，其解为

$$\psi_2(x)=A_1\mathrm{e}^{k_1x}+B_1\mathrm{e}^{-k_1x} \tag{2}$$

当 $a\leqslant x\leqslant b$ 时，$V(x)=-V_1$，相应的定态薛定谔方程为

$$-\frac{\hbar^2}{2m}\frac{\mathrm{d}^2}{\mathrm{d}x^2}\psi_3(x)-V_1\psi_3(x)=E\psi_3(x)$$

令 $k_2{}^2=\frac{2m}{\hbar^2}(|V_1|+E)>0$，其解为

$$\psi_3(x)=A_2\sin k_2x+B_2\cos k_2x \tag{3}$$

当 $x>b$ 时，$V(x)=0$，相应的定态薛定谔方程为

$$-\frac{\hbar^2}{2m}\frac{d^2}{dx^2}\psi_4(x)=E\psi_4(x)$$

令　$-k_3{}^2=\frac{2mE}{\hbar^2}<0$,其解为

$$\psi_4(x)=A_3e^{k_3x}+B_3e^{-k_3x}$$

根据波函数的有限性,要求$\psi(x)\xrightarrow{|x|\to\infty}0$,故必有 $A_3=0$,于是

$$\psi_4(x)=B_3e^{-k_3x} \tag{4}$$

再让波函数满足连续性要求,有

$\psi_1|_{x=0}=\psi_2|_{x=0}$　故　$A_1+B_1=0.$

$\psi_3|_{x=a}=\psi_2|_{x=a}$　　$A_2\sin k_2a+B_2\cos k_2a=A_1e^{k_1a}+B_1e^{-k_1a}$

$\psi'_3|_{x=a}=\psi'_2|_{x=a}$　　$A_2k_2\cos k_2a-B_2k_2\sin k_2a=A_1k_1e^{k_1a}-B_1k_1e^{-k_1a}$

$\psi_4|_{x=b}=\psi_3|_{x=b}$　　$B_3e^{-k_3b}=A_2\sin k_2b+B_2\cos k_2b$

$\psi'_4|_{x=b}=\psi'_3|_{x=b}$　　$-B_3k_3e^{-k_3b}=A_2k_2\cos k_2b-B_2k_2\sin k_2b$

要使 $\psi(x)$有非零解,系数 A_1,B_1,A_2,B_2,B_3 不能同时为零。则其系数组成的行列式必须为零,有

$$\begin{vmatrix} 1 & 1 & 0 & 0 & 0 \\ 0 & 0 & \sin k_2b & \cos k_2b & -e^{-k_3b} \\ 0 & 0 & k_2\cos k_2b & -k_2\sin k_2b & k_3e^{-k_3b} \\ e^{k_1a} & e^{-k_1a} & -\sin k_2a & -\cos k_2a & 0 \\ k_1e^{k_1a} & -k_1e^{-k_1a} & -k_2\cos k_2a & k_2\sin k_2a & 0 \end{vmatrix}=0$$

计算此行列式,得超越方程

$$\tan k_2(b-a)=\frac{k_1k_2\,\mathrm{ch}k_1a+k_2k_3\,\mathrm{sh}k_1a}{k_2{}^2\,\mathrm{sh}k_1a-k_1k_3\,\mathrm{ch}k_1a} \tag{5}$$

因为 k_1,k_2,k_3 都含有能量 E,故(5)式就是束缚态能级满足的方程。

1-14　粒子在一维 δ 势阱中运动,$V(x)=-\alpha\delta(x)$　$(\alpha>0)$,求粒子的束缚定态能级与相应的归一化定态波函数(参见题 1-14 图)。

解:束缚态下粒子能量的取值范围为 $E<0$。

体系的定态薛定谔方程为

$$\left[-\frac{\hbar^2}{2m}\frac{d^2}{dx^2}-\alpha\delta(x)\right]\psi=E\psi \tag{1}$$

当 $x\neq0$ 时,(1)式变为

$$-\frac{\hbar^2}{2m}\frac{d^2}{dx^2}\psi=E\psi \tag{2}$$

令$-k^2=\frac{2mE}{\hbar^2}<0$,方程(2)的解为

$$\psi(x)=\begin{cases}Ae^{-kx}, & x>0\\ Be^{kx}, & x<0\end{cases} \tag{3}$$

(3)式已自动满足波函数的单值性与有限性,而连续性要求

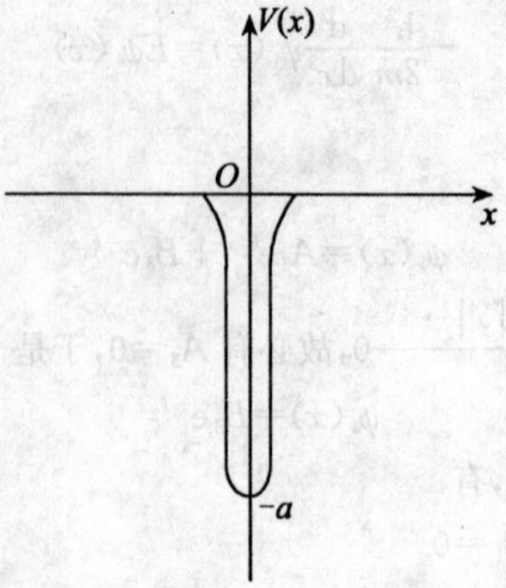

题 1-14 图

$$\psi(0^+)=\psi(0^-) \tag{4}$$

$$\psi'(0^+)-\psi'(0^-)=\frac{2m}{\hbar^2}\int_{0-\varepsilon}^{0+\varepsilon}[V(x)-E]\psi\,\mathrm{d}x=-\frac{2m\alpha}{\hbar^2}\psi(0) \tag{5}$$

将(3)式代入(4)式，有

$$A=B \tag{6}$$

将(3)式代入(5)式，有

$$-k(A+B)=-\frac{2m\alpha}{\hbar^2}A \tag{7}$$

(6)、(7)两式联立，得

$$k=\frac{m\alpha}{\hbar^2} \tag{8}$$

即粒子的束缚定态能级为

$$E=-\frac{\hbar^2k^2}{2m}=-\frac{m\alpha^2}{2\hbar^2} \tag{9}$$

相应的归一化波函数为

$$\psi(x)=\begin{cases}\dfrac{\sqrt{m\alpha}}{\hbar}\mathrm{e}^{-m\alpha x/\hbar^2}, & x>0\\ \dfrac{\sqrt{m\alpha}}{\hbar}\mathrm{e}^{m\alpha x/\hbar^2}, & x<0\end{cases} \tag{10}$$

结论：(a)　在一维 δ 势阱中运动的粒子只有一个束缚定态，宇称为偶，相应的定态能量为 $E=-\dfrac{m\alpha^2}{2\hbar^2}$。

(b)　与一维有限深方势阱 $V(x)=\begin{cases}-V_0, & |x|\leqslant\dfrac{a}{2}\\ 0, & |x|>\dfrac{a}{2}\end{cases}$ 的情况比较：

在有限深方势阱中，如果 $V_0\ll\dfrac{\hbar^2}{ma^2}$，则不存在奇宇称态，而且也只存在一个偶宇称态，其能量 E_0 由 $\xi\tan\xi=\eta$ 决定（参见曾谨言先生编著的《量子力学》上册 p.62），即

$$\sqrt{V_0-|E_0|}\tan\left(\frac{m(V_0-|E_0|)a^2}{2\hbar^2}\right)^{1/2}=\sqrt{|E_0|} \tag{11}$$

因 $\frac{mV_0a^2}{\hbar^2}\ll 1$,则(1)式写为

$$\sqrt{V_0-|E_0|}\cdot\sqrt{\frac{m(V_0-|E_0|)a^2}{2\hbar^2}}\approx\sqrt{|E_0|} \tag{12}$$

将(12)式两边平方后有

$$\frac{m(V_0-|E_0|)a^2}{2\hbar^2}\approx\frac{|E_0|}{V_0-|E_0|} \tag{13}$$

而$\frac{m(V_0-|E_0|)a^2}{2\hbar^2}<\frac{mV_0a^2}{\hbar^2}\ll 1$,所以$\frac{|E_0|}{V_0-|E_0|}\ll 1$,得

$$|E_0|\ll V_0 \tag{14}$$

将(13)式中的$|E_0|$略去后,可得$|E_0|\approx\frac{ma^2V_0{}^2}{2\hbar^2}$,即

$$E_0\approx-\frac{ma^2V_0{}^2}{2\hbar^2} \tag{15}$$

注意到$\int_{-\infty}^{\infty}V(x)\mathrm{d}x$在δ势阱情况下为$(-\alpha)$,在有限深方势阱情况下为$(-V_0a)$,有$(-\alpha)$与$(-V_0a)$一一对应;再比较两种情况下的束缚定态能量(9)式与(15)式是相同的。由此可知,粒子在δ势阱中运动相当于在一个小的方势阱$V_0\to\infty,a\to 0,V_0a=\alpha,\frac{ma^2V_0}{\hbar^2}\ll 1$中的运动。

1-15 设粒子在周期性势场中运动,

$$V(x)=\begin{cases}V_0>0, & -b<x<0,\\ 0, & a>x>0,\end{cases}\quad 且\ V(x)=V(x\pm nd).$$

式中$d=a+b,n=1,2,3,\cdots$如题1-15图(a)所示,求粒子能量所满足的方程。

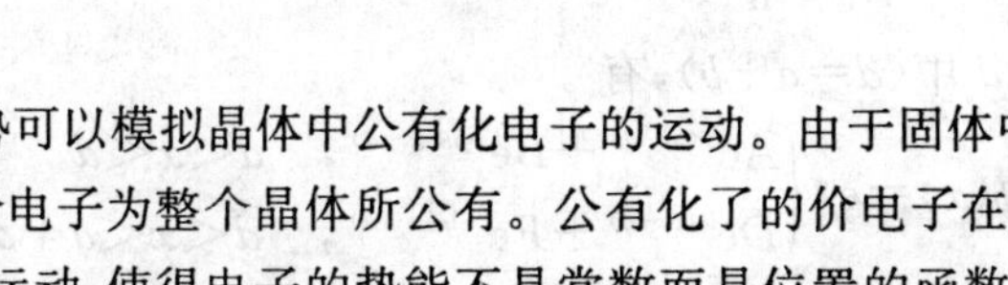

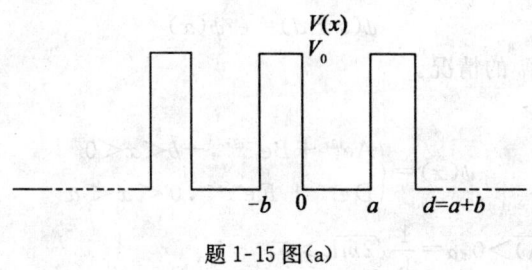

题1-15图(a)

解:这种周期性的势可以模拟晶体中公有化电子的运动。由于固体中的原子是整齐排列的,形成一定的晶格点阵,价电子为整个晶体所公有。公有化了的价电子在所有格点上的离子和其他电子所产生的势场中运动,使得电子的势能不是常数而是位置的函数。电子在接近正离子时势能降低,离开正离子时势能增大。而正离子都是处在晶格点阵的结点上整齐排列着的,所以电子势能随晶体格子呈周期性变化。如题1-15图(b)所示。图上部表示一个孤立的原子的势场,下部表示原子等距排列成为一维晶格后各原子势场(虚线)叠加形成的势场(实线)。

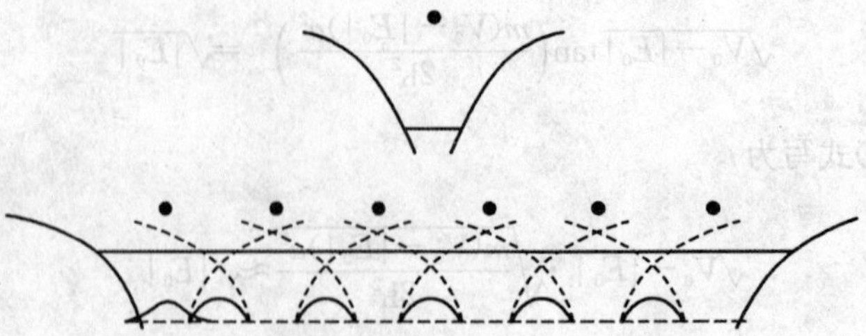

题 1-15 图(b)

由于势场$V(x)$具有周期性，使得在其内运动的粒子的位置几率密度也具有周期性，即$|\psi(x)|^2=|\psi(x\pm d)|^2$。其原因是：

由定态薛定谔方程

$$\frac{d^2}{dx^2}\psi(x)+\frac{2m}{\hbar^2}[E-V(x)]\psi(x)=0 \tag{1}$$

出发，作变换：$x=x''\pm d$，$dx=dx''$，有

$$\frac{d^2}{dx''^2}\psi(x''\pm d)+\frac{2m}{\hbar^2}[E-V(x''\pm d)]\psi(x''\pm d)=0$$

由于$V(x''\pm d)=V(x'')$，则上式可改写为

$$\frac{d^2}{dx''^2}\psi(x''\pm d)+\frac{2m}{\hbar^2}[E-V(x'')]\psi(x''\pm d)=0 \tag{2}$$

比较(1)、(2)二式，知$\psi(x''\pm d)$与$\psi(x'')$描述的是粒子的同一运动状态，由波函数的统计解释，应有

$$|\psi(x''\pm d)|^2=|\psi(x'')|^2. \tag{3}$$

于是可令：

$$\psi(x\pm d)=c\psi(x). \tag{4}$$

式中：c是常数因子。再由(4)式可得$\psi(x\pm nd)=c^n\psi(x)$。如果$|c|\neq 1$，那么沿x轴的方向，$\psi(x)$将无限制地增加或减少。仅当c是相位因子时，例如$c=e^{i\varphi}$，φ是实数时，才可得到有物理意义的解。这时$|c|=1$，故

$$\psi(x\pm d)=e^{i\varphi}\psi(x) \tag{5}$$

(a) 先考虑$E>V_0$的情况。

在周期$-b<x<a$中，令

$$\psi(x)=\begin{cases}Ae^{i\beta x}+Be^{-i\beta x}, & -b<x<0\\ De^{i\alpha x}+Fe^{-i\alpha x}, & 0<x<a\end{cases} \tag{6}$$

其中：$\beta=\frac{1}{\hbar}\sqrt{2m(E-V_0)}>0$，$\alpha=\frac{1}{\hbar}\sqrt{2mE}>0$，

在下一周期$a<x<a+d$中($d=a+b$)，有

$$\psi(x)=e^{i\varphi}\begin{cases}Ae^{i\beta(x-d)}+Be^{-i\beta(x-d)}, & a<x<d\\ De^{i\alpha(x-d)}+Fe^{-i\alpha(x-d)}, & d<x<a+d\end{cases} \tag{7}$$

由$\psi(x)$在$x=0$和$x=a$处的连续条件可得：

$A+B=D+F$

$\beta(A-B)=\alpha(D-F)$

$e^{i\varphi}(Ae^{-i\beta b}+Be^{i\beta b})=De^{i\alpha a}+Fe^{-i\alpha a}$

$$\beta e^{i\varphi}(Ae^{-i\beta b}-Be^{i\beta b})=\alpha(De^{i\alpha a}-Fe^{-i\alpha a})$$

欲使 D、F、A、B 不全为零,只有它们的系数组成的行列式为零,

$$\begin{vmatrix} 1 & 1 & -1 & -1 \\ \alpha & -\alpha & -\beta & \beta \\ e^{i\alpha a} & e^{-i\alpha a} & -e^{i(\varphi-\beta b)} & -e^{i(\varphi+\beta b)} \\ \alpha e^{i\alpha a} & -\alpha e^{-i\alpha a} & -\beta e^{i(\varphi-\beta b)} & \beta e^{i(\varphi+\beta b)} \end{vmatrix}=0 \tag{8}$$

计算此行列式,可得

$$1-e^{i\varphi}\left[2\cos\alpha a\cos\beta b-\frac{\alpha^2+\beta^2}{\alpha\beta}\sin\alpha a\sin\beta b\right]+e^{i2\varphi}=0$$

分开实部及虚部:

$$1-\cos\varphi\left[2\cos\alpha a\cos\beta b-\frac{\alpha^2+\beta^2}{\alpha\beta}\sin\alpha a\sin\beta b\right]+\cos2\varphi=0$$

$$-\sin\varphi\left[2\cos\alpha a\cos\beta b-\frac{\alpha^2+\beta^2}{\alpha\beta}\sin\alpha a\sin\beta b\right]+\sin2\varphi=0$$

由上二式都可得到

$$\cos\varphi=\cos\alpha a\cos\beta b-\frac{\alpha^2+\beta^2}{2\alpha\beta}\sin\alpha a\sin\beta b \tag{9}$$

由于$|\cos\varphi|\leqslant1$,故(9)式必须满足条件

$$-1\leqslant\cos\alpha a\cos\beta b-\frac{\alpha^2+\beta^2}{2\alpha\beta}\sin\alpha a\sin\beta b\leqslant1 \tag{10}$$

(10)式即为粒子能量所满足的方程。由于 $\cos\varphi$ 在(+1)与(−1)之间连续变化,故由(10)式决定的能量可能值是分段连续的。

(b) 再考虑 $0<E<V_0$ 的情况。

若令 $\beta=i\delta,\delta=\frac{1}{\hbar}\sqrt{2m(V_0-E)}$,则 $\cos\beta b=\cos(i\delta b)=\mathrm{ch}\delta b,\sin\beta b=\sin(i\delta b)=i\ \mathrm{sh}\delta b$。

(9)式改写为

$$\cos\varphi=\cos\alpha a\,\mathrm{ch}\delta b-\frac{\alpha^2-\delta^2}{2\alpha\delta}\sin\alpha a\,\mathrm{sh}\delta b \tag{11}$$

(10)式变为

$$-1\leqslant\cos\alpha a\,\mathrm{ch}\delta b-\frac{\alpha^2-\delta^2}{2\alpha\delta}\sin\alpha a\,\mathrm{sh}\delta b\leqslant1 \tag{12}$$

(12)式即为此时粒子能量满足的方程,显然也只能取分段连续的值。

(c) 若 $a\gg b,b\to0,E\ll V_0,V_0\to\infty$,使得

$$\delta b=\sqrt{\frac{2m(V_0-E)}{\hbar^2}}b\ll1$$

则 $\mathrm{ch}\,\delta b\approx1,\mathrm{sh}\,\delta b\approx\delta b$,再令 $\gamma=\frac{mV_0}{\hbar^2}ab$,(11)式可化简为

$$\cos\varphi=\cos\alpha+\gamma\frac{\sin\alpha a}{\alpha a} \tag{13}$$

仍由于$|\cos\varphi|\leqslant1$,故(13)式须满足条件

$$-1\leqslant\cos\alpha+\gamma\frac{\sin\alpha a}{\alpha a}\leqslant1 \tag{14}$$

若以 αa 为横轴，$\cos\varphi$ 为纵轴，则(13)式所示的曲线如题 1-15 图(c)所示。由于 $|\cos\varphi|\leqslant 1$，由图显而易见，只有当 αa 取图中粗黑线所示的范围内的值时，(14)式才能满足，而 $E=\frac{\hbar^2\alpha^2}{2m}=\frac{\hbar^2}{2ma^2}(\alpha a)^2$。由于 αa 只能取分段连续的值，故 E 的取值也是分段连续的。粒子能量的这种取值方式称为能带(如题 1-15 图(d)所示)。

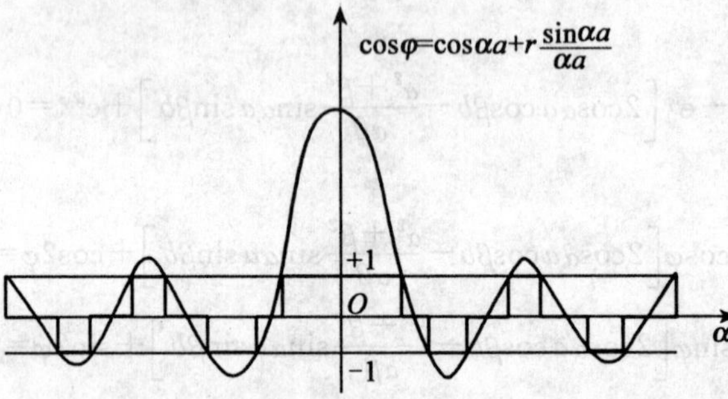

题 1-15 图(c)

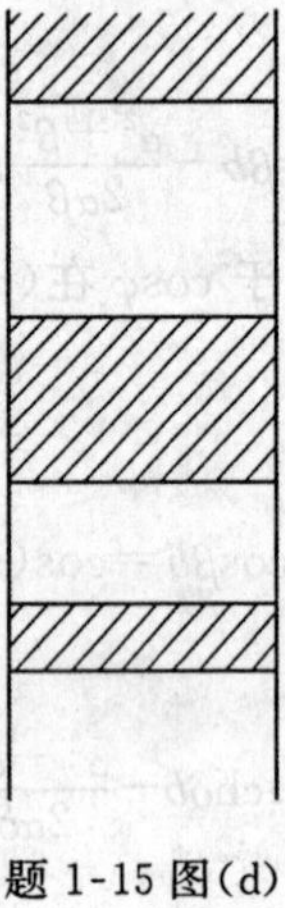

题 1-15 图(d)

能带论是目前研究固体中电子运动的一个主要的基础理论。这个理论第一次说明了固体为什么有导体、半导体、绝缘体之分。

1-16 粒子以能量 E 入射方势垒

$$V(x)=\begin{cases}V_0>0, & 0\leqslant x\leqslant a\\ 0, & x<0, x>a\end{cases}$$

如题 1-16 图(a)所示。试就如下两种情况，求透射系数 T：

(a) $E<V_0$，

(b) $E>V_0$。

解：(a) $E<V_0$.

相应的定态薛定谔方程为

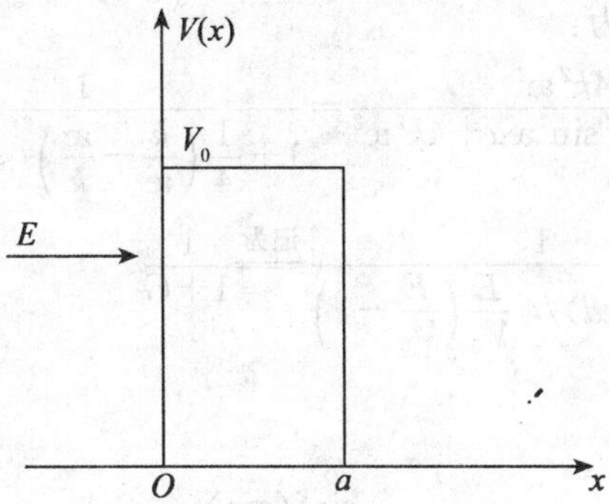

题 1-16 图(a)

$$\left[-\frac{\hbar^2}{2m}\frac{d^2}{dx^2}+V(x)\right]\psi(x)=E\psi(x)=\frac{\hbar^2k^2}{2m}\psi(x) \tag{1}$$

其解为

$$\psi(x)=\begin{cases}e^{ikx}+Be^{-ikx}, & x<0\\ C_1e^{k'x}+C_2e^{-k'x}, & 0\leqslant x\leqslant a\\ De^{ikx}. & x>a\end{cases} \tag{2}$$

式中:$k^2=\frac{2mE}{\hbar^2}$,$k'^2=\frac{2m}{\hbar^2}(V_0-E)>0$。由在 $x=0$ 与 $x=a$ 处,波函数 $\psi(x)$ 及其一阶导数连续的条件,可得

$$De^{ika}=\frac{2ik/k'}{[1-(k/k')^2]\text{sh}k'a-2ik\text{ch}k'a/k'} \tag{3}$$

由此可得透射系数 T 为

$$T=j_{透}/j_{入}=\frac{\hbar k}{m}|D|^2/\frac{\hbar k}{m}=|D|^2$$
$$=\frac{4k^2k'^2}{(k^2+k'^2)^2\text{sh}^2k'a+4k^2k'^2} \tag{4}$$

若势参数 V_0、a 满足条件 $k'a=\frac{a}{\hbar}\sqrt{2m(V_0-E)}\gg1$,则由于 $\text{sh}k'a\approx\frac{1}{2}e^{k'a}\gg1$,(4)式可近似地表示为

$$T\approx\frac{16k^2k'^2}{(k^2+k'^2)^2}e^{-2k'a}=\frac{16E(V_0-E)}{V_0{}^2}\exp\left[-\frac{2a}{\hbar}\sqrt{2m(V_0-E)}\right]$$
$$\overset{\text{记为}}{=\!=}T_0\exp\left[-\frac{2a}{\hbar}\sqrt{2m(V_0-E)}\right] \tag{5}$$

式中:T_0 的数量级接近于 1。

(5)式表明在 $E<V_0$ 的情况下,$T\neq0$,微观粒子产生了与经典力学完全不同的量子现象,其原因显然来源于微粒的波动性,只不过由于 T 对垒宽 a、入射粒子的能量 E 与势垒高度 V_0 之差值 (V_0-E) 以及入射粒子的质量 m 的响应极为敏感,所以在宏观实验中难以观察到粒子穿透势垒的现象。

(b)　$E>V_0$

由于 $k'^2=\frac{2m}{\hbar^2}(V_0-E)<0$,所以只需把 k' 换成 $i\text{æ}$ 代入(4)式,再利用 $\text{sh}(i\text{æ}a)=$

i sin(æa)，可得透射系数 T 为：

$$T=\frac{4k^2æ^2}{(k^2-æ^2)^2\sin^2 æa+4k^2æ^2}=\frac{1}{1+\frac{1}{4}\left(\frac{k}{æ}-\frac{æ}{k}\right)^2\sin^2(æa)}$$

$$=\frac{1}{1+\sin^2(æa)/4\frac{E}{V_0}\left(\frac{E}{V_0}-1\right)}\overset{记为}{=\!=}\frac{1}{1+G} \tag{6}$$

式中：$æ=\frac{1}{\hbar}\sqrt{2m(E-V_0)}$，

$$G=\frac{\sin^2(æa)}{4\frac{E}{V_0}\left(\frac{E}{V_0}-1\right)} \tag{7}$$

由(7)式看出，因子 G 正比于 $\sin^2 æa$，并随着 E 由 V_0 值逐渐增大，G 的值在 0 和 1 之间振荡。当 $æa=n\pi$，即入射粒子能量为 $E_n=\frac{n^2\hbar^2\pi^2}{2ma^2}+V_0$ $(n=1,2,3,\cdots)$ 时，有 $G=0$，透射系数 $T=1$；当入射粒子的能量取其他值时，$T<1$；当 $æa=\left(n+\frac{1}{2}\right)\pi$，即 $E_n=\frac{\pi^2\hbar^2}{2ma^2}\left(n+\frac{1}{2}\right)^2+V_0$ $(n=1,2,3,\cdots)$ 时，$G=\frac{1}{4\frac{E}{V_0}\left(\frac{E}{V_0}-1\right)}$，$T$ 取极小值，为 $T_n=\left[1+\frac{V_0{}^2}{4E_n(E_n-V_0)}\right]^{-1}$。作为入射粒子能量 E 的函数，$T(E)$ 随 E 变化的曲线如题 1-16 图(b)所示。

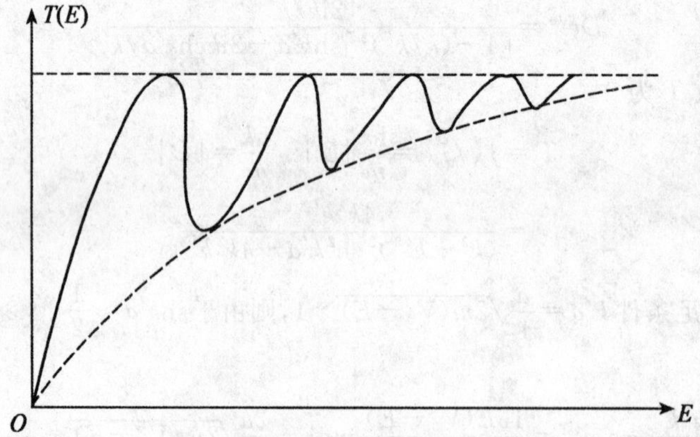

题 1-16 图(b)

不仅如此，透射系数 T 中的因子 G 通过正比于 $\sin^2(æa)$ 而与入射粒子的质量 m 相联系。在入射粒子能量 E 固定不变的情况下，当 $æa=n\pi$，即入射粒子的质量 $m=\frac{n^2\pi^2\hbar^2}{2(E-V_0)a^2}$ $(n=1,2,3,\cdots)$ 时，有 $G=0$，透射系数 $T=1$。因此粒子入射方势垒，在 $E>V_0$ 情况下，透射系数一般不为 1，其大小由入射粒子的能量 E 和入射粒子的质量 m 共同决定。只有在 $æa=n\pi$，即 $\frac{a}{\hbar}\sqrt{2m(E-V_0)}=n\pi$ $(n=1,2,3,\cdots)$ 的情况下，才有 $T=1$。这是较经典力学完全不同的典型的量子现象。

1-17　能量为 $E=\frac{\hbar^2 \boldsymbol{K}_0^{\ 2}}{2m}$ 的一束入射粒子以入射角 θ 由折射率为 n_1 的媒质射向折射率为 n_2 的媒质的分界面上产生反射与折射现象。设在 n_1 媒质区域 $V=0$,而在 n_2 媒质区域 $V=-V_0$。

(a)　试分别用入射波、反射波、折射波的波矢 $\boldsymbol{K}_0$、$\boldsymbol{K}_R$、$\boldsymbol{K}_T$ 表示相应的波动状态;

(b)　试导出反射定律与折射定律;

(c)　试证明:$\frac{j_R}{j_入}+\frac{j_T}{j_入}=1$。

$j_入$、j_R、j_T 分别为入射波、反射波、折射波的几率流密度。

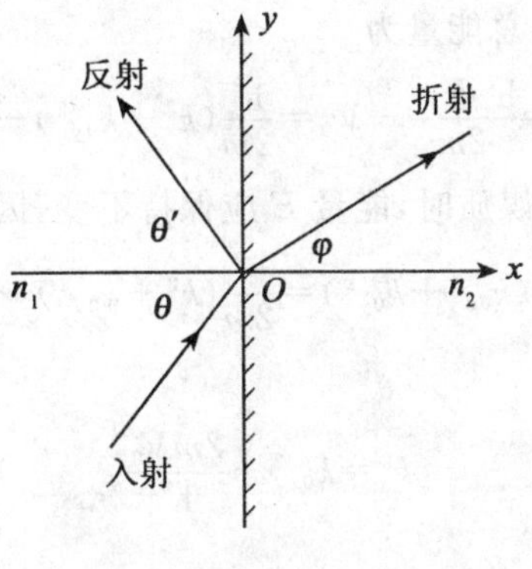

题 1-17 图

解:为简单计,仅在 $x-y$ 平面内讨论。将媒质的分界面取为 y 轴,坐标选取如题 1-17 图所示。根据题意,势能函数为

$$V(x)=\begin{cases}0, & x<0\\ -V_0, & x\geqslant 0\end{cases}\tag{1}$$

若入射波、反射波、折射波的波矢分别用 $\boldsymbol{K}_0$、$\boldsymbol{K}_R$、$\boldsymbol{K}_T$ 表示,则由式(1),有

$$\frac{\partial V}{\partial y}=0\tag{2}$$

可知:反射与折射时粒子动量的 y 分量保持不变。但由于反射出现在 $x<0$ 的区域,此区域内 $V(x)=0$,故根据能量守恒定律,有

$$|\boldsymbol{K}_R|=|\boldsymbol{K}_0|\tag{3}$$

因此 $\boldsymbol{K}_0$、$\boldsymbol{K}_R$、$\boldsymbol{K}_T$ 之间的关系为

$$\boldsymbol{K}_0=(k_{0x},k_{0y}),\boldsymbol{K}_R=(-k_{0x},k_{0y}),\boldsymbol{K}_T=(k,k_{0y})\tag{4}$$

于是入射波、反射波、透射波分别为

$$\psi_入=A\mathrm{e}^{\mathrm{i}\boldsymbol{K}_0\cdot\boldsymbol{r}}=A\exp[\mathrm{i}(k_{0x}x+k_{0y}y)]\tag{5}$$

$$\psi_R=R\mathrm{e}^{\mathrm{i}\boldsymbol{K}_R\cdot\boldsymbol{r}}=R\exp[\mathrm{i}(-k_{0x}x+k_{0y}y)]\tag{6}$$

$$\psi_T=T\mathrm{e}^{\mathrm{i}\boldsymbol{K}_T\cdot\boldsymbol{r}}=T\exp[\mathrm{i}(kx+k_{0y}y)]\tag{7}$$

(b)　由题 1-17 图知,反射角 θ' 为

$$\sin\theta'=\frac{k_{0y}}{|\boldsymbol{K}_R|}\tag{8}$$

再利用关系式(3),有

$$\sin\theta'=\frac{k_{0y}}{|\boldsymbol{K}_R|}=\frac{k_{0y}}{|\boldsymbol{K}_0|}=-\sin\theta \tag{9}$$

显然

$$\theta'=-\theta \tag{10}$$

此即反射定律:入射角等于反射角。为了导出折射定律,必须先找 $\boldsymbol{K}_T$ 与 $\boldsymbol{K}_0$ 之间的关系,这可通过求同一粒子在两种不同媒质中运动时的总能量得到。在 n_1 媒质内,由于 $V=0$,粒子的总能量为入射时的能量

$$E=\frac{\hbar^2\boldsymbol{K}_0^2}{2m}=\frac{\hbar^2}{2m}(k_{0x}^2+k_{0y}^2) \tag{11}$$

在 n_2 媒质内,$V=-V_0$,粒子的总能量为

$$E=\frac{\hbar^2\boldsymbol{K}_T^2}{2m}-V_0=\frac{\hbar^2}{2m}(k^2+k_{0y}^2)-V_0 \tag{12}$$

而粒子由一种媒质进入另一种媒质时,能量 E 应保持不变,因此

$$\frac{\hbar^2}{2m}(k_{0x}^2+k_{0y}^2)=\frac{\hbar^2}{2m}(k^2+k_{0y}^2)-V_0$$

得

$$k^2=k_{0x}^2+\frac{2mV_0}{\hbar^2} \tag{13}$$

由此可得折射角 φ 为

$$\sin\varphi=\frac{k_{0y}}{|\boldsymbol{K}_T|} \tag{14}$$

于是

$$\frac{\sin\theta}{\sin\varphi}=\left(\frac{k_{0y}}{|\boldsymbol{K}_0|}\right)\Big/\left(\frac{k_{0y}}{|\boldsymbol{K}_T|}\right)=\frac{|\boldsymbol{K}_T|}{|\boldsymbol{K}_0|}=\sqrt{\frac{2m}{\hbar^2}(E+V_0)}\Big/\sqrt{\frac{2mE}{\hbar^2}}$$

$$=\sqrt{\frac{E+V_0}{E}}=\sqrt{1+\frac{V_0}{E}}\overset{\text{记为}}{=\!=}\frac{n_2}{n_1} \tag{15}$$

此即折射定律。

(c) 再根据在势的分界面 $x=0$ 上,即媒质的分界面上,波函数及其一阶导数连续的条件,有

$$\left.\begin{aligned}A+R&=T\\(A-R)k_{0x}&=Tk\end{aligned}\right\} \tag{16}$$

得

$$R=\frac{k_{0x}-k}{k_{0x}+k}A,\ T=\frac{2k_{0x}}{k_{0x}+k}A \tag{17}$$

由式(13)知,由于 $k_{0x}<k$,所以 R 是负实数,T 是正实数。即折射波与入射波位相相同,而反射波与入射波位相相反,进一步又得

$$\frac{j_R}{j_\text{入}}=\frac{|R|^2}{|A|^2}=\left(\frac{k_{0x}-k}{k_{0x}+k}\right)^2,\ \frac{j_T}{j_\text{入}}=\frac{k}{k_{0x}}\frac{|T|^2}{|A|^2}=\frac{4k_{0x}k}{(k_{0x}+k)^2} \tag{18}$$

$$\frac{j_R}{j_\text{入}}+\frac{j_T}{j_\text{入}}=\left(\frac{k_{0x}-k}{k_{0x}+k}\right)^2+\frac{4k_{0x}k}{(k_{0x}+k)^2}=1 \tag{19}$$

得证。

1-18　(a)一维粒子穿透任意形状的势垒 $V(x)$,在势场变化平缓,并且相对于粒子入射能量 E 而言势垒较高较宽,以至于透射系数远小于 1 的情况下,试写出透射系数的近似表达式;

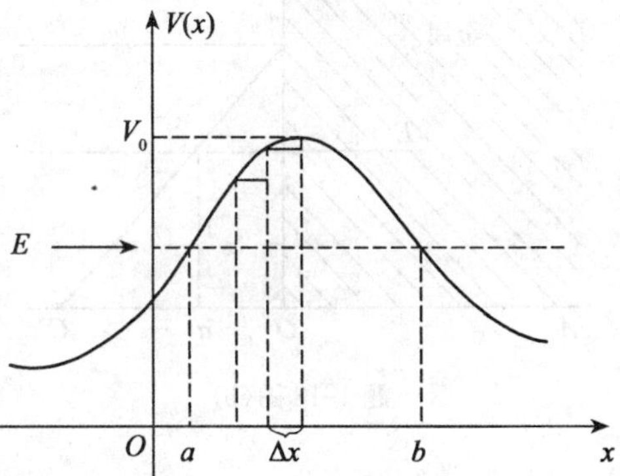

题 1-18 图(a)

(b)　应用(a)的结果,求金属在一定温度下场致发射电流密度与外电场大小的关系;

(c)　应用(a)的结果,估算 α 放射核的平均寿命。

解:(a)　能量为 E 的粒子从左向右朝任意形状的势垒 $V(x)$ 入射,从 a 点进入,b 点射出,且 $E<V(x)_{\max}$,如题 1-18 图(a)所示。为了求出透射系数 T,可用如下近似方法:

将区间$[a,b]$分成 n 小段,每段宽为 Δx,当 $n\to\infty$ 时,则 $\Delta x\to 0$,于是在$[a,b]$区间内的势垒被分割成了 n 个小方势垒,每个小方势垒的宽为 Δx,高为 $V(x)$。粒子对整个势垒的贯穿相当于连续贯穿这 n 个小方势垒的总效果,而且粒子贯穿第 k 个小方势垒的透射波的几率流密度就是它对第 $k+1$ 个小方势垒的入射波的几率流密度。于是透射系数 T 按定义为

$$\begin{aligned}T&=\frac{j_{透}}{j_{入}}\xlongequal{可写成}\frac{j_{透1}}{j_{入}}\cdot\frac{j_{透2}}{j_{透1}}\cdot\cdots\cdot\frac{j_{透}}{j_{透(n-1)}}=T_1\cdot T_2\cdots T_n\\&\approx\left\{\exp\left[-\frac{2}{\hbar}\sqrt{2m(V(x)-E)}\cdot\Delta x_1\right]\right\}\cdot\\&\quad\left\{\exp\left[-\frac{2}{\hbar}\sqrt{2m(V(x)-E)}\cdot\Delta x_2\right]\right\}\cdots\cdot\\&\quad\left\{\exp\left[-\frac{2}{\hbar}\sqrt{2m(V(x)-E)}\cdot\Delta x_n\right]\right\}\\&=\exp\left[-\frac{2}{\hbar}\sum_{k=1}^{n}\sqrt{2m(V(x)-E)}\cdot\Delta x_k\right]\\&=\exp\left[-\frac{2}{\hbar}\int_a^b\sqrt{2m(V(x)-E)}\,\mathrm{d}x\right]\end{aligned}\tag{1}$$

式中:a,b 两点称为经典转折点,由入射粒子的能量 $E=V(a)=V(b)$决定。

上述的推导是不严格的,严格的方法应该用“W. K. B 近似方法”,但在那里得到的结果

与(1)式相同。

(b) 金属中电子的场致发射效应为：在垂直于金属表面施加于外强电场（约为 10^6 V/cm)，则金属中可发射出传导电流。这种现象可用“隧道贯穿”解释如下：

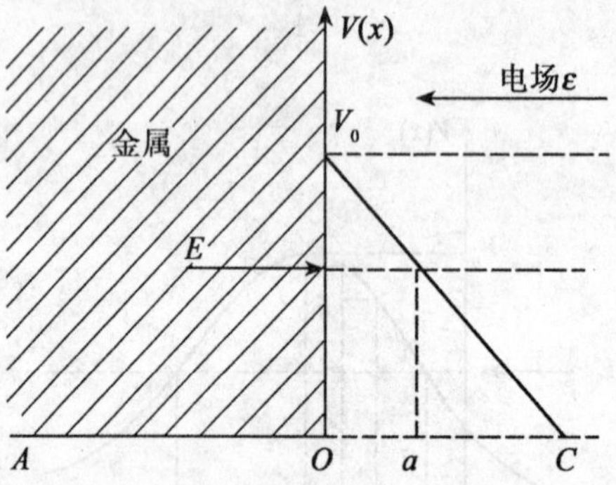

题 1-18 图(b)

欲使电子从金属中释出，必须耗费一定的功，故电子在金属内部的势能比在金属外部的小。令在金属内部电子的势能 $V(x)=0$，而在金属外部的势能 $V(x)=V_0(>0)$（此时若不加任何激发，电子是释放不出来的，因为它无法克服一个无穷宽的势垒）。

现在，垂直于金属表面施加一电场 $\boldsymbol{\varepsilon}$，则电子的势能变为

$$V(x)=\begin{cases}V_0-e\varepsilon x, & x>0\\ 0, & x<0\end{cases} \tag{2}$$

如题 1-18 图(b)实线所示。

由此，外场 $\boldsymbol{\varepsilon}$ 的作用使金属表面形成一个三角形势垒，且 $\boldsymbol{\varepsilon}$ 值越大，势垒越窄。金属内的电子则依靠隧道效应穿透三角形势垒逸出金属表面形成宏观电流。

设电子的能量为 E，则经典转折点 a 可按如下方式确定为

$$E=V_0-e\varepsilon a,\ a=(V_0-E)/e\varepsilon \tag{3}$$

穿透三角形势垒的透射系数 T 按式(1)为

$$T=\exp\left\{-\frac{2}{\hbar}\int_0^a\sqrt{2m(V_0-e\varepsilon x-E)}\,\mathrm{d}x\right\} \tag{4}$$

为了计算式(4)中的积分，可引进新的变量。令 $\xi=\frac{e\varepsilon}{V_0-E}x$，则当 $x=0$ 时，$\xi=0$；当 $x=a=\frac{V_0-E}{e\varepsilon}$ 时，$\xi=1$. 于是

$$\int_0^a\sqrt{2m(V_0-e\varepsilon x-E)}\,\mathrm{d}x=\frac{\sqrt{2m}}{e\varepsilon}(V_0-E)^{3/2}\int_0^1\sqrt{1-\xi}\,\mathrm{d}\xi$$
$$=\frac{2}{3}\,\frac{\sqrt{2m}}{e\varepsilon}(V_0-E)^{3/2} \tag{5}$$

将式(5)代入式(4)，得

$$T=\exp\left\{-\frac{2}{\hbar}\cdot\frac{2}{3}\,\frac{\sqrt{2m}}{e\varepsilon}(V_0-E)^{3/2}\right\}=\exp\left\{-\frac{4}{3}\,\frac{\sqrt{2m}}{e\varepsilon\hbar}(V_0-E)^{3/2}\right\} \tag{6}$$

$$电流密度\ j=(单位时间碰击金属表面电子数)\times T\sim e^{-\frac{1}{\varepsilon}} \tag{7}$$

电流密度与外电场 ε 的这种关系已为实验证实。

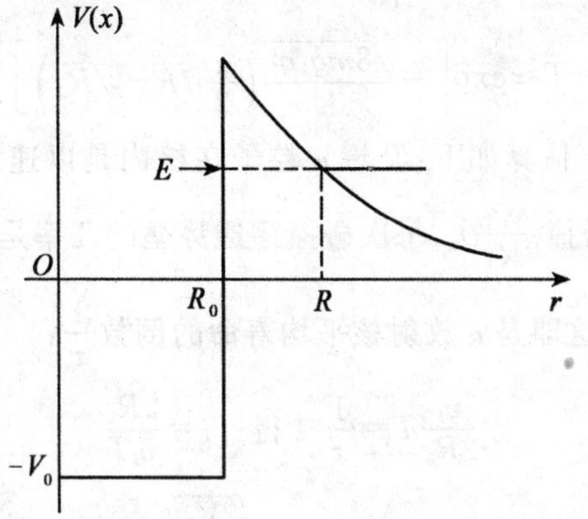

题 1-18 图(c)

(c)　只有几 MeV 的 α 粒子能够离开具有几十 MeV 的核子的吸引而脱离核亦可以用隧道效应解释。

衰变前,α 粒子存在于核内,受到其他核子的强大引力,其情形犹如无限深球方势阱中的粒子;

衰变后,α 粒子受到核作为一个整体粒子的排斥作用。因此衰变前后 α 粒子的势能可表示为

$$V(r)=\begin{cases}-V_0, & r<R_0\\ \dfrac{q_1q_2}{r}, & r>R_0\end{cases} \tag{8}$$

式中:q_1 与 q_2 分别是 α 粒子与核的电荷数,R_0 为核半径。由于在核的表面附近形成一有限宽的势垒,α 粒子能产生隧道效应自动脱离核(参见题 1-18 图(c)),衰变几率可用透射系数表示。

若 α 粒子的能量为 E,则经典转折点 R 为

$$E=V(R)=q_1q_2/R,R=q_1q_2/E \tag{9}$$

透射系数 T 为

$$T=\exp\left[-\frac{2}{\hbar}\int_{R_0}^{R}\sqrt{2m(V(r)-E)}\mathrm{d}r\right]$$

$$=\exp\left[-\frac{2}{\hbar}\int_{R_0}^{R}\sqrt{2m\left(\frac{q_1q_2}{r}-E\right)}\mathrm{d}r\right]$$

作变量变换:$r=R\cos^2x$,则

$$T=\exp\left[-\frac{1}{\hbar}\sqrt{8mE}\int_{R_0}^{R}\sqrt{\frac{R}{r}-1}\,\mathrm{d}r\right]$$

$$=\exp\left[-\frac{\sqrt{32mE}}{\hbar}R\int_{0}^{\arccos(\frac{R_0}{R})^{1/2}}\sin^2x\mathrm{d}x\right]$$

$$=\exp\left\{-\frac{\sqrt{8mq_1q_2R}}{\hbar}\left[\arccos\sqrt{\frac{R_0}{R}}-\sqrt{\frac{R_0}{R}\left(1-\frac{R_0}{R}\right)}\right]\right\}$$

在 $E\ll\frac{q_1q_2}{R_0}$，即$\frac{R_0}{R}\ll1$ 情况下，忽略掉$(\frac{R_0}{R})^2$ 项，得

$$T\approx\exp\left[-\frac{\sqrt{8mq_1q_2}}{\hbar}\left(\frac{\pi}{2}\sqrt{R}-\sqrt{R_0}\right)\right] \tag{10}$$

α 放射核的平均寿命 τ 估算如下：设想 α 粒子在核内是以速度 v_i 作自由运动的经典粒子，单位时间内与势垒壁碰撞$\frac{v_i}{2R_0}$次，每次碰撞穿透势垒的几率是 T，故单位时间内 α 粒子离开原子核的几率是$\frac{v_i}{2R_0}T$，这即是 α 放射核平均寿命的倒数$\frac{1}{\tau}$：

$$\frac{v_i}{2R_0}T=\frac{1}{\tau}\quad 得\quad \tau=\frac{2R_0}{v_iT}$$

式中：v_i 由$\frac{1}{2}mv_i^2=E-(-V_0)\approx V_0$ 得出，$v_i=\sqrt{\frac{2V_0}{m}}$；又，记 α 粒子在远离原子核处的速度为 v，有 $E=\frac{q_1q_2}{R}=\frac{1}{2}mv^2$，于是 $v=\sqrt{\frac{2q_1q_2}{mR}}$。最后得

$$\tau=\frac{2R_0}{v_iT}=2R_0\bigg/\left(\frac{2V_0}{m}\right)^{1/2}\exp\left[-\frac{1}{\hbar}\sqrt{8mq_1q_2}\left(\frac{\pi}{2}\sqrt{R}-\sqrt{R_0}\right)\right] \tag{11}$$

$$\ln\tau=\frac{1}{2}\ln\left(\frac{2mR_0^2}{V_0}\right)+\frac{1}{\hbar}\sqrt{8mq_1q_2}\left(\frac{\pi}{2}\sqrt{R}-\sqrt{R_0}\right)$$

$$=\frac{1}{2}\ln\left(\frac{2mR_0^2}{V_0}\right)-\frac{1}{\hbar}\sqrt{8mq_1q_2R_0}+\frac{2\pi q_1q_2}{\hbar}\ \frac{1}{v} \tag{12}$$

只要给出大距离处 α 粒子的速度 v 和核半径 R_0，由关系式(12)即可求出 α 放射核的平均寿命 τ 的估算值，它和观测数据非常符合。

1-19 考虑一个一维自由运动的粒子，已知其初始时刻（$t=0$ 时刻）处于波函数 $\psi(x,0)=N\exp\left[\mathrm{i}k_0(x-x_0)-\left(\frac{x-x_0}{2a}\right)^2\right](a>0)$所描述的状态中，$N$ 为归一化常数，求：

(a) $t=0$ 时波包的宽度 Δx，动量的涨落 Δp，并验证测不准关系；

(b) $t>0$ 时波函数 $\psi(x,t)$以及坐标的期望值$\overline{x(t)}$及波包的宽度 Δx；

(c) 讨论此波包运动的特征。

解：(a) 由波函数的归一化条件

$$\int_{-\infty}^{\infty}|\psi(x,0)|^2\mathrm{d}x$$

$$=|N|^2\int_{-\infty}^{\infty}\left|\exp\left[\mathrm{i}k_0(x-x_0)-\left(\frac{x-x_0}{2a}\right)^2\right]\right|^2\mathrm{d}x$$

$$=|N|^2\int_{-\infty}^{\infty}\exp\left[-2\left(\frac{x-x_0}{2a}\right)^2\right]\mathrm{d}x=1$$

得

$$N=(2\pi a^2)^{-1/4} \tag{1}$$

由此可知，初始时刻粒子位置的几率分布函数为

$$|\psi(x,0)|^2=(2\pi a^2)^{-1/2}\exp\left[-\frac{(x-x_0)^2}{2a^2}\right] \tag{2}$$

根据误差理论,若 $|x-x_0|=\sqrt{2}a$,则 $|\psi(x,0)|^2=(2\pi a^2)^{-1/2}\mathrm{e}^{-1}\longrightarrow 0$,表明在 $|x-x_0|\geqslant\sqrt{2}a$ 区域找到粒子的几率近似为零,即粒子不能出现在 $|x-x_0|\geqslant\sqrt{2}a$ 区域之中,因此波包的宽度为

$$\Delta x=x-x_0\sim\sqrt{2}a \tag{3}$$

式中:x_0 为 $t=0$ 时刻波包中心处,即

$$\overline{x(0)}=x_0 \tag{4}$$

为了求得动量的涨落 Δp,将 $\psi(x,0)$ 作傅里叶展开:

$$\psi(x,0)=(2\pi\hbar)^{-1/2}\int_{-\infty}^{\infty}c(p)\mathrm{e}^{\frac{\mathrm{i}}{\hbar}px}\mathrm{d}p$$

得

$$\begin{aligned}c(p)&=(2\pi\hbar)^{-1/2}\int_{-\infty}^{\infty}\psi(x,0)\mathrm{e}^{-\frac{\mathrm{i}}{\hbar}px}\mathrm{d}x\\&=(2\pi\hbar)^{-1/2}(2\pi a^2)^{-1/4}\int_{-\infty}^{\infty}\exp\left[\mathrm{i}k_0(x-x_0)-\left(\frac{x-x_0}{2a}\right)^2\right]\mathrm{e}^{-\mathrm{i}kx}\mathrm{d}x\\&=(2\pi)^{-3/4}(\hbar a)^{-1/2}\mathrm{e}^{-\mathrm{i}kx_0}\int_{-\infty}^{\infty}\exp\left[-\left(\frac{x-x_0}{2a}\right)^2-\mathrm{i}(k-k_0)(x-x_0)\right]\mathrm{d}x\\&=\left(\frac{2a^2}{\pi\hbar^2}\right)^{1/4}\exp[-a^2(k-k_0)^2-\mathrm{i}kx_0]\end{aligned} \tag{5}$$

式中利用了积分公式:

$$\int_{-\infty}^{\infty}\mathrm{e}^{-\alpha^2x^2\pm \mathrm{i}2\beta x}\mathrm{d}x=\frac{\sqrt{\pi}}{\alpha}\mathrm{e}^{-\beta^2/\alpha^2} \tag{6}$$

则 $t=0$ 时粒子动量的几率分布为

$$|c(p)|^2=\left(\frac{a}{\hbar}\right)\sqrt{\frac{2}{\pi}}\exp[-2a^2(k-k_0)^2] \tag{7}$$

仍由误差理论,若 $|k-k_0|\geqslant\frac{1}{\sqrt{2}a}$,则 $|c(p)|^2\to 0$,表明粒子动量不能取 $\hbar|k-k_0|\geqslant\frac{\hbar}{\sqrt{2}a}$ 的值。于是 $t=0$ 时刻粒子动量的涨落

$$\Delta p\sim\frac{\hbar}{\sqrt{2}a} \tag{8}$$

再由式(3)及式(8)有

$$\Delta x\cdot\Delta p\sim\sqrt{2}a\cdot\frac{\hbar}{\sqrt{2}a}=\hbar \tag{9}$$

表明测不准关系式成立。

(b) 由于一维自由粒子的哈密顿算符 $\hat{H}=\frac{\hat{p}^2}{2m}$,不显含时间 t,粒子的定态能量与定态波函数写为

$$E=\frac{p^2}{2m},p\in(-\infty,\infty);\phi_p(x)=(2\pi\hbar)^{-1/2}\mathrm{e}^{\frac{\mathrm{i}}{\hbar}px} \tag{10}$$

则体系 t 时刻的波函数 $\psi(x,t)$ 可以由相应的定态波函数线性叠加而得到(叠加系数 $c(p)$ 与

时间无关)：

$$\psi(x,t)=\int_{-\infty}^{\infty}c(p)\phi_p(x)\mathrm{e}^{-\frac{i}{\hbar}Et}\mathrm{d}p$$

$$=\int_{-\infty}^{\infty}\left\{\left(\frac{2a^2}{\pi\hbar^2}\right)^{1/4}\exp[-\mathrm{i}kx_0-a^2(k-k_0)^2]\right\}(2\pi\hbar)^{-1/2}\mathrm{e}^{\mathrm{i}kx}\mathrm{e}^{-\mathrm{i}\frac{k^2\hbar t}{2m}}\cdot\mathrm{d}(\hbar k)$$

$$=\left(\frac{a^2}{2\pi^3}\right)^{1/4}\int_{-\infty}^{\infty}\exp\left\{-a^2(k-k_0)^2+\mathrm{i}k(x-x_0)-\mathrm{i}\frac{\hbar t}{2m}k^2\right\}\mathrm{d}k$$

$$=\left(\frac{a^2}{2\pi^3}\right)^{1/4}\exp\left[\mathrm{i}k_0(x-x_0)+\mathrm{i}\frac{k_0^2\hbar t}{2m}-\mathrm{i}\frac{k_0^2\hbar t}{m}\right]\int_{-\infty}^{\infty}\mathrm{d}(k-k_0)\cdot$$

$$\exp\left[-a^2(k-k_0)^2+\mathrm{i}(k-k_0)\left(x-x_0-\frac{k_0\hbar t}{m}\right)-\mathrm{i}\frac{\hbar t}{2m}(k-k_0)^2\right]$$

$$=\frac{\exp\left[\mathrm{i}k_0(x-x_0)-\mathrm{i}\frac{k_0^2\hbar t}{2m}\right]}{(2\pi)^{1/4}\left(a+\mathrm{i}\frac{\hbar t}{2ma}\right)^{1/2}}\cdot\exp\left[-\frac{1}{4}\left(x-x_0-\frac{k_0\hbar t}{m}\right)^2\frac{\left(1-\mathrm{i}\frac{\hbar t}{2ma^2}\right)}{a^2+\left(\frac{\hbar t}{2ma}\right)^2}\right]\tag{11}$$

式中利用了积分公式：

$$\int_{-\infty}^{\infty}\exp[-(\alpha^2k^2+\mathrm{i}\beta k+\mathrm{i}\gamma k^2)]\mathrm{d}k=\left(\frac{\pi}{\alpha^2+\mathrm{i}\gamma}\right)^{1/2}\exp\left[-\frac{\beta^2(\alpha^2-\mathrm{i}\gamma)}{4(\alpha^4+\gamma^2)}\right]\tag{12}$$

则 $t>0$ 时粒子位置的几率分布函数为

$$|\psi(x,t)|^2=\frac{1}{\sqrt{2\pi}[a^2+(\hbar t/2ma)^2]^{1/2}}\cdot$$

$$\exp\left[-\frac{1}{2}\left(x-x_0-\frac{k_0\hbar t}{m}\right)^2\frac{1}{a^2+(\hbar t/2ma)^2}\right]\tag{13}$$

波包的宽度为

$$\Delta x=\left[x-\left(x_0+\frac{k_0\hbar t}{m}\right)\right]=\sqrt{2}\left[a^2+\left(\frac{\hbar t}{2ma}\right)^2\right]^{1/2}\tag{14}$$

坐标的期望值为

$$\overline{x(t)}=x_0+\frac{k_0\hbar t}{m}\tag{15}$$

(c) (15)式表明，$t=0$ 时刻波包中心在 x_0 处，而 $t>0$ 时刻波包中心移到了$\left(x_0+\frac{k_0\hbar t}{m}\right)$处，波包的群速度 $v_g=\frac{k_0\hbar}{m}$。

波包扩散的两个主要方面由(3)式与(14)式、(2)式与(13)式明显看出：随着时间的延长，波包宽度逐渐增大，波包中心强度逐渐减弱。

通常定义波包扩散的速度为$\frac{\mathrm{d}}{\mathrm{d}t}\Delta x$。在本问题中，

$$\frac{\mathrm{d}}{\mathrm{d}t}\Delta x=\frac{\mathrm{d}}{\mathrm{d}t}\left\{\sqrt{2}\left[a^2+\left(\frac{\hbar t}{2ma}\right)^2\right]^{1/2}\right\}=\frac{\hbar}{\sqrt{2}ma}\Big/\left(\frac{4m^2a^4}{\hbar^2t^2}+1\right)^{1/2}$$

$$\xrightarrow{t\to\infty}\frac{\hbar}{\sqrt{2}ma}\overset{\text{由(8)式}}{=\!=\!=}\frac{\Delta p}{m}\tag{16}$$

可见波包扩散的原因是动量的涨落，Δp 越大，扩散越快。由(14)式知，当 $\hbar t\ll 2ma$ 时，波包扩散不明显，波包的运动类似于一个以群速度$\frac{k_0\hbar}{m}$运动的经典粒子。

1-20 已知线谐振子在初始时刻($t=0$)处于态

$$\psi(x,0)=Ae^{-\frac{1}{2}\alpha^2x^2}\left[\cos\beta H_0(\alpha x)+\frac{\sin\beta}{2\sqrt{2}}H_2(\alpha x)\right]$$

之中,其中 β 是实常数,A 为待定的归一化常数,$\alpha^2=\frac{m\omega}{\hbar}$,求:

(a) 在以后任意时刻($t>0$)的状态波函数 $\psi(x,t)$;

(b) 在该态中粒子能量的可能取值及相应的几率分别是多少?

(c) $t=0$ 与 $t>0$ 时刻的坐标期望值,$\bar{x}$ 是怎样随时间变化的?

解:先将 $\psi(x,0)$ 归一化。利用线谐振子能量本征值与相应的定态波函数的表达式:

$$E_n=\left(n+\frac{1}{2}\right)\hbar\omega,\quad n=0,1,2,3,\cdots \tag{1}$$

$$\phi_n(x)=\left(\frac{\alpha}{\sqrt{\pi}2^n n!}\right)^{1/2}e^{-\frac{1}{2}\alpha^2x^2}H_n(\alpha x) \tag{2}$$

有

$$\begin{aligned}\psi(x,0)&=Ae^{-\frac{1}{2}\alpha^2x^2}\left[\cos\beta H_0(\alpha x)+\frac{\sin\beta}{2\sqrt{2}}H_2(\alpha x)\right]\\&=Ae^{-\frac{1}{2}\alpha^2x^2}\left[\cos\beta\left(\frac{\sqrt{\pi}}{\alpha}\right)^{1/2}\left(\frac{\alpha}{\sqrt{\pi}}\right)^{1/2}H_0(\alpha x)+\sin\beta\left(\frac{\sqrt{\pi}}{\alpha}\right)^{1/2}\left(\frac{\alpha}{\sqrt{\pi}2^2\cdot 2}\right)^{1/2}H_2(\alpha x)\right]\\&=A\left[\cos\beta\left(\frac{\sqrt{\pi}}{\alpha}\right)^{1/2}\phi_0(x)+\sin\beta\left(\frac{\sqrt{\pi}}{\alpha}\right)^{1/2}\phi_2(x)\right]\end{aligned} \tag{3}$$

所以

$$\begin{aligned}1&=\int_{-\infty}^{\infty}|\psi(x,0)|^2dx\\&=\int_{-\infty}^{\infty}|A|^2\left[\cos\beta\left(\frac{\sqrt{\pi}}{\alpha}\right)^{1/2}\phi_0^*(x)+\sin\beta\left(\frac{\sqrt{\pi}}{\alpha}\right)^{1/2}\phi_2^*(x)\right]\cdot\\&\quad\left[\cos\beta\left(\frac{\sqrt{\pi}}{\alpha}\right)^{1/2}\phi_0(x)+\sin\beta\left(\frac{\sqrt{\pi}}{\alpha}\right)^{1/2}\phi_2(x)\right]dx\\&=|A|^2\left[\cos^2\beta\left(\frac{\sqrt{\pi}}{\alpha}\right)+\sin^2\beta\left(\frac{\sqrt{\pi}}{\alpha}\right)\right]=|A|^2\left(\frac{\sqrt{\pi}}{\alpha}\right)\end{aligned}$$

得

$$A=\left(\frac{\alpha}{\sqrt{\pi}}\right)^{1/2} \tag{4}$$

(a) 由于线谐振子的哈密顿算符 $\hat{H}=\frac{\hat{p}^2}{2m}+\frac{1}{2}m\omega^2x^2$ 不显含 t,故体系的非定态波函数 $\psi(x,t)$ 可按相应的定态波函数 $\phi_n(x)e^{-\frac{i}{\hbar}E_nt}$ 线性叠加而得到,只要叠加系数与时间无关。

$$\psi(x,t)=\sum_n a_n\phi_n(x)e^{-\frac{i}{\hbar}E_nt} \tag{5}$$

当 $t=0$ 时,有

$$\psi(x,0)=\sum_n a_n\phi_n(x)$$

$$a_n = \int_{-\infty}^{\infty} \psi(x,0)\phi_n^*(x)\mathrm{d}x \tag{6}$$

将初始条件(3)代入,得

$$a_n = \int_{-\infty}^{\infty} A\left[\cos\beta\left(\frac{\sqrt{\pi}}{\alpha}\right)^{\frac{1}{2}}\phi_0(x) + \sin\beta\left(\frac{\sqrt{\pi}}{\alpha}\right)^{\frac{1}{2}}\phi_2(x)\right]\phi_n^*(x)\mathrm{d}x$$

$$= A\cos\beta\left(\frac{\sqrt{\pi}}{\alpha}\right)^{\frac{1}{2}}\delta_{n0} + A\sin\beta\left(\frac{\sqrt{\pi}}{\alpha}\right)^{\frac{1}{2}}\delta_{n2}$$

$$= \cos\beta\,\delta_{n0} + \sin\beta\,\delta_{n2} \tag{7}$$

计算中已经利用了(4)式。于是

$$a_0 = \cos\beta, a_2 = \sin\beta \tag{8}$$

将(8)式代入(5)式,得

$$\psi(x,t) = \cos\beta\phi_0(x)\mathrm{e}^{-\frac{\mathrm{i}}{\hbar}E_0 t} + \sin\beta\phi_2(x)\mathrm{e}^{-\frac{\mathrm{i}}{\hbar}E_2 t}$$

$$= \left(\frac{\alpha}{\sqrt{\pi}}\right)^{\frac{1}{2}}\mathrm{e}^{-\frac{1}{2}\alpha^2x^2}\left[\cos\beta H_0(\alpha x)\mathrm{e}^{-\frac{\mathrm{i}}{2}\omega t} + \frac{\sin\beta}{2\sqrt{2}}H_2(\alpha x)\mathrm{e}^{-\frac{5\mathrm{i}}{2}\omega t}\right] \tag{9}$$

(b) 由于$\psi(x,t)$是由线谐振子的两个定态ϕ_0与ϕ_2线性叠加而成的叠加态,因此当体系处于态$\psi(x,t)$中时,它还保留有被叠加态的特征,故此时粒子能量的可能取值为$E_0 = \frac{1}{2}\hbar\omega$与$E_2 = \frac{5}{2}\hbar\omega$,相应的几率由叠加系数的模的平方决定,分别为$w_0 = \cos^2\beta$和$w_2 = \sin^2\beta$。

(c) 由于线谐振子在每一定态$\phi_n(x)$中具有$(-1)^n$的宇称,故$\phi_0(x)$与$\phi_2(x)$均为偶宇称态,使得$\psi(x,0)$也是偶宇称态,因此

$$\overline{x(0)} = \int_{-\infty}^{\infty} x|\psi(x,0)|^2\mathrm{d}x = 0 \tag{10}$$

又线谐振子势能函数$V(x) = \frac{1}{2}m\omega^2x^2$具有空间反演不变性,$V(x) = V(-x)$,使得体系的宇称是守恒量。若初始时刻是偶宇称,则以后也一直是偶宇称,因此

$$\overline{x(t)} = \int_{-\infty}^{\infty} x|\psi(x,t)|^2\mathrm{d}x = 0 \tag{11}$$

表明坐标的期望值不随时间变化。

1-21 按照态叠加原理,一维谐振子若干可能状态的任意线性叠加态(叠加系数与时间无关)仍是一维谐振子的可能状态。现设在$t=0$时刻,一维谐振子的状态为其所有定态$\psi_n(x)$某种特定的线性叠加:

$$\psi(\alpha,x,0) = \mathrm{e}^{-\frac{1}{2}|\alpha|^2}\sum_{n=0}^{\infty}\frac{\alpha^n}{(n!)^{\frac{1}{2}}}\psi_n(x)$$

式中:复数α视为参数,与t无关;波函数已经归一化。试求在$t>0$时刻:

(a) 粒子的波函数$\psi(\alpha,x,t)$及粒子位置几率密度分布函数$|\psi(\alpha,x,t)|^2$;

(b) 求$\overline{x}(t)$,并证明$\overline{x}(t)$随时间t的变化同于相应的经典质点简谐振动关系。

解:(a) $\psi(\alpha,x,t) = \mathrm{e}^{-\frac{1}{2}|\alpha|^2}\sum_{n=0}^{\infty}\frac{\alpha^n}{(n!)^{\frac{1}{2}}}\psi_n(x)\mathrm{e}^{-\frac{\mathrm{i}}{\hbar}E_n t}$

$$=\mathrm{e}^{-\frac{1}{2}|\alpha|^2-\mathrm{i}\frac{\omega}{2}t}\sum_{n=0}^{\infty}\frac{\alpha^n}{(n!)^{1/2}}\psi_n(x)\mathrm{e}^{-\mathrm{i}n\omega t}$$

$$=\mathrm{e}^{-\frac{1}{2}|\alpha|^2-\mathrm{i}\frac{\omega}{2}t}\sum_{n=0}^{\infty}\frac{(\alpha\mathrm{e}^{-\mathrm{i}\omega t})^n}{(n!)^{1/2}}\psi_n(x)$$

$$=\mathrm{e}^{-\mathrm{i}\frac{\omega}{2}t}\psi(\alpha\mathrm{e}^{-\mathrm{i}\omega t},x,0)$$

即

$$\psi(\alpha,x,t)=\psi(\alpha\mathrm{e}^{-\mathrm{i}\omega t},x,0)\mathrm{e}^{-\mathrm{i}\frac{\omega}{2}t}\tag{1}$$

看出:$\psi(\alpha,x,t)$与$\psi(\alpha,x,0)$相比,除因子$\mathrm{e}^{-\mathrm{i}\frac{\omega}{2}t}$外,有相同的函数形式,函数中只须将$\alpha$代之以$\alpha\mathrm{e}^{-\mathrm{i}\omega t}$,得

$$|\psi(\alpha,x,t)|^2=|\psi(\alpha\mathrm{e}^{-\mathrm{i}\omega t},x,0)|^2\tag{2}$$

进一步,由

$$\frac{1}{\sqrt{2}}\left[\left(\frac{m\omega}{\hbar}\right)^{1/2}x+\left(\frac{\hbar}{m\omega}\right)^{1/2}\frac{\mathrm{d}}{\mathrm{d}x}\right]\psi_n(x)=\sqrt{n}\psi_{n-1}(x)\tag{3}$$

可以直接推得

$$\frac{1}{\sqrt{2}}\left[\left(\frac{m\omega}{\hbar}\right)^{1/2}x+\left(\frac{\hbar}{m\omega}\right)^{1/2}\frac{\mathrm{d}}{\mathrm{d}x}\right]\psi(\alpha,x,0)=\alpha\psi(\alpha,x,0)\tag{4}$$

于是有

$$\frac{1}{\sqrt{2}}\left[\left(\frac{m\omega}{\hbar}\right)^{1/2}x+\left(\frac{\hbar}{m\omega}\right)^{1/2}\frac{\mathrm{d}}{\mathrm{d}x}\right]\psi(\alpha,x,t)=\alpha\mathrm{e}^{-\mathrm{i}\omega t}\psi(\alpha,x,0)\tag{5}$$

这个方程的解为

$$\psi(\alpha,x,t)=A\exp\left[-\left(\frac{m\omega}{2\hbar}\right)x^2+\left(\frac{2m\omega}{\hbar}\right)^{1/2}\alpha\mathrm{e}^{-\mathrm{i}\omega t}x\right]\tag{6}$$

记

$$|\psi(\alpha,x,t)|^2=|A|^2\mathrm{e}^{-G}\tag{7}$$

经过简单运算,并记$\alpha=\alpha_0\mathrm{e}^{\mathrm{i}\theta}$,有

$$G=\frac{m\omega}{\hbar}\left[x-\left(\frac{2\hbar}{m\omega}\right)^{1/2}\alpha_0\cos(\omega t-\theta)\right]^2-2\alpha_0^2\cos^2(\omega t-\theta)\tag{8}$$

再记

$$\bar{x}(t)=\left(\frac{2\hbar}{m\omega}\right)^{1/2}\alpha_0\cos(\omega t-\theta)\tag{9}$$

注意到

$$\int_{-\infty}^{\infty}\exp\left[-\frac{m\omega}{\hbar}(x-\bar{x})^2\right]\mathrm{d}x=\left(\frac{\pi\hbar}{m\omega}\right)^{1/2}$$

并选取归一化常数A,使得

$$|A|^2\mathrm{e}^{2\alpha_0^2\cos^2(\omega t-\theta)}=\left(\frac{\pi\hbar}{m\omega}\right)^{-1/2}$$

最后得到

$$|\psi(\alpha,x,t)|^2=|A|^2\mathrm{e}^{2\alpha_0^2\cos^2(\omega t-\theta)}\mathrm{e}^{-\frac{m\omega}{\hbar}[x-\bar{x}(t)]^2}$$

$$=\left(\frac{\pi\hbar}{m\omega}\right)^{-1/2}\mathrm{e}^{-\frac{m\omega}{\hbar}[x-\bar{x}(t)]^2}\tag{10}$$

(b) 由 $\psi(\alpha,x,t)$描述一维谐振子的波动状态称为一维谐振子的相干态或准经典态，是一种特殊的波包。下面再计算在该态下一维谐振子的：(i)坐标平均值$\overline{x}(t)$；(ii)坐标相对于$\overline{x}(t)$的均方根偏差，波包宽度 $\Delta x=\sqrt{\overline{x^2(t)}-\overline{x(t)}^2}$，可以又一次看出它的基本特点。

(1) $$\overline{x}(0)=\int x|\psi(\alpha,x,0)|^2\mathrm{d}x=\int \psi^*(\alpha,x,0)x\psi(\alpha,x,0)\mathrm{d}x$$

$$=\int \psi^*(\alpha,x,0)\left(\frac{\hbar}{2m\omega}\right)^{1/2}\frac{1}{\sqrt{2}}\left[\left(\frac{m\omega}{\hbar}\right)^{1/2}x+\left(\frac{\hbar}{m\omega}\right)^{1/2}\frac{\mathrm{d}}{\mathrm{d}x}\right]\cdot\psi(\alpha,x,0)\mathrm{d}x$$

$$+\int\psi^*(\alpha,x,0)\left(\frac{\hbar}{2m\omega}\right)^{1/2}\frac{1}{\sqrt{2}}\cdot\left[\left(\frac{m\omega}{\hbar}\right)^{1/2}x-\left(\frac{\hbar}{m\omega}\right)^{1/2}\frac{\mathrm{d}}{\mathrm{d}x}\right]\psi(\alpha,x,0)\mathrm{d}x$$

$$=\int \psi^*(\alpha,x,0)\left(\frac{\hbar}{2m\omega}\right)^{1/2}\alpha\psi(\alpha,x,0)\mathrm{d}x+\int\psi(\alpha,x,0)\cdot$$

$$\left(\frac{\hbar}{2m\omega}\right)^{1/2}\left\{\frac{1}{\sqrt{2}}\left[\left(\frac{m\omega}{\hbar}\right)^{1/2}x+\left(\frac{\hbar}{m\omega}\right)^{1/2}\frac{\mathrm{d}}{\mathrm{d}x}\right]\psi(\alpha,x,0)\right\}^*\mathrm{d}x$$

$$=\left(\frac{\hbar}{2m\omega}\right)^{1/2}(\alpha+\alpha^*)=\left(\frac{2\hbar}{m\omega}\right)^{1/2}\mathrm{Re}(\alpha) \tag{11}$$

式中进行了一次分部积分，得

$$\overline{x}(t)=\int x|\psi(\alpha,x,t)|^2\mathrm{d}x=\int x|\psi(\alpha\mathrm{e}^{-\mathrm{i}\omega t},x,0)|^2\mathrm{d}x$$

$$=\left(\frac{2\hbar}{m\omega}\right)^{1/2}\mathrm{Re}(\alpha\mathrm{e}^{-\mathrm{i}\omega t})=\left(\frac{2\hbar}{m\omega}\right)^{1/2}\mathrm{Re}(\alpha_0\mathrm{e}^{-\mathrm{i}(\omega t-\theta)}) \tag{12}$$

即

$$\overline{x}(t)=\left(\frac{2\hbar}{m\omega}\right)^{1/2}\alpha_0\cos(\omega t-\theta) \tag{13}$$

随时间 t 作简谐变化，同于经典情况。

(2) $$\overline{x^2(0)}=\int x^2|\psi(\alpha,x,0)|^2\mathrm{d}x$$

$$=\int\psi^*(\alpha,x,0)xx\psi(\alpha,x,0)\mathrm{d}x$$

用同(1)相似的计算方法，可得

$$\overline{x^2(0)}=\frac{\hbar}{2m\omega}[(\alpha+\alpha^*)^2+1]=\frac{\hbar}{2m\omega}[(2\mathrm{Re}\,\alpha)^2+1] \tag{14}$$

$$\overline{x^2(t)}=\frac{\hbar}{2m\omega}[(2\mathrm{Re}\,\alpha\mathrm{e}^{-\mathrm{i}\omega t})^2+1]$$

$$=\frac{\hbar}{2m\omega}[4\alpha_0^2\cos^2(\omega t-\theta)+1] \tag{15}$$

于是

$$\Delta x=\sqrt{\overline{x^2(t)}-\overline{x(t)}^2}=\left(\frac{\hbar}{2m\omega}\right)^{1/2} \tag{16}$$

与 α 无关，与时间 t 无关。表明：波包宽度为$\left(\frac{\hbar}{2m\omega}\right)^{1/2}$，且不随时间的演化而扩展；整个波包保持一定的形状以 $\overline{x}(t)$为平均位置，随时间作简谐运动，角频率是 ω，振幅是$\left(\frac{2\hbar}{m\omega}\right)^{1/2}\alpha_0$（$\alpha_0$是 α 的模），同于相应经典质点的简谐振动。

相干态具有准经典性等若干有意义的基本性质,在现代量子理论中得到许多应用。人们发现,诸如激光、超流态和超导态等都是相干态。如今,它在物理学中已越来越引起重视。

1-22 设体系的哈密顿算符 $\hat{H}$ 不显含时间 t,试利用定态波函数完备集表示出传播子,再具体求出自由粒子一维运动的传播子和一维谐振子的传播子。

解:(a) 已知体系的哈密顿量 $\hat{H}$ 不显含时间 t,具体设粒子作一维运动,记其已正交归一化的定态波函数完备集为$\{\psi_n(x)\mathrm{e}^{-\frac{\mathrm{i}}{\hbar}E_n t}\}$(不失一般性,假定体系的能谱完全分立),则体系任一运动状态波函数 $\Psi(x,t)$可表示为诸定态的线性叠加:

$$\Psi(x,t)=\sum_n c_n\psi_n(x)\mathrm{e}^{-\frac{\mathrm{i}}{\hbar}E_n t} \tag{1}$$

式中:诸叠加系数$\{c_n\}$均与时间 t 无关。可以求出诸$\{c_n\}$。取某一参考时刻 t',有

$$c_n\mathrm{e}^{-\frac{\mathrm{i}}{\hbar}E_n t'}=\int_{-\infty}^{\infty}\psi_n^*(x')\Psi(x',t')\mathrm{d}x',\quad n=1,2,3,\cdots$$

即

$$c_n=\int_{-\infty}^{\infty}\psi_n^*(x')\mathrm{e}^{\frac{\mathrm{i}}{\hbar}E_n t'}\Psi(x',t')\mathrm{d}x',\quad n=1,2,3,\cdots \tag{2}$$

代回 $\Psi(x,t)$的定态叠加式,对于时刻 $t>t'$,得

$$\Psi(x,t)=\int_{-\infty}^{\infty}\left[\sum_n\psi_n(x)\psi_n^*(x')\mathrm{e}^{-\frac{\mathrm{i}}{\hbar}E_n(t-t')}\right]\cdot\Psi(x',t')\mathrm{d}x',\quad t>t' \tag{3}$$

对比传播子 $K(xt,x't')$的定义式(见本章第一部分内容精要式(1-32)):

$$\Psi(x,t)'=\int_{-\infty}^{\infty}K(xt,x't')\Psi(x',t')\mathrm{d}x',t>t' \tag{4}$$

并且注意到运动状态波函数 $\Psi(x,t)$的任意性,得到

$$K(xt,x't')=\sum_n\psi_n(x)\psi_n^*(x')\mathrm{e}^{-\frac{\mathrm{i}}{\hbar}E_n(t-t')},\quad t>t' \tag{5}$$

对于粒子三维运动情况,有

$$K(\boldsymbol{r}t,\boldsymbol{r}'t')=\sum_n\psi_n(\boldsymbol{r})\psi_n^*(\boldsymbol{r}')\mathrm{e}^{-\frac{\mathrm{i}}{\hbar}E_n(t-t')},\quad t>t' \tag{6}$$

(b) 具体到自由粒子一维运动情况,体系定态波函数是平面波

$$\psi_p(x)=(2\pi\hbar)^{-1/2}\mathrm{e}^{\frac{\mathrm{i}}{\hbar}px}$$

相应能量 $E_p=\dfrac{p^2}{2m}$,能谱是完全连续的,于是

$$K(xt,x't')=\int_{-\infty}^{\infty}\mathrm{d}p\,\frac{1}{2\pi\hbar}\mathrm{e}^{\frac{\mathrm{i}}{\hbar}p(x-x')-\frac{\mathrm{i}}{\hbar}\frac{p^2}{2m}(t-t')},\quad t>t'$$

直接对 p 积分,得到自由粒子一维运动的传播子为

$$K(xt,x't')=\left[\frac{m}{2\pi\mathrm{i}\hbar(t-t')}\right]^{1/2}\exp\left[\mathrm{i}\frac{m(x-x')^2}{2\hbar(t-t')}\right],\quad t>t' \tag{7}$$

(c) 对于一维谐振子情况,体系定态波函数是

$$\psi_n(x)=N_n\mathrm{e}^{-\frac{1}{2}\alpha^2x^2}H_n(\alpha x),\quad \alpha=\left(\frac{m\omega}{\hbar}\right)^{1/2}$$

$$N_n=\left(\frac{\alpha}{\sqrt{\pi}2^n n!}\right)^{1/2} \tag{8}$$

相应的定态能量为 $E_n=(n+\frac{1}{2})\hbar\omega, n=0,1,2,\cdots$，能谱是完全分立的。于是传播子

$$K(xt,x't')=\sum_n \psi_n(x)\psi_n^*(x')e^{-i(n+\frac{1}{2})\omega(t-t')}, \quad t>t' \tag{9}$$

记 $y=\alpha x, y'=\alpha x', b=e^{-i\omega(t-t')}$，有

$$\frac{b}{1-b^2}=\frac{1}{2i\sin\omega(t-t')}$$

$$\frac{1}{1-b^2}=1/[1-e^{-2i\omega(t-t')}]=\frac{e^{i\omega(t-t')}}{2i\sin\omega(t-t')}=\frac{1}{2}[-i\cot\omega(t-t')+1]$$

再利用厄密多项式的一个求和公式：

$$e^{-(y^2+y'^2)}\sum_{n=0}^{\infty}\frac{b^n}{2^n n!}H_n(y)H_n(y')=\frac{1}{\sqrt{1-b^2}}\exp\left[-\frac{1}{1-b^2}(y^2+y'^2-2byy')\right]$$

就直接得到一维谐振子的传播子为

$$K(xt,x't')=\left[\frac{m\omega}{i2\pi\hbar\sin\omega(t-t')}\right]^{1/2}\cdot$$

$$\exp\left\{\frac{im\omega}{2\hbar\sin\omega(t-t')}[(x^2+x'^2)\cos\omega(t-t')-2xx']\right\}, \quad t>t' \tag{10}$$

若 $\omega\to 0$，则一维谐振子就成为一维自由运动的粒子。

第三部分　练　习　题

1-1　粒子被限制在 $[-\frac{a}{2},\frac{a}{2}]$ 区间内做一维运动。若在 $t=0$ 时刻，设粒子运动的波函数为

(1) $$\psi_1(x)=\begin{cases} A\cos\frac{\pi x}{a}, & |x|\leqslant\frac{a}{2} \\ 0, & |x|>\frac{a}{2} \end{cases}$$

(2) $$\psi_2(x)=\begin{cases} B\sin\frac{2\pi x}{a}, & |x|\leqslant\frac{a}{2} \\ 0, & |x|>\frac{a}{2} \end{cases}$$

(3) $$\psi_3(x)=\begin{cases} C(\cos\frac{\pi x}{a}+\sin\frac{2\pi x}{a}), & |x|\leqslant\frac{a}{2} \\ 0, & |x|>\frac{a}{2} \end{cases}$$

试分别：

(a)　将波函数归一化；

(b)　求粒子位置几率分布函数；

(c)　求粒子出现在两个子区间 $\left[-\frac{a}{2},0\right]$ 和 $\left[0,\frac{a}{2}\right]$ 内的总几率，再比较两者的大小。

答：(a) $A=\sqrt{\frac{2}{a}}, B=\sqrt{\frac{2}{a}}, C=\sqrt{\frac{1}{a}}$；

(b) $|\psi_1|^2=\frac{2}{a}\cos^2\left(\frac{\pi x}{a}\right),|\psi_2|^2=\frac{2}{a}\sin^2\left(\frac{\pi x}{a}\right),$

$$|\psi_3|^2=\frac{1}{a}\cos^2\left(\frac{\pi x}{a}\right)\left[1+2\sin\frac{\pi x}{a}\right]^2;$$

(c) $(\frac{1}{2},\frac{1}{2}),(\frac{1}{2},\frac{1}{2}),(0.076,0.924)$.

1-2　已知 $t=0$ 时刻,粒子处在由下述归一化波函数所描述的状态之中:

(a) $\psi_1(x)=\begin{cases}\sqrt{\frac{2}{a}}\sin\frac{\pi x}{a}, & 0\leqslant x\leqslant a\\ 0, & x<0, x>a;\end{cases}$

(b) $\psi_2(x)=(\alpha^{1/2}/\pi^{1/4})e^{-\frac{1}{2}\alpha^2x^2}$　　$(-\infty,\infty)$;

(c) $\psi_3(x)=(2\pi\hbar)^{-1/2}e^{\frac{i}{\hbar}p_0x}$　　$(-\infty,\infty)$;

(d) $\psi_4(x)=\delta(x-x_0)$　　$(-\infty,\infty)$,

试分别求其动量的几率分布。

答:(a) $w_1=\frac{2\hbar^3\pi a}{(a^2p^2-\hbar^2\pi^2)^2}\left(1+\cos\frac{pa}{\hbar}\right)$;

(b) $w_2=\frac{1}{\alpha\hbar\pi^{1/2}}e^{-p^2/\alpha^2\hbar^2}$;

(c) $w_3=\delta(p-p_0)$;

(d) $w_4=(2\pi\hbar)^{-1}$.

1-3　已知氢原子在基态下电子运动的波函数在球极坐标系内的表示为 $\Psi(r,\theta,\varphi,t)=Ne^{-r/a_0}e^{-iE_1t/\hbar}$. 式中 $a_0=\frac{4\pi\varepsilon_0\hbar^2}{\mu e^2}=0.53\text{Å}$ 为第一玻尔轨道半径,$E_1=-\frac{e^2}{4\pi\varepsilon_0 2a_0}$为基态能量。试求:

(a)　归一化常数 N;

(b)　电子位置几率分布函数及其最可几处;

(c)　电子位置径向几率分布及其最可几处;

(d)　电子位置径向坐标 r 的期望值;

(e)　如果将基态氢原子的半径定义为第一玻尔轨道半径 a_0,试求半径为 a_0 的球体内电子出现的总几率;若将基态氢原子的半径 r_0 定义为:在半径为 r_0 的球体内电子出现的总几率达 90%。试求 r_0 之值。

答:(a)　$N=(\pi a_0^3)^{-1/2}$;　(b) $|\Psi(r,\theta,\varphi,t)|^2=\frac{1}{\pi a_0^3}\cdot e^{-2r/a_0}$;

(c) $w(r)=\frac{4}{a_0^3}r^2e^{-2r/a_0}, a_0$;　(d) $\bar{r}=\frac{3}{2}a_0$;　(e) $\left(1-\frac{5}{e^2}\right)\approx 0.323, r_0=2.66a_0$.

1-4　考虑单粒子的薛定谔方程 $i\hbar\frac{\partial}{\partial t}\psi(\boldsymbol{x},t)=-\frac{\hbar^2}{2m}\cdot\nabla^2\psi(\boldsymbol{x},t)+[V_1(\boldsymbol{x})+iV_2(\boldsymbol{x})]\cdot\psi(\boldsymbol{x},t)$,$V_1$ 与 V_2 为实函数,证明粒子的几率不守恒。求出在空间体积 Ω 中粒子几率"丧

失”或“增加”的速率。

答：$\frac{\partial\rho}{\partial t}+\nabla\cdot\boldsymbol{j}=\frac{2V_2}{\hbar}\rho\neq0,\ \frac{\mathrm{d}}{\mathrm{d}t}\int\psi^*\psi\mathrm{d}\tau=-\frac{\hbar}{2im}\cdot\oint\!\!\!\oint_s(\psi^*\cdot\nabla\psi-\psi\nabla\psi^*)\cdot\mathrm{d}s+\frac{2V_2}{\hbar}\int_\Omega\psi^*\psi\mathrm{d}\tau.$

1-5 在非定域势中粒子的薛定谔方程为

$$i\hbar\frac{\partial}{\partial t}\psi(x,t)=-\frac{\hbar^2}{2m}\psi(x,t)+\int V(x,x')\psi(x',t)\mathrm{d}x'$$

求几率守恒对非定域势的要求。此时，只依赖于波函数 ψ 在空间一点的值的几率流是否存在？

答：$V(x,x')=V^*(x',x)$，此时，只依赖于波函数在空间一点的值的几率流不存在。

1-6 设粒子势能 $V(\boldsymbol{r})$ 的极小值为 $V_{\min}$，证明粒子的能量本征值 $E_n>V_{\min}$。

（提示：$\overline{E}=\overline{T}+\overline{V},\overline{T}\geqslant0,\overline{V}>V_{\min}$）

1-7 试求粒子在势阱 $V(x)=\begin{cases}+\infty, & x<0\\ -V_0, & 0<x<a\\ 0, & x>a\end{cases}$ 中运动的束缚定态能量。

答：当 $-V_0<E<0$ 时，$\psi(x)=\begin{cases}Be^{-\alpha x}, & x>a\\ C\sin\beta x, & 0<x<a\\ 0, & x<0\end{cases}$ 能量满足的超越方程为：$\beta\cot\beta a=-\alpha$. 其中：$\alpha=\left(\frac{2m}{\hbar^2}|E|\right)^{½}>0,\beta=\left[\frac{2m}{\hbar^2}(V_0-|E|)\right]^{½}>0.$

1-8 (a) 粒子处于一维势场中：

$$V(x)=\begin{cases}\infty, & x<-\frac{a}{2}\\ 0, & -\frac{a}{2}\leqslant x\leqslant\frac{a}{2}\\ V_0>0, & x>\frac{a}{2}\end{cases}$$

试求粒子的束缚定态能级。

(b) 设粒子原来处于基态，从某时刻起加入新的外界作用，使势场变成

$$V(x)=\begin{cases}\infty, & x<-\frac{a}{2}\\ 0, & -\frac{a}{2}\leqslant x\leqslant\frac{a}{2}\\ V_0>0, & \frac{a}{2}<x<\frac{3a}{2}\\ 0, & x\geqslant\frac{3}{2}a\end{cases}$$

试求粒子被束缚在势阱中 $\left(-\frac{a}{2}\leqslant x\leqslant\frac{a}{2}\right)$ 的平均寿命。

答:(a) 当 $0<E<V_0$ 时,

$$\psi(x)=\begin{cases}0, & x<-\frac{a}{2}\\ A\sin k\left(x+\frac{a}{2}\right), & |x|\leqslant\frac{a}{2}\\ Be^{-k'x}, & x>\frac{a}{2}\end{cases}$$

其中:$k^2=\frac{2mE}{\hbar^2}>0, k'^2=\frac{2m}{\hbar^2}(V_0-E)>0$。能量满足的超越方程为:

$\cot(ka)=-\frac{k'}{k}<0$,即 $\sin(ka)=\pm\frac{ka}{k_0a}, k_0{}^2=\frac{2mV_0}{\hbar^2}>0$。

(b) 设该粒子在势阱中 $\left(-\frac{a}{2}\leqslant x\leqslant\frac{a}{2}\right)$ 是以能量 E 作自由运动的经典粒子,速度为 $v=\sqrt{\frac{2E_1}{m}}$,则单位时间内粒子碰撞 $x=\frac{a}{2}$ 处势垒壁的次数为 $\frac{v}{2a}$,每次碰撞穿透势垒的几率可用透射系数 T 表示,故单位时间内粒子离开势阱的几率为 $\frac{v}{2a}T$,所求平均寿命为

$$\begin{aligned}\tau&\approx\frac{2a}{vT}=2a\left(\frac{m}{2E_1}\right)^{½}\exp\left[\frac{2a}{\hbar}\sqrt{2m(V_0-E_1)}\right]\\&=\frac{2ma^2}{\pi\hbar}\exp\left[\frac{2a}{\hbar}\sqrt{2mV_0-\frac{\pi^2\hbar^2}{a^2}}\right]\end{aligned}$$

其中:$E_1=\frac{\pi^2\hbar^2}{2ma^2}, T=\exp\left[\frac{2a}{\hbar}\sqrt{2m(V_0-E_1)}\right]$.

1-9 试求在不对称势阱 $V(x)=\begin{cases}V_1, & x<0\\ 0, & 0\leqslant x\leqslant a\\ V_2, & x>a\end{cases}$

(其中 $V_1>V_2$)中运动的粒子束缚定态能级。

答:设 $0<E<V_2$,则粒子能量满足的方程为

$ka=n\pi-\arcsin(\hbar k/\sqrt{2mV_1})-\arcsin(\hbar k/\sqrt{2mV_2})$,

$n=1,2,3,\cdots$ 其中 $k=\sqrt{\frac{2mE}{\hbar^2}}$.

1-10 粒子在深度为 V_0,宽为 a 的直角势阱中运动,如习题 1-10 图所示,求:

(a) 阱口刚好出现一个束缚态能级(即 $E\approx V_0$)的条件;

(b) 束缚态能级总数。

答:(a) 阱口刚好出现束缚态能级的条件为:

$2mV_0a^2/\hbar^2=n^2\pi^2$, $n=1,2,3,\cdots$

(b) 束缚能级总数为 $N=1+\left[\frac{a}{\pi\hbar}\sqrt{2mV_0}\right]\Big|_{\text{取其最大整数}}$.

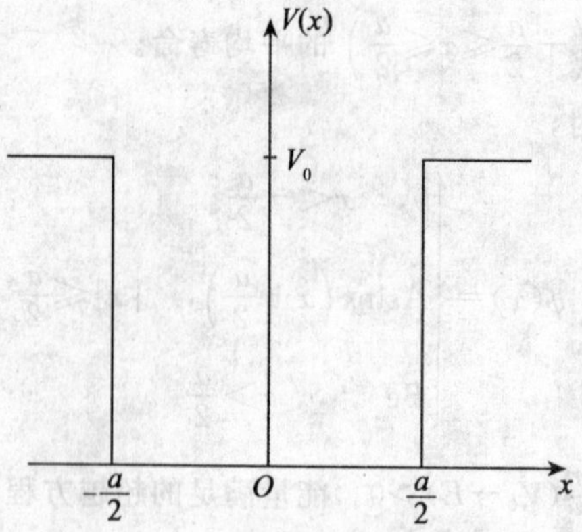

习题 1-10 图

1-11 同上题,若粒子处于第 n 个束缚定态 $\psi_n(x)$ 之中,相应的能量为 E_n,如果 $V_0 \gg E_n$,计算粒子在阱外出现的几率。

答:$w_{阱外} \approx \dfrac{2\hbar E_n}{aV_0\sqrt{2mV_0}}$.它远小于阱内的几率。

1-12 设质量为 m 的粒子在下列势阱中运动:

$$V(x)=\begin{cases}\infty, & x<0\\ \dfrac{1}{2}m\omega^2x^2, & x>0\end{cases}$$

求粒子的能级。

答:$E_n=\left(n+\dfrac{1}{2}\right)\hbar\omega,\quad n=1,3,5,7,\cdots$

1-13 质量为 m 的小球被固定在长为 l,支点为 P 的无质量的绳的末端,并在引力作用下在垂直平面内摆动,试在小角近似下求体系的能级(参见习题 1-13 图)。

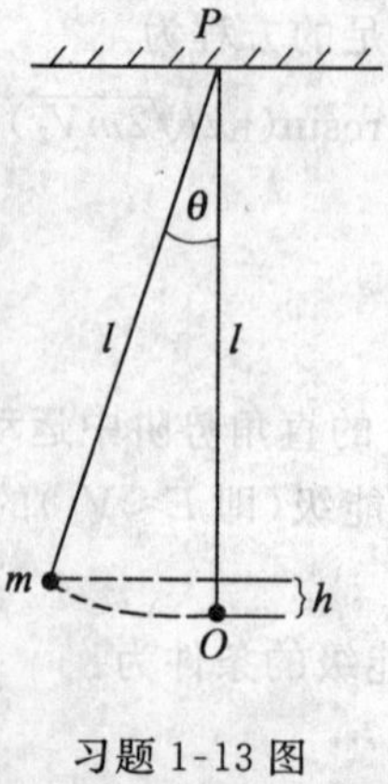

习题 1-13 图

答:$E_n=\left(n+\dfrac{1}{2}\right)\hbar\omega$, $n=0,1,2,\cdots,\omega^2=g/l,g$ 为重力加速度。

1-14 粒子质量为 M,在一个平面上距离定点 O 为恒定值 R 并绕 O 点转动,这个力学体系被称为平面转子(参见习题 1-14 图)。

(a) 试求其能谱与归一化的定态波函数;

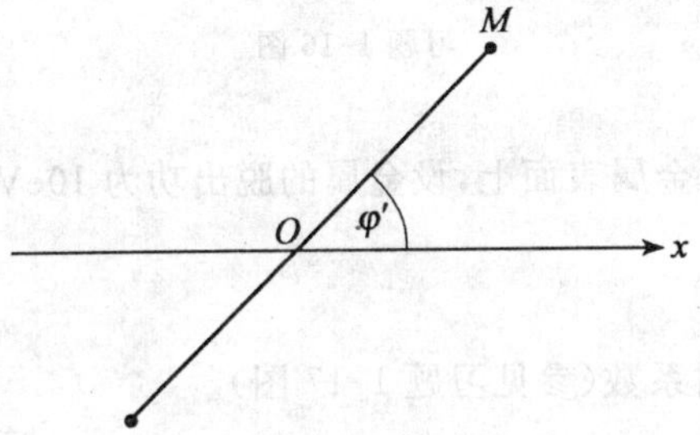

习题 1-14 图

(b) 若该平面转子具有电偶极矩 D,并将其置于沿 x 方向的恒定均匀外电场中,设电场强度 $\boldsymbol{\varepsilon}$ 足够大,再求体系的能谱及归一化的定态波函数。

答:(a) $E_m=m^2\hbar^2/2MR^2$,

$$\psi(\varphi)=\sqrt{\frac{1}{2\pi}}\mathrm{e}^{\mathrm{i}m\varphi},m=0,\pm1,\pm2,\cdots$$

(b) 取近似:

$\cos\varphi\approx1-\dfrac{1}{2}\varphi^2$,则 $E_n=(n+\dfrac{1}{2})\hbar\omega-D\varepsilon$,$\psi(\varphi)=(\alpha/\sqrt{\pi}\,2^n n!)^{1/2}\cdot\mathrm{e}^{-\frac{1}{2}\alpha^2\varphi^2}H_n(\alpha\varphi)$,

$n=0,1,2,\cdots$,其中 $\omega^2=D\varepsilon/MR^2$,$\alpha=\left(\dfrac{ID\varepsilon}{\hbar^2}\right)^{1/4}$.

1-15 由哈密顿算符 $\hat{H}=-\dfrac{\hbar^2}{2m}\nabla^2+\dfrac{m}{2}({\omega_1}^2x^2+{\omega_2}^2y^2+{\omega_3}^2z^2)$ 所描述的系统称为各向异性谐振子,试确定这一体系的能量允许值;再对各向同性的情形($\omega_1=\omega_2=\omega_3=\omega$),计算能级 E_n 的简并度。

答:$E_{n_1n_2n_3}=\left(n_1+\dfrac{1}{2}\right)\hbar\omega_1+\left(n_2+\dfrac{1}{2}\right)\hbar\omega_2+\left(n_3+\dfrac{1}{2}\right)\hbar\omega_3,n_1,n_2,n_3=0,1,2,3,\cdots$

当 $\omega_1=\omega_2=\omega_3=\omega$ 时,$E_{n_1n_2n_3}=\left(n_1+n_2+n_3+\dfrac{3}{2}\right)\hbar\omega=\left(N+\dfrac{3}{2}\right)\hbar\omega=E_N$.其中 $N=n_1+n_2+n_3=0,1,2,3,\cdots$,能级简并度为 $f=\dfrac{1}{2}(N+1)(N+2)$.

1-16 能量为 1eV 的电子入射到矩形势垒上,势垒高为 +2eV,为使穿透几率约为 10^{-3},问势垒大约多宽?(参看习题1-16图)

答:$d\approx8.1$Å.

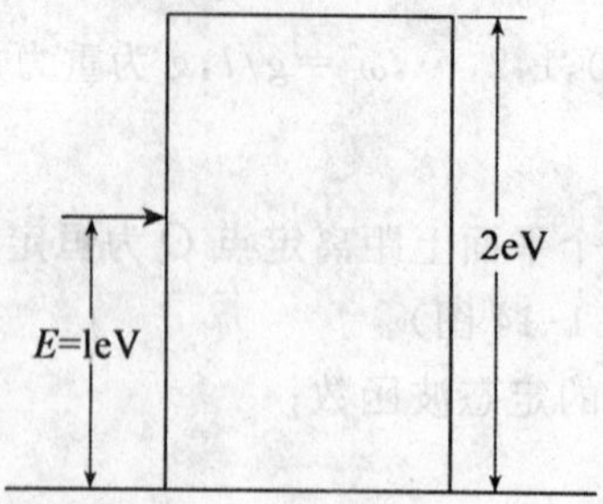

习题 1-16 图

1-17 电子垂直地射到金属表面上，设金属的脱出功为 10eV，如果电子能量

(a) $E=0.1\text{eV}$;

(b) $E=10^5\text{eV}$,

试分别计算电子的反射系数(参见习题 1-17 图)。

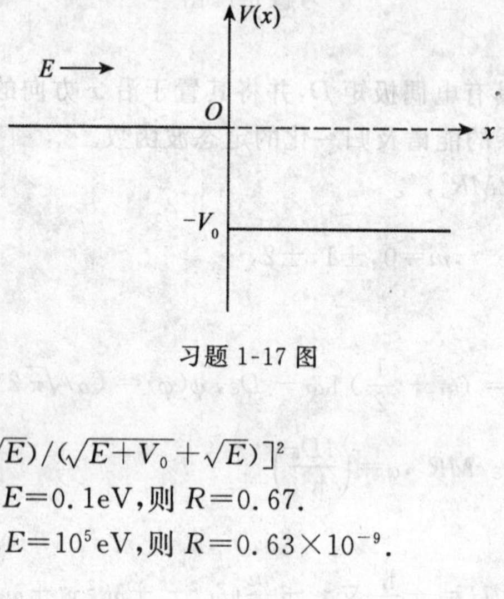

习题 1-17 图

答：$R=[(\sqrt{E+V_0}-\sqrt{E})/(\sqrt{E+V_0}+\sqrt{E})]^2$

(a) $-V_0=-10\text{eV}, E=0.1\text{eV}$，则 $R=0.67$.

(b) $-V_0=-10\text{eV}, E=10^5\text{eV}$，则 $R=0.63\times10^{-9}$.

1-18 能量为 E 的粒子自左向右入射阶梯势垒：

$$V(x)=\begin{cases}0, & x<0\\ V_0>0, & x>0\end{cases}$$

(a) 当 $E>V_0$ 时，求透射系数和反射系数，并证明透射粒子流密度与反射粒子流密度之和等于入射粒子流密度；

(b) 当 $E<V_0$ 时，求透射系数和反射系数，并求反射弛豫时间 τ(指：设入射粒子在 $t=0$ 时刻到达 $x=0$ 点并进入势垒往返一定深度，经过时间 τ 再从 $x=0$ 点离开返回左边)；

(c) 当 $E>V_0$，但粒子自右向左入射时，求透射系数和反射系数。

答：(a) 记 $k=\dfrac{\sqrt{2mE}}{\hbar}, k_1=\dfrac{\sqrt{2m(E-V_0)}}{\hbar}$，有

$$T=\frac{4kk_1}{(k+k_1)^2}=\frac{4\sqrt{E(E-V_0)}}{(\sqrt{E}+\sqrt{E-V_0})^2}$$，只依赖于$\dfrac{E}{V_0}$，

$$R=\left(\frac{k-k_1}{k+k_1}\right)^2=\left[\frac{\sqrt{E}-\sqrt{E-V_0}}{\sqrt{E}+\sqrt{E-V_0}}\right]^2$$

(b)　$T=0, R=1$;记 $k_2=\frac{\sqrt{2m(V_0-E)}}{\hbar}$,有 $\tau=\frac{2m}{\hbar k k_2}$;　(c)结果与(a)相同。

1-19　能量为 E 的粒子自左向右入射双阶梯势垒:

$$V(x)=\begin{cases}0, & x<0\\ V_0>0, & 0<x<a\\ V_1>0, & x>a\end{cases}$$

设 $E>V_0$ 和 $E>V_1$,但有 $V_0>V_1$ 和 $V_0<V_1$ 两种情况。试求:

(a)　透射系数;

(b)　当 a 取什么值时使透射系数有最大值或最小值。

答:

$$T=\sqrt{\frac{E-V_1}{E}}\left[\frac{4}{\left(1+\sqrt{\frac{E-V_1}{E}}\right)^2+\frac{V_0(V_0-V_1)}{E(E-V_0)}\sin^2(k_1 a)}\right]$$

式中:$k_1=\frac{\sqrt{2m(E-V_0)}}{\hbar}$.

1-20　胡萝卜素分子 $C_{40}H_{56}$ 视为一维碳原子链,如习题 1-20 图所示。记碳-碳平均键长为 d,其中 40 个电子粗略地可视为独立地在宽度为 $39d$ 的一维无限深方势阱中运动,其基组态为 40 个电子占据最低的 20 个能级,而第一激发态为原占据 $n=20$ 的能级的一个电子跃迁至 $n=21$ 的能级。已知该电子跃迁回 $n=20$ 能级时发射红光(胡萝卜颜色,波长 $\lambda\approx$ 8000Å),试估算该碳原子链中碳-碳键平均键长的数量级。

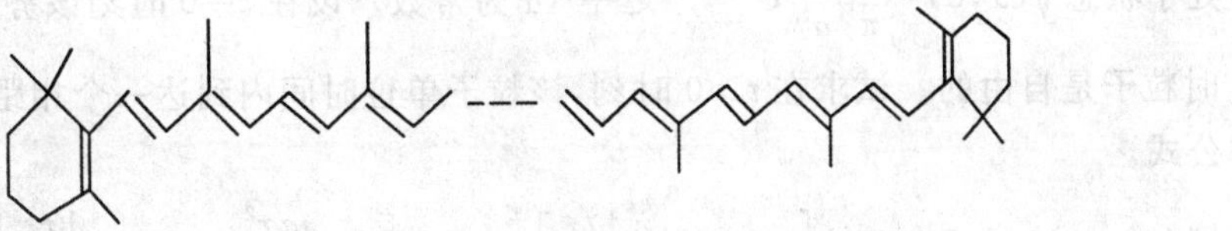

习题 1-20 图

答:$d\approx 0.8$Å.

1-21　对于一维自由运动粒子,设 $\psi(x,0)=\delta(x)$,求 $|\psi(x,t)|^2$。

答:$|\psi(x,t)|^2=\frac{m}{2\pi\hbar t}$。提示:利用菲涅耳积分公式:

$$\int_{-\infty}^{\infty}\cos(\xi^2)\,d\xi=\int_{-\infty}^{\infty}\sin(\xi^2)\,d\xi=\sqrt{\frac{\pi}{2}}.$$

1-22　一维无限深方势阱中运动的粒子,设 $t=0$ 时刻处于态

$$\psi(x,0)=\frac{1}{\sqrt{2}}[\phi_1(x)+\phi_2(x)]$$

之中，式中 $\phi_1(x)$ 与 $\phi_2(x)$ 为粒子在一维无限深方势阱中的基态与第一激发态，求 $t>0$ 时粒子的状态波函数 $\psi(x,t)$ 及坐标的期望值 $\overline{x(t)}$、能量期望值 $\overline{H}$、$\overline{H^2}$。

答：$\psi(x,t)=\frac{1}{\sqrt{2}}[\phi_1(x)\mathrm{e}^{-\mathrm{i}E_1t/\hbar}+\phi_2(x)\mathrm{e}^{-\mathrm{i}E_2t/\hbar}]$，$E_n=\frac{n^2\pi^2\hbar^2}{2ma^2}$，　$\overline{x(t)}=\frac{1}{2}a-\frac{16a}{9\pi^2}\cos\omega_{21}t$，

$\omega_{21}=(E_2-E_1)/\hbar=\frac{3\pi^2\hbar}{2ma^2}$，$\overline{H}=\frac{1}{2}E_1+\frac{1}{2}E_2=\frac{5}{2}E_1$，$\overline{H^2}=\frac{1}{2}E_1{}^2+\frac{1}{2}E_2{}^2=\frac{17}{2}E_1{}^2$.

1-23　设单粒子体系的哈密顿算符 $H=-\frac{\hbar^2}{2m}\nabla^2+V(\boldsymbol{r})$，波函数 $\phi_1(\boldsymbol{r})$ 和 $\phi_2(\boldsymbol{r})$ 是相应于能量本征值 E_1 和 E_2 的定态薛定谔方程 $\left[-\frac{\hbar^2}{2m}\nabla^2+V(\boldsymbol{r})\right]\phi_n(\boldsymbol{r})=E_n\phi_n(\boldsymbol{r})$ 的解。试证明

$$\psi(\boldsymbol{r},t)=c_1\phi_1(\boldsymbol{r})\mathrm{e}^{-\mathrm{i}E_1t/\hbar}+c_2\phi_2(\boldsymbol{r})\mathrm{e}^{-\mathrm{i}E_2t/\hbar}$$

是含时薛定谔方程 $\mathrm{i}\hbar\frac{\partial}{\partial t}\psi(\boldsymbol{r},t)=\left[-\frac{\hbar^2}{2m}\nabla^2+V(\boldsymbol{r})\right]\psi(\boldsymbol{r},t)$ 的一个解。为了归一化 $\psi(\boldsymbol{r},t)$，c_1 和 c_2 必须满足什么条件？进一步讨论，若使

$$\psi(\boldsymbol{r},t)=\sum_n c_n\phi_n(x)\mathrm{e}^{-\mathrm{i}E_nt/\hbar}$$

也成为上述含时薛定谔方程的解时，叠加系数 c_n 必须满足什么条件？

答：$|c_1|^2+|c_2|^2=1$；$\frac{\mathrm{d}c_n}{\mathrm{d}t}=0$，$\sum_n|c_n|^2=1$.

1-24　质量为 m 的粒子在一维势阱中运动，被束缚在一空间小区域内。已知 $t=0$ 时刻粒子处于状态 $\psi(x,0)=\frac{1}{\pi^{1/4}\alpha^{1/2}}\mathrm{e}^{-x^2/2\alpha^2}$ 之中（α 为常数），设在 $t=0$ 时刻该势阱突然消失，使得 $t>0$ 时粒子是自由的。试求在 $t>0$ 时刻，该粒子单位时间内到达一个相距为 L 的观察者的几率公式。

答：$\psi(x,t)=(\pi^{-1/4}\alpha^{-1/2})\left[m/(m+\mathrm{i}\frac{\hbar t}{\alpha^2})\right]^{1/2}\cdot\exp\left[(-\frac{mx^2}{2\alpha^2})/(m+\mathrm{i}\frac{\hbar t}{\alpha^2})\right]$

$$j(x=L)=\frac{\hbar^2Lt}{\pi^{1/2}\alpha^5m^2}\left(1+\frac{\hbar^2t^2}{m^2\alpha^4}\right)^{-3/2}\cdot\exp\left[\left(-\frac{L^2}{a^2}\right)\Big/\left(1+\frac{\hbar^2t^2}{m^2a^4}\right)\right]$$

其中：利用了积分公式 $\int_{-\infty}^{\infty}\mathrm{e}^{\mathrm{i}\xi^2}\mathrm{d}\xi=\sqrt{\pi}\mathrm{e}^{\mathrm{i}\pi/4}$.

1-25　设在 $t=0$ 时刻，一维谐振子的状态 $\psi(x,0)$ 系为其所有定态的任意某种线性叠加：$\psi(x,0)=\sum_{n=0}^{\infty}c_n\phi_n(x)$，

(a)　试求 $t>0$ 时刻的波函数 $\psi(x,t)$ 及位置几率分布 $|\psi(x,t)|^2$；

(b)　证明：$|\psi(x,t)|^2$ 随 t 变化呈周期性，且周期 T 即是经典振子的周期。

答:(a)　$\psi(x,t)=\sum_{n=0}^{\infty}c_n\phi_n(x)e^{-\frac{i}{\hbar}E_nt}$,

其中:$E_n=\left(n+\frac{1}{2}\right)\hbar\omega,\quad n=0,1,2,\cdots$

$$|\psi(x,t)|^2=\sum_{m,n}c_m^*c_n\phi_m^*(x)\phi_n(x)e^{i(m-n)\omega t}$$

(b)　因为$|\psi(x,t)|^2\propto e^{i(m-n)\omega t}$,而$e^{i(m-n)\omega t}$是时间的周期函数,最大周期为$\frac{2\pi}{\omega}$,$\omega=\sqrt{\frac{k}{m}}$,得$T=\frac{2\pi}{\omega}=2\pi\sqrt{\frac{m}{k}}$,此即经典振子的振动周期。又有

$$\psi(x,NT)=(-1)^N\psi(x,0)$$

第二章 量子力学原理(Ⅱ):力学量算符及量子条件

第一部分 内容精要

本章再介绍量子力学的两条假设。

一、量子力学的第三条假设:力学量用算符表示

1. 算符

一个微观体系的所有可能运动状态的波函数构成一个集合,在定义了加法、数乘和内积以后,张成一个黑伯特空间。每一可能运动状态的波函数 $\Psi(\boldsymbol{r},t)$ 都是空间的一个元素,称为空间的一个矢量。这个空间也称为体系的态矢空间。

态矢空间中的算符 $\hat{A}$ 是一个自身映射,它将态矢空间的任一态矢量 $\Psi(\boldsymbol{r},t)$ 映射为同一态矢空间中相应的另一态矢量 $\Psi'(\boldsymbol{r},t)$:

$$\Psi'(\boldsymbol{r},t)=\hat{A}\Psi(\boldsymbol{r},t) \tag{2-1}$$

如果态矢量是以坐标 $\boldsymbol{r}$ 为自变量的函数,则算符也以坐标 $\boldsymbol{r}$ 为自变量,可以是坐标的函数、对坐标的微商或积分等。

量子力学中常用的算符有两类:

(1) 线性厄密算符

这类算符(若记为 $\hat{F}$)满足条件:

$$\hat{F}(c_1\Psi_1+c_2\Psi_2)=c_1\hat{F}\Psi_1+c_2\hat{F}\Psi_2 \tag{2-2}$$

和

$$\hat{F}^{+}=\hat{F}$$

即

$$\int\Psi_2^*(\boldsymbol{r},t)\hat{F}\Psi_1(\boldsymbol{r},t)\mathrm{d}\tau=\int\Psi_1(\boldsymbol{r},t)[\hat{F}\Psi_2(\boldsymbol{r},t)]^*\mathrm{d}\tau \tag{2-3}$$

它的本征值全是实数,不同本征值的本征矢量相互正交。线性厄密算符用以表示力学量。

(2) 线性幺正算符

这类算符(记为 $\hat{U}$)除满足线性条件式(2-2)外,还满足条件

$$\hat{U}\hat{U}^{+}=\hat{U}^{+}\hat{U}=\hat{1},\quad 即\quad \hat{U}^{+}=\hat{U}^{-1} \tag{2-4}$$

幺正算符用来对态矢量和力学量算符作变换。

2. 力学量用算符表示

量子力学中,用以表示力学量的算符本身并没有直接的物理意义,算符表示力学量的含

义是:

(1)　一个力学量算符 $\hat{F}$ 的本征值方程

$$\hat{F}\phi_\lambda(\boldsymbol{r})=\lambda\phi_\lambda(\boldsymbol{r}) \tag{2-5}$$

中的全部本征值$\{\lambda\}$是且仅是这个力学量 F 的所有可能取值。例如,由体系的定态薛定谔方程可以求得体系的能谱。如果算符 $\hat{F}$ 的本征值谱分立,就称力学量 F 取值是量子化的。

(2)　若在体系一个给定的状态 $\Psi(\boldsymbol{r},t)$下测量力学量 F,不失一般性,设这个力学量算符 $\hat{F}$ 的本征值谱完全分立,记为$\{\lambda_n\}$。将体系的这个运动状态波函数 $\Psi(\boldsymbol{r},t)$归一化,并且按力学量算符 $\hat{F}$ 的正交归一化本征函数完备组$\{\phi_n(\boldsymbol{r})\}$展开

$$\Psi(\boldsymbol{r},t)=\sum_n c_n(t)\phi_n(\boldsymbol{r}) \tag{2-6}$$

可以求出式中诸展开系数$\{c_n\}$为:

$$c_n(t)=\int\phi_n{}^*(\boldsymbol{r})\Psi(\boldsymbol{r},t)\mathrm{d}\tau,\quad n=1,2,3,\cdots \tag{2-7}$$

则$|c_n(t)|^2$ 是体系在由波函数 $\Psi(\boldsymbol{r},t)$描述的运动状态下,在时刻 t 测得力学量 F 取值为 λ_n 的几率。如果力学量算符 $\hat{F}$ 的本征值谱完全连续,记为$\{\lambda\}$,则有

$$\Psi(\boldsymbol{r},t)=\int\mathrm{d}\lambda c_\lambda(t)\phi_\lambda(\boldsymbol{r}) \tag{2-8}$$

可以求出

$$c_\lambda(t)=\int\phi_\lambda^*(\boldsymbol{r})\Psi(\boldsymbol{r},t)\mathrm{d}\tau \tag{2-9}$$

而$|c_\lambda(t)|^2\mathrm{d}\lambda$ 是体系在运动状态 $\Psi(\boldsymbol{r},t)$下,在时刻 t 测得力学量 F 取值为$(\lambda,\lambda+\mathrm{d}\lambda)$的几率。动量是这种情况的重要一例。

(3)　体系在一个给定的运动状态 $\Psi(\boldsymbol{r},t)$下测量力学量 F,所得确定的期望值为

$$\overline{F}(t)=\sum_n\lambda_n|c_n|^2 \tag{2-10}$$

或

$$\overline{F}(t)=\int\lambda|c_\lambda(t)|^2\mathrm{d}\lambda \tag{2-11}$$

即

$$\overline{F}(t)=\int\Psi^*(\boldsymbol{r},t)\hat{F}\Psi(\boldsymbol{r},t)\mathrm{d}\tau \tag{2-12}$$

式中:设粒子的运动是在空间有限范围内,并且波函数 $\Psi(\boldsymbol{r},t)$已经归一化。

以上所述关于“力学量用相应一个线性厄密、并且其本征函数组构成完备组的算符表示”的含义,就是量子力学的第三条假设。

二、几个基本的力学量算符

1. 坐标及坐标的函数

坐标算符 $\hat{\boldsymbol{r}}=\boldsymbol{r}$ 及坐标算符的函数 $f(\hat{\boldsymbol{r}})$的本征值谱分别为 $\boldsymbol{r}$ 及 $f(\boldsymbol{r})$,$-\infty<x,y,z<\infty$;相应的正交归一化本征函数完备组都是$\{\delta(\boldsymbol{r}'-\boldsymbol{r})\}$。

2. 动量及动量的函数

动量算符 $\hat{\boldsymbol{p}}=\frac{\hbar}{\mathrm{i}}\nabla$ 及动量算符的函数 $g(\hat{\boldsymbol{p}})$的本征值谱分别为 $\boldsymbol{p}$ 及 $g(\boldsymbol{p})$,$-\infty<p_x$,

$p_y, p_z < \infty$；相应的正交归一化本征函数完备组都是$\{\psi_p(\boldsymbol{r})\}$：

$$\psi_p(\boldsymbol{r}) = (2\pi\hbar)^{-3/2} e^{\frac{i}{\hbar}\boldsymbol{p}\cdot\boldsymbol{r}}$$

3. 轨道角动量

轨道角动量算符$\hat{\boldsymbol{L}}^2$ 及 $\hat{L}_x$、$\hat{L}_y$、$\hat{L}_z$ 的本征值谱分别为$l(l+1)\hbar^2$，$l=0,1,2,3,\cdots$ 及 $m\hbar$，$m=l,l-1,\cdots,-l$；$\hat{\boldsymbol{L}}^2$ 和 $\hat{L}_z$ 共同的正交归一化本征函数完备组为$\{Y_{lm}(\theta,\varphi)\}$，$Y_{lm}(\theta,\varphi)$是球谐函数。

4. 宇称

宇称算符 $\hat{P}$ 的本征值为$+1$和-1；相应的本征函数分别为坐标变量的偶函数和奇函数。

5. 体系的哈密顿算符

哈密顿算符 $\hat{H}$ 视各个具体体系而定。当 $\hat{H}$ 不显含时间 t 时，可以列出算符 $\hat{H}$ 的本征值方程以具体求解出算符 $\hat{H}$ 的本征值谱和相应的正交归一化本征函数完备组。

有几类典型的体系：粒子在一维势场中运动（详见第一章）、粒子在中心势场中运动（详见第三章）、带电粒子在电磁场中运动（详见第七章）以及全同多粒子体系（详见第八章）等，应当熟悉其哈密顿算符表示式。

三、量子力学的第四条假设：量子条件

表示微观体系力学量的算符之间有确定的对易关系，由此给出量子条件；粒子坐标算符的直角坐标系三个分量 $\hat{x}_1$、$\hat{x}_2$ 和 $\hat{x}_3$ 及动量算符的直角坐标系三个分量 $\hat{p}_1$、$\hat{p}_2$ 和 $\hat{p}_3$ 之间假设有对易关系：

$$[\hat{x}_k,\hat{x}_j]=0,\quad [\hat{p}_k,\hat{p}_j]=0,\quad [\hat{x}_k,\hat{p}_j]=i\hbar\delta_{kj},\quad (k,j=1,2,3) \tag{2-13}$$

称为基本量子条件。力学量算符由相应的量子条件确定。这就是量子力学的第四条假设。按此量子条件给出体系量子化的方案称为正则量子化方案。

1. 基本量子条件的引出

由与经典力学作对应而引出。经典力学中，两个力学量 F 和 G 的泊松括号定义为

$$\{F,G\}_{经典} = \sum_j \left(\frac{\partial F}{\partial x_j}\frac{\partial G}{\partial p_j} - \frac{\partial F}{\partial p_j}\frac{\partial G}{\partial x_j}\right)$$

它遵从若干代数运算规则，如$\{F,G\}_{经典}=-\{G,F\}_{经典}$，等等。特别是，有

$$\{x_k,x_j\}_{经典}=0,\quad \{p_k,p_j\}_{经典}=0,\quad \{x_k,p_j\}_{经典}=\delta_{kj}$$
$$(k,j=1,2,3)$$

对应到量子力学中，类似地定义两个力学量算符 $\hat{F}$ 和 $\hat{G}$ 的量子泊松括号$\{\hat{F},\hat{G}\}_{量子}$，写为

$$\{\hat{F},\hat{G}\}_{量子}=\alpha[\hat{F},\hat{G}]$$

式中：$[\hat{F},\hat{G}]$是算符 $\hat{F}$ 和 $\hat{G}$ 的对易子，α 是比例系数。这样，$\{\hat{F},\hat{G}\}_{量子}$与$\{F,G\}_{经典}$有相同的代数运算规则。下面确定比例系数 α。$\{\hat{F},\hat{G}\}_{量子}$作为力学量算符要求是线性厄密算符，则 α 必须取纯虚数，又与经典力学作对应。经典力学中有

$$\frac{dF}{dt}=\frac{\partial F}{\partial t}+\{F,H\}_{经典}$$

量子力学中，由（含时）薛定谔方程和本章第一部分内容提要式(2-12)可以推导出

$$\frac{\mathrm{d}\overline{F}}{\mathrm{d}t}=\int \Psi^*(\boldsymbol{r},t)\left(\frac{\partial \hat{F}}{\partial t}+\frac{1}{\mathrm{i}\hbar}[\hat{F},\hat{H}]\right)\Psi(\boldsymbol{r},t)\mathrm{d}\tau$$

故可以合理地取 $\alpha=\frac{1}{\mathrm{i}\hbar}$,即

$$\{\hat{F},\hat{G}\}_{\text{量子}}=\frac{1}{\mathrm{i}\hbar}[\hat{F},\hat{G}]$$

再进一步与经典力学作对应。对于粒子坐标和动量的直角坐标系分量 $\hat{x}_1$、$\hat{x}_2$、$\hat{x}_3$ 和 $\hat{p}_1$、$\hat{p}_2$、$\hat{p}_3$ 来说,假设量子泊松括号的结果与经典力学中相应的泊松括号的结果相同,即

$$\{\hat{x}_k,\hat{x}_j\}_{\text{量子}}=0,\{\hat{p}_k,\hat{p}_j\}_{\text{量子}}=0,\quad \{\hat{x}_k,\hat{p}_j\}_{\text{量子}}=\delta_{kj}\qquad (k,j=1,2,3)$$

这就直接得到基本量子条件。

2. 复变量表示的基本量子条件

经典力学中,作变换

$$a_j=\frac{1}{\sqrt{2}}\left(\beta_j x_j+\frac{\mathrm{i}}{\beta_j\hbar}p_j\right)\tag{2-14}$$

$$a_j{}^*=\frac{1}{\sqrt{2}}\left(\beta_j x_j-\frac{\mathrm{i}}{\beta_j\hbar}p_j\right)\tag{2-15}$$

式中:β_j 是正实数并且使 $\beta_j x_j$ 没有量纲。于是正则方程变为

$$\dot{a}_j=\{a_j,H\}_{\text{经典}},\qquad \dot{a}_j{}^*=\{a_j{}^*,H\}_{\text{经典}}\tag{2-16}$$

即

$$\left.\begin{aligned}\mathrm{i}\hbar\dot{a}_j&=\frac{\partial H(a^*,a,t)}{\partial a_j{}^*}\\ \mathrm{i}\hbar\,\dot{a}_j{}^*&=-\frac{\partial H(a^*,a,t)}{\partial a_j}\end{aligned}\right\}\tag{2-17}$$

量子力学中,将 x_j 和 p_j 以及 a_j 和 $a_j{}^*$ 分别用算符 $\hat{x}_j$ 和 $\hat{p}_j$ 以及 $\hat{a}_j$ 和 $\hat{a}_j^+$ 表示,则基本量子条件式(2-13)经式(2-14)和(2-15)变换后写成

$$[\hat{a}_k,\hat{a}_j]=0,\quad [\hat{a}_k^+,\hat{a}_j^+]=0,\quad [\hat{a}_k,\hat{a}_j^+]=\delta_{kj}\qquad (k,j=1,2,3)\tag{2-18}$$

例如一维谐振子,其经典哈密顿函数为

$$H=\frac{p^2}{2m}+\frac{1}{2}m\omega^2x^2\tag{2-19}$$

作变换$\left(\text{取 }\beta=\sqrt{\frac{m\omega}{\hbar}}\right)$:

$$a=\frac{1}{\sqrt{2}}\left(\sqrt{\frac{m\omega}{\hbar}}x+\sqrt{\frac{\hbar}{m\omega}}\frac{\mathrm{i}}{\hbar}p\right)\tag{2-20}$$

$$a^*=\frac{1}{\sqrt{2}}\left(\sqrt{\frac{m\omega}{\hbar}}x-\sqrt{\frac{\hbar}{m\omega}}\frac{\mathrm{i}}{\hbar}p\right)\tag{2-21}$$

再对应成算符:$x\to\hat{x}$,$p\to\hat{p}$ 和 $a\to\hat{a}$,$a^*\to\hat{a}^+$;由基本量子条件$[\hat{x},\hat{p}]=\mathrm{i}\hbar$,有

$$[\hat{a},\hat{a}^+]=1\tag{2-22}$$

$$\hat{H}=\left(\hat{a}^+\hat{a}+\frac{1}{2}\right)\hbar\omega\tag{2-23}$$

又,记一维谐振子能量 E_n 的归一化本征函数为 ψ_n,利用式(2-20)和(2-21)的算符表示式直接运算可得

$$\hat{a}\psi_n=\sqrt{n}\psi_{n-1} \tag{2-24}$$

$$\hat{a}^+\psi_n=\sqrt{n+1}\psi_{n+1} \tag{2-25}$$

因而有

$$\hat{a}^+\hat{a}\psi_n=n\psi_n \tag{2-26}$$

3. 两个力学量算符之间的对易关系

两个有经典对应的力学量算符 $\hat{F}$ 和 $\hat{G}$ 可以写为

$$\hat{F}=F(\hat{x}_1,\hat{x}_2,\hat{x}_3,\hat{p}_1,\hat{p}_2,\hat{p}_3;t) \tag{2-27}$$

和

$$\hat{G}=G(\hat{x}_1,\hat{x}_2,\hat{x}_3,\hat{p}_1,\hat{p}_2,\hat{p}_3;t) \tag{2-28}$$

它们与坐标和动量的函数关系同于所对应的经典力学量,但自变量坐标和动量代之为算符 $\left(xp\longrightarrow\frac{1}{2}(\hat{x}\hat{p}+\hat{p}\hat{x})\right)$,并且 $\hat{x}$、$\hat{p}$ 之间遵从基本量子条件。作两个力学量算符的对易子 $[\hat{F},\hat{G}]$,并将算符 $\hat{F}$ 和 $\hat{G}$ 对 $\hat{x}_1$、$\hat{x}_2$、$\hat{x}_3$ 和 $\hat{p}_1$、$\hat{p}_2$、$\hat{p}_3$ 作幂级数展开,再利用算符对易子的代数运算规则,并应用基本量子条件式(2-13),就可以得到形式为

$$[\hat{F},\hat{G}]=\mathrm{i}\hat{K} \tag{2-29}$$

的结果,这就是两个有经典对应的力学量算符之间的对易关系。进行上述步骤称为实施量子化手续。由此,可以得到有经典对应的力学量的量子条件。例如,可以求得轨道角动量算符 $\hat{\boldsymbol{L}}=\hat{\boldsymbol{r}}\times\hat{\boldsymbol{p}}$ 的直角坐标系三个分量 $\hat{L}_x$、$\hat{L}_y$ 和 $\hat{L}_z$ 之间的对易关系,综合起来记为 $\hat{\boldsymbol{L}}\times\hat{\boldsymbol{L}}=\mathrm{i}\hbar\hat{\boldsymbol{L}}$,这就是轨道角动量 $\boldsymbol{L}$ 的量子条件。

至于没有经典对应的力学量算符之间对易关系的引出,需要各个分别讨论。

4. 量子条件的作用

量子力学中,力学量算符由量子条件确定。由一个力学量的量子条件出发,原则上就可以求得这个力学量算符的本征值谱,并无须引入表象。但实际上,应用量子条件,可以给出这个力学量算符在一个表象的具体表示式(详见第四章);于是,就可以列出这个力学量算符的本征值方程并且具体求解方程。

四、一般性的测不准关系

体系处于某个力学量的本征函数描述的状态下测量这个力学量,有确定值(即一个可能取值的几率为1,其余可能取值的几率均为零)。两个力学量算符如果对易,则它们有共同的本征函数完备组,体系处于该任一本征函数所描述的状态下测量这两个力学量,分别都有确定值(为各自相应的本征值),即其取值不确定度分别为零。

但是,两个力学量算符 $\hat{F}$ 和 $\hat{G}$ 如果不对易:

$$[\hat{F},\hat{G}]=\mathrm{i}\hat{K}\neq 0 \tag{2-30}$$

则在体系任一运动状态 $\Psi(\boldsymbol{r},t)$ 下,记

$$\left.\begin{aligned}\overline{(\Delta F)^2}&=\int\Psi^*(\boldsymbol{r},t)(\hat{F}-\overline{F})^2\Psi(\boldsymbol{r},t)\mathrm{d}\tau\\\overline{(\Delta G)^2}&=\int\Psi^*(\boldsymbol{r},t)(\hat{G}-\overline{G})^2\Psi(\boldsymbol{r},t)\mathrm{d}\tau\end{aligned}\right\} \tag{2-31}$$

可以证明有

$$\sqrt{\overline{(\Delta F)^2}}\cdot\sqrt{\overline{(\Delta G)^2}}\geqslant\frac{|\overline{K}|}{2} \tag{2-32}$$

上式就是一般性的测不准关系。特别地,若取 $\hat{F}=\hat{x},\hat{G}=\hat{p}$,由基本量子条件$[\hat{x},\hat{p}]=\mathrm{i}\hbar$,则得到

$$\sqrt{\overline{(\Delta x)^2}}\cdot\sqrt{\overline{(\Delta p)^2}}\geqslant\frac{\hbar}{2} \tag{2-33}$$

这就是第二章所述的在同一维度上坐标与动量的测不准关系。

应用经典力学,但应用测不准关系作修正,可以估算体系的基态能量等。

五、力学量期望值随时间变化,体系的守恒量

1. 力学量的期望值随时间的变化

设体系在任意某一运动状态下,记其归一化波函数为$\Psi(\boldsymbol{r},t)$,则力学量 F 的期望值为

$$\overline{F}(t)=\int\Psi^*(\boldsymbol{r},t)\hat{F}\Psi(\boldsymbol{r},t)\mathrm{d}\tau \tag{2-34}$$

再应用体系的(含时)薛定谔方程,可以得到

$$\frac{\mathrm{d}\overline{F}(t)}{\mathrm{d}t}=\int\Psi^*(\boldsymbol{r},t)\left(\frac{\partial\hat{F}}{\partial t}+\frac{1}{\mathrm{i}\hbar}[\hat{F},\hat{H}]\right)\Psi(\boldsymbol{r},t)\mathrm{d}\tau \tag{2-35}$$

式中:算符 $\hat{H}$ 是体系的哈密顿算符。

2. 厄仑费斯特(P. Ehrenfest)定理

为简明计,讨论粒子在一维势场 $V(x)$中运动,体系的哈密顿算符为

$$\hat{H}=\frac{\hat{p}^2}{2m}+V(\hat{x}) \tag{2-36}$$

由

$$[\hat{x},\hat{H}]=\frac{1}{2m}(\hat{x}\hat{p}^2-\hat{p}^2\hat{x})=\frac{\mathrm{i}\hbar}{m}\hat{p}$$

$$[\hat{p},\hat{H}]=\hat{p}V(\hat{x})-V(\hat{x})\hat{p}$$

利用式(2-35),则在任一运动状态 $\Psi(x,t)$下有

$$\frac{\mathrm{d}}{\mathrm{d}t}\overline{x}=\frac{\overline{p}}{m} \tag{2-37}$$

$$\begin{aligned}\frac{\mathrm{d}}{\mathrm{d}t}\overline{p}&=\int\Psi^*(x,t)\frac{1}{\mathrm{i}\hbar}(\hat{p}\hat{V}-\hat{V}\hat{p})\Psi(x,t)\mathrm{d}x\\&=-\int\Psi^*(x,t)\left(\frac{\mathrm{d}}{\mathrm{d}x}V-V\frac{\mathrm{d}}{\mathrm{d}x}\right)\Psi(x,t)\mathrm{d}x\\&=-\int\Psi^*(x,t)\left(\frac{\mathrm{d}V}{\mathrm{d}x}\right)\Psi(x,t)\mathrm{d}x\end{aligned}$$

即

$$\frac{\mathrm{d}}{\mathrm{d}t}\overline{p}=-\overline{\frac{\mathrm{d}V}{\mathrm{d}x}} \tag{2-38}$$

式(2-37)表明,粒子运动的速度可以由波包重心 $\overline{x}$ 的运动计算出,为$\frac{\mathrm{d}\overline{x}}{\mathrm{d}t}$;也可以由粒子动量的期望值 $\overline{p}$ 除以 m 得到,为$\frac{\overline{p}}{m}$。两者是等效的。

式(2-38)所示的结果称为厄仑费斯特定理，它指出：动量期望值对时间的导数$\frac{\mathrm{d}\overline{p}}{dt}$等于力的期望值。这对应于经典力学中的牛顿第二定律。如果粒子的波动是高度局域化的——表示为一个很窄的波包，那么一个力学量算符的期望值就对应是这个力学量的经典极限，则量子力学必定导致与经典力学相同的结果。广义地说，式(2-35)也称为厄仑费斯特定理。

3. 体系的守恒量

按式(2-35)，一个力学量算符 $\hat{F}$ 如果不显含时间 t：$\frac{\partial \hat{F}}{\partial t}=0$，并且与一个体系的哈密顿算符 $\hat{H}$ 对易：$[\hat{F},\hat{H}]=0$，则有$\frac{\mathrm{d}\,\overline{F}(t)}{\mathrm{d}t}=0$，称这个力学量 F 是这个体系的守恒量。守恒量是对体系的任一运动状态而言的(即是对体系而言的)，指这个力学量在体系的任一运动状态下的期望值不随时间变化。这并不是说这个力学量在体系的任一运动状态下有确定值，但是可以说这个力学量在体系的任一运动状态下取各个可能值的几率分布不随时间变化。

体系的守恒量有重要意义。量子力学中，体系的运动状态由波函数完全描述，而波函数经常是由体系守恒量构成的力学量完全集合来确定的。典型的一例是粒子在三维空间的中心势场中运动。体系的能量 H、轨道角动量的平方 $\boldsymbol{L}^2$ 及 z 分量 L_z 是守恒量，就由力学量完全集合$\{\hat{H},\hat{\boldsymbol{L}}^2,\hat{L}_z\}$来确定这个体系的运动状态波函数。如果体系又置于外恒定均匀电磁场中，则势场的空间转动均匀性被破坏，因而轨道角动量 $\boldsymbol{L}^2$ 不再是守恒量；但是若能保持空间反演对称性，则往往改用守恒量宇称来确定体系的运动状态波函数。

六、三个定理

1. 维里定理

设单粒子在三维空间的势场 $V(\boldsymbol{r})$ 中运动，处于束缚定态$\psi_n(\boldsymbol{r})\mathrm{e}^{-\frac{\mathrm{i}}{\hbar}E_n t}$，由体系的哈密顿算符

$$\hat{H}=\frac{\hat{\boldsymbol{p}}^2}{2m}+V(\boldsymbol{r}) \tag{2-39}$$

直接计算$\frac{\mathrm{d}}{\mathrm{d}t}\overline{(\boldsymbol{r}\cdot\hat{\boldsymbol{p}})}$有

$$\frac{\mathrm{d}}{\mathrm{d}t}\overline{(\boldsymbol{r}\cdot\hat{\boldsymbol{p}})}=\frac{1}{\mathrm{i}\hbar}\overline{[\boldsymbol{r}\cdot\hat{\boldsymbol{p}},\hat{H}]} \tag{2-40}$$

由于

$$\begin{aligned}[x\hat{p}_x,\hat{H}]&=\left[x\hat{p}_x,\frac{\hat{\boldsymbol{p}}^2}{2m}+V(\boldsymbol{r})\right]=x[\hat{p}_x,V(\boldsymbol{r})]+\left[x,\frac{\hat{\boldsymbol{p}}^2}{2m}\right]\hat{p}_x\\&=x\,\frac{\hbar}{\mathrm{i}}\frac{\partial}{\partial x}V(\boldsymbol{r})+\frac{1}{2m}[x,\hat{p}_x^2]\hat{p}_x\\&=\mathrm{i}\hbar\left(\frac{\hat{p}_x^2}{m}-x\,\frac{\partial V(\boldsymbol{r})}{\partial x}\right)\end{aligned}$$

所以

$$[\boldsymbol{r}\cdot\boldsymbol{p},\hat{H}]=\mathrm{i}\hbar\left(\frac{\hat{\boldsymbol{p}}^2}{m}-\boldsymbol{r}\cdot\nabla V(\boldsymbol{r})\right) \tag{2-41}$$

将式(2-41)代入式(2-40)中，得

$$\frac{\mathrm{d}}{\mathrm{d}t}\overline{(\boldsymbol{r}\cdot\hat{\boldsymbol{p}})}=\frac{1}{m}\overline{\hat{\boldsymbol{p}}^2}-\overline{\boldsymbol{r}\cdot\nabla V(\boldsymbol{r})} \tag{2-42}$$

由于在束缚定态 $\psi_n(\boldsymbol{r})\mathrm{e}^{-\frac{\mathrm{i}}{\hbar}E_nt}$下,

$$\frac{\mathrm{d}}{\mathrm{d}t}\overline{(\boldsymbol{r}\cdot\hat{\boldsymbol{p}})}=\frac{\mathrm{d}}{\mathrm{d}t}\int\psi_n^*(\boldsymbol{r})\mathrm{e}^{\frac{\mathrm{i}}{\hbar}E_nt}(\boldsymbol{r}\cdot\hat{\boldsymbol{p}})\psi_n(\boldsymbol{r})\mathrm{e}^{-\frac{\mathrm{i}}{\hbar}E_nt}\mathrm{d}\tau=0$$

故得

$$\frac{1}{m}\overline{\hat{\boldsymbol{p}}^2}=\overline{\boldsymbol{r}\cdot\nabla V(\boldsymbol{r})}$$

即体系动能 T 的期望值

$$\overline{T}=\frac{1}{2}\overline{\boldsymbol{r}\cdot\nabla V(\boldsymbol{r})} \tag{2-43}$$

这就是维里定理。

如果势场 $V(\boldsymbol{r})$是坐标的 s 次齐次函数,即

$$V(\gamma x,\gamma y,\gamma z)=\gamma^sV(x,y,z) \tag{2-44}$$

(例如三维各向同性谐振子情况:$V=\frac{1}{2}m\omega^2r^2,s=2$)　由于

$$\frac{\partial}{\partial\gamma}V(\gamma x,\gamma y,\gamma z)=\frac{\partial}{\partial\gamma}[\gamma^sV(x,y,z)]$$

即

$$x\frac{\partial V}{\partial(\gamma x)}+y\frac{\partial V}{\partial(\gamma y)}+z\frac{\partial V}{\partial(\gamma z)}=s\gamma^{s-1}V(x,y,z)$$

在 $\gamma=1$ 时,有

$$\boldsymbol{r}\cdot\nabla V(\boldsymbol{r})=sV(\boldsymbol{r}) \tag{2-45}$$

于是维里定理可以简单地表示为

$$\overline{T}=\frac{s}{2}\overline{V(\boldsymbol{r})} \tag{2-46}$$

再结合 $E_n=\overline{T}+\overline{V}$,最后得到

$$E_n=\frac{s+2}{2}\overline{V(\boldsymbol{r})}=\frac{s+2}{s}\overline{T} \tag{2-47}$$

2. 费曼-海尔曼(R. P. Feynman-H. Hellmann)定理

设体系的哈密顿算符 $\hat{H}$ 中包含有任意的一个参量,记为 λ;又设体系处于一个束缚定态,其能量和归一化本征函数分别记为 E_n 和 $\psi_n(\boldsymbol{r})$,有

$$\frac{\partial E_n}{\partial\lambda}=\int\psi_n^*(\boldsymbol{r})\frac{\partial\hat{H}}{\partial\lambda}\psi_n(\boldsymbol{r})\mathrm{d}\tau \tag{2-48}$$

这就是费曼-海尔曼定理。证明如下:由

$$\hat{H}\psi_n(\boldsymbol{r})=E_n\psi_n(\boldsymbol{r})$$

有

$$E_n=\int\psi_n^*(\boldsymbol{r})\hat{H}\psi_n(\boldsymbol{r})\mathrm{d}\tau$$

则

$$\frac{\partial E_n}{\partial\lambda}=\int\left[\frac{\partial\psi_n{}^*}{\partial\lambda}\hat{H}\psi_n+\psi_n{}^*\frac{\partial\hat{H}}{\partial\lambda}\psi_n+\psi_n{}^*\hat{H}\frac{\partial\psi_n}{\partial\lambda}\right]\mathrm{d}\tau$$

$$=E_n\int\left[\frac{\partial\psi_n{}^*}{\partial\lambda}\psi_n+\psi_n{}^*\frac{\partial\psi_n}{\partial\lambda}\right]\mathrm{d}\tau+\int\psi_n{}^*\frac{\partial\hat{H}}{\partial\lambda}\psi_n\mathrm{d}\tau$$

$$=E_n\frac{\partial}{\partial\lambda}\int\psi_n^*(\boldsymbol{r})\psi_n(\boldsymbol{r})\mathrm{d}\tau+\int\psi_n^*(\boldsymbol{r})\frac{\partial\hat{H}}{\partial\lambda}\psi_n(\boldsymbol{r})\mathrm{d}\tau$$

$$=\int\psi_n^*(\boldsymbol{r})\frac{\partial\hat{H}}{\partial\lambda}\psi_n(\boldsymbol{r})\mathrm{d}\tau$$

式中用到 $\psi_n(\boldsymbol{r})$的归一化表示式和算符 $\hat{H}$ 的厄密性。

例如双原子分子体系，在绝热近似下将两核之间的相对坐标 $\boldsymbol{R}$ 作为参量，有

$$\begin{aligned}\nabla_{\boldsymbol{R}}E_n(\boldsymbol{R})&=\int\psi_n^*(\nabla_{\boldsymbol{R}}\hat{H})\psi_n\mathrm{d}\tau\\&=\int\psi_n^*(\nabla_{\boldsymbol{R}}V(\boldsymbol{R},\boldsymbol{r}_1,\boldsymbol{r}_2,\cdots))\psi_n\mathrm{d}\tau=-\boldsymbol{F}\end{aligned}\tag{2-49}$$

表明作用于核的力等于电子系的能量 $E_n(\boldsymbol{R})$对 $\boldsymbol{R}$ 的梯度的负值。

3. 克喇末(H. A. Kramers)表示式

为简明计，讨论粒子在一维空间的势场 $V(x)=Ax^s$ 中运动处于一个束缚定态，其波函数 $\psi_n(x)$是实函数，满足定态薛定谔方程

$$\left[-\frac{\hbar^2}{2m}\frac{\mathrm{d}^2}{\mathrm{d}x^2}+V(x)\right]\psi_n(x)=E_n\psi_n(x)\tag{2-50}$$

方程解要求满足的边界条件是

$$\psi_n(x)\xrightarrow[x\to\pm\infty]{}0\tag{2-51}$$

利用分部积分，有

$$\begin{aligned}-\frac{k}{2}\overline{x^{k-1}}&=-\frac{k}{2}\int_{-\infty}^{\infty}\psi_n(x)x^{k-1}\psi_n(x)\mathrm{d}x\\&=\int_{-\infty}^{\infty}\frac{\mathrm{d}\psi_n(x)}{\mathrm{d}x}x^k\psi_n(x)\mathrm{d}x\end{aligned}\tag{2-52}$$

和

$$\begin{aligned}&\int_{-\infty}^{\infty}\frac{\mathrm{d}\psi_n(x)}{\mathrm{d}x}x^k\frac{\mathrm{d}\psi_n(x)}{\mathrm{d}x}\mathrm{d}x\\&=\frac{k(k-1)}{2}\overline{x^{k-2}}-\int_{-\infty}^{\infty}\psi_n(x)x^k\frac{\mathrm{d}^2\psi_n(x)}{\mathrm{d}x^2}\mathrm{d}x\\&=-\frac{2}{k+1}\int_{-\infty}^{\infty}\frac{\mathrm{d}\psi_n(x)}{\mathrm{d}x}x^{k+1}\frac{\mathrm{d}^2\psi_n(x)}{\mathrm{d}x^2}\mathrm{d}x\end{aligned}$$

即

$$\frac{k(k-1)}{2}\overline{x^{k-2}}=\int_{-\infty}^{\infty}\left[\psi_n(x)x^k-\frac{2}{k+1}\frac{\mathrm{d}\psi_n(x)}{\mathrm{d}x}x^{k+1}\right]\frac{\mathrm{d}^2\psi_n(x)}{\mathrm{d}x^2}\mathrm{d}x\tag{2-53}$$

将定态薛定谔方程(2-50)和上面式(2-52)代入上式，整理后得到

$$\frac{k(k-1)}{2}\overline{x^{k-2}}-\frac{2m(2k+s+2)}{\hbar^2(k+1)}\overline{x^kV(x)}+\frac{4mE_n}{\hbar^2}\overline{x^k}=0\qquad(k\neq-1)\tag{2-54}$$

这就是克喇末表示式。

式(2-54)中取 $k=0$，则直接有

$$E_n=\frac{s+2}{2}\overline{V(x)}$$

这就是维理定理式(2-47)。但是,还可以取 $k=1,2,\cdots$ 甚至非整数,以得到同一 E_n 的另外相应表示式。

上面所述克喇末表示式可以直接推广到粒子在三维空间的中心势场 $V(r)=Ar^s$ 中运动的情况。

第二部分　例　　题

2-1　在一维无限深方势阱 $V(x)=\begin{cases}0, & 0\leqslant x\leqslant a\\ \infty, & x<0, x>a\end{cases}$ 中运动的粒子,设 $t=0$ 时刻在区间 $[0,a]$ 内的状态波函数为:

(a)　$\psi(x)=Nx(x-a)$;

(b)　$\psi(x)=N\sin^2\left(\dfrac{\pi x}{a}\right)$,

试分别求:

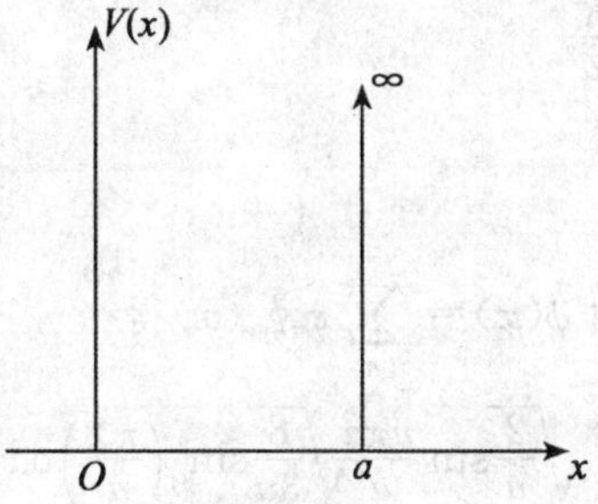

题 2-1 图

(1)　粒子能量取值的几率分布;

(2)　能量期望值。

解:(a)　$\psi(x)=Nx\cdot(x-a)$.

(1)　将 $\psi(x)$ 归一化可得归一化常数 N 为:

$$N=\sqrt{\frac{30}{a^5}} \tag{1}$$

欲求粒子能量取值的几率分布,需将 $\psi(x)$ 按阱中运动粒子的能量本征函数完备系 $\{\phi_n(x)\}$ 展开。在题 2-1 图所示的一维无限方势阱中,粒子的能量本征函数为:

$$\phi_n(x)=\begin{cases}\sqrt{\dfrac{2}{a}}\sin^2\dfrac{n\pi x}{a}, & 0\leqslant x\leqslant a\\ 0, & x<0, x>a\end{cases} \tag{2}$$

相应的能量本征值为:

$$E_n=\frac{n^2\pi^2\hbar^2}{2ma^2},\quad n=1,2,3,\cdots \tag{3}$$

于是由几率幅定理,有

$$\psi(x)=\sum_n a_n\phi_n(x) \tag{4}$$

得

$$a_n=\int \phi_n^*(x)\psi(x)\mathrm{d}x=\int_0^a\sqrt{\frac{30}{a^5}}x(x-a)\sqrt{\frac{2}{a}}\sin\frac{n\pi x}{a}\mathrm{d}x$$

$$=\frac{\sqrt{240}[1-(-1)^n]}{\pi^3 n^3}=\begin{cases}\dfrac{8\sqrt{15}}{\pi^3 n^3}, & n=1,3,5,7,\cdots\\ 0, & n=2,4,6,8,\cdots\end{cases} \tag{5}$$

故粒子能量取值为 E_n 的几率为

$$|a_n|^2=\begin{cases}\dfrac{960}{\pi^6 n^6}, & n=1,3,5,\cdots\\ 0, & n=2,4,6,\cdots\end{cases} \tag{6}$$

(2) 在态 $\psi(x)$ 中，粒子能量的期望值为

$$\overline{E}=\sum_n E_n|a_n|^2=\sum_{k=0}^{\infty}E_{2k+1}|a_{2k+1}|^2$$

$$=\sum_{k=0}^{\infty}E_1(2k+1)^2\frac{960}{\pi^6(2k+1)^6}=\frac{960E_1}{\pi^6}\sum_{k=0}^{\infty}\frac{1}{(2k+1)^4}$$

$$=\frac{960E_1}{\pi^6}\frac{\pi^4}{96}=\frac{10\hbar^2}{2ma^2}=\frac{5\hbar^2}{ma^2} \tag{7}$$

(b) $\psi(x)=N\sin^2\left(\dfrac{\pi x}{a}\right)$.

归一化 $\psi(x)$ 得 $N=\sqrt{\dfrac{8}{3a}}$，再由 $\psi(x)=\sum\limits_n c_n\phi_n(x)$ 得

$$c_n=\int \phi_n^*(x)\psi(x)\mathrm{d}x=\int_0^a\sqrt{\frac{2}{a}}\sin\frac{n\pi x}{a}\sqrt{\frac{8}{3a}}\sin^2\left(\frac{\pi x}{a}\right)\mathrm{d}x$$

$$=8[(-1)^n-1]/\sqrt{3}\pi n(n^2-4)$$

$$=\begin{cases}\dfrac{-16}{\sqrt{3}\pi n(n^2-4)}, & n=1,3,5,7,\cdots\\ 0, & n=2,4,6,8,\cdots\end{cases} \tag{8}$$

故在态 $\psi(x)$ 中粒子能量取值为 E_n 的几率为

$$|c_n|^2=\frac{256}{3\pi^2 n^2(n^2-4)^2}.\quad n=1,3,5,7,\cdots \tag{9}$$

能量的期望值为

$$\overline{E}=\int\psi_{(x)}^*\hat{H}\psi(x)\mathrm{d}x=\frac{8}{3a}\int_0^a\sin^2\left(\frac{\pi x}{a}\right)\left(-\frac{\hbar^2}{2m}\frac{\mathrm{d}^2}{\mathrm{d}x^2}\right)\sin^2\left(\frac{\pi x}{a}\right)\mathrm{d}x$$

$$=-\frac{8\pi^2\hbar^2}{3ma^3}\int_0^a\sin^2\left(\frac{\pi x}{a}\right)\cos\frac{2\pi x}{a}\mathrm{d}x$$

$$=\frac{2\pi^2\hbar^2}{3ma^2}=\frac{4}{3}E_1 \tag{10}$$

式中：$E_1=\dfrac{\pi^2\hbar^2}{2ma^2}$。或者

$$\overline{E}=\sum_n E_n|c_n|^2=\sum_{n=1,3,5,\cdots}\left(\frac{n^2\pi^2\hbar^2}{2ma^2}\right)\frac{256}{3\pi^2 n^2(n^2-4)^2}$$

$$=\frac{256E_1}{3\pi^2}\sum_{n=1,3,5,\cdots}\frac{1}{(n^2-4)^2}=\frac{256E_1}{3\pi^2}\cdot\frac{\pi^2}{64}=\frac{4}{3}E_1 \tag{11}$$

2-2　空间转子处于状态 $\psi(\theta,\varphi)=(1+\cos\theta)(1+\sin\theta\cos\varphi)$ 中,试求空间转子的能量、轨道角动量平方 $\hat{L}^2$ 及其 z 分量 $\hat{L}_z$ 各自取值的几率分布及期望值。

解:"空间转子"是绕空间定点转动的刚体。若设空间转子的转动惯量为 I,则其哈密顿算符为

$$\hat{H}=\frac{\hat{\boldsymbol{L}}^2}{2I} \tag{1}$$

设归一化波函数 $\psi(\theta,\varphi)$ 为

$$\psi(\theta,\varphi)=N(1+\cos\theta)(1+\sin\theta\cos\varphi) \tag{2}$$

由归一化条件

$$\int_0^{\pi}\int_0^{2\pi}|\psi(\theta,\varphi)|^2\mathrm{d}\Omega=\int_0^{\pi}\int_0^{2\pi}|\psi(\theta,\varphi)|^2\sin\theta\mathrm{d}\theta\mathrm{d}\varphi=1$$

得归一化常数 N 为

$$N=\left(\frac{15}{104\pi}\right)^{1/2} \tag{3}$$

则

$$\begin{aligned}\psi(\theta,\varphi)&=\left(\frac{15}{104\pi}\right)^{1/2}(1+\cos\theta)(1+\sin\theta\cos\varphi)\\&=\left(\frac{15}{104\pi}\right)^{1/2}\left\{1+\cos\theta+\frac{1}{2}\sin\theta(\mathrm{e}^{\mathrm{i}\varphi}+\mathrm{e}^{-\mathrm{i}\varphi})+\frac{1}{2}\sin\theta\cos\theta(\mathrm{e}^{\mathrm{i}\varphi}+\mathrm{e}^{-\mathrm{i}\varphi})\right\}\\&=\left(\frac{15}{104\pi}\right)^{1/2}\left\{\sqrt{4\pi}Y_{00}+\sqrt{\frac{4\pi}{3}}Y_{10}+\mathrm{i}\sqrt{\frac{2\pi}{3}}Y_{11}-\mathrm{i}\sqrt{\frac{2\pi}{3}}Y_{1-1}+\mathrm{i}\sqrt{\frac{2\pi}{15}}Y_{21}-\mathrm{i}\sqrt{\frac{2\pi}{15}}Y_{2-1}\right\}\\&=\sqrt{\frac{15}{26}}Y_{00}+\sqrt{\frac{5}{26}}Y_{10}+\mathrm{i}\sqrt{\frac{5}{52}}Y_{11}-\mathrm{i}\sqrt{\frac{5}{52}}Y_{1-1}+\mathrm{i}\sqrt{\frac{1}{52}}Y_{21}-\mathrm{i}\sqrt{\frac{1}{52}}Y_{2-1}\end{aligned} \tag{4}$$

表明:

角量子数 $l=0$ 的几率为 $\left|\sqrt{\frac{15}{26}}\right|^2=\frac{15}{26}$;

$l=1$ 的几率为 $\left|\sqrt{\frac{5}{26}}\right|^2+\left|\mathrm{i}\sqrt{\frac{5}{52}}\right|^2+\left|-\mathrm{i}\sqrt{\frac{5}{52}}\right|^2=\frac{5}{13}$;

$l=2$ 的几率为 $\left|\mathrm{i}\sqrt{\frac{1}{52}}\right|^2+\left|-\mathrm{i}\sqrt{\frac{1}{52}}\right|^2=\frac{1}{26}$;

磁量子数 $m=0$ 的几率为 $\left|\sqrt{\frac{15}{26}}\right|^2+\left|\sqrt{\frac{5}{26}}\right|^2=\frac{20}{26}$;

$m=1$ 的几率为 $\left|\mathrm{i}\sqrt{\frac{5}{52}}\right|^2+\left|\mathrm{i}\sqrt{\frac{1}{52}}\right|^2=\frac{3}{26}$;

$m=-1$ 的几率为 $\left|-\mathrm{i}\sqrt{\frac{5}{52}}\right|^2+\left|-\mathrm{i}\sqrt{\frac{1}{52}}\right|^2=\frac{3}{26}$　　(5)

故空间转子在给定态 $\psi(\theta,\varphi)$ 中,各力学量的可能取值、相应的几率及期望值为:

	能量 $E=\frac{l(l+1)\hbar^2}{2I}$			角动量平方 $L^2=l(l+1)\hbar^2$			角动量的 z 分量 $L_z=m\hbar$		
可能值	0	$\frac{\hbar^2}{I}$	$\frac{3\hbar^2}{I}$	0	$2\hbar^2$	$6\hbar^2$	0	$\hbar$	$-\hbar$
几率	$\frac{15}{26}$	$\frac{5}{13}$	$\frac{1}{26}$	$\frac{15}{26}$	$\frac{5}{13}$	$\frac{1}{26}$	$\frac{10}{13}$	$\frac{3}{26}$	$\frac{3}{26}$
期望值	$\frac{\hbar^2}{2I}$			$\hbar^2$			0		

2-3 空间转子处于已归一化波函数 $\psi(\theta,\phi)=\frac{1}{\sqrt{4\pi}}e^{i2\varphi}$ 描写的状态之中，试求轨道角动量 $\hat{L}^2$ 取各可能值的几率。

解：将给定态 $\psi(\theta,\varphi)$ 按轨道角动量算符 $\hat{L}^2$ 的本征函数完备系 $\{Y_{lm}(\theta,\varphi)\}$ 展开，则展开项系数的模的平方表示在态 $\psi(\theta,\varphi)$ 中，$\hat{L}^2$ 取值为 $l(l+1)\hbar^2$ 的几率。故

$$\psi(\theta,\varphi)=\frac{1}{\sqrt{4\pi}}e^{i2\varphi}=\sum_{l,m}c_{lm}Y_{lm}(\theta,\varphi)\xlongequal[\text{代入}]{m=2}\sum_l c_{l2}Y_{l2}(\theta,\varphi) \tag{1}$$

则

$$c_l=\int Y_{l2}^*(\theta,\varphi)\psi(\theta,\varphi)\sin\theta d\theta d\varphi \tag{2}$$

因为球谐函数 $Y_{lm}(\theta,\varphi)$ 的定义式为

$$Y_{lm}(\theta,\varphi)=(-1)^m\sqrt{\frac{(2l+1)}{4\pi}\frac{(l-m)!}{(l+m)!}}P_l^m(\cos\theta)e^{im\varphi} \tag{3}$$

缔合勒让德多项式 $P_l^m(x)$ 的定义式为

$$\begin{aligned}P_l^m(x)&=\frac{1}{2^l l!}(1-x^2)^{m/2}\frac{d^{l+m}}{dx^{l+m}}(x^2-1)^l\\&=(1-x^2)^{m/2}\frac{d^m}{dx^m}P_l(x)\end{aligned} \tag{4}$$

勒让德多项式 $P_l(x)$ 的微分表示式为

$$P_l(x)=\frac{1}{2^l l!}\frac{d^l}{dx^l}(x^2-1)^l \tag{5}$$

由此可得

$$Y_{l2}(\theta,\varphi)=\sqrt{\frac{(2l+1)}{4\pi}\frac{(l-2)!}{(l+2)!}}(1-\cos^2\theta)\frac{d^2}{(d\cos\theta)^2}P_l(\cos\theta)e^{i2\varphi} \tag{6}$$

再由勒让德多项式 $P_l(x)$ 满足的方程：

$$(1-x^2)P''_l(x)-2xP'_l(x)+l(l+1)P_l(x)=0$$

可得

$$\begin{aligned}&(1-\cos^2\theta)\frac{d^2}{(d\cos\theta)^2}P_l(\cos\theta)\\&=2\cos\theta\frac{d}{d\cos\theta}P_l(\cos\theta)-l(l+1)P_l(\cos\theta)\end{aligned} \tag{7}$$

将(6)、(7)两式代入(2)式，得

$$c_{l2}=\int_0^{\pi}\int_0^{2\pi}\left\{\sqrt{\frac{(2l+1)(l-2)!}{4\pi\quad(l+2)!}}\left[2\cos\theta P'_l(\cos\theta)-l(l+1)P_l(\cos\theta)\right]e^{-i2\varphi}\right\}\left(\frac{1}{\sqrt{4\pi}}e^{i2\varphi}\right)\sin\theta d\theta d\varphi$$

$$=\sqrt{\frac{(2l+1)(l-2)!}{4\pi\quad(l+2)!}}\left(\frac{1}{\sqrt{4\pi}}\right)(2\pi)\int_{-1}^{1}\left[2xP'_l(x)-l(l+1)\cdot P_l(x)\right]dx$$

$$=\sqrt{\frac{(2l+1)(l-2)!}{4\quad(l+2)!}}\left\{\left[2xP_l(x)\right]\Big|_{-1}^{+1}-2\int_{-1}^{+1}P_l(x)dx-l(l+1)\int_{-1}^{+1}P_l(x)dx\right\}$$

$$=\sqrt{\frac{(2l+1)(l-2)!}{4\quad(l+2)!}}\left\{2P_l(1)\left[1+(-1)^l\right]-\frac{2}{2l+1}\left[2+l(l+1)\right]\delta_{l0}\right\}$$

$$=\sqrt{\frac{(2l+1)(l-2)!}{4\quad(l+2)!}}\left\{2\left[1+(-1)^l\right]-\frac{2}{2l+1}\left[2+l(l+1)\right]\delta_{l0}\right\}\tag{8}$$

式中利用了

$$P_l(-x)=(-1)^lP_l(x)\tag{9}$$

$$P_l(1)=1\tag{10}$$

由于 $\psi(\theta,\varphi)=\frac{1}{\sqrt{4\pi}}e^{i2\varphi}$ 中 $m=2$，于是 $l\geqslant2$，$c_{l2}=\sqrt{\frac{(2l+1)(l-2)!}{(l+2)!}}\left[1+(-1)^l\right]$。由此得 $\hat{\boldsymbol{L}}^2$ 取值为 $l(l+1)\hbar^2$ $(l\geqslant2)$ 的几率为

$$|c_{l2}|^2=\frac{(2l+1)(l-2)!}{(l+2)!}\left[1+(-1)^l\right]^2\qquad(l\geqslant2)\tag{11}$$

2-4　有一无自旋的粒子，其波函数为 $\psi=k(x+y+2z)\cdot e^{-\alpha r}$，其中 $r=\sqrt{x^2+y^2+z^2}$，且 k,α 是实常数。问：

(a)　粒子的总角动量是多少？

(b)　角动量的 z 分量的期望值是多少？

(c)　若角动量的 z 分量 $\hat{L}_z$ 被测量，问测得 $L_z=+\hbar$ 的几率为多少？

(d)　发现粒子在 θ、φ 方向上的 $d\Omega$ 立体角内的几率是多少？

式中：θ,φ 就是通常球坐标系中的角度。

解：设归一化波函数为

$$\psi=Nk(x+y+2z)e^{-\alpha r}\tag{1}$$

在球坐标系内，(1)式改写为

$$\psi=Nkre^{-\alpha r}(\sin\theta\cos\varphi+\sin\theta\sin\varphi+2\cos\theta)\xlongequal{\text{可写成}}R(r)\cdot\phi(\theta,\varphi)\tag{2}$$

其中径向部分的波函数为

$$R(r)=\frac{N}{N'}kre^{-\alpha r}\tag{3}$$

角向部分的波函数为

$$\phi(\theta,\varphi)=N'(\sin\theta\cos\varphi+\sin\theta\sin\varphi+2\cos\theta)\tag{4}$$

显然有：

$$1=\int_{\infty}|\psi|^2d\tau=\int_0^{\infty}|R(r)|^2r^2dr\int_0^{\pi}\int_0^{2\pi}|\phi(\theta,\varphi)|^2\sin\theta d\theta d\varphi$$

于是

$$\int_0^{\infty} |R(r)|^2 r^2 \mathrm{d}r = 1 \tag{5}$$

$$\int_0^{\pi}\int_0^{2\pi} |\phi(\theta,\varphi)|^2 \sin\theta \mathrm{d}\theta \mathrm{d}\varphi = 1 \tag{6}$$

由(6)式可得归一化常数 N' 为：

$$N' = \sqrt{\frac{1}{8\pi}} \tag{7}$$

再利用公式：$\cos\varphi = \frac{1}{2}(\mathrm{e}^{\mathrm{i}\varphi} + \mathrm{e}^{-\mathrm{i}\varphi})$，$\sin\varphi = \frac{1}{2\mathrm{i}}(\mathrm{e}^{\mathrm{i}\varphi} - \mathrm{e}^{-\mathrm{i}\varphi})$，可将$\phi(\theta,\varphi)$表示成几个球谐函数的线性叠加：

$$\begin{aligned}\phi(\theta,\varphi) &= \sqrt{\frac{1}{8\pi}}\left[\frac{1}{2}\sin\theta(\mathrm{e}^{\mathrm{i}\varphi} + \mathrm{e}^{-\mathrm{i}\varphi}) + \frac{1}{2\mathrm{i}}\sin\theta(\mathrm{e}^{\mathrm{i}\varphi} - \mathrm{e}^{-\mathrm{i}\varphi}) + 2\cos\theta\right] \\ &= -\frac{1}{2}(1-\mathrm{i})\sqrt{\frac{1}{3}}Y_{11} + \frac{1}{2}(1+\mathrm{i})\sqrt{\frac{1}{3}}Y_{1-1} + 2\sqrt{\frac{1}{6}}Y_{10}\end{aligned} \tag{8}$$

得到：

(a) 在态 ψ 中，粒子的总角动量为

$L^2 = l(l+1)\hbar^2 = 1(1+1)\hbar^2 = 2\hbar^2$

(b) 在态 ψ 中，粒子轨道角动量的 z 分量 $\hat{L}_z$ 的可能取值与相应的几率为

$L_z = \hbar$，$w(1) = \left|-\frac{1}{2}(1-\mathrm{i})\sqrt{\frac{1}{3}}\right|^2 = \frac{1}{6}$，

$L_z = -\hbar$，$w(-1) = \left|\frac{1}{2}(1+\mathrm{i})\sqrt{\frac{1}{3}}\right|^2 = \frac{1}{6}$，

$L_z = 0$，$w(0) = \left|2\sqrt{\frac{1}{6}}\right|^2 = \frac{2}{3}$，

由此得 $\hat{L}_z$ 的期望值为

$$\overline{L_z} = \left[\left(\frac{1}{6}\right)\hbar + \frac{1}{6}(-\hbar) + \frac{2}{3}(0)\right] = 0 \tag{9}$$

(c) 在态 ψ 中测得 $L_z = +\hbar$ 的几率为

$$w(1) = \left|-\frac{1}{2}(1-\mathrm{i})\sqrt{\frac{1}{3}}\right|^2 = \frac{1}{6} \tag{10}$$

(d) 粒子出现在 θ、φ 方向上 $\mathrm{d}\Omega$ 内的几率为

$$\begin{aligned}W(\theta,\varphi) &= |\phi(\theta,\varphi)|^2 \mathrm{d}\Omega \int_0^{\infty} |R(r)|^2 r^2 \mathrm{d}r \\ &= \frac{1}{8\pi}(\sin\theta\cos\varphi + \sin\theta\sin\varphi + 2\cos\theta)^2 \sin\theta \mathrm{d}\theta \mathrm{d}\varphi\end{aligned} \tag{11}$$

2-5 质量为 m 的线性谐振子初始时刻($t=0$)在势场 $V_1 = \frac{1}{2}kx^2$ 中处于基态$\psi_0(x)$：

(a) 如弹性系数 k 突然变成 $2k(k>0)$，即势场由原来的$V_1 = \frac{1}{2}kx^2$ 变为 $V_2 = kx^2$，随即测量粒子的能量，求发现粒子处于新势场 V_2 的基态的几率；

(b) 势场由 V_1 突然变成 V_2 后，求任意时刻 $t(t>0)$的状态波函数 $\psi(x,t)$；

(c)　势场变成 V_2 后,不进行任何测量,再经过一段时间 τ,让势场又恢复成 V_1,问 τ 取什么值时粒子仍恢复到原来 V_1 场的基态 $\psi_0(x)$?

解:(a)　由于势场的变化是突然发生的,使得势场变化后态还来不及变化。又由于在新势场 $V_2(x)$ 中,相应的定态波函数(即相应的能量本征函数)具有正交归一完备性,故可将 $V_1(x)$ 势场中的基态波函数 $\psi_0(x)$ 按 $V_2(x)$ 势场中定态波函数 $\phi_n(x)$ 的正交归一完备集展开:

$$\psi_0(x)=\sum_n c_n\phi_n(x) \tag{1}$$

(1)式实际上也表明由于势场的突然变化,使得量子体系能由原来的基态跃迁到 $V_2(x)$ 中的一系列可能的定态之中,其中跃迁到新的基态 $\phi_0(x)$ 的几率(即处于新势场 $V_2(x)$ 的基态的几率)为

$$|c_0|^2=\left|\int_{-\infty}^{\infty}\psi_0(x)\phi_0^*(x)\mathrm{d}x\right|^2 \tag{2}$$

式中:

$$\psi_0(x)=\left(\frac{\alpha}{\sqrt{\pi}}\right)^{1/2}\mathrm{e}^{-\frac{1}{2}\alpha^2x^2}H_0(\alpha x)=\left(\frac{\alpha}{\sqrt{\pi}}\right)^{1/2}\mathrm{e}^{-\frac{1}{2}\alpha^2x^2},$$

$$\alpha^2=\frac{m\omega_1}{\hbar},\omega_1{}^2=\frac{k}{m} \tag{3}$$

$$\phi_0(x)=\left(\frac{\beta}{\sqrt{\pi}}\right)^{1/2}\mathrm{e}^{-\frac{1}{2}\beta^2x^2}H_0(\beta x)=\left(\frac{\beta}{\sqrt{\pi}}\right)^{1/2}\mathrm{e}^{-\frac{1}{2}\beta^2x^2},$$

$$\beta^2=\frac{m\omega_2}{\hbar},\omega_2{}^2=\frac{2k}{m} \tag{4}$$

将(3)、(4)两式代入(2)式得

$$|c_0|^2=\left|\int_{-\infty}^{\infty}\left(\frac{\alpha\beta}{\pi}\right)^{1/2}\mathrm{e}^{-\frac{1}{2}(\alpha^2+\beta^2)x^2}\mathrm{d}x\right|^2=\left|\left(\frac{2\alpha\beta}{\alpha^2+\beta^2}\right)^{1/2}\right|^2$$

$$=\frac{2\alpha\beta}{\alpha^2+\beta^2}=\frac{2\beta/\alpha}{1+\beta^2/\alpha^2}=0.9852 \tag{5}$$

(b)　由于势场由 V_1 突然变成 V_2 后,体系的哈密顿算符 $\hat{H}=\frac{\hat{p}^2}{2m}+kx^2$,仍不显含 t,因此非定态波函数 $\psi(x,t)$ 可按相应的定态波函数 $\phi_n(x)\mathrm{e}^{-\frac{\mathrm{i}}{\hbar}(n+\frac{1}{2})\hbar\omega_2 t}$ 线性叠加而得到。

$$\psi(x,t)=\sum_n a_n\phi_n(x)\mathrm{e}^{-\mathrm{i}(n+1/2)\omega_2 t} \tag{6}$$

式中:$\phi_n(x)=\left(\frac{\beta}{\sqrt{\pi}2^n n!}\right)^{1/2}\mathrm{e}^{-\frac{1}{2}\beta^2x^2}H_n(\beta x)$ 及 β 与 ω_2 均由(4)式表示。由于变化是突然发生的,因此可认为初始时刻的波函数即为原来 V_1 中的基态波函数 $\psi_0(x)$,有

$$\psi(x,0)=\psi_0(x)=\sum_n a_n\phi_n(x)$$

由此可得叠加系数 a_n:

$$a_n=\int_{-\infty}^{\infty}\psi_0(x)\phi_n^*(x)\mathrm{d}x \tag{7}$$

即

$$\psi(x,t)=\sum_n\left[\int_{-\infty}^{\infty}\psi_0(x')\phi_n^*(x')\mathrm{d}x'\right]\phi_n(x)\mathrm{e}^{-\mathrm{i}(n+1/2)\omega_2 t} \tag{8}$$

(c) 若经过时间 τ 后，让粒子仍恢复到原来 V_1 场中的基态 $\psi_0(x)$，应有式

$$\psi(x,\tau)=A\psi_0(x) \tag{9}$$

成立，式中 A 为模是 1 的相因子。为此，将式(8)取 $t=\tau$，有

$$\psi(x,\tau)=\sum_n\left[\int_{-\infty}^{\infty}\psi_0(x')\phi_n^*(x')\mathrm{d}x'\right]\phi_n(x)\mathrm{e}^{-\mathrm{i}(n+1/2)\omega_2\tau}$$

由于 ψ_0 与 ϕ_n 都是连续函数，可将上式中"$\sum\limits_n$"与"$\int\mathrm{d}x$"的次序颠倒，有

$$\begin{aligned}\psi(x,\tau)&=\int_{-\infty}^{\infty}\psi_0(x')\mathrm{d}x'\left[\sum_n\phi_n^*(x')\phi_n(x)\mathrm{e}^{-\mathrm{i}n\omega_2\tau}\right]\mathrm{e}^{-\mathrm{i}\omega_2\tau/2}\\&=\mathrm{e}^{-\mathrm{i}\omega_2\tau/2}\int_{-\infty}^{\infty}\psi_0(x')\mathrm{d}x'\left[\sum_n\phi_n^*(x')\phi_n(x)\mathrm{e}^{-\mathrm{i}n\omega_2\tau}\right]\end{aligned} \tag{10}$$

若令

$$\left.\begin{aligned}\mathrm{e}^{-\mathrm{i}\omega_2\tau/2}&=A\\\mathrm{e}^{-\mathrm{i}n\omega_2\tau}&=1\end{aligned}\right\} \tag{11}$$

则式(10)改写为

$$\begin{aligned}\psi(x,\tau)&=A\int_{-\infty}^{\infty}\psi_0(x')\mathrm{d}x'\left[\sum_n\phi_n^*(x')\phi_n(x)\right]\\&=A\int_{-\infty}^{\infty}\psi_0(x')\delta(x'-x)\mathrm{d}x=A\psi_0(x)\end{aligned}$$

此即式(9)。式中用到了 V_2 场中定态波函数集$\{\phi_n(x)\}$的完备性。再由式(11)，要求

$$n\omega_2\tau=2i\pi,\quad i=0,1,2,3,\cdots$$

考虑到线谐振子的宇称是守恒量，故 n 只能取 0,2,4,6,…，令 $l=\dfrac{2i}{n}$，得粒子仍恢复到原来 V_1 场中的基态所需时间 τ 为

$$\tau=\frac{l\pi}{\omega_2}=l\pi\sqrt{\frac{m}{2k}},\quad l=1,2,3,\cdots \tag{12}$$

2-6 质量为 m 的粒子在一维势阱中运动，被束缚在一空间小区域内。已知 $t=0$ 时刻 $\psi(x,0)\xlongequal{\text{记为}}\psi_0(x)=\dfrac{1}{\pi^{1/4}\alpha^{1/2}}\mathrm{e}^{-\frac{x^2}{2\alpha^2}}$（$\alpha$ 为常数），设在 $t=0$ 时刻该势阱突然消失，使得 $t>0$ 时粒子是自由的。试求在 $t>0$ 时刻，该粒子单位时间内到达一个相距为 L 的观察者的几率公式。

解：因为 $t>0$ 时，势阱已消失，粒子是自由的。又已知 $t=0$ 时刻粒子的波函数为 $\psi_0(x)=\dfrac{1}{\pi^{1/4}\alpha^{1/2}}\mathrm{e}^{-\frac{x^2}{2\alpha^2}}$，它是一个高斯波包。在 $t>0$ 时，波包是要扩展的，故有

$$\psi(x,t)=\int c(p)\phi_p(x)\mathrm{e}^{-\frac{\mathrm{i}}{\hbar}(\frac{p^2}{2m})t}\mathrm{d}p \tag{1}$$

又

$$\psi(x,0)=\psi_0(x)=\int c(p)\phi_p(x)\mathrm{d}p$$

故

$$c(p)=\int\psi_0(x)\phi_p^*(x)\mathrm{d}x \tag{2}$$

将(2)式代入(1)式，有

$$\psi(x,t)=\int\left[\left[\int\psi_0(x')\phi_p^*(x')\mathrm{d}x'\right]\phi_p(x)\exp\left[-\frac{\mathrm{i}}{\hbar}\frac{p^2}{2m}t\right]\mathrm{d}p\right.$$

$$=\int\psi_0(x')\mathrm{d}x'\int\phi_p^*(x')\phi_p(x)\exp\left[-\frac{\mathrm{i}}{\hbar}\frac{p^2}{2m}t\right]\mathrm{d}p \tag{3}$$

再将 $\phi_p(x)=(2\pi\hbar)^{-1/2}\mathrm{e}^{\frac{\mathrm{i}}{\hbar}px}$ 代入上述第二个积分中,可得

$$\int\phi_p^*(x')\phi_p(x)\exp\left[-\frac{\mathrm{i}}{\hbar}\frac{p^2}{2m}t\right]\mathrm{d}p$$

$$=\frac{1}{2\pi\hbar}\int_{-\infty}^{\infty}\exp\left[-\frac{\mathrm{i}}{\hbar}px'+\frac{\mathrm{i}}{\hbar}px-\frac{\mathrm{i}}{\hbar}\frac{p^2}{2m}t\right]\mathrm{d}p$$

$$=\frac{1}{2\pi\hbar}\exp\left[\frac{\mathrm{i}m}{2\hbar t}(x'-x)^2\right]\cdot\int_{-\infty}^{\infty}\exp\left\{-\mathrm{i}\left[\left(\frac{t}{2m\hbar}\right)^{1/2}p+\left(\frac{m}{2\hbar t}\right)^{1/2}(x'-x)\right]^2\right\}\mathrm{d}p$$

$$=\frac{1-\mathrm{i}}{2}\sqrt{\frac{m}{\pi\hbar t}}\exp\left[\frac{\mathrm{i}m}{2\hbar t}(x'-x)^2\right] \tag{4}$$

式中利用了积分公式

$$\int_{-\infty}^{\infty}\mathrm{e}^{\mathrm{i}\xi^2}\mathrm{d}\xi=\sqrt{\pi}\mathrm{e}^{\mathrm{i}\pi/4} \tag{5}$$

将(4)式代回(3)式,可得

$$\psi(x,t)=\frac{1-\mathrm{i}}{2}\sqrt{\frac{m}{\pi\hbar t}}\int_{-\infty}^{\infty}\exp\left[\frac{\mathrm{i}m}{2\hbar t}(x'-x)^2\right]\psi_0(x')\mathrm{d}x'$$

$$=\frac{1-\mathrm{i}}{2}\sqrt{\frac{m}{\pi\hbar t}}(\pi)^{-1/4}\alpha^{-1/2}\int_{-\infty}^{\infty}\exp\left[\frac{\mathrm{i}m}{2\hbar t}(x'-x)^2-\frac{x'^2}{2\alpha^2}\right]\mathrm{d}x'$$

$$=\pi^{-1/4}\alpha^{-1/2}\left(\frac{m\alpha^2}{m\alpha^2+\mathrm{i}\hbar t}\right)^{1/2}\exp\left[-\frac{mx^2}{2\alpha^2}\frac{1}{m+\mathrm{i}\hbar t/\alpha^2}\right] \tag{6}$$

由此得粒子的几率流密度为

$$j=\mathrm{Re}(\psi^*\hat{p}_x\psi/m)=\frac{\hbar^2xt}{\pi^{1/2}\alpha^5m^2}\left(1+\frac{\hbar^2t^2}{m^2\alpha^4}\right)^{-3/2}\exp\left[-\frac{x^2}{\alpha^2}\frac{1}{1+(\hbar t/m\alpha^2)^2}\right] \tag{7}$$

则该粒子单位时间内到达一个相距为 L 的观察者的几率为

$$\frac{\hbar^2Lt}{\pi^{1/2}\alpha^5m^2}\left(1+\frac{\hbar^2t^2}{m^2\alpha^4}\right)^{-3/2}\exp\left[-\frac{L^2}{\alpha^2}\frac{1}{1+(\hbar t/m\alpha^2)^2}\right] \tag{8}$$

2-7　粒子在无限深方势阱 $V(x)=\begin{cases}\infty, & x<0,x>a\\ 0, & 0\leqslant x\leqslant a\end{cases}$ 中运动,处于第 n 个束缚定态 $\psi_n(x)$之中,求粒子对于每一侧阱壁的平均作用力。

解:为了避免计算上的困难,首先考虑一个十分宽大但深度 V_0 有限的势阱(如题 2-7 图所示),然后再取 $V_0\to\infty$的极限。并以计算粒子作用在右阱壁上的平均力 $\bar{f}$ 为例。

欲求 $\bar{f}$,关键在于引进表示力 f 的算符 $\hat{f}$。对于有经典类比的力学量 f 来说,其算符表示只须保持 f 在经典力学中的函数关系,将相应的量用算符表示即可。

在经典力学中,外场 $V(x)$作用在粒子上的力为 $-\frac{\mathrm{d}}{\mathrm{d}x}V(x)$,则粒子作用于阱壁上的力为

$$f=\frac{\mathrm{d}}{\mathrm{d}x}V(x) \tag{1}$$

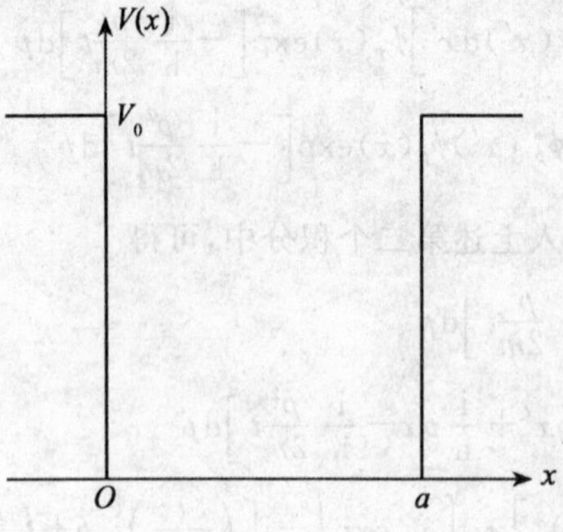

题 2-7 图

由于在阱壁 $x=a$ 处，$V(x)=\begin{cases}V_0, & x>a\\ 0, & x<a\end{cases}$，故

$$f=\frac{\mathrm{d}}{\mathrm{d}x}V(x)=V_0\delta(x-a) \tag{2}$$

将(2)式对应到量子力学中，得力 f 的算符表示为(x 表象)：

$$\hat{f}=V_0\delta(x-a) \tag{3}$$

于是在态 $\psi_n(x)$ 中，$\hat{f}$ 的平均值为

$$\begin{aligned}\overline{f}&=\int_{-\infty}^{\infty}\psi_n^*(x)\hat{f}\psi_n(x)\mathrm{d}x=\int_{-\infty}^{\infty}\psi_n^*(x)V_0\delta(x-a)\psi_n(x)\mathrm{d}x\\&=V_0|\psi_n(a)|^2\end{aligned} \tag{4}$$

$\psi_n(a)$的计算方法如下。粒子在有限深方势阱 $V(x)=\begin{cases}V_0, & x<0, x>a\\ 0, & 0\leqslant x\leqslant a\end{cases}$ 中运动，相应的定态波函数为($0<E<V_0$)：

$$\psi_n(x)=\begin{cases}c_1\mathrm{e}^{\text{æ}x}, \text{æ}^2=\dfrac{2m}{\hbar^2}(V_0-E), & x<0\\ c\sin(kx+\delta), k^2=\dfrac{2mE}{\hbar^2}, & 0\leqslant x\leqslant a\\ c_2\mathrm{e}^{-\text{æ}x}, & x>a\end{cases} \tag{5}$$

能量满足的方程为

$$\sin(ka+\delta)=-\sin\delta=-\hbar k/\sqrt{2mV_0} \tag{6}$$

由(5)、(6)两式可得

$$\psi_n(a)=c\sin(ka+\delta)=-c\hbar k/\sqrt{2mV_0} \tag{7}$$

为了确定常数 c，考虑有限深方势阱内粒子位置几率分布的特点。阱外，即 $x<0$ 与 $x>a$ 处，由于 $\psi\sim\mathrm{e}^{\pm\text{æ}x}$，因此粒子仅出现在数量级为 $\frac{1}{|\text{æ}|}\approx\hbar/\sqrt{2m(V_0-E)}$ 的很小范围内，且 V_0 值越大，$\frac{1}{|\text{æ}|}$越小。当 $V_0\to\infty$ 时，$\frac{1}{|\text{æ}|}\to 0$，因此粒子在阱外出现的几率对总几率 $\int_{-\infty}^{\infty}|\psi_n|^2\mathrm{d}x$ 的贡献很小，可略去不计。于是归一化积分可写为

$$
\begin{aligned}
1 &= \int_{-\infty}^{\infty} |\psi_n(x)|^2 \mathrm{d}x \\
&= \int_{-\infty}^{0} |\psi_n(x)|^2 \mathrm{d}x + \int_{0}^{a} |\psi_n(x)|^2 \mathrm{d}x + \int_{a}^{\infty} |\psi_n(x)|^2 \mathrm{d}x \\
&\xlongequal{V_0\to\infty} \int_0^a |\psi_n(x)|^2 \mathrm{d}x = |c|^2 \int_0^a \sin^2(kx+\delta)\mathrm{d}x \\
&\xlongequal[\delta\to 0]{V_0\to\infty} |c|^2 \int_0^a \sin^2(kx)\mathrm{d}x = \frac{a}{2}|c|^2
\end{aligned}
$$

上式计算中的最后一步利用了(6)式，故

$$c=\sqrt{\frac{2}{a}} \tag{8}$$

将(7)、(8)两式代入(4)式，得

$$\overline{f} = V_0 \left| \sqrt{\frac{2}{a}} \sin(ka+\delta) \right|^2 = V_0 \left| \sqrt{\frac{2}{a}} \left(-\frac{\hbar k}{\sqrt{2mV_0}} \right) \right|^2 = \frac{V_0 \hbar^2 k^2}{maV_0} = \frac{\hbar^2 k^2}{ma} = \frac{2E}{a} \tag{9}$$

同理可求粒子对左侧阱壁上的力。

由(9)式看出 $\overline{f}$ 与 V_0 值无关，表明此结果对 $V_0\to\infty$ 的极限情形也成立；且结果中不含 $\hbar$，表明用量子力学方法得到的结果与经典力学中的一致。事实上，在经典力学中，粒子对阱壁的平均作用力等于单位时间内粒子给阱壁的冲量，即单位时间内碰壁的次数 $\frac{v}{2a}$（v 为阱内粒子运动的速度）乘以每次碰撞时粒子给阱壁的动量 $2mv$，有

$$\overline{f}_{经典} = (2mv)\left(\frac{v}{2a}\right) = \frac{mv^2}{a} = \frac{2E}{a} \tag{10}$$

另外，本问题中总力的算符是

$$\hat{f}_{总} = V_0[\delta(x-a) - \delta(x)] \tag{11}$$

考虑到问题的对称性有

$$\overline{f}_{总} = V_0\{|\psi_n(a)|^2 - |\psi_n(0)|^2\} = 0 \tag{12}$$

2-8　证明：

(a)　$[\hat{A},\hat{B}^n] = \sum_{s=0}^{n-1} \hat{B}^s[\hat{A},\hat{B}]\hat{B}^{n-s-1}$；

(b)　若算符 $\hat{B}$ 与 $[\hat{A},\hat{B}]$ 对易，则有
$[\hat{A},\hat{B}^n] = n\hat{B}^{n-1}[\hat{A},\hat{B}]$；

(c)　利用基本量子化条件及(a)的结果证明：

(1)　$[\hat{x}_i,\hat{x}_j^n]=0$；

(2)　$[\hat{p}_i,\hat{p}_j^n]=0$；

(3)　$[\hat{x}_i,\hat{p}_j^n] = \mathrm{i}\hbar n\hat{p}_j^{n-1}\delta_{ij} \xlongequal{记为} \mathrm{i}\hbar\delta_{ij}\frac{\partial}{\partial \hat{p}_j}\hat{p}_j^n$；

(4)　$[\hat{p}_i,\hat{x}_j^n] = -\mathrm{i}\hbar n\hat{x}_j^{n-1}\delta_{ij} \xlongequal{记为} -\mathrm{i}\hbar\delta_{ij}\frac{\partial}{\partial \hat{x}_j}\hat{x}_j^n$。

式中：$\hat{x}_i,\hat{p}_j$ 分别为坐标算符与动量算符，$i,j=1,2,3$。

证明：(a)　用数学归纳法：

当 $n=1$ 时，$[\hat{A},\hat{B}^n]=\sum\limits_{s=0}^{n-1}\hat{B}^s[\hat{A},\hat{B}]\hat{B}^{n-s-1}$ 成立，

若 $n=k$ 时该式也成立，即有

$$[\hat{A},\hat{B}^k]=\sum_{s=0}^{k-1}\hat{B}^s[\hat{A},\hat{B}]\hat{B}^{k-s-1}$$

则 $n=k+1$ 时，利用公式 $[\hat{A},\hat{B}\hat{C}]=\hat{B}[\hat{A},\hat{C}]+[\hat{A},\hat{B}]\hat{C}$，有

$$\begin{aligned}[\hat{A},\hat{B}^{k+1}]&=\hat{B}[\hat{A},\hat{B}^k]+[\hat{A},\hat{B}]\hat{B}^k\\&=\hat{B}\sum_{s=0}^{k-1}\hat{B}^s[\hat{A},\hat{B}]\hat{B}^{k-s-1}+\hat{B}^0[\hat{A},\hat{B}]\hat{B}^k\\&=\sum_{s=0}^{k-1}\hat{B}^{s+1}[\hat{A},\hat{B}]\hat{B}^{k-(s+1)}+\hat{B}^0[\hat{A},\hat{B}]\hat{B}^k\\&=\sum_{s=1}^{k}\hat{B}^s[\hat{A},\hat{B}]\hat{B}^{k-s}+\hat{B}^0[\hat{A},\hat{B}]\hat{B}^k\\&=\sum_{s=0}^{(k+1)-1}\hat{B}^s[\hat{A},\hat{B}]\hat{B}^{(k+1)-1-s}\end{aligned}$$

令 $k+1=n$，则

$$[\hat{A},\hat{B}^n]=\sum_{s=0}^{n-1}\hat{B}^s[\hat{A},\hat{B}]\hat{B}^{n-s-1}\tag{1}$$

命题得证。

(b) 由于 $\hat{B}$ 与 $[\hat{A},\hat{B}]$ 对易，故由(a)的结果，有

$$\begin{aligned}[\hat{A},\hat{B}^n]&=\sum_{s=0}^{n-1}\hat{B}^s[\hat{A},\hat{B}]\hat{B}^{n-s-1}=\sum_{s=0}^{n-1}\hat{B}^s\hat{B}^{n-s-1}[\hat{A},\hat{B}]\\&=\sum_{s=0}^{n-1}\hat{B}^{n-1}[\hat{A},\hat{B}]=n\hat{B}^{n-1}[\hat{A},\hat{B}]\end{aligned}\tag{2}$$

命题得证。

(c) (1) 若 $\hat{A}=\hat{x}_i,\hat{B}=\hat{x}_j$，由(a)的结果有

$$[\hat{x}_i,\hat{x}_j{}^n]=\sum_{s=0}^{n-1}\hat{x}_j{}^s[\hat{x}_i,\hat{x}_j]\hat{x}_j{}^{n-s-1}$$

又由基本量子化条件：$[\hat{x}_i,\hat{x}_j]=0,(i,j=1,2,3)$，有

$$[\hat{x}_i,\hat{x}_j{}^n]=0\tag{3}$$

(2) 若 $\hat{A}=\hat{p}_i,\hat{B}=\hat{p}_j$，及基本量子化条件 $[\hat{p}_i,\hat{p}_j]=0$，同理可得

$$[\hat{p}_i,\hat{p}_j{}^n]=0\tag{4}$$

(3) 若 $\hat{A}=\hat{x}_i,\hat{B}=\hat{p}_j$，及基本量子化条件 $[\hat{x}_i,\hat{p}_j]=\mathrm{i}\hbar\delta_{ij}$，有

$$\begin{aligned}[\hat{x}_i,\hat{p}_j{}^n]&=\sum_{s=0}^{n-1}\hat{p}_j{}^s[\hat{x}_i,\hat{p}_j]\hat{p}_j{}^{n-s-1}=\sum_{s=0}^{n-1}\mathrm{i}\hbar\,\hat{p}_j{}^{n-1}\delta_{ij}\\&=\mathrm{i}\hbar n\,\hat{p}_j{}^{n-1}\delta_{ij}\overset{\text{记为}}{=\!=\!=}\mathrm{i}\hbar\delta_{ij}\frac{\partial}{\partial\hat{p}_j}\hat{p}_j{}^n\end{aligned}\tag{5}$$

(4) 若 $\hat{A}=\hat{p}_i,\hat{B}=\hat{x}_j$，同理可得

$$[\hat{p}_i,\hat{x}_j{}^n]=\sum_{s=0}^{n-1}\hat{x}_j{}^s[\hat{p}_i,\hat{x}_j]\hat{x}_j{}^{n-s-1}=\sum_{s=0}^{n-1}-\mathrm{i}\hbar\,\hat{x}_j{}^{n-1}\delta_{ij}$$

$$=-i\hbar n\hat{x}_j^{\,n-1}\delta_{ij}\xlongequal{\text{记为}}-i\hbar\delta_{ij}\frac{\partial}{\partial\hat{x}_j}\hat{x}_j^{\,n} \tag{6}$$

得证。

2-9　证明:(a)　$\hat{\boldsymbol{L}}\times\hat{\boldsymbol{r}}+\hat{\boldsymbol{r}}\times\hat{\boldsymbol{L}}=2i\hbar\hat{\boldsymbol{r}}$;

(b)　$\hat{\boldsymbol{L}}\times\hat{\boldsymbol{p}}+\hat{\boldsymbol{p}}\times\hat{\boldsymbol{L}}=2i\hbar\hat{\boldsymbol{p}}$;

(c)　$\hat{\boldsymbol{L}}^2\hat{x}-\hat{x}\hat{\boldsymbol{L}}^2=i\hbar[(\hat{\boldsymbol{r}}\times\hat{\boldsymbol{L}})_x-(\hat{\boldsymbol{L}}\times\hat{\boldsymbol{r}})_x]$;

(d)　$\hat{\boldsymbol{L}}^2\hat{p}_x-\hat{p}_x\hat{\boldsymbol{L}}^2=i\hbar[(\hat{\boldsymbol{p}}\times\hat{\boldsymbol{L}})_x-(\hat{\boldsymbol{L}}\times\hat{\boldsymbol{p}})_x]$。

式中:$\hat{\boldsymbol{r}}$、$\hat{\boldsymbol{p}}$、$\hat{\boldsymbol{L}}$ 分别为坐标算、动量算符与轨道角动量算符。

证明:(a)　以 x 方向的分量为例。

因为　$(\hat{\boldsymbol{L}}\times\hat{\boldsymbol{r}})_x=\hat{L}_y\hat{z}-\hat{L}_z\hat{y}$，　$(\hat{\boldsymbol{r}}\times\hat{\boldsymbol{L}})_x=\hat{y}\hat{L}_z-\hat{z}\hat{L}_y$

所以　$(\hat{\boldsymbol{L}}\times\hat{\boldsymbol{r}})_x+(\hat{\boldsymbol{r}}\times\hat{\boldsymbol{L}})_x=(\hat{L}_y\hat{z}-\hat{L}_z\hat{y})+(\hat{y}\hat{L}_z-\hat{z}\hat{L}_y)$

$$=[\hat{L}_y,\hat{z}]+[\hat{y},\hat{L}_z]=i\hbar\hat{x}+i\hbar\hat{x}$$

$$=2i\hbar\hat{x} \tag{1}$$

式中利用了对易关系

$$[\hat{L}_\alpha,\hat{x}_\beta]=\varepsilon_{\alpha\beta\gamma}i\hbar\hat{x}_\gamma \tag{2}$$

故 $\hat{\boldsymbol{L}}\times\hat{\boldsymbol{r}}+\hat{\boldsymbol{r}}\times\hat{\boldsymbol{L}}=2i\hbar\hat{\boldsymbol{r}}$ 成立。

(b)　同理

$$(\hat{\boldsymbol{L}}\times\hat{\boldsymbol{p}})_x+(\hat{\boldsymbol{p}}\times\hat{\boldsymbol{L}})_x=(\hat{L}_y\hat{p}_z-\hat{L}_z\hat{p}_y)+(\hat{p}_y\hat{L}_z-\hat{p}_z\hat{L}_y)$$

$$=[\hat{L}_y,\hat{p}_z]+[\hat{p}_y,\hat{L}_z]=i\hbar\hat{p}_x+i\hbar\hat{p}_x$$

$$=2i\hbar\hat{p}_x \tag{3}$$

式中利用了对易关系

$$[\hat{L}_\alpha,\hat{p}_\beta]=\varepsilon_{\alpha\beta\gamma}i\hbar\hat{p}_\gamma \tag{4}$$

故 $\hat{\boldsymbol{L}}\times\hat{\boldsymbol{p}}+\hat{\boldsymbol{p}}\times\hat{\boldsymbol{L}}=2i\hbar\hat{\boldsymbol{p}}$ 成立。

(c)　$\hat{\boldsymbol{L}}^2\hat{x}-\hat{x}\hat{\boldsymbol{L}}^2=[\hat{\boldsymbol{L}}^2,\hat{x}]=[\hat{L}_x^2+\hat{L}_y^2+\hat{L}_z^2,\hat{x}]$

$$=[\hat{L}_x^2,\hat{x}]+[\hat{L}_y^2,\hat{x}]+[\hat{L}_z^2,\hat{x}]$$

$$=\hat{L}_x[\hat{L}_x,\hat{x}]+[\hat{L}_x,\hat{x}]\hat{L}_x+\hat{L}_y[\hat{L}_y,\hat{x}]+[\hat{L}_y,\hat{x}]\hat{L}_y+\hat{L}_z[\hat{L}_z,\hat{x}]+[\hat{L}_z,\hat{x}]\hat{L}_z$$

再利用(2)式,立即得到

$$\hat{\boldsymbol{L}}^2\hat{x}-\hat{x}\hat{\boldsymbol{L}}^2=\hat{L}_y(-i\hbar\hat{z})+(-i\hbar\hat{z})\hat{L}_y+\hat{L}_z(i\hbar\hat{y})+(i\hbar\hat{y})\hat{L}_z$$

$$=i\hbar\{(\hat{y}\hat{L}_z-\hat{z}\hat{L}_y)-(\hat{L}_y\hat{z}-\hat{L}_z\hat{y})]$$

$$=i\hbar[(\hat{\boldsymbol{r}}\times\hat{\boldsymbol{L}})_x-(\hat{\boldsymbol{L}}\times\hat{\boldsymbol{r}})_x] \tag{5}$$

得证。

(d)　同理可得

$$\hat{\boldsymbol{L}}^2\hat{p}_x-\hat{p}_x\hat{\boldsymbol{L}}^2=[\hat{\boldsymbol{L}}^2,\hat{p}_x]=[\hat{L}_x^2+\hat{L}_y^2+\hat{L}_z^2,\hat{p}_x]$$

$$=[\hat{L}_x^2,\hat{p}_x]+[\hat{L}_y^2,\hat{p}_x]+[\hat{L}_z^2,\hat{p}_x]$$

$$=\hat{L}_x[\hat{L}_x,\hat{p}_x]+[\hat{L}_x,\hat{p}_x]\hat{L}_x+\hat{L}_y[\hat{L}_y,\hat{p}_x]+[\hat{L}_y,\hat{p}_x]\hat{L}_y+$$
$$\hat{L}_z[\hat{L}_z,\hat{p}_x]+[\hat{L}_z,\hat{p}_x]\hat{L}_z$$

$$\xlongequal{\text{利用(4)式}}\hat{L}_y(-i\hbar\hat{p}_z)+(-i\hbar\hat{p}_z)\hat{L}_y+\hat{L}_z(i\hbar\hat{p}_y)+(i\hbar\hat{p}_y)\hat{L}_z$$

$$=i\hbar[(\hat{p}_y\hat{L}_z-\hat{p}_z\hat{L}_y)-(\hat{L}_y\hat{p}_z-\hat{L}_z\hat{p}_y)]$$

$=\mathrm{i}\hbar[(\hat{\boldsymbol{p}}\times\hat{\boldsymbol{L}})_x-(\hat{\boldsymbol{L}}\times\hat{\boldsymbol{p}})_x]$

得证。

2-10 在轨道角动量算符 $\hat{\boldsymbol{L}}^2$ 和 $\hat{L}_z$ 的共同本征态 $Y_{lm}(\theta,\varphi)$ 下，试求下列期望值：

(a) $\overline{L_x}$与$\overline{L_y}$；

(b) $\overline{\Delta L_x^2}$与$\overline{\Delta L_y^2}$；

(c) $\overline{L_xL_y}$、$\overline{L_yL_x}$、$\overline{L_x^2}$和$\overline{L_y^2}$；

(d) $\overline{L_x^n}$和$\overline{L_y^n}$ （仅讨论 $l=1$ 的情况）。

解：(a) **方法一**

由对易关系$[\hat{L}_y,\hat{L}_z]=(\hat{L}_y\hat{L}_z-\hat{L}_z\hat{L}_y)=\mathrm{i}\hbar\hat{L}_x$，得

$$\hat{L}_x=\frac{1}{\mathrm{i}\hbar}(\hat{L}_y\hat{L}_z-\hat{L}_z\hat{L}_y) \tag{1}$$

有

$$\begin{aligned}\overline{L_x}&=\int Y_{lm}^*(\theta,\varphi)\hat{L}_xY_{lm}(\theta,\varphi)\mathrm{d}\Omega\\&=\frac{1}{\mathrm{i}\hbar}\int Y_{lm}^*(\theta,\varphi)(\hat{L}_y\hat{L}_z-\hat{L}_z\hat{L}_y)Y_{lm}(\theta,\varphi)\mathrm{d}\Omega\\&=\frac{1}{\mathrm{i}\hbar}\left\{\int Y_{lm}^*\hat{L}_y\hat{L}_zY_{lm}\mathrm{d}\Omega-\int Y_{lm}^*\hat{L}_z\hat{L}_yY_{lm}\mathrm{d}\Omega\right\}\\&=\frac{1}{\mathrm{i}\hbar}\left\{\int Y_{lm}^*\hat{L}_y(\hat{L}_zY_{lm})\mathrm{d}\Omega-\int(\hat{L}_zY_{lm})^*\hat{L}_yY_{lm}\mathrm{d}\Omega\right\}\\&=\frac{1}{\mathrm{i}\hbar}\left\{m\hbar\int Y_{lm}^*\hat{L}_yY_{lm}\mathrm{d}\Omega-m\hbar\int Y_{lm}^*\hat{L}_yY_{lm}\mathrm{d}\Omega\right\}\\&=0\end{aligned} \tag{2}$$

同理可得

$$\overline{L_y}=0 \tag{3}$$

方法二 引进角动量升、降算符

$$\hat{L}_\pm=\hat{L}_x\pm\mathrm{i}\hat{L}_y \tag{4}$$

由对易关系式

$$\hat{L}_\pm^\dagger=\hat{L}_\mp,[\hat{L}^2,\hat{L}_\pm]=0 \tag{5}$$

$$[\hat{L}_\pm,\hat{L}_z]=\mp\hbar\hat{L}_\pm \tag{6}$$

可得

$$\hat{L}_\pm Y_{lm}(\theta,\varphi)=C_{lm}^\pm Y_{l,m\pm1}(\theta,\varphi) \tag{7}$$

再取(7)式的共轭复式

$$(\hat{L}_\pm Y_{lm})^*=(C_{lm}^\pm Y_{l,m\pm1})^* \tag{8}$$

将(7)、(8)两式的左、右两边分别对应相乘，并作运算：

$$\int(\hat{L}_\pm Y_{lm})^*(\hat{L}_\pm Y_{lm})\mathrm{d}\Omega=\int(C_{lm}^\pm Y_{l,m\pm1})^*(C_{lm}^\pm Y_{l,m\pm1})\mathrm{d}\Omega$$

有

$$|C_{lm}^\pm|^2=\int Y_{lm}^*(\hat{L}_\mp\hat{L}_\pm)Y_{lm}\mathrm{d}\Omega$$

$$=\int Y_{lm}^{*}(\hat{\boldsymbol{L}}^{2}-\hat{L}_{z}^{2}\mp\hbar\hat{L}_{z})Y_{lm}\,\mathrm{d}\Omega=l(l+1)\hbar^{2}-m^{2}\hbar^{2}\mp m\hbar^{2}$$

$$=(l\mp m)(l\pm m+1)\hbar^{2}$$

得

$$C_{lm}^{\pm}=\sqrt{(l\mp m)(l\pm m+1)}\hbar \tag{9}$$

于是

$$\hat{L}_{\pm}Y_{lm}(\theta,\varphi)=\sqrt{(l\mp m)(l\pm m+1)}\hbar Y_{l,m\pm1}(\theta,\varphi) \tag{10}$$

又由(4)式得

$$\hat{L}_{x}=\frac{1}{2}(\hat{L}_{+}+\hat{L}_{-}) \tag{11}$$

所以

$$\overline{L_{x}}=\frac{1}{2}\int Y_{lm}^{*}(\theta,\varphi)(\hat{L}_{+}+\hat{L}_{-})Y_{lm}(\theta,\varphi)\,\mathrm{d}\Omega$$

$$=\frac{1}{2}\int Y_{lm}^{*}(C_{lm}^{+}Y_{l,m+1}+C_{lm}^{-}Y_{l,m-1})\,\mathrm{d}\Omega=0 \tag{12}$$

(b)　定义$\overline{\Delta L_{x}^{2}}=\overline{(\hat{L}_{x}-\overline{L}_{x})^{2}}=\overline{L_{x}^{2}}-\overline{L}_{x}{}^{2}$.　(13)

而

$$\hat{L}_{x}^{2}=\left[\frac{1}{2}(\hat{L}_{+}+\hat{L}_{-})\right]^{2}=\frac{1}{4}(\hat{L}_{+}^{2}+\hat{L}_{+}\hat{L}_{-}+\hat{L}_{-}\hat{L}_{+}+\hat{L}_{-}^{2})$$

再利用

$$\hat{L}_{\pm}\hat{L}_{\mp}=\hat{\boldsymbol{L}}^{2}-\hat{L}_{z}^{2}\pm\hbar\hat{L}_{z}, \tag{14}$$

得

$$\hat{L}_{x}^{2}=\frac{1}{4}(\hat{L}_{+}^{2}+2\hat{\boldsymbol{L}}^{2}-2\hat{L}_{z}^{2}+\hat{L}_{-}^{2}) \tag{15}$$

于是

$$\overline{\Delta L_{x}^{2}}=\overline{L_{x}^{2}}-\overline{L_{x}}^{2}=\int Y_{lm}^{*}\hat{L}_{x}^{2}Y_{lm}\,\mathrm{d}\Omega-0$$

$$=\int Y_{lm}^{*}\frac{1}{4}(\hat{L}_{+}^{2}+2\hat{\boldsymbol{L}}^{2}-2\hat{L}_{z}^{2}+\hat{L}_{-}^{2})Y_{lm}\,\mathrm{d}\Omega$$

$$=\frac{1}{4}\int Y_{lm}^{*}(2\hat{\boldsymbol{L}}^{2}-2\hat{L}_{z}^{2})Y_{lm}\,\mathrm{d}\Omega$$

$$=\frac{1}{2}[l(l+1)\hbar^{2}-m^{2}\hbar^{2}]=\frac{1}{2}(l^{2}+l-m^{2})\hbar^{2} \tag{16}$$

同理可得

$$\overline{\Delta L_{y}^{2}}=\frac{1}{2}(l^{2}+l-m^{2})\hbar^{2} \tag{17}$$

(c)　一方面

$$\int Y_{lm}^{*}(\theta,\varphi)\hat{L}_{+}^{2}Y_{lm}(\theta,\varphi)\,\mathrm{d}\Omega$$

$$=\int Y_{lm}^{*}\hat{L}_{+}[\sqrt{(l-m)(l+m+1)}\hbar Y_{l,m+1}]\,\mathrm{d}\Omega$$

$$=\sqrt{(l-m)(l+m+1)}\sqrt{(l-m-1)(l+m+2)}\cdot\hbar^{2}\int Y_{lm}^{*}Y_{l,m+2}\,\mathrm{d}\Omega$$

$$=0 \tag{18}$$

另一方面

$$\int Y_{lm}^{*}\hat{L}_{+}^{2}Y_{lm}\,d\Omega=\int Y_{lm}^{*}(\hat{L}_{x}+i\hat{L}_{y})^{2}Y_{lm}\,d\Omega$$

$$=\int Y_{lm}^{*}(\hat{L}_{x}^{2}-\hat{L}_{y}^{2}+i\hat{L}_{x}\hat{L}_{y}+i\hat{L}_{y}\hat{L}_{x})Y_{lm}\,d\Omega$$

$$=\overline{L_{x}^{2}}-\overline{L_{y}^{2}}+i\,\overline{L_{x}L_{y}}+i\,\overline{L_{y}L_{x}} \tag{19}$$

由(18)、(19)两式可得

$$\overline{L_{x}^{2}}-\overline{L_{y}^{2}}+i\,\overline{L_{x}L_{y}}+i\,\overline{L_{y}L_{x}}=0 \tag{20}$$

注意到 $\hat{L}_{x}^{2}$、$\hat{L}_{y}^{2}$、$\hat{L}_{x}\hat{L}_{y}+\hat{L}_{y}\hat{L}_{x}$ 均为厄密算符，其期望值均为实数。故由(20)式可得

$$\overline{L_{x}^{2}}-\overline{L_{y}^{2}}=0,\qquad \overline{L_{x}^{2}}=\overline{L_{y}^{2}} \tag{21}$$

$$\overline{L_{x}L_{y}}+\overline{L_{y}L_{x}}=0,\ \overline{L_{x}L_{y}}=-\overline{L_{y}L_{x}} \tag{22}$$

再由 $[\hat{L}_{x},\hat{L}_{y}]=\hat{L}_{x}\hat{L}_{y}-\hat{L}_{y}\hat{L}_{x}=i\hbar\hat{L}_{z}$ 知

$$\int Y_{lm}^{*}(\hat{L}_{x}\hat{L}_{y}-\hat{L}_{y}\hat{L}_{x})Y_{lm}\,d\Omega=i\hbar\int Y_{lm}^{*}\hat{L}_{z}Y_{lm}\,d\Omega=i\hbar^{2}m$$

得

$$\overline{L_{x}L_{y}}-\overline{L_{y}L_{x}}=im\hbar^{2}$$

即

$$\overline{L_{x}L_{y}}=i\,\frac{m\hbar^{2}}{2},\ \overline{L_{y}L_{x}}=-i\,\frac{m\hbar^{2}}{2} \tag{23}$$

又 $\hat{\boldsymbol{L}}^{2}=\hat{L}_{x}^{2}+\hat{L}_{y}^{2}+\hat{L}_{z}^{2}$，有

$$\overline{L_{x}^{2}+L_{y}^{2}}=\overline{L^{2}-L_{z}^{2}}=\int Y_{lm}^{*}(\hat{\boldsymbol{L}}^{2}-\hat{L}_{z}^{2})Y_{lm}\,d\Omega=l(l+1)\hbar^{2}-m^{2}\hbar^{2}$$

鉴于(21)式，有

$$\overline{L_{x}^{2}}=\overline{L_{y}^{2}}=\frac{\hbar^{2}}{2}[l(l+1)-m^{2}] \tag{24}$$

(d) 对应于 $\hat{\boldsymbol{L}}^{2}$ 的角量子数 $l=1$，$\hat{L}_{x}$、$\hat{L}_{y}$ 和 $\hat{L}_{z}$ 的本征值均为 $\hbar$、0 和 $-\hbar$. 故由本章例题 2-13 之式(5)，有

$$\hat{L}_{x}^{3}=\hbar^{2}\hat{L}_{x},\quad \hat{L}_{y}^{3}=\hbar^{2}\hat{L}_{y}$$

得

$$\hat{L}_{x}^{n}=\begin{cases}\hbar^{n-1}\hat{L}_{x}, & n\ \text{为奇数}\\ \hbar^{n-2}\hat{L}_{x}^{2}, & n\ \text{为偶数}\end{cases} \tag{25}$$

所以

$$\overline{L_{x}^{n}}=\overline{L_{y}^{n}}=\begin{cases}\hbar^{n-1}\overline{L_{x}}=0, & n\ \text{为奇数}\\ \hbar^{n-2}\overline{L_{x}^{2}}=\dfrac{2-m^{2}}{2}\hbar^{n}, & n\ \text{为偶数}\end{cases} \tag{26}$$

2-11 已知轨道角动量算符 $\hat{\boldsymbol{L}}^{2}$ 和 $\hat{L}_{z}$ 共同的本征函数是球谐函数 $Y_{lm}(\theta,\varphi)$，对应的本征值分别为 $l(l+1)\hbar^{2}$ 和 $m\hbar$。现取单位矢量 $\boldsymbol{n}=(1,\theta_{0},\varphi_{0})$，考察算符 $\hat{L}_{n}=\hat{\boldsymbol{L}}\cdot\boldsymbol{n}=\hat{L}_{x}\sin\theta_{0}\cos\varphi_{0}+\hat{L}_{y}\sin\theta_{0}\sin\varphi_{0}+\hat{L}_{z}\cos\theta_{0}$，试证明：

(a) $\hat{L}_{n}$ 的本征值为 $m'\hbar$，对于给定的 l，$m'=l,l-1,\cdots,-l$；

(b)　$\hat{L}_n$ 的对应于本征值 $m\hbar$ 的本征函数(实为 $\hat{\boldsymbol{L}}^2$ 和 $\hat{L}_n$ 的共同本征函数)为:$\psi=\exp\left(-\frac{\mathrm{i}}{\hbar}\varphi_0\hat{L}_z\right)\exp\left(-\frac{\mathrm{i}}{\hbar}\theta_0\hat{L}_y\right)Y_{lm}(\theta,\varphi)$。

解:(a)　第一步:在三维位矢空间中,将一个矢量 $\boldsymbol{r}$ 绕通过原点的轴 $\boldsymbol{m}$ 转动角 φ 的转动操作记为 $R(\boldsymbol{m},\varphi)$,有 $\boldsymbol{r}'=R(\boldsymbol{m},\varphi)\boldsymbol{r}$,则将沿 z 轴的单位矢量 $\boldsymbol{k}=(1,0,0)$(采用球极坐标系)转动为单位矢量 $\boldsymbol{n}=(1,\theta_0,\varphi_0)$ 可连续进行两个转动操作来达到:

$$\boldsymbol{n}=R(z,\varphi_0)R(y,\theta_0)\boldsymbol{k} \tag{1}$$

即将 $\boldsymbol{k}$ 先绕定轴 y 转 θ_0 角再绕定轴 z 转 φ_0 角,则单位矢量 $\boldsymbol{k}$ 变为单位矢量 $\boldsymbol{n}$。

量子力学中,空间转动操作对应为空间转动变换算符:

$$R(\boldsymbol{m},\varphi)\longrightarrow\exp\left(-\frac{\mathrm{i}}{\hbar}\varphi\boldsymbol{m}\cdot\hat{\boldsymbol{L}}\right) \tag{2}$$

式中:$\hat{\boldsymbol{L}}$ 为粒子轨道角动量算符,$\boldsymbol{m}$ 为转动轴 m 上的单位矢量。于是,在体系所在黑伯特空间中,经空间转动变换后波函数 ψ 变为 ψ' 可记为

$$\psi'=\exp\left(-\frac{\mathrm{i}}{\hbar}\varphi\boldsymbol{m}\cdot\hat{\boldsymbol{L}}\right)\psi \tag{3}$$

算符 $\hat{F}$ 变为 $\hat{F}'$ 则可记为

$$\hat{F}'=\exp\left(-\frac{\mathrm{i}}{\hbar}\varphi\boldsymbol{m}\cdot\hat{\boldsymbol{L}}\right)\hat{F}\exp\left(\frac{\mathrm{i}}{\hbar}\varphi\boldsymbol{m}\cdot\hat{\boldsymbol{L}}\right) \tag{4}$$

第二步:考察轨道角动量 L_z 和 $L_n=\boldsymbol{L}\cdot\boldsymbol{n}=L_x\sin\theta_0\cos\varphi_0+L_y\sin\theta_0\sin\varphi_0+L_z\cos\theta_0$。若将 z 轴绕坐标原点转动为 $\boldsymbol{n}$ 轴(记为 z' 轴),则 $\hat{L}_z$ 经空间转动变换为 $\hat{L}_n=\hat{L}_{z'}$,于是利用式(1)与式(3),可将 $\hat{\boldsymbol{L}}^2$ 与 $\hat{L}_n=\hat{L}_{z'}$ 的共同的归一化本征函数 ψ' 用 $\hat{\boldsymbol{L}}^2$ 与 $\hat{L}_z$ 的共同的正交归一化本征函数 $Y_{lm}(\theta,\varphi)$ 表示为

$$\psi'=R(z,\varphi_0)R(y,\theta_0)Y_{lm}(\theta,\varphi)=\exp\left(-\frac{\mathrm{i}}{\hbar}\varphi_0\hat{L}_z\right)\exp\left(-\frac{\mathrm{i}}{\hbar}\theta_0\hat{L}_y\right)Y_{lm}(\theta,\varphi) \tag{5}$$

利用式(4),算符 $\hat{L}_n$ 则表示为

$$\hat{L}_n=\left[\exp\left(-\frac{\mathrm{i}}{\hbar}\varphi_0\hat{L}_z\right)\exp\left(-\frac{\mathrm{i}}{\hbar}\theta_0\hat{L}_y\right)\right]\hat{L}_z\left[\exp\left(\frac{\mathrm{i}}{\hbar}\theta_0\hat{L}_y\right)\cdot\exp\left(\frac{\mathrm{i}}{\hbar}\varphi_0\hat{L}_z\right)\right] \tag{6}$$

由于空间转动变换算符 $\exp\left(-\frac{\mathrm{i}}{\hbar}\varphi_0\hat{L}_z\right)\exp\left(-\frac{\mathrm{i}}{\hbar}\theta_0\hat{L}_y\right)$ 是线性幺正算符,通过它进行的变换是线性幺正变换。线性幺正变换是不会改变被变换算符的本征值谱的,故 $\hat{L}_n$ 的本征值谱同于 $\hat{L}_z$ 的本征值谱。

另解:利用算符恒等式

$$\mathrm{e}^{\xi\hat{A}}\hat{B}\mathrm{e}^{-\xi\hat{A}}=\hat{B}+\frac{\xi}{1!}[\hat{A},\hat{B}]+\frac{\xi^2}{2!}[\hat{A},[\hat{A},\hat{B}]]+\cdots \tag{7}$$

得

$$\begin{aligned}
&\exp\left(-\frac{\mathrm{i}}{\hbar}\theta_0\hat{L}_y\right)\hat{L}_z\exp\left(\frac{\mathrm{i}}{\hbar}\theta_0\hat{L}_y\right)\\
&=\hat{L}_z+\left(\frac{\theta_0}{\mathrm{i}\hbar}\right)[\hat{L}_y,\hat{L}_z]+\frac{1}{2!}\left(\frac{\theta_0}{\mathrm{i}\hbar}\right)^2[\hat{L}_y,[\hat{L}_y,\hat{L}_z]]+\frac{1}{3!}\left(\frac{\theta_0}{\mathrm{i}\hbar}\right)^3[\hat{L}_y,[\hat{L}_y,[\hat{L}_y,\hat{L}_z]]]+\cdots\\
&=\left(1-\frac{\theta_0^2}{2!}+\frac{\theta_0^4}{4!}-\cdots\right)\hat{L}_z+\left(\theta_0-\frac{\theta_0^3}{3!}+\frac{\theta_0^5}{5!}-\cdots\right)\hat{L}_x\\
&=\hat{L}_z\cos\theta_0+\hat{L}_x\sin\theta_0
\end{aligned} \tag{8}$$

式中利用了角动量算符的对易关系式 $\hat{\boldsymbol{L}}\times\hat{\boldsymbol{L}}=\mathrm{i}\hbar\hat{\boldsymbol{L}}$ 及 $\sin\theta_0$ 与 $\cos\theta_0$ 的泰勒展开。再利用式(8)，又得

$$\begin{aligned}
&\exp\left(-\frac{\mathrm{i}}{\hbar}\varphi_0\hat{L}_z\right)\exp\left(-\frac{\mathrm{i}}{\hbar}\theta_0\hat{L}_y\right)\hat{L}_z\exp\left(\frac{\mathrm{i}}{\hbar}\theta_0\hat{L}_y\right)\exp\left(\frac{\mathrm{i}}{\hbar}\varphi_0\hat{L}_z\right)\\
&=\exp\left(-\frac{\mathrm{i}}{\hbar}\varphi_0\hat{L}_z\right)(\hat{L}_x\sin\theta_0+\hat{L}_z\cos\theta_0)\exp\left(\frac{\mathrm{i}}{\hbar}\varphi_0\hat{L}_z\right)\\
&=\exp\left(-\frac{\mathrm{i}}{\hbar}\varphi_0\hat{L}_z\right)\hat{L}_x\exp\left(\frac{\mathrm{i}}{\hbar}\varphi_0\hat{L}_z\right)\sin\theta_0+\exp\left(-\frac{\mathrm{i}}{\hbar}\varphi_0\hat{L}_z\right)\hat{L}_z\exp\left(\frac{\mathrm{i}}{\hbar}\varphi_0\hat{L}_z\right)\cos\theta_0\\
&=(\hat{L}_y\sin\varphi_0+\hat{L}_x\cos\varphi_0)\sin\theta_0+\hat{L}_z\cos\theta_0\\
&=\hat{L}_x\sin\theta_0\cos\varphi_0+\hat{L}_y\sin\varphi_0\sin\theta_0+\hat{L}_z\cos\theta_0=\hat{L}_n
\end{aligned}\tag{9}$$

于是由 $\hat{L}_n$ 的本征值方程

$$\hat{L}_n\psi_\lambda=\lambda\psi_\lambda$$

即

$$\exp\left(-\frac{\mathrm{i}}{\hbar}\varphi_0\hat{L}_z\right)\exp\left(-\frac{\mathrm{i}}{\hbar}\theta_0\hat{L}_y\right)\hat{L}_z\exp\left(\frac{\mathrm{i}}{\hbar}\theta_0\hat{L}_y\right)\exp\left(\frac{\mathrm{i}}{\hbar}\varphi_0\hat{L}_z\right)\psi_\lambda=\lambda\psi_\lambda\tag{10}$$

再将 $\exp\left(\frac{\mathrm{i}}{\hbar}\theta_0\hat{L}_y\right)\exp\left(\frac{\mathrm{i}}{\hbar}\varphi_0\hat{L}_z\right)$ 左乘式(10)两边，得

$$\hat{L}_z\left[\exp\left(\frac{\mathrm{i}}{\hbar}\theta_0\hat{L}_y\right)\exp\left(\frac{\mathrm{i}}{\hbar}\varphi_0\hat{L}_z\right)\psi_\lambda\right]=\lambda\left[\exp\left(\frac{\mathrm{i}}{\hbar}\theta_0\hat{L}_y\right)\exp\left(\frac{\mathrm{i}}{\hbar}\varphi_0\hat{L}_z\right)\psi_\lambda\right]\tag{11}$$

显然，$\exp\left(\frac{\mathrm{i}}{\hbar}\theta_0\hat{L}_y\right)\exp\left(\frac{\mathrm{i}}{\hbar}\varphi_0\hat{L}_z\right)\psi_\lambda$ 是 $\hat{L}_z$ 的本征函数，λ 为 $\hat{L}_z$ 相应的本征值。故 $\hat{L}_n$ 的本征值谱与 $\hat{L}_z$ 的本征值谱相同。得证。

(b) 由于 $\hat{L}_z$ 的本征值方程为

$$\hat{L}_zY_{lm}(\theta,\varphi)=m\hbar Y_{lm}(\theta,\varphi)\tag{12}$$

比较式(11)与式(12)两式，立即可得

$$\left.\begin{aligned}&\lambda=m\hbar\\&\exp\left(\frac{\mathrm{i}}{\hbar}\theta_0\hat{L}_y\right)\exp\left(\frac{\mathrm{i}}{\hbar}\varphi_0\hat{L}_z\right)\psi_\lambda=Y_{lm}(\theta,\varphi)\end{aligned}\right\}\tag{13}$$

即

$$\psi_\lambda=\exp\left(-\frac{\mathrm{i}}{\hbar}\varphi_0\hat{L}_z\right)\exp\left(-\frac{\mathrm{i}}{\hbar}\theta_0\hat{L}_y\right)Y_{lm}(\theta,\varphi)\tag{14}$$

故 $\hat{L}_n$ 的本征函数为 $\exp\left(-\frac{\mathrm{i}}{\hbar}\varphi_0\hat{L}_z\right)\exp\left(-\frac{\mathrm{i}}{\hbar}\theta_0\hat{L}_y\right)Y_{lm}(\theta,\varphi)$，相应的本征值为 $m\hbar$。得证。

式(14)只是算符 $\hat{L}_n$ 本征函数的形式解，下面再具体导出它的显式。由于球谐函数 $\{Y_{lm'}(\theta,\varphi),l=0,1,2,\cdots,m'=0,\pm1,\cdots,\pm l\}$ 具有正交归一完备性，因此式(14)可按此完备集展开：

$$\psi_\lambda\xlongequal{\text{固定}\,l}\sum_{m'}c_\lambda Y_{lm'}(\theta,\varphi)\tag{15}$$

其中展开项的系数 c_λ 为

$$\begin{aligned}
c_\lambda&=\int Y_{lm'}^*(\theta,\varphi)\psi_\lambda\mathrm{d}\Omega\\
&=\int Y_{lm'}^*(\theta,\varphi)\exp\left(-\frac{\mathrm{i}}{\hbar}\varphi_0\hat{L}_z\right)\exp\left(-\frac{\mathrm{i}}{\hbar}\theta_0\hat{L}_y\right)Y_{lm}(\theta,\varphi)\mathrm{d}\Omega
\end{aligned}$$

于是式(15)可进一步写为

$$\exp\left(-\frac{\mathrm{i}}{\hbar}\varphi_0\hat{L}_z\right)\exp\left(-\frac{\mathrm{i}}{\hbar}\theta_0\hat{L}_y\right)Y_{lm}(\theta,\varphi)\xlongequal{\text{固定 } l}$$

$$\sum_{m'}Y_{lm'}(\theta,\varphi)\cdot\int Y^*_{lm'}(\theta,\varphi)\exp\left(-\frac{\mathrm{i}}{\hbar}\varphi_0\hat{L}_z\right)\exp\left(-\frac{\mathrm{i}}{\hbar}\theta_0\hat{L}_y\right)Y_{lm}(\theta,\varphi)\mathrm{d}\Omega$$

$$=\sum_{m'}Y_{lm'}(\theta,\varphi)\mathrm{e}^{-\mathrm{i}m'\varphi_0}\int Y^*_{lm'}(\theta,\varphi)\exp\left(-\frac{\mathrm{i}}{\hbar}\theta_0\hat{L}_y\right)Y_{lm}(\theta,\varphi)\mathrm{d}\Omega$$

$$\xlongequal{\text{记为}}\sum_{m'}Y_{lm'}(\theta,\varphi)\mathrm{e}^{-\mathrm{i}m'\varphi_0}d^l_{m'm}(\theta_0)\tag{16}$$

式中:

$$d^l_{m'm}(\theta_0)=\int Y^*_{lm'}(\theta,\varphi)\exp\left(-\frac{\mathrm{i}}{\hbar}\theta_0\hat{L}_y\right)Y_{lm}(\theta,\varphi)\mathrm{d}\Omega\tag{17}$$

只要计算出函数 $d^l_{m'm}(\theta_0)$,式(16)便具体可得。通常利用关系式

$$\exp\left(-\frac{\mathrm{i}}{\hbar}\theta_0\hat{L}_y\right)=\sum_{n=0}^{\infty}\frac{1}{n!}\left(-\frac{\mathrm{i}}{\hbar}\theta_0\right)^n\hat{L}_y{}^n\tag{18}$$

$$\hat{L}_y=\frac{1}{2\mathrm{i}}(\hat{L}_+-\hat{L}_-)\tag{19}$$

$$\hat{L}_\pm Y_{lm}(\theta,\varphi)=\hbar\sqrt{(l\mp m)(l\pm m+1)}Y_{l,m\pm1}(\theta,\varphi)\tag{20}$$

可算得 $\mathrm{d}^l_{m'm}(\theta_0)$之值。例如:$l=1$ 时,由于 $\hat{L}_y$ 的本征值有 $m\hbar=\hbar,0,-\hbar$ 三个不同值,故有

$$\hat{L}_y^3=\hbar^2\hat{L}_y\tag{21}$$

$$\hat{L}_y^n=\begin{cases}\hbar^{n-1}\hat{L}_y, & (n=1,3,5,\cdots,\text{奇数})\\ \hbar^{n-2}\hat{L}_y^2, & (n=2,4,6,\cdots,\text{偶数})\end{cases}\tag{22}$$

(参见本章例题 2-10 式(25))由此,式(18)可写为

$$\exp\left(-\frac{\mathrm{i}}{\hbar}\theta_0\hat{L}_y\right)=1+\sum_{n=\text{奇}}^{\infty}\frac{1}{n!}\left(-\frac{\mathrm{i}}{\hbar}\theta_0\right)^n\hbar^{n-1}\hat{L}_y+\sum_{n=\text{偶}(\neq0)}\frac{1}{n!}\left(-\frac{\mathrm{i}}{\hbar}\theta_0\right)^n\hbar^{n-2}\hat{L}_y^2$$

$$=1+(-\mathrm{i}\sin\theta_0)\frac{1}{\hbar}\hat{L}_y+(\cos\theta_0-1)\frac{1}{\hbar^2}\hat{L}_y^2\tag{23}$$

再利用式(19)及式(20),可得

$$d^1(\theta_0)=\begin{pmatrix}\frac{1}{2}(1+\cos\theta_0) & -\frac{\sqrt{2}}{2}\sin\theta_0 & \frac{1}{2}(1-\cos\theta_0)\\ \frac{\sqrt{2}}{2}\sin\theta_0 & \cos\theta_0 & -\frac{\sqrt{2}}{2}\sin\theta_0\\ \frac{1}{2}(1-\cos\theta_0) & \frac{\sqrt{2}}{2}\sin\theta_0 & \frac{1}{2}(1+\cos\theta_0)\end{pmatrix}\tag{24}$$

最后。$\hat{L}_n$ 的对应于本征值 $\hbar,0,-\hbar$(即 $m=1,0,-1$)的本征函数分别为:

$$\psi_{+1}(\theta,\varphi)=\mathrm{e}^{-\mathrm{i}\varphi_0}d^1_{11}(\theta_0)Y_{11}(\theta,\varphi)+d^1_{01}(\theta_0)Y_{10}(\theta,\varphi)+\mathrm{e}^{\mathrm{i}\varphi_0}d^1_{-11}(\theta_0)Y_{1-1}(\theta,\varphi)$$

$$=\mathrm{e}^{-\mathrm{i}\varphi_0}\frac{1}{2}(1+\cos\theta_0)Y_{11}(\theta,\varphi)-\frac{\sqrt{2}}{2}\sin\theta_0Y_{10}(\theta,\varphi)+\mathrm{e}^{\mathrm{i}\varphi_0}\frac{1}{2}(1-\cos\theta_0)Y_{1-1}(\theta,\varphi)\tag{25}$$

$$\psi_0(\theta,\varphi)=\mathrm{e}^{-\mathrm{i}\varphi_0}d^1_{10}(\theta_0)Y_{11}+d^1_{00}Y_{10}+\mathrm{e}^{\mathrm{i}\varphi_0}d^1_{-10}(\theta_0)Y_{1-1}$$

$$=\mathrm{e}^{-\mathrm{i}\varphi_0}\frac{\sqrt{2}}{2}\sin\theta_0Y_{11}+\cos\theta_0Y_{10}-\mathrm{e}^{\mathrm{i}\varphi_0}\frac{\sqrt{2}}{2}\sin\theta_0Y_{1-1}\tag{26}$$

$$\psi_{-1}(\theta,\varphi)=e^{-i\varphi_0}d^1_{1-1}(\theta_0)Y_{11}+d^1_{0-1}(\theta_0)Y_{10}+e^{i\varphi_0}d^1_{-1-1}Y_{1-1}$$

$$=e^{-i\varphi_0}\frac{1}{2}(1-\cos\theta_0)Y_{11}+\frac{\sqrt{2}}{2}\sin\theta_0 Y_{10}+e^{i\varphi_0}\frac{1}{2}(1+\cos\theta_0)Y_{1-1} \tag{27}$$

计算 $d^l_{m'm}(\theta_0)$ 的普遍公式为

$$d^l_{m'm}(\theta_0)=\sum_{\nu=-\infty}^{\infty}(-1)^\nu\frac{\sqrt{(l+m')!\,(l-m')!\,(l+m)!\,(l-m)!}}{\nu!\,(l+m-\nu)!\,(l-m'-\nu)!\,(\nu+m'-m)!}\cdot$$

$$\left(\cos\frac{\theta_0}{2}\right)^{2l-m'+m-2\nu}\left(-\sin\frac{\theta_0}{2}\right)^{m'-m+2\nu} \tag{28}$$

2-12 试求：在轨道角动量 $\hat{L}^2$ 和 $\hat{L}_z$ 的共同本征函数 $Y_{lm}(\theta,\varphi)$ 中，角动量 $\hat{L}_n=\hat{\boldsymbol{L}}\cdot\boldsymbol{n}$ 取各个可能值的几率。

解：由例题 2-11(a) 中结论知：对于给定的 l 值而言，L_n 的可能取值为 $m'\hbar$，$m'=l,l-1,\cdots,-l$。

欲求态 $Y_{lm}(\theta,\varphi)$ 中 L_n 取各个可能值的几率，需将态 $Y_{lm}(\theta,\varphi)$ 按 $\hat{L}_n$ 的本征函数完备系 $\left\{\exp\left(-\frac{i}{\hbar}\varphi_0\hat{L}_z\right)\exp\left(-\frac{i}{\hbar}\theta_0\hat{L}_y\right)Y_{lm'}(\theta,\varphi)\right\}$ 展开，则展开项系数的模的平方表示在态 $Y_{lm}(\theta,\varphi)$ 中 L_n 取值为 $m'\hbar$ 的几率。

于是

$$Y_{lm}(\theta,\varphi)=\sum_{m'}c_{m'}\exp\left(-\frac{i}{\hbar}\varphi_0\hat{L}_z\right)\exp\left(-\frac{i}{\hbar}\theta_0\hat{L}_y\right)Y_{lm'}(\theta,\varphi)$$

则

$$\begin{aligned}c_{m'}&=\int\left\{\exp\left(-\frac{i}{\hbar}\varphi_0\hat{L}_z\right)\exp\left(-\frac{i}{\hbar}\theta_0\hat{L}_y\right)Y_{lm'}(\theta,\varphi)\right\}^*Y_{lm}(\theta,\varphi)\mathrm{d}\Omega\\&=\int Y^*_{lm'}(\theta,\varphi)\exp\left(\frac{i}{\hbar}\theta_0\hat{L}_y\right)\exp\left(\frac{i}{\hbar}\varphi_0\hat{L}_z\right)Y_{lm}(\theta,\varphi)\mathrm{d}\Omega\\&=e^{im\varphi_0}\int Y^*_{lm'}(\theta,\varphi)\exp\left(\frac{i}{\hbar}\theta_0\hat{L}_y\right)Y_{lm}(\theta,\varphi)\mathrm{d}\Omega\\&=e^{im\varphi_0}\left[\int Y^*_{lm}(\theta,\varphi)\exp\left(-\frac{i}{\hbar}\theta_0\hat{L}_y\right)Y_{lm'}(\theta,\varphi)\mathrm{d}\Omega\right]^*\\&=e^{im\varphi_0}[d^l_{m'm}(\theta_0)]^*\end{aligned} \tag{1}$$

于是在态 $Y_{lm}(\theta,\varphi)$ 下，L_n 取值为 $m'\hbar$ 的几率为：

$$w_{m'}=|c_{m'}|^2=|e^{im\varphi_0}[d^l_{mm'}(\theta_0)]^*|^2=|d^l_{mm'}(\theta_0)|^2 \tag{2}$$

例：如果 $m=l$，则在态 $Y_{ll}(\theta,\varphi)$ 中，L_n 取值为 $m'\hbar$ 的几率为 $w_{m'}=|d^l_{lm'}(\theta_0)|^2$，其中 $d^l_{lm'}(\theta_0)$ 按例题 2-11 中式(28)的普遍计算公式为：

$$d^l_{lm'}(\theta_0)=\sqrt{\frac{(2l)!}{(l+m')!\,(l-m')!}}\left(\cos\frac{\theta_0}{2}\right)^{l+m'}\left(-\sin\frac{\theta_0}{2}\right)^{l-m'} \tag{3}$$

得

$$w_{m'}=|d^l_{lm'}(\theta_0)|^2=\frac{(2l)!}{(l+m')!\,(l-m')!}\left(\cos^2\frac{\theta_0}{2}\right)^{l+m'}\left(\sin^2\frac{\theta_0}{2}\right)^{l-m'} \tag{4}$$

容易验证：

$$\sum_{m'=-l}^{l}|d^l_{lm'}(\theta_0)|^2=1 \tag{5}$$

2-13　设一个力学量算符 $\hat{F}$ 有 N 个不同的本征值。试证明:算符 $\hat{F}^N$ 可写成算符 $\hat{I}$,$\hat{F}$,$\hat{F}^2$,…,$\hat{F}^{N-1}$的线性叠加,其中 $\hat{I}$ 为单位算符。

证明:记力学量算符 $\hat{F}$ 的 N 个不同的本征值为 $f_1,f_2,\cdots,f_N$,$\hat{F}$ 的正交归一化本征函数完备集为$\{\phi_k\}$。现构造一个算符 $\hat{G}$ 为:

$$\hat{G}=(\hat{F}-f_1)(\hat{F}-f_2)\cdots(\hat{F}-f_N) \tag{1}$$

将 $\hat{G}$ 作用在任一波函数 Ψ 上,有

$$\hat{G}\Psi=\hat{G}\Big(\sum_k c_k\phi_k\Big)=\sum_K c_k(\hat{G}\phi_K)$$
$$=\sum_k C_k(\hat{F}-f_1)(\hat{F}-f_2)\cdots(\hat{F}-f_N)\phi_k=0$$

得

$$\hat{G}=0 \tag{2}$$

即

$$(\hat{F}-f_1)(\hat{F}-f_2)\cdots(\hat{F}-f_N)=0 \tag{3}$$

有

$$\hat{F}^N-\sum_i f_i\hat{F}^{N-1}+\frac{1}{2}\sum_{i\neq k}f_if_k\hat{F}^{N-2}+\cdots+(-1)^N\prod_{i=1}^N f_i=0$$

即

$$\hat{F}^N=\sum_i f_i\hat{F}^{N-1}-\frac{1}{2}\sum_{i\neq k}f_if_k\hat{F}^{N-2}+\cdots+(-1)^{N+1}\prod_{i=1}^N f_i \tag{4}$$

式(4)表明 $\hat{F}^N$ 可写成算符 $\hat{I}$,$\hat{F}$,$\hat{F}^2$,…,$\hat{F}^{N-1}$的线性叠加,命题得证。

例 1　若 $\hat{F}$ 只有两个不同的本征值 f_1 和 f_2,则由(3)式

$$(\hat{F}-f_1)(\hat{F}-f_2)=0$$

有

$$\hat{F}^2=(f_1+f_2)\hat{F}-f_1f_2$$

例 2　若 $\hat{F}$ 有三个不同的本征值 f_1,f_2 和 f_3,则由(3)式:

$$(\hat{F}-f_1)(\hat{F}-f_2)(\hat{F}-f_3)=0$$

有

$$\hat{F}^3=(f_1+f_2+f_3)\hat{F}^2-(f_1f_2+f_1f_3+f_2f_3)\hat{F}+f_1f_2f_3$$

例 3　轨道角动量 $\hat{\boldsymbol{L}}$ 的三个直角坐标分量算符 $\hat{L}_\alpha(\alpha=x,y,z)$,对于 $l=1$,$\hat{L}_\alpha$ 的本征值为 $\hbar$,0,$-\hbar$,故有

$$\hat{L}_\alpha^3=\hbar^2\hat{L}_\alpha \tag{5}$$

对于 $l=2$,$\hat{L}_\alpha$ 的本征值为 $2\hbar$,$\hbar$,0,$-\hbar$,$-2\hbar$,故有

$$\hat{L}_\alpha^5=5\hbar^2\hat{L}_\alpha^3-4\hbar^4\hat{L}_\alpha \tag{6}$$

2-14　从基本量子化条件出发,求坐标算符的本征值谱(讨论一维情况)。

解:设坐标算符 $\hat{x}$ 的本征值方程为

$$\hat{x}\psi_{x_0}=x_0\psi_{x_0} \tag{1}$$

引入线性幺正算符:

$$\hat{U}(\xi)=\mathrm{e}^{-\frac{\mathrm{i}}{\hbar}\xi\hat{p}}\equiv\sum_{n=0}^{\infty}\Big(-\frac{\mathrm{i}}{\hbar}\xi\Big)^n\hat{p}^n\Big/n! \tag{2}$$

式中：$\hat{p}$ 是动量算符，ξ 是实参数，在区间$(-\infty,\infty)$内连续可变。利用基本量子化条件$[\hat{x},\hat{p}]=\mathrm{i}\hbar$，有

$$\begin{aligned}[\hat{x},\hat{U}(\xi)]&=\sum_{n=0}^{\infty}\left(-\frac{\mathrm{i}}{\hbar}\right)^n\frac{\xi^n}{n!}[\hat{x},\hat{p}^n]\\&=\sum_{n=1}^{\infty}\frac{1}{n!}\left(\frac{\xi}{\mathrm{i}\hbar}\right)^n[\hat{x},\hat{p}^n]+0\\&=\sum_{n=1}^{\infty}\frac{1}{n!}\left(\frac{\xi}{\mathrm{i}\hbar}\right)^n\left\{\sum_{k=0}^{n-1}\hat{p}^k[\hat{x},\hat{p}]\hat{p}^{n-k-1}\right\}\\&=\mathrm{i}\hbar\sum_{n=1}^{\infty}\frac{1}{n!}\left(\frac{\xi}{\mathrm{i}\hbar}\right)^n\left\{\sum_{k=0}^{n-1}\hat{p}^{n-1}\right\}\\&=\mathrm{i}\hbar\sum_{n=1}^{\infty}\frac{1}{n!}\left(\frac{\xi}{\mathrm{i}\hbar}\right)^n(n\hat{p}^{n-1})\\&=(\mathrm{i}\hbar)\left(\frac{\xi}{\mathrm{i}\hbar}\right)\left[\sum_{n=0}^{\infty}\frac{1}{n!}\left(-\frac{\mathrm{i}}{\hbar}\xi\right)^n\hat{p}^n\right]\\&=\xi\hat{U}(\xi)\end{aligned}\tag{3}$$

式中：利用了公式$[\hat{A},\hat{B}^n]=\sum\limits_{k=0}^{n-1}\hat{B}^k[\hat{A},\hat{B}]\hat{B}^{n-k-1}$，即

$$\hat{x}\hat{U}(\xi)=\hat{U}(\xi)(\hat{x}+\xi)\tag{4}$$

将(4)式左、右两边同时作用到 $\hat{x}$ 的本征函数 ψ_{x_0} 上，有

$$\begin{aligned}\hat{x}\hat{U}(\xi)\psi_{x_0}&=\hat{U}(\xi)(\hat{x}+\xi)\psi_{x_0}=\hat{U}(\xi)(x_0+\xi)\psi_{x_0}\\&=(x_0+\xi)\hat{U}(\xi)\psi_{x_0}\end{aligned}\tag{5}$$

比较(5)式的左、右两边可知，$\hat{U}(\xi)\psi_{x_0}$ 也是坐标算符 $\hat{x}$ 的本征函数，相应的本征值是$(x_0+\xi)$。表明若 x_0 是 $\hat{x}$ 的一个本征值，则 x_0 加上任意的实参数 ξ 也是 $\hat{x}$ 的一个本征值，而 ξ 取区间$(-\infty,\infty)$内的一切实数值，加上 $\hat{x}$ 是线性厄密算符，本征值 x_0 已是实数，所以 $\hat{x}$ 的本征值取$(-\infty,\infty)$内的所有实数值，构成连续谱。

2-15 从基本对易关系式出发，求动量算符的本征值谱（讨论一维情况）。

解：动量算符的本征值方程为

$$\hat{p}\psi_{p_0}=p_0\psi_{p_0}\tag{1}$$

引入线性么正算符 $\hat{U}(\eta)=\mathrm{e}^{\frac{\mathrm{i}}{\hbar}\hat{x}\eta}\equiv\sum\limits_{n=0}^{\infty}\dfrac{\left(\frac{\mathrm{i}}{\hbar}\eta\right)^n}{n!}\hat{x}^n$，式中：$\hat{x}$ 是坐标算符，它与动量算符之间遵从基本对易关系式：$[\hat{x},\hat{p}]=\mathrm{i}\hbar$；$\eta$ 是实参数，在区间$(-\infty,\infty)$内连续可变。有

$$\begin{aligned}[\hat{p},\hat{U}(\eta)]&=-\mathrm{i}\hbar\frac{\partial}{\partial\hat{x}}\hat{U}(\eta)=-\mathrm{i}\hbar\frac{\partial}{\partial\hat{x}}(\mathrm{e}^{\frac{\mathrm{i}}{\hbar}\hat{x}\eta})\\&=\eta\hat{U}(\eta)\end{aligned}\tag{2}$$

即
$$\hat{p}\hat{U}(\eta)=\hat{U}(\eta)(\hat{p}+\eta)\tag{3}$$

将 $\hat{p}\hat{U}(\eta)$作用到 $\hat{p}$ 的本征函数上：

$$\hat{p}\hat{U}(\eta)\psi_{p_0}=\hat{U}(\eta)(\hat{p}+\eta)\psi_{p_0}=\hat{U}(\eta)(p_0+\eta)\psi_{p_0}$$

即
$$\hat{p}\hat{U}(\eta)\psi_{p_0}=(p_0+\eta)\hat{U}(\eta)\psi_{p_0}\tag{4}$$

表明 $\hat{U}(\eta)\psi_{p_0}$ 是动量算符 $\hat{p}$ 的对应于本征值$(p_0+\eta)$的本征函数,即 $\hat{p}$ 的本征值可为$(p_0+\eta)$,而 η 取区间$(-\infty,\infty)$内的所有实数值,故 $\hat{p}$ 的本征值谱为连续谱,取区间$(-\infty,\infty)$内的所有实数值。

2-16　试求算符 $\hat{T}(a)=e^{-\frac{i}{\hbar}a\hat{p}}$ 的本征值谱和本征函数集。其中 $\hat{p}=\frac{\hbar}{i}\frac{d}{dx}$为动量算符,$a$ 为一个给定的实常量。

解:(a)　先求 $e^{-\frac{i}{\hbar}a\hat{p}}$ 的本征值谱。

由算符的本征值方程

$$e^{-\frac{i}{\hbar}a\hat{p}}\psi_\lambda(x)=\lambda\psi_\lambda(x) \tag{1}$$

出发,将算符$(e^{-\frac{i}{\hbar}a\hat{p}})^+=e^{\frac{i}{\hbar}a\hat{p}}$左乘方程(1)两边再作运算 $\int dx\psi_\lambda^*(x)$,有

$$\int\psi_\lambda^*(x)e^{\frac{i}{\hbar}a\hat{p}}e^{-\frac{i}{\hbar}a\hat{p}}\psi_\lambda(x)dx=\int\psi_\lambda^*(x)e^{\frac{i}{\hbar}a\hat{p}}\lambda\psi_\lambda(x)dx$$

即

$$\begin{aligned}\int|\psi_\lambda(x)|^2dx&=\lambda\int\psi_\lambda(x)[e^{-\frac{i}{\hbar}a\hat{p}}\psi_\lambda(x)]^*dx\\&=\lambda\lambda^*\int|\psi_\lambda(x)|^2dx\end{aligned}$$

得

$$|\lambda|^2=1,\text{即 }\lambda=e^{-i\delta}\xlongequal{\text{记为}}e^{-ika} \tag{2}$$

式中:a 为算符 $e^{-\frac{i}{\hbar}a\hat{p}}$ 中给定的实常量,k 为标记本征值 λ 的“量子数”,它可取区间$(-\infty,\infty)$内的一切实数值。事实上,由 $e^{-\frac{i}{\hbar}a\hat{p}}$ 是动量算符 $\hat{p}$ 的函数直接可知,它的本征值为动量算符本征值 $p=\hbar k$ 的函数 $e^{-\frac{i}{\hbar}ap}=e^{-ika}$,本征值谱是连续谱。

(b)　再求 $e^{-\frac{i}{\hbar}a\hat{p}}$ 的本征函数集。

将式(2)代入方程(1),有

$$e^{-\frac{i}{\hbar}a\hat{p}}\psi_k(x)=e^{-a\frac{d}{dx}}\psi_k(x)=e^{-ika}\psi_k(x) \tag{3}$$

而

$$e^{-a\frac{d}{dx}}\psi_k(x)=\sum_{n=0}^{\infty}\frac{(-a)^n}{n!}\frac{d^n}{dx^n}\psi_k(x)=\psi_k(x-a) \tag{4}$$

再引入函数 $u_k(x)$:

$$u_k(x)=e^{-ikx}\psi_k(x),\text{即 }\psi_k(x)=e^{ikx}u_k(x) \tag{5}$$

联合式(3)、(4)、(5)三式,有

$$e^{ik(x-a)}u_k(x-a)=\psi_k(x-a)=e^{-ika}\psi_k(x)=e^{-ika}e^{ikx}u_k(x)$$

由此得到函数 $u_k(x)$满足的条件为

$$u_k(x-a)=u_k(x) \tag{6}$$

式(6)表明,$u_k(x)$是 x 的周期函数,周期为 a。于是算符 $e^{-\frac{i}{\hbar}a\hat{p}}$ 的本征函数为

$$\psi_k(x)=u_k(x)e^{ikx} \tag{7}$$

此即调幅平面波,振幅 $u_k(x)$是 x 的周期函数,周期为 a。

2-17 从轨道角动量算符 $\hat{\boldsymbol{L}}$ 的对易关系式：$\hat{\boldsymbol{L}}\times\hat{\boldsymbol{L}}=\mathrm{i}\hbar\hat{\boldsymbol{L}}$ 及表示式：$\hat{\boldsymbol{L}}=\hat{\boldsymbol{r}}\times\hat{\boldsymbol{p}}$ 出发，分别求出算符 $\hat{\boldsymbol{L}}^2$ 及 $\hat{L}_z$ 的本征值谱。

解：设 $\hat{\boldsymbol{L}}^2$ 与 $\hat{L}_z$ 的本征值方程分别为：

$$\hat{\boldsymbol{L}}^2\psi_{lm}=\lambda_l\psi_{lm}.\ 记\ \lambda_l=l(l+1)\hbar^2 \tag{1}$$

$$\hat{L}_z\psi_{lm}=\mu_m\psi_{lm}.\ 记\ \mu_m=m\hbar \tag{2}$$

设 ψ_{lm} 已正交归一化。

第一步：可证 $\lambda_l\geqslant0$，即 $l\geqslant0$。

因为

$$\hat{\boldsymbol{L}}^2=\hat{L}_x^2+\hat{L}_y^2+\hat{L}_z^2$$

且 $\hat{L}_x,\hat{L}_y,\hat{L}_z$ 均为厄米算符，有

$$\overline{L_x^2}=\int\psi_{lm}^*\hat{L}_x^2\psi_{lm}\,\mathrm{d}\Omega=\int(\hat{L}_x\psi_{lm})^*(\hat{L}_x\psi_{lm})\,\mathrm{d}\Omega=\int|\hat{L}_x\psi_{lm}|^2\,\mathrm{d}\Omega\geqslant0 \tag{3}$$

同理：$\overline{L_y^2}\geqslant0$，　$\overline{L_z^2}\geqslant0$，于是 (4)

$$\overline{\boldsymbol{L}^2}=\int\psi_{lm}^*\hat{\boldsymbol{L}}^2\psi_{lm}\,\mathrm{d}\Omega=\int\psi_{lm}^*(\hat{L}_x^2+\hat{L}_y^2+\hat{L}_z^2)\psi_{lm}\,\mathrm{d}\Omega=\lambda_l\geqslant0 \tag{5}$$

又

$$\lambda_l=l(l+1)\hbar^2$$

故可用实数 $l\geqslant0$ 来标记实数 λ_l，λ_l 与 l 是一一对应的。

第二步：可证 $-l\leqslant m\leqslant l$

由轨道角动量算符 $\hat{\boldsymbol{L}}$ 的对易关系式：$\hat{\boldsymbol{L}}\times\hat{\boldsymbol{L}}=\mathrm{i}\hbar\hat{\boldsymbol{L}}$，有

$$\hat{L}_\mp\hat{L}_\pm=\hat{\boldsymbol{L}}^2-\hat{L}_z^2\mp\hbar\hat{L}_z$$

及 $(\hat{L}_\pm)^+=\hat{L}_\mp$. 于是，一方面：

$$\begin{aligned}\int\psi_{lm}^*\hat{L}_\mp\hat{L}_\pm\psi_{lm}\,\mathrm{d}\Omega&=\int\psi_{lm}^*(\hat{\boldsymbol{L}}^2-\hat{L}_z^2\mp\hbar\hat{L}_z)\psi_{lm}\,\mathrm{d}\Omega\\&=\int\psi_{lm}^*[l(l+1)\hbar^2-m^2\hbar^2\mp m\hbar^2]\psi_{lm}\,\mathrm{d}\Omega\\&=(l\mp m)(l\pm m+1)\hbar^2\end{aligned}$$

另一方面：

$$\int\psi_{lm}^*\hat{L}_\mp\hat{L}_\pm\psi_{lm}\,\mathrm{d}\Omega=\int(\hat{L}_\pm\psi_{lm})^*(\hat{L}_\pm\psi_{lm})\,\mathrm{d}\Omega=\int|\hat{L}_\pm\psi_{lm}|^2\,\mathrm{d}\Omega>0$$

得

$$(l\mp m)(l\pm m+1)\hbar^2\geqslant0 \tag{6}$$

且

$$l\geqslant0 \tag{7}$$

(6)、(7)二式表明：m 的取值不能任意，对于每个 m 值，(6)、(7)二式必须同时满足。

故对于 $(l-m)(l+m+1)\geqslant0$ 来说，若 $m\geqslant0$，则 $(l+m+1)\geqslant0$，得

$$l-m\geqslant0,\quad 即\quad m\leqslant l \tag{8}$$

对于 $(l+m)(l-m+1)\geqslant0$ 来说，若 $m\leqslant0$，则 $(l-m+1)\geqslant0$，得

$$l+m\geqslant0,\quad 即\quad m\geqslant-l \tag{9}$$

综合(8)、(9)二式，有

$$-l\leqslant m\leqslant l \tag{10}$$

注：不允许有 $|m|>l$ 的现象。反证：若 $|m|>l$，则 $m>l$，$m<-l$。若 $m>l$，有 $(l-m)<$

0。所以$(l+m+1)\leqslant 0$,则$m\leqslant -(l+1)$,与题设$m<-l$矛盾。若$m<-l$,有$(l+m)<0$,所以$(l-m+1)\leqslant 0$,则$m\geqslant l+1$,又与题设$m>l$矛盾。由此m的取值只能在$[-l,l]$内,别无它值。

第三步:在区间$l-1<m\leqslant l$内,m只能取l唯一一个值。因为

$$\hat{L}_+\psi_{lm}=\text{常数}\cdot\psi_{l,m+1}=0$$

这是由于此处$m+1>l$。于是$\hat{L}_+\psi_{lm}$的模方

$$\int\psi_{lm}^*\hat{L}_-\hat{L}_+\psi_{lm}\,\mathrm{d}\Omega=(l-m)(l+m+1)\hbar^2=0$$

由上可见,m只能取$m=l$这个唯一的值。同理,在区间$-l\leqslant m<-l+1$内,m只能取$m=-l$这个唯一的值。由此可见,在$-l\leqslant m\leqslant l$范围内,m不能任意取值。

第四步:若$m\hbar$是$\hat{L}_z$的一个本征值,则$(m\pm1)\hbar,(m\pm2)\hbar,\cdots$也是它的本征值。这是因为

$$[\hat{L}_z,\hat{L}_\pm]=\pm\hbar\hat{L}_\pm$$

有

$$\hat{L}_z\hat{L}_\pm\psi_{lm}=(\hat{L}_\pm\hat{L}_z\pm\hbar\hat{L}_z)\psi_{lm}=(m\pm1)\hbar\hat{L}_\pm\psi_{lm}\tag{11}$$

(11)式表明$\hat{L}_\pm\psi_{lm}$也是$\hat{L}_z$的本征态,相应的本征值为$(m\pm1)\hbar$。

若再作$\hat{L}_z\hat{L}_\pm\psi_{l,m\pm1}$,则可得$(m\pm2)\hbar$也是$\hat{L}_z$的本征值,如此等等,使得$\hat{L}_z$的本征值相应的量子数形成序列:

$$\cdots,(m-2),(m-1),m,(m+1),(m+2),\cdots\tag{12}$$

第五步:决定量子数l及m的可能值。

由(7)式,(10)式及(12)式所示,序列的两头不能无限延续下去,于是对每个可能取的m值,序列右边延续至

$$\hat{L}_+{}^p\psi_{lm}=\text{常数}\ \psi_{l,m+p}$$

而

$$\hat{L}_+\hat{L}_+{}^p\psi_{lm}=0$$

所以$m+p$是m的最大可能取值,有

$$m+p=l\tag{13}$$

序列左边延续至

$$\hat{L}_-{}^q\psi_{lm}=\text{常数}\ \psi_{l,m-q}$$

而

$$\hat{L}_-\hat{L}_-{}^q\psi_{lm}=0$$

所以$m-q$是m的最小可能取值,有

$$m-q=-l\tag{14}$$

由(13)、(14)两式,可得$p+q=2l$,故

$$l=\frac{1}{2}(p+q)\tag{15}$$

由于p、q是$\hat{L}_\pm$作用于$\psi_{l,m}$上的次数,只能取0或正整数,故有

$$l=\frac{1}{2}(p+q)=\begin{cases}0,1,2,\cdots,(p+q=\text{偶数})\\ 1/2,3/2,5/2,\cdots,(p+q=\text{奇数})\end{cases}\tag{16}$$

对于每一个l值,由(13)式可得$m_{\max}=l\quad(p=0)$;由(14)式可得$m_{\min}=-l\quad(q=0)$,再参

照(12)式,得 m 的取值为:

$$l,l-1,l-2,\cdots,-l,\text{共}(2l+1)\text{个可能值} \tag{17}$$

第六步:量子数 l 只能取整数 0,1,2,…不能取半整数。

这是由于 $\hat{\boldsymbol{L}}$ 为轨道角动量算符,可写为 $\hat{\boldsymbol{L}}=\hat{\boldsymbol{r}}\times\hat{\boldsymbol{p}}$,对于其 z 分量 $\hat{L}_z$ 而言,有

$$\hat{L}_z=\hat{x}\hat{p}_y-y\hat{p}_x \tag{18}$$

故用坐标本征值作自变量或用动量本征值作自变量就应该有相应的表示式。若用坐标本征值作自变量,(18)式为

$$\hat{L}_z=x\frac{\hbar}{\mathrm{i}}\frac{\partial}{\partial y}-y\frac{\hbar}{\mathrm{i}}\frac{\partial}{\partial x}=\frac{\hbar}{\mathrm{i}}\frac{\partial}{\partial\varphi} \tag{19}$$

其本征函数为 $f(\theta,\varphi)\mathrm{e}^{\mathrm{i}m\varphi}$,本征值为 $m\hbar$,$m=0,\pm1,\pm2,\cdots$若 m 取半整数,则 $\mathrm{e}^{\mathrm{i}m\varphi}$ 不满足波函数的单值性,而 m 与角量子数 l 的关系为:对于固定的 l 来说,$m=0,\pm1,\cdots,\pm l$,致使角量子数 l 只能取整数,不能取半整数。

总之:$\hat{L}^2$ 的本征值谱为:$l(l+1)\hbar^2$,$l=0,1,2,\cdots$;$\hat{L}_z$ 的本征值谱为 $m\hbar$,$m=0,\pm1,\pm2,\cdots,\pm l$。另外,由于角动量的 x 分量算符 $\hat{L}_x$、y 分量算符 $\hat{L}_y$ 和 z 分量算符 $\hat{L}_z$ 在量子条件$\hat{\boldsymbol{L}}\times\hat{\boldsymbol{L}}=\mathrm{i}\hbar\hat{\boldsymbol{L}}$中对于 x、y、z 轴顺次置换来说地位完全对称,故这三个算符有相同的本征值谱。

2-18 对一维谐振子而言,若定义算符 $\hat{a}=\left(\frac{\mu\omega}{2\hbar}\right)^{1/2}\left(\hat{x}+\frac{\mathrm{i}}{\mu\omega}\hat{p}\right)$,$\hat{a}^+=\left(\frac{\mu\omega}{2\hbar}\right)^{1/2}\left(\hat{x}-\frac{\mathrm{i}}{\mu\omega}\hat{p}\right)$,$\hat{N}=\hat{a}^+\hat{a}$,其中 $\hat{x}$ 与 $\hat{p}$ 分别为坐标算符与动量算符,μ 为振子的质量,ω 为角频率。

(a) 试将一维谐振子的哈密顿算符 $\hat{H}=\frac{\hat{p}^2}{2\mu}+\frac{1}{2}\mu\omega^2\hat{x}^2$ 用算符 $\hat{N}$ 表示;

(b) 利用基本量子化条件$[\hat{x},\hat{p}]=\mathrm{i}\hbar$,求对易子$[\hat{a},\hat{a}^+]=$?

(c) 利用(b)的结果,求 $\hat{N}\hat{a}=$? $\hat{N}\hat{a}^+=$? $\hat{N}\hat{a}^2=$? $\hat{N}\hat{a}^{+2}=$?

(d) 证明:若 $\hat{N}$ 的本征值方程表示为 $\hat{N}\psi_n=n\psi_n$,则

$\hat{N}(\hat{a}\psi_n)=(n-1)(\hat{a}\psi_n)$, $\hat{N}(\hat{a}^+\psi_n)=(n+1)(\hat{a}^+\psi_n)$,

$\hat{N}(\hat{a}^2\psi_n)=(n-2)(\hat{a}^2\psi_n)$, $\hat{N}(\hat{a}^{+2}\psi_n)=(n+2)(\hat{a}^{+2}\psi_n)$,…

$\hat{N}(\hat{a}^m\psi_n)=(n-m)(\hat{a}^m\psi_n)$, $\hat{N}(\hat{a}^{+m}\psi_n)=(n+m)(\hat{a}^{+m}\psi_n)$。

$n,m=0,1,2,3,\cdots$

(e) 求一维谐振子的能量本征值。

解:(a)

$$\begin{aligned}\hat{H}&=\frac{\hat{p}^2}{2\mu}+\frac{1}{2}\mu\omega^2\hat{x}^2=\frac{\mu\omega^2}{2}\left(\hat{x}^2+\frac{\hat{p}^2}{\mu^2\omega^2}\right)\\&=\frac{\mu\omega^2}{2}\left\{\left(\hat{x}-\frac{\mathrm{i}}{\mu\omega}\hat{p}\right)\left(\hat{x}+\frac{\mathrm{i}}{\mu\omega}\hat{p}\right)+\frac{\hbar}{\mu\omega}\right\}\\&=\hbar\omega\hat{a}^+\hat{a}+\frac{1}{2}\hbar\omega=\left(\hat{N}+\frac{1}{2}\right)\hbar\omega\end{aligned} \tag{1}$$

其中利用了基本量子化条件$[\hat{x},\hat{p}]=\mathrm{i}\hbar$。

(b) $[\hat{a},\hat{a}^+]=\hat{a}\hat{a}^+-\hat{a}^+\hat{a}$

$$=\left(\frac{\mu\omega}{2\hbar}\right)^{\frac{1}{2}}\left(\hat{x}+\frac{\mathrm{i}}{\mu\omega}\hat{p}\right)\left(\frac{\mu\omega}{2\hbar}\right)^{\frac{1}{2}}\left(\hat{x}-\frac{\mathrm{i}}{\mu\omega}\hat{p}\right)-\left(\frac{\mu\omega}{2\hbar}\right)^{\frac{1}{2}}\left(\hat{x}-\frac{\mathrm{i}}{\mu\omega}\hat{p}\right)\left(\frac{\mu\omega}{2\hbar}\right)^{\frac{1}{2}}\left(\hat{x}+\frac{\mathrm{i}}{\mu\omega}\hat{p}\right)$$

$$=\frac{\mu\omega}{2\hbar}\left\{\left[\hat{x}^2-\frac{\mathrm{i}}{\mu\omega}(\hat{x}\hat{p}-\hat{p}\hat{x})+\frac{\hat{p}^2}{\mu^2\omega^2}\right]-\left[\hat{x}^2+\frac{\mathrm{i}}{\mu\omega}(\hat{x}\hat{p}-\hat{p}\hat{x})+\frac{\hat{p}^2}{\mu^2\omega^2}\right]\right\}$$

$$=\frac{\mu\omega}{2\hbar}\left\{\left(-\frac{\mathrm{i}}{\mu\omega}\right)(\mathrm{i}\hbar)-\left(\frac{\mathrm{i}}{\mu\omega}\right)(\mathrm{i}\hbar)\right\}=\frac{\mu\omega}{2\hbar}\cdot\frac{2\hbar}{\mu\omega}=1 \tag{2}$$

(c)　$\hat{N}\hat{a}=(\hat{a}^+\hat{a})\hat{a}=(\hat{a}\hat{a}^+-1)\hat{a}=\hat{a}(\hat{a}^+\hat{a})-\hat{a}=\hat{a}(\hat{N}-1)$　(3)

$$\hat{N}\hat{a}^+=(\hat{a}^+\hat{a})\hat{a}^+=\hat{a}^+(\hat{a}\hat{a}^+)=\hat{a}^+(\hat{a}^+\hat{a}+1)=\hat{a}^+(\hat{N}+1) \tag{4}$$

$$\hat{N}\hat{a}^2=(\hat{N}\hat{a})\hat{a}=[\hat{a}(\hat{N}-1)]\hat{a}=\hat{a}(\hat{N}\hat{a}-\hat{a})=\hat{a}[\hat{a}(\hat{N}-1)-\hat{a}]=\hat{a}^2(\hat{N}-2) \tag{5}$$

$$\hat{N}\hat{a}^{+2}=(\hat{N}\hat{a}^+)\hat{a}^+=[\hat{a}^+(\hat{N}+1)]\hat{a}^+=\hat{a}^+(\hat{N}\hat{a}^++\hat{a}^+)$$
$$=\hat{a}^+[\hat{a}^+(\hat{N}+1)+\hat{a}^+]=\hat{a}^{+2}(\hat{N}+2) \tag{6}$$

(d)　若 $\hat{N}\psi_n=n\psi_n$,则

$$\hat{N}\hat{a}\psi_n=\hat{a}(\hat{N}-1)\psi_n=\hat{a}(n-1)\psi_n=(n-1)\hat{a}\psi_n \tag{7}$$

上式表明,$\hat{a}\psi_n$ 也是 $\hat{N}$ 的本征函数,相应的本征值为$(n-1)$,而算符 $\hat{N}$ 的相应于本征值$(n-1)$的本征函数记为 ψ_{n-1},因此 $\hat{a}\psi_n$ 与 ψ_{n-1} 描写的是同一个状态,它们之间最多相差一个常数,记为

$$\hat{a}\psi_n=c\psi_{n-1} \tag{8}$$

又

$$\hat{N}\hat{a}^+\psi_n=\hat{a}^+(\hat{N}+1)\psi_n=\hat{a}^+(n+1)\psi_n=(n+1)\hat{a}^+\psi_n \tag{9}$$

(9)式表明,$\hat{a}^+\psi_n$ 也是 $\hat{N}$ 的本征函数,相应的本征值为$(n+1)$。

同理:$\hat{N}\hat{a}^2\psi_n=\hat{a}^2(\hat{N}-2)\psi_n=(n-2)\hat{a}^2\psi_n$　(10)

$$\hat{N}\hat{a}^{+2}\psi_n=\hat{a}^{+2}(\hat{N}+2)\psi_n=(n+2)\hat{a}^{+2}\psi_n \tag{11}$$

……………………………………………

$$\hat{N}\hat{a}^m\psi_n=(n-m)\psi_n \tag{12}$$

$$\hat{N}\hat{a}^{+m}\psi_n=(n+m)\psi_n \tag{13}$$

(e)　由式(7)、(9)、(10)、(11)、(12)、(13)看出,若 n 是算符 $\hat{N}$ 的一个本征值,则$(n-2)$,$(n-1)$,$(n+1)$,$(n+2)$也是 $\hat{N}$ 算符的本征值……$\hat{N}$ 算符的本征值形成如下序列:

$$\cdots,n-2,n-1,n,n+1,n+2,\cdots \tag{14}$$

相隔一个量子数。但序列(14)的左边不能无限制地延伸下去,因为

$$\int\psi_n^*(\hat{a}^+\hat{a})\psi_n\mathrm{d}\tau=\int\psi_n^*\hat{N}\psi_n\mathrm{d}\tau=n$$

而

$$\int\psi_n^*(\hat{a}^+\hat{a})\psi_n\mathrm{d}\tau=\int(\hat{a}\psi_n)^*(\hat{a}\psi_n)\mathrm{d}\tau=\int|\hat{a}\psi_n|^2\mathrm{d}\tau\geqslant 0$$

所以

$$n\geqslant 0 \tag{15}$$

特别地,当 $n=0$ 时,有 $\hat{a}\psi_0=0$。进一步还可论证在$[0,1)$区间内,n 只能取零这一个值。这是因为当 $0\leqslant n<1$ 时,由式(7)知 $\hat{a}\psi_n=c\psi_{n-1}$,而此时的 $n-1<0$,根据式(15)这种态是不存在的,有

$$\hat{a}\psi_n=0$$

导致

$$\hat{a}^{+}(\hat{a}\psi_n)=0$$

即

$$\hat{N}\psi_n=0$$

故

$$n=0 \tag{16}$$

综合(16)、(15)、(14)式,知 $\hat{N}$ 的本征值 n 为

$$n=0,1,2,3,\cdots \tag{17}$$

由此得一维谐振子的能量本征值方程为

$$\hat{H}\psi_n=\left(\hat{N}+\frac{1}{2}\right)\hbar\omega\psi_n=\left(n+\frac{1}{2}\right)\hbar\omega\psi_n=E_n\psi_n$$

一维谐振子的能量本征值 E_n 为

$$E_n=\left(n+\frac{1}{2}\right)\hbar\omega,\qquad n=0,1,2,3,\cdots \tag{18}$$

2-19 (a) 对于任何两个代表不同状态的波函数 ψ 及 ϕ(未归一化),证明施瓦茨(Schwarz)不等式:

$$\left|\int\psi^*\phi\mathrm{d}\tau\right|^2<\int|\psi|^2\mathrm{d}\tau\cdot\int|\phi|^2\mathrm{d}\tau$$

(b) 利用(a)的结果证明测不准关系。

证明:(a)方法一 令

$$\int|\psi|^2\mathrm{d}\tau=a(>0),\int|\phi|^2\mathrm{d}\tau=b(>0),\int\psi^*\phi\mathrm{d}\tau=c$$

并令 $x=\phi-\frac{c}{a}\psi$。由于 ψ、ϕ 代表两个不同的态,所以 $x\neq0$,且 $\int|x|^2\mathrm{d}\tau>0$。即

$$\begin{aligned}\int|x|^2\mathrm{d}\tau&=\int\left(\phi^*-\frac{c^*}{a}\psi^*\right)\left(\phi-\frac{c}{a}\psi\right)\mathrm{d}\tau\\&=\int|\phi|^2\mathrm{d}\tau-\frac{c}{a}\int\phi^*\psi\mathrm{d}\tau-\frac{c^*}{a}\int\psi^*\phi\mathrm{d}\tau+\frac{c^*c}{a^2}\int|\psi|^2\mathrm{d}\tau\\&=b-\frac{c}{a}c^*-\frac{c^*}{a}c+\frac{c^*c}{a^2}a=b-\frac{|c|^2}{a}>0\end{aligned}$$

所以

$$ba>|c|^2$$

即

$$\left|\int\psi^*\phi\mathrm{d}\tau\right|^2<\int|\psi|^2\mathrm{d}\tau\cdot\int|\phi|^2\mathrm{d}\tau \tag{1}$$

得证。

方法二 对于任何复数 λ,显然有

$$\int(\psi-\lambda\phi)^*(\psi-\lambda\phi)\mathrm{d}\tau>0 \tag{2}$$

即

$$\int (\psi-\lambda\phi)^*(\psi-\lambda\phi)\mathrm{d}\tau=\int |\psi|^2\mathrm{d}\tau+\lambda^*\lambda\int |\phi|^2\mathrm{d}\tau-\lambda\int \psi^*\phi\mathrm{d}\tau-\lambda^*\int \phi^*\psi\mathrm{d}\tau>0 \tag{3}$$

若令 $\lambda=\int \phi^*\psi\mathrm{d}\tau/\int |\phi|^2\mathrm{d}\tau$,则 $\lambda^*=\int \psi^*\phi\mathrm{d}\tau/\int |\phi|^2\mathrm{d}\tau$,于是

$$\int (\psi-\lambda\phi)^*(\psi-\lambda\phi)\mathrm{d}\tau$$

$$=\int |\psi|^2\mathrm{d}\tau+\left|\int \psi^*\phi\mathrm{d}\tau\right|^2/\int |\phi|^2\mathrm{d}\tau-\frac{\int \phi^*\psi\mathrm{d}\tau}{\int |\phi|^2\mathrm{d}\tau}\int \psi^*\phi\mathrm{d}\tau-\frac{\int \psi^*\phi\mathrm{d}\tau}{\int |\phi|^2\mathrm{d}\tau}\int \phi^*\psi\mathrm{d}\tau$$

$$=\left[\int |\psi|^2\mathrm{d}\tau-\left|\int \psi^*\phi\mathrm{d}\tau\right|^2/\int |\phi|^2\mathrm{d}\tau\right]>0$$

所以

$$\int |\psi|^2\mathrm{d}\tau\cdot\int |\phi|^2\mathrm{d}\tau-\left|\int \psi^*\phi\mathrm{d}\tau\right|^2=\int |\phi|^2\mathrm{d}\tau\cdot\int (\psi-\lambda\phi)^*(\psi-\lambda\phi)\mathrm{d}\tau>0 \tag{4}$$

得

$$\left|\int \psi^*\phi\mathrm{d}\tau\right|^2<\int |\psi|^2\mathrm{d}\tau\cdot\int |\phi|^2\mathrm{d}\tau \tag{5}$$

得证。

(b)　对于任何归一化的波函数 ψ、厄密算符 $\hat{A}$、$\hat{B}$ 和实参数 ξ,作

$$\phi=(\hat{A}+\mathrm{i}\xi\hat{B})\psi \tag{6}$$

则

$$\int \psi^*\phi\mathrm{d}\tau=\int \psi^*(\hat{A}+\mathrm{i}\xi\hat{B})\psi\mathrm{d}\tau=\overline{A}+\mathrm{i}\xi\overline{B} \tag{7}$$

$$\left|\int \psi^*\phi\mathrm{d}\tau\right|^2=\overline{A}^2+\xi^2\,\overline{B}^2 \tag{8}$$

$$\begin{aligned}\int |\phi|^2\mathrm{d}\tau&=\int [(\hat{A}+\mathrm{i}\xi\hat{B})\psi]^*[(\hat{A}+\mathrm{i}\xi\hat{B})\psi]\mathrm{d}\tau\\&=\int \psi^*(\hat{A}+\mathrm{i}\xi\hat{B})^+(\hat{A}+\mathrm{i}\xi\hat{B})\psi\mathrm{d}\tau\\&=\int \psi^*(\hat{A}-\mathrm{i}\xi\hat{B})(\hat{A}+\mathrm{i}\xi\hat{B})\psi\mathrm{d}\tau\\&=\overline{A^2}+\xi^2\,\overline{B^2}+\mathrm{i}\xi\,\overline{(AB-BA)}\end{aligned} \tag{9}$$

由于 $\hat{A}$、$\hat{B}$ 均为厄密算符,$\overline{A}$、$\overline{B}$ 均为实数,再由施瓦茨不等式:

$$\int |\psi|^2\mathrm{d}\tau\cdot\int |\phi|^2\mathrm{d}\tau\geqslant\left|\int \psi^*\phi\mathrm{d}\tau\right|^2$$

(式中的等号显然是对于 ψ 与 ϕ 表示同一状态而言的)并考虑到 $\int |\psi|^2\mathrm{d}\tau=1$,得

$$\overline{A^2}+\xi^2\,\overline{B^2}+\mathrm{i}\xi\,\overline{(AB-BA)}\geqslant\overline{A}^2+\xi^2\,\overline{B}^2 \tag{10}$$

由于 $\overline{\Delta A^2}=\overline{A^2}-\overline{A}^2$,$\overline{\Delta B^2}=\overline{B^2}-\overline{B}^2$,(10)式可改写为

$$\xi^2\,\overline{\Delta B^2}+\xi\mathrm{i}\,\overline{(AB-BA)}+\overline{\Delta A^2}\geqslant 0 \tag{11}$$

由于 $\hat{A}$、$\hat{B}$ 均为厄密算符,故 $\mathrm{i}\,\overline{(AB-BA)}$ 为实数,且若 $\mathrm{i}\,\overline{(AB-BA)}>0$,$\xi$ 取负值;如 $\mathrm{i}\,\overline{(AB-BA)}<0$,$\xi$ 取正值。式(11)实则是关于 ξ 的抛物线方程,由于 $\overline{\Delta B^2}>0$,此抛物线的开口向上,如题 2-19 图所示。

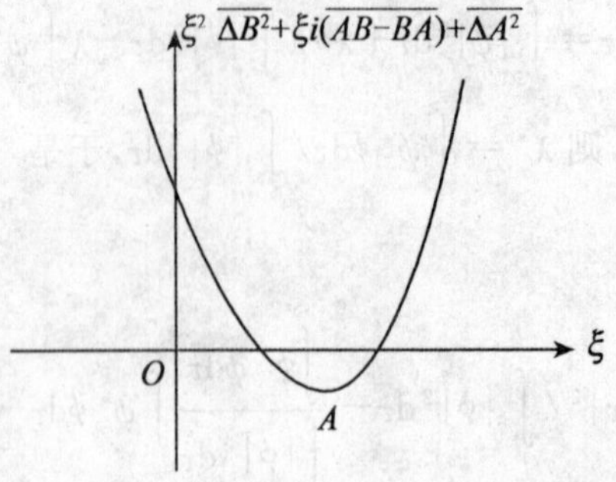

题 2-19 图

抛物线顶点 A 的坐标为

$$\left(-\frac{|\overline{(AB-BA)}|}{2\overline{\Delta B^2}},\frac{4\overline{\Delta B^2}\cdot\overline{\Delta A^2}-|\overline{(AB-BA)^2}|}{4\overline{\Delta B^2}}\right)$$

由于它对于任意的实参数 ξ,式(11)均成立,因此抛物线必须在 ξ 轴之上,这就要求顶点 A 的纵坐标必须大于或等于零,即

$$\overline{\Delta B^2}\cdot\overline{\Delta A^2}\geqslant\frac{1}{4}\overline{[\hat{A},\hat{B}]}^{\,2} \tag{12}$$

此即测不准关系。

2-20 试利用测不准关系估算:

(a) 氢原子的基态能,其中哈密顿函数 $H=\dfrac{p^2}{2m}-\dfrac{e^2}{4\pi\varepsilon_0 r}$;

(b) 类氢离子的基态能,其中 $H=(p^2c^2+m^2c^4)^{\frac{1}{2}}-\dfrac{Ze^2}{4\pi\varepsilon_0 r}$

解:(a) 按照经典力学观点,氢原子能量为

$$E=\frac{p^2}{2m}-\frac{e^2}{4\pi\varepsilon_0 r} \tag{1}$$

由于 r 与 p 能同时有确定值,即经典力学允许 $\Delta r=0,\Delta p=0$,于是当 $r=0$ 且 $p=0$ 时氢原子的能量最低,为 $-\infty$. 这显然与实验事实不符。

事实上,由于微粒的波粒二象性,当氢原子处于一确定状态中时,r 与 p 不能同时取确定值,相应于 r 与 p 同时取零而言各自有一不确定度 Δr 与 Δp,其不确定程度的乘积受到测不准关系的限制,有

$$\Delta r\cdot\Delta p\sim\hbar \tag{2}$$

因此

$$p\approx\Delta p\approx\frac{\hbar}{\Delta r}\approx\frac{\hbar}{r}$$

导致氢原子的能量表示为

$$E\sim\frac{\hbar^2}{2m}\frac{1}{\Delta r^2}-\frac{e^2}{4\pi\varepsilon_0\Delta r} \tag{3}$$

现在要在测不准关系允许的范围内,找一个最佳的 Δr 值,使得在这个最佳的 Δr 值下,氢原

子能量最低,并把这个最小能量作为氢原子的基态能。于是取$\frac{\mathrm{d}E}{\mathrm{d}\Delta r}=0$,得

$$(\Delta r)_{\text{最佳}}=\frac{4\pi\varepsilon_0\hbar^2}{me^2} \tag{4}$$

得

$$E_{\text{基}}=E_{\min}=\frac{\hbar^2}{2m}\left(\frac{me^2}{4\pi\varepsilon_0\hbar^2}\right)^2-\frac{e^2}{4\pi\varepsilon_0}\left(\frac{me^2}{4\pi\varepsilon_0\hbar^2}\right)=-\frac{me^4}{(4\pi\varepsilon_0)^2 2\hbar^2}=-13.6\text{eV} \tag{5}$$

(b)　对于类氢离子,由于

$$H=(p^2c^2+m^2c^4)^{1/2}-\frac{Ze^2}{4\pi\varepsilon_0 r} \tag{6}$$

则由测不准关系式(2),有

$$E\approx(p^2c^2+m^2c^4)^{1/2}-\frac{Ze^2p}{4\pi\varepsilon_0\hbar} \tag{7}$$

取$\frac{\mathrm{d}E}{\mathrm{d}p}=0$,得

$$p=\frac{mc\alpha Z}{(1-\alpha^2Z^2)^{1/2}} \tag{8}$$

式中:$\alpha=\frac{e^2}{4\pi\varepsilon_0\hbar c}$为精细结构常数。将式(8)代入式(7)中,得类氢离子的基态能为

$$E_{\text{基}}\approx E_{\min}=mc^2(1-\alpha^2Z^2)^{1/2} \tag{9}$$

2-21　(a)　证明:为了保证$\hat{L}_z=-\mathrm{i}\hbar\frac{\partial}{\partial\varphi}$是厄密算符,波函数$\psi(r,\theta,\varphi)$必须满足单值性条件

$$\psi(r,\theta,\varphi)=\psi(r,\theta,\varphi+2\pi) \tag{1}$$

(b)　在球极坐标系中,粒子角动量的z分量$\hat{L}_z=-\mathrm{i}\hbar\frac{\partial}{\partial\varphi}$,于是按照关于$\hat{x}$与$\hat{p}_x$的对易规则来推论,人们期望下列对易关系和测不准关系或许会成立:

$$[\varphi,\hat{L}_z]=\mathrm{i}\hbar \tag{2}$$

$$\Delta\hat{L}_z\cdot\Delta\varphi\geqslant\frac{\hbar}{2} \tag{3}$$

试证明:(2)式在一般情况下是不成立的,而(3)式是和海森堡测不准关系矛盾的。

证明:(a)　若$\hat{L}_z$是厄密算符,则它应该满足厄密算符的定义式,即对于任意两个波函数f、ψ,有

$$\int f^*\hat{L}_z\psi\mathrm{d}\tau=\int(\hat{L}_zf)^*\psi\mathrm{d}\tau \tag{4}$$

若$f=f(r,\theta)$,与φ无关,则由于$\hat{L}_z=-\mathrm{i}\hbar\frac{\partial}{\partial\varphi}$,有$\hat{L}_zf=0$,因此由(4)式给出

$$\int f^*\hat{L}_z\psi\mathrm{d}\tau=0$$

即

$$\int_0^\infty r^2\mathrm{d}r\int_0^\pi\sin\theta\mathrm{d}\theta\int_0^{2\pi}f^*(r,\theta)\frac{\partial}{\partial\varphi}\psi(r,\theta,\varphi)\mathrm{d}\varphi=0$$

由于被积函数的r、θ部分有任意性，因此要求

$$\int_0^{2\pi}\frac{\partial}{\partial\varphi}\psi(r,\theta,\varphi)\mathrm{d}\varphi=\psi(r,\theta,\varphi)\Big|_0^{2\pi}=0$$

又由于$\varphi=0$的方向可以任意选择，故上式亦即

$$\psi(r,\theta,\varphi)=\psi(r,\theta,\varphi+2\pi) \tag{5}$$

此即周期性边界条件(1)。

(b) 由(a)所述，欲保证$\hat{L}_z=-\mathrm{i}\hbar\dfrac{\partial}{\partial\varphi}$的厄密性，函数$\psi(r,\theta,\varphi)$必须满足周期性边界条件(5)。但是一般说来，如果函数$\psi(r,\theta,\varphi)$满足条件(5)，则ψ乘上自变量φ以后的结果$\varphi\psi$就一定不满足条件(5)，除非$\psi(r,\theta,\varphi)=\psi(r,\theta,\varphi+2\pi)=0$。故将(2)式左边作用于函数$\psi$上，有

$$[\varphi,\hat{L}_z]\psi=\varphi(\hat{L}_z\psi)-\hat{L}_z(\varphi\psi) \tag{6}$$

由于$\varphi\psi$不满足条件(5)，故$\hat{L}_z(\varphi\psi)$不能表示可观测量。这样就把对易关系式(2)的正确性仅仅只限制在要求$\psi(r,\theta,\varphi)=\psi(r,\theta,\varphi+2\pi)=0$这样一类特殊的函数上，故(2)式在一般情况下不成立，且φ与$\hat{L}_z=-\mathrm{i}\hbar\dfrac{\partial}{\partial\varphi}$也不是一对正则共轭变量。

显然式(3)与海森堡测不准关系也是不一致的。因为在球极坐标系内，φ的取值范围是$[0,2\pi]$，φ属于有限区间，使得不确定量$\Delta\varphi$也必须是有限的。于是，如果$\Delta L_z\to0$，则$\Delta L_z\cdot\Delta\varphi\to0$，导致(3)式变为$0\geqslant\dfrac{\hbar}{2}$的错误结果。既然不能建立$\varphi$与$\hat{L}_z$间的对易关系式$[\varphi,\hat{L}_z]=\mathrm{i}\hbar$，也就不会有$\Delta L_z\cdot\Delta\varphi\geqslant\dfrac{\hbar}{2}$的测不准关系式。但是用$\varphi$的一个周期函数$f(\varphi)$（周期为$2\pi$）去代替$\varphi$，就可以建立$f(\varphi)$与$\hat{L}_z$之间的不确定关系。例如$\sin\varphi$和$\cos\varphi$是与$\hat{L}_z$同域的厄密算符，有

$$[\sin\varphi,\hat{L}_z]=\mathrm{i}\hbar\cos\varphi$$

$$[\cos\varphi,\hat{L}_z]=-\mathrm{i}\hbar\sin\varphi$$

得

$$\overline{\Delta L_z^2}\cdot\overline{(\Delta\sin\varphi)^2}\geqslant\frac{\hbar^2}{4}\overline{\cos\varphi}^2$$

$$\overline{\Delta L_z^2}\cdot\overline{(\Delta\cos\varphi)^2}\geqslant\frac{\hbar^2}{4}\overline{\sin\varphi}^2$$

于是

$$\overline{\Delta L_z^2}\cdot\frac{\overline{(\Delta\sin\varphi)^2}+\overline{(\Delta\cos\varphi)^2}}{\overline{\sin\varphi}^2+\overline{\cos\varphi}^2}\geqslant\frac{\hbar^2}{4}$$

2-22 试证明：在体系任一态下，轨道角动量$\hat{\boldsymbol{L}}=\hat{\boldsymbol{r}}\times\hat{\boldsymbol{p}}$的期望值$\overline{\boldsymbol{L}}$和力矩$\overline{\boldsymbol{M}}=\hat{\boldsymbol{r}}\times\hat{\boldsymbol{F}}$（$\hat{\boldsymbol{F}}=-\nabla V$为力算符）的期望值之间满足关系式$\dfrac{\mathrm{d}}{\mathrm{d}t}\overline{\boldsymbol{L}}=\overline{\boldsymbol{M}}$。

证明：由计算期望值的公式

$$\overline{\boldsymbol{L}}=\int\psi^*(\boldsymbol{r},t)\left(\hat{\boldsymbol{r}}\times\frac{\hbar}{\mathrm{i}}\nabla\right)\psi(\boldsymbol{r},t)\mathrm{d}\tau \tag{1}$$

有

$$\frac{\mathrm{d}}{\mathrm{d}t}\overline{\boldsymbol{L}}=\frac{\hbar}{\mathrm{i}}\int\left[\frac{\partial\psi^*}{\partial t}(\hat{\boldsymbol{r}}\times\nabla\psi)+\psi^*\left(\hat{\boldsymbol{r}}\times\nabla\frac{\partial\psi}{\partial t}\right)\right]\mathrm{d}\tau \tag{2}$$

利用恒等式

$$\psi^*\nabla\frac{\partial\psi}{\partial t}=\nabla\left(\psi^*\frac{\partial\psi}{\partial t}\right)-\frac{\partial\psi}{\partial t}\nabla\psi^* \tag{3}$$

将式(3)代入式(2)中，再注意到

$$\int\hat{\boldsymbol{r}}\times\nabla\left(\psi^*\frac{\partial\psi}{\partial t}\right)\mathrm{d}\tau=0$$

(因为对于任意一个标量函数 $f(\boldsymbol{r})$，有 $\int\hat{\boldsymbol{r}}\times\nabla f(\boldsymbol{r})\mathrm{d}\tau=0$

则

$$\frac{\mathrm{d}}{\mathrm{d}t}\overline{\boldsymbol{L}}=\frac{\hbar}{\mathrm{i}}\int\hat{\boldsymbol{r}}\times\left(\frac{\partial\psi^*}{\partial t}\nabla\psi\right)-\left(\frac{\partial\psi}{\partial t}\nabla\psi^*\right)\mathrm{d}\tau \tag{4}$$

再应用含时薛定谔方程

$$\mathrm{i}\hbar\frac{\partial\psi}{\partial t}=-\frac{\hbar^2}{2m}\nabla^2\psi+V(\boldsymbol{r})\psi \tag{5}$$

及

$$-\mathrm{i}\hbar\frac{\partial}{\partial t}\psi^*=-\frac{\hbar^2}{2m}\nabla^2\psi^*+V(\boldsymbol{r})\psi^* \tag{6}$$

得

$$\begin{aligned}\frac{\mathrm{d}}{\mathrm{d}t}\overline{\boldsymbol{L}}&=-\frac{\hbar^2}{2m}\int\hat{\boldsymbol{r}}\times(\nabla^2\psi^*\nabla\psi+\nabla^2\psi\nabla\psi^*)\mathrm{d}\tau+\int V(\boldsymbol{r})\hat{\boldsymbol{r}}\times(\psi^*\nabla\psi+\psi\nabla\psi^*)\\&=-\frac{\hbar^2}{2m}\int\hat{\boldsymbol{r}}\times\nabla(\nabla\psi^*\nabla\psi)\mathrm{d}\tau+\int\hat{\boldsymbol{r}}\times V(\boldsymbol{r})\nabla(\psi^*\psi)\mathrm{d}\tau\\&=\int\hat{\boldsymbol{r}}\times[\nabla(V(\boldsymbol{r})\psi^*\psi-\psi^*\psi\nabla V(\boldsymbol{r})]\mathrm{d}\tau\\&=-\int\hat{\boldsymbol{r}}\times[\psi^*\psi\nabla V(\boldsymbol{r})]\mathrm{d}\tau\end{aligned} \tag{7}$$

式中已用到

$$\int\hat{\boldsymbol{r}}\times\nabla(\nabla\psi^*\nabla\psi)\mathrm{d}\tau=0\text{ 及}\int\hat{\boldsymbol{r}}\times\nabla[V(\boldsymbol{r})\psi^*\psi]\mathrm{d}\tau=0$$

由式(7)立即可得

$$\frac{\mathrm{d}}{\mathrm{d}t}\overline{\boldsymbol{L}}=\int\psi^*\hat{\boldsymbol{r}}\times[-\nabla V(\boldsymbol{r})]\psi\mathrm{d}\tau=\int\psi^*\hat{\boldsymbol{r}}\times\hat{\boldsymbol{F}}\psi\mathrm{d}\tau=\int\psi^*\hat{\boldsymbol{M}}\psi\mathrm{d}\tau=\overline{\boldsymbol{M}} \tag{8}$$

得证。

2-23　试证明：

(a)　自由粒子的动量是守恒量；

(b)　自由粒子的能量是守恒量；

(c)　自由粒子的角动量是守恒量；

(d)　自由粒子的宇称也是守恒量。

证明:根据力学量的平均值随时间变化的规律

$$\frac{\mathrm{d}}{\mathrm{d}t}\overline{F}=\overline{\frac{\partial F}{\partial t}}+\frac{1}{\mathrm{i}\hbar}\overline{[\hat{F},\hat{H}]} \tag{1}$$

知,若力学量 $\hat{F}$ 不显含 t,$\frac{\partial \hat{F}}{\partial t}=0$,且和体系的哈密顿算符相互对易,$[\hat{F},\hat{H}]=0$,则在满足该体系的含时薛定谔方程的任一态 $\psi(\boldsymbol{r},t)$ 中,力学量 $\hat{F}$ 的平均值不随时间变化,称 $\hat{F}$ 为体系的一个守恒量。对于自由粒子而言,有

$$\hat{H}=\frac{1}{2m}\hat{\boldsymbol{p}}^2 \tag{2}$$

故

(a) $$\frac{\partial \hat{\boldsymbol{p}}}{\partial t}=0 \tag{3}$$

$$[\hat{\boldsymbol{p}},\hat{H}]=\left[\hat{\boldsymbol{p}},\frac{1}{2m}\hat{\boldsymbol{p}}^2\right]=0 \tag{4}$$

所以 $\hat{\boldsymbol{p}}$ 是自由粒子的一个守恒量。

(b) 因为 $$\frac{\partial \hat{H}}{\partial t}=0, \tag{5}$$

$$[\hat{H},\hat{H}]=0 \tag{6}$$

所以 $\hat{H}$ 是自由粒子的一个守恒量。

(c) 因为 $$\frac{\partial \hat{L}_j}{\partial t}=0\ (j=1,2,3) \tag{7}$$

$$[\hat{L}_j,\hat{p}_k]=\varepsilon_{jkl}\,\mathrm{i}\hbar\hat{p}_l\ (j,k,l=1,2,3) \tag{8}$$

故

$$[\hat{L}_j,\hat{\boldsymbol{p}}^2]=0 \tag{9}$$

$$[\hat{\boldsymbol{L}}^2,\hat{\boldsymbol{p}}^2]=0 \tag{10}$$

所以 $[\hat{L}_j,\hat{H}]=0,\quad [\hat{\boldsymbol{L}}^2,\hat{H}]=0$ (11)

$\hat{\boldsymbol{L}}$ 与 $\hat{\boldsymbol{L}}^2$ 均为自由粒子的守恒量。

(d) 因为 $$\frac{\partial \hat{P}}{\partial t}=0 \tag{12}$$

而

$$\hat{P}\hat{\boldsymbol{p}}\psi(\boldsymbol{r},t)=\hat{P}\left[\frac{\hbar}{\mathrm{i}}\nabla\ \psi(\boldsymbol{r},t)\right]=-\frac{\hbar}{\mathrm{i}}\nabla\ \psi(-\boldsymbol{r},t)=-\frac{\hbar}{\mathrm{i}}\nabla\ \hat{P}\psi(\boldsymbol{r},t)=-\hat{\boldsymbol{p}}\hat{P}\psi(\boldsymbol{r},t)$$

由于 $\psi(\boldsymbol{r},t)$ 是任意的,得

$$\hat{P}\hat{\boldsymbol{p}}=-\hat{\boldsymbol{p}}\hat{P} \tag{13}$$

又

$$\begin{aligned}[\hat{P},\hat{\boldsymbol{p}}^2]&=[\hat{P},\hat{\boldsymbol{p}}\hat{\boldsymbol{p}}]=\hat{\boldsymbol{p}}[\hat{P},\hat{\boldsymbol{p}}]+[\hat{P},\hat{\boldsymbol{p}}]\hat{\boldsymbol{p}}\\&=\hat{\boldsymbol{p}}(-2\hat{\boldsymbol{p}}\hat{P})+(-2\hat{\boldsymbol{p}}\hat{P})\hat{\boldsymbol{p}}=(-2\hat{\boldsymbol{p}}^2\hat{P})-2\hat{\boldsymbol{p}}(-\hat{\boldsymbol{p}}\hat{P})=0\end{aligned} \tag{14}$$

所以 $[\hat{P},\hat{H}]=0$ (15)

$\hat{P}$ 是自由粒子的守恒量。

2-24 试应用费曼-海尔曼定理讨论下列问题。

(a)　将电荷为 q 的一维谐振子置于均匀电场 ε 中,求体系束缚能级和 $\bar{x}$;

(b)　粒子作一维运动,当哈密顿算符为 $\hat{H}_0=\frac{\hat{p}^2}{2m}+V(x)$ 时,能级为 $E_n^{(0)}$,如果哈密顿算符变成 $\hat{H}=\hat{H}_0+\lambda\frac{\hat{p}}{m}$,求能级 E_n。

(c)　对于一维定态薛定谔方程

$$\left[-\frac{\hbar^2}{2m}\frac{\mathrm{d}^2}{\mathrm{d}x^2}+V(x)\right]\psi_n(x)=E_n\psi_n(x)$$

中的能量本征值 $E_n(E_1<E_2<E_3<\cdots)$ 有如下定理成立,即:如果有两个势场 $V_1(x)$ 与 $V_2(x)$,$V_1(x)$ 给出能量集合 $\{E_{1n}\}$,$V_2(x)$ 给出能量集合 $\{E_{2n}\}$,并且对于所有的 x 值有 $V_1(x)\leqslant V_2(x)$,则 $E_{1n}\leqslant E_{2n}$.

(d)　粒子在三维势场 $V(\boldsymbol{r})$ 中运动,求束缚定态能量 E 与粒子质量 m 的关系。

解:(a)　电荷为 q 的一维谐振子置于均匀电场 ε 中,哈密顿算符为

$$\hat{H}=\frac{\hat{p}^2}{2m}+\frac{1}{2}m\omega^2x^2-q\varepsilon x \tag{1}$$

视电场强度 ε 为参数 λ,则

$$\frac{\partial\hat{H}}{\partial\varepsilon}=-qx \tag{2}$$

由费曼-海尔曼定理有

$$\frac{\partial E_n}{\partial\varepsilon}=\int\psi_n^*\frac{\partial\hat{H}}{\partial\varepsilon}\psi_n\mathrm{d}x=-q\bar{x} \tag{3}$$

又由力学量的平均值随时间变化的规律,有

$$\frac{\mathrm{d}}{\mathrm{d}t}\bar{p}=\overline{\frac{\partial\hat{p}}{\partial t}}+\frac{1}{\mathrm{i}\hbar}\overline{[\hat{p},\hat{H}]}=\frac{1}{\mathrm{i}\hbar}\overline{[\hat{p},\hat{H}]} \tag{4}$$

而

$$\begin{aligned}[\hat{p},\hat{H}]&=\left[\hat{p},\frac{\hat{p}^2}{2m}+\frac{1}{2}m\omega^2x^2-q\varepsilon x\right]\\&=\frac{1}{2}m\omega^2[\hat{p},x^2]-q\varepsilon[\hat{p},x]=\mathrm{i}\hbar(q\varepsilon-m\omega^2x)\end{aligned} \tag{5}$$

于是

$$\frac{\mathrm{d}}{\mathrm{d}t}\bar{p}=q\varepsilon-m\omega^2\bar{x} \tag{6}$$

因为 $\frac{\mathrm{d}}{\mathrm{d}t}\bar{p}=0$(详见本章练习题 3-16),由式(6)即得

$$\bar{x}=\frac{q\varepsilon}{m\omega^2} \tag{7}$$

将式(7)代入式(3)中,有

$$\frac{\partial E_n}{\partial\varepsilon}=-q\bar{x}=-\frac{q^2\varepsilon}{m\omega^2}$$

即

$$E_n=E_n(0)-\frac{q^2\varepsilon^2}{2m\omega^2} \tag{8}$$

式中：$E_n(0)=\left(n+\frac{1}{2}\right)\hbar\omega, n=0,1,2,\cdots$为电场 $\varepsilon=0$ 时的能级。最后得

$$E_n=\left(n+\frac{1}{2}\right)\hbar\omega-\frac{q^2\varepsilon^2}{2m\omega^2}, n=0,1,2,\cdots \tag{9}$$

(b) 因为体系的哈密顿算符为

$$\hat{H}=\hat{H}_0+\lambda\frac{\hat{p}}{m} \tag{10}$$

视 $\hat{H}$ 中的 λ 为变分参量，有

$$\frac{\partial\hat{H}}{\partial\lambda}=\frac{\hat{p}}{m} \tag{11}$$

于是由费曼-海尔曼定理有

$$\frac{\partial E_n}{\partial\lambda}=\int\psi_n^*\frac{\partial\hat{H}}{\partial\lambda}\psi_n\mathrm{d}x=\int\psi_n^*\frac{\hat{p}}{m}\psi_n\mathrm{d}x=\frac{1}{m}\overline{p} \tag{12}$$

又由力学量的平均值随时间变化的规律有

$$\frac{\mathrm{d}\overline{x}}{\mathrm{d}t}=\overline{\frac{\partial x}{\partial t}}+\frac{1}{\mathrm{i}\hbar}\overline{[x,\hat{H}]}=\frac{1}{\mathrm{i}\hbar}\overline{[x,\hat{H}]}=\frac{1}{\mathrm{i}\hbar}\overline{\left[x,\frac{\hat{p}^2}{2m}+V(x)+\lambda\frac{\hat{p}}{m}\right]}=\frac{1}{m}(\overline{p}+\lambda) \tag{13}$$

另一方面，在体系束缚定态中，有

$$\begin{aligned}\frac{\mathrm{d}\overline{x}}{\mathrm{d}t}&=\frac{1}{\mathrm{i}\hbar}\overline{[x,\hat{H}]}=\frac{1}{\mathrm{i}\hbar}\int\psi_n^*[x,\hat{H}]\psi_n\mathrm{d}x\\&=\int\psi_n^*(x\hat{H}-\hat{H}x)\psi_n\mathrm{d}x=E_n\overline{x}-E_n\overline{x}=0\end{aligned} \tag{14}$$

由式(13)与式(14)可立即得到

$$\frac{1}{m}(\overline{p}+\lambda)=0,\quad 即\quad \overline{p}=-\lambda \tag{15}$$

将式(15)代入式(12)中，得

$$\frac{\partial E_n}{\partial\lambda}=-\frac{\lambda}{m}$$

于是

$$E_n=-\frac{\lambda^2}{2m}+C \tag{16}$$

再代入初始条件：由于 $\lambda=0$ 时，$\hat{H}=\hat{H}_0$，$E_n=E_n^{(0)}$，所以 $C=E_n^{(0)}$。最后得

$$E_n=E_n^{(0)}-\frac{\lambda^2}{2m} \tag{17}$$

(c) 由给出的两个势能函数 $V_1(x)$ 和 $V_2(x)$ 构造一个新的势能函数

$$V(\lambda,x)=(1-\lambda)V_1(x)+\lambda V_2(x) \tag{18}$$

有

$$\left[-\frac{\hbar^2}{2m}\frac{\mathrm{d}^2}{\mathrm{d}x^2}+V(\lambda,x)\right]\psi_n(\lambda,x)=E_n(\lambda)\psi_n(\lambda,x) \tag{19}$$

$$\left[-\frac{\hbar^2}{2m}\frac{\mathrm{d}^2}{\mathrm{d}x^2}+V(0,x)\right]\psi_n(0,x)=E_n(0)\psi_n(0,x) \tag{20}$$

$$\left[-\frac{\hbar^2}{2m}\frac{\mathrm{d}^2}{\mathrm{d}x^2}+V(1,x)\right]\psi_n(1,x)=E_n(1)\psi_n(1,x) \tag{21}$$

注意到(18)式,有

$$V(0,x)=V_1(x),\quad V(1,x)=V_2(x) \tag{22}$$

再将(20)、(21)两式与(19)式比较,即得

$$E_n(0)=E_{1n},\quad E_n(1)=E_{2n} \tag{23}$$

再将(18)式代入(3)式,有

$$\begin{aligned}\frac{\partial E_n(\lambda)}{\partial\lambda}&=\int_{-\infty}^{\infty}\psi_n^*(\lambda,x)\left\{\frac{\partial}{\partial\lambda}\left[-\frac{\hbar^2}{2m}\frac{\mathrm{d}^2}{\mathrm{d}x^2}+(1-\lambda)V_1(x)+\lambda V_2(x)\right]\right\}\psi_n(\lambda,x)\mathrm{d}x\\&=\int_{-\infty}^{\infty}\psi_n^*(\lambda,x)[V_2(x)-V_1(x)]\psi_n(\lambda,x)\mathrm{d}x\\&=\int_{-\infty}^{\infty}|\psi_n(\lambda,x)|^2[V_2(x)-V_1(x)]\mathrm{d}x\end{aligned} \tag{24}$$

又知 $V_1(x)\leqslant V_2(x)$,代入(10)式,得

$$\frac{\partial E_n(\lambda)}{\partial\lambda}\geqslant 0 \tag{25}$$

(25)式表明 $E_n(\lambda)$ 随 λ 的增加不会减小,由(23)式立即得 $E_n(0)\leqslant E_n(1)$,即

$$E_{1n}\leqslant E_{2n}\quad(n=1,2,3,\cdots) \tag{26}$$

(d)　体系的哈密顿算符为

$$\hat{H}=\frac{\hat{\boldsymbol{p}}^2}{2m}+V(\boldsymbol{r}) \tag{27}$$

若 $V(\boldsymbol{r})$ 与 m 无关,则取质量 m 为参量,由费曼-海尔曼定理有

$$\frac{\partial E}{\partial m}=\overline{\frac{\partial\hat{H}}{\partial m}}=-\overline{\frac{p^2}{2m^2}}=-\frac{\overline{T}}{m} \tag{28}$$

即

$$\overline{T}=-m\frac{\partial E}{\partial m}>0$$

故

$$\frac{\partial E}{\partial m}<0 \tag{29}$$

并且

$$\overline{V}=E-\overline{T}=\left(1+m\frac{\partial}{\partial m}\right)E \tag{30}$$

若 V 与 m 有关,设 $V\propto m^s$,则

$$m\frac{\partial V}{\partial m}=sV \tag{31}$$

按费曼-海尔曼定理有

$$\frac{\partial E}{\partial m}=\overline{\frac{\partial\hat{H}}{\partial m}}=-\frac{1}{m}\overline{T}+\frac{s}{m}\overline{V} \tag{32}$$

再结合 $E=\overline{T}+\overline{V}$,最后得到

$$\overline{V}=\frac{1}{1+s}\left(1+m\frac{\partial}{\partial m}\right)E \tag{33}$$

$$\overline{T}=\frac{1}{1+s}\left(s-m\frac{\partial}{\partial m}\right)E \tag{34}$$

2-25 设两个算符 $\hat{A}$ 与 $\hat{B}$ 互不对易：$[\hat{A},\hat{B}]\neq 0$，ξ 为参变数。试证明：

(a) $e^{\xi\hat{A}}\hat{B}e^{-\xi\hat{A}}=\hat{B}+\frac{\xi}{1!}[\hat{A},\hat{B}]+\frac{\xi^2}{2!}[\hat{A},[\hat{A},\hat{B}]]+\frac{\xi^3}{3!}[\hat{A},[\hat{A},[\hat{A},\hat{B}]]]+\cdots$；

(b) $e^{\xi\hat{A}}\hat{B}^n e^{-\xi\hat{A}}=(e^{\xi\hat{A}}\hat{B}e^{-\xi\hat{A}})^n$；

(c) $e^{\xi\hat{A}}F(\hat{B})e^{-\xi\hat{A}}=F(e^{\xi\hat{A}}\hat{B}e^{-\xi\hat{A}})$

再据此，

(1) 应用基本量子条件$[\hat{x},\hat{p}]=\mathrm{i}\hbar$，证明：

$e^{\frac{\mathrm{i}}{\hbar}\xi\hat{p}}\hat{x}e^{-\frac{\mathrm{i}}{\hbar}\xi\hat{p}}=\hat{x}+\xi$；

$e^{\frac{1}{2}\xi\hat{x}^2}\hat{p}e^{-\frac{1}{2}\xi\hat{x}^2}=\hat{p}+\mathrm{i}\hbar\xi\hat{x}$。

(2) 应用量子条件 $\hat{\boldsymbol{L}}\times\hat{\boldsymbol{L}}=\mathrm{i}\hbar\hat{\boldsymbol{L}}$，证明：

$e^{-\frac{\mathrm{i}}{\hbar}\theta\hat{L}_y}\hat{L}_z e^{\frac{\mathrm{i}}{\hbar}\theta\hat{L}_y}=\hat{L}_x\sin\theta+\hat{L}_z\cos\theta$；

$e^{-\frac{\mathrm{i}}{\hbar}\varphi\hat{L}_z}\hat{L}_x e^{\frac{\mathrm{i}}{\hbar}\varphi\hat{L}_z}=\hat{L}_y\sin\varphi+\hat{L}_x\cos\varphi$。

(3) 设 $\psi_m^{(0)}$ 是 $\hat{L}_z$ 的本征态，相应的本征值为 $m\hbar$，则

$$\psi_m=e^{-\frac{\mathrm{i}}{\hbar}L_z\varphi}e^{-\frac{\mathrm{i}}{\hbar}L_y\theta}\psi_m^{(0)}$$

是 $\hat{L}_n=\hat{L}_x\sin\theta\cos\varphi+\hat{L}_y\sin\theta\sin\varphi+\hat{L}_z\cos\theta$ 的本征态。

(4) $\exp\left(\frac{\mathrm{i}}{\hbar}\xi\hat{p}\right)F(\hat{x})\exp\left(-\frac{\mathrm{i}}{\hbar}\xi\hat{p}\right)$

$=F\left[\exp\left(\frac{\mathrm{i}}{\hbar}\xi\hat{p}\right)\hat{x}\exp\left(-\frac{\mathrm{i}}{\hbar}\xi\hat{p}\right)\right]$

$=F(\hat{x}+\xi)$。

证明：(a) 令

$$e^{\xi\hat{A}}\hat{B}e^{-\xi\hat{A}}=\hat{F}(\xi)=\sum_{n=0}^{\infty}\frac{\xi^n}{n!}\left[\frac{\mathrm{d}^n\hat{F}(\xi)}{\mathrm{d}\xi^n}\right]_{\xi=0}\tag{1}$$

则有

$$\hat{F}(0)=\hat{B}\tag{2}$$

$$\frac{\mathrm{d}}{\mathrm{d}\xi}\hat{F}(\xi)\bigg|_{\xi=0}=\frac{\mathrm{d}}{\mathrm{d}\xi}(e^{\xi\hat{A}}\hat{B}e^{-\xi\hat{A}})\bigg|_{\xi=0}$$

$$=[\hat{A}e^{\xi\hat{A}}\hat{B}e^{-\xi\hat{A}}+e^{\xi\hat{A}}\hat{B}e^{-\xi\hat{A}}(-\hat{A})]|_{\xi=0}=[\hat{A},\hat{F}(\xi)]\bigg|_{\xi=0}$$

$$=[\hat{A},\hat{B}]\tag{3}$$

$$\frac{\mathrm{d}^2}{\mathrm{d}\xi^2}\hat{F}(\xi)\bigg|_{\xi=0}=\frac{\mathrm{d}}{\mathrm{d}\xi}\frac{\mathrm{d}\hat{F}(\xi)}{\mathrm{d}\xi}\bigg|_{\xi=0}=\frac{\mathrm{d}}{\mathrm{d}\xi}[\hat{A},\hat{F}(\xi)]\bigg|_{\xi=0}$$

$$=\left[\hat{A},\frac{\mathrm{d}\hat{F}(\xi)}{\mathrm{d}\xi}\right]\bigg|_{\xi=0}=[\hat{A},[\hat{A},\hat{F}(\xi)]]\bigg|_{\xi=0}=[\hat{A},[\hat{A},\hat{B}]]\tag{4}$$

依次类推，易得

$$e^{\xi\hat{A}}\hat{B}e^{-\xi\hat{A}}=\hat{B}+\frac{\xi}{1!}[\hat{A},\hat{B}]+\frac{\xi^2}{2!}[\hat{A},[\hat{A},\hat{B}]]+\frac{\xi^3}{3!}[\hat{A},[\hat{A},[\hat{A},\hat{B}]]]+\cdots\tag{5}$$

得证。

(b) 因为

$$(e^{\xi\hat{A}}\hat{B}e^{-\xi\hat{A}})^n=(e^{\xi\hat{A}}\hat{B}e^{-\xi\hat{A}})(e^{\xi\hat{A}}\hat{B}e^{-\xi\hat{A}})\cdots(e^{\xi\hat{A}}\hat{B}e^{-\xi\hat{A}})=e^{\xi\hat{A}}\hat{B}\cdot\hat{B}\cdots\hat{B}e^{-\xi\hat{A}}=e^{\xi\hat{A}}\hat{B}^n e^{-\xi\hat{A}}\tag{6}$$

得证。

(c)　设 $\hat{G}=e^{\xi\hat{A}}\hat{B}e^{-\xi\hat{A}}$,则

$$F(e^{\xi\hat{A}}\hat{B}e^{-\xi\hat{A}})=F(\hat{G})=\sum_{n=0}^{\infty}a_n\hat{G}^n \tag{7}$$

又

$$\hat{G}^n=(e^{\xi\hat{A}}\hat{B}e^{-\xi\hat{A}})^n=(e^{\xi\hat{A}}\hat{B}e^{-\xi\hat{A}})(e^{\xi\hat{A}}\hat{B}e^{-\xi\hat{A}})\cdots(e^{\xi\hat{A}}\hat{B}e^{-\xi\hat{A}})=e^{\xi\hat{A}}\hat{B}^n e^{-\xi\hat{A}} \tag{8}$$

故

$$F(e^{\xi\hat{A}}\hat{B}e^{-\xi\hat{A}})=\sum_{n=0}^{\infty}a_n(e^{\xi\hat{A}}\hat{B}^n e^{-\xi\hat{A}})=e^{\xi\hat{A}}\left(\sum_{n=0}^{\infty}a_n\hat{B}^n\right)e^{-\xi\hat{A}}=e^{\xi\hat{A}}F(\hat{B})e^{-\xi\hat{A}} \tag{9}$$

得证。

据此,(1)　应用公式(5),若 $\hat{A}=\frac{i}{\hbar}\hat{p}$,$\hat{B}=\hat{x}$,则

$$\begin{aligned}e^{\frac{i}{\hbar}\xi\hat{p}}\hat{x}e^{-\frac{i}{\hbar}\xi\hat{p}}&=\hat{x}+\frac{\xi}{1!}\left[\frac{i}{\hbar}\hat{p},\hat{x}\right]+\frac{\xi^2}{2!}\left[\frac{i}{\hbar}\hat{p},\left[\frac{i}{\hbar}\hat{p},\hat{x}\right]\right]+\cdots\\&=\hat{x}+\xi\left(\frac{i}{\hbar}\right)(-i\hbar)+\frac{\xi^2}{2}\left[\frac{i}{\hbar}\hat{p},\frac{i}{\hbar}(-i\hbar)\right]+\cdots\\&=\hat{x}+\xi\end{aligned} \tag{10}$$

得证。

若令 $\hat{A}=\frac{1}{2}\hat{x}^2$,$\hat{B}=\hat{p}$,应用公式(5)又有

$$\begin{aligned}e^{\frac{1}{2}\xi\hat{x}^2}\hat{p}e^{-\frac{1}{2}\xi\hat{x}^2}&=\hat{p}+\frac{\xi}{1!}\left[\frac{1}{2}\hat{x}^2,\hat{p}\right]+\frac{\xi^2}{2!}\left[\frac{1}{2}\hat{x}^2,\left[\frac{1}{2}\hat{x}^2,\hat{p}\right]\right]+\cdots\\&=\hat{p}+\frac{\xi}{2}(2i\hbar\hat{x})+\frac{\xi^2}{2}\left[\frac{1}{2}\hat{x}^2,\frac{1}{2}(2i\hbar\hat{x})\right]+\cdots\\&=\hat{p}+i\hbar\xi\hat{x}\end{aligned} \tag{11}$$

得证。

(2)　若令 $\xi=\theta$,$\hat{A}=-\frac{i}{\hbar}\hat{L}_y$,$\hat{B}=\hat{L}_z$,应用公式(5),有

$$\begin{aligned}e^{-\frac{i}{\hbar}\theta\hat{L}_y}\hat{L}_z e^{\frac{i}{\hbar}\theta\hat{L}_y}&=\hat{L}_z+\frac{\theta}{1!}\left[-\frac{i}{\hbar}\hat{L}_y,\hat{L}_z\right]+\frac{\theta^2}{2!}\left[-\frac{i}{\hbar}\hat{L}_y,\left[-\frac{i}{\hbar}\hat{L}_y,\hat{L}_z\right]\right]+\\&\quad\frac{\theta^3}{3!}\left[-\frac{i}{\hbar}\hat{L}_y,\left[-\frac{i}{\hbar}\hat{L}_y,\left[-\frac{i}{\hbar}\hat{L}_y,\hat{L}_z\right]\right]\right]+\cdots\\&=\hat{L}_z-\frac{i}{\hbar}\theta(i\hbar\hat{L}_x)+\frac{\theta^2}{2!}\left[-\frac{i}{\hbar}\hat{L}_y,\left(-\frac{i}{\hbar}\right)(i\hbar\hat{L}_x)\right]+\frac{\theta^3}{3!}\left[-\frac{i}{\hbar}\hat{L}_y,\right.\\&\quad\left.\left[-\frac{i}{\hbar}\hat{L}_y,\left(-\frac{i}{\hbar}\right)(i\hbar\hat{L}_x)\right]\right]+\cdots\\&=\hat{L}_z+\theta\hat{L}_x+\frac{\theta^2}{2}\left(-\frac{i}{\hbar}\right)(-i\hbar\hat{L}_z)+\frac{\theta^3}{3!}\left(\frac{i}{\hbar}\right)(i\hbar\hat{L}_x)+\cdots\\&=\left(1-\frac{\theta^2}{2}+\frac{\theta^4}{4!}-\cdots\right)\hat{L}_z+\left(\theta-\frac{\theta^3}{3!}+\frac{\theta^5}{5!}-\cdots\right)\hat{L}_x\\&=\cos\theta\hat{L}_z+\sin\theta\hat{L}_x\end{aligned} \tag{12}$$

得证。

若令 $\xi=\varphi,\hat{A}=-\frac{\mathrm{i}}{\hbar}\hat{L}_z,\hat{B}=\hat{L}_x$，应用公式(5)同理可得

$$e^{-\frac{i}{\hbar}\varphi\hat{L}_z}\hat{L}_x e^{\frac{i}{\hbar}\varphi\hat{L}_z}=\sin\varphi\hat{L}_y+\cos\varphi\hat{L}_x \tag{13}$$

(3) 由(12)式可得

$$e^{-\frac{i}{\hbar}\theta\hat{L}_y}\hat{L}_z=(\hat{L}_x\sin\theta+\hat{L}_z\cos\theta)e^{-\frac{i}{\hbar}\theta\hat{L}_y} \tag{14}$$

由(13)式可得

$$e^{-\frac{i}{\hbar}\varphi\hat{L}_z}\hat{L}_x=(\hat{L}_y\sin\varphi+\hat{L}_x\cos\varphi)e^{-\frac{i}{\hbar}\varphi\hat{L}_z} \tag{15}$$

于是

$$\begin{aligned}\hat{L}_n\psi_m&=(\hat{L}_x\sin\theta\cos\varphi+\hat{L}_y\sin\theta\sin\varphi+\hat{L}_z\cos\theta)e^{-i\hat{L}_z\varphi}e^{-i\hat{L}_y\theta}\psi_m^{(0)}\\&=\sin\theta(\hat{L}_x\cos\varphi+\hat{L}_y\sin\varphi)e^{-i\hat{L}_z\varphi}e^{-i\hat{L}_y\theta}\psi_m^{(0)}+\hat{L}_z\cos\theta e^{-i\hat{L}_z\varphi}e^{-i\hat{L}_y\theta}\psi_m^{(0)}\\&=\sin\theta e^{-\frac{i}{\hbar}\phi\hat{L}_z}\hat{L}_x e^{-i\hat{L}_y\theta}\psi_m^{(0)}+e^{-i\hat{L}_z\varphi}\hat{L}_z\cos\theta e^{-i\hat{L}_y\theta}\psi_m^{(0)}\\&=e^{-\frac{i}{\hbar}\varphi\hat{L}_z}(\hat{L}_x\sin\theta+\hat{L}_z\cos\theta)e^{-i\hat{L}_y\theta}\psi_m^{(0)}\\&=e^{-\frac{i}{\hbar}\varphi\hat{L}_z}e^{-\frac{i}{\hbar}\theta\hat{L}_y}\hat{L}_z\psi_m^{(0)}=m\hbar e^{-\frac{i}{\hbar}\varphi\hat{L}_z}e^{-\frac{i}{\hbar}\theta\hat{L}_y}\psi_m^{(0)}\end{aligned} \tag{16}$$

可见 $\psi_m=e^{-\frac{i}{\hbar}\varphi\hat{L}_z}e^{-\frac{i}{\hbar}\theta\hat{L}_y}\psi_m^{(0)}$ 是 $\hat{L}_n$ 的本征态，相应的本征值为 $m\hbar$，得证。

(4) 如果取式(9)中的 $\hat{A}=\frac{\mathrm{i}}{\hbar}\hat{p},\hat{B}=\hat{x}$，则由于 $[\hat{x},\hat{p}]=\mathrm{i}\hbar$，有

$$\exp\left(\frac{i}{\hbar}\xi\hat{p}\right)F(\hat{x})\exp\left(-\frac{i}{\hbar}\xi\hat{p}\right)=F\left[\exp\left(\frac{i}{\hbar}\xi\hat{p}\right)\hat{x}\exp\left(-\frac{i}{\hbar}\xi\hat{p}\right)\right] \tag{17}$$

又

$$[\hat{x},F(\hat{p})]=i\hbar\frac{\partial}{\partial\hat{p}}F(\hat{p}) \tag{18}$$

有

$$\left[\hat{x},\exp\left(-\frac{i}{\hbar}\xi\hat{p}\right)\right]=i\hbar\frac{\partial}{\partial\hat{p}}\left[\exp\left(-\frac{i}{\hbar}\xi\hat{p}\right)\right]=\xi\exp\left(-\frac{i}{\hbar}\xi\hat{p}\right)$$

即

$$\hat{x}\exp\left(-\frac{i}{\hbar}\xi\hat{p}\right)=\exp\left(-\frac{i}{\hbar}\xi\hat{p}\right)(\hat{x}+\xi)$$

故

$$\exp\left(\frac{i}{\hbar}\xi\hat{p}\right)\hat{x}\exp\left(-\frac{i}{\hbar}\xi\hat{p}\right)=\exp\left(\frac{i}{\hbar}\xi\hat{p}\right)\left[\exp\left(-\frac{i}{\hbar}\xi\hat{p}\right)(\hat{x}+\xi)\right]=\hat{x}+\xi \tag{19}$$

得

$$\exp\left(\frac{i}{\hbar}\xi\hat{p}\right)F(\hat{x})\exp\left(-\frac{i}{\hbar}\xi\hat{p}\right)=F\left[\exp\left(\frac{i}{\hbar}\xi\hat{p}\right)\hat{x}\exp\left(-\frac{i}{\hbar}\xi\hat{p}\right)\right]=F(\hat{x}+\xi)$$

2-26 算符 $\hat{A}$ 的指数函数定义为：$e^{\xi\hat{A}}\equiv\sum\limits_{n=0}^{\infty}\frac{\xi^n}{n!}\hat{A}^n$，试证明：

(a) 两个算符 $\hat{A}$ 和 $\hat{B}$ 如果对易：$[\hat{A},\hat{B}]=0$，则有

$$e^{\hat{A}}e^{\hat{B}}=e^{\hat{B}}e^{\hat{A}}=e^{\hat{A}+\hat{B}}。$$

(b) 两个算符 $\hat{A}$ 和 $\hat{B}$ 如果不对易：$[\hat{A},\hat{B}]\neq0$，但 $[\hat{A},[\hat{A},\hat{B}]]=[\hat{B},[\hat{A},\hat{B}]]=0$，则

$$e^{\hat{A}+\hat{B}}=e^{\hat{A}}e^{\hat{B}}e^{-\frac{1}{2}[\hat{A},\hat{B}]}=e^{\hat{B}}e^{\hat{A}}e^{\frac{1}{2}[\hat{A},\hat{B}]}$$

再据此证明：

(1)　$e^{\lambda\hat{p}+\mu\hat{x}}=e^{\lambda\hat{p}}e^{\mu\hat{x}}e^{i\hbar\lambda\mu/2}$；

(2)　$\frac{d}{d\xi}e^{\xi\hat{A}}=\hat{A}e^{\xi\hat{A}}=e^{\xi\hat{A}}\hat{A}$；

(3)　$\frac{d}{d\xi}(e^{\xi\hat{A}}e^{\xi\hat{B}})=e^{\xi\hat{A}}(\hat{A}+\hat{B})e^{\xi\hat{B}}$；

(4)　若$\left[\hat{A}(\xi),\frac{d}{d\xi}\hat{A}(\xi)\right]=0$，则$\frac{d}{d\xi}e^{\hat{A}(\xi)}=e^{\hat{A}(\xi)}\frac{d}{d\xi}\hat{A}(\xi)$；

(5)　$\frac{d}{d\xi}[\hat{A}(\xi)+\hat{B}(\xi)]=\frac{d}{d\xi}\hat{A}(\xi)+\frac{d}{d\xi}\hat{B}(\xi)$；

(6)　$\frac{d}{d\xi}[\hat{A}(\xi),\hat{B}(\xi)]=\frac{d\hat{A}(\xi)}{d\xi}\hat{B}(\xi)+\hat{A}(\xi)\frac{d\hat{B}(\xi)}{d\xi}$。

证明:(a)　因为　$e^{\hat{A}}e^{\hat{B}}=\left(\sum_{m=0}^{\infty}\frac{\hat{A}^m}{m!}\right)\left(\sum_{n=0}^{\infty}\frac{\hat{B}^n}{n!}\right)=\sum_{m,n}\frac{\hat{A}^m\hat{B}^n}{m!\ n!}$　(1)

同理

$$e^{\hat{B}}e^{\hat{A}}=\sum_{m,n}\frac{\hat{B}^n\hat{A}^m}{n!\ m!} \tag{2}$$

$$e^{\hat{A}+\hat{B}}=\sum_{k=0}^{\infty}\frac{1}{k!}(\hat{A}+\hat{B})^k \tag{3}$$

其中：

$$(\hat{A}+\hat{B})^k=\sum_{m=0}^{k}\frac{k!}{m!\ (k-m)!}\hat{A}^m\hat{B}^{k-m} \tag{4}$$

将(4)式代入(3)式中，有

$$e^{\hat{A}+\hat{B}}=\sum_{k=0}^{\infty}\frac{1}{k!}\sum_{m=0}^{k}\frac{k!}{m!\ (k-m)!}\hat{A}^m\hat{B}^{k-m} \tag{5}$$

若令 $k-m=n$，则 $k=n+m$，(5)式变为

$$e^{\hat{A}+\hat{B}}=\sum_{n=0}^{\infty}\sum_{m=0}^{\infty}\frac{1}{(n+m)!}\frac{(n+m)!}{m!\ n!}\hat{A}^m\hat{B}^n=\sum_{n=0}^{\infty}\sum_{m=0}^{\infty}\frac{\hat{A}^m\hat{B}^n}{m!\ n!} \tag{6}$$

由已知条件$[\hat{A},\hat{B}]=0$，得

$$e^{\hat{A}}e^{\hat{B}}=e^{\hat{B}}e^{\hat{A}}=e^{\hat{A}+\hat{B}}=\sum_{m,n}\frac{\hat{A}^m\hat{B}^n}{m!\ n!} \tag{7}$$

得证。

(b)　令

$$\hat{f}(\xi)=e^{\xi\hat{A}}e^{\xi\hat{B}},\quad \xi\text{为参变量} \tag{8}$$

显然

$$\hat{f}(0)=1,\quad \hat{f}(1)=e^{\hat{A}}e^{\hat{B}} \tag{9}$$

则

$$\begin{aligned}\frac{d}{d\xi}\hat{f}(\xi)&=\hat{A}e^{\xi\hat{A}}e^{\xi\hat{B}}+e^{\xi\hat{A}}\hat{B}e^{\xi\hat{B}}\\&=(\hat{A}+e^{\xi\hat{A}}\hat{B}e^{-\xi\hat{A}})e^{\xi\hat{A}}e^{\xi\hat{B}}\end{aligned} \tag{10}$$

利用本章例题 2-25 之公式(5)，有

$$e^{\xi\hat{A}}\hat{B}e^{-\xi\hat{A}}=\hat{B}+\frac{\xi}{1!}[\hat{A},\hat{B}]+\frac{\xi^2}{2!}[\hat{A},[\hat{A},\hat{B}]]+\cdots$$

又由已知条件：$[\hat{A},\hat{B}]\neq 0$，但$[\hat{A},[\hat{A},\hat{B}]]=[\hat{B},[\hat{A},\hat{B}]]=0$，所以，有

$$e^{\xi\hat{A}}\hat{B}e^{-\xi\hat{A}}=\hat{B}+\xi[\hat{A},\hat{B}] \tag{11}$$

又

$$[\hat{A}+\hat{B},[\hat{A},\hat{B}]]=0 \tag{12}$$

于是可将$(\hat{A}+\hat{B})$和$[\hat{A},\hat{B}]$看做是两个普通的相互对易的算符，若令

$$\hat{A}+\hat{B}=\hat{a},\quad [\hat{A},\hat{B}]=\hat{b} \tag{13}$$

则(10)式可简写为

$$\frac{d}{d\xi}\hat{f}(\xi)=(\hat{A}+\hat{B}+\xi[\hat{A},\hat{B}])\hat{f}(\xi)=(\hat{a}+\xi\hat{b})\hat{f}(\xi)$$

即

$$\frac{d\hat{f}(\xi)}{\hat{f}(\xi)}=(\hat{a}+\xi\hat{b})d\xi$$

得

$$\hat{f}(\xi)=\exp\left(\hat{a}\xi+\frac{\xi^2}{2}\hat{b}+c\right) \tag{14}$$

再由(9)式 $\hat{f}(0)=1$，得 $c=0$，故

$$\hat{f}(\xi)=e^{\hat{a}\xi+\xi^2\hat{b}/2}=e^{\xi(\hat{A}+\hat{B})+\xi^2[\hat{A},\hat{B}]/2} \tag{15}$$

再将(8)式代入(15)式左边，得

$$e^{\xi\hat{A}}e^{\xi\hat{B}}=e^{\xi(\hat{A}+\hat{B})+\xi^2[\hat{A},\hat{B}]/2} \tag{16}$$

当 $\xi=1$ 时，有

$$e^{\hat{A}}e^{\hat{B}}=e^{\hat{A}+\hat{B}+\frac{1}{2}[\hat{A},\hat{B}]}$$

即

$$e^{\hat{A}+\hat{B}}=e^{\hat{A}}e^{\hat{B}}e^{-\frac{1}{2}[\hat{A},\hat{B}]} \tag{17}$$

得证。

若令 $\hat{f}(\xi)=e^{\xi\hat{B}}e^{\xi\hat{A}}$，同理可得

$$e^{\hat{A}+\hat{B}}=e^{\hat{B}}e^{\hat{A}}e^{\frac{1}{2}[\hat{A},\hat{B}]} \tag{18}$$

联合(17)、(18)两式得

$$e^{\hat{A}+\hat{B}}=e^{\hat{A}}e^{\hat{B}}e^{-\frac{1}{2}[\hat{A},\hat{B}]}=e^{\hat{B}}e^{\hat{A}}e^{\frac{1}{2}[\hat{A},\hat{B}]} \tag{19}$$

得证。再据此，若令 $\hat{A}=\lambda\hat{p}$，$\hat{B}=\mu\hat{x}$，由于$[\hat{x},\hat{p}]=i\hbar$，代入公式(19)即得

$$e^{\lambda\hat{p}+\mu\hat{x}}=e^{\lambda\hat{p}}e^{\mu\hat{x}}e^{i\hbar\lambda\mu/2} \tag{20}$$

又

$$e^{\xi\hat{A}}=\sum_{n=0}^{\infty}\frac{\xi^n}{n!}\hat{A}^n$$

故

$$\frac{d}{d\xi}e^{\xi\hat{A}}=\sum_{n=0}^{\infty}\frac{d}{d\xi}\left(\frac{\xi^n}{n!}\hat{A}^n\right)=\sum_{n=1}^{\infty}\frac{\xi^{n-1}}{(n-1)!}\hat{A}^n=\sum_{m=0}^{\infty}\frac{\xi^m}{m!}\hat{A}^{m+1}$$
$$=\hat{A}\left(\sum_{m=0}^{\infty}\frac{\xi^m}{m!}\hat{A}^m\right)=\left(\sum_{m=0}^{\infty}\frac{\xi^m}{m!}\hat{A}^m\right)\hat{A}$$

$$=\hat{A}e^{\xi\hat{A}}=e^{\xi\hat{A}}\hat{A} \tag{21}$$

同理可证:

$$\frac{d}{d\xi}(e^{\xi\hat{A}}e^{\xi\hat{B}})=e^{\xi\hat{A}}(\hat{A}+\hat{B})e^{\xi\hat{B}} \tag{22}$$

$$若[\hat{A}(\xi),\frac{d}{d\xi}\hat{A}(\xi)]=0,则\frac{d}{d\xi}e^{\hat{A}(\xi)}=e^{\hat{A}(\xi)}\frac{d}{d\xi}\hat{A}(\xi) \tag{23}$$

$$\frac{d}{d\xi}[\hat{A}(\xi)+\hat{B}(\xi)]=\frac{d}{d\xi}\hat{A}(\xi)+\frac{d}{d\xi}\hat{B}(\xi) \tag{24}$$

而

$$\begin{aligned}\frac{d}{d\xi}[\hat{A}(\xi)\hat{B}(\xi)]&=\lim_{\varepsilon\to0}\frac{1}{\varepsilon}[\hat{A}(\xi+\varepsilon)\hat{B}(\xi+\varepsilon)-\hat{A}(\xi)\hat{B}(\xi)]\\&=\lim_{\varepsilon\to0}\frac{1}{\varepsilon}\left[\left(\hat{A}(\xi)+\varepsilon\frac{d}{d\xi}\hat{A}(\xi)\right)\left(\hat{B}(\xi)+\varepsilon\frac{d}{d\xi}\hat{B}(\xi)\right)-\hat{A}(\xi)\hat{B}(\xi)\right]\\&=\hat{A}(\xi)\frac{d}{d\xi}\hat{B}(\xi)+\left(\frac{d}{d\xi}\hat{A}(\xi)\right)\hat{B}(\xi)+\lim_{\varepsilon\to0}\varepsilon\left(\frac{d}{d\xi}\hat{A}(\xi)\right)\left(\frac{d}{d\xi}\hat{B}(\xi)\right)\\&=\hat{A}(\xi)\frac{d\hat{B}(\xi)}{d\xi}+\frac{d\hat{A}(\xi)}{d\xi}\hat{B}(\xi)\end{aligned} \tag{25}$$

得证。

2-27　设两个算符 $\hat{A}$ 与 $\hat{B}$ 不对易:$[\hat{A},\hat{B}]\neq0$,α,λ 为参变数,试证明:

$$-[\hat{A},e^{-\alpha\hat{B}}]=e^{-\alpha\hat{B}}\int_0^\alpha e^{\lambda\hat{B}}[\hat{A},\hat{B}]e^{-\lambda\hat{B}}d\lambda \tag{1}$$

上式称为久保恒等式。

证明:若 $\alpha=0$,则式(1)两边均等于零,久保恒等式成立。

若 $\alpha\neq0$,则对式(1)左边作运算 $\frac{d}{d\alpha}$:

$$\begin{aligned}\frac{d}{d\alpha}\{-[\hat{A},e^{-\alpha\hat{B}}]\}&=-\frac{d}{d\alpha}(\hat{A}e^{-\alpha\hat{B}}-e^{-\alpha\hat{B}}\hat{A})\\&=\hat{A}\hat{B}e^{-\alpha\hat{B}}-\hat{B}e^{-\alpha\hat{B}}\hat{A}\\&=-\hat{B}(e^{-\alpha\hat{B}}\hat{A}-\hat{A}e^{-\alpha\hat{B}})-\hat{B}\hat{A}e^{-\alpha\hat{B}}+\hat{A}\hat{B}e^{-\alpha\hat{B}}\\&=-\hat{B}(e^{-\alpha\hat{B}}\hat{A}-\hat{A}e^{-\alpha\hat{B}})+[\hat{A},\hat{B}]e^{-\alpha\hat{B}}\\&=\hat{B}[\hat{A},e^{-\alpha\hat{B}}]+[\hat{A},\hat{B}]e^{-\alpha\hat{B}}\end{aligned} \tag{2}$$

对式(1)右边作运算 $\frac{d}{d\alpha}$:

$$\begin{aligned}&\frac{d}{d\alpha}\left\{e^{-\alpha\hat{B}}\int_0^\alpha e^{\lambda\hat{B}}[\hat{A},\hat{B}]e^{-\lambda\hat{B}}d\lambda\right\}\\&=(-\hat{B})e^{-\alpha\hat{B}}\int_0^\alpha e^{\lambda\hat{B}}[\hat{A},\hat{B}]e^{-\lambda\hat{B}}d\lambda+e^{-\alpha\hat{B}}\cdot\frac{d}{d\alpha}\left\{\int_0^\alpha e^{\lambda\hat{B}}[\hat{A},\hat{B}]e^{-\lambda\hat{B}}d\lambda\right\}\\&=(-\hat{B})e^{-\alpha\hat{B}}\int_0^\alpha e^{\lambda\hat{B}}[\hat{A},\hat{B}]e^{-\lambda\hat{B}}d\lambda+e^{-\alpha\hat{B}}e^{\alpha\hat{B}}[\hat{A},\hat{B}]e^{-\alpha\hat{B}}\\&=-\hat{B}e^{-\alpha\hat{B}}\int_0^\alpha e^{\lambda\hat{B}}[\hat{A},\hat{B}]e^{-\lambda\hat{B}}d\lambda+[\hat{A},\hat{B}]e^{-\alpha\hat{B}}\end{aligned} \tag{3}$$

比较(2)、(3)两式,看出式(1)的左、右两边满足相同的微分方程,故

$$-[\hat{A},e^{-\alpha\hat{B}}]=e^{-\alpha\hat{B}}\int_0^\alpha e^{\lambda\hat{B}}[\hat{A},\hat{B}]e^{-\lambda\hat{B}}d\lambda$$

成立。

2-28 设 $\hat{U}$ 为幺正算符，若存在厄密算符 $\hat{A},\hat{B}$，使得$\hat{U}=\hat{A}+i\hat{B}$，证明：

(a) $\hat{A}^2+\hat{B}^2=1$，且$[\hat{A},\hat{B}]=0$，试找出 $\hat{A},\hat{B}$；

(b) 进一步再证明 $\hat{U}$ 可表示成 $\hat{U}=e^{i\hat{H}}$，$\hat{H}$ 为厄密算符。

证明：(a) 若存在厄密算符 $\hat{A},\hat{B}$，使得

$$\hat{U}=\hat{A}+i\hat{B} \tag{1}$$

则

$$\hat{U}^+=\hat{A}-i\hat{B} \tag{2}$$

由于 $\hat{U}$ 是幺正的，有

$$1=\hat{U}^+\hat{U}=(\hat{A}-i\hat{B})(\hat{A}+i\hat{B})=\hat{A}^2+\hat{B}^2+i[\hat{A},\hat{B}] \tag{3}$$

$$1=\hat{U}\hat{U}^+=(\hat{A}+i\hat{B})(\hat{A}-i\hat{B})=\hat{A}^2+\hat{B}^2-i[\hat{A},\hat{B}] \tag{4}$$

比较(3)、(4)两式，易得

$$\hat{A}^2+\hat{B}^2=1,\quad [\hat{A},\hat{B}]=0 \tag{5}$$

得证。再由(1)、(2)两式易得

$$\hat{A}=\frac{1}{2}(\hat{U}+\hat{U}^+),\quad \hat{B}=\frac{i}{2}(\hat{U}^+-\hat{U}) \tag{6}$$

显然

$$\hat{A}^+=\hat{A},\quad \hat{B}^+=\hat{B} \tag{7}$$

(b) 由(5)式$[\hat{A},\hat{B}]=0$ 知，$\hat{A},\hat{B}$ 存在着共同的本征函数完备集，设其共同的本征函数为 ψ_n，有

$$\hat{A}\psi_n=\lambda_n\psi_n,\hat{B}\psi_n=\mu_n\psi_n,n=1,2,3,\cdots \tag{8}$$

又由(5)式 $\hat{A}^2+\hat{B}^2=1$，易得

$$\lambda_n^2+\mu_n^2=1 \tag{9}$$

因此，对于每组本征值(λ_n,μ_n)，在$(0,2\pi)$间必然存在实数 ξ_n，使得

$$\lambda_n=\cos\xi_n,\quad \mu_n=\sin\xi_n \tag{10}$$

于是

$$\hat{U}\psi_n=(\hat{A}+i\hat{B})\psi_n=(\lambda_n+i\mu_n)\psi_n=(\cos\xi_n+i\sin\xi_n)\psi_n=e^{i\xi_n}\psi_n \tag{11}$$

再在完备集$\{\psi_n\}$所张开的黑伯特(Hilbert)空间中定义厄密算符 $\hat{H}$，使得

$$\hat{H}\psi_n=\xi_n\psi_n \tag{12}$$

则

$$e^{i\hat{H}}\psi_n=e^{i\xi_n}\psi_n \tag{13}$$

比较(11)、(13)两式知，可将 $\hat{U}$ 表为

$$\hat{U}=e^{i\hat{H}} \tag{14}$$

显然

$$\hat{U}\hat{U}^+=e^{i\hat{H}}e^{-i\hat{H}}=1=\hat{U}^+\hat{U}=e^{-i\hat{H}}e^{i\hat{H}}$$

2-29　试证明:一个正交归一化的函数集$\{\phi_n(x)\}$为完备集的充要条件是:对于任意两个函数$\Psi_1(x)$和$\Psi_2(x)$,有如下关系式成立:

$$\int \Psi_1^*(x)\Psi_2(x)\mathrm{d}x = \sum_n \left[\int \Psi_1^*(x)\phi_n(x)\mathrm{d}x\right]\left[\int \Psi_2(x)\phi_n^*(x)\mathrm{d}x\right]$$

证明:首先证明这个条件是充分的。为此必须证明,不存在不等于零并与所有函数正交的函数集$\{\phi(x)\}$。如果假设存在这样的函数,则可选择$\Psi_1(x)=\Psi_2(x)=\phi(x)$,而有$\int\phi^*(x)\phi(x)\mathrm{d}x=0$,由此得$\phi(x)=0$,这跟已有的假设矛盾。

再由函数集$\{\phi_n(x)\}$的完备性得出:

$$\Psi_1(x)=\sum_{n=1}^{\infty}a_n\phi_n(x) \tag{1}$$

其中:

$$a_n=\int\phi_n^*(x)\Psi_1(x)\mathrm{d}x \tag{2}$$

$$\Psi_2(x)=\sum_{n=1}^{\infty}b_n\phi_n(x) \tag{3}$$

其中:

$$b_n=\int\phi_n^*(x)\Psi_2(x)\mathrm{d}x \tag{4}$$

因此

$$\begin{aligned}\int \Psi_1^*(x)\Psi_2(x)\mathrm{d}x &= \sum_{m,n=1}^{\infty}\int\left[\int\phi_m(x')\Psi_1^*(x')\mathrm{d}x'\right]\phi_m^*(x)\cdot\left[\int\phi_n^*(x'')\Psi_2(x'')\mathrm{d}x''\right]\phi_n(x)\mathrm{d}x\\ &= \sum_{m,n=1}^{\infty}\left[\int\phi_m(x')\Psi_1^*(x')\mathrm{d}x'\right]\left[\int\phi_n^*(x'')\Psi_2(x'')\mathrm{d}x''\right]\cdot\\ &\quad\int\phi_m^*(x)\phi_n(x)\mathrm{d}x\\ &= \sum_{m,n=1}^{\infty}\left[\int\phi_m(x')\Psi_1^*(x')\mathrm{d}x'\right]\left[\int\phi_n^*(x'')\Psi_2(x'')\mathrm{d}x''\right]\delta_{mn}\\ &= \sum_{n=1}^{\infty}\left[\int\Psi_1^*(x)\phi_n(x)\mathrm{d}x\right]\left[\int\Psi_2(x)\phi_n^*(x)\mathrm{d}x\right]\end{aligned} \tag{5}$$

得证。

附注:取$\Psi_2(x)=\Psi_1(x)$,有

$$\int|\Psi_1(x)|^2\mathrm{d}x=\sum_{n=1}^{\infty}\left|\int\phi_n^*(x)\Psi_1(x)\mathrm{d}x\right|^2 \tag{6}$$

式(6)称为帕塞伐耳(Parseval)关系式。它对任何完备系$\{\phi_n(x)\}$都成立。如果函数集不是完备的,有

$$\int|\Psi_1(x)|^2\mathrm{d}x\leqslant\sum_{n=1}^{\infty}\left|\int\phi_n^*(x)\Psi_1(x)\mathrm{d}x\right|^2 \tag{7}$$

第三部分　练　习　题

2-1　在一维无限深方势阱$V(x)=\begin{cases}\infty, & x<0,x>a\\ 0, & 0\leqslant x\leqslant a\end{cases}$中运动的粒子,证明:

(a) $\overline{x}=\dfrac{a}{2}$, $\overline{(x-\overline{x})^2}=\dfrac{a^2}{12}\left(1-\dfrac{6}{n^2\pi^2}\right)$;

(b) 当 $n\to\infty$ 时,(a)中结果与经典结论一致。

2-2 设在一维无限深方势阱 $V(x)=\begin{cases}\infty, & x<0,x>a\\ 0, & 0\leqslant x\leqslant a\end{cases}$ 中运动的粒子处于波函数 $\psi(x)=N\sin\dfrac{\pi x}{a}\cos^2\dfrac{\pi x}{a}$ 所描写的状态之中,求粒子能量的可能取值及相应的几率。

答:$N=\dfrac{4}{\sqrt{a}}$,$E_1=\dfrac{\pi^2\hbar^2}{2ma^2}$,几率为 $w_1=\dfrac{1}{2}$,$E_3=\dfrac{9\pi^2\hbar^2}{2ma^2}$,几率为 $w_3=\dfrac{1}{2}$.

2-3 设粒子状态波函数为 $\psi(x,y,z)$(已归一化),求粒子位置 z 处于区间 $z_1\leqslant z\leqslant z_2$,而动量 p_y 取值在区间 $p_1\leqslant p_y\leqslant p_2$ 的几率。

答:作变换:$\phi(x,p_y,z)=(2\pi\hbar)^{-1/2}\int\psi(x,y,z)\mathrm{e}^{-\frac{\mathrm{i}}{\hbar}p_y y}\mathrm{d}y$,则所求几率为 $w=\int_{-\infty}^{\infty}\int_{p_1}^{p_2}\int_{z_1}^{z_2}|\phi(x,p_y,z)|^2\mathrm{d}x\mathrm{d}p_y\mathrm{d}z$.

2-4 (a) 空间转子处于状态 $Y(\theta,\varphi)=A(\cos\theta+\sin\theta\cos\varphi)$ 中,试分别求轨道角动量 $\hat{\boldsymbol{L}}^2$ 和 $\hat{L}_z$ 取各可能值的几率及期望值;

(b) 平面转子处于状态 $\Phi(\varphi)=A\sin^2\varphi$ 中,试求体系能量取各可能值的几率及期望值。

答:(a) $A=\sqrt{\dfrac{3}{8\pi}}$,$L^2=2\hbar^2$,几率 $w(L^2)=1$,$\overline{L^2}=2\hbar^2$;$L_z=0$,几率 $w(L_z=0)=\dfrac{1}{2}$,$L_z=\hbar$,几率 $w(L_z=\hbar)=\dfrac{1}{4}$,$L_z=-\hbar$,几率 $w(L_z=-\hbar)=\dfrac{1}{4}$,$\overline{L_z}=0$.

(b) $A=\dfrac{2}{\sqrt{3\pi}}$,$E_0=0$,几率 $w(E_0)=\dfrac{2}{3}$,$E_2=\dfrac{2\hbar^2}{I}$,几率 $w(E_2)=\dfrac{1}{6}$,$E_{-2}=\dfrac{2\hbar^2}{I}$,几率 $w(E_{-2})=\dfrac{1}{6}$,$\overline{E}=\dfrac{2\hbar^2}{3I}$.

2-5 设体系处于归一化的波函数 $\psi(\theta,\varphi)=c_1Y_{11}+c_2Y_{20}$ 所描述的状态之中,设 $|c_1|^2+|c_2|^2=1$,求:

(a) $\hat{L}_z$ 的可能取值、相应的几率及平均值;

(b) $\hat{\boldsymbol{L}}^2$ 的可能取值、相应的几率及平均值;

(c) $\hat{L}_x$ 及 $\hat{L}_y$ 的可能取值及平均值。

答:(a) $L_z=\hbar$,几率 $w(\hbar)=|c_1|^2$,$L_z=0$,几率 $w(0)=|c_2|^2$,$\overline{L_z}=\hbar|c_1|^2$.

(b) $L^2=2\hbar^2$,几率 $w(2\hbar^2)=|c_1|^2$,$L^2=6\hbar^2$,几率 $w(6\hbar^2)=|c_2|^2$,$\overline{L^2}=(2|c_1|^2+6|c_2|^2)\hbar^2$.

(c) $\hat{L}_x$ 的可能取值为:$0,\pm\hbar,\pm2\hbar$,$\overline{L_x}=0$,$\hat{L}_y$ 的可能取值为:0、$\pm\hbar$、$\pm2\hbar$、$\overline{L_y}=0$.

2-6　试将空间转子如下状态波函数按球谐函数完备组展开：

(a)　$\phi(\theta,\varphi)=N\cos 2\theta\sin\varphi$；

(b)　$\phi(\theta,\varphi)=N\sin\theta\cos 2\theta\sin\varphi$.

答：(a)　$\sqrt{\frac{15}{14\pi}}\cos 2\theta\sin\varphi=-\mathrm{i}\,\frac{3\pi}{16}\sqrt{\frac{5}{7}}(Y_{11}+Y_{1-1})+\mathrm{i}\,\frac{3\pi}{32}\sqrt{\frac{5}{2}}(Y_{31}+Y_{3-1})+\cdots$，为无限项求和；

(b)　$\sqrt{\frac{105}{76\pi}}\sin\theta\cos 2\theta\sin\varphi=\mathrm{i}\,\frac{4}{\sqrt{95}}(Y_{31}+Y_{3-1})-\mathrm{i}\,\frac{3}{5}\sqrt{\frac{35}{38}}(Y_{11}+Y_{1-1})$.

2-7　设体系哈密顿算符 $\hat{H}$ 的两个不同本征值 E_1 和 E_2 相应的归一化本征函数分别为 $u_1(\boldsymbol{r})$ 和 $u_2(\boldsymbol{r})$。力学量算符 $\hat{F}$ 与 $\hat{H}$ 不对易，它的两个不同本征值 f_1 和 f_2 相应的归一化本征函数为

$$\psi_1=\frac{1}{\sqrt{2}}(u_1+u_2),\quad \psi_2=\frac{1}{\sqrt{2}}(u_1-u_2)$$

假定时刻 $t=0$ 体系处于态 $\Psi(0)=\psi_1$ 之中，求在时刻 $t>0$，力学量 F 的期望值 $\overline{F}(t)$。

答：
$$\Psi(t)=\frac{1}{2}\psi_1\left[\exp\left(-\frac{\mathrm{i}}{\hbar}E_1t\right)+\exp\left(-\frac{\mathrm{i}}{\hbar}E_2t\right)\right]+\frac{1}{2}\psi_2\left[\exp\left(-\frac{\mathrm{i}}{\hbar}E_1t\right)-\exp\left(-\frac{\mathrm{i}}{\hbar}E_2t\right)\right],$$

$$\overline{F}(t)=\frac{1}{2}(f_1+f_2)+\frac{1}{2}(f_1-f_2)\cos\left(\frac{E_1-E_2}{\hbar}t\right).$$

2-8　设 $[\hat{q},\hat{p}]=\mathrm{i}\hbar$，$f(\hat{q})$ 是 $\hat{q}$ 的可微函数，证明：

(a)　$[\hat{q},\hat{p}^2 f(\hat{q})]=2\mathrm{i}\hbar\hat{p}f$；

(b)　$[\hat{q},\hat{p}f(\hat{q})\hat{p}]=\mathrm{i}\hbar(f\hat{p}+\hat{p}f)$；

(c)　$[\hat{q},f(\hat{q})\hat{p}^2]=2\mathrm{i}\hbar f\hat{p}$；

(d)　$[\hat{p},\hat{p}^2 f(\hat{q})]=\frac{\hbar}{\mathrm{i}}\hat{p}^2 f'$；

(e)　$[\hat{p},\hat{p}f(\hat{q})\hat{p}]=\frac{\hbar}{\mathrm{i}}\hat{p}f'\hat{p}$；

(f)　$[\hat{p},f\hat{p}^2]=\frac{\hbar}{\mathrm{i}}f'\hat{p}^2$。

2-9　证明：

(a)　$\hat{\boldsymbol{r}}\cdot\hat{\boldsymbol{L}}=\hat{\boldsymbol{L}}\cdot\hat{\boldsymbol{r}}=0$，　$\hat{\boldsymbol{p}}\cdot\hat{\boldsymbol{L}}=\hat{\boldsymbol{L}}\cdot\hat{\boldsymbol{p}}=0$；

(b)　$(\hat{\boldsymbol{L}}\times\hat{\boldsymbol{p}})\cdot\hat{\boldsymbol{p}}=0$，　$\hat{\boldsymbol{p}}\cdot(\hat{\boldsymbol{p}}\times\hat{\boldsymbol{L}})=0$；

(c)　$(\hat{\boldsymbol{p}}\times\hat{\boldsymbol{L}})\cdot\hat{\boldsymbol{p}}=2\mathrm{i}\hbar\hat{\boldsymbol{p}}^2$，　$\hat{\boldsymbol{p}}\cdot(\hat{\boldsymbol{L}}\times\hat{\boldsymbol{p}})=2\mathrm{i}\hbar\hat{\boldsymbol{p}}^2$；

(d)　$(\hat{\boldsymbol{p}}\times\hat{\boldsymbol{L}})\cdot\hat{\boldsymbol{L}}=0$，　$\hat{\boldsymbol{L}}\cdot(\hat{\boldsymbol{L}}\times\hat{\boldsymbol{p}})=0$；

(e)　$(\hat{\boldsymbol{L}}\times\hat{\boldsymbol{p}})\cdot\hat{\boldsymbol{L}}=0$，　$\hat{\boldsymbol{L}}\cdot(\hat{\boldsymbol{p}}\times\hat{\boldsymbol{L}})=0$；

(f)　$\hat{\boldsymbol{p}}\times(\hat{\boldsymbol{L}}\times\hat{\boldsymbol{p}})=-(\hat{\boldsymbol{L}}\times\hat{\boldsymbol{p}})\times\hat{\boldsymbol{p}}=?$

2-10 利用轨道角动量算符的基本对易关系式 $\hat{\boldsymbol{L}}\times\hat{\boldsymbol{L}}=\mathrm{i}\hbar\hat{\boldsymbol{L}}$，证明：

(a) $[\hat{\boldsymbol{L}}^2,\hat{L}_x]=[\hat{\boldsymbol{L}}^2,\hat{L}_y]=[\hat{\boldsymbol{L}}^2,\hat{L}_z]=0$；

(b) $[\hat{\boldsymbol{L}}^2,\hat{L}_+]=[\hat{\boldsymbol{L}}^2,\hat{L}_-]=0$；

(c) $[\hat{L}_z,\hat{L}_+]=\hbar\hat{L}_+$，　$[\hat{L}_z,\hat{L}_-]=-\hbar\hat{L}_-$；

(d) $[\hat{L}_+,\hat{L}_-]=2\hbar\hat{L}_z$；

(e) $\hat{L}_\pm\hat{L}_\mp=\hat{\boldsymbol{L}}^2-\hat{L}_z^2\pm\hbar\hat{L}_z$；

(f) $\hat{L}_+^+=\hat{L}_-$，　$\hat{L}_-^+=\hat{L}_+$；

(g) $[\hat{L}_+,\hat{L}_-]_+\equiv\hat{L}_+\hat{L}_-+\hat{L}_-\hat{L}_+=2(\hat{\boldsymbol{L}}^2-\hat{L}_z^2)$；

(h) $\hat{\boldsymbol{L}}^2=\frac{1}{2}(\hat{L}_+\hat{L}_-+\hat{L}_-\hat{L}_+)+\hat{L}_z^2$.

式中：$\hat{\boldsymbol{L}}^2=\hat{L}_x^2+\hat{L}_y^2+\hat{L}_z^2$，并定义角动量升、降算符 $\hat{L}_\pm$ 为

$$\hat{L}_\pm=\hat{L}_x\pm\mathrm{i}\hat{L}_y$$

2-11 利用测不准关系估算：

(a) 一维无限深方势阱中运动粒子的基态能；

(b) 一维谐振子的基态能；

(c) 在势场 $V(r)=-\frac{\lambda}{r^{3/2}}$　$(\lambda>0)$　中运动的质量为 m 的粒子的基态能。

答：(a) $E_{基}=\frac{\hbar^2}{2ma^2}$；

(b) $E_{基}=\hbar\omega$；

(c) $E_{基}=-\frac{27}{32}\cdot\left(\frac{m^3\lambda^4}{\hbar^6}\right)$.

2-12 求证力学量 $\hat{x}$ 与 $F(\hat{p}_x)$ 的测不准关系为

$$\overline{\Delta x^2}\cdot\overline{\Delta F^2}\geqslant\frac{\hbar^2}{4}\left|\overline{\frac{\partial F}{\partial\hat{p}_x}}\right|^2$$

2-13 力学量算符 $\hat{A}$,$\hat{B}$ 的本征值分别为 a_n,b_n。在任一态 ψ 中先测 $\hat{A}$ 得值 a_n，再测 $\hat{B}$ 得值 b_n 的几率为 $P(a_n,b_n)$；而先测 $\hat{B}$ 得值 b_n，再测 $\hat{A}$ 得值 a_n 的几率为 $P(b_n,a_n)$。问 $P(a_n,b_n)=P(b_n,a_n)$ 的条件如何？试证明之。

答：条件为 $[\hat{A},\hat{B}]=0$.

2-14 设在体系的一个给定的波函数 ψ_A 所描写的状态中，力学量 $\hat{A}$ 具有完全确定的值，问在算符 $\hat{A}$ 和 $\hat{B}$ 对易与不对易两种情况下，力学量 $\hat{B}$ 在上述态中是否也具有完全确定的值？

答：若 $[\hat{A},\hat{B}]=0$，则在 $\hat{A}$ 有完全确定的值的态 ψ_A 下，$\hat{B}$ 不一定也有完全确定的值，这与 $\hat{A}$ 的本征值是否存在简并有关。若 $[\hat{A},\hat{B}]\neq0$，则在 $\hat{A}$ 有完全确定的值的态 ψ_A 下，$\hat{B}$ 一定没有完全确定的值，但个别特例除外。

2-15　试证明:

(a)　当体系的哈密顿算符不显含 t 时,能量守恒;

(b)　当体系的哈密顿算符对空间反演不变时,宇称守恒;

(c)　粒子在辏力场中运动时,轨道角动量守恒。

2-16　如果体系的哈密顿算符不显含时间 t,在具有分立能谱的定态中试证明:

(a)　动量的期望值为零;

(b)　任一力学量 $\hat{F}$,如果不显含时间 t,则 $\dfrac{d\overline{F}}{dt}=0$;

(c)　作用在粒子上的力的期望值等于零。

提示:若 $\hat{H}=\dfrac{\hat{\boldsymbol{p}}^2}{2m}+V(\boldsymbol{r})$,则作用在粒子上的力算符为:

$$\hat{\boldsymbol{F}}=-\nabla V(\boldsymbol{r})=\frac{1}{i\hbar}[\hat{\boldsymbol{p}},V(\boldsymbol{r})]$$

2-17　试证明:

(a)　力学量 $\hat{A}$(不显含 t)的期望值对时间的二次微商为:

$$-\hbar^2\frac{d^2}{dt^2}\overline{A}=\overline{[[\hat{A},\hat{H}],\hat{H}]}$$

(b)　粒子在势场 $V(x)$ 中运动,有

$$m\frac{d^2}{dt^2}\overline{x}=-\overline{\frac{\partial V(x)}{\partial x}}$$

2-18　试应用克拉末表示式,求一维谐振子的 $\overline{x^2}$,$\overline{x^4}$,$\overline{x^6}$.

答:$\overline{x^2}=\dfrac{\hbar}{m\omega}\left(n+\dfrac{1}{2}\right)$;　$\overline{x^4}=\dfrac{3\hbar^2}{8m^2\omega^2}\left[4\left(n+\dfrac{1}{2}\right)^2+1\right]$;

$$\overline{x^6}=\frac{5\hbar^3}{12m^3\omega^3}\left(n+\frac{1}{2}\right)\left[6\left(n+\frac{1}{2}\right)^2+\frac{15}{2}\right].$$

第三章 中心力场——氢原子和类氢离子

第一部分 内容精要

一、粒子在中心力场中运动的一般特点

1. 定态薛定谔方程分离变量

粒子在中心力场(又称辏力场)中的运动属于三维运动,所处势场 $V(r)$ 只是粒子径向坐标 r 的函数,与角向坐标 θ 和 φ 无关。体系的哈密顿算符为

$$\hat{H}=\frac{\hat{\boldsymbol{p}}^2}{2\mu}+V(\hat{r})=-\frac{\hbar^2}{2\mu}\nabla^2+V(r) \tag{3-1}$$

式中:μ 是粒子的质量;采用球极坐标系,算符 ∇^2 表示为

$$\begin{aligned}\nabla^2&=\frac{1}{r^2}\frac{\partial}{\partial r}\left(r^2\frac{\partial}{\partial r}\right)+\frac{1}{r^2}\left[\frac{1}{\sin\theta}\frac{\partial}{\partial\theta}\left(\sin\theta\frac{\partial}{\partial\theta}\right)+\frac{1}{\sin^2\theta}\frac{\partial^2}{\partial\varphi^2}\right]\\&=\frac{\partial^2}{\partial r^2}+\frac{2}{r}\frac{\partial}{\partial r}-\frac{\hat{\boldsymbol{L}}^2}{\hbar^2r^2}\end{aligned} \tag{3-2}$$

利用分离变量法求解体系的定态薛定谔方程:

$$\left[-\frac{\hbar^2}{2\mu}\nabla^2+V(r)\right]\psi_E(\boldsymbol{r})=E\psi_E(\boldsymbol{r}) \tag{3-3}$$

记方程的解 $\psi_E(\boldsymbol{r})$ 为径向函数 $R(r)$ 与角向函数 $Y(\theta,\varphi)$ 之乘积:

$$\psi_E(\boldsymbol{r})=R(r)Y(\theta,\varphi) \tag{3-4}$$

代入方程(3-3),则化为如下所述两个方程。

2. 角向方程和角向函数

角向函数满足的方程并附以角向函数应满足波函数的三个标准条件,正是球谐函数 $Y_{lm}(\theta,\varphi)$ 满足的方程:

$$\begin{gathered}-\left[\frac{1}{\sin\theta}\frac{\partial}{\partial\theta}\left(\sin\theta\frac{\partial}{\partial\theta}\right)+\frac{1}{\sin^2\theta}\frac{\partial^2}{\partial\varphi^2}\right]Y_{lm}(\theta,\varphi)=l(l+1)Y_{lm}(\theta,\varphi)\\ l=0,1,2,\cdots,m=0,\pm1,\cdots,\pm l\end{gathered} \tag{3-5}$$

它与粒子所处中心势场 $V(r)$ 的具体形式无关,事实上是轨道角动量的平方算符 $\hat{\boldsymbol{L}}^2$ 的本征值方程。方程的解是球谐函数:

$$\begin{gathered}Y_{lm}(\theta,\varphi)=N_{lm}P_l^m(\cos\theta)\mathrm{e}^{\mathrm{i}m\varphi}\\ l=0,1,2,\cdots,m=0,\pm1,\cdots,\pm l\end{gathered} \tag{3-6}$$

式中:$\mathrm{P}_l^m(\cos\theta)$ 是缔合勒让德多项式;N_{lm} 是归一化常数:

$$N_{lm}=(-1)^m\left[\frac{(2l+1)(l-m)!}{4\pi(l+m)!}\right]^{1/2} \tag{3-7}$$

它使得角向函数已经归一化：

$$\int_0^{\pi}\int_0^{2\pi}|Y_{lm}(\theta,\varphi)|^2\sin\theta d\theta d\varphi=1 \tag{3-8}$$

粒子在任意的中心力场中运动，定态波函数的角向函数通常都取球谐函数 $Y_{lm}(\theta,\varphi)$。其中，l 和 m 分别是轨道角动量的角量子数和磁量子数。原子物理学中将 $l=0,1,2,3,4,5,\cdots$ 的态分别称为 $s,p,d,f,g,h,\cdots$ 态。

3. 径向方程、径向函数和体系的能量

径向函数满足的方程是

$$\frac{1}{r^2}\frac{d}{dr}\left[r^2\frac{d}{dr}R_{El}(r)\right]+\left[\frac{2\mu}{\hbar^2}(E-V(r))-\frac{l(l+1)}{r^2}\right]R_{El}(r)=0$$

$$l=0,1,2,3,\cdots \tag{3-9}$$

方程中包含有粒子所处具体中心场的势能算符 $V(r)$ 和相应的体系能量 E，方程与角量子数有关但与磁量子数无关。求解径向方程(3-9)，并且要求径向函数满足波函数的三个标准条件，就可以得到满足物理要求的径向函数 $R_{El}(r)$，同时得到体系相应的定态能量 E。能量 E 一般来说也与角量数 l 有关，但肯定与磁量子数 m 无关。

总之，粒子在一个中心势场中运动，定态波函数为

$$\psi_{Elm}(\boldsymbol{r})=R_{El}(r)Y_{lm}(\theta,\varphi) \tag{3-10}$$

它实际上是能量 $\hat{H}$、轨道角动量平方 $\hat{\boldsymbol{L}}^2$ 和 z 分量 $\hat{L}_z$ 共同的本征函数。因为粒子在中心势场中运动体系的哈密顿算符 $\hat{H}$ 与轨道角动量算符 $\hat{\boldsymbol{L}}^2$ 和 $\hat{L}_z$ 对易，三者有共同的本征函数完备组，故通常是取用轨道角动量 $\hat{\boldsymbol{L}}^2$ 和 $\hat{L}_z$ 共同的本征函数（$\hat{H}$ 和 $\hat{\boldsymbol{L}}^2$、$\hat{L}_z$ 共同的本征函数）作为 $\hat{H}$ 的本征函数（体系定态的波函数）。力学量 H、$\boldsymbol{L}^2$ 和 L_z 都是守恒量，由它们构成一个力学量完全集合 $\{\hat{H},\hat{\boldsymbol{L}}^2,\hat{L}_z\}$，用以确定粒子在中心势场中运动体系的运动状态波函数。用一组确定取值 E、$l(l+1)\hbar^2$ 和 $m\hbar$（或相应的一组量子数 n_r，l 和 m）来确定一个定态波函数，这组确定取值不随时间变化；用这三个力学量各自取可能值的几率分布（它们也不随时间变化）来确定一个非定态波函数（它可以写为若干定态波函数的叠加）。注意，这种体系还有一个守恒量：宇称，在有些场合，可以用宇称来确定体系一个运动状态波函数和区分两个不同的运动状态波函数。体系在定态 $\psi_{Elm}(\boldsymbol{r})$ 下有确定的宇称，为 $(-1)^l$。

4. 束缚定态的能级和波函数

体系束缚定态波函数的边界条件为

$$\psi_E(\boldsymbol{r})\xrightarrow{|\boldsymbol{r}|\to\infty}0 \tag{3-11}$$

因而有

$$R_{El}(r)\xrightarrow{r\to\infty}0 \tag{3-12}$$

这使得径向方程(3-9)中固定角量子数 l 的值后，能量 E 只能取一系列分立的值，才能保证径向函数满足波函数的三个标准条件以及边界条件式(3-12)。能量的这一系列分立的允许取值 $\{E_{n_r}\}$ 用径向量子数 n_r 的不同值（$n_r=1,2,3,\cdots$）依次来区分。这样，体系束缚定态的能级形成分立谱，每一能级由径向量子数 n_r 和角量子数 l 共两个量子数的一组数来表征，记为 E_{n_rl}。而对于 n_r 取固定的值而言，E_{n_rl} 也随 l 增大而升高（$l=0$ 的能级最低）。

相应地，体系束缚定态的径向函数记为 $R_{n_rl}(r)$，为实函数。束缚定态的波函数由式

(3-10)写成

$$\psi_{n_r lm}(\boldsymbol{r}) = R_{n_r l}(r) Y_{lm}(\theta,\varphi)$$

$$n_r = 1,2,3,\cdots,\quad l = 0,1,2,\cdots,\quad m = 0,\pm 1,\cdots,\pm l \tag{3-13}$$

由 n_r、l 和 m 共三个量子数来表征。波函数 $\psi_{n_r lm}(\boldsymbol{r})$ 的归一化由角向函数 $Y_{lm}(\theta,\varphi)$ 的归一化(式 3-8)和径向函数 $R_{n_r l}(r)$ 的归一化

$$\int_0^{\infty} R_{n_r l}^2(r) r^2 \mathrm{d}r = 1 \tag{3-14}$$

共同来实现。

可见,体系的束缚能级有简并。每一能级 $E_{n_r l}$ 的简并度为 $2l+1$.

二、求解束缚定态径向方程的几点说明

1. 相似于粒子在一维有效势场中运动的定态薛定谔方程

束缚定态的径向方程(3-9)及其边界条件式(3-12)在作替换

$$R_{n_r l}(r) = \frac{u_{n_r l}(r)}{r} \tag{3-15}$$

后变为

$$\frac{\mathrm{d}^2}{\mathrm{d}r^2} u_{n_r l}(r) + \frac{2\mu}{\hbar^2}\left\{E_{n_r l} - \left[V(r) + \frac{l(l+1)\hbar^2}{2\mu r^2}\right]\right\} u_{n_r l}(r) = 0$$

$$l = 0,1,2,\cdots,\quad n_r = 0,1,2,\cdots \tag{3-16}$$

及

$$u_{n_r l}(0) = 0,\quad (u_{n_r l}(r) \xrightarrow{r\to\infty} \text{有限}) \tag{3-17}$$

方程(3-16)形式上相似于粒子在一维有效势场

$$V_{\text{eff}}(x) = \begin{cases} V(x) + \dfrac{l(l+1)\hbar^2}{2\mu x^2}, & x \geqslant 0 \\ \infty, & x < 0 \end{cases} \tag{3-18}$$

中运动的定态薛定谔方程。方程中 $\dfrac{l(l+1)\hbar^2}{2\mu r^2}$ 项系由粒子的角向运动引起,称为离心势垒,也就是角向动能,总是正定的。方程(3-16)可以等效地作为一维定态薛定谔方程求解。特别是对于 s 态($l=0$),可以将自变量延拓到区间$(-\infty,\infty)$,取 $V(-r)=V(r)$,借用粒子在一维势场中运动相应定态薛定谔方程已求解出的结果。但注意只能取用波函数在零点等于 0 的定态,即具有奇宇称的定态。例如三维各向同性谐振子定态的径向方程的求解可以借用一维谐振子定态薛定谔方程求解的结果;但是注意到一维谐振子基态波函数具有偶宇称,不能取用,应从取用第一激发态开始,故三维各向同性谐振子基态能量是 $\dfrac{3}{2}\hbar\omega$,基态径向函数 $R_{00}(r)=\sqrt{2}\psi_1$(ψ_1 具有一维谐振子第一激发态波函数形式,自变量是 $r(0\leqslant r<\infty)$,$\sqrt{2}$ 源于归一化的下限不同:$\int_{-\infty}^{\infty}|\psi_1(x)|^2\mathrm{d}x = 1$ 而 $\int_0^{\infty} u_{00}(r)^2\mathrm{d}r = 1$)。同理,有 $R_{10}(r)=\sqrt{2}\psi_3$,$R_{20}(r)=\sqrt{2}\psi_5$,等等。

2. 克拉末表示式

设粒子在三维中心势场 $V(r)=Ar^s$ 中运动处于一个束缚定态。由径向方程(3-16)和

边界条件式(3-17)出发，完全同于上一章式(2-54)的推导（只是积分限由从$-\infty$到$+\infty$改为从 0 到$+\infty$），得到

$$\frac{k[k^2-(2l+1)^2]}{2(k+1)}\overline{r^{k-2}}-\frac{2\mu(2k+s+2)}{\hbar^2(k+1)}\overline{r^kV(r)}+\frac{4\mu E}{\hbar^2}\overline{r^k}=0 \tag{3-19}$$

这就是克拉末表示式。

取 $k=0$，有

$$E=\frac{s+2}{2}\overline{V(r)} \tag{3-20}$$

这是维里定理。取 $k=1$，有

$$E=\frac{(s+4)\overline{rV(r)}+\frac{\hbar^2}{\mu}l(l+1)\overline{r^{-1}}}{4\overline{r}} \tag{3-21}$$

式(3-20)和式(3-21)联立，得

$$\overline{rV(r)}=\frac{2(s+2)}{s+4}\overline{r}\cdot\overline{V(r)}-\frac{\hbar^2l(l+1)}{\mu(s+4)}\overline{\left(\frac{1}{r}\right)} \tag{3-22}$$

取 $k=2$，有

$$E=\frac{(s+6)\overline{r^2V(r)}+\frac{\hbar^2}{2\mu}[4l(l+1)-3]}{6\overline{r^2}} \tag{3-23}$$

与式(3-20)联立，得

$$\overline{r^2V(r)}=\frac{3(s+2)}{s+6}\overline{r^2}\cdot\overline{V(r)}-\frac{\hbar^2[4l(l+1)-3]}{2\mu(s+6)} \tag{3-24}$$

3. 费曼-海尔曼定理的应用

由径向方程(3-16)及式(3-14)和(3-15)，得

$$E_{n_rl}=\int_0^\infty u_{n_rl}(r)\left[-\frac{\hbar^2}{2\mu}\frac{\mathrm{d}^2}{\mathrm{d}r^2}+V(r)+\frac{l(l+1)\hbar^2}{2\mu r^2}\right]u_{n_rl}(r)\mathrm{d}r \tag{3-25}$$

应用费曼-海尔曼定理，例如有

(1)
$$\frac{\partial E_{n_rl}}{\partial l}=\int_0^\infty u_{n_rl}(r)\,\frac{(2l+1)\hbar^2}{2\mu r^2}u_{n_rl}(r)\mathrm{d}r>0 \tag{3-26}$$

可见在给定 n_r 值的情况下，E_{n_rl}随角量子数 l 增大而增高。

(2)　由上面式(3-26)得出离心势能的期望值

$$\int_0^\infty u_{n_rl}(r)\,\frac{l(l+1)\hbar^2}{2\mu r^2}u_{n_rl}(r)\mathrm{d}r=\frac{l(l+1)}{2l+1}\left(\frac{\partial E_{n_rl}}{\partial l}\right) \tag{3-27}$$

和径向动能的期望值

$$\int_0^\infty u_{n_rl}(r)\,\frac{\hat{p}_r^2}{2\mu}u_{n_rl}(r)\mathrm{d}r=\overline{T}-\frac{l(l+1)}{2l+1}\left(\frac{\partial E_{n_rl}}{\partial l}\right) \tag{3-28}$$

式中：$\overline{T}$ 是体系动能的期望值，可以应用维里定理或费曼-海尔曼定理求出。

4. 逆问题

由径向方程(3-16)有

$$V(r)=E_{n_r l}-\frac{l(l+1)\hbar^2}{2\mu r^2}+\frac{\hbar^2}{2\mu}\frac{1}{u_{n_r l}(r)}\frac{d^2}{dr^2}u_{n_r l}(r),r\geqslant 0 \tag{3-29}$$

如果已知体系一个束缚定态的径向函数 $R_{n_r l}(r)$，即 $u_{n_r l}(r)$，再例如设定 $V(r)$ 的零点，就可以求出这个束缚定态的能量 $E_{n_r l}$ 以及粒子所处的中心势场 $V(r)$。

三、电子在原子核的静电库仑势场中运动

记势能算符为

$$V(r)=-\frac{1}{4\pi\varepsilon_0}\frac{Ze^2}{r} \tag{3-30}$$

讨论体系能量 $E<0$ 的情况。求解体系束缚定态径向方程(3-9)或(3-16)，解得能量为

$$\begin{aligned}E_n&=-\frac{Z^2\mu e^4}{(4\pi\varepsilon_0)^2 2\hbar^2 n^2}=-\frac{Z^2e^2}{(4\pi\varepsilon_0)2a_\mu n^2}=-\frac{1}{2}\mu c^2\frac{(Z\alpha)^2}{n^2}\\&=-\frac{Z^2R_M hc}{n^2},\quad n=n_r+l+1=1,2,3,\cdots,\infty\end{aligned} \tag{3-31}$$

式中：μ 是电子的折合质量，a_μ 是经修正的玻尔半径，α 是精细结构常数，R_M 是相应的里德伯常数(M 是原子核的质量)；取 $n_r=0,1,2,\cdots$，$l=0,1,2,\cdots$，故 $n=1,2,3,\cdots,\infty$。相应的归一化径向函数 $R_{nl}(r)=\dfrac{u_{n_l}(r)}{r}$，$u_{nl}(r)$ 为

$$\begin{aligned}u_{nl}(r)&=-\frac{1}{n}\left\{\frac{Z}{a_\mu}\frac{(n-l-1)!}{[(n+l)!]^3}\right\}^{1/2}\left(\frac{2Zr}{na_\mu}\right)^{l+1}e^{-\frac{Zr}{na_\mu}}L_{n+l}^{2l+1}\left(\frac{2Zr}{na_\mu}\right)\\&=\frac{1}{n(2l+1)!}\left\{\frac{Z(n+l)!}{a_\mu(n-l-1)!}\right\}^{1/2}\left(\frac{2Zr}{na_\mu}\right)^{l+1}e^{-\frac{Zr}{na_\mu}}F\left(-n+l+1,2l+2,\frac{2Zr}{na_\mu}\right)\end{aligned} \tag{3-32}$$

式中：$L_{n+l}^{2l+1}\left(\dfrac{2Zr}{na_\mu}\right)$ 是缔合拉盖尔多项式，$F\left(-n+l+1,2l+2,\dfrac{2Zr}{na_\mu}\right)$ 是合流超几何函数($n-l-1$ 次多项式)。

能量 E_n 对定态的简并度是

$$\sum_{l=0}^{n-1}(2l+1)=n^2 \tag{3-33}$$

定态波函数 $\psi_{nlm}(\boldsymbol{r})=\dfrac{u_{nl}(r)}{r}Y_{lm}(\theta,\varphi)$ 的宇称为 $(-1)^l$。

四、氢原子和类氢离子问题

氢原子和类氢离子是原子核($Z=1$ 或 $Z>1$)外只有一个电子的体系，系二粒子体系。

1. 将两体问题归结为一个电子在库仑场中运动问题

体系的哈密顿算符为

$$\hat{H}=-\frac{\hbar^2}{2m_1}\nabla_1^2-\frac{\hbar^2}{2m_2}\nabla_2^2-\frac{1}{4\pi\varepsilon_0}\frac{Ze^2}{|\boldsymbol{r}_2-\boldsymbol{r}_1|} \tag{3-34}$$

式中：m_1、$\boldsymbol{r}_1$ 和 m_2、$\boldsymbol{r}_2$ 分别是核和电子的质量、坐标。引入质心坐标 $\boldsymbol{R}$ 和相对坐标 $\boldsymbol{r}$，以及体系的总质量 M 和电子的折合质量 μ：

$$\boldsymbol{R}=\frac{m_1\boldsymbol{r}_1+m_2\boldsymbol{r}_2}{m_1+m_2},\quad \boldsymbol{r}=\boldsymbol{r}_2-\boldsymbol{r}_1$$

$$M=m_1+m_2,\quad \mu=\frac{m_1m_2}{m_1+m_2}\tag{3-35}$$

就可以将算符 $\hat{H}$ 式(3-34)的本征值方程对坐标 $\boldsymbol{R}$ 和 $\boldsymbol{r}$ 分离变量，分为两个方程。关于坐标变量 $\boldsymbol{R}$ 的方程

$$-\frac{\hbar^2}{2M}\nabla_R^2\Phi(\boldsymbol{R})=E_C\Phi(\boldsymbol{R})\tag{3-36}$$

描述原子质心的自由运动，E_C 是原子质心自由运动的能量。这一方面的运动与原子的内部结构无关，故可不予考虑。另一个关于坐标变量 $\boldsymbol{r}$ 的方程

$$\left(-\frac{\hbar^2}{2\mu}\nabla^2-\frac{Ze^2}{4\pi\varepsilon_0 r}\right)\psi(\boldsymbol{r})=(E_{总}-E_C)\psi(\boldsymbol{r})\tag{3-37}$$

描述原子内部电子相对于核的运动，$E_{总}-E_C=E$ 是原子内部相对运动的能量。这正是我们要求解的方程，以期望得到氢原子和类氢离子内部运动的各个物理结果。这个方程正是质量取为折合质量 μ 的电子在原子核的静电库仑势场 $V(r)=-\dfrac{Ze^2}{4\pi\varepsilon_0 r}$ 式(3-30)中运动的定态薛定谔方程。方程满足物理条件的解已有结果，对于 $E<0$ 的情况如式(3-31)和(3-32)所示。

2. 束缚定态能量

束缚能级 $E_n<0$ 如式(3-31)所示，是完全分立的。$E_n\sim\dfrac{1}{n^2}$，$n=1$ 对应于原子基态能量 $E_1=-13.6Z^2\,\mathrm{eV}$(即原子在基态下的电离能是 $13.6Z^2\,\mathrm{eV}$)；$n=2,3,4,\cdots,\infty$ 对应于原子诸激发态能量，有无限多个能级并且能级分布不均匀。另外，E_n 只由主量子数 n 确定，不仅对磁量子数 m 简并，也对角量子数 l 简并；E_n 的简并度为 n^2。这与粒子在一般中心势场 $V(r)$ 中运动的能量简并情况不同，因为库仑势场 $-\dfrac{Ze^2}{4\pi\varepsilon_0 r}$ 比一般中心势场 $V(r)$ 有更高的空间转动对称性。

3. 原子内电子云的角向分布和径向分布

原子内电子在空间出现的几率角向分布为 $W_{lm}(\theta,\varphi)=|Y_{lm}(\theta,\varphi)|^2$，指电子在空间 (θ,φ) 方向单位立体角内出现的总几率。它与角 φ 无关，只与角 θ 有关(在 s 态与角 θ 也无关)。表明原子内的电子尽管所处的静电库仑势场具有球对称性，而电子在空间出现几率的角向分布随角 θ 变化仍有明确的方向性。这对凝聚态物质中原子结合的结构形态有重要意义。

径向分布为 $W_{nl}(r)=R_{nl}^2(r)r^2$，指电子在空间半径 r 处单位径向厚度的球壳内出现的总几率。它是径向坐标 r 的函数。除了 $r=0$ 和 $r\to\infty$ 两点以外，$W_{nl}(r)$ 还有 $n-l-1$ 个节点(零点)，因而有 $n-l$ 个极大值。特别是 $l=n-1$ 的态，有唯一一个极大值，在 $r=n^2a_\mu$ 处，称为最可几半径；它与玻尔氢原子量子论中电子圆周运动轨道半径 r_n 完全一致。表明量子力学中氢原子和类氢离子的主量子数为 n、角量子数 $l=n-1$ 的定态对应于玻尔量子论中原子内的电子第 n 个圆周轨道运动状态，而 $l=n-2,n-3,\cdots,0$ 的诸定态则对应于相应的椭圆轨道运动状态。

必须强调指出：原子内电子云的角向分布函数和径向分布函数都是正定的。但是，角向函数 $Y_{lm}(\theta,\varphi)$ 中的 $P_l^{|m|}(\cos\theta)$ 和径向函数 $R_{nl}(r)$ 却并不是正定的，分别随角 θ 和径向坐标 r 的变化可能或正或负。这对凝聚态物质中不同原子的状态波函数之间叠加以成键结合（或否之）起重要作用。

4. *原子内的电流密度分布及原子的磁矩*

由于电子带电荷 $-e$，在原子内定态下绕极轴（z 轴）运动是行波 $e^{im\varphi}$，故原子内有绕极轴的环电流密度分布（除非 $m=0$），为

$$-ej_{\varphi}=-e\frac{m\hbar}{\mu}\frac{|\psi_{nlm}(\boldsymbol{r})|^2}{r\sin\theta},\quad m=0,\pm1,\pm2,\cdots \tag{3-38}$$

它与角 φ 无关，但随径向坐标 r 和角 θ 而变化。

因而，原子有轨道磁矩，其方向沿极轴，大小取值是量子化的，为

$$M=\mu_B m,\quad m=0,\pm1,\pm2,\cdots \tag{3-39}$$

式中：μ_B 是玻尔磁子。轨道磁矩算符 $\hat{\boldsymbol{M}}_L$ 与轨道角动量算符 $\hat{\boldsymbol{L}}$ 有关系式

$$\hat{\boldsymbol{M}}_L=-g_L\frac{e}{2\mu}\hat{\boldsymbol{L}} \tag{3-40}$$

式中：$g_L=1$ 是电子的轨道朗德 g 因子。原子轨道角动量和轨道磁矩在极轴方向上投影的取值量子化，这在玻尔-索末菲的氢原子量子论中被称为氢原子空间取向量子化。

5. *定态之间的量子跃迁*

原子可能从一个能量为 E_n 的定态 $\psi_{nlm}(\boldsymbol{r})$ 跃迁到另一能量为 $E_{n'}$ 的定态 $\psi_{n'l'm'}(\boldsymbol{r})$ 而伴随着发射或吸收一个光量子。光量子的频率为

$$\nu=\frac{|E_{n'}-E_n|}{h} \tag{3-41}$$

这即是频率条件。

这种跃迁要遵从所谓电偶极辐射选择定则（详见第九章）：

$\Delta n=n'-n$：任意

$$\Delta l=l'-l=\pm1,\quad \Delta m=m'-m=0,\pm1 \tag{3-42}$$

否则电偶极辐射跃迁是禁戒的。自然，此外也有电四极辐射跃迁和磁偶极辐射跃迁等等电磁多极辐射跃迁，各有其跃迁选择定则；还有碰撞无辐射跃迁。

五、三维各向同性谐振子

体系的哈密顿算符为

$$\hat{H}=-\frac{\hbar^2}{2\mu}\nabla^2+\frac{1}{2}\mu\omega^2r^2 \tag{3-43}$$

由定态径向方程(3-9)或(3-16)解得能量为

$$E_{n_rl}=\left(2n_r+l+\frac{3}{2}\right)\hbar\omega,\quad n_r=0,1,2,\cdots,\quad l=0,1,2,\cdots \tag{3-44}$$

相应的归一化径向函数 $R_{n_rl}(r)=\dfrac{u_{n_rl}(r)}{r}$，$u_{n_rl}(r)$ 为

$$u_{n_r l}(r) = N_{n_r l}(\alpha r)^{l+1} \mathrm{e}^{-\frac{1}{2}\alpha^2 r^2} \mathrm{L}_{n_r+l+\frac{1}{2}}^{l+\frac{1}{2}}(\alpha^2 r^2)$$

$$= \left[\frac{2\alpha\Gamma(n_r+l+3/2)}{n_r!}\right]^{1/2} \frac{(\alpha r)^{l+1}\mathrm{e}^{-\frac{1}{2}\alpha^2 r^2}}{\Gamma(l+3/2)} \cdot F\left(-n_r, l+\frac{3}{2}, \alpha^2 r^2\right) \quad (3\text{-}45)$$

式中 $\mathrm{L}_{n_r+l+1/2}^{l+1/2}(\alpha^2 r^2)$是缔合拉盖尔多项式,$\alpha=\sqrt{\frac{\mu\omega}{\hbar}}$,$F(-n_r, l+3/2, \alpha^2 r^2)$为合流超几何函数($n_r$ 次多项式),Γ是伽马函数。能量式(3-44)又可以写成

$$E_n = \left(n+\frac{3}{2}\right)\hbar\omega, \quad n = 2n_r + l = 0,1,2,\cdots \quad (3\text{-}46)$$

径向函数 $u_{n_r l}(r)$式(3-45)中也可相应地将径向量子数 n_r 换成主量子数 $n=2n_r+l$,写成 $u_{nl}(r)$。

可以看出,能量 E_n 对定态 $\Psi_{nlm}(\boldsymbol{r})=\frac{u_{nl}(r)}{r}Y_{lm}(\theta,\varphi)$的简并度是

$$\sum_{l=n,n-2,\cdots}(2l+1) = \frac{1}{2}(n+1)(n+2) \quad (3\text{-}47)$$

式中:$l=0,2,4,\cdots,n$(当 n 为偶数)或 $l=1,3,5,\cdots,n$(当 n 为奇数);定态波函数 $\Psi_{nlm}(\boldsymbol{r})=\frac{u_{nl}(r)}{r}Y_{lm}(\theta,\varphi)$的宇称为

$$(-1)^l = (-1)^n, \quad n = 2n_r + l \quad (3\text{-}48)$$

六、粒子在二维中心势场中运动

粒子在二维中心势场 $V(\rho)$中,采用平面极坐标系,体系的哈密顿算符为

$$\hat{H} = -\frac{\hbar^2}{2\mu}\left(\frac{1}{\rho}\frac{\partial}{\partial\rho}\rho\frac{\partial}{\partial\rho}+\frac{1}{\rho^2}\frac{\partial^2}{\partial\varphi^2}\right)+V(\rho) \quad (3\text{-}49)$$

轨道角动量 z 分量算符 $\hat{L}_z$ 是体系的守恒量:

$$\hat{L}_z = \frac{\hbar}{\mathrm{i}}\frac{\partial}{\partial\varphi}, \quad [\hat{L}_z, \hat{H}] = 0 \quad (3\text{-}50)$$

故采用 $\hat{L}_z$ 的本征函数($\hat{H}$ 和 $\hat{L}_z$ 共同的本征函数)来作为 $\hat{H}$ 的本征函数(体系的定态波函数),令

$$\psi(\rho,\varphi) = R(\rho)\frac{1}{\sqrt{2\pi}}\mathrm{e}^{\mathrm{i}m\varphi}, \quad m = 0, \pm 1, \pm 2, \cdots \quad (3\text{-}51)$$

代入体系的定态薛定谔方程

$$\left[-\frac{\hbar^2}{2\mu}\left(\frac{1}{\rho}\frac{\partial}{\partial\rho}\rho\frac{\partial}{\partial\rho}+\frac{1}{\rho^2}\frac{\partial^2}{\partial\varphi^2}\right)+V(\rho)\right]\psi(\rho,\varphi) = E\psi(\rho,\varphi) \quad (3\text{-}52)$$

得到径向函数 $R(\rho)$满足的方程

$$\left[\frac{\mathrm{d}^2}{\mathrm{d}\rho^2}+\frac{1}{\rho}\frac{\mathrm{d}}{\mathrm{d}\rho}-\frac{m^2}{\rho^2}+\frac{2\mu}{\hbar^2}(E-V(\rho))\right]R(\rho) = 0$$

$$m = 0, \pm 1, \pm 2, \cdots \quad (3\text{-}53)$$

对于体系的束缚定态,要求径向函数满足束缚定态波函数的边界条件:$R(\rho)\xrightarrow{\rho\to\infty}0$ 以及波函数的三个标准条件,求解径向方程(3-53)可以得到体系束缚定态的能谱$\{E_{n_\rho|m|}\}$和相应的归一化径向函数组$\{R_{n_\rho|m|}(\rho)\}$,式中 $n_\rho=0,1,2,\cdots$和$|m|=0,1,2,\cdots$能级 $E_{n_\rho|m|}$ 至少有

两度简并，但是可以用力学量 $\hat{L}_z$ 的两个不同取值 $\pm|m|\hbar$ 来区分能量的这两个简并态。可以令

$$R_{n_\rho|m|}(\rho)=\frac{u_{n_\rho|m|}(\rho)}{\sqrt{\rho}} \tag{3-54}$$

代入径向方程(3-53)，得到 $u_{n_\rho|m|}(\rho)$满足的方程

$$\frac{d^2}{d\rho^2}u_{n_\rho|m|}(\rho)+\frac{2\mu}{\hbar^2}\left\{E_{n_\rho|m|}-\left[V(\rho)+\frac{\left(m^2-\frac{1}{4}\right)\hbar^2}{2\mu\rho^2}\right]\right\}\cdot u_{n_\rho|m|}(\rho)=0 \tag{3-55}$$

径向函数的归一化表示式为

$$\int_0^\infty|R_{n_\rho|m|}(\rho)|^2\rho d\rho=\int_0^\infty|u_{n_\rho|m|}(\rho)|^2 d\rho=1 \tag{3-56}$$

将粒子在三维中心势场 $V(r)$中运动的能级 $E_{n_r l}$ 和径向函数 $u_{n_r l}(r)$对应为粒子在相应二维中心势场 $V(\rho)$中运动的能级 $E_{n_\rho|m|}$ 和径向函数 $u_{n_\rho|m|}(\rho)$，只须作对应：

$$r\to\rho;\ n_r\to n_\rho,\ l\to|m|-\frac{1}{2} \tag{3-57}$$

第二部分　例　题

3-1　粒子在中心力场 $V(r)$中运动，试证明体系束缚定态能量 E 对磁量子数 m 简并，简并度为 $2l+1$。

证明：在有心力场 $V(r)$中运动粒子的哈密顿算符为

$$\hat{H}=\frac{\hat{\boldsymbol{p}}^2}{2\mu}+V(r) \tag{1}$$

由于

$$\begin{aligned}[\hat{L}_z,\hat{\boldsymbol{p}}^2]&=[(\hat{x}\hat{p}_y-\hat{y}\hat{p}_z),(\hat{p}_x^2+\hat{p}_y^2+\hat{p}_z^2)]\\&=[\hat{x}\hat{p}_y,(\hat{p}_x^2+\hat{p}_y^2+\hat{p}_z^2)]-[\hat{y}\hat{p}_z,(\hat{p}_x^2+\hat{p}_y^2+\hat{p}_z^2)]\\&=[\hat{x}\hat{p}_y,\hat{p}_x^2]-[\hat{y}\hat{p}_x,\hat{p}_y^2]\end{aligned}$$

其中：

$$\begin{aligned}[\hat{x}\hat{p}_y,\hat{p}_x^2]&=\hat{x}[\hat{p}_y,\hat{p}_x^2]+[\hat{x},\hat{p}_x^2]\hat{p}_y=[\hat{x},\hat{p}_x^2]\hat{p}_y\\&=\hat{p}_x[\hat{x},\hat{p}_x]\hat{p}_y+[\hat{x},\hat{p}_x]\hat{p}_x\hat{p}_y\\&=i\hbar\hat{p}_x\hat{p}_y+i\hbar\hat{p}_x\hat{p}_y=2i\hbar\hat{p}_x\hat{p}_y\end{aligned}$$

同理

$$[\hat{y}\hat{p}_x,\hat{p}_y^2]=2i\hbar\hat{p}_y\hat{p}_x$$

所以

$$[\hat{L}_z,\hat{\boldsymbol{p}}^2]=2i\hbar\hat{p}_x\hat{p}_y-2i\hbar\hat{p}_y\hat{p}_x=0 \tag{2}$$

同理

$$[\hat{L}_x,\hat{\boldsymbol{p}}^2]=[\hat{L}_y,\hat{\boldsymbol{p}}^2]=0 \tag{3}$$

即

$$[\hat{\boldsymbol{L}},\hat{\boldsymbol{p}}^2]=0 \tag{4}$$

于是

$$[\hat{\boldsymbol{L}}^2, \hat{\boldsymbol{p}}^2] = 0 \tag{5}$$

又

$$[\hat{\boldsymbol{L}}, V(r)] = 0 \tag{6}$$

所以

$$[\hat{\boldsymbol{L}}, \hat{H}] = 0, \qquad [\hat{\boldsymbol{L}}^2, \hat{H}] = 0 \tag{7}$$

于是可取$\{\hat{H}, \hat{\boldsymbol{L}}^2, \hat{L}_z\}$作为体系的力学量完全集合，它们的共同本征函数完备集$\{|E,l,m\rangle\}$即为体系能量本征函数集。有

$$\hat{H}|E,l,m\rangle = E|E,l,m\rangle \tag{8}$$

又由(7)式知

$$[\hat{H}, \hat{L}_\pm] = 0 \tag{9}$$

所以

$$\hat{H}(\hat{L}_\pm\ |Elm\rangle) = \hat{L}_\pm\ (\hat{H}|Elm\rangle) = E(\hat{L}_\pm\ |Elm\rangle) \tag{10}$$

比较(8)、(10)二式可知，若态$|Elm\rangle$是$\hat{H}$的相应于本征值为E的一个本征矢，则$\hat{L}_\pm|Elm\rangle$也是$\hat{H}$的相应于同一本征值E的本征矢，即$|Elm\rangle$与$\hat{L}_\pm|Elm\rangle$是互为简并的简并态。而

$$\hat{L}_\pm\ |Elm\rangle = \sqrt{(l\mp m)(l\pm m+1)}\hbar|E,l,m\pm 1\rangle \tag{11}$$

(详见第二章例题2-10式(10))所以$|Elm\rangle$与$|Elm\pm 1\rangle$是互为简并的简并态，即E关于磁量数m简并。又对于给定的l值而言，$m=0,\pm 1,\pm 2,\cdots\pm l$共$(2l+1)$个值，因而这样的简并态共有$(2l+1)$个。所以有心力场中运动的粒子，束缚定态能量具有$(2l+1)$度简并。

3-2　粒子在中心力场$V(r)$中运动，设势能函数满足条件$V(r)\leqslant 0\quad (0\leqslant r<\infty)$及$V(r)\xrightarrow{r\to\infty}0$，试求体系存在束缚定态的充分条件。再应用此条件于下列体系：

(a)　$V(r)=-V_0\delta(r-a)\qquad (V_0>0)$；

(b)　$V(r)=-V_0 e^{-r/a}\qquad (V_0>0)$；

(c)　汤川势$V(r)=-V_0\dfrac{e^{-r/a}}{r}\qquad (V_0>0)$；

(d)　$V(r)=-V_0 e^{-r^2/a^2}\qquad (V_0>0)$

解：假定体系存在一个束缚定态，即基态。记基态能量为E_0，由题设条件：

$$V(r)\leqslant 0,\ V(r)\xrightarrow{r\to\infty}0 \tag{1}$$

知体系束缚定态能量$E_n<0$，即

$$E_0 < 0 \tag{2}$$

又设相应的基态波函数为$(l=0)$

$$\psi_0(\boldsymbol{r}) = R_{10}(r)Y_{00}(\theta,\varphi) = \frac{1}{\sqrt{4\pi}}R_{10}(r) \tag{3}$$

(ψ_0已归一化)有

$$E_0 = \int\psi_0^*(\boldsymbol{r})\left(\frac{\hat{\boldsymbol{p}}^2}{2\mu}+V(r)\right)\psi_0(\boldsymbol{r})\mathrm{d}\tau \tag{4}$$

现在取基态试探波函数$\psi(\boldsymbol{r},\beta)$为

$$\psi(\boldsymbol{r},\beta)=\sqrt{\frac{\beta^3}{\pi}}\mathrm{e}^{-\beta r} \tag{5}$$

($\psi(\boldsymbol{r},\beta)$已归一化)，其中实数 $\beta>0$ 为变分参量。有

$$\begin{aligned}\overline{E(\beta)}&=\int\psi^*(\boldsymbol{r},\beta)\left(\frac{\hat{\boldsymbol{p}}^2}{2\mu}+V(r)\right)\psi(\boldsymbol{r},\beta)\mathrm{d}\tau\\&=\frac{\beta^3}{\pi}\iiint\mathrm{e}^{-\beta r}\left(-\frac{\hbar^2}{2\mu}\nabla^2+V(r)\right)\mathrm{e}^{-\beta r}r^2\sin\theta\mathrm{d}r\mathrm{d}\theta\mathrm{d}\varphi\\&=\frac{\hbar^2\beta^2}{2\mu}+4\beta^3\int_0^\infty r^2V(r)\mathrm{e}^{-2\beta r}\mathrm{d}r\end{aligned} \tag{6}$$

由于体系处于真实基态 $\psi_0(\boldsymbol{r})$下，能量 E_0 必定最低，而对尝试波函数 $\psi(\boldsymbol{r},\beta)$的期望值$\overline{E(\beta)}$，则不论实数 $\beta>0$ 取值如何均有$\overline{E(\beta)}\geqslant E_0$。再由式(2)知，由$\overline{E(\beta)}\leqslant 0$ 出发即可求出体系存在束缚定态的充分条件。具体如下：

由于

$$\overline{E(\beta)}=\frac{\hbar^2\beta^2}{2\mu}+4\beta^3\int_0^\infty r^2V(r)\mathrm{e}^{-2\beta r}\mathrm{d}r\leqslant 0 \tag{7}$$

即

$$\beta\int_0^\infty r^2|V(r)|\mathrm{e}^{-2\beta r}\mathrm{d}r\geqslant\frac{\hbar^2}{8\mu} \tag{8}$$

适当选取(6)式中的变分参量 β，使得在最佳 β 值下$\overline{E(\beta)}$取极小值。故有

$$(\overline{E(\beta)})_{\min}=\left[\beta^2\left(\frac{\hbar^2}{2\mu}+4\beta\int_0^\infty r^2V(r)\mathrm{e}^{-2\beta r}\mathrm{d}r\right)\right]_{\min}\leqslant 0 \tag{9}$$

再由(8)式得到体系存在束缚定态的充分条件为

$$\left[\beta\int_0^\infty r^2|V(r)|\mathrm{e}^{-2\beta r}\mathrm{d}r\right]_{\max}\geqslant\frac{\hbar^2}{8\mu} \tag{10}$$

例：

(a) $V(r)=-V_0\delta(r-a)\qquad(V_0>0)$ (11)

因 $$\beta\int_0^\infty r^2|V(r)|\mathrm{e}^{-2\beta r}\mathrm{d}r=\beta\int_0^\infty r^2V_0\delta(r-a)\mathrm{e}^{-2\beta r}\mathrm{d}r=\beta V_0a^2\mathrm{e}^{-2\beta a}$$

再由$\frac{\mathrm{d}}{\mathrm{d}\beta}(\beta V_0a^2\mathrm{e}^{-2\beta a})=0$ 得 $\beta=\frac{1}{2a}$时$(V_0a^2\beta\mathrm{e}^{-2\beta a})$的极大值：

$$(V_0a^2\beta\mathrm{e}^{-2\beta a})_{\max}\big|_{\beta=1/2a}=\frac{V_0a}{2\mathrm{e}} \tag{12}$$

故体系存在束缚定态的充分条件是

$$\frac{V_0a}{2\mathrm{e}}\geqslant\frac{\hbar^2}{8\mu}$$

即

$$\frac{\mu V_0a}{\hbar^2}\geqslant\frac{\mathrm{e}}{4}\approx 0.68 \tag{13}$$

(b) $V(r)=-V_0\mathrm{e}^{-r/a}\qquad(V_0>0)$ (14)

因为

$$\beta\int_0^\infty r^2\,|V(r)|\,\mathrm{e}^{-2\beta r}\,\mathrm{d}r=\beta V_0\int_0^\infty r^2\,\mathrm{e}^{-(\frac{1}{a}+2\beta)r}\,\mathrm{d}r=2V_0\beta\Big/\left(\frac{1}{a}+2\beta\right)^3$$

再由

$$\frac{\mathrm{d}}{\mathrm{d}\beta}\left[2V_0\beta\Big/\left(\frac{1}{a}+2\beta\right)^3\right]=0$$

知当 $\beta=\frac{1}{4a}$ 时，$\left[2V_0\beta\Big/\left(\frac{1}{a}+2\beta\right)^3\right]$ 取极大值：

$$\left[2V_0\beta\Big/\left(\frac{1}{a}+2\beta\right)^3\right]_{\max}\Bigg|_{\beta=1/4a}=\frac{4V_0a^2}{27}$$

故体系存在束缚定态的充分条件是

$$\frac{4V_0a^2}{27}\geqslant\frac{\hbar^2}{8\mu}$$

即

$$\frac{\mu V_0a^2}{\hbar^2}\geqslant\frac{27}{32}\approx 0.84 \tag{15}$$

(c)　$V(r)=-V_0\,\frac{\mathrm{e}^{-r/a}}{r}$　　$(V_0>0)$ (16)

因为

$$\beta\int_0^\infty r^2\,|V(r)|\,\mathrm{e}^{-2\beta r}\,\mathrm{d}r=\beta V_0\int_0^\infty r\mathrm{e}^{-(\frac{1}{a}+2\beta)r}\,\mathrm{d}r=\frac{\beta V_0}{\left(\frac{1}{a}+2\beta\right)^2}$$

再由 $\frac{\mathrm{d}}{\mathrm{d}\beta}\left[\beta V_0\Big/\left(\frac{1}{a}+2\beta\right)^2\right]=0$ 知，当 $\beta=\frac{1}{2a}$ 时，$\left[\beta V_0\Big/\left(\frac{1}{a}+2\beta\right)^2\right]$ 取极大值：

$$\left[\beta V_0\Big/\left(\frac{1}{a}+2\beta\right)^2\right]_{\max}\Bigg|_{\beta=1/2a}=\frac{V_0a}{8}$$

故体系存在束缚定态的充分条件是

$$\frac{V_0a}{8}\geqslant\frac{\hbar^2}{8\mu},\ \text{即}\ \frac{\mu V_0a}{\hbar^2}\geqslant 1 \tag{17}$$

(d)　$V(r)=-V_0\mathrm{e}^{-r^2/a^2}$　　$(V_0>0)$ (18)

取基态试探波函数

$$\psi(r,\beta)=\left(\frac{8\beta^6}{\pi^3}\right)^{1/4}\mathrm{e}^{-\beta^2r^2} \tag{19}$$

式中：实数 $\beta>0$ 为变分参量，有

$$\begin{aligned}\overline{E}(\beta)&=\left\langle\psi(\beta)\left|\frac{\hat{p}^2}{2\mu}+V(\boldsymbol{r})\right|\psi(\beta)\right\rangle\\&=\left(\frac{8\beta^6}{\pi^3}\right)^{1/2}\iiint\mathrm{e}^{-\beta^2r^2}\left[-\frac{\hbar^2}{2\mu}\nabla^2+V(r)\right]\mathrm{e}^{-\beta^2r^2}r^2\sin\theta\mathrm{d}r\mathrm{d}\theta\mathrm{d}\varphi\\&=\left(\frac{8\beta^6}{\pi^3}\right)^{1/2}4\pi\int_0^\infty\mathrm{e}^{-\beta^2r^2}\left[-\frac{\hbar^2}{2\mu}\frac{1}{r^2}\frac{\partial}{\partial r}r^2\frac{\partial}{\partial r}+V(r)\right]\mathrm{e}^{-\beta^2r^2}r^2\,\mathrm{d}r\\&=\frac{3\hbar^2\beta^2}{2\mu}+\frac{8\sqrt{2}}{\sqrt{\pi}}\beta^3\int_0^\infty r^2V(r)\mathrm{e}^{-2\beta^2r^2}\,\mathrm{d}r\end{aligned}$$

取

$$\bar{E}(\beta)=\frac{3\hbar^2\beta^2}{2\mu}+\frac{8\sqrt{2}}{\sqrt{\pi}}\beta^3\int_0^\infty r^2V(r)\mathrm{e}^{-2\beta^2r^2}\,\mathrm{d}r\leqslant 0$$

即

$$\beta\int_0^\infty r^2\,|\,V(r)\,|\,\mathrm{e}^{-2\beta^2r^2}\,\mathrm{d}r\geqslant\frac{3\sqrt{\pi}}{16\sqrt{2}}\frac{\hbar^2}{\mu}\tag{20}$$

将式(18)代入式(20)中,有

$$\beta\int_0^\infty r^2V_0\mathrm{e}^{-r^2/a^2}\mathrm{e}^{-2\beta^2r^2}\,\mathrm{d}r=\beta V_0\int_0^\infty r^2\exp\left[-\left(\frac{1}{a^2}+2\beta^2\right)r^2\right]\mathrm{d}r$$

$$=\frac{\sqrt{\pi}V_0}{4}\frac{\beta}{\left(\frac{1}{a^2}+2\beta^2\right)^{3/2}}$$

再由$\frac{\mathrm{d}}{\mathrm{d}\beta}\left\{\frac{\sqrt{\pi}V_0}{4}\frac{\beta}{\left(\frac{1}{a^2}+2\beta^2\right)^{3/2}}\right\}=0$ 知,当 $\beta=\frac{1}{2a}$时,$\left\{\frac{\sqrt{\pi}V_0}{4}\frac{\beta}{\left(\frac{1}{a^2}+2\beta^2\right)^{3/2}}\right\}$取极大值,为

$\frac{\sqrt{2\pi}}{12\sqrt{3}}V_0a^2$,故体系存在束缚定态的必要条件是

$$\frac{\sqrt{2\pi}}{12\sqrt{3}}V_0a^2\geqslant\frac{3\sqrt{\pi}}{16\sqrt{2}}\frac{\hbar^2}{\mu}$$

即

$$\frac{\mu V_0a^2}{\hbar^2}\geqslant\frac{9\sqrt{3}}{8}\approx 1.94\tag{21}$$

3-3 粒子在中心力场 $V(r)$中运动,体系第 n 个束缚定态能量记为 E_n;若粒子在中心势场 $\widetilde{V}(r)=V(r)+\delta V(r)$中运动,体系第 n 个束缚定态能量记为 $\widetilde{E}_n$,证明:若 $\delta V(r)\geqslant 0$,则有 $\widetilde{E}_n\geqslant E_n$。

证明:记

$$V(r,\lambda)=V(r)+\lambda\delta V(r)\tag{1}$$

其中 λ 为参变量。体系的哈密顿算符记为

$$\hat{H}(\lambda)=\frac{\hat{\boldsymbol{p}}^2}{2\mu}+\hat{V}(r,\lambda)\tag{2}$$

设 $\hat{H}(\lambda)$的本征值方程为

$$\hat{H}(\lambda)\psi_n(\boldsymbol{r},\lambda)=E_n(\lambda)\psi_n(\boldsymbol{r},\lambda)\tag{3}$$

则由费曼-海尔曼定理有

$$\int\psi_n^*(\boldsymbol{r},\lambda)\frac{\partial\hat{H}(\lambda)}{\partial\lambda}\psi_n(\boldsymbol{r},\lambda)\,\mathrm{d}\boldsymbol{r}=\frac{\partial E_n(\lambda)}{\partial\lambda}\tag{4}$$

再将

$$\frac{\partial}{\partial\lambda}\hat{H}(\lambda)=\frac{\partial}{\partial\lambda}\left[\frac{\hat{\boldsymbol{p}}^2}{2\mu}+V(r)+\lambda\delta V(r)\right]=\delta V(r)\tag{5}$$

代入(4)式,有

$$\frac{\partial E_n(\lambda)}{\partial \lambda} = \int \psi_n^*(\boldsymbol{r},\lambda)\delta V(r)\psi_n(\boldsymbol{r},\lambda)\,\mathrm{d}\boldsymbol{r}$$

$$= \int \delta V(r)\,|\psi_n(\boldsymbol{r},\lambda)|^2\,\mathrm{d}\boldsymbol{r} \tag{6}$$

如果 $\delta V(r) \geqslant 0$,则

$$\frac{\partial E_n(\lambda)}{\partial \lambda} \geqslant 0 \tag{7}$$

(7)式表明,体系束缚定态能量 $E_n(\lambda)$ 随参变量 λ 的增大而增大或不变。当 $\lambda=0$ 时,有 $E_n(0)=E_n$,当 $\lambda=1$ 时,有 $E_n(1)=\widetilde{E}_n$. 由于 $E_n(1)\geqslant E_n(0)$,故

$$\widetilde{E}_n \geqslant E_n \tag{8}$$

3-4　经典粒子在中心力场 $V(r)$ 中运动时,其哈密顿量为

$$H = \frac{p_r^2}{2m} + \frac{\boldsymbol{L}^2}{2mr^2} + V(r)$$

式中:$\boldsymbol{L}$ 为粒子的轨道角动量,$p_r = \frac{1}{r}\boldsymbol{r}\cdot\boldsymbol{p}$ 为粒子的径向动量。当过渡到量子力学中时,$\boldsymbol{L}$ 与 p_r 均要用相应的力学量算符表示:

$$\hat{\boldsymbol{L}} = \hat{\boldsymbol{r}} \times \hat{\boldsymbol{p}}$$

$$\hat{p}_r = \frac{1}{2}\left[\frac{1}{r}\hat{\boldsymbol{r}}\cdot\hat{\boldsymbol{p}} + \hat{\boldsymbol{p}}\cdot\hat{\boldsymbol{r}}\frac{1}{r}\right]$$

试证明:

(1)　在坐标表象内,$\hat{p}_r = \frac{\hbar}{\mathrm{i}}\left(\frac{\partial}{\partial r} + \frac{1}{r}\right)$;

(2)　$\hat{p}_r$ 是厄密算符;

(3)　$[r, \hat{p}_r] = \mathrm{i}\hbar$。

证明:

(1)　从 $\hat{p}_r$ 的定义式出发,在坐标表象内:

$$\hat{p}_r = \frac{1}{2}\left\{\frac{x}{r}\hat{p}_x + \frac{y}{r}\hat{p}_y + \frac{z}{r}\hat{p}_z + \hat{p}_x\frac{x}{r} + \hat{p}_y\frac{y}{r} + \hat{p}_z\frac{z}{r}\right\} \tag{1}$$

而

$$\hat{p}_x = \frac{\hbar}{\mathrm{i}}\frac{\partial}{\partial x} \tag{2}$$

所以

$$\left(\frac{x}{r}\hat{p}_x + \hat{p}_x\frac{x}{r}\right)\psi = \frac{\hbar}{\mathrm{i}}\left[\frac{x}{r}\frac{\partial\psi}{\partial x} + \frac{\partial}{\partial x}\left(\frac{x}{r}\psi\right)\right]$$

$$= \frac{\hbar}{\mathrm{i}}\left[\frac{x}{r}\frac{\partial\psi}{\partial x} + \psi\left(\frac{1}{r} - \frac{x^2}{r^3}\right) + \frac{x}{r}\frac{\partial\psi}{\partial x}\right]$$

$$= \frac{\hbar}{\mathrm{i}}\left[2\frac{x}{r}\frac{\partial\psi}{\partial x} + \left(\frac{1}{r} - \frac{x^2}{r^3}\right)\psi\right] \tag{3}$$

同理有

$$\left(\frac{y}{r}\hat{p}_y + \hat{p}_y\frac{y}{r}\right)\psi = \frac{\hbar}{\mathrm{i}}\left[2\frac{y}{r}\frac{\partial\psi}{\partial y} + \left(\frac{1}{r} - \frac{y^2}{r^3}\right)\psi\right] \tag{4}$$

$$\left(\frac{z}{r}\hat{p}_z+\hat{p}_z\frac{z}{r}\right)\psi=\frac{\hbar}{\mathrm{i}}\left[2\frac{z}{r}\frac{\partial\psi}{\partial z}+\left(\frac{1}{r}-\frac{z^2}{r^3}\right)\psi\right] \tag{5}$$

综合(3)、(4)、(5)式，并由于 ψ 是任意的，得

$$\begin{aligned}\hat{p}_r&=\frac{1}{2}\frac{\hbar}{\mathrm{i}}\left\{2\left(\frac{x}{r}\frac{\partial}{\partial x}+\frac{y}{r}\frac{\partial}{\partial y}+\frac{z}{r}\frac{\partial}{\partial z}\right)+\frac{3}{r}-\frac{r^2}{r^3}\right\}\\&=\frac{\hbar}{\mathrm{i}}\left\{\frac{1}{r}(\boldsymbol{r}\cdot\nabla)+\frac{1}{r}\right\}=\frac{\hbar}{\mathrm{i}}\left(\frac{\partial}{\partial r}+\frac{1}{r}\right)\end{aligned} \tag{6}$$

(2) **方法一** 因为

$$\begin{aligned}\hat{p}_r^+&=\frac{1}{2}\left(\frac{1}{r}\hat{\boldsymbol{r}}\cdot\hat{\boldsymbol{p}}+\hat{\boldsymbol{p}}\cdot\hat{\boldsymbol{r}}\frac{1}{\boldsymbol{r}}\right)^+\\&=\frac{1}{2}\left[\hat{\boldsymbol{p}}^+\cdot\hat{\boldsymbol{r}}^+\left(\frac{1}{r}\right)^++\left(\frac{1}{r}\right)^+\hat{\boldsymbol{r}}^+\cdot\hat{\boldsymbol{p}}^+\right]\end{aligned}$$

由于 $\hat{\boldsymbol{p}}$、$\hat{\boldsymbol{r}}$ 均为线性厄密算符：

$$\hat{\boldsymbol{p}}^+=\hat{\boldsymbol{p}},\quad \hat{\boldsymbol{r}}^+=\hat{\boldsymbol{r}} \tag{7}$$

且 r 是实数，所以

$$\hat{p}_r^+=\frac{1}{2}\left[\hat{\boldsymbol{p}}\cdot\hat{\boldsymbol{r}}\frac{1}{r}+\frac{1}{r}\hat{\boldsymbol{r}}\cdot\hat{\boldsymbol{p}}\right]=\hat{p}_r \tag{8}$$

$\hat{p}_r$ 是厄密算符。

方法二 欲证明 $\hat{p}_r$ 是厄密算符，即要求 $\hat{p}_r$ 满足下述关系式：

$$\int\psi_1^*(r)\hat{p}_r\psi_2(r)\mathrm{d}\tau=\int(\hat{p}_r\psi_1)^*\psi_2\mathrm{d}\tau \tag{9}$$

式中：$\psi_1(r)$、$\psi_2(r)$是两个任意函数。若将 $\hat{p}_r$ 的表达式(6)代入(9)式，有

$$\int\psi_1^*(r)\frac{\hbar}{\mathrm{i}}\left(\frac{\partial}{\partial r}+\frac{1}{r}\right)\psi_2(r)\mathrm{d}\tau=\int\left[\frac{\hbar}{\mathrm{i}}\left(\frac{\partial}{\partial r}+\frac{1}{r}\right)\psi_1(r)\right]^*\psi_2(r)\mathrm{d}\tau$$

即

$$\frac{\hbar}{\mathrm{i}}\iint\mathrm{d}\Omega\int_0^\infty\left[\frac{\partial}{\partial r}(\psi_1^*\psi_2)+\frac{2}{r}\psi_1^*\psi_2\right]r^2\mathrm{d}r=0$$

其中径向积分

$$\int_0^\infty\left[\frac{\partial}{\partial r}(\psi_1^*\psi_2)+\frac{2}{r}\psi_1^*\psi_2\right]r^2\mathrm{d}r=\int_0^\infty\frac{\partial}{\partial r}(r^2\psi_1^*\psi_2)\mathrm{d}r=(r\psi_1^*\cdot r\psi_2)\big|_0^\infty \tag{10}$$

故若函数 $\psi_1(r)$和 $\psi_2(r)$在 $r=0$ 处保持有限，而在 $r\to\infty$处有 $r\psi_1(r)$和 $r\psi_2(r)$为零，则确有(10)式为零。对于这类函数，径向动量算符 $\hat{p}_r$ 满足定义式(9)，是厄密的。

(3) 在坐标表象内，由基本对易关系式

$$\left.\begin{aligned}x\hat{p}_x-\hat{p}_xx=\mathrm{i}\hbar\\y\hat{p}_y-\hat{p}_yy=\mathrm{i}\hbar\\z\hat{p}_z-\hat{p}_zz=\mathrm{i}\hbar\end{aligned}\right\} \tag{11}$$

有

$$\hat{\boldsymbol{r}}\cdot\hat{\boldsymbol{p}}-\hat{\boldsymbol{p}}\cdot\hat{\boldsymbol{r}}=3\mathrm{i}\hbar \tag{12}$$

所以

$$\begin{aligned}[r,\hat{p}_r]&=r\hat{p}_r-\hat{p}_rr\\&=r\left[\frac{1}{2}\left(\frac{\hat{\boldsymbol{r}}}{r}\cdot\hat{\boldsymbol{p}}+\hat{\boldsymbol{p}}\cdot\frac{\hat{\boldsymbol{r}}}{r}\right)\right]-\left[\frac{1}{2}\left(\frac{\hat{\boldsymbol{r}}}{r}\cdot\hat{\boldsymbol{p}}+\hat{\boldsymbol{p}}\cdot\frac{\hat{\boldsymbol{r}}}{r}\right)\right]r\end{aligned}$$

$$=\frac{1}{2}\left[\left(\hat{\boldsymbol{r}}\cdot\hat{\boldsymbol{p}}\right)+r\left(\hat{\boldsymbol{p}}\cdot\hat{\boldsymbol{r}}\right)\frac{1}{r}-\frac{1}{r}\left(\hat{\boldsymbol{r}}\cdot\hat{\boldsymbol{p}}\right)r-\left(\hat{\boldsymbol{p}}\cdot\hat{\boldsymbol{r}}\right)\right]$$

$$=\frac{1}{2}\left[r\left(\hat{\boldsymbol{p}}\cdot\hat{\boldsymbol{r}}\right)\frac{1}{r}-\frac{1}{r}\left(\hat{\boldsymbol{p}}\cdot\hat{\boldsymbol{r}}\right)r\right]$$

$$=\frac{1}{2r}\left[r^2\left(\hat{\boldsymbol{p}}\cdot\hat{\boldsymbol{r}}\right)\frac{1}{r^2}-\left(\hat{\boldsymbol{p}}\cdot\hat{\boldsymbol{r}}\right)\right]r \tag{13}$$

又

$$x^2\hat{p}_x x=x(x\hat{p}_x)x=x(\mathrm{i}\hbar+\hat{p}_x x)x=\mathrm{i}\hbar x^2+x\hat{p}_x x^2$$

$$=\mathrm{i}\hbar x^2+(\hat{p}_x x+\mathrm{i}\hbar)x^2=2\mathrm{i}\hbar x^2+\hat{p}_x x^3 \tag{14}$$

所以

$$r^2(\hat{\boldsymbol{p}}\cdot\hat{\boldsymbol{r}})=(x^2+y^2+z^2)(\hat{p}_x x+\hat{p}_y y+\hat{p}_z z)$$

$$=(\hat{p}_x x+\hat{p}_y y+\hat{p}_z z)(x^2+y^2+z^2)+$$

$$2\mathrm{i}\hbar(x^2+y^2+z^2)$$

$$=(\hat{\boldsymbol{p}}\cdot\hat{\boldsymbol{r}})r^2+2\mathrm{i}\hbar r^2 \tag{15}$$

将(13)式代入(11)式，可得

$$[r,\hat{p}_r]=\frac{1}{2r}\left\{\left[\left(\hat{\boldsymbol{p}}\cdot\hat{\boldsymbol{r}}\right)r^2+2\mathrm{i}\hbar r^2\right]\frac{1}{r^2}-\left(\hat{\boldsymbol{p}}\cdot\hat{\boldsymbol{r}}\right)\right\}r$$

$$=\frac{1}{2r}\left\{\left(\hat{\boldsymbol{p}}\cdot\hat{\boldsymbol{r}}\right)+2\mathrm{i}\hbar-\left(\hat{\boldsymbol{p}}\cdot\hat{\boldsymbol{r}}\right)\right\}r=\mathrm{i}\hbar \tag{16}$$

得证。

3-5 设氢原子处在基态，求：

(a) 电子处于经典不允许区($E_1-V(r)<0$)的几率；

(b) 电子处于质子所占体积内的几率(质子半径取10^{-15} m)。

解：(a) 依题意，氢原子处于基态，$n=1,l=0$，相应的状态波函数与能级为：

$$\psi_{100}(\boldsymbol{r})=\sqrt{\frac{1}{\pi a_0^3}}\mathrm{e}^{-r/a_0},\quad E_1=-\frac{e^2}{4\pi\varepsilon_0 2a_0} \tag{1}$$

经典不允许区定义为

$$E_1-V(r)=-\frac{e^2}{4\pi\varepsilon_0 2a_0}-\left(\frac{e^2}{4\pi\varepsilon_0 r}\right)<0 \tag{2}$$

由此得

$$r>2a_0 \tag{3}$$

于是电子处于经典不允许区的几率为

$$w_1=\int_{2a_0}^{\infty}|\psi_{100}(\boldsymbol{r})|^2 4\pi r^2\,\mathrm{d}r=\frac{4\pi}{\pi a_0^3}\int_{2a_0}^{\infty}\mathrm{e}^{-2r/a_0}r^2\,\mathrm{d}r$$

$$=\frac{4}{a_0^3}\frac{26a_0^3}{8}\mathrm{e}^{-4}=13\mathrm{e}^{-4}\approx 0.2381 \tag{4}$$

(b) 电子处在质子所占体积内的几率为

$$w_2=\int_0^{10^{-15}}|\psi_{100}(\boldsymbol{r})|^2 4\pi r^2\,\mathrm{d}r=\frac{4\pi}{\pi a_0^3}\int_0^{10^{-15}}\mathrm{e}^{-2r/a_0}r^2\,\mathrm{d}r \tag{5}$$

因为 $a_0=\frac{4\pi\varepsilon_0\hbar^2}{me^2}\approx 0.529\text{Å}=0.529\times10^{-10}\text{m}$，而质子半径$\sim10^{-15}\text{m}$，所以 $e^{-2r/a_0}\approx1$，故得

$$w_2\approx\frac{4}{a_0^3}\cdot\frac{1}{3}(10^{-15})^3\approx 8.9\times10^{-15}\approx10^{-14} \tag{6}$$

3-6 试求在类氢离子定态 $\psi_{nlm}(r,\theta,\varphi)$下，径向坐标 r 的 k 次幂 r^k 的期望值 $(k>-(2l+1))$。

解：类氢离子的定态波函数为

$$\psi_{nlm}(r,\theta,\varphi)=\frac{1}{r}\chi_{nl}(r)Y_{lm}(\theta,\varphi) \tag{1}$$

其中径向波函数 $\chi_{nl}(r)$满足如下径向波动方程：

$$\frac{\mathrm{d}^2}{\mathrm{d}r^2}\chi_{nl}(r)+\frac{2\mu}{\hbar^2}\left[E_n-\left(-\frac{Ze^2}{4\pi\varepsilon_0 r}+\frac{l(l+1)\hbar^2}{2\mu r^2}\right)\right]\chi_{nl}(r)=0 \tag{2}$$

由于 $E_n=-\frac{Z^2e^2}{(4\pi\varepsilon_0)2a_0n^2}$，$a_0=\frac{4\pi\varepsilon_0\hbar^2}{\mu e^2}$，因此作变量变换，令$\rho=\frac{r}{a_0}$，则方程(2)改写为：

$$\frac{\mathrm{d}^2\chi_{nl}(\rho)}{\mathrm{d}\rho^2}+\left[\frac{2}{\rho}-\frac{1}{n^2}-\frac{l(l+1)}{\rho^2}\right]\chi_{nl}(\rho)=0 \tag{3}$$

式中已取类氢离子的原子序数 $Z=1$。在定态 $\psi_{nlm}(r,\theta,\varphi)$下，$r^k$ 的期望值为

$$\langle r^k\rangle_{nl}=\int r^k|\psi_{nlm}(r,\theta,\varphi)|^2r^2\mathrm{d}r\mathrm{d}\Omega=\int_0^\infty r^k\chi_{nl}^2(r)\mathrm{d}r$$

而

$$\langle \rho^k\rangle_{nl}=\int \rho^k|\psi_{nlm}(r,\theta,\varphi)|^2r^2\mathrm{d}r\mathrm{d}\Omega=a_0\int_0^\infty \rho^k\chi_{nl}^2(\rho)\mathrm{d}\rho \tag{4}$$

为了求出$\langle\rho^k\rangle_{nl}$，可对 $\chi_{nl}(\rho)$满足的径向方程(3)式两边乘以$\rho^{k+1}\cdot\frac{\mathrm{d}\chi_{nl}}{\mathrm{d}\rho}-\frac{k+1}{2}\rho^k\chi_{nl}$后再对$\rho$ 积分，有

$$\begin{aligned}&\int_0^\infty\rho^{k+1}\frac{\mathrm{d}\chi_{nl}}{\mathrm{d}\rho}\frac{\mathrm{d}^2\chi_{nl}}{\mathrm{d}\rho^2}\mathrm{d}\rho-\frac{k+1}{2}\int_0^\infty\rho^k\chi_{nl}\frac{\mathrm{d}^2\chi_{nl}}{\mathrm{d}\rho^2}\mathrm{d}\rho+\\&\int_0^\infty\rho^{k+1}\frac{\mathrm{d}\chi_{nl}}{\mathrm{d}\rho}\left[\frac{2}{\rho}-\frac{1}{n^2}-\frac{l(l+1)}{\rho^2}\right]\chi_{nl}\mathrm{d}\rho-\\&\frac{k+1}{2}\int_0^\infty\rho^k\chi_{nl}\left[\frac{2}{\rho}-\frac{1}{n^2}-\frac{l(l+1)}{\rho^2}\right]\chi_{nl}\mathrm{d}\rho=0\end{aligned} \tag{5}$$

考虑到，对于 $k+2l+1>0$，由 $\chi_{nl}(\rho)$的级数表达式 $\chi_{nl}(\rho)=\rho^{l+1}e^{-\rho/2}f(\rho)$可知，当 $\rho\to0$ 时，$\chi_{nl}\sim\rho^{l+1}$；$\rho\to\infty$时，$\chi_{nl}(\rho)\to0$。利用此边界条件，可算得(5)式左边第一项为

$$\begin{aligned}(5)\text{式左边第一项}&=\int_0^\infty\rho^{k+1}\frac{\mathrm{d}\chi_{nl}}{\mathrm{d}\rho}\frac{\mathrm{d}^2\chi_{nl}}{\mathrm{d}\rho^2}\mathrm{d}\rho\\&=\frac{1}{2}\int_0^\infty\rho^{k+1}\frac{\mathrm{d}}{\mathrm{d}\rho}\left[\left(\frac{\mathrm{d}\chi_{nl}}{\mathrm{d}\rho}\right)^2\right]\mathrm{d}\rho\xlongequal{\text{分部积分一次}}-\frac{k+1}{2}\int_0^\infty\rho^k\left(\frac{\mathrm{d}\chi_{nl}}{\mathrm{d}\rho}\right)^2\mathrm{d}\rho\end{aligned} \tag{6}$$

$$(5)\text{式左边第二项}=-\frac{k+1}{2}\int_0^\infty\rho^k\chi_{nl}\frac{\mathrm{d}^2\chi_{nl}}{\mathrm{d}\rho^2}\mathrm{d}\rho\xlongequal{\text{分部积分一次}}$$

$$= \frac{k+1}{2}\int_0^\infty \frac{d\chi_{nl}}{d\rho}\left(\rho^k \frac{d\chi_{nl}}{d\rho} + k\rho^{k-1}\chi_{nl}\right)d\rho$$

$$= \frac{k+1}{2}\int_0^\infty \rho^k \left(\frac{d\chi_{nl}}{d\rho}\right)^2 d\rho + \frac{k(k+1)}{2}\int_0^\infty \rho^{k-1}\chi_{nl}\frac{d\chi_{nl}}{d\rho}d\rho \tag{7}$$

将(6)、(7)两式代入方程(5)中，可得

$$\frac{k(k+1)}{2}\int_0^\infty \rho^{k-1}\chi_{nl}\frac{d\chi_{nl}}{d\rho}d\rho + \int_0^\infty \left[2\rho^k - \frac{\rho^{k+1}}{n^2} - l(l+1)\rho^{k-1}\right]\chi_{nl}\frac{d\chi_{nl}}{d\rho}d\rho +$$

$$\frac{k+1}{2}\int_0^\infty \left[\frac{\rho^k}{n^2} - 2\rho^{k-1} + l(l+1)\rho^{k-2}\right]\chi_{nl}^2 d\rho = 0$$

即

$$\int_0^\infty \left[2\rho^k - \frac{\rho^{k+1}}{n^2} + \frac{k(k+1)}{2}\rho^{k-1} - l(l+1)\rho^{k-1}\right]\cdot \frac{1}{2}\frac{d}{d\rho}(\chi_{nl})^2 d\rho +$$

$$\frac{k+1}{2}\int_0^\infty \left[\frac{\rho^k}{n^2} - 2\rho^{k-1} + l(l+1)\rho^{k-2}\right]\chi_{nl}^2 d\rho = 0 \tag{8}$$

再对(8)式左边第一项分部积分一次，若 $k+2l+1>0$，有

$$-\int_0^\infty \left\{k\rho^{k-1} - \frac{k+1}{2}\frac{\rho^k}{n^2} + \frac{k-1}{2}\left[\frac{k(k+1)}{2} - l(l+1)\right]\rho^{k-2}\right\}\chi_{nl}^2 d\rho +$$

$$\frac{k+1}{2}\int_0^\infty \left[\frac{\rho^k}{n^2} - 2\rho^{k-1} + l(l+1)\rho^{k-2}\right]\chi_{nl}^2 d\rho = 0$$

即

$$\frac{k+1}{n^2}\int_0^\infty \rho^k \chi_{nl}^2 d\rho - (2k+1)\int_0^\infty \rho^{k-1}\chi_{nl}^2 d\rho + \frac{k}{4}\left[(2l+1)^2 - k^2\right]\int_0^\infty \rho^{k-2}\chi_{nl}^2 d\rho = 0 \tag{9}$$

利用(4)式，(9)式可改写为

$$\frac{k+1}{n^2}\frac{1}{a_0}\langle \rho^k \rangle_{nl} - \frac{2k+1}{a_0}\langle \rho^{k-1}\rangle_{nl} + \frac{k}{4a_0}\left[(2l+1)^2 - k^2\right]\langle \rho^{k-2}\rangle_{nl} = 0$$

得到

$$\frac{k+1}{n^2}\langle r^k \rangle_{nl} - (2k+1)\left(\frac{a_0}{Z}\right)\langle r^{k-1}\rangle_{nl} + \frac{k}{4}\left[(2l+1)^2 - k^2\right]\left(\frac{a_0}{Z}\right)^2\langle r^{k-2}\rangle_{nl} = 0 \tag{10}$$

(10)式称为克拉末关系式，是关于期望值$\langle r^k \rangle_{nl}$的递推公式。应用此公式可求得类氢离子在定态下，径向坐标 $r^k(k>-(2l+1))$ 的期望值。

例如： $k=0$，有

$$\frac{1}{n^2} - \frac{a_0}{Z}\langle r^{-1}\rangle_{nl} = 0$$

$$\langle r^{-1}\rangle_{nl} = \frac{Z}{n^2 a_0} \tag{11}$$

$k=1$，有

$$\frac{2}{n^2}\langle r \rangle_{nl} - 3\frac{a_0}{Z} + \frac{1}{4}\left[(2l+1)^2 - 1\right]\left(\frac{a_0}{Z}\right)^2 \frac{Z}{a_0 n^2} = 0$$

$$\langle r \rangle_{nl} = \frac{1}{2}\left[3n^2 - l(l+1)\right]\frac{a_0}{Z}$$

$$= n^2\left\{1 + \frac{1}{2}\left[1 - \frac{l(l+1)}{n^2}\right]\right\}\frac{a_0}{Z} \tag{12}$$

$k=2$,有

$$\frac{3}{n^2}\langle r^2\rangle_{nl}-5\left(\frac{a_0}{Z}\right)\frac{3n^2-l(l+1)}{2}\left(\frac{a_0}{Z}\right)+\frac{1}{2}[(2l+1)^2-4]\left(\frac{a_0}{Z}\right)^2=0$$

$$\langle r^2\rangle_{nl}=\frac{n^2}{2}[5n^2-3l^2-3l+1]\left(\frac{a_0}{Z}\right)^2$$

$$=n^4\left\{1+\frac{3}{2}\left[1-\frac{l(l+1)-1/3}{n^2}\right]\right\}\left(\frac{a_0}{Z}\right)^2 \tag{13}$$

$k=3$,有

$$\langle r^3\rangle_{nl}=n^6\left\{1+\frac{27}{8}\left[1-\frac{1}{n^2}\left(\frac{35}{27}-\frac{10}{9}(l+2)(l-1)\right)+\frac{(l+2)(l+1)l(l-1)}{9n^4}\right]\right\}\left(\frac{a_0}{Z}\right)^3 \tag{14}$$

等等。另外由费曼-海尔曼定理可得

$$\langle r^{-1}\rangle_{nl}=\frac{1}{n^2}\left(\frac{Z}{a_0}\right) \tag{15}$$

$$\langle r^{-2}\rangle_{nl}=\frac{1}{n^3(l+1/2)}\left(\frac{Z}{a_0}\right)^2 \tag{16}$$

再由克拉末关系式,取 $k=-1$,得到

$$\langle r^{-3}\rangle_{nl}=\frac{1}{n^3(l+1/2)(l+1)l}\left(\frac{Z}{a_0}\right)^3 \tag{17}$$

$k=-2$,得到

$$\langle r^{-4}\rangle_{nl}=\frac{3n^2-l(l+1)}{n^5l(l+1/2)(l+1)(2l^2+2l-3/2)}\left(\frac{Z}{a_0}\right)^4 \tag{18}$$

等等。

3-7 试求氢原子中电子由于轨道运动而在核处产生的磁场的大小,再以氢原子处于 $2p$ 态(磁量子数 $m=1$)为例,计算该磁场的值。

解: 氢原子处于定态

$$\psi_{nlm}(r,\theta,\varphi)=R_{nl}(r)Y_{lm}(\theta,\varphi)$$

$$=R_{nl}(r)P_l^{|m|}(\cos\theta)\mathrm{e}^{(\mathrm{i}m\varphi)} \tag{1}$$

之中,则电子由于"轨道"运动引起的相应电流密度为

$$j_r=0,\quad j_\theta=0$$

$$j_\varphi=-\frac{|e|\hbar m}{\mu r\sin\theta}|\psi_{nlm}|^2 \tag{2}$$

可知电子由于"轨道"运动而在核处产生的磁场方向沿 z 轴。如题 3-7 图所示。若通过截面 $\mathrm{d}\sigma$ 的环流元 $\mathrm{d}I=j_\varphi\mathrm{d}\sigma$,则它对原子核处磁场的贡献为

$$\mathrm{d}B=\frac{\mu_0}{4\pi}\frac{2\pi(r\sin\theta)^2\mathrm{d}I}{[(r\sin\theta)^2+(r\cos\theta)^2]^{3/2}}$$

$$=-\frac{\mu_0}{4\pi}\frac{2\pi\sin^2\theta}{r}\frac{|e|\hbar m}{\mu r\sin\theta}|\psi_{nlm}|^2\mathrm{d}\sigma$$

$$=-\frac{\mu_0}{4\pi}\frac{2\pi|e|\hbar m\sin\theta}{\mu r^2}R_{nl}^2(r)|P_l^{|m|}(\cos\theta)|^2r\mathrm{d}r\mathrm{d}\theta \tag{3}$$

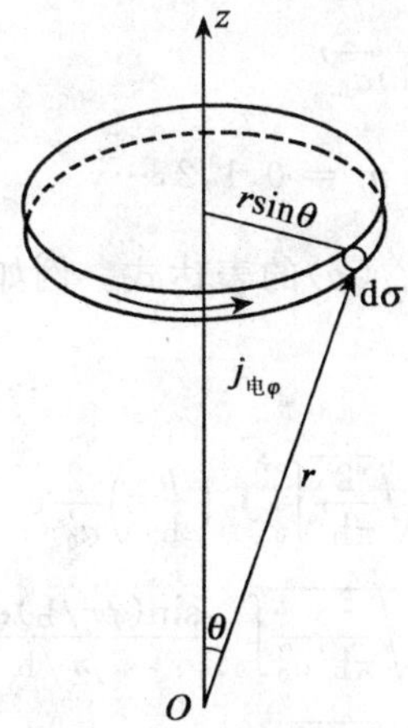

题 3-7 图

总磁场 B 为

$$B=\int \mathrm{d}B=-\frac{\mu_0}{4\pi}\frac{2\pi|e|\hbar m}{\mu}\cdot\int_0^\infty\frac{R_{nl}^2(r)}{r}\mathrm{d}r\int_0^\pi|P_l^{|m|}(\cos\theta)|^2\sin\theta\mathrm{d}\theta$$

$$=-\frac{\mu_0}{4\pi}\frac{|e|\hbar m}{\mu}\int_0^\infty\frac{R_{nl}^2(r)}{r}\mathrm{d}r \tag{4}$$

或采用高斯单位制，有

$$B=-\frac{|e|\hbar m}{\mu c}\int_0^\infty\frac{R_{nl}^2(r)}{r}\mathrm{d}r=-2\mu_B m\int_0^\infty\frac{R_{nl}^2(r)}{r}\mathrm{d}r \tag{5}$$

式中：$\mu_B=\dfrac{|e|\hbar}{2\mu c}$为玻尔磁子，$m=0,\pm1,\pm2,\cdots,\pm l$

原子在 $2p$ 态下　$(n=2,p=1,m=1)$，有

$$R_{21}(r)=\frac{1}{2\sqrt{6}a_0^{3/2}}\frac{r}{a_0}\mathrm{e}^{-r/2a_0}$$

得

$$B=-2\mu_B\int_0^\infty\left(\frac{1}{2\sqrt{6}a_0^{3/2}}\frac{r}{a_0}\mathrm{e}^{-r/2a_0}\right)^2\frac{\mathrm{d}r}{r}=-\frac{\mu_B}{12a_0^5}a_0^2=-\frac{\mu_B}{12a_0^3} \tag{6}$$

3-8　已知有心力场中运动的粒子，其定态波函数的径向部分由坐标表象变换到动量表象的变换关系为

$$f_{n_rl}(p)=\sqrt{\frac{2}{\pi\hbar^3}}\quad \mathrm{i}^{-l}\int_0^\infty j_l\left(\frac{p}{\hbar}r\right)R_{n_rl}(r)r^2\mathrm{d}r \tag{1}$$

式中：$f_{n_rl}(p)$、$R_{n_rl}(r)$分别为径向波函数在动量表象及坐标表象中的表示，$\mathrm{j}_l\left(\dfrac{p}{\hbar}r\right)$为 l 阶的球贝塞耳函数。试在动量表象中写出氢原子定态波函数的径向部分 $f_{n_rl}(p)$的表达式。

解：　将氢原子定态波函数中的径向部分 $R_{n_rl}(r)$在坐标表象中的表达式

$$R_{n_rl}(r)=N_{n_rl}\mathrm{e}^{-\xi/2}\xi^lF(-n_r,2(l+1);\xi) \tag{2}$$

式中：F 函数为第一类合流超几何函数。

$$N_{n_rl}=\frac{2}{a_0^{3/2}(n_r+l+1)^2(2l+1)!}\sqrt{\frac{(n_r+2l+1)!}{n_r!}}$$

$$\xi = \frac{2}{(n_r + l + 1)a_0}r$$

$$a_0 = \frac{4\pi\varepsilon_0\hbar^2}{\mu e^2}, \quad n_r = 0,1,2,\cdots, \quad l = 0,1,2,\cdots$$

代入变换关系式(1)中，即得 $f_{n_r l}(p)$的表达式。例如氢原子基态(1s 态)：$n_r=0, l=0$，$R_{00}(r)=\frac{2}{a_0^{3/2}}e^{-r/a_0}$，则

$$f_{00}(p) = \sqrt{\frac{2}{\pi\hbar^3}}\int_0^\infty j_0\left(\frac{p}{\hbar}r\right)\frac{2}{a_0^{3/2}}e^{-r/a_0}r^2\,dr$$

$$= \sqrt{\frac{8}{\pi\hbar^3 a_0^3}}\int_0^\infty \frac{\sin(pr/\hbar)e^{-r/a_0}}{pr/\hbar}r^2\,dr$$

$$= \sqrt{\frac{32a_0^3}{\pi\hbar^3}}\frac{1}{[1+(a_0 p/\hbar)]^3} \tag{3}$$

氢原子的 2s 态：$n_r=1, l=0, R_{10}(r)=\sqrt{\frac{1}{2a_0^3}}\left(1-\frac{r}{2a_0}\right)e^{-r/2a_0}$，则

$$f_{10}(p) = \sqrt{\frac{2}{\pi\hbar^3}}\int_0^\infty j_0(pr/\hbar)\sqrt{\frac{1}{2a_0^3}}\left(1-\frac{r}{2a_0}\right)e^{-r/2a_0}r^2\,dr$$

$$= \sqrt{\frac{1}{\pi\hbar^3 a_0^3}}\int_0^\infty \frac{\sin(pr/\hbar)}{pr/\hbar}\left(1-\frac{r}{2a_0}\right)e^{-r/2a_0}r^2\,dr$$

$$= \frac{32}{\sqrt{\pi}}\left(\frac{a_0}{\hbar}\right)^{3/2}\frac{4(a_0 p/\hbar)^2-1}{[1+4(a_0 p/\hbar)^2]^3} \tag{4}$$

氢原子的 2p 态：$n_r=2, l=1, R_{21}(r)=\frac{1}{2\sqrt{6}a_0^{3/2}}\frac{r}{a_0}e^{-r/2a_0}$，则

$$f_{21}(p) = \sqrt{\frac{2}{\pi\hbar^3}}i^{-1}\int_0^\infty j_1(pr/\hbar)R_{21}(r)r^2\,dr$$

$$= -\sqrt{\frac{2}{\pi\hbar^3}}i\int_0^\infty\left[\frac{\sin(pr/\hbar)}{(pr/\hbar)^2}-\frac{\cos(pr/\hbar)}{pr/\hbar}\right]\cdot\frac{1}{2\sqrt{6}a_0^{3/2}}\frac{r}{a_0}e^{-r/2a_0}r^2\,dr$$

$$= -i\frac{128}{\sqrt{3\pi}}\sqrt{\frac{a_0}{\hbar}}\frac{(a_0 p/\hbar)^2}{p[1+4(a_0 p/\hbar)^2]^3} \tag{5}$$

3-9 试求出类氢原子的束缚定态能级($E<0$)及相应的束缚定态波函数，再求自由定态波函数。

解：(a) 束缚定态($E<0$)。

体系力学量完全集合为$\{\hat{H}, \hat{\boldsymbol{L}}^2, \hat{L}_z\}$，定态波函数为

$$\psi_{n_r lm}(r,\theta,\varphi) = R_{n_r l}(r)Y_{lm}(\theta,\varphi) \tag{1}$$

其中径向函数 $R(r)$满足的径向方程为

$$\left\{\frac{d^2}{dr^2}+\frac{2}{r}\frac{d}{dr}+\frac{2\mu}{\hbar^2}\left[E-\frac{l(l+1)\hbar^2}{2\mu r^2}+\frac{Ze^2}{4\pi\varepsilon_0 r}\right]\right\}R(r) = 0 \tag{2}$$

作变换：$R(r)=\frac{u(r)}{r}$，则 $u(r)$满足的方程为

$$\frac{d^2}{dr^2}u(r)+\frac{2\mu}{\hbar^2}\left[E-\frac{l(l+1)\hbar^2}{2\mu r^2}+\frac{Ze^2}{4\pi\varepsilon_0 r}\right]u(r)=0 \tag{3}$$

记 $k=\sqrt{\frac{2\mu(-E)}{\hbar^2}}>0$ $(E<0)$，$\alpha=\frac{Ze^2\mu}{4\pi\varepsilon_0 k\hbar^2}=\frac{Z}{ka_0}>0$ $\left(a_0=\frac{4\pi\varepsilon_0\hbar^2}{\mu e^2}\right.$为第一玻尔轨道半径$\left.\right)$，则可将方程(3)改写为

$$\frac{d^2}{dr^2}u(r)+\left[-k^2+\frac{2k\alpha}{r}-\frac{l(l+1)}{r^2}\right]u(r)=0 \tag{4}$$

再作变换：$u(r)=r^{l+1}e^{-kr}f(r)$及$\xi=2kr$，则方程(4)又改写为

$$\xi\frac{d^2f}{d\xi^2}+(2l+2-\xi)\frac{df}{d\xi}-(l+1-\alpha)f=0 \tag{5}$$

方程(5)实则为合流超几何方程，它在$\xi=0$点的正则形式的解为

$$f(\xi)=F(l+1-\alpha,2l+2;\xi) \tag{6}$$

这个函数在 $l+1-\alpha=-n_r$ $(n_r=0,1,2,\cdots)$时成为最高幂次为 n_r 的多项式，以保证波函数 $\Psi(r,\theta,\varphi)\xrightarrow{r\to\infty}0$ 满足有限性要求。由此可确定体系束缚定态能级为：

$$\alpha=n_r+l+1\xlongequal{\text{记为}}n\quad(n=1,2,3,\cdots).$$

$$E_n=-\frac{k^2\hbar^2}{2\mu}=-\frac{\hbar^2}{2\mu}\left(\frac{Z}{\alpha a_0}\right)^2=-\frac{Z^2\hbar^2}{2\mu a_0^2n^2}$$

$$=-\frac{Z^2\mu e^4}{(4\pi\varepsilon_0)^2 2\hbar^2n^2},\qquad n=1,2,3,\cdots \tag{7}$$

相应的归一化的束缚定态波函数的径向部分为

$$\begin{aligned}R_{nl}(r)&=N_{nl}e^{-\frac{1}{2}\xi}\xi^lF(-n+l+1,2l+2;\xi)\\&=N_{nl}e^{-K_nr}(2k_nr)^lF(-n+l+1,2l+2;2k_nr)\end{aligned} \tag{8}$$

式中：$k_n=\frac{Z}{a_0n}$，归一化常数 $N_{nl}=\frac{2Z^{3/2}}{a_0^{3/2}n^2(2l+1)!}\sqrt{\frac{(n+l)!}{(n-l-1)!}}$.

(b)　自由定态　$(E>0)$

当取 $E>0$ 时，上面讨论中应将正实数 $k=\sqrt{\frac{2\mu(-E)}{\hbar^2}}$代之以 $k'=ik$，其中 $k=\sqrt{\frac{2\mu E}{\hbar^2}}$。随即应将 $\xi=2kr$ 代之以 $\xi=2ikr$，径向函数式(8)改写为

$$R_{kl}(r)=N_{kl}e^{-ikr}(2ikr)^lF\left(l+1+i\frac{Z}{ka_0},2l+2,2ikr\right) \tag{9}$$

式中：合流超几何函数 $F\left(l+1+i\frac{Z}{ka_0},2l+2,2ikr\right)$无须截断成多项式，故其中 k 值继而体系定态能量 E 可在$(0,+\infty)$区间内连续取值。

3-10　氚原子 ${}_1^3H$ 通过发生 β 衰变变成氦离子 ${}_2^3He^+$。设氚原子原来处于基态，试求当发生 β 衰变后氦离子处于第 n 能级的几率以及处于激发态和电离态两者的总几率。

解：由于 β 粒子的能量约为数千电子伏特，故 β 衰变过程的时间间隔极短。经过这样极短的时间间隔，可以认为衰变前后原子中电子的态不变。即可以认为，原子中的电子原来处

于核的静电势场 $V(r)=-\frac{e^2}{4\pi\varepsilon_0 r}$ 中，并处于基态 $\Psi_{100}(r,\theta,\varphi)$，然后突然变为处于核的静电势场 $V(r)=-\frac{Ze^2}{4\pi\varepsilon_0 r}$ 中，而电子云的分布完全来不及发生改变，电子仍处于态 $\Psi_{100}(r,\theta,\varphi)$ 中。

在势场 $V(r)=-\frac{e^2}{4\pi\varepsilon_0 r}$ 中，氚原子是氢的同位素。若略去电子折合质量之间的差别，则氚原子基态波函数 $\Psi_{100}(r,\theta,\varphi)$ 可表为

$$\Psi_{100}(r,\theta,\varphi)=\sqrt{\frac{1}{\pi a_0^3}}\mathrm{e}^{-r/a_0} \tag{1}$$

而在势场 $V(r)=-\frac{Ze^2}{4\pi\varepsilon_0 r}(Z=2)$ 中，氦离子 ${}_2^3\mathrm{He}^+$ 属于类氢离子体系，记相应的哈密顿算符的正交归一化本征矢完备组为 $\{\phi_{nlm}(\boldsymbol{r}),\phi_p(\boldsymbol{r})\}$，则 $\Psi_{100}(r,\theta,\varphi)$ 可按此基矢完备组展开：

$$\Psi_{100}=\sum_{n,l,m}c_{nlm}\phi_{nlm}+\int c_p\phi_p\,\mathrm{d}\boldsymbol{p} \tag{2}$$

式中展开项的系数为

$$c_{nlm}=\int\phi_{nlm}^*\Psi_{100}\,\mathrm{d}\tau \tag{3}$$

$$c_p=\int\phi_p^*\Psi_{100}\,\mathrm{d}\tau \tag{4}$$

类氢离子的定态波函数

$$\begin{aligned}\Phi_{nlm}(\boldsymbol{r})&=R_{nl}(r)Y_{lm}(\theta,\varphi)\\&=N_{nl}\mathrm{e}^{-\alpha r/2}(\alpha r)^l L_{n+l}^{2l+1}(\alpha r)Y_{lm}(\theta,\varphi)\end{aligned} \tag{5}$$

式中：

$$N_{nl}=-\left\{\left(\frac{2Z}{na_0}\right)^3\frac{(n-l-1)!}{2n[(n+l)!]^3}\right\}^{1/2},(Z=2)$$

$$\alpha=\left(-\frac{8\mu E_n}{\hbar^2}\right)^{1/2},\quad a_0=\frac{4\pi\varepsilon_0\hbar^2}{\mu e^2}$$

$$E_n=-\frac{Z^2\mu e^4}{(4\pi\varepsilon_0)^2 2\hbar^2 n^2}$$

$L_{n+l}^{2l+1}(\alpha r)$ 称为缔合拉盖尔多项式。

将(5)式代入(3)式中，可得

$$\begin{aligned}c_{nlm}&=\int_0^\infty R_{nl}^*(r)\left(\frac{1}{a_0}\right)^{3/2}2\mathrm{e}^{-r/a_0}r^2\,\mathrm{d}r\iint Y_{lm}^*Y_{00}\,\mathrm{d}\Omega\\&=\int_0^\infty R_{nl}^*(r)\left(\frac{1}{a_0}\right)^{3/2}2\mathrm{e}^{-r/a_0}r^2\,\mathrm{d}r\,\delta_{l0}\delta_{m0}\end{aligned} \tag{6}$$

(6)式表明只有对应于氦离子的第 n 能级上的 $l=0$，$m=0$ 的态，c_{n00} 才不为零，即 β 衰变后，氦离子只能处于 $|n00\rangle$ 各态。例如：$n=1$ 时，有

$$\begin{aligned}c_{100}&=\int_0^\infty R_{10}^*\left(\frac{1}{a_0}\right)^{3/2}2\mathrm{e}^{-r/a_0}r^2\,\mathrm{d}r\\&=\int_0^\infty\left(\frac{2}{a_0}\right)^{3/2}2\mathrm{e}^{-2r/a_0}\left(\frac{1}{a_0}\right)^{3/2}2\mathrm{e}^{-r/a_0}r^2\,\mathrm{d}r=\frac{16\sqrt{2}}{27}\end{aligned} \tag{7}$$

$w_{100}=|c_{100}|^2=0.70$

$n=2$ 时，有

$$c_{200}=\int_0^\infty R_{20}^*\left(\frac{1}{a_0}\right)^{3/2}2\mathrm{e}^{-r/a_0}r^2\,\mathrm{d}r$$
$$=\int_0^\infty\left(\frac{2}{2a_0}\right)^{3/2}\left(2-\frac{2r}{a_0}\right)\mathrm{e}^{-2r/2a_0}\left(\frac{1}{a_0}\right)^{3/2}2\mathrm{e}^{-r/a_0}r^2\,\mathrm{d}r$$
$$=-0.5 \tag{8}$$

$w_{200}=0.25$. 同理可以得到

$$w_{300}=\frac{2^9\times3^5}{5^{10}}\approx0.013 \tag{9}$$

$$w_{400}=\frac{2^{23}}{6^{12}}\approx0.0039 \tag{10}$$

$$w_{n00}=\frac{2^9n^5(n-2)^{2n-4}}{(n+2)^{2n+4}} \tag{11}$$

氦离子处于激发态和电离态的总几率为

$$1-w_{100}=1-0.70=0.30 \tag{12}$$

3-11 (a) 写出电子偶素的能级表示式。求出电子偶素由 $n=2$ 能级跃迁到 $n=1$ 能级所发射光子的波长；

(b) 分别求出 μ 子原子($p\mu^-$)和($d\mu^-$)的电离能。

解:(a) 电子偶素是正电子(e^+)和负电子(e^-)的束缚对，由于在结构上与氢原子类似，称为特殊的类氢原子。但其中电子的折合质量改变为

$$\mu'=\frac{m_e^+m_{e^-}}{m_{e^+}+m_{e^-}}=\frac{1}{2}m_{e^-}\approx\frac{1}{2}\mu \tag{1}$$

式中:μ 为氢原子中电子的折合质量(因为氢原子中电子的折合质量为 $\mu=\frac{M_pm_{e^-}}{M_p+m_{e^-}}=\frac{1\,836m_{e^-}^2}{1\,837m_{e^-}}\approx0.999\,5m_{e^-}\approx m_{e^-}$)。因此只要把氢原子中电子的折合质量换成电子偶素中电子的折合质量，则氢原子的所有结论均适合于电子偶素。于是电子偶素定态能级的公式为

$$E_n'=-\frac{\mu'e^4}{(4\pi\varepsilon_0)^2 2\hbar^2n^2}=-\frac{1}{2}\frac{\mu e^4}{(4\pi\varepsilon_0)^2 2\hbar^2n^2}=-\frac{1}{2}E_n \tag{2}$$

当它由 $n=2$ 的能级跃迁到 $n=1$ 能级时所发射光子的波长为

$$\lambda=\frac{hc}{E_2-E_1}=\frac{8}{3}\frac{(4\pi\varepsilon_0)^2 4\pi\hbar^3c}{\mu e^4}=2\,430\text{Å} \tag{3}$$

(b) μ 子原子($p\mu^-$)由质子(p)和 μ^- 子组成，μ^- 子的质量 $m_\mu\approx207m_e$，所带电荷与电子相同，因此 μ 子原子可视为特殊的氢原子，氢原子的所有结论能适合于 μ 子原子，但要将其中电子的折合质量换成 μ 子原子中 μ^- 子的折合质量。已知 μ^- 子的折合质量为

$$\mu''=\frac{M_pm_{\mu^-}}{M_p+m_{\mu^-}}=\frac{(1\,836m_{e^-})(207m_{e^-})}{1\,836m_{e^-}+207m_{e^-}}$$
$$=186.03m_{e^-}\approx186.03\mu \tag{4}$$

因此 μ 子原子的电离能为

$$E_{电离} = -E''_1 = -\left(-186.03\frac{\mu e^4}{(4\pi\varepsilon_0)^2 2\hbar^2}\right)$$

$$= 186.03 \times 13.6\text{eV} \approx 2\,530\text{eV} \tag{5}$$

$(d\mu^-)$原子是由 d(氢的同位素,其核含有 1 个质子与一个中子)和 μ^-子组成,其中 μ^- 的折合质量为

$$\mu''' = \frac{M_d m_{\mu^-}}{M_d + m_{\mu^-}} = \frac{(M_p + M_n)m_{\mu^-}}{M_p + M_n + m_{\mu^-}}$$

$$\approx \frac{(2\times 1\,836 m_{e^-})(207 m_{e^-})}{(2\times 1\,836 + 207)m_{e^-}} \approx 195.95 m_{e^-} \approx 195.95\mu$$

得$(d\mu^-)$原子的电离能为

$$E'_{电离} = -E'''_1 = -\left(-195.95\frac{\mu e^4}{(4\pi\varepsilon_0)^2 2\hbar^2}\right)$$

$$= 195.95 \times 13.6\text{eV} \approx 2\,664.92\text{eV} \tag{6}$$

3-12 设碱金属原子中的价电子所受原子实(原子核+满壳层电子)的作用可近似表示为

$$V(r) = -\frac{1}{4\pi\varepsilon_0}\left(\frac{e^2}{r} + \lambda\frac{e^2 a_0}{r^2}\right),\quad 0 < \lambda \ll 1$$

a_0 为玻尔半径,求价电子的能级,并与氢原子能级作比较。

解:碱金属原子中的价电子处于角量数 l 较小的状态时能贯穿原子实,如题 3-12 图所示。对原子实产生极化作用,使原子实成为一个瞬时电偶极子。与氢原子的情况相比,价电子所处的场不再仅是原子核产生的库仑场$-\frac{e^2}{4\pi\varepsilon_0 r}$,而是在库仑场的基础上再叠加了一个电偶极子产生的场$-\lambda\frac{e^2 a_0}{4\pi\varepsilon_0 r^2}$ $(0<\lambda\ll 1)$。于是总的势场不再具有库仑场的性质,而仅仅只具有有心力场的性质。价电子的径向波函数 $R(r)$满足的径向波动方程为:

$$\frac{1}{r^2}\frac{\mathrm{d}}{\mathrm{d}r}\left(r^2\frac{\mathrm{d}R}{\mathrm{d}r}\right) + \left\{\frac{2\mu}{\hbar^2}\left[E + \frac{e^2}{4\pi\varepsilon_0 r}\right] - \frac{1}{r^2}\left[-\frac{2\mu\lambda e^2 a_0}{4\pi\varepsilon_0\hbar^2} + l(l+1)\right]\right\}R(r) = 0 \tag{1}$$

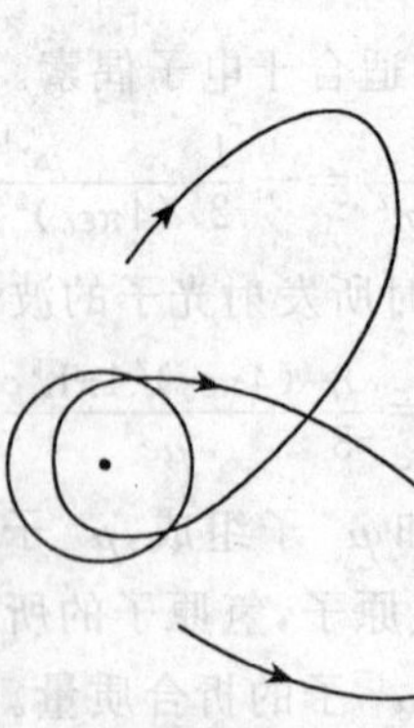

贯穿轨道

题 3-12 图

令

$$l'(l'+1)=-\frac{2\mu\lambda e^2 a_0}{4\pi\varepsilon_0\hbar^2}+l(l+1) \tag{2}$$

解得

$$\begin{aligned}l' &=\frac{1}{2}\left\{\left[(2l+1)^2-\frac{8\mu\lambda e^2 a_0}{4\pi\varepsilon_0\hbar^2}\right]^{1/2}-1\right\}\\ &=\frac{1}{2}\left\{(2l+1)\left[1-\frac{8\mu\lambda e^2 a_0}{4\pi\varepsilon_0\hbar^2}\frac{1}{(2l+1)^2}\right]^{1/2}-1\right\}\\ &\approx\frac{1}{2}\left\{(2l+1)\left[1-\frac{1}{2}\frac{8\mu\lambda e^2 a_0}{4\pi\varepsilon_0\hbar^2}\frac{1}{(2l+1)^2}\right]-1\right\}\\ &=l-\frac{2\mu\lambda e^2 a_0}{4\pi\varepsilon_0\hbar^2}\frac{1}{2l+1}=l-\Delta_l\end{aligned} \tag{3}$$

式中：l 是角量子数。

$$\Delta_l=\frac{2\mu\lambda e^2 a_0}{4\pi\varepsilon_0\hbar^2}\frac{1}{2l+1}=\frac{2\mu\lambda e^2}{4\pi\varepsilon_0\hbar^2}\frac{4\pi\varepsilon_0\hbar^2}{\mu e^2}\frac{1}{2l+1}=\frac{\lambda}{l+1/2} \tag{4}$$

称为量子亏损，显然 $\Delta_l>0$，且随 l 的增大而减小。将式(2)代入方程(1)中，有

$$\frac{1}{r^2}\frac{\mathrm{d}}{\mathrm{d}r}\left(r^2\frac{\mathrm{d}R}{\mathrm{d}r}\right)+\left\{\frac{2\mu}{\hbar^2}\left(E+\frac{e^2}{4\pi\varepsilon_0 r}\right)-\frac{l'(l'+1)}{r^2}\right\}R=0 \tag{5}$$

对照氢原子的径向方程及定态能级的表达式，立即可知碱金属原子价电子的能级 E 可表示为

$$\begin{aligned}E_{nl} &=-\frac{\mu e^4}{(4\pi\varepsilon_0)^2 2\hbar^2(n_r+l'+1)^2}\\ &=-\frac{\mu e^4}{(4\pi\varepsilon_0)^2 2\hbar^2(n-\Delta_l)^2}=-\frac{\mu e^4}{(4\pi\varepsilon_0)^2 2\hbar^2 n^{*2}}\end{aligned} \tag{6}$$

式中：

$$n^*=n-\Delta_l \tag{7}$$

称为有效主量子数。式(7)表明，碱金属原子的每一个定态能级与两个量子数 n,l 有关，记为 E_{nl}，库仑简并性得到了消除。

3-13　试应用克拉末关系式求三维各向同性谐振子在定态 $\psi_{Nlm}(\boldsymbol{r})$ 下径向坐标 k 次幂 r^k 的期望值。

解：三维各向同性谐振子的势能算符为

$$V(r)=\frac{1}{2}\mu\omega^2 r^2 \tag{1}$$

代入克拉末关系式(详见本章第一部分内容提要式(3-19))，有

$$\frac{k[k^2-(2l+1)^2]}{4(k+1)}\overline{r^{k-2}}-\frac{\mu^2\omega^2}{\hbar^2}\frac{k+2}{k+1}\overline{r^{k+2}}+\frac{2\mu\omega}{\hbar}\left(N+\frac{3}{2}\right)\overline{r^k}=0 \tag{2}$$

取 $k=0$，得到

$$\overline{r^2}=\frac{\hbar}{\mu\omega}\left(N+\frac{3}{2}\right) \tag{3}$$

取 $k=2$，得到

$$\overline{r^4} = \left(\frac{\hbar}{\mu\omega}\right)^2 \frac{1}{4}[6N(N+3) - 2l(l+1) + 15] \tag{4}$$

再应用费曼-海尔曼定理可以求得离心势能的期望值。由本章第一部分内容提要式(3-27)有

$$\frac{l(l+1)\hbar^2}{2\mu}\overline{r^{-2}} = \frac{l(l+1)}{2l+1}\frac{\partial}{\partial l}\left(2n_r + l + \frac{3}{2}\right)\hbar\omega \tag{5}$$

得到

$$\overline{r^{-2}} = \frac{\mu\omega}{\hbar}\frac{2}{2l+1} \tag{6}$$

再在克拉末关系式中取 $k=-2$，得到

$$\overline{r^{-4}} = \left(\frac{\mu\omega}{\hbar}\right)^2 \frac{4(2N+3)}{(2l-1)(2l+1)(2l+3)},\ l \geqslant 1 \tag{7}$$

还可以取 $k=-4,-6,\cdots$

3-14 粒子在无限深球势阱 $V(r)=\begin{cases}0, & r\leqslant a\\ \infty, & r>a\end{cases}$ 中运动，求体系能级及相应的定态波函数，并求粒子处于定态下，对势阱壁的平均压强。

解：因为 $V(r)$ 是有心力场，所以可取体系力学量完全集为 $\{\hat{H},\hat{\boldsymbol{L}}^2,\hat{L}_z\}$，定态波函数可表示为

$$\Psi_{n_r lm}(r,\theta,\varphi) = R_{n_r l}(r)Y_{lm}(\theta,\varphi) \tag{1}$$

其中径向函数 $R_{n_r l}(r)$ 满足的径向波动方程为

$$\frac{1}{r^2}\frac{\mathrm{d}}{\mathrm{d}r}\left(r^2\frac{\mathrm{d}}{\mathrm{d}r}R\right) + \left[\frac{2\mu}{\hbar^2}(E - V(r)) - \frac{l(l+1)}{r^2}\right]R = 0 \tag{2}$$

将势能函数 $V(r)=\begin{cases}0, & r\leqslant a\\ \infty, & r>a\end{cases}$ 代入方程(2)中，得

$$\begin{cases}R'' + \dfrac{2}{r}R' + \left[\dfrac{2\mu E}{\hbar^2} - \dfrac{l(l+1)}{r^2}\right]R = 0, & r\leqslant a\\ R(r) = 0, & r > a\end{cases} \tag{3}$$

记 $\dfrac{2\mu E}{\hbar^2}=k^2$，$R(r)=\dfrac{1}{\sqrt{r}}u(r)$，则得函数 $u(r)$ 满足的方程为

$$u'' + \frac{1}{r}u' + \left[k^2 - \frac{(l+1/2)^2}{r^2}\right]u = 0 \quad (r\leqslant a) \tag{4}$$

方程解为

$$u(r) = c_1 \mathrm{J}_{l+1/2}(kr) + c_2\mathrm{J}_{-(l+1/2)}(kr) \quad (r\leqslant a) \tag{5}$$

注意到 $R(r)=\dfrac{u(r)}{\sqrt{r}}$ 在 $r=0$ 处须为有限，要求 $c_2=0$，得

$$R(r) = c_1\frac{1}{\sqrt{r}}\ \mathrm{J}_{l+1/2}(kr) = c\mathrm{j}_l(kr) \quad (r\leqslant a) \tag{6}$$

式中：j_l 为球贝塞耳函数。再要求 $R(r)$ 在 $r=a$ 点连续：$R(a)=0$，即要求 $\mathrm{j}_l(k_{n_r l}a)=0$，其中 $(k_{n_r l}a)$ 是方程 $j_l=0$ 的第 n_r 个根(不计及 $ka=0$ 这个根)$n_r=1,2,3,\cdots$ 故得体系定态能量

为：

$$E_{n_r l} = \frac{\hbar^2}{2\mu}k_{n_r l}^2 \qquad (n_r = 1,2,3,\cdots, \qquad l = 0,1,2,\cdots) \tag{7}$$

其中对于 $l=0$ 的能级，由 $j_0(kr)=\dfrac{\sin(kr)}{kr}$ 知，$k_{n_r 0}=n_r\pi$，$(n_r=1,2,3,\cdots)$。于是得到 $E_{n_r 0}=\dfrac{\hbar^2}{2\mu}\dfrac{n_r^2\pi^2}{a^2}$，$n_r=1,2,3,\cdots$

体系相应的定态波函数为

$$\begin{aligned}\Psi_{n_r lm}(r,\theta,\varphi) &= R_{n_r l}(r)Y_{lm}(\theta,\varphi)\\ &= \begin{cases} C_{n_r l}\, j_l(k_{n_r l}r)Y_{lm}(\theta,\varphi), & r \leqslant a \\ 0, & r > a\end{cases}\end{aligned} \tag{8}$$

$$n_r = 0,1,2,\cdots;\ l = 0,1,2,\cdots;\ m = 0,\pm 1,\pm 2,\cdots,\pm l$$

式中：径向归一化常数 $c_{n_r l}$ 由 $\int_0^a |R_{n_r l}(r)|^2 r^2 \mathrm{d}r = 1$ 算得为

$$c_{n_r l} = [-2/a^3 j_{l-1}(k_{n_r l}a) j_{l+1}(k_{n_r l}a)]^{½} \tag{9}$$

下面求粒子在定态 $\Psi_{n_r lm}(r,\theta,\varphi)$ 下对势阱壁的平均压强。

假设球势阱均匀地"膨胀"了一个小量，粒子所做的功是

$$\mathrm{d}W = \bar{p}\mathrm{d}V = \bar{p}4\pi a^2 \mathrm{d}a \tag{10}$$

$\bar{p}$ 是粒子对阱壁的平均压强，V 是球势阱的体积。又

$$\mathrm{d}W = -\mathrm{d}E \tag{11}$$

故

$$\bar{p}_{n_r l} = -\frac{1}{4\pi a^2}\frac{\partial E_{n_r l}}{\partial a} \tag{12}$$

若粒子处于基态，则基态波函数为

$$\psi_{100}(r,\theta,\varphi) = \begin{cases} \sqrt{\dfrac{2}{a}}\,\dfrac{\sin(\pi r/a)}{r}Y_{00}, & r \leqslant a \\ 0, & r > a\end{cases} \tag{13}$$

基态能量 E_{10} 由 $\mathrm{j}_0(k_{10}a)=0$，即 $\dfrac{\sin k_{10}a}{k_{10}a}=0$ 决定。由于 $k_{10}a=\pi$，得

$$E_{10} = \frac{\pi^2\hbar^2}{2\mu a^2} \tag{14}$$

故

$$\bar{p}_{10} = -\frac{1}{4\pi a^2}\frac{\partial E_{10}}{\partial a} = \frac{\pi\hbar^2}{4\mu a^5} \tag{15}$$

若粒子在最低的 p 态 $(l=1)$，其能量 E_{11} 由 $\mathrm{j}_1(k_{11}a)=0$，即 $\dfrac{\sin(k_{11}a)}{(k_{11}a)^2}-\dfrac{\cos(k_{11}a)}{k_{11}a}=0$ 决定。由超越方程

$$\tan(k_{11}a) - k_{11}a = 0$$

得 $k_{11}a\approx 4.5$，于是

$$E_{11} \approx \frac{(4.5)^2 \hbar^2}{2\mu a^2} \tag{16}$$

故

$$\bar{p}_{11} = -\frac{1}{4\pi a^2}\frac{\partial E_{11}}{\partial a} = \frac{(4.5)^2 \hbar^2}{4\pi\mu a^5} \tag{17}$$

一般地，粒子定态能量 $E_{n_r l} = \frac{\hbar^2}{2\mu}k_{n_r l}^2 = \frac{\hbar^2}{2\mu a^2}(k_{n_r l}a)^2$，其中 $k_{n_r l}a$ 是方程 $j_l(x)=0$ 的第 n_r 个根，与 a 无关。故

$$\bar{p}_{n_r l} = -\frac{1}{4\pi a^2}\frac{\partial E_{n_r l}}{\partial a} = -\frac{1}{4\pi a^2}\left[-\frac{\hbar^2 (k_{n_r l}a)^2}{\mu a^3}\right] = \frac{1}{2\pi a^3}E_{n_r l} \tag{18}$$

3-15 粒子在中心力场 $V(r)=\begin{cases}-V_0<0, & r\leqslant a\\ 0, & r>a\end{cases}$ 中运动，求体系束缚定态能级（$E<0$）及相应的定态波函数。在什么条件下，体系才存在束缚能级？又在什么条件下，体系开始存在有角量子数为 $l(l\neq 0)$ 的束缚能级？

解：体系定态波函数 $\Psi_{n_r lm}(r,\theta,\varphi)=R_{n_r l}(r)Y_{lm}(\theta,\varphi)$，其中径向函数满足方程：

$$\frac{\mathrm{d}^2}{\mathrm{d}r^2}R(r) + \frac{2}{r}\frac{\mathrm{d}}{\mathrm{d}r}R(r) + \left[\frac{2\mu}{\hbar^2}(E-V(r)) - \frac{l(l+1)}{r^2}\right]R(r) = 0 \tag{1}$$

将 $V(r)=\begin{cases}-V_0<0, & r\leqslant a\\ 0, & r>a\end{cases}$ 代入，注意到 $-V_0<E<0$，再记 $k\equiv\sqrt{\frac{2\mu(-E)}{\hbar^2}}>0$，$k'\equiv\sqrt{\frac{2\mu(V_0+E)}{\hbar^2}}>0$，有

$$\begin{cases} R'' + \frac{2}{r}R' + \left[k'^2 - \frac{l(l+1)}{r^2}\right]R = 0 & (0\leqslant r\leqslant a) \\ R'' + \frac{2}{r}R' + \left[-k^2 - \frac{l(l+1)}{r^2}\right]R = 0 & (r>a) \end{cases} \tag{2}$$

方程(2)的解为

$$R_l(r) = \begin{cases} c_1 \mathrm{j}_l(k'r) & (0\leqslant r\leqslant a) \\ c_2 \mathrm{h}_l^{(1)}(\mathrm{i}kr) & (r>a) \end{cases} \tag{3}$$

式中 $\mathrm{j}_l(k'r)$ 和 $\mathrm{h}_l^{(1)}(\mathrm{i}kr)$ 分别是球贝塞尔函数和虚宗量第一类球汉克尔函数；方程解 $R_l(r)$ 满足在 $r=0$ 点有限，在 $r\to\infty$ 点为零。又，波函数在 $r=a$ 点要求连续：

$$\frac{1}{\mathrm{j}_l(k'r)}\frac{\mathrm{d}}{\mathrm{d}r}\mathrm{j}_l(k'r)\bigg|_{r=a} = \frac{1}{\mathrm{h}_l^{(1)}(\mathrm{i}kr)}\frac{\mathrm{d}}{\mathrm{d}r}\mathrm{h}_l^{(1)}(\mathrm{i}kr)\bigg|_{r=a}$$

即

$$k'a\frac{\mathrm{j}_l{}'(k'a)}{\mathrm{j}_l(k'a)} = \mathrm{i}ka\frac{\mathrm{h}_l^{(1)}{}'(\mathrm{i}ka)}{\mathrm{h}_l^{(1)}(\mathrm{i}ka)}$$

也即

$$k'a\frac{\mathrm{j}_{l-1}(k'a)}{\mathrm{j}_l(k'a)} = \mathrm{i}ka\frac{\mathrm{h}_{l-1}^{(1)}(\mathrm{i}ka)}{\mathrm{h}_l^{(1)}(\mathrm{i}ka)} \tag{4}$$

由方程(4)确定体系的束缚能谱（$E_{n_r l}<0$），$E_{n_r l}$ 为在 l 值固定情况下，满足上面方程的第 n_r

个能量值，$n_r=1,2,3,\cdots$

对于体系的 s 态：$l=0$，由于 $j_0(z)=\dfrac{\sin z}{z}$，$h_0^{(1)}(z)=\dfrac{e^{iz}}{iz}$，上面方程简化成

$$k'a\cot(k'a)=-ka \tag{5}$$

注意到，还有下式成立：

$$(k'a)^2+(ka)^2=\frac{2\mu V_0a^2}{\hbar^2} \tag{6}$$

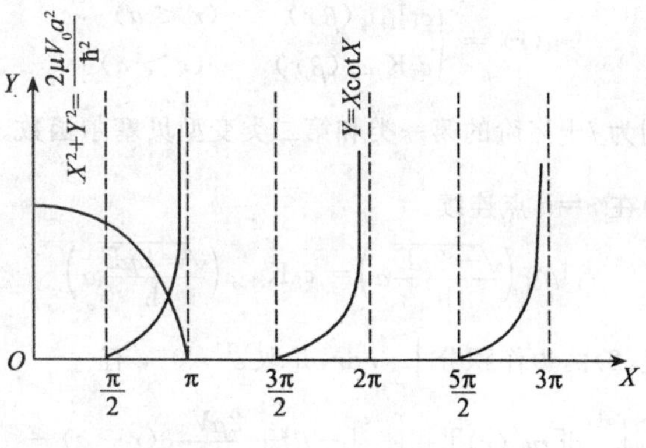

题 3-15 图

将(5)、(6)两式联立求解，记 $X=k'a$，$Y=ka$，以 X 为横坐标，以 Y 为纵坐标作图，结果如题 3-15 图所示。由图看出，只有当$\left(\dfrac{2\mu V_0a^2}{\hbar^2}\right)^{1/2}>\dfrac{\pi}{2}$时，即

$$V_0a^2>\frac{\pi^2\hbar^2}{8\mu} \tag{7}$$

体系才存在有 $l=0$ 的束缚能级，即才存在束缚能级。

如果要求体系开始存在有一个角量子数为 $l(l\neq0)$ 的束缚能级，也要满足一定条件。设体系刚刚出现有一个 $l\neq0$ 的束缚能级 E_{1l}，则视 $E_{1l}=0$，对应有 $k=0$，$k'=\dfrac{1}{\hbar}\sqrt{2\mu V_0}$，由于当 $x\to0$ 时，$h_l^{(1)}(x)\approx\dfrac{-i(2l-1)!!}{x^{l+1}}$，故

$$\begin{aligned}k'a\,\frac{j_{l-1}(k'a)}{j_l(k'a)}&=ika\,\frac{-i(2l-3)!!/(ika)^l}{-i(2l-1)!!/(ika)^{l+1}}\\&=\frac{(ika)^2}{2l-1}=0\end{aligned} \tag{8}$$

得到体系刚刚出现有一个 $l\neq0$ 的束缚能级的条件是

$$j_{l-1}\left(\frac{a}{\hbar}\sqrt{2\mu V_0}\right)=0 \tag{9}$$

3-16　求粒子在球 δ 势阱 $V(r)=-V_0\delta(r-a)$ 中运动的束缚能级及相应的定态波函数。在什么条件下，体系才能存在束缚能级？

解：体系的定态波函数 $\Psi_{n_rlm}(r,\theta,\varphi)=R_{n_rl}(r)Y_{lm}(\theta,\varphi)$，其中径向函数 $R(r)$ 满足方程

$$R''(r)+\frac{2}{r}R'(r)+\left[\frac{2\mu E}{\hbar^2}+\frac{2\mu V_0}{\hbar^2}\delta\left(r-a\right)-\frac{l(l+1)}{r^2}\right]R(r)=0 \tag{1}$$

由于本题限于讨论体系的束缚定态，故上式中 $E<0$。记 $R(r)=\frac{u(r)}{\sqrt{r}}$，$\beta^2=-\frac{2\mu E}{\hbar^2}$，$\beta<0$，则 $u(r)$满足方程

$$u''(r)+\frac{1}{r}u'(r)+\left[-\beta^2+\frac{2\mu V_0}{\hbar^2}\delta(r-a)-\frac{(l+\frac{1}{2})^2}{r^2}\right]u(r)=0 \tag{2}$$

方程的解为

$$u(r)=\begin{cases}c_1\mathrm{I}_{l+\frac{1}{2}}(\beta r) & (r<a)\\ c_2\mathrm{K}_{l+\frac{1}{2}}(\beta r) & (r>a)\end{cases} \tag{3}$$

式中：$\mathrm{I}_{l+\frac{1}{2}}$和$\mathrm{K}_{l+\frac{1}{2}}$分别为$l+\frac{1}{2}$阶的第一类和第二类变型贝塞尔函数。$R(r)=\frac{u(r)}{\sqrt{r}}$在 $r=a$ 点须连续，即要求 $u(r)$在 $r=a$ 点连续：

$$c_1\mathrm{I}_{l+\frac{1}{2}}\left(\frac{\sqrt{-2\mu E}}{\hbar}a\right)=c_2\mathrm{K}_{l+\frac{1}{2}}\left(\frac{\sqrt{-2\mu E}}{\hbar}a\right) \tag{4}$$

又，对 $u(r)$满足的方程(2)两边作积分 $\int_{a-\varepsilon}^{a+\varepsilon}r\mathrm{d}r$，并取 $\varepsilon\to 0^+$，有

$$\int_{a-\varepsilon}^{a+\varepsilon}\mathrm{d}[ru'(r)]+\int_{a-\varepsilon}^{a+\varepsilon}\left[-\beta^2+\frac{2\mu V_0}{\hbar^2}\delta(r-a)-\frac{(l+\frac{1}{2})^2}{r^2}\right]ru(r)\mathrm{d}r=0 \qquad (\varepsilon\to 0^+) \tag{5}$$

得

$$a[u'(a+0)-u'(a-0)]=-\frac{2\mu V_0}{\hbar^2}au(a)$$

即

$$a\beta[c_2\mathrm{K}'_{l+\frac{1}{2}}(\beta a)-c_1\mathrm{I}'_{l+\frac{1}{2}}(\beta a)]=-\frac{2\mu V_0}{\hbar^2}ac_1\mathrm{I}_{l+\frac{1}{2}}(\beta a) \tag{6}$$

上式两边乘以 $u(a)=c_1\mathrm{I}_{l+\frac{1}{2}}(\beta a)=c_2\mathrm{K}_{l+\frac{1}{2}}(\beta a)$，有

$$\beta a[\mathrm{K}'_{l+\frac{1}{2}}(\beta a)\mathrm{I}_{l+\frac{1}{2}}(\beta a)-\mathrm{K}_{l+\frac{1}{2}}(\beta a)\mathrm{I}'_{l+\frac{1}{2}}(\beta a)]=-\frac{2\mu V_0 a}{\hbar^2}\mathrm{K}_{l+\frac{1}{2}}(\beta a)\mathrm{I}_{l+\frac{1}{2}}(\beta a) \tag{7}$$

注意到朗斯基行列式$\begin{vmatrix}\mathrm{I}_\nu(x), & \mathrm{K}_\nu(x)\\ \mathrm{I}'_\nu(x), & \mathrm{K}'_\nu(x)\end{vmatrix}=-\frac{1}{x}$，于是得到确定体系束缚定态能量 $E_{n_rl}<0$ 的方程：

$$\mathrm{I}_{l+\frac{1}{2}}(\beta a)\mathrm{K}_{l+\frac{1}{2}}(\beta a)=\frac{\hbar^2}{2\mu V_0 a} \qquad (l=0,1,2,3,\cdots) \tag{8}$$

将满足上式的第 n_r 个 β 值记为 β_{n_rl}，则

$$E_{n_rl}=-\frac{\hbar^2}{2\mu}\beta^2_{n_rl} \qquad (l=0,1,2,3,\cdots) \tag{9}$$

事实上，由于函数 $\mathrm{I}_\nu(z)\mathrm{K}_\nu(z)$是 $z\geqslant 0$ 的单调减小的函数，并且当 $z\to\infty$时 $\mathrm{I}_\nu(z)\mathrm{K}_\nu(z)\to 0$（因为当 $z\to\infty$时，$\mathrm{I}_\nu(z)\approx\frac{\mathrm{e}^z}{\sqrt{2\pi z}}$，$\mathrm{K}_\nu(z)\approx\sqrt{\frac{\pi}{2z}}\mathrm{e}^{-z}$），而 $z\to 0$ 时，$\mathrm{I}_\nu(0)\mathrm{K}_\nu(0)=\frac{1}{2\nu}(\nu>0)$为

最大值，如题 3-16 图所示。故对于确定的 l 值而言，当 $\frac{\hbar^2}{2\mu V_0 a}<\frac{1}{2(l+\frac{1}{2})}$ 时，即若 $\frac{\mu V_0 a}{\hbar^2}>l+\frac{1}{2}$，则体系相应有唯一一个束缚能级 E_l；反之，若 $\frac{\mu V_0 a}{\hbar^2}<l+\frac{1}{2}$，则与该 l 值对应的束缚能级 E_l 不存在。

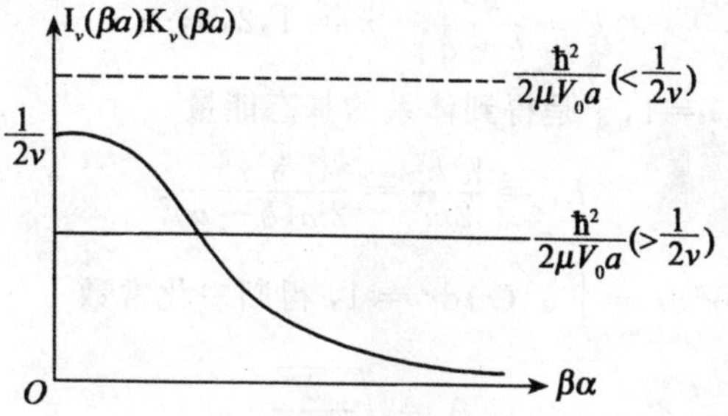

题 3-16 图

可见，粒子在给定的球 δ 势阱中运动所具有的束缚能级数目 $N=l_{\max}+1$，其中 $l_{\max}+\frac{1}{2}<\frac{\mu V_0 a}{\hbar^2}$ 且 $(l_{\max}+1)+\frac{1}{2}>\frac{\mu V_0 a}{\hbar^2}$，即

$$\frac{\mu V_0 a}{\hbar^2}-\frac{1}{2}<N<\frac{\mu V_0 a}{\hbar^2}+\frac{1}{2} \tag{10}$$

体系相应的定态波函数为

$$\Psi_{n_r lm}(r,\theta,\varphi)=\begin{cases}c_1 I_{l+½}(\beta_{n_r l}r)Y_{lm}(\theta,\varphi)/r^{½}, & r<a\\ c_2 K_{l+½}(\beta_{n_r l}r)Y_{lm}(\theta,\varphi)/r^{½}, & r>a\end{cases} \tag{11}$$

3-17　一个质量为 m 的粒子被限制在半径为 $r=a$ 和 $r=b$ 的两个不可穿透同心球面之间运动，不存在其他势。求粒子的基态能量和归一化波函数。

解：设粒子的径向波函数为 $R(r)=\frac{u(r)}{r}$，则 $u(r)$ 满足方程

$$\frac{d^2}{dr^2}u(r)+\left[\frac{2m}{\hbar^2}\Big(E-V(r)\Big)-\frac{l(l+1)}{r^2}\right]u(r)=0 \qquad (a\leqslant r\leqslant b) \tag{1}$$

对于基态，$l=0$，只有径向波函数。将势函数

$$V(r)=\begin{cases}\infty, & r<a,r>b\\ 0, & a\leqslant r\leqslant b\end{cases} \tag{2}$$

代入方程(1)中，并令 $k^2=\frac{2mE}{\hbar^2}>0$，则有

$$\begin{cases}u''(r)+k^2u(r)=0, & a\leqslant r\leqslant b\\ u|_{r=a}=u|_{r=b}=0\end{cases} \tag{3}$$

其解为

$$u(r) = A\sin(kr+\delta), \quad a \leqslant r \leqslant b \tag{4}$$

由边界条件$u|_{r=a}=0$,得 $\sin(ka+\delta)=0$, $ka+\delta=0$,故

$$\delta = -ka \tag{5}$$

有

$$u(r) = A\sin k(r-a), \quad a \leqslant r \leqslant b. \tag{6}$$

再由边界条件$u|_{r=b}=0$,得 $\sin k(b-a)=0, k(b-a)=n\pi, n=1,2,3,\cdots$,故

$$k = \frac{n\pi}{b-a}, \quad n = 1,2,3,\cdots \tag{7}$$

粒子处于基态时,相应的$n=1$,于是得到体系的基态能量

$$E_1 = \frac{\hbar^2 k^2}{2m} = \frac{\hbar^2\pi^2}{2m(b-a)^2} \tag{8}$$

再由归一化条件$\int_a^b R^2(r)r^2\mathrm{d}r = \int_a^b u^2(r)\mathrm{d}r = 1$,得归一化常数

$$A = \sqrt{\frac{2}{b-a}} \tag{9}$$

归一化的基态径向波函数为

$$R_1(r) = \sqrt{\frac{2}{b-a}}\,\frac{1}{r}\sin\frac{\pi}{b-a}(r-a) \tag{10}$$

归一化的基态波函数为

$$\psi_{100}(\boldsymbol{r}) = \sqrt{\frac{1}{2\pi(b-a)}}\,\frac{1}{r}\sin\frac{\pi}{b-a}(r-a) \tag{11}$$

3-18 试利用费曼-海尔曼定理证明:

(a) 在对数函数型势场

$$V(r) = c\ln\left(\frac{r}{r_0}\right) \quad (c, r_0 > 0, \text{且 } c、r_0 \text{ 为与质量无关的常数})$$

中运动的粒子,各束缚态动能平均值相等;

(b) 能级间距与粒子质量无关。

证明:(a) 费曼-海尔曼定理为

$$\frac{\partial E_n}{\partial\lambda} = \int \psi_n^* \frac{\partial\hat{H}}{\partial\lambda}\psi_n\mathrm{d}\tau = \left\langle\psi_n\left|\frac{\partial\hat{H}}{\partial\lambda}\right|\psi_n\right\rangle \tag{1}$$

其实可把(1)式的结果推广到任意一个线性厄密算符身上:

若线性厄密算符为$\hat{F}(\lambda)$,λ是$\hat{F}$中的任何参数(包括常数),有

$$\hat{F}(\lambda)\phi_k = f_k(\lambda)\phi_k, \quad k = 1,2,3,\cdots$$

则

$$\frac{\partial f_k(\lambda)}{\partial\lambda} = \left\langle\phi_k\left|\frac{\partial\hat{F}(\lambda)}{\partial\lambda}\right|\phi_k\right\rangle \tag{2}$$

如何应用 F-H 定理(费曼-海尔曼定理的简称),关键在于正确选择参量λ。λ选择得好,不仅能很快得到结果,且计算简便,否则不仅计算复杂且什么结果也得不到。下面以计算氢原子在定态$\psi_{nlm}(r,\theta,\varphi)$中动能与势能的期望值$\bar{T}$、$\bar{V}$为例,说明参量$\lambda$的选取方法。

氢原子的哈密顿算符为

$$\hat{H}=-\frac{\hbar^2}{2\mu}\nabla^2-\frac{e^2}{4\pi\varepsilon_0 r} \tag{3}$$

式中含有三个参量：$\hbar$、μ、e，它们都可作为参量 λ。到底选哪一个为 λ，视计算方便和需要而定。若先计算 $\overline{T}$，则只有在(3)式中的第一项才会出现 $\hat{T}$，因此可选 $\hbar$ 与 μ 作为 λ。但若选 μ 为 λ，则由于其含在分母之中，使得计算较选 $\hbar=\lambda$ 稍为复杂，故选 $\hbar=\lambda$ 为宜。若让 $\lambda=\hbar$，则

$$\frac{\partial\hat{H}}{\partial\hbar}=-\frac{\hbar}{\mu}\nabla^2=\frac{2}{\hbar}\hat{T}$$

于是

$$\langle\psi_n\left|\frac{\partial\hat{H}}{\partial\hbar}\right|\psi_n\rangle=\langle\psi_n\left|\frac{2}{\hbar}\hat{T}\right|\psi_n\rangle=\frac{2}{\hbar}\overline{T} \tag{4}$$

而氢原子的定态能量 E_n 为

$$E_n=-\frac{\mu e^4}{(4\pi\varepsilon_0)^2 2\hbar^2}\frac{1}{n^2} \tag{5}$$

$$\frac{\partial E_n}{\partial\hbar}=\frac{\partial}{\partial\hbar}\left(-\frac{\mu e^4}{(4\pi\varepsilon_0)^2 2\hbar^2 n^2}\right)=\frac{\mu e^4}{(4\pi\varepsilon_0)^2\hbar^3 n^2} \tag{6}$$

根据 F-H 定理，联合(4)、(6)两式，有

$$\frac{2}{\hbar}\overline{T}=\frac{\mu e^4}{(4\pi\varepsilon_0)^2\hbar^3 n^2},\overline{T}=\frac{\mu e^4}{(4\pi\varepsilon_0)^2 2\hbar^2 n^2}=-E_n \tag{7}$$

再由

$$\overline{E}=\langle\psi_n|\hat{H}|\psi_n\rangle=\langle\psi_n|\hat{T}+\hat{V}|\psi_n\rangle=\overline{T}+\overline{V}$$

所以

$$\overline{V}=\overline{E}-\overline{T}=E_n-(-E_n)=2E_n=-\frac{\mu e^4}{(4\pi\varepsilon_0)^2\hbar^2 n^2} \tag{8}$$

此题若用平均值公式计算则极为困难，由此可见 F-H 定理的优越性。

若先计算 $\overline{V}$，则可选 $\lambda=e$，则

$$\frac{\partial\hat{H}}{\partial e}=-\frac{2e}{4\pi\varepsilon_0 r}=\frac{2}{e}\hat{V}$$

$$\langle\psi_n\left|\frac{\partial\hat{H}}{\partial e}\right|\psi_n\rangle=\langle\psi_n\left|\frac{2}{e}\hat{V}\right|\psi_n\rangle=\frac{2}{e}\overline{V} \tag{9}$$

而

$$\frac{\partial E_n}{\partial e}=-\frac{2\mu e^3}{(4\pi\varepsilon_0)^2\hbar^2 n^2} \tag{10}$$

再由 F-H 定理，得

$$\frac{2}{e}\overline{V}=-\frac{2\mu e^3}{(4\pi\varepsilon_0)^2\hbar^2 n^2}$$

$$\overline{V}=-\frac{\mu e^4}{(4\pi\varepsilon_0)^2\hbar^2 n^2}=2E_n \tag{11}$$

又在氢原子每一定态中均有 $\overline{T}=-\frac{1}{2}\overline{V}$，由此得

$$\overline{T}=\frac{\mu e^4}{(4\pi\varepsilon_0)^2 2\hbar^2 n^2} \tag{12}$$

若选 $\lambda=\mu$，也可得到同样的结果。

本题中体系的哈密顿算符为

$$\hat{H}=-\frac{\hbar^2}{2\mu}\nabla^2+c\ln\left(\frac{r}{r_0}\right) \tag{13}$$

为了证明在体系的束缚定态 ψ_n 中动能的平均值 $\overline{T}$ 相等，选 $\lambda=\hbar$，则由式(13)有

$$\frac{\partial\hat{H}}{\partial\hbar}=-\frac{\hbar}{\mu}\nabla^2=\frac{2}{\hbar}\hat{T} \tag{14}$$

$$\langle\psi_n\left|\frac{\partial\hat{H}}{\partial\hbar}\right|\psi_n\rangle=\frac{2}{\hbar}\overline{T} \tag{15}$$

设体系的与 ψ_n 相应的定态能量用 E_n 表示，则由 F-H 定理，有

$$\frac{\partial E_n}{\partial\hbar}=\frac{2}{\hbar}\overline{T} \tag{16}$$

再作变量变换，令

$$\boldsymbol{R}=\frac{\boldsymbol{r}}{\hbar} \tag{17}$$

则

$$\nabla^2_{(r)}=\frac{1}{\hbar^2}\nabla^2_{(R)} \tag{18}$$

使得(13)式改写为

$$\hat{H}'=-\frac{1}{2\mu}\nabla^2_{(R)}+c(\ln R+\ln\hbar-\ln r_0) \tag{19}$$

于是

$$\frac{\partial\hat{H}'}{\partial\hbar}=\frac{c}{\hbar} \tag{20}$$

再根据 F-H 定理有

$$\frac{\partial E_n}{\partial\hbar}=\langle\psi_n\left|\frac{\partial\hat{H}'}{\partial\hbar}\right|\psi_n\rangle=\frac{c}{\hbar} \tag{21}$$

结合(16)、(21)两式，有

$$\frac{2}{\hbar}\overline{T}=\frac{c}{\hbar}$$

$$\overline{T}=\frac{c}{2} \tag{22}$$

即各束缚态动能平均值相等，都为$\frac{c}{2}$。

(b) 选 $\lambda=\mu$，由 F-H 定理有

$$\frac{\partial E_n}{\partial\mu}=\langle\psi_n\left|\frac{\partial\hat{H}}{\partial\mu}\right|\psi_n\rangle=\langle\psi_n\left|-\frac{\hat{T}}{\mu}\right|\psi_n\rangle=-\frac{1}{\mu}\overline{T}=-\frac{c}{2\mu} \tag{23}$$

即

$$\frac{\partial}{\partial\mu}(E_n-E_{n-1})=\frac{\partial}{\partial\mu}E_n-\frac{\partial}{\partial\mu}E_{n-1}=\left(-\frac{c}{2\mu}\right)-\left(-\frac{c}{2\mu}\right)=0 \tag{24}$$

所以能级间距 E_n-E_{n-1} 与粒子质量无关，得证。

第三部分　练　习　题

3-1　类氢原子处于定态 $|nlm\rangle$ 中，求：

(a)　动能的相对论性修正项 $-\dfrac{\hat{p}^4}{8\mu^3c^2}$ 的期望值；

(b)　势能 $V(r)=-\dfrac{Ze^2}{4\pi\varepsilon_0 r}$ 的相对论性量子论修正项 $\dfrac{\hbar^2}{8\mu^2c^2}\nabla^2 V(r)$ 的期望值。

答：(a)　$\langle nlm|-\dfrac{\hat{\boldsymbol{p}}^4}{8\mu^3c^2}|nlm\rangle=-\dfrac{1}{2\mu c^2}\langle nlm|\left(\dfrac{\hat{\boldsymbol{p}}^2}{2\mu}\right)^2|nlm\rangle$

$=-\dfrac{1}{2\mu c^2}\langle nlm|\left(E_n+\dfrac{Ze^2}{4\pi\varepsilon_0 r}\right)^2|nlm\rangle=-\mu c^2\dfrac{(Z\alpha)^4}{2n^3}\cdot\left(\dfrac{1}{l+1/2}-\dfrac{3}{4n}\right),\alpha=\dfrac{e^2}{4\pi\varepsilon_0\hbar c}$

(b)　应用泊松方程 $\nabla^2\phi=-4\pi\rho$，由类氢原子中 $\rho=Ze\delta(\boldsymbol{r}),\phi=\dfrac{Ze}{4\pi\varepsilon_0 r}$，得 $\langle nlm|\dfrac{\hbar^2}{8\mu^2c^2}\nabla^2 V(r)|nlm\rangle=\dfrac{4\pi e\hbar^2}{8\mu^2c^2}\displaystyle\int\psi_{nlm}^*\cdot Ze\delta(\boldsymbol{r})\psi_{nlm}\mathrm{d}\boldsymbol{r}=\dfrac{\pi\hbar^2Ze^2}{2\mu^2c^2}|\psi_{nlm}(0)|^2=\mu c^2\dfrac{(Z\alpha)^4}{2n^3}\delta_{l0},\alpha=\dfrac{e^2}{4\pi\varepsilon_0\hbar c}$

3-2　对于类氢离子的 $l=n-1(n_r=0)$ 状态，计算：

(a)　最可几半径 $r_{几}$；

(b)　平均半径 $\bar{r}$；

(c)　涨落 $\Delta r=\sqrt{\overline{r^2}-(\bar{r})^2}$ 并和 $\bar{r}$ 比较。

答：(a)　$r_{几}=\dfrac{n^2a_0}{Z}$；(b)　$(\bar{r})_{n,n-1,m}=\dfrac{a_0}{Z}\left(n^2+\dfrac{n}{2}\right)$；(c)　$(\overline{r^2})_{n,n-1,m}=\left(\dfrac{a_0}{Z}\right)^2n^2\left(n+\dfrac{1}{2}\right)\cdot(n+1),\Delta r=\dfrac{a_0}{Z}\sqrt{\dfrac{n^2}{2}\left(n+\dfrac{1}{2}\right)},\dfrac{\Delta r}{\bar{r}}=\sqrt{\dfrac{1}{2n+1}}$

3-3　(a)　对于氢原子基态，求 Δx 与 Δp_x，并验证测不准关系；

(b)　对于氢原子各 s 态，再计算 Δx 与 Δp_x，并讨论 $n\gg1$ 的情形。

答：(a)　$\Delta x\cdot\Delta p_x=\dfrac{\hbar}{\sqrt{3}}$；(b)　由于 s 态各向同性，有 $\bar{x}=0,\overline{p_x}=0,\overline{x^2}=\dfrac{1}{3}\overline{r^2},\overline{p_x^2}=\dfrac{1}{3}\overline{\boldsymbol{p}^2}$。$(\overline{r^2})_{n00}=\dfrac{a_0^2}{2}n^2(1+5n^2),\Delta x=\dfrac{1}{\sqrt{3}}\sqrt{\overline{r^2}}=\dfrac{a_0}{\sqrt{6}}n\sqrt{1+5n^2}$。当 $n\gg1$ 时，$\Delta x\approx\sqrt{\dfrac{5}{6}}n^2a_0$；$(\overline{\boldsymbol{p}^2})_{n00}=\dfrac{\hbar^2}{n^2a_0^2},\Delta p_x=\dfrac{1}{\sqrt{3}}\sqrt{\overline{\boldsymbol{p}^2}}=\dfrac{\hbar}{\sqrt{3}na_0}$；$\Delta x\cdot\Delta p_x=\sqrt{\dfrac{1+5n^2}{18}}\hbar$。当 $n\gg1$ 时，$\Delta x\cdot\Delta p\approx\sqrt{\dfrac{5}{18}}n\hbar=0.527(n\hbar)$

3-4　氢原子的哈密顿算符为 $\hat{H}=\dfrac{\hat{\boldsymbol{p}}^2}{2\mu}-\dfrac{e^2}{4\pi\varepsilon_0 r}$，现引进一个矢量算符 $\hat{\boldsymbol{A}}=\dfrac{1}{2\mu}(\hat{\boldsymbol{p}}\times\hat{\boldsymbol{L}}-\hat{\boldsymbol{L}}\times\hat{\boldsymbol{p}})-\dfrac{e^2}{r}\hat{\boldsymbol{r}}$，式中 $\hat{\boldsymbol{p}}$ 为动量算符，$\hat{\boldsymbol{L}}$ 为轨道角动量算符。试证明：

(a) $[\hat{H},\hat{\boldsymbol{L}}^2]=0$;

(b) $[\hat{H},\hat{A}_i]=0 \quad (i=x,y,z)$;

(c) $[\hat{A}_i,\hat{\boldsymbol{L}}^2]\neq 0 \quad (i=x,y,z)$。

3-5 氢原子的哈密顿算符为 $\hat{H}=\frac{\hat{\boldsymbol{p}}^2}{2\mu}-\frac{e^2}{4\pi\varepsilon_0 r}$,定义矢量算符 $\hat{\boldsymbol{K}}=\frac{\hat{\boldsymbol{r}}}{r}+\frac{1}{2\mu e^2}(\hat{\boldsymbol{L}}\times\hat{\boldsymbol{p}}-\hat{\boldsymbol{p}}\times\hat{\boldsymbol{L}})$,试证明:

(a) $\hat{\boldsymbol{K}}\cdot\hat{\boldsymbol{L}}=\hat{\boldsymbol{L}}\cdot\hat{\boldsymbol{K}}=0$;

(b) $[\hat{\boldsymbol{K}},\hat{H}]=0$,即 $\hat{\boldsymbol{K}}$ 为守恒量。

3-6 证明:

(a) $\frac{1}{2}[\nabla^2,r]=\frac{1}{r}+\frac{\partial}{\partial r}$;

(b) $\frac{1}{2}[\nabla^2,\boldsymbol{r}]=\nabla$。

3-7 电荷为 Ze 的原子核突然发生 β^- 衰变,核电荷变成 $(Z+1)e$。对于衰变前原子 Z 中的一个 K 电子(1s 层电子),衰变后仍保持为新原子的 K 电子的几率等于多少?

答:新原子中 K 电子的波函数为 $\Phi_{100}(Z+1,r)=\sqrt{\frac{(Z+1)^3}{\pi a_0^3}}\cdot e^{-(Z+1)r/a_0}$.所求几率为

$$|\langle\Phi_{100}(Z+1,r)|\psi_{100}(Z,r)\rangle|^2=\left(1+\frac{1}{Z}\right)^3\left(1+\frac{1}{2Z}\right)^{-6}$$

3-8 设碱金属原子中价电子所处原子实的势场为

$$V(r)=\begin{cases}-\frac{e^2}{4\pi\varepsilon_0 r}, & r>r_0\\ -\frac{Ze^2}{4\pi\varepsilon_0 r}, & r<r_0,Z>1\end{cases}$$

试应用准经典近似,估算量子数亏损 $\Delta_l(n)$。

3-9 试应用维里定理和费曼-海尔曼定理,求:

(a) 类氢离子;

(b) 三维各向同性谐振子的动能、径向动能、势能、离心势能在定态 Ψ_n 下的期望值。

答:(a) 类氢离子:$\overline{T}=-E_n,\overline{V}=2E_n,\overline{\frac{l(l+1)\hbar^2}{2\mu r^2}}=\frac{2l(l+1)}{(2l+1)n}E_n$;(b) 三维各向同性谐振子:$\overline{T}=\overline{V}=\frac{1}{2}E_n,\overline{\frac{l(l+1)\hbar^2}{2\mu r^2}}=\frac{l(l+1)}{(2l+1)(n+\frac{3}{2})}E_n$。

3-10 三维各向同性谐振子的哈密顿算符为 $\hat{H}=\frac{\hat{\boldsymbol{p}}^2}{2\mu}+\frac{1}{2}\mu\omega^2\hat{\boldsymbol{r}}^2$,现引进一个二秩张量

算符 $\hat{T}$：$\hat{T}_{ij}=\frac{1}{2\mu}\hat{p}_i\hat{p}_j+\frac{1}{2}\hat{x}_i\hat{x}_j\,(i,j=x,y,z)$，式中 $\hat{\boldsymbol{p}}$ 为动量算符，$\hat{\boldsymbol{r}}$ 为坐标算符。试证明：

(a)　$[\hat{H},\hat{\boldsymbol{L}}^2]=0$；

(b)　$[\hat{H},\hat{T}_{ij}]=0\quad(i,j=x,y,z)$；

(c)　$[\hat{T}_{ij},\hat{\boldsymbol{L}}^2]\neq 0\quad(i,j=x,y,z)$。

3-11　设粒子在三维无限深球势阱$(0<r<a)$中运动处于基态，求粒子动量的几率分布函数。

答：$|c(\boldsymbol{p})|^2 4\pi p^2\mathrm{d}p=4\pi a\hbar^3\dfrac{\sin^2\left(\dfrac{ap}{\hbar}\right)}{(\pi^2\hbar^2-a^2p^2)^2}\mathrm{d}p$

3-12　粒子在无限深球方势阱 $V(r)=\begin{cases}\infty, & r>a\\ 0, & r\leqslant a\end{cases}$ 中运动处于基态，现假设势阱半径突然增大一倍，试求此时刻体系仍处于基态的几率。

答：$w=\dfrac{32}{9\pi^2}$

3-13　一个质量为 m 的无自旋粒子，约束在一半径为 r_0 的球方吸引势阱内。求：

(a)　为了至少获得两个角动量为零的束缚态，势阱的最小深度$(V_0)_{\min}$；

(b)　在这个势阱深度下，这两个 $l=0$ 的束缚定态能量本征值。

答：(a)　$(V_0)_{\min}=\dfrac{9\pi^2\hbar^2}{8mr_0}$；(b)　$E_2=0,E_1=-\dfrac{\beta^2\hbar^2}{2m}$，其中$\beta^2=2m|E|/\hbar^2$，$\beta$满足的超越方程为：

$$-\frac{1}{r_0}\left(\frac{3\pi}{2}\right)\sqrt{1-\left(\frac{2\beta r_0}{3\pi}\right)^2}\cot\frac{3\pi}{2}\sqrt{1-\left(\frac{2\beta r_0}{3\pi}\right)^2}=\beta$$

3-14　证明：球方势阱 $V(r)=\begin{cases}V_0,(V_0>0), & r>a\\ 0, & r\leqslant a\end{cases}$ 中恰好具有一条 $l\neq 0$ 的能级的条件是：V_0 与 a 满足

$$\mathrm{j}_{l-1}\left(\sqrt{\frac{2\mu V_0}{\hbar^2}}a\right)=0$$

$\mathrm{j}_{l-1}(x)$是球贝塞耳函数。

3-15　电子在球对称势 $V(r)=kr\quad(k>0)$　中运动：

(a)　用测不准原理估计基态能量；

(b)　用玻尔-索末菲量子化条件计算基态能量；

(c)　选取一个正确的试探波函数，用变分法计算基态能量；

(d)　精确求解基态能量本征值和相应的本征函数。

答：(a)　$E_0\approx\dfrac{3}{2}\left(\dfrac{k^2\hbar^2}{4m}\right)^{1/3}$；(b)　$E_0=\dfrac{3}{2}\left(\dfrac{k^2\hbar^2}{m}\right)^{1/3}$；(c)　$\psi(\boldsymbol{r})=\mathrm{e}^{-\lambda r},E_0=\dfrac{3}{2}\left(\dfrac{9k^2\hbar^2}{4m}\right)^{1/3}$；

(d) 提示：作变量变换：$y=\left(\frac{2mk}{\hbar^2}\right)^{1/3}\left(r-\frac{E}{k}\right)$，径向波动方程简写为：$\frac{d^2}{dy^2}\chi_{nl}(y)-y\chi_{nl}(y)=0$。这是爱里(Airy)方程.

3-16 粒子在半径为 a，高为 h 的圆筒中运动，在筒内是自由的，在筒壁及筒外势能为无限大，试求粒子的能量本征值(参见习题 3-16 图)。

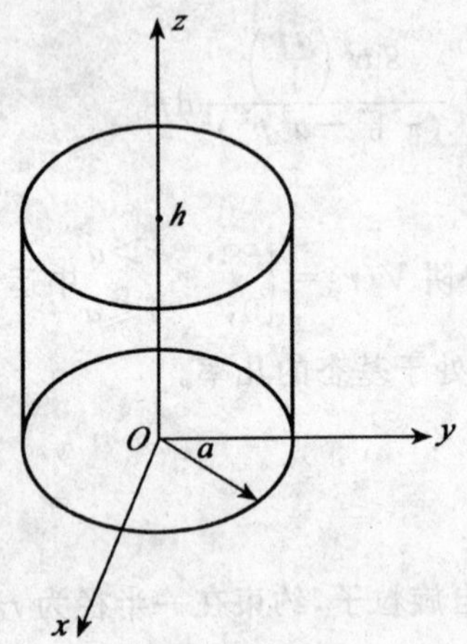

题 3-16 图

答：$E_{nmj}=\frac{\hbar^2}{2\mu}\left[\left(\frac{n\pi}{h}\right)^2+\left(\frac{S_j^{(m)}}{a}\right)^2\right]$

$n=0,\pm1,\pm2,\cdots$

$m=0,\pm1,\pm2,\cdots$

$j=1,2,3,\cdots$

$S_j^{(m)}$ 是 m 阶贝塞耳函数的第 j 个零点值。

第四章　态和力学量的表示方式

第一部分　内容精要

一、狄拉克符号和表象表示

量子力学中，态和力学量的表示方式有两种：一种是抽象表示，在一个体系所有可能运动状态态矢量张成的黑伯特空间中，一个态矢量如果用一个抽象的矢量符号表示，通常沿用狄拉克(P. A. M. Dirac)引入的符号，就是抽象表示；另一种是具体采用一个表象的表示，如果在体系态矢量所在的黑伯特空间中建立一个坐标系，一个态矢量用在坐标系基矢量组下的分量集合表示，就是采用表象的表示。这正如在三维欧几里德位矢空间中，一个位矢如果表示为 $\boldsymbol{r}$，就是抽象表示；如果在位矢空间中建立一个坐标系（例如一个直角坐标系），这个位矢用在坐标系基矢量组下的分量集合（例如 $\{x,y,z\}$）表示为 $\begin{pmatrix} x \\ y \\ z \end{pmatrix}$，就是采用表象的表示。态矢量的抽象表示又称为矢量表示，这种表示显明简洁，便于公式推演，但是难以作具体计算；态矢量的表象表示又称为分量表示，可用于作具体计算。

二、狄拉克符号

1. *体系态矢量的狄拉克符号：右矢*

按照狄拉克引用的符号，体系运动状态在黑伯特空间中的态矢量用相应的一个抽象符号右矢 $|\rangle$ 表示。例如，体系的状态 a、b 或 ψ、ϕ 等的态矢量分别记为 $|a\rangle$、$|b\rangle$ 或 $|\psi\rangle$、$|\phi\rangle$ 等，时刻 t 的状态态矢量记为 $|t\rangle$，一维谐振子和氢原子（及类氢离子）的定态态矢量分别记为 $|n\rangle$ 和 $|nlm\rangle$. 一个体系的所有可能运动状态的右矢集合张成的黑伯特空间通常称为右矢空间。

2. *右矢空间的对偶空间中的矢量：左矢*

右矢空间的对偶空间中的矢量称为左矢 $\langle|$. 左矢空间中任一个左矢都是其对偶右矢空间中的相应一个特殊的线性映射，它将其对偶右矢空间中的任一个右矢映射为的相应一个复数：

$$|a\rangle \xrightarrow{\langle b|} \lambda_{ba} \in \text{复数域}\ \Omega \tag{4-1}$$

记为

$$\langle b|a\rangle = \lambda_{ba} \in \Omega \tag{4-2}$$

可以证明，左矢空间中任一左矢$\langle b|$与其对偶右矢空间中唯一存在的相应一个右矢$|b\rangle$之间有对应的关系

$$\langle b| \longleftrightarrow |b\rangle \tag{4-3}$$

它们称为一对互为共轭的矢量，用相同的一个字母或数字标记。对应或互为共轭的意义是下式成立：

$$\langle b|a\rangle = \lambda_{ba} = (|b\rangle, |a\rangle) \tag{4-4}$$

式中：$(|b\rangle, |a\rangle)$是右矢$|b\rangle$与右矢$|a\rangle$的内积，$|a\rangle$是右矢空间中的任意右矢。

于是，$\langle b|a\rangle$的代数运算规则与两个右矢$|b\rangle$与$|a\rangle$的内积的代数运算规则相同。例如，有

$$\langle b|a\rangle = \langle a|b\rangle^*$$

$$(\langle b_1| + \langle b_2|)|a\rangle = \langle b_1|a\rangle + \langle b_2|a\rangle$$

$$\langle b|(\lambda|a\rangle) = \lambda\langle b|a\rangle$$

$\langle a|a\rangle > 0$ 为正实数（设$|a\rangle$为非零矢量） (4-5)

等等。

3.算符的表示

(1) 一个线性算符就用相应一个抽象的符号$\hat{A}$表示。它对右矢或左矢作用的结果为相应的一个新右矢或新左矢：

$$\hat{A}|a\rangle = |a\rangle', \quad \langle b|\hat{A} = {}'\langle b| \tag{4-6}$$

注意：记左矢$\langle a|$与右矢$|a\rangle$互为共轭，但在线性算符$\hat{A}$作用后，新左矢$\langle a|\hat{A}$与新右矢$\hat{A}|a\rangle$不一定再共轭。

(2) 厄密共轭算符

线性算符$\hat{A}$对左矢$\langle b|$作用的结果$\langle b|\hat{A}$定义为对于任意右矢$|a\rangle$满足下式

$$(\langle b|\hat{A})|a\rangle = \langle b|(\hat{A}|a\rangle) = \langle b|\hat{A}|a\rangle \tag{4-7}$$

这表明式中括号(　)可以撤去。

如果右矢$\hat{A}|a\rangle$与左矢$\langle a|\hat{B}$互为共轭，则称两个线性算符$\hat{A}$与$\hat{B}$互为厄密共轭，记为$\hat{B}=\hat{A}^+$和$\hat{A}=\hat{B}^+$，于是对于任意左矢$\langle b|$和右矢$|a\rangle$有关系式

$$\langle b|\hat{A}^+|a\rangle = \langle a|\hat{A}|b\rangle^* \tag{4-8}$$

如果线性算符$\hat{A}$满足条件

$$\hat{A}^+ = \hat{A}$$

即有

$$\langle b|\hat{A}|a\rangle = \langle a|\hat{A}|b\rangle^* \tag{4-9}$$

则称线性算符$\hat{A}$为厄密或自轭算符。

(3) 投影算符

互为对偶空间中的任一个右矢$|a\rangle$与任一个左矢$\langle b|$依次左右排列，即构成一个投影算符：

$$\hat{P} = |a\rangle\langle b| \tag{4-10}$$

它定义为对任一右矢$|c\rangle$作用和对任一左矢$\langle c|$作用的结果分别将右矢$|c\rangle$、左矢$\langle c|$投影在右矢$|a\rangle$、左矢$\langle b|$上：

$$\hat{P}|c\rangle = |a\rangle(\langle b|c\rangle)$$

$$\langle c|\hat{P} = \langle b|(\langle c|a\rangle) \tag{4-11}$$

投影算符 $\hat{P}$ 式(4-10)是线性的但一般说来不是厄密的;而 $\hat{P}=|a\rangle\langle a|$ 是厄密算符。

4.基矢量组的正交归一性和完备性表示式

体系诸态矢量所张成的黑伯特空间中可以建立坐标系。基矢量组的诸矢量如果分立可数,记为 $\{|e_i\rangle\}$,则其正交归一性和完备性分别表示为

$$\langle e_i|e_j\rangle=\delta_{ij} \tag{4-12}$$

和

$$\sum_i |e_i\rangle\langle e_i|=\hat{1} \tag{4-13}$$

上式右边是单位算符,左边是投影算符。基矢量组的诸矢量如果连续不可数,记为 $\{|e\rangle\}$,则其正交归一性和完备性分别表示为

$$\langle e|e'\rangle=\delta(e-e') \tag{4-14}$$

和

$$\int \mathrm{d}e|e\rangle\langle e|=\hat{1} \tag{4-15}$$

利用基矢量组的完备性式(4-13)或(4-15)可以将体系的任一个态矢量 $|t\rangle$ 按基矢量组展开。

三、表象表示;$\hat{Q}$ 表象:两类情况

在体系诸态矢量张成的黑伯特空间中引入表象,就是在空间中取一正交归一化基矢量完备组以建立坐标系;将体系的态矢量用在这个基矢量组下的分量集合表示,将力学量算符用它对全部基矢量作用结果在这个基矢量组下的分量集合表示,再将量子力学的基本关系式和基本方程写成相应的具体表示形式。

具体说来,取体系的某一个力学量完全集合 $\{\hat{F}_1,\hat{F}_2,\cdots,\hat{F}_N\}$,将它笼统地记为 $\hat{Q}$,用 $\hat{Q}$ 的正交归一化本征矢量完备组作为坐标系的基矢量组,所建立的表象就称为 $\hat{Q}$ 表象。在 $\hat{Q}$ 表象,体系态矢量和力学量算符具体为怎样的形式,视算符 $\hat{Q}$ 的本征值谱是连续谱或是分立谱而异,分为两类情况。不过,在所谓薛定谔绘景,$\hat{Q}$ 表象的基矢量组总是不随时间变化的。

四、$\hat{Q}$ 表象:算符 $\hat{Q}$ 的本征值谱连续情况

如果算符 $\hat{Q}$ 的本征值谱完全连续,记为 $\{Q\}$,则它相应的本征矢量组记为 $\{|Q\rangle\}$,其正交归一性和完备性的表示式分别为

$$\langle Q|Q'\rangle=\delta(Q-Q') \tag{4-16}$$

和

$$\int \mathrm{d}Q|Q\rangle\langle Q|=\hat{1} \tag{4-17}$$

1.态矢量的表示

将式(4-17)的两边作用于体系的一个归一化态矢量 $|t\rangle$,得

$$|t\rangle=\int \mathrm{d}Q|Q\rangle\langle Q|t\rangle=\int \mathrm{d}Q C_Q(t)|Q\rangle \tag{4-18}$$

式中展开系数

$$C_Q(t)=\langle Q|t\rangle \tag{4-19}$$

的集合$\{\langle Q|t\rangle\}$即是归一化态矢量$|t\rangle$在基矢量组$\{|Q\rangle\}$下的分量集合，它与$|t\rangle$一一对应且相互唯一确定，就称为态矢量$|t\rangle$在$\hat{Q}$表象的表示。由于$\hat{Q}$的本征值谱连续变化不可数，展开系数的集合$\{\langle Q|t\rangle\}$难于排成一列矩阵，却可以看做$\hat{Q}$的本征值的函数(以$\hat{Q}$的本征值Q为自变量，Q的变化遍及本征值谱)，故记为$\Psi(Q,t)$，通常称它为$\hat{Q}$表象的波函数或态函数，有

$$|t\rangle \leftrightarrow \{\langle Q|t\rangle\} = \Psi(Q,t) \tag{4-20}$$

并且$\Psi(Q,t)$也是已经归一化的。

上述情况中最基本的表象是坐标表象和动量表象。以单粒子一维运动为例，体系运动状态在坐标$\hat{x}$表象的波函数就是$\Psi(x,t)$，在动量$\hat{p}$表象的波函数是$\Psi(p,t)$或记为$C(p,t)$——它是$\Psi(x,t)$的傅里叶变换(一种表象变换)。

以上所述是体系态矢量在$\hat{Q}$表象的表示形式。若欲具体求出体系态矢量在$\hat{Q}$表象的函数式，通常须先应用量子条件求出体系的哈密顿算符$\hat{H}$在$\hat{Q}$表象的表示式，再在$\hat{Q}$表象列出并求解(含时)薛定谔方程。有些场合中，已知体系态矢量在另外表象的表示式，则可以通过表象变换(详见本章后面第七段)，变换到$\hat{Q}$表象。

2. 力学量算符的表示

一个力学量算符$\hat{F}$可以由确定它对它所在黑伯特空间中一个基矢量完备组的作用结果$\{\hat{F}|Q\rangle\}$而被确定。$\hat{F}$对任一基矢量$|Q\rangle$作用的结果$\hat{F}|Q\rangle$在$\hat{Q}$表象的表示为集合$\{\langle Q'|\hat{F}|Q\rangle\}$，其中记

$$\langle Q'|\hat{F}|Q\rangle = F_{Q'Q} \tag{4-21}$$

称为力学量算符$\hat{F}$在$\hat{Q}$表象的第Q'行第Q列的矩阵元；则算符$\hat{F}$对基矢量组$\{|Q\rangle\}$作用的结果$\{\hat{F}|Q\rangle\}$在$\hat{Q}$表象的表示为集合$\{\langle Q'|\hat{F}|Q\rangle\}=\{F_{Q'Q}\}$($Q'$,$Q$变化遍及$\hat{Q}$的本征值谱)。由于$\hat{Q}$的本征值连续变化不可数，矩阵元的集合$\{F_{Q'Q}\}$不可能排列出来，只能应用量子条件演化成微商运算等形式(例见下述坐标算符$\hat{x}$和动量算符$\hat{p}$在$\hat{x}$表象或在$\hat{p}$表象的表示形式)。

等效地，由

$$\hat{F}|t\rangle = |t\rangle' \tag{4-22}$$

两边用左矢$\langle Q|$作用，并利用式(5-17)，有

$$\int F_{QQ'}\Psi(Q',t)\mathrm{d}Q' = \Psi'(Q,t) \tag{4-23}$$

这是式(4-22)在$\hat{Q}$表象的表示。再应用量子条件，经过推演，上式(4-23)可以写成

$$\hat{F}^{(Q)}\Psi(Q,t) = \Psi'(Q,t) \tag{4-24}$$

式中$\hat{F}^{(Q)}$就是力学量算符$\hat{F}$在$\hat{Q}$表象的表示，有具体的表示式。

下面举单粒子一维运动体系为例。坐标算符$\hat{x}$的本征值方程为

$$\hat{x}|x'\rangle = x'|x'\rangle, \quad -\infty < x' < \infty \tag{4-25}$$

其本征矢量组的正交归一性和完备性表示式分别为

$$\langle x'|x''\rangle = \delta(x'-x'') \tag{4-26}$$

和

$$\int \mathrm{d}x'|x'\rangle\langle x'| = \hat{\mathbf{1}} \tag{4-27}$$

坐标算符$\hat{x}$在$\hat{x}$表象的矩阵元

$$x_{x'x''} = \langle x' | \hat{x} | x'' \rangle = x'' \delta(x' - x'') \tag{4-28}$$

由式(4-23),即

$$\Psi'(x,t) = \int x' \delta(x - x') \Psi(x',t) \mathrm{d}x' = x\Psi(x,t) \tag{4-29}$$

再由式(4-24),可见

$$\hat{x} = x, \quad 三维情况 \quad \hat{\boldsymbol{r}} = \boldsymbol{r} \tag{4-30}$$

再求动量算符 $\hat{p}$ 在 $\hat{x}$ 表象的矩阵元 $p_{x'x''}$,需引入线性幺正算符 $\hat{U}_1(\hat{p},\xi) = \mathrm{e}^{-\frac{\mathrm{i}}{\hbar}\xi\hat{p}}$(式中 ξ 是实参量,$\hat{p}$ 是动量算符)并应用量子条件,可有

$$p_{x'x''} = \frac{\hbar}{\mathrm{i}} \frac{\mathrm{d}\delta(x' - x'')}{\mathrm{d}(x' - x'')} \tag{4-31}$$

然后由式(4-23),即

$$\Psi'(x,t) = \int \frac{\hbar}{\mathrm{i}} \frac{\mathrm{d}\delta(x - x')}{\mathrm{d}(x - x')} \Psi(x',t) \mathrm{d}x' = \frac{\hbar}{\mathrm{i}} \frac{\mathrm{d}}{\mathrm{d}x} \Psi(x,t) \tag{4-32}$$

得到

$$\hat{p} = \frac{\hbar}{\mathrm{i}} \frac{\mathrm{d}}{\mathrm{d}x}, \quad 三维情况 \quad \hat{\boldsymbol{p}} = \frac{\hbar}{\mathrm{i}} \nabla \tag{4-33}$$

一个有经典对应的力学量算符 $\hat{F} = F(\hat{x},\hat{p})$ 在 $\hat{x}$ 表象写为

$$\hat{F} = F\left(x, \frac{\hbar}{\mathrm{i}} \frac{\mathrm{d}}{\mathrm{d}x}\right) \tag{4-34}$$

类似地,在动量 $\hat{p}$ 表象,动量算符 $\hat{p}$ 的本征值方程为

$$\hat{p} | p' \rangle = p' | p' \rangle, \quad -\infty < p' < \infty \tag{4-35}$$

其本征矢量组的正交归一性和完备性表示式分别为

$$\langle p' | p'' \rangle = \delta(p' - p'') \tag{4-36}$$

和

$$\int \mathrm{d}p' | p' \rangle \langle p' | = \hat{\mathbf{1}} \tag{4-37}$$

动量算符 $\hat{p}$ 在 $\hat{p}$ 表象的矩阵元

$$p_{p'p''} = \langle p' | \hat{p} | p'' \rangle = p'' \delta(p' - p'') \tag{4-38}$$

由式(4-23),即

$$\Psi'(p,t) = \int p' \delta(p - p') \Psi(p',t) \mathrm{d}p' = p\Psi(p,t) \tag{4-39}$$

再由式(4-24),可见

$$\hat{p} = p, \quad 三维情况 \quad \hat{\boldsymbol{p}} = \boldsymbol{p} \tag{4-40}$$

再求坐标算符 $\hat{x}$ 在 $\hat{p}$ 表象的矩阵元 $x_{p'p''}$,需引入线性幺正算符 $\hat{U}_2(\hat{x},\eta) = \mathrm{e}^{\frac{\mathrm{i}}{\hbar}\eta\hat{x}}$(式中 η 是实参量,$\hat{x}$ 是坐标算符)并应用量子条件,可有

$$x_{p'p''} = \mathrm{i}\hbar \frac{\mathrm{d}\delta(p' - p'')}{\mathrm{d}(p' - p'')} \tag{4-41}$$

然后由式(4-23),即

$$\Psi'(p,t) = \int \mathrm{i}\hbar \frac{\mathrm{d}\delta(p - p')}{\mathrm{d}(p - p')} \Psi(p'',t) \mathrm{d}p' = \mathrm{i}\hbar \frac{\mathrm{d}}{\mathrm{d}p} \Psi(p,t) \tag{4-42}$$

得到

$$\hat{x} = \mathrm{i}\hbar\frac{\mathrm{d}}{\mathrm{d}p}, \quad 三维情况 \quad \hat{\boldsymbol{r}} = \mathrm{i}\hbar\nabla_p \tag{4-43}$$

一个有经典对应的力学量算符 $\hat{F}=F(\hat{x},\hat{p})$ 在 $\hat{p}$ 表象写为

$$\hat{F} = F\left(\mathrm{i}\hbar\frac{\mathrm{d}}{\mathrm{d}p}, p\right) \tag{4-44}$$

3. 量子力学公式及方程的表示式

利用式(4-16)和(4-17),可以得到

(1) 体系态矢量的归一化条件

$$\langle t|t\rangle = 1 \tag{4-45}$$

写为

$$\int \Psi^*(Q,t)\Psi(Q,t)\mathrm{d}Q = 1 \tag{4-46}$$

(2) 力学量在体系一个态下的期望值

$$\bar{F} = \langle t|\hat{F}|t\rangle \tag{4-47}$$

写为

$$\bar{F} = \iint \Psi(Q,t)F_{QQ'}\Psi(Q',t)\mathrm{d}Q\mathrm{d}Q' \tag{4-48}$$

例如,单粒子在一维势场中运动,体系的哈密顿算符

$$\hat{H} = \frac{\hat{p}^2}{2m} + V(\hat{x}) \tag{4-49}$$

在坐标 $\hat{x}$ 表象,有

$$\begin{aligned} H_{xx'} &= \langle x|\frac{\hat{p}^2}{2m} + V(\hat{x})|x'\rangle \\ &= -\frac{\hbar^2}{2m}\frac{\mathrm{d}^2}{\mathrm{d}x'^2}\delta(x-x') + V(x')\delta(x-x') \end{aligned} \tag{4-50}$$

得到

$$\bar{H} = \int_0^\infty \Psi^*(x,t)\left[-\frac{\hbar^2}{2m}\frac{\mathrm{d}^2}{\mathrm{d}x^2} + V(x)\right]\Psi(x,t)\mathrm{d}x \tag{4-51}$$

同理,在动量表象有

$$\bar{H} = \int_0^\infty \Psi^*(p,t)\left[\frac{p^2}{2m} + V\left(\mathrm{i}\hbar\frac{\mathrm{d}}{\mathrm{d}p}\right)\right]\Psi(p,t)\mathrm{d}p \tag{4-52}$$

(3) 力学量算符的本征值方程

$$\hat{F}|\lambda_n\rangle = \lambda_n|\lambda_n\rangle, \quad n = 1,2,3,\cdots \tag{4-53}$$

写为

$$\int F_{QQ'}\phi_{\lambda_n}(Q')\mathrm{d}Q' = \lambda_n\phi_{\lambda_n}(Q)$$

$$n = 1,2,3,\cdots \tag{4-54}$$

(4) 力学量算符的本征矢量组的正交归一性和完备性表示式

$$\langle\lambda_n|\lambda_m\rangle = \delta_{nm} \tag{4-55}$$

和

$$\sum_n |\lambda_n\rangle\langle\lambda_n| = \hat{1} \tag{4-56}$$

分别写为

$$\int\phi^*_{\lambda_n}(Q)\phi_{\lambda_m}(Q)\mathrm{d}Q = \delta_{nm} \tag{4-57}$$

和

$$\sum_n \phi^*_{\lambda_n}(Q')\phi_{\lambda_n}(Q) = \delta(Q'-Q) \tag{4-58}$$

(5)　力学量在体系一个态下可能取值的几率分布

由

$$|t\rangle = \sum_n C_n(t)|\lambda_n\rangle \tag{4-59}$$

$$C_n(t) = \langle\lambda_n|t\rangle,\quad n = 1,2,3,\cdots \tag{4-60}$$

有

$$|C_n(t)|^2 = |\langle\lambda_n|t\rangle|^2,\quad n = 1,2,3,\cdots \tag{4-61}$$

写为

$$C_n(t) = \int\phi^*_{\lambda_n}(Q)\Psi(Q,t)\mathrm{d}Q,\quad n = 1,2,3,\cdots \tag{4-62}$$

(6)　基本量子条件

$$\hat{x}\hat{p} - \hat{p}\hat{x} = \mathrm{i}\hbar \tag{4-63}$$

写为

$$\int[x_{QQ''}p_{Q''Q'} - p_{QQ''}x_{Q''Q'}]\mathrm{d}Q'' = \mathrm{i}\hbar\delta(Q-Q') \tag{4-64}$$

例如，具体在 $\hat{x}$ 表象和 $\hat{p}$ 表象，分别为

$$x\frac{\hbar}{\mathrm{i}}\frac{\mathrm{d}}{\mathrm{d}x} - \frac{\hbar}{\mathrm{i}}\frac{\mathrm{d}}{\mathrm{d}x}x = \mathrm{i}\hbar \tag{4-65}$$

和

$$\mathrm{i}\hbar\frac{\mathrm{d}}{\mathrm{d}p}p - p\mathrm{i}\hbar\frac{\mathrm{d}}{\mathrm{d}p} = \mathrm{i}\hbar \tag{4-66}$$

(7)　薛定谔方程

$$\mathrm{i}\hbar\frac{\partial}{\partial t}|t\rangle = \hat{H}|t\rangle \tag{4-67}$$

写为

$$\mathrm{i}\hbar\frac{\partial}{\partial t}\Psi(Q,t) = \int H_{QQ'}\Psi(Q',t)\mathrm{d}Q' \tag{4-68}$$

例如，单粒子在一维势场中运动，体系的哈密顿算符

$$\hat{H} = \frac{\hat{p}^2}{2m} + V(\hat{x}) \tag{4-69}$$

在坐标 $\hat{x}$ 表象，$H_{xx'}$ 由式(4-50)所示，薛定谔方程写为

$$\mathrm{i}\hbar\frac{\partial}{\partial t}\Psi(x,t) = \left[-\frac{\hbar^2}{2m}\frac{\mathrm{d}^2}{\mathrm{d}x^2} + V(x)\right]\Psi(x,t) \tag{4-70}$$

在动量 $\hat{p}$ 表象，有

$$H_{pp'}=\langle p|\frac{\hat{p}^2}{2m}+V(\hat{x})|p'\rangle$$

$$=\frac{p'^2}{2m}\delta(p-p')+\frac{1}{2\pi\hbar}\int V(x)\mathrm{e}^{-\frac{\mathrm{i}}{\hbar}(p-p')x}\mathrm{d}x \tag{4-71}$$

记

$$u(p)=\frac{1}{2\pi\hbar}\int V(x)\mathrm{e}^{-\frac{\mathrm{i}}{\hbar}px}\mathrm{d}x \tag{4-72}$$

是 $V(x)$ 的傅里叶变换，则薛定谔方程写为

$$\mathrm{i}\hbar\frac{\partial}{\partial t}\Psi(p,t)=\frac{p^2}{2m}\Psi(p,t)+\int_0^\infty u(p-p')\Psi(p',t)\mathrm{d}p' \tag{4-73}$$

定态薛定谔方程则为

$$\frac{p^2}{2m}\psi(p)+\int_0^\infty u(p-p')\psi(p')\mathrm{d}p'=E\psi(p) \tag{4-74}$$

如果粒子所处一维势场 $V(x)=A|x|^s$，s 为数值不大的整数，则方程(4-74)也可以写成下式来使用：

$$\left[\frac{p^2}{2m}+V\left(\mathrm{i}\hbar\frac{\mathrm{d}}{\mathrm{d}p}\right)\right]\psi(p)=E\psi(p) \tag{4-75}$$

五、$\hat{Q}$ 表象：算符 $\hat{Q}$ 的本征值谱分立情况

如果算符 $\hat{Q}$ 的本征值谱完全分立，记为 $\{Q_i\}$，则它相应的本征矢量记为 $\{|Q_i\rangle\}$，其正交归一性和完备性表示式分别为

$$\langle Q_i|Q_j\rangle=\delta_{ij},\quad i,j=1,2,3,\cdots \tag{4-76}$$

和

$$\sum_i|Q_i\rangle\langle Q_i|=\hat{1},\quad i=1,2,3,\cdots \tag{4-77}$$

1. 态矢量的表示

将式(4-77)的两边作用于体系的一个归一化态矢量 $|t\rangle$，得

$$|t\rangle=\sum_i|Q_i\rangle\langle Q_i|t\rangle=\sum_i C_i(t)|Q_i\rangle \tag{4-78}$$

式中展开系数

$$C_i(t)=\langle Q_i|t\rangle \tag{4-79}$$

的集合 $\{\langle Q_i|t\rangle\}$ 即是归一化态矢量 $|t\rangle$ 在基矢量组 $\{|Q_i\rangle\}$ 下的分量集合；将诸 $\langle Q_i|t\rangle$ 排成一列矩阵，就是态矢量 $|t\rangle$ 在 $\hat{Q}$ 表象的表示矩阵。有

$$|t\rangle\longleftrightarrow\begin{bmatrix}\langle Q_1|t\rangle\\ \langle Q_2|t\rangle\\ \vdots\\ \langle Q_i|t\rangle\\ \vdots\end{bmatrix}=\Psi^{(Q)}(t) \tag{4-80}$$

并且 $\Psi^{(Q)}(t)$ 也是已经归一化的。

上述情况典型的一例是在一维谐振子能量表象。一维谐振子第 n 激发定态 $|n\rangle$ 在这个表象的表示矩阵是

$$\psi_n^{(E)} = \begin{pmatrix} 0_0 \\ 0_1 \\ \vdots \\ 1_n \\ 0 \\ \vdots \end{pmatrix} \tag{4-81}$$

2. 力学量算符的表示

一个力学量算符 $\hat{F}$ 由确定它对基矢组的作用结果$\{\hat{F}|Q_i\rangle\}$而被确定；$\{\hat{F}|Q_i\rangle\}$在 $\hat{Q}$ 表象的表示为集合$\{\langle Q_i|\hat{F}|Q_j\rangle\}=\{F_{ij}\}(i,j=1,2,3,\cdots)$. 式中：

$$\langle Q_i|\hat{F}|Q_j\rangle = F_{ij} \tag{4-82}$$

称为力学量算符 $\hat{F}$ 在 $\hat{Q}$ 表象的第 i 行第 j 列的矩阵元。将$\{F_{ij}\}$排成一个方矩阵，就是力学量算符 $\hat{F}$ 在 $\hat{Q}$ 表象的表示矩阵。有

$$\hat{F} \longleftrightarrow \begin{pmatrix} F_{11} & F_{12} & \cdots & F_{1j} & \cdots \\ F_{21} & F_{22} & \cdots & F_{2j} & \cdots \\ \vdots & \vdots & & \vdots & \\ F_{i1} & F_{i2} & \cdots & F_{ij} & \cdots \\ \vdots & \vdots & & \vdots & \end{pmatrix} = \hat{F}^{(Q)} \tag{4-83}$$

例如，在一维谐振子能量表象，坐标算符 $\hat{x}$、动量算符 $\hat{p}$ 以及一维谐振子的哈密顿算符分别为

$$\hat{x} = \left(\frac{\hbar}{2m\omega}\right)^{1/2} \begin{pmatrix} 0 & \sqrt{1} & 0 & 0 & 0 & \cdots \\ \sqrt{1} & 0 & \sqrt{2} & 0 & 0 & \cdots \\ 0 & \sqrt{2} & 0 & \sqrt{3} & 0 & \cdots \\ 0 & 0 & \sqrt{3} & 0 & \sqrt{4} & \cdots \\ \vdots & \vdots & \vdots & \vdots & \vdots & \end{pmatrix} \tag{4-84}$$

$$\hat{p} = -\mathrm{i}\left(\frac{m\hbar\omega}{2}\right)^{1/2} \begin{pmatrix} 0 & \sqrt{1} & 0 & 0 & 0 & \cdots \\ -\sqrt{1} & 0 & \sqrt{2} & 0 & 0 & \cdots \\ 0 & -\sqrt{2} & 0 & \sqrt{3} & 0 & \cdots \\ 0 & 0 & -\sqrt{3} & 0 & \sqrt{4} & \cdots \\ \vdots & \vdots & \vdots & \vdots & \vdots & \end{pmatrix} \tag{4-85}$$

以及

$$\hat{H} = \hbar\omega \begin{pmatrix} \frac{1}{2} & 0 & 0 & \cdots \\ 0 & \frac{3}{2} & 0 & \cdots \\ 0 & 0 & \frac{5}{2} & \cdots \\ \vdots & \vdots & \vdots & \end{pmatrix} \tag{4-86}$$

这些表示矩阵的导出都应用了基本量子条件。

另外,投影算符式(4-10)$\hat{P}=|a\rangle\langle b|$在$\hat{Q}$表象的矩阵元

$$P_{ij}=\langle Q_i|a\rangle\langle b|Q_j\rangle \tag{4-87}$$

故

$$\hat{P}\overset{(Q)}{=}(|a\rangle\langle b|)^{(Q)}=\begin{pmatrix}\langle Q_1|a\rangle\langle Q_1|b\rangle^* & \langle Q_1|a\rangle\langle Q_2|b\rangle^* & \cdots \\ \langle Q_2|a\rangle\langle Q_1|b\rangle^* & \langle Q_2|a\rangle\langle Q_2|b\rangle^* & \cdots \\ \vdots & \vdots & \end{pmatrix} \tag{4-88}$$

3. 量子力学公式及方程的表示式

都是矩阵表示式和矩阵方程。利用式(4-76)和式(4-77),例如可以得到

(1) 力学量在体系一个态下的期望值$\bar{F}$式(4-47):

$$\bar{F}=\langle t|\hat{F}|t\rangle$$

写为

$$\bar{F}=\Psi^{(Q)^+}(t)\hat{F}^{(Q)}\Psi^{(Q)}(t) \tag{4-89}$$

式中:$\Psi^{(Q)^+}(t)$是$\Psi^{(Q)}(t)$的厄密共轭(即转置共轭)矩阵:

$$\begin{aligned}\Psi^{(Q)^+}(t)&=\widetilde{\Psi^{(Q)}}{}^*(t)\\&=(\langle Q_1|t\rangle^*,\langle Q_2|t\rangle^*,\cdots,\langle Q_i|t\rangle^*,\cdots)\end{aligned} \tag{4-90}$$

(2) 两个态矢量的内积

$$\begin{aligned}\langle b|a\rangle&=\sum_i\langle b|Q_i\rangle\langle Q_i|a\rangle\\&=(\langle Q_1|b\rangle^*,\langle Q_2|b\rangle^*,\cdots,\langle Q_i|b\rangle^*,\cdots)\begin{pmatrix}\langle Q_1|a\rangle\\\langle Q_2|a\rangle\\\vdots\\\langle Q_i|a\rangle\\\vdots\end{pmatrix}\\&=\psi_b^{(Q)^+}\psi_a^{(Q)}\end{aligned} \tag{4-91}$$

(3) 力学量算符的本征值方程(4-53):

$$\hat{F}|\lambda_n\rangle=\lambda_n|\lambda_n\rangle,\quad n=1,2,3,\cdots$$

写为

$$\hat{F}^{(Q)}\phi_{\lambda_n}^{(Q)}=\lambda_n\phi_{\lambda_n}^{(Q)},\quad n=1,2,3,\cdots \tag{4-92}$$

求解这个方程的本征值谱,归结为求解如下久期方程:

$$\det|F_{ij}-\lambda\delta_{ij}|=0,\quad i,j=1,2,3,\cdots \tag{4-93}$$

这是关于λ的代数方程,方程的所有根构成$\hat{F}$的本征值谱。求解本征值λ_n相应的归一化本征矢量$\phi_{\lambda_n}^{(Q)}$归结为求解线性齐次代数方程组

$$\sum_j(F_{ij}-\lambda_n\delta_{ij})a_j^{(\lambda n)}=0,\quad i=1,2,3,\cdots \tag{4-94}$$

式中:$a_j^{(\lambda n)}=\langle Q_j|\lambda_n\rangle$,$j=1,2,3,\cdots$,是本征矢量$\phi_{\lambda_n}^{(Q)}$的矩阵元。方程组(4-94)中有一个方程不独立,应当附以本征矢量$\phi_{\lambda_n}^{(Q)}$的归一化条件:

$$\phi_{\lambda_n}^{(Q)^+}\phi_{\lambda_n}^{(Q)}=1 \tag{4-95}$$

(4) 基本量子条件式(4-63):

$$\hat{x}\hat{p}-\hat{p}\hat{x}=\mathrm{i}\hbar$$

写成

$$\sum_{j}\left[x_{kj}^{(Q)}p_{jk}^{(Q)}-p_{kj}^{(Q)}x_{jk}^{(Q)}\right]=\mathrm{i}\hbar,\quad k=1,2,3,\cdots \tag{4-96}$$

例如具体在一维谐振子能量表象，按 $\hat{x}^{(E)}$ 式(4-84)和 $\hat{p}^{(E)}$ 式(4-85)，有

$$\hat{x}^{(E)}\hat{p}^{(E)}-\hat{p}^{(E)}\hat{x}^{(E)}=\mathrm{i}\hbar \tag{4-97}$$

六、狄拉克符号与表象表示的等价性

量子力学中，态矢量和力学量算符本身并没有直接的物理意义，它们按不同的表示各有不同的表示形式，但都是等价的。不同表示的等价性指描述体系的可观测的物理结果是相同的。这基本上是指不同表示给出一个力学量算符的本征值谱相同，给出一个力学量在体系一个态下可能取值的几率分布(因而期望值)也相同。

上述系由狄拉克符号利用 $\hat{Q}$ 表象基矢组的正交归一性和完备性表示式并且应用量子条件，推导出 $\hat{Q}$ 表象的量子力学诸公式和方程，完全没有改变一个力学量算符的本征值谱和一个力学量在体系一个态下可能取值的几率分布(以及期望值)。因此，采用狄拉克符号或用表象表示描述一个体系是等价的。

七、表象变换及不同表象的等价性

态矢量和力学量算符可以由一个表象的具体表示形式变换到另一个表象为另外完全不同的具体表示形式。可以建立这种变换关系。

1. 两个表象的基矢量组之间的变换

在体系诸态矢量所张成的黑伯特空间中设立有 $\hat{Q}$ 表象，记其基矢量组为 $\{|Q_i\rangle\}$，又建立有 $\hat{P}$ 表象，记其基矢量组为 $\{|P_j\rangle\}$，则对照三维欧几里德位矢空间中两个直角坐标系 $\{\boldsymbol{i},\boldsymbol{j},\boldsymbol{k}\}$ 和 $\{\boldsymbol{i}',\boldsymbol{j}',\boldsymbol{k}'\}$ 的情况，可以将两个基矢量组用一个线性么正算符 $\hat{U}$ 联系起来，即 $\hat{P}$ 表象的基矢量组变换为 $\hat{Q}$ 表象的基矢量组为

$$|Q_j\rangle=\hat{U}|P_j\rangle,\quad j=1,2,3,\cdots \tag{4-98}$$

算符 $\hat{U}$ 可以写成方矩阵形式，其矩阵元为

$$U_{ij}=\langle P_i|\hat{U}|P_j\rangle=\langle Q_i|\hat{U}|Q_j\rangle=\langle P_i|Q_j\rangle \tag{4-99}$$

则式(4-98)写成

$$(|Q_1\rangle,|Q_2\rangle,\cdots|Q_i\rangle,\cdots)=(|P_1\rangle,|P_2\rangle,\cdots|P_j\rangle,\cdots)\begin{pmatrix}U_{11}&U_{12}&\cdots&U_{1i}&\cdots\\U_{21}&U_{22}&\cdots&U_{2i}&\cdots\\\vdots&\vdots&&\vdots&\\U_{j1}&U_{j2}&\cdots&U_{ji}&\cdots\\\vdots&&&&\end{pmatrix} \tag{4-100}$$

2. 态矢量的表象变换

态矢量由 $\hat{Q}$ 表象变换到 $\hat{P}$ 表象的变换式为

$$\Psi^{(P)}(t)=\hat{U}\Psi^{(Q)}(t) \tag{4-101}$$

典型的一例是由坐标表象变换到动量表象。变换矩阵元由式(4-99)和式(4-19)有

$$U_{pr}=\langle \boldsymbol{p}|\boldsymbol{r}\rangle=\langle \boldsymbol{r}|\boldsymbol{p}\rangle^*$$

$$=\psi_p^*(\boldsymbol{r})=\frac{1}{(2\pi\hbar)^{3/2}}\mathrm{e}^{-\frac{\mathrm{i}}{\hbar}\boldsymbol{p}\cdot\boldsymbol{r}} \tag{4-102}$$

故变换式(4-101)具体写成

$$\Psi(\boldsymbol{p},t)=\int\frac{1}{(2\pi\hbar)^{3/2}}\mathrm{e}^{-\frac{\mathrm{i}}{\hbar}\boldsymbol{p}\cdot\boldsymbol{r}}\Psi(\boldsymbol{r},t)\mathrm{d}\tau \tag{4-103}$$

3. 力学量算符的表象变换

力学量算符由 $\hat{Q}$ 表象变换到 $\hat{P}$ 表象的变换式为

$$\hat{F}^{(P)}=\hat{U}\hat{F}^{(Q)}\hat{U}^+ \tag{4-104}$$

即
$$F_{ij}^{(P)}=\sum_l\sum_k U_{il}F_{lk}^{(Q)}U_{kj}^+ \tag{4-105}$$

例如，单粒子一维运动体系坐标算符 $\hat{x}$ 由坐标 $\hat{x}$ 表象变换到动量 $\hat{p}$ 表象，由上式以及式(4-102)和式(4-28)，得 $\hat{x}$ 的矩阵元

$$\begin{aligned}\hat{x}_{p'p''}^{(p)}&=\sum_{x'}\sum_{x''}U_{p'x'}\hat{x}_{x'x''}^{(x)}U_{x''p''}^+\\&=\iint_{-\infty}^{\infty}\mathrm{d}x'\mathrm{d}x''\frac{1}{\sqrt{2\pi\hbar}}\mathrm{e}^{-\frac{\mathrm{i}}{\hbar}p'x'}x''\delta(x'-x'')\frac{1}{\sqrt{2\pi\hbar}}\mathrm{e}^{\frac{\mathrm{i}}{\hbar}p''x''}\\&=\int_{-\infty}^{\infty}\mathrm{d}x'\frac{1}{2\pi\hbar}x'\mathrm{e}^{-\frac{\mathrm{i}}{\hbar}(p'-p'')x'}\\&=\mathrm{i}\hbar\frac{\mathrm{d}}{\mathrm{d}(p'-p'')}\int_{-\infty}^{\infty}\frac{1}{2\pi\hbar}\mathrm{e}^{-\frac{\mathrm{i}}{\hbar}(p'-p'')x'}\mathrm{d}x'\\&=\mathrm{i}\hbar\frac{\mathrm{d}\delta(p'-p'')}{\mathrm{d}(p'-p'')}\end{aligned}$$

这就是式(4-41)。

4. 不同表象的等价性

态矢量和力学量算符在不同表象之间的变换都是线性么正变换。线性么正变换不改变一个力学量算符的本征值谱，也不改变两个态矢量之间的内积，因此不会改变体系的可观测的物理结果。

第二部分　例　题

4-1　由坐标算符的归一化本征矢 $|\boldsymbol{r}\rangle$ 及动量算符 $\hat{\boldsymbol{p}}$ 构造成算符 $\hat{\rho}$ 和 $\hat{k}$：

$$\hat{\rho}=|\boldsymbol{r}\rangle\langle\boldsymbol{r}|$$

$$\hat{k}=\frac{1}{2m}[(|\boldsymbol{r}\rangle\langle\boldsymbol{r}|\hat{\boldsymbol{p}})+(\hat{\boldsymbol{p}}|\boldsymbol{r}\rangle\langle\boldsymbol{r}|)]$$

试分别：

(a)　求 $\hat{\rho}$ 和 $\hat{k}$ 在态 $|\psi\rangle$ 下的期望值；

(b)　给出 $\hat{\rho}$ 和 $\hat{k}$ 的物理意义。

解：(a)　设态矢量 $|\psi\rangle$ 已经归一化：$\langle\psi|\psi\rangle=1$，则

$$\bar{\rho}=\langle\psi|\hat{\rho}|\psi\rangle=\langle\psi|\boldsymbol{r}\rangle\langle\boldsymbol{r}|\psi\rangle$$

$$=\psi^*(\boldsymbol{r})\psi(\boldsymbol{r})=|\psi(\boldsymbol{r})|^2=\rho(\boldsymbol{r}) \tag{1}$$

$\rho(\boldsymbol{r})$显然表示粒子的位置几率密度。而

$$\bar{k}=\langle\psi|\hat{k}|\psi\rangle$$
$$=\frac{1}{2m}[\langle\psi|\boldsymbol{r}\rangle\langle\boldsymbol{r}|\hat{\boldsymbol{p}}|\psi\rangle+\langle\psi|\hat{\boldsymbol{p}}|\boldsymbol{r}\rangle\langle\boldsymbol{r}|\psi\rangle] \tag{2}$$

利用坐标算符的正交归一本征矢组完备性表示式

$$\int d\boldsymbol{r}'|\boldsymbol{r}'\rangle\langle\boldsymbol{r}'|=\mathbf{1} \tag{3}$$

及动量算符 $\hat{\boldsymbol{p}}$ 在坐标表象的矩阵元表示式

$$\langle\boldsymbol{r}|\hat{\boldsymbol{p}}|\boldsymbol{r}'\rangle=\frac{\hbar}{i}\nabla_r\delta(\boldsymbol{r}-\boldsymbol{r}')=-\frac{\hbar}{i}\nabla_{r'}\delta(\boldsymbol{r}-\boldsymbol{r}') \tag{4}$$

可将(2)式在坐标表象中写出：

$$\begin{aligned}
\bar{k}&=\langle\psi|\hat{k}|\psi\rangle\\
&=\frac{1}{2m}\Big[\int d\boldsymbol{r}'\langle\psi|\boldsymbol{r}\rangle\langle\boldsymbol{r}|\hat{\boldsymbol{p}}|\boldsymbol{r}'\rangle\langle\boldsymbol{r}'|\psi\rangle+\\
&\quad\int d\boldsymbol{r}'\langle\psi|\boldsymbol{r}'\rangle\langle\boldsymbol{r}'|\hat{\boldsymbol{p}}|\boldsymbol{r}\rangle\langle\boldsymbol{r}|\psi\rangle\Big]\\
&=\frac{1}{2m}\Big[\int d\boldsymbol{r}'\psi^*(\boldsymbol{r})(-\frac{\hbar}{i}\nabla_{r'})\delta(\boldsymbol{r}-\boldsymbol{r}')\psi(\boldsymbol{r}')+\\
&\quad\int d\boldsymbol{r}'\psi^*(\boldsymbol{r}')(\frac{\hbar}{i}\nabla_{r'})\delta(\boldsymbol{r}'-\boldsymbol{r})\psi(\boldsymbol{r})\Big]\\
&=\frac{1}{2m}\Big[\psi^*(\boldsymbol{r})\int d\boldsymbol{r}'(-\frac{\hbar}{i}\nabla_{r'})\delta(\boldsymbol{r}-\boldsymbol{r}')\psi(\boldsymbol{r}')+\\
&\quad\psi(\boldsymbol{r})\int d\boldsymbol{r}'\psi^*(\boldsymbol{r}')(\frac{\hbar}{i}\nabla_{r'})\delta(\boldsymbol{r}'-\boldsymbol{r})\Big]\\
&=\frac{1}{2m}\Big[\psi^*(\boldsymbol{r})(\frac{\hbar}{i}\nabla)\psi(\boldsymbol{r})-\psi(\boldsymbol{r})(\frac{\hbar}{i}\nabla)\psi^*(\boldsymbol{r})\Big]\\
&=\frac{i\hbar}{2m}[\psi(\boldsymbol{r})\nabla\psi^*(\boldsymbol{r})-\psi^*(\boldsymbol{r})\nabla\psi(\boldsymbol{r})]\\
&=\boldsymbol{j}(\boldsymbol{r})
\end{aligned} \tag{5}$$

式中利用了式(4)并进行了一次分部积分。式(5)$\boldsymbol{j}(\boldsymbol{r})$显然表示粒子几率流密度矢量。

(b)　由(1)、(5)两式可知：$\hat{\rho}=|\boldsymbol{r}\rangle\langle\boldsymbol{r}|$为粒子位置几率密度算符；$\hat{k}$ 为粒子的几率流密度算符，它由粒子的位置几率密度算符 $\hat{\rho}$ 和速度算符 $\hat{\boldsymbol{v}}=\frac{1}{m}\hat{\boldsymbol{p}}$ 构成。由于 $\hat{\boldsymbol{v}}$ 和 $\hat{\rho}$ 不对易，故 $\hat{k}$ 写成 $\hat{k}=\frac{1}{2}(\hat{\rho}\hat{v}+\hat{v}\hat{\rho})=\frac{1}{2m}[|\boldsymbol{r}\rangle\langle\boldsymbol{r}|\hat{\boldsymbol{p}}+\hat{\boldsymbol{p}}|\boldsymbol{r}\rangle\langle\boldsymbol{r}|]$形式以保证 $\hat{k}$ 的厄密性。

4-2　试证明：由任意一对已归一化的共轭右矢和左矢构成的投影算符 $\hat{P}=|\psi\rangle\langle\psi|$；

(a)　是厄密算符且是正定的；

(b)　有 $\hat{P}^2=\hat{P}$；

(c)　$\hat{P}$ 的本征值为 0 和 1。

证明：(a)　厄密算符 $\hat{F}$ 定义为满足条件 $\hat{F}^+=\hat{F}$，即对于任意两个矢量$|a\rangle$和$|b\rangle$，有$\langle a|\hat{F}|b\rangle=\langle b|\hat{F}|a\rangle^*$成立。

现有

$$\langle a|\hat{P}|b\rangle = \langle a|\psi\rangle\langle\psi|b\rangle = \langle b|\psi\rangle^*\langle\psi|a\rangle^*$$
$$= (\langle b|\psi\rangle\langle\psi|a\rangle)^* = \langle b|\hat{P}|a\rangle^* \tag{1}$$

故 $\hat{P}=|\psi\rangle\langle\psi|$ 是厄密算符。

又因为对于任意矢量 $|u\rangle$，有

$$\langle u|\hat{P}|u\rangle = \langle u|\psi\rangle\langle\psi|u\rangle = |\langle\psi|u\rangle|^2 \geqslant 0 \tag{2}$$

故 $\hat{P}$ 是正定的。

(b) 设 $|\psi\rangle$ 已经归一化：$\langle\psi|\psi\rangle=1$

则
$$\hat{P}^2 = |\psi\rangle\langle\psi|\psi\rangle\langle\psi| = |\psi\rangle\langle\psi| = \hat{P} \tag{3}$$

(c) 由 $\hat{P}$ 的本征值方程

$$\hat{P}|\lambda\rangle = \lambda|\lambda\rangle$$

两边左乘 $\hat{P}$，再利用等式 $\hat{P}^2=\hat{P}$，有

$$左边 = \hat{P}^2|\lambda\rangle = \hat{P}|\lambda\rangle = \lambda|\lambda\rangle$$
$$右边 = \lambda\hat{P}|\lambda\rangle = \lambda^2|\lambda\rangle$$

所以
$$\lambda^2-\lambda=0,\quad 得\ \lambda=0,1 \tag{4}$$

4-3 分别在坐标表象、动量表象、能量表象写出一维无限深方势阱中（阱宽为 a）基态粒子的波函数。

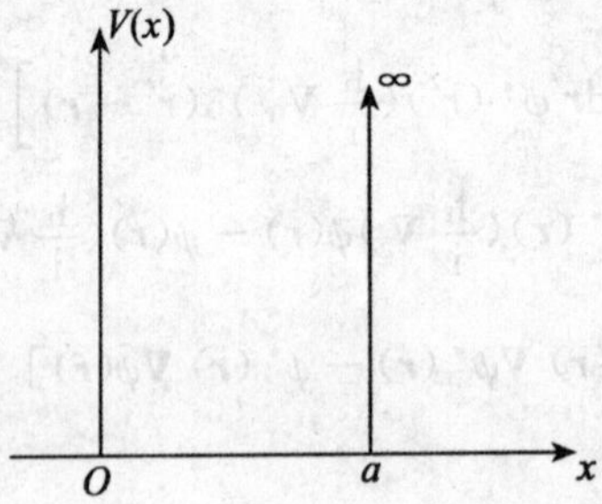

题 4-3 图

解：在如题 4-3 图所示的一维无限深方势阱中运动的粒子基态波函数用 $|\psi_1\rangle$ 表示。它在坐标表象中的表示为：

将 $|\psi_1\rangle$ 按坐标算符 $\hat{x}$ 的正交归一化本征矢完备组 $\{|x\rangle\}$ 展开：

$$|\psi_1\rangle = \int dx|x\rangle\langle x|\psi_1\rangle = \int dx\psi_1(x)|x\rangle \tag{1}$$

（因为 $\hat{x}$ 的本征值构成连续谱，故求和 $\sum_n$ 改为积分 $\int dx$）则展开项系数的集合

$$\{\psi_1(x) = \langle x|\psi_1\rangle\} \tag{2}$$

即为态 $|\psi_1\rangle$ 在坐标表象中的表示。但因 $\hat{x}$ 的本征值谱连续，使得(2)式排不成矩阵，只能以 $\hat{x}$ 的本征值 x 为自变量的函数形式存在。故

$$\langle x|\psi_1\rangle = \psi_1(x) = \begin{cases} \sqrt{\dfrac{2}{a}}\sin\dfrac{\pi x}{a}, & 0 \leqslant x \leqslant a \\ 0, & x < 0, x > a \end{cases} \tag{3}$$

动量表象：

将态$|\psi_1\rangle$按动量算符 $\hat{p}$(仅讨论一维情况)的正交归一化本征矢完备组$\{|p\rangle\}$展开：

$$|\psi_1\rangle = \int dp|p\rangle\langle p|\psi_1\rangle = \int dp c_1(p)|p\rangle \tag{4}$$

展开项系数的集合

$$\{c_1(p) = \langle p|\psi_1\rangle\} \tag{5}$$

即为态$|\psi_1\rangle$在动量表象内的表示。

$$\begin{aligned} \langle p|\psi_1\rangle &= c_1(p) = \int dx\langle p|x\rangle\langle x|\psi_1\rangle = \int dx\,\phi_p^*(x)\psi_1(x) \\ &= \int_0^a dx\left(\frac{1}{\sqrt{2\pi\hbar}}e^{-\frac{i}{\hbar}px}\right)\left(\sqrt{\frac{2}{a}}\sin\frac{\pi x}{a}\right) \\ &= \sqrt{\frac{\pi a}{\hbar}}\,\frac{1+\exp(-ipa/\hbar)}{\pi^2-(p^2a^2/\hbar^2)} \end{aligned} \tag{6}$$

式中：$\phi_p(x)$为动量算符 $\hat{p}$ 的本征函数在坐标表象中的表示$\dfrac{1}{\sqrt{2\pi\hbar}}\cdot e^{\frac{i}{\hbar}px}$，$\psi_1(x)$为无限深方势阱中粒子基态波函数在坐标表象中的表示$\begin{cases} \sqrt{\dfrac{2}{a}}\sin\dfrac{\pi x}{a}, & 0\leqslant x\leqslant a, \\ 0, & x<0, x>a \end{cases}$(6)式即为态$|\psi_1\rangle$在动量表象中的表示。

由于动量算符的本征值谱连续，无法将(6)式排成列矩阵，只能以 $\hat{p}$ 的本征值 p 为自变量的函数形式存在。

能量表象：

将态$|\psi_1\rangle$按一维无限深方势阱中运动的粒子的哈密顿算符 $\hat{H}$ 的正交归一化本征矢完备组$\{|n\rangle\}$展开：

$$|\psi_1\rangle = \sum_n |n\rangle\langle n|\psi_1\rangle = \sum_n a_n|n\rangle \tag{7}$$

展开项系数的集合

$$\{a_n = \langle n|\psi_1\rangle\} \tag{8}$$

排成的列矩阵即为态$|\psi_1\rangle$在能量表象中的表示。由于

$$\langle n|\psi_1\rangle = a_n = \int dx\langle n|x\rangle\langle x|\psi_1\rangle = \int dx\,\psi_n^*(x)\psi_1(x) = \delta_{n1} \tag{9}$$

故

$$a_1 = 1, a_2 = a_3 = \cdots = a_n = 0$$

所以

$$\langle n|\psi_1\rangle \Rightarrow \begin{pmatrix} 1 \\ 0 \\ 0 \\ \vdots \\ \vdots \end{pmatrix} \tag{10}$$

为$|\psi_1\rangle$在能量表象中的矩阵表示。

4-4 在动量表象内，求坐标算符$\hat{x}$和动量算符$\hat{p}$(一维情况)的本征矢表示式。

解:动量表象即是以动量算符的本征矢完备组$\{|p\rangle\}$为基矢完备组建立的坐标系，有

$$\hat{p}|p\rangle = p|p\rangle,\quad \langle p|p'\rangle = \delta(p-p')$$

$$\int \mathrm{d}p|p\rangle\langle p| = 1 \tag{1}$$

设坐标算符的本征值方程为

$$\hat{x}|x_0\rangle = x_0|x_0\rangle \tag{2}$$

式中:$|x_0\rangle$是$\hat{x}$的相应于本征值x_0的本征矢。$|x_0\rangle$在动量表象中的表示为:

$$\langle p|x_0\rangle = \int \mathrm{d}x\langle p|x\rangle\langle x|x_0\rangle = \int \mathrm{d}x\langle x|p\rangle^*\langle x|x_0\rangle$$

$$= \int \mathrm{d}x\frac{1}{\sqrt{2\pi\hbar}}\mathrm{e}^{-\frac{i}{\hbar}px}\delta(x-x_0) = \frac{1}{\sqrt{2\pi\hbar}}\mathrm{e}^{-\frac{i}{\hbar}px_0} \tag{3}$$

同理，设动量算符的本征值方程为

$$\hat{p}|p_0\rangle = p_0|p_0\rangle \tag{4}$$

式中:$|p_0\rangle$为$\hat{p}$的相应于本征值为p_0的本征矢。$|p_0\rangle$在动量表象中的表示为:

$$\langle p|p_0\rangle = \delta(p-p_0) \tag{5}$$

4-5 对于粒子一维运动，试分别求出:

(a) 坐标算符$\hat{x}$及其坐标算符的函数$f(\hat{x})$，在坐标表象和动量表象中的表达式;

(b) 动量算符$\hat{p}$及其动量算符的函数$g(\hat{p})$，在坐标表象和动量表象中的表示式;

(c) 再求在坐标表象与动量表象之间么正变换矩阵的矩阵元。

解:坐标表象:

(a) 设坐标算符$\hat{x}$及坐标算符的函数$f(\hat{x})$的本征值方程分别为:

$$\hat{x}|x'\rangle = x'|x'\rangle \tag{1}$$

$$f(\hat{x})|x'\rangle = f(x')|x'\rangle \tag{2}$$

知坐标算符的矩阵元为

$$\langle x|\hat{x}|x'\rangle = x'\langle x|x'\rangle = x'\delta(x-x') \tag{3}$$

又坐标算符$\hat{x}$对任意态矢$|\rangle$的作用为

$$|\rangle' = \hat{x}|\rangle \tag{4}$$

将(4)式投影到坐标表象中有

$$\langle x|\rangle' = \langle x|\hat{x}|\rangle = \int \mathrm{d}x'\langle x|\hat{x}|x'\rangle\langle x'|\rangle$$

$$= \int \mathrm{d}x'x'\delta(x-x')\langle x'|\rangle$$

即

$$\psi'(x) = \int \mathrm{d}x'x'\delta(x-x')\psi(x') = x\psi(x) \tag{5}$$

将(4)、(5)两式对照，立即得到

$$\hat{x} = x \tag{6}$$

同理可得

$$\langle x' | f(\hat{x}) | x'' \rangle = f(x'') \quad \delta(x' - x'') \tag{7}$$

$$f(\hat{x}) = f(x). \tag{8}$$

(b)　设动量算符 $\hat{p}$ 的本征值方程为

$$\hat{p} | p' \rangle = p' | p' \rangle \tag{9}$$

有

$$\langle p | p' \rangle = \delta(p - p') \tag{10}$$

动量算符在坐标表象中的矩阵元为

$$\begin{aligned}\langle x | \hat{p} | x' \rangle &= \iint \mathrm{d}p \mathrm{d}p' \langle x | p \rangle \langle p | \hat{p} | p' \rangle \langle p' | x' \rangle \\ &= \iint \mathrm{d}p \mathrm{d}p' \langle x | p \rangle p' \delta(p - p') \langle p' | x' \rangle \end{aligned} \tag{11}$$

只要求出 $\langle x | p \rangle = \langle p | x \rangle^*$，问题就得以解决。为此，引入动量算符 $\hat{p}$ 的指数函数算符 $\hat{U}_1$ 和坐标算符 $\hat{x}$ 的指数函数算符 $\hat{U}_2$：

$$\hat{U}_1(\xi) = \mathrm{e}^{-\frac{\mathrm{i}}{\hbar}\xi\hat{p}} \tag{12}$$

$$\hat{U}_2(\eta) = \mathrm{e}^{\frac{\mathrm{i}}{\hbar}\eta\hat{x}} \tag{13}$$

式中：ξ 和 η 均为实参数。容易证明 $\hat{U}_1$、$\hat{U}_2$ 均为线性么正算符。再由基本量子化条件 $[\hat{x}, \hat{p}] = \mathrm{i}\hbar$，易得

$$[\hat{x}, \hat{U}_1(\xi)] = \xi \hat{U}_1(\xi) \tag{14}$$

$$[\hat{p}, \hat{U}_2(\eta)] = \eta \hat{U}_2(\eta) \tag{15}$$

将(14)式两边同时作用于算符 $\hat{x}$ 的本征矢 $|x'\rangle$ 上，有

$$\begin{aligned}\hat{x}\hat{U}_1(\xi) | x' \rangle &= \hat{U}_1(\xi)(\hat{x} + \xi) | x' \rangle \\ &= (x' + \xi)\hat{U}_1(\xi) | x' \rangle \end{aligned} \tag{16}$$

比较(16)式左、右两边可知，$\hat{U}_1(\xi)|x'\rangle$ 也是 $\hat{x}$ 的本征矢，相应的本征值为 $(x'+\xi)$，而 $\hat{x}$ 的本征值无简并，因此 $\hat{U}(\xi)|x'\rangle$ 与 $|x'+\xi\rangle$ 描写的是同一状态，它们之间最多相差一个常数，有

$$\hat{U}_1(\xi) | x' \rangle = c_1(x', \xi) | x' + \xi \rangle \tag{17}$$

取(17)式的共轭复式，并将其与(17)式的左、右两边分别相乘，有

$$\langle x' | \hat{U}_1^+(\xi) \hat{U}_1(\xi) | x' \rangle = | c_1(x', \xi) |^2 \langle x' + \xi | x' + \xi \rangle.$$

由于 $\hat{U}_1^+ \hat{U}_1 = 1$ 且 $\hat{x}$ 的本征矢具有正交归一性，得 $|c_1(x', \xi)|^2 = 1$，即

$$\hat{U}_1(\xi) | x' \rangle = \mathrm{e}^{-\frac{\mathrm{i}}{\hbar}\xi\hat{p}} | x' \rangle = | x' + \xi \rangle \tag{18}$$

同理可得

$$\hat{U}_2(\eta) | p' \rangle = \mathrm{e}^{\frac{\mathrm{i}}{\hbar}\eta\hat{x}} | p' \rangle = | p' + \eta \rangle \tag{19}$$

特别有

$$\mathrm{e}^{-\frac{\mathrm{i}}{\hbar}\xi\hat{p}} | 0 \rangle_x = | \xi \rangle_x, \quad \mathrm{e}^{\frac{\mathrm{i}}{\hbar}\eta\hat{x}} | 0 \rangle_p = | \eta \rangle_p \tag{20}$$

由(20)式分别取 $\xi = x, \eta = p$，有

$$| x \rangle = \mathrm{e}^{-\frac{\mathrm{i}}{\hbar}x\hat{p}} | 0 \rangle_x, \quad | p \rangle = \mathrm{e}^{\frac{\mathrm{i}}{\hbar}p\hat{x}} | 0 \rangle_p \tag{21}$$

于是

$$\langle x|p\rangle = \langle x|e^{\frac{i}{\hbar}p\hat{x}}|0\rangle_p = e^{\frac{i}{\hbar}px}\langle x|0\rangle_p \tag{22}$$

再将$\langle x| = {}_x\langle 0|e^{\frac{i}{\hbar}x\hat{p}}$　代入(22)式左边，得

$$\begin{aligned}\langle x|p\rangle &= e^{\frac{i}{\hbar}px}\ {}_x\langle 0|e^{\frac{i}{\hbar}x\hat{p}}|0\rangle_p = e^{\frac{i}{\hbar}px}\ {}_x\langle 0|e^{\frac{i}{\hbar}x\cdot 0}|0\rangle_p \\ &= e^{\frac{i}{\hbar}px}\ {}_x\langle 0|0\rangle_p\end{aligned} \tag{23}$$

为了求得${}_x\langle 0|0\rangle_p$，在 $\hat{x}$ 的本征矢的正交归一性基础上再作变换：

$$\begin{aligned}\delta(x-x') &= \langle x|x'\rangle = \int dp\langle x|p\rangle\langle p|x'\rangle \\ &= \int dp e^{\frac{i}{\hbar}px}\ {}_x\langle 0|0\rangle_p e^{-\frac{i}{\hbar}px'}\ {}_p\langle 0|0\rangle_x \\ &= |{}_x\langle 0|0\rangle_p|^2\int e^{\frac{i}{\hbar}(x-x')p}dp \\ &= |{}_x\langle 0|0\rangle_p|^2 2\pi\hbar\delta(x-x').\end{aligned}$$

所以

$$|{}_x\langle 0|0\rangle_p|^2 = \frac{1}{2\pi\hbar},\quad {}_x\langle 0|0\rangle_p = \frac{1}{\sqrt{2\pi\hbar}} \tag{24}$$

将(24)式代入(23)式，得

$$\langle x|p\rangle = \frac{1}{\sqrt{2\pi\hbar}}e^{\frac{i}{\hbar}px} \tag{25}$$

(25)式即为态矢量和力学量算符由坐标表象变换到动量表象的么正变换矩阵的矩阵元。将(25)式代入(11)式中得算符 $\hat{p}$ 在坐标表象中的矩阵元为

$$\begin{aligned}\langle x|\hat{p}|x'\rangle &= \iint dp dp' \frac{1}{\sqrt{2\pi\hbar}}e^{\frac{i}{\hbar}px}p'\delta(p-p')\frac{1}{\sqrt{2\pi\hbar}}e^{-\frac{i}{\hbar}p'x'} \\ &= \frac{1}{2\pi\hbar}\int p e^{\frac{i}{\hbar}(x-x')p}dp = \frac{1}{2\pi\hbar}\int\frac{\hbar}{i}\frac{\partial}{\partial x}[e^{\frac{i}{\hbar}(x-x')p}]dp \\ &= \frac{\hbar}{i}\frac{\partial}{\partial x}\int\frac{1}{2\pi\hbar}e^{\frac{i}{\hbar}(x-x')p}dp = i\hbar\frac{\partial}{\partial x'}\delta(x-x') \\ &= \frac{\hbar}{i}\frac{\partial}{\partial x}\delta(x-x')\end{aligned} \tag{26}$$

再注意到动量算符 $\hat{p}$ 的算符方程

$$|\rangle' = \hat{p}|\rangle \tag{27}$$

在坐标表象中的表示为

$$\begin{aligned}\langle x|\rangle' &= \langle x|\hat{p}|\rangle = \int dx'\langle x|\hat{p}|x'\rangle\langle x'|\rangle \\ &= \int dx' i\hbar\frac{\partial}{\partial x'}\delta(x-x')\langle x'|\rangle \\ &= i\hbar\left\{\delta(x-x')\langle x'|\rangle\Big|_{-\infty}^{\infty} - \int\delta(x-x')\frac{d}{dx'}\langle x'|\rangle dx'\right\} \\ &= -i\hbar\int\delta(x-x')\frac{d}{dx'}\langle x'|\rangle dx' = \frac{\hbar}{i}\frac{d}{dx}\langle x|\rangle\end{aligned}$$

即

$$\psi'(x)=\frac{\hbar}{\mathrm{i}}\frac{\mathrm{d}}{\mathrm{d}x}\psi(x) \tag{28}$$

将(27)、(28)两式对照，立即可得

$$\hat{p}=\frac{\hbar}{\mathrm{i}}\frac{\mathrm{d}}{\mathrm{d}x} \tag{29}$$

同理可得

$$\langle x|g(\hat{p})|x'\rangle=\iint \mathrm{d}p\mathrm{d}p'\langle x|p\rangle\langle p|g(\hat{p})|p'\rangle\langle p'|x'\rangle$$

$$=\iint \mathrm{d}p\mathrm{d}p'\frac{1}{\sqrt{2\pi\hbar}}\mathrm{e}^{\frac{\mathrm{i}}{\hbar}px}g(p')\delta(p-p')\frac{1}{\sqrt{2\pi\hbar}}\mathrm{e}^{-\frac{\mathrm{i}}{\hbar}p'x'}$$

$$=\frac{1}{2\pi\hbar}\int \mathrm{d}p g(p)\mathrm{e}^{\frac{\mathrm{i}}{\hbar}(x-x')p}\overset{\text{记为}}{=\!=}\widetilde{g}(x-x') \tag{30}$$

式中：$\widetilde{g}(x)=\frac{1}{2\pi\hbar}\int g(p)\mathrm{e}^{\frac{\mathrm{i}}{\hbar}px}\mathrm{d}x$ 为函数 $\widetilde{g}(x)$的傅里叶展开式。

(c)　由坐标表象变换到动量表象的幺正变换矩阵的矩阵元为

$$\langle x|p\rangle=\frac{1}{\sqrt{2\pi\hbar}}\mathrm{e}^{\frac{\mathrm{i}}{\hbar}px} \tag{31}$$

动量表象：

①　同于在坐标表象的讨论，有

$$\langle p|\hat{p}|p'\rangle=p'\delta(p-p') \tag{32}$$

得

$$\hat{p}=p \tag{33}$$

$$g(\hat{p})=g(p) \tag{34}$$

②　$\langle p|\hat{x}|p'\rangle=\mathrm{i}\hbar\frac{\partial}{\partial p}\delta(p-p')=\frac{\hbar}{\mathrm{i}}\frac{\partial}{\partial p'}\delta(p-p')$　(35)

得

$$\hat{x}=\mathrm{i}\hbar\frac{\partial}{\partial p} \tag{36}$$

$$\langle p|f(\hat{x})|p'\rangle=\frac{1}{2\pi\hbar}\int \mathrm{d}x f(x)\mathrm{e}^{-\frac{\mathrm{i}}{\hbar}(p-p')x}$$

$$=\widetilde{f}(p-p') \tag{37}$$

比较4-4、4-5两例，可得两个基本的力学量算符 $\hat{x}$ 与 $\hat{p}$ 在两个基本表象(坐标表象与动量表象)中算符矩阵元、算符表示及本征矢表示的对照(见题4-5表)。

题4-5表　**$\hat{x}$ 与 $\hat{p}$ 在坐标表象与动量表象中算符矩阵元，算符表示及本征矢表示的对照**

算符 / 表象	$\hat{x}(\hat{x}\|x_0\rangle=x_0\|x_0\rangle)$			$\hat{p}(\hat{p}\|p_0\rangle=p_0\|p_0\rangle)$		
	算符矩阵元	算符表示	本征矢表示	算符矩阵元	算符表示	本征矢表示
坐标表象	$(x)_{x'x''}=x''\delta(x'-x'')$	$\hat{x}=x$	$\|x_0\rangle\Rightarrow\delta(x-x_0)$	$(p)_{xx'}=\frac{\hbar}{\mathrm{i}}\frac{\mathrm{d}}{\mathrm{d}x}\delta(x-x')$	$\hat{p}=\frac{\hbar}{\mathrm{i}}\frac{\mathrm{d}}{\mathrm{d}x}$	$\|p_0\rangle\Rightarrow\frac{1}{\sqrt{2\pi\hbar}}\mathrm{e}^{\frac{\mathrm{i}}{\hbar}p_0x}$

续表

表象 \ 算符	$\hat{x}(\hat{x}\mid x_0\rangle=x_0\mid x_0\rangle)$			$\hat{p}(\hat{p}\mid p_0\rangle=p_0\mid p_0\rangle)$		
	算符矩阵元	算符表示	本征矢表示	算符矩阵元	算符表示	本征矢表示
动量表象	$(x)_{pp'}=\mathrm{i}\hbar\frac{\mathrm{d}}{\mathrm{d}p}\delta(p-p')$	$\hat{x}=\mathrm{i}\hbar\frac{\mathrm{d}}{\mathrm{d}p}$	$\mid x_0\rangle\Rightarrow\frac{1}{\sqrt{2\pi\hbar}}\mathrm{e}^{-\frac{\mathrm{i}}{\hbar}px_0}$	$(p)_{p'p''}=p''\delta(p'-p'')$	$\hat{p}=p$	$\mid p_0\rangle\Rightarrow\delta(p-p_0)$

4-6 设粒子在与动量相关的一维势场中运动，$\hat{V}(x)=A\frac{\hbar}{\mathrm{i}}\frac{\mathrm{d}}{\mathrm{d}x}=A\hat{p}$，试在动量表象求体系定态波函数。

解：在动量表象，定态薛定谔方程写为

$$\left[\frac{p^2}{2m}+Ap-E\right]\phi_E(p)=0 \tag{1}$$

故能量

$$E=\frac{p^2}{2m}+Ap \tag{2}$$

形成连续谱$\left(-\frac{m}{2}A^2<E<\infty\right)$；波函数

$$\phi_E(p)=c_1\delta(p-p_1)+c_2\delta(p-p_2) \tag{3}$$

式中：

$$p_1,p_2=-mA\pm\sqrt{m^2A^2+2mE} \tag{4}$$

变换到坐标表象，有

$$\psi_E(x)=c_1\frac{1}{\sqrt{2\pi\hbar}}\mathrm{e}^{\frac{\mathrm{i}}{\hbar}p_1x}+c_2\frac{1}{\sqrt{2\pi\hbar}}\mathrm{e}^{\frac{\mathrm{i}}{\hbar}p_2x} \tag{5}$$

为两列平面波的叠加。

4-7 粒子作一维运动处于均匀场 $V(x)=-kx$ 中，求粒子的能谱和相应的定态波函数。

解：方法一 坐标表象

粒子的定态薛定谔方程为：$\left(-\frac{\hbar^2}{2m}\frac{\mathrm{d}^2}{\mathrm{d}x^2}-kx\right)\psi(x)=E\psi(x)$.

即

$$\frac{\mathrm{d}^2}{\mathrm{d}x^2}\psi(x)+\frac{2m}{\hbar^2}(E+kx)\psi(x)=0 \tag{1}$$

当 $x\to-\infty$ 时，方程(1)对任何 E 值具有单个的有界解(这是当 $x\to-\infty$ 时按指数律衰减的一个解)。当 $x\to+\infty$ 时，方程(1)的解不断地振荡。由此可知，粒子在均匀场中的能谱是连续的、非简并的。即对于在 $-\infty<E<+\infty$ 范围内的每一能量值，对应一个单解，它描述粒子的运动在 x 的负方向是有界的，在 x 的正方向是无界的。以下对方程(1)进行具体求解。

引进无量纲变量

$$y=\left(x+\frac{E}{k}\right)\left(\frac{2mk}{\hbar^2}\right)^{1/3} \tag{2}$$

方程(1)变为

$$\frac{d^2}{dy^2}\psi+y\psi=0 \tag{3}$$

这一方程没有包含能量作为参量。因此在获得它的恰当的有界解以后，就不难求出对应于每个任意能量值的本征函数。方程(3)对于任何 y 都是有限的解为

$$\psi=NA(-y) \tag{4}$$

其中

$$A(y)=\frac{1}{\sqrt{\pi}}\int_0^\infty\cos\left(\frac{u^3}{3}+uy\right)du \tag{5}$$

称为爱里函数，而 $N=(2m\pi^{-3/2}k^{-1/2}\hbar^{-2})^{1/3}$ 是归一化因子。

注：方程(3)也可化为⅓阶的贝塞耳方程.其解用⅓阶的贝塞耳函数表示，详见曾谨言先生所著《量子力学》上册，p98.

于是，具有能量 E 的粒子的波函数为

$$\psi_E(x,t)=NA(-y)e^{-\frac{i}{\hbar}Et} \tag{6}$$

方法二　动量表象

将定态薛定谔方程(1)从坐标表象变为动量表象，得

$$\frac{p^2}{2m}a(p)-Ea(p)=i\hbar k\frac{d}{dp}a(p) \tag{7}$$

这个方程的相当于本征值 E 的解 $a_E(p)=ce^{-\frac{i}{\hbar k}\left(\frac{p^3}{6m}-Ep\right)}$ 就是动量表象中的一个波函数。因粒子的能谱是连续的，故波函数 $a(p)$ 归一化为 $\delta(E-E')$：

$$\int a_E^*(p)a_{E'}(p)dp=\delta(E-E') \tag{8}$$

亦即

$$cc^*\int e^{-\frac{ip}{\hbar k}(E-E')}dp=cc^*2\pi\hbar k\delta(E-E')$$

因此

$$c=\frac{1}{\sqrt{2\pi\hbar k}} \tag{9}$$

为了把这些结果与方法一所得的结果联系起来，再把 $a(p)$ 换回到坐标表象中去。略去波函数中与时间有关的因子，有

$$\begin{aligned}\psi_E(x)&=\frac{1}{\sqrt{2\pi\hbar}}\int_{-\infty}^\infty a_E(p)e^{\frac{i}{\hbar}px}dp\\&=\frac{1}{2\pi\hbar\sqrt{k}}\int_{-\infty}^\infty e^{-\frac{i}{\hbar k}\left(\frac{p^3}{6m}-EP\right)}e^{\frac{i}{\hbar}px}dp\end{aligned} \tag{10}$$

将积分变量改为 $u=-(2m\hbar k)^{-1/3}p$，则(10)式变为

$$\begin{aligned}\psi_E(x)&=\frac{\alpha}{2\pi\sqrt{k}}\int_{-\infty}^\infty e^{i\frac{u^3}{3}-iuy}du\\&=\frac{\alpha}{\pi\sqrt{k}}\int_0^\infty\cos\left(\frac{u^3}{3}-uy\right)du\end{aligned} \tag{11}$$

其中：$y=\left(x+\frac{E}{k}\right)\alpha$，　$\alpha=(2mk\hbar^{-2})^{1/3}$

(11)式的积分可以用爱里函数 A(−y)表示：

$$A(y)=\frac{1}{\sqrt{\pi}}\int_0^{\infty}\cos\left(\frac{u^3}{3}+uy\right)du$$

最后

$$\psi_E(x)=\frac{\alpha}{\sqrt{\pi k}}A(-y)=(2m\pi^{-3/2}k^{-1/2}\hbar^{-2})^{1/3}A(-y) \tag{12}$$

两种方法所得结果完全一致。

4-8　设粒子在一维势场 $V(x)=\begin{cases}Ax(A>0), & x>0\\ \infty, & x<0\end{cases}$ 中运动，试在动量表象求解定态薛定谔方程。

解：体系的定态薛定谔方程在动量表象写为

$$\left[\frac{p^2}{2m}+Ai\hbar\frac{d}{dp}-E\right]\phi(p)=0\qquad(E>0) \tag{1}$$

即

$$A\frac{\hbar}{i}\frac{d}{dp}\phi(p)=\left(\frac{p^2}{2m}-E\right)\phi(p) \tag{2}$$

对式(2)两边进行积分，有

$$\ln\frac{\phi(p)}{c}=\frac{i}{\hbar A}\left(\frac{p^3}{6m}-Ep\right)$$

得到

$$\phi(p)=c\exp\left[\frac{i}{\hbar A}\left(\frac{p^3}{6m}-Ep\right)\right]\qquad(A>0,E>0) \tag{3}$$

归一化常数 c 可直接算得为：　$c=\frac{1}{\sqrt{2\pi\hbar A}}$

确定能量 E 的取值需要用到体系定态波函数的边界条件。变换到坐标表象，有

$$\psi(x)=\int_{-\infty}^{\infty}\phi(p)\frac{1}{\sqrt{2\pi\hbar}}e^{\frac{i}{\hbar}px}dp$$

$$=\frac{1}{2\pi\sqrt{\hbar^2 A}}\int_{-\infty}^{\infty}\exp\left[\frac{i}{\hbar A}\left(\frac{p^3}{6m}-Ep\right)+\frac{i}{\hbar}px\right]dp \tag{4}$$

由于当 $x<0$ 时 $V(x)=\infty$，故要求 $\psi(0)=0$，有

$$\int_{-\infty}^{\infty}\exp\left[\frac{i}{\hbar A}\left(\frac{p^3}{6m}-Ep\right)\right]dp$$

$$=\int_{-\infty}^{\infty}\cos\left(\frac{\frac{p^3}{6m}-Ep}{\hbar A}\right)dp+i\int_{-\infty}^{\infty}\sin\left(\frac{\frac{p^3}{6m}-Ep}{\hbar A}\right)dp=0 \tag{5}$$

注意到第二项积分的被积函数是奇函数，积分结果自然为零，故边界条件要求

$$\int_0^{\infty}\cos\left(\frac{\frac{p^3}{6m}-Ep}{\hbar A}\right)dp=0 \tag{6}$$

记 $u=\frac{p}{(2m\hbar A)^{1/3}}$，则式(6)写成

$$(2m\hbar A)^{1/3}\int_0^{\infty}\cos\left[\frac{u^3}{3}-E\left(\frac{2m}{\hbar^2A^2}\right)^{1/3}u\right]\mathrm{d}u=(2m\hbar A)^{1/3}\sqrt{\pi}\Phi\left[-E\left(\frac{2m}{\hbar^2A^2}\right)^{1/3}\right]=0 \tag{7}$$

式中：$\Phi(x)$是爱里函数。因此，体系定态能量(能谱是完全分立的)满足方程

$$\Phi\left[-E_n\left(\frac{2m}{\hbar^2A^2}\right)^{1/3}\right]=0 \tag{8}$$

爱里函数对于相当大的负自变数有

$$\Phi(x)\longrightarrow\frac{1}{|x|^{1/4}}\sin\left(\frac{2}{3}|x|^{3/2}+\frac{\pi}{4}\right) \tag{9}$$

于是在此极限下，得到

$$E_n=\left(n-\frac{1}{4}\right)^{2/3}\left(\frac{\hbar^2A^2}{m}\right)^{1/3}\left(\frac{3\pi}{2\sqrt{2}}\right)^{2/3} \tag{10}$$

如果粒子所处势场为$V(x)=A|x|$，$A>0$，$-\infty<x<\infty$，则只需将上述问题的结果中$n\to\frac{n}{2}$ $(n=1,2,3,\cdots)$即可。

4-9　粒子处于δ势阱$V(x)=-\alpha\delta(x)$　$(\alpha>0)$中，应用动量表象的薛定谔方程，求解其束缚定态的能量本征值及相应的本征函数。并将所得结果与坐标表象中的结果进行比较。

解：定态薛定谔方程在动量表象中的表示为

$$\frac{\boldsymbol{p}^2}{2m}\phi(\boldsymbol{p})+\int_{-\infty}^{\infty}U(\boldsymbol{p}-\boldsymbol{p}')\phi(\boldsymbol{p}')\mathrm{d}\boldsymbol{p}'=E\phi(\boldsymbol{p}) \tag{1}$$

式中：

$$U(\boldsymbol{p}-\boldsymbol{p}')=\frac{1}{(2\pi\hbar)^3}\int_{-\infty}^{\infty}\mathrm{e}^{-\mathrm{i}(\boldsymbol{p}-\boldsymbol{p}')\cdot\boldsymbol{r}/\hbar}V(\boldsymbol{r})\mathrm{d}\boldsymbol{r} \tag{2}$$

将已知的势能函数$V(x)=-\alpha\delta(x)$代入(2)式，得

$$U(p-p')=\frac{1}{2\pi\hbar}\int_{-\infty}^{\infty}\mathrm{e}^{-\mathrm{i}(p-p')x/\hbar}[-\alpha\delta(x)]\mathrm{d}x=-\frac{\alpha}{2\pi\hbar} \tag{3}$$

将(3)式代入(1)式，有

$$\frac{p^2}{2m}\phi(p)-\frac{\alpha}{2\pi\hbar}\int_{-\infty}^{\infty}\phi(p')\mathrm{d}p'=E\phi(p) \tag{4}$$

由束缚定态波函数的有限性，可令

$$\int_{-\infty}^{\infty}\phi(p')\mathrm{d}p'=c(\text{常数}) \tag{5}$$

则(4)式变为

$$\frac{p^2}{2m}\phi(p)-\frac{\alpha c}{2\pi\hbar}=E\phi(p) \tag{6}$$

方程(6)的解为

$$\phi(p)=\frac{\left(\frac{\alpha c}{2\pi\hbar}\right)}{\left(\frac{p^2}{2m}-E\right)}=\frac{\alpha m}{\pi\hbar}\frac{c}{p^2+2m|E|} \tag{7}$$

其中：$E=-|E|$ 为了确定常数 c，将(7)式代回(5)式，有

$$\int_{-\infty}^{\infty}\frac{\alpha m}{\pi\hbar}\frac{c}{p^2+2m|E|}\mathrm{d}p=c \tag{8}$$

再利用积分公式 $\int_{-\infty}^{\infty}\frac{\mathrm{d}x}{a^2+x^2}=\frac{1}{a}\arctan\frac{x}{a}$，可由(8)式算得

$$\frac{\alpha mc}{\pi\hbar}\frac{1}{(2m|E|)^{1/2}}\arctan\left[\frac{p}{(2m|E|)^{1/2}}\right]\Bigg|_{-\infty}^{\infty}=c$$

即

$$\frac{\alpha m}{\pi\hbar}\frac{\pi}{(2m|E|)^{1/2}}=1$$

得

$$E=-|E|=-\frac{\alpha^2 m}{2\hbar^2} \tag{9}$$

表明体系只有唯一一个束缚定态，(9)式即为该束缚定态能量，相应的定态波函数为

$$\phi(p)=N\frac{1}{p^2+(m\alpha/\hbar)^2} \tag{10}$$

由归一化条件 $\int_{-\infty}^{\infty}|\phi(p)|^2\mathrm{d}p=1$ 可得归一化常数 N，有

$$|N|^2\int_{-\infty}^{\infty}\left[\frac{1}{p^2+(m\alpha/\hbar)^2}\right]^2\mathrm{d}p=1$$

利用积分公式：

$$\int\frac{1}{(ax^2+c)^n}\mathrm{d}x=\frac{x}{2c(n-1)(ax^2+c)^{n-1}}+\frac{(2n-3)}{2c(n-1)}\int\frac{\mathrm{d}x}{(ax^2+c)^{n-1}}\qquad(n>1)$$

可得

$$|N|^2\frac{\pi\hbar^3}{2m^3\alpha^3}=1$$

即

$$N=\left[\frac{2}{\pi}\left(\frac{m\alpha}{\hbar}\right)^3\right]^{1/2} \tag{11}$$

最后归一化的定态波函数为

$$\phi(p)=\left[\frac{2}{\pi}\left(\frac{m\alpha}{\hbar}\right)^3\right]^{1/2}\frac{1}{p^2+(m\alpha/\hbar)^2} \tag{12}$$

本问题在坐标表象求解的结果为(参见第一章例 1-14 式(9)、式(10))：

$$E=-\frac{m\alpha^2}{2\hbar^2} \tag{13}$$

$$\psi(x)=\begin{cases}\dfrac{\sqrt{m\alpha}}{\hbar}\mathrm{e}^{-m\alpha x/\hbar^2}, & x>0\\[2ex] \dfrac{\sqrt{m\alpha}}{\hbar}\mathrm{e}^{m\alpha x/\hbar^2}, & x<0\end{cases} \tag{14}$$

比较(9)与(13)式、(12)与(14)式可知，对于给定的微观体系而言，能量本征值不随表象而异，状态波函数则在不同表象内的表示方式不同。

本问题在坐标表象中的解还可以用下述方法求得。

若粒子所处的势场满足条件：$V(x)\xrightarrow{|x|\to\infty}0$，则在 $E<0$ 时相应的定态薛定谔方程

$$\left[-\frac{\hbar^2}{2m}\frac{\mathrm{d}^2}{\mathrm{d}x^2}+V(x)\right]\psi_E(x)=E\psi_E(x)$$

可写为积分方程的形式

$$\psi_E(x)=A\mathrm{e}^{\beta x}+B\mathrm{e}^{-\beta x}-\int_{-\infty}^{\infty}\frac{m}{\beta\hbar^2}\mathrm{e}^{-\beta|x-x'|}V(x')\psi_E(x')\mathrm{d}x' \tag{15}$$

式中：$\beta=\frac{1}{\hbar}\sqrt{2m|E|}>0$（式(15)的来源请见后注）

对于本问题而言，$V(x)=-\alpha\delta(x)$，当 $|x|\to\infty$ 时，$V(x)\to0$，且粒子处于束缚定态之中，$E<0$，满足条件。再利用波函数的有限性：

$$\psi_E(x)\xrightarrow{|x|\to\infty}0 \tag{16}$$

将(16)式代入(15)式得

$$A=B=0 \tag{17}$$

于是

$$\psi_E(x)=-\frac{m}{\beta\hbar^2}\int_{-\infty}^{\infty}\mathrm{e}^{-\beta|x-x'|}V(x')\psi_E(x')\mathrm{d}x' \tag{18}$$

将 $V(x)=-\alpha\delta(x)$ 代入(18)式，得

$$\psi_E(x)=\frac{\alpha m}{\beta\hbar^2}\psi_E(0)\mathrm{e}^{-\beta|x|} \tag{19}$$

取 $x=0$，由(19)式可得

$$\frac{\alpha m}{\beta\hbar^2}=1$$

即

$$\beta=\frac{1}{\hbar}\sqrt{2m|E|}=\frac{\alpha m}{\hbar^2}$$

$$E=-|E|=-\frac{\alpha^2m}{2\hbar^2} \tag{20}$$

$$\psi_E(x)=\psi_E(0)\mathrm{e}^{-\frac{\alpha m}{\hbar^2}|x|}$$

对 $\psi_E(x)$ 归一化：$\int_{-\infty}^{\infty}|\psi_E(x)|^2\mathrm{d}x=1$，得

$$\psi_E(x)=\frac{\sqrt{\alpha m}}{\hbar}\mathrm{e}^{-\frac{\alpha m}{\hbar^2}|x|}=\begin{cases}\frac{\sqrt{\alpha m}}{\hbar}\mathrm{e}^{-\frac{m\alpha}{\hbar^2}x}, & x>0\\ \frac{\sqrt{\alpha m}}{\hbar}\mathrm{e}^{\frac{m\alpha}{\hbar^2}x}, & x<0\end{cases} \tag{21}$$

比较(13)与(20)式、(14)与(21)式，两者一致。

注：

当 $E<0$ 时，从定态薛定谔方程

$$\left[-\frac{\hbar^2}{2m}\frac{\mathrm{d}^2}{\mathrm{d}x^2}+V(x)\right]\psi_E(x)=E\psi_E(x) \tag{22}$$

出发可另建立两个方程，一个是

$$\left(-\frac{\hbar^2}{2m}\frac{\mathrm{d}^2}{\mathrm{d}x^2}-E\right)\phi_E(x)=0,\quad (E<0) \tag{23}$$

方程(23)的解为

$$\phi_E(x)=A\mathrm{e}^{\beta x}+B\mathrm{e}^{-\beta x},\quad \beta=\frac{1}{\hbar}\sqrt{2m|E|}>0 \tag{24}$$

另一个方程是

$$\left(-\frac{\hbar^2}{2m}\frac{\mathrm{d}^2}{\mathrm{d}x^2}-E\right)G_E(x,x')=-\delta(x-x') \tag{25}$$

方程(25)的解为

$$G_E(x,x')=-\frac{m}{\beta\hbar^2}\mathrm{e}^{-\beta|x-x'|} \tag{26}$$

式中：x'为参变量。若对方程(25)两边进行下面运算：$\int_{-\infty}^{\infty}\mathrm{d}x'V(x')\psi_E(x')$，有

$$\int_{-\infty}^{\infty}V(x')\psi_E(x')\left(-\frac{\hbar^2}{2m}\frac{\mathrm{d}^2}{\mathrm{d}x^2}-E\right)G_E(x,x')\mathrm{d}x'$$

$$=-\int_{-\infty}^{\infty}V(x')\psi_E(x')\delta(x-x')\mathrm{d}x'$$

即

$$\left(-\frac{\hbar^2}{2m}\frac{\mathrm{d}^2}{\mathrm{d}x^2}-E\right)\int_{-\infty}^{\infty}G_E(x,x')V(x')\psi_E(x')\mathrm{d}x'=-V(x)\psi_E(x) \tag{27}$$

将式(27)与方程(22)对照，知方程(22)的一个特解是

$$\psi_E(x)=\int_{-\infty}^{\infty}G_E(x,x')V(x')\psi_E(x')\mathrm{d}x'$$

$$=-\int_{-\infty}^{\infty}\frac{m}{\beta\hbar^2}\mathrm{e}^{-\beta|x-x'|}V(x')\psi_E(x')\mathrm{d}x' \tag{28}$$

于是，方程(22)的通解由方程(23)的通解加上方程(22)的一个特解构成，得

$$\psi_E(x)=A\mathrm{e}^{\beta x}+B\mathrm{e}^{-\beta x}-\int_{-\infty}^{\infty}\frac{m}{\beta\hbar^2}\mathrm{e}^{-\beta|x-x'|}V(x')\psi_E(x')\mathrm{d}x' \tag{29}$$

4-10 试用抽象方式及在坐标表象和动量表象，表示出体系态矢量随时间演化的传播子及其满足的方程，并求出坐标表象的传播子与动量表象的传播子之间的关系式。再以粒子下列的两种运动为例说明之：

(1) 自由运动；

(2) 在均匀力场 $V(x)=-F_0x$ 中运动。

解：(a) 由含时薛定谔方程

$$\mathrm{i}\hbar\frac{\partial}{\partial t}|t\rangle=\hat{H}|t\rangle \tag{1}$$

引入体系态矢量$|t\rangle$的时间演化算符，即传播子 $\hat{T}(t,t')$：

$$|t\rangle=\hat{T}(t,t')|t'\rangle \tag{2}$$

将式(2)代入方程(1)，得传播子 $\hat{T}(t,t')$满足方程

$$\mathrm{i}\hbar\frac{\partial}{\partial t}\hat{T}(t,t')=\hat{H}\hat{T}(t,t'),\quad (t\geqslant t') \tag{3}$$

并附有初始条件：$\hat{T}(t,t')=1$。如果体系哈密顿量 $\hat{H}$ 不显含时间（我们这里限于讨论这种情况），则解得

$$\hat{T}(t,t') = \mathrm{e}^{-\frac{\mathrm{i}}{\hbar}(t-t')\hat{H}} \quad (t \geqslant t') \tag{4}$$

再利用体系哈密顿量 $\hat{H}$ 的正交归一化本征矢组的完备性，不失一般性，设 $\hat{H}$ 的本征值谱完全分立，记为 $\{E_n\}$，有

$$\sum_n |E_n\rangle\langle E_n| = \mathbf{1} \tag{5}$$

则(4)式可写成：

$$\begin{aligned}\hat{T}(t,t') &= \sum_n \mathrm{e}^{-\frac{\mathrm{i}}{\hbar}(t-t')\hat{H}} |E_n\rangle\langle E_n| \\ &= \sum_n \mathrm{e}^{-\frac{\mathrm{i}}{\hbar}E_n(t-t')} |E_n\rangle\langle E_n| \quad (t \geqslant t')\end{aligned} \tag{6}$$

(6)式即是用狄拉克符号表示出的体系态矢量的传播子表示式。若体系能谱完全连续，则

$$\hat{T}(t,t') = \int \mathrm{d}E\mathrm{e}^{-\frac{\mathrm{i}}{\hbar}E(t-t')} |E\rangle\langle E| \qquad (t \geqslant t') \tag{7}$$

(b)　在坐标表象，以一维情况为例，由

$$|t\rangle = \hat{T}(t,t')|t'\rangle$$

有
$$\langle x|t\rangle = \int \langle x|\hat{T}(t,t')|x'\rangle\langle x'|t'\rangle \mathrm{d}x'.$$

记式中
$$\langle x|\hat{T}(t,t')|x'\rangle = G(x,t;x',t') \qquad (t \geqslant t')$$

称为坐标表象的传播子，则上式写为

$$\psi(x,t) = \int G(x,t;x',t')\psi(x',t')\mathrm{d}x' \qquad (t \geqslant t') \tag{8}$$

而
$$\begin{aligned}G(x,t;x',t') &= \langle x| \sum_n \mathrm{e}^{-\frac{\mathrm{i}}{\hbar}E_n(t-t')} |E_n\rangle\langle E_n|x'\rangle \\ &= \sum_n \mathrm{e}^{-\frac{\mathrm{i}}{\hbar}E_n(t-t')} \phi_{E_n}(x)\phi_{E_n}^*(x') \qquad (t \geqslant t')\end{aligned} \tag{9}$$

或
$$G(x,t;x',t') = \int \mathrm{d}E\mathrm{e}^{-\frac{\mathrm{i}}{\hbar}E(t-t')}\phi_E(x)\phi_E^*(x') \qquad (t \geqslant t') \tag{10}$$

例如，自由粒子一维运动：$E=\dfrac{p^2}{2m}$，$\phi_E(x)=\dfrac{1}{\sqrt{2\pi\hbar}}\mathrm{e}^{\frac{\mathrm{i}}{\hbar}px}$，代入式(10)，得

$$G(x,t;x',t') = \sqrt{\frac{m}{\mathrm{i}2\pi\hbar(t-t')}} \exp\left[\mathrm{i}\frac{m(x-x')^2}{2\hbar(t-t')}\right] \qquad (t \geqslant t') \tag{11}$$

对于自由粒子三维运动，则有

$$G(\boldsymbol{r},t;\boldsymbol{r}',t') = \left[\frac{m}{\mathrm{i}2\pi\hbar(t-t')}\right]^{3/2} \exp\left[\mathrm{i}\frac{m(\boldsymbol{r}-\boldsymbol{r}')^2}{2\hbar(t-t')}\right] \qquad (t \geqslant t') \tag{12}$$

坐标表象的传播子满足方程：

$$\left[i\hbar\frac{\partial}{\partial t}-\hat{H}\left(x,\frac{\hbar}{i}\frac{d}{dx}\right)\right]G(x,t;x',t')=i\hbar\delta(t-t')\delta(x-x') \tag{13}$$

(c) 在动量表象:仍以一维情况为例,由

$$|t\rangle=\hat{T}(t,t')|t'\rangle$$

有

$$\langle p|t\rangle=\int\langle p|\hat{T}(t,t')|p'\rangle\langle p'|t'\rangle dp'$$

记式中

$$\langle p|\hat{T}(t,t')|p'\rangle=G(p,t;p',t')\qquad(t\geqslant t')$$

称为在动量表象的传播子,则上式写为

$$\psi(p,t)=\int G(p,t;p',t')\psi(p',t')dp'\qquad(t\geqslant t') \tag{14}$$

而

$$G(p,t;p',t')=\langle p|\sum_n e^{-\frac{i}{\hbar}E_n(t-t')}|E_n\rangle\langle E_n|P'\rangle$$

$$=\sum_n e^{-\frac{i}{\hbar}E_n(t-t')}\phi_{E_n}(p)\phi^*_{E_n}(p')$$

$$(t\geqslant t') \tag{15}$$

或

$$G(p,t;p',t')=\int dE e^{-\frac{i}{\hbar}E(t-t')}\phi_E(p)\phi^*_E(p')$$

$$(t\geqslant t') \tag{16}$$

例如,自由粒子一维运动,$E=\frac{p_0^2}{2m}$,$\phi_E(p)=\delta(p-p_0)$,代入上式,得

$$G(p,t;p',t')=\int dp_0 e^{-\frac{i}{\hbar}\frac{p_0^2}{2m}(t-t')}\delta(p-p_0)\delta(p'-p_0)$$

$$=e^{-\frac{i}{\hbar}\frac{p^2}{2m}(t-t')}\delta(p-p')\qquad(t\geqslant t') \tag{17}$$

对于自由粒子三维运动,则有

$$G(\boldsymbol{p},t;\boldsymbol{p}',t')=e^{-\frac{i}{\hbar}\frac{p^2}{2m}(t-t')}\delta(\boldsymbol{p}-\boldsymbol{p}')$$

$$(t\geqslant t') \tag{18}$$

又例如:粒子在一维均匀力场中运动,$V(x)=-F_0x$,粒子能量 E 在$(-\infty,\infty)$区间取连续谱,在动量表象,粒子相应的归一化定态波函数为(参见本章例题 4-8):

$$\phi_E(p)=\frac{1}{\sqrt{2\pi\hbar F_0}}\exp\left[-i\frac{p^3}{6m\hbar F_0}+i\frac{E_p}{\hbar F_0}\right] \tag{19}$$

故

$$G(p,t,p',t')=\int_{-\infty}^{\infty}e^{-\frac{i}{\hbar}E(t-t')}\phi_E(p)\phi^*_E(p')dE$$

$$=\exp\left[-\frac{i}{\hbar}\frac{p^3-p'^3}{6mF_0}\right]\delta[(p-p')-$$

$$(t-t')F_0] \tag{20}$$

(d) 由

$$G(x,t;x',t')=\langle x|\hat{T}(t,t')|x'\rangle\qquad(t\geqslant t')$$

$$G(p,t;p',t')=\langle p|\hat{T}(t,t')|p'\rangle\qquad(t\geqslant t')$$

有 $G(x,t;x',t')=\langle x|\hat{T}(t,t')|x'\rangle$

$$=\iint dp dp'\langle x|p\rangle\langle p|\hat{T}(t,t')|p'\rangle\langle p'|x'\rangle$$

$$=\frac{1}{2\pi\hbar}\iint e^{\frac{i}{\hbar}(px-p'x')}G(p,t;p',t')\mathrm{d}p\mathrm{d}p' \quad (t\geqslant t') \tag{21}$$

例如：粒子在一维均匀力场中运动，$V(x)=-F_0x$，则体系在坐标表象的态函数的传播子为：

$$G(x,t;x',t')=\frac{1}{2\pi\hbar}\iint_{-\infty}^{\infty}\mathrm{d}p\mathrm{d}p' e^{\frac{i}{\hbar}\left[(px-p'x')-\frac{p^3-p'^3}{6mF_0}\right]}\delta[(p-p')-(t-t')F_0]$$

$$=\sqrt{\frac{m}{i2\pi\hbar(t-t')}}\exp\left\{\frac{-i}{\hbar}\left[\frac{F_0^2(t-t')^3}{24m}-\frac{F_0}{2}(x+x')(t-t')-\frac{m(x-x')^2}{2(t-t')}\right]\right\} \quad (t\geqslant t') \tag{22}$$

4-11　粒子在一维无限深方势阱

$$V(x)=\begin{cases}0, & 0\leqslant x\leqslant a\\ \infty, & x<0,x>a\end{cases}$$

中运动，试求坐标算符 $\hat{x}$ 和动量算符 $\hat{p}$ 在该体系能量表象中的矩阵。

解：一维无限深方势阱中运动粒子的能量表象即以 $\hat{H}$ 的本征矢完备组$\{|n\rangle\}$为基矢完备组建立的坐标系，有

$$\hat{H}|n\rangle=E_n|n\rangle,\quad \langle m|n\rangle=\delta_{mn}$$

$$\sum_n|n\rangle\langle n|=\mathbf{1} \tag{1}$$

式中：

$$E_n=\frac{n^2\pi^2\hbar^2}{2ma^2},\quad n=1,2,3,\cdots \tag{2}$$

$$\langle x|n\rangle=\psi_n(x)=\begin{cases}\sqrt{\dfrac{2}{a}}\sin\dfrac{n\pi x}{a}, & 0\leqslant x\leqslant a,\\ 0 & x<0,x>a\end{cases} \tag{3}$$

在此表象内，算符 $\hat{x}$ 的矩阵元为

$$\begin{aligned}x_{mn}&=\langle m|\hat{x}|n\rangle\\&=\iint\mathrm{d}x\mathrm{d}x'\langle m|x\rangle\langle x|\hat{x}|x'\rangle\langle x'|n\rangle\\&=\iint\mathrm{d}x\mathrm{d}x'\langle x|m\rangle^* x'\delta(x-x')\langle x'|n\rangle\\&=\int\mathrm{d}x\langle x|m\rangle^* x\langle x|n\rangle=\int\mathrm{d}x\,\psi_m^*(x)x\psi_n(x)\\&=\frac{2}{a}\int_0^a\sin\frac{m\pi x}{a}x\sin\frac{n\pi x}{a}\mathrm{d}x\\&=\frac{4mna}{\pi^2(m^2-n^2)^2}[(-1)^{m-n}-1]\qquad(m\neq n)\end{aligned} \tag{4}$$

$$x_{mm}=\int\psi_m^*(x)x\psi_m(x)\mathrm{d}x=\frac{2}{a}\int_0^a x\sin^2\frac{m\pi x}{a}\mathrm{d}x=\frac{a}{2} \tag{5}$$

动量算符 $\hat{p}$ 的矩阵元可用如下两种方法算得：

(1) $$p_{mn}=\langle m|\hat{p}|n\rangle$$

$$=\iint \mathrm{d}x\mathrm{d}x'\langle m|x\rangle\langle x|\hat{p}|x'\rangle\langle x'|n\rangle$$

$$=\iint \mathrm{d}x\mathrm{d}x'\psi_m^*(x)\mathrm{i}\hbar\frac{\mathrm{d}}{\mathrm{d}x'}\delta(x-x')\psi_n(x')$$

$$=\left\{\int \mathrm{d}x\psi_m^*(x)\mathrm{i}\hbar\{\delta(x-x')\psi_n(x')\Big|_{-\infty}^{\infty}-\int\delta(x-x')\frac{\mathrm{d}}{\mathrm{d}x'}\psi_n(x')\mathrm{d}x'\right\}$$

$$=\int \mathrm{d}x\psi_m^*(x)\int\delta(x-x')\frac{\hbar}{\mathrm{i}}\frac{\mathrm{d}}{\mathrm{d}x'}\psi_n(x')\mathrm{d}x'$$

$$=\int \mathrm{d}x\psi_m^*(x)\frac{\hbar}{\mathrm{i}}\frac{\mathrm{d}}{\mathrm{d}x}\psi_n(x)$$

$$=\frac{2}{a}\int_0^a\sin\frac{m\pi x}{a}\frac{\hbar}{\mathrm{i}}\frac{\mathrm{d}}{\mathrm{d}x}\sin\frac{n\pi x}{a}\mathrm{d}x$$

$$=\begin{cases}\dfrac{\hbar}{\mathrm{i}}\dfrac{2mn[1-(-1)^{m-n}]}{a(m^2-n^2)}, & m\neq n\\ 0, & m=n\end{cases}\tag{6}$$

(2) 因为 $\hat{p}=\mu\dfrac{\mathrm{d}\hat{x}}{\mathrm{d}t}=\dfrac{\mu}{\mathrm{i}\hbar}(\hat{x}\hat{H}-\hat{H}\hat{x})$，所以

$$p_{mn}=\frac{\mu}{\mathrm{i}\hbar}(xH-Hx)_{mn}=\frac{\mu}{\mathrm{i}\hbar}\sum_l(x_{ml}H_{ln}-H_{ml}x_{ln})$$

$$=\frac{\mu}{\mathrm{i}\hbar}\sum_l(x_{ml}E_n\delta_{ln}-E_l\delta_{ml}x_{ln})$$

$$=\frac{\mu}{\mathrm{i}\hbar}(x_{mn}E_n-E_mx_{mn})=\frac{\mu}{\mathrm{i}\hbar}(E_n-E_m)x_{mn}$$

$$=\frac{\mu}{\mathrm{i}\hbar}\frac{\pi^2\hbar^2}{2\mu a^2}(n^2-m^2)\frac{4mna}{\pi^2(m^2-n^2)^2}[(-1)^{m-n}-1]$$

$$=\frac{\hbar}{\mathrm{i}}\frac{2mn}{a(m^2-n^2)}[1-(-1)^{m-n}],\quad(m\neq n)\tag{7}$$

$$p_{mm}=\frac{\mu}{\mathrm{i}\hbar}(E_m-E_m)x_{mm}=0\tag{8}$$

4-12 试在一维谐振子能量表象中，写出坐标算符 $\hat{x}$、动量算符 $\hat{p}$ 及能量算符 $\hat{H}$ 的矩阵表示。

解：一维谐振子的哈密顿算符为

$$\hat{H}=\frac{\hat{p}^2}{2\mu}+\frac{1}{2}\mu\omega^2\hat{x}^2\tag{1}$$

其能量表象即是以 $\hat{H}$ 的本征矢完备组 $\{|n\rangle\}$ 为基矢完备组建立的坐标系，有

$$\hat{H}|n\rangle=E_n|n\rangle,\quad\langle m|n\rangle=\delta_{mn},\quad\sum_n|n\rangle\langle n|=\mathbf{1}\tag{2}$$

式中：

$$E_n = \left(n + \frac{1}{2}\right)\hbar\omega, \quad n = 0,1,2,3,\cdots \tag{3}$$

$$\langle x|n\rangle = \psi_n(x) = \left(\frac{\alpha}{\sqrt{\pi}2^n n!}\right)^{1/2} e^{-\frac{1}{2}\alpha^2 x^2} H_n(\alpha x)$$

$$\alpha = \left(\frac{\mu\omega}{\hbar}\right)^{1/2} \tag{4}$$

由于哈密顿算符 $\hat{H}$ 在能量表象中的表示即为在自身表象中的表示，由表象理论可知，它必为对角矩阵，对角元为 $\hat{H}$ 的全部本征值，所以

$$H_{mn} = \langle m|\hat{H}|n\rangle = E_n\delta_{mn} = \left(n + \frac{1}{2}\right)\hbar\omega\delta_{mn}$$

$$n = 0,1,2,\cdots \tag{5}$$

而算符 $\hat{x}$ 和 $\hat{p}$ 的矩阵元可用如下三种方法求得：

(1) $x_{mn} = \langle m|\hat{x}|n\rangle$

$$= \iint dx'dx''\langle m|x'\rangle\langle x'|\hat{x}|x''\rangle\langle x''|n\rangle$$

$$= \iint dx'dx''\psi_m^*(x')x''\delta(x'-x'')\psi_n(x'')$$

$$= \iint dx'\psi_m^*(x')x'\psi_n(x')$$

$$= \int_0^\infty N_m N_n e^{-\frac{1}{2}\alpha^2 x'^2} H_m(\alpha x')x' e^{-\frac{1}{2}\alpha^2 x'^2} H_n(\alpha x')dx'$$

$$= \frac{1}{\alpha}\left(\sqrt{\frac{n}{2}}\delta_{m,n-1} + \sqrt{\frac{n+1}{2}}\delta_{m,n+1}\right) \tag{6}$$

$$p_{mn} = \langle m|\hat{p}|n\rangle$$

$$= \iint dx dx'\langle m|x\rangle\langle x|\hat{p}|x'\rangle\langle x'|n\rangle$$

$$= \iint dx dx'\psi_m^*(x)i\hbar\frac{d}{dx'}\delta(x-x')\psi_n(x')$$

$$= \int dx\psi_m^*\frac{\hbar}{i}\frac{d}{dx}\psi_n(x)$$

$$= \int_{-\infty}^\infty N_m N_n e^{-\frac{1}{2}\alpha^2 x^2} H_m(\alpha x)\frac{\hbar}{i}\frac{d}{dx}e^{-\frac{1}{2}\alpha^2 x^2} H_n(\alpha x)dx$$

$$= \frac{i\hbar}{\alpha}\left(\sqrt{\frac{n+1}{2}}\delta_{m,n+1} - \sqrt{\frac{n}{2}}\delta_{m,n-1}\right) \tag{7}$$

(2) 引入湮灭算符 $\hat{a} = \left(\frac{\mu\omega}{2\hbar}\right)^{1/2}\left(\hat{x} + \frac{i}{\mu\omega}\hat{p}\right)$，产生算符 $\hat{a}^+ = \left(\frac{\mu\omega}{2\hbar}\right)^{1/2}\left(\hat{x} - \frac{i}{\mu\omega}\hat{p}\right)$ 及粒子数算符 $\hat{N} = \hat{a}^+\hat{a}$，由第二章例 2-18 式(3)及式(7)知

$$\hat{N}\hat{a}|n\rangle = \hat{a}(\hat{N}-1)|n\rangle = (n-1)\hat{a}|n\rangle \tag{8}$$

表明 $\hat{a}|n\rangle$ 也是算符 $\hat{N}$ 的本征矢，相应的本征值为$(n-1)$，而 $\hat{N}$ 的本征值无简并，故 $\hat{a}|n\rangle$ 与 $|n-1\rangle$ 描述的是同一个状态，它们之间最多相差一个常数，有

$$\hat{a}|n\rangle = c|n-1\rangle \tag{9}$$

为了确定常数 c，取(9)式的共轭复式，再将其左、右两边分别与(9)式的左、右两边相乘，得

$$\langle n|\hat{a}^+\hat{a}|n\rangle = |c|^2\langle n-1|n-1\rangle = |c|^2$$

而 $\hat{a}^+\hat{a}=\hat{N}, \hat{N}|n\rangle = n|n\rangle$，故

$$|c|^2 = n, \quad c = \sqrt{n} \tag{10}$$

将(10)式代入(9)式，得

$$\hat{a}|n\rangle = \sqrt{n}|n-1\rangle \tag{11}$$

同理可得

$$\hat{a}^+|n\rangle = \sqrt{n+1}|n+1\rangle \tag{12}$$

故

$$a_{mn} = \langle m|\hat{a}|n\rangle = \sqrt{n}\langle m|n-1\rangle = \sqrt{n}\,\delta_{m,n-1} \tag{13}$$

$$a^+_{mn} = \langle m|\hat{a}^+|n\rangle = \sqrt{n+1}\langle m|n+1\rangle = \sqrt{n+1}\,\delta_{m,n+1} \tag{14}$$

而

$$\hat{x} = \left(\frac{\hbar}{2\mu\omega}\right)^{1/2}(\hat{a}+\hat{a}^+), \quad \hat{p} = \mathrm{i}\left(\frac{\mu\omega\hbar}{2}\right)^{1/2}(\hat{a}^+-\hat{a}) \tag{15}$$

所以

$$\begin{aligned} x_{mn} &= \left(\frac{\hbar}{2\mu\omega}\right)^{1/2}(a_{mn}+a^+_{mn}) \\ &= \left(\frac{\hbar}{\mu\omega}\right)^{1/2}\left(\sqrt{\frac{n}{2}}\,\delta_{m,n-1}+\sqrt{\frac{n+1}{2}}\,\delta_{m,n+1}\right) \\ &= \frac{1}{\alpha}\left(\sqrt{\frac{n}{2}}\,\delta_{m,n-1}+\sqrt{\frac{n+1}{2}}\,\delta_{m,n+1}\right) \end{aligned} \tag{16}$$

$$\begin{aligned} p_{mn} &= \mathrm{i}\left(\frac{\mu\omega\hbar}{2}\right)^{1/2}(a^+_{mn}-a_{mn}) \\ &= \mathrm{i}(\mu\omega\hbar)^{1/2}\left(\sqrt{\frac{n+1}{2}}\,\delta_{m,n+1}-\sqrt{\frac{n}{2}}\,\delta_{m,n-1}\right) \\ &= \frac{\mathrm{i}\hbar}{\alpha}\left(\sqrt{\frac{n+1}{2}}\,\delta_{m,n+1}-\sqrt{\frac{n}{2}}\,\delta_{m,n-1}\right) \end{aligned} \tag{17}$$

(3) 由基本量子条件：$[\hat{x},\hat{p}_x]=i\hbar$ 知

$$[\hat{x},\hat{F}] = \mathrm{i}\hbar\frac{\partial\hat{F}}{\partial\hat{p}}, \quad [\hat{p},\hat{F}] = -\mathrm{i}\hbar\frac{\partial\hat{F}}{\partial\hat{x}} \tag{18}$$

若取 $\hat{F}$ 为 $\hat{H}=\frac{\hat{p}^2}{2\mu}+\frac{1}{2}\mu\omega^2\hat{x}^2$，有

$$[\hat{x},\hat{H}] = \mathrm{i}\hbar\frac{\hat{p}}{\mu}, \quad [\hat{p},\hat{H}] = -\mathrm{i}\hbar\mu\omega^2\hat{x} \tag{19}$$

在 $\hat{H}$ 表象中，取(19)式的算符矩阵元，并注意到(5)式，有

$$\begin{cases} \dfrac{\mathrm{i}\hbar}{\mu}p_{mn} = \sum\limits_k(x_{mk}H_{kn}-H_{mk}x_{kn}) = (E_n-E_m)x_{mn} \\ -\mathrm{i}\hbar\mu\omega^2x_{mn} = \sum\limits_k(p_{mk}H_{kn}-H_{mk}p_{kn}) = (E_n-E_m)p_{mn} \end{cases}$$

即

$$\begin{cases} p_{mn} = \dfrac{\mu}{i\hbar}(E_n - E_m)x_{mn} \\ x_{mn} = \dfrac{i}{\hbar\mu\omega^2}(E_n - E_m)p_{mn} \end{cases} \tag{20}$$

(20)式实则是关于 x_{mn} 和 p_{mn} 的线性齐次代数方程组，方程组解不全为零的充要条件是其系数行列式为零：

$$\det\begin{vmatrix} \dfrac{\mu}{i\hbar}(E_n - E_m) & -1 \\ 1 & -\dfrac{i}{\hbar\mu\omega^2}(E_n - E_m) \end{vmatrix} = 0 \tag{21}$$

求解(21)式，得 $(E_n - E_m)^2 = (\hbar\omega)^2$，即

$$E_n - E_m = \pm\hbar\omega \tag{22}$$

将(22)式代入(20)式，得

$$p_{mn} = \frac{\mu}{i\hbar}(E_n - E_m)x_{mn} = \mp i\mu\omega x_{mn} \tag{23}$$

再由基本量子化条件：$\hat{x}\hat{p} - \hat{p}\hat{x} = i\hbar$，它在 $\hat{H}$ 表象中的矩阵元为

$$\sum_k (x_{mk}p_{kn} - p_{mk}x_{kn}) = i\hbar\delta_{mn} \tag{24}$$

将(23)式代入(24)式，有

$$\sum_k \left[x_{mk}\frac{\mu}{i\hbar}(E_n - E_k)x_{kn} - \frac{\mu}{i\hbar}(E_k - E_m)x_{mk}x_{kn} \right] = i\hbar\delta_{mn}$$

上式两边取 $n = m$，有

$$\frac{2\mu}{i\hbar}\sum_k (E_m - E_k)|x_{mk}|^2 = i\hbar$$

即

$$\sum_k (E_m - E_k)|x_{mk}|^2 = -\frac{\hbar^2}{2\mu} \tag{25}$$

由于只有满足条件 $E_n - E_m = \pm\hbar\omega$ 时，x_{mn} 才始终不为零，故(25)求和式中，对于固定的 m，k 只取两个值 i 和 j，使得

$$E_m - E_j = \hbar\omega, \quad E_m - E_i = -\hbar\omega$$

故有

$$\hbar\omega(|x_{mj}|^2 - |x_{mi}|^2) = -\frac{\hbar^2}{2\mu} \tag{26}$$

若 $|m\rangle$ 是体系最低能态，不论 E_m 等于多少，以 $m=0$ 标记，则只存在态 $|i\rangle$，满足 $E_0 - E_i = -\hbar\omega$，以 $i=1$ 标记之，不存在态 $|j\rangle$ 满足 $E_0 - E_j = \hbar\omega$，此时(26)式应写成

$$-\hbar\omega|x_{01}|^2 = -\frac{\hbar^2}{2\mu} \tag{27}$$

对于 $m = 1,2,3,\cdots$(即 $m \neq 0$)的能态，则由式(26)有

$$\hbar\omega(|x_{10}|^2 - |x_{12}|^2) = -\frac{\hbar^2}{2\mu} \tag{28}$$

$$\hbar\omega(|x_{21}|^2 - |x_{23}|^2) = -\frac{\hbar^2}{2\mu} \tag{29}$$

……………………………

再由式(27)、(28)、(29)…可得

$|x_{01}|^2=\frac{\hbar}{2\mu\omega}, |x_{12}|^2=2\frac{\hbar}{2\mu\omega}, |x_{23}|^2=3\frac{\hbar}{2\mu\omega}, \cdots |x_{m,m+1}|^2=(m+1)\frac{\hbar}{2\mu\omega}$。再取算符 $\hat{x}$ 的矩阵元为正实数,得

$$x_{m,m+1}=x_{m+1,m}=\sqrt{\frac{\hbar}{2\mu\omega}}\sqrt{m+1}=\frac{1}{\alpha}\sqrt{\frac{m+1}{2}}$$

$$(m=0,1,2,\cdots) \tag{30}$$

其余矩阵元由于不满足条件 $E_n-E_m=\pm\hbar\omega$ 而为零。将(30)式代入(23)式,得动量算符的矩阵元为

$$p_{m,m+1}=-\mathrm{i}\mu\omega x_{m,m+1}=-\mathrm{i}\sqrt{\hbar\mu\omega}\sqrt{\frac{m+1}{2}}=-\frac{\mathrm{i}\hbar}{\alpha}\sqrt{\frac{m+1}{2}}$$

$$p_{m+1,m}=\mathrm{i}\mu\omega x_{m+1,m}=\mathrm{i}\sqrt{\hbar\mu\omega}\sqrt{\frac{m+1}{2}}=\frac{\mathrm{i}\hbar}{\alpha}\sqrt{\frac{m+1}{2}}$$

即

$$p_{m+1,m}=p_{m,m+1}^{*}=\frac{\mathrm{i}\hbar}{\alpha}\sqrt{\frac{m+1}{2}} \qquad (m=0,1,2,\cdots) \tag{31}$$

其余矩阵元为零。

体系哈密顿算符 $\hat{H}$ 在 $\hat{H}$ 表象中的矩阵元为 $H_{mn}=E_n\delta_{mn}$,而

$$\begin{aligned}H_{mn}&=\frac{1}{2\mu}(\hat{p}^2)_{mn}+\frac{1}{2}\mu\omega^2(\hat{x}^2)_{mn}\\&=\frac{1}{2\mu}\sum_k p_{mk}p_{kn}+\frac{1}{2}\mu\omega^2\sum_k x_{mk}x_{kn}\end{aligned} \tag{32}$$

为求体系能量并确定 $\hat{H}$ 矩阵,取对角元:

$$\begin{aligned}E_m=H_{mm}&=\frac{1}{2\mu}\sum_k|p_{mk}|^2+\frac{1}{2}\mu\omega^2\sum_k|x_{mk}|^2\\&=\frac{1}{2\mu}(|p_{m,m+1}|^2+|p_{m,m-1}|^2)+\frac{1}{2}\mu\omega^2(|x_{m,m+1}|^2+|x_{m,m-1}|^2)\\&=\frac{1}{2\mu}\left(\frac{\mu\hbar\omega}{2}(m+1)+\frac{\mu\hbar\omega}{2}m\right)+\frac{1}{2}\mu\omega^2\left(\frac{\hbar}{2\mu\omega}(m+1)+\frac{\hbar}{2\mu\omega}m\right)\\&=\left(m+\frac{1}{2}\right)\hbar\omega \qquad (m=0,1,2,\cdots)\end{aligned} \tag{33}$$

即

$$H_{mn}=\left(n+\frac{1}{2}\right)\hbar\omega\delta_{mn} \qquad (n=0,1,2,\cdots) \tag{34}$$

与式(5)的结果一致。

4-13 试在 $\hat{L}^2$ 和 $\hat{L}_z$ 的共同表象中并且分别在 $l=1,2$ 的角动量子空间中,写出轨道角动量算符 $\hat{L}^2,\hat{L}_z,\hat{L}_x,\hat{L}_y,\hat{L}_+=\hat{L}_x+\mathrm{i}\hat{L}_y$ 和 $\hat{L}_-=\hat{L}_x-\mathrm{i}\hat{L}_y$ 这六个算符的矩阵表示。再对于 $l=1$,分别求 $\hat{L}_x,\hat{L}_y$ 和 $\hat{L}_z$ 的正交归一化本征矢组。

解:

(a)　对于 $l=1$,由于 $\hat{\boldsymbol{L}}^2$ 的本征值是 $2\hbar^2$,$\hat{L}_z$ 的本征值是 $\hbar,0,-\hbar$,可得

$$\hat{\boldsymbol{L}}^2 = 2\hbar^2\begin{pmatrix}1&0&0\\0&1&0\\0&0&1\end{pmatrix},\quad \hat{L}_z = \hbar\begin{pmatrix}1&0&0\\0&0&0\\0&0&-1\end{pmatrix} \tag{1}$$

再由

$$\hat{L}_x = \frac{1}{2}(\hat{L}_+ + \hat{L}_-) \tag{2}$$

$$\hat{L}_\pm \mid lm\rangle = \hbar\sqrt{(l\mp m)(l\pm m+1)}\,|\, l,m\pm 1\rangle \tag{3}$$

(参见第二章例题 2-10 之式(10))可得

$$\begin{aligned}(L_x)_{l'm',lm} &= \langle l',m' \,|\, \frac{1}{2}(\hat{L}_+ + \hat{L}_-) \,|\, l,m\rangle \\ &= \frac{\hbar}{2}\{\sqrt{(l-m)(l+m+1)}\delta_{l'l}\delta_{m'm+1} + \\ &\quad \sqrt{(l+m)(l-m+1)}\delta_{l'l}\delta_{m',m-1}\}\end{aligned} \tag{4}$$

对于固定的 l 值而言,还由于 $\hat{L}_x^+ = \hat{L}_x$,由(4)式可得

$$(L_x)_{m,m-1} = (L_x)_{m-1,m} = \frac{\hbar}{2}\sqrt{(l+m)(l-m+1)} \tag{5}$$

当 $l=1$ 时,$m=1,0,-1$,代入(5)式可得

$$(L_x)_{0,1} = (L_x)_{1,0} = \frac{\sqrt{2}}{2}\hbar;$$

$$(L_x)_{-1,0} = (L_x)_{0,-1} = \frac{\sqrt{2}}{2}\hbar;$$

$$(L_x)_{-2,-1} = (L_x)_{-1,-2} = 0 \tag{6}$$

注意(6)式中出现了不能用磁量子数 m 的值标记算符矩阵元行、列脚码的现象。此时可以 m 的取值为依据,从大到小依次排列,对它们重新编号,再将新编号码作为算符矩阵元行、列脚码的标记。例如:

$m=+1$——用脚码“1”表示;

$m=0$——用脚码“2”表示;

$m=-1$——用脚码“3”表示。

重新编号后(6)式所示矩阵元改写成:

$$(L_x)_{0,1} = (L_x)_{1,0} \longrightarrow (L_x)_{2,1} = (L_x)_{1,2} = \frac{\sqrt{2}}{2}\hbar$$

$$(L_x)_{-1,0} = (L_x)_{0,-1} \longrightarrow (L_x)_{3,2} = (L_x)_{2,3} = \frac{\sqrt{2}}{2}\hbar$$

由于 $l=1$ 时,$m\neq -2$,故 $(L_x)_{-2,-1}$ 矩阵元实际上不存在,可把 $(L_x)_{-2,-1}=(L_x)_{-1,-2}=0$ 舍去(它们的出现来源于式 $\hat{L}_- \mid lm\rangle = c\,|\, l,m-1\rangle$,致使 $\hat{L}_- \mid 1,-1\rangle = c\,|\, 1,-2\rangle$,事实上 $\hat{L}_- \mid 1,-1\rangle = 0$)。将它们依次排列起来即得在 $(\hat{L}^2,\hat{L}_z)$ 的共同表象内,$l=1$ 时 $\hat{L}_x$ 的矩阵表示为

$$\hat{L}_x=\begin{bmatrix}0 & \frac{\sqrt{2}}{2}\hbar & 0\\ \frac{\sqrt{2}}{2}\hbar & 0 & \frac{\sqrt{2}}{2}\hbar\\ 0 & \frac{\sqrt{2}}{2}\hbar & 0\end{bmatrix}=\frac{\sqrt{2}}{2}\hbar\begin{bmatrix}0 & 1 & 0\\ 1 & 0 & 1\\ 0 & 1 & 0\end{bmatrix} \tag{7}$$

同理可得

$$\hat{L}_y=\frac{\sqrt{2}}{2}\hbar\begin{bmatrix}0 & -\mathrm{i} & 0\\ \mathrm{i} & 0 & -\mathrm{i}\\ 0 & \mathrm{i} & 0\end{bmatrix} \tag{8}$$

$$\hat{L}_+=\hbar\begin{bmatrix}0 & \sqrt{2} & 0\\ 0 & 0 & \sqrt{2}\\ 0 & 0 & 0\end{bmatrix},\quad \hat{L}_-=\hbar\begin{bmatrix}0 & 0 & 0\\ \sqrt{2} & 0 & 0\\ 0 & \sqrt{2} & 0\end{bmatrix} \tag{9}$$

(b) 对于 $l=2$,有

$$\hat{\boldsymbol{L}}^2=6\hbar^2\begin{bmatrix}1 & 0 & 0 & 0 & 0\\ 0 & 1 & 0 & 0 & 0\\ 0 & 0 & 1 & 0 & 0\\ 0 & 0 & 0 & 1 & 0\\ 0 & 0 & 0 & 0 & 1\end{bmatrix},\quad \hat{L}_z=\hbar\begin{bmatrix}2 & 0 & 0 & 0 & 0\\ 0 & 1 & 0 & 0 & 0\\ 0 & 0 & 0 & 0 & 0\\ 0 & 0 & 0 & -1 & 0\\ 0 & 0 & 0 & 0 & -2\end{bmatrix} \tag{10}$$

$$\hat{L}_x=\frac{\sqrt{2}}{2}\hbar\begin{bmatrix}0 & \sqrt{2} & 0 & 0 & 0\\ \sqrt{2} & 0 & \sqrt{3} & 0 & 0\\ 0 & \sqrt{3} & 0 & \sqrt{3} & 0\\ 0 & 0 & \sqrt{3} & 0 & \sqrt{2}\\ 0 & 0 & 0 & \sqrt{2} & 0\end{bmatrix},$$

$$\hat{L}_y=\frac{\sqrt{2}}{2}\hbar\begin{bmatrix}0 & -\sqrt{2}\mathrm{i} & 0 & 0 & 0\\ \sqrt{2}\mathrm{i} & 0 & -\sqrt{3}\mathrm{i} & 0 & 0\\ 0 & \sqrt{3}\mathrm{i} & 0 & -\sqrt{3}\mathrm{i} & 0\\ 0 & 0 & \sqrt{3}\mathrm{i} & 0 & -\sqrt{2}\mathrm{i}\\ 0 & 0 & 0 & \sqrt{2}\mathrm{i} & 0\end{bmatrix} \tag{11}$$

$$\hat{L}_+=\hbar\begin{bmatrix}0 & \sqrt{4} & 0 & 0 & 0\\ 0 & 0 & \sqrt{6} & 0 & 0\\ 0 & 0 & 0 & \sqrt{6} & 0\\ 0 & 0 & 0 & 0 & \sqrt{4}\\ 0 & 0 & 0 & 0 & 0\end{bmatrix}$$

$$\hat{L}_- = \hbar\begin{pmatrix} 0 & 0 & 0 & 0 & 0 \\ \sqrt{4} & 0 & 0 & 0 & 0 \\ 0 & \sqrt{6} & 0 & 0 & 0 \\ 0 & 0 & \sqrt{6} & 0 & 0 \\ 0 & 0 & 0 & \sqrt{4} & 0 \end{pmatrix} \tag{12}$$

(c)　对于 $l=1, L_x=\frac{\sqrt{2}}{2}\hbar\begin{pmatrix} 0 & 1 & 0 \\ 1 & 0 & 1 \\ 0 & 1 & 0 \end{pmatrix}$ 的本征值方程为

$$\frac{\sqrt{2}}{2}\hbar\begin{pmatrix} 0 & 1 & 0 \\ 1 & 0 & 1 \\ 0 & 1 & 0 \end{pmatrix}\begin{pmatrix} c_1 \\ c_2 \\ c_3 \end{pmatrix} = \lambda\begin{pmatrix} c_1 \\ c_2 \\ c_3 \end{pmatrix} \tag{13}$$

相应的久期方程为

$$\begin{vmatrix} -\lambda & \frac{\sqrt{2}}{2}\hbar & 0 \\ \frac{\sqrt{2}}{2}\hbar & -\lambda & \frac{\sqrt{2}}{2}\hbar \\ 0 & \frac{\sqrt{2}}{2}\hbar & -\lambda \end{vmatrix} = 0 \tag{14}$$

求解方程(14)，得 $\hat{L}_x$ 的本征值 λ 为 $\hbar, 0, -\hbar$. 再将每一个本征值 λ 代回到矩阵形式的算符本征值方程(13)中，可得相应的本征矢。例如将 $\lambda=\hbar$ 代回到方程(13)中，有

$$\frac{\sqrt{2}}{2}\hbar\begin{pmatrix} 0 & 1 & 0 \\ 1 & 0 & 1 \\ 0 & 1 & 0 \end{pmatrix}\begin{pmatrix} c_1 \\ c_2 \\ c_3 \end{pmatrix} = \hbar\begin{pmatrix} c_1 \\ c_2 \\ c_3 \end{pmatrix} \tag{15}$$

即

$$\begin{cases} \frac{\sqrt{2}}{2}c_2 = c_1 \\ \frac{\sqrt{2}}{2}(c_1 + c_3) = c_2 \\ \frac{\sqrt{2}}{2}c_2 = c_3 \end{cases} \tag{16}$$

由(16)式得

$$c_1 = c_3, \quad c_2 = \sqrt{2}c_3 \tag{17}$$

于是与本征值 $\hbar$ 相对应的 $\hat{L}_x$ 的本征矢为

$$|L_x = \hbar\rangle \Rightarrow \begin{pmatrix} c_3 \\ \sqrt{2}c_3 \\ c_3 \end{pmatrix} = \begin{pmatrix} 1 \\ \sqrt{2} \\ 1 \end{pmatrix} c_3 \tag{18}$$

将(18)式归一化

$$|c_3|^2(1,\sqrt{2},1)\begin{bmatrix}1\\ \sqrt{2}\\ 1\end{bmatrix}=1$$

得

$$c_3=\frac{1}{2} \tag{19}$$

即

$$|L_x=\hbar\rangle\Rightarrow\frac{1}{2}\begin{pmatrix}1\\ \sqrt{2}\\ 1\end{pmatrix} \tag{20}$$

同理可得

$$|L_x=0\rangle\Rightarrow\frac{1}{2}\begin{pmatrix}\sqrt{2}\\ 0\\ -\sqrt{2}\end{pmatrix}$$

$$|L_x=-\hbar\rangle\Rightarrow\frac{1}{2}\begin{pmatrix}1\\ -\sqrt{2}\\ 1\end{pmatrix} \tag{21}$$

对于 $\hat{L}_y=\frac{\sqrt{2}\hbar}{2}\begin{pmatrix}0&-\mathrm{i}&0\\ \mathrm{i}&0&-\mathrm{i}\\ 0&\mathrm{i}&0\end{pmatrix}$，相应的本征值和归一化的本征矢为

$$|L_y=\hbar\rangle\Rightarrow\frac{1}{2}\begin{pmatrix}1\\ \sqrt{2}\mathrm{i}\\ -1\end{pmatrix},\quad |L_y=0\rangle\Rightarrow\frac{1}{2}\begin{pmatrix}\sqrt{2}\\ 0\\ \sqrt{2}\end{pmatrix}$$

$$|L_y=-\hbar\rangle\Rightarrow\frac{1}{2}\begin{pmatrix}1\\ -\sqrt{2}\mathrm{i}\\ -1\end{pmatrix} \tag{22}$$

对于 $\hat{L}_z=\hbar\begin{pmatrix}1&0&0\\ 0&0&0\\ 0&0&-1\end{pmatrix}$，相应的本征值和归一化本征矢为

$$|L_z=\hbar\rangle\Rightarrow\begin{pmatrix}1\\ 0\\ 0\end{pmatrix},\quad |L_z=0\rangle\Rightarrow\begin{pmatrix}0\\ 1\\ 0\end{pmatrix}$$

$$|L_z=-\hbar\rangle\Rightarrow\begin{pmatrix}0\\ 0\\ 1\end{pmatrix} \tag{23}$$

4-14 设体系处于态 $\psi=c_1Y_{11}+c_2Y_{20}$ 中，求体系力学量 $\hat{L}_x$ 及 $\hat{L}_y$ 的可能测值及相应的几率。式中：Y_{11} 与 Y_{20} 是球谐函数，c_1 与 c_2 是叠加系数。

解:设 ψ 是归一化态矢量:$\langle\psi|\psi\rangle=1$,则 $|c_1|^2+|c_2|^2=1$。

由于态 $\psi=c_1Y_{11}+c_2Y_{20}$ 不是力学量算符 $\hat{L}_x$(或 $\hat{L}_y$)的本征态,故在态 ψ 中,$\hat{L}_x$ 无确定值。欲求 $\hat{L}_x$ 有哪些可能值及相应的几率,则必须把态 ψ 按 $\hat{L}_x$ 的本征函数完备集展开。为此必须先求解 $\hat{L}_x$ 的本征值方程。然而若取坐标表象,由于 $\hat{L}_x$ 的本征值方程难以精确求解,使得此问题无法讨论下去,故改取$(\hat{\boldsymbol{L}}^2,\hat{L}_z)$的共同表象讨论此问题。

在给定条件 $l=1$ 的 V_{R1} 子空间与 $l=2$ 的 V_{R2} 子空间的直和空间 $V_{R1}\oplus V_{R2}$ 内(即在 8 维黑伯特空间内)取$(\hat{\boldsymbol{L}}^2,\hat{L}_z)$的共同表象,在此表象内,算符 $\hat{L}_x$ 的矩阵表示为:

$$\hat{L}_x=\begin{pmatrix} 0 & \frac{\sqrt{2}}{2}\hbar & 0 & 0 & 0 & 0 & 0 & 0 \\ \frac{\sqrt{2}}{2}\hbar & 0 & \frac{\sqrt{2}}{2}\hbar & 0 & 0 & 0 & 0 & 0 \\ 0 & \frac{\sqrt{2}}{2}\hbar & 0 & 0 & 0 & 0 & 0 & 0 \\ 0 & 0 & 0 & 0 & \hbar & 0 & 0 & 0 \\ 0 & 0 & 0 & \hbar & 0 & \frac{\sqrt{6}}{2}\hbar & 0 & 0 \\ 0 & 0 & 0 & 0 & \frac{\sqrt{6}}{2}\hbar & 0 & \frac{\sqrt{6}}{2}\hbar & 0 \\ 0 & 0 & 0 & 0 & 0 & \frac{\sqrt{6}}{2}\hbar & 0 & \hbar \\ 0 & 0 & 0 & 0 & 0 & 0 & \hbar & 0 \end{pmatrix} \tag{1}$$

求解与(1)式相应的矩阵形式的本征值方程,知 $\hat{L}_x$ 的本征值为:$2\hbar$(一个),$\hbar$(二个),0(二个),$-\hbar$(二个),$-2\hbar$(一个)。相应的本征矢为:

$$|2,2\rangle\Rightarrow\begin{pmatrix}0\\0\\0\\\frac{1}{4}\\\frac{1}{2}\\\frac{\sqrt{6}}{4}\\\frac{1}{2}\\\frac{1}{4}\end{pmatrix};\quad |2,1\rangle\Rightarrow\begin{pmatrix}0\\0\\0\\\frac{1}{2}\\\frac{1}{2}\\0\\-\frac{1}{2}\\-\frac{1}{2}\end{pmatrix};\quad |2,0\rangle\Rightarrow\begin{pmatrix}0\\0\\0\\\sqrt{\frac{3}{8}}\\0\\-\frac{1}{2}\\0\\\sqrt{\frac{3}{8}}\end{pmatrix};$$

$$|2,-1\rangle \Rightarrow \begin{pmatrix} 0 \\ 0 \\ 0 \\ \frac{1}{2} \\ -\frac{1}{2} \\ 0 \\ \frac{1}{2} \\ -\frac{1}{2} \end{pmatrix}; \quad |2,-2\rangle \Rightarrow \begin{pmatrix} 0 \\ 0 \\ 0 \\ \frac{1}{4} \\ -\frac{1}{2} \\ \frac{\sqrt{6}}{4} \\ -\frac{1}{2} \\ \frac{1}{4} \end{pmatrix}; \quad |1,1\rangle \Rightarrow \begin{pmatrix} \frac{1}{2} \\ \frac{\sqrt{2}}{2} \\ \frac{1}{2} \\ 0 \\ 0 \\ 0 \\ 0 \\ 0 \end{pmatrix};$$

$$|1,0\rangle \Rightarrow \begin{pmatrix} \frac{\sqrt{2}}{2} \\ 0 \\ -\frac{\sqrt{2}}{2} \\ 0 \\ 0 \\ 0 \\ 0 \\ 0 \end{pmatrix}; \quad |1,-1\rangle \Rightarrow \begin{pmatrix} \frac{1}{2} \\ -\frac{\sqrt{2}}{2} \\ \frac{1}{2} \\ 0 \\ 0 \\ 0 \\ 0 \\ 0 \end{pmatrix} \tag{2}$$

而态 Y_{11}, Y_{20} 在此表象内的表达式为

$$|Y_{11}\rangle \Rightarrow \begin{pmatrix} 1 \\ 0 \\ 0 \\ 0 \\ 0 \\ 0 \\ 0 \\ 0 \end{pmatrix}; \quad |Y_{20}\rangle \Rightarrow \begin{pmatrix} 0 \\ 0 \\ 0 \\ 0 \\ 0 \\ 1 \\ 0 \\ 0 \end{pmatrix} \tag{3}$$

将态 $|\psi\rangle = c_1|Y_{11}\rangle + c_2|Y_{20}\rangle$ 按 $\hat{L}_x$ 的本征矢完备组展开

$$\begin{aligned} |\psi\rangle &= c_1|Y_{11}\rangle + c_2|Y_{20}\rangle \\ &= a_1|2,2\rangle + a_2|2,1\rangle + a_3|2,0\rangle + a_4|2,-1\rangle + \\ &\quad a_5|2,-2\rangle + a_6|1,1\rangle + a_7|1,0\rangle + a_8|1,-1\rangle \end{aligned} \tag{4}$$

其中，$a_1 = c_1\langle 22|Y_{11}\rangle + c_2\langle 22|Y_{20}\rangle = c_1 \cdot 0 + c_2 \cdot \frac{\sqrt{6}}{4} = \frac{\sqrt{6}}{4}c_2$ (5)

$a_2 = c_1\langle 21|Y_{11}\rangle + c_2\langle 21|Y_{20}\rangle = c_1 \cdot 0 + c_2 \cdot 0 = 0$ (6)

$$a_3 = c_1\langle 20|Y_{11}\rangle + c_2\langle 20|Y_{20}\rangle = c_1\cdot 0 - c_2\cdot\frac{1}{2} = -\frac{c_2}{2} \tag{7}$$

$$a_4 = c_1\langle 2,-1|Y_{11}\rangle + c_2\langle 2,-1|Y_{20}\rangle = c_1\cdot 0 + c_2\cdot 0 = 0 \tag{8}$$

$$a_5 = c_1\langle 2,-2|Y_{11}\rangle + c_2\langle 2,-2|Y_{20}\rangle$$

$$= c_1\cdot 0 + c_2\cdot\frac{\sqrt{6}}{4} = \frac{\sqrt{6}}{4}c_2 \tag{9}$$

$$a_6 = c_1\langle 11|Y_{11}\rangle + c_2\langle 11|Y_{20}\rangle = c_1\cdot\frac{1}{2} + c_2\cdot 0 = \frac{c_1}{2} \tag{10}$$

$$a_7 = c_1\langle 1,0|Y_{11}\rangle + c_2\langle 1,0|Y_{20}\rangle$$

$$= c_1\cdot\frac{\sqrt{2}}{2} + c_2\cdot 0 = \frac{\sqrt{2}}{2}c_1 \tag{11}$$

$$a_8 = c_1\langle 1,-1|Y_{11}\rangle + c_2\langle 1,-1|Y_{20}\rangle$$

$$= c_1\cdot\frac{1}{2} + c_2\cdot 0 = \frac{c_1}{2} \tag{12}$$

可知，在态 $|\psi\rangle = c_1|Y_{11}\rangle + c_2|Y_{20}\rangle$ 中，$\hat{L}_x$ 有 5 个可能取值：

$$L_x = 2\hbar\text{，相应的几率为：}|a_1|^2 = \frac{3}{8}|c_2|^2 \tag{13}$$

$$L_x = \hbar\text{，相应的几率为：}|a_2|^2 + |a_6|^2 = \frac{1}{4}|c_1|^2 \tag{14}$$

$$L_x = 0\text{，相应的几率为：}|a_3|^2 + |a_7|^2 = \frac{1}{4}|c_2|^2 + \frac{1}{2}|c_1|^2 \tag{15}$$

$$L_x = -\hbar\text{，相应的几率为：}|a_4|^2 + |a_8|^2 = \frac{1}{4}|c_1|^2 \tag{16}$$

$$L_x = -2\hbar\text{，相应的几率为：}|a_5|^2 = \frac{3}{8}|c_2|^2 \tag{17}$$

同理，可得态 $|\psi\rangle$ 中 $\hat{L}_y$ 的可能测值及相应的几率。

4-15　已知体系的哈密顿算符 $\hat{H}$ 及另一力学量算符 $\hat{B}$ 在能量表象的矩阵分别为

$$\hat{H} = \hbar\omega_0\begin{pmatrix}1 & 0 & 0\\ 0 & 2 & 0\\ 0 & 0 & 2\end{pmatrix},\quad \hat{B} = b\begin{pmatrix}0 & 1 & 0\\ 1 & 0 & 0\\ 0 & 0 & 1\end{pmatrix}$$

其中：ω_0 和 b 均为正实数。设 $t=0$ 时刻，体系在能量表象的态函数为

$$|\psi(t=0)\rangle = \frac{1}{2}\begin{pmatrix}\sqrt{2}\\ 1\\ 1\end{pmatrix}$$

求 $t>0$ 时刻：

(a)　体系在能量表象的态函数 $|\psi(t)\rangle$；

(b)　体系能量的可能取值及相应的几率及能量的期望值；

(c)　测量力学量 $\hat{B}$ 所得的可能取值、相应的几率及 $\hat{B}$ 的期望值；

(d)　体系态矢量 $|\psi(t)\rangle$ 在 $\hat{B}$ 表象中的矩阵表示。

解：已知体系的哈密顿算符 $\hat{H}$ 不显含 t，且在能量表象中的表示为

$$H = \hbar\omega_0 \begin{pmatrix} 1 & 0 & 0 \\ 0 & 2 & 0 \\ 0 & 0 & 2 \end{pmatrix} \tag{1}$$

由表象理论立即可知，体系能量有两个可能取值：

$$E_1 = \hbar\omega_0, \quad E_2 = E_3 = 2\hbar\omega_0 \tag{2}$$

其中能量本征值 $E_2 = E_3 = 2\hbar\omega_0$ 是二重简并的. 求解与(1)式相应的能量本征值方程：

$$\hbar\omega_0 \begin{pmatrix} 1 & 0 & 0 \\ 0 & 2 & 0 \\ 0 & 0 & 2 \end{pmatrix} \begin{pmatrix} a \\ b \\ c \end{pmatrix} = E \begin{pmatrix} a \\ b \\ c \end{pmatrix} \tag{3}$$

可得三个归一化能量本征态分别为

$$|E_1\rangle \Rightarrow \begin{pmatrix} 1 \\ 0 \\ 0 \end{pmatrix}, \quad |E_2\rangle \Rightarrow \begin{pmatrix} 0 \\ 1 \\ 0 \end{pmatrix}, \quad |E_3\rangle \Rightarrow \begin{pmatrix} 0 \\ 0 \\ 1 \end{pmatrix} \tag{4}$$

(a) $t > 0$ 时刻，体系在能量表象的态函数 $|\psi(t)\rangle$ 为

$$|\psi(t)\rangle = c_1 \begin{pmatrix} 1 \\ 0 \\ 0 \end{pmatrix} e^{-i\omega_0 t} + c_2 \begin{pmatrix} 0 \\ 1 \\ 0 \end{pmatrix} e^{-i2\omega_0 t} + c_3 \begin{pmatrix} 0 \\ 0 \\ 1 \end{pmatrix} e^{-i2\omega_0 t} \tag{5}$$

由初始条件

$$|\psi(t=0)\rangle = \frac{1}{2} \begin{pmatrix} \sqrt{2} \\ 1 \\ 1 \end{pmatrix}$$

$$= \frac{\sqrt{2}}{2} \begin{pmatrix} 1 \\ 0 \\ 0 \end{pmatrix} + \frac{1}{2} \begin{pmatrix} 0 \\ 1 \\ 0 \end{pmatrix} + \frac{1}{2} \begin{pmatrix} 0 \\ 0 \\ 1 \end{pmatrix} \tag{6}$$

知(5)式中的叠加系数 c_1, c_2, c_3 分别为：

$$c_1 = \frac{\sqrt{2}}{2}, \quad c_2 = \frac{1}{2}, \quad c_3 = \frac{1}{2} \tag{7}$$

将(7)式代入(5)式得

$$|\psi(t)\rangle = \frac{\sqrt{2}}{2} \begin{pmatrix} 1 \\ 0 \\ 0 \end{pmatrix} e^{-i\omega_0 t} + \frac{1}{2} \begin{pmatrix} 0 \\ 1 \\ 0 \end{pmatrix} e^{-i2\omega_0 t} + \frac{1}{2} \begin{pmatrix} 0 \\ 0 \\ 1 \end{pmatrix} e^{-i2\omega_0 t}$$

$$= \frac{1}{2} \begin{pmatrix} \sqrt{2} e^{i\omega_0 t} \\ 1 \\ 1 \end{pmatrix} e^{-i2\omega_0 t} \tag{8}$$

(b) 体系在给定态 $|\psi(t)\rangle$ 下，能量可能取值及相应的几率分别为：

$$E_1 = \hbar\omega_0, \quad w_1 = \left| \frac{\sqrt{2}}{2} e^{-i\omega_0 t} \right|^2 = \frac{1}{2} \tag{9}$$

$$E_2 = E_3 = 2\hbar\omega_0$$

$$w_2 = |\frac{1}{2}e^{-i2\omega_0 t}|^2 + |\frac{1}{2}e^{-i2\omega_0 t}|^2 = \frac{1}{2} \tag{10}$$

能量的期望值为

$$\bar{E} = E_1 w_1 + E_2 w_2 = \frac{1}{2}\hbar\omega_0 + \frac{1}{2}\times 2\hbar\omega_0 = \frac{3}{2}\hbar\omega_0 \tag{11}$$

或

$$\begin{aligned}\bar{E} &= \langle\psi(t)|\hat{H}|\psi(t)\rangle \\ &= \frac{1}{2}\left[\sqrt{2}e^{-i\omega_0 t},1,1\right]e^{i2\omega_0 t}\hbar\omega_0\begin{pmatrix}1&0&0\\0&2&0\\0&0&2\end{pmatrix}\frac{1}{2}\begin{pmatrix}\sqrt{2}e^{i\omega_0 t}\\1\\1\end{pmatrix}e^{-i2\omega_0 t} \\ &= \frac{3}{2}\hbar\omega_0\end{aligned} \tag{12}$$

(c)　欲求体系在态$|\psi(t)\rangle$中，测量力学量$\hat{B}$所得的可能取值及相应的几率，必须将态$|\psi(t)\rangle$按$\hat{B}$的本征函数完备集展开，为此先求解$\hat{B}$的本征值方程。由已知条件，能量表象中$\hat{B}$的本征值方程可写为

$$b\begin{pmatrix}0&1&0\\1&0&0\\0&0&1\end{pmatrix}\begin{pmatrix}c_1\\c_2\\c_3\end{pmatrix} = \lambda\begin{pmatrix}c_1\\c_2\\c_3\end{pmatrix} \tag{13}$$

求解(13)式，得$\hat{B}$的本征值及相应的归一化本征矢分别为：

$$\begin{aligned}&\lambda_1 = b,\quad |\lambda_1\rangle \Rightarrow \frac{1}{\sqrt{2}}\begin{pmatrix}1\\1\\0\end{pmatrix}\\ &\lambda_2 = b,\quad |\lambda_2\rangle \Rightarrow \begin{pmatrix}0\\0\\1\end{pmatrix}\\ &\lambda_3 = -b,\quad |\lambda_3\rangle \Rightarrow \frac{1}{\sqrt{2}}\begin{pmatrix}1\\-1\\0\end{pmatrix}\end{aligned} \tag{14}$$

再将(8)式按$\hat{B}$的本征矢完备集展开：

$$|\psi(t)\rangle = \alpha|\lambda_1\rangle + \beta|\lambda_2\rangle + \gamma|\lambda_3\rangle, \tag{15}$$

得态$|\psi(t)\rangle$中，测得$\hat{B}$取值为b的几率为

$$\begin{aligned}|\alpha|^2 + |\beta|^2 &= \left|\frac{1}{\sqrt{2}}[1,1,0]\frac{1}{2}\begin{pmatrix}\sqrt{2}e^{-i\omega_0 t}\\1\\1\end{pmatrix}e^{-i2\omega_0 t}\right|^2 + \left|[0,0,1]\frac{1}{2}\begin{pmatrix}\sqrt{2}e^{-i\omega_0 t}\\1\\1\end{pmatrix}e^{-i2\omega_0 t}\right|^2 \\ &= \frac{5}{8} + \frac{\sqrt{2}}{4}\cos\omega_0 t\end{aligned} \tag{16}$$

测得$\hat{B}$取值为$-b$的几率为

$$|\gamma|^2 = \left|\frac{1}{\sqrt{2}}[1,-1,0]\frac{1}{2}\begin{pmatrix}\sqrt{2}e^{-i\omega_0 t}\\1\\1\end{pmatrix}e^{-i2\omega_0 t}\right|^2 = \frac{3}{8} - \frac{\sqrt{2}}{4}\cos\omega_0 t \tag{17}$$

$\hat{B}$ 的期望值为

$$\begin{aligned}\overline{B} &= b(|\alpha|^2+|\beta|^2)-b|\gamma|^2\\ &= b\left(\frac{5}{8}+\frac{\sqrt{2}}{4}\cos\omega_0 t\right)-b\left(\frac{3}{8}-\frac{\sqrt{2}}{4}\cos\omega_0 t\right)\\ &= b\left(\frac{1}{4}+\frac{\sqrt{2}}{2}\cos\omega_0 t\right)\end{aligned} \tag{18}$$

(d) 态矢量 $|\psi(t)\rangle$ 在 $\hat{B}$ 表象中的矩阵表示可由它在能量表象中的矩阵表示经过幺正变换而得到。根据表象理论，由 $\hat{H}$ 表象变换到 $\hat{B}$ 表象的线性幺正变换矩阵的矩阵元定义为

$$S_{ij}=\langle E_i|\lambda_j\rangle,\quad i,j=1,2,3 \tag{19}$$

(19)式亦为算符 $\hat{B}$ 的第 j 个本征矢 $|\lambda_j\rangle$ 在能量表象中矩阵表示的第 i 行的矩阵元。因此只要将上述求得的结果(14)式按 $\hat{B}$ 的本征值的大小，从小到大按列的次序排列起来，即得由 $\hat{H}$ 表象变换到 $\hat{B}$ 表象的变换矩阵 S

$$S=\begin{pmatrix}\frac{1}{\sqrt{2}} & 0 & \frac{1}{\sqrt{2}}\\ -\frac{1}{\sqrt{2}} & 0 & \frac{1}{\sqrt{2}}\\ 0 & 1 & 0\end{pmatrix} \tag{20}$$

于是态 $|\psi(t)\rangle$ 在 $\hat{B}$ 表象中的表示为

$$\psi^{(B)}(t)=S^{+}\psi^{(H)}(t)=\begin{pmatrix}\frac{1}{\sqrt{2}} & -\frac{1}{\sqrt{2}} & 0\\ 0 & 0 & 1\\ \frac{1}{\sqrt{2}} & \frac{1}{\sqrt{2}} & 0\end{pmatrix}\frac{1}{2}\begin{pmatrix}\sqrt{2}e^{i\omega_0 t}\\ 1\\ 1\end{pmatrix}e^{-i2\omega_0 t}=\frac{1}{2}\begin{pmatrix}e^{i\omega_0 t}-\frac{\sqrt{2}}{2}\\ 1\\ e^{i\omega_0 t}+\frac{\sqrt{2}}{2}\end{pmatrix}e^{-i2\omega_0 t} \tag{21}$$

4-16 三个相同的原子 A、B、C 等距地排列在一直线上构成一个分子，如题 4-16 图所示。考察该分子中的一个电子，设这个电子若分别完全局域处于原子 A、B、C 中时，定态波函数分别为 ϕ_A,ϕ_B,ϕ_C（设这三个波函数已分别满足正交归一化条件），相应能量均为 $E^{(0)}$。现计及这个电子从分子中一个原子跳到相邻另一个原子的可能性，即计及这个电子的状态

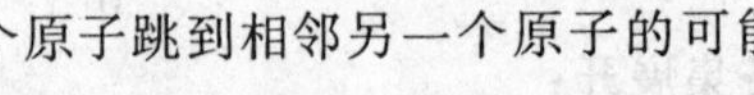

题 4-16 图

ϕ_A、ϕ_B、ϕ_C 之间的耦合作用 $\hat{W}$，设为

$$\hat{W}\phi_A=-a\phi_B,\quad \hat{W}\phi_B=-a\phi_A-a\phi_C,\quad \hat{W}\phi_C=-a\phi_B$$

式中：a 为正实常量。限于在基矢组 ϕ_A、ϕ_B、ϕ_C 张成的子空间中讨论，求：

(a) 体系的哈密顿量 $\hat{H}$ 在以 ϕ_A、ϕ_B、ϕ_C 为基的表象中的矩阵表示及能量本征值与相应的归一化定态波函数；

(b) 设 $t=0$ 时刻电子处于态 $\psi(0)=\phi_A$ 之中，求在 $t>0$ 时刻电子的状态 $\psi(t)$，并定性分析电子的运动情况；

(c)　设有力学量 $\hat{D}$,其本征态为 ϕ_A、ϕ_B、ϕ_C,相应的本征值分别为 d、0、$-d$,求在态 $\psi(t)$ 下力学量 $\hat{D}$ 的期望值及取各可能值的几率。

解:(a)　由题意知,体系的哈密顿算符 $\hat{H}$ 为

$$\hat{H} = \hat{H}^0 + \hat{W} \tag{1}$$

在以 $\{\phi_A、\phi_B、\phi_C\}$ 为基的表象内,

$$\hat{H}^0 = \begin{pmatrix} E^{(0)} & 0 & 0 \\ 0 & E^{(0)} & 0 \\ 0 & 0 & E^{(0)} \end{pmatrix} \tag{2}$$

而

$$W_{AA} = \langle \phi_A | \hat{W} | \phi_A \rangle = \langle \phi_A | -a\phi_B \rangle = 0$$
$$W_{AB} = \langle \phi_A | \hat{W} | \phi_B \rangle = \langle \phi_A | -a\phi_A - a\phi_C \rangle = -a$$
$$W_{AC} = \langle \phi_A | \hat{W} | \phi_C \rangle = \langle \phi_A | -a\phi_B \rangle = 0$$

类似地,有

$$W_{BA} = -a, \quad W_{BB} = 0, \quad W_{BC} = -a$$
$$W_{CA} = 0, \quad W_{CB} = -a, \quad W_{CC} = 0$$

得

$$\hat{W} = \begin{pmatrix} 0 & -a & 0 \\ -a & 0 & -a \\ 0 & -a & 0 \end{pmatrix} \tag{3}$$

所以

$$\hat{H} = \begin{pmatrix} E^{(0)} & 0 & 0 \\ 0 & E^{(0)} & 0 \\ 0 & 0 & E^{(0)} \end{pmatrix} + \begin{pmatrix} 0 & -a & 0 \\ -a & 0 & -a \\ 0 & -a & 0 \end{pmatrix}$$
$$= \begin{pmatrix} E^{(0)} & -a & 0 \\ -a & E^{(0)} & -a \\ 0 & -a & E^{(0)} \end{pmatrix} \tag{4}$$

设体系的定态薛定谔方程为

$$\hat{H}\psi = E\psi \tag{5}$$

在以 $\{\phi_A,\phi_B,\phi_C\}$ 为基的表象内为

$$\begin{pmatrix} E^{(0)} & -a & 0 \\ -a & E^{(0)} & -a \\ 0 & -a & E^{(0)} \end{pmatrix} \begin{pmatrix} c_1 \\ c_2 \\ c_3 \end{pmatrix} = E \begin{pmatrix} c_1 \\ c_2 \\ c_3 \end{pmatrix} \tag{6}$$

求解方程(6),得体系的三个能量本征值与相应的定态波函数分别为

$$E_1 = E^{(0)} + \sqrt{2}a, \quad E_2 = E^{(0)}, \quad E_3 = E^{(0)} - \sqrt{2}a \tag{7}$$

$$\psi_1 = \frac{1}{2}\begin{pmatrix} 1 \\ -\sqrt{2} \\ 1 \end{pmatrix}, \quad \psi_2 = \frac{1}{\sqrt{2}}\begin{pmatrix} 1 \\ 0 \\ -1 \end{pmatrix}, \quad \psi_3 = \frac{1}{2}\begin{pmatrix} 1 \\ \sqrt{2} \\ 1 \end{pmatrix} \tag{8}$$

(b)　由于体系的哈密顿算符 $\hat{H}$ 不显含时间 t,所以体系的非定态波函数 $\psi(t)$ 可由相应

的定态波函数 ψ_1,ψ_2,ψ_3 线性叠加构成：

$$\psi(t)=c_1\psi_1\mathrm{e}^{-\frac{\mathrm{i}}{\hbar}E_1t}+c_2\psi_2\mathrm{e}^{-\frac{\mathrm{i}}{\hbar}E_2t}+c_3\psi_3\mathrm{e}^{-\frac{\mathrm{i}}{\hbar}E_3t} \tag{9}$$

再由初始条件

$$\psi(0)=\phi_A=\begin{pmatrix}1\\0\\0\end{pmatrix} \tag{10}$$

注意：ϕ_A,ϕ_B,ϕ_C 是 $\hat{H}^0$ 的相应于本征值 $E^{(0)}$ 的三个简并态，在 $\hat{H}^0$ 表象内，其矩阵表示分别为

$$\phi_A=\begin{pmatrix}1\\0\\0\end{pmatrix},\quad \phi_B=\begin{pmatrix}0\\1\\0\end{pmatrix},\quad \phi_C=\begin{pmatrix}0\\0\\1\end{pmatrix}$$

即

$$\begin{cases}\dfrac{c_1}{2}+\dfrac{c_2}{\sqrt{2}}+\dfrac{c_3}{2}=1\\[2mm] -\dfrac{\sqrt{2}}{2}c_1+\dfrac{\sqrt{2}}{2}c_3=0\\[2mm] \dfrac{c_1}{2}-\dfrac{\sqrt{2}}{2}c_2+\dfrac{c_3}{2}=0\end{cases}$$

得

$$c_1=\frac{1}{2},\quad c_2=\frac{\sqrt{2}}{2},\quad c_3=\frac{1}{2} \tag{11}$$

故

$$\psi(t)=\frac{1}{2}\mathrm{e}^{-\frac{\mathrm{i}}{\hbar}E^{(0)}t}\begin{pmatrix}\cos\dfrac{\sqrt{2}a}{\hbar}t+1\\[2mm] \mathrm{i}\sqrt{2}\sin\dfrac{\sqrt{2}a}{\hbar}t\\[2mm] \cos\dfrac{\sqrt{2}a}{\hbar}t-1\end{pmatrix} \tag{12}$$

由(12)式可以看出，在时刻 $t=\frac{2\pi\hbar}{\sqrt{2}a}n$，$n=0,1,2,\cdots$，电子完全处于 ϕ_A 态；在时刻 $t=\frac{2\pi\hbar}{\sqrt{2}a}\frac{2n+1}{2}$，$n=0,1,2,\cdots$，电子完全处于 ϕ_C 态；而在这两时刻的中点，例如在 $t_0=\frac{1}{4}\frac{2\pi\hbar}{\sqrt{2}a}$ 时刻，电子处于态

$$\psi(t_0)=\frac{1}{2}\mathrm{e}^{-\frac{\mathrm{i}}{\hbar}E^{(0)}t_0}\begin{pmatrix}1\\ \mathrm{i}\sqrt{2}\\ -1\end{pmatrix}=\mathrm{e}^{-\frac{\mathrm{i}}{\hbar}E^{(0)}t_0}\left(\frac{1}{2}\phi_A+\mathrm{i}\frac{\sqrt{2}}{2}\phi_B-\frac{1}{2}\phi_C\right) \tag{13}$$

之中，是 ϕ_A、ϕ_B 与 ϕ_C 的叠加态，而不是仅处于 ϕ_B 态之中。不过从总体上看，若 $t=0$ 时刻电子局域在原子 A 中，则在 $t>0$ 时刻，电子在原子 A—B—C—B—A 间来回往返运动，犹如一个线性谐振子，振动频率为$\frac{\sqrt{2}a}{2\pi\hbar}$。

(c) 已知力学量 $\hat{D}$ 在态 ϕ_A、ϕ_B、ϕ_C 下均有确定值，分别为 $d,0,-d$，于是由体系 $t>0$

时刻的状态波函数 $\psi(t)$(12)式知

$$\psi(t)=\frac{1}{2}\left(\cos\frac{\sqrt{2}a}{\hbar}t+1\right)e^{-\frac{i}{\hbar}E^{(0)}t}\phi_A+i\frac{\sqrt{2}}{2}\sin\frac{\sqrt{2}a}{\hbar}te^{-\frac{i}{\hbar}E^{(0)}t}\phi_B+\frac{1}{2}\left(\cos\frac{\sqrt{2}a}{\hbar}t-1\right)e^{-\frac{i}{\hbar}E^{(0)}t}\phi_C \tag{14}$$

可以看出：在态 $\psi(t)$下，

力学量 $\hat{D}$ 取值为 d 的几率为 $\left|\frac{1}{2}\left(\cos\frac{\sqrt{2}a}{\hbar}t+1\right)e^{-\frac{i}{\hbar}E^{(0)}t}\right|^2$，

取值为 0 的几率为 $\left|i\frac{\sqrt{2}}{2}\sin\frac{\sqrt{2}a}{\hbar}te^{-\frac{i}{\hbar}E^{(0)}t}\right|^2$，

取值为 $-d$ 的几率为 $\left|\frac{1}{2}\left(\cos\frac{\sqrt{2}a}{\hbar}t-1\right)e^{-\frac{i}{\hbar}E^{(0)}t}\right|^2$.

$\hat{D}$ 的期望值为

$$\begin{aligned}\overline{D}&=\langle\psi(t)|\hat{D}|\psi(t)\rangle\\&=\frac{1}{4}\left(\cos\frac{\sqrt{2}a}{\hbar}t+1\right)^2d+\frac{1}{4}\left(\cos\frac{\sqrt{2}a}{\hbar}t-1\right)^2(-d)\\&=d\cos\frac{\sqrt{2}a}{\hbar}t\end{aligned} \tag{15}$$

(15)式表明，电子在态 $\psi(t)$下，力学量 $\hat{D}$ 的期望值随时间变化，变化的"节奏"与电子在三个原子 A、B、C 之间来回振动的"节奏"同步。

4-17　粒子在一维势场 $V(x)$中运动，设能谱完全分立，记为$\{E_n\}$，相应的正交归一化本征矢完备组为$\{|n\rangle\}$，试证明下列关系式：

(a)　$\langle n|\hat{p}|n'\rangle=\frac{im}{\hbar}(E_n-E_{n'})\langle n|\hat{x}|n'\rangle$

式中：$\hat{p}$ 和 $\hat{x}$ 分别为动量算符和坐标算符；

(b)　$\sum_{n'}(E_n-E_{n'})^2|\langle n|\hat{x}|n'\rangle|^2=\frac{\hbar^2}{m^2}\langle n|\hat{p}^2|n\rangle$；

(c)　$\sum_{n'}(E_n-E_{n'})|x_{nn'}|^2=-\frac{\hbar^2}{2m}$；

(d)　$\sum_{n'}(E_n-E_{n'})|\langle n|e^{ik\hat{x}}|n'\rangle|^2=-\frac{\hbar^2k^2}{2m}$；

(e)　设 $\hat{F}$ 是一个线性厄密算符，有$\sum_{n'}(E_n-E_{n'})|F_{nn'}|^2=\frac{1}{2}\langle n|[\hat{F},[\hat{F},\hat{H}]]|n\rangle$。

解：(a)　已知体系的哈密顿算符 $\hat{H}$ 为

$$\hat{H}=\frac{\hat{p}^2}{2m}+V(\hat{x}) \tag{1}$$

于是

$$\begin{aligned}[\hat{x},\hat{H}]&=\left[\hat{x},\frac{\hat{p}^2}{2m}\right]+[\hat{x},V(\hat{x})]\\&=\frac{1}{2m}\{\hat{p}[\hat{x},\hat{p}]+[\hat{x},\hat{p}]\hat{p}\}=\frac{i\hbar}{m}\hat{p}\end{aligned}$$

得

$$\hat{p} = \frac{m}{\mathrm{i}\hbar}[\hat{x}, \hat{H}] \tag{2}$$

所以

$$\begin{aligned}\langle n|\hat{p}|n'\rangle &= \frac{m}{\mathrm{i}\hbar}\langle n|[\hat{x}, \hat{H}]|n'\rangle \\ &= \frac{m}{\mathrm{i}\hbar}\{\langle n|\hat{x}\hat{H}|n'\rangle - \langle n|\hat{H}\hat{x}|n'\rangle\} \\ &= \frac{m}{\mathrm{i}\hbar}(E_{n'} - E_n)\langle n|\hat{x}|n'\rangle \\ &= \frac{\mathrm{i}m}{\hbar}(E_n - E_{n'})\langle n|\hat{x}|n'\rangle \end{aligned} \tag{3}$$

得证。

(b) 因为

$$\sum_{n'}(E_n - E_{n'})^2|\langle n|\hat{x}|n'\rangle|^2 = \sum_{n'}(E_n - E_{n'})^2\langle n|\hat{x}|n'\rangle\langle n'|\hat{x}|n\rangle$$

将(3)式代入上式，有

$$\begin{aligned}&\sum_{n'}(E_n - E_{n'})^2|\langle n|\hat{x}|n'\rangle|^2 \\ &= \sum_{n'}(E_n - E_{n'})^2\left\{\frac{\hbar\langle n|\hat{p}|n'\rangle}{\mathrm{i}m(E_n - E_{n'})}\cdot\frac{\hbar\langle n'|\hat{p}|n\rangle}{\mathrm{i}m(E_n - E_{n'})}\right\} \\ &= -\frac{\hbar^2}{m^2}\sum_{n'}\langle n|\hat{p}|n'\rangle\langle n'|\hat{p}|n\rangle\end{aligned}$$

由于 $\hat{H}$ 的本征矢组$\{|n\rangle\}$具有完备性，

$$\sum_{n'}|n\rangle\langle n| = \mathbf{1} \tag{4}$$

所以

$$\sum_{n'}(E_n - E_{n'})^2|\langle n|\hat{x}|n'\rangle|^2 = -\frac{\hbar^2}{m^2}\langle n|\hat{p}^2|n\rangle \tag{5}$$

得证。

(c) 因为

$$[[\hat{H},\hat{x}],\hat{x}] = \left[\frac{\hbar}{\mathrm{i}m}\hat{p}, \hat{x}\right] = \frac{\hbar}{\mathrm{i}m}(-\mathrm{i}\hbar) = -\frac{\hbar^2}{m} \tag{6}$$

所以

$$\langle n|[[\hat{H},\hat{x}],\hat{x}]|n\rangle = \langle n|-\frac{\hbar^2}{m}|n\rangle = -\frac{\hbar^2}{m} \tag{7}$$

(7)式的左边

$$\begin{aligned}&\langle n|[[\hat{H},\hat{x}],\hat{x}]|n\rangle \\ &= \langle n|\hat{H}\hat{x}^2 - \hat{x}\hat{H}\hat{x} - \hat{x}\hat{H}\hat{x} + \hat{x}^2\hat{H}|n\rangle \\ &= \langle n|\hat{H}\hat{x}^2|n\rangle + \langle n|\hat{x}^2\hat{H}|n\rangle - 2\langle n|\hat{x}\hat{H}\hat{x}|n\rangle \\ &= 2E_n\langle n|\hat{x}^2|n\rangle - 2\sum_{n'}\langle n|\hat{x}|n'\rangle\langle n'|\hat{H}\hat{x}|n\rangle\end{aligned}$$

$$= 2E_n \sum_{n'} \langle n|\hat{x}|n'\rangle\langle n'|\hat{x}|n\rangle -$$

$$2E_{n'} \sum_{n'} \langle n|\hat{x}|n'\rangle\langle n'|\hat{x}|n\rangle$$

$$= 2(E_n - E_{n'}) \sum_{n'} |\langle n|\hat{x}|n'\rangle|^2 \tag{8}$$

将(8)式代入(7)式左边，得

$$2(E_n - E_{n'}) \sum_{n'} |\langle n|\hat{x}|n'\rangle|^2 = -\frac{\hbar^2}{m},$$

即

$$(E_n - E_{n'}) \sum_{n'} |x_{nn'}|^2 = -\frac{\hbar^2}{2m} \tag{9}$$

得证。

(d)　因为

$$[[\hat{H},\mathrm{e}^{ik\hat{x}}],\mathrm{e}^{-ik\hat{x}}]$$
$$= 2\hat{H} - \mathrm{e}^{ik\hat{x}}\hat{H}\mathrm{e}^{-ik\hat{x}} - \mathrm{e}^{-ik\hat{x}}\hat{H}\mathrm{e}^{ik\hat{x}}$$
$$= 2\hat{H} - \left(1 + ik\hat{x} - \frac{k^2}{2!}\hat{x}^2 - \frac{ik^3}{3!}\hat{x}^3 + \cdots\right)\hat{H}\left(1 - ik\hat{x} - \frac{k^2}{2!}\hat{x}^2 + \frac{ik^3}{3!}\hat{x}^3 + \cdots\right) - \left(1 - ik\hat{x} - \frac{k^2}{2!}\hat{x}^2 + \frac{ik^3}{3!}\hat{x}^3 + \cdots\right)\cdot$$
$$\hat{H}\left(1 + ik\hat{x} - \frac{k^2}{2!}\hat{x}^2 - \frac{ik^3}{3!}\hat{x}^3 + \cdots\right)$$
$$= -2\frac{(ik)^2}{2!}[\hat{x},[\hat{x},\hat{H}]] - 2\frac{(ik)^4}{4!}[\hat{x},[\hat{x},[\hat{x},[\hat{x},\hat{H}]]]] - \cdots \tag{10}$$

由(2)式知

$$[\hat{x},\hat{H}] = \frac{i\hbar}{m}\hat{p}$$

故

$$[\hat{x},[\hat{x},\hat{H}]] = \left[\hat{x},\frac{i\hbar}{m}\hat{p}\right] = \frac{i\hbar}{m}[\hat{x},\hat{p}] = -\frac{\hbar^2}{m} \tag{11}$$

$$[\hat{x},[\hat{x},[\hat{x},\hat{H}]]] = \left[\hat{x},-\frac{\hbar^2}{m}\right] = 0 \tag{12}$$

$$[\hat{x},[\hat{x},[\hat{x},[\hat{x},\hat{H}]]]] = 0 \tag{13}$$

……………………

将(11)、(12)、(13)式…代入(10)式中，得

$$[[\hat{H},\mathrm{e}^{ik\hat{x}}],\mathrm{e}^{-ik\hat{x}}] = -2\frac{(ik)^2}{2!}\left(-\frac{\hbar^2}{m}\right) = -\frac{\hbar^2 k^2}{m} \tag{14}$$

另一方面：

$$\langle n|[[\hat{H},\mathrm{e}^{ik\hat{x}}],\mathrm{e}^{-ik\hat{x}}]|n\rangle$$
$$= \langle n|\hat{H}\mathrm{e}^{ik\hat{x}}\mathrm{e}^{-ik\hat{x}} - \mathrm{e}^{ik\hat{x}}\hat{H}\mathrm{e}^{-ik\hat{x}} - \mathrm{e}^{-ik\hat{x}}\hat{H}\mathrm{e}^{ik\hat{x}} + \mathrm{e}^{-ik\hat{x}}\mathrm{e}^{ik\hat{x}}\hat{H}|n\rangle$$
$$= \langle n|\hat{H}\mathrm{e}^{ik\hat{x}}\mathrm{e}^{-ik\hat{x}}|n\rangle - \sum_{n'}\langle n|\mathrm{e}^{ik\hat{x}}\hat{H}|n'\rangle\langle n'|\mathrm{e}^{-ik\hat{x}}|n\rangle -$$

$$\sum_{n'}\langle n|\mathrm{e}^{-\mathrm{i}k\hat{x}}\hat{H}|n'\rangle\langle n'|\mathrm{e}^{\mathrm{i}k\hat{x}}|n\rangle+\langle n|\mathrm{e}^{-\mathrm{i}k\hat{x}}\mathrm{e}^{\mathrm{i}k\hat{x}}\hat{H}|n\rangle$$

$$=E_n\sum_{n'}\langle n|\mathrm{e}^{\mathrm{i}k\hat{x}}|n'\rangle\langle n'|\mathrm{e}^{-\mathrm{i}k\hat{x}}|n\rangle-\sum_{n'}E_{n'}\langle n|\mathrm{e}^{\mathrm{i}k\hat{x}}|n'\rangle\cdot$$

$$\langle n'|\mathrm{e}^{-\mathrm{i}k\hat{x}}|n\rangle-\sum_{n'}E_{n'}\langle n|\mathrm{e}^{-\mathrm{i}k\hat{x}}|n'\rangle\langle n'|\mathrm{e}^{\mathrm{i}k\hat{x}}|n\rangle+$$

$$E_n\sum_{n'}\langle n|\mathrm{e}^{-\mathrm{i}k\hat{x}}|n'\rangle\langle n'|\mathrm{e}^{\mathrm{i}k\hat{x}}|n\rangle$$

$$=\sum_{n'}(E_n-E_{n'})\langle n|\mathrm{e}^{\mathrm{i}k\hat{x}}|n'\rangle\langle n'|\mathrm{e}^{-\mathrm{i}k\hat{x}}|n\rangle+$$

$$\sum_{n'}(E_n-E_{n'})\langle n|\mathrm{e}^{-\mathrm{i}k\hat{x}}|n'\rangle\langle n'|\mathrm{e}^{\mathrm{i}k\hat{x}}|n\rangle$$

注意到

$$\begin{aligned}&\langle n|\mathrm{e}^{\mathrm{i}k\hat{x}}|n'\rangle\langle n'|\mathrm{e}^{-\mathrm{i}k\hat{x}}|n\rangle\\&=\langle n|\mathrm{e}^{-\mathrm{i}k\hat{x}}|n'\rangle\langle n'|\mathrm{e}^{\mathrm{i}k\hat{x}}|n\rangle\\&=|\langle n|\mathrm{e}^{\mathrm{i}k\hat{x}}|n'\rangle|^2\end{aligned}$$

故

$$\begin{aligned}&\langle n|[[\hat{H},\mathrm{e}^{\mathrm{i}k\hat{x}}],\mathrm{e}^{-\mathrm{i}k\hat{x}}]|n\rangle\\&=2\sum_{n'}(E_n-E_{n'})|\langle n|\mathrm{e}^{\mathrm{i}k\hat{x}}|n'\rangle|^2\end{aligned}\tag{15}$$

最后得

$$\langle n|[[\hat{H},\mathrm{e}^{\mathrm{i}k\hat{x}}],\mathrm{e}^{-\mathrm{i}k\hat{x}}]|n\rangle=\left\langle n\left|-\frac{\hbar^2k^2}{m}\right|n\right\rangle=-\frac{\hbar^2k^2}{m}$$

即

$$\sum_{n'}(E_n-E_{n'})|\langle n|\mathrm{e}^{\mathrm{i}k\hat{x}}|n\rangle|^2=-\frac{\hbar^2k^2}{2m}\tag{16}$$

得证。

(e) 因为

$$\begin{aligned}&\langle n|[\hat{F},[\hat{F},\hat{H}]]n\rangle\\&=\langle n|\hat{F}^2\hat{H}-\hat{F}\hat{H}\hat{F}-\hat{F}\hat{H}\hat{F}+\hat{H}\hat{F}^2|n\rangle\\&=\langle n|\hat{F}^2\hat{H}|n\rangle-2\langle n|\hat{F}\hat{H}\hat{F}|n\rangle+\langle n|\hat{H}\hat{F}^2|n\rangle\\&=2E_n\sum_{n'}\langle n|\hat{F}|n'\rangle\langle n'|\hat{F}|n\rangle-\\&\quad 2\sum_{n'}E_{n'}\langle n|\hat{F}|n'\rangle\langle n'|\hat{F}|n\rangle\\&=2\sum_{n'}(E_n-E_{n'})\langle n|\hat{F}|n'\rangle\langle n'|\hat{F}|n\rangle\end{aligned}$$

由于 $\hat{F}=\hat{F}^+$，故

$$\langle n|\hat{F}|n'\rangle^*=\langle n'|\hat{F}^+|n\rangle=\langle n'|\hat{F}|n\rangle$$

得

$$\sum_{n'}(E_n-E_{n'})|F_{nn'}|^2=\frac{1}{2}\langle n|[\hat{F},[\hat{F},\hat{H}]]|n\rangle\tag{17}$$

得证。

4-18　设厄密算符 $\hat{A}$ 和 $\hat{B}$ 满足 $\hat{A}^2=\hat{B}^2=\boldsymbol{I}$（$\boldsymbol{I}$ 为单位算符），且 $\hat{A}\hat{B}+\hat{B}\hat{A}=0$，$\hat{A}$、$\hat{B}$ 均无简并。求：

(a)　在 $\hat{A}$ 表象中，算符 $\hat{A}$、$\hat{B}$ 的矩阵表示；

(b)　在 $\hat{B}$ 表象中，算符 $\hat{A}$、$\hat{B}$ 的矩阵表示；

(c)　在 $\hat{A}$ 表象中，算符 $\hat{B}$ 的本征函数；

(d)　在 $\hat{B}$ 表象中，算符 $\hat{A}$ 的本征函数；

(e)　由 $\hat{A}$ 表象到 $\hat{B}$ 表象的幺正变换矩阵 S。

解：(a)　设 $\hat{A}$ 的本征值方程为

$$\hat{A}|\psi\rangle=\lambda|\psi\rangle \tag{1}$$

则

$$\hat{A}^2|\psi\rangle=\lambda\hat{A}|\psi\rangle=\lambda^2|\psi\rangle$$

又

$$\hat{A}^2=\boldsymbol{I}$$

得

$$\lambda^2=1,\quad \lambda=\pm1 \tag{2}$$

于是 $\hat{A}$ 在 $\hat{A}$ 表象中的矩阵表示为

$$\boldsymbol{A}=\begin{bmatrix}1 & 0\\ 0 & -1\end{bmatrix} \tag{3}$$

设 $\hat{B}$ 在 $\hat{A}$ 表象中的矩阵表示为

$$\boldsymbol{B}=\begin{bmatrix}b_{11} & b_{12}\\ b_{21} & b_{22}\end{bmatrix} \tag{4}$$

利用关系式 $\hat{A}\hat{B}+\hat{B}\hat{A}=0$，有

$$\begin{bmatrix}1 & 0\\ 0 & -1\end{bmatrix}\begin{bmatrix}b_{11} & b_{12}\\ b_{21} & b_{22}\end{bmatrix}+\begin{bmatrix}b_{11} & b_{12}\\ b_{21} & b_{22}\end{bmatrix}\begin{bmatrix}1 & 0\\ 0 & -1\end{bmatrix}=0$$

于是 $\begin{bmatrix}2b_{11} & 0\\ 0 & -2b_{22}\end{bmatrix}=0$，得 $b_{11}=b_{22}=0$.

即

$$\boldsymbol{B}=\begin{bmatrix}0 & b_{12}\\ b_{21} & 0\end{bmatrix}$$

又由 $\hat{B}^2=\boldsymbol{I}$，有 $\begin{bmatrix}0 & b_{12}\\ b_{21} & 0\end{bmatrix}\begin{bmatrix}0 & b_{12}\\ b_{21} & 0\end{bmatrix}=\boldsymbol{I}$，

所以　$b_{12}=\dfrac{1}{b_{21}}$，得 $B=\begin{pmatrix}0 & b_{12}\\ \dfrac{1}{b_{21}} & 0\end{pmatrix}$

再利用 $\hat{B}=\hat{B}^+$，有

$$\begin{pmatrix}0 & b_{12}\\ \dfrac{1}{b_{21}} & 0\end{pmatrix}=\begin{pmatrix}0 & \dfrac{1}{b_{12}^*}\\ b_{21}^* & 0\end{pmatrix}$$

得　$b_{12}=\dfrac{1}{b_{12}^*}$，即 $|b_{12}|^2=1$，取 $b_{12}=\mathrm{e}^{\mathrm{i}\theta}$.

于是，$\hat{A}$ 表象内，$\hat{B}$ 的矩阵表示为

$$B=\begin{bmatrix}0 & e^{i\theta}\\ e^{-i\theta} & 0\end{bmatrix} \tag{5}$$

(b) 同理,$\hat{B}$ 表象中:

$$B=\begin{bmatrix}1 & 0\\ 0 & -1\end{bmatrix},\quad A=\begin{bmatrix}0 & e^{i\theta}\\ e^{-i\theta} & 0\end{bmatrix} \tag{6}$$

(c) $\hat{A}$ 表象中,$\hat{B}$ 的本征值方程为

$$\begin{bmatrix}0 & e^{i\theta}\\ e^{-i\theta} & 0\end{bmatrix}\begin{bmatrix}a_1\\ a_2\end{bmatrix}=\lambda\begin{bmatrix}a_1\\ a_2\end{bmatrix} \tag{7}$$

将 $\hat{B}$ 的本征值 $\lambda=\pm1$ 代入,可得相应的归一化本征矢为:

$$|B=+1\rangle\Rightarrow\frac{1}{\sqrt{2}}\begin{bmatrix}e^{i\theta}\\ 1\end{bmatrix},\quad |B=-1\rangle\Rightarrow\frac{1}{\sqrt{2}}\begin{bmatrix}e^{i\theta}\\ -1\end{bmatrix} \tag{8}$$

(d) 同理,$\hat{B}$ 表象内,算符 $\hat{A}$ 的归一化本征矢为:

$$|A=+1\rangle\Rightarrow\frac{1}{\sqrt{2}}\begin{bmatrix}e^{i\theta}\\ 1\end{bmatrix},\quad |A=-1\rangle\Rightarrow\frac{1}{\sqrt{2}}\begin{bmatrix}e^{i\theta}\\ -1\end{bmatrix} \tag{9}$$

(e) 设 $\hat{A}$ 表象的基矢完备组为 $\{|n\rangle\}$,$\hat{B}$ 表象的基矢完备组为 $\{|\alpha\rangle\}$,则一方面,由 $\hat{A}$ 表象变换到 $\hat{B}$ 表象的线性么正变换矩阵 S 的矩阵元定义为

$$S_{n\alpha}=\langle n|\alpha\rangle \tag{10}$$

另一方面从态的表象来看,式(10)还表示算符 $\hat{B}$ 的第 α 个本征矢在 $\hat{A}$ 表象中的第 n 个分量。而在本问题之(c)中,$\hat{B}$ 的所有本征矢在 $\hat{A}$ 表象中的表示均已求出,因此,只要把 $\hat{B}$ 在 $\hat{A}$ 表象中的所有本征矢根据相应的本征值,从大到小(或从小到大)按列的次序排列起来,所得矩阵即为所求。得

$$S=\begin{pmatrix}\frac{e^{i\theta}}{\sqrt{2}} & \frac{e^{i\theta}}{\sqrt{2}}\\ \frac{1}{\sqrt{2}} & -\frac{1}{\sqrt{2}}\end{pmatrix}=\frac{1}{\sqrt{2}}\begin{pmatrix}e^{i\theta} & e^{i\theta}\\ 1 & -1\end{pmatrix} \tag{11}$$

在 S 变换下,算符 $\hat{B}$ 从 $\hat{A}$ 表象变换到 $\hat{B}$ 表象成为一对角矩阵。

$$\begin{aligned}B'&=S^{-1}BS=S^{+}BS\\ &=\frac{1}{\sqrt{2}}\begin{pmatrix}e^{-i\theta} & 1\\ e^{-i\theta} & -1\end{pmatrix}\begin{pmatrix}0 & e^{i\theta}\\ e^{-i\theta} & 0\end{pmatrix}\frac{1}{\sqrt{2}}\begin{pmatrix}e^{i\theta} & e^{i\theta}\\ 1 & -1\end{pmatrix}\\ &=\frac{1}{2}\begin{pmatrix}e^{-i\theta} & 1\\ e^{-i\theta} & -1\end{pmatrix}\begin{pmatrix}e^{i\theta} & -e^{i\theta}\\ 1 & 1\end{pmatrix}\\ &=\frac{1}{2}\begin{pmatrix}2 & 0\\ 0 & -2\end{pmatrix}=\begin{pmatrix}1 & 0\\ 0 & -1\end{pmatrix}\end{aligned} \tag{12}$$

4-19 证明:任何一个厄密矩阵能被一个么正矩阵对角化。并由此证明:两个厄密矩阵能被同一个么正矩阵对角化的充要条件是它们相互对易。

证明:(a) 设任一 n 阶厄密矩阵为 A,求解 A 的本征值方程,一定能得 n 个实的本征值 λ_i 和 n 个相应的正交归一的本征矢

$\begin{pmatrix} a_{1i} \\ a_{2i} \\ \vdots \\ a_{ni} \end{pmatrix}$，即

$$\begin{pmatrix} & & \\ & A & \\ & & \end{pmatrix}\begin{pmatrix} a_{1i} \\ a_{2i} \\ \vdots \\ a_{ni} \end{pmatrix} = \lambda_i \begin{pmatrix} a_{1i} \\ a_{2i} \\ \vdots \\ a_{ni} \end{pmatrix}, \quad i=1,2,\cdots,n \tag{1}$$

取 A 的第 i 个本征矢作为么正矩阵 U 的第 i 列的元素，即

$$U_{ji} = a_{ji}, \quad j = 1,2,\cdots,n \tag{2}$$

因 A 的 n 个本征矢是正交归一的，于是

$$(U^+ U)_{\alpha\beta} = \sum_{i=1}^{n} U^+_{\alpha i} U_{i\beta} = \sum_{i=1}^{n} a^+_{\alpha i} a_{i\beta} = \delta_{\alpha\beta}$$

同理，有
$$(UU^+)_{\alpha\beta} = \delta_{\alpha\beta}$$

所以这样的 U 是么正的，有　$UU^+ = U^+ U = \mathbf{1}$　(3)

又
$$(U^+ AU)_{\alpha\beta} = \sum_{i=1}^{n}\sum_{j=1}^{n} U^+_{\alpha i} A_{ij} U_{j\beta} = \sum_{i,j} a^+_{\alpha i} A_{ij} a_{j\beta} \tag{4}$$

由(1)式，有 $\sum_{j=1}^{n} A_{ij} a_{j\beta} = \lambda_\beta a_{i\beta}$，代入(4)式，得

$$(U^+ AU)_{\alpha\beta} = \sum_{i=1}^{n} a^+_{\alpha i} \lambda_\beta a_{i\beta} = \lambda_\beta \sum_{i=1}^{n} a^+_{\alpha i} a_{i\beta} = \lambda_\beta \delta_{\alpha\beta} \tag{5}$$

可见 $U^+ AU$ 是一个对角化的矩阵，从而证明了任一厄密矩阵一定能被一个么正矩阵对角化。从(5)式可以看出，对角矩阵 $U^+ AU$ 的对角元是 A 的本征值。

(b)　设 A、B 两个矩阵是对易的，并且 A 能被么正矩阵 U 对角化，即

$$AB - BA = 0$$

$$(U^+ AU)_{\alpha\beta} = A'_{\alpha\alpha} \delta_{\alpha\beta} \tag{6}$$

则
$$AB = BA, \quad U^+ ABU = U^+ BAU$$

亦有
$$U^+ AUU^+ BU = U^+ BUU^+ AU$$

又由(6)式，有
$$\sum_{\alpha'} (U^+ AU)_{\alpha\alpha'} (U^+ BU)_{\alpha'\beta} = \sum_{\beta'} (U^+ BU)_{\alpha\beta'} (U^+ AU)_{\beta'\beta}$$

得
$$A'_{\alpha\alpha} (U^+ BU)_{\alpha\beta} = (U^+ BU)_{\alpha\beta} A'_{\beta\beta}$$

即
$$(U^+ BU)_{\alpha\beta} (A'_{\alpha\alpha} - A'_{\beta\beta}) = 0$$

若要使 $(U^+ BU)_{\alpha\beta} \neq 0$，则 $A'_{\alpha\alpha} = A'_{\beta\beta}$，即 $\alpha = \beta$，

所以
$$(U^+ BU)_{\alpha\beta} = B'_{\alpha\alpha} \delta_{\alpha\beta} \tag{7}$$

即矩阵 B 也能被同一么正矩阵 U 对角化.

又，设 A，B 能被同一么正矩阵对角化，即

$$(U^+ AU)_{\alpha\beta} = A'_{\alpha\alpha} \delta_{\alpha\beta} \tag{8}$$

$$(U^+ BU)_{\alpha\beta} = B'_{\alpha\alpha} \delta_{\alpha\beta} \tag{9}$$

令
$$AB - BA = C$$

则
$$(U^+ AUU^+ BU)_{\alpha\beta} - (U^+ BUU^+ AU)_{\alpha\beta} = (U^+ CU)_{\alpha\beta}$$

即
$$A'_{\alpha\alpha} B'_{\alpha\alpha} \delta_{\alpha\beta} - B'_{\alpha\alpha} A'_{\alpha\alpha} \delta_{\alpha\beta} = (U^+ CU)_{\alpha\beta}$$

所以
$$(U^+ CU)_{\alpha\beta} = 0 \tag{10}$$

由于 α,β 是任意的，所以 $C=0$，即 A、B 对易。

第三部分　练　习　题

4-1　力学量算符 $\hat{F}$ 的本征值谱不失一般性设为完全分立，相应的正交归一化本征矢完备组记为 $\{|n\rangle\}$，现构造一个算符 $\hat{P}(m,n)=|m\rangle\langle n|$，求：

(a)　$\hat{P}^+(m,n)$；

(b)　$\hat{P}^2(m,n)$；

(c)　$[\hat{F},\hat{P}]=$？再证明：

(1)　$\hat{P}(m,n)\hat{P}^+(k,q)=\delta_{nq}\hat{P}(m,k)$；

(2)　任一线性算符 $\hat{A}=\sum\limits_{m,n}A_{mn}\hat{P}(m,n)$，其中 $A_{mn}=\langle m|\hat{A}|n\rangle$。式中 $m,n,k,q=1,2,3,\cdots$

答：(a)　$\hat{P}^+(m,n)=|n\rangle\langle m|$，当 $m=n$ 时，$\hat{P}^+(n,n)=\hat{P}(n,n)$，$\hat{P}$ 是厄密的，当 $m\neq n$ 时，$\hat{P}^+(m,n)\neq\hat{P}(m,n)$，$\hat{P}$ 不是厄密的；

(b)　$\hat{P}^2(m,n)=|m\rangle\langle n|m\rangle\langle n|=\delta_{mn}\hat{P}(m,n)=\begin{cases}0, & (m\neq n)\\ \hat{P}(m,n), & (m=n)\end{cases}$，故当 $m=n$ 时，$\hat{P}(n,n)$ 是投影算符，当 $m\neq n$ 时，$\hat{P}(m,n)$ 不是投影算符；

(c)　设 $\hat{F}$ 的本征值方程为 $\hat{F}|k\rangle=f_k|k\rangle$，$k=1,2,\cdots,m,n,\cdots$　则 $[\hat{F},\hat{P}(m,n)]=(f_m-f_n)\hat{P}(m,n)$，于是又有

$$\hat{P}(m,n)\hat{P}^+(k,q)=|m\rangle\langle n|q\rangle\langle k|=\delta_{nq}\hat{P}(m,k)$$

$$\hat{A}=\sum_m\sum_n|m\rangle\langle m|\hat{A}|n\rangle\langle n|=\sum_{m,n}A_{mn}\hat{P}(m,n)$$

4-2　设某个体系所在的黑伯特空间是三维的，在空间中取一组正交归一基 $\{|1\rangle,|2\rangle,|3\rangle\}$，设有态矢量

$$|\psi_1\rangle=\frac{1}{\sqrt{2}}|1\rangle+\frac{\mathrm{i}}{2}|2\rangle+\frac{1}{2}|3\rangle$$

$$|\psi_2\rangle=\frac{1}{\sqrt{2}}|1\rangle+\frac{\mathrm{i}}{\sqrt{2}}|3\rangle$$

试求投影算符 $\hat{P}_1=|\psi_1\rangle\langle\psi_1|$ 和 $\hat{P}_2=|\psi_2\rangle\langle\psi_2|$ 在这组基矢下的矩阵表示。

答：

$$\hat{P}_1=\frac{1}{2}\begin{pmatrix}1 & -\frac{\mathrm{i}}{\sqrt{2}} & \frac{1}{\sqrt{2}}\\ \frac{\mathrm{i}}{\sqrt{2}} & \frac{1}{2} & \frac{\mathrm{i}}{2}\\ \frac{1}{\sqrt{2}} & -\frac{\mathrm{i}}{2} & \frac{1}{2}\end{pmatrix};\quad \hat{P}_2=\frac{1}{2}\begin{pmatrix}1 & 0 & -\mathrm{i}\\ 0 & 0 & 0\\ \mathrm{i} & 0 & 1\end{pmatrix}$$

4-3　设 (u,u)，(v,v) 取有限值，证明：

$$T_r|u\rangle\langle u|=\langle u|u\rangle,\quad T_r|u\rangle\langle v|=\langle v|u\rangle$$

4-4　已知厄密算符 $\hat{f}$ 有 N 个不同的本征值：$f_1,f_2,\cdots,f_N$，试由此求出该 $\hat{f}$ 的任意函数 $\hat{F}=F(\hat{f})$ 的一个表示式。

答：由第二章例题 2-13 知，若一个算符 $\hat{f}$ 有 N 个不同的本征值 $f_1,f_2,\cdots,f_N$，则有

$$\hat{f}^N-\left(\sum_{i=1}^{N}f_i\right)\hat{f}^{N-1}+\frac{1}{2!}\left(\sum_{i\neq k}f_if_k\right)\hat{f}^{N-2}+\cdots+(-1)^Nf_1f_2\cdots f_N=0$$

故算符 $\hat{f}$ 的 N 次方可表示为单位算符 $\mathbf{1},\hat{f},\hat{f}^2,\cdots,\hat{f}^{N-1}$ 的线性叠加。因而 $\hat{f}^{N+k}$(k 为正整数)也可表示为 $\mathbf{1},\hat{f},\hat{f}^2,\cdots,\hat{f}^{N-1}$ 的线性叠加。又，假定算符 $\hat{f}$ 的函数 $\hat{F}=F(\hat{f})$ 的本征值就是算符 $\hat{f}$ 相应本征值的相同函数，则 $\hat{F}$ 一般说来有 N 个不同的本征值 $F(f_1),F(f_2),\cdots,F(f_N)$。

将算符函数 $\hat{F}$ 作泰勒展开：

$$\hat{F}=F(\hat{f})=\sum_{n=0}^{\infty}c_n\hat{f}^n\Rightarrow\sum_{n=0}^{N}b_n\hat{f}^n\qquad(\hat{f}^0=\text{单位算符 }\mathbf{1})$$

此即可求 $\hat{F}=F(\hat{f})$。其中展开系数 $b_1,b_2,\cdots,b_N$ 可由如下 N 个代数方程联立求得：

$$\sum_{n=0}^{N-1}b_nf_i^n=F(f_i),\quad i=1,2,\cdots,N$$

例如，若 $N=2$，即 $\hat{f}$ 有两个不同的本征值 f_1 和 f_2，则

$$\hat{F}=F(\hat{f})=\frac{f_1F(f_2)-f_2F(f_1)}{f_1-f_2}+\frac{F(f_1)-F(f_2)}{f_1-f_2}\hat{f}$$

4-5　在动量表象中，求一维谐振子的能量本征函数。

答：$\phi_n(p)=[1/(\mu\omega\hbar)^{½}\pi^{½}2^nn!]^{½}\exp\left(-\dfrac{p^2}{2\mu\omega\hbar}\right)\cdot H_n\left(\sqrt{\dfrac{1}{\mu\omega\hbar}}p\right)$

4-6　设粒子在周期场 $V(x)=V_0\cos bx$ 中运动，试写出它在动量表象中的薛定谔方程。

答：$U(p-p')=\dfrac{V_0}{2}\{\delta[p'-(p-b\hbar)]+\delta[p'-(p+b\hbar)]\}$

$$\frac{p^2}{2m}\phi(p)+\frac{V_0}{2}\{\phi(p+b\hbar)+\phi(p-b\hbar)\}=E\phi(p)$$

4-7　设粒子在周期场 $V(x)=V(x+b)$ 中运动，试写出它在动量表象中的薛定谔方程。

答：$V(x)=\sum\limits_{n=-\infty}^{\infty}V_n\mathrm{e}^{-\mathrm{i}\frac{2\pi}{b}nx}$，其中 $V_n=\dfrac{1}{b}\int_{-b/2}^{b/2}V(x)\mathrm{e}^{\mathrm{i}\frac{2\pi}{b}nx}\mathrm{d}x$。在动量表象中，$\hat{V}(x)=V(\hat{x})=\sum\limits_{n=-\infty}^{\infty}V_n\mathrm{e}^{-\mathrm{i}\frac{2\pi}{b}n\hat{x}}=\sum\limits_{n=-\infty}^{\infty}V_n\mathrm{e}^{\frac{2\pi n\hbar}{b}\frac{\mathrm{d}}{\mathrm{d}p}}$. 再利用公式 $\mathrm{e}^{a\frac{\mathrm{d}}{\mathrm{d}p}}\phi(p)=\phi(p+a)$，得

$$V(\hat{x})\phi(p)=\sum_{n=-\infty}^{\infty}V_n\phi\left(p+n\frac{2\pi\hbar}{b}\right)$$

$$\frac{p^2}{2m}\phi(p)+\sum_{n=-\infty}^{\infty}V_n\phi\left(p+n\frac{2\pi\hbar}{b}\right)=E\phi(p)$$

4-8 试证明:体系状态波函数由坐标表象变换到动量表象,体系的宇称不变。

4-9 已知两个力学量算符 $\hat{F}$ 和 $\hat{G}$。试确定:算符 $\hat{F}$ 在 $\hat{G}$ 表象的本征函数与算符 $\hat{G}$ 在 $\hat{F}$ 表象的本征函数之间的关系式。再以坐标算符 $\hat{x}$ 和动量算符 $\hat{p}$ 为例说明之。

答:算符 $\hat{F}$ 的对应于本征值为 f_k 的归一化本征矢在 $\hat{G}$ 表象的一列矩阵的第 n 行矩阵元,与算符 $\hat{G}$ 的对应于本征值为 g_n 的归一化本征矢在 $\hat{F}$ 表象的一列矩阵的第 k 行矩阵元互为共轭复数。例如,动量算符 $\hat{p}$ 的对应于本征值为 p 的在坐标表象的归一化本征矢为 $\psi_p(x)=(2\pi\hbar)^{-1/2}\mathrm{e}^{\frac{\mathrm{i}}{\hbar}px}$,而坐标算符 $\hat{x}$ 的对应于本征值为 x 的在动量表象中的归一化本征矢为 $\phi_x(p)=(2\pi\hbar)^{-1/2}\mathrm{e}^{-\frac{\mathrm{i}}{\hbar}px}$。

4-10 求在坐标表象与动量表象中,角动量 $\hat{L}_x$ 的矩阵元。

答:坐标表象:

$$\langle \boldsymbol{r}|\hat{L}_x|\boldsymbol{r}'\rangle=\delta(x-x')\left\{y\delta(y-y')\frac{\hbar}{\mathrm{i}}\frac{\mathrm{d}\delta(z-z')}{\mathrm{d}(z-z')}-z\delta(z-z')\frac{\hbar}{\mathrm{i}}\frac{\mathrm{d}\delta(y-y')}{\mathrm{d}(y-y')}\right\}$$

动量表象:

$$\langle \boldsymbol{p}|\hat{L}_x|\boldsymbol{p}'\rangle=\delta(p_x-p'_x)\left\{p_z\delta(p_z-p'_z)\mathrm{i}\hbar\frac{\mathrm{d}\delta(p_y-p'_y)}{\mathrm{d}(p_y-p'_y)}-\right.$$

$$\left.p_y\delta(p_y-p'_y)\mathrm{i}\hbar\frac{\mathrm{d}\delta(p_z-p'_z)}{\mathrm{d}(p_z-p'_z)}\right\}$$

4-11 设已知在 $\hat{\boldsymbol{L}}^2$ 和 $\hat{L}_z$ 的共同表象中,算符 $\hat{L}_x$ 和 $\hat{L}_y$ 的矩阵分别为

$$\hat{L}_x=\frac{\sqrt{2}\hbar}{2}\begin{pmatrix}0&1&0\\1&0&1\\0&1&0\end{pmatrix},\quad \hat{L}_y=\frac{\sqrt{2}\hbar}{2}\begin{pmatrix}0&-i&0\\i&0&-i\\0&i&0\end{pmatrix}$$

求它们的本征值和归一化本征矢。最后将矩阵 $\hat{L}_x$ 和 $\hat{L}_y$ 对角化。

答:$\hat{L}_x$ 的本征值和本征矢为

$$\psi_\hbar=\frac{1}{2}\begin{pmatrix}1\\\sqrt{2}\\1\end{pmatrix},\quad \psi_0=\frac{\sqrt{2}}{2}\begin{pmatrix}1\\0\\-1\end{pmatrix},\quad \psi_{-\hbar}=\frac{1}{2}\begin{pmatrix}1\\-\sqrt{2}\\1\end{pmatrix}$$

将 $\hat{L}_x$ 对角化的么正变换矩阵 U 为

$$U=\begin{pmatrix}\frac{1}{2}&\frac{\sqrt{2}}{2}&\frac{1}{2}\\\frac{\sqrt{2}}{2}&0&-\frac{\sqrt{2}}{2}\\\frac{1}{2}&-\frac{\sqrt{2}}{2}&\frac{1}{2}\end{pmatrix}$$

$\hat{L}_y$ 的本征值和相应的本征矢为

$$\phi_\hbar=\frac{1}{2}\begin{pmatrix}1\\\sqrt{2}\mathrm{i}\\1\end{pmatrix},\quad \phi_0=\frac{\sqrt{2}}{2}\begin{pmatrix}1\\0\\1\end{pmatrix},\quad \phi_{-\hbar}=\frac{1}{2}\begin{pmatrix}1\\-\sqrt{2}\mathrm{i}\\-1\end{pmatrix}$$

将 $\hat{L}_y$ 对角化的幺正变换矩阵 S 为

$$S=\begin{pmatrix}\frac{1}{2} & \frac{\sqrt{2}}{2} & \frac{1}{2}\\ \frac{\sqrt{2}}{2}\mathrm{i} & 0 & -\frac{\sqrt{2}}{2}\mathrm{i}\\ -\frac{1}{2} & \frac{\sqrt{2}}{2} & -\frac{1}{2}\end{pmatrix}$$

4-12　一个 $l=1$ 的轨道角动量体系，具有电四极矩，在外恒定（非均匀）电场中设其哈密顿量写成

$$\hat{H}=\alpha(\hat{L}_\xi^2-\hat{L}_\eta^2)$$

式中：α 为实常数，算符 $\hat{L}_\xi$ 和 $\hat{L}_\eta$ 为轨道角动量算符 $\hat{\boldsymbol{L}}$ 分别沿轴 $O\xi$ 和轴 $O\eta$ 的投影，假定轴 $O\xi$ 和 $O\eta$ 在平面 Oxz 上并与 Ox 轴和 Oz 轴成 45°的夹角，如习题 4-12 图所示。

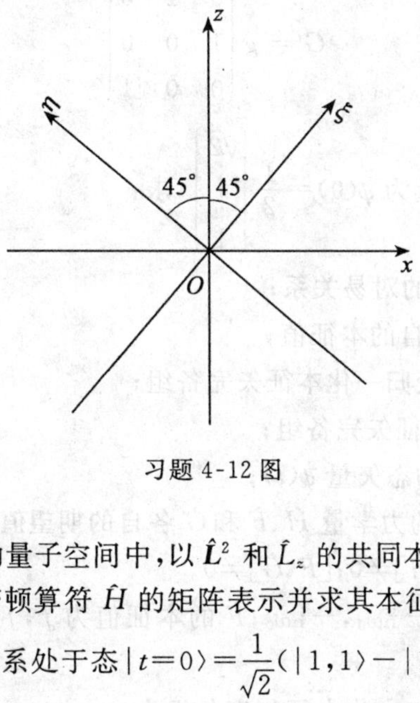

习题 4-12 图

（a）　在 $l=1$ 的轨道角动量子空间中，以 $\hat{\boldsymbol{L}}^2$ 和 $\hat{L}_z$ 的共同本征矢组 $\{|11\rangle,|10\rangle,|1-1\rangle\}$ 为基矢完备组，写出体系哈密顿算符 $\hat{H}$ 的矩阵表示并求其本征值和相应的归一化本征矢；

（b）　设在 $t=0$ 时刻，体系处于态 $|t=0\rangle=\frac{1}{\sqrt{2}}(|1,1\rangle-|1,-1\rangle)$ 之中，求 $t>0$ 时刻体系的态 $|t\rangle$；

（c）　在体系态 $|t\rangle$ 下，求轨道角动量 $\hat{L}_z$、$\hat{L}_x$ 和 $\hat{L}_y$ 的期望值，并由此分析轨道角动量 $\hat{\boldsymbol{L}}$ 在态 $|t\rangle$ 下的期望值 $\overline{\boldsymbol{L}(t)}$ 如何随时间变化。

答：(a)　提示：$\hat{L}_\xi=\frac{\sqrt{2}}{2}\hat{L}_x+\frac{\sqrt{2}}{2}\hat{L}_z$，　$\hat{L}_\eta=-\frac{\sqrt{2}}{2}\hat{L}_x+\frac{\sqrt{2}}{2}\hat{L}_z$，$\hat{H}=\frac{\sqrt{2}}{2}\alpha\hbar^2\begin{pmatrix}0 & 1 & 0\\ 1 & 0 & -1\\ 0 & -1 & 0\end{pmatrix}$，$\hat{H}$ 的本征值为 $\alpha\hbar^2,0,-\alpha\hbar^2$，相应的归一化本征矢分别为：

$$\chi_+=\frac{1}{2}\begin{pmatrix}1\\ \sqrt{2}\\ -1\end{pmatrix},\quad \chi_0=\frac{\sqrt{2}}{2}\begin{pmatrix}1\\ 0\\ 1\end{pmatrix},\quad \chi_-=\begin{pmatrix}1\\ -\sqrt{2}\\ -1\end{pmatrix}$$

(b)

$$\psi(t)=\begin{pmatrix}\frac{\sqrt{2}}{2}\cos(\alpha\hbar t)\\-\mathrm{i}\sin(\alpha\hbar t)\\-\frac{\sqrt{2}}{2}\cos(\alpha\hbar t)\end{pmatrix}$$

(c) $\overline{L}_z(t)=0$，$\overline{L}_x(t)=0$，$\overline{L}_y(t)=-\hbar\sin(2\hbar\alpha t)$.

4-13 设某一体系的哈密顿算符 $\hat{H}$ 及另外两个力学量算符 $\hat{F}$ 和 $\hat{G}$ 在 $\hat{H}$ 表象内的矩阵表示分别为

$$H=\hbar\omega_0\begin{pmatrix}1&0&0\\0&-1&0\\0&0&-1\end{pmatrix};\quad F=f\begin{pmatrix}1&0&0\\0&0&1\\0&1&0\end{pmatrix};$$

$$G=g\begin{pmatrix}0&1&0\\1&0&0\\0&0&1\end{pmatrix}$$

假定在 $t=0$ 时刻，体系态矢量为 $\psi(0)=\frac{1}{2}\begin{pmatrix}\sqrt{2}\\1\\1\end{pmatrix}$，求：

(a) 算符 $\hat{H}$、$\hat{F}$、$\hat{G}$ 之间的对易关系；

(b) 算符 $\hat{H}$、$\hat{F}$ 和 $\hat{G}$ 各自的本征值；

(c) $\hat{H}$ 和 $\hat{F}$ 共同的正交归一化本征矢完备组；

(d) $\hat{G}$ 的正交归一化本征矢完备组；

(e) 体系在 $t>0$ 时刻的态矢量 $\psi(t)$；

(f) 在态 $\psi(t)$ 下，体系的力学量 $\hat{H}$、$\hat{F}$ 和 $\hat{G}$ 各自的期望值及取各可能值的几率。

答：(a) $[\hat{F},\hat{H}]=0$；$[\hat{G},\hat{H}]\neq0$；$[\hat{F},\hat{G}]\neq0$。

(b) $\hat{H}$ 的本征值为 $\hbar\omega_0,-\hbar\omega_0,-\hbar\omega_0$；$\hat{F}$ 的本征值为 $f,f,-f$；$\hat{G}$ 的本征值为 $g,g,-g$。

(c) $\hat{H}$ 和 $\hat{F}$ 共同的正交归一化本征矢完备组为：

$\phi_1=\begin{pmatrix}1\\0\\0\end{pmatrix}$，对应于 $\hat{H}$ 的本征值为 $\hbar\omega_0$，$\hat{F}$ 的本征值为 f；

$\phi_2=\frac{1}{\sqrt{2}}\begin{pmatrix}0\\1\\1\end{pmatrix}$，对应于 $\hat{H}$ 的本征值为 $-\hbar\omega_0$，$\hat{F}$ 的本征值为 f；

$\phi_3=\frac{1}{\sqrt{2}}\begin{pmatrix}0\\1\\-1\end{pmatrix}$，对应于 $\hat{H}$ 的本征值为 $-\hbar\omega_0$，$\hat{F}$ 的本征值为 $-f$。

(d)　$|G=g\rangle \Rightarrow \begin{pmatrix}0\\0\\1\end{pmatrix}, |G=g\rangle \Rightarrow \frac{1}{\sqrt{2}}\begin{pmatrix}1\\1\\0\end{pmatrix}$

$$|G=-g\rangle \Rightarrow \frac{1}{\sqrt{2}}\begin{pmatrix}1\\-1\\0\end{pmatrix}$$

(e)

$$\psi(t)=\frac{1}{2}\begin{pmatrix}\sqrt{2}e^{-i\omega_0 t}\\ e^{i\omega_0 t}\\ e^{i\omega_0 t}\end{pmatrix}$$

(f)　$\overline{H}(t)=0$，$\hat{H}$ 取 $\hbar\omega_0$ 的几率为$\frac{1}{2}$，取$(-\hbar\omega_0)$的几率为$\frac{1}{2}$；

$\overline{F}(t)=f$，$\hat{F}$ 取 f 的几率为 1，取$(-f)$的几率为 0；

$\overline{G}(t)=g\left(\frac{1}{4}+\frac{\sqrt{2}}{2}\cos 2\omega_0 t\right)$，$\hat{G}$ 取值为 g 的几率为$\frac{5}{8}+\frac{\sqrt{2}}{4}\cos 2\omega_0 t$，取值为$(-g)$的几率为$\frac{3}{8}-\frac{\sqrt{2}}{4}\cos 2\omega_0 t$.

4-14　无限多个相同的原子间隔为 l，等距排列在一条直线上构成无限长的一维原子链。该体系的一个电子若完全局域在第 i 个原子中，其定态波函数记为 ϕ_i，设无限多个波函数$\{\phi_i\}(i=1,2,3,\cdots)$均已归一化并相互正交，相应的定态能量均为 E_0。现计及相邻原子的电子态之间耦合作用 $\hat{W}$，假定 $\hat{W}$ 在基矢组$\{\phi_i\}$下的矩阵元为$\langle\phi_i|\hat{W}|\phi_j\rangle=\begin{cases}-A & (j=i\pm 1)\\ 0 & (j\neq i\pm 1)\end{cases}$式中：$A$ 为正实常量。试求体系的能谱和相应的定态波函数。

答：提示：在以$\{\phi_i\}(i=1,2,3,\cdots)$为基矢完备组的表象内，$\hat{H}$ 的矩阵表示为

$$\boldsymbol{H}=\begin{bmatrix}\ddots &&&&\\ & E_0 & -A & 0 & 0 &\\ & -A & E_0 & -A & 0 &\\ & 0 & -A & E_0 & -A &\\ & 0 & 0 & -A & E_0 &\\ &&&&& \ddots\end{bmatrix}$$

，又设体系的定态波函数为 $\psi=\begin{bmatrix}\vdots\\ \vdots\\ c_{q-1}\\ c_q\\ c_{q+1}\\ \vdots\end{bmatrix}$，

求解体系定态薛定谔方程，有$-Ac_{q-1}+E_0c_q-Ac_{q+1}=Ec_q$。式中：$E$ 为能量本征值，待求；q 取所有正、负整数及零。这是一个有无限多元的线性方程组。方程的解可有如下形式：$c_q=e^{ikql}$。式中：l 为原子间距，k 是常数且$-\frac{\pi}{l}\leqslant k<\frac{\pi}{l}$。将 c_q 之值代回到 c_q 满足的上述方程中，可得体系的能量本征值为 $E(k)=E_0-2A\cos kl$。与 $E(k)$相应的本征矢 ψ_k 在以$\{\phi_i\}$为基矢完备组的表象中为

$$\psi_k = \begin{pmatrix} \vdots \\ c_{q-1} \\ c_q \\ c_{q+1} \\ \vdots \end{pmatrix} = \cdots + c_{q-1}\begin{pmatrix} \vdots \\ 0 \\ 1_{q-1} \\ 0 \\ \vdots \end{pmatrix} + c_q\begin{pmatrix} \vdots \\ 0 \\ 1_q \\ 0 \\ \vdots \end{pmatrix} + c_{q+1}\begin{pmatrix} \vdots \\ 0 \\ 1_{q+1} \\ 0 \\ \vdots \end{pmatrix} + \cdots$$

采用狄拉克符号即为 $|\psi_k\rangle = \sum_{q=-\infty}^{\infty} c_q |\phi_q\rangle = \sum_{q=-\infty}^{\infty} e^{ikql} |\phi_q\rangle$. 若再变换到坐标表象，有 $\psi_k(x) = \sum_{q=-\infty}^{\infty} e^{ikql}\phi_q(x)$. 式中 $\phi_q(x)$ 为电子完全局域在第 q 个原子中的定态波函数，相应的能量为 E_0。显然，$\phi_q(x) = \phi_0(x-ql)$，即 $\psi_k(x) = \sum_{q=-\infty}^{\infty} e^{ikql}\phi_0(x-ql)$，而 $\psi_k(x+l) = \sum_{q=-\infty}^{\infty} e^{ikql}\phi_0(x+l-ql) = e^{ikl}\sum_{q=-\infty}^{\infty} e^{ik(q-1)l}\phi_0[x-(q-1)l] = e^{ikl}\psi_k(x)$。若令 $u_k(x) = e^{-ikx}\psi_k(x)$，则由前式有 $u_k(x+l) = u_k(x)$，即 $\psi_k(x) = e^{ikx}u_k(x)$，称为布洛赫波；相应的定态能量为 $E_k = E_0 - 2A\cos kl$。由于 $|\psi_k(x+ql)|^2 = |\psi_k(x)|^2$，表明电子已经不再局域在哪一个原子中，其位置几率分布函数是以 l 为周期的周期函数。

4-15 证明：(a) 若一个 N 阶矩阵与所有 N 阶对角矩阵对易，则必为对角矩阵；

(b) 若它与所有 N 阶矩阵对易，则必为常数矩阵。

4-16 设矩阵 A 的本征值为 $A'_i(i=1,2,3,\cdots)$，令 $B=e^A$，其本征值为 $B'_i(i=1,2,3,\cdots)$。证明：$B'_i=e^{A'_i}$；并由此证明：$\det B = e^{\mathrm{Tr}A}$.

4-17 设 $\hat{U}$ 是么正算符，由它构成两个算符 $\hat{A}=\frac{1}{2}(\hat{U}+\hat{U}^+)$ 和 $\hat{B}=\frac{1}{2i}(\hat{U}-\hat{U}^+)$，有 $\hat{U}=\hat{A}+i\hat{B}$。试证明：

(a) $\hat{A}$ 和 $\hat{B}$ 皆为厄密算符；

(b) $\hat{A}^2+\hat{B}^2=\mathbf{1}$；

(c) $[\hat{A},\hat{B}]=0$，因而 $\hat{A}$，$\hat{B}$ 可同时对角化；

(d) 设 $\hat{A}$、$\hat{B}$ 的共同本征态为 $|A'B'\rangle$，本征值分别为 A' 与 B'，则 $U'=A'+iB'$，$|U'|=1$，即 $A'^2+B'^2=1$。因此可以令 $A'=\cos H'$，$B'=\sin H'$（H' 为实数），从而 $U'=e^{iH'}=\dfrac{1+i\tan\left(\frac{H'}{2}\right)}{1-i\tan\left(\frac{H'}{2}\right)}$；

(e) 证明 $\hat{U}$ 可以表示为

$$\hat{U} = e^{i\hat{H}} = \frac{1+i\tan\left(\frac{\hat{H}}{2}\right)}{1-i\tan\left(\frac{\hat{H}}{2}\right)}$$

式中：U' 为 $\hat{U}$ 的本征值，H' 为 $\hat{H}$ 的本征值。

4-18 若算符 $\hat{F}$ 厄密，λ 是实数，证明：

(a) 算符 $\hat{U}=e^{i\lambda\hat{F}}$ 是么正算符；

(b) 算符 $\hat{U}=\dfrac{1+i\lambda\hat{F}}{1-i\lambda\hat{F}}$ 是么正算符。

4-19 试求一个么正矩阵的行列式值，再具体求么正矩阵 $U=e^{iF}$ 的行列式，其中 F 是一个厄密矩阵。

答：若 $UU^{+}=U^{+}U=1$，则 $\det U=e^{i\alpha}$，α 为某个实数. 若令 $U'=e^{-i\frac{\alpha}{N}}U$，则 U' 亦是么正矩阵，则 $\det U'=1$。

$$\det(e^{iF})=e^{i\mathrm{Tr}F}$$

第五章　电子自旋及一般角动量

第一部分　内 容 精 要

一、再定义轨道角动量算符

第二章中已经论及轨道角动量，这里再补充叙述一些内容。

1. 定义为空间转动变换算符群的生成元

空间转动变换操作 $R(\boldsymbol{n},\varphi)$ 指固定时间不变，将三维欧几里德位矢空间中的位矢 $\boldsymbol{r}$ 作绕通过原点的某 $\boldsymbol{n}$ 轴转动角 φ 而变换为 $\boldsymbol{r}'$，记为

$$\boldsymbol{r}' = R(\boldsymbol{n},\varphi)\boldsymbol{r} \tag{5-1}$$

一个 $(\boldsymbol{n},\varphi)$ 对应于一个空间转动变换操作 $R(\boldsymbol{n},\varphi)$；全部 $R(\boldsymbol{n},\varphi)$ 的集合构成空间转动群。它对三维位矢的变换保持位矢的长度不变，故在三维欧几里德位矢空间中的表示矩阵是 3×3 实直交矩阵，$R^{-1}=R^{+}=\widetilde{R}$，矩阵的行列式等于 +1。例如，有

$$R(\hat{x},\varphi_1) = \begin{bmatrix} 1 & 0 & 0 \\ 0 & \cos\varphi_1 & -\sin\varphi_1 \\ 0 & \sin\varphi_1 & \cos\varphi_1 \end{bmatrix}$$

$$R(\hat{y},\varphi_2) = \begin{bmatrix} \cos\varphi_2 & 0 & \sin\varphi_2 \\ 0 & 1 & 0 \\ -\sin\varphi_2 & 0 & \cos\varphi_2 \end{bmatrix}$$

$$R(\hat{z},\varphi_3) = \begin{bmatrix} \cos\varphi_3 & -\sin\varphi_3 & 0 \\ \sin\varphi_3 & \cos\varphi_3 & 0 \\ 0 & 0 & 1 \end{bmatrix} \tag{5-2}$$

对应于三维欧几里德位矢空间中的空间转动变换操作 $R(\boldsymbol{n},\varphi)$ 对位矢 $\boldsymbol{r}$ 作用，在量子力学无自旋单粒子体系诸状态波函数张成的黑伯特空间中，有相应的空间转动变换算符 $\hat{T}_{R(\boldsymbol{n},\varphi)}$ 对体系状态波函数 $\Psi(\boldsymbol{r},t)$ 作用。算符 $\hat{T}_{R(\boldsymbol{n},\varphi)}$ 是线性么正的，变换不改变黑伯特空间中两个矢量的内积，例如

$$'\langle \boldsymbol{r}|t\rangle' = \langle \boldsymbol{r}|t\rangle \tag{5-3}$$

式中：$|\,\rangle' = \hat{T}_{R(\boldsymbol{n},\varphi)}|\,\rangle$，并且有

$$|\boldsymbol{r}\rangle' = |\boldsymbol{r}'\rangle = |R(\boldsymbol{n},\varphi)\boldsymbol{r}\rangle \tag{5-4}$$

得

$$\Psi'(\boldsymbol{r}',t) = \Psi(\boldsymbol{r},t), \quad (\boldsymbol{r}' = R(\boldsymbol{n},\varphi)\boldsymbol{r})$$

即

$$\Psi'(\boldsymbol{r},t) = \Psi(R^{-1}(\boldsymbol{n},\varphi)\boldsymbol{r},t) \tag{5-5}$$

首先，对于绕 $\boldsymbol{n}$ 轴转角 $\delta\varphi\to 0$ 的变换，如图 5-1 所示，有

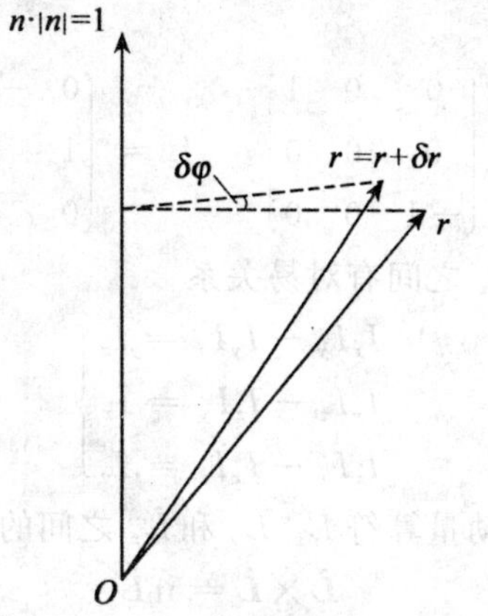

图 5-1

$$\hat{T}_{R(n,\delta\varphi)}\Psi(\boldsymbol{r},t)=\Psi'(\boldsymbol{r},t)=\Psi(\boldsymbol{r}-\delta\boldsymbol{r},t)$$

$$=\Psi(\boldsymbol{r},t)+(-\delta\boldsymbol{r}\cdot\nabla)\Psi(\boldsymbol{r},t)+\frac{1}{2!}(-\delta\boldsymbol{r}\cdot\nabla)^2\Psi(\boldsymbol{r},t)+\cdots$$

$$=e^{-\delta\boldsymbol{r}\cdot\nabla}\Psi(\boldsymbol{r},t)$$

由于波函数 $\Psi(\boldsymbol{r},t)$任意，得

$$\hat{T}_{R(n,\delta\varphi)}=e^{-\delta\boldsymbol{r}\cdot\nabla}=e^{-\delta\varphi(\boldsymbol{n}\times\boldsymbol{r})\cdot\nabla}=e^{-\delta\varphi\,\boldsymbol{n}\cdot(\boldsymbol{r}\times\nabla)}$$

$$=e^{-\frac{i}{\hbar}\delta\varphi\,\boldsymbol{n}\cdot(\boldsymbol{r}\times\hat{\boldsymbol{p}})}=e^{-\frac{i}{\hbar}\delta\varphi\,\boldsymbol{n}\cdot\hat{\boldsymbol{L}}}$$

再由对于绕 $\boldsymbol{n}$ 轴转有限角 φ 的变换，得到

$$\hat{T}_{R(n,\varphi)}=\prod\hat{T}_{R(n,\delta\varphi)}=e^{-\frac{i}{\hbar}\varphi\boldsymbol{n}\cdot\hat{\boldsymbol{L}}}\tag{5-6}$$

看出：轨道角动量算符 $\hat{\boldsymbol{L}}$ 是空间转动变换算符群$\{\hat{T}_{R(n,\varphi)}\}$的生成元。

反过来，从更基础的角度来说，将轨道角动量算符定义为无自旋粒子体系态矢量张成的黑伯特空间中空间转动变换算符群$\{\hat{T}_{R(n,\varphi)}\}$，

$$\hat{T}_{R(n,\varphi)}=e^{-\frac{i}{\hbar}\varphi\boldsymbol{n}\cdot\hat{\boldsymbol{L}}}\tag{5-7}$$

的生成元 $\hat{\boldsymbol{L}}$.

2. 由定义推导出对易关系

下面推导出生成元算符 $\hat{\boldsymbol{L}}$ 的直角坐标系三个分量 $\hat{L}_x$、$\hat{L}_y$ 和 $\hat{L}_z$ 之间的对易关系。此对易关系不随群表示空间不同而改变，故不妨就取三维欧几里德位矢空间作为空间转动群表示空间。在此空间中，再记 $\hat{\boldsymbol{L}}=i\hbar\hat{\boldsymbol{I}}$，可求三个 3×3 矩阵 I_x、I_y 和 I_z 之间的对易关系。由 $\hat{T}_{R(n,\varphi)}$ 式(5-7)出发，再利用 $R(\hat{x},\varphi_1)$式(5-2)，对于无限小角 $\delta\varphi_1$ 转动，得

$$I_x=\lim_{\delta\varphi_1\to0}\frac{R(\hat{x},\delta\varphi_1)-1+O(\delta\varphi_1{}^2)}{\delta\varphi_1}$$

$$=\lim_{\delta\varphi_1\to0}\frac{1}{\delta\varphi_1}\left\{\begin{pmatrix}1&0&0\\0&1&-\delta\varphi_1\\0&\delta\varphi_1&1\end{pmatrix}-1+O(\delta\varphi_1{}^2)\right\}$$

$$=\begin{pmatrix}0&0&0\\0&0&-1\\0&1&0\end{pmatrix}\tag{5-8}$$

同理，得

$$I_y=\begin{pmatrix}0&0&1\\0&0&0\\-1&0&0\end{pmatrix},\quad I_z=\begin{pmatrix}0&-1&0\\1&0&0\\0&0&0\end{pmatrix}\tag{5-9}$$

可知三个 3×3 矩阵 I_x、I_y 和 I_z 之间有对易关系

$$\left.\begin{aligned}I_xI_y-I_yI_x&=I_z\\I_yI_z-I_zI_y&=I_x\\I_zI_x-I_xI_z&=I_y\end{aligned}\right\}\tag{5-10}$$

注意到 $\hat{\boldsymbol{L}}=\mathrm{i}\hbar\hat{\boldsymbol{I}}$，就得到轨道角动量算符 $\hat{L}_x$、$\hat{L}_y$ 和 $\hat{L}_z$ 之间的对易关系，形式上记为

$$\hat{\boldsymbol{L}}\times\hat{\boldsymbol{L}}=\mathrm{i}\hbar\hat{\boldsymbol{L}}\tag{5-11}$$

这与第二章中所述的结果一致。在第二章，将单粒子轨道角动量算符按经典对应定义为 $\hat{\boldsymbol{L}}=\hat{\boldsymbol{r}}\times\hat{\boldsymbol{p}}$，并且要求坐标算符 $\hat{\boldsymbol{r}}$ 的直角坐标系三个分量 $\hat{x}$、$\hat{y}$、$\hat{z}$ 和动量算符 $\hat{\boldsymbol{p}}$ 的直角坐标系三个分量 $\hat{p}_x$、$\hat{p}_y$、$\hat{p}_z$ 之间满足基本量子条件式(2-13)，就也得到轨道角动量算符 $\hat{\boldsymbol{L}}$ 的直角坐标系三个分量之间的对易关系式(5-11)。

3. 由定义推导出坐标表象的表示式

由空间转动变换算符 $\hat{T}_{R(\boldsymbol{n},\varphi)}$ 式(5-7)，对于绕 z 轴作无限小角 $\delta\varphi$ 的转动，作如下运算：

$$\begin{aligned}\hat{T}^{+}_{R(\hat{z},\delta\varphi)}|\boldsymbol{r}\rangle&=\mathrm{e}^{-(-\frac{\mathrm{i}}{\hbar}\delta\varphi\hat{L}_z)}|\boldsymbol{r}\rangle=|\boldsymbol{r}\rangle'\\&=|R^{-1}(\hat{z},\delta\varphi)\boldsymbol{r}\rangle=|r,\theta,\varphi-\delta\varphi\rangle\end{aligned}$$

再取其共轭左矢作用于轨道角动量任一态 $|\alpha\rangle$ 上：

$$\langle r,\theta,\varphi|\left(1-\frac{\mathrm{i}}{\hbar}\delta\varphi\hat{L}_z+\cdots\right)|\alpha\rangle=\langle r,\theta,\varphi-\delta\varphi|\alpha\rangle$$

上式右边

$$\langle r,\theta,\varphi-\delta\varphi|\alpha\rangle=\psi_\alpha(r,\theta,\varphi-\delta\varphi)=\psi_\alpha(r,\theta,\varphi)-\delta\varphi\frac{\partial}{\partial\varphi}\psi_\alpha(r,\theta,\varphi)+\cdots$$

故上式写为

$$\langle r,\theta,\varphi|\left(1-\frac{\mathrm{i}}{\hbar}\delta\varphi\hat{L}_z+\cdots\right)|\alpha\rangle=\langle r,\theta,\varphi|\alpha\rangle-\delta\varphi\frac{\partial}{\partial\varphi}\langle r,\theta,\varphi|\alpha\rangle+\cdots$$

由于角 $\delta\varphi$ 及态矢量 $|\alpha\rangle$ 任意，得到

$$\hat{L}_z=\frac{\hbar}{\mathrm{i}}\frac{\partial}{\partial\varphi}\tag{5-12}$$

同理，对于绕 x 轴和绕 y 轴（这里暂且笼统记为绕 $\hat{e}$ 轴）作无限小角 $\delta\varphi$ 的转动，作如下运算有

$$\hat{T}^{+}_{R(\hat{e},\delta\varphi)}|\boldsymbol{r}\rangle=\hat{T}^{-1}_{R(\hat{e},\delta\varphi)}|\boldsymbol{r}\rangle=|\boldsymbol{r}\rangle'=|R^{-1}(\hat{e},\delta\varphi)\boldsymbol{r}\rangle$$

再采用球极坐标系并利用式(5-2)作如上述同样推演，可以得到

$$\hat{L}_x=\frac{\hbar}{\mathrm{i}}\left(-\sin\varphi\frac{\partial}{\partial\theta}-\cot\theta\cos\varphi\frac{\partial}{\partial\varphi}\right)\tag{5-13}$$

和

$$\hat{L}_y=\frac{\hbar}{\mathrm{i}}\left(\cos\varphi\frac{\partial}{\partial\theta}-\cot\theta\sin\varphi\frac{\partial}{\partial\varphi}\right)\tag{5-14}$$

从而又可以得到

$$\hat{L}_{\pm}=\hat{L}_x\pm \mathrm{i}\hat{L}_y=\frac{\hbar}{\mathrm{i}}\mathrm{e}^{\pm\mathrm{i}\varphi}\left(\pm\mathrm{i}\frac{\partial}{\partial\theta}-\cot\theta\frac{\partial}{\partial\varphi}\right) \tag{5-15}$$

和

$$\hat{\boldsymbol{L}}^2=\hat{L}_z^2+\frac{1}{2}(\hat{L}_+\hat{L}_-+\hat{L}_-\hat{L}_+)=-\hbar^2\left[\frac{1}{\sin\theta}\frac{\partial}{\partial\theta}\left(\sin\theta\frac{\partial}{\partial\theta}\right)+\frac{1}{\sin^2\theta}\frac{\partial^2}{\partial\varphi^2}\right] \tag{5-16}$$

4. 应用

在三维欧几里得位矢空间中，位矢 $\boldsymbol{r}$ 绕 $\boldsymbol{n}$ 轴转动角 φ 变换为 $\boldsymbol{r}'$ 是通过空间转动变换操作 $R(\boldsymbol{n},\varphi)$ 实现的，如式(5-1)和(5-2)所示。特别地，z 轴的单位矢量 $\hat{z}$ 转动为单位矢量 $\boldsymbol{n}=(1,\theta_0,\varphi_0)$ 可经如下变换操作实现：

$$\boldsymbol{n}=R(\hat{z},\varphi_0)R(\hat{y},\theta_0)\hat{z} \tag{5-17}$$

即将单位矢量 $\hat{z}$ 先绕 y 轴转角 θ_0，再绕 z 轴转角 φ_0。

于是，在轨道角动量体系诸态矢量张成的黑伯特空间中，算符 $\hat{\boldsymbol{L}}^2$ 和 $\hat{L}_n=\hat{\boldsymbol{L}}\cdot\boldsymbol{n}$ 的共同本征矢量 $|lm\rangle_n$ 可以由算符 $\hat{\boldsymbol{L}}^2$ 和 $\hat{L}_z$ 的共同本征矢量 $|lm\rangle_{\hat{z}}$ 按式(5-17)如下求得：

$$|lm\rangle_n=\hat{T}_{R(\hat{z},\varphi_0)}\hat{T}_{R(\hat{y},\theta_0)}|lm\rangle_{\hat{z}}=\mathrm{e}^{-\frac{\mathrm{i}}{\hbar}\varphi_0\hat{L}_z}\mathrm{e}^{-\frac{\mathrm{i}}{\hbar}\theta_0\hat{L}_y}|lm\rangle_{\hat{z}} \tag{5-18}$$

注意：式中算符 $\hat{L}_z$ 与 $\hat{L}_y$ 是不对易的。上式两边用左矢 $\langle\theta,\varphi|$ 作用，并且利用算符 $\hat{\boldsymbol{L}}^2$ 和 $\hat{L}_z$ 共同的正交归一化本征矢量完备组 $\{|lm\rangle_{\hat{z}}\}$（l 固定）的完备性表示式

$$\sum_{m'}|lm'\rangle_{\hat{z}}\ {}_{\hat{z}}\langle lm'|=\boldsymbol{1} \tag{5-19}$$

有

$$\psi_{lm}^{(n)}(\theta,\varphi)=\sum_{m'}Y_{lm'}(\theta,\varphi)_{\hat{z}}\langle lm'|\mathrm{e}^{-\frac{\mathrm{i}}{\hbar}\theta_0\hat{L}_y}|lm\rangle_{\hat{z}}\mathrm{e}^{-\mathrm{i}m'\varphi_0} \tag{5-20}$$

式中：可记

$${}_{\hat{z}}\langle lm'|\mathrm{e}^{-\frac{\mathrm{i}}{\hbar}\theta_0\hat{L}_y}|lm\rangle_{\hat{z}}=d^l_{m'm}(\theta_0) \tag{5-21}$$

其具体计算见高等量子力学有关书籍，结果是（θ_0 改写为 β）：

$$\begin{aligned}d^l_{m'm}(\beta)=&[(l+m')!(l-m')!(l+m)!(l-m)!]^{1/2}\cdot\\&\sum_{\nu}\Bigg[\frac{(-1)^{\nu}}{\nu!(l+m-\nu)!(l-m'-\nu)!(\nu+m'-m)!}\cdot\\&\left(\cos\frac{\beta}{2}\right)^{2l-m'+m-2\nu}\left(-\sin\frac{\beta}{2}\right)^{m'-m+2\nu}\Bigg]\end{aligned} \tag{5-22}$$

为实数。式中：对 ν 求和遍及所有整数，$0!=1$，$\frac{1}{n!}=0$（若$n<0$）。对于 $l=\frac{1}{2}$和 $l=1$，具体有

$$d^{(\frac{1}{2})}(\beta)=\begin{pmatrix}\cos\frac{\beta}{2} & -\sin\frac{\beta}{2}\\ \sin\frac{\beta}{2} & \cos\frac{\beta}{2}\end{pmatrix} \tag{5-23}$$

和

$$d^{(1)}(\beta)=\begin{pmatrix}\frac{1+\cos\beta}{2} & -\frac{\sin\beta}{\sqrt{2}} & \frac{1-\cos\beta}{2}\\ \frac{\sin\beta}{\sqrt{2}} & \cos\beta & -\frac{\sin\beta}{\sqrt{2}}\\ \frac{1-\cos\beta}{2} & \frac{\sin\beta}{\sqrt{2}} & \frac{1+\cos\beta}{2}\end{pmatrix} \tag{5-24}$$

同理，有

$$\hat{L}_n = [\hat{T}_{R(\hat{z},\varphi_0)}\hat{T}_{R(\hat{y},\theta_0)}]\hat{L}_z[\hat{T}_{R(\hat{z},\varphi_0)}\hat{T}_{R(\hat{y},\theta_0)}]^+ \tag{5-25}$$

二、电子自旋的假设与实验证实

电子具有自旋是一种相对论性量子效应（可以由相对论性量子力学波动方程——狄拉克方程从理论上引出），表现为电子具有内禀角动量和内禀磁矩，它们通常就称为电子的自旋和自旋磁矩。在非相对论性量子力学中，电子自旋则是基于实验事实以假设的方式引入的。

电子自旋的概念历史上最初由斯特恩（O. Stern）和盖拉赫（W. Gerlach）于 1921～1922 年完成的银原子束通过不均匀磁场后发生偏转和分裂成两束的实验直接证实。在此基础上，乌伦贝克（G. E. Uhlenbeck）和高德斯密特（S. A. Goudsmit）于 1925 年提出，自旋假设。（斯特恩和盖拉赫进行这一实验的目的本完全是为了用实验直接检验玻尔-索末菲氢原子量子论中原子内电子椭圆轨道空间取向量子化的假设）于是可知，电子具有自旋（一种内禀角动量）并相应有自旋磁矩，它们在空间任一方向上都只有平行和反平行这两个可能取向，即电子自旋磁量子数 m_s 取值是量子化的，并且只有两个可能取值。由此，电子自旋的角量子数 $s=\frac{1}{2}$，故自旋磁量子数 $m_s=\frac{1}{2},-\frac{1}{2}$；另外，电子自旋磁矩的大小为一个玻尔磁子 μ_B。

三、电子自旋算符

1. 定义为空间转动变换算符群的生成元

同于上述对粒子轨道角动量算符的论述，将电子的自旋算符 $\hat{s}$ 定义为在单电子内禀运动诸状态态矢量张成的黑伯特空间中空间转动变换算符群 $\{\hat{T}_{R(\boldsymbol{n},\varphi)}\}$，

$$\hat{T}_{R(\boldsymbol{n},\varphi)} = e^{-\frac{i}{\hbar}\varphi \boldsymbol{n}\cdot\boldsymbol{s}} \tag{5-26}$$

的生成元 $\hat{s}$。

2. 对易关系

电子自旋算符 $\hat{s}$ 在直角坐标系的三个分量 $\hat{s}_x$、$\hat{s}_y$ 和 $\hat{s}_z$ 之间的对易关系同于上述对粒子轨道角动量算符的论述，由算符 $\hat{s}$ 的定义可得为

$$\left.\begin{aligned}\hat{s}_x\hat{s}_y - \hat{s}_y\hat{s}_x &= i\hbar\hat{s}_z\\ \hat{s}_y\hat{s}_z - \hat{s}_z\hat{s}_y &= i\hbar\hat{s}_x\\ \hat{s}_z\hat{s}_x - \hat{s}_x\hat{s}_z &= i\hbar\hat{s}_y\end{aligned}\right\} \tag{5-27}$$

这三式合起来记为

$$\hat{\boldsymbol{s}}\times\hat{\boldsymbol{s}} = i\hbar\hat{\boldsymbol{s}} \tag{5-28}$$

3. 狄拉克符号表示

电子自旋在空间任一方向（通常讨论中取为外加磁场的方向并记为 z 轴方向）只有平行（或说正方向、方向向上）和反平行（负方向、方向向下）这两个可能取向，表明电子自旋 $\hat{s}_z$ 的本征态有且只有两个：$|+\rangle$ 和 $|-\rangle$，相应的本征值 $m_s\hbar$ 分别为 $\frac{1}{2}\hbar$ 和 $-\frac{1}{2}\hbar$：

$$\hat{s}_z|\pm\rangle = \pm\frac{1}{2}\hbar|\pm\rangle \tag{5-29}$$

设$|+\rangle$和$|-\rangle$已经归一化,取电子自旋算符为

$$\left.\begin{aligned}\hat{s}_x &= \frac{\hbar}{2}(|+\rangle\langle-|+|-\rangle\langle+|)\\ \hat{s}_y &= \mathrm{i}\frac{\hbar}{2}(-|+\rangle\langle-|+|-\rangle\langle+|)\\ \hat{s}_z &= \frac{\hbar}{2}(|+\rangle\langle+|-|-\rangle\langle-|)\end{aligned}\right\}\tag{5-30}$$

它们之间满足对易关系式(5-27).又有反对易关系式:

$$[\hat{s}_i,\hat{s}_j]_+ \equiv \hat{s}_i\hat{s}_j + \hat{s}_j\hat{s}_i = \frac{1}{2}\hbar^2\delta_{ij}$$

$$(i,j=1,2,3)\tag{5-31}$$

另外,还可以引入算符

$$\hat{s}_+ = \hat{s}_x + \mathrm{i}\hat{s}_y = \hbar|+\rangle\langle-|\tag{5-32}$$

$$\hat{s}_- = \hat{s}_x - \mathrm{i}\hat{s}_y = \hbar|-\rangle\langle+|\tag{5-33}$$

作变换之用。

4. 泡利表象

取$\hat{s}_z$的正交归一化本征矢量完备组$\{|+\rangle,|-\rangle\}$作为基矢量组建立的表象称为$\hat{s}_z$表象。由式(5-30)直接得到在$\hat{s}_z$表象,有

$$\hat{s}_x = \frac{\hbar}{2}\begin{bmatrix}0 & 1\\1 & 0\end{bmatrix},\quad \hat{s}_y = \frac{\hbar}{2}\begin{bmatrix}0 & -i\\i & 0\end{bmatrix},\quad \hat{s}_z = \frac{\hbar}{2}\begin{bmatrix}1 & 0\\0 & -1\end{bmatrix}\tag{5-34}$$

作变换

$$\hat{\boldsymbol{s}} = \frac{\hbar}{2}\hat{\boldsymbol{\sigma}}\tag{5-35}$$

则有

$$\hat{\sigma}_x = \begin{bmatrix}0 & 1\\1 & 0\end{bmatrix},\quad \hat{\sigma}_y = \begin{bmatrix}0 & -\mathrm{i}\\\mathrm{i} & 0\end{bmatrix},\hat{\sigma}_z = \begin{bmatrix}1 & 0\\0 & -1\end{bmatrix}\tag{5-36}$$

$\hat{\sigma}_x$、$\hat{\sigma}_y$和$\hat{\sigma}_z$这三个矩阵称为三个泡利(W. Pauli)矩阵,通常连同单位矩阵$\hat{I}=\begin{bmatrix}1 & 0\\0 & 1\end{bmatrix}$,构成四个独立的2×2厄密矩阵,其余任一2×2厄密矩阵都可以视为这四个独立的2×2厄密矩阵的线性组合。$\hat{s}_x$、$\hat{s}_y$和$\hat{s}_z$三个矩阵(式5-34)(即三个泡利矩阵式5-36)的特点是:$\hat{s}_z$是对角矩阵,对角矩阵元就是$\hat{s}_z$的本征值;$\hat{s}_x$是实矩阵,$\hat{s}_y$是纯虚矩阵,这与康当-肖特莱的约定($\hat{s}_\pm$都是实矩阵)一致。这样的$\hat{s}_z$表象表示又称为泡利表象表示。

三个泡利矩阵之间有如下基本关系式:

$$\hat{\sigma}_x^+ = \hat{\sigma}_x,\quad \hat{\sigma}_y^+ = \hat{\sigma}_y,\quad \hat{\sigma}_z^+ = \hat{\sigma}_z\tag{5-37}$$

$$[\hat{\sigma}_x,\hat{\sigma}_y] = 2\mathrm{i}\hat{\sigma}_z,\quad [\hat{\sigma}_y,\hat{\sigma}_z] = 2\mathrm{i}\hat{\sigma}_x,\quad [\hat{\sigma}_z,\hat{\sigma}_x] = 2\mathrm{i}\hat{\sigma}_y\tag{5-38}$$

$$\hat{\sigma}_x^2 = \mathbf{1},\quad \hat{\sigma}_y^2 = \mathbf{1},\quad \hat{\sigma}_z^2 = \mathbf{1},\quad \hat{\sigma}_n^2 = \mathbf{1}\tag{5-39}$$

$$[\hat{\sigma}_x,\hat{\sigma}_y]_+ = 0,\quad [\hat{\sigma}_y,\hat{\sigma}_z]_+ = 0,\quad [\hat{\sigma}_z,\hat{\sigma}_x]_+ = 0\tag{5-40}$$

$$\hat{\sigma}_x\hat{\sigma}_y\hat{\sigma}_z = \mathrm{i}\tag{5-41}$$

5. 算符 $\hat{\boldsymbol{s}}\cdot\boldsymbol{n}$

类似于轨道角动量算符 $\hat{L}_n$ 式(5-25)，电子自旋算符 $\hat{\boldsymbol{s}}$ 在单位矢量 $\hat{\boldsymbol{n}}=(1,\theta,\varphi)$ 上投影的算符

$$\hat{s}_n=[\hat{T}_{R(\hat{z},\varphi)}\hat{T}_{R(\hat{y},\theta)}]\hat{s}_z[\hat{T}_{R(\hat{z},\varphi)}\hat{T}_{R(\hat{y},\theta)}]^+ \tag{5-42}$$

式中：

$$\begin{aligned}\hat{T}_{R(\hat{y},\theta)}&=e^{-\frac{i}{\hbar}\theta\hat{s}_y}=e^{-i\frac{\theta}{2}\hat{\sigma}_y}\\&=1+\left(-i\frac{\theta}{2}\hat{\sigma}_y\right)+\frac{1}{2!}\left(-i\frac{\theta}{2}\hat{\sigma}_y\right)^2+\cdots+\frac{1}{n!}\left(-i\frac{\theta}{2}\hat{\sigma}_y\right)^n+\cdots\\&=\left(\cos\frac{\theta}{2}\right)-i\left(\sin\frac{\theta}{2}\right)\hat{\sigma}_y=\begin{pmatrix}\cos\frac{\theta}{2}, & -\sin\frac{\theta}{2}\\ \sin\frac{\theta}{2}, & \cos\frac{\theta}{2}\end{pmatrix}\end{aligned} \tag{5-43}$$

式中用到 $\hat{\sigma}_y$ 式(5-36)及 $\hat{\sigma}_y^2=\mathbf{1}$ 式(5-39)；同样又有

$$\begin{aligned}\hat{T}_{R(\hat{z},\varphi)}&=e^{-\frac{i}{\hbar}\varphi\hat{s}_z}=e^{-i\frac{\varphi}{2}\hat{\sigma}_z}\\&=\left(\cos\frac{\varphi}{2}\right)-i\left(\sin\frac{\varphi}{2}\right)\hat{\sigma}_z=\begin{pmatrix}e^{-i\frac{\varphi}{2}} & 0\\ 0 & e^{i\frac{\varphi}{2}}\end{pmatrix}\end{aligned} \tag{5-44}$$

式中用到 $\hat{\sigma}_z$ 式(5-36)及 $\hat{\sigma}_z^2=\mathbf{1}$ 式(5-39)．代回式(5-42)，得到

$$\hat{s}_n=\frac{\hbar}{2}\begin{bmatrix}\cos\theta & \sin\theta e^{-i\varphi}\\ \sin\theta e^{i\varphi} & -\cos\theta\end{bmatrix} \tag{5-45}$$

四、电子自旋态矢量

1. 本征态矢量

在 $\hat{s}_z$ 表象，算符 $\hat{s}_z$ 的相应于本征值为 $\pm\frac{1}{2}\hbar$ 的两个正交归一化本征矢量表示为

$$|+\rangle\Rightarrow\begin{bmatrix}1\\0\end{bmatrix}\overset{\text{记为}}{=\!=}\chi_+,\text{或 }\alpha \tag{5-46}$$

$$|-\rangle\Rightarrow\begin{bmatrix}0\\1\end{bmatrix}\overset{\text{记为}}{=\!=}\chi_-,\text{或 }\beta \tag{5-47}$$

这可以由求解算符 $\hat{s}_z$ 式(5-34)的本征值方程直接得到。由式(5-36)和式(5-46、5-47)直接可得

$$\hat{\sigma}_x\alpha=\beta,\quad \hat{\sigma}_y\alpha=i\beta,\quad \hat{\sigma}_z\alpha=\alpha \tag{5-48}$$

$$\hat{\sigma}_x\beta=\alpha,\quad \hat{\sigma}_y\beta=-i\alpha,\quad \hat{\sigma}_z\beta=-\beta \tag{5-49}$$

于是，类似于轨道角动量 $\hat{L}_z$ 的本征矢量变换为 $\hat{L}_n$ 的本征矢量式(5-18)，可以求得算符 $\hat{s}_n$，$\boldsymbol{n}=(1,\theta,\varphi)$ 的相应于本征值为 $\pm\frac{1}{2}\hbar$ 的两个正交归一化本征矢量为

$$|\pm\rangle_n=e^{-\frac{i}{\hbar}\varphi\hat{s}_z}e^{-\frac{i}{\hbar}\theta\hat{s}_y}|\pm\rangle_z \tag{5-50}$$

在 $\hat{s}_z$ 表象，有

$$\chi_+^{(n)}=\begin{pmatrix}e^{-i\frac{\varphi}{2}} & 0\\ 0 & e^{i\frac{\varphi}{2}}\end{pmatrix}\begin{pmatrix}\cos\frac{\theta}{2} & -\sin\frac{\theta}{2}\\ \sin\frac{\theta}{2} & \cos\frac{\theta}{2}\end{pmatrix}\begin{bmatrix}1\\0\end{bmatrix}=\begin{pmatrix}\cos\frac{\theta}{2}e^{-i\frac{\varphi}{2}}\\ \sin\frac{\theta}{2}e^{i\frac{\varphi}{2}}\end{pmatrix} \tag{5-51}$$

$$\chi_{-}^{(n)}=\begin{bmatrix}e^{-i\frac{\varphi}{2}} & 0\\ 0 & e^{i\frac{\varphi}{2}}\end{bmatrix}\begin{bmatrix}\cos\frac{\theta}{2} & -\sin\frac{\theta}{2}\\ \sin\frac{\theta}{2} & \cos\frac{\theta}{2}\end{bmatrix}\begin{bmatrix}0\\1\end{bmatrix}=\begin{bmatrix}-\sin\frac{\theta}{2}e^{-i\frac{\varphi}{2}}\\ \cos\frac{\theta}{2}e^{i\frac{\varphi}{2}}\end{bmatrix} \tag{5-52}$$

特别是,若 $\boldsymbol{n}$ 沿 x 轴和沿 y 轴,则有 $\boldsymbol{n}_x=\left(1,\frac{\pi}{2},0\right)$ 和 $\boldsymbol{n}_y=\left(1,\frac{\pi}{2},\frac{\pi}{2}\right)$,则在 $\hat{s}_z$ 表象分别有

$$\chi_{+}^{(\hat{x})}=\frac{1}{\sqrt{2}}\begin{bmatrix}1\\1\end{bmatrix}\text{或}\frac{1}{\sqrt{2}}(\alpha+\beta)$$

$$\chi_{-}^{(\hat{x})}=\frac{1}{\sqrt{2}}\begin{bmatrix}-1\\1\end{bmatrix}\text{或}\frac{1}{\sqrt{2}}(\alpha-\beta) \tag{5-53}$$

和

$$\chi_{+}^{(\hat{y})}=\frac{1}{\sqrt{2}}\begin{bmatrix}1\\i\end{bmatrix}\text{或}\frac{1}{\sqrt{2}}(\alpha+i\beta)$$

$$\chi_{-}^{(\hat{y})}=\frac{1}{\sqrt{2}}\begin{bmatrix}i\\1\end{bmatrix}\text{或}\frac{1}{\sqrt{2}}(\alpha-\beta) \tag{5-54}$$

2. 一般态矢量

电子自旋态的任一态矢量 $|t\rangle$ 总可以按电子自旋算符 $\hat{s}_z$(或 $\hat{s}_x$、$\hat{s}_y$ 及 $\hat{s}_n$)的本征矢量完备组 $\{|+\rangle,|-\rangle\}$ 展开:

$$|t\rangle=c_1(t)|+\rangle+c_2(t)|-\rangle \tag{5-55}$$

在 $\hat{s}_z$ 表象,写为

$$\chi(t)=c_1(t)\begin{bmatrix}1\\0\end{bmatrix}+c_2(t)\begin{bmatrix}0\\1\end{bmatrix}=\begin{bmatrix}c_1(t)\\c_2(t)\end{bmatrix} \tag{5-56}$$

为两行一列的矩阵。若欲求出一个体系自旋态的态矢量 $\chi(t)$ 式(5-56),须求解相应的薛定谔方程

$$i\hbar\frac{\partial}{\partial t}\begin{bmatrix}c_1(t)\\c_2(t)\end{bmatrix}=\begin{bmatrix}H_{11} & H_{12}\\H_{21} & H_{22}\end{bmatrix}\begin{bmatrix}c_1(t)\\c_2(t)\end{bmatrix} \tag{5-57}$$

3. 旋量

由电子自旋态矢量 $\chi(t)$ 式(5-56)看出,它有两个分量 $c_1(t)$ 和 $c_2(t)$,故它称为旋量(二分量旋量)。有偶数个分量的量统称为旋量,例如有四个分量的旋量称为四分量旋量。

试将绕 z 轴转角 2π 的空间转动变换算符式(5-26)作用于电子自旋态矢量 $|t\rangle$ 上,并且利用算符 $\hat{s}_z$ 的本征矢量组 $\{|+\rangle,|-\rangle\}$ 的完备性,有

$$\begin{aligned}e^{-\frac{i}{\hbar}2\pi\hat{s}_z}|t\rangle&=e^{-\frac{i}{\hbar}2\pi\hat{s}_z}[|+\rangle\langle+|t\rangle+|-\rangle\langle-|t\rangle]\\&=e^{-i\pi}|+\rangle\langle+|t\rangle+e^{i\pi}|-\rangle\langle-|t\rangle=-|t\rangle\end{aligned} \tag{5-58}$$

可见,旋量在相应黑伯特空间中绕 z 轴转角 2π 后不复原,而是反号。可以对照三维欧几里得位矢空间中的位矢 $\boldsymbol{r}=\begin{bmatrix}x\\y\\z\end{bmatrix}$,它有三个分量;若对它施加绕 z 轴转角 2π 的空间转动变换操作 $R(\hat{z},2\pi)$ 式(5-2),则位矢 $\boldsymbol{r}$ 变回到 $\boldsymbol{r}$,故位矢 $\boldsymbol{r}$ 称为张量(一秩张量)。

4. 自旋极化方向在磁场中进动

由《量子力学与原子物理学》(张哲华、刘莲君编著.武汉大学出版社 1997 年版)第六章中习题第 6-9、6-10 等题和本书本章例题第 5-8、5-9 等题都可以看出,电子自旋的极化方向在恒定均匀磁场中是绕磁场方向以角频率 $\omega=\frac{\mu_B B}{\hbar}$ 进动的。另外自旋 $s=\frac{1}{2}$、磁矩为 μ_0 的粒子也是如此$\left(\omega=\frac{\mu_B B}{\hbar}\right)$。这是一个有重要意义的效应。

五、一般角动量算符

1. 定义

在一个体系所有可能运动状态的态矢量张成的黑伯特空间中,空间转动变换算符群$\{\hat{T}_{R(n,\varphi)}\}$,

$$\hat{T}_{R(n,\varphi)}=e^{-\frac{i}{\hbar}\varphi n\cdot\hat{J}} \tag{5-59}$$

的生成元 $\hat{\boldsymbol{J}}$ 是这个黑伯特空间中的算符,定义为这个体系的角动量算符。由于 $\hat{T}_{R(n,\varphi)}$ 是线性么正算符,故 $\hat{\boldsymbol{J}}$ 是线性厄密算符。

2. 对易关系

角动量算符 $\hat{\boldsymbol{J}}$ 的直角坐标系三个分量 $\hat{J}_x$、$\hat{J}_y$ 和 $\hat{J}_z$ 之间的对易关系可由定义式(5-59)出发,类同于对轨道角动量 $\hat{\boldsymbol{L}}$ 的讨论,得到

$$\left.\begin{aligned}\hat{J}_x\hat{J}_y-\hat{J}_y\hat{J}_x&=i\hbar\hat{J}_z\\ \hat{J}_y\hat{J}_z-\hat{J}_z\hat{J}_y&=i\hbar\hat{J}_x\\ \hat{J}_z\hat{J}_x-\hat{J}_x\hat{J}_z&=i\hbar\hat{J}_y\end{aligned}\right\} \tag{5-60}$$

合起来记为

$$\hat{\boldsymbol{J}}\times\hat{J}=i\hbar\hat{\boldsymbol{J}} \tag{5-61}$$

3. 本征值问题

还可以引入角动量平方算符 $\hat{\boldsymbol{J}}^2$:

$$\hat{\boldsymbol{J}}^2=\hat{J}_x^2+\hat{J}_y^2+\hat{J}_z^2 \tag{5-62}$$

显然也是线性厄密算符,是一个标量算符。另外,又引入算符

$$\hat{J}_{\pm}=\hat{J}_x\pm i\hat{J}_y \tag{5-63}$$

它们都不是厄密算符。

算符 $\hat{J}_x$、$\hat{J}_y$ 和 $\hat{J}_z$ 在对易关系(量子条件)式(5-60)中的地位相同,故它们有相同的本征值谱。下面给出算符 $\hat{\boldsymbol{J}}^2$ 和 $\hat{J}_z$ 的本征值谱。

算符 $\hat{\boldsymbol{J}}^2$ 和 $\hat{J}_z$ 对易,故它们有共同的正交归一化本征矢量完备组。用它们各自本征值的量子数 j 和 m 共同来表征它们共同的本征矢量,记为 $|jm\rangle$,则它们的本征值方程可以分别写为

$$\hat{\boldsymbol{J}}^2|jm\rangle=j(j+1)\hbar^2|jm\rangle \tag{5-64}$$

和

$$\hat{J}_z|jm\rangle=m\hbar|jm\rangle \tag{5-65}$$

仅由角动量算符 $\hat{\boldsymbol{J}}$ 的量子条件式(5-60)出发,就可以推导出角量子数 j 的可能取值为

$$j=0,\text{正整数和半正整数} \tag{5-66}$$

对于角量子数 j 的一个固定取值，磁量子数 m 的可能取值为

$$m = j, j-1, \cdots, -j \tag{5-67}$$

取值相隔为 1，共取 $2j+1$ 个可能值。

如果角动量算符 $\hat{\boldsymbol{J}}$ 所在的黑伯特空间是张量空间，则角量子数 j 再限制为只能取零和正整数，例如单粒子轨道角动量的角量子数 $l=0,1,2,\cdots$，但如果算符 $\hat{\boldsymbol{J}}$ 所在的黑伯特空间是旋量空间，则角量子数 j 再限制为只能取半正整数，例如电子自旋的角量子数 $s=\frac{1}{2}$，电子总角动量 $\hat{\boldsymbol{J}}=\hat{\boldsymbol{L}}+\hat{\boldsymbol{s}}$ 的角量子数 $j=\frac{1}{2},\frac{3}{2},\frac{5}{2},\cdots$

4. 矩阵表示

(i)　角动量算符的矩阵表示

由式(5-64)、(5-66)和式(5-65)、(5-67)直接得到算符 $\hat{\boldsymbol{J}}^2$ 和 $\hat{J}_z$ 的矩阵元为

$$\langle j'm'|\hat{\boldsymbol{J}}^2|jm\rangle = j(j+1)\hbar^2\delta_{j'j}\delta_{m'm} \tag{5-68}$$

和

$$\langle j'm'|\hat{J}_z|jm\rangle = m\hbar\delta_{j'j}\delta_{m'm} \tag{5-69}$$

由式(5-63)，应用角动量算符 $\hat{\boldsymbol{J}}$ 的量子条件式(5-60)并遵从康当-肖特莱约定($\hat{J}_\pm$ 都是实矩阵)，可得

$$\hat{J}_+|jm\rangle = \sqrt{(j-m)(j+m+1)}\hbar|j,m+1\rangle \tag{5-70}$$

$$\hat{J}_-|jm\rangle = \sqrt{(j+m)(j-m+1)}\hbar|j,m-1\rangle \tag{5-71}$$

于是有算符 $\hat{J}_+$ 和 $\hat{J}_-$ 的矩阵元

$$\langle j'm'|\hat{J}_\pm|jm\rangle = \sqrt{(j\mp m)(j\pm m+1)}\hbar\delta_{j'j}\delta_{m',m\pm1} \tag{5-72}$$

从而得到算符 $\hat{J}_x$ 和 $\hat{J}_y$ 的矩阵元为

$$\langle j'm'|\hat{J}_x|jm\rangle = \frac{1}{2}[\langle\hat{J}_+\rangle_{j'm',jm}+\langle\hat{J}_-\rangle_{j'm',jm}] \tag{5-73}$$

$$\langle j'm'|\hat{J}_y|jm\rangle = \frac{1}{2i}[\langle\hat{J}_+\rangle_{j'm',jm}-\langle\hat{J}_-\rangle_{j'm',jm}] \tag{5-74}$$

通常，固定角量子数 j，在黑伯特子空间中排出矩阵；以磁量子数取值为 $m=j,j-1,\cdots,-j$ 的前后顺序，将行(和列)编写为第 $1,2,\cdots,2j+1$ 行(和列)。

(ii)　空间转动变换算符的矩阵表示

对应于在三维欧几里德位矢空间中将位矢 $\boldsymbol{r}$ 由沿 z 轴转动到沿 $\boldsymbol{n}$ 轴($\boldsymbol{n}=(1,\theta,\varphi)$)的空间转动变换操作 $R(\hat{z},\varphi)R(\hat{y},\theta)$，在角动量算符 $\hat{\boldsymbol{J}}$ 所在的黑伯特空间中，有

$$\begin{aligned}|jm\rangle_n &= e^{-\frac{i}{\hbar}\varphi\hat{J}_z}e^{-\frac{i}{\hbar}\theta\hat{J}_y}|jm\rangle_z \\ &= \sum_{m'}|jm'\rangle_z\ {}_z\langle jm'|e^{-\frac{i}{\hbar}\varphi\hat{J}_z}e^{-\frac{i}{\hbar}\theta\hat{J}_y}|jm\rangle_z \xlongequal{\text{记为}} \sum_{m'}|jm'\rangle_z e^{-im'\varphi}d^j_{m'm}(\theta)\end{aligned} \tag{5-75}$$

式中：

$$d^j_{m'm}(\theta) = {}_z\langle jm'|e^{-\frac{i}{\hbar}\theta\hat{J}_y}|jm\rangle_z \tag{5-76}$$

就是绕 y 轴转角 θ 的空间转动变换算符 $\hat{T}_{R(\hat{y},\theta)}$ 在固定角量子数 j 的角动量子空间中的矩阵

元，其具体形式，对于轨道角动量而言(但不失一般性)如式(5-22)所示。这个变换矩阵 $d^j(\theta)$ 在量子力学的角动量理论中很重要。仅就式(5-75)而言可知，固定角量子数 j，$\hat{J}^2$ 和 $\hat{J}_z$ 共同的正交归一化本征矢量完备组$\{|jm\rangle_z\}$变换为 $\hat{J}^2$ 和 $\hat{J}_n$ 共同的正交归一化本征矢量完备组$\{|jm\rangle_n\}$，是按 d^j 矩阵变换的。

5. 角动量的施温格谐振子模型

设有两个独立(无耦合)一维谐振子组成的体系。标记其能量本征矢量分别为$|n_+\rangle$和$|n_-\rangle$。按第二章内容精要第三(-2)段中引入的算符 $\hat{a}$ 和 $\hat{a}^+$ 式(2-20、2-21)，有

$$[\hat{a}_+,\hat{a}_+^+]=[\hat{a}_-,\hat{a}_-^+]=1 \tag{5-77}$$

$$[\hat{a}_+,\hat{a}_-^+]=[\hat{a}_-,\hat{a}_+^+]=0 \tag{5-78}$$

又引入算符

$$\hat{N}_\pm=\hat{a}_\pm^+\hat{a}_\pm \tag{5-79}$$

它对一维谐振子能量本征矢量$|n\rangle$的作用由式(2-24)和(2-25)知有

$$\hat{N}_\pm|n_\pm\rangle=n_\pm|n_\pm\rangle \tag{5-80}$$

并且，有

$$[\hat{N}_\pm,\hat{a}_\pm]=-\hat{a}_\pm,\quad [\hat{N}_\pm,\hat{a}_\pm^+]=\hat{a}_\pm^+ \tag{5-81}$$

记$|n_+,n_-\rangle$为体系的相应于两个无耦合一维谐振子的能量量子数分别为 n_+ 和 n_- 的态，$|0,0\rangle$为 $n_+=n_-=0$ 的态，由式(2-25)可知有

$$|n_+,n_-\rangle=\frac{(\hat{a}_+^+)^{n_+}(\hat{a}_-^+)^{n_-}}{\sqrt{n_+!}\sqrt{n_-!}}|0,0\rangle \tag{5-82}$$

下面定义算符(对照电子自旋算符式(5-30))：

$$\hat{J}_x=\frac{\hbar}{2}(\hat{a}_+^+\hat{a}_-+\hat{a}_-^+\hat{a}_+) \tag{5-83}$$

$$\hat{J}_y=\frac{\hbar}{2i}(\hat{a}_+^+\hat{a}_--\hat{a}_-^+\hat{a}_+) \tag{5-84}$$

$$\hat{J}_z=\frac{\hbar}{2}(\hat{a}_+^+\hat{a}_+-\hat{a}_-^+\hat{a}_-)=\frac{\hbar}{2}(\hat{N}_+-\hat{N}_-) \tag{5-85}$$

它们显然是厄密算符，利用式(5-77)和(5-78)可以证明它们之间有对易关系式(5-60)，即式(5-61)

$$\hat{\boldsymbol{J}}\times\hat{\boldsymbol{J}}=\mathrm{i}\hbar\hat{\boldsymbol{J}}$$

表明 $\hat{\boldsymbol{J}}$ 是角动量算符。又由式(5-83)和(5-84)，有

$$\left.\begin{aligned}\hat{J}_+&=\hat{J}_x+\mathrm{i}\hat{J}_y=\hbar\hat{a}_+^+\hat{a}_-\\ \hat{J}_-&=\hat{J}_x-\mathrm{i}\hat{J}_y=\hbar\hat{a}_-^+\hat{a}_+\end{aligned}\right\} \tag{5-86}$$

可定义算符

$$\begin{aligned}\hat{\boldsymbol{J}}^2&=\hat{J}_x^2+\hat{J}_y^2+\hat{J}_z^2=\hat{J}_z^2+\frac{1}{2}(\hat{J}_+\hat{J}_-+\hat{J}_-\hat{J}_+)\\ &=\frac{\hat{N}}{2}\left(\frac{\hat{N}}{2}+1\right)\hbar^2\end{aligned} \tag{5-87}$$

式中：

$$\hat{N}=\hat{N}_++\hat{N}_-=\hat{a}_+^+\hat{a}_++\hat{a}_-^+\hat{a}_- \tag{5-88}$$

由式(5-80)知，$\hat{N}_+$和 $\hat{N}_-$的本征值分别为 n_+和 n_-，

$$n_+,n_-=0,1,2,3,\cdots \tag{5-89}$$

故算符 $\hat{N}$ 式(5-88)的本征值 n 为

$$n = n_+ + n_- = 0,1,2,3,\cdots \tag{5-90}$$

于是，由式(5-82)、式(5-87)、(5-88)、(5-90)和式(5-85)、(5-80)、(5-89)可知

$$\hat{\boldsymbol{J}}^2 |n_+,n_-\rangle = \frac{n}{2}(\frac{n}{2}+1)\hbar^2 |n_+,n_-\rangle = \frac{n_+ + n_-}{2}\left(\frac{n_+ + n_-}{2}+1\right)\hbar^2 |n_+,n_-\rangle \tag{5-91}$$

$$\hat{J}_z |n_+,n_-\rangle = \frac{1}{2}(n_+ - n_-)\hbar |n_+,n_-\rangle \tag{5-92}$$

作替换：

$$n_+ = j+m,\quad n_- = j-m \tag{5-93}$$

则有

$$\hat{\boldsymbol{J}}^2 |jm\rangle = j(j+1)\hbar^2 |jm\rangle$$

$$j = \frac{1}{2}(n_+ + n_-) = \frac{1}{2}n = 0,\text{正整数},\text{半正整数} \tag{5-94}$$

$$\hat{J}_z |jm\rangle = m\hbar |jm\rangle$$

$$m = \frac{1}{2}(n_+ - n_-) = \frac{n}{2},\frac{n}{2}-1,\cdots,-\frac{n}{2} \tag{5-95}$$

而角动量算符 $\hat{\boldsymbol{J}}^2$ 和 $\hat{J}_z$ 的共同本征矢量 $|jm\rangle$ 可以写为

$$|jm\rangle = \frac{(\hat{a}_+^+)^{j+m}(\hat{a}_-^+)^{j-m}}{\sqrt{(j+m)!(j-m)!}}|0,0\rangle \tag{5-96}$$

以上所述就是表述角动量的施温格(J. Schwinger)谐振子模型。如果仅论及角动量的空间转动变换性质(而不管是具体怎样的角动量)，利用这个模型是十分适用的。另外，式(5-96)还直接表示了 $2j$ 个自旋 $s=\frac{1}{2}$ 的粒子系有 $j+m$ 个粒子自旋向上、$j-m$ 个粒子自旋向下的体系自旋态。

六、两个角动量的耦合

1. 两个独立的角动量算符之和

设有一个角动量算符 $\hat{\boldsymbol{J}}_1$ 在黑伯特空间 V_1 中，又有另一个角动量算符 $\hat{\boldsymbol{J}}_2$ 在黑伯特空间 V_2 中，则在黑伯特直积空间 $V_1 \otimes V_2$ 中可以引入这两个独立的角动量算符 $\hat{\boldsymbol{J}}_1$ 与 $\hat{\boldsymbol{J}}_2$ 之和：

$$\hat{\boldsymbol{J}} = \hat{\boldsymbol{J}}_1 \otimes \hat{\boldsymbol{1}}_2 + \hat{\boldsymbol{1}}_1 \otimes \hat{\boldsymbol{J}}_2,\quad \text{简记为}\ \hat{\boldsymbol{J}} = \hat{\boldsymbol{J}}_1 + \hat{\boldsymbol{J}}_2 \tag{5-97}$$

$\hat{\boldsymbol{J}}$ 也是一个角动量算符，遵从角动量的量子条件式(5-61)，称为两个独立的角动量 $\hat{\boldsymbol{J}}_1$ 和 $\hat{\boldsymbol{J}}_2$ 耦合而成的总角动量算符。

2. 总角动量算符的本征值问题

总角动量算符 $\hat{\boldsymbol{J}}$ 的角量子数 j 按量子条件的要求，可能取值为 0、正整数和半正整数。对于角量子数 j 的一个固定取值，磁量子数 m 取值为 $j,j-1,\cdots,-j$，相隔为 1，共取 $2j+1$ 个值。

将耦合成总角动量 $\hat{\boldsymbol{J}}$ 的两个独立角动量 $\hat{\boldsymbol{J}}_1$ 和 $\hat{\boldsymbol{J}}_2$ 的角量子数 j_1 和 j_2 分别固定，则总角动量的角量子数 j 的可能取值为

$$j = j_1+j_2, j_1+j_2-1,\cdots,|j_1-j_2| \tag{5-98}$$

共 $2j_2+1$ 个值($j_1>j_2$)或 $2j_1+1$ 个值($j_1<j_2$)。上式称为两个角动量耦合的 $\Delta(j_1j_2j)$ 关系。而总角动量的磁量子数 m 的可能取值为

$$m = m_1 + m_2 \tag{5-99}$$

式中：m_1 和 m_2 分别是角动量 $\hat{J}_1$ 和 $\hat{J}_2$ 的磁量子数，可取当角量子数 j_1 和 j_2 分别固定时的所有可能值 $m_1=j_1,j_1-1,\cdots,-j_1$ 和 $m_2=j_2,j_2-1,\cdots,-j_2$。代入式(5-99)，所得 m 的各个重复值是分别属于式(5-98)中不同 j 值的。

3. 无耦合表象与耦合表象

在角动量直积空间 $V_1\otimes V_2$ 中，可以建立两个表象。一个是以两独立角动量 $\hat{J}_1$ 和 $\hat{J}_2$ 体系的力学量完全集合 $\{\hat{J}_1^2,\hat{J}_{1z},\hat{J}_2^2,\hat{J}_{2z}\}$ 的共同的正交归一化本征矢量完备组 $\{|j_1m_1j_2m_2\rangle\}$ 作为基矢量组，这样建立的表象称为无耦合表象。另一个是以体系的另一个力学量完全集合 $\{\hat{J}_1^2,\hat{J}_2^2,\hat{J}^2,\hat{J}_z\}$（其中 $\hat{J}=\hat{J}_1+\hat{J}_2$）的共同的正交归一化本征矢量完备组 $\{|j_1j_2jm\rangle\}$ 作为基矢量组，这样建立的表象称为耦合表象。

可以固定这两个角动量算符的角量子数 j_1 和 j_2，在这两个角动量体系的黑伯特子空间 $V_1^{(j_1)}\otimes V_2^{(j_2)}$ 中建立上述两个表象。这个子空间的维数是 $(2j_1+1)(2j_2+1)$。

4. 克累布施-戈登系数

在两独立角动量 $\hat{J}_1$ 和 $\hat{J}_2$ 体系的黑伯特子空间 $V_1^{(j_1)}\otimes V_2^{(j_2)}$ 中（j_1 和 j_2 固定），耦合表象基矢量组 $\{|j_1j_2jm\rangle\}$ 与无耦合表象基矢量组 $\{|j_1m_1j_2m_2\rangle\}$ 之间线性么正变换的矩阵的矩阵元称为克累布施-戈登（A. Clebsch 和 P. Gordan）系数，简称为 C-G 系数。

按第四章内容精要第七段中 U_{ij} 式(4-99)，C-G 系数记为 $\langle j_1m_1j_2m_2|j_1j_2jm\rangle$ 或 $\langle j_1j_2jm|j_1m_1j_2m_2\rangle$，再按康登-肖特莱约定，使得所有 C-G 系数全为实数，有

$$\langle j_1j_2jm|j_1m_1j_2m_2\rangle=\langle j_1m_1j_2m_2|j_1j_2jm\rangle \tag{5-100}$$

对于 $j_2=\dfrac{1}{2}$ 和 1 两个简单情况，C-G 系数的表示式列于表 5-1 和表 5-2 中。

表 5-1 $\langle j_1m_1,\dfrac{1}{2}m_2|jm\rangle$

j \ m_2	$\frac{1}{2}$	$-\frac{1}{2}$
$j_1+\frac{1}{2}$	$\left[\dfrac{j_1+m+\frac{1}{2}}{2j_1+1}\right]^{1/2}$	$\left[\dfrac{j_1-m+\frac{1}{2}}{2j_1+1}\right]^{1/2}$
$j_1-\frac{1}{2}$	$-\left[\dfrac{j_1-m+\frac{1}{2}}{2j_1+1}\right]^{1/2}$	$\left[\dfrac{j_1+m+\frac{1}{2}}{2j_1+1}\right]^{1/2}$

(5-101)

利用 C-G 系数，由无耦合表象的基矢量组可以求得耦合表象的基矢量组，其变换关系式为

$$|j_1j_2jm\rangle=\sum_{m_1(m_2)}|j_1m_1j_2m_2\rangle\langle j_1m_1j_2m_2|j_1j_2jm\rangle \tag{5-103}$$

表 5-2　$\langle j_1m_1, 1m_2|jm\rangle$

j \ m_2	1	0	−1
j_1+1	$\left[\frac{(j_1+m)(j_1+m+1)}{(2j_1+1)(2j_1+2)}\right]^{1/2}$	$\left[\frac{(j_1-m+1)(j_1+m+1)}{(2j_1+1)(j_1+1)}\right]^{1/2}$	$\left[\frac{(j_1-m)(j_1-m+1)}{(2j_1+1)(2j_1+2)}\right]^{1/2}$
j_1	$-\left[\frac{(j_1+m)(j_1-m+1)}{2j_1(j_1+1)}\right]^{1/2}$	$\frac{m}{[j_1(j_1+1)]^{1/2}}$	$\left[\frac{(j_1-m)(j_1+m+1)}{2j_1(j_1+1)}\right]^{1/2}$
j_1-1	$\left[\frac{(j_1-m)(j_1-m+1)}{2j_1(2j_1+1)}\right]^{1/2}$	$-\left[\frac{(j_1-m)(j_1+m)}{j_1(2j_1+1)}\right]^{1/2}$	$\left[\frac{(j_1+m)(j_1+m+1)}{2j_1(2j_1+1)}\right]^{1/2}$

(5-102)

式中：诸叠加系数都是 C-G 系数。

5. 例 1：一个电子的"轨道"——自旋耦合态

设一个电子在中心力场中运动，其"轨道"——自旋耦合定态利用式(5-103)和(5-101)可得为(在 $\hat{r}$ 和 $\hat{s}_z$ 共同表象)：对于 $j=l+\frac{1}{2}(l\neq0)$，有

$$\Psi_{nl\frac{1}{2}jm_j}(\boldsymbol{r},s_z)=\begin{pmatrix}\sqrt{\dfrac{l+m_j+\frac{1}{2}}{2l+1}}R_{nl}(r)Y_{lm_j-1/2}(\theta,\varphi)\\ \sqrt{\dfrac{l-m_j+\frac{1}{2}}{2l+1}}R_{nl}(r)Y_{lm_j+1/2}(\theta,\varphi)\end{pmatrix} \tag{5-104}$$

对于 $j=l-\frac{1}{2}(l\neq0)$，有

$$\Psi_{nl\frac{1}{2}jm_j}(\boldsymbol{r},s_z)=\begin{pmatrix}-\sqrt{\dfrac{l-m_j+1}{2l+1}}R_{nl}(r)Y_{lm_j-1/2}(\theta,\varphi)\\ \sqrt{\dfrac{l+m_j+1}{2l+1}}R_{nl}(r)Y_{lm_j+1/2}(\theta,\varphi)\end{pmatrix} \tag{5-105}$$

6. 例 2：两个电子的自旋耦合态

利用式(5-103)和式(5-101)，直接得到

$$\chi_{\frac{1}{2}\frac{1}{2}11}=\alpha(1)\alpha(2) \tag{5-106}$$

$$\chi_{\frac{1}{2}\frac{1}{2}10}=\frac{1}{\sqrt{2}}[\alpha(1)\beta(2)+\beta(1)\alpha(2)] \tag{5-107}$$

$$\chi_{\frac{1}{2}\frac{1}{2}1-1}=\beta(1)\beta(2) \tag{6-108}$$

$$\chi_{\frac{1}{2}\frac{1}{2}00}=\frac{1}{\sqrt{2}}[\alpha(1)\beta(2)-\beta(1)\alpha(2)] \tag{5-109}$$

式中：α 和 β 如式(5-46、5-47)所示。前三式是两个电子总自旋角量子数 $S=s_1+s_2=1$ 的三

个态(分别对应 $M_s=1,0,-1$);最后一式是两个电子总自旋角量子数 $S=|s_1-s_2|=0$、因而 $M_s=0$ 的态。

第二部分 例 题

5-1 设矢量算符 $\hat{\boldsymbol{A}}$ 与泡利算符 $\hat{\boldsymbol{\sigma}}$ 对易,证明:

(a) $[\hat{\boldsymbol{\sigma}},\hat{\boldsymbol{A}}\cdot\hat{\boldsymbol{\sigma}}]=2\mathrm{i}\hat{\boldsymbol{A}}\times\hat{\boldsymbol{\sigma}}$;

(b) $\hat{\boldsymbol{\sigma}}(\hat{\boldsymbol{A}}\cdot\hat{\boldsymbol{\sigma}})=\mathrm{i}\hat{\boldsymbol{A}}\times\hat{\boldsymbol{\sigma}}+\hat{\boldsymbol{A}}$,

$(\hat{\boldsymbol{A}}\cdot\hat{\boldsymbol{\sigma}})\hat{\boldsymbol{\sigma}}=-\mathrm{i}\hat{\boldsymbol{A}}\times\hat{\boldsymbol{\sigma}}+\hat{\boldsymbol{A}}$;

(c) $\hat{\boldsymbol{\sigma}}(\hat{\boldsymbol{A}}\cdot\hat{\boldsymbol{\sigma}})+(\hat{\boldsymbol{A}}\cdot\hat{\boldsymbol{\sigma}})\hat{\boldsymbol{\sigma}}=2\hat{\boldsymbol{A}}$。

证明:(a) 因为

$$\begin{aligned}[\hat{\sigma}_x,\hat{\boldsymbol{A}}\cdot\hat{\boldsymbol{\sigma}}] &= [\hat{\sigma}_x,\hat{A}_x\hat{\sigma}_x+\hat{A}_y\hat{\sigma}_y+\hat{A}_z\hat{\sigma}_z] \\ &= [\hat{\sigma}_x,\hat{A}_x\hat{\sigma}_x]+[\hat{\sigma}_x,\hat{A}_y\hat{\sigma}_y]+[\hat{\sigma}_x,\hat{A}_z\hat{\sigma}_z] \\ &= \hat{A}_x[\hat{\sigma}_x,\hat{\sigma}_x]+[\hat{\sigma}_x,\hat{A}_x]\hat{\sigma}_x+\hat{A}_y[\hat{\sigma}_x,\hat{\sigma}_y]+[\hat{\sigma}_x,\hat{A}_y]\hat{\sigma}_y \\ &\quad +\hat{A}_z[\hat{\sigma}_x,\hat{\sigma}_z]+[\hat{\sigma}_x,\hat{A}_z]\hat{\sigma}_z \end{aligned} \tag{1}$$

利用已知条件:$\hat{\boldsymbol{A}}$ 与 $\hat{\boldsymbol{\sigma}}$ 对易,即 $\hat{\boldsymbol{A}}$ 的每一个直角坐标系分量均与 $\hat{\boldsymbol{\sigma}}$ 的三个直角坐标系分量对易,以及

$$\hat{\boldsymbol{\sigma}}\times\hat{\boldsymbol{\sigma}}=2\mathrm{i}\hat{\boldsymbol{\sigma}} \tag{2}$$

可将(1)式化简为

$$[\hat{\sigma}_x,\hat{\boldsymbol{A}}\cdot\hat{\boldsymbol{\sigma}}]=2\mathrm{i}(\hat{A}_y\hat{\sigma}_z-\hat{A}_z\hat{\sigma}_y)=2\mathrm{i}(\hat{\boldsymbol{A}}\times\hat{\boldsymbol{\sigma}})_x \tag{3}$$

同理可得

$$[\hat{\sigma}_y,\hat{\boldsymbol{A}}\cdot\hat{\boldsymbol{\sigma}}]=2\mathrm{i}(\hat{\boldsymbol{A}}\times\hat{\boldsymbol{\sigma}})_y \tag{4}$$

$$[\hat{\sigma}_z,\hat{\boldsymbol{A}}\cdot\hat{\boldsymbol{\sigma}}]=2\mathrm{i}(\hat{\boldsymbol{A}}\times\hat{\boldsymbol{\sigma}})_z \tag{5}$$

将式(3)~(5)合起来可写为

$$[\hat{\boldsymbol{\sigma}},\hat{\boldsymbol{A}}\cdot\hat{\boldsymbol{\sigma}}]=2\mathrm{i}(\hat{\boldsymbol{A}}\times\hat{\boldsymbol{\sigma}}) \tag{6}$$

(b) 因为

$$\begin{aligned}\hat{\sigma}_x(\hat{\boldsymbol{A}}\cdot\hat{\boldsymbol{\sigma}}) &= \hat{\sigma}_x(\hat{\sigma}_x\hat{A}_x+\hat{\sigma}_y\hat{A}_y+\hat{\sigma}_z\hat{A}_z) \\ &= \hat{\sigma}_x^2\hat{A}_x+\hat{\sigma}_x\hat{\sigma}_y\hat{A}_y+\hat{\sigma}_x\hat{\sigma}_z\hat{A}_z\end{aligned} \tag{7}$$

由于 $\hat{\sigma}_x^2=\mathbf{1}$,$\hat{\sigma}_x\hat{\sigma}_y=\mathrm{i}\hat{\sigma}_z$,$\hat{\sigma}_x\hat{\sigma}_z=-\mathrm{i}\hat{\sigma}_y$,使得(7)式化简为

$$\begin{aligned}\hat{\sigma}_x(\hat{\boldsymbol{A}}\cdot\hat{\boldsymbol{\sigma}}) &= \hat{A}_x+\mathrm{i}(\hat{\sigma}_z\hat{A}_y-\hat{\sigma}_y\hat{A}_z) \\ &= \mathrm{i}(\hat{\boldsymbol{A}}\times\hat{\boldsymbol{\sigma}})_x+\hat{A}_x\end{aligned} \tag{8}$$

同理可得

$$\hat{\sigma}_y(\hat{\boldsymbol{A}}\cdot\hat{\boldsymbol{\sigma}})=\mathrm{i}(\hat{\boldsymbol{A}}\times\hat{\boldsymbol{\sigma}})_y+\hat{A}_y \tag{9}$$

$$\hat{\sigma}_z(\hat{\boldsymbol{A}}\cdot\hat{\boldsymbol{\sigma}})=\mathrm{i}(\hat{\boldsymbol{A}}\times\hat{\boldsymbol{\sigma}})_z+\hat{A}_z \tag{10}$$

联合(8)~(10)式,有

$$\hat{\boldsymbol{\sigma}}(\hat{\boldsymbol{A}}\cdot\hat{\boldsymbol{\sigma}})=\mathrm{i}(\hat{\boldsymbol{A}}\times\hat{\boldsymbol{\sigma}})+\hat{\boldsymbol{A}} \tag{11}$$

类似地,有

$$\begin{aligned}(\hat{\boldsymbol{A}}\cdot\hat{\boldsymbol{\sigma}})\hat{\sigma}_x &= (\hat{A}_x\hat{\sigma}_x+\hat{A}_y\hat{\sigma}_y+\hat{A}_z\hat{\sigma}_z)\hat{\sigma}_x \\ &= \hat{A}_x\hat{\sigma}_x^2+\hat{A}_y\hat{\sigma}_y\hat{\sigma}_x+\hat{A}_z\hat{\sigma}_z\hat{\sigma}_x=\hat{A}_x+\hat{A}_y(-\mathrm{i}\hat{\sigma}_z)+\hat{A}_z(\mathrm{i}\hat{\sigma}_y)\end{aligned}$$

$$=\hat{A}_x-\mathrm{i}(\hat{A}_y\hat{\sigma}_z-\hat{A}_z\hat{\sigma}_y)=-\mathrm{i}(\hat{\mathbf{A}}\times\hat{\boldsymbol{\sigma}})_x+\hat{A}_x \tag{12}$$

得

$$(\hat{\mathbf{A}}\cdot\hat{\boldsymbol{\sigma}})\hat{\boldsymbol{\sigma}}=-\mathrm{i}(\hat{\mathbf{A}}\times\hat{\boldsymbol{\sigma}})+\hat{\mathbf{A}} \tag{13}$$

(c)　将(11)式加(13)式，即得

$$\hat{\boldsymbol{\sigma}}(\hat{\mathbf{A}}\cdot\hat{\boldsymbol{\sigma}})+(\hat{\mathbf{A}}\cdot\hat{\sigma})\hat{\sigma}=2\hat{A} \tag{14}$$

5-2　证明：

(a)　不存在非零的二维矩阵，能和三个泡利矩阵都反对易；

(b)　泡利矩阵 $\hat{\sigma}_x$、$\hat{\sigma}_y$、$\hat{\sigma}_z$ 及 $\mathbf{1}$（2×2 的单位矩阵）构成 2×2 矩阵的完全集，即任何 2×2 矩阵 $\hat{M}$ 均可用它们的线性组合来表示。任何 2×2 矩阵 $\hat{M}$ 可表示成

$$\hat{M}=\frac{1}{2}[(T_r\hat{M})\mathbf{1}+T_r(\hat{M}\hat{\boldsymbol{\sigma}})\cdot\hat{\boldsymbol{\sigma}}]$$

(c)　与三个泡利矩阵都对易的 2×2 矩阵，只能是常数矩阵.

(d)　找不到一个表象，在其中三个泡利矩阵均为实矩阵或两个是纯虚矩阵，而另一个为实矩阵。

证明：(a)　设二维矩阵 $\hat{M}$ 和三个泡利矩阵都满足反对易关系式：

$$\hat{M}\hat{\sigma}_x=-\hat{\sigma}_x\hat{M},\quad \hat{M}\hat{\sigma}_y=-\hat{\sigma}_y\hat{M},\quad \hat{M}\hat{\sigma}_z=-\hat{\sigma}_z\hat{M} \tag{1}$$

若将 $\hat{\sigma}_y$ 右乘式(1)中的第一式 $\hat{M}\hat{\sigma}_x=-\hat{\sigma}_x\hat{M}$ 两边，有

$$\hat{M}\hat{\sigma}_x\hat{\sigma}_y=-\hat{\sigma}_x\hat{M}\hat{\sigma}_y, \tag{2}$$

由于 $\hat{\sigma}_x\hat{\sigma}_y=\mathrm{i}\hat{\sigma}_z$，并结合式(1)中的第二、三两式，有

$$\begin{aligned}\mathrm{i}\hat{M}\hat{\sigma}_z&=-\hat{\sigma}_x(-\hat{\sigma}_y\hat{M})=\hat{\sigma}_x\hat{\sigma}_y\hat{M}=\mathrm{i}\hat{\sigma}_z\hat{M}\\&=\mathrm{i}(-\hat{M}\hat{\sigma}_z)=-\mathrm{i}\hat{M}\hat{\sigma}_z\end{aligned} \tag{3}$$

比较式(3)的左、右两边，显然有

$$\hat{M}=0 \tag{4}$$

即：若二维矩阵 $\hat{M}$ 和三个泡利矩阵都反对易，则 $\hat{M}$ 必为零矩阵，或者说找不到一个非零的二维矩阵 $\hat{M}$ 能和三个泡利矩阵都反对易。

(b)　反证法：设 $\hat{\sigma}_x$、$\hat{\sigma}_y$、$\hat{\sigma}_z$ 及 $\mathbf{1}$ 是线性相关的，即设有四个不同时为零的常数 A、B、C、D，使得

$$A\hat{\sigma}_x+B\hat{\sigma}_y+C\hat{\sigma}_z+D\mathbf{1}=0 \tag{5}$$

由于

$$\hat{\sigma}_x=\begin{bmatrix}0&1\\1&0\end{bmatrix},\quad \hat{\sigma}_y=\begin{bmatrix}0&-\mathrm{i}\\\mathrm{i}&0\end{bmatrix}$$

$$\hat{\sigma}_z=\begin{bmatrix}1&0\\0&-1\end{bmatrix},\quad \mathbf{1}=\begin{bmatrix}1&0\\0&1\end{bmatrix} \tag{6}$$

所以式(6)中各矩阵的迹为

$$T_r(\hat{\sigma}_x)=T_r(\hat{\sigma}_y)=T_r(\hat{\sigma}_z)=T_r(\hat{\boldsymbol{\sigma}})=0,$$

$$T_r(\mathbf{1})=2 \tag{7}$$

再对式(5)两边取迹，并利用式(7)，得

$$D = 0 \tag{8}$$

若将 $\hat{\sigma}_x$ 右乘式(5)两边，并利用关系式 $\hat{\sigma}_y\hat{\sigma}_x = -\mathrm{i}\hat{\sigma}_z$，$\hat{\sigma}_z\hat{\sigma}_x = \mathrm{i}\hat{\sigma}_y$，有

$$A\mathbf{1} - \mathrm{i}B\hat{\sigma}_z + \mathrm{i}C\hat{\sigma}_y + D\hat{\sigma}_x = 0 \tag{9}$$

再对式(9)两边取迹并利用式(7)，又得

$$A = 0 \tag{10}$$

如此等等，可得

$$B = 0, \quad C = 0 \tag{11}$$

式(8)～式(11)表明，欲使式(5)成立，则 A、B、C、D 必须同时为零。显然，原命题不成立。即找不到四个不同时为零的常数使得式(5)成立，$\hat{\sigma}_x$，$\hat{\sigma}_y$，$\hat{\sigma}_z$ 与 $\mathbf{1}$ 不是线性相关的，而是线性独立的。它们就构成了 2×2 矩阵的完全集，任何 2×2 矩阵 $\hat{M}$ 均可用它们的线性组合表达，为

$$\hat{M} = c_1\hat{\sigma}_x + c_2\hat{\sigma}_y + c_3\hat{\sigma}_z + c_4\mathbf{1} \tag{12}$$

仿照上述做法，显然可得

$$c_4 = \frac{1}{2}T_r(\hat{M}) \tag{13}$$

$$c_1 = \frac{1}{2}T_r(\hat{M}\hat{\sigma}_x) \tag{14}$$

$$c_2 = \frac{1}{2}T_r(\hat{M}\hat{\sigma}_y) \tag{15}$$

$$c_3 = \frac{1}{2}T_r(\hat{M}\hat{\sigma}_z) \tag{16}$$

再将式(13)～式(16)代回到式(12)中，得

$$\begin{aligned}\hat{M} &= \frac{1}{2}[T_r(\hat{M}\hat{\sigma}_x)\hat{\sigma}_x + T_r(\hat{M}\hat{\sigma}_y)\hat{\sigma}_y + T_r(\hat{M}\hat{\sigma}_z)\hat{\sigma}_z + T_r(\hat{M})\boldsymbol{I}] \\ &= \frac{1}{2}[T_r(\hat{M}\hat{\boldsymbol{\sigma}})\cdot\hat{\boldsymbol{\sigma}} + (T_r\hat{M})\mathbf{1}]\end{aligned} \tag{17}$$

(c) 设 $\hat{M}$ 为 2×2 矩阵，它与三个泡利矩阵都对易，有

$$\hat{M}\hat{\sigma}_x = \hat{\sigma}_x\hat{M}, \quad \hat{M}\hat{\sigma}_y = \hat{\sigma}_y\hat{M}, \quad \hat{M}\hat{\sigma}_z = \hat{\sigma}_z\hat{M} \tag{18}$$

又由(b)的结论，$\hat{M}$ 可用 $\hat{\sigma}_x$，$\hat{\sigma}_y$，$\hat{\sigma}_z$ 及 $\mathbf{1}$ 的线性组合表示，有

$$\hat{M} = c_1\hat{\sigma}_x + c_2\hat{\sigma}_y + c_3\hat{\sigma}_z + c_4\mathbf{1} \tag{19}$$

再将 $\hat{\sigma}_z$ 左乘式(19)两边，并利用关系式

$$\begin{gathered}\hat{\sigma}_z\hat{\sigma}_x = -\hat{\sigma}_x\hat{\sigma}_z = \mathrm{i}\hat{\sigma}_y, \quad \hat{\sigma}_y\hat{\sigma}_z = -\hat{\sigma}_z\hat{\sigma}_y = \mathrm{i}\hat{\sigma}_x \\ \hat{\sigma}_x\hat{\sigma}_y = -\hat{\sigma}_y\hat{\sigma}_x = \mathrm{i}\hat{\sigma}_z\end{gathered} \tag{20}$$

得

$$\begin{aligned}\hat{\sigma}_z\hat{M} &= c_1\hat{\sigma}_z\hat{\sigma}_x + c_2\hat{\sigma}_z\hat{\sigma}_y + c_3\hat{\sigma}_z^2 + c_4\hat{\sigma}_z \\ &= \mathrm{i}c_1\hat{\sigma}_y - \mathrm{i}c_2\hat{\sigma}_x + c_3 + c_4\hat{\sigma}_z\end{aligned} \tag{21}$$

同理，若用 $\hat{\sigma}_z$ 右乘式(19)两边，并利用式(20)，又得

$$\hat{M}\hat{\sigma}_z = -\mathrm{i}c_1\hat{\sigma}_y + \mathrm{i}c_2\hat{\sigma}_x + c_3 + c_4\hat{\sigma}_z \tag{22}$$

再由已知条件式(18)，知 $\hat{\sigma}_z\hat{M} = \hat{M}\hat{\sigma}_z$，得

$$\mathrm{i}c_1\hat{\sigma}_y - \mathrm{i}c_2\hat{\sigma}_x = -\mathrm{i}c_1\hat{\sigma}_y + \mathrm{i}c_2\hat{\sigma}_x$$

考虑到 $\hat{\sigma}_y$ 与 $\hat{\sigma}_x$ 是相互独立的，所以

$$c_1 = 0, \quad c_2 = 0 \tag{23}$$

同理，若用 $\hat{\sigma}_x$ 左乘和右乘式(19)两边，并利用式(20)，又得

$$c_2 = 0, \quad c_3 = 0 \tag{24}$$

联合式(23)、(24)，知

$$c_1 = c_2 = c_3 = 0 \tag{25}$$

再由式(19)，得

$$\hat{M} = c_4 \mathbf{1} \tag{26}$$

即 $\hat{M}$ 为常数矩阵。

(d)　因为自旋角动量 $\hat{s}$ 是线性厄密算符，$\hat{s}^+ = \hat{s}$，而泡利算符 $\hat{\sigma}$ 与自旋算符 $\hat{s}$ 仅相差一常数 $\frac{\hbar}{2}$：$\hat{s} = \frac{\hbar}{2}\hat{\boldsymbol{\sigma}}$，所以

$$\hat{\boldsymbol{\sigma}}^+ = \hat{\boldsymbol{\sigma}} \tag{27}$$

$\hat{\boldsymbol{\sigma}}$ 也是线性厄密算符。若在任何表象中，代表 $\hat{\sigma}_x$ 和 $\hat{\sigma}_z$ 的矩阵是实数矩阵又是厄密矩阵的话，则它们同时也是对称矩阵，有

$$\widetilde{\hat{\sigma}_x} = \hat{\sigma}_x, \widetilde{\hat{\sigma}_z} = \hat{\sigma}_z \tag{28}$$

再从对易关系式

$$[\hat{\sigma}_z, \hat{\sigma}_x] = 2i\hat{\sigma}_y \tag{29}$$

出发，知代表 $\hat{\sigma}_y$ 的矩阵具有 i×实数反对称矩阵的形式。因为

$$\begin{aligned}\widetilde{[\hat{\sigma}_z, \hat{\sigma}_x]} &= \widetilde{\hat{\sigma}_z\hat{\sigma}_x} - \widetilde{\hat{\sigma}_x\hat{\sigma}_z} = \widetilde{\hat{\sigma}_x}\,\widetilde{\hat{\sigma}_z} - \widetilde{\hat{\sigma}_z}\,\widetilde{\hat{\sigma}_x} \\ &= \hat{\sigma}_x\hat{\sigma}_z - \hat{\sigma}_z\hat{\sigma}_x = [\hat{\sigma}_x, \hat{\sigma}_z] = -[\hat{\sigma}_z, \hat{\sigma}_x]\end{aligned} \tag{30}$$

于是

$$\begin{aligned}\hat{\sigma}_y &= \frac{1}{2i}[\hat{\sigma}_z, \hat{\sigma}_x] = -i \times \frac{1}{2}[\hat{\sigma}_z, \hat{\sigma}_x] \\ &= i \times \text{实数反对称矩阵}\end{aligned} \tag{31}$$

即找不到一个表象，在其中 $\hat{\sigma}_x, \hat{\sigma}_y, \hat{\sigma}_z$ 均为实矩阵。

或者，在任何表象中，若 $\hat{\sigma}_x, \hat{\sigma}_z$ 是纯虚矩阵，有

$$\hat{\sigma}_x^* = -\hat{\sigma}_x, \quad \hat{\sigma}_z^* = -\hat{\sigma}_z \tag{32}$$

则由基本关系式

$$\hat{\sigma}_x\hat{\sigma}_y\hat{\sigma}_z = i \tag{33}$$

有

$$\begin{aligned}-i &= (\hat{\sigma}_x\hat{\sigma}_y\hat{\sigma}_z)^* = \hat{\sigma}_x^*\hat{\sigma}_y^*\hat{\sigma}_z^* \\ &= (-\hat{\sigma}_x)\hat{\sigma}_y^*(-\hat{\sigma}_z) = \hat{\sigma}_x\hat{\sigma}_y^*\hat{\sigma}_z\end{aligned} \tag{34}$$

再将式(33)代入式(34)的左边，有

$$-(\hat{\sigma}_x\hat{\sigma}_y\hat{\sigma}_z) = \hat{\sigma}_x\hat{\sigma}_y^*\hat{\sigma}_z$$

显然可得

$$\hat{\sigma}_y^* = -\hat{\sigma}_y \tag{35}$$

表明在此表象中，$\hat{\sigma}_y$ 也必为纯虚矩阵。即找不到一个表象，在其中二个泡利矩阵是纯虚矩

阵，剩下的一个是实矩阵。

5-3 求电子自旋在空间任意方向 $\boldsymbol{n}$ 的投影 $\hat{s}_n=\hat{\boldsymbol{s}}\cdot\boldsymbol{n}=\hat{s}_x\cos\alpha+\hat{s}_y\cos\beta+\hat{s}_z\cos\gamma$ 的归一化本征矢量。设单位矢量 $\boldsymbol{n}$ 的方向余弦为 $(\cos\alpha,\cos\beta,\cos\gamma)$。

解：在 $\hat{s}_z$ 表象内，电子自旋算符 $\hat{s}_x$、$\hat{s}_y$、$\hat{s}_z$ 的矩阵表示为：

$$\hat{s}_x=\frac{\hbar}{2}\begin{bmatrix}0&1\\1&0\end{bmatrix},\quad \hat{s}_y=\frac{\hbar}{2}\begin{bmatrix}0&-i\\i&0\end{bmatrix},\quad \hat{s}_z=\frac{\hbar}{2}\begin{bmatrix}1&0\\0&-1\end{bmatrix}.$$

故 $\hat{s}_n$ 的矩阵形式为

$$\begin{aligned}\hat{s}_n&=\frac{\hbar}{2}\left\{\cos\alpha\begin{bmatrix}0&1\\1&0\end{bmatrix}+\cos\beta\begin{bmatrix}0&-i\\i&0\end{bmatrix}+\cos\gamma\begin{bmatrix}1&0\\0&-1\end{bmatrix}\right\}\\&=\frac{\hbar}{2}\begin{bmatrix}\cos\gamma&\cos\alpha-i\cos\beta\\\cos\alpha+i\cos\beta&-\cos\gamma\end{bmatrix}\end{aligned}\tag{1}$$

由于实验测得电子自旋在空间任一方向上的投影只有两个可能值：$\pm\frac{\hbar}{2}$，故知 $\hat{s}_n$ 的本征值为 $\pm\frac{\hbar}{2}$。设 $\hat{s}_n$ 的本征态矢量为 $\begin{bmatrix}a_1\\a_2\end{bmatrix}$，则在 $\hat{s}_z$ 表象内，$\hat{s}_n$ 的本征值方程的矩阵形式为

$$\frac{\hbar}{2}\begin{bmatrix}\cos\gamma&\cos\alpha-i\cos\beta\\\cos\alpha+i\cos\beta&-\cos\gamma\end{bmatrix}\begin{bmatrix}a_1\\a_2\end{bmatrix}=\lambda\begin{bmatrix}a_1\\a_2\end{bmatrix}\tag{2}$$

式中：本征值 $\lambda=\pm\frac{\hbar}{2}$。将每一个本征值 λ 代入方程(2)中可得 $\hat{s}_n$ 的归一化本征矢。例如将 $\lambda=+\frac{\hbar}{2}$ 代入方程(2)，有

$$\frac{\hbar}{2}\begin{bmatrix}\cos\gamma&\cos\alpha-i\cos\beta\\\cos\alpha+i\cos\beta&-\cos\gamma\end{bmatrix}\begin{bmatrix}a_1\\a_2\end{bmatrix}=\frac{\hbar}{2}\begin{bmatrix}a_1\\a_2\end{bmatrix}\tag{3}$$

即

$$\begin{cases}\cos\gamma a_1+(\cos\alpha-i\cos\beta)a_2=a_1\\(\cos\alpha+i\cos\beta)a_1-\cos\gamma a_2=a_2\end{cases}\tag{4}$$

求解方程(4)，可得

$$a_1=\frac{\cos\alpha-i\cos\beta}{1-\cos\gamma}a_2\tag{5}$$

于是

$$\begin{bmatrix}a_1\\a_2\end{bmatrix}=a_2\begin{pmatrix}\dfrac{\cos\alpha-i\cos\beta}{1-\cos\gamma}\\1\end{pmatrix}\tag{6}$$

再对式(6)进行归一化，得 $\hat{s}_n$ 的相应于本征值 $\lambda=\frac{\hbar}{2}$ 的本征态为

$$\chi_+=\sqrt{\frac{1-\cos\gamma}{2}}\begin{pmatrix}\dfrac{\cos\alpha-i\cos\beta}{1-\cos\gamma}\\1\end{pmatrix}\tag{7}$$

同理可得 $\hat{s}_n$ 的相应于本征值 $\lambda=-\frac{\hbar}{2}$ 的本征态为

$$\chi_- = \sqrt{\frac{1+\cos\gamma}{2}}\begin{pmatrix} -\dfrac{\cos\alpha - \mathrm{i}\cos\beta}{1+\cos\gamma} \\ 1 \end{pmatrix} \tag{8}$$

5-4　利用表象变换，求在 $\hat{\boldsymbol{\sigma}}\cdot\boldsymbol{n}$ 表象中 $\hat{\sigma}_z$ 的归一化本征矢。

(a)　设单位向量 $\boldsymbol{n}$ 的方向为 $(1,\theta,\varphi)$；

(b)　设单位向量 $\boldsymbol{n}$ 的方向为 $(1,\frac{\pi}{2},0)$。

解：在同一黑伯特空间内若有 $\hat{A},\hat{B}$ 两个表象。设 $\hat{A}$ 表象的基矢量完备组为 $\{|a_j\rangle\}$，$\hat{B}$ 表象的基矢量完备组为 $\{|b_i\rangle\}$　$(i,j=1,2,3,\cdots)$，这两个基矢量组之间有如下关系：

$$|a_j\rangle = \sum_i |b_i\rangle\langle b_i|a_j\rangle,\quad j=1,2,3,\cdots \tag{1}$$

即 $\hat{A}$ 表象中的基矢量可按 $\hat{B}$ 表象的正交归一基矢量完备组展开。式中展开项的系数 $\langle b_i|a_j\rangle$ 有双重物理含义。一方面，从表象变换方面看，$\langle b_i|a_j\rangle$ 称为由 $\hat{B}$ 表象变换到 $\hat{A}$ 表象的线性幺正变换矩阵 U 的矩阵元 $U_{ij}=\langle b_i|a_j\rangle$；另一方面，从态的表象来看，$\langle b_i|a_j\rangle$ 又表示算符 $\hat{A}$ 的第 j 个本征矢 $|a_j\rangle$ 在 $\hat{B}$ 表象中分量表示的第 i 个分量。由此看出，欲求线性幺正变换矩阵 U，只须将算符 $\hat{A}$ 的所有本征矢量 $|a_j\rangle$，$j=1,2,3,\cdots$ 在 $\hat{B}$ 表象中的列矩阵表示 $\begin{pmatrix}\langle b_1|a_j\rangle \\ \langle b_2|a_j\rangle \\ \vdots \\ \langle b_i|a_j\rangle \\ \vdots\end{pmatrix}$ 依量子数 j 的取值大小，从大到小(或从小到大)按列的方式依次排列起来即得。

因此本问题求 $\hat{\boldsymbol{\sigma}}\cdot\boldsymbol{n}$ 表象中 $\hat{\sigma}_z$ 的矩阵表示，归结为将已知的 $\hat{\sigma}_z$ 在泡利表象内的矩阵表示 $\hat{\sigma}_z=\begin{bmatrix}1 & 0\\ 0 & -1\end{bmatrix}$ 变换到 $\hat{\boldsymbol{\sigma}}\cdot\boldsymbol{n}$ 表象中，而这两个表象之间的变换矩阵 U 可直接将算符 $\hat{\boldsymbol{\sigma}}\cdot\boldsymbol{n}$ 的本征矢量在泡利表象内的列矩阵表示按列的次序排列起来即可。

(a)　因为 $\boldsymbol{n}$ 的方向为 $(1,\theta,\varphi)$，故在泡利表象内，算符 $\hat{\sigma}_n=\hat{\boldsymbol{\sigma}}\cdot\boldsymbol{n}$ 的矩阵表示为

$$\hat{\sigma}_n = \hat{\boldsymbol{\sigma}}\cdot\boldsymbol{n} = \hat{\sigma}_x\sin\theta\cos\varphi + \hat{\sigma}_y\sin\theta\sin\varphi + \hat{\sigma}_z\cos\theta = \begin{bmatrix}\cos\theta & \sin\theta\mathrm{e}^{\mathrm{i}\varphi}\\ \sin\theta\mathrm{e}^{-\mathrm{i}\varphi} & -\cos\theta\end{bmatrix} \tag{2}$$

求解相应的远期方程，可得 $\hat{\sigma}_n$ 的相应于本征值为 $+1$ 与 -1 的本征矢量分别为

$$\chi_+(\sigma_n=1) = \begin{pmatrix}\cos\dfrac{\theta}{2}\mathrm{e}^{-\mathrm{i}\varphi/2}\\ \sin\dfrac{\theta}{2}\mathrm{e}^{\mathrm{i}\varphi/2}\end{pmatrix}$$

$$\chi_-(\sigma_n=-1) = \begin{pmatrix}\sin\dfrac{\theta}{2}\mathrm{e}^{-\mathrm{i}\varphi/2}\\ -\cos\dfrac{\theta}{2}\mathrm{e}^{\mathrm{i}\varphi/2}\end{pmatrix} \tag{3}$$

将 χ_+ 与 χ_- 按 $\hat{\sigma}_n$ 的本征值的大小，从大到小按列的次序排列起来，即为从泡利表象变换到 $\hat{\boldsymbol{\sigma}}\cdot\boldsymbol{n}$ 表象的线性幺正变换矩阵 U：

$$U=\begin{pmatrix}\cos\frac{\theta}{2}e^{-i\varphi/2} & \sin\frac{\theta}{2}e^{i\varphi/2}\\ \sin\frac{\theta}{2}e^{-i\varphi/2} & -\cos\frac{\theta}{2}e^{i\varphi/2}\end{pmatrix}\tag{4}$$

得

$$\begin{aligned}\hat{\sigma}'_z&=U^+\hat{\sigma}_zU\\&=\begin{pmatrix}\cos\frac{\theta}{2}e^{i\varphi/2} & \sin\frac{\theta}{2}e^{-i\varphi/2}\\ \sin\frac{\theta}{2}e^{i\varphi/2} & -\cos\frac{\theta}{2}e^{-i\varphi/2}\end{pmatrix}\begin{bmatrix}1 & 0\\0 & -1\end{bmatrix}\begin{pmatrix}\cos\frac{\theta}{2}e^{-i\varphi/2} & \sin\frac{\theta}{2}e^{-i\varphi/2}\\ \sin\frac{\theta}{2}e^{i\varphi/2} & -\cos\frac{\theta}{2}e^{i\varphi/2}\end{pmatrix}\\&=\begin{bmatrix}\cos\theta & \sin\theta\\ \sin\theta & -\cos\theta\end{bmatrix}\end{aligned}\tag{5}$$

在 $\hat{\sigma}_n$ 表象中，$\hat{\sigma}'_z$ 的本征值方程为

$$\begin{bmatrix}\cos\theta & \sin\theta\\ \sin\theta & -\cos\theta\end{bmatrix}\begin{bmatrix}a\\b\end{bmatrix}=\lambda\begin{bmatrix}a\\b\end{bmatrix}\tag{6}$$

解得 $\hat{\sigma}'_z$ 的相应于本征值为 $+1$ 与 -1 的归一化本征矢分别为：

$$\psi_+=\begin{pmatrix}\cos\frac{\theta}{2}\\ \sin\frac{\theta}{2}\end{pmatrix},\quad \psi_-=\begin{pmatrix}-\sin\frac{\theta}{2}\\ \cos\frac{\theta}{2}\end{pmatrix}.\tag{7}$$

又：在线性么正变换下，算符的本征值不变，因此在 $\hat{\boldsymbol{\sigma}}\cdot\boldsymbol{n}$ 表象中 $\hat{\sigma}_z$ 的本征值仍是 $+1$ 与 -1，而相应的本征矢量可用表象变换得到。说明如下：

已知 $\hat{\sigma}_z$ 的本征矢在 $\hat{\sigma}_z$ 表象中的表示为

$$\alpha=\begin{bmatrix}1\\0\end{bmatrix},\quad \beta=\begin{bmatrix}0\\1\end{bmatrix}\tag{8}$$

于是在 $\hat{\boldsymbol{\sigma}}\cdot\boldsymbol{n}$ 表象中，它们相应地变为 ψ_+ 与 ψ_-，有

$$\psi_+=U^+\alpha=\begin{pmatrix}\cos\frac{\theta}{2}e^{i\varphi/2} & \sin\frac{\theta}{2}e^{-i\varphi/2}\\ \sin\frac{\theta}{2}e^{i\varphi/2} & -\cos\frac{\theta}{2}e^{-i\varphi/2}\end{pmatrix}\begin{bmatrix}1\\0\end{bmatrix}=\begin{bmatrix}\cos\frac{\theta}{2}\\ \sin\frac{\theta}{2}\end{bmatrix}e^{i\varphi/2}\tag{9}$$

$$\psi_-=U^+\beta=\begin{pmatrix}\cos\frac{\theta}{2}e^{i\varphi/2} & \sin\frac{\theta}{2}e^{-i\varphi/2}\\ \sin\frac{\theta}{2}e^{i\varphi/2} & -\cos\frac{\theta}{2}e^{-i\varphi/2}\end{pmatrix}\begin{bmatrix}0\\1\end{bmatrix}=\begin{pmatrix}\sin\frac{\theta}{2}\\ -\cos\frac{\theta}{2}\end{pmatrix}e^{-i\varphi/2}\tag{10}$$

将(9)、(10)两式与(7)式对照，(9)、(10)两式分别多了一个相因子 $e^{i\varphi/2}$ 与 $e^{-i\varphi/2}$。由于波函数即使归一化了后仍有一个相因子的不确定性，故(9)、(10)两式是允许的。

(b) 若 $\boldsymbol{n}$ 的方向为 $\left(1,\frac{\pi}{2},0\right)$，即令 $\theta=\frac{\pi}{2}$，$\varphi=0$，则由(7)式(或(9)、(10)两式)得

$$\psi_+=\begin{pmatrix}\cos\frac{\pi}{4}\\ \sin\frac{\pi}{4}\end{pmatrix}=\frac{1}{\sqrt{2}}\begin{bmatrix}1\\1\end{bmatrix},$$

$$\psi_- = \begin{bmatrix} -\sin\dfrac{\pi}{4} \\ \cos\dfrac{\pi}{4} \end{bmatrix} = \frac{1}{\sqrt{2}}\begin{bmatrix} -1 \\ 1 \end{bmatrix} \tag{11}$$

5-5　设有一束极化电子，处于 $l=0$ 的状态。在通过不均匀磁场后分裂为强度不同的两束，其中自旋平行于磁场方向的一束与反平行磁场方向的一束之强度比为 1∶3。求该入射的极化电子束自旋方向与外磁场方向的夹角大小(参见题 5-5 图)。

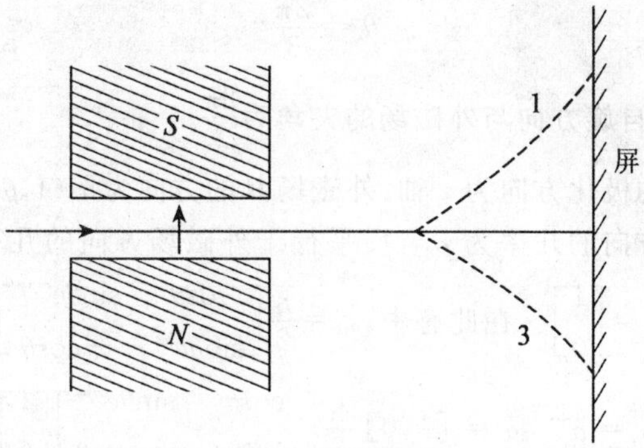

题 5-5 图

解：电子极化意指电子自旋有确定的取向。若设电子沿 $\boldsymbol{n}$ 方向极化，则电子所处的自旋态是算符 $\hat{s}_n$ 的相应于本征值为 $+\frac{\hbar}{2}$ 的本征态。再取外磁场的方向为 z 轴正向。电子沿 $\boldsymbol{n}$ 方向极化，单位矢量 $\boldsymbol{n}$ 的方位为 $(1,\theta,\varphi)$。则在 $\hat{s}_z$ 表象，有

$$\begin{aligned} \hat{s}_n &= \hat{\boldsymbol{s}}\cdot\boldsymbol{n} = \hat{s}_x\sin\theta\cos\varphi + \hat{s}_y\sin\theta\sin\varphi + \hat{s}_z\cos\theta \\ &= \sin\theta\cos\varphi\,\frac{\hbar}{2}\begin{bmatrix} 0 & 1 \\ 1 & 0 \end{bmatrix} + \sin\theta\sin\varphi\,\frac{\hbar}{2}\begin{bmatrix} 0 & -\mathrm{i} \\ \mathrm{i} & 0 \end{bmatrix} + \cos\theta\,\frac{\hbar}{2}\begin{bmatrix} 1 & 0 \\ 0 & -1 \end{bmatrix} \\ &= \frac{\hbar}{2}\begin{bmatrix} \cos\theta & \sin\theta e^{-\mathrm{i}\varphi} \\ \sin\theta e^{\mathrm{i}\varphi} & -\cos\theta \end{bmatrix} \end{aligned} \tag{1}$$

记极化电子态 $\chi=\begin{bmatrix} a \\ b \end{bmatrix}$，则依题意有

$$\frac{\hbar}{2}\begin{bmatrix} \cos\theta & \sin\theta e^{-\mathrm{i}\varphi} \\ \sin\theta e^{\mathrm{i}\varphi} & -\cos\theta \end{bmatrix}\begin{bmatrix} a \\ b \end{bmatrix} = \frac{\hbar}{2}\begin{pmatrix} a \\ b \end{pmatrix} \tag{2}$$

解得

$$\frac{a}{b} = \frac{(1+\cos\theta)}{\sin\theta e^{\mathrm{i}\varphi}} \tag{3}$$

又电子束通过不均匀磁场后分裂为强度不同的两束，这两束的强度比即为电子的极化自旋态 χ 中 $\hat{s}_z$ 取 $+\frac{\hbar}{2}$ 与取 $-\frac{\hbar}{2}$ 的几率比：

$$\chi = \begin{bmatrix} a \\ b \end{bmatrix} = a\begin{bmatrix} 1 \\ 0 \end{bmatrix} + b\begin{bmatrix} 0 \\ 1 \end{bmatrix} = a\alpha + b\beta \tag{4}$$

(4)式表明在极化自旋态 χ 中，$\hat{s}_z$ 取 $+\frac{\hbar}{2}$ 的几率为 $|a|^2$，$\hat{s}_z$ 取 $-\frac{\hbar}{2}$ 的几率为 $|b|^2$。由题给条件，知

$$\frac{|a|^2}{|b|^2} = \frac{1}{3} \tag{5}$$

联合(3)、(5)两式，得

$$\frac{|1+\cos\theta|^2}{|\sin\theta e^{i\varphi}|^2} = \cot^2\left(\frac{\theta}{2}\right) = \frac{1}{3} \tag{6}$$

故

$$\theta = \frac{2\pi}{3} \tag{7}$$

即该入射的极化电子束自旋方向与外磁场的夹角为 $\frac{2\pi}{3}$。

另解：设电子自旋的极化方向为 z 轴，外磁场 $\boldsymbol{B}$ 的方向为 $\boldsymbol{n}\,(1,\theta,\varphi)$。再记电子进入磁场后，自旋平行于外磁场方向的几率为 ρ_+，反平行于外磁场方向的几率为 ρ_-。依题意，则电子的极化自旋态为 $\chi=\alpha=\begin{bmatrix}1\\0\end{bmatrix}$。在此态中，$\hat{s}_n=\frac{\hbar}{2}\begin{bmatrix}\cos\theta & \sin\theta e^{-i\varphi}\\ \sin\theta e^{i\varphi} & -\cos\theta\end{bmatrix}$ 的期望值 $\overline{s_n}$ 为

$$\begin{aligned}\overline{s_n} &= \alpha^+\,\hat{s}_n\alpha = [1,0]\,\frac{\hbar}{2}\begin{bmatrix}\cos\theta & \sin\theta e^{-i\varphi}\\ \sin\theta e^{i\varphi} & -\cos\theta\end{bmatrix}\begin{bmatrix}1\\0\end{bmatrix}\\ &= \frac{\hbar}{2}\cos\theta\end{aligned} \tag{8}$$

又由题给条件：

$$\frac{\rho_+}{\rho_-} = \frac{1}{3} \tag{9}$$

$$\rho_+ + \rho_- = 1 \tag{10}$$

将(9)、(10)两式联立求解，可得

$$\rho_+ = \frac{1}{4},\quad \rho_- = \frac{3}{4} \tag{11}$$

由此又可得在态 α 中 $\hat{s}_n$ 的期望值 $\overline{s_n}$ 为

$$\overline{s_n} = \left(\frac{\hbar}{2}\right)\rho_+ + \left(-\frac{\hbar}{2}\right)\rho_- = -\frac{\hbar}{4} \tag{12}$$

于是由(8)式与(12)式可知

$$\frac{\hbar}{2}\cos\theta = -\frac{\hbar}{4},\quad \theta = \frac{2\pi}{3} \tag{13}$$

当然，本题也可设电子极化的方向为 x 方向，磁场的方向为 $\boldsymbol{n}(\cos\alpha,\cos\beta,\cos\gamma)$，可得同样的结果，请读者自行练习。

5-6 处于基态的一束银原子通过斯特恩-盖拉赫装置，再使出射的自旋处于正 z 方向的一束又通过沿 x 方向的磁场，在磁场中花费时间 τ。求 τ 满足什么条件时，才能在此时间的终点让出射的银原子全部通过磁场沿 $-z$ 方向的第二个斯特恩-盖拉赫装置（即经过时间 τ 后，使原子 $s_z=-\frac{\hbar}{2}$ 的几率为 1）.

解:由题意知,体系的哈密顿算符

$$\hat{H}_s = -\hat{\boldsymbol{M}} \cdot \boldsymbol{B} = \frac{|q|\hbar}{2\mu}\hat{\boldsymbol{\sigma}} \cdot \boldsymbol{B} = \frac{|q|\hbar B}{2\mu}\hat{\sigma}_x = \hbar\omega\hat{\sigma}_x \tag{1}$$

式中:$\omega=\frac{|q|B}{2\mu}$。初始时刻自旋态为

$$\chi(0) = \begin{bmatrix}1\\0\end{bmatrix} \tag{2}$$

设 t 时刻体系的自旋态为

$$\chi(t) = \begin{bmatrix}a(t)\\b(t)\end{bmatrix} \tag{3}$$

则 $\chi(t)$满足的方程为

$$\mathrm{i}\hbar\frac{\mathrm{d}}{\mathrm{d}t}\chi(t) = \hat{H}_s\chi(t) \tag{4}$$

在 $\hat{s}_z$ 表象内,方程(4)的矩阵表示为:

$$\mathrm{i}\hbar\frac{\mathrm{d}}{\mathrm{d}t}\begin{bmatrix}a(t)\\b(t)\end{bmatrix} = \hbar\omega\begin{bmatrix}0 & 1\\1 & 0\end{bmatrix}\begin{bmatrix}a(t)\\b(t)\end{bmatrix} \tag{5}$$

解方程(5),并利用初始条件(2)可得

$$\chi(t) = \begin{bmatrix}\cos\omega t\\-\mathrm{i}\sin\omega t\end{bmatrix} \tag{6}$$

经过时间 τ 后,在态 $\chi(\tau)$中,$s_z=-\frac{\hbar}{2}$的几率为

$$\begin{aligned} w_- &= |\beta^+\chi(\tau)|^2 = \left|[0,1]\begin{bmatrix}\cos\omega\tau\\-\mathrm{i}\sin\omega\tau\end{bmatrix}\right|^2 \\ &= |-\mathrm{i}\sin\omega\tau|^2 = \sin^2\omega\tau = \frac{1}{2}[1-\cos(2\omega\tau)] \end{aligned} \tag{7}$$

欲使 $w_-=1$,即

$$\frac{1}{2}[1-\cos(2\omega\tau)] = 1$$

得

$$\tau = \frac{\pi}{2\omega}(2n+1) = \frac{\mu\pi}{|q|B}(2n+1) \quad n=0,1,2,3,\cdots \tag{8}$$

即当时间 τ 满足条件(8)式时,在态 $\chi(\tau)$中 $s_z=-\frac{\hbar}{2}$的几率为 1,使从第一个斯特恩-盖拉赫装置中出射的银原子全部通过第二个斯特恩-盖拉赫装置。

5-7 只考虑自旋运动。设电子处于恒定均匀磁场 $\boldsymbol{B}=(0,B,0)$中,初始 $t=0$ 时刻处于态 $\chi(0)=\begin{bmatrix}1\\0\end{bmatrix}$下,求在 $t>0$ 时刻:

(a) 自旋态 $\chi(t)$;

(b) 期望值$\overline{\sigma_x(t)}$、$\overline{\sigma_y(t)}$和$\overline{\sigma_z(t)}$;

(c) 经过多少时间 τ,电子处于态 $\chi(\tau)=\begin{bmatrix}0\\1\end{bmatrix}$下?

(d) 在时刻 t,电子自旋向上($s_z=+\frac{\hbar}{2}$)和向下($s_z=-\frac{\hbar}{2}$)的几率比。

解:(a) 电子自旋态 $\chi(t)$ 随时间演化满足如下方程:

$$i\hbar\frac{\partial}{\partial t}\chi(s_z,t)=\hat{H}_s\chi(s_z,t) \tag{1}$$

式中:$\hat{H}_s$ 不含空间变量仅含自旋变量.已知电子的自旋磁矩为 $\hat{\boldsymbol{\mu}}=-\mu_B\hat{\boldsymbol{\sigma}}$,$\mu_B$ 为玻尔磁子,则

$$\hat{H}_s=-\hat{\boldsymbol{\mu}}\cdot\boldsymbol{B}=\mu_B B\hat{\sigma}_y \tag{2}$$

再设 t 时刻电子的自旋态 $\chi(s_z,t)=\begin{bmatrix}a(t)\\b(t)\end{bmatrix}$,则方程(1)在 $\hat{s}_z$ 表象内的矩阵表示为

$$i\hbar\frac{\partial}{\partial t}\begin{bmatrix}a(t)\\b(t)\end{bmatrix}=\mu_B B\begin{bmatrix}0&-i\\i&0\end{bmatrix}\begin{bmatrix}a(t)\\b(t)\end{bmatrix} \tag{3}$$

解方程(3),得

$$\begin{cases}\dot{a}(t)=\dfrac{-\mu_B B}{\hbar}b(t)=-\omega b(t)\\[2mm]\dot{b}(t)=\dfrac{\mu_B B}{\hbar}a(t)=\omega a(t)\end{cases}\qquad \omega=\frac{\mu_B B}{\hbar}$$

$$\begin{cases}a(t)=c_1e^{i\omega t}+c_2e^{-i\omega t}\\b(t)=-ic_1e^{i\omega t}+ic_2e^{-i\omega t}\end{cases} \tag{4}$$

再代入初始条件

$$\chi(0)=\begin{bmatrix}1\\0\end{bmatrix} \tag{5}$$

得

$$\chi(s_z,t)=\begin{bmatrix}\cos\omega t\\\sin\omega t\end{bmatrix} \tag{6}$$

(b)

$$\overline{\sigma_x(t)}=\chi^+(s_z,t)\hat{\sigma}_x\chi(s_z,t)=[\cos\omega t,\sin\omega t]\begin{bmatrix}0&1\\1&0\end{bmatrix}\begin{bmatrix}\cos\omega t\\\sin\omega t\end{bmatrix}=\sin(2\omega t) \tag{7}$$

$$\overline{\sigma_y(t)}=\chi^+(s_z,t)\hat{\sigma}_y\chi(s_z,t)=[\cos\omega t,\sin\omega t]\begin{bmatrix}0&-i\\i&0\end{bmatrix}\begin{bmatrix}\cos\omega t\\\sin\omega t\end{bmatrix}=0 \tag{8}$$

$$\overline{\sigma_z(t)}=\chi^+(s_z,t)\hat{\sigma}_z\chi(s_z,t)=[\cos\omega t,\sin\omega t]\begin{bmatrix}1&0\\0&-1\end{bmatrix}\begin{bmatrix}\cos\omega t\\\sin\omega t\end{bmatrix}=\cos(2\omega t) \tag{9}$$

(c) 已知 t 时刻电子的自旋波函数由(6)式表示为

$$\chi(s_z,t)=\begin{bmatrix}\cos\omega t\\\sin\omega t\end{bmatrix}$$

容易看出:

$$t=0\text{ 时}, \quad \chi(s_z,0)=\begin{bmatrix}1\\0\end{bmatrix}, \quad s_z=\frac{\hbar}{2}$$

$$t=\tau\text{ 时}, \quad \chi(s_z,\tau)=\begin{bmatrix}\cos\omega\tau\\ \sin\omega\tau\end{bmatrix}=\begin{bmatrix}0\\1\end{bmatrix} \quad s_z=-\frac{\hbar}{2} \tag{10}$$

得

$$\begin{cases}\cos\omega\tau=0\\ \sin\omega\tau=\pm 1\end{cases} \tag{11}$$

$$\tau=\frac{(2n+1)\pi}{2\omega}=\frac{(2n+1)\pi\hbar}{2\mu_B B}, \quad n=0,1,2,3,\cdots \tag{12}$$

即经过 $\tau=\frac{(2n+1)\pi\hbar}{2\mu_B B}$ 时间，电子的自旋反转处于态 $\begin{bmatrix}0\\1\end{bmatrix}$ 之中。

(d)　将 $\chi(s_z,t)$ 按 $\hat{s}_z$ 的本征函数完备集 $\{\alpha,\beta\}$ 展开：

$$\chi(s_z,t)=\begin{bmatrix}\cos\omega t\\ \sin\omega t\end{bmatrix}=\cos\omega t\begin{bmatrix}1\\0\end{bmatrix}+\sin\omega t\begin{bmatrix}0\\1\end{bmatrix}$$
$$=\cos(\omega t)\alpha+\sin(\omega t)\beta \tag{13}$$

得在态 $\chi(s_z,t)$ 中，电子自旋向上 $\left(s_z=\frac{\hbar}{2}\right)$ 的几率为

$$w_+=|\cos\omega t|^2=\cos^2(\omega t) \tag{14}$$

电子自旋向下 $\left(s_z=-\frac{\hbar}{2}\right)$ 的几率为

$$w_-=|\sin\omega t|^2=\sin^2(\omega t) \tag{15}$$

自旋向上与向下的几率比为

$$\frac{w_+}{w_-}=\frac{\cos^2(\omega t)}{\sin^2(\omega t)}=\cot^2(\omega t)$$

5-8　一束热中子沿 x 方向极化，于时刻 $t=0$ 开始进入恒定均匀磁场 $\boldsymbol{B}=(0,0,B)$ 区域。

(a)　求时刻 $t>0$ 的中子自旋态 $\chi(t)$，证明态 $\chi(t)$ 是自旋算符 $\hat{s}_\theta=\hat{s}_x\cos\theta+\hat{s}_y\sin\theta$ 的本征态，式中：$\theta=\frac{2\mu_n Bt}{\hbar}$，$\mu_n$ 是中子磁矩(其方向与角动量方向相反)；

(b)　当磁场 $B=10.00\text{mT}$，中子自旋旋转 2π 的时间 $\tau=3.429\mu\text{s}$，试计算中子磁矩 μ_n 的值。

解：(a)　中子自旋 $s=\frac{1}{2}$。在时刻 $t=0$，自旋态为

$$\chi(0)=\frac{1}{\sqrt{2}}(\alpha+\beta)\longleftrightarrow\text{本征值}:\frac{\hbar}{2} \tag{1}$$

从时刻 $t=0$ 开始，中子进入沿 z 轴方向的恒定均匀磁场。中子可能的磁能级由

$$\hat{H}=-(-\mu_n\hat{\boldsymbol{\sigma}})\cdot\boldsymbol{B}=\mu_n B\hat{\sigma}_z \tag{2}$$

知有两个：$E_\alpha=\mu_n B$ 和 $E_\beta=-\mu_n B$，故在时刻 $t>0$，自旋态为

$$\chi(t)=\frac{1}{\sqrt{2}}[\alpha e^{-i\omega t}+\beta e^{i\omega t}], \quad \omega=\frac{\mu_n B}{\hbar} \tag{3}$$

下面指出，它是 $\hat{s}_\theta$ 的本征态。由

$$\hat{s}_\theta\alpha=(\cos\theta\hat{s}_x+\sin\theta\hat{s}_y)\alpha=\cos\theta\frac{\hbar}{2}\beta+\sin\theta\frac{\hbar}{2}\mathrm{i}\beta=\frac{\hbar}{2}\mathrm{e}^{\mathrm{i}\theta}\beta \tag{4}$$

和

$$\hat{s}_\theta\beta=(\cos\theta\hat{s}_x+\sin\theta\hat{s}_y)\beta=\cos\theta\frac{\hbar}{2}\alpha+\sin\theta\frac{\hbar}{2}(-\mathrm{i})\alpha$$
$$=\frac{\hbar}{2}\mathrm{e}^{-\mathrm{i}\theta}\alpha, \tag{5}$$

（注意到 $\theta=\frac{2\mu_nBt}{\hbar}=2\omega t$，即 $\omega=\frac{\theta}{2t}$）有

$$\hat{s}_\theta\chi(t)=\hat{s}_\theta\frac{1}{\sqrt{2}}[\mathrm{e}^{-\mathrm{i}\frac{\theta}{2}}\alpha+\mathrm{e}^{\mathrm{i}\frac{\theta}{2}}\beta]=\frac{\hbar}{2}\frac{1}{\sqrt{2}}[\mathrm{e}^{-\mathrm{i}\frac{\theta}{2}}\mathrm{e}^{\mathrm{i}\theta}\beta+\mathrm{e}^{\mathrm{i}\frac{\theta}{2}}\mathrm{e}^{-\mathrm{i}\theta}\alpha]$$
$$=\frac{\hbar}{2}\frac{1}{\sqrt{2}}[\mathrm{e}^{-\mathrm{i}\frac{\theta}{2}}\alpha+\mathrm{e}^{\mathrm{i}\frac{\theta}{2}}\beta]=\frac{\hbar}{2}\chi(t) \tag{6}$$

故知 $\chi(t)$ 是 $\hat{s}_\theta$ 的本征矢量，相应的本征值为 $\frac{\hbar}{2}$。表明中子自旋的极化方向在 xy 平面上沿 $x\rightarrow y$ 绕磁场方向（z 轴）进动，角频率 $\omega_L=\frac{\theta}{t}=\frac{2\mu_nB}{\hbar}=2\omega$。

(b) 由

$$\omega_L=\frac{2\pi}{\tau}=\frac{2\mu_nB}{\hbar} \tag{7}$$

得到

$$\mu_n=\frac{\pi\hbar}{B\tau}=9.662\times10^{-27}\,\mathrm{JT^{-1}}=1.913\mu_N \tag{8}$$

式中：μ_N 是核磁子。

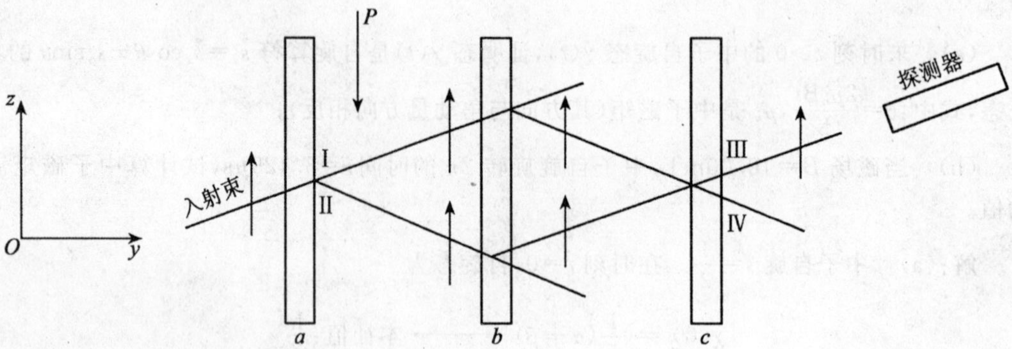

题 5-9 图

5-9 中子干涉仪如题 5-9 图所示。一束单能热中子由 a 板分为强度相同的Ⅰ、Ⅱ两束，然后由 c 板又使两束相干复合为束Ⅲ。中子束在分裂-复合过程中，两束行进路径的有效长度相等，在无磁场区域中也不改变极化方向。在 P 处可加入外磁场以旋转束Ⅰ的自旋

极化方向。

(a)　证明：若入射束沿 z 轴极化处于态 α，分裂成两束后，束Ⅰ在P处进入恒定均匀沿 x 轴方向的磁场区域经历时间 $\tau=\frac{\pi\hbar}{2\mu_n B}$，式中：$\mu_n$ 是中子磁矩值，则束Ⅰ的中子自旋反向；

(b)　如果 P 处磁场大小不变，方向沿 y 轴，则束Ⅰ在磁场中经历与情况(a)相同的时间时，中子自旋也反向，但束Ⅰ的中子自旋态在情况(a)和情况(b)中有何区别？待束Ⅰ与束Ⅱ复合后，中子束Ⅲ的自旋在情况(a)、(b)中各沿什么方向极化？

(c)　如果P处磁场方向仍沿 x 轴，但中子束Ⅰ进入磁场经历的时间改为 $\tau_1=\frac{\pi\hbar}{\mu_n B}$ 或 $\tau_2=\frac{2\pi\hbar}{\mu_n B}$，试问在这两种情况下，中子束Ⅰ在通过磁场区域后自旋极化方向分别如何？相干复合后中子束Ⅲ的强度有何差别？

解：(a)　由于磁场方向沿 x 轴，这里使用 $\hat{s}_x$ 的本征矢量组（见本章第一部分第四段式(5-53)）来表示中子的自旋态。记时刻 $t\leqslant 0$，中子束Ⅰ沿 z 轴极化，有

$$\chi(0)=\alpha=\frac{1}{\sqrt{2}}\frac{\alpha+\beta}{\sqrt{2}}+\frac{1}{\sqrt{2}}\frac{\alpha-\beta}{\sqrt{2}} \tag{1}$$

则在时刻 $t>0$，得

$$\chi(t)=\frac{\alpha+\beta}{2}e^{-i\omega t}+\frac{\alpha-\beta}{2}e^{i\omega t}=\alpha\cos\omega t-i\beta\sin\omega t$$

$$\omega=\frac{E}{\hbar}=\frac{\mu_n B}{\hbar} \tag{2}$$

当 $t=\frac{\pi\hbar}{2\mu_n B}$ 时，有 $\omega t=\frac{\pi}{2}$，$\chi(t)=-i\beta$，表明中子束Ⅰ的自旋逆 z 轴方向极化。

(b)　如果磁场方向沿 y 轴，则使用 $\hat{s}_y$ 的本征矢量（见本章第一部分第四段式(5-54)）来表示中子的自旋态。类同于上述讨论，有

$$\chi(t)=\frac{\alpha+i\beta}{2}e^{-i\omega t}+\frac{\alpha-i\beta}{2}e^{i\omega t}=\alpha\cos\omega t+\beta\sin\omega t$$

$$\omega=\frac{\mu_n B}{\hbar} \tag{3}$$

当 $t=\frac{\pi\hbar}{2\mu_n B}$ 时，有 $\omega t=\frac{\pi}{2}$，$\chi(t)=\beta$. 表明中子束Ⅰ的自旋翻转。

在(a)、(b)两种情况下，中子束Ⅰ的自旋均翻转；但在情况(a)中，中子的自旋态由 α 翻转为 $-i\beta$，在情况(b)中，中子的自旋态由 α 翻转为 β。而同时，在两种情况下，中子束Ⅱ的自旋态均保持为 α。于是，当两中子束Ⅰ、Ⅱ最终重又相干复合为束Ⅲ，若由情况(a)，则中子束Ⅲ的自旋态为叠加态 $\frac{\alpha-i\beta}{\sqrt{2}}$，表明中子自旋极化方向为 $-y$ 轴，而由情况(b)，则中子束Ⅲ的自旋态为 $\frac{\alpha+\beta}{\sqrt{2}}$，表明中子自旋极化方向为 $+x$ 轴。总之，尽管 P 处磁场有沿 x 轴和沿 y 轴两种不同情况，中子束Ⅰ穿过磁场后自旋均翻转向下；中子束Ⅱ保持自旋向上；但两束相干复合结果得到中子束Ⅲ却在两种情况下处于两种不同的自旋态。这是一个纯量子效应。不过，中子束Ⅲ的自旋取向、磁场方向和 z 轴（入射束的极化方向）三者之间保持形成右手坐

标系关系。Summhammer 等人于 1983 年用实验证实了以上论述。

(c) 如情况(a)中磁场方向沿 x 轴，但中子束Ⅰ在磁场中经历时间分别为 τ_1 和 τ_2 两种情况。在时刻 $\tau_1=\frac{\pi\hbar}{\mu_n B}$，有 $\omega t=\pi$，$\chi(t)=-\alpha$。表明中子自旋转动 2π 后，回到初始极化方向，但自旋态反号。而在时刻 $\tau_2=\frac{2\pi\hbar}{\mu_n B}$，有 $\omega t=2\pi$，$\chi(t)=\alpha$。中子自旋需要转动 4π 才完全回到初始的自旋态。于是，若中子束Ⅰ通过磁场经历时间为 $\tau_1=\frac{\pi\hbar}{\mu_n B}$，则束Ⅲ的强度为零(理想情况)；而中子束Ⅰ通过磁场经历时间为 $\tau_2=\frac{2\pi\hbar}{\mu_n B}$，则束Ⅲ有最大强度。Ranch 等人于 1975 年用实验证实了以上论述，实验中中子束Ⅰ通过磁场经历的时间可以借助于改变磁场大小 B(改变产生磁场的电流)来调节。当束Ⅲ强度很小时，中子则是进入了束Ⅳ。

最后，这里顺便指出一点：T. Bitter 和 D. Dubbers 于 1987 年用极化中子束通过磁场的实验证实了柏瑞位相的存在。实验中也应用了中子自旋的极化方向绕磁场方向进动的原理。实验显示，由于又施加的另一磁场的绝热变化而出现的柏瑞位相就附加在由于自旋极化方向转动而使自旋态产生的动力学位相上。

5-10 试从角动量 $\hat{\boldsymbol{J}}$ 的量子条件 $\hat{\boldsymbol{J}}\times\hat{\boldsymbol{J}}=\mathrm{i}\hbar\hat{\boldsymbol{J}}$ 出发，求角动量算符 $\hat{\boldsymbol{J}}^2$ 和 $\hat{J}_z$ 的本征值谱。

解：因为

$$[\hat{\boldsymbol{J}}^2,\hat{J}_z]=0 \tag{1}$$

记它们共同的正交归一本征矢完备组为 $\{|j,m\rangle\}$，j 与 m 分别称为角动量 $\hat{\boldsymbol{J}}$ 的角量子数与磁量子数，则 $\hat{\boldsymbol{J}}^2$ 与 $\hat{J}_z$ 的本征值方程分别为

$$\hat{\boldsymbol{J}}^2|j,m\rangle=\lambda_j|j,m\rangle \tag{2}$$

$$\hat{J}_z|j,m\rangle=\mu_m|j,m\rangle \tag{3}$$

其中：λ_j 是 $\hat{\boldsymbol{J}}^2$ 的本征值，μ_m 是 $\hat{J}_z$ 的本征值，均为所求。以下从基本对易式 $\hat{\boldsymbol{J}}\times\hat{\boldsymbol{J}}=\mathrm{i}\hbar\hat{\boldsymbol{J}}$ 出发，分四个步骤进行讨论。

(a) 因为

$$\hat{\boldsymbol{J}}^2=\hat{J}_x^2+\hat{J}_y^2+\hat{J}_z^2 \tag{4}$$

且 $\hat{J}_x,\hat{J}_y,\hat{J}_z$ 均为线性厄密算符。故对任意态矢量 $|\rangle$，有

$$\langle|\hat{J}_x^2|\rangle=\langle|\hat{J}_x^+\hat{J}_x|\rangle=|\hat{J}_x|\rangle|^2\geqslant 0 \tag{5}$$

于是

$$\langle|\hat{\boldsymbol{J}}^2|\rangle\geqslant 0 \tag{6}$$

若取 $|\rangle=|j,m\rangle$，则

$$\langle j,m|\hat{\boldsymbol{J}}^2|j,m\rangle=\lambda_j\langle j,m|j,m\rangle=\lambda_j\geqslant 0 \tag{7}$$

故可用实数 j，且 $j\geqslant 0$ 来标记 λ_j。记

$$\lambda_j=j(j+1)\hbar^2\geqslant 0 \tag{8}$$

由于 λ_j 与 j 是一一对应的，故将求 λ_j 的可能取值问题转化为求 j 的可能取值问题。

(b) 记 $\mu_m=m\hbar$，可证 m 的取值范围是 $-j\leqslant m\leqslant j$：因为

$$\hat{J}_\mp\hat{J}_\pm\hat{\boldsymbol{J}}^2-\hat{J}_z\mp\hbar\hat{J}_z \tag{9}$$

$$(\hat{J}_\pm)^+=\hat{J}_\mp \tag{10}$$

$$[\hat{J}_z,\hat{J}_\pm]=\pm\hbar\hat{J}_\pm \tag{11}$$

于是,一方面

$$\begin{aligned}&\langle j,m|\hat{J}_\mp\hat{J}_\pm|j,m\rangle\\&=\langle j,m|\hat{\boldsymbol{J}}^2-\hat{J}_z^2\mp\hbar\hat{J}_z|j,m\rangle\\&=[j(j+1)\hbar^2-m^2\hbar^2\mp m\hbar^2]\langle j,m|j,m\rangle\\&=(j\mp m)(j\pm m+1)\hbar^2\end{aligned} \tag{12}$$

另一方面

$$\begin{aligned}\langle j,m|\hat{J}_\mp\hat{J}_\pm|j,m\rangle&=\langle j,m|(\hat{J}_\pm)^+\hat{J}_\pm|j,m\rangle\\&=|\hat{J}_\pm|j,m\rangle|^2\geqslant 0\end{aligned} \tag{13}$$

联合(12)、(13)两式,有

$$\begin{cases}(j\mp m)(j\pm m+1)\hbar^2\geqslant 0\\ j\geqslant 0.\end{cases} \tag{14}$$

(14)式表明 m 的取值不能任意。对于每个 m 的可能取值必须使(14)式中的两个不等式同时成立。因而对于 $(j-m)(j+m+1)\geqslant 0$ 而言,若 $m\geqslant 0$,则 $(j+m+1)\geqslant 0$,由(14)式有 $(j-m)\geqslant 0$,得

$$m\leqslant j \tag{15}$$

对 $(j+m)(j-m+1)\geqslant 0$ 而言,若 $m\leqslant 0$,则 $(j-m+1)\geqslant 0$,再由(14)式,有 $(j+m)\geqslant 0$,得

$$m\geqslant -j \tag{16}$$

联合(15)、(16)两式,有

$$-j\leqslant m\leqslant j \tag{17}$$

(c)　进一步可证:若 $m\hbar$ 是 $\hat{J}_z$ 的一个本征值,则 $(m\pm 1)\hbar,(m\pm 2)\hbar,\cdots$ 也是 $\hat{J}_z$ 的本征值。因为

$$\begin{aligned}\hat{J}_z\hat{J}_\pm|j,m\rangle&=(\hat{J}_\pm\hat{J}_z\pm\hbar\hat{J}_\pm)|j,m\rangle\\&=(m\pm 1)\hbar\hat{J}_\pm|j,m\rangle\end{aligned} \tag{18}$$

(18)式表明,若 $|j,m\rangle$ 是 $\hat{J}_z$ 的本征矢,相应的本征值是 $m\hbar$,则 $\hat{J}_\pm|j,m\rangle$ 也是 $\hat{J}_z$ 的本征矢,相应的本征值是 $(m\pm 1)\hbar$,如此等等。可知 $\hat{J}_z$ 的本征矢和本征值形成序列:

$$\begin{aligned}&\hat{J}_z\text{ 的本征矢:}\quad |j,m\rangle,\quad \hat{J}_\pm|j,m\rangle,\quad \hat{J}_\pm^2|j,m\rangle,\cdots\\&\text{相应的本征值:}\quad m\hbar,\quad (m\pm 1)\hbar,\quad (m\pm 2)\hbar,\cdots\end{aligned} \tag{19}$$

(d)　由(c)可知,$\hat{J}_z$ 的本征值形成序列:

$$\cdots,(m-2)\hbar,(m-1)\hbar,m\hbar,(m+1)\hbar,(m+2)\hbar,\cdots \tag{20}$$

相邻两个量子数之间相差为 1。但序列(20)的两端不能无限延续下去,由(14)式与(17)式知,序列(20)的右端最多延续到

$$\begin{cases}\hat{J}_+^p|j,m\rangle\sim|j,m+p\rangle\\ \hat{J}_+(\hat{J}_+^p|j,m\rangle)=\hat{J}_+|j,m+p\rangle=0\end{cases} \tag{21}$$

式中:p 为算符 $\hat{J}_+$ 作用于态 $|j,m\rangle$ 上的次数,取 0 与正整数。(21)式表明 $m+p$ 是磁量子数的最大可能取值。由(17)式知磁量子数的最大取值是 j,故有

$$m+p=j \tag{22}$$

同理,序列(20)的左端最多延续到

$$\begin{cases}\hat{J}_-^q\ |j,m\rangle \sim |j,m-q\rangle \\ \hat{J}_-\ (\hat{J}_-^q\ |j,m\rangle) = \hat{J}_-\ |j,m-q\rangle = 0\end{cases} \tag{23}$$

q 是算符 $\hat{J}_-$ 作用于态 $|j,m\rangle$ 上的次数，取 0 和正整数。所以 $m-q$ 是磁量子数的最小可能取值，由(17)式知

$$m-q=-j \tag{24}$$

联合(22)、(24)两式，得

$$j=\frac{1}{2}(p+q)=\begin{cases}0,1,2,\cdots & (p+q=\text{偶数}) \\ \frac{1}{2},\frac{3}{2},\frac{5}{2},\cdots & (p+q=\text{奇数})\end{cases} \tag{25}$$

对于每一个 j 值，由(22)、(24)式可得 m 的可能取值为：

$$m=\begin{cases}j-p \\ q-j\end{cases}\quad (p,q\ \text{只能取零或正整数}) \tag{26}$$

当 $p=0$ 时，$m_{\max}=j$；当 $q=0$ 时，$m_{\min}=-j$。m 相邻的两个量子数之间相差为 1，所以 m 的可能取值为

$$j,j-1,j-2,\cdots,(-j+1),-j \tag{27}$$

共 $(2j+1)$ 个可能值。

5-11 在 $\hat{\boldsymbol{J}}^2$ 和 $\hat{J}_z$ 共同本征态 $|jj\rangle$ 下，求角动量 $\hat{J}_n=\hat{\boldsymbol{J}}\cdot\boldsymbol{n}$ 取 $2j+1$ 个不同值 $m_j\hbar$，$m_j=j,j-1,\cdots,-j$ 的几率。式中：单位矢量 $\boldsymbol{n}=(1,\theta,\varphi)$。

解：为了找出所要求的几率，可采用一个形式的方法。这个方法是将角动量为 j 的一个粒子，代之以由 $2j$ 个自旋为 $\frac{1}{2}$ 的粒子所组成的体系。由于题给条件是粒子处在态 $|jj\rangle$ 下，因此要求在等效的 $2j$ 个粒子体系中，所有粒子自旋的 z 分量必须等于 $+\frac{\hbar}{2}$。又由本章例题 9 之式(5)、(6)知，每一个粒子沿 $\boldsymbol{n}$ 轴 $(1,\theta,\varphi)$ 的自旋分量为 $+\frac{\hbar}{2}$ 的几率是 $\cos^2\frac{\theta}{2}$，自旋分量为 $-\frac{\hbar}{2}$ 的几率为 $\sin^2\frac{\theta}{2}$。为了使这些粒子的总角动量的 $\boldsymbol{n}$ 分量的值等于 $m_j\hbar$，必须使 $j+m_j$ 个粒子的 $\boldsymbol{n}$ 分量是 $\frac{\hbar}{2}$，其余 $j-m_j$ 个粒子的 $\boldsymbol{n}$ 分量为 $-\frac{\hbar}{2}$。这样取值的几率为

$$\left(\cos^2\frac{\theta}{2}\right)^{j+m_j}\times\left(\sin^2\frac{\theta}{2}\right)^{j-m_j} \tag{1}$$

而把 $2j$ 个粒子分成 $(j+m_j)$ 与 $(j-m_j)$ 两群粒子的分法种数为

$$\begin{aligned}C_{2j}^{(j+m_j)}&=\frac{(2j)!}{[2j-(j+m_j)]!(j+m_j)!}\\&=\frac{(2j)!}{(j-m_j)!(j+m_j)!}\end{aligned} \tag{2}$$

将(1)式乘以(2)式，即得所求：

$$w(m_j)=\frac{(2j)!}{(j-m_j)!(j+m_j)!}\left(\cos^2\frac{\theta}{2}\right)^{j+m_j}\left(\sin^2\frac{\theta}{2}\right)^{j-m_j} \tag{3}$$

另解：

已知角动量 $\hat{\boldsymbol{J}}$ 在空间任一方向 $\boldsymbol{n}(1,\theta,\varphi)$ 上投影的投影算符 $\hat{J}_n=\hat{\boldsymbol{J}}\cdot\boldsymbol{n}=\hat{J}_x\sin\theta\cos\varphi+\hat{J}_y\sin\theta\sin\varphi+\hat{J}_z\cos\theta$ 的本征态可表示为

$$|\psi\rangle=\left[\exp\left(-\frac{\mathrm{i}}{\hbar}\varphi\hat{J}_z\right)\right]\left[\exp\left(-\frac{\mathrm{i}}{\hbar}\theta\hat{J}_y\right)\right]|j,m_j\rangle \tag{4}$$

相应的本征值是 $m_j\hbar$。$m_j=j,j-1,\cdots,-j$（参见本章第一部分第一段之 4 中式(5-18)）在态 $|jj\rangle$ 中，J_n 取值为 $m_j\hbar$ 的几率 $w(m_j)$ 为

$$\begin{aligned}w(m_j)&=\left|\langle jm_j|\left[\exp\left(\frac{\mathrm{i}}{\hbar}\varphi\hat{J}_z\right)\right]\left[\exp\left(\frac{\mathrm{i}}{\hbar}\theta\hat{J}_y\right)\right]|jj\rangle\right|^2\\&=\left|\exp\left(\frac{\mathrm{i}}{\hbar}\varphi m_j\hbar\right)\langle jm_j|\exp\left[\frac{\mathrm{i}}{\hbar}\theta\hat{J}_y\right]|jj\rangle\right|^2\\&=\left|\langle jm_j|\exp\left[\frac{\mathrm{i}}{\hbar}\theta\hat{J}_y\right]|jj\rangle\right|^2\\&=\langle jj|\exp\left[-\frac{\mathrm{i}}{\hbar}\theta\hat{J}_y\right]|jm_j\rangle\langle jm_j|\exp\left[\frac{\mathrm{i}}{\hbar}\theta\hat{J}_y\right]|jj\rangle\\&=\left|\langle jj|\exp\left[-\frac{\mathrm{i}}{\hbar}\theta\hat{J}_y\right]|jm_j\rangle\right|^2\end{aligned} \tag{5}$$

量子力学中在讨论转动算符的矩阵表示时，定义了一个 D 函数，即

$$d^j_{m'm}(\beta)=\langle jm'|\exp\left[-\frac{\mathrm{i}}{\hbar}\beta\hat{J}_y\right]|jm\rangle \tag{6}$$

$d^j_{m'm}(\beta)$ 的普遍计算公式是

$$\begin{aligned}d^j_{m'm}(\beta)=&[(j+m)!(j-m)!(j+m')!(j-m')!]^{1/2}\sum_\nu[(-1)^\nu\cdot\\&(j-m'-\nu)!(j+m-\nu)!(\nu+m'-m)!\nu!]^{-1}\cdot\\&\left(\cos\frac{\beta}{2}\right)^{2j+m-m'-2\nu}\left(-\sin\frac{\beta}{2}\right)^{m'-m+2\nu}\end{aligned} \tag{7}$$

(7)式中整数 ν 的取值应保证各阶乘因子内的数是非负整数。由(7)式可知，$d^j_{m'm}(\beta)$ 为实数（详见曾谨言先生著《量子力学》下册 $p.513$，式(11)）。将(5)式与(6)式相比，知所求几率可表为 $|d^j_{jm_j}(\theta)|^2$，且 $m'=j,m=m_j$。对于确定的 j 值而言，m_j 最大值只能取 j，为了保证(7)式中因子 $(j-m'-\nu)!$ 中的数不为负，ν 必须取零。将 m',m,ν 值代入(7)式，可得所求几率 $w(m_j)$ 为

$$\begin{aligned}w(m_j)&=|d^j_{jm_j}(\theta)|^2\\&=\Big|[(j+m_j)!(j-m_j)!(j+j)!(j-j)!]^{1/2}\cdot\\&\quad[(-1)^0(j-j)!(j+m_j)!(j-m_j)!0!]^{-1}\cdot\\&\quad\left(\cos\frac{\theta}{2}\right)^{2j+m_j-j}\left(-\sin\frac{\theta}{2}\right)^{j-m_j}\Big|^2\\&=\Big|[(j+m_j)!(j-m_j)!(2j)!]^{1/2}[(j+m_j)!\cdot\\&\quad(j-m_j)!]^{-1}\left(\cos\frac{\theta}{2}\right)^{j+m_j}\left(-\sin\frac{\theta}{2}\right)^{j-m_j}\Big|^2\end{aligned}$$

$$= \frac{(2j)!}{(j+m_j)!(j-m_j)!}\left(\cos^2\frac{\theta}{2}\right)^{j+m_j}\left(\sin^2\frac{\theta}{2}\right)^{j-m_j} \tag{8}$$

5-12 两个电子的泡利算符分别为 $\hat{\boldsymbol{\sigma}}_1$ 和 $\hat{\boldsymbol{\sigma}}_2$，记 $\hat{\boldsymbol{\sigma}}=\hat{\boldsymbol{\sigma}}_1+\hat{\boldsymbol{\sigma}}_2$。

(a) 证明：$\hat{\boldsymbol{\sigma}}_1\cdot\hat{\boldsymbol{\sigma}}_2=-3+\frac{1}{2}\hat{\boldsymbol{\sigma}}^2$，

$(\hat{\boldsymbol{\sigma}}_1\cdot\hat{\boldsymbol{\sigma}}_2)^2=3-2\hat{\boldsymbol{\sigma}}_1\cdot\hat{\boldsymbol{\sigma}}_2$；

(b) 求 $\hat{\boldsymbol{\sigma}}_1\cdot\hat{\boldsymbol{\sigma}}_2$ 的本征值及相应的本征矢量。

证明：(a) 因为

$$\hat{\boldsymbol{\sigma}}=\hat{\boldsymbol{\sigma}}_1+\hat{\boldsymbol{\sigma}}_2 \tag{1}$$

所以

$$\hat{\boldsymbol{\sigma}}^2=(\hat{\boldsymbol{\sigma}}_1+\hat{\boldsymbol{\sigma}}_2)^2=\hat{\boldsymbol{\sigma}}_1^2+\hat{\boldsymbol{\sigma}}_2^2+2\hat{\boldsymbol{\sigma}}_1\cdot\hat{\boldsymbol{\sigma}}_2 \tag{2}$$

由于

$$\hat{\boldsymbol{\sigma}}_1^2=\hat{\sigma}_{x1}^2+\hat{\sigma}_{y1}^2+\hat{\sigma}_{z1}^2=1+1+1=3 \tag{3}$$

同理，$\hat{\boldsymbol{\sigma}}_2^2=3$，所以

$$\hat{\boldsymbol{\sigma}}_1\cdot\hat{\boldsymbol{\sigma}}_2=\frac{1}{2}(\hat{\boldsymbol{\sigma}}^2-\hat{\boldsymbol{\sigma}}_1^2-\hat{\boldsymbol{\sigma}}_2^2)=\frac{1}{2}(\hat{\boldsymbol{\sigma}}^2-6)$$

$$=-3+\frac{1}{2}\hat{\boldsymbol{\sigma}}^2 \tag{4}$$

得证。利用公式：

$$(\hat{\boldsymbol{\sigma}}\cdot\hat{\boldsymbol{A}})(\hat{\boldsymbol{\sigma}}\cdot\hat{\boldsymbol{B}})=\hat{\boldsymbol{A}}\cdot\hat{\boldsymbol{B}}+\mathrm{i}\hat{\boldsymbol{\sigma}}\cdot(\hat{\boldsymbol{A}}\times\hat{\boldsymbol{B}}) \tag{5}$$

由于 $\hat{\boldsymbol{\sigma}}_1$ 与 $\hat{\boldsymbol{\sigma}}_2$ 是相互独立的，所以$[\hat{\boldsymbol{\sigma}}_1,\hat{\boldsymbol{\sigma}}_2]=0$，因此设公式(5)中的 $\hat{\boldsymbol{\sigma}}=\hat{\boldsymbol{\sigma}}_1$，$\hat{\boldsymbol{A}}=\hat{\boldsymbol{B}}=\hat{\boldsymbol{\sigma}}_2$，则有

$$(\hat{\boldsymbol{\sigma}}_1\cdot\hat{\boldsymbol{\sigma}}_2)(\hat{\boldsymbol{\sigma}}_1\cdot\hat{\boldsymbol{\sigma}}_2)=\hat{\boldsymbol{\sigma}}_2\cdot\hat{\boldsymbol{\sigma}}_2+\mathrm{i}\hat{\boldsymbol{\sigma}}_1\cdot(\hat{\boldsymbol{\sigma}}_2\times\hat{\boldsymbol{\sigma}}_2)$$

即

$$(\hat{\boldsymbol{\sigma}}_1\cdot\hat{\boldsymbol{\sigma}}_2)^2=\hat{\boldsymbol{\sigma}}_2^2+\mathrm{i}\hat{\boldsymbol{\sigma}}_1\cdot(\hat{\boldsymbol{\sigma}}_2\times\hat{\boldsymbol{\sigma}}_2)$$

再利用 $\hat{\boldsymbol{\sigma}}_2^2=3$，$\hat{\boldsymbol{\sigma}}_2\times\hat{\boldsymbol{\sigma}}_2=2\mathrm{i}\hat{\boldsymbol{\sigma}}_2$，代入上式有

$$(\hat{\boldsymbol{\sigma}}_1\cdot\hat{\boldsymbol{\sigma}}_2)^2=3-2\hat{\boldsymbol{\sigma}}_1\cdot\hat{\boldsymbol{\sigma}}_2 \tag{6}$$

得证。

(b) 将(6)式改写为如下形式：

$$(\hat{\boldsymbol{\sigma}}_1\cdot\hat{\boldsymbol{\sigma}}_2)^2+2\hat{\boldsymbol{\sigma}}_1\cdot\hat{\boldsymbol{\sigma}}_2-3=0$$

即

$$(\hat{\boldsymbol{\sigma}}_1\cdot\hat{\boldsymbol{\sigma}}_2-1)(\hat{\boldsymbol{\sigma}}_1\cdot\hat{\boldsymbol{\sigma}}_2+3)=0 \tag{7}$$

因此 $\hat{\boldsymbol{\sigma}}_1\cdot\hat{\boldsymbol{\sigma}}_2$ 的本征值为 1 与 −3。

另解：由(4)式知

$$\hat{\boldsymbol{\sigma}}_1\cdot\hat{\boldsymbol{\sigma}}_2=-3+\frac{1}{2}\hat{\boldsymbol{\sigma}}^2$$

$\hat{\boldsymbol{\sigma}}_1\cdot\hat{\boldsymbol{\sigma}}_2$ 与 $\hat{\boldsymbol{\sigma}}^2$ 间仅相差一个常数，因此 $\hat{\boldsymbol{\sigma}}_1\cdot\hat{\boldsymbol{\sigma}}_2$ 的本征函数完备集与 $\hat{\boldsymbol{\sigma}}^2$ 的本征函数完备集相同。已知二电子体系的总自旋算符 $\hat{S}^2$ 与其 z 分量 $\hat{S}_z$ 的共同本征函数集 $|S,S_z\rangle$（即耦合表象的基矢）可利用 C-G 系数由每个电子的单电子自旋态$\{\alpha(\mathrm{i}),\beta(\mathrm{i})\}$（即无耦表象的基矢）线性组合而得到。如下请查《量子力学与原子物理学》教材 p. 320，表 6.5-1，且此处 $j_1=s_1=$

$\frac{1}{2}, m=m_s=m_{s_1}+m_{s_2}, m_{s_1}, m_{s_2}$ 均只能取 $\pm\frac{1}{2}$ 两个值，有

$$\left|s_1+\frac{1}{2},m_s\right\rangle=\sqrt{\frac{s_1+m_s+\frac{1}{2}}{2s_1+1}}\left|s_1,m_s-\frac{1}{2},s_2,\frac{1}{2}\right\rangle+\sqrt{\frac{s_1-m_s+\frac{1}{2}}{2s_1+1}}\left|s_1,m_s+\frac{1}{2},s_2,-\frac{1}{2}\right\rangle \tag{8}$$

$$\left|s_1-\frac{1}{2},m_s\right\rangle=-\sqrt{\frac{s_1-m_s+\frac{1}{2}}{2s_1+1}}\left|s_1,m_s-\frac{1}{2},s_1,\frac{1}{2}\right\rangle+\sqrt{\frac{s_1+m_s+\frac{1}{2}}{2s_1+1}}\left|s_1,m_s+\frac{1}{2},s_2,-\frac{1}{2}\right\rangle \tag{9}$$

当 $S=s_1+\frac{1}{2}=\frac{1}{2}+\frac{1}{2}=1$ 时，m_s 有三个可能取值：1，0，−1。将此三个值分别代入(8)式中，可得

$$|11\rangle=\left|\frac{1}{2},\frac{1}{2},\frac{1}{2},\frac{1}{2}\right\rangle=\left|\frac{1}{2},\frac{1}{2}\right\rangle_1\left|\frac{1}{2},\frac{1}{2}\right\rangle_2\Rightarrow\alpha(1)\alpha(2) \tag{10}$$

$$\begin{aligned}|10\rangle&=\sqrt{\frac{1}{2}}\left|\frac{1}{2},-\frac{1}{2},\frac{1}{2},\frac{1}{2}\right\rangle+\sqrt{\frac{1}{2}}\left|\frac{1}{2},\frac{1}{2},\frac{1}{2},-\frac{1}{2}\right\rangle\\&=\frac{1}{\sqrt{2}}\left(\left|\frac{1}{2},-\frac{1}{2}\right\rangle_1\left|\frac{1}{2},\frac{1}{2}\right\rangle_2+\left|\frac{1}{2},\frac{1}{2}\right\rangle_1\left|\frac{1}{2},-\frac{1}{2}\right\rangle_2\right)\\&\Rightarrow\frac{1}{\sqrt{2}}(\beta(1)\alpha(2)+\alpha(1)\beta(2))\end{aligned} \tag{11}$$

$$\begin{aligned}|1-1\rangle&=\left|\frac{1}{2},-\frac{1}{2},\frac{1}{2},-\frac{1}{2}\right\rangle=\left|\frac{1}{2},-\frac{1}{2}\right\rangle_1\left|\frac{1}{2},-\frac{1}{2}\right\rangle_2\\&\Rightarrow\beta(1)\beta(2)\end{aligned} \tag{12}$$

当 $S=s_1-\frac{1}{2}=\frac{1}{2}-\frac{1}{2}=0$ 时，m_s 只能取 0 一个值。将此值代入(9)式中，可得

$$\begin{aligned}|00\rangle&=-\sqrt{\frac{1}{2}}\left|\frac{1}{2},-\frac{1}{2},\frac{1}{2},\frac{1}{2}\right\rangle+\sqrt{\frac{1}{2}}\left|\frac{1}{2},\frac{1}{2},\frac{1}{2},-\frac{1}{2}\right\rangle\\&=-\sqrt{\frac{1}{2}}\left|\frac{1}{2},-\frac{1}{2}\right\rangle_1\left|\frac{1}{2},\frac{1}{2}\right\rangle_2+\sqrt{\frac{1}{2}}\left|\frac{1}{2},\frac{1}{2}\right\rangle_1\left|\frac{1}{2},-\frac{1}{2}\right\rangle_2\\&\Rightarrow\frac{1}{\sqrt{2}}(\alpha(1)\beta(2)-\alpha(2)\beta(1))\end{aligned} \tag{13}$$

式(10)～(13)所示的每一个态均满足归一化条件，彼此之间满足正交性条件，它们构成 $(\hat{\boldsymbol{S}}^2,\hat{S}_z)$ 的正交归一本征函数完备集，此即为 $\hat{\boldsymbol{\sigma}}^2$ 与 $\hat{\boldsymbol{\sigma}}_1\cdot\hat{\boldsymbol{\sigma}}_2$ 共同的本征函数完备集。将 $\hat{\boldsymbol{\sigma}}_1\cdot\hat{\boldsymbol{\sigma}}_2$ 分别作用于每一式，可得相应的本征值。

$$\begin{aligned}\hat{\boldsymbol{\sigma}}_1\cdot\hat{\boldsymbol{\sigma}}_2\alpha(1)\alpha(2)&=\left(-3+\frac{1}{2}\hat{\boldsymbol{\sigma}}^2\right)\alpha(1)\alpha(2)\\&=\left(-3+\frac{1}{2}\cdot\frac{4}{\hbar^2}\hat{\boldsymbol{S}}^2\right)\alpha(1)\alpha(2)\end{aligned}$$

$$= \left[-3 + \frac{2}{\hbar^2} S(S+1)\hbar^2\right] \alpha(1)\alpha(2)$$
$$= [-3 + 2 \times 1(1+1)] \alpha(1)\alpha(2)$$
$$= \alpha(1)\alpha(2) \tag{14}$$

可知 $\alpha(1)\alpha(2)$ 是 $\hat{\boldsymbol{\sigma}}_1 \cdot \hat{\boldsymbol{\sigma}}_2$ 的相应于本征值为 1 的本征态矢量。同理可知：$\frac{1}{\sqrt{2}}(\alpha(1)\beta(2)+\beta(1)\alpha(2))$，$\beta(1)\beta(2)$ 均是 $\hat{\boldsymbol{\sigma}}_1 \cdot \hat{\boldsymbol{\sigma}}_2$ 的相应于本征值为 1 的本征态矢量，它们称为自旋三重态。而

$$\hat{\boldsymbol{\sigma}}_1 \cdot \hat{\boldsymbol{\sigma}}_2 \frac{1}{\sqrt{2}}[\alpha(1)\beta(2)-\beta(1)\alpha(2)]$$
$$= \left[-3 + \frac{2}{\hbar^2} S(S+1)\hbar^2\right] \frac{1}{\sqrt{2}}[\alpha(1)\beta(2)-\beta(1)\alpha(2)]$$
$$= [-3 + 2 \times 0(0+1)] \frac{1}{\sqrt{2}}(\alpha(1)\beta(2)-\beta(1)\alpha(2))$$
$$= -3\,\frac{1}{\sqrt{2}}(\alpha(1)\beta(2)-\beta(1)\alpha(2)) \tag{15}$$

知 $\frac{1}{\sqrt{2}}(\alpha(1)\beta(2)-\beta(1)\alpha(2))$ 是 $\hat{\boldsymbol{\sigma}}_1 \cdot \hat{\boldsymbol{\sigma}}_2$ 的相应于本征值为 -3 的本征态矢量，称它为自旋单态。

5-13 定义算符

$$\hat{\sigma}_{12} = \frac{3(\hat{\boldsymbol{\sigma}}_1 \cdot \hat{\boldsymbol{r}})(\hat{\boldsymbol{\sigma}}_2 \cdot \hat{\boldsymbol{r}})}{r^2} - \hat{\boldsymbol{\sigma}}_1 \cdot \hat{\boldsymbol{\sigma}}_2, (\boldsymbol{r} = \boldsymbol{r}_1 - \boldsymbol{r}_2)$$

(a) 证明：$\hat{\sigma}_{12} = \frac{3(\hat{\boldsymbol{\sigma}} \cdot \hat{\boldsymbol{r}})^2}{2r^2} - \frac{\hat{\boldsymbol{\sigma}}^2}{2}$，$(\hat{\boldsymbol{\sigma}} = \hat{\boldsymbol{\sigma}}_1 + \hat{\boldsymbol{\sigma}}_2)$；

(b) 证明：$\hat{\sigma}_{12}^2 = 6 + 2\hat{\boldsymbol{\sigma}}_1 \cdot \hat{\boldsymbol{\sigma}}_2 - 2\hat{\sigma}_{12} = \hat{\boldsymbol{\sigma}}^2 - 2\hat{\sigma}_{12}$；

(c) 求 $\hat{\sigma}_{12}$ 的本征值。

证明：(a) 利用公式：

$$(\hat{\boldsymbol{\sigma}} \cdot \hat{\boldsymbol{A}})(\hat{\boldsymbol{\sigma}} \cdot \hat{\boldsymbol{B}}) = \hat{\boldsymbol{A}} \cdot \hat{\boldsymbol{B}} + \mathrm{i}\hat{\boldsymbol{\sigma}} \cdot (\hat{\boldsymbol{A}} \times \hat{\boldsymbol{B}}) \tag{1}$$

若令公式(1)中 $\hat{\boldsymbol{\sigma}} = \hat{\boldsymbol{\sigma}}_1$，$\hat{\boldsymbol{A}} = \hat{\boldsymbol{B}} = \hat{\boldsymbol{r}}$，有

$$(\hat{\boldsymbol{\sigma}}_1 \cdot \hat{\boldsymbol{r}})^2 = \hat{\boldsymbol{r}}^2 \tag{2}$$

同理

$$(\hat{\boldsymbol{\sigma}}_2 \cdot \hat{\boldsymbol{r}})^2 = \hat{\boldsymbol{r}}^2 \tag{3}$$

且由本章例题 5-12 之公式(4)知

$$\hat{\boldsymbol{\sigma}}_1 \cdot \hat{\boldsymbol{\sigma}}_2 = -3 + \frac{1}{2}\hat{\boldsymbol{\sigma}}^2 \tag{4}$$

故

$$\frac{3}{2r^2}(\hat{\boldsymbol{\sigma}} \cdot \hat{\boldsymbol{r}})^2 - \frac{1}{2}\hat{\boldsymbol{\sigma}}^2 = \frac{3}{2r^2}[(\hat{\boldsymbol{\sigma}}_1 + \hat{\boldsymbol{\sigma}}_2) \cdot \hat{\boldsymbol{r}}]^2 - \frac{1}{2}\hat{\boldsymbol{\sigma}}^2$$
$$= \frac{3}{2r^2}(\hat{\boldsymbol{\sigma}}_1 \cdot \hat{\boldsymbol{r}} + \hat{\boldsymbol{\sigma}}_2 \cdot \hat{\boldsymbol{r}})^2 - \frac{1}{2}\hat{\boldsymbol{\sigma}}^2$$

$$= \frac{3}{2r^2}[(\hat{\boldsymbol{\sigma}}_1 \cdot \hat{\boldsymbol{r}})^2 + (\hat{\boldsymbol{\sigma}}_2 \cdot \hat{\boldsymbol{r}})^2 + 2(\hat{\boldsymbol{\sigma}}_1 \cdot \hat{\boldsymbol{r}})(\hat{\boldsymbol{\sigma}}_2 \cdot \hat{\boldsymbol{r}})] - \frac{1}{2}\hat{\boldsymbol{\sigma}}^2$$

$$= \frac{3}{2r^2}[\hat{\boldsymbol{r}}^2 + \hat{\boldsymbol{r}}^2 + 2(\hat{\boldsymbol{\sigma}}_1 \cdot \hat{\boldsymbol{r}})(\hat{\boldsymbol{\sigma}}_2 \cdot \hat{\boldsymbol{r}})] - (\hat{\boldsymbol{\sigma}}_1 \cdot \hat{\boldsymbol{\sigma}}_2 + 3)$$

$$= 3 + \frac{3}{r^2}(\hat{\boldsymbol{\sigma}}_1 \cdot \hat{\boldsymbol{r}})(\hat{\boldsymbol{\sigma}}_2 \cdot \hat{\boldsymbol{r}}) - \hat{\boldsymbol{\sigma}}_1 \cdot \hat{\boldsymbol{\sigma}}_2 - 3$$

$$= \frac{3}{r^2}(\hat{\boldsymbol{\sigma}}_1 \cdot \hat{\boldsymbol{r}})(\hat{\boldsymbol{\sigma}}_2 \cdot \hat{\boldsymbol{r}}) - \hat{\boldsymbol{\sigma}}_1 \cdot \hat{\boldsymbol{\sigma}}_2 = \hat{\sigma}_{12} \tag{5}$$

得证。

(b)　若令 $\hat{\boldsymbol{r}} = r\hat{\boldsymbol{n}}, r = |\hat{\boldsymbol{r}}|, \hat{\boldsymbol{n}} = \frac{\hat{\boldsymbol{r}}}{r}$,则由(5)式,有

$$\hat{\sigma}_{12} = \frac{3}{2r^2}(\hat{\boldsymbol{\sigma}} \cdot \hat{\boldsymbol{r}})^2 - \frac{1}{2}\hat{\boldsymbol{\sigma}}^2 = \frac{3}{2}\hat{\sigma}_n^2 - \frac{1}{2}\hat{\boldsymbol{\sigma}}^2。 \tag{6}$$

$$\hat{\sigma}_{12}^2 = \left(\frac{3}{2}\hat{\sigma}_n^2 - \frac{1}{2}\hat{\boldsymbol{\sigma}}^2\right)^2 = \frac{1}{4}(9\hat{\sigma}_n^4 - 6\hat{\sigma}_n^2\hat{\boldsymbol{\sigma}}^2 + \hat{\boldsymbol{\sigma}}^4)。 \tag{7}$$

因为

$$\hat{\sigma}_n = \hat{\sigma}_{n_1} + \hat{\sigma}_{n_2}, \quad \hat{\boldsymbol{\sigma}} = \hat{\boldsymbol{\sigma}}_1 + \hat{\boldsymbol{\sigma}}_2 \tag{8}$$

则

$$\hat{\sigma}_n^4 = 4\hat{\sigma}_n^2, \quad \hat{\boldsymbol{\sigma}}^4 = 8\hat{\boldsymbol{\sigma}}^2, \quad \hat{\sigma}_n\hat{\boldsymbol{\sigma}}^2 = \hat{\boldsymbol{\sigma}}^2\hat{\sigma}_n = 8\hat{\sigma}_n \tag{9}$$

将(9)式代入(7)式,得

$$\hat{\sigma}_{12}^2 = \frac{1}{4}(36\hat{\sigma}_n^2 - 48\hat{\sigma}_n^2 + 8\hat{\boldsymbol{\sigma}}^2) = -3\hat{\sigma}_n^2 + 2\hat{\boldsymbol{\sigma}}^2 \tag{10}$$

又

$$6 + 2\hat{\boldsymbol{\sigma}}_1 \cdot \hat{\boldsymbol{\sigma}}_2 - 2\hat{\sigma}_{12} = 6 + 2\hat{\boldsymbol{\sigma}}_1 \cdot \hat{\boldsymbol{\sigma}}_2 - 2\left(\frac{3}{2}\hat{\sigma}_n^2 - \frac{1}{2}\hat{\boldsymbol{\sigma}}^2\right)$$

$$= 6 + 2\hat{\boldsymbol{\sigma}}_1 \cdot \hat{\boldsymbol{\sigma}}_2 - 3\hat{\sigma}_n^2 + \hat{\boldsymbol{\sigma}}^2$$

$$= 6 + (\hat{\boldsymbol{\sigma}}^2 - 6) - 3\hat{\sigma}_n^2 + \hat{\boldsymbol{\sigma}}^2 = -3\hat{\sigma}_n^2 + 2\hat{\boldsymbol{\sigma}}^2 \tag{11}$$

比较(10)、(11)两式,得

$$\hat{\sigma}_{12}^2 = 6 + 2\hat{\boldsymbol{\sigma}}_1 \cdot \hat{\boldsymbol{\sigma}}_2 - 2\hat{\sigma}_{12} \tag{12}$$

又

$$\hat{\boldsymbol{\sigma}}^2 - 2\hat{\sigma}_{12} = \hat{\boldsymbol{\sigma}}^2 - 2\left(\frac{3}{2}\hat{\sigma}_n^2 - \frac{1}{2}\hat{\boldsymbol{\sigma}}^2\right) = -3\hat{\sigma}_n^2 + 2\hat{\boldsymbol{\sigma}}^2 \tag{13}$$

比较(10)、(13)两式,又得

$$\hat{\sigma}_{12}^2 = \hat{\boldsymbol{\sigma}}^2 - 2\hat{\sigma}_{12} \tag{14}$$

联合(12)、(14)两式,得

$$\hat{\sigma}_{12}^2 = 6 + 2\hat{\boldsymbol{\sigma}}_1 \cdot \hat{\boldsymbol{\sigma}}_2 - 2\hat{\sigma}_{12} = \hat{\boldsymbol{\sigma}}^2 - 2\hat{\sigma}_{12} \tag{15}$$

(c)　由(6)式及(15)式知,$\hat{\sigma}_{12}$ 和 $\hat{\sigma}_n$ 及 $\hat{\boldsymbol{\sigma}}^2$ 均对易。用 $\hat{\boldsymbol{\sigma}}^2$ 乘以(6)式,并利用(9)式,有

$$\hat{\sigma}_{12}\hat{\boldsymbol{\sigma}}^2 = \hat{\boldsymbol{\sigma}}^2\hat{\sigma}_{12} = \hat{\boldsymbol{\sigma}}^2\left(\frac{3}{2}\hat{\sigma}_n^2 - \frac{1}{2}\hat{\boldsymbol{\sigma}}^2\right)$$

$$= \frac{3}{2}\hat{\boldsymbol{\sigma}}^2\hat{\sigma}_n^2 - \frac{1}{2}\hat{\boldsymbol{\sigma}}^4 = \frac{3}{2}(8\hat{\sigma}_n^2) - \frac{1}{2}(8\hat{\boldsymbol{\sigma}}^2)$$

$$=8\left(\frac{3}{2}\hat{\sigma}_n^2-\frac{1}{2}\hat{\boldsymbol{\sigma}}^2\right)=8\hat{\sigma}_{12} \tag{16}$$

再用 $\hat{\sigma}_{12}$ 乘以(14)式,并利用(16)式,有

$$\hat{\sigma}_{12}^3=\hat{\sigma}_{12}\hat{\boldsymbol{\sigma}}^2-2\hat{\sigma}_{12}^2=8\hat{\sigma}_{12}-2\hat{\sigma}_{12}^2$$

即

$$\hat{\sigma}_{12}(\hat{\sigma}_{12}^2+2\hat{\sigma}_{12}-8)=\hat{\sigma}_{12}(\hat{\sigma}_{12}+4)(\hat{\sigma}_{12}-2)=0 \tag{17}$$

得 $\hat{\sigma}_{12}$ 的本征值为 0,−4 及 2。

5-14 分别求下列两个算符的本征值和本征矢量。

(a) $\hat{H}_1=a(\hat{\sigma}_{1z}+\hat{\sigma}_{2z})+b\hat{\boldsymbol{\sigma}}_1\cdot\hat{\boldsymbol{\sigma}}_2$;

(b) $\hat{H}_2=a_1\hat{\sigma}_{1z}+a_2\hat{\sigma}_{2z}+b\hat{\boldsymbol{\sigma}}_1\cdot\hat{\boldsymbol{\sigma}}_2(a_1\neq a_2)$。

式中:a、b、a_1 和 a_2 为实参量.

解:(a) 因为

$$\hat{\boldsymbol{\sigma}}=\hat{\boldsymbol{\sigma}}_1+\hat{\boldsymbol{\sigma}}_2 \tag{1}$$

$$\hat{\sigma}_z=\hat{\sigma}_{1z}+\hat{\sigma}_{2z} \tag{2}$$

$$\hat{\boldsymbol{\sigma}}_1\cdot\hat{\boldsymbol{\sigma}}_2=-3+\frac{1}{2}\hat{\boldsymbol{\sigma}}^2 \tag{3}$$

所以

$$\hat{H}_1=a(\hat{\sigma}_{1z}+\hat{\sigma}_{2z})+b\hat{\boldsymbol{\sigma}}_1\cdot\hat{\boldsymbol{\sigma}}_2=a\hat{\sigma}_z-3b+\frac{b}{2}\hat{\boldsymbol{\sigma}}^2 \tag{4}$$

可知

$$[\hat{H}_1,\hat{\boldsymbol{\sigma}}^2]=0,\quad [\hat{H}_1,\hat{\sigma}_z]=0$$

于是可取力学量完全集合为 $\{\hat{s}_1^2,\hat{s}_2^2,\hat{S}^2,\hat{S}_z\}$(式中 $\hat{s}_1=\frac{\hbar}{2}\hat{\boldsymbol{\sigma}}_1$, $\hat{s}_2=\frac{\hbar}{2}\hat{\boldsymbol{\sigma}}_2$,分别为电子 1 与电子 2 的自旋算符,$\hat{\boldsymbol{S}}=\hat{s}_1+\hat{s}_2=\frac{\hbar}{2}(\hat{\boldsymbol{\sigma}}_1+\hat{\boldsymbol{\sigma}}_2)$ 为二电子系的总自旋算符),它们共同的本征函数完备集为

$$\chi_S^{(1)}=\alpha(1)\alpha(2),\qquad S=1,m_s=1 \tag{5}$$

$$\chi_S^{(2)}=\frac{1}{\sqrt{2}}[\alpha(1)\beta(2)+\alpha(2)\beta(1)],\quad S=1,m_s=0 \tag{6}$$

$$\chi_S^{(3)}=\beta(1)\beta(2),\qquad S=1,m_s=-1 \tag{7}$$

$$\chi_A=\frac{1}{\sqrt{2}}[\alpha(1)\beta(2)-\alpha(2)\beta(1)]\qquad S=0,m_s=0 \tag{8}$$

将 $\hat{H}_1$ 分别作用于式(5)~(8),知 $\hat{H}_1$ 的本征值与相应的本征矢如下:

总自旋量子数 $S=1$ 时, $E_1^1=2a+b$, $|E_1^1\rangle\Rightarrow\chi_S^{(1)}$ (9)

$E_1^2=b$, $|E_1^2\rangle\Rightarrow\chi_S^{(2)}$ (10)

$E_1^3=-2a+b$, $|E_1^3\rangle\Rightarrow\chi_S^{(3)}$ (11)

总自旋量子数 $S=0$ 时, $E_1^4=-3b$, $|E_1^4\rangle\Rightarrow\chi_A$ (12)

(b) 因为

$$\hat{H}_2 = a_1\hat{\sigma}_{1z} + a_2\hat{\sigma}_{2z} + b\hat{\boldsymbol{\sigma}}_1 \cdot \hat{\boldsymbol{\sigma}}_2$$
$$= c(\hat{\sigma}_{1z} + \hat{\sigma}_{2z}) + d(\hat{\sigma}_{1z} - \hat{\sigma}_{2z}) + b\hat{\boldsymbol{\sigma}}_1 \cdot \hat{\boldsymbol{\sigma}}_2 \tag{13}$$

式中：$c=\frac{1}{2}(a_1+a_2)$，$d=\frac{1}{2}(a_1-a_2)$。所以

$$[\hat{\sigma}_{1z}, \hat{H}_2] \neq 0, \quad [\hat{\sigma}_{2z}, \hat{H}_2] \neq 0$$

使得求 $\hat{H}_2$ 的本征值问题归结为找一个表象，在此表象内求解相应的矩阵形式的本征值方程才能得到。由于式(13)中含有算符$(\hat{\sigma}_{1z}+\hat{\sigma}_{2z})$与$\hat{\boldsymbol{\sigma}}_1 \cdot \hat{\boldsymbol{\sigma}}_2$，因此取以式(5)～式(8)所示的$\{\hat{\boldsymbol{s}}_1^2, \hat{\boldsymbol{s}}_2^2, \hat{\boldsymbol{S}}^2, \hat{S}_z\}$的共同本征矢完备集为基矢完备集建立的表象是恰当的。为了讨论方便起见，记这四个基矢分别为

$$|1\rangle = |\chi_S^{(1)}\rangle, \quad |2\rangle = |\chi_S^{(3)}\rangle$$
$$|3\rangle = |\chi_S^{(2)}\rangle, \quad |4\rangle = |\chi_A\rangle \tag{14}$$

由于它们已是式(13)中第一项 $c(\hat{\sigma}_{1z}+\hat{\sigma}_{2z})$与第三项 $b\hat{\boldsymbol{\sigma}}_1 \cdot \hat{\boldsymbol{\sigma}}_2$ 的本征矢量，而第 2 项 $d(\hat{\sigma}_{1z}-\hat{\sigma}_{2z})$对它们作用的结果为

$$(\hat{\sigma}_{1z} - \hat{\sigma}_{2z})|\chi_S^{(1)}\rangle = 0, \quad (\hat{\sigma}_{1z} - \hat{\sigma}_{2z})|\chi_S^{(3)}\rangle = 0$$
$$(\hat{\sigma}_{1z} - \hat{\sigma}_{2z})|\chi_S^{(2)}\rangle = 2|\chi_A\rangle$$
$$(\hat{\sigma}_{1z} - \hat{\sigma}_{2z})|\chi_A\rangle = 2|\chi_S^{(2)}\rangle \tag{15}$$

使得 $\hat{H}_2$ 在此表象中的 16 个矩阵元只有下述的不为零：

$$(H_2)_{11} = \langle 1|\hat{H}_2|1\rangle = \langle \chi_S^{(1)}|\hat{H}_2|\chi_S^{(1)}\rangle = 2c+b$$
$$(H_2)_{22} = \langle 2|\hat{H}_2|2\rangle = \langle \chi_S^{(3)}|\hat{H}_2|\chi_S^{(3)}\rangle = -2c+b$$
$$(H_2)_{33} = \langle 3|\hat{H}_2|3\rangle = \langle \chi_S^{(2)}|\hat{H}_2|\chi_S^{(2)}\rangle = b$$
$$(H_2)_{44} = \langle 4|\hat{H}_2|4\rangle = \langle \chi_A|\hat{H}_2|\chi_A\rangle = -3b$$
$$(H_2)_{34} = (H_2)_{43} = \langle 4|\hat{H}_2|3\rangle = \langle \chi_A|\hat{H}_2|\chi_S^{(2)}\rangle = 2d \tag{16}$$

其余的全部为零。$\hat{H}_2$ 的矩阵表示可写为

$$H_2 = \begin{pmatrix} 2c+b & 0 & 0 & 0 \\ 0 & -2c+b & 0 & 0 \\ 0 & 0 & b & 2d \\ 0 & 0 & 2d & -3b \end{pmatrix} \tag{17}$$

设 $\hat{H}_2$ 的本征矢量$|E_2\rangle$在此表象内表示为

$$|E_2\rangle \Rightarrow \begin{pmatrix} f_1 \\ f_2 \\ f_3 \\ f_4 \end{pmatrix} \tag{18}$$

则 $\hat{H}_2$ 的矩阵形式的本征值方程为

$$\begin{pmatrix} 2c+b & 0 & 0 & 0 \\ 0 & -2c+b & 0 & 0 \\ 0 & 0 & b & 2d \\ 0 & 0 & 2d & -3b \end{pmatrix} \begin{pmatrix} f_1 \\ f_2 \\ f_3 \\ f_4 \end{pmatrix} = E_2 \begin{pmatrix} f_1 \\ f_2 \\ f_3 \\ f_4 \end{pmatrix} \tag{19}$$

相应的久期方程为

$$\begin{vmatrix} (2c+b)-E_2 & 0 & 0 & 0 \\ 0 & (-2c+b)-E_2 & 0 & 0 \\ 0 & 0 & b-E_2 & 2d \\ 0 & 0 & 2d & -3b-E_2 \end{vmatrix} = 0 \tag{20}$$

方程(20)的解为

$$\begin{aligned} E_2^1 &= 2c+b=(a_1+a_2)+b \\ E_2^2 &= -2c+b=-(a_1+a_2)+b \\ E_2^3 &= -b+2\sqrt{b^2+d^2}=-b+\sqrt{4b^2+(a_1-a_2)^2} \\ E_2^4 &= -b-2\sqrt{b^2+d^2}=-b-\sqrt{4b^2+(a_1-a_2)^2} \end{aligned} \tag{21}$$

再将每一个本征值 $E_2^i(i=1,2,3,4)$重新代回到方程(19)中,并利用本征矢量的归一化条件$\langle E_2^i|E_2^i\rangle=1$,得相应的本征矢量为

$$|E_2^1\rangle \Rightarrow \begin{pmatrix}1\\0\\0\\0\end{pmatrix},\quad |E_2^2\rangle = \begin{pmatrix}0\\1\\0\\0\end{pmatrix}$$

$$|E_2^3\rangle \Rightarrow \begin{pmatrix} 0 \\ 0 \\ \dfrac{2d}{\sqrt{4d^2+(E_2^3-b)^2}} \\ \dfrac{E_2^3-b}{\sqrt{4d^2+(E_2^3-b)^2}} \end{pmatrix}, |E_2^4\rangle \Rightarrow \begin{pmatrix} 0 \\ 0 \\ \dfrac{2d}{\sqrt{4d^2+(E_2^4-b)^2}} \\ \dfrac{E_2^4-b}{\sqrt{4d^2+(E_2^4-b)^2}} \end{pmatrix} \tag{22}$$

式中:$d=\dfrac{1}{2}(a_1-a_2)$,E_2^1,E_2^2,E_2^3,E_2^4 如式(21)所示。

5-15 N 个自旋 $s=\dfrac{1}{2}$的离子等距地排成一个环,相邻离子之间有相互作用,体系哈密顿算符为

$$\hat{H}=-\frac{1}{2}J\sum_{i=1}^{N}\hat{\boldsymbol{\sigma}}_i\cdot\hat{\boldsymbol{\sigma}}_{i+1}$$

式中:$\hat{\boldsymbol{\sigma}}_i$ 是第 i 个离子的泡利算符,J 是一个大于零的常量。在垂直于环的方向上加以较弱恒定均匀磁场,则体系基态 χ_0 对应于所有 N 个离子的自旋态都是 α 态。再记体系 χ_j 态对应于第 j 个离子的自旋态是 β 态,而其余 $N-1$ 个离子的自旋态处于 α 态。试证明:

(a) $\hat{\boldsymbol{\sigma}}_i\cdot\hat{\boldsymbol{\sigma}}_{i+1}\chi_j=\chi_j,\quad j\neq i$ 和 $i+1$

$\hat{\boldsymbol{\sigma}}_i\cdot\hat{\boldsymbol{\sigma}}_{i+1}\chi_i=2\chi_{i+1}-\chi_i$

$\hat{\boldsymbol{\sigma}}_i\cdot\hat{\boldsymbol{\sigma}}_{i+1}\chi_{i+1}=2\chi_i-\chi_{i+1}$

(b) 如果 $\chi=\sum\limits_{n=1}^{N}c_n\chi_n$ 是哈密顿算符 $\hat{H}$ 的相应于能量为 E 的本征矢量,则有

$$(E-E_0)c_n=J(2c_n-c_{n+1}-c_{n-1})$$

式中：$E_0=-\frac{1}{2}JN$.

(c)　如果 $c_n=\frac{1}{\sqrt{N}}e^{iqna}$，式中 a 是环上离子的间距，则有

$$E-E_0=2J(1-\cos qa)$$

解：(a)　因为

$$\chi_j=\alpha\alpha\alpha\cdots\alpha\beta\alpha\cdots\alpha\alpha \qquad (1)$$
$$i=1,2,\cdots j,\cdots N$$

而 $\hat{\boldsymbol{\sigma}}_i\cdot\hat{\boldsymbol{\sigma}}_{i+1}$ 只作用于态矢量 χ_j 中第 i 个和第 $i+1$ 个离子的态上。如果 $j\neq i$ 和 $i+1$，则利用本章第一部分内容精要式(5-48)，有

$$\begin{aligned}&(\hat{\sigma}_{ix}\hat{\sigma}_{i+1,x}+\hat{\sigma}_{iy}\hat{\sigma}_{i+1,y}+\hat{\sigma}_{iz}\hat{\sigma}_{i+1,z})\alpha\alpha\\&=\beta\beta-\beta\beta+\alpha\alpha=\alpha\alpha\end{aligned} \qquad (2)$$

故得

$$\hat{\boldsymbol{\sigma}}_i\cdot\hat{\boldsymbol{\sigma}}_{i+1}\chi_j=\chi_j \qquad (3)$$

如果 $j=i$，利用本章第一部分内容精要式(5-48、5-49)，有

$$(\hat{\sigma}_{ix}\hat{\sigma}_{i+1,x}+\hat{\sigma}_{iy}\hat{\sigma}_{i+1,y}+\hat{\sigma}_{iz}\hat{\sigma}_{i+1,z})\beta\alpha=\alpha\beta+\alpha\beta-\beta\alpha \qquad (4)$$

故得

$$\hat{\boldsymbol{\sigma}}_i\cdot\hat{\boldsymbol{\sigma}}_{i+1}\chi_i=2\chi_{i+1}-\chi_i \qquad (5)$$

如果 $j=i+1$，有

$$(\hat{\sigma}_{ix}\hat{\sigma}_{i+1,x}+\hat{\sigma}_{iy}\hat{\sigma}_{i+1,y}+\hat{\sigma}_{iz}\hat{\sigma}_{i+1,z})\alpha\beta=\beta\alpha+\beta\alpha-\alpha\beta \qquad (6)$$

得到

$$\hat{\boldsymbol{\sigma}}_i\cdot\hat{\boldsymbol{\sigma}}_{i+1}\chi_{i+1}=2\chi_i-\chi_{i+1} \qquad (7)$$

(b)　考察 $\left(\sum_{i=1}^{N}\hat{\boldsymbol{\sigma}}_i\cdot\hat{\boldsymbol{\sigma}}_{i+1}\right)\chi_n$。式中除 i 和 $i+1\neq n$ 的两项之外，其余每一项(共 $N-2$ 项)都等于 χ_n；$i=n$ 的一项等于 $2\chi_{n+1}-\chi_n$，$i+1=n$ 的一项等于 $2\chi_{n-1}-\chi_n$。故

$$\left(\sum_{i=1}^{N}\hat{\boldsymbol{\sigma}}_i\cdot\hat{\boldsymbol{\sigma}}_{i+1}\right)\chi_n=N\chi_n+2(\chi_{n-1}+\chi_{n+1}-2\chi_n) \qquad (8)$$

因此

$$\begin{aligned}\hat{H}\chi&=-\frac{1}{2}J\left(\sum_{i=1}^{N}\hat{\boldsymbol{\sigma}}_i\cdot\hat{\boldsymbol{\sigma}}_{i+1}\right)\sum_{n=1}^{N}c_n\chi_n\\&=-\frac{1}{2}J\sum_{n=1}^{N}c_n[N\chi_n+2(\chi_{n-1}+\chi_{n+1}-2\chi_n)]\\&=-\frac{1}{2}JN\sum_{n=1}^{N}c_n\chi_n+J\sum_{n=1}^{N}c_n(2\chi_n-\chi_{n-1}-\chi_{n+1})\end{aligned} \qquad (9)$$

按题意，有

$$\hat{H}\chi=E\chi,\quad \chi=\sum_{n=1}^{N}c_n\chi_n \qquad (10)$$

记 $E_0=-\frac{1}{2}JN$，得到

$$(E-E_0)c_n = J(2c_n - c_{n+1} - c_{n-1}) \tag{11}$$

(c) 如果 $c_n=\frac{1}{\sqrt{N}}e^{iqna}$，则

$$c_{n+1} = e^{iqa}c_n, \quad c_{n-1} = e^{-iqa}c_n \tag{12}$$

将式(12)代入式(11)，得到

$$E-E_0 = 2J(1-\cos qa) \tag{13}$$

式中：E_0 是体系基态 χ_0（环上所有离子都处于自旋态 α）的能量，因为由(a)中式(3)，有

$$\hat{\boldsymbol{\sigma}}_i \cdot \hat{\boldsymbol{\sigma}}_{i+1}\chi_0 = \chi_0 \tag{14}$$

而

$$\hat{H}\chi_0 = -\frac{1}{2}J\left(\sum_{i=1}^{N}\hat{\boldsymbol{\sigma}}_i \cdot \hat{\boldsymbol{\sigma}}_{i+1}\right)\chi_0 = -\frac{1}{2}JN\chi_0 = E_0\chi_0. \tag{15}$$

体系的磁激发由叠加态 $\chi=\sum_{n=1}^{N}c_n\chi_n$ 表示，式中 χ_n 表示体系的第 n 个离子的自旋态为 β 态。$c_n=\frac{1}{\sqrt{N}}e^{iqna}$ 即表示自旋波。记 $E-E_0=\hbar\omega$ 为自旋波的能量，则(c)的结果式(13)就是自旋波的色散关系，即 ω-q 关系。对于 $qa\ll 1$，有 $\hbar\omega\approx Jq^2a^2$，即在低 q 范围有 $\omega\sim q^2$，这是自旋波量子的特点，不似晶格中声子在低 q 范围 $\omega\sim q$ 为线性关系。自旋波的产生是源于环上两相邻离子之间有相互作用：$-\frac{1}{2}J\hat{\boldsymbol{\sigma}}_i\cdot\hat{\boldsymbol{\sigma}}_{i+1}$，因而某一个离子的自旋翻转会促使其相邻离子自旋翻转而自己返回到未翻转态，这样形成自旋波，其相速为 $\frac{\omega}{q}$。波矢值 q 不会趋于无限大，因为 q 和 q'（$q'a=qa+2\pi n'$，n' 是整数）给出第 n 个离子处的 c_n 是相同的，故可以限制 q 的取值范围为 $-\frac{\pi}{a}<q<\frac{\pi}{a}$，类似于一维周期晶格的第一布里渊区。另外，对于环，由于自旋波波函数的单值性，q 在 $-\frac{\pi}{a}<q<\frac{\pi}{a}$ 取值范围内有 N 个不同的分立取值，表明环上有 N 个独立的自旋波——因为环上有 N 个离子，相应有 N 个独立的自旋态。这里采用环而不采用一维链模型，就是更自然地利用了周期性边界条件。

最后指出：自旋波相应的能量很小。因为体系基态 χ_0 的能量 $E_0=-\frac{1}{2}JN\sim JN$，而 $E-E_0=2J(1-\cos qa)\sim J$，对于真实的物理体系来说 N 很大，故 $E-E_0=\hbar\omega$ 相对来说很小。

5-16 设某正交晶格中，离子的 $s=\frac{1}{2}$，$l=1$ 而 $j=\frac{3}{2}$：

(a) 试在 $V^{(l)}\otimes V^{(s)}$ 子空间中，用无耦合表象基矢量组表示出耦合表象的基矢量组；

(b) 离子所处的晶体静电场设为

$$V(\boldsymbol{r}) = Ax^2 + By^2 - (A+B)z^2$$

式中：A、B 为常量，试以自由离子态矢量 $\psi_1=R(r)Y_{11}(\theta,\varphi)$、$\psi_0=R(r)Y_{10}(\theta,\varphi)$、$\psi_{-1}=R(r)Y_{1-1}(\theta,\varphi)$ 为基矢量组，将 $V(\boldsymbol{r})$ 写成 3×3 矩阵形式；

(c) 试以 $\{|lsjm_j\rangle\}$，$m_j=\frac{3}{2},\frac{1}{2},-\frac{1}{2},-\frac{3}{2}$，为基矢量组，将 $V(\boldsymbol{r})$ 写成 4×4 矩阵形

式；

(d)　试求 $V(\boldsymbol{r})$ 的 4×4 矩阵的本征值。

解：(a)　记 $\phi_1=Y_{11}(\theta,\varphi)$，$\phi_0=Y_{10}(\theta,\varphi)$，$\phi_{-1}=Y_{1-1}(\theta,\varphi)$，则耦合表象的基矢量组 $\left\{|1\ \frac{1}{2}\frac{3}{2}\mathrm{m}_j\rangle\right\}$，$m_j=\frac{3}{2},\frac{1}{2},-\frac{1}{2},-\frac{3}{2}$ 和 $\left\{|1\ \frac{1}{2}\frac{1}{2}m_j\rangle\right\}$，$m_j=\frac{1}{2},-\frac{1}{2}$ 分别为（以下 $Y_{11}(\theta,\varphi)$ 简写为 Y_{11}）：

m_j	$j=\frac{3}{2}$	$j=\frac{1}{2}$
$\frac{3}{2}$	$\phi_1\alpha$，	
$\frac{1}{2}$	$\frac{1}{\sqrt{3}}(\sqrt{2}\phi_0\alpha+\varphi_1\beta)$，	$\frac{1}{\sqrt{3}}(-\phi_0\alpha+\sqrt{2}\phi_1\beta)$，
$-\frac{1}{2}$	$\frac{1}{\sqrt{3}}(\phi_{-1}\alpha+\sqrt{2}\phi_0\beta)$，	$\frac{1}{\sqrt{3}}(-\sqrt{2}\phi_{-1}\alpha+\phi_0\beta)$，
$-\frac{3}{2}$	$\phi_{-1}\beta$	

(b)　矩阵元

$$\begin{aligned}\langle 1|V|1\rangle&=\int[R(r)Y_{11}]^*V(x,y,z)[R(r)Y_{11}]\mathrm{d}\tau\\&=\gamma_1\int\left[\frac{R(r)}{r}\right]^2(x+iy)^*(x+iy)[Ax^2+By^2-(A+B)z^2]\mathrm{d}\tau\\&=\gamma_1\int\left[\frac{R(r)}{r}\right]^2[A(x^4+x^2y^2-x^2z^2-y^2z^2)+B(y^4+x^2y^2-x^2z^2-y^2z^2)]\mathrm{d}\tau\\&=\gamma(A+B)\end{aligned}\tag{1}$$

式中：γ 为常量，上式用到

$$Y_{11}=-\sqrt{\frac{3}{8\pi}}\frac{x+\mathrm{i}y}{r}\tag{2}$$

$$\int f(r)x^4\mathrm{d}\tau=\int f(r)y^4\mathrm{d}\tau\tag{3}$$

$$\int f(r)x^2y^2\mathrm{d}\tau=\int f(r)y^2z^2\mathrm{d}\tau=\int f(r)z^2x^2\mathrm{d}\tau\tag{4}$$

同样可以求得其余矩阵元，故 $V(\boldsymbol{r})$ 的 3×3 矩阵为

$$\gamma\begin{pmatrix}A+B&0&-A+B\\0&-2(A+B)&0\\-A+B&0&A+B\end{pmatrix}\tag{5}$$

(c)　矩阵元（利用(a)的结果）

$$\begin{aligned}\langle\frac{3}{2}|\hat{V}|\frac{3}{2}\rangle&=\langle1\alpha|\hat{V}|1\alpha\rangle=\langle1|\hat{V}|1\rangle\\&=\gamma(A+B)\end{aligned}\tag{6}$$

$$\begin{aligned}\langle\frac{3}{2}|\hat{V}|\frac{1}{2}\rangle&=\sqrt{\frac{2}{3}}\langle1\alpha|\hat{V}|0\alpha\rangle+\frac{1}{\sqrt{3}}\langle1\alpha|\hat{V}|1\beta\rangle\\&=0\end{aligned}\tag{7}$$

等等,因为 $V(\boldsymbol{r})$ 与自旋无关。可知 $V(\boldsymbol{r})$ 的 4×4 矩阵为

$$\begin{bmatrix} a & 0 & b & 0 \\ 0 & -a & 0 & b \\ b & 0 & -a & 0 \\ 0 & b & 0 & a \end{bmatrix} \tag{8}$$

式中:

$$a=\gamma(A+B),\quad b=\frac{\gamma}{\sqrt{3}}(-A+B) \tag{9}$$

以上行列排序按 $m_j=\frac{3}{2},\frac{1}{2},-\frac{1}{2},-\frac{3}{2}$ 顺序。

(d) 若在第(c)中,将行列排序按 $m_j=\frac{3}{2},-\frac{1}{2},-\frac{3}{2},\frac{1}{2}$ 顺序,则 $V(\boldsymbol{r})$ 的 4×4 矩阵写成

$$\begin{bmatrix} a & b & 0 & 0 \\ b & -a & 0 & 0 \\ 0 & 0 & a & b \\ 0 & 0 & b & -a \end{bmatrix} \tag{10}$$

故体系能量有二重简并(自由离子能量对 m_j 简并,即有四重简并)。由求解本征值方程

$$\begin{bmatrix} a & b \\ b & -a \end{bmatrix}\begin{bmatrix} c_1 \\ c_2 \end{bmatrix}=\lambda\begin{bmatrix} c_1 \\ c_2 \end{bmatrix} \tag{11}$$

得本征值

$$\lambda=\pm\sqrt{a^2+b^2} \tag{12}$$

对应于 $\lambda=+\sqrt{a^2+b^2}$ 的归一化本征矢量为

$$\chi_+=\begin{bmatrix} \cos\frac{\theta}{2} \\ \sin\frac{\theta}{2} \end{bmatrix},\quad \theta=\arctan\frac{b}{a} \tag{13}$$

对应于 $\lambda=-\sqrt{a^2+b^2}$ 的归一化本征矢量为

$$\chi_-=\begin{bmatrix} \sin\frac{\theta}{2} \\ -\cos\frac{\theta}{2} \end{bmatrix} \tag{14}$$

表明自由离子一个四重简并的能级被正交晶体静电场分裂为两个二重简并的能级。这就是晶体场分裂效应。

如果 $A=B$,则 $a=2\gamma A, b=0$ 而 $\theta=0$。于是,$V(\boldsymbol{r})$ 的两个本征值 $\lambda=\pm a$ 分别对应于本征矢量 $|\frac{3}{2}\rangle,|-\frac{3}{2}\rangle$ 和 $|\frac{1}{2}\rangle,|-\frac{1}{2}\rangle$.

对于立方晶系,$A=B=0$,则自由离子基态能量在晶体中不分裂。

正交晶系上述的能级二重简并即是所谓克拉末简并。对于总自旋 S 为奇数的体系,如果具有时间反转不变性,则体系能级必存在克拉末简并(二重简并)。

5-17　粒子的自旋量子数 $s=\frac{1}{2}$，试在 $(\hat{\boldsymbol{L}}^2,\hat{\boldsymbol{J}}^2,\hat{J}_z)$ 的共同本征态 $|ljm_j\rangle$ 中证明：

$$\langle ljm_j|\hat{\boldsymbol{S}}|ljm_j\rangle = \langle ljm_j|\hat{\boldsymbol{J}}|ljm_j\rangle \frac{j(j+1)-l(l+1)+\frac{3}{4}}{2j(j+1)}$$

式中：$\hat{\boldsymbol{S}}$ 与 $\hat{\boldsymbol{L}}$ 分别为粒子的自旋角动量和轨道角动量，$\hat{\boldsymbol{J}}=\hat{\boldsymbol{S}}+\hat{\boldsymbol{L}}$，$s,l,j$ 分别是 $\hat{\boldsymbol{S}},\hat{\boldsymbol{L}},\hat{\boldsymbol{J}}$ 的角量子数，m_j 是 $\hat{\boldsymbol{J}}$ 的磁量子数。

证明：由本章例题 5-1 公式(14)，有

$$\hat{\boldsymbol{S}}(\hat{\boldsymbol{S}}\cdot\hat{\boldsymbol{A}})+(\hat{\boldsymbol{S}}\cdot\hat{\boldsymbol{A}})\hat{\boldsymbol{S}}=\frac{\hbar^2}{2}\hat{\boldsymbol{A}} \tag{1}$$

令 $\hat{\boldsymbol{A}}=\hat{\boldsymbol{L}}$，则由(1)式可得

$$\hat{\boldsymbol{S}}(\hat{\boldsymbol{S}}\cdot\hat{\boldsymbol{L}})+(\hat{\boldsymbol{S}}\cdot\hat{\boldsymbol{L}})\hat{\boldsymbol{S}}=\frac{\hbar^2}{2}\hat{\boldsymbol{L}} \tag{2}$$

求(2)式两边在态 $|ljm_j\rangle$ 下的期望值，并考虑到 $\hat{\boldsymbol{S}}\cdot\hat{\boldsymbol{L}}$ 的厄密性，且

$$\left\langle ljm_j\left|\hat{\boldsymbol{S}}\cdot\hat{\boldsymbol{L}}\right|ljm_j\right\rangle=\left\langle ljm_j\left|\frac{1}{2}\left(\hat{\boldsymbol{J}}^2-\hat{\boldsymbol{L}}^2-\frac{3}{4}\hbar^2\right)\right|ljm_j\right\rangle$$
$$=\frac{\hbar^2}{2}\left[j(j+1)-l(l+1)-\frac{3}{4}\right] \tag{3}$$

有

$$2\cdot\frac{\hbar^2}{2}\left[j(j+1)-l(l+1)-\frac{3}{4}\right]\left\langle ljm_j\left|\hat{\boldsymbol{S}}\right|ljm_j\right\rangle$$
$$=\frac{\hbar^2}{2}\left\langle ljm_j\left|\hat{\boldsymbol{L}}\right|ljm_j\right\rangle$$

即

$$\langle ljm_j|\hat{\boldsymbol{L}}|ljm_j\rangle=2\langle ljm_j|\hat{\boldsymbol{S}}|ljm_j\rangle\left[j(j+1)-l(l+1)-\frac{3}{4}\right]. \tag{4}$$

由此又得

$$\langle ljm_j|\hat{\boldsymbol{J}}|ljm_j\rangle=\langle ljm_j|\hat{\boldsymbol{L}}+\hat{\boldsymbol{S}}|ljm_j\rangle$$
$$=2\langle ljm_j|\hat{\boldsymbol{S}}|ljm_j\rangle\left[j(j+1)-l(l+1)-\frac{1}{4}\right] \tag{5}$$

又由于，有

$$(\hat{\boldsymbol{S}}\cdot\hat{\boldsymbol{L}})^2+\frac{\hbar^2}{2}\hat{\boldsymbol{S}}\cdot\hat{\boldsymbol{L}}-\frac{\hbar^2}{4}\hat{\boldsymbol{L}}^2=0 \tag{6}$$

得

$$\hat{\boldsymbol{L}}^2=\frac{4}{\hbar^2}(\hat{\boldsymbol{S}}\cdot\hat{\boldsymbol{L}})^2+2\hat{\boldsymbol{S}}\cdot\hat{\boldsymbol{L}} \tag{7}$$

所以

$$\hat{\boldsymbol{J}}^2=(\hat{\boldsymbol{S}}+\hat{\boldsymbol{L}})^2=\frac{3}{4}\hbar^2+2\hat{\boldsymbol{S}}\cdot\hat{\boldsymbol{L}}+\hat{\boldsymbol{L}}^2$$
$$=\frac{3}{4}\hbar^2+2\hat{\boldsymbol{S}}\cdot\hat{\boldsymbol{L}}+\frac{4}{\hbar^2}(\hat{\boldsymbol{S}}\cdot\hat{\boldsymbol{L}})^2+2\hat{\boldsymbol{S}}\cdot\hat{\boldsymbol{L}}$$

$$=\frac{4}{\hbar^2}\left[(\hat{\boldsymbol{S}}\cdot\hat{\boldsymbol{L}})^2+\hbar^2\hat{\boldsymbol{S}}\cdot\hat{\boldsymbol{L}}+\frac{3}{16}\hbar^4\right]$$

$$=\frac{4}{\hbar^2}\left(\hat{\boldsymbol{S}}\cdot\hat{\boldsymbol{L}}+\frac{\hbar^2}{4}\right)\left(\hat{\boldsymbol{S}}\cdot\hat{\boldsymbol{L}}+\frac{3}{4}\hbar^2\right) \tag{8}$$

再在态 $|ljm_j\rangle$ 下，对(8)式两边取期望值，有

$$\langle ljm_j|\hat{\boldsymbol{J}}^2|ljm_j\rangle=\frac{4}{\hbar^2}\langle ljm_j|\left(\hat{\boldsymbol{S}}\cdot\hat{\boldsymbol{L}}+\frac{\hbar^2}{4}\right)\left(\hat{\boldsymbol{S}}\cdot\hat{\boldsymbol{L}}+\frac{3\hbar^2}{4}\right)|ljm_j\rangle$$

$$=\frac{4}{\hbar^2}\sum_{l'j'm'_j}\langle ljm_j\left|\left(\hat{\boldsymbol{S}}\cdot\hat{\boldsymbol{L}}+\frac{\hbar^2}{4}\right)\right|l'j'm'_j\rangle\langle l'j'm'_j\left|\left(\hat{\boldsymbol{S}}\cdot\hat{\boldsymbol{L}}+\frac{3}{4}\hbar^2\right)\right|ljm_j\rangle$$

$$=\frac{4}{\hbar^2}\left\{\frac{\hbar^2}{2}\left[j(j+1)-l(l+1)-\frac{3}{4}\right]+\frac{\hbar^2}{4}\right\}\left\{\frac{\hbar^2}{2}\left[j(j+1)-l(l+1)-\frac{3}{4}\right]+\frac{3\hbar^2}{4}\right\}$$

$$=\hbar^2\left\{\left[j(j+1)-l(l+1)-\frac{3}{4}\right]+\frac{1}{2}\right\}\left\{\left[j(j+1)-l(l+1)-\frac{3}{4}\right]+\frac{3}{2}\right\}$$

$$=\hbar^2\left[j(j+1)-l(l+1)-\frac{1}{4}\right]\left[j(j+1)-l(l+1)+\frac{3}{4}\right] \tag{9}$$

再对(5)式两边同时乘以 $\left[j(j+1)-l(l+1)+\frac{3}{4}\right]\hbar^2$，并考虑到(9)式，有

$$\langle ljm_j|\hat{\boldsymbol{J}}|ljm_j\rangle\left[j(j+1)-l(l+1)+\frac{3}{4}\right]\hbar^2$$

$$=2\langle ljm_j|\hat{\boldsymbol{S}}|ljm_j\rangle\left[j(j+1)-l(l+1)-\frac{1}{4}\right]\cdot\left[j(j+1)-l(l+1)+\frac{3}{4}\right]\hbar^2$$

$$=2\langle ljm_j|\hat{\boldsymbol{S}}|ljm_j\rangle\langle ljm_j|\hat{\boldsymbol{J}}^2|ljm_j\rangle$$

$$=2\langle ljm_j|\hat{\boldsymbol{S}}|ljm_j\rangle[j(j+1)\hbar^2]$$

即

$$\langle ljm_j|\hat{\boldsymbol{S}}|ljm_j\rangle$$

$$=\langle ljm_j|\hat{\boldsymbol{J}}|ljm_j\rangle\frac{j(j+1)-l(l+1)+\frac{3}{4}}{2j(j+1)} \tag{10}$$

得证。

对于 z 方向，有

$$\langle ljm_j|\hat{s}_z|ljm_j\rangle=\frac{j(j+1)-l(l+1)+\frac{3}{4}}{2j(j+1)}m_j\hbar$$

$$=\begin{cases}\dfrac{m_j\hbar}{2j}, & j=l+\dfrac{1}{2}\\[2ex] -\dfrac{m_j\hbar}{2(j+1)}, & j=l-\dfrac{1}{2}\end{cases} \tag{11}$$

(11)式与用 C-G 系数算得的结果一致。

5-18 一自旋为 $\frac{1}{2}$ 的粒子在中心力场中运动，试通过求解本征值方程，得到算符 $\hat{\boldsymbol{L}}^2$、$\hat{\boldsymbol{J}}^2$ 和 $\hat{J}_z$ 的共同的归一化本征函数。式中：$\hat{\boldsymbol{J}}=\hat{\boldsymbol{L}}+\hat{\boldsymbol{S}}$。并证明所得的结果即为直接利用角动量耦合系数——C-G 系数所得结果。

解：先求 $\hat{J}_z$ 的本征函数。在轨道空间与自旋空间的直积空间内，取坐标与自旋的共同表象，有算符 $\hat{J}_z$ 的矩阵表示为

$$J_z = L_z + S_z = \begin{pmatrix} \hat{L}_z + \frac{\hbar}{2} & 0 \\ 0 & \hat{L}_z - \frac{\hbar}{2} \end{pmatrix}$$

$$= \begin{pmatrix} \frac{\hbar}{i}\frac{\partial}{\partial\varphi} + \frac{\hbar}{2}, & 0 \\ 0 & \frac{\hbar}{i}\frac{\partial}{\partial\varphi} - \frac{\hbar}{2} \end{pmatrix} \tag{1}$$

设 $\hat{J}_z$ 的本征矢量为 $\begin{pmatrix}\psi_1\\ \psi_2\end{pmatrix}$，则 $\hat{J}_z$ 的本征值方程为

$$\begin{pmatrix} \frac{\hbar}{i}\frac{\partial}{\partial\varphi} + \frac{\hbar}{2} & 0 \\ 0 & \frac{\hbar}{i}\frac{\partial}{\partial\varphi} - \frac{\hbar}{2} \end{pmatrix}\begin{bmatrix}\psi_1\\ \psi_2\end{bmatrix} = m_j\hbar\begin{bmatrix}\psi_1\\ \psi_2\end{bmatrix} \tag{2}$$

对(2)式进行运算得

$$\begin{cases} \frac{\hbar}{i}\frac{\partial}{\partial\varphi}\psi_1 = \left(m_j\hbar - \frac{\hbar}{2}\right)\psi_1 \\ \frac{\hbar}{i}\frac{\partial}{\partial\varphi}\psi_2 = \left(m_j\hbar + \frac{\hbar}{2}\right)\psi_2 \end{cases} \tag{3}$$

解方程(3)，可得

$$\begin{bmatrix}\psi_1\\ \psi_2\end{bmatrix} = \begin{pmatrix} f_1(r,\theta)\exp\left[\left(m_j - \frac{1}{2}\right)\varphi\right] \\ f_2(r,\theta)\exp\left[\left(m_j + \frac{1}{2}\right)\varphi\right] \end{pmatrix} \tag{4}$$

为了使得(4)式也成为 $\hat{\boldsymbol{L}}^2$ 的本征函数，可进一步将(4)式写为

$$\begin{bmatrix}\psi_1\\ \psi_2\end{bmatrix} = \begin{pmatrix} R_1(r)Y_{l,m_j-½}(\theta,\varphi) \\ R_2(r)Y_{l,m_j+½}(\theta,\varphi) \end{pmatrix} \tag{5}$$

式中：$Y_{l,m_j\pm½}(\theta,\varphi)$ 是球谐函数，$m_j \pm \frac{1}{2}$ 是半整数。为了进一步确定 $R_1(r)$ 与 $R_2(r)$ 的函数形式，再强令 $\begin{bmatrix}\psi_1\\ \psi_2\end{bmatrix}$ 满足 $\hat{\boldsymbol{J}}^2$ 的本征值方程。因为

$$\hat{\boldsymbol{J}}^2 = (\hat{\boldsymbol{L}} + \hat{\boldsymbol{s}})^2 = \hat{\boldsymbol{L}}^2 + \hat{\boldsymbol{s}}^2 + 2\hat{\boldsymbol{L}}\cdot\hat{\boldsymbol{S}}$$

$$= \begin{bmatrix}\hat{\boldsymbol{L}}^2 & 0 \\ 0 & \hat{\boldsymbol{L}}^2\end{bmatrix} + \begin{pmatrix}\frac{3}{4}\hbar^2 & 0 \\ 0 & \frac{3}{4}\hbar^2\end{pmatrix} + \begin{bmatrix}\hat{L}_z & \hat{L}_- \\ \hat{L}_+ & -\hat{L}_z\end{bmatrix}\hbar$$

$$= \begin{pmatrix} \hat{\boldsymbol{L}}^2 + \frac{3}{4}\hbar^2 + \hat{L}_z\hbar & \hat{L}_-\hbar \\ \hat{L}_+\hbar & \hat{\boldsymbol{L}}^2 + \frac{3}{4}\hbar^2 - \hat{L}_z\hbar \end{pmatrix} \tag{6}$$

所以 $\hat{\boldsymbol{J}}^2$ 的本征值方程为

$$\begin{bmatrix} \hat{\boldsymbol{L}}^2+\frac{3}{4}\hbar^2+\hat{L}_z\hbar & \hat{L}_-\hbar \\ \hat{L}_+\hbar & \hat{\boldsymbol{L}}^2+\frac{3}{4}\hbar^2-\hat{L}_z\hbar \end{bmatrix}\begin{bmatrix} R_1(r)Y_{l,m_j-\frac{1}{2}} \\ R_2(r)Y_{l,m_j+\frac{1}{2}} \end{bmatrix}$$

$$=j(j+1)\hbar^2\begin{bmatrix} R_1(r)Y_{l,m_j-\frac{1}{2}} \\ R_2(r)Y_{l,m_j+\frac{1}{2}} \end{bmatrix} \tag{7}$$

利用公式

$$\hat{L}_\pm Y_{lm}=\sqrt{(l\mp m)(l\pm m+1)}\hbar Y_{l,m\pm1} \tag{8}$$

并对式(7)进行运算，考虑到球谐函数 $Y_{lm}(\theta,\varphi)$ 的正交归一性，得 R_1 与 R_2 满足的方程为：

$$\begin{cases} \left[l(l+1)-j(j+1)+m_j+\frac{1}{4}\right]R_1(r)+ \\ \sqrt{\left(l+\frac{1}{2}\right)^2-m_j{}^2}R_2(r)=0 \\ \sqrt{\left(l+\frac{1}{2}\right)^2-m_j{}^2}R_1(r)+\left[l(l+1)-j(j+1)\right. \\ \left.-m_j+\frac{1}{4}\right]R_2(r)=0 \end{cases} \tag{9}$$

欲使 R_1、R_2 不全为零，则其系数组成的行列式必须为零，有

$$\begin{vmatrix} \left[l(l+1)-j(j+1)+m_j+\frac{1}{4}\right] & \sqrt{\left(l+\frac{1}{2}\right)^2-m_j{}^2} \\ \sqrt{\left(l+\frac{1}{2}\right)^2-m_j{}^2} & \left[l(l+1)-j(j+1)-m_j+\frac{1}{4}\right] \end{vmatrix}=0 \tag{10}$$

求解方程(10)，得

$$j=l+\frac{1}{2},\quad j=l-\frac{1}{2} \tag{11}$$

当 $j=l+\frac{1}{2}$ 时，由(9)式可得

$$R_1(r)=\sqrt{l+m_j+\frac{1}{2}}R(r)$$

$$R_2(r)=\sqrt{l-m_j+\frac{1}{2}}R(r) \tag{12}$$

当 $j=l-\frac{1}{2}$ 时，由(9)式可得

$$R_1(r)=-\sqrt{l-m_j+\frac{1}{2}}R(r)$$

$$R_2(r)=\sqrt{l+m_j+\frac{1}{2}}R(r) \tag{13}$$

其中：$R(r)$ 由有心力场的具体形式确定。将(12)、(13)两式代入式(5)之中并利用波函数的归一化条件，即得

$$\psi_{l,j=l+½,m_j}=R(r)\begin{bmatrix}\left(\dfrac{l+m_j+½}{2l+1}\right)^{½}Y_{l,m_j-\frac{1}{2}}(\theta,\varphi)\\ \left(\dfrac{l-m_j+½}{2l+1}\right)^{½}Y_{l,m_j+\frac{1}{2}}(\theta,\varphi)\end{bmatrix} \tag{14}$$

$$\psi_{l,j=l-½,m_j}=R(r)\begin{bmatrix}-\left(\dfrac{l-m_j+½}{2l+1}\right)^{½}Y_{l,m_j-\frac{1}{2}}(\theta,\varphi)\\ \left(\dfrac{l+m_j+½}{2l+1}\right)^{½}Y_{l,m_j+\frac{1}{2}}(\theta,\varphi)\end{bmatrix} \tag{15}$$

式中：因子$\sqrt{\dfrac{1}{2l+1}}$为归一化常数。(14)、(15)两式即为$\hat{\boldsymbol{L}}^2,\hat{\boldsymbol{J}}^2$与$\hat{J}_z$的共同本征函数。若将(14)、(15)两式改写如下：

$$\psi_{l,j=l+½,m_j}=\left(\frac{l+m_j+½}{2l+1}\right)^{½}R(r)Y_{l,m_j-½}(\theta,\varphi)\alpha+\left(\frac{l-m_j+½}{2l+1}\right)^{½}R(r)Y_{l,m_j+½}(\theta,\varphi)\beta \tag{16}$$

$$\psi_{l,j=l-½,m_j}=-\left(\frac{l-m_j+½}{2l+1}\right)^{½}R(r)Y_{l,m_j-½}(\theta,\varphi)\alpha+\left(\frac{l+m_j+½}{2l+1}\right)^{½}R(r)Y_{l,m_j+½}(\theta,\varphi)\beta \tag{17}$$

式中：$\alpha=\begin{bmatrix}1\\0\end{bmatrix},\beta=\begin{bmatrix}0\\1\end{bmatrix}$系为$(\hat{\boldsymbol{S}}^2,\hat{S}_z)$的共同本征矢量。式(16)、(17)即为直接利用 C-G 系数将无耦合表象中的基矢，即$(\hat{\boldsymbol{L}}^2,\hat{\boldsymbol{S}}^2,\hat{L}_z,\hat{S}_z)$的共同本征矢构造成耦合表象中的基矢，即$(\hat{\boldsymbol{L}}^2,\hat{\boldsymbol{S}}^2,\hat{\boldsymbol{J}}^2,\hat{J}_z)$的共同本征矢的结果。

5-19　试用 C-G 系数，(a)　证明：

$$\langle jm_j|\hat{s}_z|jm_j\rangle=\frac{1}{2l+1}\langle jm_j|\hat{J}_z|jm_j\rangle \qquad (j=l+½),$$

$$\langle jm_j|\hat{s}_z|jm_j\rangle=-\frac{1}{2l+1}\langle jm_j|\hat{J}_z|jm_j\rangle \qquad (j=l-½);$$

(b)　在态$|nl,s,j,m_j\rangle$下，电子角动量$\hat{L}_z$与$\hat{s}_z$的可能取值及相应的几率。

证明：(a)　由教材《量子力学与原子物理学》C-G 系数表 6.5-1 知：

当$j=l+\dfrac{1}{2}$时：

$$|j,m_j\rangle=\left(\frac{l+m_j+½}{2l+1}\right)^{½}\left|l,m_j-\frac{1}{2},\frac{1}{2},\frac{1}{2}\right\rangle+\left(\frac{l-m_j+½}{2l+1}\right)^{½}\left|l,m_j+\frac{1}{2},\frac{1}{2},-\frac{1}{2}\right\rangle \tag{1}$$

所以

$$\hat{s}_z|j,m_j\rangle=\frac{\hbar}{2}\left(\frac{l+m_j+½}{2l+1}\right)^{½}\left|l,m_j-\frac{1}{2},\frac{1}{2},\frac{1}{2}\right\rangle+\left(-\frac{\hbar}{2}\right)\cdot\left(\frac{l-m_j+½}{2l+1}\right)^{½}\left|l,m_j+\frac{1}{2},\frac{1}{2},-\frac{1}{2}\right\rangle,$$

于是

$$\langle j,m_j|\hat{s}_z|j,m_j\rangle=\frac{\hbar}{2}\left(\frac{l+m_j+½}{2l+1}-\frac{l-m_j+½}{2l+1}\right)$$

$$=\frac{m_j}{2l+1}\hbar \tag{2}$$

又，在态$|j,m_j\rangle$中，有

$$\langle j,m_j|\hat{J}_z|j,m_j\rangle=m_j\hbar \tag{3}$$

将(3)式代入(2)式，得

$$\langle jm_j|\hat{s}_z|jm_j\rangle=\frac{1}{2l+1}\langle jm_j|\hat{J}_z|jm_j\rangle \tag{4}$$

得证。同理可证当$j=l-½$时：

$$\langle jm_j|\hat{s}_z|jm_j\rangle=\left\{-\left(\frac{l-m_j+½}{2l+1}\right)^{½}\langle l,m_j-\frac{1}{2},\frac{1}{2},\frac{1}{2}|+\left(\frac{l+m_j+½}{2l+1}\right)^{½}\langle l,m_j+\frac{1}{2},\frac{1}{2},-\frac{1}{2}|\right\}\hat{s}_z\cdot\left\{-\left(\frac{l-m_j+½}{2l+1}\right)^{½}|l,m_j-\frac{1}{2},\frac{1}{2},\frac{1}{2}\rangle+\left(\frac{l+m_j+½}{2l+1}\right)^{½}|l,m_j+\frac{1}{2},\frac{1}{2},-\frac{1}{2}\rangle\right\}$$

$$=-\frac{m_j}{2l+1}\hbar=-\frac{1}{2l+1}\langle jm_j|\hat{J}_z|jm_j\rangle \tag{5}$$

(b) 在坐标与自旋的共同表象内，(1)式可具体表示为：

$$\psi_{nl,½,l+½,m_j}=\left(\frac{l+m_j+½}{2l+1}\right)^{½}R_{nl}(r)Y_{l,m_j-½}(\theta,\varphi)\alpha+\left(\frac{l-m_j+½}{2l+1}\right)^{½}R_{nl}(r)Y_{l,m_j+½}(\theta,\varphi)\beta \tag{6}$$

可知：

	$\hat{L}_z$		$\hat{s}_z$	
可能取值	$\left(m_j-\frac{1}{2}\right)\hbar$	$\left(m_j+\frac{1}{2}\right)\hbar$	$\frac{\hbar}{2}$	$-\frac{\hbar}{2}$
相应的几率	$\frac{l+m_j+½}{2l+1}$	$\frac{l-m_j+½}{2l+1}$	$\frac{l+m_j+½}{2l+1}$	$\frac{l-m_j+½}{2l+1}$

同理可得，$j=l-\frac{1}{2}$时，有

$$\psi_{nl,½,l-1/2,m_j}=-\left(\frac{l-m_j+½}{2l+1}\right)^{½}R_{nl}(r)Y_{l,m_j-½}(\theta,\varphi)\alpha+\left(\frac{l+m_j+½}{2l+1}\right)^{½}R_{nl}(r)Y_{l,m_j+½}(\theta,\varphi)\beta \tag{7}$$

可知有下表。

	$\hat{L}_z$		$\hat{s}_z$	
可能取值	$\left(m_j-\frac{1}{2}\right)\hbar$	$\left(m_j+\frac{1}{2}\right)\hbar$	$\frac{\hbar}{2}$	$-\frac{\hbar}{2}$
相应的几率	$\frac{l-m_j+½}{2l+1}$	$\frac{l+m_j+½}{2l+1}$	$\frac{l-m_j+½}{2l+1}$	$\frac{l+m_j+½}{2l+1}$

5-20　电子磁矩算符定义为 $\hat{\boldsymbol{\mu}}=\hat{\boldsymbol{\mu}}_l+\hat{\boldsymbol{\mu}}_S=-\frac{e}{2m_e}(\hat{\boldsymbol{L}}+2\hat{\boldsymbol{S}})$，:

(a)　在$(\hat{\boldsymbol{L}}^2,\hat{\boldsymbol{S}}^2,\hat{\boldsymbol{J}}^2,\hat{J}_z)$的共同本征态中，计算电子磁矩的平均值$\bar{\boldsymbol{\mu}}$；

(b)　已知电子在有心力场中运动，处于态 $\Psi=\begin{pmatrix}-\sqrt{\frac{2}{3}}R_{21}(r)Y_{1-1}(\theta,\varphi)\\ \frac{\sqrt{3}}{3}R_{21}(r)Y_{10}(\theta,\varphi)\end{pmatrix}$ 之中，试求总磁矩 $\boldsymbol{\mu}$ 的 z 分量 $\hat{\mu}_z$ 在态 Ψ 中的平均值$\overline{\mu_z}$。

解:(a)　设$(\hat{\boldsymbol{L}}^2,\hat{\boldsymbol{S}}^2,\hat{\boldsymbol{J}}^2,\hat{J}_z)$共同的正交归一本征矢完备组为$\{|l,s,j,m_j\rangle\}$，则

$$\hat{\boldsymbol{L}}^2\,|lsjm_j\rangle=l(l+1)\hbar^2\,|lsjm_j\rangle \tag{1}$$

$$\hat{\boldsymbol{S}}^2\,|lsjm_j\rangle=\frac{3}{4}\hbar^2\,|lsjm_j\rangle \tag{2}$$

$$\hat{\boldsymbol{J}}^2\,|lsjm_j\rangle=j(j+1)\hbar^2\,|lsjm_j\rangle \tag{3}$$

$$\hat{J}_z\,|lsjm_j\rangle=m_j\hbar\,|lsjm_j\rangle \tag{4}$$

电子的磁矩算符按定义为

$$\hat{\boldsymbol{\mu}}=-\frac{e}{2m_e}(\hat{\boldsymbol{L}}+2\hat{\boldsymbol{S}})=-\frac{e}{2m_e}(\hat{\boldsymbol{J}}+\hat{\boldsymbol{S}}) \tag{5}$$

因此在态$|lsjm_j\rangle$中，$\hat{\boldsymbol{\mu}}$ 的平均值为

$$\langle lsjm_j\,|\hat{\boldsymbol{\mu}}\,|lsjm_j\rangle=-\frac{e}{2m_e}\{\langle lsjm_j\,|\hat{\boldsymbol{J}}\,|lsjm_j\rangle+\langle lsjm_j\,|\hat{\boldsymbol{S}}\,|lsjm_j\rangle\} \tag{6}$$

又由本章例题 5-17 之公式(10)知：

$$\langle lsjm_j\,|\hat{\boldsymbol{s}}\,|lsjm_j\rangle=\langle lsjm_j\,|\hat{\boldsymbol{J}}\,|lsjm_j\rangle\frac{j(j+1)-l(l+1)+¾}{2j(j+1)} \tag{7}$$

将(7)式代入(6)式，得

$$\bar{\boldsymbol{\mu}}=-\frac{e}{2m_e}\langle lsjm_j\,|\hat{\boldsymbol{J}}\,|lsjm_j\rangle\left\{1+\frac{j(j+1)-l(l+1)+¾}{2j(j+1)}\right\} \tag{8}$$

令

$$\mu_B=\frac{e\hbar}{2m_e} \tag{9}$$

称 μ_B 为玻尔磁子。且令

$$\begin{aligned}g&=1+\frac{j(j+1)-l(l+1)+¾}{2j(j+1)}\\&=1+\frac{j(j+1)-l(l+1)+s(s+1)}{2j(j+1)}\end{aligned} \tag{10}$$

称 g 为朗德(Lande)因子。则(8)式可一般写为

$$\bar{\boldsymbol{\mu}} = -\frac{g\mu_B}{\hbar}\langle lsjm_j|\hat{\boldsymbol{J}}|lsjm_j\rangle \tag{11}$$

由于在态$|lsjm_j\rangle$下：

$$\langle lsjm_j|\hat{J}_x|lsjm_j\rangle = \langle lsjm_j|\hat{J}_y|lsjm_j\rangle = 0$$

$$\langle lsjm_j|\hat{J}_z|lsjm_j\rangle = m_j\hbar$$

所以(11)式中

$$\overline{\mu_x} = \overline{\mu_y} = 0 \tag{12}$$

$$\overline{\mu_z} = -gm_j\mu_B \tag{13}$$

(b) 欲求在态Ψ中$\hat{\mu}_z$的平均值，可有两种方法。一是直接利用(13)式，由题给条件知在态Ψ中，$l=1, s=\frac{1}{2}, j=\frac{1}{2}, m_j=-\frac{1}{2}$，故

$$g = 1 + \frac{\frac{1}{2}\left(\frac{1}{2}+1\right) - 1(1+1) + \frac{3}{4}}{2\times\frac{1}{2}\left(\frac{1}{2}+1\right)} = 1 - \frac{1}{3} = \frac{2}{3} \tag{14}$$

将(14)式代入(13)式，得

$$\overline{\mu_z} = -gm_j\mu_B = -\left(\frac{2}{3}\right)\left(-\frac{1}{2}\right)\mu_B = \frac{1}{3}\mu_B \tag{15}$$

另一种方法是在坐标与自旋的共同表象内，将算符$\hat{\mu}_z$直接作用于态Ψ上，也可得到结果：

$$\hat{\mu}_z = -\frac{e}{2m_e}(\hat{L}_z + 2\hat{s}_z) = -\frac{e}{2m_e}\begin{bmatrix}\hat{L}_z & 0\\ 0 & \hat{L}_z\end{bmatrix} + \begin{bmatrix}\hbar & 0\\ 0 & -\hbar\end{bmatrix}$$

$$= -\frac{e}{2m_e}\begin{bmatrix}\hat{L}_z+\hbar & 0\\ 0 & \hat{L}_z-\hbar\end{bmatrix}. \tag{16}$$

故在态Ψ中，$\hat{\mu}_z$的平均值为

$$\overline{\mu_z} = \int\Psi^{+}\hat{\mu}_z\Psi\,\mathrm{d}\tau = \int\mathrm{d}\tau\left(-\frac{e}{2m_e}\right)\left[-\sqrt{\frac{2}{3}}R_{21}^{*}Y_{1-1}^{*}, \frac{\sqrt{3}}{3}R_{21}^{*}Y_{10}^{*}\right]\cdot$$

$$\begin{bmatrix}\hat{L}_z+\hbar & 0\\ 0 & \hat{L}_z-\hbar\end{bmatrix}\begin{pmatrix}-\sqrt{\frac{2}{3}}R_{21}Y_{1-1}\\ \frac{\sqrt{3}}{3}R_{21}Y_{10}\end{pmatrix}$$

$$= \int -\frac{e}{2m_e}\left[-\sqrt{\frac{2}{3}}R_{21}^{*}Y_{1-1}^{*}, \frac{\sqrt{3}}{3}R_{21}^{*}Y_{10}^{*}\right]\cdot\begin{pmatrix}(\hat{L}_z+\hbar)\left(-\sqrt{\frac{2}{3}}R_{21}Y_{1-1}\right)\\ (\hat{L}_z-\hbar)\frac{\sqrt{3}}{3}R_{21}Y_{10}\end{pmatrix}\mathrm{d}\tau$$

$$= \int -\frac{e}{2m_e}\left[-\sqrt{\frac{2}{3}}R_{21}^{*}Y_{1-1}^{*}, \frac{\sqrt{3}}{3}R_{21}^{*}Y_{10}^{*}\right]\cdot\begin{pmatrix}(-\hbar+\hbar)\left(-\sqrt{\frac{2}{3}}R_{21}Y_{1-1}\right)\\ (0-\hbar)\frac{\sqrt{3}}{3}R_{21}Y_{10}\end{pmatrix}\mathrm{d}\tau$$

$$= \int -\frac{e}{2m_e}(-\hbar)\left|\frac{\sqrt{3}}{3}R_{21}Y_{10}\right|^2\mathrm{d}\tau = \frac{3}{9}\frac{e\hbar}{2m_e} \tag{17}$$

若令玻尔磁子 $\mu_B=\frac{e\hbar}{2m_e}$，则

$$\overline{\mu_z}=\frac{1}{3}\mu_B \tag{18}$$

5-21　求在下列状态下，$\hat{J}^2$ 和 $\hat{J}_z$ 的可能测值。

(a)　$\psi_1=\chi_{\frac{1}{2}}(s_z)Y_{11}(\theta,\varphi)$；

(b)　$\psi_2=\frac{1}{\sqrt{3}}[\sqrt{2}\chi_{\frac{1}{2}}(s_z)Y_{10}(\theta,\varphi)+\chi_{-\frac{1}{2}}(s_z)Y_{11}(\theta,\varphi)]$；

(c)　$\psi_3=\frac{1}{\sqrt{3}}[\sqrt{2}\chi_{-\frac{1}{2}}(s_z)Y_{10}(\theta,\varphi)+\chi_{\frac{1}{2}}(s_z)Y_{1-1}(\theta,\varphi)]$；

(d)　$\psi_4=\chi_{-\frac{1}{2}}(s_z)Y_{1-1}(\theta,\varphi)$

解：由角动量耦合理论知

$$\hat{\boldsymbol{J}}=\hat{\boldsymbol{L}}+\hat{\boldsymbol{s}},\quad \hat{J}_z=\hat{L}_z+\hat{s}_z \tag{1}$$

$\hat{\boldsymbol{J}}^2$ 的本征值为 $j(j+1)\hbar^2$，j 的取值为

$$l+s,l+s-1,\cdots,|l-s| \tag{2}$$

$\hat{J}_z$ 的本征值为 $m_j\hbar$，对(2)式中的每一个 j 值，m_j 的可能取值为

$$j,j-1,\cdots,-j \tag{3}$$

共$(2j+1)$个可能值。且

$$m_j=m+m_s \tag{4}$$

式中：m 与 m_s 分别是轨道角动量 $\hat{\boldsymbol{L}}$ 和自旋角动量 $\hat{\boldsymbol{s}}$ 的磁量子数。

由上述理论可知：

在 ψ_1 态中，$l=1,s=\frac{1}{2}$，知 j 的可能取值只有两个：$\frac{3}{2}$与$\frac{1}{2}$. 又在态 ψ_1 中，$m=1,m_s=\frac{1}{2}$，知 $m_j=\frac{3}{2}$。若 $j=\frac{1}{2}$，则 m_j 决不会取$\frac{3}{2}$；故可断定在态 ψ_1 中，$j=\frac{3}{2}$。于是在态 ψ_1 中：

$$\hat{\boldsymbol{J}}^2 \text{ 的可能取值是}\frac{15}{4}\hbar^2,\hat{J}_z \text{ 的可能取值是}\frac{3}{2}\hbar。 \tag{5}$$

同理可知，在态 ψ_4 中，$j=\frac{3}{2}$，$m_j=-\frac{3}{2}$。知

$$\hat{\boldsymbol{J}}^2 \text{ 的可能取值是}\frac{15}{4}\hbar^2,\hat{J}_z \text{ 的可能取值是}-\frac{3}{2}\hbar \tag{6}$$

同样的道理，可知在态 ψ_2 中，j 也有两个可能取值：$\frac{3}{2}$与$\frac{1}{2}$，但在 $\chi_{\frac{1}{2}}(s_z)Y_{10}(\theta,\varphi)$中，$m_j=\frac{1}{2}$，在 $\chi_{-\frac{1}{2}}(s_z)Y_{11}(\theta,\varphi)$中，也有 $m_j=\frac{1}{2}$，因此在态 ψ_2 中，$J_z=m_j\hbar=\frac{1}{2}\hbar$。而此时 j 的两个可能$\frac{3}{2}$，$\frac{1}{2}$都可允许 m_j 取值$\frac{1}{2}$，那么与 $m_j=\frac{1}{2}$对应的究竟是哪一个 j 值呢？可用如下两种方法判断：

方法一　让 $\hat{\boldsymbol{J}}^2$ 直接作用于 ψ_2，由得到的常数值决定 j。因为

$$\hat{\boldsymbol{J}}^2=(\hat{\boldsymbol{L}}+\hat{\boldsymbol{s}})^2=\hat{\boldsymbol{L}}^2+\hat{\boldsymbol{s}}^2+2\hat{\boldsymbol{L}}\cdot\hat{\boldsymbol{s}}=\hat{\boldsymbol{L}}^2+\hat{\boldsymbol{s}}^2+2\hat{L}_z\hat{s}_z+\hat{L}_+\hat{s}_-+\hat{L}_-\hat{s}_+ \tag{7}$$

且

$$\hat{L}_{\pm} Y_{lm}(\theta,\varphi)=\sqrt{(l\mp m)(l\pm m+1)}\hbar Y_{l,m\pm1}(\theta,\varphi), \tag{8}$$

$$\hat{s}_{+}=\hat{s}_x+\mathrm{i}\hat{s}_y=\begin{pmatrix}0 & \hbar\\ 0 & 0\end{pmatrix},\quad \hat{s}_{-}=\hat{s}_x-\mathrm{i}\hat{s}_y=\begin{pmatrix}0 & 0\\ \hbar & 0\end{pmatrix} \tag{9}$$

易得

$$\hat{\boldsymbol{J}}^2\psi_2=\frac{15}{4}\hbar^2\psi_2 \tag{10}$$

所以

$$j(j+1)\hbar^2=\frac{15}{4}\hbar^2,\quad j=\frac{3}{2} \tag{11}$$

方法二 由题给条件可知，$\psi_1\sim\psi_4$ 四个态中，等式的左边表示的是$(\hat{\boldsymbol{L}}^2,\hat{\boldsymbol{s}}^2,\hat{\boldsymbol{J}}^2,\hat{J}_z)$的共同本征矢，即耦合表象的基矢，而等式的右边表示的是$(\hat{\boldsymbol{L}}^2,\hat{L}_z,\hat{\boldsymbol{s}}^2,\hat{s}_z)$的共同本征矢，即无耦合表象的基矢。由角动量耦合理论可知，利用 C-G 系数，可将耦合表象的基矢按无耦合表象的基矢展开。因此将标准展开式与题给条件进行比较，即可通过对 C-G 系数的比较来确定 j 的值。具体方法如下。

已知 ψ_2 态中，$j_1=l,j_2=s=\dfrac{1}{2}$，查张哲华、刘莲君编著的《量子力学与原子物理学》C-G 系数表6.5-1，有

$$\left|j_1,\frac{1}{2},j_1+\frac{1}{2},m_j\right\rangle=\left(\frac{j_1+m_j+1/2}{2j_1+1}\right)^{1/2}\left|j_1m_1\ \frac{1}{2}\ \frac{1}{2}\right\rangle+\left(\frac{j_1-m_j+1/2}{2j_1+1}\right)^{1/2}\left|j_1m_1\ \frac{1}{2}-\frac{1}{2}\right\rangle \tag{12}$$

$$\left|j_1,\frac{1}{2},j_1-\frac{1}{2},m_j\right\rangle=-\left(\frac{j_1-m_j+1/2}{2j_1+1}\right)^{1/2}\left|j_1m_1\ \frac{1}{2}\ \frac{1}{2}\right\rangle+\left(\frac{j_1+m_j+1/2}{2j_1+1}\right)^{1/2}\left|j_1m_1\ \frac{1}{2}-\frac{1}{2}\right\rangle \tag{13}$$

已知态 ψ_2 中，$j_1=l=1,m_j=\dfrac{1}{2},m_1=m_j-m_s=\dfrac{1}{2}-\dfrac{1}{2}=0$ 或 $m_1=m_j-m_s=\dfrac{1}{2}-\left(-\dfrac{1}{2}\right)=1$，若 $j=\dfrac{3}{2}$，将上述数据代入(12)式，并在坐标和自旋的共同表象内可将(12)式表示为：

$$\begin{aligned}\phi_{lsjm_j}&=\left(\frac{1+1/2+1/2}{2+1}\right)^{1/2}Y_{10}(\theta,\varphi)\chi_{1/2}(s_z)+\left(\frac{1-1/2+1/2}{2+1}\right)^{1/2}Y_{11}(\theta,\varphi)\chi_{-1/2}(s_z)\\&=\frac{1}{\sqrt{3}}[\sqrt{2}Y_{10}(\theta,\varphi)\chi_{1/2}(s_z)+Y_{11}(\theta,\varphi)\chi_{-1/2}(s_z)]\\&=\psi_2\end{aligned} \tag{14}$$

若 $j=\dfrac{1}{2}$，则由(13)式可得

$$\begin{aligned}\phi_{lsjm_j}&=-\left(\frac{1-1/2+1/2}{2+1}\right)^{1/2}Y_{10}(\theta,\varphi)\chi_{1/2}(s_z)+\left(\frac{1+1/2+1/2}{2+1}\right)^{1/2}Y_{11}(\theta,\varphi)\chi_{-1/2}(s_z)\\&=\frac{1}{\sqrt{3}}[-Y_{10}(\theta,\varphi)\chi_{1/2}(s_z)+\sqrt{2}Y_{11}(\theta,\varphi)\chi_{-1/2}(s_z)]\\&\neq\psi_2\end{aligned} \tag{15}$$

由此即可断定，在态 ψ_2 中，$j=\dfrac{3}{2}$，$m_j=\dfrac{1}{2}$，所以 $\hat{\boldsymbol{J}}^2$ 的可能取值为$\dfrac{15}{4}\hbar^2$，$\hat{J}_z$ 的可能取值为$\dfrac{\hbar}{2}$。

同理可知，在态 ψ_3 中，$j=\dfrac{3}{2}$，$m_j=-\dfrac{1}{2}$，$\hat{\boldsymbol{J}}^2$ 的可能取值为$\dfrac{15}{4}\hbar^2$，$\hat{J}_z$ 的可能取值为$-\dfrac{\hbar}{2}$。

5-22　对于自旋 $s=\dfrac{1}{2}$的粒子：

(a)　试求投影算符 $\hat{P}_{\pm}^{(\boldsymbol{n})}$，它将自旋 $\hat{s}_z$ 的归一化本征矢量 $\chi_{\pm}$ 变换为 $\hat{s}_{\boldsymbol{n}}$的本征矢量 $\chi_{\pm}^{(\boldsymbol{n})}$；

(b)　试求投影算符 $\hat{Q}_{\pm}$，它将粒子轨道角量子数为 l、磁量子数为 m、自旋磁量子数为 m_s 的无耦合态态矢量 $Y_{lm}(\theta,\varphi)\chi_{m_s}(s_z)$ 变换为 $j=l\pm\dfrac{1}{2}$ 的耦合态态矢量 ψ_{lsjm_j} $\left(s=\dfrac{1}{2},m_j=m+m_s\right)$；

(c)　试求粒子耦合态态矢量 $\psi_{\lambda jm_j}$，其中 $\lambda=\pm\dfrac{\hbar}{2}$是 $\hat{s}_n$ 的本征值。

解：(a)

$$\hat{P}_{\pm}^{(\boldsymbol{n})}=\frac{1}{2}(1\pm\hat{\boldsymbol{\sigma}}\cdot\boldsymbol{n})\tag{1}$$

验证如下（具体地取 $\boldsymbol{n}=(1,\theta,\varphi)$）：

$$\chi_{+}^{(\boldsymbol{n})}=\frac{1}{2}(1+\hat{\sigma}_n)\chi_{+}=\frac{1}{2}\left[\begin{bmatrix}1&0\\0&1\end{bmatrix}+\begin{bmatrix}\cos\theta&\sin\theta e^{-i\varphi}\\\sin\theta e^{i\varphi}&-\cos\theta\end{bmatrix}\right]\begin{bmatrix}1\\0\end{bmatrix}$$

$$=\cos\frac{\theta}{2}e^{i\frac{\varphi}{2}}\begin{pmatrix}\cos\dfrac{\theta}{2}e^{-i\frac{\varphi}{2}}\\\sin\dfrac{\theta}{2}e^{i\frac{\varphi}{2}}\end{pmatrix}\tag{2}$$

$$\chi_{-}^{(\boldsymbol{n})}=\frac{1}{2}(1-\hat{\sigma}_n)\chi_{-}=\cos\frac{\theta}{2}e^{-i\frac{\varphi}{2}}\begin{pmatrix}-\sin\dfrac{\theta}{2}e^{-i\frac{\varphi}{2}}\\\cos\dfrac{\theta}{2}e^{i\frac{\varphi}{2}}\end{pmatrix}\tag{3}$$

式中：本征矢量 $\chi_{\pm}^{(\boldsymbol{n})}$ 没有归一化。

(b)

$$\hat{Q}_{+}=\frac{1}{(2l+1)\hbar}[(l+1)\hbar+\hat{\boldsymbol{L}}\cdot\hat{\boldsymbol{\sigma}}]\tag{4}$$

$$\hat{Q}_{-}=\frac{1}{(2l+1)\hbar}[l\hbar-\hat{\boldsymbol{L}}\cdot\hat{\boldsymbol{\sigma}}]\tag{5}$$

验证如下：由

$$Y_{lm}(\theta,\varphi)\chi_{+}(s_z)=\begin{pmatrix}Y_{lm}(\theta,\varphi)\\0\end{pmatrix}\qquad\left(m_s=+\frac{1}{2}\right)\tag{6}$$

对于 $j=l+\dfrac{1}{2}$，有

$$\psi_{l,s,l+½,m+½}=\frac{(l+1)\hbar+(\hat{L}_x\hat{\sigma}_x+\hat{L}_y\hat{\sigma}_y+\hat{L}_z\hat{\sigma}_z)}{(2l+1)\hbar}\begin{bmatrix}Y_{lm}(\theta,\varphi)\\0\end{bmatrix}$$

$$=\frac{1}{\sqrt{2l+1}}\begin{pmatrix}\sqrt{l+m+1}Y_{lm}(\theta,\varphi)\\\sqrt{l-m}Y_{l,m+1}(\theta,\varphi)\end{pmatrix}\tag{7}$$

上式运算中用到算符 $\hat{L}_{\pm}$ 和 $\hat{\sigma}_{\pm}$ 分别对 $Y_{lm}(\theta,\varphi)$ 和 $\chi_{+}(s_z)$ 的作用。对于 $j=l-\dfrac{1}{2}$，有

$$\psi_{l,s,l-\frac{1}{2},m+\frac{1}{2}}=\frac{l\hbar-\hat{\boldsymbol{L}}\cdot\hat{\boldsymbol{\sigma}}}{(2l+1)\hbar}\begin{bmatrix}Y_{lm}(\theta,\varphi)\\0\end{bmatrix}$$

$$=\frac{1}{\sqrt{2l+1}}\begin{bmatrix}\sqrt{l-m}Y_{lm}(\theta,\varphi)\\-\sqrt{l+m+1}Y_{l,m+1}(\theta,\varphi)\end{bmatrix} \tag{8}$$

(c) $\psi_{\lambda jm_j}=\dfrac{1}{2}(1\pm\hat{\boldsymbol{\sigma}}\cdot\boldsymbol{n})\psi_{lsjm_j}$ (9)

对于 $\lambda=+\dfrac{1}{2}$，有

$$\psi_{\lambda jm_j}=\frac{1}{2}(1+\hat{\boldsymbol{\sigma}}\cdot\boldsymbol{n})\psi_{lsjm_j} \tag{10}$$

$$=\frac{1}{\sqrt{2l+1}}\Big[\sqrt{l+m+1}\cos\frac{\theta}{2}Y_{lm}(\theta,\varphi)+\sqrt{l-m}\sin\frac{\theta}{2}\mathrm{e}^{-\mathrm{i}\varphi}Y_{l,m+1}(\theta,\varphi)\Big]\begin{bmatrix}\cos\dfrac{\theta}{2}\\\sin\dfrac{\theta}{2}\mathrm{e}^{\mathrm{i}\varphi}\end{bmatrix} \tag{11}$$

对于 $\lambda=-\dfrac{1}{2}$，得到

$$\psi_{\lambda jm_j}=\frac{1}{2}(1-\hat{\boldsymbol{\sigma}}\cdot\boldsymbol{n})\psi_{lsjm_j}$$

$$=\frac{1}{\sqrt{2l+1}}\Big[\sqrt{l+m+1}\sin\frac{\theta}{2}Y_{lm}(\theta,\varphi)-\sqrt{l-m}\cdot\cos\frac{\theta}{2}\mathrm{e}^{-\mathrm{i}\varphi}Y_{l,m+1}(\theta,\varphi)\Big]\begin{bmatrix}\sin\dfrac{\theta}{2}\\-\cos\dfrac{\theta}{2}\mathrm{e}^{\mathrm{i}\varphi}\end{bmatrix} \tag{12}$$

第三部分 练 习 题

5-1 在 $\hat{s}_z$ 表象内，已知电子自旋算符 $(\hat{s}^2,\hat{s}_z)$ 的共同的正交归一本征函数完备集为 $\left\{\alpha=\begin{bmatrix}1\\0\end{bmatrix},\beta=\begin{bmatrix}0\\1\end{bmatrix}\right\}$，泡利算符 $\hat{\boldsymbol{\sigma}}$ 的三个直角坐标系分量分别用 $\hat{\sigma}_x,\hat{\sigma}_y,\hat{\sigma}_z$ 表示。

(a) 证明：$\hat{\sigma}_x\alpha=\beta,\quad \hat{\sigma}_x\beta=\alpha,$

$\hat{\sigma}_y\alpha=\mathrm{i}\beta,\quad \hat{\sigma}_y\beta=-\mathrm{i}\alpha,$

$\hat{\sigma}_z\alpha=\alpha,\quad \hat{\sigma}_z\beta=-\beta;$

(b) 证明：$\hat{\sigma}_x\hat{\sigma}_y\hat{\sigma}_z=\mathrm{i}$；

(c) 令 $\hat{P}_{\pm}=\dfrac{1}{2}(1\pm\hat{\sigma}_z)$，证明：

$$\hat{P}_{+}+\hat{P}_{-}=\mathbf{1},\quad \hat{P}_{+}^2=\hat{P}_{+},$$

$$\hat{P}_-^2 = \hat{P}_-, \quad \hat{P}_+ \hat{P}_- = \hat{P}_- \hat{P}_+ = 0;$$

(d)　令 $\hat{\sigma}_\pm = \frac{1}{2}(\hat{\sigma}_x \pm i\hat{\sigma}_y)$，证明：

$$\hat{\sigma}_+^2 = \hat{\sigma}_-^2 = 0, \quad \hat{\sigma}_+ \hat{\sigma}_- = \hat{P}_+,$$
$$\hat{\sigma}_- \hat{\sigma}_+ = \hat{P}_-, \quad \hat{\sigma}_+ \hat{\sigma}_- - \hat{\sigma}_- \hat{\sigma}_+ = \hat{\sigma}_z.$$

5-2　已知 $\alpha = \begin{bmatrix}1\\0\end{bmatrix}, \beta = \begin{bmatrix}0\\1\end{bmatrix}$ 是电子自旋算符 $(\hat{s}^2, \hat{s}_z)$ 的共同本征态：

(a)　证明：$\alpha^+\alpha = 1, \beta^+\beta = 1, \alpha^+\beta = \beta^+\alpha = 0$；

(b)　在态 α 中，求 $\overline{(\Delta s_x)^2} \cdot \overline{(\Delta s_y)^2} = ?$

答：(b) $\overline{(\Delta s_x)^2} \cdot \overline{(\Delta s_y)^2} = \frac{\hbar^4}{16}$

5-3　设 λ 为常数，试证明：

(a)　$\exp(i\lambda\hat{\sigma}_z) = \cos\lambda + i\hat{\sigma}_z \sin\lambda$；

(b)　化简 $[\exp(i\lambda\hat{\sigma}_z)]\hat{\sigma}_\alpha[\exp(-i\lambda\hat{\sigma}_z)]$，$\alpha = x, y, z$；

(c)　$\exp(i\hat{\boldsymbol{\sigma}} \cdot \boldsymbol{\theta}) = \cos\theta + i\hat{\boldsymbol{\sigma}} \cdot \hat{\boldsymbol{\theta}} \sin\theta$，其中 $\theta = |\boldsymbol{\theta}|$，$\hat{\boldsymbol{\theta}} = \frac{\boldsymbol{\theta}}{\theta}$。

5-4　一自旋为 $\frac{1}{2}$ 的粒子，处在 $\hat{\boldsymbol{S}} \cdot \boldsymbol{n}$ 投影值为 $\left(-\frac{\hbar}{2}\right)$ 的状态之中，求测量 $s_x = \pm\frac{\hbar}{2}$ 的几率和测量 $s_y = \pm\frac{\hbar}{2}$ 的几率。设单位向量 $\boldsymbol{n}$ 的方位为 $(1, \theta, \varphi)$。

答：$w\left(s_x = \frac{\hbar}{2}\right) = \frac{1}{2}(1 - \sin\theta\cos\varphi)$，$w\left(s_x = -\frac{\hbar}{2}\right) = \frac{1}{2}(1 + \sin\theta\cos\varphi)$；$w\left(s_y = \frac{\hbar}{2}\right) = \frac{1}{2}(1 - \sin\theta\sin\varphi)$，$w\left(s_y = -\frac{\hbar}{2}\right) = \frac{1}{2}(1 + \sin\theta\sin\varphi)$.

5-5　设电子在 x 方向极化（即处于自旋 $s_x = +\frac{\hbar}{2}$ 的本征态之中），计算对此电子态测量 $\hat{s}_n$ 的可能值及相应的几率。$\hat{s}_n$ 为电子自旋在 $\boldsymbol{n}$ 方面的投影，$\boldsymbol{n}$ 的方向余弦为 $(\cos\alpha, \cos\beta, \cos\gamma)$。

答：在 χ_+ 态中，s_n 取值为 $+\frac{\hbar}{2}$ 的几率为 $\cos^2\frac{\alpha}{2}$，取值为 $\left(-\frac{\hbar}{2}\right)$ 的几率为 $\sin^2\frac{\alpha}{2}$.

5-6　自旋 $s = \frac{1}{2}$，内禀磁矩为 $\boldsymbol{\mu}_0$ 的粒子，在空间分布均匀但随时间改变的磁场 $\boldsymbol{B}(t)$ 中运动，证明粒子的状态波函数可以表示成空间部分的波函数与自旋波函数之积，写出它们分别满足的波动方程。

5-7　自旋 $s = \frac{1}{2}$，内禀磁矩为 $\boldsymbol{\mu}_0$ 的粒子，在空间分布均匀但随时间改变的磁场 $\boldsymbol{B}(t)$ 中

运动。设 $\boldsymbol{B}$ 沿 z 轴方向。在 $t=0$ 时，粒子的自旋波函数为 $\begin{bmatrix} a(0) \\ b(0) \end{bmatrix}=\begin{bmatrix} \cos\delta \mathrm{e}^{-\mathrm{i}\alpha} \\ \sin\delta \mathrm{e}^{\mathrm{i}\alpha} \end{bmatrix}$，求：

(a) $t>0$ 时刻粒子的自旋波函数 $\chi(t)=\begin{bmatrix} a(t) \\ b(t) \end{bmatrix}$；

(b) 在态 $\chi(t)$ 下，求 $\hat{s}_x$，$\hat{s}_y$ 及 $\hat{s}_z$ 的期望值。

答：(a) $\begin{bmatrix} a(t) \\ b(t) \end{bmatrix}=\begin{bmatrix} \cos\delta\exp\left\{\mathrm{i}\left(\frac{\mu_0}{\hbar}\int_0^t B(t)\mathrm{d}t-\alpha\right)\right\} \\ \sin\delta\exp\left\{-\mathrm{i}\left(\frac{\mu_0}{\hbar}\int_0^t B(t)\mathrm{d}t-\alpha\right)\right\} \end{bmatrix}$

(b) $\overline{s_x}=\frac{\hbar}{2}\sin(2\delta)\cos\left[\frac{2\mu_0}{\hbar}\int_0^t B(t)\mathrm{d}t-2\alpha\right]$

$\overline{s_y}=-\frac{\hbar}{2}\sin(2\delta)\sin\left[\frac{2\mu_0}{\hbar}\int_0^t B(t)\mathrm{d}t-2\alpha\right]$

5-8 有一个定域电子（作为近似模型，可以不考虑轨道运动）受到均匀磁场作用，磁场 $\boldsymbol{B}$ 指向正 x 方向，磁作用势为 $\hat{H}=\frac{eB}{\mu c}\hat{s}_x=\frac{e\hbar B}{2\mu c}\hat{\sigma}_x$。设 $t=0$ 时电子的自旋"向上"，即 $s_z=+\frac{\hbar}{2}$，求 $t>0$ 时 $\hat{\boldsymbol{s}}$ 的平均值。

答：$\chi(t)=\begin{bmatrix} \cos\omega t \\ -\mathrm{i}\sin\omega t \end{bmatrix}$，$\overline{s_x}=0$，$\overline{s_y}=-\frac{\hbar}{2}\sin2\omega t$，$\overline{s_z}=\frac{\hbar}{2}\cos2\omega t$

5-9 考虑一个自旋为$\frac{1}{2}$的粒子在外磁场中的运动。假设在 $t<0$ 时，磁场的方向沿 z 轴，$\boldsymbol{B}=(0,0,B_0)$，B_0 与时间 t 无关。初始时刻 $t=0$，粒子处在 $s_z=+\frac{\hbar}{2}$的本征态下，如果从 $t=0$ 开始突然把磁场转到 x 轴方向，使 $\boldsymbol{B}=(B_0,0,0)$ $(t>0)$，假设磁场的转向过程速度非常快，以致于在转向过程中，粒子的状态来不及发生任何改变，试求 $t>0$ 时粒子自旋状态随时间的变化及$\overline{s_z(t)}$随时间的变化。

答：$\chi(t)=\begin{pmatrix} \cos\omega t \\ \mathrm{i}\sin\omega t \end{pmatrix}$，$\overline{s_z(t)}=\frac{\hbar}{2}\cos2\omega t$，$\omega=\frac{\mu_0 B_0}{2\hbar}$

5-10 中子（$s=\frac{1}{2}$，磁矩方向与自旋方向相反、大小记为 μ_n）处于螺线管内的恒定均匀磁场中，求其横向运动的分立能级和相应定态波函数。

答：由 $\hat{H}_t=\frac{\hat{p}_t^2}{2\mu}+\mu_n B(\rho)\hat{\sigma}_z$，$B(\rho)=\begin{cases} B_0, & \rho<R \\ 0 & \rho>R \end{cases}$ 体系定态波函数形式为 $\psi_{E_t m_s}=f(\theta,\varphi)\chi_{m_s}(s_z)$，其中 $f(\theta,\varphi)$是粒子在二维势场 $V(\rho)=\begin{cases} \pm\mu_n B_0, & \rho<R \\ 0, & \rho>R \end{cases}$中运动的定态波函数。若 $V(\rho)$是势垒，则无分立能级；若 $V(\rho)$是势阱，则按二维中心势场问题求解。这由中子自旋极化方向决定。

5-11　设 $\hat{\boldsymbol{J}}$ 为角动量算符，满足基本对易关系式 $\hat{\boldsymbol{J}}\times\hat{\boldsymbol{J}}=\mathrm{i}\hbar\hat{\boldsymbol{J}}$，$\boldsymbol{n}$ 与 $\boldsymbol{m}$ 为任意两个方向的单位向量，试证明：

(a)　$[\hat{\boldsymbol{J}},\hat{\boldsymbol{J}}\cdot\boldsymbol{n}]=\mathrm{i}\hbar\boldsymbol{n}\times\hat{\boldsymbol{J}}$；

(b)　$[\hat{J}_m,\hat{J}_n]=\mathrm{i}\hbar(\boldsymbol{m}\times\boldsymbol{n})\cdot\hat{\boldsymbol{J}}$，式中：$\hat{J}_m=\hat{\boldsymbol{J}}\cdot\boldsymbol{m}$，$\hat{J}_n=\hat{\boldsymbol{J}}\cdot\boldsymbol{n}$

5-12　设 $\hat{\boldsymbol{J}}$ 为角动量算符，满足基本对易关系式 $\hat{\boldsymbol{J}}\times\hat{\boldsymbol{J}}=\mathrm{i}\hbar\hat{\boldsymbol{J}}$，$\hat{\boldsymbol{A}}$ 为矢量算符，满足对易关系式 $[\hat{J}_\alpha,\hat{A}_\beta]=\mathrm{i}\varepsilon_{\alpha\beta\gamma}\hat{A}_\gamma$，$\varepsilon_{\alpha\beta\gamma}$ 为列维-席维塔(Levi-Civita)符号，试证明：

(a)　$\hat{\boldsymbol{A}}\times\hat{\boldsymbol{J}}+\hat{\boldsymbol{J}}\times\hat{\boldsymbol{A}}=2\mathrm{i}\hat{\boldsymbol{A}}$；

(b)　$[\hat{\boldsymbol{J}},\hat{\boldsymbol{J}}\cdot\hat{\boldsymbol{A}}]=0$，　$[\hat{\boldsymbol{J}}^2,\hat{\boldsymbol{A}}]=\mathrm{i}(\hat{\boldsymbol{A}}\times\hat{\boldsymbol{J}}-\hat{\boldsymbol{J}}\times\hat{\boldsymbol{A}})$；

(c)　$\hat{\boldsymbol{J}}\times(\hat{\boldsymbol{J}}\times\hat{\boldsymbol{A}})=(\hat{\boldsymbol{J}}\cdot\hat{\boldsymbol{A}})\hat{\boldsymbol{J}}-\hat{\boldsymbol{J}}^2\hat{\boldsymbol{A}}+\mathrm{i}\hat{\boldsymbol{J}}\times\hat{\boldsymbol{A}}$；

$(\hat{\boldsymbol{A}}\times\hat{\boldsymbol{J}})\times\hat{\boldsymbol{J}}=\hat{\boldsymbol{J}}(\hat{\boldsymbol{A}}\cdot\hat{\boldsymbol{J}})-\hat{\boldsymbol{A}}\hat{\boldsymbol{J}}^2+\mathrm{i}\hat{\boldsymbol{A}}\times\hat{\boldsymbol{J}}$，

(d)　$[\hat{\boldsymbol{J}}^2,[\hat{\boldsymbol{J}}^2,\hat{\boldsymbol{A}}]]=2(\hat{\boldsymbol{J}}^2\hat{\boldsymbol{A}}+\hat{\boldsymbol{A}}\hat{\boldsymbol{J}}^2)-4\hat{\boldsymbol{J}}(\hat{\boldsymbol{J}}\cdot\hat{\boldsymbol{A}})$。

5-13　三个矩阵 M_z,M_y,M_x，每个均为 256 行和列的方阵，它们服从对易关系式 $[M_x,M_y]=\mathrm{i}\hbar M_z$($x,y,z$ 轮换)。如果其中一个矩阵，例如 M_x，它的本征值为 $\pm2\hbar$ 各一个，$\pm\frac{3}{2}\hbar$ 各 8 个，$\pm\hbar$ 各 28 个，$\pm\frac{\hbar}{2}$ 各 56 个以及 0 有 70 个，试给出 $M^2=M_x^2+M_y^2+M_z^2$ 的 256 个本征值。

答：由题给条件知 M^2 相应的量子数 M 的可能取值为 $2,\frac{3}{2},1,\frac{1}{2}$ 及 0。因此 M^2 的本征值 $M(M+1)\hbar^2$ 分别为 $6\hbar^2$(有 5 个)，$\frac{15}{4}\hbar^2$(有 32 个)，$2\hbar^2$(有 81 个)，$\frac{3}{4}\hbar^2$(有 96 个)，0(有 42 个)。

5-14　以 $\hat{s},\hat{\boldsymbol{L}},\hat{\boldsymbol{J}}$ 分别表示电子的自旋、轨道及总角动量，有 $\hat{\boldsymbol{J}}=\hat{\boldsymbol{L}}+\hat{\boldsymbol{s}}$，试证明：

(a)　$[\hat{\boldsymbol{\sigma}},\hat{\boldsymbol{\sigma}}\cdot\hat{\boldsymbol{L}}]=2\mathrm{i}\hat{\boldsymbol{L}}\times\hat{\boldsymbol{\sigma}}$，　$[\hat{\boldsymbol{L}},\hat{\boldsymbol{\sigma}}\cdot\hat{\boldsymbol{L}}]=\mathrm{i}\hbar\hat{\boldsymbol{\sigma}}\times\hat{\boldsymbol{L}}$；

(b)　$[\hat{\boldsymbol{J}},\hat{\boldsymbol{\sigma}}\cdot\hat{\boldsymbol{L}}]=0$，　$[\hat{\boldsymbol{J}},\hat{\boldsymbol{L}}^2]=0$，　$[\hat{\boldsymbol{L}}^2,\hat{\boldsymbol{\sigma}}\cdot\hat{\boldsymbol{L}}]=0$；

(c)　求 $\hat{\boldsymbol{\sigma}}\cdot\hat{\boldsymbol{L}}$ 和 $\hat{\boldsymbol{J}}^2$ 的本征值。

答：(c)　$\hat{\boldsymbol{\sigma}}\cdot\hat{\boldsymbol{L}}$ 有两个本征值，分别为 $l\hbar$　$\left(j=l+\frac{1}{2}\right)$ 与 $-(l+1)\hbar$　$\left(j=l-\frac{1}{2}\right)$；$\hat{\boldsymbol{J}}^2$ 的本征值为 $j(j+1)\hbar^2$　$\left(j=l\pm\frac{1}{2}\right)$。

5-15　分别就 $j=l+\frac{1}{2}$ 和 $j=l-\frac{1}{2}$ 两种情况，求 $\langle jm_j|2\hat{\boldsymbol{L}}\cdot\hat{\boldsymbol{s}}|jm_j\rangle$ 之值。式中 $\hat{\boldsymbol{L}}$ 与 $\hat{\boldsymbol{s}}$ 分别是电子的轨道角动量与自旋角动量，j 与 m_j 是该电子的总角动量 $\hat{\boldsymbol{J}}=\hat{\boldsymbol{L}}+\hat{\boldsymbol{s}}$ 的角量子数与磁量子数。

答：$j=l+\frac{1}{2}$ 时，$\langle jm_j|2\hat{\boldsymbol{L}}\cdot\hat{\boldsymbol{s}}|jm_j\rangle=l\hbar^2$

$j=l-\frac{1}{2}$ 时，$\langle jm_j|2\hat{\boldsymbol{L}}\cdot\hat{\boldsymbol{s}}|jm_j\rangle=-(l+1)\hbar^2$

5-16 给定两个角动量 $\hat{\boldsymbol{J}}_1$ 和 $\hat{\boldsymbol{J}}_2$，其中 $j_1=1, j_2=\frac{1}{2}$。对于总角动量 $\hat{\boldsymbol{J}}=\hat{\boldsymbol{J}}_1+\hat{\boldsymbol{J}}_2, m=m_1+m_2$，就下列两种情况分别计算 C-G 系数。

(a) $j=\frac{3}{2}, m=\frac{3}{2}$；

(b) $j=\frac{3}{2}, m=\frac{1}{2}$。

答：(a) $|\frac{3}{2},\frac{3}{2}\rangle=|1,1\rangle|\frac{1}{2},\frac{1}{2}\rangle$

(b) $|\frac{3}{2},\frac{1}{2}\rangle=\sqrt{\frac{2}{3}}|1,0\rangle|\frac{1}{2},\frac{1}{2}\rangle+\sqrt{\frac{1}{3}}|1,1\rangle|\frac{1}{2},-\frac{1}{2}\rangle$

5-17 自旋 $s=\frac{1}{2}$ 的粒子处于态 $|lmsm_s\rangle$ 下，求粒子总角量子数 j 取值分别为 $l+\frac{1}{2}$ 和 $l-\frac{1}{2}$ 的几率。

答：$w\left(j=l+\frac{1}{2}\right)=\frac{l+2mm_s+1}{2l+1}$ $\quad w\left(j=l-\frac{1}{2}\right)=\frac{l-2mm_s}{2l+1}$

5-18 某两独立轨道角动量体系哈密顿算符为

$$\hat{H}(1,2)=c(\hat{\boldsymbol{L}}_1^2+\hat{\boldsymbol{L}}_2^2)$$

在固定：

(a) $l_1=1, l_2=1$ 及

(b) $l_1=1, l_2=2$

的情况下，求体系角动量耦合态波函数。

答：(a) $l_1=1, l_2=1$，则 $l=2,1,0$，体系能量 $E=4c\hbar^2$。相应共有 9 个简并的角动量耦合态，其波函数如下：

$$Y_{11}(1)Y_{11}(2);$$

$$\frac{1}{\sqrt{2}}[Y_{11}(1)Y_{10}(2)+Y_{10}(1)Y_{11}(2)];$$

$$\frac{1}{\sqrt{6}}[2Y_{10}(1)Y_{10}(2)+Y_{11}(1)Y_{1-1}(2)+Y_{1-1}(1)Y_{11}(2)];$$

$$\frac{1}{\sqrt{2}}[Y_{1-1}(1)Y_{10}(2)+Y_{10}(1)Y_{1-1}(2)];$$

$$Y_{1-1}(1)Y_{1-1}(2);$$

$$\frac{1}{\sqrt{2}}[Y_{11}(1)Y_{10}(2)-Y_{10}(1)Y_{11}(2)];$$

$$\frac{1}{\sqrt{2}}[Y_{11}(1)Y_{1-1}(2)-Y_{1-1}(1)Y_{11}(2)];$$

$$\frac{1}{\sqrt{2}}[Y_{10}(1)Y_{1-1}(2)-Y_{1-1}(1)Y_{10}(2)];$$

$$\frac{1}{\sqrt{3}}[-Y_{10}(1)Y_{10}(2)+Y_{11}(1)Y_{1-1}(2)+Y_{1-1}(1)Y_{11}(2)].$$

(b)　$l_1=1, l_2=2$，则 $l=3,2,1$，体系能量 $E=8c\hbar^2$。相应共有 30 个简并的角动量耦合态，其波函数如下：

$$\frac{1}{\sqrt{2}}[Y_{22}(1)Y_{11}(2)\pm Y_{11}(1)Y_{22}(2)];$$

$$\frac{1}{\sqrt{6}}[Y_{22}(1)Y_{10}(2)\pm Y_{10}(1)Y_{22}(2)]+\frac{1}{\sqrt{3}}[Y_{21}(1)Y_{11}(2)\pm Y_{11}(1)Y_{21}(2)];$$

$$\frac{2}{\sqrt{15}}[Y_{21}(1)Y_{10}(2)\pm Y_{10}(1)Y_{21}(2)]+\frac{1}{\sqrt{5}}[Y_{20}(1)Y_{11}(2)\pm Y_{11}(1)Y_{20}(2)]+$$
$$\frac{1}{\sqrt{30}}[Y_{22}(1)Y_{1-1}(2)\pm Y_{1-1}(1)Y_{22}(2)];$$

$$\sqrt{\frac{3}{10}}[Y_{20}(1)Y_{10}(2)\pm Y_{10}(1)Y_{20}(2)]+\frac{1}{\sqrt{10}}[Y_{2-1}(1)Y_{11}(2)\pm Y_{11}(1)Y_{2-1}(2)]+$$
$$\frac{1}{\sqrt{10}}[Y_{21}(1)Y_{1-1}(2)\pm Y_{1-1}(1)Y_{21}(2)];$$

$$\frac{2}{\sqrt{15}}[Y_{2-1}(1)Y_{10}(2)\pm Y_{10}(1)Y_{2-1}(2)]+\frac{1}{\sqrt{5}}[Y_{20}(1)Y_{1-1}(2)\pm Y_{1-1}(1)Y_{20}(2)]+$$
$$\frac{1}{\sqrt{30}}[Y_{2-2}(1)Y_{11}(2)\pm Y_{11}(1)Y_{2-2}(2)];$$

$$\frac{1}{\sqrt{6}}[Y_{2-2}(1)Y_{10}(2)\pm Y_{10}(1)Y_{2-2}(2)]+\frac{1}{\sqrt{3}}[Y_{2-1}(1)Y_{1-1}(2)\pm Y_{1-1}(1)Y_{2-1}(2)];$$

$$\frac{1}{\sqrt{2}}[Y_{2-2}(1)Y_{1-1}(2)\pm Y_{1-1}(1)Y_{2-2}(2)];$$

$$\frac{1}{\sqrt{3}}[Y_{22}(1)Y_{10}(2)\pm Y_{10}(1)Y_{22}(2)]-\frac{1}{\sqrt{6}}[Y_{21}(1)Y_{11}(2)\pm Y_{11}(1)Y_{21}(2)];$$

$$\frac{1}{\sqrt{6}}[Y_{22}(1)Y_{1-1}(2)\pm Y_{1-1}(1)Y_{22}(2)]+\frac{1}{\sqrt{12}}[Y_{21}(1)Y_{10}(2)\pm Y_{10}(1)Y_{21}(2)]$$
$$-\frac{1}{2}[Y_{20}(1)Y_{11}(2)\pm Y_{11}(1)Y_{20}(2)];$$

$$\frac{1}{2}[Y_{21}(1)Y_{1-1}(2)\pm Y_{1-1}(1)Y_{21}(2)]-\frac{1}{2}[Y_{2-1}(1)Y_{11}(2)\pm Y_{11}(1)Y_{2-1}(2)];$$

$$\frac{1}{\sqrt{6}}[Y_{2-2}(1)Y_{11}(2)\pm Y_{11}(1)Y_{2-2}(2)]-\frac{1}{\sqrt{12}}[Y_{2-1}(1)Y_{10}(2)\pm Y_{10}(1)Y_{2-1}(2)]+$$
$$\frac{1}{2}[Y_{20}(1)Y_{1-1}(2)\pm Y_{1-1}(1)Y_{20}(2)];$$

$$-\frac{1}{\sqrt{3}}[Y_{2-2}(1)Y_{10}(2)\pm Y_{10}(1)Y_{2-2}(2)]+\frac{1}{\sqrt{6}}[Y_{2-1}(1)Y_{1-1}(2)\pm Y_{1-1}(1)Y_{2-1}(2)];$$

$$\sqrt{\frac{3}{10}}[Y_{22}(1)Y_{1-1}(2)\pm Y_{1-1}(1)Y_{22}(2)]-\sqrt{\frac{3}{20}}[Y_{21}(1)Y_{10}(2)\pm Y_{10}(1)Y_{21}(2)]+$$

$$\frac{1}{\sqrt{20}}[Y_{20}(1)Y_{11}(2)\pm Y_{11}(1)Y_{20}(2)];$$

$$\sqrt{\frac{3}{20}}[Y_{21}(1)Y_{1-1}(2)\pm Y_{1-1}(1)Y_{21}(2)]-\frac{1}{\sqrt{5}}[Y_{20}(1)Y_{10}(2)\pm Y_{10}(1)Y_{20}(2)]+$$

$$\sqrt{\frac{3}{20}}[Y_{2-1}(1)Y_{11}(2)\pm Y_{11}(1)Y_{2-1}(2)];$$

$$\sqrt{\frac{3}{10}}[Y_{2-2}(1)Y_{11}(2)\pm Y_{11}(1)Y_{2-2}(2)]-\sqrt{\frac{3}{20}}[Y_{2-1}(1)Y_{10}(2)\pm Y_{10}(1)Y_{2-1}(2)]+$$

$$\frac{1}{\sqrt{20}}[Y_{20}(1)Y_{1-1}(2)\pm Y_{1-1}(1)Y_{20}(2)].$$

如果体系哈密顿算符 $\hat{H}$ 中附加上作用项 $\hat{H}'=a_1\hat{L}_{1z}+a_2\hat{L}_{2z}\quad(a_1\neq a_2)$，能量简并将解除。

第六章　定态微扰论与变分法

第一部分　内容精要

本章首先介绍体系束缚定态的两种近似计算方法:定态微扰论和变分法。然后将这种方法应用于原子的斯塔克效应及氢原子或类氢离子)光谱的精细结构的量子解释之中。

一、瑞利-薛定谔定态微扰展开

设体系哈密顿算符 $\hat{H}$ 不显含时间 t,并且可以写成

$$\hat{H}=\hat{H}_0+\hat{H}' \tag{6-1}$$

其中:算符 $\hat{H}_0$ 的本征值方程

$$\hat{H}_0|\phi_n\rangle=E_n{}^0|\phi_n\rangle,\quad n=1,2,3,\cdots \tag{6-2}$$

可以精确求解,已知其本征值谱为$\{E_n{}^0\}$(不失一般性,假定本征值谱完全分立),相应的正交归一化本征矢量完备组为$\{|\phi_n\rangle\}$;算符 $\hat{H}'$称为微扰项,意即它在 $\hat{H}_0$ 表象的矩阵元$|\langle\phi_k|\hat{H}'|\phi_n\rangle|\ll$能级差 $E_k{}^0-E_n{}^0$。如是,体系的定态薛定谔方程

$$\hat{H}|\psi_n\rangle=E_n|\psi_n\rangle,\quad n=1,2,3,\cdots \tag{6-3}$$

可以按瑞利-薛定谔微扰展开式近似求解。

将方程(6—3)中的 E_n 和$|\psi_n\rangle$分别写成微扰展开式:

$$E_n=E_n{}^{(0)}+E_n{}^{(1)}+E_n{}^{(2)}+\cdots \tag{6-4}$$

和

$$|\psi_n\rangle=|\psi_n{}^{(0)}\rangle+|\psi_n{}^{(1)}\rangle+|\psi_n{}^{(2)}\rangle+\cdots \tag{6-5}$$

式中:$E_n{}^{(i)}$和$|\psi_n{}^{(i)}\rangle$分别表示在它们的表示式中包含了 i 个 $\hat{H}'$(在 $\hat{H}_0$ 表象)的矩阵元的乘积,因而是 i 级小量,称为第 i 级修正;$E_n{}^{(0)}$和$|\psi_n{}^{(0)}\rangle$称为零级近似,$E_n{}^{(0)}+E_n{}^{(1)}+\cdots+E_n{}^{(l)}$称为 E_n 的 l 级近似,$|\psi_n{}^{(0)}\rangle+|\psi_n{}^{(1)}\rangle+\cdots+|\psi_n{}^{(l)}\rangle$称为$|\psi_n\rangle$的 l 级近似。

1. 非简并情况

具体讨论体系第 k 定态,式(6-4)、(6-5)中指标 n 具体取为 k。如果算符 $\hat{H}_0$ 相应的第 k 个本征值 $E_k{}^0$ 无简并,只对应于唯一一个本征矢量$|\phi_k\rangle$,则称为非简并情况,而算符 $\hat{H}_0$ 的其他诸本征值 $E_n{}^0(\neq E_k{}^0)$则不论有无简并。将式(6-1)和式(6-4)、(6-5)代入方程(6-3),比较方程两边同量级的项,有

$$\hat{H}_0|\psi_k{}^{(0)}\rangle=E_k{}^{(0)}|\psi_k{}^{(0)}\rangle \tag{6-6}$$

$$\hat{H}_0|\psi_k{}^{(1)}\rangle+\hat{H}'|\psi_k{}^{(0)}\rangle=E_k{}^{(0)}|\psi_k{}^{(1)}\rangle+E_k{}^{(1)}|\psi_k{}^{(0)}\rangle \tag{6-7}$$

$$\hat{H}_0|\psi_k{}^{(2)}\rangle+\hat{H}'|\psi_k{}^{(1)}\rangle=E_k{}^{(0)}|\psi_k{}^{(2)}\rangle+E_k{}^{(1)}|\psi_k{}^{(1)}\rangle+E_k{}^{(2)}|\psi_k{}^{(0)}\rangle \tag{6-8}$$

………………………………………………………

对比式(6-6)和(6-2),得到在非简并情况下,有

$$E_k^{(0)}=E_k^0 \tag{6-9}$$

$$|\psi_k^{(0)}\rangle=|\phi_k\rangle \tag{6-10}$$

式中:E_k^0 和$|\phi_k\rangle$为算符 $\hat{H}_0$ 的第 k 个本征值和相应的归一化本征矢量。

将式(6-9)和(6-10)代回式(7-7),并将$|\psi_k^{(1)}\rangle$按算符 $\hat{H}_0$ 的正交归一化本征矢量完备组$\{|\phi_n\rangle\}$展开:

$$|\psi_k^{(1)}\rangle=\sum_n a_n^{(1)}|\phi_n\rangle \tag{6-11}$$

有

$$\sum_n a_n^{(1)}\hat{H}_0|\phi_n\rangle+\hat{H}'|\phi_k\rangle=E_k^0\sum_n a_n^{(1)}|\phi_n\rangle+E_k^{(1)}|\phi_k\rangle$$

再用左矢$\langle\phi_m|$作用两边,得

$$E_m^0 a_m^{(1)}+\langle\phi_m|\hat{H}'|\phi_k\rangle=E_k^0 a_m^{(1)}+E_k^{(1)}\delta_{mk}$$

当 $m=k$ 时,得到

$$E_k^{(1)}=\langle\phi_k|\hat{H}'|\phi_k\rangle=H'_{kk} \tag{6-12}$$

若 $m\neq k$,得

$$a_m^{(1)}=\frac{H'_{mk}}{E_k^0-E_m^0},(m\neq k) \tag{6-13}$$

式(6-11)中的 $a_k^{(1)}|\phi_k\rangle$一项可以并入$|\psi_k^{(0)}\rangle=|\phi_k\rangle$式(6-10)中再使之归一化,故式(6-11)写成

$$|\psi_k^{(1)}\rangle=\sum_n{}'\frac{H'_{nk}}{E_k^0-E_n^0}|\phi_n\rangle \tag{6-14}$$

式中:求和 $\sum\limits_n{}'$ 不包括 $n=k$ 的一项。

再将式(6-9)、(6-10)和式(6-12)、(6-14)代回式(6-8),并将$|\psi_k^{(2)}\rangle$按算符 $\hat{H}_0$ 的正交归一化本征矢量完备组$\{|\phi_n\rangle\}$展开:

$$|\psi_k^{(2)}\rangle=\sum_n a_n^{(2)}|\phi_n\rangle \tag{6-15}$$

同于上述推演过程,可以得到

$$E_k^{(2)}=\sum_n{}'\frac{|H'_{nk}|^2}{E_k^0-E_n^0} \tag{6-16}$$

$$|\psi_k^{(2)}\rangle=\sum_n{}'\sum_m{}'\frac{H'_{nm}H'_{mk}}{(E_k^0-E_n^0)(E_k^0-E_m^0)}|\phi_n\rangle-\sum_n{}'\frac{H'_{nk}H'_{kk}}{(E_k^0-E_n^0)^2}|\phi_n\rangle \tag{6-17}$$

可知,体系第 k 定态能量和态矢量的更高级修正表示式也是不难求得的。

2. 简并情况

仍如上述,具体讨论体系(哈密顿算符为 $\hat{H}$)的第 k 定态。如果算符 $\hat{H}_0$ 的第 k 个本征值 E_k^0 有 d 度简并($d>1$),则 E_k 的零级近似 $E_k^{(0)}$ 为 E_k^0,仍如式(6-9)所示,但$|\psi_k\rangle$的零级近似$|\psi_k^{(0)}\rangle$不再能如式(6-10)所示,而须写成

$$|\psi_k^{(0)}\rangle=\sum_{i=1}^{d}c_{ki}^{(0)}|\phi_{ki}\rangle \tag{7-18}$$

代入方程(6-7),有

$$\hat{H}_0 \mid \psi_k^{(1)} \rangle + \sum_{i=1}^{d} c_{ki}^{(0)} \hat{H}' \mid \phi_{ki} \rangle = E_k^0 \mid \psi_k^{(1)} \rangle + \sum_{i=1}^{d} c_{ki}^{(0)} E_k^{(1)} \mid \phi_{ki} \rangle$$

再用左矢$\langle \phi_{kj} |$ $(j=1,2,\cdots,d)$ 作用于两边,有

$$\langle \phi_{kj} \mid E_k^0 - \hat{H}_0 \mid \psi_k^{(1)} \rangle = \sum_{i=1}^{d} (H'_{kj,ki} - E_k^{(1)} \delta_{ji}) c_{ki}^{(0)} = 0$$

$$j=1,2,\cdots,d \tag{6-19}$$

因为上式左边等于零(由于 $\hat{H}_0|\phi_{kj}\rangle = E_k^0|\phi_{kj}\rangle$)。上式是关于$\{c_{ki}^{(0)}\}(i=1,2,\cdots,d)$共 d 个变量的齐次代数方程组$(j=1,2,\cdots,d)$。方程有非零解的充要条件是

$$\det|H'_{ji} - E_k^{(1)} \delta_{ji}| = 0 \tag{6-20}$$

这称为久期方程。方程可以解出 $E_k^{(1)}$ 的 d 个值,作为体系第 k 定态能量的一级修正。将 $E_k^{(1)}$ 的每一个值代回方程组(6-19),并利用$|\psi_k^{(0)}\rangle$式(6-18)的归一化条件,又可以解出相应一组$\{c_{ki}^{(0)}\}$值;代入式(6-18),就得到体系定态相应于能量一级近似 $E_k^0+E_k^{(1)}$ 的正确零级归一化态矢量。

二、达伽诺-列维斯技巧

上述瑞利-薛定谔定态微扰论非简并情况的展开式中,能量的二级及二级以上修正和态矢量的一级及一级以上修正通常均系无限项求和式,具体作计算是不容易的。达伽诺-列维斯(A. Dalgarno 和 J. T. Lewis)提出一种技巧可供利用。

引入算符 $\hat{F}_k$,与体系哈密顿算符 $\hat{H}$ 式(6-1)中算符 $\hat{H}_0$ 的第 k 个本征矢量$|\phi_k\rangle$有关,定义为满足方程

$$[\hat{F}_k, \hat{H}_0]|\phi_k\rangle = (\hat{H}' - E_k^{(1)})|\phi_k\rangle \tag{6-21}$$

式中:$\hat{H}'$是微扰作用项;$E_k^{(1)}$ 是体系第 k 定态能量的一级修正,由式(6-12)所示,它是容易计算的;算符 $\hat{F}_k$ 待求。用左矢$\langle\phi_n|$左乘上面方程两边。当 $n=k$,对角元

$$\langle \phi_k | [\hat{F}_k, \hat{H}^0] | \phi_k \rangle = H'_{kk} - E_k^{(1)} = 0 \tag{6-22}$$

当 $n \neq k$,非对角元

$$\begin{aligned}\langle \phi_n | [\hat{F}_k, \hat{H}^0] | \phi_k \rangle &= (E_k^0 - E_n^0) \langle \phi_n | \hat{F}_k | \phi_k \rangle \\ &= \langle \phi_n | \hat{H}' - E_k^{(1)} | \phi_k \rangle = H'_{nk} - E_k^{(1)} \delta_{nk}\end{aligned} \tag{6-23}$$

得到

$$\langle \phi_n | \hat{F}_k | \phi_k \rangle = \frac{H'_{nk}}{E_k^0 - E_n^0}, \quad n \neq k \tag{6-24}$$

于是,体系第 k 定态能量的二级修正 $E_k^{(2)}$ 式(6-16)可写成

$$\begin{aligned}E_k^{(2)} &= \sum_n{}' \frac{H'_{kn} H'_{nk}}{E_k^0 - E_n^0} = \sum_n{}' \langle \phi_k \mid \hat{H}' \mid \phi_n \rangle \langle \phi_n \mid \hat{F}_k \mid \phi_k \rangle \\ &= \langle \phi_k | \hat{H}' \hat{F}_k | \phi_k \rangle - \langle \phi_k | \hat{H}' | \phi_k \rangle \langle \phi_k | \hat{F}_k | \phi_k \rangle\end{aligned}$$

即

$$E_k^{(2)} = (\hat{H}' \hat{F}_k)_{kk} - E_k^{(1)} (\hat{F}_k)_{kk} \tag{6-25}$$

同理,体系第 k 定态能量的三级修正可以写成(具体推演过程从略):

$$\begin{aligned}E_k^{(3)} &= \langle \phi_k | \hat{H}' \hat{R} \hat{H}' \hat{R} \hat{H}' - \hat{H}' \hat{R}^2 \hat{H}' \hat{P} \hat{H}' | \phi_k \rangle \\ &= \sum_{n,m}{}' \frac{H'_{kn} H'_{nm} H'_{mk}}{(E_k^0 - E_n^0)(E_k^0 - E_m^0)} - E_k^{(1)} \sum_n{}' \frac{H'_{kn} H'_{nk}}{(E_k^0 - E_n^0)^2}\end{aligned}$$

$$=(\hat{F}_k\hat{H}'\hat{F}_k)_{kk}-2E_k^{(2)}(\hat{F}_k)_{kk}-E_k^{(1)}(\hat{F}_k^{\,2})_{kk} \tag{6-26}$$

等等。

另一方面，体系第 k 定态态矢量的一级修正 $|\psi_k^{(1)}\rangle$ 式(6-14)可写成

$$\begin{aligned}|\psi_k^{(1)}\rangle &= \sum_n{}' \frac{H'_{nk}}{E_k^{\,0}-E_n^{\,0}}|\phi_n\rangle = \sum_n{}' |\phi_n\rangle\langle\phi_n|\hat{F}_k|\phi_k\rangle \\ &=\hat{F}_k|\phi_k\rangle-\langle\phi_k|\hat{F}_k|\phi_k\rangle|\phi_k\rangle \\ &=[\hat{F}_k-(\hat{F}_k)_{kk}]|\phi_k\rangle\end{aligned} \tag{6-27}$$

等等。

问题归结于求 $\hat{F}_k$。对于一维运动情况，具体设体系哈密顿算符在坐标表象为

$$\hat{H}=\hat{H}_0+\hat{H}',\qquad \hat{H}_0=-\frac{\hbar^2}{2\mu}\frac{\mathrm{d}^2}{\mathrm{d}x^2}+V(x) \tag{6-28}$$

代入算符 $\hat{F}_k$ 满足的方程(6-21)，有

$$\frac{1}{\phi_k}\frac{\mathrm{d}}{\mathrm{d}x}\left(\phi_k^{\,2}\frac{\mathrm{d}\hat{F}_k}{\mathrm{d}x}\right)=\frac{2\mu}{\hbar^2}\left(\hat{H}'-E_k^{(1)}\right)\phi_k \tag{6-29}$$

积分，得

$$\phi_k^{\,2}\frac{\mathrm{d}\hat{F}_k}{\mathrm{d}x}\Big|_a^x=\frac{2\mu}{\hbar^2}\int_a^x\phi_k\,(\hat{H}'-E_k^{(1)})\phi_k\,\mathrm{d}x$$

取 a，使

$$\phi_k(a)=0 \tag{6-30}$$

再积分，得到

$$\hat{F}_k=\int^x\frac{1}{\phi_k^{\,2}}\left[\frac{2\mu}{\hbar^2}\int_a^x\phi_k(\hat{H}'-E_k^{(1)})\phi_k\,\mathrm{d}x\right]\mathrm{d}x \tag{6-31}$$

对于三维中心力场中运动情况，如果体系哈密顿算符在坐标表象为

$$\begin{aligned}&\hat{H}=\hat{H}_0+\hat{H}',\qquad \hat{H}_0=-\frac{\hbar^2}{2\mu}\nabla^2+V(r),\\ &\hat{H}'=\hat{h}(r)Y_{l'm'}(\theta,\varphi)\end{aligned} \tag{6-32}$$

则体系第 k 定态能量和波函数的零级近似改写为

$$E_k^0\longrightarrow E_{nl}^{\,0},\ \phi_k\longrightarrow\phi_{nlm}(r,\theta,\varphi)=\frac{u_{nl}(r)}{r}Y_{lm}(\theta,\varphi) \tag{6-33}$$

而它满足的方程(6-21)写为

$$\hat{F}_k\longrightarrow\hat{f}_{nl}^{\,l'}(r)Y_{l'm'}(\theta,\varphi) \tag{6-34}$$

$$\begin{aligned}&[\hat{f}_{nl}^{\,l'}(r)Y_{l'm'}(\theta,\varphi),\hat{H}_0]\frac{u_{nl}(r)}{r}Y_{lm}(\theta,\varphi)\\ &=[\hat{H}'(r,\theta,\varphi)-E_{nl}^{(1)}]\frac{u_{nl}(r)}{r}Y_{lm}(\theta,\varphi)\end{aligned} \tag{6-35}$$

在 $l=0,m=0$ 的简单情况下(例如体系在基态下)，方程(6-35)简化为

$$\begin{aligned}&\left[\frac{\mathrm{d}^2}{\mathrm{d}r^2}+2\left(\frac{\mathrm{d}}{\mathrm{d}r}\ln u_{n0}(r)\right)\frac{\mathrm{d}}{\mathrm{d}r}-\frac{l'(l'+1)}{r^2}\right]f_{n0}^{\ l'}(r)Y_{l'm'}(\theta,\varphi)\\ &=\frac{2\mu}{\hbar^2}[\hat{h}(r)Y_{l'm'}(\theta,\varphi)-E_{no}^{\ (1)}]\end{aligned} \tag{6-36}$$

三、布里渊-维格纳定态微扰展开

具体仅讨论非简并情况。对于体系第 k 定态，将波函数 $|\psi_k\rangle$ 写成

$$|\psi_k\rangle = |\phi_k\rangle + |\psi_k{}'\rangle \tag{6-37}$$

将 $|\psi_k{}'\rangle$ 按算符 $\hat{H}_0$ 的正交归一化本征矢量完备组 $\{|\phi_n\rangle\}$ 展开：

$$|\psi_k{}'\rangle = \sum_n{}' c_n |\phi_n\rangle \tag{6-38}$$

求和式中不包括 $n=k$ 那一项，因为它已单独分出。将式(6-38)代回式(6-37)，一并代入体系的定态薛定谔方程：

$$\hat{H}_0 \sum_n c_n |\phi_n\rangle + \hat{H}' |\psi_k\rangle = E_k \sum_n c_n |\varphi_n\rangle$$

式中：$c_k=1$。用左矢 $\langle\phi_m|$ 作用两边，有

$$c_m = \frac{\langle\phi_m|\hat{H}'|\psi_k\rangle}{E_k - E_m{}^0},\ m\neq k \tag{6-39}$$

和

$$E_k = E_k{}^0 + \langle\phi_k|\hat{H}'|\psi_k\rangle \tag{6-40}$$

将式(6-39)代入式(6-38)再一并代入式(6-37)，又得到

$$|\psi_k\rangle = |\phi_k\rangle + \sum_n{}' |\phi_n\rangle \frac{\langle\phi_n|\hat{H}'|\psi_k\rangle}{E_k - E_n{}^0} \tag{6-41}$$

上两式联立。先将式(6-41)写成

$$|\psi_k\rangle = |\phi_k\rangle + \hat{T}_{E_k}\hat{H}'|\psi_k\rangle,\quad \hat{T}_{E_k} = \sum_n{}' \frac{|\phi_n\rangle\langle\phi_n|}{E_k - E_n{}^0} \tag{6-42}$$

左右反复迭代，得到

$$|\psi_k\rangle = \left[1 + \sum_{n=1}^{\infty} (\hat{T}_{E_k}\hat{H}')^n\right]|\phi_k\rangle \tag{6-43}$$

再代入式(6-40)，又得到

$$E_k = E_k{}^0 + \langle\phi_k|\hat{H}'|\phi_k\rangle + \langle\phi_k|\hat{H}'\sum_{n=1}^{\infty}(\hat{T}_{E_k}\hat{H}')^n|\phi_k\rangle \tag{6-44}$$

上式右边算符 $\hat{T}_{E_k}$ 式(6-42)中含有 E_k，实际上这是关于 E_k 的一个方程。求解方程，原则上可以一次性得出体系第 k 定态能量 E_k 的 n 级近似。将它代回式(6-43)，逐级计算又可以得出体系第 k 定态态矢量 $|\psi_k\rangle$ 的 n 级近似。

若作逐级计算，则由式(6-40)和(6-41)，有

$$E_k{}^{(0)} = E_k{}^0,\qquad |\psi_k{}^{(0)}\rangle = |\phi_k\rangle; \tag{6-45}$$

$$E_k{}^{(1)} = \langle\phi_k|\hat{H}'|\psi_k{}^{(0)}\rangle = \langle\phi_k|\hat{H}'|\phi_k\rangle \tag{6-46}$$

$$\begin{aligned}|\psi_k{}^{(1)}\rangle &= \sum_n{}' |\phi_n\rangle \frac{\langle\phi_n|\hat{H}'|\psi_k{}^{(0)}\rangle}{(E_k{}^0 + E_k{}^{(1)}) - E_n{}^0} \\ &= \sum_n{}' |\phi_n\rangle \frac{\langle\phi_n|\hat{H}'|\phi_k\rangle}{(E_k{}^0 + E_k{}^{(1)}) - E_n{}^0}\end{aligned} \tag{6-47}$$

$$E_k{}^{(2)} = \langle\phi_k|\hat{H}'|\psi_k{}^{(1)}\rangle = \sum_n{}' \frac{\langle\phi_k|\hat{H}'|\phi_n\rangle\langle\phi_n|\hat{H}'|\phi_k\rangle}{(E_k{}^0 + E_k{}^{(1)}) - E_n{}^0} \tag{6-48}$$

………………………………………………

四、瑞利-里兹变分法

具体仅讨论体系的基态。按薛定谔变分原理，记$|\phi\rangle$是任一个可归一化的矢量，作泛函

$$E[\phi]=\frac{\langle\phi|\hat{H}|\phi\rangle}{\langle\phi|\phi\rangle} \tag{6-49}$$

是实数，则使$E[\phi]$取极值的（满足所要求边界条件的）$|\phi\rangle$都是体系哈密顿算符$\hat{H}$的束缚定态本征矢量，而$E[\phi]$是相应的能量本征值。反之亦然，体系哈密顿算符$\hat{H}$的束缚定态本征矢量一定使$E[\varphi]$式(6-49)取极值。于是，基态本征矢量一定使$E[\phi]$取最小值。

因此，近似地，可以根据具体问题在物理上的特点，首先在一个适当的表象（例如$\hat{q}$表象）选择数学形式比较简单、物理上也比较合理的一个矢量（例如是一个函数）ϕ作为体系基态尝试态矢量（尝试波函数），其中含有若干待定参量$\{c_i\}$，称为变分参量：

$$\phi(q;c_1,c_2,\cdots,c_k) \tag{6-50}$$

然后由这个尝试波函数ϕ式(6-50)给出$E[\phi]$式(6-49)：

$$E[\phi]=\frac{\int\phi^*\hat{H}\phi\mathrm{d}q}{\int\phi^*\phi\mathrm{d}q}=E(c_1,c_2,\cdots,c_k) \tag{6-51}$$

再使$E[\phi]$取最小值，有

$$\frac{\partial E(c_1,c_2,\cdots,c_k)}{\partial c_i}=0,\quad i=1,2,\cdots,k \tag{6-52}$$

这就是k个变分参量$c_1,c_2,\cdots,c_k$满足的方程组；求解这个方程组(6-52)可以得到诸最佳变分参量$(c_1,c_2,\cdots,c_k)_{最佳}$；再代回式(6-51)和式(6-50)，就分别得出体系基态的近似能量和波函数．这就是瑞利-里兹变分法。这里，尝试波函数的函数形式是预先选定的，变分参量的个数及其如何设置在尝试波函数中也是预先取定的，选取的优劣直接关系到计算结果的好坏和简繁。

尝试波函数的一种特别有用的取法是将它由若干已知的线性独立的函数$\chi_1,\chi_2,\cdots,\chi_k$作组合来构成：

$$\phi=\sum_{i=1}^{k}c_i\chi_i(q;b) \tag{6-53}$$

式中：k个组合系数$c_1,c_2,\cdots,c_k$当做变分参量，b代表另一组变分参量。这在现今原子和分子物理学等许多领域的研究中被极普遍地使用。

五、变分—微扰法

具体仅讨论非简并情况。选取某$|\chi_k^{(1)}\rangle$作为体系第k定态态矢量一级修正的尝试矢量．作泛函

$$F[\chi_k^{(1)}]=\langle\chi_k^{(1)}|\hat{H}_0-E_k^0|\chi_k^{(1)}\rangle+2\langle\chi_k^{(1)}|\hat{H}'-E_k^{(1)}|\phi_k\rangle \tag{6-54}$$

再对于$\chi_k^{(1)}$作变分使$\delta F=0$，得到

$$(\hat{H}_0-E_k^0)|\chi_k^{(1)}\rangle+(\hat{H}'-E_k^{(1)})|\phi_k\rangle=0 \tag{6-55}$$

此即瑞利-薛定谔定态微扰论中的式(6-7)。可见，使泛函$F[\chi_k^{(1)}]$式(6-54)取极值的态矢量$|\chi_k^{(1)}\rangle$是式(6-7)的一个解，即为$|\psi_k^{(1)}\rangle$。又，体系第k定态能量的二级修正$E_k^{(2)}$式(6-16)结合式(6-14)可写为

$$E_k^{(2)}=\langle\phi_k|\hat{H}'|\psi_k^{(1)}\rangle=\langle\phi_k|\hat{H}'-E_k^{(1)}|\psi_k^{(1)}\rangle$$
$$=-\langle\psi_k^{(1)}|\hat{H}_0-E_k^0|\psi_k^{(1)}\rangle \tag{6-56}$$

式中用到$\langle\phi_k|\psi_k^{(1)}\rangle=0$和式(6-7)．可以看出，式(6-54)中如果尝试矢量$|\chi_k^{(1)}\rangle$是体系第k定态态矢量微扰展开式中一级修正的正确矢量$|\psi_k^{(1)}\rangle$，则式(6-54)$F[\psi_k^{(1)}]=E_k^{(2)}$。一般地说，有

$$E_k^{(2)}\leqslant F[\chi_k^{(1)}] \tag{6-57}$$

于是，例如在坐标表象，选取一个包含若干变分参量的尝试函数$\chi_k^{(1)}$，代入$F[\chi_k^{(1)}]$式(6-54)，再将$F[\chi_k^{(1)}]$对于这些变分参量取极值，则诸变分参量已取最佳值的$F[\chi_k^{(1)}]$就是体系第k定态能量二级修正值$E_k^{(2)}$的上限，而相应的最佳尝试函数$\chi_k^{(1)}$就作为第k定态波函数的一级修正式。

另外，按定态微扰论，体系第k定态能量三级修正$E_k^{(3)}$可以写为

$$E_k^{(3)}=\langle\psi_k^{(1)}|\hat{H}'-E_k^{(1)}|\psi_k^{(1)}\rangle-2E_k^{(2)}\langle\phi_k|\psi_k^{(1)}\rangle \tag{6-58}$$

将上述最佳尝试函数$\chi_k^{(1)}$以及所求得的$E_k^{(1)}$、$E_k^{(2)}$代入上式(6-58)，就得到$E_k^{(3)}$的近似值。

这样，求体系束缚定态能量和波矢量微扰展开式中各级修正也无须计算无限项求和。

六、原子的斯塔克效应

在强度为$\vec{\varepsilon}$的恒定均匀外电场中，原子能级分裂的现象称为斯塔克效应。

这是因为：通常实验室中的外电场与原子内电场比较起来，相对较弱；且在原子大小范围内变化极其微小，可视为均匀电场。这使得在外电场中，电子获得附加能量：

$$\hat{H}'=e\boldsymbol{\varepsilon}\cdot\boldsymbol{r}\xlongequal{\text{取}\vec{\varepsilon}\text{为}z\text{轴方向}}e\varepsilon z.$$

该项与原子在无外场时的哈密顿算符$\hat{H}^\circ=\dfrac{\hat{\boldsymbol{p}}^2}{2\mu}+V(r)$相比，可视为微扰。应用束缚定态微扰论计算能量近似值，可得到与实验观测一致的结果。

对于氢原子(及类氢离子)而言，由于能级E_n°存在着简并($n=1$除外)，使得基态能级E_1°的一级修正值等于零，该能级在外电场中不分裂，而$n\geqslant2$的所有能级E_n°，能量一级修正值均不为零。使得所有$n\geqslant2$的能级在外电场中均发生分裂，且分裂是等间距的并与电场强度ε的一次方成正比，这被称为氢原子(及类氢离子)的斯塔克效应或称为线性斯塔克效应。

对于碱金属原子而言，由于能级E_{nl}°关于l的简并消除，使得任一能级E_{nl}°的一级修正值均为零，而二级修正值均不为零。于是在二级近似下，碱金属原子的任一能级可表示为Ene$|m|$，造成每一能级将分裂为$2l+1$个子能级，且子能级的间距与电场强度ε的平方ε^2成正比。这被称为碱金属原子的斯塔克效应或称为平方斯塔克效应。

七、氢原子光谱的精细结构

氢原子(及类氢离子)光谱有精细结构源于相对论性的量子效应，应用相对论性量子波动方程——狄拉克方程求解氢原子(及类氢离子)问题，这一现象可自然获得解释。

在非相对论性量子力学中，用计入电子自旋及动能、势能的相对论修正的方法，亦可解

释这一现象。

计入电子自旋后，自旋运动产生的磁矩 $\boldsymbol{M}_S$ 与轨道运动产生的磁矩 $\boldsymbol{M}_L$ 相互作用，使电子获得附加能量 $\hat{H}_{SL}'$，仔细计算后可得：

$$\hat{H}_{SL}'=-\hat{\boldsymbol{M}}_S\cdot\boldsymbol{B}_L=-\left(-\frac{e}{\mu}\hat{\boldsymbol{S}}\right)\cdot\left(\frac{1}{4\pi\varepsilon_0}\frac{ze}{2\mu c^2r^3}\boldsymbol{L}\right)=\frac{1}{4\pi\varepsilon_0}\frac{ze^2}{2\mu^2c^2r^3}\hat{\boldsymbol{S}}\cdot\hat{\boldsymbol{L}} \tag{6-59}$$

式中 $\boldsymbol{B}_L$ 是轨道磁矩 $\boldsymbol{M}_L$ 产生的磁场。该式常被称为电子的自旋—轨道耦合项(或称为托马斯(L. H. Thomas)项)。

由于式(6-59)中含有$\frac{1}{c^2}$，因此在精确到$\frac{1}{c^2}$的情况下，氢原子(及类氢离子)的哈密顿算符中还需计入另外两项：动能的相对论修正项(或称为索末菲(A. Sommerfeld)项)与势能的相对论修正项(或称为达尔文(C. G. Darwin)项)。其中动能的相对论修正项为：

$$\hat{H}_k'=-\frac{1}{8\mu^3c^2}\hat{\boldsymbol{p}}^4 \tag{6-60}$$

势能的相对论修正项为：

$$\hat{H}_p'=\frac{1}{4\pi\varepsilon_0}\frac{ze^2\pi\hbar^2}{2\mu^2c^2}\delta(\hat{r}) \tag{6-61}$$

计入了这三项相对论效应后，氢原子(及类氢离子)的哈密顿算符可表示为：

$$\begin{aligned}\hat{H}&=\hat{H}^0+\hat{H}_{SL}'+\hat{H}_K'+\hat{H}_P'\\&=\left(\frac{\hat{\boldsymbol{p}}^2}{2\mu}-\frac{1}{4\pi\varepsilon_0}\frac{ze^2}{r}\right)+\left(\frac{1}{4\pi\varepsilon_0}\frac{ze^2}{2\mu^2c^2r^3}\hat{\boldsymbol{S}}\cdot\hat{\boldsymbol{L}}\right)+\left(-\frac{\hat{\boldsymbol{p}}^4}{8\mu^3c^2}\right)+\left(\frac{1}{4\pi\varepsilon_0}\frac{ze^2\pi\hbar^2}{2\mu^2c^2}\delta(\boldsymbol{r})\right)\end{aligned} \tag{6-62}$$

由于上式中的后三项都是$\frac{1}{c^2}$量级，显然可将它们视为微扰。这样，采用束缚定态微扰论计算能量至一级近似，可得氢原子(及类氢离子)的能量近似值为：

$$\begin{aligned}E_{nj}&\approx E_n^0+E_{nj}^{(1)}\\&\approx-\mu c^2\frac{(z\alpha)^2}{2n^2}\left[1+\frac{(z\alpha)^2}{n^2}\left(\frac{n}{j+1/2}-\frac{3}{4}\right)\right]\end{aligned}$$

$n=1,2,3,\cdots$

$$j=l\pm\frac{1}{2}=(n-1)+\frac{1}{2},(n-2)+\frac{1}{2},\cdots,\frac{1}{2}\quad(\text{因 } l=n-1,n-2,\cdots,0) \tag{6-63}$$

式(6-63)表明，氢原子(及类氢离子)的每一个能级与两个量子数 n,j 有关，与 l 无关. 由于对于确定的 n 而言，j 可取$(n-1)+\frac{1}{2},(n-2)+\frac{1}{2},\cdots,\frac{1}{2}$共 n 个可能值，故它的每一个 E_{nj} 能级都是由几个靠得很近的子能级组成($n=1$ 除外). 形成能级的精细结构. 例如氢原子的 $n=2$ 能级就是由 $2p_{3/2}$ 与 $2p_{1/2}$(或 $2S_{1/2}$)两个子能级组成. 它们的间距 $\Delta E_2=E_{2,3/2}-E_{2,1/2}=4.53\times10^{-5}\,\mathrm{ev}$，比氢原子的 $n=2$ 与 $n=1$ 两个能级的间距 $\Delta E_{2,1}^0=E_2^0-E_1^0=10.2\,\mathrm{ev}$ 要小得多。

八、兰姆位移

其实，氢原子(及类氢离子)的相对论性理论中所述能级精细结构 E_{nj} 与 l 无关并不符合实验事实。

兰姆(W. E. Lamb)于1947年实验发现：氢原子的 $2S_{1/2}$ 和 $2p_{1/2}$ 两个子能级并不重合，两者有 4.37462×10^{-6} ev(即 0.03528cm^{-1})的间距．一般地说，氢原子能级精细结构的诸子能级相对于式(6-63)所示的 E_{nj} 而言位置均有移动，$l=0$ 的子能级向上位移比较显著，$l\neq0$ 的子能级位移很不显著但也并不为零，因而子能级的位移与轨道角量子数 l 有关，这就称为兰姆位移。将它计入后，氢原子的光谱线有进一步的分裂。

兰姆位移可以简单地解释为：原子所处的电磁真空场起伏统计地作用于电子，引起电子的势能有偏移。设原子所处的真空背景是电磁场的真空态$|0\rangle$，它是光量子数为零、相应能量为零点振动能的态(电磁场的基态)。在真空态下，电场强度、磁感应强度的期望值等于零：

$$\langle 0|\boldsymbol{E}|0\rangle=0,\quad \langle 0|\boldsymbol{B}|0\rangle=0 \tag{6-64}$$

但是，电磁场的能量密度并不等于零：

$$\langle 0\mid \frac{1}{2}\left(\varepsilon_0\boldsymbol{E}^2+\frac{1}{\mu_0}\boldsymbol{B}^2\right)\mid 0\rangle=\sum_{\text{振动模}(k,\sigma)}\frac{1}{2}\hbar\omega_k=\hbar\int\frac{\mathrm{d}\boldsymbol{k}}{(2\pi)^3}\omega_k \tag{6-65}$$

对于辐射场，有

$$\langle 0|\varepsilon_0\boldsymbol{E}^2|0\rangle=\langle 0|\frac{1}{\mu_0}\boldsymbol{B}^2|0\rangle \tag{6-66}$$

于是，处于氢原子内核库仑势场 $V(r)=-\dfrac{e^2}{4\pi\varepsilon_0 r}$ 中的电子还要受到电磁辐射真空场起伏的统计作用 $\hat{H}'_{\text{场}}$。在很长一段时间间隔内的时间平均作用给出电子位置在空间点 $\boldsymbol{r}$ 附近起伏的 $\overline{(\Delta\boldsymbol{r})^2}$ 值，它造成电子所处势场对核库仑势场的偏离：

$$\begin{aligned}\hat{H}'_{\text{场}}&=\overline{V(\boldsymbol{r}+\Delta\boldsymbol{r})}-V(\boldsymbol{r})\\&=0+\frac{1}{6}\overline{(\Delta\boldsymbol{r})^2}\nabla^2V(\boldsymbol{r})+\cdots\end{aligned} \tag{6-67}$$

(对照狄拉克修正中的达尔文项，参阅《量子力学与原子物理学》，p. 363 式(7.3-10)和(7.3-13)，但上式(6-67)中$\overline{(\Delta\boldsymbol{r})^2}$的表示式自然不同于康普顿波长$\bar{\lambda}=\dfrac{\hbar}{mc}$的平方)　再将 $\hat{H}'_{\text{场}}$ 视为微扰项，就导致氢原子束缚定态能级精细结构 E_{nj} 式(6-63)再分裂，特别是$l=0$的子能级向上移动．

九、原子能级的超精细结构

1. 核磁矩与电子的相互作用

组成原子核的每个核子(质子和中子)都有自旋$\left(s=\dfrac{1}{2}\right)$，原子核的总自旋 $\hat{\boldsymbol{I}}$ 是各个核子自旋 $\hat{\boldsymbol{S}}$ 的矢量和：

$$\hat{\boldsymbol{I}}=\hat{\boldsymbol{S}}_1+\hat{\boldsymbol{S}}_2+\hat{\boldsymbol{S}}_3+\cdots \tag{6-68}$$

相应地，每个核子都有自旋磁矩，而原子核的总自旋磁矩

$$\hat{\boldsymbol{\mu}}_I=g_I\frac{e}{2M_p}\hat{\boldsymbol{I}} \tag{6-69}$$

式中：M_p 是质子质量，$+e$ 是质子电荷，g_I 是原子核的朗德 g 因子(氢核即质子的 $g_p=5.5883$)。

另一方面，电子的运动在原子核处产生磁场 $\boldsymbol{B}_e$，它与原子核磁矩 $\hat{\boldsymbol{\mu}}_I$ 的耦合作用 $\hat{H}'_{\text{磁偶}}$ 在电子总角动量 $\hat{\boldsymbol{J}}$——核总自旋 $\hat{\boldsymbol{I}}$ 的耦合态 $|JIFM_F\rangle$ 下的期望值给出对原子能级精细结构的修正：

$$E'_{\text{磁偶}}=\langle JIFM_F|\hat{H}'_{\text{磁偶}}|JIFM_F\rangle$$

$$=\frac{1}{2}A[F(F+1)-J(J+1)-I(I+1)] \tag{6-70}$$

式中：A 称为核磁偶极作用超精细结构常数；原子总角动量 $\hat{\boldsymbol{F}}=\hat{\boldsymbol{J}}+\hat{\boldsymbol{I}}$，$F$、$J$ 和 I 分别是算符 $\hat{\boldsymbol{F}}$、$\hat{\boldsymbol{J}}$ 和 $\hat{\boldsymbol{I}}$ 的角量子数（满足 $\boldsymbol{\Delta}(JIF)$ 关系）；常数 A 与原子总角量子数 F 无关。由上式可知，对于固定的 J 和 I，有

$$E'_{\text{磁偶}}(F)-E'_{\text{磁偶}}(F-1)=AF \tag{6-71}$$

对于处于基态的氢原子，有 $n=1, l=0, s=\frac{1}{2}$，故 $j=\frac{1}{2}$，又 $I=\frac{1}{2}$，因而 $F=1$ 和 0，可知基态能量 $E_{n=1,j=½}$ 分裂为二，其裂距按式(6-70)得

$$E'_{\text{磁偶}}(F=1)-E'_{\text{磁偶}}(F=0)=A=\frac{8}{3}g_p\frac{m_e}{M_p}\alpha^2R_y$$

$$\approx 5.88431\times10^{-6}\text{eV} \tag{6-72}$$

式中 A 的具体表示式推导过程略去，α 是精细结构常数，R_y 是能量的里德伯单位(13.6eV)。这两个子能级之间电偶极辐射跃迁(选择定则为 $\Delta F=0,\pm1$，其中 $0\to0$ 禁戒)的辐射频率

$$\nu=\frac{\Delta E'_{\text{磁偶}}}{h}\simeq 1420\text{MHz}, \tag{6-73}$$

相应波长 $\lambda\approx21$cm，射电天文学中熟知的来自宇宙的那条 21cm 射频辐射线就是氢原子发射的这条谱线。

如果氢原子处于第一激发态，有 $n=2, l=1, s=\frac{1}{2}, j=\frac{1}{2}$，又 $I=\frac{1}{2}$，因而 $F=1$ 和 0，故子能级 $E_{n=2,j=½}$ 分裂为二，其裂距为

$$E'_{\text{磁偶}}(F=1)-E'_{\text{磁偶}}(F=0)=A$$

$$=\frac{1}{2^3\times3}\times\frac{8}{3}g_p\frac{m_e}{M_p}\alpha^2R_y\approx0.24518\times10^{-6}\text{eV} \tag{6-74}$$

2. 核电四极矩与电子的相互作用

原子核还有电四极矩，源于核内电荷偏离球分布。核外电子在核处又有静电场的场强梯度。两者的耦合作用 $\hat{H}'_{\text{电四}}$ 在耦合态 $|JIFM_F\rangle$ 下的期望值也给出对原子能级精细结构的修正：

$$E'_{\text{电四}}=\langle JIFM_F|\hat{H}'_{\text{电四}}|JIFM_F\rangle$$

$$=B\frac{\frac{3}{2}C(C+1)-2J(J+1)I(I+1)}{J(2J-1)I(2I-1)} \tag{6-75}$$

式中：B 称为核静电四极作用超精细结构常数，C 代表：

$$C=F(F+1)-J(J+1)-I(I+1) \tag{6-76}$$

$E'_{\text{电四}}$ 的值较小，并且若 $I=0,\frac{1}{2}$ 或 $J=0,\frac{1}{2}$，则常数 $B=0$。

3. 核的有限质量效应

原子核的质量实际上是有限的，因而氢原子(及类氢离子)的能级表示式中须将电子的

质量 m_e 代之以折合质量 μ，这导致原子的能级产生微细位移(不是分裂)。位移量对于氢原子来说，有

$$\delta E=E\left(1-\frac{\mu}{m_e}\right)\overset{\text{基态}}{=\!=\!=}\frac{1}{1837}\times 13.6\text{eV}\approx 7.4\times 10^{-3}\text{eV} \tag{6-77}$$

但是对于重元素原子来说，能级的位移就很小了。

4. 核的有限体积效应

原子核如果视为一个半径为 R 的小球，则相对于将核视为质点来说，原子的能级也会产生微小位移(不是分裂)．位移量对于氢原子来说，有

$$\delta E_n=\frac{1}{4\pi\varepsilon_0}\frac{2}{5}\frac{e^2R^2}{a_\mu{}^3 n^3}\delta_{l0} \tag{6-78}$$

在基态下，$\delta E_1\approx 5.6\times 10^{-9}$ eV。

十、氢原子能级间距的数字计算举例

玻尔-薛定谔能级间距：

$E_2-E_1=10.2\text{eV}$

狄拉克能级精细结构间距：

$E_{2,\frac{3}{2}}-E_{2,\frac{1}{2}}=4.53\times 10^{-5}\text{eV}$

兰姆位移：

$E_{2s_{1/2}}-E_{2p_{1/2}}=4.37\times 10^{-6}\text{eV}$

超精细分裂间距：

$E'_{2p_{1/2}}(F=1)-E'_{2p_{1/2}}(F=0)=2.45\times 10^{-7}\text{eV}$

第二部分　例　题

6-1　粒子在一维无限深方势阱($0\leqslant x\leqslant a$)中运动，受到微扰作用：

(a)　$\hat{H}'=\dfrac{V_0}{a}(a-|2x-a|)$；

(b)　$\hat{H}'=\begin{cases}V_0, & b\leqslant x\leqslant a-b\\ 0, & 0<x<b \text{ 和 } a-b<x<a\end{cases}$

求第 n 能级的一级近似表示式，以及所得结果的适用条件。

解：(a)已知在一维无限深方势阱($0\leqslant x\leqslant a$)中运动的粒子，其能量本征值为

$$E_n{}^0=\frac{n^2\pi^2\hbar^2}{2ma^2},\quad n=1,2,3,\cdots \tag{1}$$

相应的定态波函数为

$$\psi_n{}^0(x)=\begin{cases}\sqrt{\dfrac{2}{a}}\sin\dfrac{n\pi x}{a}, & 0\leqslant x\leqslant a\\ 0 & x<0,x>a\end{cases} \tag{2}$$

式(1)与式(2)即为本问题中定态能量与定态波函数的零级近似值。又已知微扰算符为

$$\hat{H}'=\frac{V_0}{a}(a-|2x-a|),0\leqslant x\leqslant a \tag{3}$$

式(3)可具体写为

$$\hat{H}'=\begin{cases}\dfrac{2V_0}{a}(a-x), & \dfrac{a}{2}\leqslant x\leqslant a\\ \dfrac{2V_0}{a}x, & 0\leqslant x\leqslant \dfrac{a}{2}\end{cases} \tag{4}$$

再由无简并的定态微扰论,得能量的一级修正值为

$$\begin{aligned}E_n^{(1)}&=\int_{-\infty}^{\infty}[\psi_n^0(x)]^*\hat{H}'\psi_n^0(x)\mathrm{d}x=\int_0^a[\psi_n^0(x)]^*\hat{H}'\psi_n^0(x)\mathrm{d}x\\&=\int_0^{\frac{a}{2}}V_0x\sin^2\left(\frac{n\pi x}{a}\right)\mathrm{d}x+\int_{\frac{a}{2}}^aV_0(a-x)\sin^2\left(\frac{n\pi x}{a}\right)\mathrm{d}x\\&=V_0\left[\frac{1}{2}+\frac{1-(-1)^n}{n^2\pi^2}\right]\end{aligned} \tag{5}$$

一级近似下,体系能量的近似值为

$$E_n\approx E_n^0+E_n^{(1)}=\frac{n^2\pi^2\hbar^2}{2ma^2}+V_0\left[\frac{1}{2}+\frac{1-(-1)^n}{n^2\pi^2}\right] \tag{6}$$

$$n=1,2,3,\cdots$$

由无简并的定态微扰论的适用条件

$$\left|\frac{H'_{mn}}{E_n^0-E_m^0}\right|\ll 1 \tag{7}$$

知,欲使式(6)成立,要求

$$\begin{aligned}\left|\frac{V_0}{E_n^0-E_m^0}\right|&=\left|V_0\Big/\frac{\pi^2\hbar^2}{2ma^2}[n^2-(n+1)^2]\right|\\&=\left|V_0\Big/-\frac{\pi^2\hbar^2}{2ma^2}(2n+1)\right|\ll 1\end{aligned}$$

即 $$|V_0|\ll\frac{\pi^2\hbar^2}{ma^2}n \tag{8}$$

(b) 同(a),

$$E_n^0=\frac{n^2\pi^2\hbar^2}{2ma^2},\quad n=1,2,3,\cdots \tag{9}$$

$$\psi_n^0(x)=\begin{cases}\sqrt{\dfrac{2}{a}}\sin\dfrac{n\pi x}{a}, & 0\leqslant x\leqslant a\\ 0, & x<0,x>a\end{cases} \tag{10}$$

$$\begin{aligned}E_n^{(1)}&=\int_{-\infty}^{\infty}[\psi_n^0(x)]^*\hat{H}'\psi_n^0(x)\mathrm{d}x=\frac{2}{a}\int_b^{a-b}V_0\sin^2\left(\frac{n\pi x}{a}\right)\mathrm{d}x\\&=\frac{V_0}{a}\left(a-2b+\frac{a}{n\pi}\sin\frac{2n\pi b}{a}\right)\end{aligned} \tag{11}$$

一级近似下,体系能量的近似值为

$$E_n\approx E_n^0+E_n^{(1)}=\frac{n^2\pi^2\hbar^2}{2ma^2}+\frac{V_0}{a}\left(a-2b+\frac{a}{n\pi}\sin\frac{2n\pi b}{a}\right)$$

$$n=1,2,3,\cdots \tag{12}$$

同(a)的讨论,式(12)成立的条件是

$$|V_0|\ll\frac{\pi^2\hbar^2}{ma^2}n \tag{13}$$

6-2　粒子在一维无限深方势阱($0\leqslant x\leqslant a$)中运动，受到微扰作用 $\hat{H}'=\alpha\delta(x-\frac{a}{2})$。求第 n 能级的二级近似表示式，并且指出所得结果的适用条件。

解：粒子在一维无限深方势阱($0\leqslant x\leqslant a$)中运动，其能量本征值为

$$E_n{}^0=\frac{n^2\pi^2\hbar^2}{2ma^2},\quad n=1,2,3,\cdots \tag{1}$$

相应的定态波函数为

$$\psi_n{}^0(x)=\begin{cases}\sqrt{\dfrac{2}{a}}\sin\dfrac{n\pi x}{a}, & 0\leqslant x\leqslant a\\ 0, & x<0,x>a\end{cases} \tag{2}$$

式(1)、(2)即为本问题中定态能量与定态波函数的零级近似值。又已知微扰算符为

$$\hat{H}'=\alpha\delta\left(x-\frac{a}{2}\right) \tag{3}$$

由无简并情况下的定态微扰论，可得能量的一级修正值为：

$$\begin{aligned}E_n{}^{(1)}=H'_{nn}&=\int_{-\infty}^{\infty}[\psi_n{}^0(x)]^*\hat{H}'\psi_n{}^0(x)\mathrm{d}x\\&=\int_0^a[\psi_n{}^0(x)]^*\hat{H}'\psi_n{}^0(x)\mathrm{d}x\\&=\frac{2}{a}\int_{\frac{a}{2}-\epsilon\ (\epsilon\to0)}^{\frac{a}{2}+\epsilon}\sin\frac{n\pi x}{a}\alpha\delta\left(x-\frac{a}{2}\right)\sin\frac{n\pi x}{a}\mathrm{d}x\\&=\frac{2\alpha}{a}\int_{\frac{a}{2}-\epsilon\ (\epsilon\to0)}^{\frac{a}{2}+\epsilon}\delta\left(x-\frac{a}{2}\right)\sin^2\frac{n\pi x}{a}\mathrm{d}x\\&=\frac{2\alpha}{a}\sin^2\left(\frac{n\pi}{2}\right)=\begin{cases}0, & n=2,4,6,\cdots\\ \dfrac{2\alpha}{a}, & n=1,3,5,\cdots\end{cases}\end{aligned} \tag{4}$$

欲计算能量的二级修正值 $E_n{}^{(2)}$，先计算微扰矩阵元 H'_{nm}：

$$\begin{aligned}H'_{nm}&=\int_{-\infty}^{\infty}[\psi_n{}^0(x)]^*\hat{H}'\psi_m{}^0(x)\mathrm{d}x\\&=\int_0^a[\psi_n{}^0(x)]^*\hat{H}'\psi_m{}^0(x)\mathrm{d}x\\&=\frac{2\alpha}{a}\int_{\frac{a}{2}-\epsilon\ (\epsilon\to0)}^{\frac{a}{2}+\epsilon}\delta\left(x-\frac{a}{2}\right)\sin\frac{n\pi x}{a}\sin\frac{m\pi x}{a}\mathrm{d}x\\&=\frac{2\alpha}{a}\sin\frac{n\pi}{2}\sin\frac{m\pi}{2}=\begin{cases}0, & m、n\text{ 均为偶数}\\ \dfrac{2\alpha}{a}(-1)^n(-1)^m, & m、n\text{ 均为奇数}\end{cases}\end{aligned} \tag{5}$$

于是能量的二级修正值为

$$\begin{aligned}E_n{}^{(2)}&=\sum_m{}'\frac{|H'_{nm}|^2}{E_n{}^0-E_m{}^0}=\sum_m{}'\frac{|2\alpha(-1)^n(-1)^m/a|^2}{\pi^2\hbar^2(n^2-m^2)/2ma^2}\\&=\sum_m{}'\frac{8m\alpha^2}{\pi^2\hbar^2}\frac{1}{n^2-m^2}=\frac{8m\alpha^2}{\pi^2\hbar^2}\sum_m{}'\frac{1}{n^2-m^2}\end{aligned} \tag{6}$$

因为 m、n 均为奇数，所以

$$\sum_m{}' \frac{1}{n^2-m^2} = \sum_{i(\neq k)} \frac{1}{(2k+1)^2-(2i+1)^2}$$
$$= \sum_{i(\neq k)} \frac{1}{4(k+i+1)(k-i)}$$
$$= \frac{1}{4(2k+1)} \sum_{i(\neq k)} \left(\frac{1}{k+i+1}+\frac{1}{k-i}\right) \tag{7}$$

又

$$\sum_{i(\neq k)} \frac{1}{k+i+1} = \frac{1}{k+1}+\frac{1}{k+2}+\cdots\left(-\frac{1}{2k+1}\right)$$
$$\sum_{i(\neq k)} \frac{1}{k-i} = \frac{1}{k}+\frac{1}{k-1}+\cdots+\frac{1}{2}+1-1-\frac{1}{2}-\cdots-\frac{1}{k-1}-\frac{1}{k}-\frac{1}{k+1}-\cdots$$

故

$$\sum_m{}' \frac{1}{n^2-m^2} = \frac{1}{4(2k+1)}\left(-\frac{1}{2k+1}\right) = -\frac{1}{4n^2} \tag{8}$$

将式(8)代入式(6),得

$$E_n{}^{(2)} = \frac{8m\alpha^2}{\pi^2\hbar^2}\left(-\frac{1}{4n^2}\right) = -\frac{2m\alpha^2}{n^2\pi^2\hbar^2} \tag{9}$$

在二级近似下,第 n 能级的近似表示式为

$$E_n \approx E_n{}^0 + E_n{}^{(1)} + E_n{}^{(2)}$$
$$= \frac{n^2\pi^2\hbar^2}{2ma^2} + \begin{cases} 0+0, & n\text{ 为偶数} \\ \dfrac{2\alpha}{a} - \dfrac{2m\alpha^2}{n^2\pi^2\hbar^2}, & n\text{ 为奇数} \end{cases} \tag{10}$$

定态微扰论的适用条件是

$$\left|\frac{H'_{nm}}{E_n{}^0 - E_m{}^0}\right| \ll 1, \quad E_n{}^0 \neq E_m{}^0 \tag{11}$$

将式(1)与式(5)代入式(11)得结果式(10)的适用条件是:

$$\left|\frac{2\alpha}{a}(-1)^n(-1)^{n+2} \Big/ \frac{\pi^2\hbar^2}{2ma^2}\left[n^2-(n+2)^2\right]\right| \ll 1$$

即

$$\left|\frac{\alpha}{a}\right| \ll \frac{\pi^2\hbar^2}{ma^2} n \tag{12}$$

6-3 带电荷为 q 的一维谐振子置于外恒定均匀弱电场 ε 中,电场方向沿振动方向(x 轴正方向). 将振子与电场的相互作用视为微扰,求体系能级的二级近似表示式,再与精确结果作比较。

解:设 $q>0$,由题意知微扰算符 $\hat{H}'$ 可写为

$$\hat{H}' = q\varepsilon x \tag{1}$$

体系能量与相应的定态波函数的零级近似值为

$$E_n{}^0 = \left(n+\frac{1}{2}\right)\hbar\omega \tag{2}$$

$$\psi_n{}^0 = \left(\frac{\alpha}{2^n\sqrt{\pi}n!}\right)^{1/2} e^{-\frac{1}{2}\alpha^2x^2} H_n(\alpha x) \tag{3}$$

$$\alpha=\sqrt{\frac{m\omega}{\hbar}},\quad n=0,1,2,3,\cdots$$

按无简并情况下的定态微扰论，先计算微扰矩阵元：

$$H'_{nm}=\int[\psi_n{}^0(x)]^*\hat{H}\psi_m{}^0(x)\mathrm{d}x$$
$$=\int_{-\infty}^{\infty}[\psi_n{}^0(x)]^*(q\varepsilon x)\psi_m{}^0(x)\mathrm{d}x \tag{4}$$

利用厄密多项式 $H_n(\xi)$ 的递推关系

$$H_{n+1}(\xi)-2\xi H_n(\xi)+2nH_{n-1}(\xi)=0$$

得

$$x\psi_m{}^0(x)=\frac{1}{\alpha}\left[\sqrt{\frac{m}{2}}\psi_{m-1}^0(x)+\sqrt{\frac{m+1}{2}}\psi_{m+1}^0(x)\right] \tag{5}$$

将式(5)代入式(4)，得

$$H'_{nm}=\int_{-\infty}^{\infty}[\psi_n{}^0(x)]^*q\varepsilon\cdot\frac{1}{\alpha}\left[\sqrt{\frac{m}{2}}\psi_{m-1}^0(x)+\sqrt{\frac{m+1}{2}}\psi_{m+1}^0(x)\right]\mathrm{d}x$$
$$=\frac{q\varepsilon}{\alpha}\left[\sqrt{\frac{m}{2}}\delta_{n,m-1}+\sqrt{\frac{m+1}{2}}\delta_{n,m+1}\right] \tag{6}$$

于是体系能量的一级修正值为

$$E_n{}^{(1)}=H'_{nn}=0 \tag{7}$$

能量的二级修正值为

$$E_n{}^{(2)}=\sum_m{}'\frac{|H'_{nm}|^2}{E_n{}^0-E_m{}^0}=\frac{|H'_{n,n+1}|^2}{E_n{}^0-E_{n+1}^0}+\frac{|H'_{n,n-1}|^2}{E_n{}^0-E_{n-1}^0}$$
$$=\frac{q^2\varepsilon^2(n+1)/2\alpha^2}{(n+1/2)\hbar\omega-(n+3/2)\hbar\omega}+\frac{q^2\varepsilon^2n/2\alpha^2}{(n+1/2)\hbar\omega-(n-1/2)\hbar\omega}$$
$$=-\frac{q^2\varepsilon^2}{2\alpha^2\hbar\omega}=-\frac{q^2\varepsilon^2}{2m\omega^2} \tag{8}$$

在二级近似下，体系能量的近似值为

$$E_n\approx E_n{}^0+E_n{}^{(1)}+E_n{}^{(2)}=\left(n+\frac{1}{2}\right)\hbar\omega+0-\frac{q^2\varepsilon^2}{2m\omega^2}$$
$$=\left(n+\frac{1}{2}\right)\hbar\omega-\frac{q^2\varepsilon^2}{2m\omega^2},\ n=0,1,2,\cdots \tag{9}$$

又，计及线谐振子与外电场的相互作用后，体系的哈密顿算符可写为

$$\hat{H}=\left(\frac{\hat{\boldsymbol{p}}^2}{2m}+\frac{1}{2}m\omega^2x^2\right)+q\varepsilon x$$
$$=\frac{\hat{\boldsymbol{p}}^2}{2m}+\frac{1}{2}m\omega^2\left(x-\frac{q\varepsilon}{m\omega^2}\right)^2-\frac{q^2\varepsilon^2}{2m\omega^2} \tag{10}$$

若记 $x'=x-\frac{q\varepsilon}{m\omega^2}$，则式(5)改写为

$$\hat{H}=\frac{\hat{\boldsymbol{p}}^2}{2m}+\frac{1}{2}m\omega^2x'^2-\frac{q^2\varepsilon^2}{2m\omega} \tag{11}$$

它仍为一个线性谐振子的哈密顿算符，立即可得其能量本征值为

$$E_n=\left(n+\frac{1}{2}\right)\hbar\omega-\frac{q^2\varepsilon^2}{2m\omega},\quad n=0,1,2,\cdots \tag{12}$$

将式(9)与式(12)进行对比，知二级近似下，无简并微扰论计算的结果与精确结果一致。

6-4 一维谐振子若计入微扰作用 $\hat{H}'=\lambda x^2$，求能级的三级近似，并且与精确结果作比较。

解：由《量子力学与原子物理学》p. 336 式(7.1-35)知：

$$\hat{H}_{\text{eff}}|\psi_k{}^{(0)}\rangle=E_k|\psi_k{}^{(0)}\rangle \tag{1}$$

利用有效哈密顿算符 $\hat{H}_{\text{eff}}$ 作用于体系的正确的零级近似波函数 $|\psi_k{}^{(0)}\rangle$，所得结果 E_k 即为体系能量的允许值。在 E_k 的零级近似值 $E_k{}^{(0)}=E_k{}^0$ 无简并的情况下，与 $E_k{}^0$ 相应的 $|\psi_k{}^0\rangle$ 即为体系正确的零级近似波函数 $|\psi_k{}^{(0)}\rangle$，在本问题中即为(取坐标表象)

$$\psi_k{}^0(x)=\left(\frac{\alpha}{\sqrt{\pi}2^k k!}\right)^{1/2}\mathrm{e}^{-\frac{1}{2}\alpha^2x^2}H_k(\alpha x) \tag{2}$$

$$\alpha=\sqrt{\frac{m\omega}{\hbar}},\quad k=0,1,2,\cdots$$

因此，欲求体系能量的三级修正值，按《量子力学与原子物理学》p. 336 中式(7.1-37)知，只需将 $\hat{H}_{\text{eff}}$ 中的 $\hat{H}_{\text{eff}}^{(3)}$ 作用于 $\psi_k{}^0(x)$ 即得。计算过程如下：

$$\hat{H}_{\text{eff}}^{(3)}=\hat{H}'\hat{R}\hat{H}'\hat{R}\hat{H}'-\hat{H}'\hat{R}^2\hat{H}'\hat{P}\hat{H}' \tag{3}$$

式中：

$$\hat{R}=\sum_n{}'\frac{|\psi_n{}^0\rangle\langle\psi_n{}^0|}{E_k{}^0-E_n{}^0} \tag{4}$$

称为分解算符，式中 $\sum\limits_n{}'$ 表示在对 n 的求和中不包括 $n=k$ 的那一项。

$$\hat{P}=\sum_{i=1}^{d}|\psi_{ki}^0\rangle\langle\psi_{ki}^0|=|\psi_k{}^0\rangle\langle\psi_k{}^0| \tag{5}$$

(式中因 $\hat{H}^0=\frac{\boldsymbol{p}_2}{2m}+\frac{1}{2}m\omega^2x^2$ 的本征值 $E_k{}^0(k=0,1,2,\cdots,n,\cdots)$ 无简并，故 $d=1$)称为投影算符。于是

$$\begin{aligned}E_k{}^{(3)}&=\langle\psi_k{}^0|\hat{H}_{\text{eff}}^{(3)}|\psi_k{}^0\rangle\\&=\sum_n{}'\sum_m{}'\frac{\langle\psi_k{}^0|\hat{H}'|\psi_n{}^0\rangle\langle\psi_n{}^0|\hat{H}'|\psi_m{}^0\rangle\langle\psi_m{}^0|\hat{H}'|\psi_k{}^0\rangle}{(E_k{}^0-E_n{}^0)(E_k{}^0-E_m{}^0)}\\&\quad-\sum_n{}'\frac{\langle\psi_k{}^0|\hat{H}'|\psi_n{}^0\rangle\langle\psi_n{}^0|\psi_n{}^0\rangle\langle\psi_n{}^0|\hat{H}'|\psi_k{}^0\rangle\langle\psi_k{}^0|\hat{H}'|\psi_k{}^0\rangle}{(E_k{}^0-E_n{}^0)^2}\\&=\sum_n{}'\sum_m{}'\frac{H'_{kn}H'_{nm}H'_{mk}}{(E_k{}^0-E_n{}^0)(E_k{}^0-E_m{}^0)}-H'_{kk}\sum_n{}'\frac{H'_{kn}H'_{nk}}{(E_k{}^0-E_n{}^0)^2}\end{aligned} \tag{6}$$

式中：

$$\begin{aligned}H'_{kn}&=\langle\psi_k{}^0|\lambda x^2|\psi_n{}^0\rangle=\lambda\sum_i\langle\psi_k{}^0|x|\psi_i{}^0\rangle\langle\psi_i{}^0|x|\psi_n{}^0\rangle\\&=\lambda\{x_{k,n+1}x_{n+1,n}+x_{k,n-1}x_{n-1,n}\}\end{aligned} \tag{7}$$

将本章例题 6-3 之式(5)的结果代入，得

$$H'_{kn}=\frac{\lambda\hbar}{2m\omega}\{\sqrt{(n+1)(n+2)}\delta_{k,n+2}+(2n+1)\delta_{k,n}+\sqrt{n(n-1)}\delta_{k,n-2}\}\tag{8}$$

故 $\sum_m{}'$ 中只剩下 $m=(k+2)$ 与 $(k-2)$ 两项，据此，$\sum_n{}'$ 中也只剩下 $(k+2)$、$(k-2)$ 两项，有

$$\begin{aligned}E_k^{(3)}&=\{(H'_{k,k+2})^2H'_{k+2,k+2}/(E_k^0-E_{k+2}^0)^2\}+\{(H'_{k,k-2})^2H'_{k-2,k-2}/(E_k^0-E_{k-2}^0)^2\}-\\&\quad H'_{kk}\{[(H'_{k,k+2})^2/(E_k^0-E_{k+2}^0)^2]+[(H'_{k,k-2})^2/(E_k^0-E_{k-2}^0)^2]\}\\&=\frac{\lambda^3\hbar}{2^5m^3\omega^5}\{[(k+2)(k+1)(2k+5)]+\\&\quad[(k-1)k(2k-3)]-(2k+1)[(k+2)(k+1)+(k-1)k\}\\&=\frac{\lambda^3\hbar}{2^5m^3\omega^5}\cdot16\left(k+\frac{1}{2}\right)=\frac{\lambda^3\hbar}{2m^3\omega^5}\left(k+\frac{1}{2}\right)\end{aligned}\tag{9}$$

再由式(8)，得能量的一级修正值为

$$E_k^{(1)}=H'_{kk}=\frac{\lambda\hbar}{2m\omega}(2k+1)\tag{10}$$

能量的二级修正值为

$$\begin{aligned}E_k^{(2)}&=\sum_n{}'\frac{|H'_{kn}|^2}{E_k^0-E_n^0}=\frac{|H'_{k,k+2}|^2}{E_k^0-E_{k+2}^0}+\frac{|H'_{k,k-2}|^2}{E_k^0-E_{k-2}^0}\\&=\frac{1}{2\hbar\omega}\left(\frac{\lambda\hbar}{2m\omega}\right)^2\{(k-1)k-(k+2)(k+1)\}\\&=-\frac{\lambda^2\hbar}{2m^2\omega^3}\left(k+\frac{1}{2}\right)\end{aligned}\tag{11}$$

由式(9)、(10)、(11)可得体系能量的三级近似值为：

$$\begin{aligned}E_k&\approx E_k^0+E_k^{(1)}+E_k^{(2)}+E_k^{(3)}\\&=\left(k+\frac{1}{2}\right)\hbar\omega\left\{1+\frac{\lambda}{m\omega^2}-\frac{1}{2}\left(\frac{\lambda}{m\omega^2}\right)^2+\frac{1}{2}\left(\frac{\lambda}{m\omega^2}\right)^3\right\}\end{aligned}\tag{12}$$

又，计入微扰作用 $\hat{H}'=\lambda x^2$ 后，一维谐振子的哈密顿算符可写为

$$\hat{H}=\frac{\hat{\boldsymbol{p}}^2}{2m}+\frac{1}{2}m\omega^2x^2+\lambda x^2=\frac{\hat{\boldsymbol{p}}^2}{2m}+\frac{1}{2}m\omega^2\left(1+\frac{2\lambda}{m\omega^2}\right)x^2\tag{13}$$

若令

$$\omega'^2=\omega^2\left(1+\frac{2\lambda}{m\omega^2}\right)\tag{14}$$

则式(13)化为一维谐振子的哈密顿算符

$$\hat{H}=\frac{\hat{\boldsymbol{p}}^2}{2m}+\frac{1}{2}m\omega'^2x^2\tag{15}$$

其能量本征值可立即写出为

$$E_k=\left(k+\frac{1}{2}\right)\hbar\omega'=\left(k+\frac{1}{2}\right)\hbar\omega\left(1+\frac{2\lambda}{m\omega^2}\right)^{1/2}$$

$$k=0,1,2,3,\cdots\tag{16}$$

因为 $\lambda\ll1$，式(16)中的因子 $\left(1+\frac{2\lambda}{m\omega^2}\right)^{1/2}$ 可按二项定理展开，则式(16)可改写为

$$E_k=\left(k+\frac{1}{2}\right)\hbar\omega\left\{1+\frac{1}{2}\left(\frac{2\lambda}{m\omega^2}\right)-\frac{1\times1}{2\times4}\left(\frac{2\lambda}{m\omega^2}\right)^2+\frac{1\times1\times3}{2\times4\times6}\left(\frac{2\lambda}{m\omega^2}\right)^3+\cdots\right\}$$

$$=\left(k+\frac{1}{2}\right)\hbar\omega\cdot\left\{1+\left(\frac{\lambda}{m\omega^2}\right)-\frac{1}{2}\left(\frac{\lambda}{m\omega^2}\right)^2+\frac{1}{2}\left(\frac{\lambda}{m\omega^2}\right)^3+\cdots\right\} \tag{17}$$

将式(12)与式(17)对照可知，无简并微扰论三级近似结果与精确解的三级近似值一致。

6-5 一维谐振子若计入非简谐微扰项 $\hat{H}'=\lambda x^3$，求能级的二级近似及波函数的一级近似。

解：未受微扰时，体系的哈密顿算符为

$$\hat{H}_0=\frac{\hat{p}^2}{2\mu}+\frac{1}{2}\mu\omega^2x^2 \tag{1}$$

其能量本征值与相应的归一化本征函数为

$$E_n{}^0=\left(n+\frac{1}{2}\right)\hbar\omega \tag{2}$$

$$\psi_n{}^0(x)=\left(\frac{\alpha}{2^n\sqrt{\pi}n!}\right)^{1/2}\mathrm{e}^{-\frac{1}{2}\alpha^2x^2}H_n(\alpha x) \tag{3}$$

$$\alpha=\sqrt{\frac{\mu\omega}{\hbar}},\quad n=0,1,2,\cdots$$

式(2)、(3)显然可作为计入微扰后体系能量与状态波函数的零级近似值。利用本章例题6-3式(5)，有

$$x\psi_n{}^0(x)=\frac{1}{\alpha}\left[\sqrt{\frac{n}{2}}\psi_{n-1}^0(x)+\sqrt{\frac{n+1}{2}}\psi_{n+1}^0(x)\right] \tag{4}$$

$$x^2\psi_n{}^0(x)=\frac{1}{2\alpha^2}\left[\sqrt{n(n-1)}\psi_{n-2}^0(x)+(2n+1)\psi_n{}^0(x)+\sqrt{(n+1)(n+2)}\psi_{n+2}^0(x)\right] \tag{5}$$

$$x^3\psi_n{}^0(x)=\frac{1}{2\sqrt{2}\alpha^3}\left[\sqrt{n(n-1)(n-2)}\psi_{n-3}^0(x)+3n\sqrt{n}\psi_{n-1}^0(x)+\right.$$
$$\left.3(n+1)\sqrt{n+1}\psi_{n+1}^0+\sqrt{(n+1)(n+2)(n+3)}\psi_{n+3}^0\right] \tag{6}$$

于是由无简并情况下的定态微扰论，得能量的一级修正值为

$$E_n{}^{(1)}=\langle\psi_n{}^0|\hat{H}'|\psi_n{}^0\rangle=\lambda\langle\psi_n{}^0|x^3|\psi_n{}^0\rangle=0 \tag{7}$$

能量的二级修正值为

$$E_n{}^{(2)}=\sum_m{}'\frac{|H'_{nm}|^2}{E_n{}^0-E_m{}^0} \tag{8}$$

由式(6)知，m 只能取$(n-3)$、$(n-1)$、$(n+1)$、$(n+3)$共四个值，所以

$$|H'_{n-3,n}|^2=\frac{n(n-1)(n-2)\lambda^2}{8\alpha^6};\quad |H'_{n+1,n}|^2=\frac{9(n+1)^3\lambda^2}{8\alpha^6};$$

$$|H'_{n-1,n}|^2=\frac{9n^3\lambda^2}{8\alpha^6};\qquad |H'_{n+3,n}|^2=\frac{(n+1)(n+2)(n+3)\lambda^2}{8\alpha^6}$$

可得

$$E_n{}^{(2)}=\frac{n(n-1)(n-2)\lambda^2}{8\alpha^6(E_n{}^0-E_{n-3}^0)}+\frac{9n^3\lambda^2}{8\alpha^6(E_n{}^0-E_{n-1}^0)}+\frac{9(n+1)^3\lambda^2}{8\alpha^6(E_n{}^0-E_{n+3}^0)}+\frac{(n+1)(n+2)(n+3)\lambda^2}{8\alpha^6(E_n{}^0-E_{n+3}^0)}$$
$$=-\frac{(30n^2+30n+11)\hbar^2\lambda^2}{8\mu^3\omega^4}=-\frac{15\lambda^2}{4\hbar\omega}\left(\frac{\hbar}{\mu\omega}\right)^3\left(n^2+n+\frac{11}{30}\right) \tag{9}$$

最后得二级近似下，体系能量的近似值为

$$E_n \approx E_n^{\ 0} + E_n^{\ (1)} + E_n^{\ (2)}$$
$$= \left(n+\frac{1}{2}\right)\hbar\omega + 0 - \frac{15\lambda^2}{4\hbar\omega}\left(\frac{\hbar}{\mu\omega}\right)^3\left(n^2+n+\frac{11}{30}\right) \tag{10}$$

再由无简并情况下的定态微扰论，可得体系定态波函数的一级修正值为

$$\psi_n^{\ (1)} = \sum_m{}' \frac{H'_{\ nm}}{E_n^{\ 0} - E_m^{\ 0}}\psi_m^{\ (0)}$$
$$= \frac{H'_{\ n,n-3}}{E_n^{\ 0}-E_{n-3}^0}\psi_{n-3}^0 + \frac{H'_{\ n,n-1}}{E_n^{\ 0}-E_{n-1}^0}\psi_{n-1}^0 + \frac{H'_{\ n,n+1}}{E_n^{\ 0}-E_{n+1}^0}\psi_{n+1}^0 + \frac{H'_{\ n,n+3}}{E_n^{\ 0}-E_{n+3}^0}\psi_{n+3}^0$$
$$= \frac{\hbar^{1/2}\lambda}{2^{3/2}\mu^{3/2}\omega^{3/2}}\left\{\frac{1}{3}\sqrt{n(n-1)(n-2)}\psi_{n-3}^0 + 3n\sqrt{n}\psi_{n-1}^0 - 3(n+1)^{3/2}\psi_{n+1}^0 - \frac{1}{3}\sqrt{(n+1)(n+2)(n+3)}\psi_{n+3}^0\right\} \tag{11}$$

一级近似下，体系定态波函数的近似值为

$$\psi_n \approx \psi_n^{\ 0} + \psi_n^{\ (1)}$$
$$= \psi_n^{\ 0} + \frac{\hbar^{1/2}\lambda}{2^{3/2}\mu^{3/2}\omega^{3/2}}\left\{\frac{1}{3}\sqrt{n(n-1)(n-2)}\psi_{n-3}^0 + 3n\sqrt{n}\psi_{n-1}^0 - 3(n+1)\sqrt{n+1}\psi_{n+1}^0 - \frac{1}{3}\sqrt{(n+1)(n+2)(n+3)}\psi_{n+3}^0\right\} \tag{12}$$

6-6　已知单摆在重力的作用下能在竖直平面内摆动，求

(a)　小角近似下，体系的能量本征值及相应的归一化本征函数；

(b)　由于小角近似的误差而引起的体系基态能量的一级修正。

设摆长为 l，摆球的质量为 m，参看题 6-6 图。

解：以摆球平衡位置作为势能零点，摆动时，摆球在重力场中的重力势能为

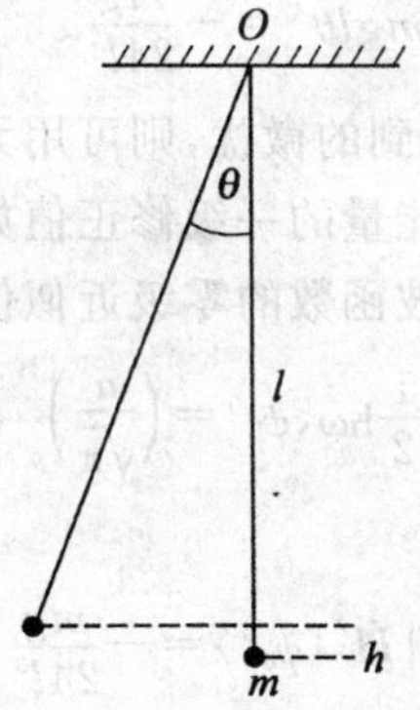

题 6-6 图

$$V = mgh = mgl(1-\cos\theta) \tag{1}$$

(a)　小角近似下，则

$$\cos\theta = 1 - \frac{1}{2!}\theta^2 + \frac{1}{4!}\theta^4 - \cdots \tag{2}$$

略去 θ 的高次项，(1)式简写为

$$V\approx mgl\left[1-\left(1-\frac{1}{2}\theta^2\right)\right]=\frac{1}{2}mgl\theta^2 \tag{3}$$

得体系的哈密顿算符为

$$\hat{H}=\frac{\hat{L}_z^2}{2I}+V(\theta)=\frac{1}{2ml^2}\left(\frac{\hbar}{\mathrm{i}}\frac{\mathrm{d}}{\mathrm{d}\theta}\right)^2+\frac{1}{2}mgl\theta^2 \tag{4}$$

式中：$I=ml^2$ 为体系绕 z 轴转动的转动惯量，z 轴过 O 点垂直于纸面向外。由于 $\theta\to 0$，$x=l\sin\theta\approx l\theta$，再记 $\omega^2=g/l$，式(4)可改写为

$$\hat{H}_0=-\frac{\hbar^2}{2m}\frac{\mathrm{d}^2}{\mathrm{d}x^2}+\frac{1}{2}m\omega^2x^2 \tag{5}$$

将式(5)与一维谐振子的哈密顿算符相比，立即可得体系的能量本征值与相应的归一化本征函数为

$$E_n{}^0=\left(n+\frac{1}{2}\right)\hbar\omega$$

$$\psi_n{}^0(x)=\left(\frac{\alpha}{2^n\sqrt{\pi}n!}\right)^{1/2}\mathrm{e}^{-\alpha^2x^2/2}H_n(\alpha x)$$

$$\left(\alpha=\sqrt{\frac{m\omega}{\hbar}},n=0,1,2,\cdots\right) \tag{6}$$

(b) 体系的哈密顿算符为

$$\hat{H}=\frac{\hat{L}_z^2}{2I}+V(\theta)=\frac{1}{2ml^2}\left(\frac{\hbar}{\mathrm{i}}\frac{\mathrm{d}}{\mathrm{d}\theta}\right)^2+mgl(1-\cos\theta) \tag{7}$$

将式(7)与式(5)对照，可得

$$\hat{H}'=\hat{H}-\hat{H}_0=mgl(1-\cos\theta)-\frac{1}{2}mgl\theta^2$$

$$=mgl\left[1-\left(1-\frac{1}{2!}\theta^2+\frac{1}{4!}\theta^4-\cdots\right)\right]-\frac{1}{2}\theta^2$$

$$\approx-\frac{1}{4!}mgl\theta^4=-\frac{mg}{24l^3}x^4 \tag{8}$$

式中：记 $x=l\theta$。若将 $\hat{H}'$ 视为体系受到的微扰，则可用无简并情况下的定态微扰论求得由于小角近似的误差而引起的体系基态能量的一级修正值如下：

按式(6)，体系基态能量与基态波函数的零级近似值为

$$E_0{}^0=\frac{1}{2}\hbar\omega,\psi_0{}^0=\left(\frac{\alpha}{\sqrt{\pi}}\right)^{1/2}\mathrm{e}^{-\alpha^2x^2/2} \tag{9}$$

得能量的一级修正值为

$$E_0{}^{(1)}=\langle\psi_0{}^0|\hat{H}'|\psi_0{}^0\rangle=-\frac{mg}{24l^3}\langle\psi_0{}^0|x^4|\psi_0^0\rangle \tag{10}$$

利用第四章例题 4-12 式(11)、(12)及(15)：

$$\hat{x}=\left(\frac{\hbar}{2m\omega}\right)^{1/2}(\hat{a}+\hat{a}^+) \tag{11}$$

$$\hat{a}|\psi_n{}^0\rangle=\sqrt{n}|\psi_{n-1}^0\rangle,\hat{a}^+|\psi_n^0\rangle=\sqrt{n+1}|\psi_{n+1}^0\rangle \tag{12}$$

有

$$\hat{x}|\psi_0{}^0\rangle=\left(\frac{\hbar}{2m\omega}\right)^{1/2}|\psi_1{}^0\rangle$$

$$\hat{x}^2|\psi_0^0\rangle=\left(\frac{\hbar}{2m\omega}\right)^{1/2}\hat{x}|\psi_1{}^0\rangle=\left(\frac{\hbar}{2m\omega}\right)(|\psi_0{}^0\rangle+\sqrt{2}|\psi_2{}^0\rangle) \tag{13}$$

于是

$$\begin{aligned}E_0{}^{(1)}&=-\frac{mg}{24l^3}\langle 0|x^2\cdot x^2|0\rangle\\&=\left(-\frac{mg}{24l^3}\right)\left(\frac{\hbar}{2m\omega}\right)^2(\langle\psi_0^0|+\sqrt{2}\langle\psi_2{}^0|)(|\psi_0{}^0\rangle+\sqrt{2}|\psi_2{}^0\rangle)\\&=-\frac{\hbar^2}{32ml^2}\end{aligned}$$

6-7　设绕 z 轴旋转的平面转子，其转动惯量为 I，电偶极矩为 D，现沿 x 方向施加一均匀外电场使平面转子受到微扰 $\hat{H}'=-\boldsymbol{D}\cdot\boldsymbol{\varepsilon}=-D\varepsilon\cos\varphi$ 的作用，试求体系能量的二级近似值。

解：未受微扰前，体系的哈密顿算符为

$$\hat{H}_0=\frac{1}{2I}\hat{L}_z^2=-\frac{\hbar^2}{2I}\frac{d^2}{d\varphi^2} \tag{1}$$

其能量本征值与相应的本征函数为

$$E_m{}^0=\frac{m^2\hbar^2}{2I}(m=0,\pm1,\pm2,\cdots) \tag{2}$$

$$\psi_m{}^0(\varphi)=\frac{1}{\sqrt{2\pi}}e^{im\varphi} \tag{3}$$

式(2)、(3)表明，除基态($m=0$)外，其他能级都是二重简并的。又，微扰算符 $\hat{H}'$ 可以写成

$$\hat{H}'=-D\varepsilon\cos\varphi=-\frac{1}{2}D\varepsilon(e^{i\varphi}+e^{-i\varphi}) \tag{4}$$

因此，若将式(2)、(3)作为计入微扰后，体系定态能量与定态波函数的零级近似值，则微扰矩阵元为

$$\begin{aligned}H'_{m',m}&=\langle\psi_{m'}^0|\hat{H}'|\psi_m{}^0\rangle=-\frac{1}{2}D\varepsilon\langle\psi_{m'}^0|e^{i\varphi}+e^{-i\varphi}|\psi_m{}^0\rangle\\&=-\frac{1}{2}D\varepsilon\delta_{m',m\pm1}\end{aligned} \tag{5}$$

因此只有

$$H'_{m\pm1,m}=-\frac{1}{2}D\varepsilon\neq0 \tag{6}$$

其他微扰矩阵元均为零。又，在二级近似下 $\hat{H}_{eff}$ 可写为

$$\hat{H}_{eff}\approx\hat{H}_0+\hat{H}'+\hat{H}'\sum_k{}'\frac{|\phi_k\rangle\langle\phi_k|}{E_m{}^0-E_k{}^0}\hat{H}' \tag{7}$$

(参见本章例题 6-12 之式(6)、(7)、(8))于是可在体系 $\hat{H}_0$ 表象内算得 $\hat{H}_{eff}$ 矩阵元如下：

$$\langle\psi_{m'}^0|\hat{H}_{eff}|\psi_m{}^0\rangle=\langle\psi_{m'}^0|\hat{H}_0|\psi_m{}^0\rangle+\langle\psi_{m'}^0|\hat{H}'|\psi_m{}^0\rangle+\sum_k{}'\frac{1}{E_m{}^0-E_k{}^0}\langle\psi_{m'}^0|\hat{H}'|\psi_k{}^0\rangle\langle\psi_k{}^0|\hat{H}'|\psi_m{}^0\rangle \tag{8}$$

$$=\frac{m^2\hbar^2}{2I}\delta_{m'm}-\frac{1}{2}D\varepsilon\delta_{m',m\pm1}+\frac{\langle\psi_{m'}^0|\hat{H}'|\psi_{m+1}^0\rangle}{E_m{}^0-E_{m+1}^0}\langle\psi_{m+1}^0|\hat{H}'|\psi_m{}^0\rangle+$$

$$\frac{\langle\psi_{m'}^0|\hat{H}'|\psi_{m-1}^0\rangle}{E_m{}^0-E_{m-1}^0}\langle\psi_{m-1}^0|\hat{H}'|\psi_m{}^0\rangle \tag{9}$$

式(9)表明，若$|m|\neq1$，当$m'=m$时，有

$$(H_{\text{eff}})_{mm}=\frac{m^2\hbar^2}{2I}+\left(-\frac{1}{2}D\varepsilon\right)^2\Big/\frac{\hbar^2}{2I}[m^2-(m+1)^2]+$$

$$\left(-\frac{1}{2}D\varepsilon\right)^2\Big/\frac{\hbar^2}{2I}[m^2-(m-1)^2]$$

$$=\frac{m^2\hbar^2}{2I}+\frac{ID^2\varepsilon^2}{(4m^2-1)\hbar^2} \tag{10}$$

而$m'\neq m$时，有

$$(H_{\text{eff}})_{m'm}=0 \tag{11}$$

此时简并微扰论可用无简并微扰论处理。二级近似下体系能量的近似值即为式(10)：

$$E_m\approx\frac{m^2\hbar^2}{2I}+\frac{ID^2\varepsilon^2}{(4m^2-1)\hbar^2} \tag{12}$$

但当$|m|=1$时，由式(9)知：

$$(H_{\text{eff}})_{11}=\frac{\hbar^2}{2I}+\frac{1}{3}\frac{ID^2\varepsilon^2}{\hbar^2}\xlongequal{\text{记为}}A \tag{13}$$

$$(H_{\text{eff}})_{-1,-1}=\frac{\hbar^2}{2I}+\frac{1}{3}\frac{ID^2\varepsilon^2}{\hbar^2}\xlongequal{\text{记为}}A \tag{14}$$

$$(H_{\text{eff}})_{1,-1}=\frac{1}{2}\frac{ID^2\varepsilon^2}{\hbar^2}\xlongequal{\text{记为}}B \tag{15}$$

$$(H_{\text{eff}})_{-1,1}=\frac{1}{2}\frac{ID^2\varepsilon^2}{\hbar^2}\xlongequal{\text{记为}}B \tag{16}$$

此时则必须用简并微扰论处理。相应的久期方程为

$$\begin{vmatrix} A-E_1 & B \\ B & A-E_1 \end{vmatrix}=0 \tag{17}$$

解得

$$E_1=A-B=\frac{\hbar^2}{2I}+\frac{1}{3}\frac{ID^2\varepsilon^2}{\hbar^2}-\frac{1}{2}\frac{ID^2\varepsilon^2}{\hbar^2}=\frac{\hbar^2}{2I}-\frac{1}{6}\frac{ID^2\varepsilon^2}{\hbar^2} \tag{18}$$

和

$$E_1{}'=A+B=\frac{\hbar^2}{2I}+\frac{1}{3}\frac{ID^2\varepsilon^2}{\hbar^2}+\frac{1}{2}\frac{ID^2\varepsilon^2}{\hbar^2}=\frac{\hbar^2}{2I}+\frac{5}{6}\frac{ID^2\varepsilon^2}{\hbar^2} \tag{19}$$

式(18)与式(19)表明，二级近似下，平面转子$|m|=1$能级的二重简并完全消除，原来的一个$E_1{}^0$能级在外电场的作用下分裂为两个能级：$\left(\frac{\hbar^2}{2I}+\frac{5}{6}\frac{ID^2\varepsilon^2}{\hbar^2}\right)$与$\left(\frac{\hbar^2}{2I}-\frac{1}{6}\frac{ID^2\varepsilon^2}{\hbar^2}\right)$。而其他$E_m{}^0$能级的二重简并性则还需继续计算高级近似才能得以消除。

6-8 空间转子的转动惯量为I，电偶极矩为$\boldsymbol{d}$，置于外恒定均匀弱电场$\boldsymbol{\varepsilon}$中，电场方向沿z轴。将转子与电场的相互作用视为微扰，求体系

(a) 基态能量的二级近似以及电极化率；

(b) 第 l 激发能级的二级近似。

解:(a) 体系哈密顿算符为

$$\hat{H}=\hat{H}_0+\hat{H}'=\frac{\hat{L}^2}{2I}-\mathrm{d}\varepsilon\cos\theta \tag{1}$$

其中:$\hat{H}_0=\frac{\hat{L}^2}{2I}$的本征值谱和正交归一化本征函数组分别为

$$E_l{}^0=\frac{l(l+1)\hbar^2}{2I},\quad l=0,1,2,3,\cdots \tag{2}$$

和

$$\phi_{lm}=Y_{lm}(\theta,\varphi),(l=0,1,2,\cdots,m=0,\pm1,\cdots,\pm l) \tag{3}$$

微扰项 $\hat{H}'=-\mathrm{d}\varepsilon\cos\theta$ 在 $\hat{H}_0$ 表象的矩阵元

$$H'_{lm,00}=H'_{00,lm}=\begin{cases}\frac{\mathrm{d}\varepsilon}{\sqrt{3}}, & l=1,m=0\\ 0,其他\end{cases} \tag{4}$$

因此,基态能量的零级近似 $E_0^0=0$,无简并;应用非简并情况微扰论,得基态能量一级修正

$$E_0{}^{(1)}=H'{}_{00,00}=0 \tag{5}$$

二级修正

$$E_0{}^{(2)}=\frac{\left(\frac{\mathrm{d}\varepsilon}{\sqrt{3}}\right)^2}{0-\frac{\hbar^2}{I}}=-\frac{I\mathrm{d}^2\varepsilon^2}{3\hbar^2} \tag{6}$$

基态电极化率

$$\alpha=-\left.\frac{\partial^2E}{\partial\varepsilon^2}\right|_{\varepsilon=0}=\frac{2}{3}\frac{I\mathrm{d}^2}{\hbar^2} \tag{7}$$

(b) 对于第 l 激发能级,有 $2l+1$ 度简并。由

$$\cos\theta Y_{lm}=\sqrt{\frac{(l+1)^2-m^2}{(2l+1)(2l+3)}}Y_{l+1,m}+\sqrt{\frac{l^2-m^2}{(2l-1)(2l+1)}}Y_{l-1,m} \tag{8}$$

有

$$H'{}_{l'm',lm}=-\mathrm{d}\varepsilon\delta_{m'm}\begin{cases}\sqrt{\frac{(l+1)^2-m^2}{(2l+1)(2l+3)}}, & l'=l+1\\ \sqrt{\frac{l^2-m^2}{(2l-1)(2l+1)}}, & l'=l-1\\ 0, & 其他\end{cases} \tag{9}$$

由此看出,应用简并情况微扰论与应用非简并情况微扰论是等效的。于是,第 l 激发态能量的零级近似

$$E_l{}^0=\frac{l(l+1)\hbar^2}{2I} \tag{10}$$

一级修正

$$E_l{}^{(1)}=0 \tag{11}$$

二级修正

$$E_{lm}^{(2)} = \sum_{l'm'}{}' \frac{|H'_{l'm',lm}|^2}{E_l^0 - E_{l'}^0} = \sum_{l'}{}' \frac{|H'_{l'm,lm}|^2}{E_l^0 - E_{l'}^0}$$

$$= \frac{Id^2\varepsilon^2}{\hbar^2} \frac{l(2l^2+3l+1) - m^2(l^2+6l+3)}{l(l+1)(2l-1)(2l+1)(2l+3)}, \quad (l \geqslant 1). \tag{12}$$

可见,第 l 激发能级分裂为 $l+1$ 个子能级。其中,$m=0$ 的子能级无简并;而 $m=\pm1$, $\pm2,\cdots,\pm l$ 的l 个能级各保留有二度简并,这二度简并在计及更高级修正后也不能消除。

6-9 将类氢离子的核视为半径为 R($R \ll$玻尔半径 a_0)的小球,如题 6-9 图所示。

(a) 若核电荷均匀地分布在球体上;

(b) 若核电荷均匀地分布在球面上。

试用定态微扰论计算这种效应对类氢离子基态能量的一级修正。

解:应用微扰论解题的要点在于找微扰 $\hat{H}'$。欲找微扰,必须找出产生微扰的原因。从产生微扰的原因出发,写出本问题中的实际哈密顿量,与无微扰时(理想情况下)的哈密顿量相比较,即可得微扰 $\hat{H}'$。

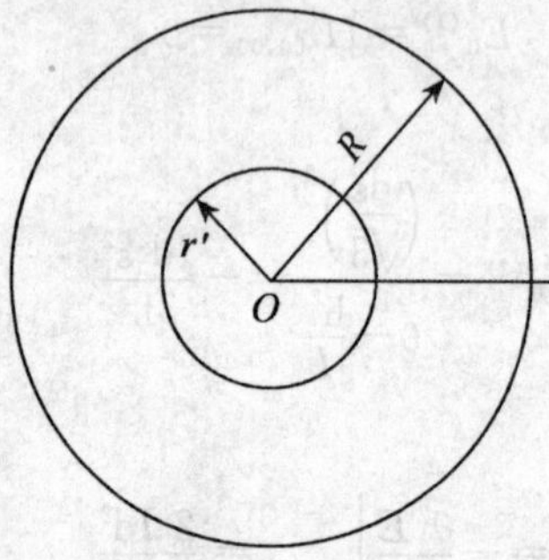

题 6-9 图

(a) 本问题产生微扰的原因是原子核并不是一个点电荷,而是一个均匀的带电小球。由于这一影响使得离核心不同位置处价电子的势能不同,从而影响了哈密顿量的表示式。如果能分别写出类氢离子在假设原子核是一个点电荷时的哈密顿量及原子核是一个均匀的带电小球时的哈密顿量,二者对比,即可得微扰。

为此,设原子核是半径为 R 的均匀带电小球,则在离球心 r 处,电子的势能为

$$V(r) = \begin{cases} -\dfrac{1}{4\pi\varepsilon_0}\dfrac{Ze^2}{r}, & r \geqslant R \\ -\dfrac{e}{4\pi\varepsilon_0}\left\{\displaystyle\int_r^R \frac{Ze}{R^3} r' \mathrm{d}r' + \int_R^\infty \frac{Ze}{r'^2}\mathrm{d}r'\right\} = -\dfrac{Ze^2}{4\pi\varepsilon_0 R}\left(\dfrac{3}{2} - \dfrac{r^2}{2R^2}\right) \\ \qquad 0 < r < R \end{cases} \tag{1}$$

于是类氢离子的哈密顿算符为

$$\hat{H} = \begin{cases} \dfrac{\hat{\boldsymbol{p}}^2}{2\mu} - \dfrac{1}{4\pi\varepsilon_0}\dfrac{Ze^2}{r}, & r \geqslant R \\ \dfrac{\hat{\boldsymbol{p}}^2}{2\mu} - \dfrac{1}{4\pi\varepsilon_0}\dfrac{Ze^2}{R}\left(\dfrac{3}{2} - \dfrac{r^2}{2R^2}\right), & 0 < r < R \end{cases} \tag{2}$$

与理想情况下类氢离子的哈密顿算符

$$\hat{H}_0=\frac{\hat{\boldsymbol{p}}^2}{2\mu}-\frac{1}{4\pi\varepsilon_0}\frac{Ze^2}{r},r>0 \tag{3}$$

相比,知微扰算符 $\hat{H}'$ 为

$$\hat{H}'=\hat{H}-\hat{H}_0=\begin{cases}0, & r\geqslant R\\ \dfrac{1}{4\pi\varepsilon_0}\left\{\dfrac{Ze^2}{r}-\dfrac{Ze^2}{R}\left(\dfrac{3}{2}-\dfrac{r^2}{2R^2}\right)\right\}, & 0<r<R\end{cases} \tag{4}$$

又,已知与式(3)$\hat{H}_0$ 相应的类氢离子的基态能量与基态波函数为

$$E_{100}{}^0=-\frac{Ze^2}{2a_0} \tag{5}$$

$$\psi_{100}^0(\boldsymbol{r})=\left(\frac{Z^3}{\pi a_0{}^3}\right)^{1/2}\mathrm{e}^{-Zr/a_0} \tag{6}$$

按无简并情况下的定态微扰论,式(5)、(6)即为式(2)基态能量与基态波函数的零级近似值。于是体系基态能量的一级修正值为

$$\begin{aligned}E_{100}^{(1)}&=\langle\psi_{100}^0\,|\,\hat{H}'\,|\,\psi_{100}^0\rangle\\&=\int_0^R\frac{1}{4\pi\varepsilon_0}\left[\frac{Ze^2}{r}-\frac{Ze^2}{R}\left(\frac{3}{2}-\frac{r^2}{2R^2}\right)\right]\left(\frac{Z^3}{\pi a_0^3}\mathrm{e}^{-2Zr/a_0}\right)4\pi r^2\,\mathrm{d}r\end{aligned} \tag{7}$$

因为 $R\ll a_0$,所以 $\mathrm{e}^{-2ZR/a_0}\sim1$,式(7)近似估算为

$$\begin{aligned}E_{100}^{(1)}&\approx\frac{1}{4\pi\varepsilon_0}\frac{4Z^3}{a_0{}^3}\int_0^R\left[\frac{Ze^2}{r}-\frac{Ze^2}{R}\left(\frac{3}{2}-\frac{r^2}{2R^2}\right)\right]r^2\,\mathrm{d}r\\&=\frac{1}{4\pi\varepsilon_0}\frac{2Z^4e^2}{5a_0^3}R^2=\frac{4}{5}\left(\frac{ZR}{a_0}\right)^2|E_{100}^0|\end{aligned} \tag{8}$$

(b) 根据题意知,类氢离子中的价电子在核的库仑场中的势能函数为

$$V(r)=\begin{cases}-\dfrac{1}{4\pi\varepsilon_0}\dfrac{Ze^2}{R}, & 0<r\leqslant R\\ -\dfrac{1}{4\pi\varepsilon_0}\dfrac{Ze^2}{r}, & r>R\end{cases} \tag{9}$$

于是本问题中类氢离子的哈密顿算符为

$$\hat{H}=\frac{\hat{\boldsymbol{p}}^2}{2\mu}-\frac{1}{4\pi\varepsilon_0}\begin{cases}\dfrac{Ze^2}{R}, & 0<r\leqslant R\\ \dfrac{Ze^2}{r}, & r>R\end{cases} \tag{10}$$

与理想情况下类氢离子的哈密顿算符

$$\hat{H}_0=\frac{\hat{\boldsymbol{p}}^2}{2\mu}-\frac{1}{4\pi\varepsilon_0}\frac{Ze^2}{r} \tag{11}$$

相比,知微扰算符为

$$\hat{H}'=\frac{1}{4\pi\varepsilon_0}\left(\frac{Ze^2}{r}-\frac{Ze^2}{R}\right),\quad 0<r\leqslant R \tag{12}$$

于是体系能量的一级修正值为

$$\begin{aligned}E_{100}^{(1)}&=\langle\psi_{100}^0\,|\,\hat{H}'\,|\,\psi_{100}^0\rangle\\&=\frac{Ze^2}{4\pi\varepsilon_0}\left(\frac{Z^3}{\pi a_0{}^3}\right)\int_0^R\left(\frac{1}{r}-\frac{1}{R}\right)\mathrm{e}^{-2Zr/a_0}\,4\pi r^2\,\mathrm{d}r\end{aligned}$$

$$\approx\frac{1}{4\pi\varepsilon_0}\frac{2Z^4e^2R^2}{3a_0{}^3}=\frac{4}{3}\left(\frac{ZR}{a_0}\right)^2|E_{100}^0| \tag{13}$$

式中利用了 r 的最大可能取值为核半径 R，而核半径 R 的数量级为 10^{-15} m，玻尔半径 a_0 的数量级为 10^{-10} m，故可认为 $e^{-2ZR/a_0}\sim 1$。

如果原子不是氢原子(及类氢离子)$N-e^-$，而是 μ 子原子 $N-\mu^-$，设 $N-\mu^-$ 之间纯系静电作用。一方面，因为 $m_\mu\approx 207m_e$，故第一玻尔半径

$$r_1=\frac{a_0}{Z}\frac{m_e}{m_\mu}=\frac{0.53\text{Å}}{207Z}=Z^{-1}\times 256\times 10^{-15}\text{ m} \tag{14}$$

另一方面，核半径

$$R=A^{1/3}r_0=A^{1/3}\times 1.2\times 10^{-15}\text{ m} \tag{15}$$

若 $r_1\leqslant R$，则 μ^- 子将浸入在核中。按上述计算，核的电荷数 Z 只需为 50 左右即可。例如铅核 $Z=82$，$A=208$，则基态下的玻尔半径 $r_1=3.12\times 10^{-15}$ m，而核的半径 $R=7.11\times 10^{-15}$ m，有 $r_1<R$。

由于核的有限体积效应导致原子能量的一级修正对于不同原子 $P-e^-$、$P-\mu^-$ 和重核 $-\mu^-$ 有不同的结果，对于氢原子($P-e^-$)，基态下有

$$\frac{E_{基}^{(1)}}{|E_{基}^0|}\approx\left(\frac{ZR}{a_0}\right)^2\xlongequal{Z=1}5\times 10^{-10} \tag{16}$$

对于 μ^- 子原子($P-\mu^-$)，基态下有

$$\frac{E_{基}^{(1)}}{|E_{基}{}^0|}\simeq\left(\frac{R}{r_1}\right)^2=(207)^2\times 5\times 10^{-10}=2.2\times 10^{-5} \tag{17}$$

但如果是铅核 $-\mu^-$ 子原子，若仍如上应用微扰论计算，则在基态下有($R_{Pb}\approx 5.9R_H$)：

$$\frac{E_{基}^{(1)}}{|E_{基}{}^0|}\simeq\left(\frac{ZR_{Pb}}{r_1}\right)^2\approx 4 \tag{18}$$

表明应用微扰论失效。

6-10 粒子在二维无限深方势阱内运动，

$$V(x)=\begin{cases}0, & 0\leqslant x\leqslant a, 0\leqslant y\leqslant a\\ \infty, & 其他区域\end{cases}$$

(a) 试写出体系头两个最低能态的能量本征值与相应的归一化的定态波函数，并讨论它们的能量简并性；

(b) 若体系受到微扰 $\hat{H}'=\beta xy(\beta\ll 1)$ 的作用，试用定态微扰论求基态及第一激发态能量的一级近似值。

解：(a) 粒子在二维无限深方势阱内运动，其哈密顿算符可以写成两个相互独立的、一维无限深方势阱内运动的粒子的哈密顿算符之和：

$$\hat{H}=\left(\frac{\hat{p}_x^2}{2m}+V_1(x)\right)+\left(\frac{\hat{p}_y^2}{2m}+V_2(y)\right) \tag{1}$$

式中：

$$V_1(x)=\begin{cases}0, & 0\leqslant x\leqslant a,\\ \infty, & x<0, x>a\end{cases},\quad V_2(y)=\begin{cases}0, & 0\leqslant y\leqslant a\\ \infty, & y<0, y>a\end{cases} \tag{2}$$

易得与式(1)相应的能量本征值及归一化的定态波函数为

$$E^0_{n_1,n_2}=\frac{\pi^2\hbar^2}{2ma^2}n_1{}^2+\frac{\pi^2\hbar^2}{2ma^2}n_2{}^2=\frac{\pi^2\hbar^2}{2ma^2}(n_1{}^2+n_2{}^2) \tag{3}$$

$$\psi^0_{n_1,n_2}(x,y)=\begin{cases}\dfrac{2}{a}\sin\dfrac{n_1\pi x}{a}\sin\dfrac{n_2\pi y}{a}, & 0\leqslant x\leqslant a,\ 0\leqslant y\leqslant a\\ 0, & \text{其他区域}\end{cases}$$

$$n_1,n_2=1,2,3,\cdots \tag{4}$$

再由式(3),(4)知,体系头两个最低能态为:

基态:

$$\psi^0_{11}(x,y)=\begin{cases}\dfrac{2}{a}\sin\dfrac{\pi x}{a}\sin\dfrac{\pi y}{a}, & 0\leqslant x\leqslant a,\ 0\leqslant y\leqslant a\\ 0, & \text{其他区域}\end{cases} \tag{5}$$

$$E^0_{11}=\frac{\pi^2\hbar^2}{2ma^2}(1^2+1^2)=\frac{\pi^2\hbar^2}{ma^2} \tag{6}$$

第一激发态:

$$\psi^0_{12}(x,y)=\begin{cases}\dfrac{2}{a}\sin\dfrac{\pi x}{a}\sin\dfrac{2\pi y}{a}, & 0\leqslant x\leqslant a,\ 0\leqslant y\leqslant a\\ 0 & \text{其他区域}\end{cases} \tag{7}$$

$$\psi^0_{21}(x,y)=\begin{cases}\dfrac{2}{a}\sin\dfrac{2\pi x}{a}\sin\dfrac{\pi y}{a}, & 0\leqslant x\leqslant a,\ 0\leqslant y\leqslant a\\ 0 & \text{其他区域}\end{cases} \tag{8}$$

$$E^0_{12}=\frac{\pi^2\hbar^2}{2ma^2}(1^2+2^2)=\frac{5\pi^2\hbar^2}{2ma^2} \tag{9}$$

因此,体系基态能量无简并,第一激发态能量具有二重简并。

(b)　用无简并情况下的定态微扰论算得基态能量的一级修正值如下:

$$E^{(1)}_{11}=\langle\psi^0_{11}\mid\hat{H}'\mid\psi^0_{11}\rangle=\frac{2\beta}{a}\int_0^a x\sin^2\frac{\pi x}{a}\mathrm{d}x\int_0^a y\sin^2\frac{\pi y}{a}\mathrm{d}y$$

$$=\frac{2\beta}{a}\left[\int_0^a x\sin^2\frac{\pi x}{a}\mathrm{d}x\right]^2=\frac{\beta}{4}a^2 \tag{10}$$

一级近似下,体系基态能量的近似值为

$$E_{11}\approx E^0_{11}+E^{(1)}_{11}=\frac{\pi^2\hbar^2}{ma^2}+\frac{\beta}{4}a^2 \tag{11}$$

用简并情况下的定态微扰论计算第一激发态能量的一级修正值如下。先计算微扰矩阵元:

$$H'_{11}=\langle\psi^0_{12}\mid\hat{H}'\mid\psi^0_{12}\rangle=\frac{2\beta}{a}\int_0^a x\sin^2\frac{\pi x}{a}\mathrm{d}x\int_0^a y\sin^2\frac{2\pi y}{a}\mathrm{d}y$$

$$=H'_{22}=\langle\psi^0_{21}|\hat{H}'|\psi^0_{21}\rangle=\frac{\beta}{4}a^2 \tag{12}$$

$$H'_{12}=\langle\psi^0_{12}|\hat{H}'|\psi^0_{21}\rangle$$

$$=\frac{2\beta}{a}\int_0^a x\sin\frac{\pi x}{a}\sin\frac{2\pi x}{a}\mathrm{d}x\int_0^a y\sin\frac{2\pi y}{a}\sin\frac{\pi y}{a}\mathrm{d}y$$

$$=H'_{21}=\langle\psi_{21}^{0}|\hat{H}'|\psi_{12}^{0}\rangle=\frac{256}{81\pi^4}\beta a^2 \tag{13}$$

相应的久期方程为

$$\begin{vmatrix} H'_{11}-E_{12}^{(1)}, & H'_{12} \\ H'_{21} & H'_{22}-E_{12}^{(1)} \end{vmatrix}=\begin{vmatrix} \frac{\beta a^2}{4}-E_{12}^{(1)}, & \frac{256}{81\pi^4}\beta a^2 \\ \frac{256}{81\pi^4}\beta a^2 & \frac{\beta a^2}{4}-E_{12}^{(1)} \end{vmatrix}=0 \tag{14}$$

解得

$$E_{12}^{(1)}=\frac{\beta a^2}{4}\pm\frac{256}{81\pi^4}\beta a^2 \tag{15}$$

一级近似下，体系第一激发态能量的近似值为

$$E_{12}\approx E_{12}^{0}+E_{12}^{(1)}=\frac{5\pi^2\hbar^2}{2ma^2}+\begin{cases}\frac{\beta a^2}{4}+\frac{256}{81\pi^4}\beta a^2\\ \frac{\beta a^2}{4}-\frac{256}{81\pi^4}\beta a^2\end{cases} \tag{16}$$

6-11 二维各向同性谐振子受到如下微扰作用：

(a) $\hat{H}'=V_0\delta(x)\delta(y)$；

(b) $\hat{H}'=\lambda\mu\omega^2 xy$。

试求二维振子基态、第一和第二激发态能量的一级近似。

解：二维各向同性谐振子的哈密顿算符为

$$\hat{H}_0=\frac{1}{2\mu}(\hat{p}_x^2+\hat{p}_y^2)+\frac{1}{2}\mu\omega^2(x^2+y^2) \tag{1}$$

其本征值谱是

$$E_N=E_{n_1n_2}=\left(n_1+\frac{1}{2}+n_2+\frac{1}{2}\right)\hbar\omega=(N+1)\hbar\omega$$

$$n_1,n_2=0,1,2,3,\cdots \tag{2}$$

相应的正交归一化本征矢量组是$\{\psi_{n_1}(x)\psi_{n_2}(y)\}$。

基态能量 $E_0^0=\hbar\omega$，相应地只有一个定态波函数 $\phi_0=\psi_0(x)\psi_0(y)$，没有简并。

第一激发能级 $E_1^0=2\hbar\omega$，相应地有两个定态波函数：

$$\phi_{11}=\psi_1(x)\psi_0(y),\ \phi_{12}=\psi_0(x)\psi_1(y) \tag{3}$$

有二重简并。第二激发能级 $E_2^0=3\hbar\omega$，相应地有三个定态波函数：

$$\phi_{21}=\psi_2(x)\psi_0(y),\ \phi_{22}=\psi_1(x)\psi_1(y),\ \phi_{23}=\psi_0(x)\psi_2(y) \tag{4}$$

有三重简并。

(a) $\hat{H}'=V_0\delta(x)\delta(y)$ (5)

基态能量的一级修正

$$E_0^{(1)}=\langle\phi_0|\hat{H}'|\phi_0\rangle=V_0\psi_0^2(0)\psi_0^2(0)=\frac{\mu\omega V_0}{\pi\hbar} \tag{6}$$

对于二维谐振子第一激发能级，由 $\hat{H}'$的矩阵元

$$H'_{11}=H'_{22}=H'_{12}=H'_{21}=V_0\psi_1^2(0)\psi_0^2(0)=0 \tag{7}$$

故 $E_1^{(1)}=0$。对于第二激发能级，由 $\hat{H}'$ 的矩阵元

$$H'_{11}=H'_{13}=H'_{31}=H'_{33}=V_0\psi_2^2(0)\psi_0^{\,2}(0)=\frac{\mu\omega V_0}{2\pi\hbar} \tag{8}$$

$$H'_{12}=H'_{21}=H'_{23}=H'_{32}=H'_{22}=0 \tag{9}$$

求解久期方程

$$\det\begin{vmatrix} \dfrac{\mu\omega V_0}{2\pi\hbar}-E_2^{(1)} & 0 & \dfrac{\mu\omega V_0}{2\pi\hbar} \\ 0 & -E_2^{(1)} & 0 \\ \dfrac{\mu\omega V_0}{2\pi\hbar} & 0 & \dfrac{\mu\omega V_0}{2\pi\hbar}-E_2^{(1)} \end{vmatrix}=0 \tag{10}$$

得到

$$E_2^{(1)}=\frac{\mu\omega V_0}{\pi\hbar},\quad 0,\quad 0 \tag{11}$$

相应的正确零级波函数是

$$\Phi_{21}=\frac{1}{\sqrt{2}}[\psi_2(x)\psi_0(y)+\psi_0(x)\psi_2(y)]\qquad\left(E_2^{(1)}=\frac{\mu\omega V_0}{\pi\hbar}\right) \tag{12}$$

$$\Phi_{22}=\psi_1(x)\psi_1(y)\qquad(E_2^{(1)}=0) \tag{13}$$

$$\Phi_{23}=\frac{1}{\sqrt{2}}[-\psi_2(x)\psi_0(y)+\psi_0(x)\psi_2(y)]\qquad(E_2^{(1)}=0) \tag{14}$$

(b) $\hat{H}'=\lambda\mu\omega^2xy$ (15)

基态能量的一级修正为

$$E_0^{(1)}=\langle\phi_0|\hat{H}'|\phi_0\rangle=0 \tag{16}$$

对于二维振子第一激发能级，由 $\hat{H}'$ 的矩阵元

$$H'_{11}=H'_{22}=0,\quad H'_{12}=H'_{21}=\lambda\,\frac{\hbar\omega}{2} \tag{17}$$

求解久期方程得

$$E_1^{(1)}=\lambda\,\frac{\hbar\omega}{2},-\lambda\,\frac{\hbar\omega}{2} \tag{18}$$

相应的正确零级波函数是

$$\Phi_{11}=\frac{1}{\sqrt{2}}[\psi_1(x)\psi_0(y)+\psi_0(x)\psi_1(y)]\qquad\left(E_1^{(1)}=\lambda\,\frac{\hbar\omega}{2}\right) \tag{19}$$

$$\Phi_{12}=\frac{1}{\sqrt{2}}[\psi_1(x)\psi_0(y)-\psi_0(x)\psi_1(y)]\qquad\left(E_1^{(1)}=-\lambda\,\frac{\hbar\omega}{2}\right) \tag{20}$$

对于第二激发能级，由微扰 $\hat{H}'$ 不为零的矩阵元

$$H'_{12}=H'_{21}=H'_{23}=H'_{32}=\lambda\,\frac{\hbar\omega}{\sqrt{2}} \tag{21}$$

求解久期方程得

$$E_2^{(1)}=\lambda\hbar\omega,0,-\lambda\hbar\omega \tag{22}$$

相应的正确零级波函数为

$$\Phi_{21}=\frac{1}{2}[\psi_2(x)\psi_0(y)+\sqrt{2}\psi_1(x)\psi_1(y)+\psi_0(x)\psi_2(y)]\qquad(E_2^{(1)}=\lambda\hbar\omega) \tag{23}$$

$$\Phi_{22}=\frac{1}{\sqrt{2}}[\psi_2(x)\psi_0(y)-\psi_0(x)\psi_2(y)] \qquad (E_2{}^{(1)}=0) \tag{24}$$

$$\Phi_{23}=\frac{1}{2}[\psi_2(x)\psi_0(y)-\sqrt{2}\psi_1(x)\psi_1(y)+\psi_0(x)\psi_2(y)] \qquad (E_2{}^{(1)}=-\lambda\hbar\omega) \tag{25}$$

这个体系(哈密顿算符 $\hat{H}=\frac{\hat{p}_x^2+\hat{p}_y^2}{2\mu}+\frac{1}{2}\mu\omega^2(x^2+y^2)+\lambda\mu\omega^2xy$)的定态薛定谔方程实际上是可以精确求解的,因为

$$\begin{aligned}\hat{H}&=\frac{1}{2\mu}(\hat{p}_x^2+\hat{p}_y^2)+\frac{1}{2}\mu\omega^2(x^2+2\lambda xy+y^2)\\&=\frac{1}{2\mu}(\hat{p}_X^2+\hat{p}_Y^2)+\frac{1}{2}\mu\omega^2(1-\lambda)X^2+\frac{1}{2}\mu\omega^2(1+\lambda)Y^2\end{aligned} \tag{26}$$

式中:$X=\frac{1}{\sqrt{2}}(x-y)$,$Y=\frac{1}{\sqrt{2}}(x+y)$,故算符 $\hat{H}$ 的本征值谱为

$$E_{N_1,N_2}=\left(N_1+\frac{1}{2}\right)\hbar\omega\sqrt{1-\lambda}+\left(N_2+\frac{1}{2}\right)\hbar\omega\sqrt{1+\lambda}$$
$$N_1,N_2=0,1,2,3,\cdots \tag{27}$$

将上式展开至 λ 的一次幂,即得体系能级的一级近似式。

6-12 体系哈密顿算符为

$$\hat{H}_0=\begin{bmatrix}\varepsilon_1 & 0 & 0\\ 0 & \varepsilon_1 & 0\\ 0 & 0 & \varepsilon_2\end{bmatrix},\quad \varepsilon_2>\varepsilon_1$$

试求:

(a) 在计及微扰作用 $\hat{H}'=\begin{bmatrix}0 & 0 & a\\ 0 & 0 & b\\ a^* & b^* & 0\end{bmatrix}$ 后,能级的二级近似表示式;

(b) 将 $\hat{H}=\hat{H}_0+\hat{H}'$ 严格对角化,求出 $\hat{H}$ 的精确本征值,再与(a)中结果作比较。

解:(a) 无微扰时,体系有两个能级:ε_1 是二重简并的,相应的两个简并态记为 ψ_i,ψ_j;ε_2 是无简并的,相应的本征态记为 ψ_2。微扰加入后,由题给微扰矩阵 $\hat{H}'$ 的表达式中易知

$$H'_{i2}=a,H'_{2i}=a^*,H'_{j2}=b,H'_{2j}=b^* \tag{1}$$
$$H'_{ij}=H'_{ji}=0,H'_{ii}=H'_{jj}=0,H'_{22}=0$$

能级 ε_2 无简并,可直接用无简并情况下的定态微扰论写出 $\hat{H}=\hat{H}_0+\hat{H}'$ 的第二个能级 E_2 的二级近似值如下:

$$E_2\approx\varepsilon_2+H'_{22}+\frac{|H'_{i2}|^2+|H'_{j2}|^2}{\varepsilon_2-\varepsilon_1}=\varepsilon_2+\frac{|a|^2+|b|^2}{\varepsilon_2-\varepsilon_1} \tag{2}$$

能级 ε_1 二重简并,需用简并情况下的定态微扰论处理。由于

$$H'_{ij}=H'_{ji}=H'_{ii}=H'_{jj}=0 \tag{3}$$

所以 $\hat{H}=\hat{H}_0+\hat{H}'$ 的第一个能级 E_1 的一级修正值为零。故

$$E_1{}^{(1)}=0 \tag{4}$$

E_1 的二级修正值 $E_1{}^{(2)}$ 可采用有效哈密顿算符 $\hat{H}_{\text{eff}}$ 计算如下。

利用式

$$\det|\langle\phi_{kj}|\hat{H}_{\text{eff}}|\phi_{ki}\rangle-E_k\delta_{ji}|=0,\quad i,j=1,2,\cdots,\text{d} \tag{5}$$

首先将 $\hat{H}_{\text{eff}}$ 取至二级近似

$$\hat{H}_{\text{eff}}\approx\hat{H}_0+\hat{H}'+\hat{H}'\hat{R}\hat{H}' \tag{6}$$

代入式(5)之中(详见张哲华、刘莲君编著的《量子力学与原子物理学》p. 337 式(7.1-38)),而式(6)中的 $\hat{R}$ 为

$$\hat{R}=\sum_n{}'\frac{|\phi_n\rangle\langle\phi_n|}{E_k^{\,0}-E_n^{\,0}} \tag{7}$$

称为分解算符。由于本问题中 $\hat{H}_0$ 只有两个能量本征值,所以式(7) $\sum\limits_n{}'$中 $E_n^{\,0}$ 只取 ε_2 一项,相应的本征函数为 ψ_2,使得式(6)具体表示成

$$\hat{H}_{\text{eff}}=\hat{H}_0+\hat{H}'+\hat{H}'\frac{|\psi_2\rangle\langle\psi_2|}{\varepsilon_1-\varepsilon_2}\hat{H}' \tag{8}$$

再在 ε_1 的两个简并态 ψ_i,ψ_j 之间,计算 $\hat{H}_{\text{eff}}$ 四个矩阵元:

$$(H_{\text{eff}})_{ii}=\langle\psi_i|\hat{H}_0|\psi_i\rangle+\langle\psi_i|\hat{H}'|\psi_i\rangle+\frac{1}{\varepsilon_1-\varepsilon_2}\langle\psi_i|\hat{H}'|\psi_2\rangle\langle\psi_2|\hat{H}'|\psi_i\rangle$$

$$=\varepsilon_1+0+\frac{aa^*}{\varepsilon_1-\varepsilon_2}=\varepsilon_1+\frac{|a|^2}{\varepsilon_1-\varepsilon_2} \tag{9}$$

$$(H_{\text{eff}})_{jj}=\langle\psi_j|\hat{H}_0|\psi_j\rangle+\langle\psi_j|\hat{H}'|\psi_j\rangle+\frac{1}{\varepsilon_1-\varepsilon_2}\langle\psi_j|\hat{H}'|\psi_2\rangle\langle\psi_2|\hat{H}'|\psi_j\rangle$$

$$=\varepsilon_1+0+\frac{bb^*}{\varepsilon_1-\varepsilon_2}=\varepsilon_1+\frac{|b|^2}{\varepsilon_1-\varepsilon_2} \tag{10}$$

$$(H_{\text{eff}})_{ij}=\langle\psi_i|\hat{H}_0|\psi_j\rangle+\langle\psi_i|\hat{H}'|\psi_j\rangle+\frac{1}{\varepsilon_1-\varepsilon_2}\langle\psi_i|\hat{H}'|\psi_2\rangle\langle\psi_2|\hat{H}'|\psi_j\rangle$$

$$=0+0+\frac{ab^*}{\varepsilon_1-\varepsilon_2}=\frac{ab^*}{\varepsilon_1-\varepsilon_2} \tag{11}$$

$$(H_{\text{eff}})_{ji}=\langle\psi_j|\hat{H}_0|\psi_i\rangle+\langle\psi_j|\hat{H}'|\psi_i\rangle+\frac{1}{\varepsilon_1-\varepsilon_2}\langle\psi_j|\hat{H}'|\psi_2\rangle\langle\psi_2|\hat{H}'|\psi_i\rangle$$

$$=0+0+\frac{ba^*}{\varepsilon_1-\varepsilon_2}=\frac{ba^*}{\varepsilon_1-\varepsilon_2} \tag{12}$$

将式(9)~(12)代入式(5)之中,相应的久期方程写为

$$\begin{vmatrix}\left(\varepsilon_1+\dfrac{|a|^2}{\varepsilon_1-\varepsilon_2}\right)-E_1 & \dfrac{ab^*}{\varepsilon_1-\varepsilon_2}\\ \dfrac{a^*b}{\varepsilon_1-\varepsilon_2} & \left(\varepsilon_1+\dfrac{|b|^2}{\varepsilon_1-\varepsilon_2}\right)-E_1\end{vmatrix}=0 \tag{13}$$

解得(13)式的两个根为

$$E_1\approx\varepsilon_1,E_1\approx\varepsilon_1+\frac{|a|^2+|b|^2}{\varepsilon_1-\varepsilon_2}=\varepsilon_1-\frac{|a|^2+|b|^2}{\varepsilon_2-\varepsilon_1} \tag{14}$$

此即体系第一个能级 E_1 的二级近似值,即微扰 $\hat{H}'$ 使 $\hat{H}_0$ 的 ε_1 能级分裂为两个子能级。再联合式(2)与式(14)知,体系 $\hat{H}=\hat{H}_0+\hat{H}'$ 能级的二级近似表示式为:

$$\varepsilon_1,\ \varepsilon_1-\frac{|a|^2+|b|^2}{\varepsilon_2-\varepsilon_1},\ \varepsilon_2+\frac{|a|^2+|b|^2}{\varepsilon_2-\varepsilon_1} \tag{15}$$

(b) 由题意,体系哈密顿算符的矩阵表示为

$$\hat{H}=\hat{H}_0+\hat{H}'=\begin{pmatrix}\varepsilon_1 & 0 & 0\\ 0 & \varepsilon_1 & 0\\ 0 & 0 & \varepsilon_2\end{pmatrix}+\begin{pmatrix}0 & 0 & a\\ 0 & 0 & b\\ a^* & b^* & 0\end{pmatrix}=\begin{pmatrix}\varepsilon_1 & 0 & a\\ 0 & \varepsilon_1 & b\\ a^* & b^* & \varepsilon_2\end{pmatrix} \tag{16}$$

欲求 $\hat{H}$ 本征值的精确结果，归结为求解如下的久期方程：

$$\begin{vmatrix}\varepsilon_1-E & 0 & a\\ 0 & \varepsilon_1-E & b\\ a^* & b^* & \varepsilon_2-E\end{vmatrix}=0 \tag{17}$$

其解为

$$E=\varepsilon_1 \tag{18}$$

或

$$E=\frac{1}{2}\left[\varepsilon_1+\varepsilon_2\pm\sqrt{(\varepsilon_1-\varepsilon_2)^2+4(|a|^2+|b|^2)}\right] \tag{19}$$

若

$$4(|a|^2+|b|^2)\ll(\varepsilon_1-\varepsilon_2)^2 \tag{20}$$

则可将式(19)中的根号按二项式定理展开，只取二级近似，有

$$\sqrt{(\varepsilon_1-\varepsilon_2)^2+4(|a|^2+|b|^2)}\approx|\varepsilon_1-\varepsilon_2|+\frac{2(|a|^2+|b|^2)}{|\varepsilon_1-\varepsilon_2|} \tag{21}$$

将式(21)代入式(19)，得

$$\left.\begin{aligned}&E=\varepsilon_1\\ &E=\varepsilon_1-\frac{|a|^2+|b|^2}{\varepsilon_2-\varepsilon_1}\\ &E=\varepsilon_2+\frac{|a|^2+|b|^2}{\varepsilon_2-\varepsilon_1}\end{aligned}\right\} \tag{22}$$

式(22)与(a)中结果式(15)一致。

6-13 在强度为 $\boldsymbol{\varepsilon}$(方向沿 z 轴)的均匀电场中，氢原子和类氢离子的能级会发生分裂。在一级近似下，能级分裂与电场强度 $|\boldsymbol{\varepsilon}|$ 的一次方成正比，这种现象称为一级斯塔克(Stark)效应或线性斯塔克效应。试用简并情况下的定态微扰论计算氢原子第一激发能级的一级斯塔克分裂。

解：设外电场 $\boldsymbol{\varepsilon}$ 的方向沿 z 轴，则置于其中的氢原子获得附加能量为

$$\hat{H}'=e\boldsymbol{\varepsilon}\cdot\boldsymbol{r}=e\varepsilon r\cos\theta$$

将上式与氢原子内电场 $-\dfrac{e^2}{4\pi\varepsilon_0 r}$ 相比，大小的数量级为

$$\frac{e\varepsilon a_0}{\dfrac{e^2}{4\pi\varepsilon_0 r}}\approx 2\times10^{-12}\varepsilon$$

可以看出，即使外电场 ε 取为 $10^8\,\mathrm{V/m}$，式(2)的数量级也只约为 10^{-4}，因此式(1)可作为本问题中的微扰。

无外场作用时，氢原子第一激发态的能量本征值为

$$E_2^0=-\frac{e^2}{8a_0},\quad a_0=\frac{4\pi\varepsilon_0\hbar^2}{\mu e^2} \tag{1}$$

它具有四重简并。四个简并态分别为：

$$\psi_{200}^{0}(r,\theta,\varphi)=R_{20}(r)Y_{00}(\theta,\varphi)=\phi_1{}^0 \tag{2}$$

$$\psi_{210}^{0}(r,\theta,\varphi)=R_{21}(r)Y_{10}(\theta,\varphi)=\phi_2{}^0 \tag{3}$$

$$\psi_{211}^{0}(r,\theta,\varphi)=R_{21}(r)Y_{11}(\theta,\varphi)=\phi_3{}^0 \tag{4}$$

$$\psi_{21-1}^{0}(r,\theta,\varphi)=R_{21}(r)Y_{1-1}(\theta,\varphi)=\phi_4{}^0 \tag{5}$$

式中：$R_{nl}(r)$为氢原子的径向波函数，$Y_{lm}(\theta,\varphi)$为球谐函数。应用简并情况下的定态微扰论，可算得体系第一激发态能量的一级修正值及相应的正确的零级近似波函数。

先计算微扰矩阵元：

$$\begin{aligned}H'_{l'm',lm}&=\langle\psi_{nl'm'}^{0}|\hat{H}'|\psi_{nlm}\rangle\\&=e\varepsilon\int_0^{\infty}R_{nl'}^{*}(r)rR_{nl}(r)r^2\,\mathrm{d}r\int_0^{\pi}\int_0^{2\pi}Y_{l'm'}^{*}(\theta,\varphi)\cos\theta Y_{lm}(\theta,\varphi)\,\mathrm{d}\Omega\end{aligned} \tag{6}$$

由于

$$\cos\theta=\sqrt{\frac{4\pi}{3}}Y_{10}(\theta,\varphi) \tag{7}$$

具有$(-1)^l=(-1)^1=-1$的宇称，且与φ角无关，因此欲使微扰矩阵元式(6)不为零，要求满足条件：

$$\Delta l=\pm1,\ \Delta m=0 \tag{8}$$

因此在式(2)～(5)四个简并态之间的16个矩阵元中，除了ψ_{200}^{0}与ψ_{210}^{0}两个态之间的微扰矩阵元不为零以外，其他的均为零。有

$$\begin{aligned}H'_{12}&=H'_{21}=\langle\phi_1{}^0|\hat{H}'|\phi_2{}^0\rangle=\langle\psi_{200}^{0}|\hat{H}'|\psi_{210}^{0}\rangle\\&=e\varepsilon\int_0^{\infty}R_{20}(r)R_{21}(r)r^3\,\mathrm{d}r\int_0^{\pi}\int_0^{2\pi}Y_{00}(\theta,\varphi)\sqrt{\frac{4\pi}{3}}Y_{10}(\theta,\varphi)Y_{10}(\theta,\varphi)\,\mathrm{d}\Omega\\&=\frac{e\varepsilon}{\sqrt{3}}\int_0^{\infty}\left(\frac{1}{2a_0}\right)^{3/2}\left(2-\frac{r}{a_0}\right)\mathrm{e}^{-r/2a_0}\left(\frac{1}{2a_0}\right)^{1/2}\frac{r}{a_0\sqrt{3}}\mathrm{e}^{-r/2a_0}r^3\,\mathrm{d}r\\&=-3e\varepsilon a\end{aligned} \tag{9}$$

相应的久期方程为

$$\begin{vmatrix}E_2^{(1)}&3e\varepsilon a_0&0&0\\3e\varepsilon a_0&E_2^{(1)}&0&0\\0&0&E_2^{(1)}&0\\0&0&0&E_2^{(1)}\end{vmatrix}=0 \tag{10}$$

方程(10)的四个根是：

$$E_{21}^{(1)}=3e\varepsilon a_0,\ E_{22}^{(1)}=-3e\varepsilon a_0,\ E_{23}^{(1)}=E_{24}^{(1)}=0 \tag{11}$$

于是在外电场的作用下，计及一级近似，氢原子第一激发能级分裂为三个子能级，其值为

$$E_2\approx E_2^0+E_2^{(1)}=-\frac{e^2}{8a_0}+\begin{cases}3e\varepsilon a_0\\0\\-3e\varepsilon a_0\end{cases} \tag{12}$$

从式(12)中可以明显地看出，相邻两个子能级之差为$3e\varepsilon a_0$，与电场强度$|\boldsymbol{\varepsilon}|$的一次方成正

比，正好与实验观测一致。再将式(11)中的每一个 $E_2^{(1)}$ 值代入公式

$$\sum_{\nu=1}^{d}(H'_{\mu\nu}-E_n^{(1)}\delta_{\mu\nu})c_\nu^{(0)}=0,\ \mu,\nu=1,2,\cdots,d \tag{13}$$

(详见《量子力学与原子物理学》p.340 式(7.1-54))中，便可得一组叠加系数 $\{c_\nu^{(0)}\}$，从而得到一个相应的正确的零级近似波函数。例如将 $E_{21}^{(1)}=3e\varepsilon a_0$ 代入式(13)中，有

$$\begin{bmatrix} 3e\varepsilon a_0 & 3e\varepsilon a_0 & 0 & 0 \\ 3e\varepsilon a_0 & 3e\varepsilon a_0 & 0 & 0 \\ 0 & 0 & 3e\varepsilon a_0 & 0 \\ 0 & 0 & 0 & 3e\varepsilon a_0 \end{bmatrix}\begin{bmatrix} c_1^{(0)} \\ c_2^{(0)} \\ c_3^{(0)} \\ c_4^{(0)} \end{bmatrix}=0 \tag{14}$$

解得

$$c_1^{(0)}=-c_2^{(0)},\quad c_3^{(0)}=c_4^{(0)}=0 \tag{15}$$

相应的正确的零级近似波函数为

$$\Psi_{21}^0=\sum_{\nu=1}^{4}c_\nu^{(0)}\phi_\nu^0=c_1^{(0)}(\psi_{200}^0-\psi_{210}^0) \tag{16}$$

再由归一化条件

$$\langle\Psi_{21}^0|\Psi_{21}\rangle=1 \tag{17}$$

得

$$c_1^{(0)}=\frac{1}{\sqrt{2}} \tag{18}$$

最后得到与 $E_{21}^{(1)}=3e\varepsilon a_0$ 相应的正确的零级近似波函数为

$$\Psi_{21}^0=\frac{1}{\sqrt{2}}[\psi_{200}^0(r,\theta,\varphi)-\psi_{210}^0(r,\theta,\varphi)] \tag{19}$$

同理，与 $E_{22}^{(1)}=-3e\varepsilon a_0$ 相应的正确的零级近似波函数为

$$\Psi_{22}^0=\frac{1}{\sqrt{2}}[\psi_{200}^0(r,\theta,\varphi)+\psi_{210}^0(r,\theta,\varphi)] \tag{20}$$

而当 $E_{23}^{(1)}=E_{24}^{(1)}=0$ 时，由于无法进一步确定叠加系数 $c_3^{(0)}$、$c_4^{(0)}$，相应的零级近似波函数只能表示为

$$\Psi_{23}^0=\Psi_{24}^0=c_3^{(0)}\psi_{211}^0(r,\theta,\varphi)+c_4^{(0)}\psi_{21-1}^0(r,\theta,\varphi) \tag{21}$$

表明一级近似下，微扰只能使能量的简并性部分地得到消除。欲使简并完全消除，必须计算能量的高级近似值。

6-14 讨论氢原子在外恒定均匀电场中能级 $E_{nj}\left(n=2,j=\frac{1}{2}\right)$ 的兰姆位移子能级($2s_{1/2}$ 和 $2p_{1/2}$)的斯塔克分裂。设原子与外电场的相互作用项 $\hat{H}'=\lambda\frac{mc}{\hbar}z$，式中 λ 正比于外电场强度 ε。

解：记

$$|2s_{1/2}\rangle=|1\rangle,\quad E_{2s_{1/2}}^0=E_1^0,$$

$$|2p_{1/2}\rangle=|2\rangle,\quad E^0_{2p_{1/2}}=E^0_2 \tag{1}$$

体系哈密顿算符 $\hat{H}=\hat{H}_0+\lambda\frac{mc}{\hbar}z$ 在基矢组$\{|1\rangle'2\rangle\}$下的矩阵为

$$\hat{H}=\begin{pmatrix} E^0_1+\lambda\frac{mcz_{11}}{\hbar} & \lambda\frac{mcz_{12}}{\hbar} \\ \lambda\frac{mcz_{21}}{\hbar} & E^0_2+\lambda\frac{mcz_{22}}{\hbar}\end{pmatrix} \tag{2}$$

式中:从宇称考虑有 $z_{11}=z_{22}=0$。将 $\hat{H}$ 对角化,得 $\hat{H}$ 的本征值为

$$E_{1,2}=\frac{E^0_1+E^0_2}{2}\pm\sqrt{\frac{(E^0_1-E^0_2)^2}{4}+\lambda^2\left(\frac{mc}{\hbar}\right)^2 z^2_{12}} \tag{3}$$

如果 $\lambda\frac{mcz_{12}}{\hbar}\ll\frac{E^0_1-E^0_2}{2}$,则

$$E_1=E^0_1+\lambda^2\frac{z^2_{12}}{E^0_1-E^0_2}+\cdots \tag{4}$$

$$E_2=E^0_2+\lambda^2\frac{z^2_{12}}{E^0_2-E^0_1}+\cdots \tag{5}$$

与应用非简并情况定态微扰论计算所得结果一致。反之,如果$\lambda\frac{mcz_{12}}{\hbar}\gg\frac{E_1{}^0-E_2{}^0}{2}$,则

$$E_{1,2}\simeq\frac{E^0_1+E^0_2}{2}\pm\lambda\frac{mcz_{12}}{\hbar} \tag{6}$$

与应用简并情况定态微扰论计算所得结果一致。相应正确的零级近似波函数是

$$|1\rangle'=\frac{1}{\sqrt{2}}(|1\rangle+|2\rangle) \tag{7}$$

$$|2\rangle'=\frac{1}{\sqrt{2}}(|1\rangle-|2\rangle) \tag{8}$$

一般地说,上面也给出了体系能量 E_1 和 E_2 随 λ(即外电场强度 ε)增大而变化的关系式。

6-15　一维谐振子分别受到如下微扰项作用:

(a)　$\hat{H}'=\lambda\hbar\omega\left(\sqrt{\frac{\mu\omega}{\hbar}}x\right)^4$;

(b)　$\hat{H}'=\lambda\hbar\omega\left(\sqrt{\frac{\mu\omega}{\hbar}}x\right)^3$;

(c)　$\hat{H}'=\lambda\hbar\omega\left(\sqrt{\frac{\mu\omega}{\hbar}}x\right)^2$;

(d)　$\hat{H}'=\lambda\hbar\omega\sqrt{\frac{\mu\omega}{\hbar}}x.$

试应用达伽诺-列维斯技巧,求体系基态能量的二级修正。

解:(a)　一维谐振子

$$\hat{H}_0=-\frac{\hbar^2}{2\mu}\frac{d^2}{dx^2}+\frac{1}{2}\mu\omega^2x^2 \tag{1}$$

$$\hat{H}'=\lambda\hbar\omega\left(\sqrt{\frac{\mu\omega}{\hbar}}x\right)^4 \tag{2}$$

体系基态零级近似波函数为

$$\phi_0(x)=\left(\frac{\mu\omega}{\pi\hbar}\right)^{1/4}\exp\left(-\frac{\mu\omega}{2\hbar}x^2\right) \tag{3}$$

相应基态能量零级近似 $E_0^0=\frac{1}{2}\hbar\omega$，一级修正为

$$E_0{}^{(1)}=\langle\phi_0|\hat{H}'|\phi_0\rangle=\lambda\frac{3}{4}\hbar\omega \tag{4}$$

代入本章第一部分内容精要式(6-31)，可得出算符

$$\hat{F}_0=-\lambda\frac{1}{4}\left[\left(\sqrt{\frac{\mu\omega}{\hbar}}x\right)^4+3\left(\sqrt{\frac{\mu\omega}{\hbar}}x\right)^2\right] \tag{5}$$

再代回本章第一部分内容精要式(6-25)，就得到

$$\begin{aligned}E_0{}^{(2)}&=\langle 0|\hat{H}'\hat{F}_0|0\rangle-E_0{}^{(1)}\langle 0|\hat{F}_0|0\rangle\\&=-\frac{195}{64}\lambda^2\hbar\omega-E_0{}^{(1)}\left(-\frac{9}{16}\lambda\right)=-\lambda^2\frac{21}{8}\hbar\omega\end{aligned} \tag{6}$$

另外，利用本章第一部分内容精要式(6-26)，还得到

$$\begin{aligned}E_0{}^{(3)}&=\langle 0|\hat{F}_0\hat{H}'\hat{F}_0|0\rangle-2E_0{}^{(2)}\langle 0|\hat{F}_0|0\rangle-E_0{}^{(1)}\langle 0|\hat{F}_0{}^2|0\rangle\\&=\frac{25\,515}{1\,024}\lambda^3\hbar\omega-2\left(-\lambda^2\frac{21}{8}\hbar\omega\right)\left(-\frac{9}{16}\lambda\right)-\lambda\frac{3}{4}\hbar\omega\left(\frac{393}{256}\lambda^2\right)\\&=\lambda^3\frac{333}{16}\hbar\omega\end{aligned} \tag{7}$$

以及

$$E_0{}^{(4)}=-\lambda^4\frac{30\,885}{128}\hbar\omega \tag{8}$$

(b) $\hat{H}'=\lambda\hbar\omega\left(\sqrt{\frac{\mu\omega}{\hbar}}x\right)^3$ (9)

体系基态能量一级修正按宇称考虑知

$$E_0{}^{(1)}=\langle 0|\hat{H}'|0\rangle=0 \tag{10}$$

同于(a)中步骤，利用式(6-31)，有

$$\hat{F}_0=-\lambda\left[\frac{1}{3}\left(\sqrt{\frac{\mu\omega}{\hbar}}x\right)^3+\sqrt{\frac{\mu\omega}{\hbar}}x\right] \tag{11}$$

再由式(6-25)，得到

$$E_0{}^{(2)}=-\lambda^2\frac{11}{8}\hbar\omega \tag{12}$$

同理，还可以求出体系第一激发态能量一级修正

$$E_1{}^{(1)}=0 \tag{13}$$

由式(6-31)，有

$$\hat{F}_1=-\lambda\left[\frac{1}{3}\left(\sqrt{\frac{\mu\omega}{\hbar}}x\right)^3+2\left(\sqrt{\frac{\mu\omega}{\hbar}}x\right)-2\left(\sqrt{\frac{\mu\omega}{\hbar}}x\right)^{-1}\right] \tag{14}$$

得

$$E_1^{(2)} = -\lambda^2 \frac{71}{8}\hbar\omega \tag{15}$$

(c)　$\hat{H}' = \lambda\hbar\omega \frac{\mu\omega}{\hbar} x^2$ (16)

体系基态能量一级修正为

$$E_0^{(1)} = \langle 0 | \hat{H}' | 0 \rangle = \lambda \frac{1}{2}\hbar\omega \tag{17}$$

由

$$\hat{F}_0 = -\lambda \frac{1}{2} \frac{\mu\omega}{\hbar} x^2 \tag{18}$$

有

$$E_0^{(2)} = -\lambda^2 \frac{1}{4}\hbar\omega, \quad E_0^{(3)} = \lambda^3 \frac{1}{4}\hbar\omega \tag{19}$$

另外，体系第一激发态能量一级修正为

$$E_1^{(1)} = \lambda \frac{3}{2}\hbar\omega \tag{20}$$

由

$$\hat{F}_1 = -\lambda \frac{\mu\omega}{2\hbar} x^2 \tag{21}$$

有

$$E_1^{(2)} = -\lambda^2 \frac{3}{4}\hbar\omega \tag{22}$$

体系第二激发态能量一级修正 $E_2^{(1)} = \lambda \frac{5}{2}\hbar\omega$，由

$$\hat{F}_2 = -\lambda \frac{1}{2}\left[\frac{\mu\omega}{\hbar} x^2 - \frac{2}{2\frac{\mu\omega}{\hbar}x^2 - 1}\right] \tag{23}$$

有

$$E_2^{(2)} = -\lambda^2 \frac{5}{4}\hbar\omega \tag{24}$$

(d)　$\hat{H}' = \lambda\hbar\omega\sqrt{\frac{\mu\omega}{\hbar}}\, x$ (25)

体系基态能量一级修正 $E_0^{(1)} = 0$。由

$$\hat{F}_0 = -\lambda\left(\sqrt{\frac{\mu\omega}{\hbar}}\, x\right) \tag{26}$$

有

$$E_0^{(2)} = -\lambda^2 \frac{1}{2}\hbar\omega, \ E_0^{(3)} = 0 \tag{27}$$

另外，体系第一激发态能量一级修正 $E_1^{(1)} = 0$。由

$$\hat{F}_1 = -\lambda\left[\sqrt{\frac{\mu\omega}{\hbar}}\, x - \sqrt{\frac{\hbar}{\mu\omega}} \frac{1}{x}\right] \tag{28}$$

有

$$E_1^{(2)}=-\lambda^2\ \frac{1}{2}\hbar\omega,\quad E_1^{(3)}=0 \tag{29}$$

对于体系第二激发态能量，$E_2^{(1)}=0$。由

$$\hat{F}_2=-\lambda\left[\sqrt{\frac{\mu\omega}{\hbar}}x-\frac{4\sqrt{\frac{\mu\omega}{\hbar}}x}{2\frac{\mu\omega}{\hbar}x^2-1}\right] \tag{30}$$

有

$$E_2^{(2)}=-\lambda^2\frac{1}{2}\hbar\omega \tag{31}$$

6-16 试用变分法求：

(a) 一维谐振子基态能量和基态波函数。试探波函数可取为：$\psi(x)=Ne^{-\lambda x^2}$，$\lambda$ 为变分参量。

(b) 氢原子的基态能量和基态波函数。试探波函数可取为 $\psi=Ne^{-\lambda(r/a_0)^2}$，$\lambda$ 为变分参数，$a_0=\dfrac{4\pi\varepsilon_0\hbar^2}{\mu e^2}$。

解：(a) 先对试探波函数 $\psi=Ne^{-\lambda x^2}$ 进行归一化。由

$$\int_{-\infty}^{\infty}|\psi(x)|^2\mathrm{d}x=\int_{-\infty}^{\infty}|N|^2e^{-2\lambda x^2}\mathrm{d}x=1 \tag{1}$$

得

$$N=\left(\frac{2\lambda}{\pi}\right)^{1/4} \tag{2}$$

于是

$$\psi(\lambda,x)=\left(\frac{2\lambda}{\pi}\right)^{1/4}e^{-\lambda x^2} \tag{3}$$

又，一维谐振子的哈密顿算符 $\hat{H}$ 为

$$\hat{H}=-\frac{\hbar^2}{2\mu}\frac{\mathrm{d}^2}{\mathrm{d}x^2}+\frac{1}{2}\mu\omega^2x^2, \tag{4}$$

于是在态 $\psi(\lambda,x)$ 中，$\hat{H}$ 的期望值为

$$\begin{aligned}\overline{H}(\lambda)&=\int\psi^*(\lambda,x)\hat{H}\psi(\lambda,x)\mathrm{d}x\\&=\left(\frac{2\lambda}{\pi}\right)^{1/2}\left\{-\frac{\hbar^2}{2\mu}\int_{-\infty}^{\infty}e^{-\lambda x^2}\frac{\mathrm{d}^2}{\mathrm{d}x^2}e^{-\lambda x^2}\mathrm{d}x+\frac{1}{2}\mu\omega^2\int_{-\infty}^{\infty}e^{-\lambda x^2}x^2e^{-\lambda x^2}\mathrm{d}x\right\}\\&=\frac{\hbar^2}{2\mu}\lambda+\frac{1}{8\lambda}\mu\omega^2\end{aligned} \tag{5}$$

再由 $\dfrac{\mathrm{d}\overline{H}(\lambda)}{\mathrm{d}\lambda}=0$，得

$$\frac{\hbar^2}{2\mu}-\frac{1}{8\lambda^2}\mu\omega^2=0$$

$$\lambda=\frac{\mu\omega}{2\hbar} \tag{6}$$

将式(6)代入式(5)中，即得一维谐振子基态能量的近似值：

$$E_{基}\approx\overline{H}\left(\lambda=\frac{\mu\omega}{2\hbar}\right)=\frac{\hbar^2}{2\mu}\left(\frac{\mu\omega}{2\hbar}\right)+\left[8\left(\frac{\mu\omega}{2\hbar}\right)\right]^{-1}\mu\omega^2=\frac{1}{2}\hbar\omega \tag{7}$$

将式(6)代入式(3)中，即得相应基态波函数的近似值：

$$\psi_{基}\approx\psi\left(\lambda=\frac{\mu\omega}{2\hbar},x\right)=\left(\frac{2}{\pi}\frac{\mu\omega}{2\hbar}\right)^{1/4}\exp\left[-\frac{\mu\omega}{2\hbar}x^2\right]$$

$$=\left(\frac{\mu\omega}{\pi\hbar}\right)^{1/4}\exp\left[-\frac{\mu\omega}{2\hbar}x^2\right] \tag{8}$$

(b)　先对试探波函数 $\psi=Ne^{-\lambda(r/a_0)^2}$ 进行归一化。由

$$\int|\psi|^2d\tau=|N|^2\int\exp\left[-2\lambda\left(\frac{r}{a_0}\right)^2\right]4\pi r^2\mathrm{d}r=1 \tag{9}$$

得

$$N=\left(\frac{2\sqrt{2}\lambda^{3/2}}{a_0{}^3\pi^{3/2}}\right)^{1/2} \tag{10}$$

归一化的试探波函数为

$$\psi(\lambda,r)=\left(\frac{2\sqrt{2}\lambda^{3/2}}{a_0{}^3\pi^{3/2}}\right)^{1/2}\exp\left[-\lambda\left(\frac{r}{a_0}\right)^2\right] \tag{11}$$

氢原子的哈密顿算符 $\hat{H}$ 为

$$\hat{H}=-\frac{\hbar^2}{2\mu}\frac{1}{r^2}\frac{\partial}{\partial r}\left(r^2\frac{\partial}{\partial r}\right)+\frac{\hat{L}^2}{2\mu r^2}-\frac{e^2}{4\pi\varepsilon_0 r} \tag{12}$$

于是在试探波函数 $\psi(\lambda,r)$ 中，$\hat{H}$ 的期望值为

$$\overline{H}(\lambda)=\left(\frac{2\sqrt{2}\lambda^{3/2}}{a_0{}^3\pi^{3/2}}\right)\left\{\int_0^\infty\exp\left[-\lambda\left(\frac{r}{a_0}\right)^2\right]\left[-\frac{\hbar^2}{2\mu}\frac{1}{r^2}\frac{\partial}{\partial r}\left(r^2\frac{\partial}{\partial r}\right)-\right.\right.$$

$$\left.\left.\frac{e^2}{4\pi\varepsilon_0 r}\right]\exp\left[-\lambda\left(\frac{r}{a_0}\right)^2\right]4\pi r^2\mathrm{d}r\right\}$$

$$=\frac{\lambda\hbar^2}{\mu a_0{}^2}-\frac{1}{4\pi\varepsilon_0}\frac{2^{3/2}e^2\lambda^{1/2}}{a_0\pi^{1/2}} \tag{13}$$

再由变分原理：$\dfrac{\mathrm{d}\overline{H}(\lambda)}{\mathrm{d}\lambda}=0$，有

$$\frac{\hbar^2}{\mu a_0{}^2}-\frac{1}{4\pi\varepsilon_0}\frac{2^{1/2}e^2}{a_0\pi^{1/2}}\lambda^{-1/2}=0$$

得

$$\lambda=\frac{2}{\pi}\frac{\mu^2e^4a_0{}^2}{(4\pi\varepsilon_0)^2\hbar^4}=\frac{2}{\pi} \tag{14}$$

将式(14)代入式(13)与式(11)中，可得氢原子基态能量与基态波函数的近似值如下：

$$E_{基}\approx\overline{H}\left(\lambda=\frac{2}{\pi}\right)=\frac{2}{\pi}\frac{\hbar^2}{\mu a_0^2}-\frac{1}{4\pi\varepsilon_0}\frac{2^{3/2}e^2}{a_0\pi^{1/2}}\left(\frac{2}{\pi}\right)^{1/2}=-\frac{2}{\pi}\frac{\mu e^4}{(4\pi\varepsilon_0)^2\hbar^2} \tag{15}$$

$$\psi_{基}\approx\left[\frac{2\sqrt{2}}{a_0{}^3\pi^{3/2}}\left(\frac{2}{\pi}\right)^{3/2}\right]^{1/2}\exp\left[-\frac{2}{\pi}\left(\frac{r}{a_0}\right)^2\right]$$

$$=\left(\frac{8}{a_0{}^3\pi^3}\right)^{1/2}\exp\left[-\frac{2}{\pi}\left(\frac{r}{a_0}\right)^2\right] \tag{16}$$

6-17　单粒子一维运动体系哈密顿算符 $\hat{H}=\dfrac{\hat{p}^2}{2\mu}+a|x|^n$，$a>0$，$-\infty<x<\infty$，试应用变

分法求体系基态能量。取尝试波函数：

(a) $\phi(x,\omega)=\left(\frac{\mu\omega}{\pi\hbar}\right)^{1/4}\exp\left(-\frac{\mu\omega}{2\hbar}x^2\right)$;

(b) $\phi(x,b)=\begin{cases}\sqrt{\frac{3}{2b^3}}(b-|x|), & |x|\leqslant b,\\ 0, & |x|>b.\end{cases}$

解：(a) $\phi(x,\omega)=\left(\frac{\mu\omega}{\pi\hbar}\right)^{1/4}\exp\left(-\frac{\mu\omega}{2\hbar}x^2\right)$已经归一化。

$$E[\phi]=\int\phi^*(x,\omega)\hat{H}\phi(x,\omega)\mathrm{d}x$$

$$=\frac{1}{4}\hbar\omega+\frac{1}{\sqrt{\pi}}\Gamma\left(\frac{n+1}{2}\right)a\left(\frac{\hbar}{\mu\omega}\right)^{\frac{n}{2}} \tag{1}$$

取 $\frac{\partial E[\phi]}{\partial\omega}=0$，有

$$\omega_{最佳}=\left[\frac{2n\Gamma\left(\frac{n+1}{2}\right)a\hbar^{\frac{n-2}{2}}}{\sqrt{\pi}\mu^{n/2}}\right]^{\frac{2}{n+2}} \tag{2}$$

得

$$E_{基}\approx\left[\frac{\hbar^n\Gamma\left(\frac{n+1}{2}\right)a(n+2)^{\frac{n+2}{2}}}{\sqrt{\pi}2^{n+1}(n\mu)^{n/2}}\right]^{\frac{2}{n+2}} \tag{3}$$

式中：伽玛函数有关系式

$$\Gamma(n+1)=n!,\quad \Gamma\left(n+\frac{1}{2}\right)=\frac{(2n-1)!!}{2^n}\sqrt{\pi} \tag{4}$$

若 $n=1$，有

$$E_{基}(n=1)=\left(\frac{\hbar a3^{3/2}}{\sqrt{\pi}2^2\mu^{1/2}}\right)^{2/3}=\left(\frac{27}{16\pi}\right)^{1/3}\left(\frac{\hbar^2a^2}{\mu}\right)^{1/3} \tag{5}$$

若 $n=2$，有

$$E_{基}(n=2)=\left(\frac{\hbar^2a}{2\mu}\right)^{1/2}=\frac{1}{2}\hbar\omega,\quad (取\ a=\frac{1}{2}\mu\omega^2) \tag{6}$$

若 $n=4$，则有

$$E_{基}(n=4)=\left(\frac{3}{4}\right)^{4/3}\left(\frac{\hbar^2}{\mu}\right)^{\frac{2}{3}}a^{\frac{1}{3}} \tag{7}$$

(b)
$$\phi(x,b)=\begin{cases}\sqrt{\frac{3}{2b^3}}(b-|x|), & |x|\leqslant b\\ 0, & |x|>b\end{cases} \tag{8}$$

也已经归一化，故有

$$E[\phi]=\int\phi^*(x,b)\hat{H}\phi(x,b)\mathrm{d}x$$

$$=\frac{3\hbar^2}{2\mu b^2}+\frac{6ab^n}{(n+1)(n+2)(n+3)} \tag{9}$$

取 $\dfrac{\partial E[\phi]}{\partial b}=0$，有

$$b_{最佳}=\left[\frac{(n+1)(n+2)(n+3)\hbar^2}{2n\mu a}\right]^{\frac{1}{n+2}} \tag{10}$$

得

$$E_{基}\approx\left[\frac{3^{\frac{n+2}{2}}a\hbar^n(n+2)^{\frac{n}{2}}}{(2n\mu)^{\frac{n}{2}}(n+1)(n+3)}\right]^{\frac{2}{n+2}} \tag{11}$$

若 $n=1$，有

$$E_{基}(n=1)=\left(\frac{3^4\hbar^2a^2}{2^7\mu}\right)^{\frac{1}{3}}=\left(\frac{81}{128}\right)^{\frac{1}{3}}\left(\frac{\hbar^2a^2}{\mu}\right)^{\frac{1}{3}} \tag{12}$$

若 $n=2$，有

$$E_{基}(n=2)=\left(\frac{6}{5}\right)^{\frac{1}{2}}\left(\frac{\hbar^2a}{2\mu}\right)^{\frac{1}{2}}=\sqrt{\frac{6}{5}}\frac{1}{2}\hbar\omega,\quad (取\ a=\frac{1}{2}\mu\omega^2) \tag{13}$$

若 $n=4$，则有

$$E_{基}(n=4)=\left(\frac{48}{35}\right)^{\frac{1}{3}}\left(\frac{3}{4}\right)^{\frac{4}{3}}\left(\frac{\hbar^2}{\mu}\right)^{\frac{2}{3}}a^{\frac{1}{3}} \tag{14}$$

6-18　试用变分法求一维谐振子的第一激态的近似波函数和能量。

解：欲用变分法求量子体系激发态能量的近似值，要求所选用的试探波函数必须与体系其他的定态波函数相互正交。因此本问题选取的试探波函数为

$$\psi_1(x,\lambda)=Nx\mathrm{e}^{-\lambda x^2} \tag{1}$$

式中：N 为归一化常数，λ 为变分参数。由 $\psi_1(x,\lambda)$ 的归一化条件

$$\int|\psi_1(x,\lambda)|^2\mathrm{d}x=|N|^2\int_{-\infty}^{\infty}x^2\mathrm{e}^{-2\lambda x^2}\mathrm{d}x=1$$

可得

$$N=\left(\frac{4\sqrt{2\lambda^3}}{\sqrt{\pi}}\right)^{½} \tag{2}$$

已知体系基态波函数的精确值为

$$\psi_0(x)=\left(\frac{\mu\omega}{\pi\hbar}\right)^{¼}\mathrm{e}^{-\frac{\mu\omega}{2\hbar}x^2} \tag{3}$$

容易验证：

$$\int_{-\infty}^{\infty}\psi_0{}^*(x)\psi_1(x,\lambda)\mathrm{d}x=N\left(\frac{\mu\omega}{\pi\hbar}\right)^{¼}\int_{-\infty}^{\infty}\mathrm{e}^{-\mu\omega x^2/2\hbar}x\mathrm{e}^{-\lambda x^2}\mathrm{d}x$$
$$=0 \tag{4}$$

表明式(1)的选取是恰当的。利用一维谐振子的哈密顿算符

$$\hat{H}=-\frac{\hbar^2}{2\mu}\frac{\mathrm{d}^2}{\mathrm{d}x^2}+\frac{1}{2}\mu\omega^2x^2 \tag{5}$$

在态 $\psi_1(x,\lambda)$ 中求期望值：

$$\overline{H}(\lambda)=|N|^2\int_{-\infty}^{\infty}(x\mathrm{e}^{-\lambda x^2})\left(-\frac{\hbar^2}{2\mu}\frac{\mathrm{d}^2}{\mathrm{d}x^2}+\frac{1}{2}\mu\omega^2x^2\right)(x\mathrm{e}^{-\lambda x^2})\mathrm{d}x$$

$$=|N|^2\left\{-\frac{\hbar^2}{2\mu}\int_{-\infty}^{\infty}-\left(\frac{\mathrm{d}}{\mathrm{d}x}x\mathrm{e}^{-\lambda x^2}\right)^2\mathrm{d}x+\frac{1}{2}\mu\omega^2\int_{-\infty}^{\infty}x^4\mathrm{e}^{-\lambda x^2}\mathrm{d}x\right\}$$

$$=\frac{1}{2}\left(\frac{3\hbar^2\lambda}{2\mu}+\frac{3\mu\omega^2}{8\lambda}\right) \tag{6}$$

再由变分原理：$\frac{\mathrm{d}\overline{H}(\lambda)}{\mathrm{d}\lambda}=0$，有

$$\frac{1}{2}\left(\frac{3\hbar^2}{2\mu}-\frac{3\mu\omega^2}{8\lambda^2}\right)=0$$

则

$$\lambda=\frac{\mu\omega}{2\hbar} \tag{7}$$

将式(7)代入式(6)中，得第一激发态能量的近似值为

$$E_1=\frac{3\hbar^2}{2\mu}\frac{\mu\omega}{2\hbar}+\frac{3\hbar\mu\omega^2}{4\mu\omega}=\frac{3}{2}\hbar\omega \tag{8}$$

相应的第一激发态波函数的近似值为

$$\psi_1\left(x,\frac{\mu\omega}{2\hbar}\right)=\left(\frac{2}{\sqrt{\pi}}\right)^{1/2}\left(\frac{\mu\omega}{\hbar}\right)^{3/4}x\exp\left(-\frac{\mu\omega x^2}{2\hbar}\right) \tag{9}$$

6-19 电子在被屏蔽的库仑势场 $V(r)=-\frac{e^2\mathrm{e}^{-\alpha r}}{4\pi\varepsilon_0 r}$ 中运动。将体系基态的尝试波函数取为 $\phi(r,b)=\left(\frac{b^3}{\pi}\right)^{\frac{1}{2}}\mathrm{e}^{-br}$，有氢原子基态波函数的形式，但将 b 视为变分参量，分别取

(a) $\alpha=\frac{1}{a_0}$；

(b) $\alpha=\frac{1}{2a_0}$，a_0 是玻尔半径；

(c) $\alpha=0$.

求基态的近似能量。

解：体系哈密顿算符为

$$\hat{H}=-\frac{\hbar^2}{2\mu}\left[\frac{\partial^2}{\partial r^2}+\frac{2}{r}\frac{\partial}{\partial r}-\frac{\hat{\boldsymbol{L}}^2}{\hbar^2 r^2}\right]-\frac{e^2}{4\pi\varepsilon_0}\frac{\mathrm{e}^{-\alpha r}}{r} \tag{1}$$

取基态尝试波函数为

$$\phi(r,b)=\left(\frac{b^3}{\pi}\right)^{1/2}\mathrm{e}^{-br} \tag{2}$$

它已经归一化，则

$$\overline{E}_{基}=\langle\phi|\hat{H}|\phi\rangle$$

$$=\iiint\frac{b^3}{\pi}\mathrm{e}^{-br}\left[-\frac{\hbar^2}{2\mu}\left(\frac{\partial^2}{\partial r^2}+\frac{2}{r}\frac{\partial}{\partial r}-\frac{\hat{\boldsymbol{L}}^2}{\hbar^2 r^2}\right]\mathrm{e}^{-br}r^2\mathrm{d}r\mathrm{d}\Omega+\right.$$

$$\iiint\frac{b^3}{\pi}\mathrm{e}^{-br}\left(-\frac{e^2}{4\pi\varepsilon_0}\frac{\mathrm{e}^{-\alpha r}}{r}\right)\mathrm{e}^{-br}r^2\mathrm{d}r\mathrm{d}\Omega$$

$$=\frac{\hbar^2b^2}{2\mu}-\frac{4e^2b^3}{4\pi\varepsilon_0(\alpha+2b)^2}=\frac{\hbar^2}{2\mu}b^2-\frac{4\hbar^2}{\mu a_0}\frac{b^3}{(\alpha+2b)^2} \tag{3}$$

式中用到积分公式

$$\int_0^\infty r^2 e^{-2br} dr = \frac{1}{4b^3}, \quad \int_0^\infty r e^{-2br} dr = \frac{1}{4b^2} \tag{4}$$

$$\int_0^\infty r e^{-(\alpha+2b)r} dr = \frac{1}{(\alpha+2b)^2} \tag{5}$$

按变分法，取$\frac{\partial \overline{E_基}}{\partial b}=0$，即有

$$1-4\frac{3\alpha b+2b^2}{a_0(\alpha+2b)^3}=0 \tag{6}$$

(a)　若 $\alpha=\frac{1}{a_0}$，有 $b_{最佳}=\frac{1}{2a_0}$，则

$$E_基 \approx 0 \tag{7}$$

(b)　若 $\alpha=\frac{1}{2a_0}$，有 $b_{最佳}=0.873\,49\frac{1}{a_0}$，则

$$E_基 \approx -3.985\text{eV} \tag{8}$$

(c)　若 $\alpha=0$，有 $b_{最佳}=\frac{1}{a_0}$，则

$$E_基 = -\frac{\hbar^2}{2\mu a_0{}^2} = -13.6\text{eV} \tag{9}$$

6-20　设粒子的势能函数 $V(x,y,z)$ 是坐标 x,y,z 的 n 次齐次函数，即

$$V(\lambda x,\lambda y,\lambda z)=\lambda^n V(x,y,z)$$

试用变分法证明，在束缚态下动能 T 及势能 V 的平均值满足下列关系：$2\overline{T}=n\overline{V}$。

证明：设粒子所处的束缚定态用归一化波函数 $\psi(x,y,z)$ 描写，则在此态中，粒子动能 T 与势能 V 的平均值分别为

$$\overline{T}=\int \psi^*(x,y,z)\left(-\frac{\hbar^2}{2\mu}\nabla^2\right)\psi(x,y,z)\,d\tau \tag{1}$$

$$\overline{V}=\int \psi^*(x,y,z)V(x,y,z)\psi(x,y,z)\,d\tau \tag{2}$$

则粒子在态 $\psi(x,y,z)$ 中的能量本征值 E 为

$$E=\overline{T}+\overline{V} \tag{3}$$

现取试探波函数

$$\phi(\lambda)=c\psi(\lambda x,\lambda y,\lambda z) \tag{4}$$

式中：c 为归一化常数。由归一化条件

$$\int |\phi(\lambda)|^2 d\tau = \int |c\psi(\lambda x,\lambda y,\lambda z)|^2 dx dy dz = 1 \tag{5}$$

可得

$$c=\lambda^{3/2} \tag{6}$$

将式(6)代入式(4)，得

$$\phi(\lambda)=\lambda^{3/2}\psi(\lambda x,\lambda y,\lambda z) \tag{7}$$

再令

$$X=\lambda x,\ Y=\lambda y,\ Z=\lambda z \tag{8}$$

则

$$\nabla^2=\frac{\partial^2}{\partial x^2}+\frac{\partial^2}{\partial y^2}+\frac{\partial^2}{\partial z^2}=\lambda^2\left(\frac{\partial^2}{\partial X^2}+\frac{\partial^2}{\partial Y^2}+\frac{\partial^2}{\partial Z^2}\right)=\lambda^2\nabla'^2 \tag{9}$$

其中：

$$\nabla'^2=\frac{\partial^2}{\partial X^2}+\frac{\partial^2}{\partial Y^2}+\frac{\partial^2}{\partial Z^2} \tag{10}$$

由此又得

$$\begin{aligned}\overline{T}(\lambda)&=\int\phi^*(\lambda)\left(-\frac{\hbar^2}{2\mu}\nabla^2\right)\phi(\lambda)\mathrm{d}\tau\\&=\int\lambda^3\psi^*(\lambda x,\lambda y,\lambda z)\left(-\frac{\hbar^2}{2\mu}\lambda^2\nabla'^2\right)\psi(\lambda x,\lambda y,\lambda z)\frac{1}{\lambda^3}\mathrm{d}X\mathrm{d}Y\mathrm{d}Z\\&=\lambda^2\overline{T}\end{aligned} \tag{11}$$

$$\begin{aligned}\overline{V}(\lambda)&=\int\phi^*(\lambda)V(x,y,z)\phi(\lambda)\mathrm{d}\tau\\&=\int\lambda^3\psi^*(\lambda x,\lambda y,\lambda z)\lambda^{-n}V(\lambda x,\lambda y,\lambda z)\cdot\psi(\lambda x,\lambda y,\lambda z)\frac{1}{\lambda^3}\mathrm{d}X\mathrm{d}Y\mathrm{d}Z\\&=\lambda^{-n}\overline{V}.\end{aligned} \tag{12}$$

于是在态 $\phi(\lambda)$ 中，粒子能量的期望值 $\overline{H}$ 为

$$\overline{H}(\lambda)=\overline{T}(\lambda)+\overline{V}(\lambda)=\lambda^2\overline{T}+\lambda^{-n}\overline{V} \tag{13}$$

若 $\lambda=1$，则 $\phi(1)=\psi(x,y,z)$，即为粒子所处的束缚定态波函数，相应的能量平均值 $\overline{H}(\lambda)=\overline{H}(1)$。即为粒子能量本征值 E。因此根据变分法的基本原理，体系真实波函数使能量取极值，有

$$\left.\frac{\partial\overline{H}(\lambda)}{\partial\lambda}\right|_{\lambda=1}=0 \tag{14}$$

将式(13)代入式(14)中，有

$$\left.(2\lambda\overline{T}-n\lambda^{n-1}\overline{V})\right|_{\lambda=1}=0$$

得

$$2\overline{T}-n\overline{V}=0$$

即

$$2\overline{T}=n\overline{V} \tag{15}$$

得证。

第三部分 练 习 题

6-1 设粒子在一维势阱 $V(x)=\begin{cases}\lambda x, & 0\leqslant x\leqslant a\\ \infty, & x<0,x>a\end{cases}$ 中运动，$\lambda\ll1$，试用定态微扰论求体系基态能量的一级近似值。

答：$E_0\approx\dfrac{\pi^2\hbar^2}{2ma^2}+\dfrac{\lambda a}{2}$

6-2 已知体系的哈密顿算符为 $\hat{H}=A\hat{\boldsymbol{L}}^2+B\hat{L}_z+\lambda\hat{L}_y$，其中 $A,B\gg\lambda>0$，$\hat{\boldsymbol{L}}$ 为轨道角动

量算符。

(a)　求体系能级的精确值；

(b)　视 λ 项为微扰，求能级的二级修正值。

答：(a)　$E_{lm}=l(l+1)\hbar^2 A+m\hbar\sqrt{B^2+\lambda^2}$，　$l=0,1,2,\cdots,m=0,\pm1,\pm2,\cdots,\pm l$

(b)　$E_{lm}^{(1)}=0, E_{lm}^{(2)}=\dfrac{m\hbar}{2B}\lambda^2$

6-3　设一体系未受微扰作用时只有两个能级：E_{01} 及 E_{02}。受到微扰 $\hat{H}'$ 的作用后，微扰矩阵元为 $H'_{12}=H'_{21}=a, H'_{11}=H'_{22}=b$；$a$、$b$ 都是实数。试用定态微扰论求能量二级近似值并与精确结果进行比较。

答：$E_1\approx E_{01}+b+\dfrac{a^2}{E_{01}-E_{02}}, E_2\approx E_{02}+b+\dfrac{a^2}{E_{02}-E_{01}}$

精确值：

$$E=\frac{1}{2}\left\{(E_{01}+E_{02}+2b)\pm(E_{01}-E_{02})\sqrt{1+(2a/E_{01}-E_{02})^2}\right\}$$

6-4　设在 $\hat{H}_0$ 表象中，$\hat{H}$ 的矩阵表示为

$$H=\begin{pmatrix} E_1{}^0 & 0 & a \\ 0 & E_2{}^0 & b \\ a^* & b^* & E_3{}^0 \end{pmatrix}$$

其中 $E_1{}^0<E_2{}^0<E_3{}^0$，试用定态微扰论求能量的二级修正值。

答：$E_1{}^{(2)}=\dfrac{a^2}{E_1{}^0-E_3{}^0}, E_2{}^{(2)}=\dfrac{b^2}{E_2{}^0-E_3{}^0}, E_3{}^{(2)}=\dfrac{a^2}{E_3{}^0-E_1{}^0}+\dfrac{b^2}{E_3{}^0-E_2{}^0}$

6-5　一维无限深方势阱（$0\leqslant x\leqslant a$）中自旋为 $\dfrac{1}{2}$ 的粒子受到微扰作用：$\hat{H}'=\begin{cases}\eta\cos\dfrac{2\pi x}{a}s_y, & 0\leqslant x\leqslant a \\ 0, & x<0, x>a\end{cases}$，　η 为小量，试求体系基态能量的一级及二级修正值。

答：$E_{1,\pm½}^{(1)}=\mp\dfrac{1}{4}\eta\hbar, E_{1,\pm½}^{(2)}=-\dfrac{1}{64}\dfrac{\mu a^2}{\pi^2}\eta^2$

6-6　质量为 m 的粒子在二维无限深势阱中运动（$0\leqslant x\leqslant a, 0\leqslant y\leqslant a$），在阱内还有一个场，此场中粒子的势能为 $V(x)=\lambda\cos x\cos y$：（为计算简单计，取 $\dfrac{\pi}{a}=1$）：

(a)　写出 $\lambda=0$ 时体系能量最低的四个本征值和相应的本征函数；

(b)　若 $|\lambda|\ll1$，则 $V(x,y)$ 可视为微扰，求第一激发态能量的一级修正值。

答：(a)

$E_{11}=2E_1\left(E_1=\dfrac{\pi^2\hbar^2}{2ma^2}\right)$，无简并

$\psi_{11}=\frac{2}{a}\sin x\sin y$；

$E_{12}=5E_1$，二重简并

$\psi_{12}=\frac{2}{a}\sin 2x\sin y, \psi_{21}=\frac{2}{a}\sin x\sin 2y$；

$E_{22}=8E_1$，无简并

$\psi_{22}=\frac{2}{a}\sin 2x\sin 2y$；

$E_{13}=10E_1$，二重简并

$\psi_{13}=\frac{2}{a}\sin x\sin 3y, \psi_{31}=\frac{2}{a}\sin 3x\sin y$

(b) $E_{12}^{(1)}=\pm\frac{\lambda}{4}$

6-7 处于 np 态的氢原子受到微扰作用：$\hat{H}'=\lambda(x^2-y^2)$，$\lambda$ 是恒定小量。试证明，氢原子能量的三重简并（相应于 $|n,l=1,m=0,\pm1\rangle$ 这三个不同的态）完全被解除。

6-8 在瑞利-薛定谔定态微扰论非简并情况下体系第 k 定态态矢量微扰展开式中：

$$|\psi_k\rangle=|\phi_k\rangle+|\psi_k^{(1)}\rangle+|\psi_k^{(2)}\rangle+\cdots$$

设零级近似 $|\phi_k\rangle$ 已经归一化，则有中间归一化：$\langle\phi_k|\psi_k\rangle=1$。现试将态矢量 $|\psi_k\rangle$ 归一化，并求出在态 $|\psi_k\rangle$ 下找到态 $|\phi_k\rangle$ 的几率。

答：记已归一化的态矢量为 $N_k|\psi_k\rangle$，其归一化常数为

$$N_k\approx\left[1-\sum_n{}'\frac{|H'_{nk}|^2}{(E_k^0-E_n^0)^2}\right]^{1/2};\qquad P_k=N_k{}^2$$

6-9 粒子作一维运动，哈密顿算符为

$$\hat{H}=\hat{H}_0+\hat{H}', \hat{H}_0=-\frac{\hbar^2}{2m}\frac{d^2}{dx^2}-\frac{\alpha\hbar c}{x}, \hat{H}'=\lambda\frac{\hbar^2}{2mx^2}, x>0$$

式中：将 $\hat{H}'$ 视为微扰项。试利用达伽诺-列维斯技巧，求体系基态能量至三级近似。

答：$\hat{F}_{基}=\lambda\frac{mc\alpha}{\hbar}x+\lambda\ln\left(\frac{2mc\alpha}{\hbar}x\right)$；$E_{基}^{(0)}=-\frac{1}{2}\alpha^2mc^2$，

$E_{基}^{(1)}=\lambda\alpha^2mc^2$，$E_{基}^{(2)}=-\lambda^2\frac{5}{2}\alpha^2mc^2$，$E_{基}^{(3)}=\lambda^3 7\alpha^2mc^2$

式中用到 $\phi_{基}(x)=2\sqrt{\left(\frac{mc\alpha}{\hbar}\right)^3}x\exp\left(-\frac{mc\alpha}{\hbar}x\right)$。基态能量精确式是 $E_{基}=-2\alpha^2mc^2(1+\sqrt{1+4\lambda})^{-2}$。

6-10 粒子在一维无限深方势阱（$-a<x<a$）中运动。试应用变分法，选取尝试波函数为

$$\phi(x,\lambda)=|a|^\lambda-|x|^\lambda$$

式中：λ 为变分参数，求体系基态能量。

答:精确解为 $E_1=\frac{\pi^2\hbar^2}{8ma^2}$。应用变分法,有

$$E[\phi]=\frac{(\lambda+1)(2\lambda+1)}{2\lambda-1}\left(\frac{\hbar^2}{4ma^2}\right),\lambda_{最佳}=\frac{\sqrt{6}+1}{2}\approx 1.72,$$

$$E_{基态}\approx\frac{5+2\sqrt{6}}{\pi^2}\left(\frac{\pi^2\hbar^2}{8ma^2}\right)=1.003E_1$$

6-11 转动惯量为 I,电偶极矩为 D 的平面转子置于均匀的电场 $\boldsymbol{\varepsilon}$ 中,若电场 $\boldsymbol{\varepsilon}$ 的方向沿 x 轴,试探波函数取为 $\psi(\lambda,\phi)=\frac{\lambda^{1/2}}{\pi^{1/4}}e^{-\frac{1}{2}\lambda^2\varphi^2}$,用变分法求体系基态能(视 λ 为变分参数)。

答:$E_0=-D\varepsilon+\frac{\hbar}{2}\left(\frac{D\varepsilon}{I}\right)^{1/2}$

6-12 质量为 m 的粒子在有心力场

$$V(r)=-V_0\,\frac{\exp(-r/a)}{r/a},\quad V_0,a>0$$

中运动,试求体系基态能的近似值:

(a) 用测不准关系作粗略估算;

(b) 用变分法估算。试探波函数可取为 $\psi(\lambda,r)=Ne^{-\lambda r/2a}$,$N$ 为归一化常数,λ 为变分参数。

答:(a) $E_0\approx\frac{\hbar^2}{2mR^2}-V_0\,\frac{\exp(-R/a)}{R/a}$ (R 为基态半径)

(b) $E(\lambda)=\frac{\hbar^2\lambda^2}{8ma^2}-\frac{V_0\lambda^3}{2(1+\lambda)^2},\frac{\partial E(\lambda)}{\partial\lambda}=0$

第七章　粒子在电磁场中的运动

第一部分　内容精要

一、粒子在电磁场中的运动方程

1. 无自旋粒子运动的哈密顿算符

在坐标表象写为

$$\hat{H}=\frac{1}{2\mu}(\hat{\boldsymbol{p}}-q\boldsymbol{A})^2+q\phi=\frac{\hat{\boldsymbol{p}}^2}{2\mu}+q\phi-\frac{q}{\mu}\boldsymbol{A}\cdot\hat{\boldsymbol{p}}+\frac{q^2\boldsymbol{A}^2}{2\mu}$$
$$=-\frac{\hbar^2}{2\mu}\nabla^2+q\phi(\boldsymbol{r},t)-\frac{q\hbar}{i\mu}\boldsymbol{A}\cdot\nabla+\frac{q^2\boldsymbol{A}^2(\boldsymbol{r},t)}{2\mu}\tag{7-1}$$

式中:用到库仑规范

$$\nabla\cdot\boldsymbol{A}=0\tag{7-2}$$

故有$[\boldsymbol{A},\hat{\boldsymbol{p}}]=0$。式(7-1)中,右边第一项和第二项分别是粒子的动能项和静电势能函数项;第三项是粒子“轨道”运动与外磁场的耦合作用项,若外磁场恒定均匀,取$\boldsymbol{A}=\frac{1}{2}\boldsymbol{B}\times\boldsymbol{r}$,则有$-\frac{q}{\mu}\boldsymbol{A}\cdot\hat{\boldsymbol{p}}=-\frac{q}{2\mu}\hat{\boldsymbol{L}}\cdot\boldsymbol{B}$;最后一项是逆磁项。

于是,体系的薛定谔方程写为

$$\mathrm{i}\hbar\frac{\partial}{\partial t}\Psi(\boldsymbol{r},t)=\left[\frac{1}{2\mu}(\hat{\boldsymbol{p}}-q\boldsymbol{A})^2+q\phi\right]\Psi(\boldsymbol{r},t)\tag{7-3}$$

2. 几率流密度

将粒子的速度算符由$\hat{\boldsymbol{v}}=\frac{\hat{\boldsymbol{p}}}{\mu}$对应改为$\hat{\boldsymbol{v}}=\frac{\hat{\boldsymbol{p}}-q\boldsymbol{A}}{\mu}$,则几率流密度表示式为

$$\boldsymbol{j}=\mathrm{Re}\left[\Psi^*(\boldsymbol{r},t)\frac{\hat{\boldsymbol{p}}-q\boldsymbol{A}}{\mu}\Psi(\boldsymbol{r},t)\right]$$
$$=-\frac{\mathrm{i}\hbar}{2\mu}(\Psi^*\nabla\Psi-\Psi\nabla\Psi^*)-\frac{q}{\mu}\boldsymbol{A}\Psi^*\Psi\tag{7-4}$$

这比粒子在势场$q\phi(\boldsymbol{r},t)$中运动的情况多出一项$-\frac{q\boldsymbol{A}}{\mu}|\Psi|^2$,它由电磁场的矢势$\boldsymbol{A}(\boldsymbol{r},t)$所引起,有重要作用。

3. 规范变换及规范不变性

电磁场的矢势$\boldsymbol{A}(\boldsymbol{r},t)$和标势$\phi(\boldsymbol{r},t)$都是实函数,它们与电场强度$\boldsymbol{\varepsilon}$和磁感应强度$\boldsymbol{B}$之间的关系式是

$$\boldsymbol{\varepsilon}(\boldsymbol{r},t)=-\nabla\phi(\boldsymbol{r},t)-\frac{\partial}{\partial t}\boldsymbol{A}(\boldsymbol{r},t) \tag{7-5}$$

$$\boldsymbol{B}(\boldsymbol{r},t)=\nabla\times\boldsymbol{A}(\boldsymbol{r},t) \tag{7-6}$$

如果将矢势 $\boldsymbol{A}$ 和标势 ϕ 作变换

$$\boldsymbol{A}\longrightarrow\quad \boldsymbol{A}'=\boldsymbol{A}+\nabla\chi(\boldsymbol{r},t) \tag{7-7}$$

$$\phi\longrightarrow\quad \phi'=\phi-\frac{\partial}{\partial t}\chi(\boldsymbol{r},t) \tag{7-8}$$

称为电磁势的规范变换,式中 $\chi(\boldsymbol{r},t)$ 是任意的一个标量实函数(若在库仑规范 $\boldsymbol{\nabla}\cdot\boldsymbol{A}=0$ 内,还要求 $\boldsymbol{\nabla}^2\ \chi(\boldsymbol{r},t)=0$),则电场强度 $\boldsymbol{\varepsilon}$ 式(7-5)和磁感应强度 $\boldsymbol{B}$ 式(7-6)都不改变。这称为电磁场具有规范不变性。于是,可以选取不同的矢势 $\boldsymbol{A}(\boldsymbol{r},t)$ 和不同的标势 $\phi(\boldsymbol{r},t)$(要求满足变换式(7-7)和(7-8))来描述同一电磁场;看来,电场强度 $\boldsymbol{\varepsilon}(\boldsymbol{r},t)$ 和磁感应强度 $\boldsymbol{B}(\boldsymbol{r},t)$ 是表征一个电磁场的物理量,而矢势 $\boldsymbol{A}(\boldsymbol{r},t)$ 和标势 $\phi(\boldsymbol{r},t)$ 似乎只是描述电磁场的数学量。但是,对于同一电磁场选取不同的矢势 A 和标势 ϕ,体系哈密顿算符 $\hat{H}$ 式(7-1)的具体表示式会不同,因而体系状态波函数表示式可能不同;特别是若算符 $\hat{H}$ 不显含时间 t,选取不同的矢势 $\boldsymbol{A}$ 和标势 ϕ,对应会得到不同的定态波函数完备组(这使人想到粒子三维自由运动,若采用直角坐标系,则体系定态波函数完备组为 $\{\psi_p(\boldsymbol{r})\}$,$\psi_p(\boldsymbol{r})=N\exp\left[\frac{\mathrm{i}}{\hbar}(p_x x+p_y y+p_z z)\right]$;若将坐标系变换为球极坐标系,则体系定态波函数完备组为 $\{\psi_{klm}(\boldsymbol{r})\}$,$\psi_{klm}(\boldsymbol{r})=Nj_l(kr)Y_{lm}(\theta,\varphi)$)。其实,上述不同的定态波函数完备组所描述的都是体系的可能定态,并且,体系的能谱是唯一的。

事实上,若相应地再对体系的状态波函数 $\Psi(\boldsymbol{r},t)$ 作如下么正变换:

$$\Psi(\boldsymbol{r},t)\longrightarrow\Psi'(\boldsymbol{r},t)=\mathrm{e}^{\frac{\mathrm{i}}{\hbar}q\chi(\boldsymbol{r},t)}\Psi(\boldsymbol{r},t) \tag{7-9}$$

称为波函数的局域规范变换,则体系的薛定谔方程(7-3)在式(7-9)以及式(7-7)、(7-8)的变换下方程形式不变,有

$$\mathrm{i}\hbar\frac{\partial}{\partial t}\Psi'(\boldsymbol{r},t)=\left[\frac{(\hat{\boldsymbol{p}}-q\boldsymbol{A}')^2}{2\mu}+q\phi'\right]\Psi'(\boldsymbol{r},t) \tag{7-10}$$

表明 $\Psi'(\boldsymbol{r},t)$ 也是同一体系(带电粒子在同一电磁场中运动)状态的波函数。

值得指出:如果设定电磁场的矢势系直接由 $\boldsymbol{A}=0$ 变换为 $\boldsymbol{A}\neq0$,则由式(7-7)有 $\boldsymbol{A}=\nabla\ \chi(\boldsymbol{r},t)$,则式(7-9)中的位相因子可以写为

$$\mathrm{e}^{\frac{\mathrm{i}}{\hbar}q\chi(\boldsymbol{r},t)}=\exp\left[\frac{\mathrm{i}}{\hbar}q\int\boldsymbol{A}(\boldsymbol{r},t)\cdot\mathrm{d}\boldsymbol{l}\right] \tag{7-11}$$

对于闭合回路 C,上式中 $\oint_C\boldsymbol{A}\cdot\mathrm{d}\boldsymbol{l}=\iint_{S(C)}\boldsymbol{B}\cdot\mathrm{d}\boldsymbol{S}$ 是磁通量,并且 $\oint_C\boldsymbol{A}\cdot\mathrm{d}\boldsymbol{l}$ 是一个规范不变量(因为 $\oint_C\nabla\ \chi\cdot\mathrm{d}\boldsymbol{l}\equiv0$)。

4. 例 1:朗道能级

讨论带电粒子在恒定均匀磁场中运动,设磁场方向沿 z 轴,$\boldsymbol{B}=(0,0,B)$。若取 $\boldsymbol{A}=\frac{1}{2}\boldsymbol{B}\times\boldsymbol{r}$,有 $\boldsymbol{A}=\left(-\frac{1}{2}By,\frac{1}{2}Bx,0\right)$ 满足 $\boldsymbol{\nabla}\times\boldsymbol{A}=\boldsymbol{B}$ 及 $\boldsymbol{\nabla}\cdot\boldsymbol{A}=0$. 体系哈密顿算符 $\hat{H}$ 式(7-1)具体写为

$$\hat{H}=\frac{1}{2\mu}(\hat{p}_x{}^2+\hat{p}_y{}^2+\hat{p}_z{}^2)-\frac{qB}{2\mu}\hat{L}_z+\frac{q^2B^2}{8\mu}(x^2+y^2) \tag{7-12}$$

在垂直于磁场方向的平面(x-y 平面)内，体系的能谱是分立的：

$$E_{n_\rho m}=\left(2n_\rho+|m|-\frac{q}{|q|}m+1\right)\hbar\,\frac{|q|B}{2\mu},$$

即

$$E_n=\left(n+\frac{1}{2}\right)\hbar\omega_0$$

$$\omega_0=\frac{|q|B}{\mu},n=n_\rho+\frac{1}{2}\left(|m|-\frac{q}{|q|}m\right)=0,1,2,\cdots \tag{7-13}$$

这就称为朗道能级。相应的二维运动定态波函数为

$$\psi_{n_\rho m}(\rho,\varphi)=NR_{n_\rho|m|}(\rho)e^{im\varphi} \tag{7-14}$$

其中：径向函数 $R_{n_\rho|m|}(\rho)$就是二维各向同性谐振子定态的径向函数：

$$R_{n_\rho|m|}(\rho)\sim\rho^{|m|}\exp\left(-\frac{|q|B}{4\hbar}\rho^2\right)F\left(-n_\rho,|m|+1,\frac{|q|B}{2\hbar}\rho^2\right) \tag{7-15}$$

F 是合流超几何函数；角向函数 $e^{im\varphi}$描述带电粒子绕磁场方向(z 轴)转动的行波。

但是，若取 $\boldsymbol{A}=(-By,0,0)$也满足$\nabla\times\boldsymbol{A}=\boldsymbol{B}$(沿 z 轴)及$\nabla\cdot\boldsymbol{A}=0$，体系哈密顿算符写为

$$\hat{H}=\frac{\hat{p}_x{}^2}{2\mu}+\left[\frac{\hat{p}_y^2}{2\mu}+\frac{q^2B^2}{2\mu}(y-\hat{y}_0)^2-\frac{q^2B^2}{2\mu}\hat{y}_0{}^2\right]+\frac{\hat{p}_z^2}{2\mu}$$

$$\hat{y}_0=-\frac{\hat{p}_x}{qB} \tag{7-16}$$

在垂直于磁场方向的 x-y 平面内，体系的能谱仍为

$$E_n=\left(n+\frac{1}{2}\right)\hbar\omega_0$$

$$\omega_0=\frac{|q|B}{\mu},\quad n=0,1,2,\cdots \tag{7-17}$$

相应的二维运动定态波函数是

$$\psi_{np_x}(x,y)=N\exp\left[-\frac{|q|B}{2\hbar}(y-y_0)^2\right]H_n\left[\left(\frac{|q|B}{\hbar}\right)^{1/2}(y-y_0)\right]\exp\left(\frac{i}{\hbar}p_xx\right)$$

$$y_0=-\frac{p_x}{qB} \tag{7-18}$$

它描述带电粒子在 y 轴上作简谐振动(平衡位置在 y_0 点)，而在 x 轴方向是自由运动处于平面波状态。

5. 例 2：AB 效应

阿哈罗诺夫(Y. Aharonov)－玻姆(D. Bohm)于 1959 年提出的所谓 AB 效应起初的表述如下：讨论电子束的双缝衍射实验，如图 7-1 所示。电子束如果仅通过单缝 1 而到达屏上，电子波函数在屏上 P 点相对于源处之位相因子为

$$\exp\left[i\frac{2\pi}{\lambda}(d_0+d_1)\right],\ \lambda=\frac{h}{p} \tag{7-19}$$

电子束如果仅通过单缝 2 而到达屏上，电子波函数在屏上 P 点相对于源处之位相因子为

$$\exp\left[\mathrm{i}\frac{2\pi}{\lambda}(d_0+d_2)\right] \tag{7-20}$$

两条路径之间的位相差为 $\exp\left[\mathrm{i}2\pi\frac{d_2-d_1}{\lambda}\right]$。于是，当电子束通过双缝到达屏上时，电子波函数在 P 点有

$$\psi\sim\psi_0\left[1+\exp\left(\mathrm{i}2\pi\frac{d_2-d_1}{\lambda}\right)\right] \tag{7-21}$$

则

$$|\psi|^2\sim|\psi_0|^2 4\cos^2\left(\pi\frac{d_2-d_1}{\lambda}\right) \tag{7-22}$$

由图 7-1 知：

$$d_1=\sqrt{L^2+\left(S-\frac{\delta}{2}\right)^2}\approx\sqrt{L^2+S^2}-\frac{\delta}{2}\sin\theta$$

$$d_2=\sqrt{L^2+\left(S+\frac{\delta}{2}\right)^2}\approx\sqrt{L^2+S^2}+\frac{\delta}{2}\sin\theta \tag{7-23}$$

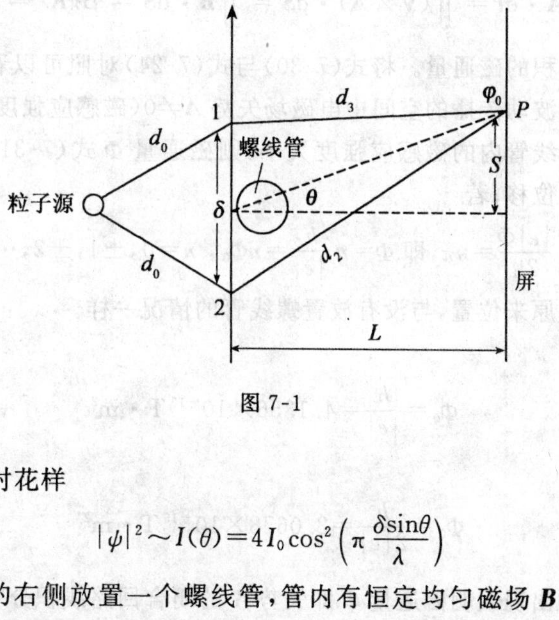

图 7-1

故屏上电子束双缝衍射花样

$$|\psi|^2\sim I(\theta)=4I_0\cos^2\left(\pi\frac{\delta\sin\theta}{\lambda}\right) \tag{7-24}$$

如果在双缝 1、2 之间的右侧放置一个螺线管，管内有恒定均匀磁场 $\boldsymbol{B}$，其方向垂直于纸面（平行于双缝），管外没有磁场：$\boldsymbol{B}=0$，但有矢势：$\boldsymbol{A}\neq0$，事实上，取

$$\boldsymbol{A}=\begin{cases}\hat{\mathrm{e}}_\varphi\dfrac{1}{2}Br, & r<R(\text{螺线管半径})\\ \hat{\mathrm{e}}_\varphi\dfrac{1}{2}B\dfrac{R^2}{r}\neq0, & r>R\end{cases} \tag{7-25}$$

则有

$$\boldsymbol{B}=\boldsymbol{\nabla}\times\boldsymbol{A}=\hat{\mathrm{e}}_z\frac{1}{r}\frac{\partial}{\partial r}(rA_\varphi)=\begin{cases}\hat{\mathrm{e}}_z B, & r<R\\ 0, & r>R\end{cases} \tag{7-26}$$

于是，电子束如果仅通过单缝 1 而到达屏上，由于路径所通过的区域的矢势由 $\boldsymbol{A}=0$ 已变换

为矢势 $\boldsymbol{A}\neq 0$，故电子波函数要作相应的局域规范变换，即要附加上位相因子

$$e^{-\frac{i}{\hbar}e\chi}=e^{-\frac{i}{\hbar}e\int_1 \boldsymbol{A}\cdot d\boldsymbol{l}} \tag{7-27}$$

同理，电子束如果仅通过单缝 2 而到达屏上时，则电子波函数在屏上相对于源处之位相因子为

$$\exp\left[i\frac{2\pi}{\lambda}(d_0+d_2)-i\frac{e}{\hbar}\int_2 \boldsymbol{A}\cdot d\boldsymbol{l}\right] \tag{7-28}$$

两条路径之间的位相差为

$$\exp\left[i2\pi\frac{d_2-d_1}{\lambda}-i\frac{e}{\hbar}\oint \boldsymbol{A}\cdot d\boldsymbol{l}\right] \tag{7-29}$$

于是，当电子束通过双缝到达屏上时，屏上电子束双缝衍射花样

$$\begin{aligned}|\psi|^2\sim I(\theta)&=4I_0\cos^2\left(\pi\frac{\delta\sin\theta}{\lambda}-\frac{1}{2}\frac{e}{\hbar}\oint \boldsymbol{A}\cdot d\boldsymbol{l}\right)\\&=4I_0\cos^2\left(\pi\frac{\delta\sin\theta}{\lambda}-\frac{e\Phi}{2\hbar}\right)\end{aligned} \tag{7-30}$$

式中：

$$\oint \boldsymbol{A}\cdot d\boldsymbol{l}=\iint_S(\nabla\times \boldsymbol{A})\cdot d\boldsymbol{S}=\iint_S \boldsymbol{B}\cdot d\boldsymbol{S}=B\pi R^2=\Phi \tag{7-31}$$

是通过螺线管横截面积的磁通量。将式(7-30)与式(7-24)对照可以看出，屏上电子束的双缝衍射花样由于电子波动传播的空间中电磁场矢势 $\boldsymbol{A}\neq 0$(磁感应强度 $\boldsymbol{B}=0$)而位置发生了移动。若连续改变螺线管内的磁感应强度大小，则磁通量 Φ 式(7-31)随之连续改变，屏上衍射花样也随之连续位移；若

$$\frac{|e|\Phi}{2\hbar}=n\pi,\text{即 }\Phi=n\frac{h}{|e|}=n\Phi_0,\ n=0,\pm1,\pm2,\cdots \tag{7-32}$$

屏上衍射花样回复到原来位置，与没有放置螺线管的情况一样。

上式中

$$\Phi_0=\frac{h}{|e|}=4.1356\times10^{-15}\,\mathrm{T\cdot m^2}$$

或在超导问题中记

$$\Phi_0=\frac{h}{2|e|}=2.0678\times10^{-15}\,\mathrm{T\cdot m^2} \tag{7-33}$$

称为磁通量子。它的出现表明磁通量 Φ 即矢势 $\boldsymbol{A}$ 的闭合回路线积分 $\oint \boldsymbol{A}\cdot d\boldsymbol{l}$ 式(7-31)量子化，为 Φ_0 的整数倍。这来源于电子波函数满足的物理条件。事实上，对照式(7-21)，电子束若是通过双缝及电磁场矢势 $\boldsymbol{A}\neq 0$ 的空间区域到达屏上，电子波函数在 P 点有

$$\psi\sim\psi_0\left[1+\exp\left(i2\pi\frac{d_2-d_1}{\lambda}-i\frac{e}{\hbar}\oint \boldsymbol{A}\cdot d\boldsymbol{l}\right)\right] \tag{7-34}$$

由于波函数的单值性，要求

$$\frac{|e|}{\hbar}\oint \boldsymbol{A}\cdot d\boldsymbol{l}=2\pi n,\ n=0,\pm1,\pm2,\cdots \tag{7-35}$$

此即式(7-32)，上述就是 AB 效应。它指出在量子力学中，电磁场矢势的线积分有物理上可观测的意义。AB 效应已多次被实验直接证实。

6. 电子在电磁场中运动计入自旋和相对论性修正后的哈密顿算符

$$\hat{H}=\frac{\hat{\boldsymbol{p}}^2}{2\mu}+q\phi-\frac{q}{\mu}\boldsymbol{A}\cdot\hat{\boldsymbol{p}}-\frac{q}{\mu}\hat{\boldsymbol{s}}\cdot\boldsymbol{B}+\frac{q^2}{2\mu}\boldsymbol{A}^2+\frac{1}{2\mu^2c^2}\hat{\boldsymbol{s}}\cdot[\boldsymbol{\nabla}(q\phi)\times\hat{\boldsymbol{p}}]-\frac{\hat{\boldsymbol{p}}^4}{8\mu^3c^2}+\frac{\hbar^2}{8\mu^2c^2}\boldsymbol{\nabla}^2(q\phi)$$

$$q=-e \tag{7-36}$$

式中共有8项。

二、恒定均匀磁场中的原子

原子在磁场中，定态能量对磁量子数的简并解除。能级进一步分裂，引起光谱线也进一步分裂。分裂的情况视磁场很强或很弱而有不同。

1. 体系的哈密顿算符

讨论在恒定均匀磁场中的氢原子及类氢离子。设磁场方向沿 z 轴方向，$\boldsymbol{B}=(0,0,B)$。取 $\boldsymbol{A}=\frac{1}{2}\boldsymbol{B}\times\boldsymbol{r}$，有 $\boldsymbol{A}=\left(-\frac{1}{2}By,\frac{1}{2}Bx,0\right)$。由式(7-36)，式中 μ 为电子的折合质量，q 取为电子的电量 $-e$，$q\phi$ 取为 $-\frac{Ze^2}{4\pi\varepsilon_0 r}$，则

$$\hat{H}=\frac{\hat{\boldsymbol{p}}^2}{2\mu}-\frac{Ze^2}{4\pi\varepsilon_0 r}+\frac{eB}{2\mu}(\hat{L}_z+2\hat{s}_z)+\frac{e^2B^2}{8\mu}(x^2+y^2)+\frac{Ze^2}{4\pi\varepsilon_0 2\mu^2c^2}\frac{1}{r^3}\hat{\boldsymbol{s}}\cdot\hat{\boldsymbol{L}}-\frac{\hat{\boldsymbol{p}}^4}{8\mu^3c^2}+\frac{Ze^2\pi\hbar^2}{4\pi\varepsilon_0 2\mu^2c^2}\delta(\boldsymbol{r}) \tag{7-37}$$

2. 强场情况：正常塞曼效应

当磁场足够强，磁场将分别与电子的轨道磁矩和自旋磁矩耦合，而式(7-37)中电子的自旋-轨道耦合等最后三项与式中第三、四项相比可以略去。如果磁场不是十分强，逆磁项 $\frac{e^2B^2}{8\mu}(x^2+y^2)$ 又可以略去，则体系的哈密顿算符为

$$\hat{H}=\frac{\hat{\boldsymbol{p}}^2}{2\mu}-\frac{Ze^2}{4\pi\varepsilon_0 r}+\frac{eB}{2\mu}(\hat{L}_z+2\hat{s}_z) \tag{7-38}$$

其本征值为

$$E_{nmm_s}=E_n^0+\mu_B B(m+2m_s)$$
$$n=1,2,3,\cdots,l=0,1,2,\cdots,n-1$$
$$m=0,\pm1,\cdots,\pm l,m_s=\pm\frac{1}{2} \tag{7-39}$$

式中：E_n^0 是氢原子及类氢离子的玻尔-薛定谔能量，μ_B 是玻尔磁子。上式表明，原子在足够强的外磁场中能级 E_n^0 分裂，对角量子数 l 的简并保留，但是对磁量子数 m 和 m_s 的简并解除。

由此，氢原子及类氢离子的光谱线发生分裂。频率为 $\nu_{n'n}=\frac{|E_{n'}^0-E_n^0|}{h}$ 的一条光谱线分裂为三条，三条分线的频率分别为

$$\nu=\nu_{n'n},\quad \nu_{n'n}\pm\frac{\mu_B B}{h} \tag{7-40}$$

实验上，从垂直于磁场方向观测，光谱线分裂为三条，均为线偏振的，其中两条的偏振方向与磁场方向垂直(对应于 $\Delta m=\pm1$、$\Delta m_s=0$的能级跃迁)，另一条的偏振方向与磁场方向平行(对应于 $\Delta m=0$、$\Delta m_s=0$ 的能级跃迁)；在平行逆着磁场的方向只观测到光谱线分裂为两条，分别是左旋和右旋圆偏振的(系对应于$\Delta m=\pm1$、$\Delta m_s=0$ 的能级跃迁)。

3. 弱场情况：反常塞曼效应

如果磁场对于所讨论的原子来说足够弱，式(7-37)中电子的轨道磁矩和自旋磁矩与磁场的耦合作用项与电子的自旋-轨道耦合作用等最后三项相比很小，则可以近似地在氢原子及类氢离子能级精细结构的基础上将前者$\frac{eB}{2\mu}(\hat{L}_z+2\hat{s}_z)$当做微扰项。略去逆磁项，按定态微扰论，体系定态能量一级近似为

$$\begin{aligned}E_{nljm_j}&=E_{nj}^0+E_{nljm_j}^{(1)}\\&=E_{nj}^0+\langle nlsjm_j\left|\frac{eB}{2\mu}(\hat{L}_z+2\hat{s}_z)\right|nlsjm_j\rangle\\&=E_{nj}^0+g_{lsj}\mu_B Bm_j\end{aligned}\tag{7-41}$$

式中：E_{nj}^0表示原子定态能级精细结构(狄拉克能级)，μ_B 是玻尔磁子；g_{lsj}是朗德 g 因子，由角量子数 l、s 和 j 决定，表示为

$$g_{lsj}=1+\frac{j(j+1)+s(s+1)-l(l+1)}{2j(j+1)}\tag{7-42}$$

由式(7-41)看出，氢原子及类氢离子在足够弱的外磁场中能级精细结构对角量子数 l 的简并已解除，并且每一个nl_j 子能级还再分裂为 $2j+1$ 个子能级。

由此，原子光谱线的精细结构会再发生分裂。

4. 氢原子在外恒定均匀强磁场中运动方程的柱面坐标系式

不计入电子的自旋。如果氢原子(及类氢离子)所处的外磁场十分强，则体系的哈密顿算符与式(7-38)相比要加上逆磁项，为

$$\hat{H}=\frac{\hat{\boldsymbol{p}}^2}{2\mu}-\frac{Ze^2}{4\pi\varepsilon_0 r}+\frac{eB}{2\mu}\hat{L}_z+\frac{e^2B^2}{8\mu}(x^2+y^2)\tag{7-43}$$

倘若没有外磁场，$\hat{H}$ 上式是自由氢原子的哈密顿算符；假如上式中没有$-\frac{Ze^2}{4\pi\varepsilon_0 r}$项，$\hat{H}$就是电子在外恒定均匀磁场中运动的哈密顿算符。若外磁场的大小在 $10^5\sim10^6$T，求解体系的定态薛定谔方程完全不能应用定态微扰论，因为核的静电库仑作用项与外磁场的作用项相比较，两者中的哪一项都不是微扰项。将体系的定态薛定谔方程在柱面坐标系中(自然，也可以在球极坐标系中)分离变量，方程的解写为

$$\psi_E(\rho,\varphi,z)=f_E(\rho,z)\mathrm{e}^{\mathrm{i}m\varphi}\tag{7-44}$$

则函数 $f_E(\rho,z)$满足方程

$$\begin{aligned}&\left[-\frac{\hbar^2}{2\mu}\left(\frac{\partial^2}{\partial\rho^2}+\frac{1}{\rho}\frac{\partial}{\partial\rho}+\frac{\partial^2}{\partial z^2}-\frac{m^2}{\rho^2}\right)-\frac{Ze^2}{4\pi\varepsilon_0\sqrt{\rho^2+z^2}}\right.\\&\left.\quad+m\frac{e\hbar}{2\mu}B+\frac{e^2B^2}{8\mu}\rho^2\right]f_E(\rho,z)=Ef_E(\rho,z)\end{aligned}\tag{7-45}$$

但是，上面方程无法再分离变量 ρ 和 z。现今，人们通常应用瑞利-里兹线性变分法，采用各种适当的基函数组来近似求解方程。

三、电场中的原子

1. 氢原子在外恒定均匀电场中能级的线性斯塔克分裂

氢原子(及类氢离子)在外恒定均匀电场 $\boldsymbol{\varepsilon}$ 中,若外电场足够强,则在式(7-36)中最后三项可以略去。取电磁场的矢势 $\boldsymbol{A}=0$,标势 $\phi=-\boldsymbol{\varepsilon}\cdot\boldsymbol{r}$,体系哈密顿算符写为(设外电场的方向沿 z 轴):

$$\hat{H}=\frac{\hat{\boldsymbol{p}}^2}{2\mu}-\frac{Ze^2}{4\pi\varepsilon_0 r}+e\varepsilon z=\hat{H}_0+\hat{H}' \tag{7-46}$$

设式中 $\hat{H}'=e\varepsilon z$ 项可以作为微扰项,则应用定态微扰论容易计算原子能级的一级修正,所得结果即为氢原子斯塔克效应的量子解释(详见第六章第一部分之第六段)。

2. 氢原子在外恒定均匀强电场中运动方程的抛物线坐标系式

体系的哈密顿算符为

$$\hat{H}=\frac{\hat{\boldsymbol{p}}^2}{2\mu}-\frac{Ze^2}{4\pi\varepsilon_0 r}+e\varepsilon z \tag{7-47}$$

采用抛物线坐标系(ξ,η,φ),它与直角坐标系之间的关系是

$$\xi=r+z,\eta=r-z,\varphi=\arctan\left(\frac{y}{x}\right)$$

$$r=\sqrt{x^2+y^2+z^2} \tag{7-48}$$

于是,体系的哈密顿算符写为

$$\hat{H}=-\frac{\hbar^2}{2\mu}\left\{\frac{4}{\xi+\eta}\left[\frac{\partial}{\partial\xi}\left(\xi\frac{\partial}{\partial\xi}\right)+\frac{\partial}{\partial\eta}\left(\eta\frac{\partial}{\partial\eta}\right)\right]+\frac{1}{\xi\eta}\frac{\partial^2}{\partial\varphi^2}\right\}-\frac{2Ze^2}{4\pi\varepsilon_0(\xi+\eta)}+\frac{e\varepsilon}{2}(\xi-\eta) \tag{7-49}$$

体系的定态薛定谔方程可以分离变量,方程的解写为

$$\psi(\xi,\eta,\varphi)=f_1(\xi)f_2(\eta)e^{im\varphi} \tag{7-50}$$

再记

$$\frac{Ze^2}{4\pi\varepsilon_0}=Z'=Z_1+Z_2 \tag{7-51}$$

式(7-50)中的函数 $f_1(\xi)$和 $f_2(\eta)$分别满足方程

$$\left[-\frac{\hbar^2}{2\mu}\left(\frac{d^2}{d\xi^2}+\frac{1}{\xi}\frac{d}{d\xi}-\frac{m^2}{4\xi^2}\right)-\frac{Z_1}{2\xi}+\frac{e\boldsymbol{\varepsilon}}{8}\xi\right]f_1(\xi)=\frac{E}{4}f_1(\xi) \tag{7-52}$$

$$\left[-\frac{\hbar^2}{2\mu}\left(\frac{d^2}{d\eta^2}+\frac{1}{\eta}\frac{d}{d\eta}-\frac{m^2}{4\eta^2}\right)-\frac{Z_2}{2\eta}-\frac{e\varepsilon}{8}\eta\right]f_2(\eta)=\frac{E}{4}f_2(\eta) \tag{7-53}$$

这两个方程与粒子在二维中心势场中运动径向函数满足的方程形式相同。在没有外电场($\boldsymbol{\varepsilon}=0$)的情况下,方程(7-52)与(7-53)是同一个方程,给出自由氢原子的能谱;在存在外电场($\boldsymbol{\varepsilon}\neq0$)的情况下,不管外电场的作用项 $e\varepsilon z$ 是否能够作为微扰项,方程(7-52)和(7-53)(这两个方程并没有耦合)共同描述氢原子(及类氢离子)在外恒定均匀电场中的运动。

3. 振荡电场中的原子

具体讨论氢原子(及类氢离子)和碱金属原子。原子处于外振荡电场中,电磁矢势和标势分别取为

$$\boldsymbol{A}=0,\phi=-\boldsymbol{\varepsilon}_0\cdot\boldsymbol{r}\cos\omega t \tag{7-54}$$

体系的哈密顿算符为(设 $\boldsymbol{\varepsilon}_0$ 的方向沿 z 轴)：

$$\hat{H}=\frac{\hat{\boldsymbol{p}}^2}{2\mu}+V(r)+e\varepsilon_0 z\cos\omega t=\hat{H}_0+\hat{H}' \tag{7-55}$$

由于算符 $\hat{H}$ 是时间 t 的周期函数，可以寻求体系含时薛定谔方程

$$\mathrm{i}\hbar\frac{\partial}{\partial t}\Psi(t)=\hat{H}\Psi(t) \tag{7-56}$$

的具有与算符 $\hat{H}$ 相同周期 $T=\dfrac{2\pi}{\omega}$的周期解(并计入位相因子)：

$$\Psi(t)=\mathrm{e}^{-\frac{\mathrm{i}}{\hbar}Et}\Phi_E(t),\ \Phi_E(t+T)=\Phi_E(t) \tag{7-57}$$

将上式代入方程(7-56)，得到周期函数 $\Phi_E(t)$满足的方程

$$\left(\hat{H}-\mathrm{i}\hbar\frac{\partial}{\partial t}\right)\Phi_E=E\Phi_E \tag{7-58}$$

这是算符 $\hat{H}-\mathrm{i}\hbar\dfrac{\partial}{\partial t}$的本征值方程。本征值 E 称为准能量，相应的本征函数 Φ_E 或 $\Psi(t)$式(7-57)称为准能态(或弗洛盖态)波函数。本征函数组$\{\Phi_E\}$构成完备组，体系的任一状态波函数可以按$\{\Phi_E\}$展开，并且诸展开系数均不显含时间 t。

记

$$\hat{H}_0=\frac{\hat{\boldsymbol{p}}^2}{2\mu}+V(r) \tag{7-59}$$

的正交归一化本征函数完备组为$\{\psi_n\}$，相应的本征值谱为$\{E_n{}^0\}$，则算符 $\hat{H}_0-\mathrm{i}\hbar\dfrac{\partial}{\partial t}$的本征函数完备组及相应的本征值谱可分别取为$\{\phi_{nk}\}$和$\{E_{nk}^0\}$：

$$\phi_{nk}=\psi_n\mathrm{e}^{\mathrm{i}k\omega t} \tag{7-60}$$

$$E_{nk}^0=E_n^0+k\hbar\omega \tag{7-61}$$

将 $\hat{H}'=\mathrm{e}\varepsilon_0 z\cos\omega t$ 视为微扰项。对于 E_n^0 无简并的情况(例如氢原子和类氢离子的基能级，碱金属原子的 $l=0$ 能级)，应用非简并情况的定态微扰论，其中两态 ϕ_1 与 ϕ_2 的内积定义为

$$\ll\phi_1|\phi_2\gg=\frac{1}{T}\int_0^T\langle\phi_1(t)\mid\phi_2(t)\rangle\mathrm{d}t \tag{7-62}$$

可知算符 $\hat{H}$ 的本征值 E_n(看做是算符 $\hat{H}-\mathrm{i}\hbar\dfrac{\partial}{\partial t}$的本征值 E_{n0})的零级近似为 E_n^0(即 E_{n0}^0)，一级修正 $E_n{}^{(1)}$ 显然等于零(由式 7-62)。二级修正为

$$E_n{}^{(2)}=\sum_{E_{mk}^0(\neq E_{n0}^0)}{}'\frac{|\ll\phi_{n0}\mid e\varepsilon_0\hat{z}\cos\omega t\mid\phi_{mk}\gg|^2}{E_{n0}^0-E_{mk}^0} \tag{7-63}$$

由式(7-62)知，式中只有 $k=+1$ 和 -1 两个矩阵元不为零，于是得到

$$E_n{}^{(2)}=\frac{e^2\varepsilon_0{}^2}{4}\left[\sum_{E_m^0+\hbar\omega\neq E_n^0}{}'\frac{|\langle\psi_n\mid\hat{z}\mid\psi_m\rangle|^2}{E_n^0-E_m^0-\hbar\omega}+\sum_{E_m^0-\hbar\omega\neq E_n^0}{}'\frac{|\langle\psi_n\mid\hat{z}\mid\psi_m\rangle|^2}{E_n^0-E_m^0+\hbar\omega}\right] \tag{7-64}$$

上式就是氢原子(类氢离子)和碱金属原子能级的交流平方斯塔克位移。能级位移量依赖于外电场的角频率 ω；当 $\omega\to 0$ 时，上式就化为通常的平方斯塔克位移表示式(上式中会多出因子$\dfrac{1}{2}$，这是因为强度为 $\varepsilon_0{}^2\cos^2\omega t$ 的交变电场的时间平均结果相当于是强度为$\dfrac{\varepsilon_0{}^2}{2}$的直流电场)。

由式(7-64),可得原子在定态 ψ_n 下的频率相关电极化率为

$$\alpha(\omega)=e^2\left[\sum_{E_m^0+\hbar\omega\neq E_n^0}{}' \frac{|\langle\psi_n|\hat{z}|\psi_m\rangle|^2}{E_m^0+\hbar\omega-E_n^0}+\sum_{E_m^0-\hbar\omega\neq E_n^0}{}' \frac{|\langle\psi_n|\hat{z}|\psi_m\rangle|^2}{E_m^0-\hbar\omega-E_n^0}\right] \tag{7-65}$$

当 $\omega\to 0$ 时,上式就化为通常的静电极化率表示式。若 $\omega=\pm\dfrac{E_m{}^0-E_n{}^0}{\hbar}$,将引起原子在能级 E_m^0 与 E_n^0 之间的电偶极辐射跃迁。

第二部分　例　题

7-1　证明:在规范变换下:

(a)　$\rho=\psi^*(\boldsymbol{r},t)\psi(\boldsymbol{r},t)$;

(b)　$\boldsymbol{j}(\boldsymbol{r},t)=\dfrac{1}{2\mu}[\psi^*(\boldsymbol{r},t)\hat{\boldsymbol{p}}\psi(\boldsymbol{r},t)-\psi(\boldsymbol{r},t)\hat{\boldsymbol{p}}\psi^*(\boldsymbol{r},t)]\dfrac{q}{\mu}\boldsymbol{A}\psi^*(\boldsymbol{r},t)\psi(\boldsymbol{r},t)$;

(c)　$\bar{F}=\displaystyle\int\psi^*(\boldsymbol{r},t)F(\boldsymbol{r},\hat{\boldsymbol{p}}-q\boldsymbol{A})\psi(\boldsymbol{r},t)\mathrm{d}\tau$

都不变。

证明:电磁势的规范变换即是将电磁场的矢势 $\boldsymbol{A}$ 和标势 ϕ 作如下变换:

$$A\longrightarrow A'=A+\nabla\chi(\boldsymbol{r},t) \tag{1}$$

$$\phi\longrightarrow\phi'=\phi-\frac{\partial}{\partial t}\chi(\boldsymbol{r},t) \tag{2}$$

与此同时,波函数也作相应的变换

$$\psi(\boldsymbol{r},t)\longrightarrow\psi'(\boldsymbol{r},t)=\psi(\boldsymbol{r},t)\exp\left[\frac{\mathrm{i}q}{\hbar}\chi(\boldsymbol{r},t)\right] \tag{3}$$

由于

$$(\hat{\boldsymbol{p}}-q\boldsymbol{A}')\psi'(\boldsymbol{r},t)=(\hat{\boldsymbol{p}}-q\boldsymbol{A}')\psi(\boldsymbol{r},t)\exp\left[\frac{\mathrm{i}q}{\hbar}\chi(\boldsymbol{r},t)\right]$$

$$=\hat{\boldsymbol{p}}\psi(\boldsymbol{r},t)\exp\left[\frac{\mathrm{i}q}{\hbar}\chi(\boldsymbol{r},t)\right]-q\boldsymbol{A}'\psi(\boldsymbol{r},t)\exp\left[\frac{\mathrm{i}q}{\hbar}\chi(\boldsymbol{r},t)\right]$$

$$=\exp\left[\frac{\mathrm{i}q}{\hbar}\chi(\boldsymbol{r},t)\right]\hat{\boldsymbol{p}}\psi(\boldsymbol{r},t)+\psi(\boldsymbol{r},t)\left[\frac{\hbar}{\mathrm{i}}\cdot\frac{\mathrm{i}q}{\hbar}\nabla\chi(\boldsymbol{r},t)\right]\cdot$$

$$\exp\left[\frac{\mathrm{i}q}{\hbar}\chi(\boldsymbol{r},t)\right]-q\boldsymbol{A}'\psi(\boldsymbol{r},t)\exp\left[\frac{\mathrm{i}q}{\hbar}\chi(\boldsymbol{r},t)\right]$$

$$=\exp\left[\frac{\mathrm{i}q}{\hbar}\chi(\boldsymbol{r},t)\right][\hat{\boldsymbol{p}}+q\nabla\chi(\boldsymbol{r},t)-q\boldsymbol{A}']\psi(\boldsymbol{r},t)$$

$$=\exp\left[\frac{\mathrm{i}q}{\hbar}\chi(\boldsymbol{r},t)\right][\hat{\boldsymbol{p}}+q(\boldsymbol{A}'-\boldsymbol{A})-q\boldsymbol{A}']\psi(\boldsymbol{r},t)$$

$$=\exp\left[\frac{\mathrm{i}q}{\hbar}\chi(\boldsymbol{r},t)\right](\hat{\boldsymbol{p}}-q\boldsymbol{A})\psi(\boldsymbol{r},t) \tag{4}$$

式中用到了式(1)。同理可得

$$(\hat{\boldsymbol{p}}-q\boldsymbol{A}')^2\psi'(\boldsymbol{r},t)=\exp\left[\frac{\mathrm{i}q}{\hbar}\chi(\boldsymbol{r},t)\right](\hat{\boldsymbol{p}}-q\boldsymbol{A})^2\psi(\boldsymbol{r},t) \tag{5}$$

于是

$$\left[\frac{1}{2\mu}(\hat{\boldsymbol{p}}-q\boldsymbol{A}')^2+q\phi'\right]\psi'(\boldsymbol{r},t)$$

$$=\frac{1}{2\mu}(\hat{\boldsymbol{p}}-q\boldsymbol{A}')^2\psi'(\boldsymbol{r},t)+q\phi'\psi'(\boldsymbol{r},t)$$

$$=\frac{1}{2\mu}\left\{\exp\left[\frac{\mathrm{i}q}{\hbar}\chi\right](\hat{\boldsymbol{p}}-q\boldsymbol{A})^2\psi\right\}+q\left(\phi-\frac{\partial\chi}{\partial t}\right)\exp\left[\frac{\mathrm{i}q}{\hbar}\chi\right]\psi$$

$$=\exp\left[\frac{\mathrm{i}q}{\hbar}\chi\right]\left\{\frac{1}{2\mu}\left[(\hat{\boldsymbol{p}}-q\boldsymbol{A})^2+q\phi\right]\psi-q\frac{\partial\chi}{\partial t}\psi\right\} \tag{6}$$

再利用含时薛定谔方程

$$\mathrm{i}\hbar\frac{\partial}{\partial t}\psi(\boldsymbol{r},t)=\left[\frac{1}{2\mu}(\hat{\boldsymbol{p}}-q\boldsymbol{A})^2+q\phi\right]\psi(\boldsymbol{r},t) \tag{7}$$

式(6)化简为

$$\left[\frac{1}{2\mu}(\hat{\boldsymbol{p}}-q\boldsymbol{A}')^2+q\phi'\right]\psi'(\boldsymbol{r},t)=\exp\left[\frac{\mathrm{i}q}{\hbar}\chi\right]\left\{\mathrm{i}\hbar\frac{\partial}{\partial t}\psi-q\frac{\partial x}{\partial t}\psi\right\} \tag{8}$$

又

$$\mathrm{i}\hbar\frac{\partial}{\partial t}\psi'(\boldsymbol{r},t)=\mathrm{i}\hbar\frac{\partial}{\partial t}\left\{\psi(\boldsymbol{r},t)\exp\left[\frac{\mathrm{i}q}{\hbar}\chi(\boldsymbol{r},t)\right]\right\}$$

$$=\mathrm{i}\hbar\left\{\exp\left[\frac{\mathrm{i}q}{\hbar}\chi(\boldsymbol{r},t)\right]\frac{\partial}{\partial t}\psi(\boldsymbol{r},t)+\psi(\boldsymbol{r},t)\frac{\mathrm{i}q}{\hbar}\frac{\partial\chi(\boldsymbol{r},t)}{\partial t}\cdot\exp\left[\frac{\mathrm{i}q}{\hbar}\chi(\boldsymbol{r},t)\right]\right\}$$

$$=\exp\left[\frac{\mathrm{i}q}{\hbar}\chi(\boldsymbol{r},t)\right]\left(i\hbar\frac{\partial}{\partial t}\psi\right)-q\frac{\partial\chi}{\partial t}\psi\exp\left[\frac{\mathrm{i}q}{\hbar}\chi(\boldsymbol{r},t)\right]$$

$$=\exp\left[\frac{\mathrm{i}q}{\hbar}\chi\right]\left\{i\hbar\frac{\partial}{\partial t}\psi-q\frac{\partial\chi}{\partial t}\psi\right\} \tag{9}$$

比较(8)、(9)两式,显然有

$$\mathrm{i}\hbar\frac{\partial}{\partial t}\psi'(\boldsymbol{r},t)=\left[\frac{1}{2\mu}(\hat{\boldsymbol{p}}-q\boldsymbol{A}')^2+q\phi'\right]\psi'(\boldsymbol{r},t) \tag{10}$$

式(10)表明在规范变换下,薛定谔方程不变。于是

(a) $$\rho=\psi'^*(\boldsymbol{r},t)\psi'(\boldsymbol{r},t)=\left\{\psi^*(\boldsymbol{r},t)\exp\left[-\frac{\mathrm{i}q}{\hbar}\chi\right]\right\}\left\{\psi(\boldsymbol{r},t)\exp\left[\frac{\mathrm{i}q}{\hbar}\chi\right]\right\}=|\psi(\boldsymbol{r},t)|^2 \tag{11}$$

保持不变。

(b) 几率流密度

$$\boldsymbol{j}'=\frac{1}{2\mu}\{\psi'^*(\boldsymbol{r},t)(\hat{\boldsymbol{p}}-q\boldsymbol{A}')\psi'(\boldsymbol{r},t)+\psi'(\boldsymbol{r},t)(\hat{\boldsymbol{p}}-q\boldsymbol{A}')^*\psi'^*(\boldsymbol{r},t)\}$$

$$=\frac{1}{2\mu}\{\psi^*(\boldsymbol{r},t)(\hat{\boldsymbol{p}}-q\boldsymbol{A})\psi(\boldsymbol{r},t)+\psi(\boldsymbol{r},t)(\hat{\boldsymbol{p}}-q\boldsymbol{A})^*\psi^*(\boldsymbol{r},t)\}$$

$$=\boldsymbol{j} \tag{12}$$

保持不变。式中用到了式(3)与式(4)。

(c) 力学量的期望值

$$\overline{F}'=\int\psi'^*(\boldsymbol{r},t)F(\boldsymbol{r},\hat{\boldsymbol{p}}-q\boldsymbol{A}')\psi'(\boldsymbol{r},t)\mathrm{d}\tau$$

$$=\int\psi'^*(\boldsymbol{r},t)\Big[\sum_n c_n(\boldsymbol{r})(\hat{\boldsymbol{p}}-q\boldsymbol{A}')^n\Big]\psi'(\boldsymbol{r},t)\mathrm{d}\tau$$

$$=\int\psi'^*(\boldsymbol{r},t)\sum_n c_n(\boldsymbol{r})[(\hat{\boldsymbol{p}}-q\boldsymbol{A}')^n\psi'(\boldsymbol{r},t)]\mathrm{d}\tau$$

$$\xlongequal{\text{利用式(4)}}\int\psi'^*(\boldsymbol{r},t)\sum_n c_n(\boldsymbol{r})\Big[\exp\Big(\frac{\mathrm{i}q}{\hbar}\chi\Big)(\hat{\boldsymbol{p}}-q\boldsymbol{A}')^n\psi'(\boldsymbol{r},t)\mathrm{d}\tau\Big]$$

$$=\int\psi'^*(\boldsymbol{r},t)\exp\Big(\frac{\mathrm{i}q}{\hbar}\chi\Big)\Big[\sum_n c_n(\boldsymbol{r})(\hat{\boldsymbol{p}}-q\boldsymbol{A})^n\Big]\psi(\boldsymbol{r},t)\mathrm{d}\tau$$

$$=\int\psi^*(\boldsymbol{r},t)F(\boldsymbol{r},\hat{\boldsymbol{p}}-q\boldsymbol{A})\psi(\boldsymbol{r},t)\mathrm{d}\tau$$

$$=\bar{F} \tag{13}$$

保持不变。

7-2　带电荷 q 的平面转子置于恒定均匀磁场 $\boldsymbol{B}$ 中，$\boldsymbol{B}$ 的方向垂直于转子运动的平面。求：体系定态能级的表示式。

解：　设转子运动的平面为 x-y 平面，磁场方向沿 z 轴，$\boldsymbol{B}=(0,0,B)$ 矢势 $\boldsymbol{A}$ 取为 $\boldsymbol{A}=\frac{1}{2}\boldsymbol{B}\times\boldsymbol{r}$，转子的转动惯量为 I，则

$$A_x=-\frac{1}{2}By,\ A_y=\frac{1}{2}Bx,\ A_z=0 \tag{1}$$

体系的哈密顿算符为：

$$\hat{H}=\frac{\hat{L}_z^2}{2I}-\frac{qB}{2\mu}\hat{L}_z+\frac{q^2}{2\mu}\Big[\Big(-\frac{1}{2}By\Big)^2+\Big(\frac{1}{2}Bx\Big)^2\Big]$$

$$=\frac{\hat{L}_z^2}{2I}-\frac{qB}{2\mu}\hat{L}_z+\frac{q^2B^2I}{8\mu^2} \tag{2}$$

取体系力学量的完全集合为 $\{\hat{L}_z\}$，相应的正交归一本征函数完备集为 $\Big\{\frac{1}{\sqrt{2\pi}}\mathrm{e}^{\mathrm{i}m\varphi}\Big\}$ $(m=0,\pm1,\pm2,\cdots)$，则易得体系的能量本征值为

$$\hat{H}\psi_m(\varphi)=E_m\psi_m(\varphi) \tag{3}$$

即

$$\hat{H}\Big(\frac{1}{\sqrt{2\pi}}\mathrm{e}^{\mathrm{i}m\varphi}\Big)=\Big(\frac{\hat{L}_z{}^2}{2I}-\frac{qB}{2\mu}\hat{L}_z+\frac{q^2B^2I}{8\mu^2}\Big)\Big(\frac{1}{\sqrt{2\pi}}\mathrm{e}^{\mathrm{i}m\varphi}\Big)$$

$$=\Big(\frac{m^2\hbar^2}{2I}-\frac{m\hbar qB}{2\mu}+\frac{q^2B^2I}{8\mu^2}\Big)\Big(\frac{1}{\sqrt{2\pi}}\mathrm{e}^{\mathrm{i}m\varphi}\Big)$$

$$=E_m\Big(\frac{1}{\sqrt{2\pi}}\mathrm{e}^{\mathrm{i}m\varphi}\Big)$$

得

$$E_m=\frac{m^2\hbar^2}{2I}-\frac{m\hbar qB}{2\mu}+\frac{q^2B^2I}{8\mu^2},\ m=0,\pm1,\pm2,\cdots \tag{4}$$

7-3　带电粒子被限制在半径为 a 的平面圆周轨道上运动。

(a) 求体系定态的能量、相应的波函数以及磁矩；

(b) 如果在垂直于圆周轨道平面的方向上加入恒定均匀磁场 $\boldsymbol{B}$，再求体系定态的能量和波函数。

解：(a) 选取平面圆周轨道上一固定点为原点，粒子作圆周运动距原点的位移记为 x，则体系的哈密顿算符

$$\hat{H}=\frac{\hat{p}^2}{2\mu}=-\frac{\hbar^2}{2\mu}\frac{\mathrm{d}^2}{\mathrm{d}x^2} \tag{1}$$

定态薛定谔方程写为

$$\frac{\mathrm{d}^2}{\mathrm{d}x^2}\psi+k^2\psi=0,\quad k^2=\frac{2\mu E_0}{\hbar^2} \tag{2}$$

方程解为

$$\psi=N\mathrm{e}^{\pm ikx} \tag{3}$$

由于波函数要求单值性：

$$\psi(x+2\pi a)=\psi(x) \tag{4}$$

有

$$k=\frac{n}{a},\quad n=0,1,2,\cdots \tag{5}$$

又，归一化常数由 $\int_0^{2\pi a}|\psi(x)|^2\mathrm{d}x=1$，得

$$N=\frac{1}{\sqrt{2\pi a}} \tag{6}$$

于是，体系定态的能谱及相应波函数组为

$$E_n^0=\frac{n^2\hbar^2}{2\mu a^2},\quad \psi_n(x)=\frac{1}{\sqrt{2\pi a}}\mathrm{e}^{\pm in\frac{x}{a}},\quad n=0,1,2,\cdots \tag{7}$$

体系的磁偶极矩

$$M=\text{轨道包围的面积}\times\text{电流}=\pm\pi a^2\ \frac{q}{\tau} \tag{8}$$

式中：

$$\frac{1}{\tau}=\frac{v}{2\pi a}=\frac{p}{2\pi a\mu}=\frac{\hbar k}{2\pi a\mu}=\frac{n\hbar}{2\pi a^2\mu} \tag{9}$$

故

$$M=\pm\frac{q\hbar}{2\mu}n,\quad n=0,1,2,\cdots \tag{10}$$

(b) 加入磁场后，体系的哈密顿算符写为

$$\hat{H}=\frac{(\hat{p}-qA)^2}{2\mu}=\frac{1}{2\mu}\left(\frac{\hbar}{i}\frac{\mathrm{d}}{\mathrm{d}x}-qA\right)^2 \tag{11}$$

式中：取 $A=\frac{1}{2}aB$，满足 $\nabla\times\boldsymbol{A}=\boldsymbol{B}$。定态薛定谔方程为

$$-\frac{\hbar^2}{2\mu}\frac{\mathrm{d}^2}{\mathrm{d}x^2}\psi-\frac{\hbar qA}{\mathrm{i}\mu}\frac{\mathrm{d}}{\mathrm{d}x}\psi+\frac{q^2A^2}{2\mu}\psi=E\psi \tag{12}$$

记方程解为

$$\psi = e^{px} \tag{13}$$

则要求 p 满足方程

$$-\frac{\hbar^2}{2\mu}p^2 - \frac{\hbar qA}{i\mu}p + \frac{q^2A^2}{2\mu} - E = 0 \tag{14}$$

即

$$p^2 + 2up + w = 0 \tag{15}$$

式中：

$$u = -i\frac{qA}{\hbar} = -ij, \quad j = \frac{qA}{\hbar},$$

$$w = \frac{2\mu E}{\hbar^2} - \frac{q^2A^2}{\hbar^2} = k^2 - j^2, \quad k^2 = \frac{2\mu E}{\hbar^2}$$

解得

$$p = -u \pm \sqrt{u^2 - w} = i(j \pm k) \tag{16}$$

得体系定态薛定谔方程的解为

$$\psi_+ = e^{i(j+k)x}, \quad \psi_- = e^{i(j-k)x} \tag{17}$$

再要求波函数满足单值性条件：$\psi_\pm(x+2\pi a) = \psi_\pm(x)$，则对于 ψ_+，有 $j+k=\frac{n}{a}$；对于 ψ_-，有 $j-k=-\frac{n}{a}, n=0,1,2,\cdots$ 得到

$$k_+ = j - \frac{n}{a}, \quad k_- = j + \frac{n}{a}, \quad n = 0,1,2,\cdots$$

于是，体系定态的波函数组为

$$\psi_\pm = Ne^{\pm i\frac{n}{a}x}, \quad n = 0,1,2,\cdots \tag{18}$$

相应的能量

$$E_\pm = \frac{\hbar^2}{2\mu}k_\pm^2 = \frac{\hbar^2}{2\mu}\left(\frac{n}{a} \mp j\right)^2 = \frac{n^2\hbar^2}{2\mu a^2} \mp \frac{n\hbar^2 j}{\mu a} + \frac{\hbar^2 j^2}{2\mu}$$

$$n = 0,1,2,\cdots, j = \frac{qA}{\hbar}, A = \frac{1}{2}aB \tag{19}$$

记式(19)中 $E_\pm$ 为

$$E_\pm = E_n^0 + E_1 + E_2$$

其中：

$$E_1 = \mp\frac{n\hbar^2 j}{\mu a}, E_2 = \frac{\hbar^2 j^2}{2\mu}$$

对应于定态 $\psi_+(x)$，有

$$E_1 = -\frac{n\hbar^2 j}{\mu a} = -\frac{nq\hbar}{2\mu}B = -MB \tag{20}$$

故 E_1 是体系磁偶极矩与外磁场的耦合作用能量，即顺磁能，为负值。对应于定态 $\psi_-(x)$，顺磁能 E_1 则为正值。又，

$$E_2 = \frac{\hbar^2 j^2}{2\mu} = \frac{q^2A^2}{2\mu} = \frac{q^2a^2B^2}{8\mu} \tag{21}$$

是外加磁场导致体系磁偶极矩的改变与外磁场的耦合作用能量，即逆磁能。事实上，按经典考虑，设想外加磁场系由零逐渐增至最终值 B_0。其间，按法拉第定律，有

$$\pi a^2 \frac{\mathrm{dB}}{\mathrm{d}t}=2\pi a\varepsilon$$

式中 ε 是感生电场的强度。带电荷 q 的粒子设在态 ψ_+ 下运动，记其速度为 v，则

$$m\mathrm{d}v=-q\varepsilon\,\mathrm{d}t=-\frac{qa}{2}\mathrm{d}B$$

而体系的磁矩为

$$M=\pi a^2\ \frac{q}{\tau}=\frac{qav}{2} \tag{22}$$

故

$$\mathrm{d}M=\frac{qa}{2}\mathrm{d}v=-\frac{q^2a^2}{4\mu}\mathrm{d}B$$

因此逆磁能

$$E_{逆}=-\int_0^{B_0}B\mathrm{d}M=\frac{q^2a^2}{4\mu}\int_0^{B_0}B\mathrm{d}B=\frac{q^2a^2{B_0}^2}{8\mu} \tag{23}$$

由于上式中不包含普朗克常数 $\hbar$，故量子力学考虑与经典考虑是一致的。不论体系是处于 ψ_+ 或 ψ_- 态下，也不论 q 是正或负，逆磁能 E_2 都是正值。

7-4 自旋 $s=\dfrac{1}{2}$（自旋磁矩值为 μ_0）、带电荷 q 的粒子在恒定均匀磁场中运动。求：

(a) 体系能级和定态波函数；

(b) 电流密度。

解：(a) 粒子自旋 $s=\dfrac{1}{2}$，自旋磁矩算符 $\hat{\boldsymbol{M}}_S=\mu_0\hat{\boldsymbol{\sigma}}$；体系哈密顿算符为

$$\hat{H}=\frac{(\hat{\boldsymbol{p}}-q\boldsymbol{A})^2}{2\mu}-\hat{\boldsymbol{M}}_s\cdot\boldsymbol{B} \tag{1}$$

记磁场 $\boldsymbol{B}$ 的方向为 Z 轴。具体取 $\boldsymbol{A}=\dfrac{1}{2}\boldsymbol{B}\times\boldsymbol{r}$，满足 $\nabla\times\mathbf{A}=\mathbf{B}$ 以及 $\nabla\cdot\mathbf{A}=0$，直接有

$$E_{np_zm_s}=\frac{\hbar|q|B}{\mu}\left(n+\frac{1}{2}\right)+\frac{p_z^2}{2\mu}-2\mu_0Bm_s \tag{2}$$

(b) 由经典电动力学：

$$H=-\int\boldsymbol{j}\cdot\boldsymbol{A}\mathrm{d}\tau$$

对应到量子力学：

$$\overline{H}=\int\Psi^+\hat{H}\Psi\mathrm{d}\tau=\langle\frac{(\hat{\boldsymbol{p}}-q\boldsymbol{A})^2}{2\mu}\rangle-\int\Psi^+(\hat{\boldsymbol{M}}_s\cdot\boldsymbol{B})\Psi\mathrm{d}\tau \tag{3}$$

由式(3)第一项推得粒子“轨道”运动产生的电流密度为

$$\boldsymbol{j}_L=-q\frac{\mathrm{i}\hbar}{2\mu}(\Psi^*\nabla\Psi-\Psi\nabla\Psi^*)-\frac{q^2}{\mu}\boldsymbol{A}\Psi^*\Psi \tag{4}$$

由式(3)第二项

$$-\int \Psi^{+}(\hat{\boldsymbol{M}}_s \cdot \boldsymbol{B})\Psi \mathrm{d}\tau = -\int \Psi^{+}[\mu_0 \hat{\boldsymbol{\sigma}} \cdot (\boldsymbol{\nabla} \times \boldsymbol{A})]\Psi \mathrm{d}\tau$$

$$= -\mu_0 \int (\Psi^{+} \hat{\boldsymbol{\sigma}} \Psi) \cdot (\boldsymbol{\nabla} \times \boldsymbol{A}) \mathrm{d}\tau \tag{5}$$

利用矢量公式

$$\boldsymbol{a} \cdot (\boldsymbol{\nabla} \times \mathbf{b}) = -\boldsymbol{\nabla} \cdot (\boldsymbol{a} \times \boldsymbol{b}) + \boldsymbol{b} \cdot (\boldsymbol{\nabla} \times \boldsymbol{a})$$

式(5)为

$$-\mu_0 \int [-\boldsymbol{\nabla} \cdot \{(\Psi^{+} \hat{\boldsymbol{\sigma}} \Psi) \times \boldsymbol{A}\} + \boldsymbol{A} \cdot \{\boldsymbol{\nabla} \times (\Psi^{+} \hat{\boldsymbol{\sigma}} \Psi)\}] \mathrm{d}\tau$$

$$= 0 - \mu_0 \int \boldsymbol{A} \cdot \{\boldsymbol{\nabla} \times (\Psi^{+} \hat{\boldsymbol{\sigma}} \Psi)\} \mathrm{d}\tau \tag{6}$$

式(6)中,第一个积分

$$\mu_0 \int \boldsymbol{\nabla} \cdot \{(\Psi^{+} \hat{\boldsymbol{\sigma}} \Psi) \times \boldsymbol{A}\} \mathrm{d}\tau = \mu_0 \oint\!\!\!\oint_S \{(\Psi^{+} \hat{\boldsymbol{\sigma}} \Psi) \times \boldsymbol{A}\} \cdot \mathrm{d}\boldsymbol{S} = 0$$

由式(6)中第二个积分得粒子自旋磁矩引起的电流密度

$$\boldsymbol{j}_s = \boldsymbol{\nabla} \times (\Psi^{+} \mu_0 \hat{\boldsymbol{\sigma}} \Psi) \tag{7}$$

与有无外磁场 $\boldsymbol{B}$ 无关。形式上,由电磁学中磁化电流密度 $\boldsymbol{j}$ 与磁化强度矢量 $\boldsymbol{M}$ 之间的关系式:$\boldsymbol{j} = \boldsymbol{\nabla} \times \boldsymbol{M}$,对应到量子力学中,可以直接得到自旋磁矩引起的电流密度 $\boldsymbol{j}_s$ 与自旋磁矩的空间密度矢量 $\Psi^{+} \mu_0 \hat{\boldsymbol{\sigma}} \Psi$ 之间的关系式

$$\boldsymbol{j}_s = \boldsymbol{\nabla} \times (\Psi^{+} \mu_0 \hat{\boldsymbol{\sigma}} \Psi)$$

体系的总电流密度

$$\boldsymbol{j} = \boldsymbol{j}_L + \boldsymbol{j}_s \tag{8}$$

带电荷 q 的粒子在恒定均匀磁场中运动的定态为

$$\Psi = \psi(\rho, \varphi, z) \chi_{m_s}(s_z) = N R_{n_\rho |m|}(\rho) \mathrm{e}^{\mathrm{i} m \varphi} \mathrm{e}^{\frac{\mathrm{i}}{\hbar} p_z z} \chi_{m_s}(s_z) \tag{9}$$

有

$$\Psi^{+} \mu_0 \hat{\boldsymbol{\sigma}} \Psi = (0, 0, \pm \mu_0 |\psi|^2) \tag{10}$$

在柱坐标系中

$$\nabla \psi = \hat{e}_\rho \frac{\partial \psi}{\partial \rho} + \hat{e}_\varphi \frac{1}{\rho} \frac{\partial \psi}{\partial \varphi} + \hat{e}_z \frac{\partial \psi}{\partial z} \tag{11}$$

$$\boldsymbol{\nabla} \times \boldsymbol{a} = \begin{vmatrix} \hat{e}_\rho & \rho \hat{e}_\varphi & \hat{e}_z \\ \dfrac{\partial}{\partial \rho} & \dfrac{1}{\rho} \dfrac{\partial}{\partial \varphi} & \dfrac{\partial}{\partial z} \\ a_\rho & \rho a_\varphi & a_z \end{vmatrix}$$

得

$$j_{s\rho} = j_{sz} = 0, \quad j_{s\varphi} = -2\mu_0 m_s \frac{\partial}{\partial \rho} |\psi|^2 \tag{12}$$

又由

$$\boldsymbol{A} = \frac{1}{2} \boldsymbol{B} \times \boldsymbol{r} = \left(0, \frac{1}{2} B \rho, 0\right)$$

代入式(4)得

$$j_{L\rho} = 0, \; j_{Lz} = \frac{q p_z}{\mu} |\psi|^2, \; j_{L\varphi} = \left(\frac{q m \hbar}{\mu \rho} - \frac{q^2 B \rho}{2\mu}\right) |\psi|^2 \tag{13}$$

式中：$|\psi(\rho,\varphi,z)|^2$ 只与 ρ 有关。

7-5 一个金属粗环形体置于外磁场 $\boldsymbol{B}$ 中。降低温度使金属为超导态，再撤除外磁场。试证明：穿过环形体所围面积的磁通量 Φ 仍不为零，并且是量子化的。

证：因为环形超导体内部电场 $\boldsymbol{\varepsilon}=0$，有

$$\frac{\partial}{\partial t}\Phi=\frac{\partial}{\partial t}\iint_S \boldsymbol{B}\cdot\mathrm{d}\boldsymbol{S}=-\iint_S(\nabla\times\boldsymbol{\varepsilon})\cdot\mathrm{d}\boldsymbol{S}=-\oint_C\boldsymbol{\varepsilon}\cdot\mathrm{d}\boldsymbol{l}=0 \tag{1}$$

故穿过环形体所围面积 S 的磁通量 Φ 在外磁场 $\boldsymbol{B}$ 变化过程中并不改变，由环形超导体内表面层所产生的环形超导电流所建立的磁场磁通量来补偿。

记超导体载流子的波函数为

$$\psi(\boldsymbol{r},t)=\sqrt{\rho(\boldsymbol{r},t)}\,\mathrm{e}^{\mathrm{i}\theta(\boldsymbol{r},t)} \tag{2}$$

则电流密度

$$\boldsymbol{j}_s=\frac{q\rho}{\mu}(\hbar\nabla\theta-q\boldsymbol{A}) \tag{3}$$

由于超导体内部 $\boldsymbol{j}_s=0$（由迈斯纳效应：$\boldsymbol{B}=0$），故对于环形超导体内部的一个闭合环路 C，有

$$\oint_C\hbar\nabla\theta\cdot\mathrm{d}\boldsymbol{l}=\oint_C q\boldsymbol{A}\cdot\mathrm{d}\boldsymbol{l}=q\iint_S\boldsymbol{B}\cdot\mathrm{d}\boldsymbol{S}=q\Phi \tag{4}$$

上式左边由波函数的单值性要求等于 $\hbar(2\pi n)$，$n=0,\pm1,\pm2,\cdots$，右边 $q=-2e$，故得

$$\Phi=n\frac{2\pi\hbar}{q}=n\frac{2\pi\hbar}{2e}=n\Phi_0,\quad n=0,\pm1,\pm2,\cdots \tag{5}$$

其中：Φ_0 称为磁通量子，为

$$\Phi_0=\frac{h}{2|e|}=2.0678\times10^{-15}\,\mathrm{T\cdot m^2} \tag{6}$$

超导环磁通量量子化是一个宏观量子效应。伦敦于 1950 年预言了这个效应，1961 年由笛佛（B. S. Deaver, Jr.）和弗尔班克（W. M. Fairbank）实验证实。

7-6 超导隧道结（约瑟夫森结，B. D. Josephson，1962 年）由两块相同的超导体 1 和超导体 2 中间隔着极薄的绝缘层构成。如题 7-6 图所示。超导电子对在两块超导体中各处于相同的态中。记 n_1 和 n_2 分别为超导体 1 和超导体 2 中电子对数密度，电子对的态函数分别为 $\psi_1=\sqrt{n_1}\exp(\mathrm{i}\theta_1)$ 和 $\psi_2=\sqrt{n_2}\exp(\mathrm{i}\theta_2)$，其中 ψ、n 和 θ 都与时间 t 有关。有

$$\mathrm{i}\hbar\frac{\partial}{\partial t}\psi_1=E_1\psi_1+F\psi_2,\ \mathrm{i}\hbar\frac{\partial}{\partial t}\psi_2=E_2\psi_2+F\psi_1$$

式中：E_1 和 E_2 分别是超导体 1 和超导体 2 中电子对的能量，F 是实常量，表示两块超导体之间有耦合。上面两式称为费曼方程。

(a) 试证明 $\dfrac{\partial n_1}{\partial t}=2\Omega n\sin(\theta_2-\theta_1)$，式中：$\Omega=\dfrac{F}{\hbar}$，$n\approx n_1\approx n_2$；

(b) 如果结两边加上直流电压 V，试证明有频率为 $\nu=\dfrac{2eV}{h}$ 的交变电流通过结。

解：(a) 由

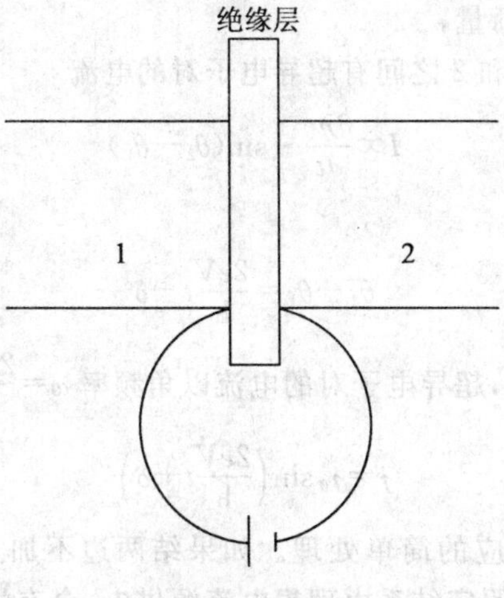

题 7-6 图

$$\psi_1 = \sqrt{n_1}\, e^{i\theta_1} \tag{1}$$

和

$$\psi_2 = \sqrt{n_2}\, e^{i\theta_2}$$

代入方程

$$i\hbar \frac{\partial}{\partial t}\psi_1 = E_1 \psi_1 + F\psi_2 \tag{2}$$

有

$$i\hbar\left(\frac{1}{2\sqrt{n_1}}\frac{\partial n_1}{\partial t}e^{i\theta_1} + \sqrt{n_1}e^{i\theta_1}\ i\frac{\partial \theta_1}{\partial t}\right) = E_1\ \sqrt{n_1}e^{i\theta_1} + F\ \sqrt{n_2}e^{i\theta_2} \tag{3}$$

对式(3)进行整理，两边乘以 $\sqrt{n_1}e^{-i\theta_1}$，并记

$$\Omega = \frac{F}{\hbar},\ \omega_1 = \frac{E_1}{\hbar},\ \omega_2 = \frac{E_2}{\hbar} \tag{4}$$

有

$$\frac{1}{2}\frac{\partial n_1}{\partial t} + in_1\frac{\partial \theta_1}{\partial t} = -i\omega_1 n_1 - i\Omega\sqrt{n_1 n_2}\,e^{i(\theta_2-\theta_1)} \tag{5}$$

比较式(5)两边的实部，利用 $n_1 \approx n_2 \approx n$ 及 $e^{ix} = \cos x + i\sin x$，得

$$\frac{\partial n_1}{\partial t} = 2\Omega n \sin(\theta_2 - \theta_1) \tag{6}$$

(b) 比较式(5)两边的虚部，利用 $n_1 \approx n_2 \approx n$，有

$$\frac{\partial \theta_1}{\partial t} = -\omega_1 - \Omega\cos(\theta_2 - \theta_1) \tag{7}$$

同理有

$$\frac{\partial \theta_2}{\partial t} = -\omega_2 - \Omega\cos(\theta_2 - \theta_1) \tag{8}$$

故得

$$\frac{\partial(\theta_2 - \theta_1)}{\partial t} = \omega_1 - \omega_2 = \frac{E_1 - E_2}{\hbar} = \frac{2eV}{\hbar} \tag{9}$$

式中：$2e$ 是超导电子对的电荷量。

由式(6)知，两超导体 1 和 2 之间有超导电子对的电流

$$I\propto\frac{\partial n_1}{\partial t}\sim\sin(\theta_2-\theta_1) \tag{10}$$

而由式(9)知

$$\theta_2-\theta_1=\frac{2eV}{\hbar}t+\delta \tag{11}$$

故结两边加上直流电压 V 后，超导电子对的电流以角频率 $\omega=\dfrac{2eV}{\hbar}$ 变化：

$$j=j_0\sin\left(\frac{2eV}{\hbar}t+\delta\right) \tag{12}$$

以上是关于约瑟夫森效应的简单处理。如果结两边不加上直流电压：$V=0$，则 $E_1=E_2$，故 $\theta_2-\theta_1=$ 常数，因而若假定结系由理想电流源供电，会有恒定电流密度 $j=j_0\sin(\theta_2-\theta_1)$ 通过结，被两侧超导体夹住的极薄绝缘层似乎也具有超导电性。而当结的两边加上直流电压 V，就会有频率 $\nu=\dfrac{2e}{h}V$ 的交变超导电流通过结。例如取 $V=10\mu\text{V}$，则有 $\nu=483.6\text{MHz}$，在微波频段。进一步，若在此直流电压上再加上上面频率的射频交变电压，又会有直流超导电流通过结。

$j_0\propto\Omega=\dfrac{F}{\hbar}$，$F$ 是极薄绝缘层两边超导体相互作用的量度，它随绝缘层厚度的增加而减小，也随临界温度 T_c 的增高而增大。

约瑟夫森于 1961 年首先从理论上预言了上述效应，1963 年由安德森(P. W. Anderson)和夏皮罗(S. Shapiro)实验证实。

7-7 粒子自旋 $s=\dfrac{1}{2}$（自旋磁矩为 μ_0），在中心势场中运动处于 s 定态。求粒子在坐标零点处产生的平均磁场，再具体讨论基态氢原子中电子在核处产生的平均磁场。

解：粒子在中心势场中运动处于 $s(l=0)$ 定态下，轨道运动在空间中不产生磁场（因为没有轨道磁矩）。

粒子自旋 $s=\dfrac{1}{2}$，自旋磁矩为 μ_0，故自旋磁矩算符为 $\hat{M}_S=\mu_0\hat{\boldsymbol{\sigma}}$；粒子在中心势场中运动，定态波函数的空间运动部分为 $\psi_{nlm}(\boldsymbol{r})$. 记 $\rho(\boldsymbol{r})=|\psi_{nlm}(\boldsymbol{r})|^2$，并利用矢量公式

$$\nabla\times(u\boldsymbol{a})=u\nabla\times\boldsymbol{a}+\nabla u\times\boldsymbol{a}$$

有

$$\boldsymbol{j}_s=\nabla\times(\Psi^+\mu_0\hat{\boldsymbol{\sigma}}\Psi)=-\mu_0(\hat{\boldsymbol{\sigma}}\times\nabla\rho) \tag{1}$$

因为 $\nabla\times\bar{\boldsymbol{\sigma}}=0$，于是，得到电流密度分布 $\boldsymbol{j}(\boldsymbol{r}')$ 产生的磁场 $\boldsymbol{B}(\boldsymbol{r})$：

$$\boldsymbol{B}(\boldsymbol{r})=\int\frac{\boldsymbol{j}(\boldsymbol{r}')\times(\boldsymbol{r}-\boldsymbol{r}')}{|\boldsymbol{r}-\boldsymbol{r}'|^3}\mathrm{d}\tau' \tag{2}$$

在 $\boldsymbol{r}=0$ 点为

$$\boldsymbol{B}(0)=-\int\frac{\boldsymbol{j}\times\boldsymbol{r}}{r^3}\mathrm{d}\tau=-\int\frac{1}{r^3}[\boldsymbol{r}\times(\mu_0\bar{\boldsymbol{\sigma}}\times\nabla\rho)]\mathrm{d}\tau$$

再利用矢量公式

$$\boldsymbol{a}\times(\boldsymbol{b}\times\boldsymbol{c})=\boldsymbol{b}(\boldsymbol{a}\cdot\boldsymbol{c})-\boldsymbol{c}(\boldsymbol{a}\cdot\boldsymbol{b})$$

得

$$\boldsymbol{B}(0)=-\int\frac{1}{r^3}[\mu_0\bar{\boldsymbol{\sigma}}(\boldsymbol{r}\cdot\nabla\rho)-\nabla\rho(\boldsymbol{r}\cdot\mu_0\bar{\boldsymbol{\sigma}})]\mathrm{d}\tau \tag{3}$$

式(3)第一项中，ρ 对于 s 定态来说只与 r 有关，有

$$\int\frac{1}{r^3}\boldsymbol{r}\cdot\nabla\rho\mathrm{d}\tau=\int\frac{1}{r^3}r\frac{\partial}{\partial r}\rho(r)r^2\mathrm{d}r\mathrm{d}\Omega=4\pi\int_0^\infty\frac{\partial\rho(r)}{\partial r}\mathrm{d}r=-4\pi\rho(0) \tag{4}$$

式(3)第二项中，有

$$\int\frac{1}{r^3}x_i\frac{\partial}{\partial x_k}\rho(r)\mathrm{d}\tau=\int\frac{1}{r^3}x_i\frac{x_k}{r}\frac{\partial\rho(r)}{\partial r}\mathrm{d}\tau=-\frac{4\pi\rho(0)}{3}\delta_{ik} \tag{5}$$

将式(4)、(5)代入式(3)中，得

$$\boldsymbol{B}(0)=-\mu_0\bar{\boldsymbol{\sigma}}[-4\pi\rho(0)]+\mu_0\bar{\boldsymbol{\sigma}}\left[-\frac{4\pi}{3}\rho(0)\right]$$

$$=\frac{8\pi}{3}\mu_0\bar{\boldsymbol{\sigma}}|\psi_{nlm}(0)|^2 \tag{6}$$

对应氢原子基态，$\psi_{100}(\boldsymbol{r})=\frac{1}{\sqrt{\pi a_0{}^3}}\mathrm{e}^{-r/a_0}$，$\mu_0=-\mu_B$

得到

$$\boldsymbol{B}(0)=-\frac{8\mu_0\bar{\boldsymbol{\sigma}}}{3a_0{}^3} \tag{7}$$

7-8　一束原子处于 $l=1,s=\frac{1}{2},j=\frac{3}{2}$ 的态下，通过一个磁场很弱的斯特恩－盖拉赫装置后分裂为原子数相等的四束；每一束均继续前进并分别再通过一个磁场足够强的斯特恩－盖拉赫装置。求最终分裂后每一分束的原子数相对比例。

解：如题 7-8 图所示。

7-9　两个自旋 $s=\frac{1}{2}$ 的粒子置于恒定均匀磁场 $\boldsymbol{B}$ 中，磁场方向沿 z 轴。体系的哈密顿算符为

$$\hat{H}=B(a_1\hat{\sigma}_{1z}+a_2\hat{\sigma}_{2z})+b\,\hat{\boldsymbol{\sigma}}_1\cdot\hat{\boldsymbol{\sigma}}_2,\ (a_1\neq a_2)$$

(a)　如果磁场 $\boldsymbol{B}$ 很弱，应用定态微扰论求体系能级至二级近似；

(b)　反之，如果 b 很小，求体系能级至二级近似；

(c)　与体系能量本征值的精确结果比较。

解：(a)　如果磁场 $\boldsymbol{B}$ 很弱，则体系的哈密顿算符 $\hat{H}$ 可写为

$$\hat{H}=B(a_1\hat{\sigma}_{1z}+a_2\hat{\sigma}_{2z})+b\,\hat{\boldsymbol{\sigma}}_1\cdot\hat{\boldsymbol{\sigma}}_2=\hat{H}'+\hat{H}_0 \tag{1}$$

式中：

$$\hat{H}_0=b\hat{\boldsymbol{\sigma}}_1\cdot\hat{\boldsymbol{\sigma}}_2=b\left(-3+\frac{2}{\hbar^2}\hat{s}^2\right) \tag{2}$$

$$\hat{H}'=B(a_1\hat{\sigma}_{1z}+a_2\hat{\sigma}_{2z}) \tag{3}$$

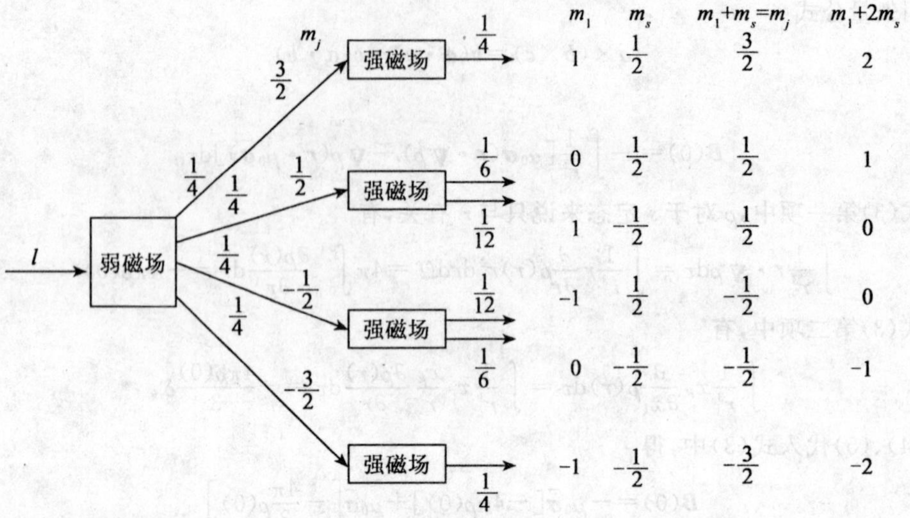

题 7-8 图

$\hat{H}_0$ 有四个本征态,其中三个是自旋三重态,为

$$\chi_s^{(1)}=\alpha(1)\alpha(2) \tag{4}$$

$$\chi_s^{(2)}=\frac{1}{\sqrt{2}}[\alpha(1)\beta(2)+\alpha(2)\beta(1)] \tag{5}$$

$$\chi_s^{(3)}=\beta(1)\beta(2) \tag{6}$$

相应的本征值为

$$E_1^0=b\left(-3+\frac{2}{\hbar^2}\cdot 2\hbar^2\right)=b \tag{7}$$

第四个是自旋单态为:

$$\chi_A=\frac{1}{\sqrt{2}}[\alpha(1)\beta(2)-\alpha(2)\beta(1)] \tag{8}$$

相应的本征值为

$$E_4^0=b\left(-3+\frac{2}{\hbar^2}\cdot 0\right)=-3b \tag{9}$$

由于 $\chi_s^{(1)}$ 与 $\chi_s^{(3)}$ 是 $\hat{\sigma}_{1z}$ 与 $\hat{\sigma}_{2z}$ 的本征态,从而也就是 $\hat{H}$ 的本征态,故

$$\hat{H}\chi_s^{(1)}=(\hat{H}_0+\hat{H}')\chi_s^{(1)}=[b+B(a_1+a_2)]\chi_s^{(1)}=E_{11}\chi_s^{(1)}$$

$$E_{11}=b+B(a_1+a_2) \tag{10}$$

$$\hat{H}\chi_s^{(3)}=(\hat{H}_0+\hat{H}')\chi_s^{(3)}=[b-B(a_1+a_2)]\chi_s^{(3)}=E_{13}\chi_s^{(3)}$$

$$E_{13}=b-B(a_1+a_2) \tag{11}$$

式(10)与式(11)就是体系能量的两个精确值,亦可作为能量的二级近似值。而在态 $\chi_s^{(2)}$ 及 χ_A 下,能量的二级近似值则分别计算如下:

$$E_{12}\approx\langle\chi_s^{(2)}\mid\hat{H}_0+\hat{H}'+\hat{H}'\sum_n{}'\frac{\mid\psi_n^{\ 0}\rangle\langle\psi_n^{\ 0}\mid}{E_m^0-E_n^{\ 0}}\hat{H}'\mid\chi_s^{(2)}\rangle$$

$$=\langle\chi_s^{(2)}|\hat{H}_0|\chi_s^{(2)}\rangle+\langle\chi_s^{(2)}|\hat{H}'|\chi_s^{(2)}\rangle+\frac{\langle\chi_s^{(2)}|\hat{H}'|\chi_A\rangle\langle\chi_A|\hat{H}'|\chi_s^{(2)}\rangle}{E_1{}^0-E_4{}^0}$$

$$=b+0+\frac{(a_1-a_2)^2}{4b}B^2 \tag{12}$$

$$E_4\approx\langle\chi_A\mid\hat{H}_0+\hat{H}'+\hat{H}'\sum_n{}'\frac{|\psi_n{}^0\rangle\langle\psi_n{}^0|}{E_m^0-E_n^0}\hat{H}'\mid\chi_A\rangle$$

$$=\langle\chi_A|\hat{H}^0|\chi_A\rangle+\langle\chi_A|\hat{H}'|\chi_A\rangle+\frac{1}{E_4{}^0-E_1{}^0}\cdot$$

$$|\langle\chi_A|\hat{H}'|\chi_s^{(1)}\rangle\langle\chi_s^{(1)}|\hat{H}'|\chi_A\rangle+\langle\chi_A|\hat{H}'|\chi_s^{(2)}\rangle\cdot$$

$$\langle\chi_s^{(2)}|\hat{H}'|\chi_A\rangle+\langle\chi_A|\hat{H}'|\chi_s^{(3)}\rangle\langle\chi_s^{(3)}|\hat{H}'|\chi_A\rangle|$$

$$=-3b+0-\frac{1}{4b}|0+(a_1-a_2)^2B^2+0|$$

$$=-3b+0-\frac{(a_1-a_2)^2}{4b}B^2 \tag{13}$$

式(10)～(13)即为所求。计算结果表明：$\hat{H}_0$ 的第一个能级 $E_1^0=b$ 原本是个三重简并能级，在弱外磁场的作用下，分裂为 3 个子能级，分别为 $b+B(a_1+a_2)$，$b-B(a_1+a_2)$，$b+\frac{(a_1-a_2)^2}{4b}B^2$；$\hat{H}_0$ 的第二个能级 $E_4^0=-3b$ 在外弱磁场的作用下不分裂而发生平移，二级近似下平移量为 $-\frac{(a_1-a_2)^2}{4b}B^2$.

(b)　若 b 很小，则微扰算符 $\hat{H}'$ 可取为

$$\hat{H}'=b\hat{\boldsymbol{\sigma}}_1\cdot\hat{\boldsymbol{\sigma}}_2 \tag{14}$$

$\hat{H}_0$ 取为

$$\hat{H}_0=B(a_1\hat{\sigma}_{1z}+a_2\hat{\sigma}_{2z}) \tag{15}$$

选无耦合表象中的基矢量 $|s_1m_{s1}\rangle|s_2m_{s2}\rangle$ 为 $\hat{H}_0$ 的本征矢量，可知 $\hat{H}_0$ 的四个本征值与相应的本征态分别为：

$$E_1{}^0=B(a_1+a_2),\quad \chi_1(m_{s1},m_{s2})=\alpha(1)\alpha(2) \tag{16}$$

$$E_2{}^0=-B(a_1+a_2),\quad \chi_2(m_{s1},m_{s2})=\beta(1)\beta(2) \tag{17}$$

$$E_3{}^0=B(a_1-a_2),\quad \chi_3(m_{s1},m_{s2})=\alpha(1)\beta(2) \tag{18}$$

$$E_4{}^0=B(-a_1+a_2),\quad \chi_4(m_{s1},m_{s2})=\beta(1)\alpha(2) \tag{19}$$

由于 $\hat{H}_0$ 的四个能级均无简并，可用无简并微扰论求得各能级二级近似值。

由于 $\chi_1(m_{s1},m_{s2})$ 与 $\chi_2(m_{s1},m_{s2})$ 也是微扰算符 $\hat{H}'=b\hat{\boldsymbol{\sigma}}_1\cdot\hat{\boldsymbol{\sigma}}_2$ 的本征态，因此在态 χ_1 与 χ_2 中，$\hat{H}$ 的能量本征值 E 有确定值，其中

$$E_1=\langle\chi_1(m_{s1},m_{s2})|\hat{H}|\chi_1(m_{s1},m_{s2})\rangle=\langle\chi_1|\hat{H}_0+\hat{H}'|\chi_1\rangle$$

$$=E_1{}^0+\langle\chi_1|\hat{H}'|\chi_1\rangle$$

$$=E_1{}^0+[\alpha(1)\alpha(2)]^+(b\hat{\boldsymbol{\sigma}}_1\cdot\hat{\boldsymbol{\sigma}}_2)[\alpha(1)\alpha(2)]$$

$$=E_1^0+[\alpha(1)\alpha(2)]^+\left[b\left(-3+\frac{2}{\hbar^2}\hat{s}^2\right)\right]\ [\alpha(1)\alpha(2)]$$

$$=E_1{}^0+b$$

$$=B(a_1+a_2)+b \tag{20}$$

式(20)即为 $\hat{H}$ 第一个能级的二级近似值。

$$\begin{aligned}E_2 &= \langle \chi_2(m_{s1}, m_{s2}) | \hat{H} | \chi_2(m_{s1}, m_{s2}) \rangle \\ &= E_2^0 + [\beta(1)\beta(2)]^+ (b\hat{\boldsymbol{\sigma}}_1 \cdot \hat{\boldsymbol{\sigma}}_2)[\beta(1)\beta(2)] \\ &= E_2^0 + b \\ &= -B(a_1 + a_2) + b \end{aligned} \tag{21}$$

式(21)即为 $\hat{H}$ 第二个能级的二级近似值。再利用公式

$$\left.\begin{aligned}\hat{\sigma}_x\alpha = \beta, \quad & \hat{\sigma}_x\beta = \alpha \\ \hat{\sigma}_y\alpha = \mathrm{i}\beta, \quad & \hat{\sigma}_y\beta = -\mathrm{i}\alpha \\ \hat{\sigma}_z\alpha = \alpha, \quad & \hat{\sigma}_z\beta = -\beta \end{aligned}\right\} \tag{22}$$

$$\hat{\boldsymbol{\sigma}}_1 \cdot \hat{\boldsymbol{\sigma}}_2 = \hat{\sigma}_{1x}\hat{\sigma}_{2x} + \hat{\sigma}_{1y}\hat{\sigma}_{2y} + \hat{\sigma}_{1z}\hat{\sigma}_{2z} \tag{23}$$

可得

$$\begin{aligned}(\hat{\boldsymbol{\sigma}}_1 \cdot \hat{\boldsymbol{\sigma}}_2)_{33} &= \langle \chi_3 | \hat{\boldsymbol{\sigma}}_1 \cdot \hat{\boldsymbol{\sigma}}_2 | \chi_3 \rangle = [\alpha(1)\beta(2)]^+ \cdot (\hat{\sigma}_{1x}\hat{\sigma}_{2x} + \hat{\sigma}_{1y}\hat{\sigma}_{2y} + \hat{\sigma}_{1z}\hat{\sigma}_{2z})[\alpha(1)\beta(2)] \\ &= [\alpha(1)\beta(2)]^+[2\beta(1)\alpha(2) - \alpha(1)\beta(2)] \\ &= -1 \end{aligned} \tag{24}$$

$$\begin{aligned}(\hat{\boldsymbol{\sigma}}_1 \cdot \hat{\boldsymbol{\sigma}}_2)_{44} &= \langle \chi_4 | \hat{\boldsymbol{\sigma}}_1 \cdot \hat{\boldsymbol{\sigma}}_2 | \chi_4 \rangle = [\beta(1)\alpha(2)]^+ \cdot (\hat{\boldsymbol{\sigma}}_1 \cdot \hat{\boldsymbol{\sigma}}_2)[\beta(1)\alpha(2)] \\ &= [\beta(1)\alpha(2)]^+ \cdot [2\alpha(1)\beta(2) - \beta(1)\alpha(2)] = -1 \end{aligned} \tag{25}$$

$$\begin{aligned}(\hat{\boldsymbol{\sigma}}_1 \cdot \hat{\boldsymbol{\sigma}}_2)_{34} &= \langle \chi_3 | \hat{\boldsymbol{\sigma}}_1 \cdot \hat{\boldsymbol{\sigma}}_2 | \chi_4 \rangle = [\alpha(1)\beta(2)]^+ \cdot (\hat{\boldsymbol{\sigma}}_1 \cdot \hat{\boldsymbol{\sigma}}_2)[\beta(1)\alpha(2)] \\ &= [\alpha(1)\beta(2)]^+ \cdot [2\alpha(1)\beta(2) - \beta(1)\alpha(2)] = 2 \end{aligned} \tag{26}$$

$$\begin{aligned}(\hat{\boldsymbol{\sigma}}_1 \cdot \hat{\boldsymbol{\sigma}}_2)_{43} &= \langle \chi_4 | \hat{\boldsymbol{\sigma}}_1 \cdot \hat{\boldsymbol{\sigma}}_2 | \chi_3 \rangle = [\beta(1)\alpha(2)]^+ \cdot \\ & (\hat{\boldsymbol{\sigma}}_1 \cdot \hat{\boldsymbol{\sigma}}_2)[\alpha(1)\beta(2)] = [\beta(1)\alpha(2)]^+ \cdot \\ & [2\beta(1)\alpha(2) - \alpha(1)\beta(2)] = 2 \end{aligned} \tag{27}$$

于是

$$\begin{aligned}E_3 &\approx \langle \chi_3 \mid \hat{H}_0 + \hat{H}' + \hat{H}' \sum_n{}' \frac{|\psi_n^0\rangle\langle\psi_n^0|}{E_m^0 - E_n^0} \hat{H}' \mid \chi_3 \rangle \\ &= E_3{}^0 + b(\hat{\boldsymbol{\sigma}}_1 \cdot \hat{\boldsymbol{\sigma}}_2)_{33} + \frac{\langle \chi_3 | \hat{H}' | \chi_4 \rangle \langle \chi_4 | \hat{H}' | \chi_3 \rangle}{E_3{}^0 - E_4{}^0} \\ &= B(a_1 - a_2) - b + \frac{b^2 |(\hat{\boldsymbol{\sigma}}_1 \cdot \hat{\boldsymbol{\sigma}}_2)_{34}|^2}{B(a_1 - a_2) - B(-a_1 + a_2)} \\ &= B(a_1 - a_2) - b + 2b^2 / B(a_1 - a_2) \end{aligned} \tag{28}$$

$$\begin{aligned}E_4 &\approx \langle \chi_4 \mid \hat{H}_0 + \hat{H}' + \hat{H}' \sum_n{}' \frac{|\psi_n^0\rangle\langle\psi_n^0|}{E_m^0 - E_n^0} \hat{H}' \mid \chi_4 \rangle \\ &= E_4{}^0 + b(\hat{\boldsymbol{\sigma}}_1 \cdot \hat{\boldsymbol{\sigma}}_2)_{44} + \frac{\langle \chi_4 | \hat{H}' | \chi_3 \rangle \langle \chi_3 | \hat{H}' | \chi_4 \rangle}{E_4{}^0 - E_3{}^0} \\ &= B(-a_1 + a_2) - b + \frac{b^2 |(\hat{\boldsymbol{\sigma}}_1 \cdot \hat{\boldsymbol{\sigma}}_2)_{43}|^2}{B(-a_1 + a_2) - B(a_1 - a_2)} \\ &= B(-a_1 + a_2) - b - \frac{2b^2}{B(a_1 - a_2)} \end{aligned} \tag{29}$$

(c) 由本指导书第五章题 5-14(b)知，体系 $\hat{H}' = B(a_1\hat{\sigma}_{1z} + a_2\hat{\sigma}_{2z}) + b\hat{\boldsymbol{\sigma}}_1 \cdot \hat{\boldsymbol{\sigma}}_2$ 的能量本征值与相应的本征函数分别为：

$$E_1=B(a_1+a_2)+b,\quad \chi_1=\alpha(1)\alpha(2) \tag{30}$$

$$E_2=-B(a_1+a_2)+b,\quad \chi_2=\beta(1)\beta(2) \tag{31}$$

$$E_3=-b+\sqrt{4b^2+(a_1-a_2)^2B^2}$$

$$\chi_3=\frac{1}{\sqrt{2}}[\alpha(1)\beta(2)+\alpha(2)\beta(1)] \tag{32}$$

$$E_4=-b-\sqrt{4b^2+(a_1-a_2)^2B^2},$$

$$\chi_4=\frac{1}{\sqrt{2}}[\alpha(1)\beta(2)-\alpha(2)\beta(1)] \tag{33}$$

因此,若 B 很弱,则可将式(32)与式(33)作二项式定理展开:

$$\begin{aligned}E_3&=-b+2b\left[1+\frac{(a_1-a_2)^2B^2}{4b^2}\right]^{\frac{1}{2}}\\&=-b+2b\left[1+\frac{1}{2}\frac{(a_1-a_2)^2B^2}{4b^2}+\cdots\right]\\&\approx-b+2b+\frac{(a_1-a_2)^2B^2}{4b}=b+\frac{(a_1-a_2)^2B^2}{4b}\end{aligned} \tag{34}$$

$$\begin{aligned}E_4&=-b-2b\left[1+\frac{(a_1-a_2)^2B^2}{4b^2}\right]^{\frac{1}{2}}\\&=-b-2b\left[1+\frac{1}{2}\frac{(a_1-a_2)^2B^2}{4b^2}+\cdots\right]\\&\approx-b-2b-\frac{(a_1-a_2)^2B^2}{4b}=-3b-\frac{(a_1-a_2)^2B^2}{4b}\end{aligned} \tag{35}$$

式(34)、(35)二级近似下的结果与定态微扰论式(12)、(13)的结果一致。若 b 很小,也可将式(32)、(33)作二项式定理展开:

$$\begin{aligned}E_3&=-b+(a_1-a_2)B\left[1+\frac{4b^2}{(a_1-a_2)^2B^2}\right]^{\frac{1}{2}}\\&=-b+(a_1-a_2)B\left[1+\frac{1}{2}\frac{4b^2}{(a_1-a_2)^2B^2}+\cdots\right]\\&\approx-b+(a_1-a_2)B+\frac{2b^2}{(a_1-a_2)B}\end{aligned} \tag{36}$$

$$\begin{aligned}E_4&=-b-(a_1-a_2)B\left[1+\frac{4b^2}{(a_1-a_2)^2B^2}\right]^{\frac{1}{2}}\\&=-b-(a_1-a_2)B\left[1+\frac{1}{2}\frac{4b^2}{(a_1-a_2)^2B^2}+\cdots\right]\\&\approx-b-(a_1-a_2)B-\frac{2b^2}{(a_1-a_2)B}\end{aligned} \tag{37}$$

显然式(36)、(37)二级近似下的结果与定态微扰论式(28)、(29)一致。

7-10 氢原子(类氢离子)以及碱金属原子处于 $p(l=1)$ 态,置于恒定均匀磁场 $\boldsymbol{B}=(0,0,B)$ 中,哈密顿算符为

$$\hat{H}=\hat{H}_0+\frac{2W}{\hbar^2}\hat{\boldsymbol{L}}\cdot\hat{\boldsymbol{s}}+\frac{\varepsilon}{\hbar}(\hat{L}_z+2\hat{s}_z)$$

式中：$\hat{H}_0=\dfrac{\hat{\boldsymbol{p}}^2}{2\mu}+V(r)$，$\varepsilon=\mu_B B$

(a) 试应用定态微扰论，讨论原子能级的反常塞曼分裂；

(b) 将算符 $\hat{H}$ 在 $\hat{H}_0$ 表象的矩阵对角化。

解：(a) 微扰项 $\hat{H}'=\dfrac{\varepsilon}{\hbar}(\hat{L}_z+2\hat{s}_z)$，$\varepsilon=\mu_B B$，原子态的 $l=1$，$s=\dfrac{1}{2}$，故 $j=\dfrac{3}{2},\dfrac{1}{2}$。由 $\hat{H}_0+\dfrac{2W}{\hbar^2}\hat{\boldsymbol{L}}\cdot\hat{\boldsymbol{s}}$ 的本征矢对于 $j=\dfrac{3}{2}$，$m_j=\dfrac{3}{2},\dfrac{1}{2},-\dfrac{1}{2},-\dfrac{3}{2}$ 分别为

$$\Phi_{\frac{3}{2},\frac{3}{2}}=\phi_1\alpha,\Phi_{\frac{3}{2},\frac{1}{2}}=\sqrt{\frac{2}{3}}\phi_0\alpha+\frac{1}{\sqrt{3}}\phi_1\beta$$

$$\Phi_{\frac{3}{2},-\frac{1}{2}}=\frac{1}{\sqrt{3}}\phi_{-1}\alpha+\sqrt{\frac{2}{3}}\phi_0\beta,\Phi_{\frac{3}{2},-\frac{3}{2}}=\phi_{-1}\beta \tag{1}$$

对于 $j=\dfrac{1}{2}$，$m_j=\dfrac{1}{2},-\dfrac{1}{2}$ 分别为

$$\Phi_{\frac{1}{2},\frac{1}{2}}=\frac{1}{\sqrt{3}}\phi_0\alpha-\sqrt{\frac{2}{3}}\phi_1\beta$$

$$\Phi_{\frac{1}{2},-\frac{1}{2}}=\frac{2}{\sqrt{3}}\phi_{-1}\alpha-\sqrt{\frac{1}{3}}\phi_0\beta \tag{2}$$

于是，对应于原子能量 $E^0_{n1\frac{3}{2}}$，具体计算得到

$$\hat{H}'\Phi_{\frac{3}{2},\frac{3}{2}}=2\varepsilon\phi_1\alpha,\quad \hat{H}'\Phi_{\frac{3}{2},\frac{1}{2}}=\sqrt{\frac{2}{3}}\varepsilon\phi_0\alpha$$

$$\hat{H}'\Phi_{\frac{3}{2},-\frac{1}{2}}=-\sqrt{\frac{2}{3}}\varepsilon\phi_0\beta,\quad \hat{H}'\Phi_{\frac{3}{2},-\frac{3}{2}}=-2\varepsilon\phi_{-1}\beta \tag{3}$$

再应用微扰论（只需用非简并情况微扰论，因为非对角元均等于零），得到原子能量的反常塞曼分裂为

$$E^{(1)}_{m_j=\frac{3}{2}}=2\varepsilon,\quad E^{(1)}_{m_j=\frac{1}{2}}=\frac{2}{3}\varepsilon$$

$$E^{(1)}_{m_j=-\frac{1}{2}}=-\frac{2}{3}\varepsilon\quad E^{(1)}_{m_j=-\frac{3}{2}}=-2\varepsilon\quad(\varepsilon=\mu_B B) \tag{4}$$

对应于原子能量 $E^0_{n1\frac{1}{2}}$，具体计算得

$$\hat{H}'\Phi_{\frac{1}{2},\frac{1}{2}}=\frac{1}{\sqrt{3}}\varepsilon\phi_0\alpha,\quad \hat{H}'\Phi_{\frac{1}{2},-\frac{1}{2}}=-\frac{1}{\sqrt{3}}\varepsilon\phi_0\beta \tag{5}$$

再应用微扰论，得到原子能量的反常塞曼分裂为

$$E^{(1)}_{m_j=\frac{1}{2}}=\frac{1}{3}\varepsilon,\quad E^{(1)}_{m_j=-\frac{1}{2}}=-\frac{1}{3}\varepsilon\quad(\varepsilon=\mu_B B) \tag{6}$$

(b) 对应于原子态的 $l=1$，$s=\dfrac{1}{2}$，在无耦合表象中将原子态（$\hat{H}_0$ 的本征矢）$|nlmsm_s\rangle \Rightarrow |n1m\rangle|\dfrac{1}{2}m_s\rangle$ 具体记为

$$\chi_1=\phi_1\alpha,\quad \chi_2=\phi_1\beta,\quad \chi_3=\phi_0\alpha$$

$$\chi_4=\phi_0\beta,\quad \chi_5=\phi_{-1}\alpha,\quad \chi_6=\phi_{-1}\beta \tag{7}$$

它们相应于 $\hat{H}_0$ 的同一个本征值 E_{n1}^0。具体计算体系的哈密顿算符

$$\hat{H}=\hat{H}_0+\frac{W}{\hbar^2}(\hat{L}_+\hat{s}_-+\hat{L}_-\hat{s}_++2\hat{L}_z\hat{s}_z)+\frac{\varepsilon}{\hbar}(\hat{L}_z+2\hat{s}_z) \tag{8}$$

对 $\{\chi_i\}(i=1,2,3,4,5,6)$ 的作用，结果为

$$\begin{gathered}\hat{H}\chi_1=c_{11}\chi_1,\quad \hat{H}\chi_2=c_{22}\chi_2+c_{23}\chi_3\\ \hat{H}\chi_3=c_{32}\chi_2+c_{33}\chi_3\quad \hat{H}\chi_4=c_{44}\chi_4+c_{45}\chi_5\\ \hat{H}\chi_5=c_{54}\chi_4+c_{55}\chi_5,\quad \hat{H}\chi_6=c_{66}\chi_6\end{gathered} \tag{9}$$

其中：

$$\begin{gathered}c_{11}=E_{n1}^0+2\varepsilon+W,\quad c_{22}=c_{55}=E_{n1}^0-W\\ c_{23}=c_{32}=c_{45}=c_{54}=\sqrt{2}W,\quad c_{33}=E_{n1}^0+\varepsilon\\ c_{44}=E_{n1}^0-\varepsilon,\quad c_{66}=E_{n1}^0-2\varepsilon+W\end{gathered} \tag{10}$$

于是算符 $\hat{H}$ 可以排列成 6×6 矩阵：

$$\boldsymbol{A}=\begin{pmatrix}E_{n1}^0+2\varepsilon+W & 0 & 0 & 0 & 0 & 0\\ 0 & E_{n1}^0-W & \sqrt{2}W & 0 & 0 & 0\\ 0 & \sqrt{2}W & E_{n1}^0+\varepsilon & 0 & 0 & 0\\ 0 & 0 & 0 & E_{n1}^0-\varepsilon & \sqrt{2}W & 0\\ 0 & 0 & 0 & \sqrt{2}W & E_{n1}^0-W & 0\\ 0 & 0 & 0 & 0 & 0 & E_{n1}^0-2\varepsilon+W\end{pmatrix} \tag{11}$$

将 $\hat{H}$ 对角化，得到 $\hat{H}$ 的本征值

$$\lambda_1=E_{n1}^0+2\varepsilon+W,\quad \lambda_6=E_{n1}^0-2\varepsilon+W \tag{12}$$

由

$$\det\begin{vmatrix}E_{n1}^0-W-\lambda & \sqrt{2}W\\ \sqrt{2}W & E_{n1}^0+\varepsilon-\lambda\end{vmatrix}=0$$

有

$$\lambda_{2,3}=E_{n1}^0+\frac{1}{2}\left[(\varepsilon-W)\pm\sqrt{(\varepsilon+W)^2+8W^2}\right] \tag{13}$$

由

$$\det\begin{vmatrix}E_{n1}^0-\varepsilon-\lambda & \sqrt{2}W\\ \sqrt{2}W & E_{n1}^0-W-\lambda\end{vmatrix}=0$$

有

$$\lambda_{4,5}=E_{n1}^0+\frac{1}{2}\left[-(\varepsilon+W)\pm\sqrt{(\varepsilon-W)^2+8W^2}\right] \tag{14}$$

当 $\varepsilon\ll W$ 时，对应为原子能级的反常塞曼分裂情况。具体地说，若 $B=0$（即 $\varepsilon=0$），则

$$\lambda_{1,6,2,4}=E=E_{n1}^0+W,\quad \left(j=\frac{3}{2}\right) \tag{15}$$

$$\lambda_{3,5}=E=E_{n1}^0-2W,\quad \left(j=\frac{1}{2}\right) \tag{16}$$

当 $B\neq 0$ 时，将 ε 项视为微扰，由(4)、(6)两式有

$$E_{磁}^{(1)}=\pm 2\varepsilon,\pm\frac{2}{3}\varepsilon=\frac{4}{3}m_j\varepsilon,$$

$$j=\frac{3}{2},\ m_j=\frac{3}{2},\frac{1}{2},-\frac{1}{2}-\frac{3}{2},g_{lsj}=\frac{4}{3}\tag{17}$$

$$E_{磁}^{(1)}=\pm\frac{1}{3}\varepsilon=\frac{2}{3}m_j\varepsilon$$

$$j=\frac{1}{2},\ m_j=\frac{1}{2},-\frac{1}{2},\ g_{lsj}=\frac{2}{3}\tag{18}$$

反之，当 $\varepsilon\gg W$，即外磁场足够强时，则对应于原子能级的正常塞曼分裂情况。具体地说，先略去 W，则

$$\lambda-E_{n1}^0=E_{磁}^{(1)}=2\varepsilon,\varepsilon,0,0,-\varepsilon,-2\varepsilon=(m+2m_s)\mu_B B\tag{19}$$

对应于

$$s=\frac{1}{2},m_s=\frac{1}{2}\qquad -\frac{1}{2}$$

$$l=1,m=1,0,-1\qquad 1,0,-1;\tag{20}$$

如果不忽略 W，有

$$\lambda-E_{n1}^0=2\varepsilon+W,\varepsilon+0,0-W,0-W,-\varepsilon+0,-2\varepsilon+W\tag{21}$$

一般地说，$\lambda-E_{n1}^0$ 是外磁场大小 B 的函数。$\lambda(B)-E_{n1}^0$ 如题 7-10 图所示。

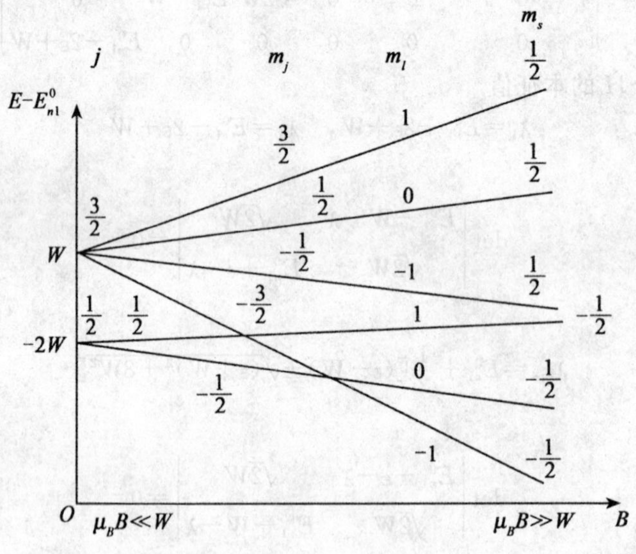

题 7-10 图

图中，每一能级保持有 $m_j=m_l+m_s$。每一能级相应的态矢量则随外磁场 B 由零变到足够强而由 LS 耦合态 $|nlsjm_j\rangle$ 变为非耦合态 $|nlmsm_s\rangle$。例如，对于 $m_j=\frac{3}{2},m_l=1,m_s=\frac{1}{2}$ 和 $m_j=-\frac{3}{2},m_l=-1,m_s=-\frac{1}{2}$ 的两个能级，其相应的态矢量分别是 $\phi_1\alpha$ 和 $\phi_{-1}\beta$；对于 $m_j=$

$\frac{1}{2}, m_l=0, m_s=\frac{1}{2}$的能级，相应的态矢量是$a_1(B)\phi_1\beta+a_2(B)\phi_0\alpha$，当 $B=0$ 时，有 $a_1=\frac{1}{\sqrt{3}}$，$a_2=\sqrt{\frac{2}{3}}$；而当 B 足够大时，则 $a_1(B)\to 0, a_2(B)\to 1$。其余类同。

7-11　讨论氢原子在外恒定均匀磁场中能级超精细结构的塞曼分裂。设氢原子处于基态，体系哈密顿算符为

$$\hat{H}=B(\mu_e\hat{\sigma}_{ez}-\mu_p\hat{\sigma}_{pz})+W\hat{\boldsymbol{\sigma}}_e\cdot\hat{\boldsymbol{\sigma}}_p$$

式中：$\mu_e=\mu_B$ 和 $\mu_p=2.79\mu_N$ 分别是电子和质子的磁矩，μ_N 是核磁子，$\hat{\boldsymbol{\sigma}}=(\hat{\sigma}_x,\hat{\sigma}_y,\hat{\sigma}_z)$是泡利算符。因为 $\mu_p\ll\mu_e$，故 $\hat{H}$ 式中 $B\mu_p\hat{\sigma}_{pz}$ 项可以忽略。

(a)　若外磁场 $B=0$，求算符 $\hat{H}$ 的两个本征值及相应的本征矢量，并估计这两个本征值的间距大小；

(b)　若 $B\neq 0$，求算符 $\hat{H}$ 的本征值，并图示其与 B 的关系。

解：(a)　当 $B=0$ 时，则 $\hat{H}=W\hat{\boldsymbol{\sigma}}_e\cdot\hat{\boldsymbol{\sigma}}_p$。

可见，在耦合表象中 $\hat{H}$ 的本征值及相应的本征矢量是

$$\text{本征值}:W\longleftrightarrow\text{本征矢量}:\begin{cases}\alpha_e\alpha_p\\ \frac{1}{\sqrt{2}}(\alpha_e\beta_p+\beta_e\alpha_p)\\ \beta_e\beta_p\end{cases}$$

$$\text{本征值}:-3W\longleftrightarrow\text{本征矢量}:\frac{1}{\sqrt{2}}(\alpha_e\beta_p-\beta_e\alpha_p)\tag{1}$$

等效地，利用关系式

$$\hat{\boldsymbol{\sigma}}_e\cdot\hat{\boldsymbol{\sigma}}_p=\frac{1}{2}[(\hat{\boldsymbol{\sigma}}_e+\hat{\boldsymbol{\sigma}}_p)^2-\hat{\boldsymbol{\sigma}}_e^{\,2}-\hat{\boldsymbol{\sigma}}_p^{\,2}]\tag{2}$$

并注意到电子和质子的自旋角量子数都是$\frac{1}{2}$，也可直接得到上述结果。

算符 $\hat{H}$ 的两个本征值之间相差为 $4W$。第六章中内容精要的第九段式(6-72)已经计算出 $4W=5.88\times10^{-6}\,\text{eV}$，这里再作粗略的估算。两个磁偶极子 $\boldsymbol{M}_e$ 和 $\boldsymbol{M}_p$ 若同向置于一条直线上，相距玻尔半径 a_0，则相互作用能为 $U=-\frac{\mu_0}{2\pi}\frac{\mu_e\mu_p}{a_0^{\,3}}$；如果反向，则 $U=+\frac{\mu_0}{2\pi}\frac{\mu_e\mu_p}{a_0^{\,3}}$。于是两者之差 $\Delta E=\frac{\mu_0}{\pi}\frac{\mu_e\mu_p}{a_0^{\,3}}=2.2\times10^{-6}\,\text{eV}$。

(b)　若 $B\neq 0$，则 $\hat{H}=B\mu_e\hat{\sigma}_{ez}+W\hat{\boldsymbol{\sigma}}_e\cdot\hat{\boldsymbol{\sigma}}_p$，$B\mu_p\hat{\sigma}_{pz}$ 项略去。在无耦合表象中由

$$\begin{aligned}&\hat{\sigma}_{ez}\alpha_e\alpha_p=\alpha_e\alpha_p,\quad \hat{\sigma}_{ez}\alpha_e\beta_p=\alpha_e\beta_p\\&\hat{\sigma}_{ez}\beta_e\alpha_p=-\beta_e\alpha_p,\quad \hat{\sigma}_{ez}\beta_e\beta_p=-\beta_e\beta_p\end{aligned}\tag{3}$$

有

$$\begin{aligned}&\hat{H}\alpha_e\alpha_p=(\mu_eB+W)\alpha_e\alpha_p\\&\hat{H}\alpha_e\beta_p=(\mu_eB-W)\alpha_e\beta_p+2W\beta_e\alpha_p\\&\hat{H}\beta_e\alpha_p=2W\alpha_e\beta_p-(\mu_eB+W)\beta_e\alpha_p\\&\hat{H}\beta_e\beta_p=(-\mu_eB+W)\beta_e\beta_p\end{aligned}\tag{4}$$

故算符 $\hat{H}$ 在基矢量组$\{\alpha_e\alpha_p,\alpha_e\beta_p,\beta_e\alpha_p,\beta_e\beta_p\}$下的矩阵为

$$H=\begin{pmatrix}\mu_eB+W & 0 & 0 & 0\\ 0 & \mu_eB-W & 2W & 0\\ 0 & 2W & -\mu_eB-W & 0\\ 0 & 0 & 0 & -\mu_eB+W\end{pmatrix} \tag{5}$$

将 H 对角化，得到 H 的本征值为(因为 $\mu_e=\mu_B$)：

$$\lambda=W+\mu_BB,W-\mu_BB,-W\pm\sqrt{4W^2+\mu_B{}^2B^2} \tag{6}$$

当 $\mu_BB\ll W$ 时，近似有

$$\lambda=W+\mu_BB,W-\mu_BB,W,-3W \tag{7}$$

若 $\mu_BB\gg W$，则近似地有

$$\lambda=\mu_BB+W,-\mu_BB+W,\mu_BB-W,-\mu_BB-W$$

$\lambda(B)$与外磁场大小 B 的关系如题 7-11 图所示。

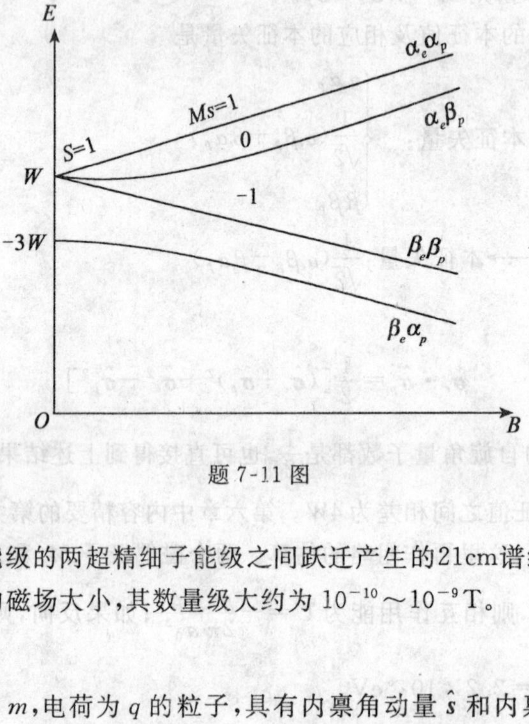

题 7-11 图

应用氢原子基态能级的两超精细子能级之间跃迁产生的21cm谱线的塞曼分裂效应，可以测定氢的星际云中的磁场大小，其数量级大约为 $10^{-10}\sim10^{-9}$ T。

7-12 一个质量为 m，电荷为 q 的粒子，具有内禀角动量 $\hat{s}$ 和内禀磁矩 $\hat{\boldsymbol{\mu}}=\dfrac{q}{2m}g\hat{\boldsymbol{s}}$（$g$ 为朗德因子）. 该粒子在一个均匀磁场 $\boldsymbol{B}$ 中以小于光速 c 的速度运动：

(a) 写出体系的哈密顿算符 $\hat{H}$；

(b) 从这个哈密顿量 $\hat{H}$ 中求粒子的机械动量 $\hat{\boldsymbol{P}}$ 与内禀角动量 $\hat{s}$ 随时间演化的规律 $\dfrac{\mathrm{d}}{\mathrm{d}t}\hat{\boldsymbol{P}}$ 与 $\dfrac{\mathrm{d}}{\mathrm{d}t}\hat{\boldsymbol{s}}$.

解：取磁场方向沿 z 轴方向，矢势 $\boldsymbol{A}$ 取为：$\boldsymbol{A}=\dfrac{1}{2}\boldsymbol{B}\times\boldsymbol{r}$，$\boldsymbol{A}=\left(-\dfrac{1}{2}By,\dfrac{1}{2}Bx,0\right)$，采用库仑规范$\nabla\cdot\boldsymbol{A}=0$，则

(a) $$\hat{H}=\frac{1}{2m}\left\{\left(\hat{p}_x+\frac{qB}{2}y\right)^2+\left(\hat{p}_y-\frac{qB}{2}x\right)^2+\hat{p}_z{}^2\right\}-\hat{\boldsymbol{\mu}}\cdot\boldsymbol{B}$$

$$=\frac{\hat{\boldsymbol{p}}^2}{2m}-\frac{qB}{4m}(x\hat{p}_y-y\hat{p}_x)-\frac{qgB}{2m}\hat{s}_z+\frac{q^2B^2}{8m}(x^2+y^2)$$

$$=\frac{\hat{\boldsymbol{p}}^2}{2m}-\frac{qB}{4m}\hat{L}_z-\frac{qgB}{2m}\hat{s}_z+\frac{q^2B^2}{8m}(x^2+y^2) \tag{1}$$

由题设，粒子运动的速度小于光速 c，故式(1)中的最后一项(逆磁项)可略去不计，有

$$\hat{H}=\frac{\hat{\boldsymbol{p}}^2}{2m}-\frac{qB}{4m}\hat{L}_z-\frac{qgB}{2m}\hat{s}_z \tag{2}$$

(b)　式(2)中的 $\hat{\boldsymbol{p}}$ 为粒子的正则动量，在坐标表象中表示为

$$\hat{\boldsymbol{p}}=\frac{\hbar}{\mathrm{i}}\nabla \tag{3}$$

而粒子的机械动量 $\hat{\boldsymbol{P}}=(\hat{\boldsymbol{p}}-q\boldsymbol{A})$，于是

$$\frac{\mathrm{d}}{\mathrm{d}t}\hat{\boldsymbol{P}}=\frac{\mathrm{d}}{\mathrm{d}t}\hat{\boldsymbol{p}}=\frac{\partial}{\partial t}\hat{\boldsymbol{p}}+\frac{1}{\mathrm{i}\hbar}[\hat{\boldsymbol{p}},\hat{H}]=\frac{1}{\mathrm{i}\hbar}[\hat{\boldsymbol{p}},\hat{H}] \tag{4}$$

式中用到了磁场的均匀恒定性。而

$$[\hat{p}_x,\hat{H}]=\left[\hat{p}_x,\frac{\hat{\boldsymbol{p}}^2}{2m}-\frac{qB}{4m}\hat{L}_z-\frac{qgB}{2m}\hat{s}_z\right]$$

$$=\frac{1}{2m}[\hat{p}_x,\hat{\boldsymbol{p}}^2]-\frac{qB}{4m}[\hat{p}_x,\hat{L}_z]-\frac{qgB}{2m}[\hat{p}_x,\hat{s}_z] \tag{5}$$

利用基本量子化条件可知

$$[\hat{p}_x,\hat{\boldsymbol{p}}^2]=0 \tag{6}$$

$$[\hat{p}_x,\hat{L}_z]=-\mathrm{i}\hbar\hat{p}_y \tag{7}$$

而 $\hat{\boldsymbol{p}}$ 与 $\hat{\boldsymbol{s}}$ 是相互独立的。所以

$$[\hat{p}_x,\hat{H}]=-\frac{qB}{4m}(-\mathrm{i}\hbar\hat{p}_y)=\frac{\mathrm{i}\hbar qB}{4m}\hat{p}_y \tag{8}$$

同理可得

$$[\hat{p}_y,\hat{H}]=-\frac{\mathrm{i}\hbar qB}{4m}\hat{p}_x \tag{9}$$

$$[\hat{p}_z,\hat{H}]=0 \tag{10}$$

所以

$$\left.\begin{aligned}&\frac{\mathrm{d}}{\mathrm{d}t}\hat{P}_x=\frac{\mathrm{d}}{\mathrm{d}t}\hat{p}_x=\frac{qB}{4m}\hat{p}_y\\&\frac{\mathrm{d}}{\mathrm{d}t}\hat{P}_y=\frac{\mathrm{d}}{\mathrm{d}t}\hat{P}_y=-\frac{qB}{4m}\hat{p}_x\\&\frac{\mathrm{d}}{\mathrm{d}t}\hat{P}_z=\frac{\mathrm{d}}{\mathrm{d}t}\hat{p}_z=0.\end{aligned}\right\} \tag{11}$$

同理，

$$\frac{\mathrm{d}\hat{\boldsymbol{s}}}{\mathrm{d}t}=\frac{\partial\hat{\boldsymbol{s}}}{\partial t}+\frac{1}{\mathrm{i}\hbar}[\hat{\boldsymbol{s}},\hat{H}]=\frac{1}{\mathrm{i}\hbar}[\hat{\boldsymbol{s}},\hat{H}] \tag{12}$$

由于

$$[\hat{\boldsymbol{s}},\hat{H}]=\left[\hat{\boldsymbol{s}},\frac{1}{2m}\hat{\boldsymbol{p}}^2-\frac{qB}{4m}\hat{L}_z-\frac{qgB}{2m}\hat{s}_z\right]$$

$$=\left[\hat{\boldsymbol{s}},-\frac{qgB}{2m}\hat{s}_z\right]=-\frac{qgB}{2m}[\hat{\boldsymbol{s}},\hat{s}_z] \tag{13}$$

所以

$$\left.\begin{aligned}\frac{\mathrm{d}\hat{s}_x}{\mathrm{d}t}&=\frac{qgB}{2m}\hat{s}_y\\ \frac{\mathrm{d}\hat{s}_y}{\mathrm{d}t}&=-\frac{qgB}{2m}\hat{s}_x\\ \frac{\mathrm{d}\hat{s}_z}{\mathrm{d}t}&=0\end{aligned}\right\} \tag{14}$$

7-13 电荷为 q，质量为 m 的粒子受到均匀静电场 $\boldsymbol{E}$ 的作用。

(a) 写出这个系统的含时薛定谔方程；

(b) 求当粒子处于任意态 $\psi(\boldsymbol{r},t)$ 时，其坐标与动量的期望值随时间变化的规律；

(c) 若再加一个均匀静磁场，仍在粒子的任一态 $\psi(\boldsymbol{r},t)$ 下，求坐标与动量的期望值随时间变化的规律。

解：(a) 因粒子是在均匀恒定的静电场中运动，所以

$$\boldsymbol{A}=0,\quad \phi=-\boldsymbol{E}\cdot\boldsymbol{r} \tag{1}$$

体系的哈密顿算符 $\hat{H}$ 为

$$\hat{H}=\frac{1}{2m}(\hat{\boldsymbol{p}}-q\boldsymbol{A})^2+q\phi=\frac{\hat{\boldsymbol{p}}^2}{2m}-q\boldsymbol{E}\cdot\boldsymbol{r} \tag{2}$$

则含时薛定谔方程为

$$\mathrm{i}\hbar\frac{\partial}{\partial t}\psi(\boldsymbol{r},t)=\hat{H}\psi(\boldsymbol{r},t)=\left(\frac{\hat{\boldsymbol{p}}^2}{2m}-q\boldsymbol{E}\cdot\boldsymbol{r}\right)\psi(\boldsymbol{r},t)$$

$$=\left(-\frac{\hbar^2}{2m}\nabla^2-q\boldsymbol{E}\cdot\boldsymbol{r}\right)\psi(\boldsymbol{r},t) \tag{3}$$

(b) 根据力学量的平均值随时间变化的规律

$$\frac{\mathrm{d}\bar{F}}{\mathrm{d}t}=\overline{\frac{\partial F}{\partial t}}+\frac{1}{\mathrm{i}\hbar}\overline{[\hat{F},\hat{H}]} \tag{4}$$

所以

$$\frac{\mathrm{d}}{\mathrm{d}t}\bar{\boldsymbol{r}}=\overline{\frac{\partial \boldsymbol{r}}{\partial t}}+\frac{1}{\mathrm{i}\hbar}\overline{[\boldsymbol{r},\hat{H}]}=\frac{1}{\mathrm{i}\hbar}\overline{[\boldsymbol{r},\hat{H}]} \tag{5}$$

由于

$$[x,\hat{H}]=\left[x,\frac{\hat{\boldsymbol{p}}^2}{2m}-q\boldsymbol{E}\cdot\boldsymbol{r}\right]=\left[x,\frac{\hat{\boldsymbol{p}}^2}{2m}\right]=\frac{\mathrm{i}\hbar}{m}\hat{p}_x \tag{6}$$

所以

$$[\boldsymbol{r},\hat{H}]=\frac{\mathrm{i}\hbar}{m}\hat{\boldsymbol{p}}$$

得

$$\frac{\mathrm{d}}{\mathrm{d}t}\bar{\boldsymbol{r}}=\frac{1}{\mathrm{i}\hbar}\overline{[\boldsymbol{r},\hat{H}]}=\frac{1}{\mathrm{i}\hbar}\overline{\left(\frac{\mathrm{i}\hbar}{m}\hat{\boldsymbol{p}}\right)}=\frac{1}{m}\bar{\boldsymbol{p}} \tag{7}$$

同理可得

$$\frac{\mathrm{d}}{\mathrm{d}t}\bar{\boldsymbol{p}}=\overline{\frac{\partial \boldsymbol{p}}{\partial t}}+\frac{1}{\mathrm{i}\hbar}\overline{[\hat{\boldsymbol{p}},\hat{H}]}=\frac{1}{\mathrm{i}\hbar}\overline{[\hat{\boldsymbol{p}},\hat{H}]} \tag{8}$$

而

$$\begin{aligned}[\hat{p}_x,\hat{H}]&=\left[\hat{p}_x,\frac{\hat{\boldsymbol{p}}^2}{2m}-q\boldsymbol{E}\cdot\boldsymbol{r}\right]=-q[\hat{p}_x,\boldsymbol{E}\cdot\boldsymbol{r}]\\&=-q[\hat{p}_x,E_x\chi]=\mathrm{i}\hbar qE_x\end{aligned} \tag{9}$$

所以

$$\frac{\mathrm{d}}{\mathrm{d}t}\bar{\boldsymbol{p}}=\frac{1}{\mathrm{i}\hbar}\overline{(\mathrm{i}q\hbar\boldsymbol{E})}=qE \tag{10}$$

联合(7)、(10)两式，又得

$$\frac{\mathrm{d}^2}{\mathrm{d}t^2}\bar{\boldsymbol{r}}=\frac{1}{m}\frac{\mathrm{d}}{\mathrm{d}t}\bar{\boldsymbol{p}}=\frac{q\boldsymbol{E}}{m}$$

即

$$m\frac{\mathrm{d}^2}{\mathrm{d}t^2}\bar{\boldsymbol{r}}=q\boldsymbol{E} \tag{11}$$

式(11)形式上和经典力学中的牛顿第二定律相同。

(c)　若再加一个均匀恒定的静磁场，则电磁场的矢势 $\boldsymbol{A}$ 和标势 ϕ 分别取为：$\boldsymbol{A}(\boldsymbol{r},t)=\boldsymbol{A}(\boldsymbol{r})$，$\phi=-\boldsymbol{E}\cdot\boldsymbol{r}$，并取库仑规范：$\nabla\cdot\boldsymbol{A}=0$，则体系的哈密顿算符变为

$$\hat{H}=\frac{1}{2m}(\hat{\boldsymbol{p}}-q\boldsymbol{A})^2-q\boldsymbol{E}\cdot\boldsymbol{r} \tag{12}$$

于是

$$\begin{aligned}[x,\hat{H}]&=\left[x,\frac{1}{2m}(\hat{\boldsymbol{p}}-q\boldsymbol{A})^2-q\boldsymbol{E}\cdot\boldsymbol{r}\right]=\frac{1}{2m}[x,(\hat{\boldsymbol{p}}-q\boldsymbol{A})^2]\\&=\frac{1}{2m}\{[x,(\hat{p}_x-qA_x)^2]+[x,(\hat{p}_y-qA_y)^2]+[x,(\hat{p}_z-qA_z)^2]\}\\&=\frac{1}{2m}\{(\hat{p}_x-qA_x)[x,\hat{p}_x-qA_x]+[x,\hat{p}_x-qA_x](\hat{p}_x-qA_x)\}\\&=\frac{2\mathrm{i}\hbar}{2m}(\hat{p}_x-qA_x)=\frac{\mathrm{i}\hbar}{m}(\hat{p}_x-qA_x)\end{aligned} \tag{13}$$

得

$$\frac{\mathrm{d}}{\mathrm{d}t}\bar{\boldsymbol{r}}=\frac{1}{\mathrm{i}\hbar}\overline{[\boldsymbol{r},\hat{H}]}=\frac{1}{\mathrm{i}\hbar}\overline{\frac{\mathrm{i}\hbar}{m}(\hat{\boldsymbol{p}}-q\boldsymbol{A})}=\frac{1}{m}\overline{(\hat{\boldsymbol{p}}-q\boldsymbol{A})} \tag{14}$$

同理可得

$$\left[(\hat{p}_x-qA_x),\frac{1}{2m}(\hat{p}_x-qA_x)^2-qE_x\chi\right]=[(\hat{p}_x-qA_x),-qE_x\chi]=\mathrm{i}\hbar qE_x \tag{15}$$

故

$$\frac{\mathrm{d}}{\mathrm{d}t}\overline{(\hat{\boldsymbol{p}}-q\boldsymbol{A})}=\frac{1}{\mathrm{i}\hbar}\overline{[(\hat{\boldsymbol{p}}-q\boldsymbol{A}),\hat{H}]}=\frac{1}{\mathrm{i}\hbar}\overline{(\mathrm{i}\hbar q\boldsymbol{E})}=q\boldsymbol{E} \tag{16}$$

联合(14)、(16)两式，得

$$\frac{\mathrm{d}^2}{\mathrm{d}t^2}\bar{\boldsymbol{r}}=\frac{1}{m}\frac{\mathrm{d}}{\mathrm{d}t}\overline{(\hat{\boldsymbol{p}}-q\boldsymbol{A})}=\frac{1}{m}q\boldsymbol{E}$$

即

$$m\frac{\mathrm{d}^2}{\mathrm{d}t^2}\bar{\boldsymbol{r}}=q\boldsymbol{E} \tag{17}$$

式(17)表明粒子在任一态 $\psi(\boldsymbol{r},t)$ 中,坐标的期望值满足牛顿第二定律。

第三部分　练　习　题

7-1　质量为 μ,电荷为 q 的非相对论性粒子在磁场 $\boldsymbol{B}$ 中运动时,若定义速度算符 $\hat{\boldsymbol{v}}=\frac{\mathrm{d}\hat{\boldsymbol{r}}}{\mathrm{d}t}=\frac{1}{\mathrm{i}\hbar}[\hat{\boldsymbol{r}},\hat{H}]$,试证明速度算符的各分量满足下列对易式:

$$[\hat{v}_x,\hat{v}_y]=\frac{\mathrm{i}\hbar q}{\mu^2}B_z$$

$$[\hat{v}_y,\hat{v}_z]=\frac{\mathrm{i}\hbar q}{\mu^2}B_x$$

$$[\hat{v}_z,\hat{v}_x]=\frac{\mathrm{i}\hbar q}{\mu^2}B_y$$

7-2　证明磁场的矢势 $\boldsymbol{A}$ 和粒子的动量 $\hat{\boldsymbol{p}}$ 满足下列对易关系:

$$[\hat{p}_x,A_x]=-\mathrm{i}\hbar\frac{\partial A_x}{\partial x},[\hat{p}_y,A_y]=-\mathrm{i}\hbar\frac{\partial A_y}{\partial y},[\hat{p}_z,A_z]=-\mathrm{i}\hbar\frac{\partial A_z}{\partial z}$$

7-3　电子在电磁场中运动,试导出其几率流密度公式。

答:$\boldsymbol{j}=\frac{\mathrm{i}\hbar}{2\mu}(\psi\nabla\psi^*-\psi^*\nabla\psi)+\frac{e}{\mu}\boldsymbol{A}\psi^*\psi$.

7-4　设带电荷 Ze 的粒子(质子、电子、介子等)与氢原子的距离 R 远大于原子半径 a_0,求带电粒子与氢原子之间的相互作用能量。

答:由 $\hat{H}'=Ze\frac{\boldsymbol{d}\cdot\boldsymbol{R}}{R^3}=-Ze^2\frac{\boldsymbol{r}\cdot\boldsymbol{R}}{R^3}$,得氢原子在基态下 $E(R)=-\frac{9Z^2e^2a_0{}^3}{(4\pi\varepsilon_0)4R^4}$.

7-5　$n=1,l=0$ 的 μ^+e^- 原子处于外磁场中的哈密顿量为

$$\hat{H}=a\hat{\boldsymbol{s}}_\mu\cdot\hat{\boldsymbol{s}}_e+\frac{|e|}{m_e}\hat{\boldsymbol{s}}_e\cdot\boldsymbol{B}-\frac{|e|}{m_\mu}\hat{\boldsymbol{s}}_\mu\boldsymbol{B}$$

式中:m_e 与 m_μ 分别是电子与 μ^+ 的质量,$\hat{\boldsymbol{s}}_e$ 与 $\hat{\boldsymbol{s}}_\mu$ 分别是电子与 μ^+ 的自旋角动量,a 为常数。

(a)　哈密顿算符中各项的物理意义是什么?

(b)　若取磁场 $\boldsymbol{B}$ 的方向沿着 z 轴,当电子与 μ^+ 均处于自旋"向上"的态中时,求体系的能量本征值。

答:(b)　因为 e^- 与 μ^+ 不是全同粒子,当它们都处于自旋"向上"的态中时,体系的状态波函数为 $\chi(s_{ze},s_{z\mu})=\alpha(e)\alpha(\mu)$,则此时能量本征值为 $E=\frac{1}{4}a\hbar^2+\frac{eB}{2m_e}\hbar-\frac{eB}{2m_\mu}\hbar$.

7-6 试由电子的轨道磁矩 $\hat{\boldsymbol{M}}_L=-\mu_B\hat{\boldsymbol{L}}$，自旋磁矩 $\hat{\boldsymbol{M}}_S=-2\mu_B\hat{\boldsymbol{s}}$ 及总磁矩 $\hat{\boldsymbol{M}}_J=-g\mu_B\hat{\boldsymbol{J}}$，导出朗德因子 g。

答：因为 $\hat{\boldsymbol{J}}=\hat{\boldsymbol{L}}+\hat{\boldsymbol{s}}$，$\hat{\boldsymbol{M}}_J=\hat{\boldsymbol{M}}_L+\hat{\boldsymbol{M}}_s=-\mu_B(\hat{\boldsymbol{L}}+2\hat{\boldsymbol{s}})=-\mu_B(\hat{\boldsymbol{J}}+\hat{\boldsymbol{s}})$，所以 $\hat{\boldsymbol{M}}_J\cdot\hat{\boldsymbol{J}}=-\mu_B(\hat{\boldsymbol{J}}^2+\hat{\boldsymbol{s}}\cdot\hat{\boldsymbol{J}})$，而 $\hat{\boldsymbol{M}}_J\cdot\hat{\boldsymbol{J}}=-g\mu_B\hat{\boldsymbol{J}}^2$，故 $-g\mu_B\hat{\boldsymbol{J}}^2=-\mu_B(\hat{\boldsymbol{J}}^2+\hat{\boldsymbol{s}}\cdot\hat{\boldsymbol{J}})$，得 $g=1+\dfrac{\hat{\boldsymbol{s}}\cdot\hat{\boldsymbol{J}}}{\hat{\boldsymbol{J}}^2}=1+\dfrac{j(j+1)+s(s+1)-l(l+1)}{2j(j+1)}$

7-7 单电子原子处于 $l=2$ 的状态，求能级的简并度并讨论在均匀恒定的强磁场中能级的分裂情况（不计及电子自旋）。

答：单电子原子的每一个 E_{nl} 能级具有 $(2l+1)$ 重简并，在 $l=2$ 时，有 $2\times2+1=5$ 重简并。在均匀恒定的强磁场中，原子光谱发生正常塞曼分裂，每一个 E_{nl} 能级分裂成 $(2l+1)$ 个子能级：$E_{nlm_l}=E_{nl}+\dfrac{eB\hbar}{2\mu}m_l$.

7-8 求自旋 $s=\dfrac{1}{2}$、带电荷 q 的粒子的磁矩算符 $\hat{\boldsymbol{M}}=\mu_0\hat{\boldsymbol{\sigma}}+\dfrac{q}{2\mu}\hat{\boldsymbol{L}}$ 在态 $|lsjm_j\rangle$ 下的期望值。

答：$\overline{M}_x=\overline{M}_y=0$；

$$\overline{M}_z=\frac{m_j}{j(j+1)}\left\{\left[j(j+1)-l(l+1)+\frac{3}{4}\right]\mu_0+\left[j(j+1)+l(l+1)-\frac{3}{4}\right]\frac{q\hbar}{4\mu}\right\}$$

即

$$\overline{M}_z=\begin{cases}\dfrac{m_j}{j}\left[\mu_0+(2j-1)\dfrac{q\hbar}{4\mu}\right], & j=l+\dfrac{1}{2}\\[2ex] \dfrac{m_j}{j+1}\left[-\mu_0+(2j+3)\dfrac{q\hbar}{4\mu}\right], & j=l-\dfrac{1}{2}\end{cases}$$

7-9 氢原子置于恒定均匀弱电场中（斯塔克分裂远小于精细结构分裂），试求 $n=2$ 能级的线性斯塔克分裂。

答：$j=\dfrac{3}{2}$ 子能级没有再分裂（因为只有 $l=1$ 的态）；$j=\dfrac{1}{2}$ 子能级的分裂：$\pm\sqrt{3}e\varepsilon$（因为包含有 $l=1$ 和 $l=0$ 的态，不计兰姆位移）。

若将 $\hat{H}=\hat{H}_0+e\varepsilon z$ 在 $\hat{H}_0$ 表象写成 8×8 矩阵（由两个相同的 3×3 矩阵方块和两个 1×1 矩阵组成），再使 $\hat{H}$ 对角化，则体系能量与外电场大小的关系如习题 7-9 图所示，图中每一条能量曲线都是二度简并的。

7-10 一束处于 $2s$ 激发态的氢原子从电容器的两极板间穿过，习题 7-10 图中长度为 l 的区域内存在均匀电场 $\boldsymbol{E}$，氢原子具有沿 x 轴的速度 $\boldsymbol{V}$，电场沿 Z 方向。问：

(a) 外加电场后，氢原子 $n=2$ 的哪些态之间微扰矩阵元不为零？

(b) 一级近似下，求体系能量的近似值及正确的零级近似波函数；

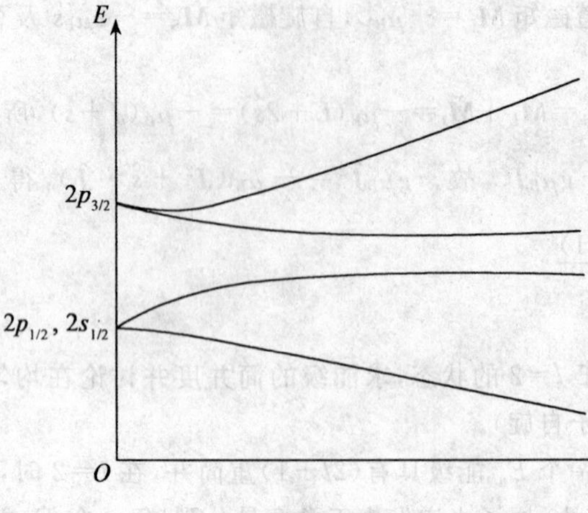

习题 7-9 图

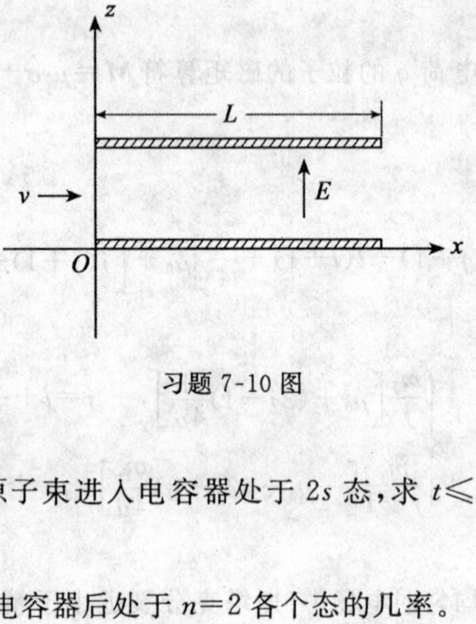

习题 7-10 图

(c) 若 $t=0$ 时刻氢原子束进入电容器处于 $2s$ 态，求 $t\leqslant\frac{L}{V}$时氢原子的状态波函数 $\Psi(t)$；

(d) 求氢原子束穿过电容器后处于 $n=2$ 各个态的几率。

答：(a) 非零微扰矩阵元只存在于 $2s$ 态与 $2p$ 态之间。

(b) $$E_2\approx\begin{cases}E_2^0+3e\varepsilon a_0, & \psi_1=\frac{1}{\sqrt{2}}(\phi_{200}^0-\phi_{210}^0)\\ E_2{}^0, & \psi_{3,4}=\phi_{211}^0,\phi_{21-1}^0\\ E_2{}^0-3e\varepsilon a_0, & \psi_2=\frac{1}{\sqrt{2}}(\phi_{200}^0+\phi_{210}^0)\end{cases}$$

(c) 因为

$$\Psi(t=0)=\phi_{200}=\frac{1}{\sqrt{2}}\left[\frac{1}{\sqrt{2}}(\phi_{200}^0-\phi_{210}^0)+\frac{1}{\sqrt{2}}(\phi_{200}^0+\phi_{210}^0)\right]$$

所以

$$\Psi(t)=\frac{1}{\sqrt{2}}\psi_1\exp\left[-\frac{\mathrm{i}}{\hbar}(E_2^0+3e\varepsilon a_0)t\right]+\frac{1}{\sqrt{2}}\psi_2\exp\left[-\frac{\mathrm{i}}{\hbar}(E_2{}^0-3e\varepsilon a_0)t\right]$$

$$=\left[\phi_{200}^{0}\cos\left(\frac{3eEa_0t)}{\hbar}\right)+\phi_{210}^{0}\sin\left(\frac{3eEa_0t}{\hbar}\right)\right]\exp\left(-\frac{\mathrm{i}}{\hbar}E_2^0t\right)$$

(d) 在出射时，$t=\frac{L}{V}$，此时原子处在 $2s$ 态的几率为

$$w_{2s}=\left|\exp\left(-\frac{\mathrm{i}}{\hbar}E_2^0t\right)\cos\left(\frac{3eEa_0t}{\hbar}\right)\right|^2=\cos^2\left(\frac{3eEa_0L}{\hbar V}\right)$$

处于 $2p$ 态($m=0$)的几率为

$$w_{2p}=\left|\exp\left(-\frac{\mathrm{i}}{\hbar}E_2^0t\right)\sin\left(\frac{3eEa_0t}{\hbar}\right)\right|^2=\sin^2\left(\frac{3eEa_0L}{\hbar V}\right)$$

处于 $2p$ 态($m=\pm1$)的几率为零。

第八章 全同粒子系与氦原子

第一部分 内容精要

一、全同粒子系波函数的粒子交换对称性，量子力学的第五条假设

全同粒子指所有固有性质(静质量、电荷、自旋及寿命等)都相同的粒子。全同粒子系是多粒子体系。

1. 全同性原理

量子力学中，认为微观粒子由于运动有波粒二象性，如果全同，则它们在波动的重叠区域是完全不可分辨的。这就是全同性原理，也称为全同粒子不可分辨性原理。

2. 全同粒子系的粒子交换对称性

依据全同性原理，一个全同粒子系的哈密顿算符对于任意两个粒子交换是不变的，即任意第 i 和第 j 两个粒子的交换算符 $\hat{P}_{ij}$ (将第 i 个粒子的全坐标 $q_i=(\boldsymbol{r}_i,s_{zi})$ 和第 j 个粒子的 $q_j(\boldsymbol{r}_j,s_{zj})$ 交换)与体系的哈密顿算符 $\hat{H}$ 对易：

$$[\hat{P}_{ij},\hat{H}]=0 \tag{8-1}$$

于是，体系的含时薛定谔方程

$$\mathrm{i}\hbar\frac{\partial}{\partial t}\Psi(q_1,\cdots,q_i,\cdots,q_j,\cdots,q_N;t)=\hat{H}\Psi(q_1,\cdots,q_i,\cdots,q_j,\cdots,q_N;t) \tag{8-2}$$

在任意两粒子交换算符 $\hat{P}_{ij}$ 的变换下不变，即又有

$$\mathrm{i}\hbar\frac{\partial}{\partial t}\hat{P}_{ij}\Psi(q_1,\cdots,q_i,\cdots,q_j,\cdots,q_N;t)=\hat{H}\hat{P}_{ij}\Psi(q_1,\cdots,q_i,\cdots,q_j,\cdots,q_N;t) \tag{8-3}$$

表明 $\hat{P}_{ij}\Psi(q_1,\cdots,q_i,\cdots,q_j,\cdots,q_N;t)$ 也是这个全同粒子系相应一个运动状态的波函数。这称为全同粒子系对于任意两个粒子交换具有对称性。

3. 全同粒子系波函数的粒子交换对称性，量子力学的第五条假设

若再进一步认为一个全同粒子系的任一运动状态对于任意两个粒子交换在物理上不变，则有

$$\hat{P}_{ij}\Psi(q_1,\cdots,q_i,\cdots,q_j,\cdots,q_N;t)=\lambda\Psi(q_1,\cdots,q_i,\cdots,q_j,\cdots,q_N;t) \tag{8-4}$$

由于 $\hat{P}_{ij}{}^2=\mathbf{1}$，有 $\lambda=+1$ 或 -1，分别对应于体系运动状态的波函数 $\Psi(q_1,\cdots,q_i,\cdots,q_j,\cdots,q_N;t)$，对于任意两个粒子交换是全对称的或者是全反对称的。

量子力学的第五条假设是：一个全同粒子系的任意运动状态波函数对于任意两个粒子交换而言具有对称性。玻色子系的波函数是两粒子交换全对称的，费米子系的波函数是两粒子交换全反对称的。

二、独立粒子模型

这里具体讨论费米子系，以多电子原子为例。体系的哈密顿算符设为

$$\hat{H}=\sum_{i=1}^{N}\left(\frac{\hat{\boldsymbol{p}}_i^2}{2\mu}-\frac{Ze^2}{4\pi\varepsilon_0 r_i}\right)+\frac{1}{2!}\sum_{i\neq j}^{N}\frac{e^2}{4\pi\varepsilon_0 r_{ij}} \tag{8-5}$$

1. 体系定态的波函数和能量

将体系的哈密顿算符 $\hat{H}$ 式(8-5)写为

$$\hat{H}=\hat{H}_0+\hat{H}' \tag{8-6}$$

式中：

$$\hat{H}_0=\sum_{i=1}^{N}\left[\frac{\hat{\boldsymbol{p}}_i^2}{2\mu}-\frac{Ze^2}{4\pi\varepsilon_0 r_i}+u(r_i)\right]=\sum_{i=1}^{N}\hat{h}_i \tag{8-7}$$

$$\hat{H}'=-\sum_{i=1}^{N}u(r_i)+\frac{1}{2!}\sum_{i\neq j}^{N}\frac{e^2}{4\pi\varepsilon_0 r_{ij}} \tag{8-8}$$

其中：$u(r_i)$是原子中第 i 个电子所处其他 $N-1$ 个电子的静电库仑作用平均势场(假定为中心场)，是设定的单体算符(可由几种途径求得)。记算符 $\hat{H}_0$ 式(8-7)中的单电子算符

$$\hat{h}=\frac{\hat{\boldsymbol{p}}^2}{2\mu}-\frac{Ze^2}{4\pi\varepsilon_0 r}+u(r) \tag{8-9}$$

的本征值谱为$\{\varepsilon_k\}$，相应的正交归一化本征函数完备组为$\{\phi_k(q)\}$，$q=(\boldsymbol{r},S_z)$。在$\{\phi_k(q)\}$中取 N 个不同的单电子定态波函数，它们的积

$$\Psi_0=\phi_{k_1}(q_1)\phi_{k_2}(q_2)\cdots\phi_{k_N}(q_N) \tag{8-10}$$

则是 $\hat{H}_0$ 式(8-7)的本征函数。再对式(8-10)进行粒子交换对称化。对于费米子系，体系的波函数须是粒子交换反对称的，为

$$\Psi_A=\frac{1}{\sqrt{N!}}\sum_P(-1)^P\phi_{k_1}(q_1)\phi_{k_2}(q_2)\cdots\phi_{k_N}(q_N)$$

$$=\frac{1}{\sqrt{N!}}\begin{vmatrix}\phi_{k_1}(q_1) & \phi_{k_1}(q_2) & \cdots & \phi_{k_1}(q_N)\\ \phi_{k_2}(q_1) & \phi_{k_2}(q_2) & \cdots & \phi_{k_2}(q_N)\\ \vdots & \vdots & & \vdots\\ \phi_{k_N}(q_1) & \phi_{k_N}(q_2) & \cdots & \phi_{k_N}(q_N)\end{vmatrix} \tag{8-11}$$

它称为斯勒脱(J. C. Slater)行列式函数。可以证明：Ψ_A 式(8-11)是体系哈密顿算符 $\hat{H}$ 式(8-5)和式(8-6)中算符 $\hat{H}_0$ 式(8-7)的相应于本征值为 $\sum_{i=1}^{N}\varepsilon_{k_i}$ 的本征函数。它就作为多电子原子相应一个定态在独立粒子模型框架内的波函数。

多电子原子这个定态 Ψ_A 相应的能量在独立粒子模型框架内取为：

非简并情况下，

$$E=\langle\Psi_A\mid\hat{H}\mid\Psi_A\rangle=\langle\Psi_A\mid\hat{H}_0+\hat{H}'\mid\Psi_A\rangle$$

$$=\sum_{i=1}^{N}\varepsilon_{k_i}+\langle\Psi_A\mid\hat{H}'\mid\Psi_A\rangle \tag{8-12}$$

在简并情况下，由久期方程

$$\det|(\hat{H}_0+\hat{H}')_{ji}-E\delta_{ji}|=0 \tag{8-13}$$

解出。上述在独立粒子模型框架内的结果没有计入多电子运动的相关效应。

对于玻色子系，体系的波函数须是粒子交换对称的，为

$$\Psi_S = (n_1!n_2!\cdots/N!)^{½} \sum_P (+1)^P \phi_{k_1}(q_1)\phi_{k_2}(q_2)\cdots\phi_{k_N}(q_N) \tag{8-14}$$

2. 泡利不相容原理

由于多电子原子的定态波函数在独立粒子模型的框架内取为斯勒脱行列式函数 Ψ_A 式(8-11)，可知如果有两个电子处于相同的单电子态，则 $\Psi_A=0$。在一个多电子原子中，不可能有两个或两个以上的电子处于同一状态，每一单电子态只能容纳一个电子。这称为泡利不相容原理。它是由量子力学的第五条假设结合独立粒子模型引出的一个对任意全同费米子系都成立的结果。

三、氦原子和类氦离子

1. 二电子体系的定态波函数

体系的定态波函数 Ψ_A 对于两个电子交换是全反对称的。若将波函数的电子空间坐标和自旋坐标分离变量：

$$\Psi_A(q_1,q_2)=\psi_S(\boldsymbol{r}_1,\boldsymbol{r}_2)\chi_A(s_{z1},s_{z2}) \tag{8-15}$$

$$\Psi_A(q_1,q_2)=\psi_A(\boldsymbol{r}_1,\boldsymbol{r}_2)\chi_S(s_{z1},s_{z2}) \tag{8-16}$$

则二电子体系定态的空间运动部分对于两个电子空间坐标交换对称的和反对称的波函数分别写为

$$\psi_S(\boldsymbol{r}_1,\boldsymbol{r}_2)=\frac{1}{\sqrt{2}}[\psi_{b1}(\boldsymbol{r}_1)\psi_{b2}(\boldsymbol{r}_2)+\psi_{b1}(\boldsymbol{r}_2)\psi_{b2}(\boldsymbol{r}_1)] \tag{8-17}$$

和

$$\psi_A(\boldsymbol{r}_1,\boldsymbol{r}_2)=\frac{1}{\sqrt{2}}[\psi_{b1}(\boldsymbol{r}_1)\psi_{b2}(\boldsymbol{r}_2)-\psi_{b1}(\boldsymbol{r}_2)\psi_{b2}(\boldsymbol{r}_1)] \tag{8-18}$$

式中 $\psi_{b1}(\boldsymbol{r})$和 $\psi_{b2}(\boldsymbol{r})$是单电子两个定态的空间运动部分波函数。二电子体系定态内禀运动部分对于两个电子自旋坐标交换反对称的和对称的态矢量分别写为

$$\chi_A(s_{z1},s_{z2})=\frac{1}{\sqrt{2}}[\alpha(1)\beta(2)-\alpha(2)\beta(1)] \tag{8-19}$$

和

$$\chi_S^{(1)}(s_{z1},s_{z2})=\alpha(1)\alpha(2) \tag{8-20}$$

$$\chi_S^{(2)}(s_{z1},s_{z2})=\frac{1}{\sqrt{2}}[\alpha(1)\beta(2)+\alpha(2)\beta(1)] \tag{8-21}$$

$$\chi_S^{(3)}(s_{z1},s_{z2})=\beta(1)\beta(2) \tag{8-22}$$

式中：$\alpha=\begin{bmatrix}1\\0\end{bmatrix}$和 $\beta=\begin{bmatrix}0\\1\end{bmatrix}$。$\chi_A$ 式(8-19)和 χ_S 式(8-20～8-22)是两个电子总自旋 $\hat{\boldsymbol{S}}^2$ 和 $\hat{S}_z$ 的分别相应于 $S=0(M_S=0)$和 $S=1(M_S=1,0,-1)$的本征矢量。

2. 泡利排斥和泡利吸引

两个电子的自旋如果平行(总自旋角量子数 $S=1$)，则体系定态空间运动部分的波函数

为 $\psi_A(\boldsymbol{r}_1,\boldsymbol{r}_2)$式(8-18)。在 $\boldsymbol{r}_1=\boldsymbol{r}_2$ 处,$\psi_A(\boldsymbol{r}_1,\boldsymbol{r}_2)=0$,即$|\psi_A|^2=0$。表明,两个电子在空间同一点出现的几率为零;即使在独立粒子模型的框架内,这两个电子也并非真正完全独立互不相关,而是趋于尽可能相距远一些。这称为泡利排斥,与静电库仑排斥无关。

反之,两个电子的自旋如果反平行(总自旋 $S=0$),则体系定态空间运动部分的波函数为 $\psi_S(\boldsymbol{r}_1,\boldsymbol{r}_2)$式(8-17)。在 $\boldsymbol{r}_2=\boldsymbol{r}_1$ 处,$|\psi_S|^2$的值最大,这两个电子趋于尽可能靠近一些。这就是泡利吸引。

泡利排斥和泡利吸引是纯量子效应。

3. 氦原子和类氦离子

它是二电子体系,原子核给核外的两个电子提供静电库仑势场。体系的哈密顿算符取为(在电子空间坐标和自旋共同表象):

$$\hat{H}=\left(-\frac{\hbar^2}{2\mu}\nabla_1{}^2-\frac{Ze^2}{4\pi\varepsilon_0 r_1}\right)+\left(-\frac{\hbar^2}{2\mu}\nabla_2{}^2-\frac{Ze^2}{4\pi\varepsilon_0 r_2}\right)+\frac{e^2}{4\pi\varepsilon_0 r_{12}} \tag{8-23}$$

(1)　基态

在独立粒子模型的框架内,原子基态的波函数为

$$\Psi_{A基态}=\psi_{100}(\boldsymbol{r}_1)\psi_{100}(\boldsymbol{r}_2)\chi_A(s_{z1},s_{z2}), \tag{8-24}$$

式中:$\chi_A(s_{z1},s_{z2})$由式(8-19)所示,为两个电子总自旋 $S=0,M_S=0$的本征矢量。并且,两个电子轨道总角动量量子数 $L=0,M_L=0$。

原子基态的能量由式(8-12)以及式(8-23)、(8-24)表示为

$$E_{基态}=\langle\Psi_{A基态}|\hat{H}|\Psi_{A基态}\rangle \tag{8-25}$$

(2)　单激发态

设原子内一个电子始终处于 $\psi_{100}(\boldsymbol{r})\chi_{m_s}(s_z)$态,另一个电子在任意的 $\psi_{nlm}(\boldsymbol{r})\chi_{m_s}(s_z)$态($n\geqslant2$)。原子定态的空间运动部分波函数由式(8-18)和式(8-17)为

$$\psi_{A,S}(\boldsymbol{r}_1,\boldsymbol{r}_2)=\frac{1}{\sqrt{2}}[\psi_{100}(\boldsymbol{r}_1)\psi_{nlm}(\boldsymbol{r}_2)\mp\psi_{100}(\boldsymbol{r}_2)\psi_{nlm}(\boldsymbol{r}_1)] \tag{8-26}$$

原子的能量为

$$\begin{aligned}E_{单激发态}&=\langle\Psi_{A单激发态}|\hat{H}|\Psi_{A单激发态}\rangle\\&=\langle\psi_{A,S}|\hat{H}_0+\hat{H}'|\psi_{A,S}\rangle\\&=\varepsilon_{10}+\varepsilon_{nl}+J_{nl}\mp K_{nl}\end{aligned} \tag{8-27}$$

式中:∓号分别对应于原子内两个电子空间运动状态的波函数取 ψ_A 和 ψ_S,不过原子的轨道总角量子数都是 $L=l$。

(3)　直接作用能与交换作用能

式(8-27)中的 J_{nl}和 K_{nl}分别称为直接作用能和交换作用能,表示为

$$J_{nl}=\iint|\psi_{100}(\boldsymbol{r}_1)|^2\hat{H}'|\psi_{nlm}(\boldsymbol{r}_2)|^2\mathrm{d}\tau_1\mathrm{d}\tau_2 \tag{8-28}$$

和

$$K_{nl}=\iint\psi_{100}^*(\boldsymbol{r}_1)\psi_{nlm}(\boldsymbol{r}_1)\hat{H}'\psi_{nlm}^*(\boldsymbol{r}_2)\psi_{100}(\boldsymbol{r}_2)\mathrm{d}\tau_1\mathrm{d}\tau_2 \tag{8-29}$$

式中:$\psi_{100}^*(\boldsymbol{r})\psi_{nlm}(\boldsymbol{r})$称为交换几率密度。$K_{nl}$式(8-29)是由于原子态的波函数具有两个电子交换对称性(全反对称)才出现的。它的出现是微观全同粒子系所特有的一种纯量子效应,具有极其重要的意义。

(4) 正氦和仲氦

式(8-27)中的∓号,分别对应于原子中的两个电子内禀运动态的态矢量为电子自旋坐标交换对称的和交换反对称的。就是说,

$$E=\varepsilon_{10}+\varepsilon_{nl}+J_{nl}-K_{nl} \tag{8-30}$$

是原子内两个电子总自旋 $S=1,M_S=1,0,-1$——原子处于两个电子自旋平行即总自旋三重态下的能量。处于这种自旋态下的氦原子称为正氦。

$$E=\varepsilon_{10}+\varepsilon_{nl}+J_{nl}+K_{nl} \tag{8-31}$$

是原子内两个电子总自旋 $S=0,M_S=0$——原子处于两个电子自旋反平行即总自旋单态下的能量。处于这种自旋态下的氦原子称为仲氦。

正氦和仲氦各有一套能谱。两套能谱相应能级之间相距 $2K_{nl}$。基态氦只是仲氦。

(5) 电偶极辐射跃迁选择定则

选择定则是

Δn:任意

$\Delta L=\pm1$(即 $\Delta l=\pm1$)

$\Delta M=0、\pm1$(即 $\Delta m=0、\pm1$)

$\Delta S=0,\Delta M_S=0$ (8-32)

由 $\Delta S=0$ 的限制,正氦原子与仲氦原子的能级之间没有跃迁,它们各自能谱内部的跃迁产生两套独立的光谱。又由 $\Delta L=\pm1$ 的限制,氦原子不能由第一激发态 $1s2s\,^3S$ 及 $1s2s\,^1S$ 等电偶极辐射跃迁到基态 $1s1s\,^1S$。这样的激发态称为亚稳态或介稳态。

第二部分 例 题

8-1 设有三个全同粒子,每一个均可以处于 $\phi_1(q),\phi_2(q),\phi_3(q),q=(\boldsymbol{r},s_z)$ 三个单粒子态中的任何一个,问:

(a) 若它们是经典粒子,这个三粒子系有多少个可能状态?

(b) 若它们是全同的费米子,可能的状态又有几个?

(c) 若它们是全同的玻色子,可能的状态有几个?

解:(a) 因为这三个粒子是经典粒子,状态波函数不必要求具有一定的对称性,三个单粒子波函数的积就构成了体系的状态波函数,故若设第一个粒子处于 ϕ_1 态,第二个粒子处于 ϕ_2 态,第三个粒子处于 ϕ_3 态,则体系的一个可能状态为

$$\Psi(q_1,q_2,q_3)=\phi_1(q_1)\phi_2(q_2)\phi_3(q_3) \tag{1}$$

由于每个粒子均可处于态 $\phi_1、\phi_2、\phi_3$ 中的任何一个,所以这种单粒子态的积共有 $3\times3\times3=27$ 个。即此时这个三粒子系共有 27 个可能状态。

(b) 若它们是全同的费米子,则这三粒系的状态波函数必须具有反对称性,再由泡利不相容原理知,每一个单粒子态 $\phi_1、\phi_2、\phi_3$ 中只能容纳一个粒子,体系的反对称波函数由斯勒特行列式给出,为

$$\Psi_A(q_1,q_2,q_3)=\frac{1}{\sqrt{3!}}\begin{vmatrix}\phi_1(q_1) & \phi_1(q_2) & \phi_1(q_3)\\ \phi_2(q_1) & \phi_2(q_2) & \phi_2(q_3)\\ \phi_3(q_1) & \phi_3(q_2) & \phi_3(q_3)\end{vmatrix} \tag{2}$$

此时这三粒子系只有一个可能状态。

(c)　若它们是全同的玻色子,则体系的状态波函数必须具有对称性。又,玻色子不受泡利不相容原理的限制,可以有任意多个玻色子处于完全相同的运动状态,故体系的对称的波函数有如下三种形式:

(1)　三个粒子处于同一单粒子态。例如 $\phi_1(q_1),\phi_1(q_2),\phi_1(q_3)$,则处于 ϕ_1 态的粒子数 $n_1=3$,处于 ϕ_2、ϕ_3 态的粒子数 $n_2=n_3=0$,此时体系的一个对称的波函数由本章内容部分式(8-14)有

$$\begin{aligned}\Psi_S^{(1)}(q_1,q_2,q_3)&=\sqrt{\frac{3!\ 0!\ 0!}{3!}}\phi_1(q_1)\phi_1(q_2)\phi_1(q_3)\\&=\phi_1(q_1)\phi_1(q_2)\phi_1(q_3)\end{aligned}\tag{3}$$

由于每个粒子均可以处于 ϕ_1、ϕ_2、ϕ_3 中的任何一个,显然这种形式的对称态共有 3 个。

(2)　两个粒子处于同一个态,一个粒子处于其他态。如 $\phi_1(q_1),\phi_1(q_2),\phi_2(q_3)$,则 $n_1=2,n_2=1,n_3=0$,此时体系的一个可能的对称波函数为

$$\begin{aligned}&\Psi_S^{(4)}(q_1,q_2,q_3)\\&=\sqrt{\frac{2!\ 1!\ 0!}{3!}}[\phi_1(q_1)\phi_1(q_2)\phi_2(q_3)+\phi_1(q_1)\phi_1(q_3)\phi_2(q_2)+\phi_1(q_3)\phi_1(q_2)\phi_2(q_1)]\\&=\sqrt{\frac{1}{3}}[\phi_1(q_1)\phi_1(q_2)\phi_2(q_3)+\phi_1(q_1)\phi_1(q_3)\phi_2(q_2)+\phi_1(q_3)\phi_1(q_2)\phi_2(q_1)]\end{aligned}\tag{4}$$

由于每个粒子均可处于 ϕ_1、ϕ_2、ϕ_3 中的任何一个,类似于这样的对称态共有 $C_3{}^2\times2!=6$ 个。

(3)　三个粒子所处的态各不相同。如 $\phi_1(q_1),\phi_2(q_2),\phi_3(q_3)$,即 $n_1=n_2=n_3=1$。此时体系的一个可能的对称波函数为

$$\begin{aligned}&\Psi_S^{(10)}(q_1,q_2,q_3)\\&=\sqrt{\frac{1!\ 1!\ 1!}{3!}}[\phi_1(q_1)\phi_2(q_2)\phi_3(q_3)+\phi_1(q_2)\phi_2(q_1)\phi_3(q_3)+\phi_1(q_1)\phi_2(q_3)\phi_3(q_2)+\\&\quad\phi_1(q_3)\phi_2(q_2)\phi_3(q_1)\phi_1(q_2)\phi_2(q_3)\phi_3(q_1)+\phi_1(q_3)\phi_2(q_1)\phi_3(q_2)].\end{aligned}\tag{5}$$

这样的对称态只有一个。

总结(1)、(2)、(3)知,三粒子体系的对称的波函数共有 3+6+1=10(个)。

综合(a)、(b)、(c)三种情况看出:当全同粒子体系的粒子数超过两个时,一般来说,对于粒子间的交换完全对称的状态数目与完全反对称的状态数目之和,总是小于没有对称性限制的体系状态总数。亦即,后者除了有完全对称态和完全反对称态外,还有一些没有对称性或只有混杂对称性的状态。

8-2　自旋 $s=0$ 的三个全同粒子处于某中心势场中,不计及粒子之间相互作用,单粒子处于定态,并且三个粒子所处单粒子定态的量子数 n_r 和 l 相同,$l=1$。

(a)　求体系的可能状态数目;

(b)　证明轨道总角量子数 L 不可能等于零。

解:(a)　记单粒子定态的波函数为 $\psi_m=R(r)Y_{1m}(\Omega)$。如果三个玻色子不是全同的,则体系可能状态的波函数写为

$$\Psi_{m_1m_2m_3}=R(r_1)R(r_2)R(r_3)Y_{1m_1}(\Omega_1)Y_{1m_2}(\Omega_2)Y_{1m_3}(\Omega_3) \tag{1}$$

式中：$m_i=1,0,-1,i=1,2,3$。状态数目为 $3\times3\times3=27$ 个。但若三个玻色子全同，则量子数(m_1,m_2,m_3)只能选为$(1,1,1)$，$(1,1,0)$，$(1,1,-1)$，$(1,0,0)$，$(1,0,-1)$，$(1,-1,-1)$，$(0,0,0)$，$(0,0,-1)$，$(0,-1,-1)$，$(-1,-1,-1)$，共 10 组。体系相应的可能状态数目有 10 个，其波函数有粒子交换对称性。例如：

$$\Psi_{111}=R(r_1)R(r_2)R(r_3)Y_{11}(\Omega_1)Y_{11}(\Omega_2)Y_{11}(\Omega_3) \tag{2}$$

$$\Psi_{110}=R(r_1)R(r_2)R(r_3)\frac{1}{\sqrt{3}}[Y_{11}(\Omega_1)Y_{11}(\Omega_2)Y_{10}(\Omega_3)+Y_{11}(\Omega_1)Y_{10}(\Omega_2)Y_{11}(\Omega_3)+Y_{10}(\Omega_1)Y_{11}(\Omega_2)Y_{11}(\Omega_3)] \tag{3}$$

等等。

(b) 体系这 10 个可能状态中，有 7 个可能状态对应于总轨道角量子数 $L=3$，有三个可能状态对应于总轨道角量子数 $L=1$，即 $L\neq0$。这可由(a)中所述 10 组(m_1,m_2,m_3)值即 10 个 $M=m_1+m_2+m_3$ 值，其中 7 个分属 $L=3$，3 个分属 $L=1$ 直接看出。

8-3 讨论：

(a) 两个自旋 $s=0$ 的全同玻色子，它们分别处于归一化波函数 $\psi_1(\boldsymbol{r})$ 和 $\psi_2(\boldsymbol{r})$ 的态中，两个态有确定的并且是相反的宇称；

(b) 两个自旋态相同的全同费米子。

求两个粒子都处于半空间 $x\geqslant0$ 的几率。

解：(a) 两个自旋 $s=0$ 的全同玻色子。

体系态的归一化波函数为

$$\Psi_1(\boldsymbol{r}_1,\boldsymbol{r}_2)=\frac{1}{\sqrt{2}}[\psi_1(\boldsymbol{r}_1)\psi_2(\boldsymbol{r}_2)+\psi_2(\boldsymbol{r}_1)\psi_1(\boldsymbol{r}_2)] \tag{1}$$

按题意知 $\psi_1(\boldsymbol{r})$ 与 $\psi_2(\boldsymbol{r})$ 正交：$\int\psi_1^*(\boldsymbol{r})\psi_2(\boldsymbol{r})\mathrm{d}\tau=0$。如果其中一个粒子在任意位置，另一个粒子在 $\boldsymbol{r}_1$ 处体积元内的几率为

$$\mathrm{d}w=\left[\int|\Psi(\boldsymbol{r}_1,\boldsymbol{r}_2)|^2\mathrm{d}\tau_2\right]\mathrm{d}\tau_1=\frac{1}{2}[|\psi_1(\boldsymbol{r}_1)|^2+|\psi_2(\boldsymbol{r}_1)|^2]\mathrm{d}\tau_1 \tag{2}$$

再由题意有

$$1=\int_{-\infty}^{\infty}|\psi_1(x)|^2\mathrm{d}x=2\int_0^{\infty}|\psi_1(x)|^2\mathrm{d}x \tag{3}$$

即

$$\int_0^{\infty}|\psi_1(x)|^2\mathrm{d}x=\int_0^{\infty}|\psi_2(x)|^2\mathrm{d}x=\frac{1}{2} \tag{4}$$

知

$$\int_{x\geqslant0}|\psi_1(\boldsymbol{r})|^2\mathrm{d}\tau=\frac{1}{2}\int|\psi_1(\boldsymbol{r})|^2\mathrm{d}\tau=\frac{1}{2}$$

$$\int_{x\geqslant0}|\psi_2(\boldsymbol{r})|^2\mathrm{d}\tau=\frac{1}{2}\int|\psi_2(\boldsymbol{r})|^2\mathrm{d}\tau=\frac{1}{2} \tag{5}$$

故一个粒子在空间任意位置，另一个粒子在半空间 $x\geqslant 0$ 的总几率为

$$w_1(x\geqslant 0)=\frac{1}{2} \tag{6}$$

两个不全同粒子都在半空间($x\geqslant 0$)的总几率 $\Psi(\boldsymbol{r}_1,\boldsymbol{r}_2)=\psi_1(\boldsymbol{r}_1)\psi_2(\boldsymbol{r}_2)$ 为

$$\begin{aligned} w(x\geqslant 0) &= \iint\limits_{\substack{x_1\geqslant 0\\ x_2\geqslant 0}} |\Psi(\boldsymbol{r}_1,\boldsymbol{r}_2)|^2 \mathrm{d}\tau_1 \mathrm{d}\tau_2 \\ &= \int\limits_{x_1\geqslant 0} |\psi_1(\boldsymbol{r}_1)|^2 \mathrm{d}\tau_1 \int\limits_{x_2\geqslant 0} |\psi_2(\boldsymbol{r}_2)|^2 \mathrm{d}\tau_2 = \frac{1}{2}\times\frac{1}{2}=\frac{1}{4} \end{aligned} \tag{7}$$

而题述两个自旋 $s=0$ 的全同玻色子都在半空间($x\geqslant 0$)的总几率为

$$\begin{aligned} & w(x_1,x_2\geqslant 0) \\ &= \iint\limits_{\substack{x_1\geqslant 0\\ x_2\geqslant 0}} \left|\frac{1}{\sqrt{2}}[\psi_1(\boldsymbol{r}_1)\psi_2(\boldsymbol{r}_2)+\psi_2(\boldsymbol{r}_1)\psi_1(\boldsymbol{r}_2)]\right|^2 \mathrm{d}\tau_1 \mathrm{d}\tau_2 \\ &= \frac{1}{2}\iint\limits_{\substack{x_1\geqslant 0\\ x_2\geqslant 0}} [|\psi_1(\boldsymbol{r}_1)|^2|\psi_2(\boldsymbol{r}_2)|^2+|\psi_2(\boldsymbol{r}_1)|^2|\psi_1(\boldsymbol{r}_2)|^2+ \\ & \psi_1^*(\boldsymbol{r}_1)\psi_2(\boldsymbol{r}_1)\psi_2^*(\boldsymbol{r}_2)\psi_1(\boldsymbol{r}_2)+\psi_2^*(\boldsymbol{r}_1)\psi_1(\boldsymbol{r}_1)\cdot\psi_1^*(\boldsymbol{r}_2)\psi_2(\boldsymbol{r}_2)]\mathrm{d}\tau_1 \mathrm{d}\tau_2 \\ &= \frac{1}{2}\left(\frac{1}{2}\times\frac{1}{2}+\frac{1}{2}\times\frac{1}{2}+\Delta\Delta^*+\Delta^*\Delta\right) \\ &= \frac{1}{4}(1+4|\Delta|^2)>\frac{1}{4} \end{aligned} \tag{8}$$

式中已记

$$\Delta=\int\limits_{x\geqslant 0}\psi_1^*(\boldsymbol{r})\psi_2(\boldsymbol{r})\mathrm{d}\tau=-\int\limits_{x\leqslant 0}\psi_1^*(\boldsymbol{r})\psi_2(\boldsymbol{r})\mathrm{d}\tau \tag{9}$$

表明：两个全同玻色子之间的干涉导致两个粒子趋于相互靠近。

(b)　两个自旋态相同的全同费米子。

体系态的归一化波函数为

$$\Psi=\frac{1}{\sqrt{2}}[\psi_1(\boldsymbol{r}_1)\psi_2(\boldsymbol{r}_2)-\psi_2(\boldsymbol{r}_1)\psi_1(\boldsymbol{r}_2)]\chi_{m_s}(s_{z1})\chi_{m_s}(s_{z2}) \tag{10}$$

同上所述，两个粒子都在半空间($x\geqslant 0$)的总几率为

$$w(x_1,x_2\geqslant 0)=\frac{1}{4}(1-4|\Delta|^2)<\frac{1}{4} \tag{11}$$

表明：两个全同费米子之间存在干涉，如果两个粒子的自旋态相同（自旋平行），则两个粒子趋于互相推开（泡利排斥）。

8-4　设两个在一维无限深方势阱

$$V(z)=\begin{cases}\infty, & |z|>\dfrac{a}{2}\\ 0, & |z|\leqslant\dfrac{a}{2}\end{cases}$$

中运动的粒子，每一个均可以处于该势阱中两个能量最低的状态

$$\begin{cases}\phi_1(z)=\sqrt{\dfrac{2}{a}}\cos\dfrac{\pi z}{a},\left(|z|\leqslant\dfrac{a}{2}\right) ,E_1=\dfrac{\pi^2\hbar^2}{2\mu a^2}\\ \phi_2(z)=\sqrt{\dfrac{2}{a}}\sin\dfrac{2\pi z}{a},\left(|z|\leqslant\dfrac{a}{2}\right), E_2=\dfrac{4\pi^2\hbar^2}{2\mu a^2}\end{cases}$$

中的任何一个，试就下面三种情况：

(a) 两个粒子为可区分的经典粒子；

(b) 两个粒子为自旋取向相同的全同的费米子；

(c) 两个粒子为自旋为零的全同的玻色子；

(i) 讨论该二粒子体系的状态波函数及其能量可能值。

(ii) 计算当体系能量 $E=E_1+E_2$ 时，两个粒子相对位置的平方平均值$\overline{(z_1-z_2)^2}$，并对上述三种情况进行比较。

解：(a) (i) 当两个粒子为可区分的经典粒子时，体系的状态波函数即为两单粒子态的积。由于每个粒子均可处于态 ϕ_1 与态 ϕ_2 中的任何一个，故体系的可能状态共有四种，分别为：

z　　$\psi_1(z_1,z_2)=\phi_1(z_1)\phi_1(z_2)$，相应的能量本征值为

$$E=2E_1=\frac{\pi^2\hbar^2}{\mu a^2} \tag{1}$$

$$\left.\begin{aligned}\psi_2(z_1,z_2)=\phi_1(z_1)\phi_2(z_2)\\ \psi_3(z_1,z_2)=\phi_2(z_1)\phi_1(z_2)\end{aligned}\right\}E=E_1+E_2=\frac{5\pi^2\hbar^2}{2\mu a^2},$$

具有二重简并 (2)

$$\psi_4(z_1,z_2)=\phi_2(z_1)\phi_2(z_2),\quad E=2E_2=\frac{4\pi^2\hbar^2}{\mu a^2} \tag{3}$$

(ii) 当体系的能量为 $E=E_1+E_2$ 时，相应的态为 ψ_2 与 ψ_3 所示，于是两粒子相对位置平方平均值为

$$\begin{aligned}\overline{(z_1-z_2)^2}&=\iint\psi_2^*(z_1,z_2)(z_1-z_2)^2\psi_2(z_1,z_2)\mathrm{d}z_1\mathrm{d}z_2\\ &=\iint\psi_3^*(z_1,z_2)(z_1-z_2)^2\psi_3(z_1,z_2)\mathrm{d}z_1\mathrm{d}z_2\\ &=\iint_{-\frac{a}{2}}^{\frac{a}{2}}|\phi_1(z_1)|^2|\phi_2(z_2)|^2(z_1{}^2+z_2{}^2-2z_1z_2)\mathrm{d}z_1\mathrm{d}z_2\\ &=\left(\frac{2}{a}\right)^2\int_{-\frac{a}{2}}^{\frac{a}{2}}\cos^2\frac{\pi z_1}{a}\mathrm{d}z_1\int_{-\frac{a}{2}}^{\frac{a}{2}}\sin^2\frac{2\pi z_2}{a}\cdot(z_1{}^2+z_2^2-2z_1z_2)\mathrm{d}z_2\\ &=\left(\frac{2}{a}\right)^2\int_{-\frac{a}{2}}^{\frac{a}{2}}\cos^2\frac{\pi z_1}{a}\left(\frac{a^3}{24}+\frac{a^2}{2}z_1^2\right)\mathrm{d}z_1\\ &=\frac{a^2}{12}+\frac{a^2}{12}=\frac{a^2}{6}\end{aligned} \tag{4}$$

又，对本问题而言，每一个粒子的坐标 z 的平均值 $\bar{z}$ 及 z^2 的平均值 $\overline{z^2}$ 均可用经典的方法计算出来：

$$\bar{z}=\int_{-\frac{a}{2}}^{\frac{a}{2}}z\frac{\mathrm{d}z}{a}=0,\quad \overline{z^2}=\int_{-\frac{a}{2}}^{\frac{a}{2}}z^2\frac{\mathrm{d}z}{a}=\frac{a^2}{12} \tag{5}$$

因此

$$\overline{(z_1-z_2)^2}=\overline{z_1{}^2}+\overline{z_2{}^2}-2\,\overline{z_1 z_2}=\overline{z_1{}^2}+\overline{z_2{}^2}-0=\frac{a^2}{12}+\frac{a^2}{12}$$

$$=\frac{a^2}{6} \tag{6}$$

将式(4)与式(6)进行对照，表明：当两个粒子是可区分的经典粒子时，它们之间的位置相关项

$$2\,\overline{z_1 z_2}=0 \tag{7}$$

即两个粒子的位置是彼此无关的，一个粒子空间位置的几率分布并不干扰另一个粒子的空间位置的几率分布。

(b)　(i)　当两个粒子是自旋取向相同的费米子时，该费米子体系的自旋部分的波函数已是对称的，则空间部分的波函数必须是反对称的，有

$$\Psi_A=\frac{1}{\sqrt{2}}[\phi_1(z_1)\phi_2(z_2)-\phi_1(z_2)\phi_2(z_1)] \tag{8}$$

相应的能量为

$$E_A=E_1+E_2=\frac{5\pi^2\hbar^2}{2\mu a^2} \tag{9}$$

(ii)　此时，二粒子相对位置平方的平均值为

$$\begin{aligned}\overline{(z_1-z_2)^2}&=\iint\Psi_A{}^*(z_1-z_2)^2\Psi_A\,\mathrm{d}z_1\mathrm{d}z_2\\&=\left(\frac{1}{\sqrt{2}}\right)^2\iint_{-\frac{a}{2}}^{\frac{a}{2}}(z_1-z_2)^2[\,|\phi_1(z_1)|^2\,|\phi_2(z_2)|^2+\\&\quad|\phi_1(z_2)|^2|\phi_2(z_1)|^2-\phi_1{}^*(z_1)\phi_2(z_1)\phi_2{}^*(z_2)\phi_1(z_2)-\\&\quad\phi_1{}^*(z_2)\phi_2(z_2)\phi_2{}^*(z_1)\phi_1(z_1)]\mathrm{d}z_1\mathrm{d}z_2\\&=2\left(\frac{1}{2}\right)\iint_{-\frac{a}{2}}^{\frac{a}{2}}(z_1-z_2)^2[\,|\phi_1(z_1)|^2\,|\phi_2(z_2)|^2-\\&\quad\phi_1{}^*(z_1)\phi_2(z_1)\phi_2{}^*(z_2)\phi_1(z_2)]\mathrm{d}z_1\mathrm{d}z_2\\&=\iint_{-\frac{a}{2}}^{\frac{a}{2}}(z_1-z_2)^2\,|\phi_1(z_1)|^2\,|\phi_2(z_2)|^2\mathrm{d}z_1\mathrm{d}z_2-\\&\quad\iint_{-\frac{a}{2}}^{\frac{a}{2}}(z_1-z_2)^2\phi_1{}^*(z_1)\phi_2(z_1)\phi_2{}^*(z_2)\cdot\phi_1(z_2)\mathrm{d}z_1\mathrm{d}z_2\end{aligned} \tag{10}$$

式中利用了 1、2 两个粒子是全同粒子，且 ϕ_1 与 ϕ_2 均是实函数。式(10)中的第一项即为式(4)所示，式(10)中的第二项为

$$\begin{aligned}&\iint_{-\frac{a}{2}}^{\frac{a}{2}}(z_1-z_2)^2\phi_1{}^*(z_1)\phi_2(z_1)\phi_2{}^*(z_2)\phi_1(z_2)\mathrm{d}z_1\mathrm{d}z_2\\&=\left(\frac{2}{a}\right)^2\int_{-\frac{a}{2}}^{\frac{a}{2}}\cos\frac{\pi z_1}{a}\sin\frac{2\pi z_1}{a}\mathrm{d}z_1\int_{-\frac{a}{2}}^{\frac{a}{2}}(z_1{}^2+z_2{}^2-2z_1z_2)\cos\frac{\pi z_2}{a}\sin\frac{2\pi z_2}{a}\mathrm{d}z_2\\&=\left(\frac{2}{a}\right)^2\int_{-\frac{a}{2}}^{\frac{a}{2}}\left(-\frac{16a^2}{9\pi^2}z_1\right)\cos\frac{\pi z_1}{a}\sin\frac{2\pi z_1}{a}\mathrm{d}z_1\\&=-\frac{64}{9\pi^2}\left(\frac{8a^2}{9\pi^2}\right)=-2\left(\frac{16a}{9\pi^2}\right)^2\end{aligned} \tag{11}$$

将式(4)及式(11)代入式(10)中，得

$$\overline{(z_1-z_2)^2}=\frac{a^2}{6}-\left[-2\left(\frac{16a}{9\pi^2}\right)^2\right]=\frac{a^2}{6}+2\left(\frac{16a}{9\pi^2}\right)^2 \tag{12}$$

将式(12)与式(4)进行对比，多出了一项 $2\left(\frac{16a}{9\pi^2}\right)^2$。表明：即使不考虑两粒子之间的相互作用，由于费米子体系状态波函数的反对称性要求，使得两粒子的空间运动彼此相互关联起来，关联的结果导致当两粒子的自旋取向平行时，它们之间的平均距离比经典情形时的要大，多出的部分其值为 $2\left(\frac{16a}{9\pi^2}\right)^2$。

(c) (i) 当两个粒子是自旋为零的全同的玻色子时，体系的状态波函数仅由空间部分决定并且要求具有交换对称性。由 ϕ_1 和 ϕ_2 可构成体系三个对称的波函数如下：

$$\psi_S^{(1)}=\phi_1(z_1)\phi_1(z_2)，相应的能量为 E=2E_1=\frac{\pi^2\hbar^2}{\mu a^2} \tag{13}$$

$$\psi_S^{(2)}=\phi_2(z_1)\phi_2(z_2),\quad E=2E_2=\frac{4\pi^2\hbar^2}{\mu a^2} \tag{14}$$

$$\psi_S^{(3)}=\frac{1}{\sqrt{2}}[\phi_1(z_1)\phi_2(z_2)+\phi_1(z_2)\phi_2(z_1)],E=E_1+E_2=\frac{5\pi^2\hbar^2}{2\mu a^2} \tag{15}$$

(ii) 当体系的能量 $E=E_1+E_2$ 时，相应的态为 $\psi_S^{(3)}$，在此态下两粒子相对位置平方的平均值为

$$\begin{aligned}
\overline{(z_1-z_2)^2}&=\iint\psi_S^{(3)*}(z_1,z_2)(z_1-z_2)^2\psi_S^{(3)}(z_1,z_2)\mathrm{d}z_1\mathrm{d}z_2\\
&=\left(\frac{1}{\sqrt{2}}\right)^2\iint_{-\frac{a}{2}}^{\frac{a}{2}}(z_1-z_2)^2[|\phi_1(z_1)|^2|\phi_2(z_2)|^2+\\
&\quad|\phi_1(z_2)|^2|\phi_2(z_1)|^2+\phi_1^*(z_1)\phi_2(z_1)\phi_2^*(z_2)\phi_1(z_2)+\\
&\quad\phi_1^*(z_2)\phi_2(z_2)\phi_2^*(z_1)\phi_1(z_1)]\mathrm{d}z_1\mathrm{d}z_2\\
&=\iint_{-\frac{a}{2}}^{\frac{a}{2}}(z_1-z_2)^2|\phi_1(z_1)|^2|\phi_2(z_2)|^2\mathrm{d}z_1\mathrm{d}z_2+\\
&\quad\iint_{-\frac{a}{2}}^{\frac{a}{2}}(z_1-z_2)^2\phi_1^*(z_1)\phi_2(z_1)\phi_2^*(z_2)\cdot\phi_1(z_2)\mathrm{d}z_1\mathrm{d}z_2\\
&=\frac{a^2}{6}+\left[-2\left(\frac{16a}{9\pi^2}\right)^2\right]=\frac{a^2}{6}-2\left(\frac{16a}{9\pi^2}\right)^2
\end{aligned} \tag{16}$$

将式(16)与式(4)进行对比，少了一项 $2\left(\frac{16a}{9\pi^2}\right)^2$. 表明：由于玻色子体系状态波函数的对称性要求，使得两粒子的空间运动也相互关联起来。关联的结果使得两粒子间的平均距离比起经典情形下的要小，少了 $2\left(\frac{16a}{9\pi^2}\right)^2$.

8-5 两个电子$\left(自旋 s=\frac{1}{2}\right)$束缚在一维无限深方势阱($0\leqslant x\leqslant a$)内，忽略两电子间的相互作用：

(a) 求体系的基态和第一激发态的能量、波函数和能量简并度。

(b) 若体系受到微扰 $\hat{H}'=A\hat{S}_y$ 的作用，试求第一激发态能量至一级近似。其中 $\hat{S}_y=\hat{s}_{1y}+\hat{s}_{2y}$, $0<A<1$.

解:(a)　由于略去了电子间的相互作用,体系存在单电子态。一维无限深方势阱($0\leqslant x\leqslant a$)中,单电子的定态能量和相应的定态波函数为

$$\varepsilon_n=\frac{n^2\pi^2\hbar^2}{2ma^2},\quad n=1,2,3,\cdots \tag{1}$$

$$\phi_n(x)=\begin{cases}\sqrt{\dfrac{2}{a}}\sin\dfrac{n\pi x}{a}, & \text{阱内}\\ 0, & \text{阱外}\end{cases} \tag{2}$$

单电子自旋态为

$$\chi_{1/2}(s_z)=\alpha=\begin{bmatrix}1\\0\end{bmatrix},\chi_{-1/2}(s_z)=\beta=\begin{bmatrix}0\\1\end{bmatrix} \tag{3}$$

对于全同费米子系而言,状态波函数必须是反对称的,有

$$\Psi_A(q_1,q_2)=\begin{cases}\phi_A(\boldsymbol{r}_1,\boldsymbol{r}_2)\chi_S^{(1)(2)(3)}(s_{1z},s_{2z})\\ \phi_S(\boldsymbol{r}_1,\boldsymbol{r}_2)\chi_A(s_{1z},s_{2z})\end{cases} \tag{4}$$

式中:$\chi_S^{(1)(2)(3)}(s_{1z},s_{2z})$与$\chi_A(s_{1z},s_{2z})$是二电子体系的自旋三重对称态和自旋反对称态,如本章内容精要中式(8-19)~(8-22)所示。

体系的基态为两电子都处于一维无限深方势阱中的基态,即$\phi_1(x_1)\phi_1(x_2)$这样二电子体系的空间部分已具有交换对称性,自旋部则只能取反对称的$\chi_A(s_{1z},s_{2z})$。因此二电子体系的基态波函数为

$$\begin{aligned}\Psi_A(q_1,q_2)&=\phi_S(\boldsymbol{r}_1,\boldsymbol{r}_2)\chi_A(s_{1z},s_{2z})\\ &=\begin{cases}\dfrac{2}{a}\sin\dfrac{\pi x_1}{a}\sin\dfrac{\pi x_2}{a}\dfrac{1}{\sqrt{2}}[\alpha(1)\beta(2)-\alpha(2)\beta(1)], & \text{阱内}\\ 0, & \text{阱外}\end{cases}\end{aligned} \tag{5}$$

基态能量为

$$E_{基}=2\varepsilon_1=2\,\frac{\pi^2\hbar^2}{2ma^2}=\frac{\pi^2\hbar^2}{ma^2} \tag{6}$$

显然基态能量无简并。

体系的第一激发态为一个电子仍处于$\phi_1(x)$态,另一个电子则处于第一激发态$\phi_2(x)$。因此体系的空间部分的波函数既有对称的也有反对称的,再与相应的自旋部分的波函数配合起来,可得二电子系的第一激发态的四个全反对称的波函数如下:

$$\begin{aligned}\Psi_A^{(4)}(q_1,q_2)&=\phi_S(\boldsymbol{r}_1,\boldsymbol{r}_2)\chi_A(s_{1z},s_{2z})\\ &=\begin{cases}\dfrac{1}{a}\left(\sin\dfrac{\pi x_1}{a}\sin\dfrac{2\pi x_2}{a}+\sin\dfrac{\pi x_2}{a}\sin\dfrac{2\pi x_1}{a}\right)\\ \quad[\alpha(1)\beta(2)-\alpha(2)\beta(1)], \text{阱内}\\ 0, \quad \text{阱外}\end{cases}\end{aligned} \tag{7}$$

$$\Psi_A^{(1),(2),(3)}(q_1,q_2)=\phi_A(\boldsymbol{r}_1,\boldsymbol{r}_2)\chi_S^{(1),(2),(3)}(s_{1z},s_{2z})$$

$$=\begin{cases}\dfrac{2}{a}\left(\sin\dfrac{\pi x_1}{a}\sin\dfrac{2\pi x_2}{a}-\sin\dfrac{\pi x_2}{a}\sin\dfrac{2\pi x_1}{a}\right)\begin{cases}\alpha(1)\alpha(2),\\ \dfrac{1}{\sqrt{2}}[\alpha(1)\beta(2)+\alpha(2)\beta(1)],\\ \beta(1)\beta(2),\end{cases} & \text{阱内}\\ 0, \quad \text{阱外}\end{cases} \tag{8}$$

第一激发态的能量为

$$E_{激}=\varepsilon_1+\varepsilon_2=\frac{\pi^2\hbar^2}{2ma^2}+\frac{4\pi^2\hbar^2}{2ma^2}=\frac{5\pi^2\hbar^2}{2ma^2} \tag{9}$$

显然 $E_{激}$ 具有四重简并性。

(b) 若体系受到微扰

$$\hat{H}'=A\hat{S}_y \tag{10}$$

的作用，则可用简并情况下的定态微扰论计算体系第一激发态能量的一级修正值。显然式(7)～(9)为本问题的零级近似波函数与零级近似能量。为了讨论问题方便起见，将式(7)～(8)简写为

$$|\Psi^{(1)}\rangle=\frac{1}{\sqrt{2}}(|\phi_1\phi_2\rangle-|\phi_2\phi_1\rangle)|11\rangle \tag{11}$$

$$|\Psi^{(2)}\rangle=\frac{1}{\sqrt{2}}(|\phi_1\phi_2\rangle-|\phi_2\phi_1\rangle)|10\rangle \tag{12}$$

$$|\Psi^{(3)}\rangle=\frac{1}{\sqrt{2}}(|\phi_1\phi_2\rangle-|\phi_2\phi_1\rangle)|1-1\rangle \tag{13}$$

$$|\Psi^{(4)}\rangle=\frac{1}{\sqrt{2}}(|\phi_1\phi_2\rangle+|\phi_2\phi_1\rangle)|00\rangle \tag{14}$$

相应的久期方程为

$$\det|H'_{\alpha'\alpha}-E^{(1)}\delta_{\alpha'\alpha}|=0,\quad \alpha',\alpha=1,2,3,4 \tag{15}$$

式中：$H'_{\alpha'\alpha}$ 为微扰算符 $\hat{H}'$ 在四个简并态式(11)～(14)之间的微扰矩阵元。其值可用如下两种方法计算出来。

方法一

在二电子体系的自旋角动量直积空间内，取耦合表象。其基矢组是 $\{\hat{s}_1{}^2,\hat{s}_2{}^2,\hat{S}^2,\hat{S}_z\}$ 的共同本征矢完备组，记为 $\{|SM\rangle\}$，有

$$|SM\rangle=\begin{cases}|11\rangle\\|10\rangle\\|1-1\rangle\\|00\rangle\end{cases} \tag{16}$$

再将微扰算符 $\hat{H}'$ 改写为

$$\hat{H}'=A\hat{S}_y=\frac{A}{2\mathrm{i}}(\hat{S}_+-\hat{S}_-) \tag{17}$$

式中：$\hat{S}_\pm=\hat{S}_x\pm\mathrm{i}\hat{S}_y$ 为自旋角动量升、降算符。再利用公式

$$\hat{S}_\pm|SM\rangle=\hbar\sqrt{(S\mp M)(S\pm M+1)}|S,M\pm1\rangle \tag{18}$$

且考虑到式(16)中的四个自旋态每一个都是归一化的，彼此之间是相互正交的，有

$$\langle S'M'|SM\rangle=\delta_{S'S}\delta_{M'M} \tag{19}$$

可计算出 $\hat{H}'$ 的 16 个微扰矩阵元分别为：

$$\hat{H}'_{11}=\langle\Psi^{(1)}|\hat{H}'|\Psi^{(1)}\rangle=\frac{A}{2\mathrm{i}}\langle11|\hat{S}_+-\hat{S}_-|11\rangle=0 \tag{20}$$

式中由于 $\hat{H}'$ 中不含有空间变量，所以空间部分的态矢量自动满足归一化条件而为 1，使得 $\hat{H}'_{11}$ 的值仅由自旋部分的态矢量决定。

同理，有

$$H'_{12}=\langle\Psi^{(1)}|\hat{H}'|\Psi^{(2)}\rangle=\frac{A}{2\mathrm{i}}\langle 11|\hat{S}_{+}-\hat{S}_{-}|10\rangle=\frac{\sqrt{2}A\hbar}{2\mathrm{i}} \tag{21}$$

此外还有

$$H'_{21}=-\frac{\sqrt{2}}{2\mathrm{i}}A\hbar,H'_{23}=\frac{\sqrt{2}}{2\mathrm{i}}A\hbar,H'_{32}=-\frac{\sqrt{2}}{2\mathrm{i}}A\hbar \tag{22}$$

$$\begin{aligned}H'_{13}&=H'_{14}=H'_{22}=H'_{24}=H'_{31}=H'_{33}=H'_{34}=H'_{41}\\&=H'_{42}=H'_{43}=H'_{44}=0\end{aligned} \tag{23}$$

于是微扰算符 $\hat{H}'$在耦合表象内的矩阵表示为：

$$H'=\frac{\mathrm{i}\sqrt{2}}{2}A\hbar\begin{pmatrix}0&-1&0&0\\1&0&-1&0\\0&1&0&0\\0&0&0&0\end{pmatrix} \tag{24}$$

方法二

式(24)也可用表象变换理论得到，方法如下：

在二电子体系的自旋角动量直积空间内，可以建立两种表象：无耦合表象和耦合表象。无耦合表象的基矢组为$\{\hat{s}_1{}^2,\hat{s}_{1z},\hat{s}_2{}^2,\hat{s}_{2z}\}$的共同本征矢完备组：$\{|s_{1z},s_{2z}\rangle=\alpha(1)\alpha(2),\alpha(1)\beta(2),\beta(1)\alpha(2),\beta(1)\beta(2)\}$；耦合表象的基矢完备组由式(16)所示。则由表象理论知，从无耦合表象变换到耦合表象的变换矩阵元定义为

$$U_{ij}=\langle s_{1z},s_{2z}|S,M\rangle \tag{25}$$

但若从态的表象的观点来看，式(25)同样表明了$\{\hat{s}_1{}^2,\hat{s}_2^2,\hat{S}^2,\hat{S}_z\}$的共同本征态矢量$|SM\rangle$在无耦合表象内的分量表示。利用C-G系数(参阅第五章内容精要)，已知

$$\begin{aligned}&\chi_S{}^{(1)}=\alpha(1)\alpha(2),\quad \chi_S{}^{(2)}=\frac{1}{\sqrt{2}}[\alpha(1)\beta(2)+\alpha(2)\beta(1)],\\&\chi_S{}^{(3)}=\beta(1)\beta(2),\quad \chi_A=\frac{1}{\sqrt{2}}[\alpha(1)\beta(2)-\alpha(2)\beta(1)]\end{aligned} \tag{26}$$

于是立即可得，式(26)所示的四个态在无耦合表象内的列矩阵表示为

$$\chi_S{}^{(1)}=\begin{pmatrix}1\\0\\0\\0\end{pmatrix},\quad \chi_S{}^{(2)}=\begin{pmatrix}0\\\frac{1}{\sqrt{2}}\\\frac{1}{\sqrt{2}}\\0\end{pmatrix},\quad \chi_S{}^{(3)}=\begin{pmatrix}0\\0\\0\\1\end{pmatrix},\quad \chi_A=\begin{pmatrix}0\\\frac{1}{\sqrt{2}}\\-\frac{1}{\sqrt{2}}\\0\end{pmatrix} \tag{27}$$

再将式(27)按列的次序依次排列起来所得的 4×4 矩阵即为从无耦合表象变换到耦合表象的变换矩阵：

$$U=\begin{pmatrix}1&0&0&0\\0&\frac{1}{\sqrt{2}}&0&\frac{1}{\sqrt{2}}\\0&\frac{1}{\sqrt{2}}&0&-\frac{1}{\sqrt{2}}\\0&0&1&0\end{pmatrix} \tag{28}$$

已知 $\hat{H}'$在无耦合表象内的矩阵表示为

$$\hat{H}'_{无}=A\hat{S}_y=A(\hat{s}_{1y}+\hat{s}_{2y})$$

$$\Rightarrow\frac{A\hbar}{2}\left[\begin{pmatrix}0&-\mathrm{i}\\ \mathrm{i}&0\end{pmatrix}_1\otimes\begin{pmatrix}1&0\\0&1\end{pmatrix}_2+\begin{pmatrix}1&0\\0&1\end{pmatrix}_1\otimes\begin{pmatrix}0&-\mathrm{i}\\ \mathrm{i}&0\end{pmatrix}_2\right]$$

$$=\frac{\mathrm{i}}{2}A\hbar\begin{pmatrix}0&-1&-1&0\\1&0&0&-1\\1&0&0&-1\\0&1&1&0\end{pmatrix}\tag{29}$$

于是微扰算符 $\hat{H}'$在耦合表象内的矩阵表示为

$$H'_{耦}=U^{+}H'_{无}U=\begin{pmatrix}1&0&0&0\\0&\frac{1}{\sqrt{2}}&\frac{1}{\sqrt{2}}&0\\0&0&0&1\\0&\frac{1}{\sqrt{2}}&-\frac{1}{\sqrt{2}}&0\end{pmatrix}\frac{\mathrm{i}A\hbar}{2}\begin{pmatrix}0&-1&-1&0\\1&0&0&-1\\1&0&0&-1\\0&1&1&0\end{pmatrix}\begin{pmatrix}1&0&0&0\\0&\frac{1}{\sqrt{2}}&0&\frac{1}{\sqrt{2}}\\0&\frac{1}{\sqrt{2}}&0&-\frac{1}{\sqrt{2}}\\0&0&1&0\end{pmatrix}$$

$$=\frac{\mathrm{i}\sqrt{2}}{2}A\hbar\begin{pmatrix}0&-1&0&0\\1&0&-1&0\\0&1&0&0\\0&0&0&0\end{pmatrix}\tag{30}$$

再将式(24)或式(30)代入久期方程(15)中,可将久期方程具体写为

$$\begin{vmatrix}-E_{激}^{(1)}&-\mathrm{i}\frac{\sqrt{2}}{2}A\hbar&0&0\\ \mathrm{i}\frac{\sqrt{2}}{2}A\hbar&-E_{激}^{(1)}&-\mathrm{i}\frac{\sqrt{2}}{2}A\hbar&0\\0&\mathrm{i}\frac{\sqrt{2}}{2}A\hbar&-E_{激}^{(1)}&0\\0&0&0&-E_{激}^{(1)}\end{vmatrix}=0\tag{31}$$

求解方程(31),得体系能量一级修正值为

$$E_{1激}^{(1)}=0,E_{2激}^{(2)}=0,E_{3激}^{(1)}=A\hbar,E_{4激}^{(1)}=-A\hbar\tag{32}$$

一级近似下,该二电子体系第一激发态能量为

$$E_{激}\approx E_{激}^{0}+E_{激}^{(1)}=\begin{cases}\frac{5\pi^2\hbar^2}{2ma^2}+A\hbar\\ \frac{5\pi^2\hbar^2}{2ma^2}\\ \frac{5\pi^2\hbar^2}{2ma^2}-A\hbar\end{cases}\tag{33}$$

式(33)表明:体系在外界扰动 $\hat{H}'$的作用下,第一激发能级分裂为三个不同的子能级,原来 $E_{激}^{0}$ 具有的四重简并性得到了部分消除。

8-6 (a) 两个自旋 $s=0$ 的全同玻色子及

(b)　两个自旋 $s=\frac{1}{2}$，自旋平行的全同费米子，

置于边长为 $a>b>c$ 的长方体盒子中，两个粒子之间的相互作用势能 $V=A\delta(\boldsymbol{r}_1-\boldsymbol{r}_2)$，求体系基态能。

解：(a)　由于两粒子是自旋 $s=0$ 的全同的玻色子，体系的状态波函数必须具有交换对称性。在独立粒子模型的框架内，体系的具有交换对称性的零级近似波函数由单粒子波函数的积构成。由于粒子的 $s=0$，单粒子波函数只须计及其空间部分。对于边长为 $a>b>c$ 的立方势箱而言，单粒子的定态波函数和定态能量可分别表示为：

$$\psi_{nlm}(\boldsymbol{r})=\begin{cases}\sqrt{\dfrac{8}{abc}}\sin\dfrac{n\pi x}{a}\sin\dfrac{l\pi z}{b}\sin\dfrac{m\pi z}{c}, & \text{势箱内}\\ 0, & \text{其他区域}\end{cases} \tag{1}$$

$$E_{nlm}=\frac{\pi^2\hbar^2}{2\mu}\left(\frac{n^2}{a^2}+\frac{l^2}{b^2}+\frac{m^2}{c^2}\right),\quad n,l,m=1,2,3,\cdots \tag{2}$$

单粒子波函数之积为

$$\Psi(\boldsymbol{r}_1,\boldsymbol{r}_2)=\psi_{nlm}(\boldsymbol{r}_1)\psi_{n'l'm'}(\boldsymbol{r}_2) \tag{3}$$

当两个粒子都处于立方势箱中的基态 $\psi_{111}(\boldsymbol{r})$ 中时，体系的能量最低；且此时如式(2)所示的单粒子波函数之积本身就具有交换对称性，它就可以成为该全同玻色子系的基态的零级近似波函数，因此

$$\begin{aligned}\Psi_S^0(\boldsymbol{r}_1,\boldsymbol{r}_2)&=\psi_{111}(\boldsymbol{r}_1)\psi_{111}(\boldsymbol{r}_2)\\&=\begin{cases}\dfrac{8}{abc}\sin\dfrac{\pi x_1}{a}\sin\dfrac{\pi x_2}{a}\sin\dfrac{\pi y_1}{b}\sin\dfrac{\pi y_2}{b}\sin\dfrac{\pi z_1}{c}\sin\dfrac{\pi z_2}{c}, & \text{势箱内}\\ 0, & \text{其他区域}\end{cases}\end{aligned} \tag{4}$$

体系能量的零级近似值为

$$E_S^0=\varepsilon_{111}+\varepsilon_{111}=2\cdot\frac{\pi^2\hbar^2}{2\mu}\left(\frac{1}{a^2}+\frac{1}{b^2}+\frac{1}{c^2}\right)=\frac{\pi^2\hbar^2}{\mu}\left(\frac{1}{a^2}+\frac{1}{b^2}+\frac{1}{c^2}\right) \tag{5}$$

式(5)是无简并的。若将粒子间的相互作用势视为微扰

$$\hat{H}'=A\delta(\boldsymbol{r}_1-\boldsymbol{r}_2) \tag{6}$$

则应用无简并的定态微扰论，可求得体系能量的一级修正值为

$$\begin{aligned}E_S^{(1)}&=\iint\Psi_S^{0*}(\boldsymbol{r}_1,\boldsymbol{r}_2)\hat{H}'\Psi_S^0(\boldsymbol{r}_1,\boldsymbol{r}_2)\mathrm{d}\tau_1\mathrm{d}\tau_2\\&=\iint\Psi_S^{0*}(\boldsymbol{r}_1,\boldsymbol{r}_2)A\delta(\boldsymbol{r}_1-\boldsymbol{r}_2)\Psi_S^0(\boldsymbol{r}_1,\boldsymbol{r}_2)\mathrm{d}\tau_1\mathrm{d}\tau_2\\&=\int A\,|\,\Psi_S^0(\boldsymbol{r}_1,\boldsymbol{r}_1)\,|^2\mathrm{d}\tau_1\\&=\frac{64A}{(abc)^2}\int_0^a\sin^4\frac{\pi x_1}{a}\mathrm{d}x_1\int_0^b\sin^4\frac{\pi y_1}{b}\mathrm{d}y_1\int_0^c\sin^4\frac{\pi z_1}{c}\mathrm{d}z_1\\&=\frac{64A}{(abc)^2}\left(\frac{3a}{8}\cdot\frac{3b}{8}\cdot\frac{3c}{8}\right)=\frac{27A}{8abc}\end{aligned} \tag{7}$$

于是在一级近似下，该全同玻色子系基态能量为

$$E_S\approx E_S^0+E_S^{(1)}=\frac{\pi^2\hbar^2}{\mu}\left(\frac{1}{a^2}+\frac{1}{b^2}+\frac{1}{c^2}\right)+\frac{27A}{8abc} \tag{8}$$

(b)　由于两全同费米子处于自旋平行态，该费米子系的自旋部分已是对称的，所以空

间部分必须是反对称的。将式(3)所示的单粒子波函数之积进行反对称化，可得

$$\Psi_A(\boldsymbol{r}_1,\boldsymbol{r}_2)=\frac{1}{\sqrt{2}}[\psi_{nlm}(\boldsymbol{r}_1)\psi_{n'l'm'}(\boldsymbol{r}_2)-\psi_{nlm}(\boldsymbol{r}_2)\psi_{n'l'm'}(\boldsymbol{r}_1)] \tag{9}$$

式中量子数(n,l,m)的一组值与(n',l',m')的一组值不能再相同。

由于$a>b>c$，所以$\frac{1}{a^2}<\frac{1}{b^2}<\frac{1}{c^2}$，欲使体系能量最低，则

$$n=l=m=1,\ n'=2,\ l'=m'=1 \tag{10}$$

于是该费米子系基态波函数(空间部分)的零级近似值为

$$\Psi_A{}^0(\boldsymbol{r}_1,\boldsymbol{r}_2)=\frac{1}{\sqrt{2}}[\psi_{111}(\boldsymbol{r}_1)\psi_{211}(\boldsymbol{r}_2)-\psi_{111}(\boldsymbol{r}_2)\psi_{211}(\boldsymbol{r}_1)] \tag{11}$$

相应的基态能量的零级近似值为

$$\begin{aligned}E_A^0&=\varepsilon_{111}+\varepsilon_{211}=\frac{\pi^2\hbar^2}{2\mu}\left(\frac{1}{a^2}+\frac{1}{b^2}+\frac{1}{c^2}\right)+\frac{\pi^2\hbar^2}{2\mu}\left(\frac{4}{a^2}+\frac{1}{b^2}+\frac{1}{c^2}\right)\\&=\frac{\pi^2\hbar^2}{\mu}\left(\frac{5}{2a^2}+\frac{1}{b^2}+\frac{1}{c^2}\right)\end{aligned} \tag{12}$$

E_A^0是无简并的。仍将粒子间的相互作用势视为微扰，如式(6)所示，采用无简并的定态微扰论，可得该费米子系基态能量的一级修正值为

$$\begin{aligned}E_A{}^{(1)}&=\iint\Psi_A^{0*}(\boldsymbol{r}_1,\boldsymbol{r}_2)\hat{H}'\Psi_A^0(\boldsymbol{r}_1,\boldsymbol{r}_2)\mathrm{d}\tau_1\mathrm{d}\tau_2\\&=\iint\Psi_A^{0*}(\boldsymbol{r}_1,\boldsymbol{r}_2)A\delta(\boldsymbol{r}_1-\boldsymbol{r}_2)\Psi_A^0(\boldsymbol{r}_1,\boldsymbol{r}_2)d\tau_1 d\tau_2\\&=A\int|\Psi_A^0(\boldsymbol{r}_1,\boldsymbol{r}_1)|^2\mathrm{d}\tau_1=0\end{aligned} \tag{13}$$

于是在一级近似下，该费米子系基态能量的近似值为

$$E_A\approx E_A^0+E_A^{(1)}=\frac{\pi^2\hbar^2}{\mu}\left(\frac{5}{2a^2}+\frac{1}{b^2}+\frac{1}{c^2}\right) \tag{14}$$

8-7 两个质量为μ的一维谐振子通过一个弱的简谐引力$F_{12}=-K(x_1-x_2)$相互吸引，求：

(a) 该量子体系三个最低的定态能量和相应的定态波函数；

(b) 若粒子是自旋$s=0$的全同粒子，则在上述三个最低能态中哪些态是允许的？

(c) 若粒子是自旋$s=\frac{1}{2}$的全同粒子，在上述每一个态中体系的总自旋角动量是多少？

解：(a) 根据$F=-\frac{\partial V}{\partial x}$，知两线谐振子之间存在着弱的吸引势场$V_1$为

$$V_1=\int-F\mathrm{d}x=\int Kx\mathrm{d}x=\frac{K}{2}x^2+V_0$$

取$V_0=0$，得$V_1=\frac{1}{2}Kx^2$，即

$$V_1(x_1,x_2)=\frac{1}{2}K(x_1-x_2)^2 \tag{1}$$

于是该量子体系的哈密顿算符可写为

$$\hat{H}=\left(-\frac{\hbar^2}{2\mu}\frac{\partial^2}{\partial x_1{}^2}+\frac{1}{2}kx_1{}^2\right)+\left(-\frac{\hbar^2}{2\mu}\frac{\partial^2}{\partial x_2{}^2}+\frac{1}{2}kx_2{}^2\right)+\frac{1}{2}K(x_1-x_2)^2 \tag{2}$$

为了求体系的能量本征值,作变量变换,令

$$\xi=\frac{1}{\sqrt{2}}(x_1+x_2),\quad \eta=\frac{1}{\sqrt{2}}(x_1-x_2) \tag{3}$$

则式(2)改写为

$$\begin{aligned}\hat{H}&=-\frac{\hbar^2}{2\mu}\left(\frac{\partial^2}{\partial\xi^2}+\frac{\partial^2}{\partial\eta^2}\right)+\frac{1}{2}k(\xi^2+\eta^2)+K\eta^2\\&=-\frac{\hbar^2}{2\mu}\left(\frac{\partial^2}{\partial\xi^2}+\frac{\partial^2}{\partial\eta^2}\right)+\frac{1}{2}k\xi^2+\frac{1}{2}(k+2K)\eta^2\end{aligned} \tag{4}$$

若令

$$\omega_1=\sqrt{\frac{k}{\mu}},\quad \omega_2=\sqrt{\frac{k+2K}{\mu}} \tag{5}$$

则式(4)变为

$$\hat{H}=\left(-\frac{\hbar^2}{2\mu}\frac{\partial^2}{\partial\xi^2}+\frac{1}{2}\mu\omega_1{}^2\xi^2\right)+\left(-\frac{\hbar^2}{2\mu}\frac{\partial^2}{\partial\eta^2}+\frac{1}{2}\mu\omega_2{}^2\eta^2\right) \tag{6}$$

显然其能量本征值可表示为

$$E_{n,m}=\left(n+\frac{1}{2}\right)\hbar\omega_1+\left(m+\frac{1}{2}\right)\hbar\omega_2,\ n,m=0,1,2,\cdots \tag{7}$$

相应的定态波函数为

$$\Psi_{n,m}(\xi,\eta)=N_nN_m\exp\left[-\frac{1}{2}(\alpha_1{}^2\xi^2+\alpha_2^2\eta^2)\right]\cdot H_n(\alpha_1\xi)H_m(\alpha_2\eta) \tag{8}$$

式中:N_n、N_m 均为归一化常数,$\alpha_1{}^2=\frac{\mu\omega_1}{\hbar}$,$\alpha_2{}^2=\frac{\mu\omega_2}{\hbar}$。体系三个最低的能态为:

$$E_{00}=\frac{1}{2}\hbar(\omega_1+\omega_2),\ \Psi_{00}=\sqrt{\frac{\alpha_1\alpha_2}{\pi}}\exp\left[-\frac{1}{2}(\alpha_1{}^2\xi^2+\alpha_2^2\eta^2)\right] \tag{9}$$

$$E_{10}=\frac{1}{2}\hbar(3\omega_1+\omega_2)$$

$$\Psi_{10}=\sqrt{\frac{2\alpha_1\alpha_2}{\pi}}\exp\left[-\frac{1}{2}(\alpha_1{}^2\xi^2+\alpha_2^2\eta^2)\right]\alpha_1\xi \tag{10}$$

$$E_{01}=\frac{1}{2}\hbar(\omega_1+3\omega_2)\qquad\text{(因为是弱吸引力,}K\text{ 值很小)}$$

$$\Psi_{01}=\sqrt{\frac{2\alpha_1\alpha_2}{\pi}}\exp\left[-\frac{1}{2}(\alpha_1{}^2\xi^2+\alpha_2^2\eta^2)\right]\alpha_2\eta \tag{11}$$

(b)　若粒子是 $s=0$ 的全同粒子,则体系的状态波函数必须具有交换对称性。由式(3)可知,Ψ_{00} 与 Ψ_{10} 态均具有二粒子交换对称性,而 Ψ_{01} 具有二粒子交换反对称性,故 Ψ_{00} 与 Ψ_{10} 态是可能存在的,而 Ψ_{01} 态是不可能存在的。

(c)　若粒子是 $s=\frac{1}{2}$ 的全同粒子,则该体系是全同的费米子体系,总的状态波函数必须是反对称的。因此空间部分的波函数若是对称的,自旋部分则必须是反对称的;空间部分若是反对称的,自旋部分则必须是对称的。

由式(9)、(10)知,体系的空间部分的波函数是对称的,则自旋部分必须是反对称的。在两费米子体系反对称的自旋波函数中，总自旋量子数 $S=0$，所以在态 Ψ_{00} 与 Ψ_{10} 中，体系的总自旋角动量 $\hat{S}^2$ 的取值为零。而在态 Ψ_{01} 中，空间部分已是反对称的，则自旋部分必须是对称的。在两费米子体系对称的自旋态中，总自旋量子数 $S=1$，故体系的总自旋角动量 $\hat{S}^2$ 的取值为 $2\hbar^2$。

8-8 (a) 试写出质量为 μ 的三维各向同性谐振子的基态和头三个激发态的能量及轨道角动量的取值；

(b) 如果有 8 个全同的、无相互作用的、自旋为$\frac{1}{2}$的这样的三维各向同性谐振子组成一个全同粒子体系，求体系的基态能。

解：(a) 三维各向同性谐振子能量本征函数为

$$\Psi_{n_r lm}(r,\theta,\varphi)=R_{n_r l}(r)Y_{lm}(\theta,\varphi) \tag{1}$$

相应的能量本征值为

$$E_N=\left(N+\frac{3}{2}\right)\hbar\omega$$

$$N=0,1,2,\cdots,\quad l=N-2n_r=\begin{cases}0,2,4,\cdots,N(\text{偶})\\1,3,5,\cdots,N(\text{奇})\end{cases} \tag{2}$$

因此，基态与头三个激发态的能量及轨道角动量量子数 l 的取值如下：

$$\left.\begin{aligned}&E_0=\frac{3}{2}\hbar\omega,\quad N=0,\quad l=0,\\&E_1=\frac{5}{2}\hbar\omega,\quad N=1,\quad n_r=0,\quad l=1,\\&E_2=\frac{7}{2}\hbar\omega,\quad N=2,\quad n_r=\begin{cases}0,l=2,\\1,l=0,\end{cases}\\&E_3=\frac{9}{2}\hbar\omega,\quad N=3,\quad n_r=\begin{cases}0,l=3,\\1,l=1.\end{cases}\end{aligned}\right\} \tag{3}$$

(b) 由于粒子的自旋 $s=\frac{1}{2}$，该全同粒子系由 8 个费米子组成。根据泡利不相容原理，每一个单粒子的空间运动的波函数只能描述自旋取向相反的两个粒子。因此

对于单粒子基态，$l=0,m_l=0$，只能允许两个粒子占据；

对于单粒子的第一激发态，$l=1,m_l=0,\pm1$，能允许 6 个粒子占据。于是该全同粒子系的 8 个粒子，2 个处于基态，其余的 6 个处于第一激发态。体系的基态能量为

$$E_{\text{基}}=2\times E_0+6\times E_1=2\times\frac{3}{2}\hbar\omega+6\times\frac{5}{2}\hbar\omega=18\hbar\omega \tag{4}$$

8-9 应用定态微扰理论算至一级近似，求氦原子和类氦离子的基态能量及电离能。

(a) 将两电子的静电库仑作用作为微扰项：

$$\hat{H}'=\frac{e^2}{4\pi\varepsilon_0 r_{12}}$$

(b) 将 $\hat{H}^0$ 取为

$$\hat{H}^0=-\frac{\hbar^2}{2\mu}(\nabla_1^{\ 2}\ +\nabla_2^{\ 2}\ )-\frac{Z^* e^2}{4\pi\varepsilon_0}\left(\frac{1}{r_1}+\frac{1}{r_2}\right),\quad Z^*=Z-\frac{5}{16}$$

解:(a)　由

$$\hat{H}'=\frac{e^2}{4\pi\varepsilon_0 r_{12}} \tag{1}$$

$$\hat{H}^0=-\frac{\hbar^2}{2\mu}(\nabla_1^{\ 2}\ +\nabla_2^{\ 2}\ )-\frac{Ze^2}{4\pi\varepsilon_0}\left(\frac{1}{r_1}+\frac{1}{r_2}\right) \tag{2}$$

有

$$E_{基}^{\ (0)}=2\times\left[-\frac{Z^2e^2}{(4\pi\varepsilon_0)2a_0}\right] \tag{3}$$

$$\Psi_{基}^{\ (0)}=\psi_{100}(\boldsymbol{r}_1)\psi_{100}(\boldsymbol{r}_2)=\frac{Z^3}{\pi a_0^3}\exp\left[-\frac{Z(r_1+r_2)}{a_0}\right] \tag{4}$$

原子基态能量的一级修正为

$$\begin{aligned}E_{基}^{\ (1)}&=\langle\Psi_{基}^{\ (0)}\,|\,\hat{H}'\,|\,\Psi_{基}^{\ (0)}\rangle\\&=\frac{e^2}{4\pi\varepsilon_0}\frac{Z^6}{\pi^2a_0^{\ 6}}\int\exp\left[-\frac{2Z(r_1+r_2)}{a_0}\right]\cdot\frac{r_1^{\ 2}\,\mathrm{d}r_1\sin\theta_1\,\mathrm{d}\theta_1\,\mathrm{d}\varphi_1 r_2^{\ 2}\,\mathrm{d}r_2\sin\theta_2\,\mathrm{d}\theta_2\,\mathrm{d}\varphi_2}{|\,\boldsymbol{r}_1-\boldsymbol{r}_2\,|}\end{aligned} \tag{5}$$

式中积分

$$\int\frac{\mathrm{d}\Omega}{|\,\boldsymbol{r}_1-\boldsymbol{r}_2\,|}=\int\frac{\sin\theta\mathrm{d}\theta\mathrm{d}\varphi}{\sqrt{r_1^{\ 2}+r_2^{\ 2}-2r_1r_2\cos\theta}}=\begin{cases}\dfrac{4\pi}{r_1},\ r_1>r_2\\[2mm]\dfrac{4\pi}{r_2},\ r_1<r_2\end{cases} \tag{6}$$

故

$$\int\frac{\exp(-\alpha r_1-\beta r_2)}{|\,\boldsymbol{r}_1-\boldsymbol{r}_2\,|}\mathrm{d}\tau_1\mathrm{d}\tau_2=16\pi^2\frac{2\alpha^2+2\beta^2+6\alpha\beta}{\alpha^2\beta^2(\alpha+\beta)^3} \tag{7}$$

取式(7)中的 $\alpha=\beta=\dfrac{2Z}{a_0}$,得到式(5)的值为

$$E_{基}^{\ (1)}=\frac{5Ze^2}{(4\pi\varepsilon_0)8a_0} \tag{8}$$

于是原子的基态能量按定态微扰理论算至一级近似为

$$\begin{aligned}E_{基}&\approx E_{基}^{\ (0)}+E_{基}^{\ (1)}=\left(-Z^2+\frac{5Z}{8}\right)\frac{e^2}{(4\pi\varepsilon_0)a_0}\\&=-\left[\left(Z-\frac{5}{16}\right)^2-\left(\frac{5}{16}\right)^2\right]\frac{e^2}{4\pi\varepsilon_0 a_0}\end{aligned} \tag{9}$$

(b)　将 $\hat{H}^0$ 取为

$$\begin{gathered}\hat{H}^0=-\frac{\hbar^2}{2\mu}(\nabla_1^{\ 2}\ +\nabla_2^{\ 2})-\frac{Z^* e^2}{4\pi\varepsilon_0}\left(\frac{1}{r_1}+\frac{1}{r_2}\right)\\Z^*=Z-\frac{5}{16}\end{gathered} \tag{10}$$

则

$$\hat{H}'=\frac{e^2}{4\pi\varepsilon_0 r_{12}}-(Z-Z^*)\frac{e^2}{4\pi\varepsilon_0}\left(\frac{1}{r_1}+\frac{1}{r_2}\right) \tag{11}$$

计算原子基态能量的一级修正 $E_{基}^{\ (1)}=\langle\Psi_{基}^{\ (0)}\,|\,\hat{H}'\,|\,\Psi_{基}^{\ (0)}\rangle$,可由

$$\Psi_{基}{}^{(0)}=\frac{Z^{*3}}{\pi a_0{}^3}\exp\left[-\frac{Z^*(r_1+r_2)}{a_0}\right] \tag{12}$$

和积分

$$\int\frac{1}{r}\mathrm{e}^{-2\alpha r}\mathrm{d}\tau=\frac{\pi}{\alpha^2}$$

$$\int\exp[-2\alpha(r_1+r_2)]\frac{\mathrm{d}\tau_1\mathrm{d}\tau_2}{|\boldsymbol{r}_1-\boldsymbol{r}_2|}=\frac{5\pi^2}{8\alpha^5} \tag{13}$$

(其中第二个积分见本例题式(7))具体计算得到:

$$E_{基}{}^{(1)}=Z^*\left(2Z^*-2Z+\frac{5}{8}\right)\frac{e^2}{(4\pi\varepsilon_0)a_0} \tag{14}$$

当取 $Z^*=Z-\frac{5}{16}$,则 $E_{基}{}^{(1)}=0$。于是原子的基态能量按定态微扰理论算至一级近似为

$$\begin{aligned}E_{基}&\approx E_{基}{}^{(0)}+E_{基}{}^{(1)}\\&=2\times\left[-\frac{Z^{*2}e^2}{(4\pi\varepsilon_0)2a_0}\right]+Z^*\left(2Z^*-2Z+\frac{5}{8}\right)\frac{e^2}{(4\pi\varepsilon_0)a_0}\\&=-\left(Z-\frac{5}{16}\right)^2\frac{e^2}{(4\pi\varepsilon_0)a_0}+0\end{aligned} \tag{15}$$

8-10 应用变分法求氦原子和类氦离子的基态能量及电离能。再由所得结果,讨论氢负离子是否稳定存在的问题。

解:(a) 选取尝试态函数为两个类氢离子基态归一化态函数的乘积:

$$\Phi(\boldsymbol{r}_1,\boldsymbol{r}_2,Z^*)=\frac{Z^{*3}}{\pi a_0{}^3}\exp\left[-\frac{Z^*(r_1+r_2)}{a_0}\right] \tag{1}$$

将式中 Z^* 作为变分参量。由体系哈密顿算符:

$$\begin{aligned}\hat{H}&=-\frac{\hbar^2}{2\mu}(\nabla_1{}^2+\nabla_2{}^2)-\frac{Ze^2}{4\pi\varepsilon_0}\left(\frac{1}{r_1}+\frac{1}{r_2}\right)+\frac{e^2}{(4\pi\varepsilon_0)r_{12}}\\&=\left[-\frac{\hbar^2}{2\mu}(\nabla_1{}^2+\nabla_2{}^2)-\frac{Z^*e^2}{4\pi\varepsilon_0}\left(\frac{1}{r_1}+\frac{1}{r_2}\right)\right]+\frac{(Z^*-Z)e^2}{4\pi\varepsilon_0}\left(\frac{1}{r_1}+\frac{1}{r_2}\right)+\frac{e^2}{(4\pi\varepsilon_0)r_{12}}\end{aligned} \tag{2}$$

有

$$\begin{aligned}E[\Phi]=\langle\Phi|\hat{H}|\Phi\rangle&=-\frac{Z^{*2}e^2}{4\pi\varepsilon_0a_0}+\frac{2Z^*(Z^*-Z)e^2}{4\pi\varepsilon_0a_0}+\frac{5}{8}\frac{Z^*e^2}{4\pi\varepsilon_0a_0}\\&=Z^*\left(Z^*-2Z+\frac{5}{8}\right)\frac{e^2}{4\pi\varepsilon_0a_0}\end{aligned} \tag{3}$$

将 $E[\Phi]$ 对 Z^* 取极小值:$\frac{\partial E[\Phi]}{\partial Z^*}=0$,有

$$Z^*=Z-\frac{5}{16} \tag{4}$$

于是得到原子基态能量

$$E_{基}\approx E[\Phi(Z^*)]_{\min}=-\left(Z-\frac{5}{16}\right)^2\frac{e^2}{4\pi\varepsilon_0a_0} \tag{5}$$

对于氦原子而言,将 $z=2$ 分别代入微扰论和变分法的计算结果(见本章例题 8-9 式(9)与本章例题 8-9 式(5))中,得到两种近似方法下氦原子基态能量的一级近似值为 −20.4eV

与-23.1eV。将它们与氦原子基态能的实验结果-24.5eV相比较，可见后者优于前者。这表明不能将氦原子内电子间的相互作用视为微扰。

按上述计算，氢负离子($Z=1$)的基态能量为

$$E_{基}\approx-\left(\frac{11}{16}\right)^2\frac{e^2}{4\pi\varepsilon_0 a_0}=-0.47\frac{e^2}{4\pi\varepsilon_0 a_0}=-12.8\text{eV} \tag{6}$$

这个值高于氢原子的基态能量-13.6eV。于是，氢负离子按此不能稳定地存在。实验测得氢负离子的基态能量为

$$E_{基实验}=-0.527\frac{e^2}{4\pi\varepsilon_0 a_0}=-14.3\text{eV} \tag{7}$$

(b)　选取尝试波函数为(采用原子单位制)

$$\Phi(\boldsymbol{r}_1,\boldsymbol{r}_2;\alpha,\beta)=N[\mathrm{e}^{-\alpha r_1-\beta r_2}+\mathrm{e}^{-\beta r_1-\alpha r_2}] \tag{8}$$

将式中α和β作为变分参量。具体计算归一化常数，有

$$2N^2=\left[1+\frac{64\alpha^3\beta^3}{(\alpha+\beta)^6}\right]^{-1} \tag{9}$$

再利用如下积分计算式：

$$\int\mathrm{e}^{-\gamma r}\mathrm{d}\tau=4\pi\int_0^\infty\mathrm{e}^{-\gamma r}r^2\mathrm{d}r=\frac{8\pi}{\gamma^3}. \tag{10}$$

$$\int\mathrm{e}^{-\alpha r}\nabla^2\mathrm{e}^{-\beta r}\mathrm{d}\tau=-\int(\nabla\mathrm{e}^{-\alpha r})(\nabla\mathrm{e}^{-\beta r})\mathrm{d}\tau=-\alpha\beta\int\mathrm{e}^{-(\alpha+\beta)r}\mathrm{d}\tau=-\frac{8\pi\alpha\beta}{(\alpha+\beta)^3} \tag{11}$$

$$\int\frac{1}{r}\mathrm{e}^{-\gamma r}\mathrm{d}\tau=4\pi\int_0^\infty\mathrm{e}^{-\gamma r}r\,\mathrm{d}r=\frac{4\pi}{\gamma^2} \tag{12}$$

$$\int\mathrm{e}^{-\alpha r_1-\beta r_2}\frac{\mathrm{d}\tau_1\mathrm{d}\tau_2}{|\boldsymbol{r}_1-\boldsymbol{r}_2|}=16\pi^2\left[\frac{2(\alpha^2+\beta^2)}{\alpha^2\beta^2(\alpha+\beta)^3}+\frac{6}{\alpha\beta(\alpha+\beta)^3}\right] \tag{13}$$

可以具体计算出(采用原子单位制)：

$$\begin{aligned}E[\Phi]&=\langle\Phi|\hat{H}|\Phi\rangle\\&=2N^2\left[-Z(\alpha+\beta)+\frac{\alpha^2+\beta^2}{2}+\frac{\alpha\beta}{\alpha+\beta}+\frac{\alpha^2\beta^2}{(\alpha+\beta)^3}+\frac{20\alpha^3\beta^3}{(\alpha+\beta)^5}+64\alpha^3\beta^3\frac{\alpha\beta-Z(\alpha+\beta)}{(\alpha+\beta)^6}\right]\end{aligned} \tag{14}$$

然后再作变分计算。

对于氢负离子，若取$\alpha=1,\beta=0.25$，得$\bar{E}=-0.512$即-13.9eV。这个值低于氢原子的基态能量-13.6eV，表明可以稳定地存在氢负离子。

8-11　若将氦原子中两电子间的静电作用$\dfrac{e^2}{4\pi\varepsilon_0|\boldsymbol{r}_1-\boldsymbol{r}_2|}$作为微扰，对于电子$1s^1 2s^1$组态，设体系初态为：一个电子处于$1s$态，自旋向上；另一个电子处于$2s$态，自旋向下。问经过多长时间两电子占据态翻转(即自旋向上的电子处于$2s$态，自旋向下的电子处于$1s$态)？

解：若将两电子间的相互作用

$$\hat{H}'=\frac{e^2}{4\pi\varepsilon_0|\boldsymbol{r}_1-\boldsymbol{r}_2|}$$

作为微扰，则应用束缚定态微扰理论知体系能量的一级近似值为：

二电子自旋平行态：$E_-\approx\left(-\dfrac{5}{8}Z^2+\dfrac{137}{729}Z\right)\dfrac{e^2}{4\pi\varepsilon_0 a_0}$　　(1)

二电子自旋反平行态： $E_{+}\approx\left(-\frac{5}{8}Z^2+\frac{169}{729}Z\right)\frac{e^2}{4\pi\varepsilon_0 a_0}$ (2)

又已知体系的初态为

$$\Psi(t=0)=\frac{1}{\sqrt{2}}\begin{vmatrix}\psi_{100}(\boldsymbol{r}_1)\alpha(1) & \psi_{100}(\boldsymbol{r}_2)\alpha(2)\\ \psi_{200}(\boldsymbol{r}_1)\beta(1) & \psi_{200}(\boldsymbol{r}_2)\beta(2)\end{vmatrix}$$

$$=\frac{1}{\sqrt{2}}[\psi_{100}(\boldsymbol{r}_1)\psi_{200}(\boldsymbol{r}_2)\alpha(1)\beta(2)-\psi_{100}(\boldsymbol{r}_2)\psi_{200}(\boldsymbol{r}_1)\alpha(2)\beta(1)]$$

$$=\frac{1}{2\sqrt{2}}\{[\psi_{100}(\boldsymbol{r}_1)\psi_{200}(\boldsymbol{r}_2)+\psi_{200}(\boldsymbol{r}_1)\psi_{100}(\boldsymbol{r}_2)][\alpha(1)\beta(2)-\beta(1)\alpha(2)]+$$
$$[\psi_{100}(\boldsymbol{r}_1)\psi_{200}(\boldsymbol{r}_2)-\psi_{200}(\boldsymbol{r}_1)\psi_{100}(\boldsymbol{r}_2)][\alpha(1)\beta(2)+\beta(1)\alpha(2)]\}$$
$$=\frac{1}{\sqrt{2}}[\phi_S\chi_{00}+\phi_A\chi_{10}]\} \tag{3}$$

于是 $t>0$ 时刻体系的状态波函数为

$$\Psi(t)=\frac{1}{\sqrt{2}}[\phi_S\chi_{00}\mathrm{e}^{-\frac{\mathrm{i}}{\hbar}E_+t}+\phi_A\chi_{10}\mathrm{e}^{-\frac{\mathrm{i}}{\hbar}E_-t}] \tag{4}$$

设经过一段时间 τ 后，$\dfrac{\exp\left(-\frac{\mathrm{i}}{\hbar}E_-\tau\right)}{\exp\left(-\frac{\mathrm{i}}{\hbar}E_+\tau\right)}=-1$，态变为

$$\Psi(\tau)=\frac{1}{\sqrt{2}}\exp\left(-\frac{\mathrm{i}}{\hbar}E_+\tau\right)[\phi_S\chi_{00}-\phi_A\chi_{10}]$$
$$=\frac{1}{\sqrt{2}}\mathrm{e}^{-\frac{\mathrm{i}}{\hbar}E_+\tau}[\psi_{200}(\boldsymbol{r}_1)\psi_{100}(\boldsymbol{r}_2)\alpha(1)\beta(2)-\psi_{100}(\boldsymbol{r}_1)\psi_{200}(\boldsymbol{r}_2)\beta(1)\alpha(2)] \tag{5}$$

将式(5)与式(3)进行对照，显然经过时间 τ 后两电子的占据态已翻转，由此得 τ 为

$$\tau=\frac{\hbar}{E_+-E_-}(2n+1)\pi=\frac{32(2n+1)\pi\hbar}{729}\frac{e^2}{4\pi\varepsilon_0 a_0},\ n=0,1,2,\cdots \tag{6}$$

式中利用了式(1)及式(2)。

8-12 两个自旋 $s=\frac{1}{2}$ 的自由全同粒子处于相对运动轨道角动量为 1 的状态：

(a)写出该体系在质心系中的波函数，指出总角动量的可能值；

(b)若两粒子间的相互作用微扰算符为 $\hat{H}\xi(r)\hat{\boldsymbol{L}}\cdot\hat{\boldsymbol{S}}$，其中：$r=|r_1-r_2|$，$\hat{\boldsymbol{L}}$为体系的总轨道角动量，$\hat{\boldsymbol{S}}$ 为体系的总自旋角动量，求体系的能级分裂。

解：(a) 自旋为$\frac{1}{2}$的两全同粒子构成的费米子体系总的波函数必须是反对称的。由于每个粒子均为自由粒子，若它们的动量取值分别为 $\boldsymbol{p}_1$ 与 $\boldsymbol{p}_2$，则单粒子波函数可写为

$$\phi_1(\boldsymbol{r}_1)=(2\pi\hbar)^{-3/2}e^{\frac{\mathrm{i}}{\hbar}\boldsymbol{p}_1\cdot\boldsymbol{r}_1},\phi_2(\boldsymbol{r}_2)=(2\pi\hbar)^{-\frac{3}{2}}\mathrm{e}^{\frac{\mathrm{i}}{\hbar}\boldsymbol{p}_2\cdot\boldsymbol{r}_2} \tag{1}$$

由式(1)可构成体系的空间部分的对称的或反对称的波函数为

$$\psi_S(\boldsymbol{r}_1,\boldsymbol{r}_2)=\frac{1}{\sqrt{2}}[\phi_1(\boldsymbol{r}_1)\phi_2(\boldsymbol{r}_2)+\phi_1(\boldsymbol{r}_2)\phi_2(\boldsymbol{r}_1)]$$
$$=\frac{1}{2^{7/2}(\pi\hbar)^3}[\mathrm{e}^{\frac{\mathrm{i}}{\hbar}(\boldsymbol{p}_1\cdot\boldsymbol{r}_1+\boldsymbol{p}_2\cdot\boldsymbol{r}_2)}+\mathrm{e}^{\frac{\mathrm{i}}{\hbar}(\boldsymbol{p}_2\cdot\boldsymbol{r}_1+\boldsymbol{p}_1\cdot\boldsymbol{r}_2)}]\quad(\boldsymbol{p}_1\neq\boldsymbol{p}_2) \tag{2}$$

$$\psi_A(\boldsymbol{r}_1,\boldsymbol{r}_2)=\frac{1}{\sqrt{2}}[\phi_1(\boldsymbol{r}_1)\phi_2(\boldsymbol{r}_2)-\phi_1(\boldsymbol{r}_2)\phi_2(\boldsymbol{r}_1)]$$

$$=\frac{1}{2^{7/2}(\pi\hbar)^3}[\mathrm{e}^{\frac{\mathrm{i}}{\hbar}(\boldsymbol{p}_1\cdot\boldsymbol{r}_1+\boldsymbol{p}_2\cdot\boldsymbol{r}_2)}-\mathrm{e}^{\frac{\mathrm{i}}{\hbar}(\boldsymbol{p}_2\cdot\boldsymbol{r}_1+\boldsymbol{p}_1\cdot\boldsymbol{r}_2)}]\quad(\boldsymbol{p}_1\neq\boldsymbol{p}_2)\tag{3}$$

再引进质心坐标 $\boldsymbol{R}$ 和相对坐标 $\boldsymbol{r}$，有

$$\boldsymbol{R}=\frac{1}{2}(\boldsymbol{r}_1+\boldsymbol{r}_2),\quad \boldsymbol{r}=\boldsymbol{r}_1-\boldsymbol{r}_2\tag{4}$$

由式(4)可得

$$\boldsymbol{r}_1=\boldsymbol{R}+\frac{1}{2}\boldsymbol{r},\quad \boldsymbol{r}_2=\boldsymbol{R}-\frac{1}{2}\boldsymbol{r}\tag{5}$$

于是

$$\boldsymbol{p}_1\cdot\boldsymbol{r}_1+\boldsymbol{p}_2\cdot\boldsymbol{r}_2=\boldsymbol{p}_1\cdot\left(\boldsymbol{R}+\frac{1}{2}\boldsymbol{r}\right)+\boldsymbol{p}_2\cdot\left(\boldsymbol{R}-\frac{1}{2}\boldsymbol{r}\right)$$

$$=(\boldsymbol{p}_1+\boldsymbol{p}_2)\cdot\boldsymbol{R}+\frac{1}{2}(\boldsymbol{p}_1-\boldsymbol{p}_2)\cdot\boldsymbol{r}\tag{6}$$

$$\boldsymbol{p}_1\cdot\boldsymbol{r}_2+\boldsymbol{p}_2\cdot\boldsymbol{r}_1=(\boldsymbol{p}_1+\boldsymbol{p}_2)\cdot\boldsymbol{R}-\frac{1}{2}(\boldsymbol{p}_1-\boldsymbol{p}_2)\cdot\boldsymbol{r}\tag{7}$$

将式(6)与式(7)代入式(2)与式(3)之中，得

$$\psi_S(\boldsymbol{R},\boldsymbol{r})=\frac{1}{2^{7/2}(\pi\hbar)^3}\mathrm{e}^{\frac{\mathrm{i}}{\hbar}(\boldsymbol{p}_1+\boldsymbol{p}_2)\cdot\boldsymbol{R}}[\mathrm{e}^{\frac{\mathrm{i}}{\hbar}\frac{1}{2}(\boldsymbol{p}_1-\boldsymbol{p}_2)\cdot\boldsymbol{r}}+\mathrm{e}^{-\frac{\mathrm{i}}{\hbar}\frac{1}{2}(\boldsymbol{p}_1-\boldsymbol{p}_2)\cdot\boldsymbol{r}}]\tag{8}$$

$$\psi_A(\boldsymbol{R},\boldsymbol{r})=\frac{1}{2^{7/2}(\pi\hbar)^3}\mathrm{e}^{\frac{\mathrm{i}}{\hbar}(\boldsymbol{p}_1+\boldsymbol{p}_2)\cdot\boldsymbol{R}}[\mathrm{e}^{\frac{\mathrm{i}}{\hbar}\frac{1}{2}(\boldsymbol{p}_1-\boldsymbol{p}_2)\cdot\boldsymbol{r}}-\mathrm{e}^{-\frac{\mathrm{i}}{\hbar}\frac{1}{2}(\boldsymbol{p}_1-\boldsymbol{p}_2)\cdot\boldsymbol{r}}]\tag{9}$$

再利用公式

$$\mathrm{e}^{\mathrm{i}kz}=\mathrm{e}^{\mathrm{i}kr\cos\theta}=\sum_{l=0}^{\infty}(2l+1)\mathrm{i}^l j_l(kr)P_l(\cos\theta)\tag{10}$$

有

$$\mathrm{e}^{\frac{\mathrm{i}}{\hbar}\frac{1}{2}(\boldsymbol{p}_1-\boldsymbol{p}_2)\cdot\boldsymbol{r}}=\sum_{l=0}^{\infty}(2l+1)\mathrm{i}^l j_l\left(\frac{p_1-p_2}{2\hbar}\right)P_l(\cos\theta)\tag{11}$$

$$\mathrm{e}^{-\frac{\mathrm{i}}{\hbar}\frac{1}{2}(\boldsymbol{p}_1-\boldsymbol{p}_2)\cdot\boldsymbol{r}}=\mathrm{e}^{\frac{\mathrm{i}}{\hbar}\frac{1}{2}(\boldsymbol{p}_1-\boldsymbol{p}_2)\cdot(-\boldsymbol{r})}=\mathrm{e}^{\frac{\mathrm{i}}{\hbar}\frac{1}{2}(p_1-p_2)r\cos(\pi-\theta)}$$

$$=\sum_{l=0}^{\infty}(2l+1)\mathrm{i}^l j_l\left(\frac{p_1-p_2}{2\hbar}r\right)P_l[\cos(\pi-\theta)]\tag{12}$$

由于

$$P_l[\cos(\pi-\theta)]=(-1)^l P_l(\cos\theta)\tag{13}$$

所以当两粒子处于相对运动轨道角动量为 1 的态时(即 $l=1$)，由式(8)、(9)容易看出，该费米子体系的空间部分只能取反对称态 $\psi_A(\boldsymbol{R},\boldsymbol{r})$，自旋部分只能取对称态 $\chi_S^{(1)(2)(3)}(s_{1z},s_{2z})$，使得体系的状态波函数在质心坐标系内可表示为

$$\Phi_A=\psi_A(\boldsymbol{R},\boldsymbol{r})\chi_S^{(1)(2)(3)}(s_{1z},s_{2z})$$

$$=\frac{1}{2^{7/2}(\pi\hbar)^3}\mathrm{e}^{\frac{\mathrm{i}}{\hbar}(\boldsymbol{p}_1+\boldsymbol{p}_2)\cdot\boldsymbol{R}}[\mathrm{e}^{\frac{\mathrm{i}}{\hbar}\frac{1}{2}(\boldsymbol{p}_1-\boldsymbol{p}_2)\cdot\boldsymbol{r}}-\mathrm{e}^{\frac{-\mathrm{i}}{\hbar}\frac{1}{2}(\boldsymbol{p}_1-\boldsymbol{p}_2)\cdot\boldsymbol{r}}]\cdot\begin{cases}\alpha(1)\alpha(2)\\ \frac{1}{\sqrt{2}}[\alpha(1)\beta(2)+\alpha(2)\beta(1)]\\ \beta(1)\beta(2)\end{cases}\tag{14}$$

该体系的总轨道角动量相应的量子数 $L=1$，总自旋角量子数 $S=1$，总角动量 $\hat{J}$ 相应的量子数 J 有三个可能取值：2，1，0.

(b) 由于

$$\hat{\boldsymbol{L}}\cdot\hat{\boldsymbol{S}}=\frac{1}{2}[\hat{\boldsymbol{J}}^2-\hat{\boldsymbol{L}}^2-\hat{\boldsymbol{S}}^2] \tag{15}$$

所以能量的一级修正值为

$$\begin{aligned}E_J^{(1)}&=\langle\Phi_A|\hat{H}'|\Phi_A\rangle\\&=\langle\psi_A(\boldsymbol{R},\boldsymbol{r})|\xi(r)|\psi_A(\boldsymbol{R},\boldsymbol{r})\rangle\frac{\hbar^2}{2}[J(J+1)-L(L+1)-S(S+1)]\end{aligned} \tag{16}$$

把 $L=1,S=1,J=2,1,0$ 分别代入式(16)中，可得能量一级修正值 $E_J^{(1)}$ 的三个可能值分别为：

$$E_2^{(1)}=\langle\xi(r)\rangle\hbar^2,\ E_1^{(1)}=-\langle\xi(r)\rangle\hbar^2,\ E_0^{(1)}=-2\langle\xi(r)\rangle\hbar^2 \tag{17}$$

表明在微扰 $\hat{H}'$ 的作用下，体系的一个能级分裂为三个子能级。

第三部分　练　习　题

8-1 考虑一个由两个全同粒子组成的体系，设每个粒子有三个可能的单粒子态 $\phi_1(q_1)$，$\phi_2(q_2)$，$\phi_3(q_3)$，$(q\equiv(\boldsymbol{r},s_z))$，试就下面三种情况求体系可能态的数目。

(a) 粒子为玻色子；

(b) 粒子为费米子；

(c) 粒子为经典可区分的粒子。

答：(a) 态数目 $f=\frac{1}{2}k(k+1)=6$ （k 为单粒子态的数目）； (b) $f=\frac{1}{2}k(k-1)=3$； (c) $f=k^2=9$

8-2 证明：

(a) 若两个全同粒子，每一个粒子均可能处于 n 个单粒子态中之一，则体系的全对称态有 $\frac{1}{2}n(n+1)$ 个，全反对称态有 $\frac{1}{2}n(n-1)$ 个；

(b) 如果粒子的自旋为 s，则体系自旋对称态数目与自旋反对称态数目之比为 $\frac{s+1}{s}$。

8-3 设两个电子在弹性辏力场中运动，辏力场的势能是

$$V(r)=\frac{1}{2}kr^2=\frac{1}{2}k(x^2+y^2+z^2)$$

若粒子之间的库仑能与 $V(r)$ 相比可以略去，求当一个电子处于基态，另一个电子处在沿 x 方向运动的第一激发态时，两个电子组成体系的状态波函数？又，若引进二粒子体系的质心坐标 $\boldsymbol{R}=\frac{1}{2}(\boldsymbol{r}_1+\boldsymbol{r}_2)$ 与相对坐标 $\boldsymbol{r}=\boldsymbol{r}_1-\boldsymbol{r}_2$，求体系的波函数对 $\boldsymbol{R},\boldsymbol{r}$ 的依赖关系。

答：$\Psi_A^{(1)}(q_1,q_2)=\frac{\alpha^4}{\sqrt{2}\pi^{3/2}}\{\exp\left[-\frac{1}{2}\alpha^2({r_1}^2+{r_2}^2)\right](x_1+x_2)\}(\alpha_1\beta_2-\alpha_2\beta_1)$

$$\Psi_A^{(2),(3),(4)}(q_1,q_2)=\frac{\alpha^4}{\pi^{3/2}}\{\exp\left[-\frac{1}{2}\alpha^2(r_1{}^2+r_2{}^2)\right](x_2-x_1)\}\begin{cases}\alpha_1\alpha_2\\ \frac{1}{\sqrt{2}}(\alpha_1\beta_2-\alpha_2\beta_1)\\ \beta_1\beta_2\end{cases}$$

或：

$$\Psi_A^{(1)}(q_1,q_2)=\frac{\sqrt{2}\alpha^4}{\pi^{3/2}}R_x\mathrm{e}^{-\alpha^2R^2}\mathrm{e}^{-\frac{1}{4}\alpha^2r^2}(\alpha_1\beta_2-\alpha_2\beta_1)$$

$$\Psi_A^{(2),(3),(4)}(q_1,q_2)=-\frac{\alpha^4}{\pi^{3/2}}x\mathrm{e}^{-\alpha^2R^2}\mathrm{e}^{-\frac{1}{4}\alpha^2r^2}\begin{cases}\alpha_1\alpha_2,\\ \frac{1}{\sqrt{2}}(\alpha_1\beta_2-\alpha_2\beta_1)\\ \beta_1\beta_2\end{cases}$$

式中：$\alpha^2=\left(\frac{\mu k}{\hbar^2}\right)^{1/2}$，$2R_x=x_1+x_2$，$-x=x_2-x_1$。

8-4　两个全同无相互作用的粒子在三维各向同性简谐势场 $V(r)=\frac{1}{2}\mu\omega^2r^2$ 中运动。若：(a)　粒子自旋 $s=\frac{1}{2}$；(b)　粒子自旋 $s=1$，

试分别求体系基能级、第一和第二激发能级的简并度。

答：(a)粒子自旋 $s=\frac{1}{2}$。体系是费米子系，总波函数全反对称。体系基能级的简并度：1；第一激发能级的简并度：$3\times4=12$；第二激发能级的简并度：$3\times4+3\times4+3\times4+3=39$.

(b)　粒子自旋 $s=1$。体系是玻色子系，总波函数全对称。体系基能级的简并度：$1\times6=6$；第一激发能级的简并度：$3\times9=27$；第二激发能级的简并度：$3\times27+3\times6=99$.

8-5　设有两个全同的自由粒子，每个粒子有两个可能的单粒子定态：

$$\psi_{p_1}(\boldsymbol{r})=(2\pi\hbar)^{-3/2}\mathrm{e}^{\frac{\mathrm{i}}{\hbar}\boldsymbol{p}_1\cdot\boldsymbol{r}},\psi_{p_2}(\boldsymbol{r})=(2\pi\hbar)^{-3/2}\mathrm{e}^{\frac{\mathrm{i}}{\hbar}\boldsymbol{p}_2\cdot\boldsymbol{r}}$$

试就如下三种情况，求它们在空间的相对位置的几率分布并进行比较。

(a)　空间波函数没有交换对称性的情况；

(b)　空间波函数对于二粒子互换具有反对称性的情况；

(c)　空间波函数对于二粒子互换具有对称性的情况。

答：(a)　空间位置的相对几率密度 $w(r)=\frac{1}{(2\pi\hbar)^3}$

(b)　$w_A(r)=\frac{1}{(2\pi\hbar)^3}\left(1-\frac{\sin2kr}{2kr}\right)$，式中：$k=\frac{1}{2}(\boldsymbol{k}_1-\boldsymbol{k}_2)=\frac{1}{2\hbar}(\boldsymbol{p}_1-\boldsymbol{p}_2)$

(c)　$w_s(r)=\frac{1}{(2\pi\hbar)^3}\left(1+\frac{\sin^2kr}{2kr}\right)$

8-6　在宽为 L 的一维无限深势阱内有两个质量为 m 的全同玻色子，其相互作用势能为 $V(x_1,x_2)=a\delta(x_1-x_2)$，试计算该体系基态能量的一级近似值。

答：$E_{1,1}\approx\frac{\hbar^2\pi^2}{mL^2}+\frac{3a}{2L}$

8-7 两个质量为 m 自旋为$\frac{1}{2}$的全同费米子处于阱宽为 L 的一维无限深方势阱中，设粒子间的相互作用为 $V(x_1-x_2)$，可视为微扰。求体系三个最低能量的状态波函数及第二、第三个最低状态能量的一级近似值。

答：单粒子空间波函数为

$$\psi_n(x)=\begin{cases}\sqrt{\frac{2}{L}}\sin\frac{n\pi x}{L}, & 0\leqslant x\leqslant L\\ 0 & x<0,x>L\end{cases}$$

基态：$\Psi_0(q_1,q_2)=\psi_1(x_1)\psi_1(x_2)\chi_A(s_{1z},s_{2z})$

第一激发态：

$$\Psi_1(q_1,q_2)=\begin{cases}\frac{1}{\sqrt{2}}[\psi_1(x_1)\psi_2(x_2)+\psi_1(x_2)\psi_2(x_1)]\chi_A(s_{1z},s_{2z})\\ \frac{1}{\sqrt{2}}[\psi_1(x_1)\psi_2(x_2)-\psi_1(x_2)\psi_2(x_1)]\chi_S^{(1)(2)(3)}(s_{1z},s_{2z})\end{cases}$$

第二激发态：$\Psi_2(q_1,q_2)=\psi_2(x_1)\psi_2(x_2)\chi_A(s_{1z},s_{2z})$

$$E_{1A}^{(1)}=\iint\left|\frac{1}{\sqrt{2}}[\psi_1(x_1)\psi_2(x_2)-\psi_1(x_2)\psi_2(x_1)]\right|^2V(x_1-x_2)\mathrm{d}x_1\mathrm{d}x_2$$

$$E_{1S}^{(1)}=\iint\left|\frac{1}{\sqrt{2}}[\psi_1(x_1)\psi_2(x_2)+\psi_1(x_2)\psi_2(x_1)]\right|^2V(x_1-x_2)\mathrm{d}x_1\mathrm{d}x_2$$

$$E_2^{(1)}=\iint|\psi_2(x_1)\psi_2(x_2)|^2V(x_1-x_2)\mathrm{d}x_1\mathrm{d}x_2$$

8-8 两个质量同为 m、无相互作用的粒子处于一维无限深方势阱($0\leqslant x\leqslant a$)中。

(a) 求：体系最低四个能级的能量值；

(b) 若：①两个粒子全同，自旋 $s=\frac{1}{2}$，②两个粒子不同，自旋 $s=\frac{1}{2}$，③两个粒子全同，自旋 $s=1$，求这四个最低能级各自的简并度。

答：(a) 体系最低四个能级是：

n_1	n_2	E/E_1
1	1	2
2	1	5
2	2	8
3	1	10

式中：$E_1=\frac{\pi^2\hbar^2}{2ma^2}$

(b)　体系最低四个能级的简并度为

能级	简并度
E/E_1	1　2　3
2	1　4　6
5	4　8　9
8	1　4　6
10	4　8　9

8-9　质量为 m 的两个全同玻色子在抛物势 $V(x)=\frac{1}{2}kx^2=\frac{1}{2}mw^2x^2$ 中作一维运动，设粒子间的相互作用为 $W(x_1,x_2)=W_0\mathrm{e}^{-\beta^2(x_1-x_2)^2}$，并可视 $W(x_1,x_2)$ 为微扰，求体系基态能量的一级近似值。

答：$E_0\approx\hbar\omega+\dfrac{W_0}{(1+2\beta^2/\alpha^2)^{1/2}}$，式中：$\alpha^2=\dfrac{mw}{\hbar}$

8-10　两个质量为 m 的全同粒子在不受外力作用下作一维运动，粒子间相互作用的势能为

$$V_{12}=\begin{cases}0, & |x_{12}|\leqslant a\\ \infty & |x_{12}|>a\end{cases}$$

其中：x_{12} 是两粒子间的距离。如果两粒子的总动量为 $\boldsymbol{p}$，试求：

(a)　两粒子是自旋为零的玻色子时，体系的状态波函数及相应的能量；

(b)　两粒子是自旋为 $\frac{1}{2}$ 的费米子时，体系的状态波函数及相应的能量。

答：采用质心坐标系，则单粒子的空间波函数为：

$$\psi_n^{\mathrm{I}}(x)=\begin{cases}\dfrac{1}{\sqrt{a}}\sin\dfrac{n\pi x}{2a}, n\text{ 为偶数}, & |x|\leqslant a\\ 0, & |x|>a\end{cases}\qquad E_n=\frac{n^2\pi^2\hbar^2}{8\mu a^2}$$

$$\psi_n^{\mathrm{II}}(x)=\begin{cases}\dfrac{1}{\sqrt{a}}\cos\dfrac{n\pi x}{2a}, n\text{ 为奇数}, & |x|\leqslant a\\ 0, & |x|>a\end{cases}\qquad E_n=\frac{n^2\pi^2\hbar^2}{8\mu a^2}$$

(a)

$$\Psi_S=\begin{cases}\psi_n^{\mathrm{I}}(x)\chi_A(s_{1z},s_{2z}),\ E_n=\dfrac{\boldsymbol{p}^2}{2M}+\dfrac{n^2\pi^2\hbar^2}{8\mu a^2}, & n\text{ 为偶数}\\ \psi_n^{\mathrm{II}}(x)\chi_S^{(1)(2)(3)}(s_{1z},s_{2z}), E_n=\dfrac{\boldsymbol{p}^2}{2M}+\dfrac{n^2\pi^2\hbar^2}{8\mu a^2}, & n\text{ 为奇数}\end{cases}$$

式中：$M=2m, x=x_{12}$

(b)

$$\Psi_{\mathrm{A}}=\begin{cases}\psi_n^{\mathrm{I}}(x)\chi_{\mathrm{S}}^{(1)(2)(3)}(s_{1z},s_{2z}),\ E_n=\dfrac{\boldsymbol{p}^2}{2M}+\dfrac{n^2\pi^2\hbar^2}{8\mu a^2},n\text{ 为偶数}\\ \psi_n^{\mathrm{II}}(x)\chi_{\mathrm{A}}(s_{1z},s_{2z}),\ E_n=\dfrac{\boldsymbol{p}^2}{2M}+\dfrac{n^2\pi^2\hbar^2}{8\mu a^2},\qquad n\text{ 为奇数}\end{cases}$$

8-11 实际氦原子的基态当然是非简并的。但是,考虑一个假想的氦原子,其中两个带负电的、全同的、自旋为 1 的粒子代替了原来的两个电子。对这种假想的氦原子,问其基态的能量简并度是多少?为什么?(忽略与自旋有关的作用)

答:这种假想氦原子的基态共有 6 重简并。

第九章　量子跃迁——原子的光吸收与发射

第一部分　内容精要

一、跃迁及跃迁几率

1. 含时间微扰论

设体系在 $t < t_0$ 期间的哈密顿算符为 $\hat{H}_0$，与时间 t 无关；记其定态的能谱为$\{E_n^0\}$，相应的正交归一化态矢量完备组为$\{|\phi_n\rangle e^{-\frac{i}{\hbar}E_n^0 t}\}$，均为已知。假定体系在 $t < t_0$ 期间处于能量为 E_k^0 的定态 $|\phi_k\rangle e^{-\frac{i}{\hbar}E_k^0 t}$。

如果从 $t = t_0$ 开始，体系受到外界作用，记其相互作用哈密顿算符为 $\hat{H}'$，可以与时间 t 有关：

$$\hat{H}'(t) = \begin{cases} 0, & t < t_0 \\ \hat{H}', & t > t_0 \end{cases} \tag{9-1}$$

若 $\hat{H}'(t)$ 可以视为微扰项，则体系在 $t > t_0$ 期间的含时薛定谔方程

$$i\hbar \frac{\partial}{\partial t} |\Psi(t)\rangle = [\hat{H}_0 + \hat{H}'(t)] |\Psi(t)\rangle \tag{9-2}$$

可以近似求解。不失一般性，认为算符 $\hat{H}$ 与 $\hat{H}_0$ 系在同一黑伯特空间中。将方程(9-2) 的解 $|\Psi(t)\rangle$ 按算符 $\hat{H}_0$ 的 正交归一化本征矢量完备组展开：

$$|\Psi(t)\rangle = \sum_n c_n(t) |\phi_n\rangle e^{-\frac{i}{\hbar}E_n^0 t} \tag{9-3}$$

问题归结为求诸展开系数$\{c_n(t)\}$。将式(9-3) 代回方程(9-2)，再左乘$\langle\phi_m|$，并利用算符 $\hat{H}_0$ 的本征矢量完备组$\{|\phi_n\rangle\}$ 的正交归一性，有

$$i\hbar \frac{dc_m(t)}{dt} = \sum_n H'_{mn}(t) c_n(t) e^{i\omega_{mn} t} \tag{9-4}$$

式中：

$$H'_{mn}(t) = \langle\phi_m | \hat{H}'_{(t)} | \phi_n\rangle, \ \omega_{mn} = \frac{1}{\hbar}(E_m^0 - E_n^0) \tag{9-5}$$

对式(9-4) 积分，并注意到 $H'_{mn}(t)$ 是小量，于是再左右反复迭代就得到

$$c_m(t) = c_m(t_0) + \frac{1}{i\hbar}\int_{t_0}^{t} dt' \sum_n H'_{mn}(t') e^{i\omega_{mn}t'} c_n(t')$$

$$= c_m(t_0) + \frac{1}{i\hbar}\int_{t_0}^{t} dt' \sum_n H'_{mn}(t') e^{i\omega_{mn}t'} c_n(t_0) +$$

$$\frac{1}{(\mathrm{i}\hbar)^2}\int_{t_0}^{t}\mathrm{d}t'\sum_n H'_{mn}(t')\mathrm{e}^{\mathrm{i}\omega_{mn}t'}\int_{t_0}^{t'}\mathrm{d}t''\sum_l H'_{nl}(t'')\mathrm{e}^{\mathrm{i}\omega_{nl}t''}\quad c_l(t_0)+\cdots$$

$$\overset{\text{记为}}{=\!=\!=} c_m^{(0)}(t)+c_m^{(1)}(t)+C_m^{(2)}(t)+\cdots \tag{9-6}$$

可见,系数 $c_m(t)$ 的零级近似

$$c_m^{(0)}(t)=C_m(t_0)=\delta_{mk} \tag{9-7}$$

因为已假定体系在 $t<t_0$ 期间处于定态 $|\phi_k\rangle\mathrm{e}^{-\frac{\mathrm{i}}{\hbar}E_k^0t}$,一级修正

$$c_m^{(1)}(t)=\frac{1}{\mathrm{i}\hbar}\int_{t_0}^{t}\mathrm{d}t'H'_{mk}(t')\mathrm{e}^{\mathrm{i}\omega_{mk}t'} \tag{9-8}$$

二级修正

$$c_m^{(2)}(t)=\frac{1}{(\mathrm{i}\hbar)^2}\sum_n\int_{t_0}^{t}\mathrm{d}t'H'_{mn}(t')\mathrm{e}^{\mathrm{i}\omega_{mn}t'};\int_{t}^{t'}\mathrm{d}t''H'_{nk}(t'')\mathrm{e}^{\mathrm{i}\omega_{nk}t''} \tag{9-9}$$

等等。

2. 跃迁几率

体系在 $t<t_0$ 期间原本处于能量为 E_k^0 的定态 $|\phi_k\rangle\mathrm{e}^{-\frac{\mathrm{i}}{\hbar}E_k^0t}$,自 $t=t_0$ 时刻起受到外界作用 $\hat{H}'$,则在 $t>t_0$ 时刻体系处于能量为 E_m^0 的定态 $|\phi_m\rangle\mathrm{e}^{-\frac{\mathrm{i}}{\hbar}E_m^0t}$ 有几率 $|c_m(t)|^2$,就称 $P_{mk}(t)=|c_m(t)|^2$ 为体系自 t_0 时刻开始受到外界作用 $\hat{H}'$ 后,在 $t_0\sim t$ 时间间隔内,由初态 $|\phi_k\rangle\mathrm{e}^{-\frac{\mathrm{i}}{\hbar}E_k^0t}$ 向末态 $|\phi_m\rangle\mathrm{e}^{-\frac{\mathrm{i}}{\hbar}E_m^0t}$ 跃迁的几率。$c_m(t)$ 称为跃迁振幅,而单位时间内的跃迁几率 $\frac{\mathrm{d}}{\mathrm{d}t}P_{mn}(t)$ 称为跃迁速率。

由于跃迁末态 $|\phi_m\rangle\mathrm{e}^{-\frac{\mathrm{i}}{\hbar}E_m^0t}$ 一般所指不是初态,故跃迁振幅 $c_m(t)$ 的零级近似 $c_m^{(0)}(t)=0$。于是,跃迁几率的一级近似表示式为

$$P_{mk}(t)=|0+c_m^{(1)}(t)|^2=\frac{1}{\hbar^2}\left|\int_{t_0}^{t}H'_{mk}(t')\mathrm{e}^{\mathrm{i}\omega_{mk}t'}\mathrm{d}t'\right|^2 \tag{9-10}$$

3. 常微扰

如果体系与外界的相互作用项为

$$\hat{H}'(t)=\begin{cases}0, & t<t_0\\ \hat{H}',\text{不显含 }t, & t>t_0\end{cases} \tag{9-11}$$

取 $t_0=0$,则当 $0\sim t$ 的时间间隔足够长时,跃迁速率为

$$\frac{\mathrm{d}}{\mathrm{d}t}P_{mk}(t)=\frac{2\pi}{\hbar}|H'_{mk}|^2\delta(E_m{}^0-E_k{}^0) \tag{9-12}$$

体系由能量为 E_k^0 的初态 $|\phi_k\rangle\mathrm{e}^{-\frac{\mathrm{i}}{\hbar}E_k^0t}$ 跃迁到能量为 E_m^0(等于 E_k^0)附近,所有可能末态的跃迁总速率为

$$w=\frac{2\pi}{\hbar}|H'_{mk}|^2\rho(E_m^0)\bigg|_{E_m^0=E_k^0} \tag{9-13}$$

式中:$\rho(E_m^0)$ 是末态态密度。上式称为黄金规则。

4. 周期性微扰

如果体系与外界的相互作用项为

$$\hat{H}'(t)=\begin{cases}0, & t<t_0\\ \hat{W}\cos\omega t, & t>t_0\end{cases} \tag{9-14}$$

式中：算符 $\hat{W}$ 与时间 t 无关，取 $t_0 = 0$，若具体讨论光的共振吸收，则当 $0 \sim t$ 的时间间隔足够强时，跃迁速率为

$$\frac{\mathrm{d}}{\mathrm{d}t}P_{mk}(t) = \frac{\pi}{2\hbar}|W_{mk}|^2\delta(E_m^0 - E_k^0 - \hbar\omega) \tag{9-15}$$

倘若 $\hat{H}'(t)$ 式(9-14) 实际上不是理想的单色情况，或者跃迁末态是连续态，则上式中的 δ 函数可以消去。

二、能量 - 时间测不准关系

体系一个定态的能量不确定度 ΔE 与体系在此定态下所经历的某一种特征时间(例如平均寿命)Δt 之间满足如下测不准关系：

$$\Delta E \cdot \Delta t \gtrsim \hbar \tag{9-16}$$

三、原子的光吸收与发射

1. 爱因斯坦 A、B 系数

爱因斯坦引入原子的光吸收系数 B_{mk}、光受激发射系数 B_{km} 和自发发射系数 A_{km}。B_{mk} 的意义是：原子在外界光波的作用下，单位时间内吸收能量为 $\hbar\omega_{mk} = E_m^0 - E_k^0$ 的光量子而由低能级 E_k^0 跃迁到高能级 E_m^0 的几率为 $B_{mk}I(\omega_{mk})$，$I(\omega)$ 是作用于原子的光波的能谱密度。B_{km} 的意义是：原子在外界光波的作用下单位时间内由高能级 E_m^0 受激跃迁到低能级 E_k^0 并发射能量为 $\hbar\omega_{mk} = E_m^0 - E_k^0$ 的光量子的几率为 $B_{km}I(\omega_{mk})$。A_{km} 表示原子若不受外界作用，单位时间内自发地由高能级 E_m^0 跃迁到低能级 E_k^0 并发射出能量为 $\hbar\omega_{mk} = E_m^0 - E_k^0$ 的光量子的几率。

上述三个系数之间的关系是：

$$B_{km} = B_{mk} \tag{9-17}$$

$$A_{km} = \frac{\hbar\omega_{mk}^3}{\pi^2 c^3}B_{km} \tag{9-18}$$

2. 电偶极近似下的光吸收系数表示式

原子辐射跃迁的速率若仅考虑由原子电偶极矩的矩阵元决定，则称为电偶极近似。

在电偶极近似下，原子的光吸收系数表示为

$$B_{mk} = \frac{4\pi^2 e^2}{(4\pi\varepsilon_0)3\hbar^2}|\boldsymbol{r}_{mk}|^2 \tag{9-19}$$

再按式(9-17) 和式(9-18)，可得到光自发发射系数表示式为

$$A_{km} = \frac{4e^2\omega_{mk}^3}{(4\pi\varepsilon_0)3\hbar c^3}|\boldsymbol{r}_{mk}|^2 \tag{9-20}$$

3. 电偶极辐射跃迁选择定则

氢原子、类氢离子以及碱金属原子在电子自旋 - 轨道角动量无耦合的两个定态 $|n'l'm'sm_s'\rangle$ 和 $|nlmsm_s\rangle$ 之间发生电偶极辐射跃迁的选择定则是

$$\Delta n\text{:任意}, \Delta l = \pm 1, \Delta m = 0, \pm 1, \Delta m_s = 0 \tag{9-21}$$

在电子自旋 - 轨道角动量已耦合的两个定态 $|n'l'sj'm_j'\rangle$ 和 $|nlsjm_j\rangle$ 之间发生电偶极辐射跃迁的选择定则是

$$\Delta n\text{:任意}, \Delta l = \pm 1, \Delta j = 0, \pm 1, \Delta m_j = 0; \pm 1 \tag{9-22}$$

$$\Delta M_J = 0, \pm 1 \tag{9-23}$$

另外，还必须满足拉珀特定则：

$$\text{组态}\ \gamma\ \text{中}, \sum_{i=1}^{N} l_i = \text{偶数(奇数)} \rightleftharpoons \text{组态}\ \gamma'\ \text{中}, \sum_{i=1}^{N} l_i' = \text{奇数(偶数)} \tag{9-24}$$

除此之外，另有磁偶极辐射跃迁和电四极辐射跃迁等的选择定则。

四、另一类情况：绝热近似

设体系的哈密顿算符 $\hat{H}(t)$ 与时间 t 有关，可记为

$$\hat{H}(t) = \hat{H}_1 + \hat{H}_2(t) \tag{9-25}$$

但若随时间 t 变化缓慢，其变化的时间刻度 τ 远大于该体系的典型量子力学振动周期 $\frac{\hbar}{\Delta E}$，则有所谓绝热定理成立：体系存在力学不变量，即体系所处定态的量子数不变。具体来说，首先可以写出体系哈密顿算符 $\hat{H}(t)$ 式(9-25) 的本征值方程：

$$\hat{H}(t) \mid \phi_n(t)\rangle = E_n(t) \mid \phi_n(t)\rangle \tag{9-26}$$

方程中的时间 t 作为变化缓慢的参量。假定在某时刻 t_0 体系系处于某定态 $\mid \phi_l(t_0)\rangle$，则在时刻 $t > t_0$ 体系的运动状态仍是量子数为 l 的定态：

$$\mid \Psi(t)\rangle = e^{i\gamma_l(t)} \mid \phi_l(t)\rangle e^{-\frac{i}{\hbar}\int_{t_0}^{t} E_l(t')dt'} \tag{9-27}$$

式中：$\mid \phi_l(t)\rangle$ 是体系哈密顿算符 $\hat{H}(t)$ 在时刻 t 的相应于本征值为 $E_l(t)$ 的本征矢量；$\gamma_l(t)$ 称为 Berry 位相。

体系若经历绝热变化，则不会发生跃迁过程，但是状态波函数中会出现一个 Berry 位相因子(请参阅本章例题第 20 题)。

第二部分　例　　题

9-1　带电荷 q 的粒子在一维无限深方势阱$(0 \leqslant x \leqslant a)$ 中运动，在光的照射下发生跃迁。

(a)　求电偶极辐射跃迁选择定则；

(b)　设粒子原来处于基态，若入射光的能谱密度为 $I(\omega)$，求粒子跃迁到激发态的跃迁速率。

解：(a)　带电为 q 的粒子在光波作用下发生电偶极跃迁，若入射光的能谱密度为 $I(w)$，则单位时间内吸收各种角频率的光所引起的跃迁总几率为：

$$w_{mn} = \frac{4\pi^2 q^2}{(4\pi\varepsilon_0)3\hbar^2} \mid \boldsymbol{r}_{mn} \mid^2 I(\omega_{mn}) \tag{1}$$

因此欲使跃迁发生，须使 $\mid \boldsymbol{r}_{mn} \mid^2 \neq 0$，使 $\mid \boldsymbol{r}_{mn} \mid^2 \neq 0$ 的条件称为电偶极跃迁的选择定则。对于一维无限深势阱中的粒子来说，其定态波函数为

$$\psi_n(x) = \begin{cases} \sqrt{\dfrac{2}{a}} \sin \dfrac{n\pi x}{a} & 0 \leqslant x \leqslant a, \\ 0, & x < 0, x > a \end{cases} \tag{2}$$

相应的能量本征值为

$$E_n = \frac{n^2\pi^2\hbar^2}{2ma^2},\quad n = 1,2,3,\cdots \tag{3}$$

因此坐标算符 $\hat{x}$ 的矩阵元为

$$x_{mn} = \int \psi_m^* x \psi_n \mathrm{d}x = \int_0^a \sqrt{\frac{2}{a}}\sin\frac{m\pi x}{a}\, x\sqrt{\frac{2}{a}}\sin\frac{n\pi x}{a}\mathrm{d}x$$

$$= \frac{4mna}{(m^2-n^2)^2\pi^2}[(-1)^{m-n}-1] = -\frac{8mna}{(m^2-n^2)^2\pi^2}\delta_{m,n+2k+1} \tag{4}$$

因此,只有当 $m = 2k+1+n$ 时,$x_{mn} \neq 0$。故选择定则是

$$\Delta n = m - n = 2k+1,\quad k = 0,1,2,\cdots \tag{5}$$

(b)　若初态是基态,则 $n=1$,由式(5)知末态的量子数 $m = 2k, k = 1,2,3,\cdots$ 再由式(4)得

$$x_{2k,1} = -\frac{16ka}{(4k^2-1)^2\pi^2} \tag{6}$$

将式(6)代入式(1),得粒子由基态跃迁到激发态单位时间的跃迁几率为

$$w_{2k,1} = \frac{4\pi^2 q^2}{(4\pi\varepsilon_0)3\hbar^2}\mid x_{2k,1}\mid^2 I(\omega_{2k,1})$$

$$= \frac{1024a^2q^2}{(4\pi\varepsilon_0)3\hbar^2}\frac{k^2}{(4k^2-1)^4\pi^2}I(\omega_{2k,1}) \tag{7}$$

式中:

$$\omega_{2k,1} = \frac{1}{\hbar}(E_{2k}-E_1) = \frac{1}{\hbar}\left(\frac{(2k)^2\pi^2\hbar^2}{2\mu a^2} - \frac{\pi^2\hbar^2}{2\mu a^2}\right) = \frac{\pi^2\hbar^2}{2\mu a^2}(4k^2-1)$$

9-2　带电荷 q 的一维谐振子(自然频率为 ω_0)$t \to -\infty$ 时处于基态,置于均匀而与时间相关的弱电场中,电场方向沿振动方向,微扰作用为

(a)　$\hat{H}'(t) = -q\varepsilon_0 x \mathrm{e}^{-|t|/\tau}$;

(b)　$\hat{H}'(t) = -q\varepsilon_0 x \mathrm{e}^{-(\frac{t}{\tau})^2}$,

求 $t \to +\infty$ 时跃迁到第一激发态的几率。讨论含时微扰论适用的条件。

解:一级近似下,跃迁几率幅 $c_m^{(1)}(t)$ 为

$$c_m^{(1)}(t) = \frac{1}{\mathrm{i}\hbar}\int_{t_0}^{t} H'_{mk}\mathrm{e}^{\mathrm{i}\omega_{mk}t'}\mathrm{d}t' \tag{1}$$

(a)　若 $\hat{H}'(t) = -q\varepsilon_0 x\mathrm{e}^{-|t|/\tau}$,初态记为 $\phi_0(x)$,末态记为 $\phi_1(x)$,则

$$H'_{mk} = H'_{10} = \int_{-\infty}^{\infty}\phi_1^*(x)(-q\varepsilon_0 x\mathrm{e}^{-|t|/\tau})\phi_0(x)\mathrm{d}x$$

$$= -q\varepsilon_0\mathrm{e}^{-|t|/\tau}\int_{-\infty}^{\infty}\phi_1^*(x)x\phi_0(x)\mathrm{d}x = -q\varepsilon_0\mathrm{e}^{-|t|/\tau}x_{10} \tag{2}$$

利用第四章例题 4-12 式(6):

$$x_{mn} = \int\phi_m^*(x)x\phi_n(x)\mathrm{d}x = \frac{1}{\alpha}\left(\sqrt{\frac{n}{2}}\delta_{m,n-1} + \sqrt{\frac{n+1}{2}}\delta_{m,n+1}\right) \tag{3}$$

式中:$\alpha = \sqrt{\frac{\mu\omega_0}{\hbar}}$,知

$$x_{10} = \frac{1}{\alpha}\sqrt{\frac{1}{2}} = \sqrt{\frac{\hbar}{2\mu\omega_0}} \tag{4}$$

将式(4)代入式(2),得

$$H'_{10}=-q\varepsilon_0\sqrt{\frac{\hbar}{2\mu\omega_0}}\mathrm{e}^{-|t|/\tau} \tag{5}$$

再将式(5)代入式(1),得

$$\begin{aligned}
c_1^{(1)}(t)&=\frac{1}{\mathrm{i}\hbar}\int_{t_0}^{t}H'_{10}\mathrm{e}^{\mathrm{i}\omega_{10}t'}\mathrm{d}t'=-\frac{q\varepsilon_0}{\mathrm{i}\hbar}\sqrt{\frac{\hbar}{2\mu\omega_0}}\int_{-\infty}^{+\infty}\mathrm{e}^{-|t'|/\tau}\mathrm{e}^{\mathrm{i}\omega_{10}t'}\mathrm{d}t'\\
&=-\frac{q\varepsilon_0}{\mathrm{i}\hbar}\sqrt{\frac{\hbar}{2\mu\omega_0}}\left(\int_{-\infty}^{0}\mathrm{e}^{t'(\mathrm{i}\omega_{10}+1/\tau)}\mathrm{d}t'+\int_{0}^{\infty}\mathrm{e}^{t'(\mathrm{i}\omega_{10}-1/\tau)}\mathrm{d}t'\right)\\
&=-\frac{q\varepsilon_0}{\mathrm{i}\hbar}\sqrt{\frac{\hbar}{2\mu\omega_0}}\left[\frac{1}{\mathrm{i}\omega_{10}+1/\tau}+\lim_{t\to\infty}\int_{0}^{t}\mathrm{e}^{t'(\mathrm{i}\omega_{10}-1/\tau)}\mathrm{d}t'\right]\\
&=-\frac{q\varepsilon_0}{\mathrm{i}\hbar}\sqrt{\frac{\hbar}{2\mu\omega_0}}\left[\frac{1}{\mathrm{i}\omega_{10}+1/\tau}+\lim_{t\to\infty}\frac{\mathrm{e}^{-t/\tau}(\cos\omega_{10}t+\mathrm{i}\sin\omega_{10}t)-1}{\mathrm{i}\omega_{10}-1/\tau}\right]\\
&=-\frac{q\varepsilon_0}{\mathrm{i}\hbar}\sqrt{\frac{\hbar}{2\mu\omega_0}}\left[\frac{1}{\mathrm{i}\omega_{10}+1/\tau}-\frac{1}{\mathrm{i}\omega_{10}-1/\tau}\right]\\
&=-\frac{q\varepsilon_0}{\mathrm{i}\hbar}\sqrt{\frac{\hbar}{2\mu\omega_0}}\frac{2\tau}{\tau^2\omega_{10}^2+1}
\end{aligned} \tag{6}$$

因此,$t\to+\infty$ 时,一级近似下,体系由基态跃迁到第一激发态的几率为

$$P_{10}=|c_1^{(1)}|^2=\frac{2q^2\varepsilon_0^2}{\mu\omega_0\hbar}\frac{\tau^2}{(\tau^2\omega_{10}^2+1)^2}=\frac{2q^2\varepsilon_0^2}{\hbar^2\alpha^2}\frac{\tau^2}{(\tau^2\omega_{10}^2+1)^2} \tag{7}$$

式中:$\omega_{10}=\frac{1}{\hbar}(E_1-E_0)=\omega_0$.

式(7)表明,跃迁几率 P_{10} 是体系特征时间 τ 的函数。若 $\tau\gg\frac{1}{\omega_{10}}$,即微扰具有明显作用的这段时间远大于经典振动的周期,或者说体系在一个振动周期之内发生的相互作用能随时间的变化远小于初、末两态能量之差(这称为“绝热”近似),则跃迁几率 P_{10} 很小;反之,若 $\tau\ll\frac{1}{\omega_{10}}$,则 P_{10} 近似为常数;当 $\tau=\frac{1}{\omega_{10}}$ 时,$P_{10}=\frac{1}{2}\frac{q^2\varepsilon_0^2\tau^2}{\hbar^2\alpha^2}$。要使微扰论有效,跃迁到激发态的几率必须远小于留在基态的几率,即

$$P_{10}\ll(1-P_{10}) \tag{8}$$

得 $P_{10}\ll\frac{1}{2}$。再由式(7)知,满足此式的充分条件是

$$\frac{q\varepsilon_0}{\hbar\alpha}\frac{\tau}{\tau^2\omega_{10}^2+1}\ll\frac{1}{2} \tag{9}$$

在 $\tau=\frac{1}{\omega_{10}}$ 的条件下,即要求

$$\frac{q\varepsilon_0}{\alpha}\ll\hbar\omega_{10} \tag{10}$$

(b) 若 $\hat{H}'(t)=-q\varepsilon_0x\mathrm{e}^{-(t/\tau)^2}$,则由式(5)知,引起体系由基态 $\phi_0(x)$ 跃迁到第一激发态 $\phi_1(x)$ 的微扰矩阵元为

$$H'_{10}=-q\varepsilon_0\sqrt{\frac{\hbar}{2\mu\omega_0}}\mathrm{e}^{-(t/\tau)^2} \tag{11}$$

将式(11) 代入式(1) 中，得相应的跃迁几率幅为

$$c_1^{(1)}(t) = \frac{1}{\mathrm{i}\hbar}\int_{t_0}^{t} H'_{10}\mathrm{e}^{\mathrm{i}\omega_{10}t'}\mathrm{d}t' = -\frac{q\varepsilon_0}{\mathrm{i}\hbar}\sqrt{\frac{\hbar}{2\mu\omega_0}}\int_{-\infty}^{\infty}\mathrm{e}^{-(t'/\tau)^2}\mathrm{e}^{\mathrm{i}\omega_{10}t'}\mathrm{d}t'$$

$$= -\frac{q\varepsilon_0}{\mathrm{i}\hbar}\sqrt{\frac{\hbar}{2\mu\omega_0}}\int_{-\infty}^{\infty}\exp\left[-\frac{1}{\tau^2}\left(t'-\frac{\mathrm{i}}{2}\omega_{10}\tau^2\right)^2\right]\cdot\exp\left(-\frac{1}{4}\omega_{10}^2\tau^2\right)\mathrm{d}t'$$

$$= -\frac{q\varepsilon_0}{\mathrm{i}\hbar}\sqrt{\frac{\hbar}{2\mu\omega_0}}\exp\left[-\frac{1}{4}\omega_{10}^2\tau^2\right]\tau\sqrt{\pi} \tag{12}$$

一级近似下的跃迁几率为

$$P_{10} = |c_1^{(1)}|^2 = \frac{\pi\tau^2 q^2\varepsilon_0{}^2}{2\mu\omega_0\hbar}\exp\left[-\frac{1}{2}\omega_{10}{}^2\tau^2\right] \tag{13}$$

式中：$\omega_{10} = \frac{1}{\hbar}(E_1 - E_0) = \omega_0$.

同于问题(a) 的讨论，本问题的特征时间为 $\tau = \frac{1}{\omega_{10}}$. 微扰论的适用条件是

$$\frac{\tau^2 q^2\varepsilon_0{}^2}{\mu\omega_0\hbar} \ll 1 \tag{14}$$

即

$$\frac{q\varepsilon_0}{\alpha} \ll \frac{\hbar}{\tau} = \hbar\omega_{10}, \quad \alpha = \sqrt{\frac{\mu\omega_0}{\hbar}} \tag{15}$$

9-3　平面转子具有电偶极矩 $\boldsymbol{D}$，从 $t = 0$ 时刻开始处于均匀但随时间 t 变化的弱电场 $\boldsymbol{\varepsilon}(t)$ 中，电场方向恒定并在转子平面上，大小为 $\varepsilon(t) = \varepsilon_0\mathrm{e}^{-t/\tau}, t \geqslant 0$。设初始时刻转子处于定态 $\phi_m = \frac{1}{\sqrt{2\pi}}\mathrm{e}^{\mathrm{i}m\varphi}$. 试求 $t \to +\infty$ 时刻，转子处于各定态的几率。

解：$\hat{H}' = -\boldsymbol{D}\cdot\boldsymbol{\varepsilon}(t) = -D\varepsilon(t)\cos\varphi$　　(1)

设初态为 φ_m，末态为 $\varphi_m{}'$，则微扰矩阵元为：

$$H'_{m'm} = \frac{1}{2\pi}\int_0^{2\pi}\mathrm{e}^{-\mathrm{i}m'\varphi}[-D\varepsilon(t)\cos\varphi]\mathrm{e}^{\mathrm{i}m\varphi}\mathrm{d}\varphi = \begin{cases}-\frac{1}{2}D\varepsilon(t), & m' = m\pm 1\\ 0, & m' = \text{其他值}\end{cases} \tag{2}$$

故在一级近似下，转子在 $t = 0$ 至 $t \to +\infty$ 期间由定态 ϕ_m 电偶极辐射跃迁到定态 $\phi_{m\pm1}$ 的几率为

$$P_{m\pm1,m} = \frac{D^2}{4\hbar^2}\left|\int_0^{\infty}\varepsilon_0\mathrm{e}^{-t/\tau}\mathrm{e}^{\mathrm{i}\frac{\hbar}{2I}(\pm 2m+1)t}\mathrm{d}t\right|^2 \tag{3}$$

而跃迁到 $m' \neq m\pm 1$ 诸定态的几率均为零。

如果在 $t < 0$ 期间，转子处于基态($m = 0$)，则在 $t = 0$ 至 $t \to +\infty$ 期间跃迁到第一激发态($m = 1$ 或 $m = -1$) 的几率为

$$P_{\pm1,0} = \frac{(D\varepsilon_0 I\tau)^2}{\hbar^2(4I^2 + \hbar^2\tau^2)} \tag{4}$$

9-4　一个作一维运动电荷为 q 的粒子，初始时刻 $t = 0$ 受到位于原点的 δ 函数势阱 $V(x) = -A\delta(x)$ 束缚，处于基态。从$t \geqslant 0$ 起，该粒子受到一沿 x 方向的匀强弱电场ε_0 作用，

求经过相当长时间后粒子跃迁到自由定态 $\psi_p(x)=\frac{1}{\sqrt{L}}e^{\frac{i}{\hbar}px}$ 的几率。L 为对自由定态 $\psi_p(x)$ 施行“箱归一化”时立方箱的边长。

解:本问题的微扰为

$$\hat{H}'(t)=\begin{cases}0 & t<0,\\ -q\varepsilon_0 x, & t\geqslant 0\end{cases} \tag{1}$$

它属于常微扰,要求粒子只能跃迁到能量等于初态能量的连续末态。本问题的初态为受 δ 势阱束缚的基态。由本书第一章例题 1-14 式(9)、(10) 知

$$\phi_{E_0}(x)=\sqrt{\frac{mA}{\hbar^2}}e^{-\frac{mA}{\hbar^2}|x|} \tag{2}$$

相应的能量为

$$E_0=-\frac{mA^2}{2\hbar^2} \tag{3}$$

末态是动量为 $p=\hbar k$、能量为 $E_k=\frac{p^2}{2m}=\frac{\hbar^2k^2}{2m}$ 的平面波状态 $\psi_p(x)$:

$$\psi_p(x)=\frac{1}{\sqrt{L}}e^{\frac{i}{\hbar}px}=\frac{1}{\sqrt{L}}e^{ikx} \tag{4}$$

由于平面波 $\psi_p(x)$ 采用“箱归一化”以后,动量 p 的取值是量子化的,$p=\frac{2\pi\hbar}{L}n,n=0,\pm1,\pm2,\cdots$,因此动量取值在 $p\sim p+dp$ 间隔内的状态数为 $dn=\frac{L}{2\pi\hbar}dp$。再设能量为 $E_k\sim(E_k+dE_k)$ 间隔内的末态态密度为 $\rho(E_k)$,并考虑到 $k\neq0$ 时 E_k 是二重简并的,显然在能量间隔 dE_k 内末态的状态数满足关系

$$\frac{1}{2}\rho(E_k)dE_k=\frac{L}{2\pi\hbar}dp \tag{5}$$

又

$$dE_k=\frac{p}{m}dp \tag{6}$$

将式(6) 代入式(5),得

$$\rho(E_k)=\frac{mL}{\pi\hbar p}=\frac{L}{\pi\hbar}\sqrt{\frac{m}{2E_k}} \tag{7}$$

再计算微扰算符 $\hat{H}'(t)$ 在初、末两态之间的微扰矩阵元:

$$\begin{aligned}H'_{mk}&=\int_{-\infty}^{\infty}\psi_p^*(x)\hat{H}\,\phi_{E_0}(x)dx\\&=\int_{-\infty}^{\infty}\sqrt{\frac{1}{L}}e^{-ikx}(-q\varepsilon_0x)\sqrt{\frac{mA}{\hbar^2}}e^{-mA|x|/\hbar^2}dx\\&=-\frac{q\varepsilon_0}{\sqrt{L}}\sqrt{\frac{mA}{\hbar^2}}\int_{-\infty}^{\infty}xe^{-ikx-k_0|x|}dx\\&=-\frac{q\varepsilon_0}{\sqrt{L}}\sqrt{\frac{mA}{\hbar^2}}\left(i\frac{d}{dk}\right)\int_{-\infty}^{\infty}e^{-ikx-k_0|x|}dx\end{aligned}$$

$$=-\frac{q\varepsilon_0}{\sqrt{L}}\sqrt{\frac{mA}{\hbar^2}}\frac{(-4\mathrm{i}kk_0)}{(k^2+k_0^2)^2}$$

$$=\frac{4\mathrm{i}q\varepsilon_0}{\sqrt{L}}\left(\frac{mA}{\hbar^2}\right)^{\frac{3}{2}}\frac{k}{[k^2+(mA/\hbar^2)^2]^2} \tag{8}$$

式中利用了 $k_0=\dfrac{mA}{\hbar^2}$。将式(7)、(8) 代入费米黄金规则(见本章内容提要式(9-13)),即得粒子由初态 $\phi_{E_0}(x)$ 跃迁到能量为 E_k(等于 E_0) 附近的所有可能末态 $\psi_p(x)$ 的跃迁总几率为

$$w=\frac{2\pi}{\hbar}\mid H'_{mk}\mid^2\rho(E_k)\mid_{E_k=E_0}$$

$$=\frac{2\pi}{\hbar}\left|\frac{4\mathrm{i}q\varepsilon_0}{\sqrt{L}}\left(\frac{mA}{\hbar^2}\right)^{\frac{3}{2}}\frac{k}{[k^2+(mA/\hbar^2)^2]^2}\right|^2\frac{L}{\pi\hbar}\sqrt{\frac{m}{2E_k}}$$

$$=\frac{32q^2\varepsilon_0{}^2m^4A^3k}{\hbar^9[k^2+(mA/\hbar^2)^2]^4} \tag{9}$$

9-5　一个电荷为 q 的粒子被束缚在各边为 $2b$ 的立方箱内,现给体系施加一弱电场

$$\boldsymbol{\varepsilon}=\begin{cases}0, & t<0\\ \boldsymbol{\varepsilon}_0\mathrm{e}^{-\alpha t}, & t\geqslant 0\ (\alpha\text{ 为正常数})\end{cases}$$

$\boldsymbol{\varepsilon}_0$ 垂直于势箱的某一面。设 $t=0$ 时刻,带电粒子处于基态,求相当长时间后,粒子跃迁到第一激发态的几率。

解:将立方势箱取为

$$V(x,y,z)=\begin{cases}0,\ 0\leqslant x\leqslant 2b,\ 0\leqslant y\leqslant 2b,\ 0\leqslant z\leqslant 2b\\ \infty,\ \text{其他}\end{cases} \tag{1}$$

则未受电场作用时,体系的基态波函数为

$$\psi_{111}(x,y,z)=\begin{cases}b^{-3/2}\sin\dfrac{\pi x}{2b}\sin\dfrac{\pi y}{2b}\sin\dfrac{\pi z}{2b}, & \text{势箱内}\\ 0, & \text{势箱外}\end{cases} \tag{2}$$

第一激发态的波函数为

$$\psi_{211}(x,y,z)=\begin{cases}b^{-3/2}\sin\dfrac{\pi x}{b}\sin\dfrac{\pi y}{2b}\sin\dfrac{\pi z}{2b}, & \text{势箱内}\\ 0, & \text{势箱外}\end{cases} \tag{3}$$

$$\psi_{121}(x,y,z)=\begin{cases}b^{-3/2}\sin\dfrac{\pi x}{2b}\sin\dfrac{\pi y}{b}\sin\dfrac{\pi z}{2b}, & \text{势箱内}\\ 0, & \text{势箱外}\end{cases} \tag{4}$$

$$\psi_{112}(x,y,z)=\begin{cases}b^{-3/2}\sin\dfrac{\pi x}{2b}\sin\dfrac{\pi y}{2b}\sin\dfrac{\pi z}{2b}, & \text{势箱内}\\ 0, & \text{势箱外}\end{cases} \tag{5}$$

第一激发态是三重简并态。若设外电场 $\boldsymbol{\varepsilon}_0$ 的方向沿着 x 轴的正方向,则此问题中的微扰算符可写为

$$H'(t)=-q\varepsilon_0 x\mathrm{e}^{-\alpha t} \tag{6}$$

微扰算符 $\hat{H}'(t)$ 在体系初、末两态之间的微扰矩阵元为

$$(H)_{211,111} = \int \psi_{211}^*(x,y,z)\hat{H}'(t)\psi_{111}(x,y,z)\mathrm{d}x\mathrm{d}y\mathrm{d}z$$
$$= -q\varepsilon_0 \mathrm{e}^{-\alpha t}\int_0^{2b}\frac{1}{b}x\sin\frac{\pi x}{2b}\sin\frac{\pi x}{b}\mathrm{d}x\int_0^{2b}\frac{1}{b}\sin\frac{\pi y}{2b}\sin\frac{\pi y}{2b}\mathrm{d}y\cdot\int_0^{2b}\frac{1}{b}\sin\frac{\pi z}{2b}\sin\frac{\pi z}{2b}\mathrm{d}z$$
$$= -q\varepsilon_0 \mathrm{e}^{-\alpha t}\frac{1}{b}\int_0^{2b}x\sin\frac{\pi x}{2b}\sin\frac{\pi x}{b}\mathrm{d}x = \frac{32bq\varepsilon_0}{9\pi^2}\mathrm{e}^{-\alpha t} \tag{7}$$

式中用到了一维无限深方势阱中能量本征函数的正交归一性：

$$\int_0^{2a}\phi_m^*(x)\phi_n(x)\mathrm{d}x = \int_0^{2a}\sqrt{\frac{1}{a}}\sin\frac{m\pi x}{2a}\cdot\sqrt{\frac{1}{a}}\sin\frac{n\pi x}{2a} = \delta_{mn} \tag{8}$$

同理可得

$$(H')_{121,111} = (H')_{112,111}$$
$$= \int \psi_{112}^*(x,y,z)\hat{H}'(t)\psi_{111}(x,y,z)\mathrm{d}x\mathrm{d}y\mathrm{d}z$$
$$= -q\varepsilon_0 \mathrm{e}^{-\alpha t}\int_0^{2b}\frac{1}{b}x\sin\frac{\pi x}{2b}\sin\frac{\pi x}{2b}\mathrm{d}x\int_0^{2b}\frac{1}{b}\sin\frac{\pi y}{2b}\sin\frac{\pi y}{2b}\mathrm{d}y\int_0^{2b}\frac{1}{b}\sin\frac{\pi z}{b}\sin\frac{\pi z}{2b}\mathrm{d}z$$
$$= 0 \tag{9}$$

得一级近似下，电荷为 q 的粒子受到电场 $\boldsymbol{\varepsilon}(t)$ 的作用由基态 $\psi_{111}(x)$ 跃迁到第一激发态 $\psi_{211}(x)$ 的跃迁几率为

$$P = \frac{1}{\hbar^2}\left|\int_0^\infty H'_{211,111}\mathrm{e}^{\mathrm{i}\omega_{21}t'}\mathrm{d}t'\right|^2$$
$$= \frac{1}{\hbar^2}\left|\int_0^\infty \frac{32bq\varepsilon_0}{9\pi^2}\mathrm{e}^{-\alpha t'}\mathrm{e}^{\mathrm{i}\omega_{21}t'}\mathrm{d}t'\right|^2$$
$$= \frac{1}{\hbar^2}\left(\frac{32bq\varepsilon_0}{9\pi^2}\right)^2\left|\lim_{t\to\infty}\frac{\mathrm{e}^{-\alpha t}(\cos\omega_{21}t + \mathrm{i}\sin\omega_{21}t) - 1}{\mathrm{i}\omega_{21} - \alpha}\right|^2$$
$$= \frac{1}{\hbar^2}\left(\frac{32bq\varepsilon_0}{9\pi^2}\right)^2\frac{1}{\omega_{21}{}^2 + \alpha^2} \tag{10}$$

式中：$\omega_{21} = \frac{1}{\hbar}(E_2 - E_1) = \frac{1}{\hbar}\left[\frac{6\pi^2\hbar^2}{2m(2b)^2} - \frac{3\pi^2\hbar^2}{2m(2b)^2}\right] = \frac{3\pi^2\hbar}{8mb^2}$

9-6 应用能量 - 时间测不准关系，估算：

(a) 正负电子对能够发生湮灭的最远距离；

(b) 核力力程。设核子之间的核力作用通过吞吐 π 介子而传递，已知 π 介子质量 $m_\pi \approx 270m_e$；

(c) 有一种不稳定粒子能自发蜕变，已知蜕变的平均寿命为 τ，求这种粒子质量的不确定范围。

解：(a) 正、负电子发生湮灭时能量的变化为

$$\Delta E = m_e c^2 \tag{1}$$

由能量 - 时间测不准关系

$$\Delta E \cdot \Delta t \sim \hbar \tag{2}$$

知，发生湮灭时的最远距离为

$$\Delta S = c\Delta t \sim \frac{\hbar c}{\Delta E} = \frac{\hbar c}{m_e c^2} = \frac{1.97327\times10^{-7}\,\mathrm{eV\cdot m}}{0.51\times10^6\,\mathrm{eV}} \approx 3.87\times10^{-13}\,\mathrm{m} \tag{3}$$

(b)　核子之间吞吐 π 介子时,能量的变化为

$$\Delta E \sim m_\pi c^2 \tag{4}$$

由能量 - 时间测不准关系,知核力力程约为

$$r_0 = c\Delta t \sim \frac{\hbar c}{\Delta E} = \frac{\hbar c}{m_\pi c^2} = \frac{1.97327\times 10^{-7}\,\text{eV}\cdot\text{m}}{270\times 0.51\times 10^6\,\text{eV}} \approx 1.43\times 10^{-15}\,\text{m} \tag{5}$$

(c)　已知这种粒子的寿命为 τ,则由能量 - 时间测不准关系知粒子能量变化为

$$\Delta E \sim \frac{\hbar}{\tau} \tag{6}$$

相应的质量变化为

$$\Delta E = \Delta mc^2 \sim \frac{\hbar}{\tau},\ \Delta m \sim \frac{\hbar}{\tau c^2}$$

9-7　基态氢原子处在平行板电场中,若电场是均匀的,且随时间按指数下降,即

$$\varepsilon = \begin{cases} 0, & t < 0 \\ \varepsilon_0 e^{-t/\tau}, & t \geqslant 0 \quad (\tau \text{ 为大于 0 的参数}) \end{cases}$$

求经过长时间后:

(a)　氢原子处在 $2s$ 态的几率;

(b)　氢原子处在 $2p$ 态的几率。

解:若取外电场 $\boldsymbol{\varepsilon}$ 的方向为 z 轴正向,则在 $\boldsymbol{\varepsilon}$ 中,氢原子获得的附加能量为

$$\hat{H}' = e\boldsymbol{\varepsilon}\cdot\boldsymbol{r} = e\varepsilon_0 r\cos\theta e^{-t/\tau} = \hat{F}e^{-t/\tau} \tag{1}$$

式中:

$$\hat{F} = e\varepsilon_0 r\cos\theta \tag{2}$$

因此微扰矩阵元 H'_{mk} 为

$$H'_{mk} = F_{mk}e^{-t/\tau} = e^{-t/\tau}\int \psi_m^* \hat{F}\psi_k \,d\tau \tag{3}$$

已知初态 ψ_k 为氢原子的基态 $\psi_{100}(\boldsymbol{r})$。

(a)　若末态 ψ_m 为氢原子的 $2s$ 态,则由式(3)知

$$\begin{aligned} H'_{200,100} &= e^{-t/\tau}\int \psi_{200}^*(\boldsymbol{r}) e\varepsilon_0 r\cos\theta \psi_{100}(\boldsymbol{r})\,d\tau \\ &= e\varepsilon_0 e^{-t/\tau}\int_0^\infty r^3 R_{20}^* R_{10}\,dr \int_0^\pi\int_0^{2\pi} Y_{00}^* \cos\theta Y_{00}\,d\Omega \\ &= e\varepsilon_0 e^{-t/\tau}\int_0^\infty r^3 R_{20}^* R_{10}\,dr \int_0^\pi\int_0^{2\pi} Y_{00}^* \frac{1}{\sqrt{3}} Y_{10}\,d\Omega \\ &= 0 \end{aligned} \tag{4}$$

式中利用了 $Y_{10}(\theta,\phi) = \sqrt{\dfrac{3}{4\pi}}\cos\theta$ 及球谐函数的正交性。得一级近似下,氢原子处于 $2s$ 态的几率为

$$|c_{200}^{(1)}|^2 = \left|\frac{1}{i\hbar}\int_0^t H'_{200,100} e^{i\omega_{21}t'}\,dt'\right|^2 = 0 \tag{5}$$

(b)　若末态 ψ_m 为氢原子的 $2p$ 态,则由式(3)知

$$H'_{21m,100} = e^{-t/\tau}\int \psi_{21m}^*(\boldsymbol{r}) e\varepsilon_0 r\cos\theta \psi_{100}(\boldsymbol{r})\,d\tau$$

$$= e\varepsilon_0 e^{-t/\tau}\int_0^\infty r^3 R_{21}^* R_{10}\,dr\int_0^\pi\int_0^{2\pi} Y_{1m}^*\cos\theta Y_{00}\,d\Omega$$

$$= e\varepsilon_0 e^{-t/\tau}\int_0^\infty r^3 R_{21}^* R_{10}\,dr\int_0^\pi\int_0^{2\pi} Y_{1m}^*\frac{1}{\sqrt{3}}Y_{10}\,d\Omega$$

$$= \frac{e\varepsilon_0}{\sqrt{3}}e^{-t/\tau}\int_0^\infty r^3 R_{21}^* R_{10}\,dr\delta_{m0} \tag{6}$$

式(6) 表明，只有 $H'_{210,100}$ 的矩阵元才不为零，得

$$H'_{210,100} = \frac{e\varepsilon_0}{\sqrt{3}}e^{-t/\tau}\int_0^\infty r^3 R_{21}^* R_{10}\,dr = \frac{2^7\sqrt{2}}{3^5}e\varepsilon_0 a_0 e^{-t/\tau} \tag{7}$$

一级近似下，氢原子在 $\boldsymbol{\varepsilon}$ 的作用下由基态 ψ_{100} 跃迁到激发态 ψ_{210} 的几率为

$$|c_{210}^{(1)}|^2 = \left|\frac{1}{i\hbar}\int_0^t \frac{2^7\sqrt{2}}{3^5}e\varepsilon_0 a_0 e^{-t'/\tau}e^{i\omega_{21}t'}\,dt'\right|^2$$

$$= \left|\frac{2^7\sqrt{2}e\varepsilon_0 a_0}{i\hbar 3^5}\frac{e^{-t/\tau}(\cos\omega_{21}t + i\sin\omega_{21}t) - 1}{i\omega_{21} - 1/\tau}\right|^2$$

$$\xlongequal{t\to\infty}\left|\frac{2^7\sqrt{2}e\varepsilon_0 a_0}{i\hbar 3^5}\frac{-1}{i\omega_{21} - 1/\tau}\right|^2 = \frac{2^{15}e^2\varepsilon_0^2 a_0^2\tau^2}{3^{10}\hbar^2(\tau^2\omega_{21}^2 + 1)} \tag{8}$$

式中：$\omega_{21} = \frac{1}{\hbar}(E_2 - E_1) = \frac{3\mu e^4}{(4\pi\varepsilon_0)^2 8\hbar^3}$，$a_0 = \frac{4\pi\varepsilon_0\hbar^2}{\mu e}$。

9-8 一个处于第一激发态($2p$ 态)的氢原子位于一空腔中，当空腔的温度等于多少时，自发跃迁几率和受激跃迁几率相等？

解：设氢原子能通过自发跃迁和受激跃迁两种方式由第一激发态跃迁到基态，空腔中氢原子受激跃迁几率由周期性的含时微扰论知

$$w_{12} = \frac{4\pi^2 e^2}{(4\pi\varepsilon_0)3\hbar^2}|\boldsymbol{r}_{12}|^2 I(\omega_{21}) \tag{1}$$

自发跃迁几率则由爱因斯坦理论知

$$A_{12} = \frac{\hbar\omega_{21}^3}{\pi^2 c^3}B_{12} = \frac{\hbar\omega_{21}^3}{\pi^2 c^3}\frac{4\pi^2 e^2}{(4\pi\varepsilon_0)3\hbar^2}|\boldsymbol{r}_{12}|^2$$

$$= \frac{4e^2\omega_{21}^3}{(4\pi\varepsilon_0)3\hbar c^3}|\boldsymbol{r}|^2 \tag{2}$$

欲使二者相等，则要求

$$w_{12} = A_{12} \tag{3}$$

即

$$\frac{\pi^2}{\hbar}I(\omega_{21}) = \frac{\omega_{21}^3}{c^3} \tag{4}$$

再由黑体辐射的普朗克公式

$$I(\omega) = \frac{\hbar\omega^3}{\pi^2 c^3}\frac{1}{e^{\hbar\omega/kT} - 1} \tag{5}$$

将式(5) 代入式(4) 中，得

$$\frac{1}{e^{\hbar\omega_{21}/kT} - 1} = 1$$

即

$$e^{\hbar\omega_{21}/kT} = 2$$

解得空腔的温度 T 为

$$T = \frac{\hbar\omega_{21}}{k\ln 2} \approx 1.76 \times 10^5 (\mathrm{K}) \tag{6}$$

式中：k 为玻尔兹曼常数，$\omega_{21} = \frac{1}{\hbar}(E_2 - E_1) = \frac{1}{\hbar}\left[-\frac{\mu e^4}{2\hbar^2}\left(\frac{1}{4} - 1\right)\right] = \frac{3\mu e^4}{(4\pi\varepsilon_0)^2 8\hbar^3}$.

9-9　计算氢原子由第一激发态到基态的自发发射几率。

解：由爱因斯坦理论，自发发射系数 A_{km} 为

$$\begin{aligned} A_{km} &= \frac{4e^2\omega_{mk}^3}{(4\pi\varepsilon_0)3\hbar c^3} \mid \boldsymbol{r}_{mk} \mid^2 \\ &= \frac{4e^2\omega_{mk}^3}{(4\pi\varepsilon_0)3\hbar c^3}[\mid x_{mk} \mid^2 + \mid y_{mk} \mid^2 + \mid z_{mk} \mid^2] \end{aligned} \tag{1}$$

又记氢原子的定态波函数为

$$\psi_{nlm}(r,\theta,\varphi) = R_{nl}(r) Y_{lm}(\theta,\varphi) \tag{2}$$

则坐标算符的矩阵元分别计算如下：

$$\begin{aligned} z_{n'l'm',nlm} &= \langle n'l'm' \mid \hat{z} \mid nlm \rangle \\ &= \int_0^\infty R_{n'l'}^* R_{nl} r^3 \mathrm{d}r \iint Y_{l'm'}^* \cos\theta Y_{lm} \mathrm{d}\Omega \end{aligned} \tag{3}$$

利用公式

$$\cos\theta Y_{lm}(\theta,\varphi) = \left[\frac{(l+1)^2 - m^2}{(2l+1)(2l+3)}\right]^{1/2} Y_{l+1,m}(\theta,\varphi) + \left[\frac{l^2 - m^2}{(2l-1)(2l+3)}\right]^{1/2} Y_{l-1,m}(\theta,\varphi) \tag{4}$$

得

$$z_{n'l'm',nlm} \sim \delta_{l',l\pm1}\delta_{m',m} \tag{5}$$

因此氢原子由第一激发态跃迁到基态时，不为零的矩阵元为

$$z_{100,210} = \int_0^\infty R_{10}^* R_{21} r^3 \mathrm{d}r \iint Y_{00}^* \cos\theta Y_{10} \mathrm{d}\Omega = \frac{2^8}{3^5\sqrt{2}} a_0 \tag{6}$$

式中：a_0 为氢原子第一玻尔轨道半径。同理可得

$$x_{n'l'm',nlm} = \int_0^\infty R_{n'l'}^* R_{nl} r^3 \mathrm{d}r \iint Y_{l'm'}^* \sin\theta\cos\varphi Y_{lm} \mathrm{d}\Omega \tag{7}$$

再利用公式

$$\begin{aligned} \sin\theta e^{\pm i\varphi} Y_{lm}(\theta,\varphi) = &\pm \left[\frac{(l \pm m + 1)(l \pm m + 2)}{(2l+1)(2l+2)}\right]^{\frac{1}{2}} Y_{l+1,m\pm1}(\theta,\varphi) \mp \\ &\left[\frac{(l \mp m)(l \mp m - 1)}{(2l-1)(2l+1)}\right]^{\frac{1}{2}} Y_{l-1,m\pm1}(\theta,\varphi) \end{aligned} \tag{8}$$

得

$$x_{n'l'm',nlm} \sim \delta_{l',l\pm1}\delta_{m',m\pm1} \tag{9}$$

因此在第一激发态与基态之间，不为零的矩阵元为

$$x_{100,211} = x_{100,21-1}$$

$$= \int_0^\infty R_{10}^* R_{21} r^3 \mathrm{d}r \iint Y_{00}^* \sin\theta \frac{1}{2}(\mathrm{e}^{\mathrm{i}\varphi} + \mathrm{e}^{-\mathrm{i}\varphi}) Y_{11} \mathrm{d}\Omega = \frac{2^7}{3^5} a_0 \tag{10}$$

同理可得

$$y_{100,211} = \frac{1}{2\mathrm{i}} \int_0^\infty R_{10}^* R_{21} r^3 \mathrm{d}r \iint Y_{00}^* \sin\theta (\mathrm{e}^{\mathrm{i}\varphi} - \mathrm{e}^{-\mathrm{i}\varphi}) Y_{11} \mathrm{d}\Omega$$

$$= -\mathrm{i} \frac{2^7}{3^5} a_0 \tag{11}$$

$$y_{100,21-1} = \mathrm{i} \frac{2^7}{3^5} a_0 \tag{12}$$

将式(6)、(10)、(11)、(12) 代入式(1) 中,得自发发射几率为

$$A_{12} = \frac{4e^2 \omega_{21}^3}{(4\pi\varepsilon_0) 3\hbar c^3} [2 \mid x_{100,211} \mid^2 + \mid y_{100,211} \mid^2 + \mid y_{100,21-1} \mid^2 + \mid z_{100,210} \mid^2]$$

$$= \frac{4e^2 \omega_{21}^3}{(4\pi\varepsilon_0) 3\hbar c^3} \left[2\left(\frac{2^7}{3^5} a_0\right)^2 + 2\left(\frac{2^7}{3^5} a_0\right)^2 + \left(\frac{2^8}{3^5 \sqrt{2}} a_0\right)^2 \right]$$

$$= \frac{2^8 \mu^3 e^{14} a_0^2}{(4\pi\varepsilon_0) 3^7 \hbar^{10} c^3} \tag{13}$$

式中利用了 $\omega_{21} = \frac{1}{\hbar}(E_2 - E_1) = \frac{3\mu e^4}{8\hbar^3}$.

9-10 计算氢原子赖曼线系的头两条谱线 $L_{y\alpha}$ 与 $L_{y\beta}$ 的强度比。

解:氢原子光谱中赖曼线系谱线的波数表示为

$$\tilde{\nu} = R_H \left(\frac{1}{1^2} - \frac{1}{n^2} \right), \quad n = 2, 3, 4, \cdots \tag{1}$$

再根据原子辐射电偶极跃迁的选择定则:

$$\Delta n: \text{任意}, \quad \Delta l = \pm 1, \quad \Delta m = 0, \pm 1, \quad \Delta m_s = 0 \tag{2}$$

知赖曼系的头两条谱线是:$L_{y\alpha}$,电子由 $2p$ 态向 $1s$ 态跃迁而发出的;$L_{y\beta}$,电子由 $3p$ 态向 $1s$ 态跃迁而发出的。再按自发发射系数的定义,单位时间内原子从 m 定态向 k 定态跃迁同时发出一个光子 $\hbar\omega_{mk}$ 的跃迁几率(对一切方向求积分,对一切偏振态求和) 为 A_{km},由此可得所发谱线的强度为

$$I(\omega_{mk}) \propto \hbar\omega_{mk} A_{km} \tag{3}$$

而自发发射系数 A_{km} 可按爱因斯坦理论由受激发射系数 B_{km} 得到,有

$$A_{km} = \frac{\hbar\omega_{mk}^3}{\pi^2 c^3} B_{km} = \frac{\hbar\omega_{mk}^3}{\pi^2 c^3} \frac{4\pi^2 e^2}{(4\pi\varepsilon_0) 3\hbar^2} \mid \boldsymbol{r}_{mk} \mid^2$$

$$= \frac{4e^2 \omega_{mk}^3}{(4\pi\varepsilon_0) 3\hbar c^3} \mid \boldsymbol{r}_{mk} \mid^2 \tag{4}$$

因而赖曼系头两条谱线的强度比为

$$\frac{I(\omega_\alpha)}{I(\omega_\beta)} = \frac{\hbar\omega_\alpha}{\hbar\omega_\beta} \frac{A_\alpha}{A_\beta} = \frac{\omega_\alpha^4}{\omega_\beta^4} \frac{\mid \boldsymbol{r}_{21} \mid^2}{\mid \boldsymbol{r}_{31} \mid^2} \tag{5}$$

式中:

$$\omega_\alpha = \frac{1}{\hbar}(E_2 - E_1) = \frac{1}{\hbar}\left[-\frac{\mu e^4}{(4\pi\varepsilon_0)^2 2\hbar^2} \left(\frac{1}{4} - 1 \right) \right] = \frac{3\mu e^4}{(4\pi\varepsilon_0)^2 8\hbar^3} \tag{6}$$

$$\omega_\beta = \frac{1}{\hbar}(E_3 - E_1) = \frac{1}{\hbar}\left[-\frac{\mu e^4}{(4\pi\varepsilon_0)^2 2\hbar^2}\left(\frac{1}{9}-1\right)\right] = \frac{4\mu e^4}{(4\pi\varepsilon_0)^2 9\hbar^3} \tag{7}$$

再考虑到不计及辐射的方向，磁量子数 m 可以任意取值，故为了简单起见，只取 $m=0$ 的态来计算。因此坐标矩阵元 $\boldsymbol{r}_{mk}$ 中只有 z_{mk} 有贡献，即

$$z_{12} = \langle 1s \mid \hat{z} \mid 2p\rangle = \int_0^\infty R_{10}^* R_{21} r^3 \mathrm{d}r \iint Y_{00}^* \cos\theta Y_{10} \mathrm{d}\Omega = \frac{2^8}{3^5\sqrt{2}} a_0 \tag{8}$$

$$z_{13} = \langle 1s \mid \hat{z} \mid 3p\rangle = \int_0^\infty R_{10}^* R_{31} r^3 \mathrm{d}r \iint Y_{00}^* \cos\theta Y_{10} \mathrm{d}\Omega = \frac{3^3}{2^6\sqrt{2}} a_0 \tag{9}$$

将式(6)～(9)代入式(5)中，可得氢原子赖曼线系头两条谱线的强度比为

$$\frac{I(\omega_\alpha)}{I(\omega_\beta)} = \frac{(3\mu e^4/8\hbar^3)^4}{(4\mu e^4/9\hbar^3)^4}\frac{(2^8 a_0/3^5\sqrt{2})^2}{(3^3 a_0/2^6\sqrt{2})^2} = \frac{2^8}{3^4} \approx 3.16 \tag{10}$$

9-11　将一个磁矩为 $\hat{\boldsymbol{\mu}} = \mu\hat{\boldsymbol{\sigma}}$ 的中子置于磁场 $\boldsymbol{B}$ 中，设初始时刻 $t=0$ 磁场沿 z 轴正向 $\boldsymbol{B}_0 = (0,0,B_0)$，粒子处于 $\hat{\sigma}_z$ 的本征态 $\begin{bmatrix}0\\1\end{bmatrix}$ 之中，即 $\sigma_z = -1$，若 $t>0$ 时再加上沿 x 方向的较弱磁场 $\boldsymbol{B}_1 = (B_1,0,0)$，从而 $\boldsymbol{B} = \boldsymbol{B}_0 + \boldsymbol{B}_1 = (B_1,0,B_0)$，求 $t>0$ 时粒子的自旋态以及测得粒子自旋"向上"(即 $\sigma_z = +1$)的几率(式中 $\hat{\boldsymbol{\sigma}}$ 为泡利算符)。

解:方法一　$t=0$ 时刻，中子置于方向沿 z 轴的均匀磁场 $\boldsymbol{B}_0$ 之中，相应的哈密顿算符 $\hat{H}_0$ 为

$$\hat{H}_0 = -\hat{\boldsymbol{\mu}}\cdot\boldsymbol{B}_0 = -\mu B_0 \hat{\sigma}_z \tag{1}$$

显然体系的两个自旋态为

$$\alpha = \begin{bmatrix}1\\0\end{bmatrix}, \beta = \begin{bmatrix}0\\1\end{bmatrix} \tag{2}$$

相应的能量本征值为

$$E_+ = -\mu B_0,\quad E_- = \mu B_0 \tag{3}$$

已知初始时刻，中子处于 β 态之中。从 $t>0$ 开始，中子受到弱磁场 $\boldsymbol{B}_1$ 的扰动，微扰算符可写为

$$\hat{H}' = -\hat{\boldsymbol{\mu}}\cdot\boldsymbol{B}_1 = -\mu B_1 \hat{\sigma}_x \tag{4}$$

在 $\hat{H}'$ 的作用下，中子由 β 态跃迁到 α 态的跃迁几率可由本章内容小结式(10)给出：

$$P_{\alpha\beta} = \frac{1}{\hbar^2}\left|\int_0^t H'_{\alpha\beta} \mathrm{e}^{\mathrm{i}\omega_{\alpha\beta}t'}\mathrm{d}t'\right|^2 \tag{5}$$

式中：

$$H'_{\alpha\beta} = \langle\alpha \mid \hat{H}' \mid \beta\rangle = -\mu B_1\langle\alpha \mid \hat{\sigma}_x \mid \beta\rangle = -\mu B_1 \tag{6}$$

$$\omega_{\alpha\beta} = \frac{1}{\hbar}(E_+ - E_-) = \frac{1}{\hbar}(-\mu B_0 - \mu B_0) = -\frac{2\mu B_0}{\hbar} = -2\omega_0 \tag{7}$$

式中记 $\mu B_0 = \hbar\omega_0$. 积分得

$$\int_0^t \mathrm{e}^{\mathrm{i}\omega_{\alpha\beta}t'}\mathrm{d}t' = \int_0^t \mathrm{e}^{-\mathrm{i}2\omega_0 t'}\mathrm{d}t' = \frac{\sin 2\omega_0 t}{2\omega_0} + \mathrm{i}\,\frac{\cos 2\omega_0 t - 1}{2\omega_0} \tag{8}$$

将式(6)～(8)代入式(5)中，得

$$P_{\alpha\beta}=\frac{1}{\hbar^2}\left|-\mu B_1\left(\frac{\sin 2\omega_0 t}{2\omega_0}+\mathrm{i}\,\frac{\cos 2\omega_0 t-1}{2\omega_0}\right)\right|^2$$

$$=\frac{\mu^2 B_1^2}{\hbar^2}\frac{\sin^2\omega_0 t}{\omega_0^2}=\frac{B_1^2}{B_0^2}\sin^2\left(\frac{\mu B_0}{\hbar}t\right) \tag{9}$$

方法二 本问题可精确求解。由题意知，$t>0$ 时磁场对中子的作用能为

$$\hat{H}=-\hat{\boldsymbol{\mu}}\cdot\boldsymbol{B}=-\mu(B_1\hat{\sigma}_x+B_0\hat{\sigma}_z) \tag{10}$$

在泡利表象内，算符 $\hat{H}$ 的矩阵表示为

$$H=-\mu B_1\begin{bmatrix}0&1\\1&0\end{bmatrix}-\mu B_0\begin{bmatrix}1&0\\0&-1\end{bmatrix}=-\mu\begin{bmatrix}B_0&B_1\\B_1&-B_0\end{bmatrix} \tag{11}$$

相应的本征值方程为

$$-\mu\begin{bmatrix}B_0&B_1\\B_1&-B_0\end{bmatrix}\begin{bmatrix}c_1\\c_2\end{bmatrix}=E\begin{bmatrix}c_1\\c_2\end{bmatrix} \tag{12}$$

令

$$\mu B_0=\hbar\omega_0,\ \mu B_1=\hbar\omega_1,\ \omega=\sqrt{{\omega_0}^2+{\omega_1}^2} \tag{13}$$

则求解与式(12)相应的久期方程

$$\begin{vmatrix}\hbar\omega_0+E&\hbar\omega_1\\\hbar\omega_1&-\hbar\omega_0+E\end{vmatrix}=0 \tag{14}$$

得体系的两个能量本征值为

$$E_1=\hbar\omega,\qquad E_2=-\hbar\omega \tag{15}$$

相应的本征态为

$$\psi_{E_1}=[2\omega(\omega+\omega_0)]^{-\frac{1}{2}}\begin{bmatrix}-\omega_1\\\omega+\omega_0\end{bmatrix}$$

$$\psi_{E_2}=[2\omega(\omega-\omega_0)]^{-\frac{1}{2}}\begin{bmatrix}\omega_1\\\omega-\omega_0\end{bmatrix} \tag{16}$$

将 $t=0$ 时刻粒子的波函数按 $\hat{H}$ 的本征函数完备集 $\{\psi_{E_1},\psi_{E_2}\}$ 展开：

$$\psi(t=0)=\begin{bmatrix}0\\1\end{bmatrix}=a\psi_{E_1}+b\psi_{E_2} \tag{17}$$

得

$$a=\psi_{E_1}{}^{+}\,\psi(t=0)=2\omega(\omega_0+\omega)]^{-1/2}(\omega+\omega_0)=\sqrt{\frac{\omega+\omega_0}{2\omega}} \tag{18}$$

$$b=\psi_{E_2}{}^{+}\,\psi(t=0)=\sqrt{\frac{\omega-\omega_0}{2\omega}} \tag{19}$$

于是 $t>0$ 时刻粒子的波函数为

$$\psi(t)=a\psi_{E_1}\mathrm{e}^{-\frac{\mathrm{i}}{\hbar}E_1 t}+b\psi_{E_2}\mathrm{e}^{-\frac{\mathrm{i}}{\hbar}E_2 t}$$

$$=\frac{1}{2\omega}\begin{bmatrix}-\omega_1\\\omega+\omega_0\end{bmatrix}\mathrm{e}^{-\mathrm{i}\omega t}+\frac{1}{2\omega}\begin{bmatrix}\omega_1\\\omega-\omega_0\end{bmatrix}\mathrm{e}^{\mathrm{i}\omega t}$$

$$=\mathrm{i}\,\frac{\omega_1}{\omega}\sin\omega t\begin{bmatrix}1\\0\end{bmatrix}+\left(\cos\omega t-\mathrm{i}\,\frac{\omega_0}{\omega}\sin\omega t\right)\begin{bmatrix}0\\1\end{bmatrix} \tag{20}$$

显然在 $t>0$ 时刻，在态 $\psi(t)$ 中测得粒子自旋"向上"(即 $\sigma_z=+1$) 的几率为

$$P(\sigma_z=+1)=\left|\ \mathrm{i}\frac{\omega_1}{\omega}\sin\omega t\ \right|^2=\frac{\omega_1^2}{\omega^2}\sin^2\omega t$$

$$=\frac{B_1^2}{B_0^2+B_1^2}\left[\sin\left(\frac{\mu t}{\hbar}\sqrt{B_0^2+B_1^2}\right)\right]^2 \tag{21}$$

式(21)即为所求。由于式(21)中 B_1^2 是二级小量，为了与方法一中的式(9)进行比较，可将它略去。得一级近似下粒子自旋"向上"的几率为

$$P(\sigma_z=+1)\approx\frac{B_1^2}{B_0^2}\sin^2\left(\frac{\mu B_0}{\hbar}t\right) \tag{22}$$

与式(9)的结果一致。

9-12　设电子处在磁场 $\boldsymbol{B}_0=(0,0,B_0)$ 中，在 $t=-\infty$ 时自旋沿磁场方向极化。现在 x 轴方向加上随时间变化的微扰磁场 $B'(t)=B_0\mathrm{e}^{-|t|/\tau}$，式中 τ 是表征微扰加入快慢的参量，求在微扰磁场 $B'(t)$ 的作用下，$t\to+\infty$ 时电子自旋发生翻转的几率。

解：微扰磁场未加入之前，电子在磁场 $\boldsymbol{B}_0=(0,0,B_0)$ 中的哈密顿算符为

$$\hat{H}_0=-\hat{\boldsymbol{\mu}}_s\cdot\boldsymbol{B}_0=\frac{e}{\mu}\hat{\boldsymbol{s}}\cdot\boldsymbol{B}_0=\frac{e\hbar B_0}{2\mu}\ \hat{\sigma}_z=\hbar\omega\hat{\sigma}_z \tag{1}$$

式中 $\omega=\dfrac{eB_0}{2\mu}$。显然 $\hat{H}_0$ 的两个本征态为

$$\alpha=\begin{bmatrix}1\\0\end{bmatrix},\quad \beta=\begin{bmatrix}0\\1\end{bmatrix} \tag{2}$$

相应的两个本征值为

$$E_+=\hbar\omega,\quad E_-=-\hbar\omega \tag{3}$$

由题意知，$\alpha=\begin{bmatrix}1\\0\end{bmatrix}$即为跃迁的初态，$\beta=\begin{bmatrix}0\\1\end{bmatrix}$为跃迁后的末态，微扰磁场 $B'(t)$ 加到电子上后，微扰算符可写为

$$\hat{H}'(t)=-\hat{\boldsymbol{\mu}}_s\cdot\boldsymbol{B}'(t)=\frac{e\hbar B_0}{2\mu}\mathrm{e}^{-|t|/\tau}\quad\hat{\sigma}_x=\hbar\omega\mathrm{e}^{-|t|/\tau}\hat{\sigma}_x \tag{4}$$

在初、末两态间的微扰矩阵元为

$$H'_{mk}(t)=\langle\beta\mid\hat{H}'(t)\mid\alpha\rangle=\hbar\omega\mathrm{e}^{-|t|/\tau}\langle\beta\mid\hat{\sigma}_x\mid\alpha\rangle=\hbar\omega\mathrm{e}^{-|t|/\tau} \tag{5}$$

得 $t\to+\infty$ 时，电子自旋翻转的几率为

$$\begin{aligned}P(t)&=\frac{1}{\hbar^2}\left|\int_{-\infty}^{\infty}H'_{mk}(t)\mathrm{e}^{\mathrm{i}\omega_{mk}t}\mathrm{d}t\right|^2\\&=\frac{1}{\hbar^2}(\hbar\omega)^2\left|\int_{-\infty}^{\infty}\mathrm{e}^{-|t|/\tau}\mathrm{e}^{-\mathrm{i}2\omega t}\mathrm{d}t\right|^2\\&=\omega^2\left|\int_{-\infty}^{0}\exp\left[t\left(\frac{1}{\tau}-\mathrm{i}2\omega\right)\right]\mathrm{d}t+\int_{0}^{\infty}\exp\left[-t\left(\frac{1}{\tau}+\mathrm{i}2\omega\right)\right]\mathrm{d}t\right|^2\\&=\omega^2\left|\frac{1}{\frac{1}{\tau}-\mathrm{i}2\omega}-\frac{1}{\frac{1}{\tau}+\mathrm{i}2\omega}\right|^2=\frac{16\tau^4\omega^2}{(4\omega^2\tau^2+1)^2}\end{aligned} \tag{6}$$

式中利用了 $\omega_{mk}=\dfrac{1}{\hbar}(-\hbar\omega-\hbar\omega)=-2\omega$.

9-13 磁矩为 $\hat{\boldsymbol{\mu}}=\mu\hat{\boldsymbol{\sigma}}$ 的质子在 $t=0$ 时刻处于磁场 $\boldsymbol{B}=(0,0,B_z)$ 之中并沿着 z 轴极化。从 $t\geqslant 0$ 时刻起，再沿 x,y 方向施加一随时间 t 周期性变化的弱磁场 $\boldsymbol{B}'(t)=(B_0\cos\omega t, B_0\sin\omega t, 0)$，且 $B_0\ll B_z$。问：

(a) ω 取何值时发生共振跃迁？

(b) 在任意时刻 t，质子自旋在 $-z$ 方向的几率有多大？

解：(a) 在 $t=0$ 时刻，体系的哈密顿算符为

$$\hat{H}_0=-\hat{\boldsymbol{\mu}}\cdot\boldsymbol{B}=-\mu B_z\hat{\sigma}_z \tag{1}$$

显然 $\hat{H}_0$ 的两个本征态为

$$\alpha=\begin{bmatrix}1\\0\end{bmatrix},\quad \beta=\begin{bmatrix}0\\1\end{bmatrix} \tag{2}$$

相应的能量本征值分别为

$$E_+=-\mu B_z,\quad E_-=\mu B_z \tag{3}$$

根据题意，初始时刻粒子处在 $\alpha=\begin{bmatrix}1\\0\end{bmatrix}$ 态之中，欲使质子在 α 与 β 态之间跃迁，外界扰动的频率 ω 必须等于这两态之间的特征频率 $\omega_{\beta\alpha}=\dfrac{1}{\hbar}(E_--E_+)=\dfrac{1}{\hbar}(\mu B_z+\mu B_z)=\dfrac{2\mu}{\hbar}B_z$。因此，发生共振的条件是

$$\omega=\omega_{\beta\alpha}=\frac{2\mu}{\hbar}B_z \tag{4}$$

(b) 在 $t\geqslant 0$ 时刻，质子的哈密顿算符可表示为

$$\begin{aligned}\hat{H}&=-\hat{\boldsymbol{\mu}}\cdot(\boldsymbol{B}+\boldsymbol{B}')=-\mu(B_x\hat{\sigma}_x+B_y\hat{\sigma}_y+B_z\hat{\sigma}_z)\\&=-\mu(B_0\cos\omega t\hat{\sigma}_x+B_0\sin\omega t\hat{\sigma}y+B_z\hat{\sigma}_z)\\&=-\mu\begin{pmatrix}B_z & B_0\mathrm{e}^{-\mathrm{i}\omega t}\\ B_0\mathrm{e}^{\mathrm{i}\omega t} & -B_z\end{pmatrix}\end{aligned} \tag{5}$$

设质子的自旋态 $\chi(t)$ 为

$$\chi(t)=\begin{bmatrix}a(t)\\b(t)\end{bmatrix} \tag{6}$$

则 $\chi(t)$ 随时间演化满足方程

$$\mathrm{i}\hbar\frac{\partial}{\partial t}\begin{bmatrix}a(t)\\b(t)\end{bmatrix}=-\mu\begin{bmatrix}B_z & B_0\mathrm{e}^{-\mathrm{i}\omega t}\\ B_0\mathrm{e}^{\mathrm{i}\omega t} & -B_z\end{bmatrix}\begin{bmatrix}a(t)\\b(t)\end{bmatrix} \tag{7}$$

为求解方程(7)，可设

$$a(t)=\mathrm{e}^{-\mathrm{i}\omega t/2}f,\quad b(t)=\mathrm{e}^{-\mathrm{i}\omega t/2}g \tag{8}$$

将式(8) 代入式(7) 中，可得 f 与 g 满足的方程为

$$\begin{cases}\dfrac{1}{2}\hbar\omega f+\mathrm{i}\hbar\dfrac{\partial f}{\partial t}+\mu B_zf+\mu B_0g=0\\[2mm]\mu B_0f+\mathrm{i}\hbar\dfrac{\partial g}{\partial t}-\dfrac{1}{2}\hbar\omega g-\mu B_zg=0\end{cases} \tag{9}$$

为了求解方程(9) 方便起见，令

$$\mu B_z=\hbar\omega_1,\ \mu B_0=\hbar\omega_0,\ \Omega^2=\left[\omega_0{}^2+\left(\frac{1}{2}\omega+\omega_1\right)^2\right] \tag{10}$$

由式(9)中的第一式解出 g,代入式(9)中的第二式中,可得 f 满足的二阶常微分方程为

$$\ddot{f}+\left[\omega_0{}^2+\left(\frac{1}{2}\omega+\omega_1\right)^2\right]f=\ddot{f}+\Omega^2 f=0 \tag{11}$$

得

$$f=c_1\sin\Omega t+c_2\cos\Omega t \tag{12}$$

$$\begin{aligned} g&=-\frac{\mathrm{i}}{\omega_0}\dot{f}-\frac{\frac{1}{2}\omega+\omega_1}{\omega_0}f \\ &=-\frac{\mathrm{i}\Omega}{\omega_0}(c_1\cos\Omega t-c_2\sin\Omega t)-\frac{\frac{1}{2}\omega+\omega_1}{\omega_0}(c_1\sin\Omega t+c_2\cos\Omega t) \end{aligned} \tag{13}$$

再由初始条件:$t=0$ 时,质子沿 $+z$ 方向极化,即处于 α 态之中,有

$$f(0)=1,g(0)=1 \tag{14}$$

将式(14)代入式(12)、(13)中,得

$$c_2=1,c_1=\frac{\mathrm{i}}{\Omega}\left(\frac{1}{2}\omega+\omega_1\right) \tag{15}$$

最后得

$$\begin{cases} f=\dfrac{\mathrm{i}}{\Omega}\left(\dfrac{1}{2}\omega+\omega_1\right)\sin\Omega t+\cos\Omega t \\ g=\dfrac{\mathrm{i}\omega_0}{\Omega}\sin\Omega t \end{cases} \tag{16}$$

由式(16)易知,在任意时刻,t 质子自旋在 $-z$ 方向的几率为

$$\begin{aligned} w&=|b(t)|^2=|\mathrm{e}^{\mathrm{i}\omega t/2}g|^2=|g|^2=\frac{\omega_0^2}{\Omega^2}\sin^2\Omega t \\ &=\frac{(\mu B_0)^2\sin^2\Omega t}{(\mu B_0)^2+\left(\frac{1}{2}\hbar\omega+\mu B_z\right)^2} \end{aligned} \tag{17}$$

9-14　s 态的氢原子处于强度为 B_z、方向沿 z 轴的磁场中(略去核的自旋),从 $t\geqslant 0$ 时刻起再加上一个沿 x 轴方向的磁场。它的强度均匀地由零增加到 T 时刻的 B_x,并且在 $t=T$ 以后保持为常数,且 $B_x\ll B_z$。只计及电子自旋与磁场的相互作用,忽略 $\left(\frac{B_x}{B_z}\right)^2$ 及更高阶的项。如果电子自旋在 $t=0$ 时刻沿 z 方向,求 $t=T$ 时刻电子的状态,并证明这个态在 T 充分长时是联合磁场 $\boldsymbol{B}=(B_x,0,B_z)$ 所对应的哈密顿算符的本征态。

解:只计及电子自旋与磁场的相互作用,$t<0$ 时,s 态的氢原子在强度为 B_z 的磁场中,哈密顿算符可表示为

$$\hat{H}_0=-\hat{\boldsymbol{\mu}}_s\cdot\boldsymbol{B}=\frac{e}{\mu}\hat{S}\cdot B=\frac{e\hbar B_z}{2\mu}\hat{\sigma}_z \tag{1}$$

相应的两个本征态为

$$\alpha=\begin{bmatrix}1\\0\end{bmatrix},\quad \beta=\begin{bmatrix}0\\1\end{bmatrix} \tag{2}$$

能量本征值为

$$E_+ = \frac{e\hbar}{2\mu}B_z,\ E_- = -\frac{e\hbar}{2\mu}B_z \tag{3}$$

从 $t \geqslant 0$ 时刻起再加上一个沿 x 方向的磁场 $B'(t) = B_x \frac{t}{T}$ 后，电子的自旋态 $\chi(t)$ 可表示为 α 态与 β 态的线性叠加：

$$\chi(t) = c_+ \mathrm{e}^{-\frac{\mathrm{i}}{\hbar}E_+ t}\alpha + c_- \mathrm{e}^{-\frac{\mathrm{i}}{\hbar}E_- t}\beta \tag{4}$$

考虑到 $t = 0$ 时刻，电子原本处在 α 态之中，有

$$\chi(0) = c_+ \alpha + c_- \beta = \begin{bmatrix} c_+ \\ c_- \end{bmatrix} = \alpha = \begin{bmatrix} 1 \\ 0 \end{bmatrix} \tag{5}$$

得 $c_+ = 1$，所以

$$\chi(t) = \mathrm{e}^{-\frac{\mathrm{i}}{\hbar}E_+ t}\alpha + c_- \mathrm{e}^{-\frac{\mathrm{i}}{\hbar}E_- t}\beta \tag{6}$$

式中系数 c_- 可由含时微扰论求得

$$c_- = \frac{1}{\mathrm{i}\hbar}\int_0^T H'_{\beta\alpha}\mathrm{e}^{\mathrm{i}\omega_{\beta\alpha}t}\mathrm{d}t \tag{7}$$

式中：

$$H'_{\beta\alpha} = \langle\beta \mid -\hat{\boldsymbol{\mu}}\cdot\boldsymbol{B}'(t)\mid\alpha\rangle = \langle\beta\mid\frac{e\hbar Bx}{2\mu}\frac{t}{T}\hat{\sigma}_x\mid\alpha\rangle = \frac{e\hbar B_x}{2\mu}\frac{t}{T} \tag{8}$$

$$\omega_{\beta\alpha} = \frac{1}{\hbar}(E_- - E_+) = \frac{1}{\hbar}\left(-\frac{e\hbar}{2\mu}B_z - \frac{e\hbar}{2\mu}B_z\right) = -\frac{e}{\mu}B_z \tag{9}$$

将式(8)、(9) 代入式(7) 中，可得

$$\begin{aligned} c_- &= \frac{1}{\mathrm{i}\hbar}\int_0^T \frac{e\hbar}{2\mu}B_x\frac{t}{T}\exp\left(-\mathrm{i}\frac{eB_z}{\mu}t\right)\mathrm{d}t \\ &= \frac{eB_x}{\mathrm{i}2\mu T}\int_0^T t\exp\left(-\mathrm{i}\frac{eB_z}{\mu}t\right)\mathrm{d}t \\ &= \frac{eB_x}{\mathrm{i}2\mu T}\left\{\frac{T\mu}{-\mathrm{i}eB_z}\exp\left(-\mathrm{i}\frac{eB_z}{\mu}T\right) + \frac{\mu^2}{e^2B_z^2}\left[\exp\left(-\mathrm{i}\frac{eB_z}{\mu}T\right) - 1\right]\right\} \\ &= \frac{1}{2}\frac{B_x}{B_z}\exp\left(-\mathrm{i}\frac{eB_z}{\mu}T\right) - \frac{\mathrm{i}\mu}{2eT}\frac{B_x}{{B_z}^2}\left[\exp\left(-\mathrm{i}\frac{eB_z}{\mu}T\right) - 1\right] \end{aligned} \tag{10}$$

将式(10) 代入式(6) 中，得电子 T 时刻的自旋态为

$$\chi(T) = \exp\left(-\frac{\mathrm{i}e}{2\mu}B_z T\right)\alpha + \left\{\frac{1}{2}\frac{B_x}{B_z}\exp\left(-\mathrm{i}\frac{eB_z}{\mu}T\right) - \frac{\mathrm{i}\mu}{2eT}\frac{B_x}{B_z^2}\left[\exp\left(-\mathrm{i}\frac{eB_z}{\mu}T\right) - 1\right]\right\}\cdot \exp\left(\frac{\mathrm{i}e}{2\mu}B_z T\right)\beta \tag{11}$$

当 T 充分长时，使得 $\frac{\mu}{eT} \lesssim B_x$，$\chi(T)$ 则简化为

$$\begin{aligned} \chi(T) &= \exp\left(-\mathrm{i}\frac{e}{2\mu}B_z T\right)\alpha + \frac{1}{2}\frac{B_x}{B_z}\exp\left(-\mathrm{i}\frac{e}{2\mu}B_z T\right)\beta \\ &= \exp\left(-\mathrm{i}\frac{e}{2\mu}B_z T\right)\left(\alpha + \frac{1}{2}\frac{B_x}{B_z}\beta\right) \end{aligned} \tag{12}$$

欲证明式(12) 是联合磁场 $\boldsymbol{B} = (B_x, 0, B_z)$ 所对应的哈密顿算符

$$\hat{H} = -\hat{\boldsymbol{\mu}}\cdot\boldsymbol{B} = \frac{e\hbar B_z}{2\mu}\hat{\sigma}_z + \frac{e\hbar B_x}{2\mu}\hat{\sigma}_x \tag{13}$$

的本征态，只须将 $\hat{H}$ 作用于 $\chi(T)$ 上即可。由于

$$\begin{aligned}\hat{H}\chi(T) &= \left(\frac{e\hbar B_z}{2\mu}\hat{\sigma}_z + \frac{e\hbar B_x}{2\mu}\ \hat{\sigma}_x\right)\exp\left(\frac{-\mathrm{i}eB_z}{2\mu}T\right)\left(\alpha + \frac{1}{2}\frac{B_x}{B_z}\beta\right)\\ &= \left(\frac{e\hbar B_z}{2\mu}\right)\exp\left(\frac{-\mathrm{i}eB_z}{2\mu}T\right)\left[\left(1+\frac{1}{2}\frac{B_x^{\ 2}}{B_z^{\ 2}}\right)\alpha + \frac{1}{2}\frac{B_x}{B_z}\beta\right]\\ &\approx \left(\frac{e\hbar B_z}{2\mu}\right)\exp\left(\frac{-\mathrm{i}eB_z}{2\mu}T\right)\left(\alpha + \frac{1}{2}\frac{B_x}{B_z}\beta\right)\\ &= \left(\frac{e\hbar B_z}{2\mu}\right)\chi(T)\end{aligned} \tag{14}$$

式(14)表明，在略去 $\left(\frac{B_x}{B_z}\right)^2$ 及更高阶的项的条件下，$\chi(T)$ 是联合磁场 $\boldsymbol{B} = (B_x, 0, B_z)$ 所对应的哈密顿算符的本征态。

9-15　自旋 $s = \frac{1}{2}$ 的粒子（其自旋磁矩记为 μ_0）处于空间均匀但随时间 t 作绝热变化的外磁场 $\boldsymbol{B}(t)$ 中，设

$$\boldsymbol{B}(t) = B(\sin\theta\cos\omega t\boldsymbol{i} + \sin\theta\sin\omega t\boldsymbol{j} + \cos\theta\boldsymbol{k})$$

其中：$\frac{2\pi}{\omega} \gg \frac{\hbar}{2\mu_0 B}$。设在初始时刻 $t_0 = 0$，粒子自旋顺磁场方向极化。试求在 $t > 0$ 时刻粒子的自旋态矢量 $\chi(t)$。

解：外磁场 $\boldsymbol{B}(t)$ 与 z 轴夹角为 θ，以角频率 ω 绕 Z 轴进动作绝热变化；在初始时刻 $t_0 = 0$，$\boldsymbol{B}(0)$ 在 xz 平面上（$\varphi = 0$），其方向与 z 轴夹角为 θ，粒子自旋初始态为

$$\chi(0) = \chi_{+\hbar/2}^{(\vec{B})}(0) = \begin{bmatrix}\cos\frac{\theta}{2}\\ \sin\frac{\theta}{2}\end{bmatrix}\quad(\text{因为在时刻 } t = 0, \varphi = 0) \tag{1}$$

在时刻 $t > 0$，由体系哈密顿算符

$$\hat{H} = -\mu_0\hat{\boldsymbol{\sigma}}\cdot\boldsymbol{B}(t) \tag{2}$$

求解体系含时薛定谔方程

$$\mathrm{i}\hbar\frac{\partial}{\partial t}\begin{bmatrix}a(t)\\ b(t)\end{bmatrix} = \hat{H}\begin{bmatrix}a(t)\\ b(t)\end{bmatrix} \tag{3}$$

解得

$$a(t) = \mathrm{e}^{-\mathrm{i}\frac{1}{2}\omega t}\left(c_1\mathrm{e}^{\mathrm{i}\frac{\Omega}{2}t} + c_2\mathrm{e}^{-\mathrm{i}\frac{\Omega}{2}t}\right)$$

$$b(t) = \mathrm{e}^{\mathrm{i}\frac{1}{2}\omega t}\frac{2\mu_0 B}{\hbar}\sin\theta\left[\frac{c_1\exp\left(\frac{\mathrm{i}}{2}\Omega t\right)}{\Omega+\omega+2\mu_0 B\cos\theta/\hbar} - \frac{c_2\exp\left(\frac{-\mathrm{i}}{2}\Omega t\right)}{\Omega-\omega-2\mu_0 B\cos\theta/\hbar}\right] \tag{4}$$

式中：

$$\Omega = \sqrt{\omega^2 + \left(\frac{2\mu_0 B}{\hbar}\right)^2 + 4\omega\frac{\mu_0 B}{\hbar}\cos\theta} \tag{5}$$

代入初始条件：

$$\chi(0)=\begin{bmatrix}a(0)\\b(0)\end{bmatrix}=\begin{bmatrix}\cos\dfrac{\theta}{2}\\\sin\dfrac{\theta}{2}\end{bmatrix} \tag{6}$$

得

$$c_1=\left(\Omega-\omega+\frac{2\mu_0 B}{\hbar}\right)\frac{\omega+\Omega+2\mu_0 B\cos\theta/\hbar}{8\Omega\dfrac{\mu_0 B}{\hbar}\cos\dfrac{\theta}{2}} \tag{7}$$

$$c_2=\left(\Omega+\omega-\frac{2\mu_0 B}{\hbar}\right)\frac{\omega-\Omega+2\mu_0 B\cos\theta/\hbar}{8\Omega\dfrac{\mu_0 B}{\hbar}\cos\dfrac{\theta}{2}} \tag{8}$$

在时刻 $t>0$,一方面体系的自旋态为 $\chi(t)=\begin{bmatrix}a(t)\\b(t)\end{bmatrix}$,另一方面顺磁场方向极化的自旋本征矢量为

$$\chi_{+1/2}^{(B)}(t)=\begin{bmatrix}\cos\dfrac{\theta}{2}e^{-i\frac{\omega t}{2}}\\\sin\dfrac{\theta}{2}e^{i\frac{\omega t}{2}}\end{bmatrix}\qquad(\text{因为在时刻 } t,\varphi=\omega t) \tag{9}$$

有

$$\langle\chi_{+1/2}^{(B)}(t)\mid\chi(t)\rangle=\frac{\left(\Omega+\dfrac{2\mu_0 B}{\hbar}\right)^2-\omega^2}{8\Omega\dfrac{\mu_0 B}{\hbar}}e^{i\frac{\Omega}{2}t}-\frac{\left(\Omega-\dfrac{2\mu_0 B}{\hbar}\right)^2-\omega^2}{8\Omega\dfrac{\mu_0 B}{\hbar}}e^{-i\frac{\Omega}{2}t} \tag{10}$$

应用绝热近似条件$\dfrac{2\pi}{\omega}\gg\dfrac{\hbar}{\Delta E}$,即 $\hbar\omega\ll 4\pi\mu_0 B$,则

$$\Omega\approx\frac{2\mu_0 B}{\hbar}+\omega\cos\theta \tag{11}$$

于是

$$\langle\chi_{+1/2}^{(B)}(t)\mid\chi(t)\rangle=e^{i\frac{\mu_0 B}{\hbar}t}e^{i(\frac{\omega}{2}\cos\theta)t}+O\left(\frac{\hbar^2\omega^2}{\mu_0^2 B^2}\right) \tag{12}$$

作为绝热近似,略去上式中右边最后一项,就得到

$$\chi(t)=e^{i(\frac{\omega}{2}\cos\theta)t}\begin{bmatrix}\cos\dfrac{\theta}{2}e^{-i\frac{\omega t}{2}}\\\sin\dfrac{\theta}{2}e^{i\frac{\omega t}{2}}\end{bmatrix}e^{-\frac{i}{\hbar}(-\mu_0 B)t} \tag{13}$$

式中:$e^{i(\frac{\omega}{2}\cos\theta)t}$ 是 Berry 位相因子。

反之,若 $\hbar\omega\gg 4\pi\mu_0 B$,则有

$$\Omega\approx\omega+\frac{2\mu_0 B}{\hbar}\cos\theta \tag{14}$$

于是

$$\langle\chi_{+1/2}^{(B)}(t)\mid\chi(t)\rangle\approx\cos\left(\frac{\omega t}{2}\right)+i\cos\theta\sin\left(\frac{\omega t}{2}\right) \tag{15}$$

有

$$|\langle\chi_{+1/2}^{(B)}(t)\,|\,\chi(t)\rangle|^2=\cos^2\left(\frac{\omega t}{2}\right)+\cos^2\theta\sin^2\left(\frac{\omega t}{2}\right)\tag{16}$$

这是在态 $|\chi(t)\rangle$ 下发现 $|\chi_{+1/2}^{(B)}(t)\rangle$ 态的几率。表明在这样的情况下，粒子的自旋取向固定（并不跟随磁场进动），而磁场在快速旋进。

第三部分　练　习　题

9-1　体系受到含时微扰作用 $\hat{H}'(t)$ 后在两个定态 $|k\rangle$ 和 $|m\rangle$ 之间跃迁。试应用含时微扰论（可至一级近似）证明：在相同的时间间隔 $0\sim t$ 内，跃迁几率 $P_{mk}(t)$ 与 $P_{km}(t)$ 相等。这称为细致平衡原理。

9-2　带电荷 q 的一维谐振子在光的照射下发生跃迁。

(a) 求电偶极辐射跃迁选择定则；

(b) 设振子原来处于基态，若入射光的能谱密度为 $I(\omega)$，求振子跃迁到第一激发态的跃迁速率。

答：(a)　$\Delta n=n'-n=\pm1$；

(b)　$w_{10}=\dfrac{2\pi^2q^2}{(4\pi\varepsilon_0)3\mu\hbar\omega_0}I(\omega_0)$，$\omega_0$ 是振子自然频率。

9-3　设空间转子的转动惯量为 I，具有电偶极矩 $\boldsymbol{D}=q\boldsymbol{R}$，求第一激发态向基态跃迁的光自发发射系数。

答：$A_{01}=\dfrac{4\omega_{10}^3}{(4\pi\varepsilon_0)3\hbar c^3}|\boldsymbol{D}_{10}|^2=\dfrac{4\hbar^2D^2}{(4\pi\varepsilon_0)9c^3I^3}$

9-4　求 μ 子原子$(P\mu^-)$ $2p$ 态的平均寿命，并与自由 μ^- 子的平均寿命比较。

答：$\tau_{210}\approx10^{-11}\,\mathrm{s}$；自由 μ^- 子的平均寿命为 $2.2\times10^{-6}\,\mathrm{s}$

9-5　基态氢原子受到脉冲电场 $\varepsilon(t)=\varepsilon_0\delta(t)$ 的作用。

(a)　应用微扰论计算氢原子跃迁到各激发态的总几率，以及仍然停留在基态的几率；

(b)　精确求解氢原子仍然停留在基态的几率。

答：(a)　$\sum\limits_{n=2}^{\infty}P_n=\left(\dfrac{e\varepsilon_0}{\hbar}\right)^2\sum\limits_{n=2}^{\infty}|\langle n10\,|\,z\,|\,100\rangle|^2=\left(\dfrac{e\varepsilon_0}{\hbar}\right)^2a_0^2$，仍停留在基态的几率为 $1-\left(\dfrac{e\varepsilon_0a_0}{\hbar}\right)^2$；

(b)　$P_1=\left(1+\dfrac{e^2\varepsilon_0^2a_0^2}{4\hbar^2}\right)^{-4}$，当 ε_0 很弱，则

$$P_1\approx1-\left(\frac{e\varepsilon_0a_0}{\hbar}\right)^2$$

9-6　试求氢原子的巴耳末系的头两条谱线的强度比。

答：$I_\alpha/I_\beta = 2.16$

9-7 一质量为 m 的粒子被置于长度为 l 的一维势箱中，假设该粒子原来处于第 n 个定态 $\psi_n(x)$ 之中，势箱的长度在时间 $t \ll \frac{\hbar}{E_n}$ 内增加为 $2l(0 \leqslant x \leqslant 2l)$，求在此之后粒子处于新势箱内能量为 E_n 的定态 $\phi_n(x)$ 的几率。

答：$\omega = \frac{1}{2}$

9-8 原子序数为 Z 的类氢离子原来处于 1s 态，由于 $\beta^{\pm}$ 衰变，使其原子序数由 $Z \to Z \mp 1$，求由于这一变化体系处于新的 2s 态的几率。

9-9 "磁共振"现象是由于粒子（具有自旋磁矩）从一转动磁场 $\boldsymbol{B}_1 = (B_1\cos\omega t, B_1\sin\omega t, 0)$ 中吸收能量引起的。这一现象导致体系的自旋相对于一恒定均匀磁场 $\boldsymbol{B}_0 = (0, 0, B_0)$ 的取向发生变化。设粒子的自旋量子数 $s = \frac{1}{2}$，$t = 0$ 时处于 $s_z = +\frac{\hbar}{2}$ 的自旋态，求 $t > 0$ 时体系处于 $s_z = -\frac{\hbar}{2}$ 的几率。设粒子的自旋磁矩算符 $\hat{\boldsymbol{\mu}}_s = \gamma\hat{\boldsymbol{s}}$。

$$答：P_{-1/2,1/2} = \frac{\left(\frac{1}{2}\gamma\hbar B_1\right)^2 \sin^2\Omega t}{\left(\frac{1}{2}\gamma\hbar B_1\right)^2 + \left(\frac{1}{2}\hbar\omega + \frac{1}{2}\gamma\hbar B_0\right)^2}$$

式中：$\Omega^2 = \left[\left(\frac{1}{2}\gamma B_1\right)^2 + \left(\frac{1}{2}\omega + \frac{1}{2}\gamma B_0\right)^2\right]^2$。

9-10 一氢原子放入一与时间有关的均匀电场 $\varepsilon(t) = \frac{B\tau}{e\pi}\frac{1}{\tau^2 + t^2}$ 之中，电场方向沿 z 轴，式中 B 和 τ 是常数。如果在 $t = -\infty$ 时，原子处于基态，试计算在 $t = +\infty$ 时原子将处于 $2p$ 态的几率。

答：$P_{21} = \frac{2^{15}B^2 a_0{}^2}{3^{10}\hbar^2}\mathrm{e}^{-2\omega\tau}$

第十章　散　射

第一部分　内容精要

一、散射截面

散射现象就是碰撞现象。散射的结果用散射截面这个物理量来表述。将理论计算结果与实验测量结果作比较，可以探求入射粒子与靶粒子之间的相互作用以及它们的内部结构。

1. 散射截面

微分散射截面表示当单位时间内通过垂直于入射方向单位面积有一个粒子入射，与靶粒子碰撞后在单位时间内散射到(θ,φ)方向单位立体角中的粒子数。其定义式为

$$\sigma(\theta,\varphi)=\frac{1}{N}\frac{\mathrm{d}n}{\mathrm{d}\Omega} \tag{10-1}$$

式中：N是入射粒子束的粒子流密度，$\sigma(\theta,\varphi)$有面积的量纲。上式表明，单位时间内通过横截面积为$\sigma(\theta,\varphi)$的入射粒子数$N\sigma(\theta,\varphi)$即等于单位时间内散射到(θ,φ)方向单位立体角中的粒子数$\frac{\mathrm{d}n}{\mathrm{d}\Omega}$。微分散射截面$\sigma(\theta,\varphi)$给出散射粒子数的角分布，它与入射粒子的动能以及入射粒子与靶粒子之间的相互作用等因素有关。

总散射截面定义为

$$\sigma_{总}=\int\sigma(\theta,\varphi)\mathrm{d}\Omega \tag{10-2}$$

2. 从质心坐标系变换到实验室坐标系

理论上计算微分散射截面是在质心坐标系中进行的，而实验上测量微分散射截面总是在实验室坐标系中进行的。为了使理论计算结果能与实验测量结果作比较，必须将理论计算得到的质心坐标系中的微分散射截面$\sigma(\theta,\varphi)$变换为实验室坐标系中的微分散射截面$\sigma(\theta_0,\varphi_0)$。变换关系是

$$\tan\theta_0=\frac{\sin\theta}{\cos\theta+\gamma},\ \varphi_0=\varphi \tag{10-3}$$

$$\sigma(\theta_0,\varphi_0)=\frac{(1+\gamma^2+2\gamma\cos\theta)^{3/2}}{|1+\gamma\cos\theta|}\sigma(\theta,\varphi) \tag{10-4}$$

式中：$\gamma=\frac{m_1}{m_2}$，m_1和m_2分别是入射粒子和靶粒子的质量。又，两个坐标系中的总散射截面显然相等，即

$$\sigma_{总L}=\sigma_{总C} \tag{10-5}$$

另外，若在实验室坐标系，入射粒子的能量 $E_L=\frac{1}{2}m_1v^2$，而在质心坐标系，入射粒子的能量 $E_C=\frac{1}{2}\mu v^2$，有

$$E_C=\frac{\mu}{m_1}E_L=\frac{1}{1+\gamma}E_L \tag{10-6}$$

3. 位势散射

这里讨论的情况仅限于入射粒子与靶粒子之间的相互作用是位势作用，势能 $V(\boldsymbol{r}_1-\boldsymbol{r}_2)$ 仅与两个粒子的空间坐标 $\boldsymbol{r}_1$ 和 $\boldsymbol{r}_2$ 之差有关。讨论采用坐标 $\hat{r}$ 表象。在质心坐标系中，引入相对坐标 $\boldsymbol{r}=\boldsymbol{r}_1-\boldsymbol{r}_2$，两粒子之间的碰撞问题就化为一个质量为折合质量 $\mu=\frac{m_1m_2}{m_1+m_2}$ 的入射粒子被势场 $V(\boldsymbol{r})$ 散射问题。这属于弹性散射（粒子散射前后的波矢值 $|\boldsymbol{k}|$ 相同）。以下讨论的目的在于求得粒子在质心坐标系中位势散射的散射截面。

二、定态描述；中心势场散射与分波法

1. 定态描述，散射振幅与散射截面

设想粒子在 $t\to-\infty$ 时处于波矢为 $\boldsymbol{k}$ 的自由粒子平面波初态、沿 z 轴方向开始对势场 $V(\boldsymbol{r})$ 入射，再在 $t\to+\infty$ 时离开势场到 $|\boldsymbol{r}|\to\infty$ 处，散射势场与时间无关，故散射体系的能量是确定的，体系处于定态，定态波函数满足相应的定态薛定谔方程：

$$\left[-\frac{\hbar^2}{2\mu}\nabla^2+V(\boldsymbol{r})\right]\psi_k(\boldsymbol{r})=E_k\psi_k(\boldsymbol{r}) \tag{10-7}$$

方程中，$E_k=\frac{\hbar^2k^2}{2\mu}>0$ 是散射体系的能量，它是给定的，并且在 $(0,\infty)$ 区间内连续可变。方程解的边界条件与束缚体系的（$\psi(\boldsymbol{r})\xrightarrow{|\boldsymbol{r}|\to\infty}0$）不同，为

$$\psi_k(\boldsymbol{r})\xrightarrow{|\boldsymbol{r}|\to\infty}e^{i\boldsymbol{k}\cdot\boldsymbol{r}}+f(\theta,\varphi)\frac{e^{ikr}}{r} \tag{10-8}$$

是沿 z 轴方向入射的平面波与由散射中心向外传播的散射球面波的线性叠加。式中，散射球面波的波幅 $f(\theta,\varphi)$ 称为散射振幅。微分散射截面由式(10-1)出发可以得到，为

$$\sigma(\theta,\varphi)=|f(\theta,\varphi)|^2 \tag{10-9}$$

2. 中心势场散射，分波法

讨论散射势场是中心场 $V(r)$ 的情况。散射体系的定态波函数与角 φ 无关，记为

$$\psi_k(\boldsymbol{r})=\psi_k(r,\theta)=\sum_{l=0}^{\infty}\psi_{kl}(r,\theta) \tag{10-10}$$

式中：$\psi_{kl}(r,\theta)$ 称为散射体系定态的第 l 分波的波函数，将 $l=0,1,2,\cdots$ 的分波分别称为 s 分波，p 分波，d 分波……散射振幅和微分散射截面也都与角 φ 无关，可以证明它们分别为

$$f(\theta)=\frac{1}{k}\sum_{l=0}^{\infty}(2l+1)e^{i\delta_l}\sin\delta_lP_l(\cos\theta) \tag{10-11}$$

和

$$\sigma(\theta)=|f(\theta)|^2=\frac{1}{k^2}\left|\sum_{l=0}^{\infty}(2l+1)e^{i\delta_l}\sin\delta_lP_l(\cos\theta)\right|^2 \tag{10-12}$$

式中：δ_l 称为第 l 分波的相移。总散射截面

$$\sigma_{总} = \frac{4\pi}{k^2}\sum_{l=0}^{\infty}(2l+1)\sin^2\delta_l \xlongequal{记为} \sum_{l=0}^{\infty}\sigma_l \tag{10-13}$$

其中：

$$\sigma_l = \frac{4\pi(2l+1)}{k^2}\sin^2\delta_l \tag{10-14}$$

称为第 l 分波的总散射截面。欲求第 l 分波的相移 δ_l，须求解第 l 分波波函数

$$\psi_{kl}(r,\theta) = R_{kl}(r)P_l(\cos\theta) = \frac{u_l(k,r)}{r}P_l(\cos\theta) \tag{10-15}$$

的径向函数 $u_l(k,r)$ 所满足的方程

$$\frac{\mathrm{d}^2}{\mathrm{d}r^2}u_l(k,r) + \left[k^2 - \frac{2\mu}{\hbar^2}V(r) - \frac{l(l+1)}{r^2}\right]u_l(k,r) = 0 \tag{10-16}$$

再将所得方程的解 $u_l(k,r)$ 取 $r\to\infty$ 处的渐近形式：

$$u_l(k,r) \xrightarrow{r\to\infty} A_l\sin\left(kr - \frac{l\pi}{2} + \delta_l\right) \tag{10-17}$$

即得到 δ_l。

3. 分波法的适用范围

散射振幅 $f(\theta)$ 式(10-11)、微分散射截面 $\sigma(\theta)$ 式(10-12) 和总散射截面 $\sigma_{总}$ 式(10-13) 均需由无限项求和而得到。但是由分析得知，实际上只需计及 $l=0,1,\cdots$ 到 $l\sim ka$(a 是势场力程) 的诸分波相移的贡献即可。特别是，若粒子系低能入射，满足条件 $ka\ll 1$，则上述诸求和式中可只保留 $l=0$ 的那一项。因此，分波法适用于中心势场散射、粒子入射能量很低和散射势场力程很短的情况。

三、时间相关描述；玻恩近似

1. 时间相关描述，跃迁几率与散射截面；玻恩近似

入射粒子设从时刻 $t_0=0$ 开始进入散射势场，而在最后 $t\to+\infty$ 时刻又离开势场去到无限远处处于自由运动状态。粒子受到散射势场的作用

$$V(\boldsymbol{r},t) = \begin{cases} 0, & t<0 \\ V(\boldsymbol{r}), & t>0 \end{cases} \tag{10-18}$$

势散射问题须应用含时间薛定谔方程

$$\mathrm{i}\hbar\frac{\partial}{\partial t}\Psi(\boldsymbol{r},t) = \left[-\frac{\hbar^2}{2\mu}\boldsymbol{\nabla}^2 + V(\boldsymbol{r},t)\right]\Psi(\boldsymbol{r},t) \tag{10-19}$$

来处理。问题归结为粒子在散射势场 $V(\boldsymbol{r},t)$ 式(10-18) 的作用下，由散射前的自由运动平面波初态向散射后的自由运动平面波末态跃迁，可以通过计算跃迁几率来求得微分散射截面。

粒子在单位时间内由入射平面波初态 $\phi_i = \frac{1}{\sqrt{V}}\mathrm{e}^{\mathrm{i}\boldsymbol{k}_i\cdot\boldsymbol{r}}$ 跃迁到(θ,φ) 方向单位立体角中、能量在 E_i 附近所有散射后平面波末态$\{\phi_f\}$，$\phi_f = \frac{1}{\sqrt{V}}\mathrm{e}^{\mathrm{i}\boldsymbol{k}_f\cdot\boldsymbol{r}}$ 的总几率(至一级近似) 为

$$\frac{\mathrm{d}w_{fi}(\theta,\varphi)}{\mathrm{d}\Omega} = \frac{2\pi}{\hbar}\left|\int\phi_f^*(\boldsymbol{r})V(\boldsymbol{r})\phi_i(\boldsymbol{r})\mathrm{d}\tau\right|^2\rho(E_f)_{|E_f=E_i} \tag{10-20}$$

式中：$\rho(E)$ 是自由运动平面波态态密度，其表示式为

$$\rho(E) = \frac{V\mu k}{8\pi^3 \hbar^2} \tag{10-21}$$

于是，微分散射截面（至一级近似）由式(10-1)得

$$\sigma(\theta,\varphi) = \frac{1}{j_i}\frac{\mathrm{d}w_{fi}(\theta,\varphi)}{\mathrm{d}\Omega} = \left(\frac{\mu}{2\pi\hbar^2}\right)^2 \left|\int \mathrm{e}^{\mathrm{i}(\boldsymbol{k}_i-\boldsymbol{k}_f)\cdot\boldsymbol{r}} V(\boldsymbol{r})\mathrm{d}\tau\right|^2 \tag{10-22}$$

式中：$j_i = \frac{\hbar k}{\mu V}$是入射平面波初态的几率流密度。上式作为一级近似式，常称为势散射微分截面的玻恩近似表示式。

2. 中心势场散射情况

微分散射截面式(10-22)写成

$$\sigma(\theta) = \left(\frac{2\mu}{\hbar^2 K}\right)^2 \left|\int_0^\infty \sin(Kr)V(r)r\mathrm{d}r\right|^2$$

$$K = 2k\sin\frac{\theta}{2} \tag{10-23}$$

可以看出：如果 K 很小，则 $\sigma(\theta)$ 与 θ 无关；K 很大，则由于被积函数随 r 变化而急剧振荡，$\sigma(\theta)$ 会很小。总散射截面

$$\sigma_{总} = \int \sigma(\theta)\mathrm{d}\Omega = \frac{2\pi}{k^2}\int_0^{2k} K\sigma(K)\mathrm{d}K \tag{10-24}$$

3. 玻恩近似的适用条件

要求散射势场 $V(\boldsymbol{r})$ 很弱，力程很短，使得势场作用可以视为微扰，并且使得式(10-22)中的积分不发散。具体地，考察球方势垒 $V(r) = \begin{cases} V_0 > 0, & 0 < r < a \\ 0, & r > a \end{cases}$ 的散射。如果粒子的入射能量很高，有 $ka \gg 1$，则玻恩近似的适用条件是

$$\frac{\mu V_0 a}{\hbar^2 k} \ll 1 \qquad (ka \gg 1) \tag{10-25}$$

如果粒子的入射能量很低，有 $ka \ll 1$，则要求

$$\frac{\mu V_0 a^2}{\hbar^2} \ll 1 \qquad (ka \ll 1) \tag{10-26}$$

上述表明，玻恩近似对于粒子入射能量很高或很低的情况都可以应用，只要散射势场足够弱、力程足够短。自然，粒子的入射能量愈高，结果就愈精确。

四、李普曼-施温格方程

散射问题设按定态描述，其定态薛定谔方程(10-7)的形式解——李普曼-施温格(B. A. Lippmann 和 J. Schwinger)方程(简记为 L-S 方程)更适于导出散射振幅 $f(\theta,\varphi)$ 的表示式。

1. L-S 方程

记 $-\frac{\hbar^2}{2\mu}\nabla^2 = \hat{H}_0$，则方程(10-7)采用狄克符号写成

$$(E_k - \hat{H}_0)\mid\psi_k\rangle = \hat{V}\mid\psi_k\rangle \tag{10-27}$$

方程中算符 $E_k - \hat{H}_0$ 没有逆（因为这个算符有一个本征值是零），但是将它改写成 $\lim\limits_{\eta\to 0^+}(E_k \pm \mathrm{i}\eta - \hat{H}_0)$，则它们有逆，于是方程(10-27)的形式解为

$$|\psi_k^{(\pm)}\rangle = |\phi_k\rangle + \lim_{\eta\to 0^+}\frac{1}{E_k-\hat{H}_0\pm i\eta}\ \hat{V}\,|\psi_k^{(\pm)}\rangle \tag{10-28}$$

式中：$|\phi_k>$ 是方程(10-27)相应的齐次方程

$$(E_k-\hat{H}_0)\,|\phi_k\rangle = 0 \tag{10-29}$$

的通解。方程(10-28)称为李普曼 - 施温格方程。

在坐标 $\boldsymbol{r}$ 表象，L-S 方程(10-28)为

$$\langle \boldsymbol{r}\,|\,\psi_k^{(\pm)}\rangle = \langle \boldsymbol{r}\,|\,\phi_k\rangle + \langle \boldsymbol{r}\,|\lim_{\eta\to 0^+}\frac{1}{E_k-\hat{H}_0\pm i\eta}\hat{V}\,|\,\psi_k^{(\pm)}\rangle$$
$$= e^{i\boldsymbol{k}\cdot\boldsymbol{r}} + \iint d\tau' d\tau''\langle \boldsymbol{r}\left|\lim_{\eta\to 0^+}\frac{1}{E_k-\hat{H}_0\pm i\eta}\right|\boldsymbol{r}'\rangle\langle \boldsymbol{r}'\,|\,\hat{V}\,|\,\boldsymbol{r}''\rangle\cdot\langle \boldsymbol{r}''\,|\,\psi_k^{(\pm)}\rangle.$$

式中：$\langle \boldsymbol{r}'\,|\,\hat{V}\,|\,\boldsymbol{r}''\rangle = V(\boldsymbol{r}'')\delta(\boldsymbol{r}'-\boldsymbol{r}'')$

$$\langle \boldsymbol{r}\,|\lim_{\eta\to 0^+}\frac{1}{E_k-\hat{H}_0\pm i\eta}|\,\boldsymbol{r}'\rangle$$
$$=\iint d\boldsymbol{p}d\boldsymbol{p}'\langle \boldsymbol{r}|\boldsymbol{p}\rangle\langle \boldsymbol{p}\left|\lim_{\eta\to 0^+}\frac{1}{\frac{\hbar^2k^2}{2\mu}-\frac{\hat{p}^2}{2\mu}\pm i\eta}\right|\boldsymbol{p}'\rangle\langle \boldsymbol{p}'\,|\,\boldsymbol{r}'\rangle$$
$$=\frac{1}{(2\pi\hbar)^3}\iint d\boldsymbol{p}d\boldsymbol{p}' e^{\frac{i}{\hbar}\boldsymbol{p}\cdot\boldsymbol{r}}\lim_{\eta\to 0^+}\frac{1}{\frac{\hbar^2k^2}{2\mu}-\frac{\boldsymbol{p}'^2}{2\mu}\pm i\eta}\delta(\boldsymbol{p}-\boldsymbol{p}')e^{-\frac{i}{\hbar}\boldsymbol{p}'\cdot\boldsymbol{r}'}$$
$$=\frac{1}{(2\pi\hbar)^3}\int d\boldsymbol{p}'\lim_{\eta\to 0^+}\frac{\exp\left[\frac{i}{\hbar}\boldsymbol{p}'\cdot(\boldsymbol{r}-\boldsymbol{r}')\right]}{\frac{\hbar^2k^2}{2\mu}-\frac{\boldsymbol{p}'^2}{2\mu}\pm i\eta}$$
$$\overset{\boldsymbol{p}'=\hbar\boldsymbol{q}}{=\!=\!=}\frac{1}{(2\pi)^3}\int_0^\infty q^2dq\int_0^{2\pi}d\varphi\cdot\int_0^\pi\lim_{\varepsilon\to 0^+}\frac{2\mu}{\hbar^2}\frac{\exp(iq\,|\,\boldsymbol{r}-\boldsymbol{r}'\,|\cos\theta)}{k^2-q^2\pm i\varepsilon}\sin\theta d\theta$$
$$=-\frac{1}{8\pi^2}\frac{2\mu}{\hbar^2}\frac{1}{i\,|\,\boldsymbol{r}-\boldsymbol{r}'\,|}\int_{-\infty}^{\infty}\lim_{\varepsilon\to 0^+}\frac{q\left[e^{iq|\boldsymbol{r}-\boldsymbol{r}'|}-e^{-iq|\boldsymbol{r}-\boldsymbol{r}'|}\right]}{q^2-k^2\mp i\varepsilon}dq$$
$$=-\frac{1}{4\pi}\frac{2\mu}{\hbar^2}\frac{e^{\pm ik|\boldsymbol{r}-\boldsymbol{r}'|}}{|\,\boldsymbol{r}-\boldsymbol{r}'\,|} \tag{10-30}$$

最后一步用到留数定理。于是，L-S 方程在坐标 $\hat{\boldsymbol{r}}$ 表象为

$$\psi_k^{(\pm)}(\boldsymbol{r}) = e^{i\boldsymbol{k}\cdot\boldsymbol{r}} - \frac{1}{4\pi}\frac{2\mu}{\hbar^2}\int\frac{e^{\pm ik|\boldsymbol{r}-\boldsymbol{r}'|}}{|\,\boldsymbol{r}-\boldsymbol{r}'\,|}V(\boldsymbol{r}')\psi_k^{(\pm)}(\boldsymbol{r}')d\tau' \tag{10-31}$$

2. $\psi_k^{(+)}(\boldsymbol{r})$ 满足散射问题的边界条件

$\psi_k^{+}(\boldsymbol{r})$ 在 $|\,\boldsymbol{r}\,|\to\infty$ 处的渐近形式为

$$\psi_k^{(+)}(\boldsymbol{r}) \xrightarrow{|\boldsymbol{r}|\to\infty} e^{i\boldsymbol{k}\cdot\boldsymbol{r}} - \frac{e^{ikr}}{r}\frac{1}{4\pi}\frac{2\mu}{\hbar^2}\int e^{-ik\frac{\boldsymbol{r}}{r}\cdot\boldsymbol{r}'}V(\boldsymbol{r}')\psi_k^{(+)}(\boldsymbol{r}')d\tau' \tag{10-32}$$

式中用到在 $|\,\boldsymbol{r}\,|\to\infty$ 处，由于 $\boldsymbol{r}'$ 实际上只在势场 $V(\boldsymbol{r}')$ 的作用区域内变化，故 $|\,\boldsymbol{r}'\,|\ll|\,\boldsymbol{r}\,|$，有 $|\,\boldsymbol{r}-\boldsymbol{r}'\,|\approx r-\frac{\boldsymbol{r}}{r}\cdot\boldsymbol{r}'$。将上式与散射问题的边界条件式(11-8)相比较，可知 $\psi_k^{(+)}(\boldsymbol{r})$ 满足散射问题的边界条件。

3. 散射振幅 $f(\theta,\varphi)$ 的表示式及其玻恩级数

式(10-32)示出，散射振幅 $f(\theta,\varphi)$ 表示为

$$f(\theta,\varphi)=-\frac{1}{4\pi}\frac{2\mu}{\hbar^2}\int e^{-ik\frac{r}{r}\cdot r'}V(r')\psi_k^{(+)}(r')d\tau' \tag{10-33}$$

式中：$\psi_k^{(+)}(r)$ 由求解 L-S 方程(10-31) 而得到。如果散射势场 $V(r)$ 可以视为微扰作用，则 L-S 方程(10-31) 可以通过左右两边反复迭代来求解。记

$$\psi_k^{(+)}(r)=\psi_k^{(+)(0)}(r)+\psi_k^{(+)(1)}(r)+\psi_k^{(+)(2)}(r)+\cdots \tag{10-34}$$

有

$$\psi_k^{(+)(0)}(r)=e^{ik\cdot r} \tag{10-35}$$

$$\psi_k^{(+)(1)}(r)=-\frac{1}{4\pi}\frac{2\mu}{\hbar^2}\int\frac{e^{ik|r-r'|}}{|r-r'|}V(r')e^{ik\cdot r'}d\tau' \tag{10-36}$$

等等。式(10-34) 称为 L-S 方程(10-31) 的解 $\psi_k^{(+)}(r)$ 的玻恩级数。将 $\psi_k^{(+)}(r)$ 式(10-34) 代入 $f(\theta,\varphi)$ 式(10-33)，记

$$f(\theta,\varphi)=f^{(0)}(\theta,\varphi)+f^{(1)}(\theta,\varphi)+f^{(2)}(\theta,\varphi)+\cdots \tag{10-37}$$

有

$$f^{(0)}(\theta,\varphi)=0 \tag{10-38}$$

$$\begin{aligned}f^{(1)}(\theta,\varphi)&=-\frac{1}{4\pi}\frac{2\mu}{\hbar^2}\int e^{-ik\frac{r}{r}\cdot r'}V(r')\psi_k^{(+)(0)}(r')d\tau'\\&=-\frac{\mu}{2\pi\hbar^2}\int e^{i(k-k\frac{r}{r})\cdot r'}V(r')d\tau'\end{aligned} \tag{10-39}$$

$$f^{(2)}(\theta,\varphi)=-\frac{1}{4\pi}\frac{2\mu}{\hbar^2}\int e^{-ik\frac{r}{r}\cdot r'}V(r')\psi_k^{(+)(1)}(r')d\tau' \tag{10-40}$$

等等。式(10-37) 称为散射振幅 $f(\theta,\varphi)$ 的玻恩级数。其一级近似

$$f(\theta,\varphi)\approx f^{(0)}(\theta,\varphi)+f^{(1)}(\theta,\varphi)=0-\frac{\mu}{2\pi\hbar^2}\int e^{i(k-k\frac{r}{r})\cdot r'}V(r')d\tau' \tag{10-41}$$

通常称为玻恩近似。

五、中心势场散射的分波相移的玻恩近似表示式

由中心势场散射的微分散射截面的玻恩近似表示式(10-23) 以及式(10-41)，可知散射振幅为

$$f(\theta)=-\frac{2\mu}{\hbar^2}\int_0^\infty V(r)\frac{\sin(Kr)}{Kr}r^2dr \tag{10-42}$$

式中：

$$Kr=2kr\sin\frac{\theta}{2}=2kr\sqrt{\frac{1-\cos\theta}{2}} \tag{10-43}$$

利用展开式

$$\frac{\sin(Kr)}{Kr}=\sum_{l=0}^{\infty}(2l+1)[j_l(kr)]^2P_l(\cos\theta) \tag{10-44}$$

则

$$f(\theta)=\sum_{l=0}^{\infty}(2l+1)\left\{-\frac{2\mu}{\hbar^2}\int_0^\infty V(r)[j_l(kr)]^2r^2dr\right\}P_l(\cos\theta) \tag{10-45}$$

式中：j_l 是球贝塞耳函数。对照分波法中严格导出的散射振幅表示式(10-11)：

$$f(\theta)=\frac{1}{k}\sum_{l=0}^{\infty}(2l+1)\mathrm{e}^{\mathrm{i}\delta_l}\sin\delta_l P_l(\cos\theta)$$

得

$$\mathrm{e}^{\mathrm{i}\delta_l}\sin\delta_l=-\frac{2\mu}{\hbar^2}k\int_0^{\infty}V(r)[\mathrm{j}_l(kr)]^2r^2\mathrm{d}r \tag{10-46}$$

如果散射势场很弱，作用力程又很短，因而 $|\delta_l|\ll 1$，则 $\mathrm{e}^{\mathrm{i}\delta_l}\approx 1$，$\sin\delta_l\approx\delta_l$，于是得到第 l 分波的相移

$$\delta_l=-\frac{2\mu}{\hbar^2}k\int_0^{\infty}V(r)[\mathrm{j}_l(kr)]^2r^2\mathrm{d}r \tag{10-47}$$

特别是 s 分波相移，注意到 $\mathrm{j}_0(x)=\dfrac{\sin x}{x}$，有

$$\delta_0=-\frac{2\mu}{\hbar^2k}\int_0^{\infty}V(r)\sin^2(kr)\mathrm{d}r\underset{ka\ll 1}{\approx}-\frac{2\mu k}{\hbar^2}\int_0^{a}V(r)r^2\mathrm{d}r \tag{10-48}$$

式中：a 是势场 $V(r)$ 的作用力程。

六、中心势场散射的逆问题

由中心势场散射的分波相移 δ_l 的玻恩近似表示式(10-47)，有

$$-\frac{\hbar^2}{2\mu}\frac{\delta_l}{k}=\int_0^{\infty}[\mathrm{j}_l(kr)]^2V(r)r^2\mathrm{d}r \tag{10-49}$$

利用微商计算式

$$\left(\frac{\mathrm{d}}{\mathrm{d}\rho^2}\right)^l\frac{\mathrm{d}}{\mathrm{d}\rho}\left(\frac{\mathrm{d}}{\mathrm{d}\rho^2}\right)^l[\rho^{l+1}\mathrm{j}_l(\rho)]^2=\sin(2\rho) \tag{10-50}$$

将式(10-49)两边乘以 k^{2l+2} 后，用 $\left(\dfrac{\mathrm{d}}{\mathrm{d}k^2}\right)^l\dfrac{\mathrm{d}}{\mathrm{d}k}\left(\dfrac{\mathrm{d}}{\mathrm{d}k^2}\right)^l$ 作用之，注意到若取 $\rho=kr$（r 作为参变量），有

$$\left(\frac{\mathrm{d}}{\mathrm{d}k^2}\right)^l\frac{\mathrm{d}}{\mathrm{d}k}\left(\frac{\mathrm{d}}{\mathrm{d}k^2}\right)^l=r^{4l+1}\left(\frac{\mathrm{d}}{\mathrm{d}\rho^2}\right)^l\frac{\mathrm{d}}{\mathrm{d}\rho}\left(\frac{\mathrm{d}}{\mathrm{d}\rho^2}\right)^l$$

得

$$\begin{aligned}&\left(\frac{\mathrm{d}}{\mathrm{d}k^2}\right)^l\frac{\mathrm{d}}{\mathrm{d}k}\left(\frac{\mathrm{d}}{\mathrm{d}k^2}\right)^l\left\{k^{2l+2}\left[-\frac{\hbar^2}{2\mu}\frac{\delta_l}{k}\right]\right\}\\&=\left(\frac{\mathrm{d}}{\mathrm{d}\rho^2}\right)^l\frac{\mathrm{d}}{\mathrm{d}\rho}\left(\frac{\mathrm{d}}{\mathrm{d}\rho^2}\right)^l\int_0^{\infty}r^{4l+1}k^{2l+2}[\mathrm{j}_l(kr)]^2V(r)r^2\mathrm{d}r\\&=\int_0^{\infty}\sin(2kr)V(r)r^{2l+1}\mathrm{d}r\end{aligned}$$

将上式两边乘以 $\dfrac{4}{\pi}\sin(2kr')$ 再对 k 积分，注意到式中的积分

$$\begin{aligned}&\frac{4}{\pi}\int_0^{\infty}\sin(2kr)\sin(2kr')\mathrm{d}k\\&=\frac{1}{\pi}\int_0^{\infty}[\cos 2k(r-r')-\cos 2k(r+r')]\mathrm{d}(2k)\\&=\delta(r-r')-\delta(r+r')\end{aligned}$$

得到

$$V(r)=\frac{4}{\pi r^{2l+1}}\int_0^\infty\left(\frac{\mathrm{d}}{\mathrm{d}k^2}\right)^l\frac{\mathrm{d}}{\mathrm{d}k}\left(\frac{\mathrm{d}}{\mathrm{d}k^2}\right)^l\cdot\left\{k^{2l+2}\left[-\frac{\hbar^2}{2\mu}\frac{\delta_l(k)}{k}\right]\right\}\sin(2kr)\mathrm{d}k \qquad (10\text{-}51)$$

利用上式，由第 l 分波的相移 $\delta_l(k)$，就可以得到中心散射势场 $V(r)$ 的表示式。上式适用的条件是：对于粒子的高或低入射能量，均有 $|\delta l|\ll 1, l=0,1,2,\cdots$

对应于 s 分波($l=0$) 和 p 分波($l=1$) 的相移 $\delta_0(k)$ 和 $\delta_1(k)$，分别有

$$V(r)=\frac{4}{\pi r}\int_0^\infty\frac{\mathrm{d}}{\mathrm{d}k}\left\{k^2\left[-\frac{\hbar^2}{2\mu}\frac{\delta_0(k)}{k}\right]\right\}\sin(2kr)\mathrm{d}k \qquad (10\text{-}52)$$

$$V(r)=\frac{4}{\pi r^3}\int_0^\infty\left(\frac{\mathrm{d}}{\mathrm{d}k^2}\right)\frac{\mathrm{d}}{\mathrm{d}k}\left(\frac{\mathrm{d}}{\mathrm{d}k^2}\right)\left\{k^4\left[-\frac{\hbar^2}{2\mu}\frac{\delta_1(k)}{k}\right]\right\}\sin(2kr)\mathrm{d}k \qquad (10\text{-}53)$$

七、全同粒子的势散射

两全同粒子的势散射体系在空间运动对称和反对称的定态下的微分散射截面分别是

$$\begin{aligned}\sigma_S(\theta,\varphi)&=|f(\theta,\varphi)+f(\pi-\theta,\pi+\varphi)|^2\\&=|f(\theta,\varphi)|^2+|f(\pi-\theta,\pi+\varphi)|^2+2\mathrm{Re}[f^*(\theta,\varphi)f(\pi-\theta,\pi+\varphi)]\end{aligned} \qquad (10\text{-}54)$$

和

$$\begin{aligned}\sigma_A(\theta,\varphi)&=|f(\theta,\varphi)-f(\pi-\theta,\pi+\varphi)|^2\\&=|f(\theta,\varphi)|^2+|f(\pi-\theta,\pi+\varphi)|^2-2\mathrm{Re}[f^*(\theta,\varphi)f(\pi-\theta,\pi+\varphi)]\end{aligned} \qquad (10\text{-}55)$$

式中出现干涉项 $\pm 2\mathrm{Re}[f^*(\theta,\varphi)f(\pi-\theta,\pi+\varphi]$ 是纯量子效应。如果粒子自旋角量子数为 s，设入射粒子束及靶粒子均未极化，则对于两个全同费米子的势散射体系，微分散射截面

$$\sigma(\theta,\varphi)=\frac{s}{2s+1}\sigma_S(\theta,\varphi)+\frac{s+1}{2s+1}\sigma_A(\theta,\varphi) \qquad (10\text{-}56)$$

对于两个全同玻色子的势散射体系，微分散射截面

$$\sigma(\theta,\varphi)=\frac{s+1}{2s+1}\sigma_S(\theta,\varphi)+\frac{s}{2s+1}\sigma_A(\theta,\varphi) \qquad (10\text{-}57)$$

上两式合起来，写成

$$\sigma(\theta,\varphi)=|f(\theta,\varphi)|^2+|f(\pi-\theta,\pi+\varphi)|^2+\frac{(-1)^{2s}}{s+\frac{1}{2}}\mathrm{Re}[f^*(\theta,\varphi)f(\pi-\theta,\pi+\varphi)] \qquad (10\text{-}58)$$

八、带电粒子对原子的弹性散射

设入射粒子带电荷 q，假定仅被原子的电场散射。

1. 高速粒子对原子序数为 Z、电子数密度分布为 $\rho(\boldsymbol{r})$ 的原子散射

应用玻恩近似式(10-22)，得到微分散射截面

$$\sigma(\theta,\varphi)=\left[\frac{eq}{4\pi\varepsilon_0}\frac{|Z-F(\boldsymbol{K})|}{4E}\right]^2\frac{1}{\sin^4\left(\frac{\theta}{2}\right)} \qquad (10\text{-}59)$$

式中：$E=\dfrac{\hbar^2k^2}{2\mu}$，$|\boldsymbol{K}|=2k\sin\dfrac{\theta}{2}$。$F(\boldsymbol{K})$ 称为 $\rho(\boldsymbol{r})$ 的形状因子：

$$F(\boldsymbol{K})=\int e^{i\boldsymbol{K}\cdot\boldsymbol{r}}\rho(\boldsymbol{r})d\tau \tag{10-60}$$

例如高速电子对基态氢原子入射，若取

$$\rho(\boldsymbol{r})=|\psi_{100}(\boldsymbol{r})|^2=\frac{1}{\pi a_0{}^3}e^{-2r/a_0} \tag{10-61}$$

则形状因子

$$F(\boldsymbol{K})=\frac{1}{\left[1+\frac{1}{4}K^2a_0{}^2\right]^2} \tag{10-62}$$

得到微分散射截面

$$\sigma(\theta)=4a_0{}^2\frac{(K^2a_0{}^2+8)^2}{(K^2a_0{}^2+4)^4},K=2k\sin\frac{\theta}{2} \tag{10-63}$$

2. 电子-基态氢原子散射

电子-基态氢原子势散射体系的哈密顿算符 $\hat{H}$ 为

$$\hat{H}=-\frac{\hbar^2}{2\mu}\nabla_1^2-\frac{\hbar^2}{2\mu}\nabla_2^2-\frac{e^2}{4\pi\varepsilon_0 r_1}-\frac{e^2}{4\pi\varepsilon_0 r_2}+\frac{e^2}{4\pi\varepsilon_0 r_{12}} \tag{10-64}$$

相应的定态薛定谔方程

$$\hat{H}\psi_\pm(\boldsymbol{r}_1,\boldsymbol{r}_2)=\left(\frac{\hbar^2k^2}{2\mu}+E_1{}^0\right)\psi_\pm(\boldsymbol{r}_1,\boldsymbol{r}_2) \tag{10-65}$$

的解 $\psi_\pm(\boldsymbol{r}_1,\boldsymbol{r}_2)$ 是体系总波函数(具有两个电子交换的全反对称性)：

$$\Psi_A(q_1,q_2)=\psi_\pm(\boldsymbol{r}_1,\boldsymbol{r}_2)\chi_\mp(S_{z1},S_{z2}) \tag{10-66}$$

的空间运动部分，对于两个电子空间坐标交换分别是对称的(ψ_+)和反对称的(ψ_-)，它们满足散射的边界条件

$$\psi_\pm(\boldsymbol{r}_1,\boldsymbol{r}_2)\xrightarrow{|\boldsymbol{r}_1|\to\infty}F^\pm(\boldsymbol{r}_1)\phi_{100}(\boldsymbol{r}_2)$$

$$\psi_\pm(\boldsymbol{r}_1,\boldsymbol{r}_2)\xrightarrow{|\boldsymbol{r}_2|\to\infty}F^\pm(\boldsymbol{r}_2)\phi_{100}(\boldsymbol{r}_1) \tag{10-67}$$

其中

$$F^\pm(\boldsymbol{r})\xrightarrow{|\boldsymbol{r}|\to\infty}e^{i\boldsymbol{k}\cdot\boldsymbol{r}}+f^\pm(\theta,\varphi)\frac{e^{ikr}}{r} \tag{10-68}$$

微分散射截面由式(10-56)知为

$$\sigma(\theta,\varphi)=\frac{1}{4}|f^+(\theta,\varphi)|^2+\frac{3}{4}|f^-(\theta,\varphi)|^2 \tag{10-69}$$

问题归结为求出函数 $F^\pm(\boldsymbol{r})$ 以得到 $f^\pm(\theta,\varphi)$。应用静电交换近似，可以证明 $F^\pm(\boldsymbol{r})$ 满足微分积分方程

$$\left[-\frac{\hbar^2}{2\mu}\nabla_1^2+J(\boldsymbol{r}_1)\right]F^\pm(\boldsymbol{r}_1)\pm\int K(\boldsymbol{r}_1,\boldsymbol{r}_2)F^\pm(\boldsymbol{r}_2)d\tau_2=\frac{\hbar^2k^2}{2\mu}F^\pm(\boldsymbol{r}_1) \tag{10-70}$$

方程中，直接项 $J(\boldsymbol{r}_1)$ 为

$$J(\boldsymbol{r}_1)=-\frac{e^2}{4\pi\varepsilon_0}\left(\frac{1}{a_0}+\frac{1}{r_1}\right)e^{-2r_1/a_0} \tag{10-71}$$

交换项 $K(\boldsymbol{r}_1,\boldsymbol{r}_2)$ 为

$$K(\boldsymbol{r}_1,\boldsymbol{r}_2)=\phi_{100}^*(\boldsymbol{r}_2)\phi_{100}(\boldsymbol{r}_1)\left[-\frac{\hbar^2k^2}{2\mu}+E_1{}^0+\frac{e^2}{4\pi\varepsilon_0 r_{12}}\right] \tag{10-72}$$

第二部分　例　题

10-1　试将平面波 $e^{ikz}=e^{ikr\cos\theta}$ 在 $r\to\infty$ 处按球面波展开，求出展开系数。

解：沿 z 轴传播的平面波函数

$$u=e^{ikz}=e^{ikr\cos\theta} \tag{1}$$

是自由粒子定态薛定谔方程

$$\nabla^2 u+k^2u=0,k^2=\frac{2\mu E}{\hbar^2} \tag{2}$$

的解。方程(2) 实则是一个特殊的有心力场问题，它的一般解也可以写为

$$u(r,\theta,\varphi)=\sum_{l=0}^{\infty}\sum_{m=-l}^{l}\{A_{l,m}j_l(kr)+B_{l,m}n_l(kr)\}P_l^{|m|}(\cos\theta)e^{im\varphi} \tag{3}$$

式中：

$$j_l(kr)=\sqrt{\frac{\pi}{2kr}}J_{l+1/2}(kr),n_l(kr)=(-1)^{l+1}\sqrt{\frac{\pi}{2kr}}J_{-(l+1/2)}(kr) \tag{4}$$

分别为球贝塞耳函数和球诺埃曼函数。式(3) 中每一个求和项表示由角量子数 l 和 m 标记的一个球面波。将式(3) 与式(1) 进行对照，立刻可以对式(3) 进行两点简化：

(a)　因为式(1) 与角 φ 无关，所以只有 $m=0$ 项有贡献，或者从物理上看，一个平行于 z 轴的粒子束，没有沿 z 轴的角动量分量。

(b)　式(3) 中不能含有球诺埃曼函数 $n_l(kr)$，因为它在 $r\to 0$ 时是发散的。

因此，将平面波按球面波展开的展开式可简写为

$$e^{ikr\cos\theta}=\sum_{l=0}^{\infty}A_lj_l(kr)P_l(\cos\theta) \tag{5}$$

为了确定式(5) 中的叠加系数 A_l，可利用勒让德多项式的正交归一性：

$$\int_{-1}^{1}dtP_l(t)P_{l'}(t)=\frac{2}{2l+1}\delta_{ll'} \tag{6}$$

为此，令 $t=\cos\theta$，并对式(5) 两边作运算：$\int_{-1}^{1}P_l(t)dt$，可得

$$\int_{-1}^{1}dte^{ikrt}P_l(t)=A_lj_l(kr)\frac{2}{2l+1} \tag{7}$$

再对式(7) 的左边反复进行分部积分。有

$$\int_{-1}^{1}dte^{ikrt}P_l(t)$$

$$=\frac{1}{ikr}\left[e^{ikrt}P_l(t)\right]\Big|_{-1}^{1}-\frac{1}{ikr}\left|\left\{\frac{1}{ikr}\left[e^{ikrt}\frac{d}{dt}P_l(t)\right]\right|_{-1}^{1}-\frac{1}{ikr}\int_{-1}^{1}dte^{ikrt}\frac{d^2}{dt^2}P_l(t)\right\} \tag{8}$$

由于当 $r\to\infty$ 时，式(8) 右边只有第一项是重要的，且 $P_l(\pm1)=(\pm1)^l$，于是可得式(8) 在 $r\to\infty$ 处的渐近行为是

$$\int_{-1}^{+1}dte^{ikrt}P_l(t)\xrightarrow{r\to\infty}\frac{1}{ikr}\left[e^{ikr}(+1)^l-e^{-ikr}(-1)^l\right]$$

$$=\frac{i^l}{ikr}(i^{-l}e^{ikr}-i^le^{-ikr})=\frac{i^l}{ikr}\left[e^{i(kr-\frac{l\pi}{2})}-e^{-i(kr-\frac{l\pi}{2})}\right]$$

$$= \mathrm{i}^l \frac{2}{kr}\sin\left(kr - \frac{l\pi}{2}\right) \tag{9}$$

又知球贝塞耳函数 $\mathrm{j}_l(kr)$ 在 $r\to\infty$ 处的渐近行为是

$$\mathrm{j}_l(kr) \xrightarrow{r\to\infty} \frac{1}{kr}\sin\left(kr - \frac{l\pi}{2}\right) \tag{10}$$

将式(9)、(10) 代入式(7) 中，可得

$$\mathrm{i}^l \frac{2}{kr}\sin\left(kr - \frac{l\pi}{2}\right) = \frac{A_l}{kr}\frac{2}{2l+1}\sin\left(kr - \frac{l\pi}{2}\right)$$

显然

$$A_l = (2l+1)\mathrm{i}^l \tag{11}$$

将式(11) 代入式(5) 中，即得平面波在 $\boldsymbol{r}\to\infty$ 处按球面波展开的展开式：

$$\mathrm{e}^{\mathrm{i}kz} = \mathrm{e}^{\mathrm{i}kr\cos\theta} = \sum_{l=0}^{\infty}(2l+1)\mathrm{i}^l \mathrm{j}_l(kr)P_l(\cos\theta) \tag{12}$$

10-2 粒子受到有心力场 $V(r) = \begin{cases}\infty, r < a\\ 0, \quad r > a\end{cases}$ 的散射，试求 l 分波的相移及总散射截面。

解：l 分波的径向函数满足的方程为

$$\frac{1}{r^2}\frac{\mathrm{d}}{\mathrm{d}r}\left[r^2\frac{\mathrm{d}R_l}{\mathrm{d}r}\right] + \left[k^2 - \frac{2\mu}{\hbar^2}V(r) - \frac{l(l+1)}{r^2}\right]R_l = 0 \tag{1}$$

其中：$k^2 = \frac{2\mu E}{\hbar^2} > 0$，将已知条件 $V(r) = \begin{cases}\infty, & r < a\\ 0, & r > a\end{cases}$ 代入方程(1) 中，可得其解为

$$R_l(r) = \begin{cases}0, & r < a\\ \cos\delta_l \mathrm{j}_l(kr) - \sin\delta_l \mathrm{n}_l(kr), & r > a\end{cases} \tag{2}$$

式中：j_l 与 n_l 分别为球贝塞耳函数和球诺埃曼函数。利用公式

$$\begin{cases}\mathrm{j}_l(x) \xrightarrow{x\to\infty} \dfrac{1}{x}\sin\left(x - \dfrac{l\pi}{2}\right)\\ \mathrm{n}_l(x) \xrightarrow{x\to\infty} -\dfrac{1}{x}\cos\left(x - \dfrac{l\pi}{2}\right)\end{cases} \tag{3}$$

可得

$$R_l(r) \xrightarrow{r\to\infty} \frac{1}{kr}\left[\cos\delta_l \sin\left(kr - \frac{l\pi}{2}\right) + \sin\delta_l\cos\left(kr - \frac{l\pi}{2}\right)\right]$$

$$= \frac{1}{kr}\sin\left(kr - \frac{l\pi}{2} + \delta_l\right) \tag{4}$$

相移 δ_l 可由在 $r = a$ 处波函数的连续性条件确定。由式(2) 知

$$R_l(a) = \cos\delta_l \mathrm{j}_l(ka) - \sin\delta_l \mathrm{n}_l(ka) = 0.$$

得

$$\tan\delta_l = \frac{\mathrm{j}_l(ka)}{\mathrm{n}_l(ka)} \tag{5}$$

(a) 若入射能量很低，使得 $ka\to 0$，则可利用公式

$$\begin{cases}\mathrm{j}_l(x) \xrightarrow{x\to 0} \dfrac{x^l}{1\cdot 3\cdot 5\cdot 7\cdots(2l+1)}\\ \mathrm{n}_l(x) \xrightarrow{x\to 0} -\dfrac{1\cdot 3\cdot 5\cdot\cdots(2l-1)}{x^{l+1}}\end{cases} \tag{6}$$

得

$$\tan\delta_l \xrightarrow{ka\to 0} \frac{-(ka)^{2l+1}}{[1\cdot 3\cdot 5\cdot\cdots(2l-1)]^2(2l+1)} \tag{7}$$

由于 $ka\to 0$ 时，只有 s 分波产生的相移 δ_0 对散射有贡献，故在上式中取 $l=0$，得 s 分波的相移 δ_0 为

$$\tan\delta_0 \approx \delta_0 = -ka < 0 \tag{8}$$

p 分波的相移

$$\tan\delta_1 \approx \delta_1 \approx -\frac{1}{3}(ka)^3 \tag{9}$$

故散射振幅

$$\begin{aligned} f(\theta) &= \frac{1}{k}\sum_{l=0}^{\infty}(2l+1)e^{i\delta_l}\sin\delta_l P_l(\cos\theta) \\ &\approx \frac{1}{k}\left[e^{i\delta_0}\sin\delta_0 + 3e^{i\delta_l}\sin\delta_1\cos\theta\right] \\ &= \frac{1}{k}e^{-ika}\sin(-ka) + \frac{3}{k}e^{-i\frac{1}{3}(ka)^3}\sin\left[-\frac{1}{3}(ka)^3\right]\cos\theta \end{aligned} \tag{10}$$

式中用到 $P_0(x)=1$ 及 $P_1(x)=x$。对于 $ka\ll 1$ 的情况，至 $(ka)^2$ 数量级，有

$$f(\theta) \approx -a\left[1 - i(ka) - \frac{2}{3}(ka)^2 + (ka)^2\cos\theta\right] \tag{11}$$

微分散射截面

$$\sigma(\theta) = |f(\theta)|^2 = a^2\left[1 - \frac{1}{3}(ka)^2 + 2(ka)^2\cos\theta\right] \tag{12}$$

若 $ka\to 0$，则 $\sigma(\theta)\approx a^2$，总散射截面

$$\sigma_{总} = 4\pi a^2 = 4\sigma_{经典总} \tag{13}$$

式(13)表明散射角分布是各向同性的，总截面为半径为 a 的经典刚球截面 πa^2 的 4 倍，与刚球表面积相等。

(b) 若入射粒子能量很高，使得 $ka\to\infty$，则必须计算 $0\sim l=ka$ 个分波的相移，由式(5)可得第 l 个分波产生的相移 $\sin^2\delta_l$ 为

$$\sin^2\delta_l = \frac{\tan\delta_l}{1+\tan^2\delta_l} = \frac{j_l^2(ka)}{j_l^2(ka)+n_l^2(ka)} \xrightarrow{ka\to\infty}$$

$$\frac{\sin^2\left(ka-\frac{l\pi}{2}\right)}{\sin^2\left(ka-\frac{l\pi}{2}\right)+\cos^2\left(ka-\frac{l\pi}{2}\right)} = \sin^2\left(ka-\frac{l\pi}{2}\right) \tag{14}$$

总散射截面 Q 为

$$Q = \frac{4\pi}{k^2}\sum_{l=0}^{[ka]}(2l+1)\sin^2\delta_l \approx \frac{4\pi}{k^2}\sum_{l=0}^{[ka]}(2l+1)\sin^2\left(ka-\frac{l\pi}{2}\right) \tag{15}$$

式中：$[ka]$ 表示与 ka 紧邻的正整数。进一步，由于

$$\begin{cases} 当\ l=偶数时，\sin^2\left(ka-\frac{l\pi}{2}\right)=\sin^2(ka) \\ 当\ l=奇数时，\sin^2\left(ka-\frac{l\pi}{2}\right)=\cos^2(ka) \end{cases} \tag{16}$$

所以

$$Q = \frac{4\pi}{k^2}\Big\{\sum_{l=0,2,4,\cdots}^{[ka]}(2l+1)\sin^2(ka) + \sum_{l=1,2,3,\cdots}^{[ka]}(2l+1)\cos^2(ka)\Big\}$$

$$= \frac{4\pi}{k^2}\Big[\frac{(ka+1)(ka+2)}{2}\sin^2(ka) + \frac{(ka+1)(ka+2)}{2}\cos^2(ka)\Big]$$

$$\xrightarrow{ka\to\infty} \frac{4\pi}{k^2}\frac{(ka)^2}{2} = 2\pi a^2 \tag{17}$$

是半径为 a 的经典刚球截面的 2 倍。

10-3　讨论球方势垒的散射。设散射势为

$$V(r) = \begin{cases} V_0 > 0, r < a \\ 0, \quad r > a \end{cases}$$

试就如下两种情况：(a) $E < V_0$ 及 (b) $E > V_0$，确定 s 分波的相移 δ_0 并分析 δ_0 与入射粒子能量之间的关系。

解：(a)　$E < V_0$

设 s 分波的径向函数 $R_0(r) = \dfrac{\chi_0(r)}{r}$，则 $\chi_0(r)$ 满足的方程为

$$\begin{cases} \chi_0'' + \left(k^2 - \dfrac{2\mu V_0}{\hbar^2}\right)\chi_0 = 0, r < 0, \chi_0(0) = 0 \\ \chi_0'' + k^2\chi_0 = 0 \quad r > a \end{cases} \tag{1}$$

式中：$k = \sqrt{\dfrac{2\mu E}{\hbar^2}} > 0$，并令

$$K_0 = \sqrt{\frac{2\mu V_0}{\hbar^2}} > 0,\ K = \sqrt{K_0^{\,2} - k^2} > 0 \quad (E < V_0) \tag{2}$$

则方程(1) 的解为

$$\chi_0(r) = \begin{cases} A\mathrm{sh}Kr, & r < a \\ B\sin(kr + \delta_0), & r > a \end{cases} \tag{3}$$

式(3) 中已考虑了 $\chi_0(0) = 0$ 的边界条件。利用在势的边界 $r = a$ 处波函数的连续性条件，得

$$\begin{cases} A\mathrm{sh}Ka = B\sin(ka + \delta_0) \\ AK\,\mathrm{ch}Ka = Bk\cos(ka + \delta_0) \end{cases} \tag{4}$$

由此可得相移 δ_0 满足的方程为

$$\frac{\tanh Ka}{Ka} = \frac{\tan(ka + \delta_0)}{ka} \tag{5}$$

若入射粒子的能量很低，使得 $k \to 0$，则由式(2) 知，$K \approx K_0$，此时欲使 $\dfrac{\tan(ka + \delta_0)}{ka} = \dfrac{\tanh K_0 a}{K_0 a}$ 保持不为零，要求 $ka + \delta_0 \to 0$，因此 $\tan(ka + \delta_0) \approx ka + \delta_0$。再由式(5) 可得

$$\delta_0 = ka\left(\frac{\tanh K_0 a}{K_0 a} - 1\right) \tag{6}$$

若势的高度 V_0 非常大，使得 $K_0 \to \infty$(此即所谓刚球散射)，则由式(2) 可知，无论入射

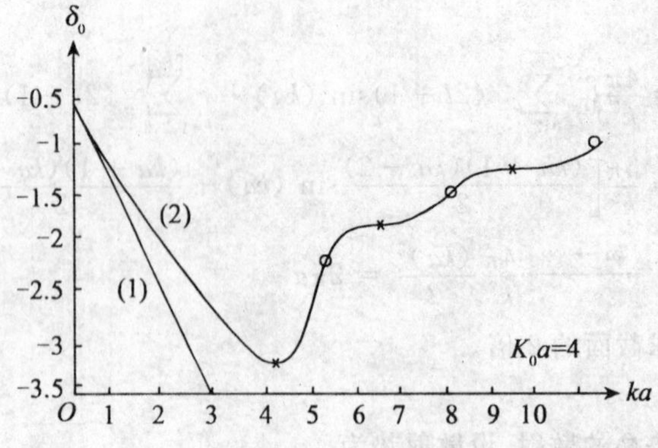

曲线(1) 是刚球情况($K_0a\to\infty$ 时,δ_0 与 ka 呈线性关系);

曲线(2) 是有限等势垒的情况(此处 $K_0a=4$).

题 10-3 图

粒子能量取值如何,与 K_0^2 相比,k^2 均可略去。因此关系式 $K\approx K_0$ 和式(6) 对所有能量都成立。表明相移 δ_0 与 ka 呈线性关系,如题 10-3 图中曲线(1) 所示。这个结果表明了微粒的波动性,是量子力学的一个特征。即,当入射粒子的能量低于势场阈值(即 $E<V_0$) 时,波也会穿入垒球内部,贯穿深度则与势的高度 V_0 有关。在经典力学中,这样的贯穿是不可能的。

若势垒的高度 V_0 有限,即当 K_0 有限时,则由式(5) 可得

$$\delta_0=\arctan\left[\frac{ka}{Ka}\tanh Ka\right]-ka \tag{7}$$

(b) $E>V_0$

类同于(a) 的讨论,知 s 分波的径向函数 $\chi_0(r)=rR_0(r)$ 为

$$\chi_0(r)=\begin{cases}A'\sin K'r, & r<a,K'=\sqrt{k^2-K_0^{\ 2}}>0\\ B'\sin(kr+\delta_0), & r>a\end{cases} \tag{8}$$

由在势的边界 $r=a$ 处径向波函数的连续性条件,可得

$$\begin{cases}A'\sin K'a=B'\sin(ka+\delta_0)\\ A'K'\cos K'a=B'k\cos(ka+\delta_0)\end{cases} \tag{9}$$

由此可得散射相移 δ_0 满足的方程为

$$\frac{\tan K'a}{K'a}=\frac{\tan(ka+\delta_0)}{ka} \tag{10}$$

即

$$\delta_0=\arctan\left[\frac{ka}{K'a}\tan K'a\right]-ka \tag{11}$$

δ_0 随 ka 的变化如题 10-3 图中曲线(2) 所示(由于 $V_0>0$ 是排斥势,图中 δ_0 取负值)。由图中可以看到,即使在 $ka=0$ 处,曲线(2) 的斜率也与直线(1) 不同。这是由于直线(1) 相当于刚球散射,入射粒子不能进入球内,产生的相移较同样条件下势垒为有限高时的要小。随着入射粒子能量的增大,曲线(2) 单调下降,当能量增大到比 V_0 略大处,δ_0 达到极小值。然后再随 k 增加,δ_0 大致呈阶梯形增加。根据式(11) 的反正切函数图形可知,$\arctan\left[\frac{ka}{K'a}\tan K'a\right]$ 在

$\frac{ka}{K'a}\tan K'a \sim 0$ 附近上升最快，即在 $K'a \sim n\pi(n=1,2,3,\cdots)$ 附近 δ_0 上升最快，而在其他区域较为平稳。当入射粒子的能量很大，使得 $ka \to \infty$ 时，δ_0 最终趋近于零。这是因为对于能量极高的入射粒子，有限高势垒对它的影响是微不足道的。

10-4 粒子受到势场 $V(r)=\frac{V_0}{r^2}(V_0>0)$ 的散射，求：

(a) 各分波的相移 δ_l；

(b) 在 $\frac{mV_0}{\hbar^2} \ll 1$ 的条件下，求微分散射截面。

解：(a) 由于 $V(r)$ 是有心力场，因此散射体系径向波函数 $R_l(r)$ 满足的微分方程是

$$\frac{1}{r^2}\frac{\mathrm{d}}{\mathrm{d}r}\left(r^2\frac{\mathrm{d}R_l}{\mathrm{d}r}\right)+\left[k^2-\frac{l(l+1)+2\mu V_0/\hbar^2}{r^2}\right]R_l=0 \tag{1}$$

式中 $k^2=\frac{2\mu E}{\hbar^2}>0$，若令 $\nu(\nu+1)=\frac{2\mu V_0}{\hbar^2}+l(l+1)$，即

$$\nu+\frac{1}{2}=\left[(l+1/2)^2+\frac{2\mu V_0}{\hbar^2}\right]^{1/2} \tag{2}$$

则方程(1) 可化简为球贝塞耳方程的标准型：

$$R_l''+\frac{2}{r}R_l'+\left[k^2-\frac{\nu(\nu+1)}{r^2}\right]R_l=0 \tag{3}$$

其有物理意义的解为

$$R_l(r)=A_l\mathrm{j}_\nu(kr) \tag{4}$$

式中 $\mathrm{j}_\nu(kr)$ 是 ν 的阶球贝塞耳函数.

$$\mathrm{j}_\nu(kr)=\sqrt{\frac{\pi}{2kr}}\mathrm{j}_{\nu+1/2}(kr)\xrightarrow{r\to\infty}\frac{1}{kr}\sin\left(kr-\frac{l\pi}{2}\right) \tag{5}$$

于是径向函数 $R_l(r)$ 在 $r\to\infty$ 处的渐近行为是

$$R_l(r)\xrightarrow{r\to\infty}\frac{A_l}{kr}\sin\left(kr-\frac{l\pi}{2}\right) \tag{6}$$

而按照散射的一般理论，在有心力场中，径向波函数 R_l 的渐近行为是(参照本章内容精要式(10-17))：

$$R_l(r)\xrightarrow{r\to\infty}\frac{A_l}{kr}\sin\left(kr-\frac{l\pi}{2}+\delta_l\right) \tag{7}$$

将式(6) 与式(7) 进行比较，可得 l 分波产生的相移为

$$\delta_l=\frac{l\pi}{2}-\frac{\nu\pi}{2}=-\frac{\pi}{2}\left[\sqrt{(l+1/2)^2+\frac{2\mu V_0}{\hbar^2}}-(l+1/2)\right] \tag{8}$$

式(8) 表明 δ_l 与入射粒子的能量 $E=\frac{\hbar^2k^2}{2\mu}$ 无关。由此可得散射振幅 $f(\theta)$ 为

$$f(\theta)=\frac{1}{k}\sum_l(2l+1)\mathrm{e}^{\mathrm{i}\delta_l}\sin\delta_l P_l(\cos\theta) \tag{9}$$

微分散射截面 $\sigma(\theta)$ 为

$$\sigma(\theta)=|f(\theta)|^2=\frac{1}{k^2}\left|\sum_l(2l+1)\mathrm{e}^{\mathrm{i}\delta_l}\sin\delta_l P_l(\cos\theta)\right|^2 \tag{10}$$

(b) 如果$\frac{\mu V_0}{\hbar^2} \ll 1$,则可对式(2)与式(8)作近似展开:

$$\nu+\frac{1}{2}=(l+1/2)\left[1+\frac{2\mu V_0}{\hbar^2(l+1/2)^2}\right]^{1/2}$$

$$\approx\left(l+\frac{1}{2}\right)\left[1+\frac{1}{2}\frac{2\mu V_0}{\hbar^2(l+1/2)^2}\right]$$

$$=(l+1/2)+\frac{\mu V_0}{(l+1/2)\hbar^2}. \tag{11}$$

$$\delta_l=-\frac{\pi}{2}(\nu-l)\approx-\frac{\pi}{2}\left[\left(l+\frac{\mu V_0}{(l+1/2)\hbar^2}\right)-l\right]$$

$$=-\frac{\pi\mu V_0}{(2l+1)\hbar^2} \tag{12}$$

由于$\frac{\mu V_0}{\hbar^2} \ll 1$,所以$|\delta_l| \ll 1$. 因此式(9)中可取$e^{i\delta_l} \approx 1, \sin\delta_l \approx \delta_l$,由此得到

$$f(\theta)\approx\frac{1}{k}\sum_l(2l+1)\delta_l P_l(\cos\theta)=-\frac{\pi\mu V_0}{k\hbar^2}\sum_l P_l(\cos\theta) \tag{13}$$

利用公式

$$\frac{1}{\sin\frac{\theta}{2}}=2\sum_{l=0}^{\infty}P_l(\cos\theta) \tag{14}$$

可得

$$f(\theta)\approx-\frac{\pi\mu V_0}{2k\hbar^2\sin\frac{\theta}{2}} \tag{15}$$

微分散射截面$\sigma(\theta)$为

$$\sigma(\theta)=|f(\theta)|^2\approx\frac{\pi^2\mu^2V_0{}^2}{4k^2\hbar^4}\frac{1}{\sin^2\frac{\theta}{2}}=\frac{\pi^2\mu V_0{}^2}{8\hbar^2E\sin^2\frac{\theta}{2}} \tag{16}$$

10-5 设粒子在下列势场中运动:

(a) $V(r)=Ae^{-r^2/a^2}$;

(b) $V(r)=-\frac{Ze^2}{r}e^{-r/a}$.

试用玻恩近似法,求微分散射截面和总散射截面。

解:(a) 由于$V(r)=Ae^{-r^2/a^2}$是有心力场,散射振幅的玻恩一级近似公式为

$$f(\theta)=-\frac{2\mu}{\hbar^2q}\int_0^{\infty}rV(r)\sin qr\,dr=-\frac{2\mu A}{\hbar^2q}\int_0^{\infty}re^{-r^2/a^2}\sin qr\,dr$$

$$=-\frac{\mu A}{\hbar^2q}\int_{-\infty}^{\infty}re^{-r^2/a^2}\sin qr\,dr\xlongequal[\text{一次}]{\text{分部积分}}\frac{\mu Aa^2}{2\hbar^2q}\int_{-\infty}^{\infty}d(e^{-r^2/a^2})\sin qr\,dr$$

$$=-\frac{\mu Aa^2}{2\hbar^2}\int_{-\infty}^{\infty}e^{-r^2/a^2}\cos qr\,dr\xlongequal{\text{令}R=r/a}-\frac{\mu Aa^3}{2\hbar^2}\int_{-\infty}^{\infty}e^{-R^2}\cos aqR\,dR$$

$$=-\frac{\mu Aa^3}{4\hbar^2}e^{-q^2a^2/4}\int_{-\infty}^{\infty}\left\{\exp\left[-\left(R-\frac{i}{2}qa\right)^2\right]+\exp\left[-\left(R+\frac{i}{2}qa\right)^2\right]\right\}dR$$

$$=-\frac{\mu A a^3}{4\hbar^2}\mathrm{e}^{-q^2a^2/4}(\sqrt{\pi}+\sqrt{\pi})=-\frac{\sqrt{\pi}\mu A a^3}{2\hbar^2}\mathrm{e}^{-q^2a^2/4} \tag{1}$$

微分散射截面为

$$\sigma(\theta)=|f(\theta)|^2=\frac{\pi\mu^2A^2a^6}{4\hbar^4}\mathrm{e}^{-q^2a^2/2} \tag{2}$$

式中：$q=2k\sin\frac{\theta}{2}$，$k=\sqrt{\frac{2\mu E}{\hbar^2}}$，$E$ 为入射粒子能量，θ 为散射角。总散射截面为

$$Q=\int\sigma(\theta)\mathrm{d}\Omega=2\pi\int_0^\pi\sigma(\theta)\sin\theta\mathrm{d}\theta=\frac{\pi^2\mu^2A^2a^6}{2\hbar^4}\int_0^\pi\mathrm{e}^{-q^2a^2/2}\sin\theta\mathrm{d}\theta \tag{3}$$

为完成式(3)中的积分，令 $x=qa=2ka\sin\frac{\theta}{2}$，则 $\sin\theta\mathrm{d}\theta=\frac{x\mathrm{d}x}{k^2a^2}$，当 $\theta=0$ 时，$x=0$；$\theta=\pi$，$x=2ka=\sqrt{\frac{8\mu Ea^2}{\hbar^2}}$。于是有

$$\begin{aligned}\int_0^\pi\mathrm{e}^{-q^2a^2/2}\sin\theta\mathrm{d}\theta&=\frac{1}{k^2a^2}\int_0^{\sqrt{8\mu Ea^2/\hbar^2}}\mathrm{e}^{-x^2/2}x\mathrm{d}x\\&=\frac{1}{k^2a^2}\left[1-\exp\left(-\frac{1}{2}\frac{8\mu Ea^2}{\hbar^2}\right)\right]\\&=\frac{1}{k^2a^2}\left[1-\exp\left(-\frac{4\mu Ea^2}{\hbar^2}\right)\right]\end{aligned} \tag{4}$$

将式(4)代入式(3)中，得

$$\begin{aligned}Q&=\frac{\pi^2\mu^2A^2a^6}{2\hbar^4}\frac{1}{k^2a^2}\left[1-\exp\left(-\frac{4\mu Ea^2}{\hbar^2}\right)\right]\\&=\frac{\pi^2\mu A^2a^4}{4\hbar^2E}\left[1-\exp\left(-\frac{4\mu Ea^2}{\hbar^2}\right)\right]\end{aligned} \tag{5}$$

(b)　因为

$$\begin{aligned}f(\theta)&=-\frac{2\mu}{\hbar^2q}\int_0^\infty rV(r)\sin qr\mathrm{d}r=-\frac{2\mu}{\hbar^2q}\int_0^\infty r\left(-\frac{Ze^2}{r}\mathrm{e}^{-\frac{r}{a}}\right)\sin qr\mathrm{d}r\\&=\frac{2\mu Ze^2}{\hbar^2q}\int_0^\infty\sin qr\mathrm{e}^{-r/a}\mathrm{d}r\\&=\frac{2\mu Ze^2}{\hbar^2q}\frac{1}{2\mathrm{i}}\int_0^\infty\left\{\exp\left[-\left(\frac{1}{a}-\mathrm{i}q\right)r\right]-\exp\left[-\left(\frac{1}{a}+\mathrm{i}q\right)r\right]\right\}\mathrm{d}r\\&=\frac{2\mu Ze^2}{\hbar^2q}\frac{1}{2\mathrm{i}}\left[-\frac{1}{\frac{1}{a}+\mathrm{i}q}+\frac{1}{\frac{1}{a}-\mathrm{i}q}\right]=\frac{2\mu Ze^2}{\hbar^2}\frac{1}{\frac{1}{a^2}+q^2}\end{aligned} \tag{6}$$

微分散射截面 $\sigma(\theta)$ 为

$$\begin{aligned}\sigma(\theta)&=|f(\theta)|^2=\left(\frac{2\mu Ze^2}{\hbar^2}\right)^2\left(\frac{a^2}{1+a^2q^2}\right)^2\\&=\left(\frac{2\mu Ze^2}{\hbar^2}\right)^2\left(\frac{a^2}{1+4k^2a^2\sin^2\theta/2}\right)^2\end{aligned} \tag{7}$$

总散射截面 Q 为

$$Q=\int\sigma(\theta)\mathrm{d}\Omega=2\pi\int_0^\pi\sigma(\theta)\sin\theta\mathrm{d}\theta$$

$$= 2\pi\left(\frac{2\mu Ze^2a^2}{\hbar^2}\right)^2\int_0^{\pi}\frac{\sin\theta d\theta}{(1+a^2q^2)^2}$$

$$= 2\pi\left(\frac{2\mu Ze^2a^2}{\hbar^2}\right)^2\int_0^{\sqrt{8\mu a^2E/\hbar^2}}\frac{x dx}{k^2a^2(1+x^2)^2}$$

$$= \frac{\pi}{k^2a^2}\left(\frac{2\mu Ze^2a^2}{\hbar^2}\right)^2\left(1-\frac{1}{1+8\mu Ea^2/\hbar^2}\right) = \frac{16\pi\mu^2Z^2e^4a^4}{\hbar^2(\hbar^2+8\mu Ea^2)} \tag{8}$$

式中用到了变换：$x = qa = 2ka\sin\frac{\theta}{2}$，$\sin\theta d\theta = \frac{x dx}{k^2a^2}$.

10-6 质量为 μ 的粒子束被球壳 δ 势场散射，$V(r) = V_0\delta(r-a)$，试用玻恩近似法求：

(a) 微分散射截面和总散射截面；

(b) 总截面在粒子入射能量 $E\to 0$ 和 $E\to\infty$ 情况下的近似式，证实 $\sigma_{总}(E) \overset{E\to\infty}{\propto} E^{-1}$。

解：(a) 因为 $V(r) = V_0\delta(r-a)$ 是有心力场，散射振幅的玻恩一级近似公式为

$$f(\theta) = -\frac{2\mu}{\hbar^2 q}\int_0^{\infty} rV(r)\sin qr\, dr \tag{1}$$

式中：$q = 2k\sin\frac{\theta}{2}$，$k = \sqrt{\frac{2\mu E}{\hbar^2}}$，$E$ 为入射粒子的能量，θ 为散射角。

将 $V(r) = V_0\delta(r-a)$ 代入式(1)中，并利用

$$\int_{-\infty}^{\infty}\delta(x-a)f(x)dx = f(a)$$

有

$$f(\theta) = -\frac{2\mu}{\hbar^2 q}\int_0^{\infty} rV_0\delta(r-a)\sin qr\, dr = -\frac{2\mu V_0 a^2}{\hbar^2}\frac{\sin qa}{qa} \tag{2}$$

由此可得微分散射截面为

$$\sigma(\theta) = |f(\theta)|^2 = \left(\frac{2\mu V_0 a^2}{\hbar^2}\right)^2\frac{\sin^2 qa}{(qa)^2} \tag{3}$$

总散射截面为

$$Q = \int\sigma(\theta)d\Omega = 2\pi\int_0^{\pi}\sigma(\theta)\sin\theta d\theta$$

$$= 2\pi\left(\frac{2\mu V_0 a^2}{\hbar^2}\right)^2\int_0^{\pi}\frac{\sin^2 qa}{(qa)^2}\sin\theta d\theta \tag{4}$$

作变量变换：令 $x = qa = 2ka\sin\frac{\theta}{2}$，则 $\sin\theta d\theta = \frac{x dx}{k^2a^2}$，且，当 $\theta = 0$ 时，$x = 0$；$\theta = \pi$ 时，

$x = 2ka = \sqrt{\frac{8\mu Ea^2}{\hbar^2}}$。式(4)改写为

$$Q = 2\pi\left(\frac{2\mu V_0 a^2}{\hbar^2}\right)^2\int_0^{\sqrt{8\mu Ea^2/\hbar^2}}\frac{\sin^2 x}{k^2a^2x}dx = \frac{4\pi\mu V_0{}^2a^2}{\hbar^2 E}\int_0^{\sqrt{8\mu Ea^2/\hbar^2}}\frac{\sin^2 x}{x}dx \tag{5}$$

(b) 若入射粒子的能量 $E\to 0$，即 $k\to 0$，则由 $x = 2ka\sin\frac{\theta}{2}\to 0$，知：$\sin x\approx x$，再由式(5)得总散射截面为

$$Q \approx \frac{4\pi\mu V_0{}^2 a^2}{\hbar^2 E}\int_0^{\sqrt{8\mu Ea^2/\hbar^2}} \frac{x^2}{x}\mathrm{d}x = \frac{16\pi\mu^2\mu V_0{}^2 a^4}{\hbar^4} \tag{6}$$

若入射粒子的能量 $E \to \infty$，即 $k \to \infty$，则在散射角 $\theta \neq 0$ 的条件下，有 $ka\theta \gg 1$。因此式(4) 中的 $\sin qa = \sin\left(2ka\sin\frac{\theta}{2}\right)$ 随 θ 变化而迅速振荡，其平方可以按 $\frac{1}{2}$ 对待。于是 θ 在 $\left[2\arcsin\sqrt{\frac{\hbar^2}{8\mu Ea^2}},\pi\right]$ 范围内变化时，即 $x = qa = 2ka\sin\frac{\theta}{2}$ 在 $\left[1,\sqrt{\frac{8\mu Ea^2}{\hbar^2}}\right]$ 内变化时，总散射截面由式(5) 可得

$$Q \approx \frac{4\pi\mu V_0{}^2 a^2}{\hbar^2 E}\int_1^{\sqrt{8\mu Ea^2/\hbar^2}} \frac{1}{2}\,\frac{1}{x}\mathrm{d}x = \frac{\pi\mu V_0{}^2 a^2}{\hbar^2 E}\ln\left(\frac{8\mu Ea^2}{\hbar^2}\right) \tag{7}$$

与 E^{-1} 成正比。而当 $\theta \to 0$ 时，由于

$$\frac{\sin qa}{qa} = \frac{\sin\left(2ka\sin\frac{\theta}{2}\right)}{2ka\sin\frac{\theta}{2}} \xrightarrow{\theta\to 0} 1$$

微分散射截面 σ 应取

$$\sigma(0) = |\,f(0)\,|^2 = \left(\frac{2\mu V_0 a^2}{\hbar^2}\right)^2 \tag{8}$$

因此 θ 在 $\left[0, 2\arcsin\sqrt{\frac{\hbar^2}{8\mu Ea^2}}\right)$ 范围内，即 $\left[0,\frac{1}{ka} = \sqrt{\frac{\hbar^2}{2\mu Ea^2}}\right)$ 范围内 $\left(因为 \theta \to 0，所以 \arcsin\sqrt{\frac{\hbar^2}{8\mu Ea^2}} \approx \sqrt{\frac{\hbar^2}{8\mu Ea^2}}\right)$，总散射截面 Q 为

$$\begin{aligned}
Q &= 2\pi\int_0^{\pi}\sigma(\theta)\sin\theta\mathrm{d}\theta \overset{\theta\to 0}{\approx} 2\pi\sigma(0)\int_0^{1/ka}\sin\theta\mathrm{d}\theta \\
&= 2\pi\sigma(0)\int_0^{1/ka} 4\sin\frac{\theta}{2}\mathrm{d}\sin\frac{\theta}{2} = 4\pi\sigma(0)\sin^2\left(\frac{1}{2ka}\right) \\
&\overset{k\to\infty}{\approx} \frac{\pi\sigma(0)}{k^2a^2} \approx \frac{4\pi\mu^2 V_0{}^2 a^2}{k^2\hbar^4} = \frac{2\pi\mu V_0{}^2 a^2}{\hbar^2 E}
\end{aligned} \tag{9}$$

与 E^{-1} 成正比。

10-7　粒子在中心势场 $V(r) = V_0 r^n \mathrm{e}^{-\alpha r}$ 中运动。试应用玻恩近似求散射振幅。

解：散射振幅 $f(K)$ 为

$$\begin{aligned}
f(K) &= -\frac{2\mu}{\hbar^2 K}\int_0^{\infty} r\sin(Kr)V(r)\mathrm{d}r \qquad \left(K = 2k\sin\frac{\theta}{2}\right) \\
&= -\frac{2\mu V_0}{\hbar^2 K}\mathrm{Im}\int_0^{\infty}\mathrm{e}^{\mathrm{i}Kr-\alpha r}r^{n+1}\mathrm{d}r \\
&= -\frac{2\mu V_0}{\hbar^2 K}\mathrm{Im}\frac{1}{(\alpha-\mathrm{i}K)^{n+2}}\int_0^{\infty}\mathrm{e}^{-u}u^{n+1}\mathrm{d}u \\
&= -\frac{2\mu V_0(n+1)!}{\hbar^2 K(\alpha^2+K^2)^{\frac{n}{2}+1}}\mathrm{Im}\,\mathrm{e}^{\mathrm{i}\beta(n+2)} \qquad \left(\beta = \arctan\frac{K}{\alpha}\right) \\
&= -\frac{2\mu V_0(n+1)!}{\hbar^2 K(\alpha^2+K^2)^{\frac{n}{2}+1}}\sin\left[(n+2)\arctan\frac{K}{\alpha}\right]
\end{aligned} \tag{1}$$

特例：

(a) $n=0, V(r)=V_0 e^{-\alpha r}$，有

$$f(K)=-\frac{2\mu V_0}{\hbar^2 K(\alpha^2+K^2)}\sin\left[2\arctan\frac{K}{\alpha}\right]=-\frac{4\mu V_0\alpha}{\hbar^2(\alpha^2+K^2)^2} \quad (2)$$

(b) $n=-1, V(r)=\frac{V_0}{r}e^{-\alpha r}$，有

$$f(K)=-\frac{2\mu V_0 K}{\hbar^2 K(\alpha^2+K^2)^{1/2}(\alpha^2+K^2)^{1/2}}=-\frac{2\mu V_0}{\hbar^2(\alpha^2+K^2)} \quad (3)$$

(c) $\alpha\to 0, V(r)=V_0 r^n$，有

$$f(K)=-\frac{2\mu V_0(n+1)!}{\hbar^2 K^{n+3}}\sin\left(\frac{n}{2}+1\right)\pi \quad (n\text{ 为整数}) \quad (4)$$

或

$$f(K)=-\frac{2\mu V_0\Gamma(n+2)}{\hbar^2 K^{n+3}}\sin\left(\frac{n}{2}+1\right)\pi \quad (n\text{ 为非整数}) \quad (5)$$

10-8 设粒子在势场 $V(\boldsymbol{r})=V_0\delta(\boldsymbol{r})$ 中散射：

(a) 试应用玻恩近似法求微分散射截面；

(b) 设热中子束自真空入射一块介质材料平板表面，假定中子与介质材料原子的核之间的相互作用势能为 $V_0\delta(\boldsymbol{r})$，求材料相对于热中子入射的折射率；如果 $V_0>0$，求热中子束的全反射临界角。

解：(a) 微分散射截面为

$$\sigma(\theta,\varphi)=\left(\frac{\mu}{2\pi\hbar^2}\right)^2\left|\int e^{i(\boldsymbol{k}_i-\boldsymbol{k}_f)\cdot\boldsymbol{r}}V_0\delta(\boldsymbol{r})d\tau\right|^2$$
$$=\left(\frac{\mu V_0}{2\pi\hbar^2}\right)^2 \quad (1)$$

(b) 记热中子束在真空中的波矢值为 k_0，在介质中的波矢值为 k，则折射率为

$$n=\frac{k}{k_0} \quad (2)$$

记热中子由真空入射的动能为 E，热中子进入介质后，动能减少至 $E-\overline{V}$，故有

$$k_0{}^2=\frac{2\mu}{\hbar^2}E,\quad k^2=\frac{2\mu}{\hbar^2}(E-\overline{V}) \quad (3)$$

$$n=\left(1-\frac{\overline{V}}{E}\right)^{1/2} \quad (4)$$

式中：$\overline{V}$ 是介质内势场的平均值，它等于介质任意体积（取为单位体积）内介质所有原子提供的势场之总和除以所取的体积，为

$$\overline{V}=NV_0 \quad (5)$$

N 是介质单位体积内的原子核数。由于 $\overline{V}\ll E$，得到

$$n\approx 1-\frac{\overline{V}}{2E}=1-\frac{NV_0}{2E} \quad (6)$$

注意到式中 $E=\frac{\hbar^2k_0^2}{2\mu}=\frac{h^2}{2\mu}\left(\frac{2\pi}{\lambda_0}\right)^2=\frac{\hbar^2}{2\mu\lambda_0{}^2}$，$\lambda_0$ 是热中子束在真空中的德布罗意波波长。有

$$n = 1 - \frac{NV_0\mu}{h^2}\lambda_0{}^2 \tag{7}$$

如果 $V_0 > 0$,则 $n \lesssim 1$。记全反射的临界角 γ_c 为热中子束入射方向与介质板平面之间的夹角,有

$$n = \frac{\sin i}{\sin\gamma} = \frac{\cos\gamma_c}{1} \approx 1 - \frac{1}{2}\gamma_c{}^2 \tag{8}$$

则得到

$$\gamma_c = \left(\frac{2NV_0\mu}{h^2}\right)^{1/2}\lambda_0 \tag{9}$$

实验测出 γ_c,就可知 V_0。

10-9　粒子在中心势场中散射。已知 s 分波相移为:

(a)　$\delta_0(k) = c$(常数);

(b)　$\delta_0(k) = \dfrac{\alpha k}{1+\beta\ k^2}$;

(c)　$\delta_0(k) = -\dfrac{2\mu V_0}{\hbar^2}\left[\dfrac{a}{2k} - \dfrac{\sin(2ka)}{4k^2}\right]$;

(d)　$\delta_0(k) = -\dfrac{\mu V_0}{2k\hbar^2}\sqrt{\dfrac{\pi}{\alpha}}\left[1 - e^{-k^2/\alpha}\right]$.

试分别求散射中心势场 $V(r)$ 的表示式。

解:利用本章内容精要中式(10-52),有

$$V(r) = -\frac{2\hbar^2}{\pi\mu r}\int_0^\infty \frac{d}{dk}[k\delta_0(k)]\sin(2kr)dk \tag{1}$$

(a)　$\delta_0(k) = c$,有

$$\begin{aligned} V(r) &= -\frac{2\hbar^2 c}{\pi\mu r}\int_0^\infty \left(\frac{d}{dk}k\right)\sin(2kr)dk \\ &= -\frac{\hbar^2 c}{\pi\mu r^2}\int_0^\infty \sin x dx = -\frac{\hbar^2 c}{\pi\mu r^2} = -\frac{\alpha}{r^2} \end{aligned} \tag{2}$$

(b)　$\delta_0(k) = \dfrac{\alpha k}{1+\beta k^2}$

有

$$\begin{aligned} V(r) &= -\frac{2\hbar^2}{\pi\mu r}\int_0^\infty \frac{d}{dk}[k\delta_0(k)]\sin(2kr)dk \\ &= -\frac{2\hbar^2}{\pi\mu r}\int_0^\infty \frac{2\alpha k}{[1+\beta k^2]^2}\sin(2kr)dk = -\frac{2\alpha\hbar^2}{\mu\sqrt{\beta^3}}e^{-2r/\sqrt{\beta}} \\ &= -V_0 e^{-r/a} \end{aligned} \tag{3}$$

积分要应用留数定理。

(c)　$\delta_0(k) = -\dfrac{2\mu V_0}{\hbar^2}\left[\dfrac{a}{2k} - \dfrac{\sin(2ka)}{4k^2}\right]$

有

$$\frac{d}{dk}[k\delta_0(k)] = -\frac{2\mu V_0}{\hbar^2}\left[\frac{\sin(2ka)}{4k^2} - \frac{2a\cos(2ka)}{4k}\right]$$

得到

$$V(r)=\left(-\frac{2\hbar^2}{\pi\mu r}\right)\left(-\frac{2\mu V_0}{4\hbar^2}\right)\int_0^\infty\left[\frac{\sin(2ka)}{k^2}-\frac{2a\cos(2ka)}{k}\right]\cdot\sin(2kr)\mathrm{d}k$$

$$=\frac{V_0}{\pi r}\left[\int_0^\infty\frac{\sin(2ka)\sin(2kr)}{k^2}\mathrm{d}k-a\int_0^\infty\frac{\sin2k(r-a)+\sin2k(r+a)}{k}\mathrm{d}k\right]$$

$$=\begin{cases}\dfrac{V_0}{\pi r}\left(\dfrac{\pi}{2}\cdot2a-\pi a\right)=0, & r>a\\ \dfrac{V_0}{\pi r}\left(\dfrac{\pi}{2}\cdot2r\right)=V_0, & r<a\end{cases} \tag{4}$$

(d) $\delta_0(k)=-\dfrac{\mu V_0}{2k\hbar^2}\sqrt{\dfrac{\pi}{\alpha}}\left(1-\mathrm{e}^{-\frac{k^2}{\alpha}}\right)$

有

$$\frac{\mathrm{d}}{\mathrm{d}k}[k\delta_0(k)]=-\frac{\mu V_0}{\hbar^2\alpha}\sqrt{\frac{\pi}{\alpha}}k\,\mathrm{e}^{-\frac{k^2}{\alpha}}$$

得到

$$V(r)=\left(-\frac{2\hbar^2}{\pi\mu r}\right)\left(-\frac{\mu V_0}{\hbar^2\alpha}\sqrt{\frac{\pi}{\alpha}}\right)\int_0^\infty k\mathrm{e}^{-\frac{k^2}{\alpha}}\sin(2kr)\mathrm{d}k=V_0\mathrm{e}^{-\alpha r^2} \tag{5}$$

10-10 用玻恩近似法求电子和原子序数为 Z 的中性原子碰撞的微分散射截面。

解:电子和中性原子碰撞时,一方面受到原子核的库仑引力作用,另外还受到核外诸电子的库仑斥力作用。为了避免多体问题的复杂性,诸电子的作用近似用一个电荷分布 $-e\rho(\boldsymbol{r})$ 的作用球来代表,有

$$\int -e\rho(\boldsymbol{r})\mathrm{d}\tau=-Ze \tag{1}$$

则电子所处的散射势场为

$$V(r)=\frac{1}{4\pi\varepsilon_0}\left\{-\frac{Ze^2}{r}+e^2\int\frac{\rho(\boldsymbol{r}')}{|\boldsymbol{r}-\boldsymbol{r}'|}\mathrm{d}\boldsymbol{r}'\right\} \tag{2}$$

按玻恩近似法,在一级近似下微分散射截面为

$$\sigma(\theta,\varphi)=\left(\frac{\mu}{2\pi\hbar^2}\right)^2\left|\int V(r)\mathrm{e}^{\mathrm{i}\boldsymbol{q}\cdot\boldsymbol{r}}\mathrm{d}\boldsymbol{r}\right|^2$$

$$=\left(\frac{\mu}{2\pi\hbar^2}\right)^2\left|\int\mathrm{e}^{\mathrm{i}\boldsymbol{q}\cdot\boldsymbol{r}}\left[-\frac{Ze^2}{4\pi\varepsilon_0 r}+\frac{e^2}{4\pi\varepsilon_0}\int\frac{\rho(\boldsymbol{r}')}{|\boldsymbol{r}-\boldsymbol{r}'|}\mathrm{d}\boldsymbol{r}'\right]\mathrm{d}\boldsymbol{r}\right|^2 \tag{3}$$

式中:$\boldsymbol{q}=\boldsymbol{k}_0-\boldsymbol{k}$。利用积分公式

$$\int\frac{\mathrm{e}^{\mathrm{i}\boldsymbol{q}\cdot\boldsymbol{r}}}{|\boldsymbol{r}-\boldsymbol{r}'|}\mathrm{d}\boldsymbol{r}=\frac{4\pi}{q^2}\mathrm{e}^{\mathrm{i}\boldsymbol{q}\cdot\boldsymbol{r}'} \tag{4}$$

$$\int\frac{\mathrm{e}^{\mathrm{i}\boldsymbol{q}\cdot\boldsymbol{r}}}{r}\mathrm{d}\boldsymbol{r}=\frac{4\pi}{q^2} \tag{5}$$

式(3)可写为

$$\sigma(\theta,\varphi)=\left(\frac{\mu}{2\pi\hbar^2}\right)^2\left|\frac{4\pi e^2}{4\pi\varepsilon_0 q^2}\left[Z-\int\mathrm{e}^{\mathrm{i}\boldsymbol{q}\cdot\boldsymbol{r}'}\rho(\boldsymbol{r}')\mathrm{d}\boldsymbol{r}'\right]\right|^2$$

$$=\left(\frac{2\mu e^2}{4\pi\varepsilon_0\hbar^2q^2}\right)^2|Z-F(\boldsymbol{q})|^2$$

$$= \left(\frac{e^2}{4\pi\varepsilon_0}\frac{|Z-F(\boldsymbol{q})|}{4E}\right)^2 \frac{1}{\sin^4\left(\dfrac{\theta}{2}\right)} \tag{6}$$

式中：

$$F(\boldsymbol{q}) = \int e^{i\boldsymbol{q}\cdot\boldsymbol{r}'}\rho(\boldsymbol{r}')d\boldsymbol{r}' \tag{7}$$

是 $\rho(\boldsymbol{r})$ 的傅里叶变换，由 $\rho(\boldsymbol{r})$ 决定，称为 $\rho(\boldsymbol{r})$ 的形状因子。它反映出原子内部电子对核电荷的屏蔽效应，$|Z-F(\boldsymbol{q})|$ 可以视为有效核电荷数。例如，取 $\rho(\boldsymbol{r}) = \rho_0 e^{-r/a}$，则由式(1) 知

$$\int \rho_0 e^{-r/a} d\boldsymbol{r} = Z$$

得 $\rho_0 = \dfrac{Z}{8\pi a^3}$。再由式(7) 得形状因子 $F(\boldsymbol{q})$ 为

$$\begin{aligned} F(\boldsymbol{q}) &= 2\pi\int_0^\infty \rho_0 e^{-r'/a} r'^2 dr' \int_0^\pi e^{iqr'\cos\theta'}\sin\theta' d\theta' \\ &= \frac{2\rho_0}{q}\int_0^\infty r'\sin(qr')e^{-r'/a}dr' = \frac{8\pi\rho_0 a^3}{(1+q^2a^2)^2} \\ &= \frac{Z}{[1+4k^2a^2\sin^2(\theta/2)]^2} \end{aligned} \tag{8}$$

将式(8) 代入式(6)，就可得相应的微分散射截面。

附：积分公式(5) 的证明如下：

采用球坐标系(r,θ,φ)，有

$$\begin{aligned} \int \frac{e^{i\boldsymbol{q}\cdot\boldsymbol{r}}}{r}d\boldsymbol{r} &= \iiint \frac{e^{iqr\cos\theta}}{r}r^2\sin\theta dr d\theta d\varphi \\ &= -2\pi\int_0^\infty r dr\int_0^\pi e^{iqr\cos\theta}d\cos\theta = -2\pi\int_0^\infty r dr \lim_{\eta\to 0^+}\int_0^\pi e^{-\eta r+iqr\cos\theta}\cdot d\cos\theta \\ &= -2\pi\lim_{\eta\to 0^+}\int_0^\infty re^{-\eta r}dr\int_0^\pi e^{iqr\cos\theta}d\cos\theta \\ &= -2\pi\lim_{\eta\to 0^+}\int_0^\infty re^{-\eta r}\left(\frac{e^{-iqr}-e^{iqr}}{iqr}\right)dr \\ &= -\frac{2\pi}{iq}\lim_{\eta\to 0^+}\left[\int_0^\infty e^{-\eta r-iqr}dr - \int_0^\infty e^{-\eta r+iqr}dr\right] \\ &= -\frac{2\pi}{iq}\lim_{\eta\to 0^+}\left[\frac{-1}{-\eta-iq}-\frac{-1}{-\eta+iq}\right] = \frac{4\pi}{q^2} \end{aligned} \tag{9}$$

10-11　用玻恩近似处理快速电子对氢原子(处于基态) 的散射，证明：

(a)　氢原子的形状因子为 $F(q) = \left(1+\dfrac{1}{4}q^2{a_0}^2\right)^{-2}$，其中 $q = 2k\sin\dfrac{\theta}{2}$，$k = \sqrt{\dfrac{2\mu E}{\hbar^2}}$，$a_0 = \dfrac{4\pi\varepsilon_0\hbar^2}{\mu e^2}$；

(b)　微分散射截面 $\sigma(\theta)$ 为 $\sigma(\theta) = \dfrac{4{a_0}^2(8+q^2{a_0}^2)^2}{(4+q^2{a_0}^2)^4}$；

(c)　总散射截面为 $Q = \dfrac{\pi{a_0}^2(7k^4{a_0}^4+18k^2{a_0}^2+12)}{3(k^2{a_0}^2+1)^3}$；

(d) 在高能极限下，$Q \approx \frac{7\pi}{3k^2}$.

解:(a) 氢原子的基态波函数为：

$$\psi_{100}(\boldsymbol{r}) = \sqrt{\frac{1}{\pi a_0{}^3}} e^{-r/a_0} \tag{1}$$

相应的位置几率密度为

$$\rho(r) = \frac{1}{\pi a_0{}^3} e^{-2r/a_0} \tag{2}$$

由此得氢原子的形状因子为

$$F(q) = \int e^{i\boldsymbol{q}\cdot\boldsymbol{r}} \rho(r) d\boldsymbol{r} = \frac{1}{\pi a_0{}^3} \int e^{i\boldsymbol{q}\cdot\boldsymbol{r} - 2r/a_0} d\boldsymbol{r}$$

$$= -\frac{2}{a_0{}^3} \int_0^\infty e^{-2r/a_0} r^2 dr \int_0^\pi e^{iqr\cos\theta} d\cos\theta$$

$$= -\frac{2}{iqa_0{}^3} \int_0^\infty r \left[e^{-\left(\frac{2}{a_0}+iq\right)r} - e^{-\left(\frac{2}{a_0}-iq\right)r} \right] dr$$

$$= -\frac{2}{iqa_0{}^3} \left[\frac{1}{\left(\frac{2}{a_0}+iq\right)^2} - \frac{1}{\left(\frac{2}{a_0}-iq\right)^2} \right] = \left(1 + \frac{1}{4} q^2 a_0{}^2\right)^{-2} \tag{3}$$

(b) 对于氢原子 $Z = 1$，再按本章例题 10 之式(6)，得微分散射截面 $\sigma(\theta)$ 为

$$\sigma(\theta) = \left(\frac{2\mu e^2}{4\pi\varepsilon_0 \hbar^2 q^2}\right)^2 \mid Z - F(\boldsymbol{q}) \mid^2$$

$$= \left(\frac{2\mu e^2}{4\pi\varepsilon_0 \hbar^2 q^2}\right)^2 \left[1 - \frac{1}{\left(1 + \frac{1}{4} q^2 a_0{}^2\right)^2}\right]^2$$

$$= \frac{4\mu^2 e^4}{(4\pi\varepsilon_0)^2 \hbar^4} \frac{(8a_0{}^2 + q^2 a_0{}^4)^2}{(4 + q^2 a_0{}^2)^4}$$

$$= \frac{4a_0{}^2 (8 + q^2 a_0{}^2)^2}{(4 + q^2 a_0{}^2)^4} \tag{4}$$

式中利用了 $a_0 = \frac{4\pi\varepsilon_0 \hbar^2}{\mu e^2}$.

(c) 总散射截面 Q 为

$$Q = \int \sigma(\theta) d\Omega = 8\pi a_0{}^2 \int_0^\pi \frac{(8 + q^2 a_0{}^2)^2}{(4 + q^2 a_0{}^2)^4} \sin\theta d\theta$$

$$= \frac{8\pi a_0{}^2}{k^2 a_0{}^2} \int_0^{2ka_0} \frac{(8 + x^2)^2}{(4 + x^2)^4} x dx \tag{5}$$

式中利用了 $x = qa_0 = 2ka_0 \sin\frac{\theta}{2}$，$\sin\theta d\theta = \frac{x dx}{k^2 a_0{}^2}$，$\theta = 0$ 时，$x = 0$，$\theta = \pi$ 时，$x = 2ka_0 = \sqrt{\frac{8\mu E a_0{}^2}{\hbar^2}}$。为了对式(5)中的积分进行运算，再作变换：令 $y = 4 + x^2$，则 $dy = 2x dx$，则式(5)改写为

$$Q = \frac{4\pi}{k^2} \int_4^{4(1+k^2 a_0{}^2)} \frac{(4 + y)^2}{y^4} dy = \frac{4\pi}{k^2} \int_4^{4(1+k^2 a_0{}^2)} \left(\frac{1}{y^2} + \frac{8}{y^3} + \frac{16}{y^4}\right) dy$$

$$= \frac{\pi a_0^2}{3} \frac{(7k^4 a_0^4 + 18k^2 a_0^2 + 12)}{(1 + k^2 a_0^2)^3} \tag{6}$$

(d) 在高能极限下，$ka_0 \gg 1$，则由式(6)知

$$Q \overset{ka_0 \gg 1}{\approx} \frac{\pi a_0^2}{3} \frac{7k^4 a_0^4}{k^6 a_0^6} = \frac{7\pi}{3k^2} \propto E^{-1}, \; E = \frac{\hbar^2 k^2}{2\mu} \tag{7}$$

10-12 高速电子对基态氦原子弹性散射，已知氦原子基态波函数为 $\phi_0(\boldsymbol{r}_1, \boldsymbol{r}_2) = \frac{1}{\pi}\left(\frac{27}{16a_0}\right)^3 \mathrm{e}^{-\frac{27(r_1+r_2)}{16a_0}}$，式中 a_0 是玻尔半径。求：

(a) 氦原子的形状因子；

(b) 微分散射截面和总散射截面；

(c) 入射电子在基态氦原子内所受到静电直接作用势能。

解：(a) 记氦原子基态波函数

$$\phi_0(\boldsymbol{r}_1, \boldsymbol{r}_2) = \psi_{基}(\boldsymbol{r}_1)\psi_{基}(\boldsymbol{r}_2)$$

由

$$\rho(\boldsymbol{r}) = \sum_{i=1}^{2} |\psi_{基i}(\boldsymbol{r})|^2 = \frac{2}{\pi}\left(\frac{27}{16a_0}\right)^3 \mathrm{e}^{-\frac{27r}{8a_0}} \tag{1}$$

得到其形状因子

$$F(\boldsymbol{K}) = \int \mathrm{e}^{\mathrm{i}\boldsymbol{K}\cdot\boldsymbol{r}} \rho(\boldsymbol{r}) \mathrm{d}\tau = \frac{2}{\pi}\left(\frac{27}{16a_0}\right)^3 \int \mathrm{e}^{-\frac{27r}{8a_0}} \mathrm{e}^{\mathrm{i}\boldsymbol{K}\cdot\boldsymbol{r}} \mathrm{d}\tau$$

$$= \frac{2}{\left[1 + \left(\frac{8}{27}Ka_0\right)^2\right]^2}, \quad K = 2k\sin\left(\frac{\theta}{2}\right) \tag{2}$$

(b) 微分散射截面

$$\sigma(\theta) = \left[\frac{e^2}{4\pi\varepsilon_0} \frac{|Z - F(\boldsymbol{K})|}{4E}\right]^2 \frac{1}{\sin^4\left(\frac{\theta}{2}\right)} = \frac{16}{a_0^2}\left(\frac{16}{27}a_0\right)^4 \frac{\left[8 + \left(\frac{16}{27}Ka_0\right)^2\right]^2}{\left[4 + \left(\frac{16}{27}Ka_0\right)^2\right]^4} \tag{3}$$

式中用到 $Z = 2, E = \frac{\hbar^2 k^2}{2\mu}, a_0 = \frac{4\pi\varepsilon_0 \hbar^2}{\mu e^2}$.

总散射截面

$$\sigma = \frac{4\pi}{3}\left(\frac{16}{27}\right)^4 a_0^2 \frac{7\left(\frac{16}{27}ka_0\right)^4 + 18\left(\frac{16}{27}ka_0\right)^2 + 12}{\left[1 + \left(\frac{16}{27}ka_0\right)^2\right]^3} \tag{4}$$

有

$$\sigma \overset{E\to\infty}{\approx} \frac{28\pi}{3}\left(\frac{16}{27}\right)^2 \frac{1}{k^2} \propto E^{-1} \tag{5}$$

(c) 由入射电子在基态氢原子内所受到的静电直接作用势能表示式

$$J(\boldsymbol{r}) = -\frac{e^2}{4\pi\varepsilon_0 r} + \int \frac{e^2 \, |\psi_{100}(\boldsymbol{r}')|^2}{4\pi\varepsilon_0 \, |\boldsymbol{r} - \boldsymbol{r}'|} \mathrm{d}\tau'$$

$$= -\frac{e^2}{4\pi\varepsilon_0}\left(\frac{1}{a_0} + \frac{1}{r}\right) \mathrm{e}^{-\frac{2r}{a_0}} \tag{6}$$

取氦原子基态下的电子密度

$$\rho(\boldsymbol{r}') = \sum_{i=1}^{2} |\psi_{100}^{(i)}(\boldsymbol{r})|^2 = \frac{2}{\pi}\left(\frac{27}{16a_0}\right)^3 \mathrm{e}^{-\frac{27r}{8a_0}}$$

则入射电子在基态氦原子内所受到的静电直接作用势能

$$J(\boldsymbol{r}) = -\frac{2e^2}{4\pi\varepsilon_0 r} + \int \frac{e^2\rho(\boldsymbol{r}')}{4\pi\varepsilon_0 |\boldsymbol{r}-\boldsymbol{r}'|}\mathrm{d}\tau'$$

$$= -\frac{2e^2}{4\pi\varepsilon_0}\left(\frac{27}{16a_0} + \frac{1}{r}\right)\mathrm{e}^{-27r/8a_0} \tag{7}$$

10-13 质量为 μ 的粒子被一个很重的靶粒子散射，二者自旋均为$\frac{1}{2}$，相互作用势能为

$$V(\boldsymbol{r}) = V_0 \hat{\boldsymbol{\sigma}}_1 \cdot \hat{\boldsymbol{\sigma}}_2 \delta(\boldsymbol{r})$$

式中：V_0 为很小的常数，$\hat{\boldsymbol{\sigma}}_1$ 与 $\hat{\boldsymbol{\sigma}}_2$ 分别为入射粒子和靶粒子的泡利算符，$\boldsymbol{r} = \boldsymbol{r}_1 - \boldsymbol{r}_2$ 为二者的相对距离。设入射粒子自旋“向下”，即处于态 $\beta_1 = \begin{bmatrix}0\\1\end{bmatrix}$之中，靶粒子自旋指向呈无规则分布，试求总散射截面以及散射后粒子自旋仍然保持“向下”的几率。

解：由于靶粒子很重，可以不考虑其空间运动，但其自旋状态显然对散射结果有影响，应予以考虑。由散射理论知，微分散射截面为

$$\sigma(\theta,\varphi) = |f(\theta,\varphi)|^2 \tag{1}$$

在散射势 $V(\boldsymbol{r})$ 很弱的情况下，散射振幅 $f(\theta,\varphi)$ 的一级近似值可用玻恩近似公式表示为

$$f(\theta,\varphi) = -\frac{\mu}{2\pi\hbar^2}\int V(\boldsymbol{r})\mathrm{e}^{\mathrm{i}(\boldsymbol{k}_0-\boldsymbol{k})\cdot\boldsymbol{r}}\mathrm{d}\boldsymbol{r} \tag{2}$$

式中：$\boldsymbol{k}_0$ 为入射波的波矢，$\boldsymbol{k}$ 为散射波的波矢，考虑弹性散射，$|\boldsymbol{k}_0| = |\boldsymbol{k}|$。对于本问题而言，由于

$$V(\boldsymbol{r}) = V_0 \hat{\boldsymbol{\sigma}}_1 \cdot \hat{\boldsymbol{\sigma}}_2 \delta(\boldsymbol{r}) \tag{3}$$

因此当入射粒子 - 靶粒子体系处于自旋单态(总 $S = 0$) 之中时，则 $\hat{\boldsymbol{\sigma}}_1 \cdot \hat{\boldsymbol{\sigma}}_2 = -3$，有

$$V_{S=0}(\boldsymbol{r}) = -3V_0\delta(\boldsymbol{r}) \tag{4}$$

当入射粒子 - 靶粒子体系处于自旋三重态(总 $S = 1$) 之中时，则$\hat{\boldsymbol{\sigma}}_1 \cdot \hat{\boldsymbol{\sigma}}_2 = 1$，有

$$V_{S=1}(\boldsymbol{r}) = V_0\delta(\boldsymbol{r}) \tag{5}$$

将式(4) 与式(5) 分别代入式(2) 中，可得自旋单态时的散射振幅

$$f_1 = -\frac{\mu}{2\pi\hbar^2}\int -3V_0\delta(\boldsymbol{r})\mathrm{e}^{\mathrm{i}(\boldsymbol{k}_0-\boldsymbol{k})\cdot\boldsymbol{r}}\mathrm{d}\boldsymbol{r} = \frac{3\mu V_0}{2\pi\hbar^2} \tag{6}$$

自旋三重态时的散射振幅

$$f_3 = -\frac{\mu}{2\pi\hbar^2}\int V_0\delta(\boldsymbol{r})\mathrm{e}^{\mathrm{i}(\boldsymbol{k}_0-\boldsymbol{k})\cdot\boldsymbol{r}}\mathrm{d}\boldsymbol{r} = -\frac{\mu V_0}{2\pi\hbar^2} \tag{7}$$

易见 f_1 与 f_3 均与方向无关，表明散射是各向同性的，且 $f_1 = -3f_3$。再由式(1) 易得相应的微分散射截面为

$$\sigma_1 = |f_1|^2 = \frac{9\mu^2 V_0{}^2}{4\pi^2\hbar^4},\sigma_3 = |f_3|^2 = \frac{\mu^2 V_0{}^2}{4\pi^2\hbar^4} \tag{8}$$

进一步可得自旋单态时散射总截面

$$Q_1 = \int \sigma_1 \mathrm{d}\Omega = 4\pi\sigma_1 = \frac{9\mu^2 V_0{}^2}{\pi\hbar^4} \tag{9}$$

自旋三重态时散射总截面

$$Q_3 = \int \sigma_3 \mathrm{d}\Omega = 4\pi\sigma_3 = \frac{\mu^2 V_0{}^2}{\pi\hbar^4} \tag{10}$$

再进一步计及靶粒子自旋取向的影响。已知入射粒子自旋"向下"，即处于态 $\beta_1 = \begin{bmatrix}0\\1\end{bmatrix}$之中，而靶粒子的自旋指向呈无规则分布，既可处于态 $\alpha_2 = \begin{bmatrix}1\\0\end{bmatrix}$之中，又可处于态 $\beta_2 = \begin{bmatrix}0\\1\end{bmatrix}$之中，且各自的几率均为$\frac{1}{2}$。因此：

若靶粒子的自旋"向上"，则入射粒子－靶粒子体系的自旋态可表示为

$$\begin{aligned}\chi(s_{1z}, s_{2z}) = \beta_1\alpha_2 &= \frac{1}{\sqrt{2}}\left\{\frac{1}{\sqrt{2}}(\beta_1\alpha_2 + \beta_2\alpha_1) + \frac{1}{\sqrt{2}}(\beta_1\alpha_2 - \beta_2\alpha_1)\right\} \\ &= \frac{1}{\sqrt{2}}(\chi_{10} + \chi_{00})\end{aligned} \tag{11}$$

是自旋三重态 χ_{10} 与自旋单态 χ_{00} 的线性叠加，且各自的几率均为$\frac{1}{2}$，因此体系的总散射截面表示为

$$Q_\uparrow = \frac{1}{2}Q_3 + \frac{1}{2}Q_1 = 2\pi(|f_3|^2 + |f_1|^2) = \frac{5\mu^2 V_0{}^2}{\pi\hbar^4} \tag{12}$$

再考虑到靶粒子的这种自旋取向几率为$\frac{1}{2}$，得此时对总散射截面的贡献为

$$\frac{1}{2}Q_\uparrow = \pi(|f_3|^2 + |f_1|^2) = \frac{5\mu^2 V_0{}^2}{2\pi\hbar^4} \tag{13}$$

若靶粒子的自旋"向下"，则入射粒子－靶粒子体系的自旋态可表示为

$$\chi(s_{1z}, s_{2z}) = \beta_1\beta_2 \tag{14}$$

此即自旋三重态，散射总截面应为

$$Q_\downarrow = Q_3 = 4\pi|f_3|^2 \tag{15}$$

再进一步考虑到靶粒子取这种自旋状态的几率也为$\frac{1}{2}$，应在 $Q_\downarrow$ 前再乘以$\frac{1}{2}$，得

$$\frac{1}{2}Q_\downarrow = 2\pi|f_3|^2 = \frac{\mu^2 V_0{}^2}{2\pi\hbar^4} \tag{16}$$

综合式(13)及式(16)，可得散射体系的有效总散射截面为

$$\begin{aligned}Q &= \frac{1}{2}Q_\uparrow + \frac{1}{2}Q_\downarrow = [\pi(|f_3|^2 + |f_1|^2)] + 2\pi|f_3|^2 \\ &= 3\pi|f_3|^2 + \pi|f_1|^2 = \frac{5\mu^2 V_0{}^2}{2\pi\hbar^4} + \frac{\mu^2 V_0{}^2}{2\pi\hbar^4} = \frac{3\mu^2 V_0{}^2}{\pi\hbar^4}\end{aligned} \tag{17}$$

最后再求散射后入射粒子自旋仍"向下"的几率。由散射理论知，散射过程为入射波 $\psi_i = e^{ikz}$ 变为散射波 $\psi_s \approx f(\theta,\varphi)\frac{e^{ikr}}{r}$ 的过程。若是非全同粒子散射，则有

$$e^{ikz} \to f(\theta,\varphi)\frac{e^{ikr}}{r} \tag{18}$$

若是全同粒子散射，则必须计及自旋对散射的影响。当散射体系处于自旋单态 χ_{00} 时，有

$$\chi_{00}e^{ikz} \to f_1\chi_{00}\frac{e^{ikr}}{r} \tag{19}$$

当处于自旋三重态 $\chi_{1M}(M=1,0,-1)$ 时，有

$$\chi_{1M}e^{ikz} \to f_3\chi_{1M}\frac{e^{ikr}}{r} \tag{20}$$

由题意知，入射粒子最初自旋"向下"，如果靶粒子自旋"向上"，则散射体系的自旋态由式(11) 知为

$$\chi(s_{1z},s_{2z}) = \frac{1}{\sqrt{2}}(\chi_{10}+\chi_{00})$$

于是入射波为 $\psi_i = \frac{1}{\sqrt{2}}(\chi_{10}+\chi_{00})e^{ikz}$，散射波则为

$$\begin{aligned}\psi_s &= \frac{1}{\sqrt{2}}(\chi_{10}f_3+\chi_{00}f_1)\frac{e^{ikr}}{r}\\ &= \left\{\frac{1}{2}(f_3-f_1)\alpha_2\beta_1+\frac{1}{2}(f_3+f_1)\alpha_1\beta_2\right\}\frac{e^{ikr}}{r}\end{aligned} \tag{21}$$

式(21) 中的第一项的自旋状态与散射前时相同，即此时可求出入射粒子自旋仍保持"向下"的几率为

$$w_{\uparrow}\left(s_{1z}=-\frac{\hbar}{2}\right)=\frac{4\pi\left[\frac{1}{2}\left|\frac{1}{2}(f_3-f_1)\right|^2\right]}{Q}=\frac{\frac{1}{2}(f_3-f_1)^2}{3f_3{}^2+f_1{}^2} \tag{22}$$

式中多乘了一个$\frac{1}{2}$是因为靶粒子自旋"向上"的几率是$\frac{1}{2}$。同理，入射粒子最初自旋"向下"，如果靶粒子自旋也"向下"，则散射体系的自旋态由式(18) 知

$$\chi(s_{1z},s_{2z}) = \beta_1\beta_2$$

于是入射波 $\psi_i = \beta_1\beta_2 e^{ikz}$，散射波亦为

$$\psi_s = \beta_1\beta_2 f_3\frac{e^{ikr}}{r} \tag{23}$$

此时又可得到入射粒子自旋仍保持"向下" 的几率为

$$w_{\downarrow}\left(s_{1z}=-\frac{\hbar}{2}\right)=\frac{4\pi\left(\frac{1}{2}\left|f_3\right|^2\right)}{Q}=\frac{2f_3{}^2}{3f_3{}^2+f_1{}^2} \tag{24}$$

式中多乘了一个$\frac{1}{2}$ 仍是因为靶粒子自旋"向下" 的几率也是$\frac{1}{2}$。综合式(22) 与式(24)，得入射粒子自旋仍"向下" 的几率为

$$\begin{aligned}w\left(s_{1z}=-\frac{\hbar}{2}\right)&=\frac{\frac{1}{2}(f_3-f_1)^2}{3f_3{}^2+f_1{}^2}+\frac{2f_3{}^2}{3f_3{}^2+f_1{}^2}\\ &=\frac{\frac{1}{2}[f_3-(-3f_3)]^2+2f_3{}^2}{3f_3{}^2+(-3f_3)^2}=\frac{5}{6}\end{aligned} \tag{25}$$

式中利用了 $f_1=-3f_3$ 这一结果。

10-14　求两个未极化电子低能库仑散射的微分散射截面。

解:由库仑势场散射的散射振幅表示式

$$f(\theta)=-\frac{\Gamma(1+\mathrm{i}\xi)}{\Gamma(1+\mathrm{i}\xi)^*}\frac{\xi}{2k\sin^2\left(\frac{\theta}{2}\right)}\exp\left\{-\mathrm{i}\xi\ln\left[\sin^2\left(\frac{\theta}{2}\right)\right]\right\} \tag{1}$$

由于 e-e 散射体系是两个全同费米子 $\left(s=\frac{1}{2}\right)$ 体系，微分散射截面

$$\begin{aligned}\sigma(\theta)&=\frac{\frac{1}{2}}{2\times\frac{1}{2}+1}\sigma_S(\theta)+\frac{\frac{1}{2}+1}{2\times\frac{1}{2}+1}\sigma_A(\theta)\\&=\frac{1}{4}\sigma_S(\theta)+\frac{3}{4}\sigma_A(\theta)\end{aligned} \tag{2}$$

式中：

$$\begin{aligned}\sigma_S(\theta)&=|f(\theta)+f(\pi-\theta)|^2\\&=\left(-\frac{\xi}{2k}\right)^2\left\{\frac{1}{\sin^4\left(\frac{\theta}{2}\right)}+\frac{1}{\cos^4\left(\frac{\theta}{2}\right)}+\frac{2\cos\left[2\xi\ln\left(\tan\frac{\theta}{2}\right)\right]}{\sin^2\left(\frac{\theta}{2}\right)\cos^2\left(\frac{\theta}{2}\right)}\right\}\end{aligned} \tag{3}$$

$$\begin{aligned}\sigma_A(\theta)&=|f(\theta)-f(\pi-\theta)|^2\\&=\left(-\frac{\xi}{2k}\right)^2\left\{\frac{1}{\sin^4\left(\frac{\theta}{2}\right)}+\frac{1}{\cos^4\left(\frac{\theta}{2}\right)}-\frac{2\cos\left[2\xi\ln\left(\tan\frac{\theta}{2}\right)\right]}{\sin^2\left(\frac{\theta}{2}\right)\cos^2\left(\frac{\theta}{2}\right)}\right\}\end{aligned} \tag{4}$$

故

$$\sigma(\theta)=\left(-\frac{\xi}{2k}\right)^2\left\{\frac{1}{\sin^4\left(\frac{\theta}{2}\right)}+\frac{1}{\cos^4\left(\frac{\theta}{2}\right)}-\frac{\cos\left[2\xi\ln\left(\tan\frac{\theta}{2}\right)\right]}{\sin^2\left(\frac{\theta}{2}\right)\cos^2\left(\frac{\theta}{2}\right)}\right\} \tag{5}$$

式中：$\xi=\frac{\mu e^2}{4\pi\varepsilon_0\hbar^2k}$.

10-15　质量为 m、自旋 $s=\frac{1}{2}$、能量为 E 的两个全同粒子从相反方向入射，发生弹性散射。设两个粒子之间作用势能为 $V(r)=\frac{V_0}{r}\mathrm{e}^{-\alpha r}$，两个粒子均未极化。

(a)　设粒子入射能量很高，试用玻恩近似法求微分散射截面；

(b)　设在 θ 和 $\pi-\theta$ 方向同时测定两个出射粒子，求它们处于自旋三重态 $(S=1)$ 的几率，以及两个粒子自旋都向上的几率。

解:(a)　本问题中实验室坐标系就是质心坐标系。体系的总动能 $E_c=2E$，粒子的折合质量 $\mu=\frac{1}{2}m$。由于 $V(r)=\frac{V_0}{r}\mathrm{e}^{-\alpha r}$ 是有心力场，在入射粒子能量 E 很高的情况下，可用玻恩

近似法求得散射振幅的一级近似值为

$$f(\theta)=-\frac{2\mu}{\hbar^2 q}\int_0^\infty rV(r)\sin qr\,\mathrm{d}r=-\frac{2\mu}{\hbar^2 q}\int_0^\infty V_0\mathrm{e}^{-\alpha r}\sin qr\,\mathrm{d}r$$
$$=-\frac{2\mu V_0}{\hbar^2 q}\frac{q}{\alpha^2+q^2}=-\frac{2\mu V_0}{\hbar^2}\frac{1}{\alpha^2+4k^2\sin^2\dfrac{\theta}{2}} \tag{1}$$

式中利用了积分公式

$$\int_0^\infty \mathrm{e}^{-\alpha r}\sin qr\,\mathrm{d}r=\frac{q}{\alpha^2+q^2} \tag{2}$$

且 $k=\frac{1}{\hbar}\sqrt{2\mu E_c}=\frac{1}{\hbar}\sqrt{2mE}$，$q=2k\sin\frac{\theta}{2}$。由于入射粒子的能量很高，$k\to\infty$，式(1)中的分母可略去 α^2 项，使得散射振幅可简写为

$$f(\theta)\approx-\frac{\mu V_0}{2k^2\hbar^2}\frac{1}{\sin^2\dfrac{\theta}{2}}=-\frac{V_0}{8E}\frac{1}{\sin^2\dfrac{\theta}{2}} \tag{3}$$

若不考虑粒子的全同，则微分散射截面 $\sigma(\theta)$ 为

$$\sigma(\theta)=|f(\theta)|^2=\frac{V_0^2}{64E^2}\frac{1}{\sin^4\dfrac{\theta}{2}} \tag{4}$$

但已知粒子的自旋 $s=\frac{1}{2}$，属于费米子，因此根据全同性原理要求体系的状态波函数必须是反对称的。故二粒子若处于自旋单态 $\chi_{00}(s_{1z},s_{2z})=\frac{1}{\sqrt{2}}(\alpha_1\beta_2-\alpha_2\beta_1)$ 之中(总 $S=0$)，则空间部分的波函数必须是对称的，按本章内容精要式(10-54)，得相应的微分散射截面为

$$\sigma_s(\theta)=|f(\theta)+f(\pi-\theta)|^2$$
$$=\left|-\frac{V_0}{8E}\left(\sin\frac{\theta}{2}\right)^{-2}-\frac{V_0}{8E}\left[\sin\frac{(\pi-\theta)}{2}\right]^{-2}\right|^2$$
$$=\frac{V_0^2}{64E^2}\left[\left(\sin\frac{\theta}{2}\right)^{-2}+\left(\cos\frac{\theta}{2}\right)^{-2}\right]^2=\frac{V_0^2}{4E^2\sin^4\theta} \tag{5}$$

两粒子若处于自旋三重态 $\chi_{11}(s_{1z},s_{2z})=\alpha_1\alpha_2$，$\chi_{10}(s_{1z},s_{2z})=\frac{1}{\sqrt{2}}(\alpha_1\beta_2+\alpha_2\beta_1)$，$\chi_{1-1}(s_{1z},s_{2z})=\beta_1\beta_2$ 之中(总 $S=1$)，则空间部分的波函数必须是反对称的，按本章内容精要式(10-55)，得相应的微分散射截面为

$$\sigma_A(\theta)=|f(\theta)-f(\pi-\theta)|^2$$
$$=\left|-\frac{V_0}{8E}\left(\sin\frac{\theta}{2}\right)^{-2}+\frac{V_0}{8E}\left[\sin\frac{(\pi-\theta)}{2}\right]^{-2}\right|^2$$
$$=\frac{V_0^2}{64E^2}\left[\left(\sin\frac{\theta}{2}\right)^{-2}-\left(\cos\frac{\theta}{2}\right)^{-2}\right]^2=\frac{V_0^2\cos^2\theta}{4E^2\sin^4\theta} \tag{6}$$

由于两粒子均未极化，因此它们处于自旋单态的几率是$\frac{s}{2s+1}=\frac{1}{4}$，处于自旋三重态的几率为$\frac{s+1}{2s+1}=\frac{3}{4}$，由此可得体系的总微分散射截面为

$$\sigma(\theta)=\frac{1}{4}\sigma_S(\theta)+\frac{3}{4}\sigma_A(\theta)=\frac{1}{4}\frac{V_0{}^2}{4E^2\sin^4\theta}+\frac{3}{4}\frac{V_0{}^2\cos^2\theta}{4E^2\sin^4\theta}$$

$$=\frac{(1+3\cos^2\theta)V_0{}^2}{16E^2\sin^4\theta} \tag{7}$$

(b)　在 θ 及 $\pi-\theta$ 方向测得出射粒子所处自旋态的几率和相应微分截面的几率成正比。因此两个出射粒子处于自旋单态的几率为

$$P(S=0)=\frac{\frac{1}{4}\sigma_S(\theta)}{\sigma(\theta)}=\left[\frac{1}{4}\frac{V_0{}^2}{4E^2\sin^4\theta}\right]\Big/\left[\frac{(1+3\cos^2\theta)V_0{}^2}{16E^2\sin^4\theta}\right]$$

$$=\frac{1}{1+3\cos^2\theta} \tag{8}$$

两出射粒子处于自旋三重态的几率为

$$P(S=1)=\frac{\frac{3}{4}\sigma_A(\theta)}{\sigma(\theta)}=\left[\frac{3}{4}\frac{V_0{}^2\cos^2\theta}{4E^2\sin^4\theta}\right]\Big/\left[\frac{(1+3\cos^2\theta)V_0{}^2}{16E^2\sin^4\theta}\right]$$

$$=\frac{3\cos^2\theta}{1+3\cos^2\theta} \tag{9}$$

又，在自旋三重态，χ_{11}、χ_{10} 与 χ_{1-1} 中，每一个态出现的几率均为 $\frac{1}{3}$，故两个粒子自旋都向上（即处于态 χ_{11} 中）的几率为

$$P(S=1,m_s=1)=\frac{1}{3}P(S=1)=\frac{1}{3}\frac{3\cos^2\theta}{1+3\cos^2\theta}$$

$$=\frac{\cos^2\theta}{1+3\cos^2\theta} \tag{10}$$

10-16　设有两个电子，自旋态分别为 $\chi_1=\begin{bmatrix}1\\0\end{bmatrix}$ 与

$$\chi_2=\begin{bmatrix}\cos\frac{\theta}{2}e^{-i\varphi/2}\\ \sin\frac{\theta}{2}e^{i\varphi/2}\end{bmatrix}$$

(a)　求两电子处于自旋单态（总 $S=0$）及自旋三重态（总 $S=1$）的几率各是多少。

(b)　设有两种这样的极化电子束相互散射，求总散射截面。

解：(a)　已知一个电子处于自旋态 $\chi_1=\begin{bmatrix}1\\0\end{bmatrix}$，另一个电子处于自旋态 $\chi_2=\begin{bmatrix}\cos\frac{\theta}{2}e^{-i\varphi/2}\\ \sin\frac{\theta}{2}e^{i\varphi/2}.\end{bmatrix}$，因此单电子自旋态的积为

$$\chi_1\chi_2=\begin{bmatrix}1\\0\end{bmatrix}_1\begin{bmatrix}\cos\frac{\theta}{2}e^{-i\varphi/2}\\ \sin\frac{\theta}{2}e^{i\varphi/2}\end{bmatrix}_2$$

$$= \begin{bmatrix}1\\0\end{bmatrix}_1 \left\{\cos\frac{\theta}{2}e^{-i\frac{\varphi}{2}}\begin{bmatrix}1\\0\end{bmatrix}_2 + \sin\frac{\theta}{2}e^{i\frac{\varphi}{2}}\begin{bmatrix}0\\1\end{bmatrix}_2\right\}$$

$$= \cos\frac{\theta}{2}e^{-i\frac{\varphi}{2}}\begin{bmatrix}1\\0\end{bmatrix}_1\begin{bmatrix}1\\0\end{bmatrix}_2 + \sin\frac{\theta}{2}e^{i\frac{\varphi}{2}}\begin{bmatrix}1\\0\end{bmatrix}_1\begin{bmatrix}0\\1\end{bmatrix}_2$$

$$= \cos\frac{\theta}{2}e^{-i\frac{\varphi}{2}}\begin{bmatrix}1\\0\end{bmatrix}_1\begin{bmatrix}1\\0\end{bmatrix}_2 + \sin\frac{\theta}{2}\cdot$$

$$e^{i\frac{\varphi}{2}}\left\{\frac{1}{\sqrt{2}}\left[\frac{1}{\sqrt{2}}\left[\begin{bmatrix}1\\0\end{bmatrix}_1\begin{bmatrix}0\\1\end{bmatrix}_2 + \begin{bmatrix}0\\1\end{bmatrix}_1\begin{bmatrix}1\\0\end{bmatrix}_2\right] + \frac{1}{\sqrt{2}}\left[\begin{bmatrix}1\\0\end{bmatrix}_1\begin{bmatrix}0\\1\end{bmatrix}_2 - \begin{bmatrix}0\\1\end{bmatrix}_1\begin{bmatrix}1\\0\end{bmatrix}_2\right]\right]\right\}$$

$$= \cos\frac{\theta}{2}e^{-i\frac{\varphi}{2}}\alpha_1\alpha_2 + \frac{1}{\sqrt{2}}\sin\frac{\theta}{2}e^{i\frac{\varphi}{2}}\left\{\frac{1}{\sqrt{2}}(\alpha_1\beta_2+\beta_1\alpha_2) + \frac{1}{\sqrt{2}}(\alpha_1\beta_2-\beta_1\alpha_2)\right\}$$

$$= \cos\frac{\theta}{2}e^{-i\frac{\varphi}{2}}\chi_{11} + \frac{1}{\sqrt{2}}\sin\frac{\theta}{2}e^{-i\frac{\varphi}{2}}(\chi_{10}+\chi_{00}) \tag{1}$$

显然,二电子处于自旋单态 χ_{00} 的几率为

$$w_A(S=0) = \left|\frac{1}{\sqrt{2}}\sin\frac{\theta}{2}e^{i\varphi/2}\right|^2 = \frac{1}{2}\sin^2\frac{\theta}{2} \tag{2}$$

处于自旋三重态 χ_{11} 与 χ_{10} 的几率为

$$w_s(S=1) = \left|\cos\frac{\theta}{2}e^{-i\varphi/2}\right|^2 + \left|\frac{1}{\sqrt{2}}\sin\frac{\theta}{2}e^{i\varphi/2}\right|^2$$

$$= \cos^2\frac{\theta}{2} + \frac{1}{2}\sin^2\frac{\theta}{2} = \frac{1}{2}\left(1+\cos^2\frac{\theta}{2}\right) \tag{3}$$

(b) 设二电子处于自旋单态时,散射截面用 σ_1 表示,处于自旋三重态时,散射截面用 σ_3 表示,则散射体系的总截面为

$$\sigma = w_A\sigma_1 + w_S\sigma_3 = \frac{1}{2}\sin^2\frac{\theta}{2}\sigma_1 + \frac{1}{2}\left(1+\cos^2\frac{\theta}{2}\right)\sigma_3$$

$$= \frac{1}{2}\left(1-\cos^2\frac{\theta}{2}\right)\sigma_1 + \frac{1}{2}\left(1+\cos^2\frac{\theta}{2}\right)\sigma_3$$

$$= \frac{1}{2}\left[1-\frac{1}{2}(1+\cos\theta)\right]\sigma_1 + \frac{1}{2}\left[1+\frac{1}{2}(1+\cos\theta)\right]\sigma_3$$

$$= \frac{1}{4}(1-\cos\theta)\sigma_1 + \frac{1}{4}(3+\cos\theta)\sigma_3 \tag{4}$$

10-17 求自旋为$\frac{1}{2}$的两全同粒子低能($E\to 0$)s波散射截面。设两全同粒子间的作用势为

$$V(r) = \begin{cases} V_0\hat{s}_1\cdot\hat{s}_2 & r\leqslant a \\ 0, & r>a \end{cases}$$

式中:$V_0>0$,$\hat{s}_1$ 与 $\hat{s}_2$ 为两粒子的自旋算符。假定入射粒子和靶粒子都是未极化的。

解:自旋为 $s=\frac{1}{2}$ 的全同粒子体系其状态波函数必须是全反对称的。由于 $V(r)$ 是有心力场,且仅含有自旋变量,使得体系的状态波函数写成空间部分波函数与自旋部分波函数的

乘积。而 s 分波($l=0$)的波函数对于两粒子空间坐标而言是对称的,所以散射体系的自旋波函数必须是反对称的。即两全同粒子处于自旋单态

$$\Psi_{00}(s_{1z},s_{2z})=\frac{1}{\sqrt{2}}(\alpha_1\beta_2-\alpha_2\beta_1) \tag{1}$$

之中,体系总自旋量子数 $S=0$。由于

$$\hat{\boldsymbol{s}}_1\cdot\hat{\boldsymbol{s}}_2=\frac{1}{2}\left(\hat{\boldsymbol{S}}^2-\frac{3}{2}\hbar^2\right) \tag{2}$$

所以当 $S=0$ 时,$\hat{\boldsymbol{s}}_1\cdot\hat{\boldsymbol{s}}_2=-\frac{3}{4}\hbar^2$。将此结果代入散射势中,使得散射势具体写为

$$V(r)=\begin{cases}-\frac{3}{4}V_0\hbar^2, & r\leqslant a\\ 0, & r>a\end{cases} \tag{3}$$

在质心坐标系内,s 分波的径向函数 $R_0(r)$ 可写为

$$R_0(r)=\frac{\chi_0(r)}{r} \tag{4}$$

其中:r 为两粒子的相对距离,$r=|\boldsymbol{r}_1-\boldsymbol{r}_2|$。$\chi_0(r)$ 满足的径向波动方程为

$$\frac{\mathrm{d}^2}{\mathrm{d}r^2}\chi_0(r)+\left[k^2-\frac{2\mu}{\hbar^2}V(r)\right]\chi_0(r)=0 \tag{5}$$

式中:$k^2=\frac{2\mu E}{\hbar^2}>0$。将式(3)代入方程(5)中,并取 $E\to 0$,即 $k\to 0$,方程(5)简写为

$$\begin{cases}\frac{\mathrm{d}^2}{\mathrm{d}r^2}\chi_0+\frac{3\mu V_0}{2}\chi_0=0, & r\leqslant a\\ \frac{\mathrm{d}^2}{\mathrm{d}r^2}\chi_0=0, & r>a\end{cases} \tag{6}$$

方程(6)的解为

$$\chi_0(r)=\begin{cases}A\sin k_0 r, & r\leqslant a\\ c\left(1-\frac{r}{a_0}\right), & r>a\end{cases} \tag{7}$$

式中:$k_0=\sqrt{\frac{3}{2}\mu V_0}$,$\mu$ 为粒子的折合质量。式中已考虑到 $\chi_0(r)\xrightarrow{r\to 0}0$ 的有限性条件。

另一方面,在 $r>a$ 的区域,由于 $V(r)=0$,方程(5)的一般解也可以写为

$$\begin{aligned}\chi_0(r)&=A'\sin(kr+\delta_0)=A'(\sin\delta_0\cos kr+\cos\delta_0\sin kr)\\&=A'\sin\delta_0(\cos kr+\cot\delta_0\sin kr)\end{aligned} \tag{8}$$

由此可得径向函数 $R_0(r)$ 的渐近行为是

$$R_0(r)=\frac{\chi_0(r)}{r}\xrightarrow{r\to\infty}\frac{A'}{r}\sin(kr+\delta_0) \tag{9}$$

与散射理论的一般结果相比较:

$$R_l(r)\xrightarrow{r\to\infty}\frac{A_l}{kr}\sin\left(kr-\frac{l\pi}{2}+\delta_l\right) \tag{10}$$

知式(9)中的 δ_0 即是本问题 s 分波的相移。为了求得 δ_0 的值,对式(8)再取低能极限:$E\to 0$,$k\to 0$,由于 $\cos kr\xrightarrow{k\to 0}1$,$\sin kr\xrightarrow{k\to 0}kr$,式(8)可近似表示为

$$\chi_0(r) \approx A'\sin\delta_0(1+kr\cot\delta_0) \tag{11}$$

将式(11) 与式(7) 进行对照，立即可得

$$k\cot\delta_0 = -\frac{1}{a_0} \quad (k \to 0) \tag{12}$$

只考虑 s 分波散射时，散射振幅为

$$f_0(\theta) = \frac{1}{k}e^{i\delta_0}\sin\delta_0 = \frac{1}{k}(\cos\delta_0 + i\sin\delta_0)\sin\delta_0$$

$$= \frac{1}{k}\sin^2\delta_0(\cot\delta_0 + i) = \frac{1}{k}\frac{\cot\delta_0 + i}{\cot^2\delta_0 + 1} = \frac{1}{k\cot\delta_0 - ik} \tag{13}$$

在低能极限下，将式(12) 代入式(13) 中，得

$$f_0(\theta) = -\frac{a_0}{1+ika_0} \overset{k\to 0}{\approx} -a_0 \tag{14}$$

a_0 的值可由式(7) 利用波函数 $\chi_0(r)$ 在 $r=a$ 处的连续性条件得到。有

$$\frac{Ak_0\cos k_0 a}{A\sin k_0 a} = \frac{-\dfrac{c}{a_0}}{c\left(1-\dfrac{a}{a_0}\right)}$$

得

$$a_0 = -a\left(\frac{\tan k_0 a}{k_0 a} - 1\right) \tag{15}$$

进一步再考虑粒子的全同性，得 s 分波散射的总截面为

$$Q = 4\pi\sigma(\theta) = 4\pi\,|\,f(\theta) + f(\pi-\theta)\,|^2 = 4\pi\,|\,(-a_0)+(-a_0)\,|^2 = 16\pi a_0{}^2 \tag{16}$$

式中利用了式(14)，并注意到了 $f_0(\theta)$ 实际上与散射角 θ 无关。由于入射粒子与靶粒子均是未极化的，它们处于反对称的自旋单态(总 $S=0$) 的几率是 $\frac{1}{4}$，最后可得 s 分波散射的有效总截面为

$$Q_{\text{eff}} = \frac{1}{4}Q = 4\pi a_0{}^2 = 4\pi a^2\left(\frac{\tan k_0 a}{k_0 a} - 1\right)^2 \tag{17}$$

第三部分　练　习　题

10-1　粒子在中心势场 $V(r) = -V_0 e^{-r/a}$ 中运动，求 s 分波相移和总散射截面，并讨论所得结果的适用条件。

答：$e^{2i\delta_0} = \left(\frac{\lambda}{2}\right)^{-2ip}\frac{\Gamma(1+ip)J_{ip}(\lambda)}{\Gamma(1-ip)J_{-ip}(\lambda)}$，式中 $\lambda = \sqrt{\frac{8\mu V_0 a^2}{\hbar^2}}$，$p = \sqrt{\frac{8\mu E a^2}{\hbar^2}} = 2ka$；$\sigma_{总} = 16\pi a^2\left[0.577 + \ln\frac{\lambda}{2} - \frac{\pi}{2}\frac{N_0(\lambda)}{J_0(\lambda)}\right]^2$；适用条件：$V_0 \ll \frac{\hbar^2}{\mu a^2}$.

10-2　设粒子在下列势场中散射：

(a)　$V(r) = \begin{cases} -V_0 & r < a, \\ 0, & r > a \end{cases}$

(b)　$V(r) = V_0 e^{-\alpha r^2}$，$\alpha > 0$；

(c) $V(r) = V_0 e^{-\alpha r}$;

(d) $V(r) = \dfrac{V_0}{(r^2+d^2)^2}$;

(e) $V(r) = V_0\delta(r)$.

试应用玻恩近似法计算微分散射截面。

答:(a) $\sigma(\theta) = \dfrac{4\mu^2 V_0^2}{\hbar^4 q^6}(\sin qa - qa\cos qa)^2$;

(b) $\sigma(\theta) = \dfrac{\pi\mu^2 V_0^2}{4\alpha^3\hbar^4} e^{-q^2/2\alpha}$;

(c) $\sigma(\theta) = \dfrac{16\mu^2 V_0^2}{\hbar^4}\dfrac{\alpha^2}{(\alpha^2+q^2)^4}$;

(d) $\sigma(\theta) = \left(\dfrac{\pi V_0}{4d}\right)^2 e^{-2qd}$;

(e) $\sigma(\theta) = \dfrac{\mu^2 V_0^2}{4\pi^2\hbar^4}$.

式中:$q = 2k\sin\dfrac{\theta}{2}$.

10-3　应用玻恩近似,将粒子在双力心势场 $V(\boldsymbol{r}) = V_0(\boldsymbol{r}) + V_0(\boldsymbol{r}-\boldsymbol{a})$ 中的散射振幅 f 用在单力心势场 $V_0(\boldsymbol{r})$ 中的散射振幅 f_0 表示出来;并且对于情况:

(a) $ka \ll 1$ 及

(b) $kR \approx 1$ 和 $a \gg R$(R 是 $V_0(\boldsymbol{r})$ 的作用力程),

求出粒子在双力心势场 $V(\boldsymbol{r})$ 中与在单力心势场 $V_0(\boldsymbol{r})$ 中散射的散射截面之间的关系。

答:$f = f_0(1+e^{i\boldsymbol{k}\cdot\boldsymbol{a}})$. 对于情况(a): $ka \ll 1$,故 $\boldsymbol{K}\cdot\boldsymbol{a} \ll 1$,有 $\sigma \approx 4\sigma_0$;对于情况(b):$ka \gg 1$,得 $\sigma \approx 2\sigma_0$.

10-4　试应用玻恩近似,求粒子在 N 力心势场

$$V(\boldsymbol{r}) = \sum_{n=1}^{N} V_0(|\boldsymbol{r}-\boldsymbol{a}_n|)$$

中的散射振幅表示式。若力心数 $N \gg 1$,排列在一条直线上,间距为 b,而入射粒子的波矢沿着此直线,求微分散射截面。

答:$f_N = f_0\sum_{n=1}^{N} e^{i\boldsymbol{K}\cdot\boldsymbol{a}_n} = f_0 G_N(\boldsymbol{K})$;$\sigma_N = \sigma_0 \mid G_N(\boldsymbol{K})\mid^2$,式中:$\sigma_0 = \mid f_0\mid^2$ 是单力心势场 V_0 的微分散射截面。

对于 N 力心排列成线性链情况:

$$\mid G_N(\boldsymbol{K})\mid^2 = \left[\frac{\sin\left(\dfrac{NK^2 b}{4k}\right)}{\sin\left(\dfrac{K^2 b}{4k}\right)}\right]^2$$

若 $N \gg 1$,则 $\mid G_N(\boldsymbol{K})\mid^2$ 仅当 $\dfrac{K^2 b}{4k} \approx \pi p, p = 0,1,2,\cdots$ 方才较大,表明粒子的散射基本上仅沿着某些确定的角度。

10-5 动量为 $\boldsymbol{p}_0=\boldsymbol{k}_0\hbar$ 的一束中子沿 z 轴入射，被氢分子 H_2 散射。设两个氢原子核位于 $x=\pm a$ 处，中子与电子无相互作用，中子与氢原子核之间的短程作用势取为：

$$V(\boldsymbol{r})=-V_0[\delta(x-a)\delta(y)\delta(z)+\delta(x+a)\delta(y)\delta(z)]$$

为简单计，不考虑反冲。试用玻恩一级近似公式求散射振幅及微分散射截面。

答：$f(\theta,\varphi)=\dfrac{\mu V_0}{\pi\hbar^2}\cos k_x a=\dfrac{\mu V_0}{\pi\hbar^2}\cos(k_0 a\sin\theta\cos\varphi)$

$\sigma(\theta,\varphi)=\dfrac{1}{2}\left(\dfrac{\mu V_0}{\pi\hbar^2}\right)^2[1+\cos(2k_0 a\sin\theta\cos\varphi)]$. 式中，$|\boldsymbol{k}|=|\boldsymbol{k}_0|$，$k_x=k_0\sin\theta\cos\varphi$

10-6 中子与质子的散射截面与自旋有密切关系。在中子 - 质子低能 s 波散射问题中，为了简化计算过程，引入"散射振幅算符"$\hat{f}=\dfrac{1}{4}(3f_3+f_1)+\dfrac{1}{4}(f_3-f_1)\hat{\boldsymbol{\sigma}}_n\cdot\hat{\boldsymbol{\sigma}}_p$，其中 f_1 和 f_3 是中子 - 质子 体系自旋单态和三重态的散射振幅，$\hat{\boldsymbol{\sigma}}_n$ 和 $\hat{\boldsymbol{\sigma}}_p$ 是中子和质子的泡利算符。证明：

(a) $\hat{f}\chi_A=f_1\chi_A$；$\hat{f}\chi_S=f_3\chi_S$，式中 χ_A 与 χ_S 是中子 - 质子体系的自旋单态和自旋三重态的波函数；

(b) $\hat{f}^2=\dfrac{1}{4}(3f_3^{\ 2}+f_1^{\ 2})+\dfrac{1}{4}(f_3^{\ 2}-f_1^{\ 2})\hat{\boldsymbol{\sigma}}_n\cdot\hat{\boldsymbol{\sigma}}_p$；

(c) 体系的总散射截面为：$Q=4\pi\langle\chi(n,p)\,|\,\hat{f}^2\,|\,\chi(n,p)\rangle$。式中：$\chi(n,p)=\chi_A+\chi_S$ 是中子 - 质子体系的自旋态。

10-7 慢中子被质子散射是与自旋有关的。当中子 - 质子体系是自旋单态时截面用 σ_1 表示，自旋三重态时截面用 σ_3 表示。令 f_1 与 f_3 是相应的散射振幅。问：

(a) 非极化中子被非极化质子散射的总散射截面是多少？

(b) 设一个原先自旋向上的中子被一个最初自旋向下的质子散射，散射后，中子和质子自旋翻转的几率是多少？

答：(a) $\sigma=\dfrac{3}{4}\sigma_3+\dfrac{1}{4}\sigma_1$； (b) $\dfrac{1}{2}\dfrac{(f_3-f_1)^2}{f_3^{\ 2}+f_1^{\ 2}}$

10-8 一个电子在距离原子 $\boldsymbol{r}$ 处，在原子位置处产生电场 $\boldsymbol{\varepsilon}=\dfrac{e}{4\pi\varepsilon_0}\dfrac{\boldsymbol{r}}{r^3}$，它使原子感生电偶极矩 $\boldsymbol{d}=\alpha\boldsymbol{\varepsilon}$，式中 α 是电极化率。试证明：(a) 原子对电子的作用力：

$$\boldsymbol{f}=\frac{e}{4\pi\varepsilon_0}\frac{1}{r^3}\left[\boldsymbol{d}-\frac{3\boldsymbol{r}(\boldsymbol{r}\cdot\boldsymbol{d})}{r^2}\right];$$

(b) 电子从无限远处移到 $\boldsymbol{r}$ 点，需做功 $W=\dfrac{e^2}{4\pi\varepsilon_0}\dfrac{\alpha}{2r^4}$.

附　录

一、常用物理学常数

名　　称	符号及表达式	数　　值
普朗克常数	h	$6.6260755\times10^{-34}\,\mathrm{J\cdot s}$
	$\hbar=\frac{h}{2\pi}$	$1.05457266\times10^{-34}\,\mathrm{J\cdot s}$
真空中光速	c	$2.99792458\times10^{8}\,\mathrm{m\cdot s^{-1}}$
基本电荷	e	$1.60217733\times10^{-19}\,\mathrm{C}$
真空介电常数	ε_0	$8.854187818\times10^{-12}\,\mathrm{F\cdot m^{-1}}$
真空磁导率	$\mu_0=\frac{1}{\varepsilon_0 c^2}$	$4\pi\times10^{-7}\,\mathrm{H\cdot m^{-1}}$
精细结构常数	$\alpha=\frac{e^2}{4\pi\varepsilon_0\hbar c}$	7.29735308×10^{-3}
阿伏伽德罗常数	N_0 或 N_A	$6.0221367\times10^{23}\,\mathrm{mol^{-1}}$
玻尔兹曼常数	k 或 k_B	$1.380658\times10^{-23}\,\mathrm{J\cdot K^{-1}}$
原子质量单位	$\mathrm{u}=\frac{1}{12}M_{^{12}\mathrm{C}}$	$1.6605402\times10^{-27}\,\mathrm{kg}$
电子静质量	m 或 m_e	$9.1093897\times10^{-31}\,\mathrm{kg}$ $=5.4857990\times10^{-4}\,\mathrm{u}$
电子荷质比	$-e/m$	$-1.75881962\times10^{11}\,\mathrm{C\cdot kg^{-1}}$
质子静质量	m_p	$1.6726231\times10^{-27}\,\mathrm{kg}$ $=1.0072765\mathrm{u}$
中子静质量	m_n	$1.6749286\times10^{-27}\,\mathrm{kg}$ $=1.0086649\mathrm{u}$
质子-电子质量比	m_p/m	1836.152701
电子康普顿波长	$\lambda_c=\frac{h}{mc}$	$2.42631058\times10^{-12}\,\mathrm{m}$

续表

名　　称	符号及表达式	数　　值
玻尔半径	$a_0=\frac{4\pi\varepsilon_0\hbar^2}{me^2}$	$0.529177249\times10^{-10}\,\mathrm{m}$
氢原子电离能	$I_H=\frac{e^2}{8\pi\varepsilon_0 a_0}$ $=\frac{1}{2}\alpha^2mc^2$	$2.1798741\times10^{-18}\,\mathrm{J}$ $=13.605698\,\mathrm{eV}$
里德伯常数	$R_\infty=\frac{me^4}{64\pi^3\varepsilon_0^2\hbar^3c}$ $=\frac{\alpha}{4\pi a_0}$	$1.0973731534\times10^{7}\,\mathrm{m}^{-1}$
玻尔磁子	$\mu_B=\frac{e\hbar}{2m}$	$9.2740154\times10^{-24}\,\mathrm{J\cdot T^{-1}}$
核磁子	$\mu_N=\frac{e\hbar}{2M_p}$	$5.0507866\times10^{-27}\,\mathrm{J\cdot T^{-1}}$

二、单位换算

$1\text{Å}=10^{-10}\,\mathrm{m}=10^{-8}\,\mathrm{cm}=0.1\,\mathrm{nm}$

$\lambda(\text{Å})\times\tilde{\nu}(\mathrm{cm}^{-1})=10^8$（由 $\lambda\tilde{\nu}=1$）

$a_0=5.29177\times10^{-11}\,\mathrm{m}=0.529177\text{Å}$

$a_0^2=2.80029\times10^{-21}\,\mathrm{m}^2$，　$\pi a_0^2=8.79736\times10^{-21}\,\mathrm{m}^2$

1 电子质量（m_e）$=0.510999\,\mathrm{MeV}/c^2$

1 质子质量（M_p）$=938.272\,\mathrm{MeV}/c^2$

$1\,\mathrm{J}=10^7\,\mathrm{erg}=0.2390\,\mathrm{cal}=6.24151\times10^{18}\,\mathrm{eV}$

$1\,\mathrm{cal}=4.1841\,\mathrm{J}=2.6115\times10^{19}\,\mathrm{eV}$

$1\,\mathrm{eV}=1.60218\times10^{-19}\,\mathrm{J}=1.60218\times10^{-12}\,\mathrm{erg}$

1 原子质量单位（u）$=\frac{1}{12}M_{^{12}C}=1.66054\times10^{-27}\,\mathrm{kg}$

$=931.494\,\mathrm{MeV}/c^2$

1u 相当于能量：$931.494\,\mathrm{MeV}=1.49242\times10^{-10}\,\mathrm{J}$

1eV 相当于

频率：$2.41799\times10^{14}\,\mathrm{Hz}$（由 $E=h\nu$）

波长：$1.23984\times10^{-6}\,\mathrm{m}=12398.4\text{Å}$（由 $E=hc/\lambda$）

波数：$8.06554\times10^{5}\,\mathrm{m}^{-1}=8065.54\,\mathrm{cm}^{-1}$（由 $E=hc\tilde{\nu}$）

温度：$1.16045\times10^{4}\,\mathrm{K}$（由 $E=k_BT$）

$1\,\mathrm{cm}^{-1}$ 相当于

能量：$1.23984\times10^{-4}\,\mathrm{eV}$

频率：$2.99793\times10^{10}\,\mathrm{Hz}$

$k_BT=8.61739\times10^{-5}\,\mathrm{eV}$（当 $T=1\,\mathrm{K}$）

$$hc = 1.23984 \times 10^{-6}\,\mathrm{eV \cdot m} = 12398.4\,\mathrm{eV \cdot Å}$$

$$\hbar c = 1.97327 \times 10^{-7}\,\mathrm{eV \cdot m} = 1973.27\,\mathrm{eV \cdot Å}$$

$$R_\infty hc = 13.6057\,\mathrm{eV} = 2.17987 \times 10^{-18}\,\mathrm{J}$$

$$\frac{e^2}{4\pi\varepsilon_0} = 1.43997 \times 10^{-9}\,\mathrm{eV \cdot m}$$

主要参考书目

[1] 曾谨言．量子力学(上、下册)．北京:科学出版社,1981.

[2] Fliigge S. Practical Quan tum Mechanics. Springer－Verlag New York Heidelberg Berlin, 1974.

[3] Mavromatis H. Exercises in Quan tum Mechanics. Kluwer Academic Publishers, 1992.

[4] 钱伯初,曾谨言．量子力学习题精选与剖析．北京:科学出版社,1988.